H. BISCHOFF

BIOLOGIE DER HYMENOPTEREN

BIOLOGISCHE STUDIENBÜCHER
HERAUSGEGEBEN VON WALTHER SCHOENICHEN · BERLIN
V

BIOLOGIE DER HYMENOPTEREN

EINE NATURGESCHICHTE DER HAUTFLÜGLER

VON

DR. H. BISCHOFF
KUSTOS AM ZOOLOGISCHEN MUSEUM DER UNIVERSITÄT BERLIN

MIT 224 ABBILDUNGEN

BERLIN
VERLAG VON JULIUS SPRINGER
1927

ISBN 978-3-642-50535-5 ISBN 978-3-642-50845-5 (eBook)
DOI 10.1007/978-3-642-50845-5

Softcover reprint of the hardcover 1st edition 1927

Vorwort des Verfassers.

Wenn im folgenden eine Hymenopterenbiologie einem größeren Leserkreise geboten werden soll, so ergeben sich dabei von vornherein gewisse Schwierigkeiten. Gestattet einerseits der umfangreiche Stoff keine Vollständigkeit, so müssen andererseits auch Verallgemeinerungen möglichst vermieden werden. Die Einpassung der Arten in ihre Umwelt läßt immer wieder neue Beziehungen erkennen, die für Formen, welche der Systematiker als nahe verwandt auffaßt, nicht zu gelten brauchen. Im vorliegenden Buche mußte daher eine Auswahl getroffen werden. Eine Einschränkung auf die mitteleuropäische Fauna hätte ein durchaus einseitiges Bild gegeben und kam daher nicht in Betracht. Dagegen treten Forschungsgebiete, über die eine zusammenfassende und leicht zugängliche Literatur bereits besteht, wie Arbeiten über die Lebensweise der Ameisen und der Honigbiene, bei der Behandlung des Stoffes etwas zurück. Neuere Forschungsergebnisse aus den letzten Jahren wurden dagegen berücksichtigt. Die Auswahl aus der Fülle der Arbeiten auf dem Gebiete der angewandten Entomologie, die sich mit der Biologie von parasitären Hymenopteren beschäftigen, wurde in der Weise vorgenommen, daß hier neben besterforschten Formen solche Arten behandelt werden, die durch ihre abweichenden Lebensverhältnisse ein Bild von der großen Mannigfaltigkeit der Lebensweise der parasitären Wespen ergeben. Einige Kapitel, wie besonders die Brutpflege im weiteren Sinne bei den aculeaten Hymenopteren haben aber eine ausführlichere Darstellung erfahren, um so dem Leser wenigstens einen Einblick in diese besonders interessanten, abwechslungsreichen Lebensäußerungen geben zu können.

Überall in unseren Kenntnissen von der Biologie der Hymenopteren klaffen noch große Lücken. So manche von diesen wäre mit Leichtigkeit auszufüllen — nur fehlt es an den nötigen Arbeitskräften. Aber gerade die große Abwechslung, die das Studium der Hymenopterenbiologie bietet, sollte zu Beobachtungen besonders anregen. In diesem Sinne möchte das vorliegende Buch wirken. Mag eine Feststellung, die bei der Beobachtung im Freien, bei der Zucht oder beim Experiment gewonnen wurde, zunächst unscheinbar dünken — sie bildet doch einen weiteren Baustein zu dem gewaltigen Gebäude der Biologie.

Nimmt nun das vorliegende Buch in gediegener Ausstattung seinen Weg in die Öffentlichkeit, so gebührt der Dank des Verfassers hierfür ganz besonders dem Herausgeber und dem Verleger.

Berlin, im Februar 1927. **DR. H. BISCHOFF.**

Inhaltsübersicht.

Druckfehlerberichtigung.

Seite 212: lies unter der Abbildung „*coarctatus*“ statt „*coxretatus*“.
„ 213 Z. 7 v. o.: „*Paramischocyttarus*“ statt „*Paramischocyttaerus*“.

Erstes Kapitel.

Allgemeiner Bauplan des Hymenopterenkörpers; systematische Übersicht; stammesgeschichtliche Verwandtschaft; Verbreitung; Variabilität.

Die *Hymenoptera* oder Hautflügler stellen eine scharf begrenzte Insektenordnung dar, so daß Zweifel über die Zugehörigkeit eines Insekts zu dieser Ordnung nie auftauchen können.

Schon die scharfe Trennung von Vorderkörper und Hinterleib („Wespentaille") gibt den höheren Hymenopteren und damit der großen Mehrzahl ein charakteristisches Merkmal, das in keiner anderen Ordnung in diesem Maße wiederkehrt. Aber auch die niederen Familien, die hauptsächlich die Blatt- und Holzwespen umfassen, weisen so viele auffällige Eigentümlichkeiten auf, daß ihre Hymenopterennatur nie zu verkennen ist.

Im folgenden soll zunächst kurz der allgemeine Bauplan des Körpers eines ausgebildeten Hautflüglers gegeben werden. Die weitgehenden Differenzierungen, die in den einzelnen Familien zu beobachten sind, werden in Verbindung mit den biologischen Beziehungen erörtert werden.

Der frei sitzende Kopf ist mit der Nackenregion des ersten Brustabschnittes häutig verbunden und besitzt daher eine große Beweglichkeit. Seine Form kann außerordentlich mannigfaltig sein. Gewöhnlich ist er mehr oder weniger linsenförmig mit rundlichem Umriß. Er kann aber auch kuglig aufgetrieben oder scheibenförmig plattgedrückt und im Umriß quer- oder langgestreckt sein. Auch sein Größenverhältnis zu den übrigen Körperabschnitten ist außerordentlich schwankend. In extremen Fällen ist er größer als der ganze übrige Körper. Seitlich an ihm sitzen die meist gut entwickelten zusammengesetzten Augen, auf der Stirn stehen drei Nebenaugen (Ocelli). Die Gestalt der Augen unterliegt recht erheblichen Schwankungen. Gewöhnlich von elliptischem bis rundlichem Umriß, von flacher bis mehr als halbkugliger Wölbung, können sie auch an der Innenseite tief ausgebuchtet sein, so daß sie nierenförmig erscheinen. Die Ocellen weisen nicht so große Verschiedenheit auf, doch können sie bei Reduktion verschiedene Gestaltsveränderungen erfahren. Schließlich gibt es auch ganz blinde Formen, denen Augen und Ocellen vollständig fehlen. Die Fühler sind stets gut entwickelt. Sie sind entweder dicht über dem hinteren Rand des Kopfschildes (Clypeus) eingelenkt, können aber auch auf die Mitte des Gesichts und darüber hinaus nach hinten rücken. Ursprünglich werden sie homonom vielgliedrig gewesen sein, haben aber weitgehende Spezialisierungen erfahren; oft sind sie sexuell dimorph, wobei dann der männliche Fühler differenzierter zu sein pflegt. Gelegentlich ist der Schaft (das Wurzelglied) besonders gestreckt, wodurch die „geknieten" Fühler entstehen.

Eine recht große Mannigfaltigkeit herrscht im Bau der Mundwerkzeuge. Die Mandibeln sind meist zangenförmig gebaut, zeigen aber,

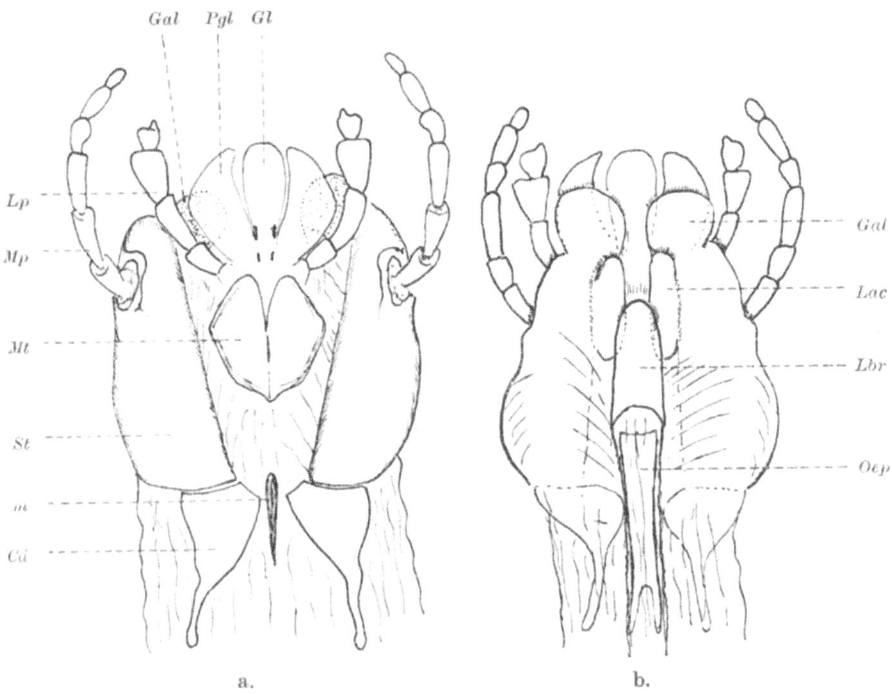

Abb. 1. Lambiomaxillarkomplex von CIMBEX. a. Von unten; b. von oben. *Gl* = Glossa; *Pgl* = Paraglossa; *Gal* = Galea; *Lp* = Labialpalpus; *Mp* = Maxillarpalpus; *Mt* = Mentum; *St* = Stipes; *Sm* = Submentum; *Cd* = Cardo; *Lac* = Lacinia; *Lbr* = Labrum; *Oep* = Schlundplatte.

je mehr sie ihre Bedeutung als Kauapparate verlieren und andere Funktionen übernehmen, vielfache Umgestaltungen. Sehr selten werden sie rückgebildet. Der Labiomaxillarkomplex (Abb. 1 u. 2) setzt sich aus den 1. und 2. Maxillen zusammen. Während erstere immer getrennt bleiben, verwachsen die Stammstücke (Stipites) der 2. Maxillen zum Mentum. Sowohl die Stipites der 1. wie der 2. Maxillen tragen eine äußere und innere Kaulade (Galea und Lacinia bzw. Paraglossa und Glossa), wobei die Glossen als innere Laden der 2. Maxillen miteinander, wenigstens basal, verschmelzen. Außerdem sind an beiden Maxillenpaaren, und zwar distal an der Außenseite, Taster (Maxillar- und Labialpalpus) eingelenkt, die ein bis mehrgliedrig sein können. Durch Streckung von Stammstücken und Laden werden Saugrüssel gebildet. Gewöhnlich ist der Kopf senkrecht zur Körperlängsachse gestellt, so daß die Mundöffnung nach unten gerichtet ist. Seltener liegt die Mundöffnung in der geraden Verlängerung dieser Achse nach vorn; noch seltener ist sie unter gleichzeitiger Vorwölbung des Kopfes nach hinten gerichtet.

Am Kopf sind mehrere morphologisch nicht scharf zu umgrenzende Regionen zu unterscheiden. Die sich zwischen Augen und Mandibeleinlenkung einschiebenden Chitinspangen werden als Wangen „Genae" bezeichnet. Seitlich von den Augen und hinter denselben liegen die Schläfen. Die Region hinter den Ocellen wird als Scheitel, nach Überschreitung der Wölbung als Hinterhaupt bezeichnet. Von der Fühlereinlenkung bis zu den Ocellen reicht die Stirn. Davor liegt das Untergesicht. All diese Ausdrücke sind aber, wie schon erwähnt, morphologisch nicht scharf zu fassen und werden daher auch von den einzelnen

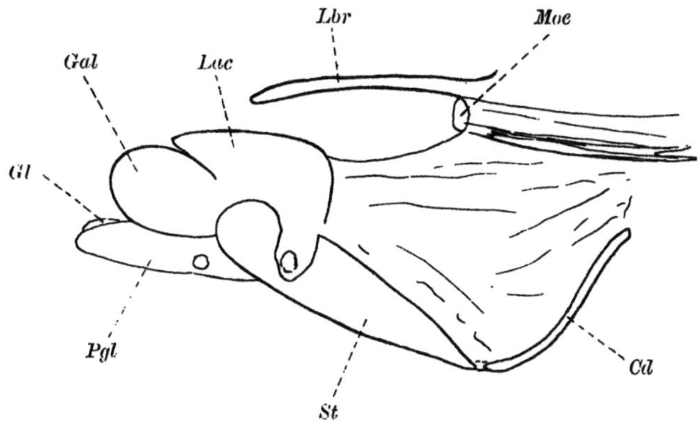

Abb. 2. Labiomaxillarkomplex von CIMBEX. Seitenansicht. *Moe* = Mundöffnung; die übrigen Abkürzungen wie in Abb. 1.

Autoren in verschiedenem Sinne angewendet. Wichtig ist aber der zum Untergesicht gehörige Clypeus oder Kopfschild, der eine meist scharf abgesetzte Platte darstellt und in Gestalt und Skulptur je nach Familien, Gattungen und Arten große Verschiedenheiten aufweist. Die Oberlippe oder das Labrum mit dem unter ihr entwickelten Epipharynx, der nur tiefstehenden Formen fehlt, wird an ihrer Basis oder auch weiter vom Vorderrand des Clypeus überdeckt, ist mitunter von oben kaum sichtbar, kann aber in anderen Fällen auch sehr groß sein. Labrum und Epipharynx bilden das dorsale Dach der Mundhöhle. Trennt man den Kopf eines Hymenopterons ab, so sieht man ein rundes Loch, das Hinterhauptsloch, an dem die Intersegmentalhäute ansetzen, die die Verbindung mit dem Thorax herstellen und in denen eingelagerte Zervikalsklerite (kleine Chitinisierungen) vorkommen können.

Der erste Brustring (Prothorax) (Abb. 3) trägt keine Flügel, sondern nur die Vorderbeine und ist dementsprechend einfacher gebaut als die beiden folgenden Thoraxsegmente; namentlich zeigt sein dorsaler Abschnitt

(Pronotum) keine Unterteilung. Das Pronotum (richtiger „Protergum") ist niemals scheibenförmig erweitert. Hinten stößt es gegen den Mesothorax, ist aber mit diesem nicht vollkommen starr verbunden, sondern etwas dagegen verschiebbar. Im Gegensatz zu den folgenden Thorax-

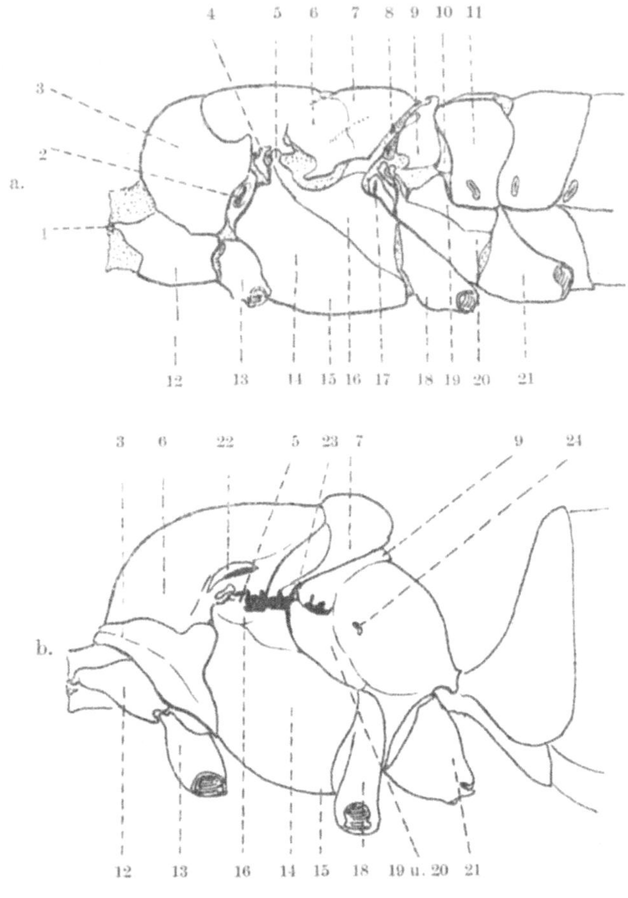

Abb. 3. Thoraxsegmentierung von TREMEX. a. und APIS b. von der Seite (nach SNODGRAS). 1. Occipitalfortsatz der Propleuren; 2. erstes Thoraxstigma; 3. Pronotum; 4. Parapterum; 5. erster Flügelfortsatz; 6. Mesoscutum; 7. Mesoscutellum; 8. Mesopostnotum; 9. Metanotum; 10. Metapostnotum; 11. erstes Abdominaltergit; 12. Propleura; 13. erste Coxa; 14. Mesoepisternum; 15. Mesosternum; 16. Mesoepimerum; 17. zweites Thoraxstigma; 18. zweite Coxa; 19. Metaepimerum; 20. Metaepisternum; 21. dritte Coxa; 22. Tegula; 23. zweiter Flügelfortsatz; 24. Propodealstigma.

tergiten greift es weit auf die Seiten über, nach hinten seitlich bis an die vorderen Thoraxstigmen reichend, diese meistens überwallend. So nähert es sich stark der Wurzel der Vorderflügel. Seine Ausdehnung nach unten kann sich auch auf die Ventralseite erstrecken, bis es schließlich in einer ventral freilich schmalen Spange einen geschlossenen Ring bildet, der das Prosternum vom Mesosternum nach vorn abdrängt. Der dorsale Teil des

Pronotums ist in den einzelnen Familien recht verschieden entwickelt. Er kann bei Überwölbung durch den Mesothorax unter Umständen von oben überhaupt nicht zu sehen sein, kann aber auch ein breites Querstück bilden. Gewöhnlich ist die Collarregion, die die Verbindung mit dem Kopf herstellt, deutlich abgesetzt. Von dem Prosternum, das immer nur schwach entwickelt ist und vor den Vorderhüften liegt, sind die Propleuren abgegliedert, die keine weitere Unterteilung in Epimeren und Episternen, wie wir sie am Mesothorax kennen lernen werden, zeigen. Vergleichend-morphologische Betrachtungen führen aber dazu, diese Stücke lediglich als die Episternen der Vorderbrust anzusehen. Im Gegensatz zu den beiden folgenden Thoraxringen sind diese Episternen mit dem Rückenschild des zugehörigen Segments durch weite Intersegmentalhäute nur lose verbunden. Dafür treten sie in einen innigeren Zusammenhang mit der Kopfkapsel, wo sie unterhalb des großen Hinterhauptsloches die eigentliche Verbindung des Kopfes mit dem Thorax herstellen. Diese verhältnismäßig feste Verbindung zeigt sich leicht dann, wenn man den Kopf eines Hymenopterons abzutrennen sucht. Dabei bleiben häufig die Episternen mit dem Prosternum und den Vorderbeinen an diesem haften.

Auf den Prothorax folgt als zweiter Ring des Brustabschnittes der Mesothorax, zu dem zwei dorsal freiliegende Platten entwicklungsgeschichtlich gehören. Diese beiden Abschnitte, gewöhnlich als Mesonotum und Scutellum bezeichnet (richtiger „Mesoscutum" und „Mesoscutellum") bilden gemeinsam den als „Notum" zu benennenden Teil des Mesothorax. Auf dem Mesoscutum sind meist zwei deutliche eingedrückte Längslinien, die „Parapsidenfurchen", zu erkennen. Diese konvergierten ursprünglich stark nach hinten, so daß sie das Mesoscutum in einen vorderen und einen hinteren Abschnitt gliederten, Praescutum und Scutum. Mit dem Auseinanderrücken dieser Furchen, das schon früh in der Stammesreihe der Hymenopteren einsetzt, wird also das eigentliche Scutum an die Seiten gedrängt, und das Praescutum nimmt den mittleren Längsraum ein. Aus dem Hintereinander ist also ein Nebeneinander geworden. Es empfiehlt sich in diesem Falle aus praktischen Gründen, die Bezeichnung Praescutum bei Hymenopteren nur dort anzuwenden, wo die konvergierenden Parapsidenfurchen hinten zusammentreffen und so tatsächlich noch ein besonderes Stück aus dem Mesoscutum herausschneiden. Die Bedeutung der Parapsidenfurchen wird später gelegentlich der Flugmuskulatur behandelt werden. Zu den dorsalen Platten des Mesothorax gehört auch das äußerlich nur bei niederen Formen deutliche, im allgemeinen aber tief in das Innere des Thorax eingesenkte Postnotum mit einem stark entwickelten Phragma, das den Längsmuskeln als Ansatzstelle dient. Die Pleuren des Mesothorax lassen häufig noch die Trennungslinie von Epimeren und den dahinter gelegenen Episternen deutlich erkennen. Oft aber ist diese Linie äußerlich nicht mehr sichtbar und sekundär auftretende Furchen können leicht den Anlaß zu einer falschen Homologisierung geben. Als Kriterium muß stets berücksichtigt werden, daß die Hüften an der Berührungslinie von Episternen und Epimeren inseriert sind. Vielfach sind von den Episternen vorn noch besondere Stücke, die Praeepisternen, abgeschnürt. Den ventralen Abschluß des Mesothorax bildet das vor den Mittelhüften liegende Mesosternum, das allerdings häufig nicht mehr von den Mesopleuren getrennt ist. Von seinem Vorderrande kann ein besonderes Praesternum abgegliedert sein.

Wesentlich einfacher ist der Metathorax gebaut. Dorsal ist meist nur das einfache schmale, seitlich die Hinterflügel tragende Metanotum zu erkennen, während das dazu gehörige Postnotum nur noch bei tiefstehenden Formen getrennt sichtbar ist, im übrigen aber mit dem folgenden Abschnitt in enge Verbindung tritt und verschmilzt. Auch die Metapleuren lassen ihre ursprüngliche Zusammensetzung aus Episternen und Epimeren meist nur ahnen. Sekundäre Eindrücke verwischen das ursprüngliche Bild. Während nach vorn die Grenze der Metapleuren gegen die Mesopleuren stets deutlich zu erkennen ist, gehen die ersteren nach hinten vielfach unmerklich in die Seiten des folgenden Segments, des Mittelsegments, über. Das Metasternum schließt diesen Körperring ventral.

Das auf die drei Thoraxringe folgende 1. Abdominalsegment ist nur bei den chalastogastren Hymenopteren, die dieses Merkmals wegen auch „Symphyten" genannt werden, in ganzer Breite mit dem Metathorax verbunden, so daß das Abdomen in seiner Gesamtheit breit am Thorax angeheftet erscheint. Bei der großen Mehrzahl der Hymenopteren tritt es dagegen in engste Beziehungen zum Thorax und wird durch eine tiefe Einschnürung von der Rückenseite her scharf vom übrigen Abdomen abgeschnürt. Stets trägt es ein deutliches Stigmenpaar, während die echten thorakalen Stigmen intersegmental liegen und meist nur schwer zu erkennen sind. Wie jedem eigentlichen Abdominalsegment, fehlen auch diesem Ringe, der, wenn er die enge Verbindung mit dem Thorax eingegangen ist, als Mittelsegment, Mediansegment, Propodeum oder Epinotum (letzterer Ausdruck bei Ameisen gebräuchlich) bezeichnet wird, die Pleuren. Diese sind nur für die Flügel oder Beine tragenden Körperringe charakteristisch. Das zugehörige Sternum geht bei der Metamorphose verloren, ohne daß jedoch diese Verhältnisse durch entwicklungsgeschichtliche Untersuchungen bisher zur Genüge klargestellt wären.

Die nun folgenden, als echte Abdominalsegmente immer kenntlichen Ringe bestehen aus Tergit und Sternit, wobei auf dem ersteren seitlich meist die Stigmen zu erkennen sind. Die Tergite greifen seitlich über die Sternite hinüber. Im ganzen sind die Abdominalsegmente teleskopartig ineinandergeschachtelt, wobei der Hinterrand jedes einzelnen Segments über die Basis des folgenden übergreift. Durch die eingefalteten Intersegmentalmembranen sowie die zwischen Tergit und Sternit des gleichen Segments gelegenen Häute besitzt das Abdomen meist eine recht erhebliche Dehnbarkeit, so daß im Gegensatz zu den viel fester miteinander verbundenen Thoraxsegmenten dem Abdomen in seinen einzelnen Teilen eine recht große Beweglichkeit zukommt. Allerdings kann auch hier durch Verwachsung von Segmenten eine gewisse Starrheit erzielt werden. Die letzten Abdominalsegmente erfahren teilweise recht weitgehende

Umgestaltungen, indem sie sich besonders an der Bildung der weiblichen Genitalapparate beteiligen und mit diesen mehr oder weniger in das Innere des Abdomens verlagert werden. Das letzte Abdominalsegment umgibt den After und trägt vielfach als „Cerci“ bezeichnete Anhänge. Gelegentlich werden auch weitere Abdominalsegmente ins Innere verlagert. Auf den Stachel und männlichen Kopulationsapparat wird später eingegangen werden.

Zwischen Mesonotum und Mesopleuren einerseits und Metanotum und Metapleuren andererseits schieben sich die Wurzeln der Vorder- bzw. Hinterflügel ein. Die vorderen sind an ihrer Basis vorn und oben durch die Flügelschuppen oder Tegulae bedeckt und geschützt. In der Flügelbasis selbst liegen mehrere Chitinstückchen (Abb. 6), die sich von bestimmten Adern und Tergitabschnürungen entwicklungsgeschichtlich ableiten lassen und für die Flugbewegung (Kap. 2) von Bedeutung sind. Vorder- und Hinterflügel sind in ihrer Gestalt recht verschieden. Stets sind aber die Vorderflügel als die beim Fliegen in erster Linie beteiligten die größeren. Die Form des Flügels ist meist eine recht gestreckte. Seltener sind die Flügel im distalen Teil stark abgerundet. Die Basalteile sind besonders bei den höheren Formen weitgehend reduziert. Die Flügeladerung spielt besonders in der Systematik eine große Rolle, da man es bei ihr mit einem Merkmal zu tun hat, das sich für stammesgeschichtliche Untersuchungen in der ganzen Reihe der geflügelten Insektenordnungen bewährt hat und das zweifellos in seinen Grundzügen ein Organisationsmerkmal darstellt. Daneben besitzt jedenfalls das Flügeladernetz aber auch Stützfunktionen für die Flügelmembranen. Eine Erscheinung, die in verschiedenen Gruppen wiederkehrt, ist eine Reduktion der Aderung bei kleineren Formen (Abb. 4c). Im allgemeinen ist eine größere Anzahl von Adern ein usprünglicherer Charakter. Die vergleichend-morphologische Betrachtungsweise hat dazu geführt, daß man die einzelnen Flügeladern in den verschiedenen Insektenordnungen zu homologisieren versucht, eine Methode, die — auf den Hymenopterenflügel angewandt — zu ganz entschiedenen Irrtümern geführt hat, da die ontogenetische Untersuchung zu wesentlich anderen Ergebnissen kommt. Die Flügeladern haben außer ihrer Stützfunktion in den Flügelmembranen ihre Hauptbedeutung darin, daß sie die in den Flügel eintretenden Tracheen schützen. Diese Tracheen sind jedoch durchaus nicht mehr immer im Imaginalflügel nachweisbar. Als Blutbahnen dürften die Flügeladern bei den Imagines kaum noch Bedeutung haben. Sie stellen nur noch die letzten Reste des Flügellumens dar. Eine Ausnahme machen vielleicht diejenigen Formen, bei denen auch im Imaginalflügel Tracheen erhalten sind. Ehe jedoch die Aderung des Hymenopterenflügels auf Grund ontogenetischer Untersuchungen mit der anderer Ordnungen homologisiert werden kann, dürfte es angebracht sein, schon um einer weiteren Verwirrung in der Terminologie vorzubeugen, die seit langer Zeit gebräuchlichen Bezeichnungen für die einzelnen Adern und die durch sie eingeschlossenen Zellen beizubehalten. Die Terminologie, soweit sie für die vorliegende Arbeit in Betracht kommt, kann ohne weiteres aus der Abb. 4, auf der neben dem Flügel eines niederen Hymenopterons der einer hochstehenden Form mit gut ent-

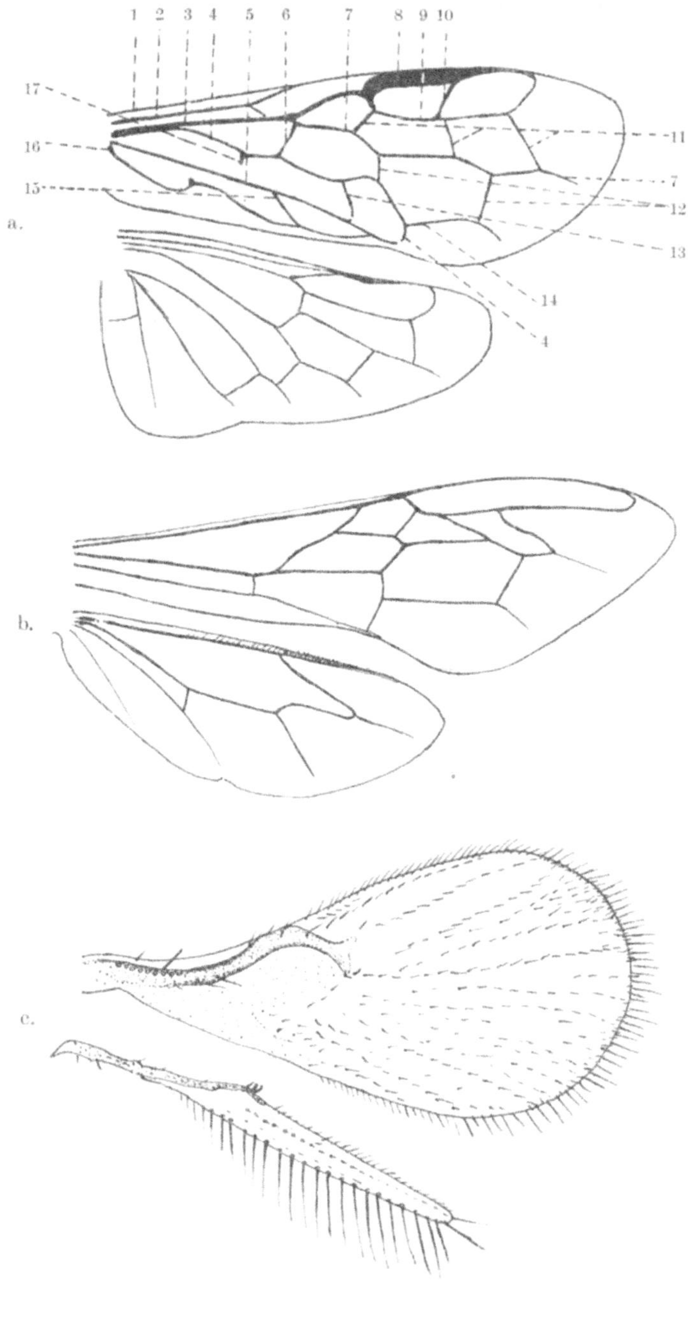

Abb. 4. a. Flügel von *Pamphilius*; b. *Apis*; c. *Trichogramma*. 1. Costal-; 2. Intercostal-; 3. Subcostal-; 4. Medial-; 5. Brachial-; 6. Basal-; 7. Cubital-Ader; 8. Pterostigma; 9. Radial-; 10. Radialquer-; 11. erste bis dritte Cubitalquer-; 12. erste und zweite Discoidalquer-; 13. Arealquer-; 14. Parallel-; 15. Humeralquer-; 16. Humeral-Ader; 17. Nervulus.

wickelter Aderung und einer anderen mit stark reduzierter abgebildet ist, ersehen werden. Bestimmte, für manche Familien charakteristische Adern oder Zellen werden vielfach mit irgendwelchen speziellen Namen bezeichnet. Flügellosigkeit kommt in verschiedenen Familien vor. Meist ist sie aber nur auf ein Geschlecht, und zwar das weibliche, beschränkt. Sehr selten sind dagegen die Fälle, in denen das Weibchen zwar geflügelt, das Männchen aber ungeflügelt ist.

Der Bau der Beine (Abb. 16) ist verhältnismäßig einfach. Das Basalstück bildet die mehr oder weniger kuglige bis zapfenförmige Hüfte (Coxa). Eingelenkt ist diese zwischen den Pleuren und Sterniten des betreffenden Thoraxsegments (Abb. 3). Die Hüften des gleichen Paares können bis zur Berührung einander genähert sein oder aber auch weit auseinander stehen. Auf sie folgt der Trochanter, ein meist kleines Glied, an das sich der Schenkel (Femur) anschließt. Von der Basis des Schenkels ist bei einem recht großen Teil der Hymenopteren ein besonderes Stück abgeschnürt, das als zweiter Trochanter oder Schenkelschnürring bezeichnet wird. Der Besitz dieses zweiten Trochanters ist früher als ein wichtiges Einteilungsprinzip in der Hymenopterensystematik verwendet worden. Bei zahlreichen Vertretern derjenigen Familien, die früher als „Monotrochanterata" zusammengefaßt wurden und als solche eine natürliche Gruppe auch unter Berücksichtigung der übrigen Körperorganisation bildeten, findet sich nun aber auch ein Schenkelschnürring, worauf bereits GERSTÄCKER hingewiesen hat. Hier ist er jedoch nie so scharf abgegliedert und außerdem in seinem Vorkommen auf die vorderen Beinpaare beschränkt. Umgekehrt gibt es unter den Schlupfwespen, die zwei Trochanter besitzen sollen, auch solche Gattungen, bei denen wenigstens an den Vorderbeinen nur ein Trochanter entwickelt ist. Der Schenkel ist gewöhnlich der kräftigste Abschnitt des Beines. Auf ihn folgt die gleichfalls stets kräftig entwickelte Schiene (Tibia), die an den Vorderbeinen bei der großen Mehrzahl der Arten nur einen besonders differenzierten Putzsporn, an Mittel- und Hinterbeinen aber 0—1—2 beweglich eingelenkte Sporen tragen kann. Bei tiefstehenden Formen kommen am Vorderbeine noch zwei Sporen, gelegentlich auch noch einzelne sogenannte „Supraapikalsporen" an den anderen Beinen vor. Der sich an die Tibia anschließende Tarsus besteht aus grundsätzlich fünf Gliedern, deren Zahl entweder durch Verwachsung oder durch Ineinanderschachtelung, letzteres allerdings sehr selten, bis auf drei verringert erscheinen kann. Fast immer ist das erste Glied länger oder kräftiger als die übrigen (abgesehen von den Peleciniden) und wird deshalb den übrigen Tarsengliedern als Ferse oder Metatarsus gegenübergestellt. Das letzte Glied trägt zwei gebogene Krallen, von denen mitunter eine reduziert ist. Die Krallen können einfach, gespalten oder gezähnt sein. Zwischen ihnen befindet sich ein als Haftläppchen, Empodium oder Pulvillus bezeichnetes häutiges Gebilde (Abb. 14). Auch die vorhergehenden Tarsenglieder und selbst die Schiene können sogenannte Sohlenbläschen als Anhangsorgane besitzen (Abb. 15). Mannigfache Umgestaltungen der Beine finden sich in Verbindung mit bestimmten biologischen Funktionen und werden wie die Bewegungsmechanik späterhin behandelt werden.

Als Endoskelett ist zunächst im Kopf das „Tentorium" zu erwähnen. Es besteht aus zwei von der Hinterwand des Kopfes gegen das Untergesicht ziehenden Pfeilern, die durch eine Querspange verbunden sein können. In erster Linie scheint dieses Gerüst zur Versteifung der Kopfwände zu dienen und ein Eindrücken der Vorderwand verhüten zu sollen. Daneben kann es kleinen Muskeln, die bei den Saugbewegungen des Pharynx eine Rolle spielen, Ansatzstellen bieten. Die „Endosterna" sind kräftige, von den drei Thoraxsterniten ins Innere des Thorax vorspringende Platten, an denen neben Längsmuskeln auch die Beinmuskulatur ansetzt. Das tief ins Innere des Thorax verlagerte mesothorakale Postnotum wurde bereits oben erwähnt. Dem Abdomen fehlen endoskelettale Bildungen.

Die inneren Organe werden später im Zusammenhang mit ihrer Funktion behandelt werden.

Die Puppen der Hymenopteren liegen entweder frei oder ruhen in einem Kokon. Sie sind frei gegliedert, doch erscheinen besonders die Körperanhänge dicker und schlauchförmiger, mit noch nicht scharf durchgeführter Gliederung. Die Flügel liegen seitlich dem Körper an und bilden sackartige Ausstülpungen, die bedeutend kürzer als die ausgebildeten Imaginalflügel sind. Die Tailleneinschnürung ist noch weniger tief. Über besondere Puppenorgane wird weiter unten gesprochen werden.

Die große Mehrzahl der Larven stellt einen fußlosen, scheinbar einfachen Madentypus dar, der aber eine deutlich ausgebildete Kopfkapsel besitzt. Am Körper lassen sich, abgesehen vom Kopf, häufig noch 13 ursprüngliche Segmente nachweisen. Die madenförmige Larve stellt einen hochspezialisierten Larventyp dar. Eine recht ursprüngliche Larvenform begegnet uns dagegen bei den tiefstehenden Hymenopteren (Abb. 20). Hier sind am Kopf gegliederte, wenn auch kurze Fühler vorhanden, seitlich stehen Einzelaugen. Die Thorakalsegmente besitzen gegliederte, in eine Klaue auslaufende Beine; hinten trägt das Abdomen bei den tiefstehenden Larven Cerci. Bei einem etwas spezialisierteren Larventyp sind die Cerci in Wegfall gekommen und Abdominalbeine entwickelt. Diese Larven ähneln häufig äußerlich sehr den Schmetterlingsraupen, doch sind die Abdominalbeine in größerer Zahl vorhanden, und es fehlen ihnen die Hakenkränze. Diese Charaktere kommen ebenso wie die einfachen Seitenocellen aber auch manchen tiefstehenden oder reduzierten Lepidopterenraupen zu, so daß wir hier vorläufig kein sicheres Unterscheidungsmerkmal besitzen.

Gelegentlich finden sich bei parasitären Arten frei bewegliche Jugendlarven (Abb- 201), die sich von dem endgültigen Larventyp recht erheblich unterscheiden. Auch die sogenannten Cyclopoidlarven (Abb. 202) stellen ein recht merkwürdiges Entwicklungsstadium dar, auf das später noch näher eingegangen werden muß.

Die folgende kurze systematische Übersicht über die Hauptgruppen und Familien der Hymenopteren erhebt keinesfalls Anspruch auf Vollständigkeit. Im übrigen gehen auch in der Fassung der Familienbegriffe die einzelnen Autoren teilweise weit auseinander. In der Hauptsache lehnt sich diese Übersicht an HANDLIRSCH an.

A. Unterordnung: *Symphyta* oder *Phythophaga* (Blatt- und Holzwespen). Hinterleib breit dem Thorax ansitzend, daher keine „Wespentaille“. Vorderflügel meist mit Analzelle.

1. *Pamphiliidae* (einschließlich *Xyelinae* und *Blasticotominae*) mit meist erhaltener Subcosta.
2. *Tenthredinidae*: Subcosta nicht mehr als freie Ader. Diese Familie umfaßt die Mehrzahl der Blattwespen.
3. *Sirecidae* (Holzwespen). Legebohrer im weiblichen Geschlecht weit vorragend, darüber gewöhnlich eine kräftige Spitze.
4. *Cephidae* (Halmwespen). Schlanke Arten, die im Larvenstadium in Pflanzenteilen bohren. Cenchri und Schuppenfeld auf der Unterseite des Vorderflügels fehlen.
5. *Orussidae*. Zum Parasitismus übergegangene kleine Familie mit langem, ins Innere des Abdomens verlagertem, vorstreckbarem Bohrer. Flügeladerung teilweise reduziert.

B. Unterordnung: *Terebrantes*. Hierher Schlupf-, Gall-, Erz- und Zehrwespen. „Wespentaille“ vorhanden. Hinterbeine immer mit einem auf den Trochanter folgenden Schenkelschnürring (Ausnahme Peleciniden). Vorderflügel ohne Analzelle. Im übrigen sehr vielgestaltig.

1. *Trigonaloidae*. Aderung wenig reduziert; Paraglossen gut entwickelt; Legeapparat klein, im Innern des Abdomens verborgen. Artenarm.
2. *Aulacidae*. Hinterleib keulenförmig, oben am Mittelsegment eingelenkt. Aderung wenig reduziert. Artenarm.
3. *Roproniidae*. Subcosta vom Flügelvorderrand entfernt; Ursprung des Legestachels nach dem Ichneumonidentyp; Abdomen unten am Mittelsegment eingelenkt. Bisher nur aus Amerika bekannt. Artenarm.
4. *Ichneumonidae* (Schlupfwespen). Durch die große Discocubitalzelle und die gleichzeitig vorhandene zweite rücklaufende Ader leicht kenntlich; im übrigen vielgestaltig. Die kleine „Familie“ *Neorhacodidae* lehnt sich eng an die *Pimplinae* an. Sehr artenreich.
5. *Agriotypidae*. Sternite stärker chitinisiert als bei der vorhergehenden Familie und wohl nur als eine dem Wasserleben angepaßte Unterfamilie derselben aufzufassen. Sehr artenarm.
6. *Aphidiidae*. Kleine in Blattläusen lebende Tiere; stets ohne zweite rücklaufende Ader und mit häufig auch weiter reduzierter Aderung. Abdominalsegmente weitgehend gegeneinander beweglich, so daß das Abdomen eingekrümmt werden kann. Stachel kurz.
7. *Stephanidae*. Schlanke Formen mit dickem, gehöckertem Kopf. Prothorax halsartig verlängert. Hinterleib keulenförmig. Hinterbeine lang und kräftig mit gezähnten Schenkeln; Bohrer lang. In Europa sehr artenarm.

8. *Megalyridae.* Gedrungene, zylindrische Form mit sehr langem Bohrer. 1. Thoraxstigma freiliegend. Wenige Arten in Australien. Hierher auch die *Dinapsidae* aus Afrika.

9. *Braconidae.* Sehr vielgestaltig. 3. und 4. Abdominalsegment verschmolzen und daher nicht gegeneinander beweglich. Zweite rücklaufende Ader fehlt stets. Sehr artenreich.

10. *Pachylommatidae.* Abdomen seitlich zusammengedrückt; Segmente gegeneinander beweglich. Zweite rücklaufende Ader fehlt; Aderung im übrigen sehr charakteristisch; Hinterbeine verlängert und verdickt. Wenige, bei Ameisen schmarotzende Arten.

11. *Gasteruptionidae.* Schlanke Formen mit oben am Mittelsegment eingelenktem, komprimiertem Abdomen. Prothorax halsartig verlängert. Bohrer mitunter lang. Hinterschienen keulig verdickt. Bei aculeaten Hymenopteren schmarotzende Arten.

12. *Evaniidae.* Kurze, gedrungene Formen mit kleinem, gestieltem, oben am Mittelsegment eingelenktem, komprimiertem Abdomen. Metasternum zwischen den Hinterhüften gegabelt. Aderung oft weit reduziert. Schmarotzen in den Ootheken von Schaben. Hinterflügel mit Basallappen.

13. *Cynipidae* (Gallwespen). Meist kleinere Formen mit seitlich zusammengedrücktem Abdomen. Ein Pterostigma fehlt gewöhnlich. Radialzelle dreieckig; Fühler nie gekniet. Bohrer meist weit in das Innere eingezogen, letztes freiliegendes Sternit groß und kahnförmig. Zahlreiche Arten in Gallen und als Parasiten.

14. *Chalcididae* (Erzwespen). Flügeladerung meist sehr reduziert und nur längs des Vorderrandes entwickelt. Fühler gewöhnlich gekniet, mit kleinen Ringgliedern am Grunde der Geissel. Bohrer vorragend oder verborgen. Sehr artenreich; wenige Arten phytophag, die übrigen als Parasiten verschiedenen Grades.

15. *Mymaridae.* Kleinste Hymenopteren. Flügel sehr schmal, am Rande lang bewimpert, ohne Adern. Ringglieder fehlen. Parasiten in Insekteneiern.

16. *Serphoidea.* Eine recht vielgestaltige Familiengruppe. Stachelapparat aus der Hinterleibsspitze hervortretend; Aderung oft weitgehend reduziert. Tegulae dicht am Prothorax eingelenkt. Zahlreicheparasitische Arten.

17. *Monomachidae.* Tiere von eigenartigem Habitus. Das Abdomen des Weibchens ist zunächst schlank, erweitert sich dann und verjüngt sich wieder in eine lang ausgezogene Spitze. Sehr kleiner Legebohrer mit getrennten Stachelrinnen. Wenige Arten in Australien und dem tropischen Amerika.

18. *Pelecinidae.* Stark glänzende, schlanke Tiere. Das Abdomen des Weibchens ist sehr stark gestreckt. Die Sternite sind mit Ausnahme des ersten durch Verlagerung in das Innere fast vollständig verdrängt. Stachelapparat verhältnismäßig sehr klein, in der Hinterleibsspitze verborgen, mit verwachsener Stachelrinne. Metatarsen der Hinterbeine stark verkürzt. Hinterschienen

keulenförmig. Abdomen des Männchens am Ende kolbig angeschwollen. Ein Schenkelgrundring fehlt.

(HANDLIRSCH hat 1924 die Peleciniden zum Range einer eigenen Unterordnung erhoben.)

C. Unterordnung: *Aculeata*. Stachelrinnen verschmolzen. „Wespentaille" vorhanden. Hinterschenkel mit Ausnahme der Rhopalosomidae ohne Schnürring (Trochanter einfach). Fühler gewöhnlich 12—13gliedrig; Vorderflügel ohne Analzelle.

1. *Plumariidae*. Flügel mit reich verzweigter, altertümlicher Aderung; Pterostigma sehr groß. Fühler meist lang bewimpert. Hinterbeine ohne Putzvorrichtung. Hinterflügel ohne Anallappen. Bisher nur Männchen bekannt. Wenige Arten aus Südamerika und Südwestafrika.
2. *Bethylidae*. Kopf meist prognath; Aderung reduziert; Flügel häufig fehlend. Mittelsegment lang. Zahlreiche, meist kleine Arten.
3. *Dryinidae*. Mundöffnung meist nach unten gerichtet. Kopf häufig stark eingesattelt. Vorderbeine des Weibchens fast immer zu Fangbeinen umgewandelt. Thorax meist knotig gegliedert. Pronotum stark entwickelt. Flügel oft fehlend; Aderung reduziert. Zahlreiche, meist kleine Arten.
4. *Embolemidae*. Fühler vorn oben am Kopf eingelenkt; dieser stark gewölbt, teilweise opistognath. Flügellose und geflügelte kleine Arten. Sehr artenarm.
5. *Cleptidae*. Den Bethyliden sehr nahestehend. Letzte Segmente tubusartig eingestülpt und vorstreckbar. Prothorax nach vorn verjüngt.
6. *Chrysididae* (Goldwespen). Meist metallisch gefärbte, mittelgroße Tiere mit 2—4 freien Abdominalsegmenten, die übrigen wie bei den Cleptiden. Prothorax groß und quer. Abdomen mit scharfer, von den Tergiten gebildeter Seitenkante; Bauch konkav. Zahlreiche Arten.
7. *Sapygidae*. Schlanke, zylindrisch gebaute Tiere mit großem Pronotum; Abdominalsternite gleichmäßig gewölbt, Hinterhüften genähert; Hinterbeine ohne Putzapparat.
8. *Rhopalosomidae*. Schlanke Tiere mit stielartigem 1. Hinterleibssegment. Fühler sehr lang und dünn, 13gliedrig; Aderung der Vorderflügel an Vespiden, die der Hinterflügel ganz eigenartig und an die der Plumariiden erinnernd. Hinterflügel mit großem Anallappen. Beine lang und dünn. Putzapparat der Hinterbeine deutlich. Schenkelschnürringe, auch an den Hinterbeinen vorhanden. Augen ausgerandet. Artenarm. Nach Dryinidenart schmarotzend. (Stellung im System noch zweifelhaft.)
9. *Anthoboscidae*. (Die 9.—19. „Familie" lassen engere verwandtschaftliche Beziehungen zueinander erkennen und werden von HANDLIRSCH als Unterfamilien seiner *Mutillidae* aufgefaßt.) Die Anthobosciden sind gegenüber den übrigen verwandten Familien

durch die geringe Entwicklung der Bauchfurche, die höchstens schwach ausgerandeten Augen und das Fehlen einer Analbewehrung bei den Männchen ausgezeichnet.

10. *Scoliidae* (Dolchwespen). Mittelhüften weit auseinanderstehend. Augen entweder nierenförmig und dann Mittelschienen mit einem Sporn (*Scoliinae*) oder Augen kaum ausgerandet und dann Mittelschiene mit zwei Spornen (*Myzininae*). Sehr artenreich, zum Teil sehr große Formen.
11. *Fetschenkiidae*. Mittelhüften genähert; Augen nicht ausgerandet; Mittel- und Hintertibien mit zwei Spornen. Flügeladerung erreicht im Gegensatz zu den Myrmosinen den Flügelrand nicht.
12. *Tiphiidae*. Durch den Besitz eines einzigen Sporns an den Mitteltibien bei gleichzeitig nicht ausgerandeten Augen ausgezeichnet. Endsegment des Männchens mit einem nach oben gerichteten Haken. Beide Geschlechter geflügelt. Meist kleinere Tiere.
13. *Pterombridae*. Durch schlanke Gestalt und gestielten Hinterleib ausgezeichnet. Prothorax lang, halsartig, Mittelhüften genähert. Beide Geschlechter geflügelt. Mittelschienen mit zwei Spornen. Wenige südamerikanische Arten.
14. *Methocidae*. Weibchen flügellos; beide Geschlechter schlank, Thorax des Weibchens knotig; Mittelhüften genähert; Hintertibien in beiden Geschlechtern nur mit einem Sporn, die Mitteltibien beim ♂ mit einem, beim ♀ mit zwei Spornen.
15. *Thynnidae*. Den Methociden ähnlich, aber, besonders die Weibchen, gedrungener gebaut; Mittel- und Hintertibien mit je zwei Spornen; Mittelhüften voneinander entfernt. Hauptsächlich südamerikanische und australische Arten.
16. *Myrmosidae*. Weibchen flügellos; Mittelhüften genähert; Thorax des Weibchens nicht in Knoten gegliedert, nur die Pro-Mesothorakalnaht erhalten; Mittel- und Hinterschienen mit je zwei Spornen.
17. *Apterogynidae*. Weibchen flügellos; vordere Abdominalsegmente stark gegeneinander eingeschnürt. Männchen mit stark reduzierter Flügeladerung. Letztes Segment in einen nach oben gebogenen Sporn ausgezogen.
18. *Mutillidae* (Spinnenameisen). Weibchen, selten auch Männchen, flügellos; Mittelhüften einander genähert. Pronotalnaht des Weibchens höchstens undeutlich. Hinterflügel des Männchens ohne Anallappen. Besonders die Weibchen mit Flecken und Bindenzeichnungen. Sehr artenreich.
19. *Bradinobaenidae*. Weibchen flügellos; Pronotalnaht deutlich. Mittelhüften auseinanderstehend; Sporne der Mittel- und Hintertibien in der langen Endbedornung derselben als solche nicht kenntlich. Hinterleib gestielt. Ähnlich den Apterogyniden, aber ohne Einschnürung zwischen den Segmenten. Männchen mit reduzierter Aderung. Letztes Segment in drei Spitzen ausgezogen.

20. *Formicidae* (Ameisen). Fühler bei weiblichen Individuen scharf in Schaft und Geißel gegliedert; Flügeladerung reduziert; Hinterbeine mit Putzvorrichtung; erstes Hinterleibsglied schuppenförmig, oder die beiden ersten knotig abgesetzt. Stachelapparat bei Camponotinen und Dolichoderinen reduziert. Arbeiterinnen flügellos. Artenreich.
21. *Vespidae* (Wespen, Faltenwespen). Augen nierenförmig; Prothorax dorsal stark entwickelt, hinten tief ausgerandet, die Tegulae erreichend. Flügel der Länge nach faltbar; Hinterbeine mit Putzapparat. Artenreich, besonders in den Tropen.
22. *Masaridae*. Wie die vorhergehende Familie; aber die Medianquerader der Hinterflügel gerade verlaufend, nicht gewinkelt. Artenarm.
23. *Psammocharidae* (*Pompilidae*; Wegwespen). Prothorax ähnlich wie bei den Vespiden, aber weniger tief ausgerandet; Augen höchstens schwach ausgebuchtet; Beine lang, Hinterbeine mit Putzapparat. Artenreich.
24. *Sphecidae* (Grabwespen). Pronotum nur schwach entwickelt; Augen selten tief ausgerandet; Hinterbeine mit Putzapparat. Meist spärlich behaart. Vielgestaltig. Sehr artenreich.
25. *Apidae* (Bienen). Den vorhergehenden ähnlich; meist stark behaart; Putzapparat an den Hinterbeinen fehlt. Hinterleibsbasis selten stielförmig verjüngt. Sehr artenreich.

Die stammesgeschichtliche Ableitung der Hymenopteren ist, da Fossilien, die Übergänge zu anderen Ordnungen erkennen lassen könnten, bisher nicht bekannt sind, nur auf die Untersuchung rezenten Materials zu gründen. Gewisse Beziehungen zu den Hymenopteren finden sich allerdings nach TILLYARD in der aus dem unteren Perm von Kansas beschriebenen Ordnung *Protohymenoptera*. Echte Hymenopteren sind erst aus viel späteren Schichten, aus dem oberen Jura, bekannt. Es muß aber bei der Spezialisierung der jurassischen Pseudosireciden angenommen werden, daß schon vorher Hymenopteren existierten. Doch fehlen uns hier die Zeugnisse der Vergangenheit.

Es ergibt sich nun die Frage, welches die einfachst organisierten rezenten Hymenopteren sind, von denen die stammesgeschichtlichen Betrachtungen ausgehen müssen. Einen Fingerzeig geben uns hier schon die Fossilien. Die Pseudosireciden aus dem oberen Jura sind Hymenopteren aus der Reihe der Symphyten. Der spanische *Ephialtites* aus dem Malm erscheint dagegen durch den langen Legebohrer und die Anlage der Taille bereits hochspezialisiert. Die Einschnürung zwischen 1. und 2. Abdominalsegment, die zur Ausbildung der Wespentaille führte und den usprünglich gleichmäßig segmentierten Körper weitgehend gliederte, ist eine Neuerwerbung innerhalb der Ordnung. Wir müssen daher von vornherein die Apocriten (*Terebrantes* + *Aculeata*) außer Betracht lassen. Die Symphyten erweisen sich auch in anderer Hinsicht als einfacher organisiert. Die Reduktion der Flügeladerung ist noch nicht so weit vorgeschritten; namentlich im Analteil des Flügels treffen wir ursprünglichere Verhältnisse. Der Thorax läßt die ursprüngliche Segmentierung noch deutlicher erkennen und sich daher auch leichter in seinen einzelnen Bestandteilen mit denen niederer Ordnungen homologisieren. Der Putzapparat der Vorderbeine entsteht erst in dieser Familiengruppe. Bei manchen Formen ist er noch kaum angedeutet. Wenn wir von den reduzierten Mundteilen der Sireciden und den spezialisierten der Megalodontinen absehen, zeigen auch diese Organe, daß wir in den Symphyten recht usprüngliche Hymenopteren vor uns haben. Und zwar entspricht die Anlage gut dem orthopteroiden Typ. Recht charakteristisch ist auch der Legeapparat der tiefstehenden Hymenopteren, der mit dem der Orthopteren eine weitestgehende Ähnlichkeit besitzt, die nicht auf Konvergenz, sondern auf Entstehung aus den gleichen Gonapophysen beruht. Gegen eine Ableitung aus der Orthopterenreihe sprechen nach HANDLIRSCH die mehr flache Form und relativ großen genäherten Hüften. „Man wird also vermutlich an Vorfahren der Blattarien denken müssen, bei denen die ursprünglichen Gonapophysen noch nicht reduziert waren, also vielleicht an gewisse Protoblattoiden oder ähnliche Typen".

Die mutmaßliche Stammesentwicklung der Hymenopterenfamilien kann hier nur in großen Zügen angegeben werden. Innerhalb der heutigen Symphyten haben die Pamphiliiden incl. Xyelinen in der Flügeladerung die altertümlichsten Merkmale gewahrt, dürften sich aber nach BÖRNER von der Ausgangsform in der Bildung der Mundteile entfernt haben, so daß hierin in der Familie der Tenthrediniden ursprünglichere Verhältnisse angetroffen werden. Auch in dem Fehlen von Bandborsten an Schiene und Ferse als Vorläufern des Putzapparates sieht BÖRNER eine einfachere Organisation der genannten Familie. Diese Eigentümlichkeit ist aber bei Nachprüfung eines großen Materials nicht aufrecht zu erhalten und schwankt selbst innerhalb der Gattungen. Die Abzweigung der apocriten Hymenopteren dürfte aus der Reihe der Symphyten erfolgt sein. Es liegt kein Grund vor, sie von etwa noch usprünglicheren Formen ableiten zu wollen. Der zum Parasitismus übergegangenen Familie der Orussiden eine Zwischenstellung zwischen Symphyten und Apocriten einzuräumen, scheint aber ebensowenig angängig wie ihre Einreihung unter die Apocriten selbst. Die Gründe, die Verfasser dazu veranlassen, die Orussiden innerhalb der Familiengruppe der Symphyten zu belassen, wo ihnen der Rang einer eigenen Überfamilie zukommen mag, sind an anderer Stelle auseinandergesetzt. Die Andeutung einer Tailleneinschnürung, die in vollendeter Form allen Apocriten eigen ist, findet sich auch in der Symphytenreihe. Es kommt dort sowohl eine Längsaufspaltung des ersten Tergits wie eine mehr oder weniger tiefe Ausrandung an dessen Hinterrand vor. Von cephidenähnlichen Formen dürfte vermutlich die Reihe der Apocriten herzuleiten sein. Auf Grund der rezenten Hymenopteren ist es kaum möglich zu entscheiden, ob die aculeaten Hymenopteren und die parasitären Apocriten (*Terebrantes*) gemeinsamen Ursprungs sind. In vielen Fällen haben die Parasiten eine ursprünglichere Organisation beibehalten, so besonders in der Gliederung des Abdomens dadurch, daß in den Stachelapparat noch nicht alle Teile einbezogen sind, die sich bei den Aculeaten daran beteiligen. Bei verschiedenen Formen, z. B. den mit den Tiphiiden nahe verwandten Bethyliden, ist aber auch der Aculeatenstachel noch ursprünglicher. Soweit nicht etwa eine Reduktion des ganzen Stachels in Frage kommt, ist bei den Aculeaten die Stachelrinne aus ihren beiden Gonapophysen verwachsen, eine Eigentümlichkeit, die sich auch schon bei Symphyten (z.B. Sireciden) findet und die auch bei den sogenannten Parasiten weit verbreitet ist. Doch kommen bei den letzteren auch noch getrennte Stachelrinnen vor. Keineswegs kann aber diese Trennung bei den betreffenden Familien als allgemein verbreitet angesehen werden. Im übrigen zeigt gerade die außerordentliche Wandlungsfähigkeit des Stachelapparates, wie wenig Bedeutung man ihm für die Gruppensystematik beilegen darf. Die Familie der Trigonaloiden, eine im allgemeinen als altertümlich anzusprechende Schlupfwespengruppe, besitzt einen weitgehend umgestalteten Stachel. Ein gemeinsames Merkmal der Symphyten und parasitären Apocriten ist der Besitz von Schenkelgrundringen. Diese scheinen allen echten Parasiten noch außer dem Trochanter zuzukommen, können allerdings gelegentlich an den Vorderbeinen bei manchen Gruppen der Tryphoninen fehlen, an den Hinterbeinen aber wohl nie. Nun hat GERSTÄCKER bereits auf das Vorkommen von Schenkelschnürringen bei aculeaten Hymenopteren hingewiesen. Dem kann jedoch entgegengehalten werden, daß diese am Bein der Aculeaten auftretenden Schnürringe nie in dem Maße abgegliedert sind wie bei den Terebrantien. Gelegentlich schneidet eine feine Linie an der Schenkelbasis etwas ein, diese aber wohl nie ganz umgreifend. Was in anderen Fällen als Schenkelschnürring bei Aculeaten bezeichnet werden könnte, ist der Gelenkkopf des Schenkels, der in den Trochanter eingelassen ist, teilweise aber aus diesem hervorragen kann. Am Hinterbein der aculeaten Hymenopteren kommt aber eine Andeutung eines Schenkelschnürringes, wenn man von den in ihrer systematischen Stellung zweifelhaften Rhopalosomiden absieht, nicht vor, womit also die ältere Einteilung in mono- und ditrochanterate Apocriten in bezug auf die Hinterbeine wohl aufrecht erhalten werden könnte. Die Unterordnung der Terebrantien umfaßt nun mehrere Familiengruppen. Die starke Reduktion der Aderung in den Überfamilien der *Chalcidoidea* und *Serphoidea* läßt diese als höher spezialisiert bewerten. Die Stellung der *Cynipoidea* ist zweifelhaft. Einfacheren Flügeladerungstypen begegnen wir bei den Trigonaloiden, Aulaciden, Evaniiden mit Verwandten und manchen Braconiden, während die Ichneumoniden teilweise eine reduziertere und durch den Verlauf der dem Vorderrande genäherten Adern auch eine spezialisiertere Aderung besitzen. In den einzelnen Familien sind ebenfalls wieder einfachere und hochspezialisierte Typen zu unterscheiden, die das Abwägen erheblich erschweren. Was den Stachelursprung anbetrifft, der bei den Chalcididen und Cynipiden scheinbar von der Hinterleibsspitze entfernt liegt, so sehen wir konvergente Erscheinungen auch z. B. bei solchen Ichneumoniden, deren letztes, freiliegendes Ventralsegment pflugscharförmig verlängert ist. Ebenso ist als Konvergenzerscheinung bei manchen hierher gehörigen Familien entgegen der sonst bei den Apocriten vorkommenden ventralen Einlenkung des Abdomens dasselbe oben am Mittelsegment angeheftet.

Innerhalb der Aculeaten haben sich die einzelnen Familien offenbar schon sehr frühzeitig differenziert. Ein recht primitiver Aderungstyp ist uns bei den Plumariiden erhalten. Den Gang der Entwicklung hier rekonstruieren zu wollen, ist zur Zeit kaum möglich. Die Spezialisierung in den einzelnen Gruppen ist zum Teil sehr weit getrieben, so daß ursprünglichere Charaktere verwischt wurden. Als ein Seitenzweig der Bethyliden mögen über die Cleptiden die Chrysididen entstanden sein, doch zeigt eine recht ursprünglich gebaute Goldwespe aus dem Bernstein Charaktere, die sie von rezenten Bethyliden und denen des Bernsteins weit entfernt. Die betreffende *Protochrysis* ist aber außerdem durch einige Merkmale ausgezeichnet, die sicher nicht ursprünglich sind, wie ein mächtiges, lamellenförmiges Metanotum, unter dem die Flügel zum Teil verborgen werden konnten. Diese Form wird sich also vom Ursprung der Goldwespen schon recht weit entfernt haben. In der Überfamilie der Heterogynen werden eine ganze Reihe von Familien zusammengefaßt, die sich um die Mutilliden und Scoliiden im weiteren Sinne gruppieren; dazu kommen auch die Sapygiden und Ameisen. Aus der Scolienreihe sind jedenfalls die Wegwespen hervorgegangen. Die Vespiden scheinen ziemlich isoliert zu stehen. Gemeinsamen Ursprungs dürften aber Bienen und Grabwespen sein, wobei jedoch eine frühzeitige Trennung angenommen werden muß.

Den Rang einer eigenen Unterordnung nehmen nach HANDLIRSCH (1924) die Peleciniden ein. Diese Tiere bilden durch den Bau des Abdomens des Weibchens zweifellos eine sehr spezialisierte Familie. Die einzelnen Abdominalsegmente bestehen mit Ausnahme des ersten, an dem Tergit und Sternit deutlich zu unterscheiden sind, zum größten Teil aus den in einer ventralen Längsnaht zusammenstoßenden Tergiten. Die Sternite werden nach hinten und wohl auch nach innen abgedrängt. Am letzten freiliegenden Segment wird dagegen das Tergit verschmälert, und das Sternit greift auf die Dorsalseite über. Der kleine, ins Innere eingezogene Stachelapparat hat verschmolzene Stachelrinnen. Das langgestreckte, keulenförmige Ei findet darin Aufnahme, passiert also den Stachel, wie Verfasser sich an einem Präparate überzeugen konnte. Die Ablage erfolgt also nach dem Typ der Terebrantier. Die verwachsenen Stachelrinnen sprechen auch nicht gegen eine Stellung in dieser Gruppe, da sie sich auch bei zahlreichen anderen Parasiten finden. Die Verkürzung der hinteren Metatarsen ist eine Eigentümlichkeit dieser Gruppe. Gegen die Terebrantiernatur von *Pelecinus* könnte das Fehlen eines Schenkelschnürrings sprechen. Nun sehen wir aber, wie bei den Peleciniden mit der starken Chitinisierung des Körpers manche Nähte weitgehend verschwinden, wie z. B. die Verwachsungslinie der Tergite ventral. Es ist daher sehr wohl denkbar, daß auch hier durch die dicken Sekretschichten die Trennung von Schenkel und Schenkelschnürring unsichtbar wird oder zwischen Schenkelschnürring und Trochanter, falls jener mit dem Trochanter bereits in engere Verbindung getreten ist.

Um die heutige Verbreitung der Hymenopteren verstehen zu können, ist es nötig, auf die Faunenentwicklungsgeschichte zurückzugreifen, die in enger Beziehung zur Geologie und Paläoklimatologie steht.

Geologie und Paläontologie sollten zwar die Grundlagen abgeben, die die Pflanzen- und Tierverbreitung auf der Erde verständlich machen. Umgekehrt können aber auch Pflanzen- und Tierverbreitung zur Stütze für geologische Hypothesen herangezogen werden, wie dies bei landbewohnenden Formen besonders für die Konstruktion ehemaliger Verbindungen zwischen heutzutage getrennten Landmassen üblich ist. Schließlich kann auch aus der Verbreitung der Lebewesen auf der Erde direkt auf bestimmte vorzeitliche Verhältnisse geschlossen werden, die durch geologische Forschung noch nicht bestätigt zu sein brauchen. In allen Fällen ist jedoch größte Vorsicht am Platze, da z. B. die Erforschung der Bernsteinameisen zu ganz abweichenden Resultaten geführt hat, als wenn man mit Brückenhypothesen gearbeitet hätte. Ist durch die Geologie festgelegt, seit welchem erdgeschichtlichen Zeitalter zwei Gebiete, sei es durch Meere oder hohe Gebirge, in einer Weise getrennt sind, daß eine Besiedlung des einen vom andern her nicht mehr erfolgen konnte, so kann man ein Mindestalter für diejenigen Formen angeben, die beiden gemeinsam sind oder doch wenigstens enge stammesgeschichtliche Beziehungen erkennen lassen. Die vergleichend-morphologische Betrachtungsweise führt den Systematiker dazu, bestimmte Formenkreise als ursprünglicher organisiert zu erkennen und diesen ein entsprechend höheres Alter zuzuschreiben als spezialisierteren Formen. Dabei fehlt aber jegliches Maß dafür, innerhalb welcher Zeiträume die Spezialisierung erfolgt sein kann, und Hymenopteren aus früheren erdgeschichtlichen Perioden sind uns leider nur sehr spärlich erhalten, abgesehen von den höchstens in die obere Kreide zurückzudatierenden Bernsteineinschlüssen. Aus dem oberen Jura Bayerns und Englands kennen wir die Familie der Pseudosireciden, die offensichtlich gewisse Beziehungen zu den heutigen Sireciden besitzen. Außerdem ist uns in *Ephialtites jurassicus* Meun. aus dem spanischen Malm ein merkwürdiges Hymenopteron mit sehr langem Legestachel erhalten, der bereits auf eine hohe Spezialisierung hindeutet. Im Bernstein, der uns durch die gute Erhaltung seiner Einschlüsse eine leichte Untersuchungsmöglichkeit gibt, begegnen wir einem verhältnismäßig großen Artenreichtum. Viele Gattungen können ohne weiteres mit rezenten identifiziert werden, wobei allerdings zu bemerken ist, daß entsprechend den anderen klimatischen Bedingungen die Fauna Elemente aufweist, die inzwischen bei uns ausgestorben sind. Verhältnismäßig selten scheinen Formen zu sein, die noch wesentlich ursprünglichere Charaktere besitzen als ihre heutigen Verwandten und die uns im Bernstein gewissermaßen als Reste früherer Perioden erhalten sind. Als ein Beispiel hierfür kann die bereits erwähnte *Protochrysis* aufgefaßt werden, die noch sechs deutliche Abdominalsegmente besitzt, während bei den heutigen Goldwespen die zwei oder drei letzten Segmente ins Innere des Abdomens verlagert wurden. Auch die Gattung *Protomutilla* mit mehreren Arten ist einfacher organisiert als die Mehrzahl der heutigen Mutilliden, da hier noch die Trennungsnaht zwischen Pro- und Mesothorax sehr deutlich ist, während bei den rezenten Formen die Verwachsung fast immer durchgeführt ist. Einen verhältnismäßig großen Formenreichtum haben die Bethyliden im Bernstein aufzuweisen, doch ist hiervon noch zu wenig bekannt, um Schlüsse ziehen zu können. Gut durchgearbeitet sind die Ameisen durch WHEELER. Unter den 19 Gattungen, die nicht mehr rezent erhalten sind, ist besonders *Protaneuretus* bemerkenswert, der die Abstammung der Dolichoderinen von den Ponerinen zu beweisen scheint. Unter den 24 auch rezent vorhandenen Gattungen sind, abgesehen von vier allgemeiner verbreiteten, nur sechs, die der nördlichen gemäßigten Zone angehören; vier Gattungen sind heute allgemein durch die Tropen verbreitet, vier weitere gehören speziell den Tropen der Alten Welt, fünf der indomalayischen und australischen Fauna an; und eine Gattung ist heute ausschließlich neotropisch.

Um wenigstens einige Beziehungen der großen Faunengebiete zueinander anzugeben, sollen im folgenden einige wenige Beispiele genannt werden. Eine große Zahl von Gattungen findet sich gemeinsam im paläarktischen und nearktischen Gebiet, doch ist das letztere entschieden reicher. Als zirkumpolar verbreitet finden sich auf der Nordhemisphäre einige Hummelarten. Gemeinsame Elemente der äthiopischen und neotropischen Fauna sind, abgesehen von Formenkreisen, die durch die ganzen Tropen verbreitet sind, sehr spärlich. Solange nicht weitere Funde uns eines Besseren belehren, ist die kleine Familie der Plumariiden bisher nur aus Südwestafrika und Südamerika bekannt. Dagegen sind eine ganze Reihe von Formenkreisen der indomalayischen und äthiopischen Fauna gemeinsam. Von Ameisen würden hier die Gattungen *Aenictus* und *Myrmicaria* zu nennen sein. Die Gattung *Mystrium* findet sich nur in Madagaskar und in einer Art in Birma. Die madagassischen Mutilliden zeigen gewisse Anklänge an orientalische Formen. Mit der australischen Ameisengattung *Podomyrma* ist die madagassische Gattung *Terataner* verwandt. Australien und Südamerika haben verschiedene Formenkreise gemeinsam. So sind die Familien der Thynniden und Monomachiden in beiden Gebieten vertreten. Von Symphyten gilt das gleiche für die Gruppen der Perreyinen, Pterygophorinen, Perginen und zum Teil auch die Loboceratinen. Die Ameisengattungen *Melophorus*, *Acanthoponera* und *Discothyra* finden sich als antarktische Gattungen in Patagonien, Chile und Neuseeland bzw. Australien. Auch die südamerikanischen Mutilliden der Gattung *Ephuta* und Verwandte zeigen noch die nächsten Beziehungen zu der australischen Gattung *Ephutomorpha*. An tiefstehenden Bienengattungen sind Australien und Chile besonders reich. Diese Beispiele mögen genügen, um zu zeigen, daß zwischen heute weit auseinanderliegenden Gebieten auf irgendeinem Wege früher ein Formenaustausch möglich war. Vielfach sind die einzelnen großen Faunengebiete durch bestimmte Formenkreise (Familien, Gattungs- oder Artengruppen) charakterisiert. Hierfür auf Beispiele einzugehen, würde zu weit führen. Voraussetzung für das Vorkommen verwandter Formen in verschiedenen Gebieten sind ähnliche allgemeine Lebensbedingungen. Verhältnismäßig spärlich sind solche Arten, die sich den verschiedensten klimatischen Bedingungen gewachsen zeigen und damit eine sehr ausgedehnte Verbreitung besitzen. Innerhalb der gleichen Gattung finden sich dagegen die verschiedensten Abstufungen.

Immerhin gibt es auch hier zahlreiche Gattungen, die nur aus tropischen Gebieten, andere, die nur aus den gemäßigten Zonen bekannt sind. Dagegen sind z. B. Hummeln im arktischen Gebiet verbreitet und erreichen auch die Tropen, wenigstens in Amerika und vereinzelt im indomalayischen Gebiet. Ähnliche klimatische Verhältnisse begünstigen aber das Vorkommen nordischer Arten in höheren Gebirgen, wobei in Mitteleuropa weite Zwischengebiete von diesen Arten unbewohnt sein können. Die Erklärung hierfür kann in den eiszeitlichen Verhältnissen gesehen werden. Mit dem Rückzug des Eises nach Norden und auf die Alpen folgten die betreffenden Hummelarten, die dem Leben unter niederen Temperaturen angepaßt waren, dem Eise in beiden Richtungen und bildeten in ihren nun immer weiter auseinander rückenden Verbreitungsarealen im Laufe der Zeiten eigene Rassen aus, die für das Hochgebirge einerseits und den Norden andererseits jetzt charakteristisch sind. Das Faunenbild, wie es sich uns heute in den ehemals vereisten Gebieten Norddeutschlands bietet, ist naturgemäß von dem voreiszeitlichen grundverschieden. An Stelle zahlreicher zugrundegegangener Formen mögen wohl einige, die mit dem Vorrücken des Eises verdrängt wurden, sich später wieder eingestellt haben, andere neue oder inzwischen veränderte Formen hinzugekommen sein. Die zwischeneiszeitlichen Klimaverhältnisse werden ein Fluktuieren der Verbreitung bedingt haben, so daß wir heute kein klares Bild von der Herkunft unserer Hymenopterenfauna gewinnen können. Mancherlei spricht allerdings dafür, daß unsere norddeutschen Formen besonders von Osten und Südosten zu uns gekommen sind. Arten, die als Überbleibsel aus einer interglazialen Steppenperiode an geeigneten Örtlichkeiten angesehen werden, können dorthin auch in jüngster Zeit, z. B. in warmen Sommern, vorgedrungen sein, sich eine Zeitlang halten, um dann wieder zu verschwinden und später wieder neu zuzuwandern. Die Erforschung der Lokalfaunen ist aber auf dem Gebiet der Hymenopterenkunde noch nicht weit genug gediehen und zu jungen Datums, um sichere Schlüsse zu gestatten. Wenn für ein Gebiet eine Art neu aufgefunden wird, so ist damit keineswegs gesagt, daß sie vorher nicht vorhanden war. In der großen Mehrzahl der Fälle kann sie übersehen oder nicht erkannt worden sein, soweit es sich um schwieriger bestimmbare Arten handelt. Andererseits sind Fälle bekannt, daß Arten, die bisher spärlich auftraten, häufig werden. Einige Jahre mit günstigen Entwicklungsbedingungen vermögen in dieser Beziehung viel zu leisten. Unter solchen Umständen wird dann die Art ihr Verbreitungsgebiet weiter ausdehnen. Auf jeden Fall ist bei der Beurteilung einer Art als „Relikt" Vorsicht geboten. Ein sicherer Beweis, daß eine gut fliegende Art sich auf engbegrenztem Areal in der ihr zusagenden Biozönose gehalten hat, ist kaum zu erbringen. Auch eine weite Entfernung des nächsten bekannten Vorkommens besagt nicht viel, da immer die Möglichkeit besteht, daß sich die betreffende Art auch in den Zwischengebieten noch finden kann.

Innerhalb jener systematischen Kategorie, die der Systematiker als „Art" bezeichnet und die durch einzelne Charaktere oder eine Summe von Charakteren sich von anderen Gattungsangehörigen als verschieden erweist, macht sich ein Variieren bemerkbar. Dies drückt sich in geringfügigeren Abweichungen aus, die individuell sein können, aber auch vielfach eine gewisse Konstanz erkennen lassen. Wenn man trotzdem im letzteren Falle nicht von Spezies, sondern von „Subspezies" zu sprechen pflegt, so soll dadurch ausgedrückt werden, daß die betreffenden, als geringwertiger aufgefaßten Unterschiede nicht die höhere Bedeutung besitzen, die man den Artcharakteren zuerkennt. Eine Anzahl solcher Subspezies, die im übrigen die gleichen höher bewerteten Artkennzeichen tragen, gehören zur gleichen Art, so daß diese also auch durch ihre Variationsbreite zu charakterisieren ist. Die Subspezies oder Unterart wird nun meist auf geographisch begrenzt auftretende Formen einer Art bezogen; man spricht dann von geographischen Unterarten oder Rassen, die sich in Nachbargebieten vertreten. Was für Einflüsse der Umgebung es gewesen sein mögen, die die Entstehung der geographischen Subspezies hervorriefen, ist kaum zu entscheiden. Die Länge und Dichte des Haarkleides arktischer Hummeln legt den Gedanken nahe, daß hier klimatische Verhältnisse in erster Linie gewirkt haben. In anderen Fällen dagegen, wo z. B. zwei Wespenrassen von benachbarten Inseln sich durch irgendeine ganz geringfügige Zeichnungsverschiedenheit auszeichnen, kommen wir mit der Annahme von Charakteren, die einer Selektion ihren Ursprung verdanken, keinesfalls weiter; ebensowenig wie bei den Fällen regionaler Konvergenz und Divergenz, die an anderer Stelle behandelt werden. Mutative Veränderungen müssen hier aufgetreten sein, deren Ursprung wir aber ebenfalls nicht kennen. Orthogenetische Entwicklungstendenzen können mitbestimmend gewirkt haben. In anderen Fällen, unabhängig von der geographischen Rassenspezialisierung, sehen wir, wie die verschiedene Ernährung der Larve Veränderungen an den Imagines mit sich bringt. Der Polymorphismus als eine trophogene Differenzierung wird an anderer Stelle behandelt. Im allgemeinen pflegt bei den höheren aculeaten Hymenopteren durch die vom Muttertiere aufgehäuften Futtervorräte die Larvennahrung in einem Maße specialisiert und dosiert zu sein, daß erhebliceh Abänderungen nicht zu erwarten sind. Die Fütterungsinstinkte sind entsprechend gefestigt. Bei den verhältnismäßig einfacheren Brutpflegeinstinkten, z. B. der Tiphiiden, findet man dagegen recht verschieden große Individuen einer Art. Die Gründe hierfür können wohl nur in einer geringeren Ernährung der schwächeren Exemplare liegen, wobei es offen bleiben muß, ob Engerlinge verschiedenen Alters befallen wurden oder etwa zwei Larven vom gleichen Wirt lebten.

Unter den phytophagen Formen zeichnen sich besonders die Holzfresser (Abb. 5), also die Sireciden, durch ganz außerordentliche Größenunterschiede aus, eine Erscheinung, die sie mit vielen anderen holzbewohnenden Insekten teilen und die wohl auf Ernährungsschwierigkeiten für die Zwergformen zurückgeführt werden müssen. In engster Abhängigkeit von der Größe ihrer Wirte steht auch die ihrer Parasiten (Abb. 6). Das ist besonders an den Pimplinen, Xylonominen u. a. zu erkennen, die bei xylophagen Wirten schmarotzen. Aber auch polyphage Parasiten sind oft recht verschieden groß. Es ist naheliegend, den Grund hierfür in der

Quantität der Nahrung zu suchen. Doch könnte hier auch die Qualität von Bedeutung sein. Leider ist hier die Forschung noch nicht genügend weit vorgeschritten, um etwa von Rassen sprechen zu können, die für bestimmte Wirte charakteristisch sind. Wir wissen auch noch nichts darüber, ob die Vermehrungsziffer irgendwie bei den Kreuzungen von derartigen Parasitenrassen, die durcheinander vorkommen könnten, beeinflußt wird. Recht auffällig ist die Ausbildung von solchen „Rassen" bei polyphagen Goldwespen, z. B. *Chrysis ignita* L. Hier kann man bereits von einigen Formen angeben, bei welchen Wirten sie ihre Entwicklung durchmachten. Besonders dann, wenn an bestimmter Stelle eine Wirtsart aus-

Abb. 5. Großes und kleines Männchen von *Thalessa citraria* Oliv. (oben), großes und kleines Weibchen von *Paururus juvencus* L. (unten).

schließlich in Frage kommt, pflegen diese „Rassen" recht konstant zu sein. In anderen Fällen dagegen, sobald eine größere Anzahl von verschiedenen Wirten dicht beieinander nisten, ist eine große Mannigfaltigkeit unter den Goldwespen zu beobachten, die sowohl auf eine Kreuzung verschiedener „Rassen" untereinander, als auch darauf zurückgeführt werden, daß vielleicht Weibchen von einer Wirtsart zu einer anderen übergegangen sind. Ein solcher Übergang kann aber z. B. schon dadurch verhindert werden, daß Formen, die bei großen Wirten eine reichliche Nahrung vorfanden und selbst eine entsprechende Körpergröße erlangt haben, in die engeren Nistgänge kleinerer Wirtsarten überhaupt nicht mehr einzudringen vermögen. Bei diesen Ernährungsformen der Goldwespen sind die Unterschiede nicht bloß auf die Größe beschränkt, sondern äußern sich auch in der Gestalt, so daß man schlanke und gedrungene Formen unabhängig von der Größe unterscheiden kann, außerdem auch in der Färbung und Skulptur. Würde man nicht die verschiedensten Übergänge zwischen den einzelnen Formen kennen, so müßte man diese für verschiedene Arten halten. Vermutlich sind diese Ernährungsformen noch nicht erblich fixiert, sondern sind in ihrem Phänotyp von Qualität und Quantität ihrer Larvennahrung abhängig; auch klimatische Faktoren spielen eine Rolle, da in feuchteren Jahren eine Verdunkelung zu beobachten ist.

Abb. 6. Großes und kleines Weibchen von *Thalessa citraria* Oliv.

Experimentell ist auf diesen Gebieten bisher wenig gearbeitet. Der Einfluß der Temperatur auf die Ausbildung des Pigments bei *Habrobracon juglandis* Ashm. ist neuerdings durch SCHLOTTKE eingehender untersucht worden. Dabei ergab sich, daß sich bei Aufzucht in höherer Temperatur, die auch gleichzeitig eine Entwicklungsbeschleunigung bedingt, eine Abnahme des Pigments bemerkbar macht. Im ganzen sind die Männchen etwas dunkler als die Weibchen. Das besonders an den Muskelansatzstellen abgelagerte Pigment hält sich am längsten dort, wo die Muskeln am steilsten ansetzen. Während Kältetiere größer und dunkler als Wärmetiere sind, sind umgekehrt innerhalb der gleichen Temperatur auftretende Kümmerformen verdunkelt. Im übrigen hat sich bei den Untersuchungen gezeigt, daß die einzelnen Entwicklungsstadien sehr verschieden empfindlich für Temperaturreize sind und daß je nach denselben kurze oder starke Kälte bzw. Hitzereize bestimmte verschiedene Einflüsse auf die Pigmentausbildung ausüben.

Zweites Kapitel.

Bewegung und Ruhe.

Die wichtigsten Fortbewegungsapparate der ausgebildeten Hymenopteren sind Flügel und Beine. Bei der überragenden Bedeutung des Fluges sei dieser zunächst behandelt. Daß bei zahlreichen Hymenopteren die Flügel in Fortfall geraten sind, wurde bereits oben erwähnt. Um das Fliegen der Hymenopteren zu verstehen, muß zunächst der Flugmechanismus selbst einer genaueren Betrachtung unterworfen werden.

Wie man bei Betrachtung einer beliebigen Hymenopterenpuppe ohne weiteres erkennt, werden die Flügel als sackartige Ausstülpungen zwischen Notum und Pleuren von Meso- und Metathorax angelegt. Die Flügelbasis selbst ist noch ausgestülpt. Beim fertigen Tier ist sie jedoch in die häutige Verbindung zwischen Notum und Pleura eingezogen, wo-

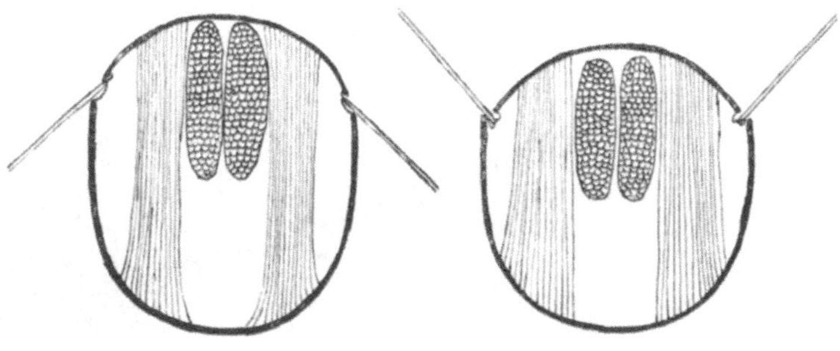

Abb. 7. Schema der Flügelbewegung durch Kontraktion dorsoventral verlaufender Muskelbündel.

durch die Flügel mit einer von der Basis etwas distal gelegenen Stelle gewissermaßen auf der oberen Pleurenkante zu ruhen scheinen und ein kleines Stück über den Stützpunkt hinaus in das Innere des Thorax hineinragen (Abb. 7). Gegen diesen kurzen Hebelarm wirkt nun das Notum, das mit seinen Seitenrändern die obere Pleurenkante nicht ganz erreicht, da seine Breite etwas geringer ist als der Abstand der oberen Pleurenkanten. Nähern sich also Tergit und Sternit, so muß das erstere auf den eingeschobenen kürzeren Hebelarm drücken und der längere Hebelarm, d. h. der frei hervorragende Teil des Flügels wird einen Ausschlag nach oben geben, eine Erscheinung, die man ohne Schwierigkeit nachprüfen kann, wenn man auf den Thorax eines frisch getöteten Hymenopterons einen leichten Druck in dorso-ventraler Richtung ausübt. Dadurch, daß die gleiche Platte, also das Notum, sowohl auf die Basis eines rechten, wie eines linken Flügels drückt, ist die Gewähr für eine gleichzeitige und gleichsinnige Bewegung des betreffenden Flügelpaares gegeben. Vorder- und Hinterflügel sind in dieser Hinsicht einander recht ähnlich, nur zeigt sich, daß auch die Hinterflügel gemeinsam mit den Vorderflügeln auf den Druck auf das Mesoscutum reagieren, vorausgesetzt, daß sich die Flügel nicht in ihrer Ruhelage, nach hinten über den Körper gelegt, befanden. Das auf einen Druck erfolgende gemeinsame Emporschnellen beider Flügelpaare findet seine Erklärung in einer festen Verankerung der hinteren an den vorderen, wenn diese in die Flugstellung gebracht werden. Am Vorderrand des Hinterflügels stehen nämlich eine Anzahl von kräftigen Häkchen (Abb. 8), mitunter auch in zwei Gruppen, die stark nach hinten gekrümmt sind und sich mit ihren Spitzen wieder der Flügelmembran nähern, so daß sie fast einen Halbkreis bilden; die distalen Häkchen pflegen etwas kürzer und weniger stark gekrümmt zu sein. Sie

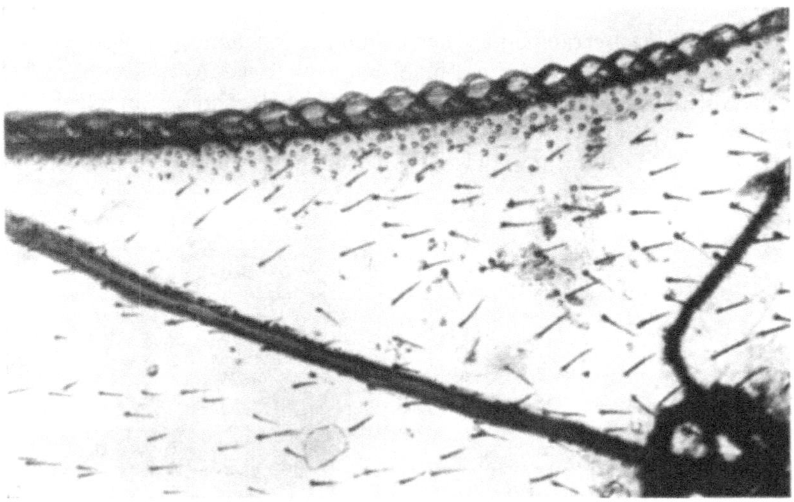

Abb. 8. Häkchen am Vorderrand des Hinterflügels eines *Oxybelus*.

sind gewöhnlich etwas in sich gedreht und stehen $\pm$ schräg zum Vorderrande des Hinterflügels. Gleitet der Vorderflügel aus der Ruhelage nach vorn, so streicht er dabei über den Hinterflügel. Hierbei greift der Hinterrand an einer Stelle, die der Lage der Häkchen am Vorderrand des Hinterflügels entspricht, unter die Häkchen, was dadurch ermöglicht wird, daß der anhaftende Hinterrand des Vorderflügels umgeschlagen ist und mehr oder weniger aderartig verdickt erscheint. Die dunklere Chitinisierung, die sich meist auf dieser Strecke findet, zeigt deutlich, daß hier eine größere Festigkeit der Flügelmembran nötig ist. Außerdem findet sich gleich distal von dieser Falte im Hinterrand häufig eine Einkerbung, in die sich der Vorderrand des Hinterflügels einschieben kann. Der auf diese Weise zustandekommende enge Zusammenhang zwischen Vorder- und Hinterflügel der gleichen Seite bringt es mit sich, daß die Flügel einer Seite eine gemeinsame Flugfläche bilden. Fehlen dürfte der

Hakenapparat nur bei schlechten Fliegern, deren Hinterflügel dann aber auch für den Flug funktionslos geworden sind oder nur als Schwebevorrichtung in Frage kommen, z. B. bei den Mymariden. Während im allgemeinen die Verkettung der Flügel erst dann eintreten kann, wenn sich der Vorderflügel über den Hinterflügel um eine vertikal gedachte Achse in horizontaler Ebene nach vorn bewegt, gibt es aber auch Ausnahmen. Unsere allbekannten „Wespen“ werden zum Unterschied von all den anderen Hymenopterenfamilien, deren deutsche Bezeichnungen

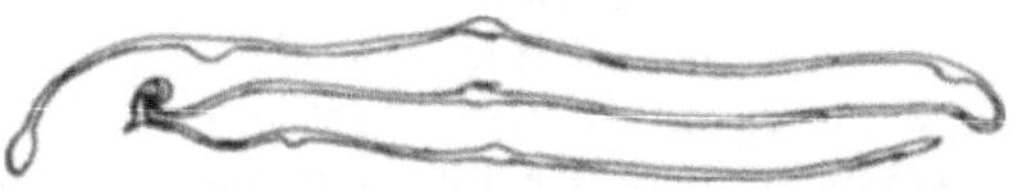

Abb. 9. Schnitt durch den gefalteten Vorder- und anhängenden Hinterflügel einer Wespe, senkrecht zur Flügellängsachse. Die Erweiterungen stellen getroffene Flügeladern dar (nach JANET).

mit dem Wort „Wespe“ zusammengesetzt sind (z. B. Raub-, Weg-, Gold-, Schlupf-, Blattwespen), „Faltenwespen“ genannt. Hierdurch wird auf eine dieser Familie zukommende Eigentümlichkeit hingewiesen, nämlich die Fähigkeit, den Vorderflügel in der Ruhehaltung der Länge nach zusammenzufalten (Abb. 9). Dabei wird die hintere Flügelhälfte unter die vordere geklappt, so daß der Hinterrand in die Nähe des Vorderrandes zu liegen kommt. Dadurch befindet sich die Haftfalte in unmittelbarer Nähe der Hakenreihe und beide Flügel können in dauernder Verankerung bleiben. Vielleicht bietet dieser innigere Zusammenhalt der Flügelpaare Vorteile bei einem schnellen Abflug.

Abb. 10. Axillarstücke a. des Vorderflügels und b. des Hinterflügels, bei der Honigbiene (nach SNODGRAS).

Untersucht man die Basis des Vorderflügels nach Entfernung der großen, sie teilweise überdeckenden Flügelschuppen (Tegulae), so findet man in ihr eine Anzahl von Chitinstückchen, die für die Flügelbewegungen von großer Bedeutung und im Vorderflügel komplizierter als im Hinterflügel sind. Diese zum Teil recht kompliziert gestalteten Chitinkörperchen werden als Axillarstücke (Abb. 10) bezeichnet. Außer vier normal im Vorderflügel vorhandenen derartigen Gebilden kommen noch auch kleinere akzessorische Sklerite hinzu. Die einzelnen Axillarstücke stehen einerseits untereinander in gelenkiger Verbindung, andererseits treten sie mit den Wurzeln der eigentlichen Aderstämme in engen Zusammenhang.

Der Hinterrand des Flügels selbst ist in der Basalregion sehnenartig entwickelt. Für den Flügelausschlag von größter Bedeutung ist das

1. Axillarstück oder der sogenannte „Wurzelstift". Dieses bei der Honigbiene einem geöffneten Schraubenschlüssel nicht unähnliche Gebilde zeigt in diesem speziellen Falle zwei Fortsätze, die zur Flügelspitze hinweisen und in gelenkige Verbindung mit anderen Platten treten, außerdem aber einen gegen den Thorax gerichteten Höcker. Auch bei anderen Hymenopteren fällt dieses Stück durch Größe und komplizierten Bau sofort auf. Gelegentlich kann es auch gegliedert erscheinen. Es leitet sich ebenso wie das 4. Axillarstück vom Tergit ab. Durch seine Vermittlung kommen in erster Linie die komplizierten Flugbewegungen zustande. Die unterhalb der Flügelwurzel gelegenen Plättchen dagegen, die sogenannten Parapteren, dürften pleuraler Herkunft sein.

Beobachtet man irgendein Hymenopteron in fixierter Lage, das aber volle Bewegungsfreiheit der Flügel besitzt, so kann man bei der außerordentlich schnellen Bewegung der Flügel die einzelnen durchlaufenen Phasen nicht erkennen. Wohl aber sieht man, namentlich wenn Formen mit dunklen Flügeln gewählt wurden, den von den Flügelflächen in der Bewegung durchglittenen Raum. Ohne weiteres sind dabei die Vertikalschwingungen zu erkennen, die aber nicht senkrecht zur Körperlängsachse, sondern von oben hinten schräg dazu nach vorn unten verlaufen. Bei dem Ausschlag nach oben nähern sich die Flügelspitzen fast bis zur Berührung; der Ausschlag nach unten kann nicht so weitgehend sein, da hier, abgesehen von der Wölbung der Brustseiten auch die Beine ein gewisses Hindernis bilden. Bei *Tremex fuscicornis F.*, die Verfasser daraufhin beobachtete, gingen die Flügel niemals unter die Horizontale hinunter, so daß die Flügel mit ihren Spitzen ziemlich genau einen Viertelkreisbogen durchliefen. In diesem Falle berührten sich auch die Flügelspitzen gelegentlich bei der höchsten Stellung der Flügel, wodurch dann ein besonderes schnarrendes Geräusch entstand. Auch bei anderen symphyten Hymenopteren scheint der Flügelausschlag nach unten die Horizontalebene kaum zu durchschneiden. Bezüglich der Bahn, die die Flügelspitzen durchlaufen, liegen verschiedene Beobachtungen vor. So zeigte MAREY bei Bienen und Wespen, daß dabei eine schräggestellte, gestreckte Achterfigur beschrieben wird. Während neuere Untersuchungen an der Honigbiene (STELLWAAG) dieses Ergebnis bestätigten, beobachtete PRELL bei der Hornisse nichts derartiges. Vielmehr wird hier (Abb. 11) wie auch bei anderen Wespen eine Nullfigur von den Flügelspitzen durchlaufen, die auf verschiedene Störungen hin, die durch Druck auf einzelne Körperteile erzielt werden können, eine verschiedenartige Ausgestaltung zeigt, die also bei geringem Querdurchmesser sehr flach sein, aber ande-

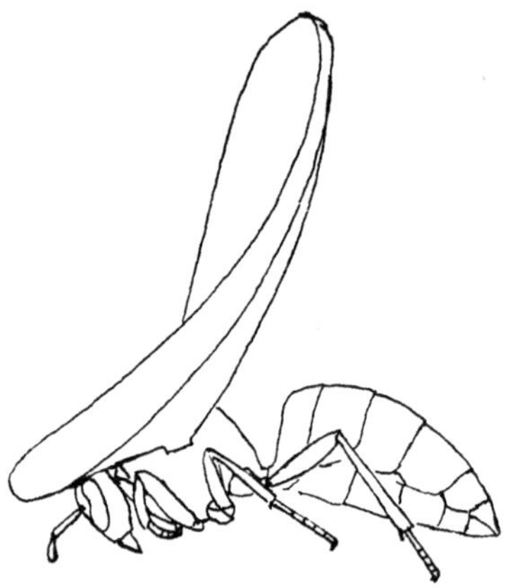

Abb. 11. Flügelspitzenbahn der Hornisse (nach PRELL).

rerseits auch eine recht erhebliche Breite erreichen kann. Auch bei *Tremex* konnte Verf. niemals die Achterfigur erkennen. Immerhin ist es nicht ausgeschlossen, daß sie trotzdem auf bestimmte Reize hin beschrieben werden kann. Der Niederschlag des Flügels erfolgt bei der schrägen Nullfigur stets auf dem hinteren Teil der Kurve, während der Aufschlag auf dem vorderen Abschnitt vor sich geht. Die Zahl der Flügelschwingungen in der Zeiteinheit hat man auf verschiedene Weise zu ermitteln versucht. So näherte MAREY fixierte, schwirrende Hymenopteren einer rotierenden berußten Trommel, wobei die Flügelspitzen Schlagspuren hinterließen. Aus der bekannten Umdrehungsgeschwindigkeit der Trommel wurden auf diese Weise für die Honigbiene 190, für Wespen 110, für Hummeln 240 Schwingungen in der Sekunde ermittelt. Hierbei ist zu berücksichtigen, daß das Streifen der Trommel eine leichte Hemmung mit sich bringen wird, daß die Schwingungszahl also etwas höher liegen kann. Auch die Tonhöhe hat man zur Feststellung der Schwingungszahl herangezogen. Nach LANDOIS erzeugen Honigbienen durchschnittlich den Kammerton (a′), was etwa 440 Schwingungen in der Sekunde entsprechen würde. v. FRISCH gibt dagegen h bis cis′ mit 245—275 Schwingungen an. Die sichersten Ergebnisse liefert jedoch die kinematographische Aufnahme. Auf diese Weise fand VOSS (1914) 180—203 Flügelschläge, d. h. vom Beginn des Schlages bis zur Rückkehr des Flügels in die Ausgangsstellung. Gleichwohl ist nach ARMBRUSTER die LANDOISsche Angabe der Höhe des Flugtones korrekt, nur soll der Schlagfolge ein Ton mit doppelter Schwingungszahl entsprechen, da sowohl beim Auf- wie beim Niederschlag Luftverdichtungen entstehen, von denen allerdings die durch den Aufschlag erzielten von geringerer Intensität sein dürften. Bei regelmäßiger Folge der abwechselnden stärkeren und schwächeren Schwingungen wird die Klangfarbe beeinflußt werden. Da die Flügel synchron arbeiten, kommt dadurch eine Erhöhung der Tonstärke zustande. Neuerdings sucht HANNES die Entstehung des Tones a′ mit 440 Schwingungen bei 220 Flügelschlägen aus der Schlagform abzuleiten. Die großen Differenzen, die sich beim direkten Abhören des Flugtones ergeben, und die Möglichkeit, dessen Höhe zu verändern, gehen zweifellos auf die zahlreichen Obertöne zurück, die ihrerseits eine Folge der Elastizität des Flügels, seiner Spannungsverhältnisse und der veränderten Schlagbahn sind. So ist es denn nach PRELL auch korrekter, nicht von einem Flugton, sondern von einem Flugklang zu sprechen, der sich außer dem Grundton auch aus den Oktaven und Quinten dazu zusammensetzt. Der dadurch bedingten Schwierigkeit in der akustischen Beurteilung kann durch Analyse des Klanges mit Hilfe eines verstellbaren Resonators abgeholfen werden. Der tiefste isolierbare Ton entspricht dann der Schlagfolge. So ergaben sich für die Hornisse aus der Tonanalyse 80—90 Schwingungen, eine Zahl, die nach der MAREYschen Methode durch PRELL bestätigt wurde.

Da es für den Flug von größter Bedeutung ist, daß beim Niederschlag der Flügel ein möglichst großer Luftwiderstand erzeugt wird, beim Aufschlag dagegen ein möglichst geringer zu überwinden ist, so müssen die Flügel neben den schräg zur Körperlängsachse verlaufenden Vertikalschwingungen auch noch Drehbewegungen ausführen. Als Beispiel hierfür mag die Honigbiene dienen. Die Achse, um die die Drehung der Flügel erfolgt, liegt unmittelbar vor der Brachialader, und zwar in einer geraden Linie, die dadurch markiert ist, daß in ihrem Verlauf die durchschnittenen Queradern unterbrochen erscheinen, also schwächer chitinisiert sind. Die in der Ruhelage horizontal auf dem Rücken des Tieres ruhenden und sich am hinteren Außenwinkel überdeckenden Flügel werden nach Durchlaufen einer horizontalen Seitenstellung bei dem Übergang in die schräg nach hinten gerichtete Hochstellung derart gedreht, daß der größte Teil der Unterseite des Vorderflügels zum Kopf hinweist und nur der schmale hinter der Drehungsachse gelegene Teil in der horizontalen Lage bleibt. Während die Hinterflügel anfänglich größtenteils noch horizontal auf dem Abdomen lieben bleiben, folgen sie den Vorderflügeln bei deren weiterem Hochgehen, wobei sich die große Vorderfläche der Hinterflügel im gleichen Sinne wie die der Vorderflügel einstellt, während vor der Analader ebenfalls eine Faltung auftritt. Beim Niederschlag wird wieder eine horizontale Seitenstellung durchlaufen. Nach dem Durchgang durch diese neigen sich die Vorderflügel mit ihrer Kostalkante immer mehr schräg nach unten, bis man schließlich in der tiefsten Stellung den größten Teil der Flügeloberseite von vorn überblicken kann. So wird durch die Flügel eine mit ihrer konkaven Seite schräg nach hinten gerichtete Mulde gebildet, die die Luft nach hinten schaufeln kann.

Nahm man früher an, daß die von den Flügeln beim Schwingen durchlaufene Bahn in Abhängigkeit vom Luftwiderstand stände und durch ihn teilweise bedingt werde, so konnte STELLWAAG aus einer einfachen Beobachtung nachweisen, daß dies nicht der Fall ist. Betäubt man nämlich Honigbienen, so beharren die Flügel in jeder beliebigen Stellung, die auch beim Flügelschlagen erreicht wird, woraus die Unabhängigkeit der Flugbewegung vom Luftwiderstand ohne weiteres gefolgert werden darf. Ebenso läßt sich durch leichten Druck auf den Thorax in dorsoventraler oder longitudinaler Richtung bei einem frisch getöteten Hymenopteron jede beliebige im Fluge vorkommende Flügelstellung erzielen. Immerhin ist Vorsicht geboten, wenn man etwa an der Hand aufgesteckter Sammlungsexemplare nach der an solchen Stücken zu beobachtenden Flügelhaltung die Flugweise rekonstruieren will. Hierbei werden durch das Einstecken der Nadel am Thorax Druckverhältnisse geschaffen, die am lebenden Tier nicht vorkommen. Schon wenn Vorder- und Hinterflügel aus ihrem Verbande gelöst sind, treten Flügelstellungen auf, die bei einem fliegenden Tier nicht möglich sind.

Als das motorische Element für die Flügelbewegung kommt in erster Linie die indirekte Flugmuskulatur in Betracht. Jederseits im Mesothorax findet sich ein gewaltiges Muskelbündel, das den Thorax von oben nach unten durchzieht (vgl. Abb. 7). Mit breiter Fläche, ohne sehnenartige Verbindung setzen diese Muskeln an der Innenseite des Mesoscutums außerhalb der Parapsidenfurchen an. Unten im Thorax sind sie in gleicher Weise mit dem zugehörigen Sternit verbunden, wo sie außerhalb des

Innenskeletts inserieren. Diese Muskeln stehen entweder senkrecht zur Körperlängsachse oder verlaufen schräg zu derselben, wobei ihre untere Anheftungsstelle etwas nach hinten verschoben sein kann. Auf dem Transversalschnitt breiten sich diese Muskeln oft nach unten etwas mehr aus, ohne daß jedoch der Zusammenhang der einzelnen Muskelsäulen dadurch gelockerter wird. Auf dem Frontalschnitt zeigen die dorsiventralen, indirekten Flugmuskeln einen elliptischen Querschnitt, wobei die der Medianebene zugekehrte Seite mehr abgeflacht ist. Durch Kontraktion dieser Muskelmassen wird das Tergum dem Sternum genähert. Im Metathorax, also dem die Hinterflügel tragenden Brustabschnitt, sind die seitlich am Metanotum ansitzenden Dorsiventralmuskeln nur schwach entwickelt. Der zwischen den dorsiventralen Muskelbündeln im Thorax bleibende Raum wird größtenteils von ebenfalls mächtig entwickelten Longitudinalmuskeln ausgefüllt, die zu zwei großen Bündeln vereinigt sind. Zwischen die dorsiventralen und longitudinalen Muskeln schieben sich Teile der Speicheldrüsen ein. Zwischen den beiden Längsmuskelbündeln zieht das Herz hindurch, unterhalb derselben der Darmkanal und das Nervensystem. Angeheftet sind die Längsmuskeln vorn an der Innenseite des Mesoscutums, sowie an dem Phragma, das an dessen Vorderrand ins Innere des Thorax vorspringt. Als hintere Insertionsfläche kommt das ins Innere des Thorax und weit nach hinten verlagerte, oft sehr große Phragma des Postnotums in Betracht. Da das Postphragma der Hinterwand des Mittelsegments stark genähert ist, durchziehen die Längsmuskeln den Thorax fast in seiner ganzen Länge. Als Antagonisten wirken kleine Muskeln, die vom Postphragma des Postnotums gegen die Ansatzstelle des Abdomens ziehen.

Gegenüber der mächtigen indirekten Flugmuskulatur, die den Thorax zum größten Teil ausfüllt, beanspruchen die direkten Flugmuskeln nur einen kleinen Raum. Vielfach sind sie der inneren Seite der Pleuren flach angelagert und überdecken sich teilweise. Aus einer fächerartig ausgebreiteten Basis senden sie oft chitinige, starre Sehnen gegen die Flügelbasis. In manchen Fällen ist aber auch die direkte Flugmuskulatur noch kräftig. So fand Verfasser bei *Tremex* sowohl im Meso- wie im Metathorax jederseits zwei hintereinander stehende große Muskelbündel, von denen jedes eine dunkel chitinisierte Sehnenkappe trägt, aus der eine lange, starre Sehne gegen die Flügelwurzel verläuft. Den direkten Flugmuskeln fällt die Aufgabe zu, den Flügel aus der Ruhestellung in der Horizontalebene nach vorn und wieder zurück zu bringen. Von den bei der Honigbiene vorhandenen direkten Flugmuskeln zieht der vorderste gegen das vordere Parapterum, das seinerseits mit den Vorderrandsadern in enger Verbindung steht, und dient als Extensor (Pronator). Der dazu gehörige Flexor ist aus mehreren Muskeln zusammengesetzt, die ihre Sehnen gegen das 3. Axillarstück entsenden. Außer diesen Muskeln treten noch einige weitere an der Innenseite der Mesopleuren auf, von denen einer gegen die Außenseite des Scutellums zieht. Ein Coxoaxillarmuskel verbindet Mittelhüfte und hinteres Parapterum. Entosternum und ein kleines Sternit in der Flügelbasis sind ebenfalls durch einen Muskel verbunden.

Pronator und Flexoren sind auch am Hinterflügel entwickelt und ähnlich angeordnet.

Für die Entstehung der Flugbewegungen, die nach den Untersuchungen von STELLWAAG an der Honigbiene hier dargestellt werden, ist es von größter Bedeutung, daß Mesoscutum, Scutellum und Metanotum nicht vollkommen starr miteinander verwachsen sind, sondern wenigstens seitlich eine gewisse Bewegungsfreiheit gegeneinander besitzen. So kann sich der seitliche Hinterrand des Mesoscutums über das Scutellum nach hinten und der seitliche Vorderrand des Metanotums etwas über das Scutellum nach vorn vorschieben. Auch zwischen seitlichem Hinterrand des Metanotums und den entsprechenden Teilen am Vorderrand des Mittelsegments bestehen häutige Verbindungen, die ein Übergreifen des Metanotums über das Mittelsegment an den Seiten ermöglichen. Allen diesen Bewegungen sind aber durch Sperrhöcker ihre Grenzen gesetzt.

Für den Flügelausschlag ist der Verlauf der oberen Kante der Meso- und Metapleuren von größter Bedeutung. Diese verläuft nämlich bogenförmig, und zwar liegt der wichtige vordere Stützpunkt des Flügels, (Abb. 3) auf dem dieser mit Hilfe des 2. Axillarstückes ruht, wesentlich höher als der hintere Teil des Bogens. Wenn die Flügelbasis in ihrer Gesamtheit trotzdem horizontal gestellt ist, so beruht das darauf, daß der Höhenunterschied durch das von STELLWAAG als Analpfeiler bezeichnete Axillarstück ausgeglichen wird. Am umgebogenen Seitenrand des Mesoscutums findet sich eine kleine halbkreisförmige Ausrandung, mit der das 1. Axillarstück (Wurzelstift) oberhalb des ins Innere vorspringenden Höckers umfaßt wird.

Bei Kontraktion der Vertikalmuskeln schiebt sich das Mesoscutum schräg nach hinten und unten über das Scutellum seitlich herüber, bis es durch einen Sperrhöcker am Scutellum gehemmt wird. Das in der Ausrandung steckende 1. Axillarstück wird dabei mitgenommen. Die Folge davon ist, daß der Flügel nach oben ausschlägt. Da nur der große Vorderteil des Flügels mit Rückenplatten und Pleuren direkt verbunden ist, muß sich dieser längs der dünnen Chitinzone, die oben als Drehungsachse des Flügels bezeichnet wurde, drehen, wobei dann der Vorderrand nach hinten oben und die Hinterseite des Vorderfeldes nach vorn zeigen; dadurch ist die Hochstellung und Drehung der Flügel erreicht. Die Gleichzeitigkeit der Bewegung wird durch die einheitliche Druckübertragung durch das Mesoscutum erreicht. Die Einstellung der Hinterflügel in die entsprechende Lage geschieht unter ähnlichen Verhältnissen. Mit der Erschlaffung der dorsiventralen Muskulatur kehrt das Mesoscutum in die Ausgangsstellung zurück, wobei auch im Prothorax ausgespannte Längsmuskeln in Tätigkeit treten dürften.

Durch die nun eintretende Kontraktion der Longitudinalmuskeln während der Fixierung des Mesoscutums durch die prothorakale Muskulatur wird das Scutellum schräg nach vorn und oben gedrängt, schiebt sich unter den seitlichen Hinterrand des Scutums und stößt dort gegen den Wurzelstift, der nun ebenfalls schräg nach oben und vorn ausweichen muß. Die Flügel können sich infolgedessen nur so einstellen, daß sie mit abwärts gerichteter Vorderkante nach unten zeigen. Bei der engen Verbindung, die das Postnotum des Mesothorax, an dem im Innern die Longitudinalmuskeln ansetzen, sowohl mit dem Scutellum wie mit dem Metathorax besitzt, wird gleichzeitig mit dem Scutellum auch das Metanotum vorgedrängt. Durch den Zug der Longitudinalmuskeln wird also eine gleichzeitige und gleichsinnige Bewegung aller vier Flügel erreicht. Die im Mittelsegment an das Postnotum von hinten herantretende Muskulatur bringt schließlich das Postnotum nach Erschlaffen der Längsmuskulatur in die Ausgangsstellung zurück.

An der Hornisse stellte PRELL (1922) Beobachtungen über die Flugleistung an, indem er das Verhalten von Rauchstreifen in der Nähe des schlagenden Flügels untersuchte. Er fand dabei, „daß nur aus einer Luftsäule, die auf der vom schlagenden Flügel beschriebenen Fläche senkrecht steht, die Luft gleichsam herausgeschnitten und in einem Kegel nach hinten geworfen wird". Daß zwischen Flügelgröße, also ihrem Flächeninhalt, und dem Gewicht des Körpers bestimmte Beziehungen bestehen müssen, ist selbstverständlich. In solchen Fällen, in denen eine besonders hohe Flugleistung verlangt wird, wie etwa bei Aculeatenweibchen, die mit Beute beladen heimkehren, muß sich dies in Muskulatur und Flugfläche ausdrücken. So sind unter den drei Kasten der Honigbiene die Drohnen als die mit dem schwersten, gedrungenen Körper ausgestatteten Individuen zugleich auch im Besitz der größten Flugflächen. Außerdem muß die Drohne auch eine große Geschwindigkeit entfalten können, um die Königin einzuholen. Die letztere und die Arbeiterinnen unterscheiden sich in bezug auf die Flugflächen verhältnismäßig wenig, was wohl ein Ausdruck für den seltenen Gebrauch der Flügel seitens der Königin ist. Die Schwebefähigkeit (Flächeninhalt des Flugschattenbildes : Gewicht in g) ändert sich mit der Belastung. Während DEMOLL 13,4 als Quotienten bei der anfliegenden Honigbiene fand, ermittelte ARMBRUSTER dafür 9. Da die Honigbiene etwa 0,07 g, also 70 vH ihres eigenen Körpergewichtes im Fluge mit heimbringt, würde die Schwebefähigkeit einer beladenen Biene nach ARMBRUSTER 5,3 betragen. Über die entwickelte Fluggeschwindigkeit gehen die Angaben der Autoren etwas auseinander. Sicher üben Last und Ermüdungsgrad einen Einfluß auf die Geschwindigkeit aus. Nach DIGGES (1908) legt die Biene in einer Stunde 19—32 km zurück. Diese Zahlen erscheinen reichlich hoch. DEMOLL nahm als Geschwindigkeit 3,7 m in 1 sec an. Bei einer Schlagfolge von 220 würde ein voller Flügelschlag die Biene um 1,68 cm befördern. 3 m dürfte nach v. FRISCH die Geschwindigkeit sein, die eine müde, beladene Biene bei der Heimkehr erreicht. Dagegen kann unter günstigen Umständen eine Geschwindigkeit bis zu 6,5 m erzielt werden, was bei Zugrundelegung einer Schlagfolge von 250 einer Vorwärtsbewegung um 2,7 cm durch einen einzigen Flügelschlag entsprechen würde.

Wie die Beobachtung im Freien lehrt, herrscht in bezug auf die Fluggeschwindigkeit unter den Hymenopteren eine große Mannigfaltigkeit.

Während die meisten aculeaten Hymenopteren, abgesehen von den flügellosen Formen, wie sie in der Familie der Ameisen besonders als die

Arbeiterinnen ja allbekannt sind, und den flugunfähigen Weibchen der Mutilliden, sowie zahlreichen Vertretern der Bethyliden, gute Flieger sind, gibt es doch auch hier bereits gewisse Ausnahmen. So fallen z. B. die Weibchen der aus biologischen Gründen als Kuckucksbienen zusammengefaßten Apiden durch ihren trägen Flug gewöhnlich dicht über der Erdoberfläche, an Lehmwänden oder schilfgedeckten Scheunendächern, überhaupt an Stellen, wo andere Bienen nisten, auf. Ihre Lebensweise erspart ihnen die zeitraubende Tätigkeit des selbständigen Erbauens von Nestern und der weitgehenden Brutfürsorge, so daß sie sich auf das Aufsuchen der Nester ihrer Wirte beschränken können, um dort ihr Kukkucksei einzuschmuggeln. Dagegen ist der Flug anderer Apiden außerordentlich schnell. Unter den Pelzbienen (*Anthophora*) dürften wohl die gewandtesten Flieger aus der Reihe der Bienen zu finden sein. Das Auge vermag unter Umständen kaum den Tieren zu folgen, die sich durch ihren hohen Flugton bemerkbar machen. Auch *Anthidium*-Männchen entfalten eine außerordentlich große Geschwindigkeit. Die Reihe der Grabwespenfamilien umfaßt zum allergrößten Teil recht gewandte Flieger. Das Erjagen lebender Beutetiere als Larvenfutter stellt, abgesehen von solchen Formen, die trägeren Insekten, wie z. B. Blattläusen, Käfern oder Raupen nachstellen, recht hohe Anforderungen an das Flugvermögen. In anderen Fällen, in denen das Gewicht der Beute ein bedeutend größeres als das Körpergewicht des Jägers ist, ist eine entsprechend starke Muskulatur und Flugfläche nötig. Doch sind hier gewisse Grenzen gezogen. So kann man häufig die Sphex-Arten beobachten, wie sie schwere Raupen am Boden dahinschleppen und höchstens noch kurze Flüge mit ihnen ausführen. Die Wegwespen (Psammochariden) sind ausnahmslos Spinnenfänger. Braucht hier auch die Geschicklichkeit nicht ganz so groß zu sein, wie bei denjenigen Grabwespen, die guten Fliegern aus dem Reiche der Insekten nachstellen, so ist doch die Geschwindigkeit, mit der bodenbewohnende Spinnen zu laufen vermögen, eine recht erhebliche. Gleichzeitig sind aber auch die Wegwespen flinke Läufer, was sich auch in der Länge ihrer Beine ausdrückt. Bei einer ganzen Reihe von Gattungen und Arten läßt sich eine weitgehende Reduktion der Flügel erkennen, die schließlich dazu führt, daß nur noch kleine Flügelstummel erhalten sind, die ihren Trägern ein Fliegen nicht mehr gestatten (Abb. 17). In solchen Fällen darf angenommen werden, daß es sich um Tiere handelt, die ihre Beutetiere in deren Erdröhren aufsuchen und dort überwältigen werden, wobei also das Beutetier nicht auf größere Entfernungen verfolgt zu werden braucht. Einige wenige nach Kukkucksart bei anderen Wegwespen lebende Arten sind durch ihre Lebensweise morphologisch noch kaum beeinflußt. Nur in der Gruppe der Ceratopalinen lassen sich manche Anpassungserscheinungen erkennen. Doch ist hier die Geschicklichkeit, die das Unterschieben des Eies erfordert, eine recht große. Entsprechend der dabei zu entfaltenden Gewandtheit äußern sich diese aber nicht in einer Flügelreduktion. Die Faltenwespen (*Vespidae*) sind gute Flieger. Auf die dieser Familie zukommende Eigentümlichkeit der Längsfaltung der Vorderflügel wurde bereits oben hingewiesen. Den Weibchen der „Spinnenameisen“, Mutilliden, fehlen die Flügel vollständig, desgleichen auch denen der auf das papuanisch-australische Gebiet und auf Südamerika beschränkten Thynniden. Während der Paarung werden sie aber von den Männchen im Fluge durch die Luft getragen. Für die phylogenetische Betrachtungsweise ist es dabei von Interesse, daß bei manchen Gattungen der Mutilliden die Grenzen der einzelnen Thoraxabschnitte noch zu erkennen sind, während bei der Mehrzahl der Gattungen die Segmente wenigstens auf dem Thoraxrücken nicht mehr deutliche Trennungslinien erkennen lassen. Selten sind auch die Männchen flügellos geworden, eine Erscheinung, die in verschiedenen Gattungen unabhängig voneinander entstanden ist. In der Familie der Tiphiiden und diesen nahestehenden Formen ist eine Verkleinerung der Flügel im weiblichen Geschlecht eine häufige Erscheinung. Der Stummelflügel, wie er z. B. bei den zentralasiatischen *Komarowia*-Arten noch vorhanden ist, reicht zum Fliegen sicher nicht mehr aus. Ganz ungeflügelt sind schließlich im weiblichen Geschlecht die Methociden, von denen unsere einzige deutsche Art als Parasit bei den in Erdröhren lauernden Larven von *Cicindela* lebt. In der Gruppe der echten Dolchwespen kommt Flügelreduktion nicht vor, dagegen bei den naheverwandten Myzinen. Für die Ameisen ist das Fehlen der Flügel bei der Arbeiterkaste so charakteristisch, daß der Laie die geflügelten Geschlechtstiere kaum als Ameisen erkennen, dagegen andere ungeflügelte Hymenopteren als solche ansprechen wird. Geflügelte Ameisenarbeiterinnen gibt es nicht, wohl aber ungefügelte Geschlechtstiere, wobei zwischen primär und sekundär ungeflügelten Tieren unterschieden werden muß. Bei flügellosen Männchen ist dieser Zustand stets primär, bei der Mehrzahl der Weibchen sekundär. Häufig findet man die großen Weibchen von *Formica*, *Camponotus*, *Lasius* u. a. ohne Flügel herumlaufend oder unter Steinen verborgen. In allen diesen Fällen waren die betreffenden Individuen früher geflügelt. Sie haben nach der Paarung die Flügel abgeworfen, was durch einen Zerfall der Flugmuskulatur und bei der Dünnhäutigkeit der Flügel leicht möglich ist. Das befruchtete Weibchen drückt dabei die Spitzenteile der Flügel gegen die Unterlage, dreht sie nach den verschiedensten Richtungen und streicht mit den Beinen von oben so lange darüber, bis die Flügel abfallen. Unbefruchtete Weibchen behalten dagegen ihre Flügel. Primär ungeflügelte Weibchen treten in unserer Fauna nur bei solchen Formen auf, bei denen zwischen Weibchen und Arbeiterinnen alle Übergänge vorkommen, so daß man im Zweifel sein kann, ob man derartige flügellose Individuen überhaupt als Weibchen ansprechen kann. Es kommen hierfür bei uns *Formicoxenus* und *Tomognathus* in Betracht. Dauernd flügellos und nicht durch Zwischenformen mit Arbeiterinnen verbunden sind die großen Weibchen der Dorylinen. Ungeflügelte Männchen besitzen bei uns *Formicoxenus* und *Anergates*. Bei dem durch Parasitismus degenerierten Männchen des letzteren sind an der Puppe die Flügelrudimente noch vorhanden. Auch von verschiedenen Poneren und *Cardiocondyla*-Arten sind ungeflügelte Männchen beschrieben. *Ponera eduardi* For. besitzt sowohl geflügelte wie ungeflügelte Männchen, doch verteilen sich diese auf verschiedene Rassen. Ausnahmsweise kommen auch bei Ameisenarbeiterinnen noch Flügelrudimente vor.

Da die Flugmuskulatur in enger Beziehung zur Ausbildung der äußeren Thoraxgestalt steht, ist zu erwarten, daß mit einem Fortfall der Flügel und einem dadurch bedingten Funktionsverlust der Muskeln auch der Thorax äußerlich verändert werden wird. Das ist auch in gewisser Beziehung der Fall. Doch ist dabei zu beobachten, daß die einzelnen Unterfamilien der Ameisen sich hierin verschieden verhalten. Das *Anergates*-♂ mit seinen an der Puppe noch erhaltenen Flügelanhängen zeigt, daß der Verlust bei dieser Art jungen Datums zu sein scheint. Dementsprechend ist der Thorax prinzipiell nicht von dem geflügelter Männchen anderer Myrmicinen verschieden. Im allgemeinen sind die bei Myrmicinen zwischen geflügelten Geschlechtstieren und ungeflügelten Arbeiterinnen auftretenden Unterschiede im Thoraxbau verhältnismäßig geringfügiger Natur. Viel erheblicher sind dagegen die Differenzen zwischen dem Thoraxbau der Geschlechtstiere einerseits und den Arbeiterinnen andererseits bei den Formicinen. Hier wird die Schlankheit des Thorax der Arbeiterinnen und die Aushöhlung der Pleuren auf Kosten der reduzierten Muskulatur in den flügeltragenden Abschnitten erreicht, während der Prothorax noch kräftig entwickelt ist (Abb. 12).

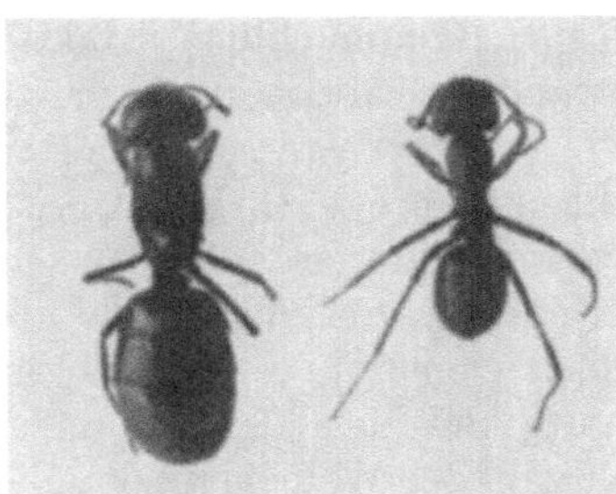

Abb. 12. Weibchen und Arbeiterin von *Camponotus herculeanus* L.

Das Flugvermögen der Ameisen ist als gering zu bezeichnen. Schon die auch beim ♂ recht weichhäutigen Membranen mit ihrer meist nur schwachen Aderversteifung weisen auf deren untergeordnete Bedeutung hin. Sie sind nicht mehr regelmäßige Gebrauchsorgane, sondern treten nur vorübergehend bei dem Hochzeitsfluge in Funktion. Dabei fliegen die Geschlechtstiere besonders gern nach erhöht gelegenen Punkten. Besonders *Lasius*-Arten bilden oft große Schwärme, wobei die Tiere aus verschiedenen Völkern stammen. Schwarmbildung scheint aber bei *Camponotus*, *Formica* u.a. nicht vorzukommen. Hier fliegen die Geschlechtstiere zwischen benachbarten Völkern. Auch *Leptothorax* fliegt nicht weit. In denjenigen Fällen, in denen Männchen und Weibchen in der Größe wenig verschieden sind, stürzen die Paare bei der Kopula aus der Luft zu Boden. Wo dagegen wie bei *Lasius*, *Tetramorium* und *Solenopsis* das Weibchen bedeutend größer und kräftiger ist als das Männchen, wird die Kopula in der Luft vollzogen. Forel sah sogar Weibchen von *Las. flavus* F. und *niger* L., die im Fluge gleichzeitig je drei Männchen auf dem Rücken des Abdomens trugen. — In der Familiengruppe der *Bethyloidea* ist die Flügellosigkeit eine häufige Erscheinung, meist aber auf das weibliche Geschlecht beschränkt. Die habituellen Verschiedenheiten zwischen den Geschlechtern ist in solchen Fällen meist eine große, so daß die Zusammengehörigkeit derselben nicht ohne weiteres erkannt werden kann.

Die metallisch schimmernden Goldwespen (*Chrysididae*) sind sehr flinke Flieger. Flügellosigkeit kommt in dieser Gruppe nicht vor. In der Familiengruppe der Oxyuren (*Serphoidea*) ist Flügelverlust recht verbreitet, auch wieder besonders im weiblichen Geschlecht. Es handelt sich hier meist um kleinere und kleinste Formen, deren Flügelmembranen vielfach überhaupt nicht durch Adern gestützt werden. Bei den Mymariden macht sich eine merkwürdige Erscheinung bemerkbar. Die Flügelränder, vielfach nur im apikalen Teil und dann auch nur auf die Vorderflügel beschränkt, sind mit sehr langen Borsten dicht besetzt. Die eigentlichen Flügelmembranen können dabei weit rückgebildet werden, so daß der ganze Vorderflügel schließlich eine ruderförmige Gestalt annimmt und der Hinterflügel nur noch borstenförmig ist. Es scheint, daß die dichtgestellten Randborsten eine Vergrößerung der im übrigen verkleinerten Flugfläche darstellen sollen. Es mag bei dieser Gelegenheit auf die zerschlitzten Flügel der Trichopterygiden unter den Käfern, der Pterophoriden unter den Lepidopteren, den Borstenbesatz bei Tineiden, sowie die Flügelbewimperung bei Hydroptiliden unter den Trichopteren hingewiesen sein. Der Flug dieser winzigen Tierchen wirkt schwebend und scheint, wenigstens teilweise, passiv zu sein, indem sie sich vom Luftzuge treiben lassen. In der Familie der Chalcididen nehmen die größten Formen (Leucospidinen) insofern eine Sonderstellung ein, als bei ihnen die Vorderflügel nach Wespenart gefaltet werden. Die Chalcididen sind im allgemeinen schlechte Flieger und führen vielfach nur kurze, sprungartige Flüge aus. Die Zahl der ungeflügelten Formen ist hier verhältnismäßig groß. Aber selbst Arten, die noch gut entwickelte Flügel besitzen, machen von ihnen schwachen Gebrauch. Sehr merkwürdig sind die Flügel bei manchen Eupelminen. Hier schneidet vom Hinterrande her ein Spalt weit in die Flügelmembran ein, die dadurch in einen proximalen und distalen Teil zerlegt wird. Der distale Teil ist stark chitinisiert und kann über die hyaline Flügelbasis nach vorn übergeklappt werden, wird aber gewöhnlich senkrecht nach oben getragen. Der apikale Teil bricht leicht ab, so daß man diese Tierchen vielfach nur mit Stummelflügeln findet. Während des Laufens machen sie damit vielfach wippende Bewegungen. Über den Flügelabwurf des Mantidenparasiten *Rielia* wird an anderer Stelle berichtet. Genauere Beobachtungen über den Flug einer Chalcidide (*Lariophagus distinguendus* FÖRST.) verdanken wir HASE. Die größte beobachtete Flugstrecke betrug 140 cm; selten sind schon Flüge von 40—50 cm. Bei Ermattung durch Hunger oder bei trübem Wetter wird die Fluglust gering; auch individuelle Unterschiede in bezug auf die Flugträgheit lassen sich beobachten. Da die Wirte selbst nicht flugfähig sind, ist das Flugvermögen von geringer Bedeutung für die Art. Die Fluggeschwindigkeit beträgt für Strecken von 40—50 cm 2—3 Sekunden. Ist der Flug auch gewöhnlich geradeaus gerichtet, so kommen doch auch einfachere Kurven und Schleifenflüge vor. Unter Umständen schwingen die Tiere auch während des Laufens mit den Flügeln mehrmals hin und her, ohne abzufliegen. Ein Summen ist bei freiem Fluge nicht zu hören, wohl aber bei Flugversuchen von Exemplaren, die aus einer Narkose geschwächt erwachen. Der seltene Fall, daß zu geflügelten Weibchen ungeflügelte Männchen gehören, kommt bei den Feigenbewohnenden Chalcididen vor, auf die an anderer Stelle näher eingegangen wird. Bei *Philachyra aptera* PORTSCH. unterscheiden sich Frühjahrs- und Sommergeneration durch die Flügellänge, und zwar besitzt die erstere kurze, die andere dagegen lange Flügel. Mit dem geflügelten, getrennt geschlechtlichen *Isthmosoma tritici* FITCH steht das ungeflügelte *Isthm. grande* RILEY in Generationswechsel. Aus der Familiengruppe der Evaniiden sind bisher ungeflügelte Formen nicht bekannt geworden. Wohl aber besitzt ein Vertreter der merkwürdigen, auf Australien beschränkten Megalyriden Flügelstummel.

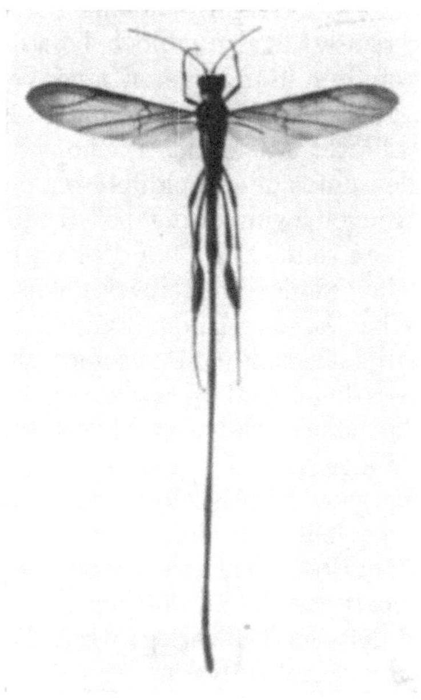

Abb. 13. Weibchen von *Pelecinus polyturator* Dr. von oben.

Die großen Familien der Schlupfwespen, Ichneumoniden, Braconiden und Verwandte können hier gemeinsam behandelt werden. Flügelverlust, besonders im weiblichen Geschlecht, ist namentlich bei Ichneumoniden häufig. Im allgemeinen enthalten diese Familien gute Flieger, die sich zwar mit den Aculeaten nicht messen können, aber doch auf der Suche nach einem Wirtstier eine große Ausdauer zeigen. Durchschnittlich scheinen die Braconiden etwas träger zu sein. Ein eigenartiges Flugbild bieten unter den Braconiden die *Pachylomma*-Arten. Sie folgen in einem so langsamen Fluge den auf ihren Straßen dahinziehenden Ameisenarten, daß man sie mit Leichtigkeit mit der Hand greifen kann. Die langen, kräftigen Hinterbeine sind dabei seitlich vom Körper schräg nach hinten abgespreizt und hängen herunter. Ein ähnliches Bild gewähren manche Ophioniden (Anomalinen), bei denen die langen, aber dünnen Hinterbeine ebenfalls in charakteristischer Stellung zum Körper getragen werden. In diesen Fällen mögen die Beine die Gleichgewichtsstellung im Fluge regulieren. Auch die verdickten Hintertibien, wie sie z. B. bei *Gasteruption*, Stephaniden und Peleciniden (Abb. 13) vorkommen, dürften in Verbindung mit dem langen, schlanken Abdomen dieser Tiere dem gleichen Zwecke dienen. Gewisse Blacinen-Männchen sollen nach Mückenart in der Luft tanzen.

Die symphyten Hymenopteren sind im allgemeinen keine guten Flieger, wenn man von Sireciden, die eine recht beträchtliche Geschwindigkeit im Fluge entfalten können, absieht. Durchschnittlich sind unsere Arten träge Tiere, die in ihrem Schwirrfluge gewöhnlich nur kurze Strecken zurücklegen. Flügellosigkeit ist selten und kommt z. B. bei den Weibchen der zentralasiatischen Gattung *Cacosyndya* (Abb. 17) vor.

Von den verschiedenen Funktionen, die die Beine zu erfüllen haben, werden uns hier zunächst die mit der Ortsbewegung in Verbindung stehenden beschäftigen: die Beine als Körperstütze und als Bewegungsapparate. Die Verteilung der Beine unter dem Körper mit ihrer Richtung schräg nach außen ergibt ein weitgehendes stabiles Gleichgewicht. Da immer zwei nicht benachbarte Beine der einen und das Mittelbein der andern Seite beim Laufen gleichzeitig auf dem Boden ruhen, ist auch hier durch die drei außerhalb des Körpers liegenden Unterstützungspunkte das Gleichgewicht gesichert. Die Funktion, die die Vorderbeine einerseits, die Mittel- und Hinterbeine andererseits beim Laufen zu erfüllen haben, ist eine recht verschiedenartige. Die Vorderbeine in ihrer schräg nach vorn gerichteten Hauptstellung ziehen mit Hilfe der Klauen den Körper nach vorn, während die seitlich gestellten Mittel- und schräg nach hinten gerichteten Hinterbeine ihn mittels der am Tibienende vorhandenen Sporne nach vorn stemmen. Die Beweglichkeit der Beine wird durch die zahlreich vorhandenen Gelenke erzielt, wobei allerdings zu berücksichtigen ist, daß durch Zwangsläufigkeit die Bewegungen in bestimmten Bahnen gehalten werden. Als Basalglieder der Beine sind die Hüften am Thorax befestigt. Ihre Bewegungsmöglichkeit ist verhältnismäßig gering; die meiste Freiheit besitzen noch die Vorderhüften. Auch eine zapfenförmige Verlängerung der Hüften bringt einen größeren Aktionsradius mit sich. Während die Hüften in der Ruhestellung mit ihrer nach hinten und oben gerichteten Seite dem Körper meist stark genähert sind, werden sie beim Vorgehen des Beines um die basale Anheftungsstelle abgespreizt, in der Längsrichtung des Körpers nach vorn bewegt. An den Vorderhüften kommt außerdem eine Drehungsmöglichkeit hinzu, die an Mittel- und Hinterhüften viel geringer ist und den Vorderbeinen einen bedeutend größeren Aktionsradius gibt und auch eine Überkreuzung der Vorderbeine vor dem Kopfe gestattet. Ermöglicht wird dies durch die lockere Anheftung der Vorderhüften an den Propleuren und die im ganzen ausgedehnteren, dünnen Verbindungshäute zwischen Propleuren und Pronotum. Eine Ausrandung am distalen Ende der Hüften nimmt das kuglig abgesetzte Ende des Trochanter in sich auf. Diese Verbindung gestattet durch Vermittlung des Trochanters wohl ein enges Anlegen der Schenkel nach oben an den Körper, setzt aber einer Annäherung der Schenkel des gleichen Beinpaares unter dem Körper ein Hindernis entgegen. Zwischen Trochanter und Schenkel befindet sich ein Drehgelenk, das eine wenn auch nur geringfügige Drehung des Schenkels um seine Längsachse ermöglicht. Am distalen Ende des Schenkels ist die Schiene eingelenkt. Sie kann dem Schenkel weitgehend genähert werden. Ihr proximales Ende ist knopfförmig abgesetzt und wird von einer Schenkelausrandung umfaßt. Dadurch, daß die obere Kante der Ausrandung des Schenkels bei Streckung der Tibia hinter den Gelenkkopf derselben greift, wird ein Widerlager gebildet, das ein übermäßiges Strecken verhindert. Andererseits wird auch ein seitliches Ausbiegen verhindert. Eine Knieplatte ist bei der Betrachtung des Gelenks von unten her meist deutlich zu erkennen. Die Ineinanderschachtelung der einzelnen Fersenglieder ist eine derartige, daß hier ebenfalls der Bewegung enge Grenzen gesteckt sind. Die seitliche Bewegungsfreiheit ist im ganzen geringfügig und nicht aktiv. Die Hauptbewegung der Tarsen ist eine ventral gerichtete Einkrümmung; doch kommt auch ein Durchbiegen der Tarsen nach oben vor. Das einzelne Tarsenglied für sich ist nicht beweglich; vielmehr können die Glieder eines Beines nur in ihrer Gesamtheit gekrümmt werden. Am Ende des letzten Tarsengliedes sind die hakenförmigen Klauen an einer dorsal gelegenen Querspange, außerdem wohl auch zum Teil an der ventralen „Streckplatte“ eingelenkt. Sie können etwas nach unten eingeschlagen und auch in geringem Grade gespreizt werden. Wie weit dies aktiv möglich ist, wäre noch zu untersuchen. Während die Klauen beim Kriechen auf rauher Unterlage ihren Halt finden, versagen sie an glatter Fläche. Hier tritt das zwischen ihnen gelegene Empodium in Kraft (Abb. 14). Dieses wird von der häutigen Endausstülpung des Beines gebildet und kann einen recht verschiedenen Ausbildungsgrad besitzen. Genauer untersucht ist dieses Gebilde bei der Honigbiene. Am Ende ist es ausgebuchtet und in der Ruhelage in zwei nach oben gerichtete Lappen ausgezogen. An seinem Basalteil sind eine Reihe von Chitinplättchen zu erkennen. Dorsal wird es durch die zwischen den Klauenwurzeln gelegene, mit mehreren kräftigen Borsten besetzte „Stützplatte“ gefestigt. Ventral befindet sich zunächst am Grunde eine große, als „Streckplatte“ bezeichnete Chitinisierung, an die die Tarsensehne herantritt. Distal und etwas seitlich davon liegen zwei kleinere Plättchen. Weiter folgt dann die mit kurzen, starren Börstchen besetzte „Strecksohle“. Im Grunde des gelappten Endteils befindet sich ventral eine Chitinspange, deren freie Enden in der Ruhe nach oben gerichtet sind und die Endlappen aufrichten. Beim Anpressen des Empodiums an eine glatte Fläche breiten sich die Endlappen auf dieser aus und sollen durch Sekrete von Drüsen, die innerhalb des Empodiums liegen, haften. Bei Nachlassen des Druckes bringt die federartig wirkende Chitinspange die Lappen wieder in die Ruhelage. Ähnlich wie bei der Honigbiene liegen die Verhältnisse auch bei der Hornisse. Hier ist

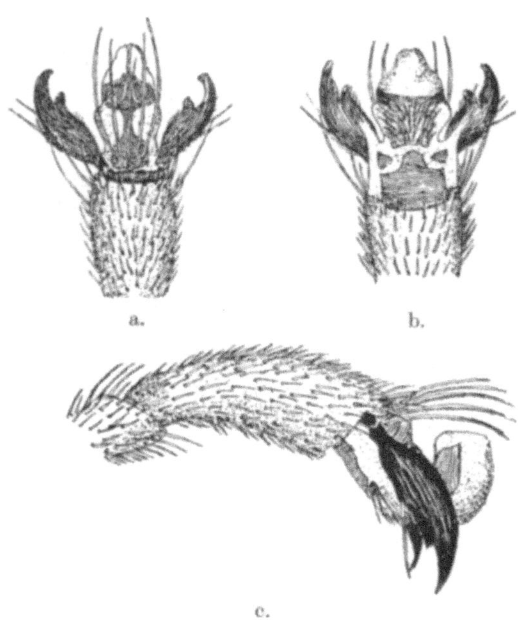

Abb. 14. Klauenglied der Honigbiene. a. Von oben, b. von unten, c. von der Seite (nach SNODGRAS).

die Oberseite der Empodiallappen durch eine feine, dichte Streifung sehr ausgezeichnet. Zur Untersuchung der Funktion des Empodiums ließ Verfasser Tenthrediniden über Glas kriechen. Ist das Bein von der Unterlage emporgehoben, so faltet sich das Empodium nach oben zusammen. Beim Berühren der Unterlage breitet es sich wieder aus. Wird das Klauenglied dann in der Richtung auf den Körper zu gezogen, so hat man den Eindruck, als ob eine erhebliche Reibung zu überwinden ist. Wie weit dies auf eine ausgeschiedene Flüssigkeit oder eine hermetische Saugwirkung zurückzuführen ist, muß späteren Untersuchungen vorbehalten bleiben. Blutdruck scheint bei der Ausbreitung des Empodiums eine Rolle zu spielen. Eine Reduktion der Klauen und dafür um so stärkere Entwicklung des Empodiums kommt bei den Männchen

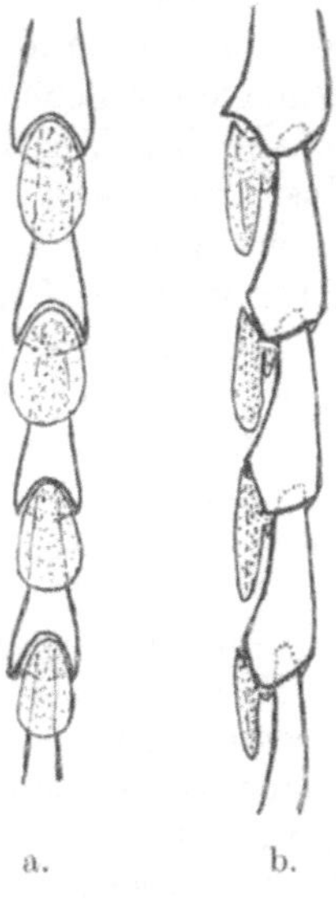

Abb. 15. Sohlenbläschen bei *Cimbex*. a. von unten; b. von der Seite.

Abb. 16. Muskeln und Krallensehne im Hinterbein der Honigbiene (nach ZANDER).

der Weberameisen (*Oecophylla*) war. Am Ende der einzelnen Tarsenglieder finden sich bei Blattwespen, aber auch in anderen Familien besondere Sohlenbläschen (Abb. 15) als dünnhäutige Ausstülpungen, die beim lebenden Tier mit Körperflüssigkeit gefüllt sind, beim toten Tier aber stark einsinken. Beim Kriechen auf glatter Unterlage legen sie sich dieser, wie Verfasser bei *Cimbex connata* SCHR. beobachten konnte, wie die Empodien dicht an. Eine Flüssigkeitsabscheidung wurde nicht wahrgenommen. Wohl aber erkennt man, daß die anfangs prall gefüllten Bläschen eine ventrale, gewöhnlich unregelmäßig erscheinende Eindellung zeigen, so daß hier das Anhaften, das auch bei Ausschaltung des Empodiums zu beobachten ist, auf einer Saugwirkung zu beruhen scheint. Es ist anzunehmen, daß eine Verminderung des Blutdruckes ein Einsinken der Ventralseite der Bläschen bedingt. Die besonders starke Ausbildung der Sohlenbläschen bei Blattwespen scheint in Beziehung zu dem Herumkriechen auf Blättern, also verhältnismäßig glatten Flächen, zu stehen.

Die Muskulatur der Beine ist verhältnismäßig einfach (Abb. 16). Im Schenkel liegt je ein Beuge- und Streckmuskel, die am Schienenkopf mit Sehnen ansetzen. Entsprechende Beuge- und Streckmuskeln für das erste Tarsenglied liegen in der Schiene. Die anderen Tarsenglieder besitzen keine eigene Bewegungsfähigkeit. Im Schenkel entspringt außerdem aus einem Muskel eine lange Sehne, die durch die ganze Schiene und sämtliche Fußglieder zieht und an der Streckplatte des 5. Tarsengliedes zwischen den Klauen angeheftet ist, die sogenannte Krallensehne. Auf Kontraktion erfolgt eine Einkrümmung, die die Tarsenglieder gegen die Unterlage drückt und die Krallen einhaken läßt. Bei Erschlaffung strecken sich die Fußglieder wieder und lösen sich vom Boden. Im Trochanter soll ein Drehmuskel liegen, der die leichten Drehungen des Schenkels ermöglicht. Über die Muskulatur, die am Trochanter ansetzt, um den Schenkel zu beugen und zu strecken, liegen kaum Beobachtungen vor. Da diese Bewegung aber durch die mechanischen Verhältnisse in engen Bahnen begrenzt ist, kann auch die Muskulatur verhältnismäßig einfach sein und wird vermutlich auch nur aus einem Muskelpaar bestehen. Noch wenig sind wir bei Hymenopteren über die Hüftmuskulatur orientiert, die jedenfalls komplizierter sein wird, namentlich an den Vorderhüften, da hier verschiedene Bewegungsrichtungen vorkommen. Diese Muskeln müssen im Thorax ihren Ursprung haben und entspringen am Entosternum. Nach SNODGRAS zieht im Mesothorax der Honigbiene ein Muskel vom 3. Parapterum an der Wurzel der Vorderflügel zur Mittelhüfte.

Sind die Hymenopteren auch im allgemeinen auf den Flug als Hauptbewegungsart eingestellt, so finden wir unter ihnen doch andererseits recht gewandte Läufer. Selten sind beide Bewegungsarten gleichmäßig gut entwickelt. Derartige Fälle kommen besonders bei den langbeinigen spinnenjagenden Erdwespen vor, die beim Spüren ihrer Beute auf dem Boden eine recht erhebliche Geschwindigkeit zu entwickeln vermögen, gewöhnlich aber bei der Verfolgung zum Flug übergehen. Bei den Wegwespen dürfte der Übergang zum Laufen als der in Verbindung mit dem Jagen von Spinnen stehenden Hauptbewegungsart dazu geführt haben, daß in manchen Fällen das Flugvermögen ganz verloren ging (Abb. 17) und nur noch Flügelstummel vorhanden sind, während andere Formen sich noch einen mehr hüpfenden Flug erhielten (*Sphictostethus*, *Paraneurion*, *Dromopompilus*, *Clavelia*, *Ctenocerus*, *Eidopompilus*). Gute Läufer finden sich auch unter den Grabwespen. Die schabenjagenden Ampulicinen der Tropen mit ihren langen Beinen lassen erkennen, daß sie sich sowohl als Läufer wie als Flieger ähnlich behende zu bewegen vermögen wie bei uns *Dolichurus*, der auch gern an Stämmen herumläuft, was auch von den *Ampulex*-Arten bekannt ist. Auch die Sphecinen, in etwas geringerem Grade die Larrinen, sieht man häufig kurze Strecken laufen. Bei manchen Vertretern der hierhergehörigen Gattung *Miscophus* und Verwandten, die wie die Psammochariden Spinnenfänger sind, kann man in der Verkürzung der Radialzelle bereits die Tendenz zu einer allgemeinen Flügelverkürzung erkennen. Der Flug ist vielfach hüpfend. Dagegen sind bei anderen Spinnenjägern aus der Reihe der Grabwespen, wie *Sceliphron*, *Trypoxylon* und *Pison* die Flügel vollständig normal entwickelt.

Wenn wir bei anderen Gruppen der aculeaten Hymenopteren Flügelverkümmerung beobachten, so wird dafür kaum ein kräftigeres Laufvermögen als Ursache anzusehen sein. Sind hier auch besonders in der Familiengruppe der Heterogynen viele Arten, allerdings hauptsächlich im weiblichen Geschlecht, durch Verlust des Flugvermögens auf den Lauf als einzige Bewegungsart angewiesen, so haben sich, wenn man zunächst von

Abb. 17. Flügellose Hymenopteren; Vertreter verschiedener Familien. Obere Reihe von links nach rechts: *Bradinobaenus gayi* Spin.; *Methoca ichneumonides* Latr.; *Biorrhiza pallida* Oliv.; *Pezomachus* spec. Untere Reihe: *Dromopompitus bischoffi* Heym.; *Cacosyndya dimorpha* Freym.; *Apterogyna olivieri* Latr.; *Dolichomutilla sycorax* Sm.; *Diamma bicolor* Westw.; *Elaphroptera scoliaeformis* Hal.

Ameisen absieht, keine besonders schnellen Läufer entwickelt. Als Brutparasiten anderer im Boden lebender Insekten oder in Hymenopterenbauten brauchen diese Weibchen keine große Geschwindigkeit zu entfalten. Vielfach müssen sich diese Tiere, um zu ihren Wirten zu gelangen, in den Erdboden eingraben. Dabei können die Flügel leicht hinderlich sein, und so dürfte in dieser Familienreihe der Flügelverlust eher mit der Grabtätigkeit in Verbindung stehen. Wo, wie bei manchen Mutilliden, auch die Männchen flügellos geworden sind, ist der Flügelverlust als eine entwicklungsgeschichtlich junge Eigentümlichkeit anzusehen, da die Thoraxsegmentierung noch in dem gleichen Grade erhalten ist wie bei normal geflügelten Arten, während sich bei den zugehörigen Weibchen schon eine weitgehende Verschmelzung der Thoraxsegmente bemerkbar macht. Unter den Ameisen gibt es ganz hervorragende Läufer, sowohl was die Geschwindigkeit, als auch die zurückgelegten Strecken betrifft. Namentlich die tropischen Jagdameisen legen weite Strecken zurück, um ein neues Gebiet aufzusuchen. Als besonders schnelle Läufer sind nach FOREL *Plagiolepis longipes* JERD., *Prenolepis longicornis* LATR., *Iridomyrmex humilis* MAYR zu bezeichnen, die 1 m schätzungsweise in 2—3 Sekunden zurücklegen. Unter unseren einheimischen Ameisen fällt die Trägheit der Myrmicinen gegenüber der Lebhaftigkeit der Formicinen ohne weiteres auf. Daß aber auch die Temperatur von recht erheblichem Einfluß auf die Bewegungen ist, sieht man, wenn man das Leben in einem Ameisenhaufen und in dessen Umgebung bei kühler, trüber Witterung und an einem warmen, sonnigen Tage vergleicht. Als sehr träge Ameisen sind *Myrmecina graminicola* LATR., *Sysphincta* und *Proceratium* zu nennen. Bei der durch die Augenstellung ausgezeichneten Gattung *Cryptocerus* beobachtete FOREL ein Laufen nach der Seite und nach rückwärts. — Unter den Goldwespen sind besonders eine Reihe Arten der Gattung *Chrysis* recht gute Läufer, die im prallen Sonnenschein an Planken, Holzscheunen usw., in denen sich die Nester ihrer Wirte befinden, mehr oder weniger weite Strecken laufen, um dann plötzlich abzufliegen. Bei Faltenwespen und Bienen spielt das Laufen außerhalb des Nestes eine ganz untergeordnete Rolle. Am ehesten sieht man einzelne Bienen in der Nähe ihrer im Boden befindlichen Nester, besonders wenn die Lage des Nesteingangs einen direkten Einflug unmöglich macht, einige Schritte zurücklegen.

Die große Masse der parasitären Hymenopteren besteht aus schlechten Läufern. Die Wirte sind meist verhältnismäßig träge Larven oder Eier und Puppen anderer Insekten, denen sich die Wespen im Fluge nähern können. Gute Läufer finden wir dagegen unter den ungeflügelten Formen bei den Ichneumoniden, besonders in den Weibchen der Gattungen *Pezomachus* und *Phygadeuon.* Diese meist kleinen Tiere entfalten teilweise eine recht erhebliche Geschwindigkeit. Wesentlich träger sind dagegen die Chalcididen. Legen diese schon im Fluge nur kurze Strecken zurück, so gilt dies auch für den Lauf. Wenigstens werden häufig Pausen eingeschaltet. Messungen der Laufgeschwindigkeit bei einer Chalcidide (*Lariophagus distinguendus* FÖRST.) hat HASE vorgenommen. Er fand für diese Erzwespe, daß die kleineren Männchen in der Regel nicht die Minimalgeschwindigkeit der Weibchen erreichen. Als Durchschnittsgeschwindigkeit wurde beim Lauf auf horizontaler Unterlage $^1/_2$ cm pro Sekunde gefunden. Die größte von einem Weibchen erzielte Geschwindigkeit betrug 1,13 cm, bei einem Männchen 0,8 cm. In einem Falle legte ein Männchen eine Strecke von 5,80 m (etwa das 3865fache der Körperlänge) in einer Gesamtlaufzeit von 15 Minuten zurück, wobei nur sechs kurze Pausen gemacht wurden. Derartige verhältnismäßig weite Strecken mit so geringfügiger Unterbrechung dürften aber für die gleiche Bewegungsart nur eine Ausnahme darstellen. Einzelne Individuen verhalten sich in dem Häufigkeitsgrade der Pausen verschieden. Die Blatt- und Holzwespen sieht man gewöhnlich nur kurze Strecken auf Pflanzenteilen herumkriechen. Meist sind die Bewegungen träge.

In seltenen Fällen kann man aber auch ein rasches Laufen, z. B. bei *Rhogogaster lichtwardti* KON. auf Lattichblättern beobachten.

Die Ortsveränderung durch Springen ist eine bei Hymenopteren recht seltene Erscheinung. Der teilweise hüpfende Flug gewisser Psammochariden kann nicht als ein eigentliches Springen angesehen werden, da hierbei die Flügel die Hauptrolle spielen. Ohne Anwendung des Flugapparates hüpfen aber zahlreiche Chalcididen. Die Mechanik des Sprunges ist noch nicht untersucht. Nur bei einigen Gruppen glaubt man, daß die kräftigere Entwicklung eines Sporns der Mittelschienen für das Sprungvermögen von Bedeutung ist. Die Sprungleistung selbst ist im Verhältnis zu der etwa bei den Halticinen unter den Käfern vorkommenden recht gering. Nach Messungen von HASE an *Lariophagus distinguendus* FÖRST. beträgt die Sprungweite maximal 5 cm und die Sprunghöhe etwa 1 1/2 cm, so daß die Bahn einen flachen Bogen darstellt. Der Sprung kann spontan oder auf Reize hin erfolgen, wird auch meist als Fluchtmittel (neben dem Flug) angewandt. Vielfach werden zusammenhängende Wegstrecken hüpfend zurückgelegt. Ein Männchen sprang eine Strecke von 40 cm in 14 Sätzen. Der Sprung, der übrigens auch von vertikaler Fläche aus erfolgen kann, fördert naturgemäß schneller als der Lauf, und zwar um 2,5—3 cm pro Sekunde. Verfasser selbst hatte Gelegenheit, *Isthmosoma hyalipenne* WALK., eine Gallen erzeugende Erzwespe, beim Springen zu beobachten. Hierbei hüpfte jedoch nur das Männchen, während das Weibchen, das noch keine Eier abgelegt hatte und dementsprechend ein größeres Körpergewicht besaß, sich nur laufend bewegte und auch auf Reize hin keine Flugversuche unternahm. Der Sprung führt vielfach in der ursprünglichen Bewegungsrichtung weiter, kann aber auch zickzackförmig verlaufen, wobei schließlich die Orientierung verloren zu gehen scheint.

Bei *Larioph. dist.* beobachtete HASE außerdem eine eigentümliche Bewegungsart, nämlich ein Umherrollen auf dem Boden um die Längsachse des Körpers, eine Bewegungsart, die allerdings nur ganz kurze Strecken bis etwa 1 cm fördert. Da diese Erscheinung beim Ansatz zu Flug oder Sprung oder auch unmittelbar nach einer der üblichen Bewegungsformen erfolgt, kann es sich um mißglückte Sprünge oder Flüge handeln. Auch dann, wenn das Tier plötzlich stark gereizt wurde, konnte die Rollbewegung ausgelöst werden. Die einzelnen Bewegungsarten können in den verschiedensten Verbindungen miteinander und in verschiedenem Verhältnis auftreten.

Sehr eigenartig ist das Springen gewisser tropischer Ameisen, um so mehr, als hier ein recht außergewöhnlicher Sprungmechanismus zur Anwendung gelangt. Der orientalische *Harpegnathos cruentatus* SM. krümmt seinen Kopf mit den weit vorragenden Mandibeln unter den Thorax und schleudert ihn dann plötzlich zurück. Auf diese Weise werden Sprünge von 1/2 m und mehr nach vorn ausgeführt, nach BINGHAM nur auf Reizung, nach WROUGHTON aber auch spontan. Die *Odontomachus*-Arten spreizen ihre gewaltig verlängerten Mandibeln auseinander, so daß diese fast einen Winkel von 180° bilden und lassen sie gereizt plötzlich zuschnappen, wobei ein deutliches Geräusch hörbar wird. Gleichzeitig wird die Ameise einige Zentimeter zurückgeschleudert. Aus der Gruppe der Dacetinen sind *Strumigenys* und *Acanthognathus* als Rückwärtsspringer nach Art der Odontomachinen bekannt. Bei einigen Ameisen scheint das Sprungvermögen in den Beinen zu sitzen. Die springenden *Pristomyrmecia-* und *Halmamyrmecia*-Arten Australiens, sowie die südamerikanische Gattung *Gigantiops* besitzen basal verdickte Schenkel und hüpfen nach Heuschreckenart bei Verfolgung oder Störung einige Zoll vorwärts.

Schließlich sei auch noch des „Schwimmens" derjenigen Hymenopteren gedacht, die einen Teil des Lebens unter Wasser zubringen. Während *Anagrus subfuscus* Först. keine besonderen Schwimmbewegungen ausführt, sondern unter Wasser an Pflanzenteilen emporkriecht und gelegentlich durch eine Luftblase an die Oberfläche getrieben wird, zeigen andere Wasserhymenopteren sich soweit dem Wasserleben angepaßt, daß sie auch „ohne festen Boden unter den Füßen" bestimmte Bewegungen ausführen. Freilich sind all die in Betracht kommenden Tiere ihren landbewohnenden Verwandten noch so ähnlich, daß von speziellen Anpassungen an die Bewegung im Wasser nicht gesprochen werden kann. Die zum Teil mit rudimentären Flügeln ausgestatteten *Prestwichia*-Arten bedienen sich im Wasser lediglich ihrer Beine. Der Borstenbesatz derselben dürfte die Rudertätigkeit etwas unterstützen. *Caraphractus cinctus* Hal. und *Limnodytes gerriphagus* March. benutzen unter Wasser auch die ruderähnlichen, mit langen Randborsten versehenen Flügel und können als Unterwasserflieger bezeichnet werden. Ihre Bewegungen sind durchaus gewandt, während das von den mit den Beinen rudernden Prestwichien kaum gesagt werden kann. Der in Trichopterengehäusen sich entwickelnde *Agriotypus armatus* Walk. soll nach Art der Wasserschreiter sich auf der Wasseroberfläche halten können.

Haben wir im vorhergehenden die der Ortsbewegung dienenden Bewegungsformen kennen gelernt, so sollen nunmehr kurz jene Bewegungen erörtert werden, die die einzelnen Körperabschnitte und Anhänge mit Ausnahme der Flügel und Beine ausführen. Der Kopf besitzt durch seine lose Artikulation mit dem Prothorax und die weichen ausgedehnten Verbindungshäute eine gewisse Bewegungsfreiheit. Er kann um die Längsachse des Körpers in einer darauf senkrecht stehenden Ebene gedreht, außerdem gehoben und gesenkt werden. Die verschiedensten Stellungen nimmt er besonders dann ein, wenn die Fühler geputzt werden. Die ihn bewegenden Muskeln entspringen im Prothorax und setzen an den verstärkten Rändern des Hinterhauptsloches an. Über die Verschiebung der einzelnen Thoraxabschnitte gegeneinander war bereits oben bei der Besprechung der Flugbewegungen die Rede. Im übrigen hat der Prothorax bei vielen Formen noch eine größere Bewegungsfreiheit und kann gelegentlich mit seinem oberen Hinterrande etwas über das Mesonotum gleiten. Die Beweglichkeit des Abdomens hat bei den apocriten Hymenopteren durch die Ausbildung der Wespentaille einen hohen Grad erreicht. Ist das Abdomen bei den niederen Formen, den Symphyten einschließlich der Orussiden, mit breiter Basis mit dem Metathorax verbunden, so erkennt man doch schon in dieser Familienreihe die deutliche Tendenz zur Einschnürung der Taille, die, wie bereits erwähnt, zwischen dem 1. und 2. Abdominalsegment liegt. Der Hinterrand des 1. Tergits zeigt schon bei vielen Formen eine häutig ausgefüllte Ausrandung und teilweise tritt auf dem 1. Abdominaltergit eine Längslinie auf, die auf eine Längsspaltung hindeutet. Im übrigen läßt sich die Ausbildung der Einschnürung bei der Entwicklung der Puppe in der letzten Larvenhaut gut verfolgen. Immerhin sind hier noch genauere Untersuchungen, besonders auch über die Umwandlungen, die das 1. Sternit erfährt, sehr erwünscht. Durch die bei den höheren Formen durchgeführte Ausbildung der gelenkigen Verbindung zwischen Bruststabschnitt und Hinterleib wird eine große Beweglichkeit des letzteren ermöglicht. Neben seitlichen Bewegungen wird besonders die Fähigkeit, das Abdomen einzukrümmen und die Hinterleibsspitze unter den Thorax zu bringen, erreicht. Dieser Grad der Bewegungsfreiheit gestattet es vielen aculeaten Hymenopteren, ihre Beutetiere zu packen und gleichzeitig mit dem paralysierenden Stiche zu treffen. Ebenso werden zahlreiche Parasiten dadurch in die Lage versetzt, mit eingekrümmtem Abdomen das Wirtstier anzustechen und das Ei dabei abzulegen. Entsprechend dieser großen Beweglichkeit ist der Vorderrand des 2. Abdominalsegments weitgehend umgestaltet. Man findet dort Gelenkbildungen, die außer der besonders ventral ausgedehnten Intersegmentalmembran die nötige Bewegungsfreiheit gewährleisten. Häufig ist das 2. Segment stielartig verschmälert. Die bisher kaum untersuchten Muskeln dieses Gelenks können in zwei Hauptgruppen geteilt werden, dorsale und ventrale. Die ventrale (und laterale) Muskulatur, die das Abdomen nach unten und den Seiten bewegt, setzt in Form mehrerer getrennter Muskelbündel mit Sehnen am Vorderrand des 2. Sternits an und entspringt im Brustabschnitt. Diese Muskulatur tritt mit den übrigen Organen durch die gleiche Öffnung, eingeschlossen von der weiten Intersegmentalmembran, aus dem Thorax heraus. Für das besonders kräftig entwickelte dorsale Muskelbündel ist häufig eine besondere Durchtrittsöffnung, die zwar mit der viel größeren ventralen in Verbindung steht, aber doch durch seitlich vorspringende Chitinzapfen deutlich dagegen abgesetzt ist, ausgebildet (Abb. 18). Hier legt sich die dünne Intersegmentalmembran eng um das Muskelbündel bei seinem Austritt aus dem Thorax herum. Der Vorderrand des 2. Abdominaltergits ist meist wulstig aufgebogen, oft findet sich auch noch ein kräftiger Längskamm und dahinter eine tiefe Grube, die der breiten Sehne des dorsalen Muskelbündels als Ansatzstelle dienen (Abb. 221). Biegt man das Abdomen z.B. bei

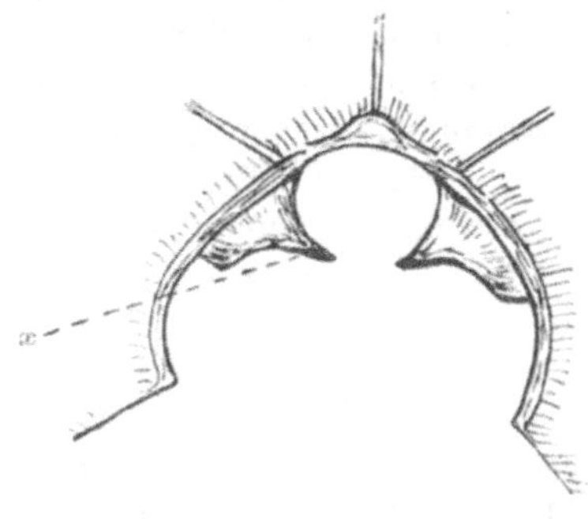

Abb. 18. Aufsicht auf die hintere Öffnung des Mitelsegments von *Xylocopa*. x = Gelenkzapfen.

einer Hornisse herunter, so sieht man bei der Aufsicht von oben deutlich diese mächtige Muskelmasse, die das Abdomen anhebt. Eine starke Aufkrümmung des Abdomens an seiner Basis wird durch die Körpergestalt selbst meist verhindert. Die mehr oder weniger abgestutzte Hinterfläche des Mittelsegments und die dieser zugekehrte Seite des basalen Abdominaltergits bilden ein Hindernis. In anderen Fällen dagegen, besonders wenn der Hinterleib langgestielt ist, fällt diese Hemmung fort und das Abdomen kann schon von der Basis an aufwärts gerichtet werden. Doch sind bei weitem nicht alle Formen mit schlanker Hinterleibswurzel dazu fähig. Bei manchen Schlupfwespen mit sehr langem Bohrer muß der Hinterleib hoch aufgerichtet werden, um den Bohrer auf der Unterlage senkrecht aufsetzen zu können. Dies wird einmal dadurch ermöglicht, daß der Thorax durch geeignete Beinstellung hinten schräg nach oben gehoben wird, dann aber auch durch eine Aufrichtung des Abdomens selbst (Abb. 158). In anderen Fällen, wie bei den Evaniiden, besonders bei den überaus schlanken Gasteruptioninen, ist dadurch, daß der Hinterleib hoch oben am Mittelsegment entspringt, die Möglichkeit gegeben, das Abdomen von der Wurzel an steil nach oben zu richten. Ja, häufig ist die normale Lage des Hinterleibsstieles bereits eine derartige, daß die Abdominalspitze, wenn das Abdomen in der geraden Verlängerung des Stiels verlaufen würde, nach oben zeigen müßte. Dies wird besonders bei vielen Ichneumoniden dadurch verhindert, daß der Stiel, vielfach auch noch das Abdomen gekrümmt ist. Genügt bei vielen Formen schon eine geringfügige Krümmung des Hinterleibs — die übrigens nicht an der Basis zu erfolgen braucht —, um den Stachel in die für den Stich oder die Eiablage geeignete Stellung zu bringen, so ist an anderen Fällen eine weitgehende Einkrümmung nötig. So krümmen z. B. die Aphidiiden, wenn sie eine Blattlaus anstechen, den Hinterleib unter dem Thorax nach vorn, daß seine Spitze den Kopf überragt. Abgesehen von der gelenkigen Verbindung der einzelnen Segmente untereinander, wird dies durch die große Beweglichkeit an der Basis des Abdomens erreicht. Verhältnismäßig selten ist bei Hymenopteren die Fähigkeit sich einzurollen, d. h. das Abdomen so gegen den Thorax einzuschlagen, daß sich die Ventralseiten berühren. Diese Eigentümlichkeit kommt allen echten Goldwespen zu. Hier hat, wie auch bei manchen Masariden (Abb. 29), einer den Faltenwespen nahestehenden Familie, das Abdomen einige damit in Zusammenhang stehende Charaktere aufzuweisen, die weiter unten besprochen werden. Abgesehen von der Beweglichkeit des Abdomens am Thorax, können auch die einzelnen Abdominalsegmente gegeneinander bewegt werden. Diese Bewegungen stehen im engsten Zusammenhang mit der Atmung, der Bewegung des Stachelapparates oder der männlichen Kopulationswerkzeuge, oder auch im Dienste spezieller Eigentümlichkeiten und werden entsprechend später behandelt werden. Recht eigenartige Verhältnisse finden sich bei den Peleciniden (Abb. 13). Hier sind die einzelnen Abdominalsegmente röhrenförmig geworden und durch Gelenkköpfe, die im vorhergehenden Segmente stecken, miteinander verbunden. Die Intersegmentalhäute sind dabei für die Bewegungen von untergeordneter Bedeutung. In einem mittleren Abdominalsegment von *Apis* kann man nach JACOBS drei Gruppen von Muskeln, dorsale, ventrale und laterale, unterscheiden, von denen jede je drei Muskelpaare umfaßt. Nach ihrer Funktion und der Lage der Ansatzstellen müssen diese Muskeln unterschieden werden in solche, die die einzelnen Segmente, sowie Tergite und Sternite ineinanderziehen, und solche, die entgegengesetzt wirken. Die ersteren sind als Ausatmer, die anderen als Einatmer anzusehen. Von den drei Paaren jeder Gruppe funktionieren zwei als Ausatmer und nur eins als Einatmer. Bei anderen Hymenopteren ,z. B. bei Ameisen (*Myrmica rubra* L.), sind von den lateralen Muskeln zwei Paare nicht nachgewiesen und scheinen zu fehlen.

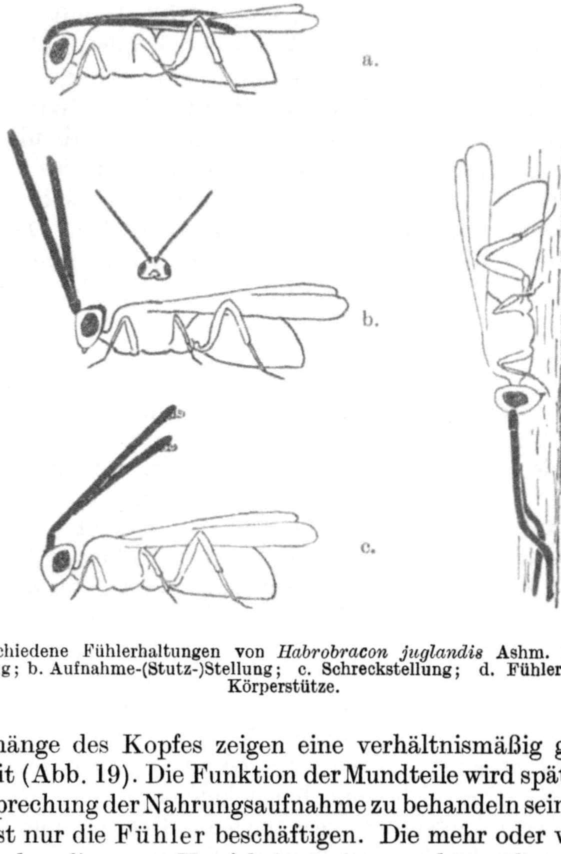

Abb. 19. Verschiedene Fühlerhaltungen von *Habrobracon juglandis* Ashm. (nach SCHULZE). a. Schlafstellung; b. Aufnahme-(Stutz-)Stellung; c. Schreckstellung; d. Fühler gebraucht als Körperstütze.

Die Anhänge des Kopfes zeigen eine verhältnismäßig große Bewegungsfreiheit (Abb. 19). Die Funktion der Mundteile wird später gelegentlich der Besprechung der Nahrungsaufnahme zu behandeln sein. Hier sollen uns zunächst nur die Fühler beschäftigen. Die mehr oder weniger freie Einlenkung derselben am Kopf bringt einen recht großen Bewegungsradius mit sich. Das Basalglied oder der Schaft ist besonders kräftig und dicker als die sich anschließenden Glieder (Geißel). Vielfach ist diese Differenzierung so weit fortgeschritten, daß die Fühler als „gekniet" bezeichnet werden. Die Fühler sind in rundlichen Ausschnitten der vorderen Kopfwand eingelenkt. Die Ränder dieser Löcher können sowohl ins Innere des Kopfes wie auch nach außen vorspringen. Ist letzteres der Fall, so bilden die dadurch entstehenden Kanten, die aber gewöhnlich nur einseitig an der Durchbohrung der Kopfwand aufragen, eine gewisse Hemmung der Bewegung des Fühlerschaftes nach der betreffenden Richtung. Am Boden des Fühlerloches spannt sich ein dünner häutiger Ring aus, der die Basis des Fühlersockels umfaßt. Diese membranöse Zone ermöglicht ein Einsenken, Hervorstülpen und Verschieben der Fühlerbasis nach den verschiedensten Richtungen. Der Fühlersockel selbst wird als ein eingeschnürter Gelenkkopf des Fühlerschaftes aufgefaßt. Bei der Leichtigkeit, mit der er aber gelegentlich vom Fühlerschaft abgetrennt werden kann, ist es vielleicht nicht ausgeschlossen, daß er doch ein besonderes Fühlerglied darstellt, um so mehr, als die entstehende Bruchkante häufig glatt verläuft oder wenigstens nur in geringer Ausdehnung eine Verwachsung erkennen läßt. An dem inneren Rand dieses Fühlersockels setzen mehrere Muskeln mit Sehnen an, die wohl am Tentorium, dem Innenskelett des Kopfes, entspringen. Auf den Schaft folgen gewöhnlich mehrere kleinere Glieder, die in der mehr oder weniger tiefen Ausrandung des Schaftes in bestimmter Richtung bewegt werden können. Mit diesen Gliedern stehen die übrigen Geißelglieder in enger Verbindung. Die an die Basalglieder herantretende Muskulatur entspringt im Schaft. Die Geißelglieder sind untereinander zwar nicht starr, aber doch ziemlich fest verbunden. Die Eigenbewegung der Glieder scheint nur eine recht geringfügige zu sein, und die Krümmungen der Fühlergeißel, die man bei manchen Schlupfwespen beim Anlegen der Fühler an ein Medium, in dem sich der Wirt befindet, beobachten kann, dürfte wohl durch das Andrücken an diese Unterlage hervorgerufen werden. Worauf die bei freier Fühlerhaltung besonders bei manchen Schlupfwespen erkennbare Einkrümmung des Fühlerendgliedes zurückzuführen ist, muß noch näher untersucht werden. Die Fähigkeit, die Fühler nach hinten hoch über den Körper zu krümmen, kommt besonders den Schlupfwespen zu. In anderen Fällen werden die Fühler beim „Sich-tot-stellen" nach unten an den Körper angeklappt, eine Haltung, die die Fühler auch in der Puppe einnehmen. Die Beweglichkeit der einzelnen Fühlerglieder gegeneinander kann auch nach den Geschlechtern verschieden sein. So tragen z. B. die Männchen der Psammochariden und Scoliiden die Fühler, auch im Tode, stets gestreckt und können aus mechanischen Gründen die einzelnen Glieder nicht gegeneinander verschieben, während die Weibchen ihre Fühler mehr oder weniger weit einkrümmen können. Beim Putzen der Fühler, das mit Hilfe der Vorderbeine geschieht, werden sie in Lagen gebracht, die sie bei freier Bewegung nicht einnehmen können.

Für die Hymenopteren**larven** spielt die Ortsveränderung mit Ausnahme der tiefstehenden Symphyten nur eine untergeordnete Rolle. Dank der mütterlichen Brutpflegeinstinkte findet die weitaus größte Mehrzahl aller Larven, sobald sie das Ei verlassen, die für ihre Entwicklung bis zum Puppenstadium nötigen Nahrungsmengen unmittelbar vor. Etwas anders liegen die Verhältnisse bei der Brut der Honigbiene, der sozialen Wespen und Ameisen, sowie einiger weniger solitäter Formen, die ständig gefüttert wird und es also auch nicht nötig hat, den Platz zu wechseln. Hinzu kommt, daß der während des Larvenlebens vorhandene Verschluß des Mitteldarms gegen den Enddarm eine Verschmutzung der aufgestapelten Vorräte, die zum Aufsuchen eines anderen Freßplatzes führen könnte, verhindert. So sehen wir denn, wie die ursprünglich vorhanden gewesenen und bei den niederen Formen noch erhaltenen Beine als überflüssig vollständig geschwunden sind und wie die Larven sich einem madenähnlichen Typ nähern. Erfordern spezielle Lebensverhältnisse aber doch auf irgendeinem Entwicklungsstadium der Larve eine Ortsveränderung, so werden besondere Apparate ausgebildet, die eine solche ermöglichen.

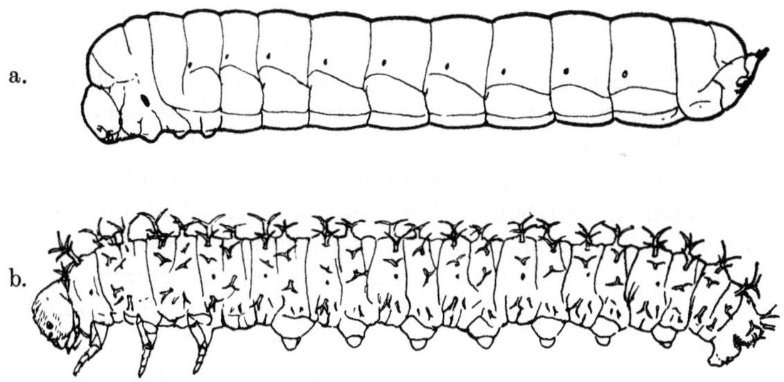

Abb. 20. a. Larve von *Tremex columba* L.; b. *Monophadnoides rubi* HARRIS nach YUASA.

Die Mehrzahl der Larven der *Tenthredinoidea* (Abb. 20) besitzen wohl entwickelte, meist kräftig chitinisierte Thorakalbeine. Diese Beine bestehen normal aus fünf Segmenten: Hüfte, Schenkelring, Schenkel, Schiene und Fuß mit Klaue (Abb. 21). Gelegentlich, bei Fenusinen und Phyllotominen, lassen sich nur vier Beinglieder erkennen; der Trochanter ist hier unterdrückt. Bei den Schizocerinen sind sogar nur drei Glieder entwickelt. Alle diese Formen mit verringerter Gliedzahl leben minierend in Pflanzenteilen. Im Gegensatz dazu sind die Beine bei den in Gallen lebenden Arten, z. B. *Pontania*, normal wie bei den frei an Blättern fressenden Formen ausgebildet. Bei den Hylotominen können sechs Glieder an den Beinen unterschieden werden. Bei der amerikanischen, in Birkenblättern minierenden Gattung *Phlebatrophia* (Abb. 21) sind die Thorakalbeine zu kurzen, fleischigen, viergliedrigen Stummeln geworden, an denen auch die Klauen rudimentär sind. Durch besonders lange und schlanke Beine sind die Larven der Pamphiliiden (Abb. 21) ausgezeichnet. Hier ist der Tarsus im ganzen scharf zugespitzt ohne abgesetzte Klaue. Die im Holze bohrenden Sireciden (Abb. 20) und Xiphydriiden, sowie die

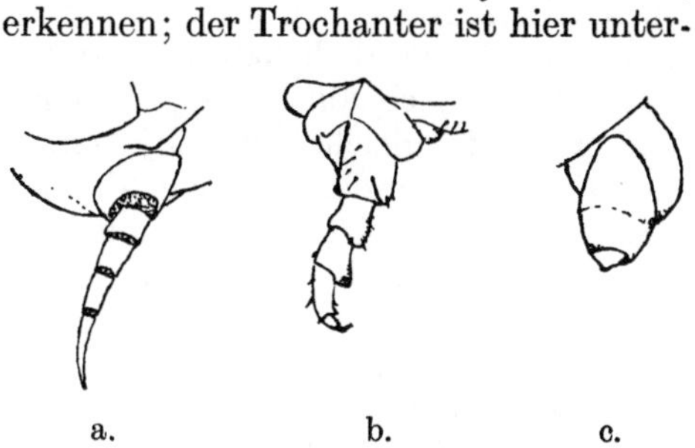

Abb. 21. Thorakalbeine der Larven von a. *Pamphilius*; b. *Dolerus*; c. *Phlebatrophia* (nach YUASA).

Cephiden können der Beine entbehren, da ihnen andere Hilfsmittel für die Ortsveränderung zur Verfügung stehen. In ihrer Anlage sind aber die klauenlos gewordenen Beine als undeutlich segmentierte, fleischige Rudimente zu erkennen. Schließlich sind die Larven der zum Parasitismus übergegangenen *Orussidae* ganz fußlos geworden. Als ein Anpassungscharakter an die bohrende Lebensweise der Larven der Cephiden, Xiphydriiden und Sireciden (Abb. 20 u. 22) ist zweifellos ein stark chitinisierter, nach hinten und meist schräg nach oben gerichteter Fortsatz am Körperende anzusprechen. Ein ähnliches Gebilde findet sich auch bei der in Gallen lebenden Gattung *Pontania* und bei den in Blattstielen bohrenden *Caulocampus*-Arten. Wichtige Fortbewegungsapparate besitzen die Tenthrediniden und Xyeliden in den Bauchfüßen (Abb. 20), die nach KORSCHELT und HEIDER als echte Gliedmaßen anzusprechen sind. Sie fehlen den Pamphiliiden, Sireciden und deren Verwandten. Stets sind sie bei den übrigen *Tenthredinoidea* auf dem 2.—6. und 10. Abdominalsegment entwickelt, meist auch auf dem 7., selten auf dem 8. Bei den Fenusinen wird das letzte Paar undeutlich. Allgemein sind die Abdominalbeine bei minierenden und bohrenden Formen reduziert. Im Gegensatz zu den Bauchfüßen der Lepidopterenraupen tragen die der Blattwespen nie irgendwelche Hakenkränze oder ähnliche Klammerapparate, sondern ragen lediglich als nach unten verjüngte, fleischige Zapfen, an denen man einen breiteren Basalteil unterscheiden kann, vor. Über die Funktion der Abdominalfüße liegen keine genaueren Untersuchungen vor. Daß die Haftwirkung eine recht erhebliche sein muß, kann man leicht beobachten, wenn man solche Blattwespenlarven, die sich bei Berührung nicht fallen lassen, von den Pflanzenteilen, an denen sie sitzen, abnehmen will. Vermutlich haften sie durch Saugwirkung. Die Bewegungsweise dieser auch äußerlich den Schmetterlingsraupen recht ähnlichen Larven ist die gleiche wie bei jenen. Die Bewegung der einzelnen Segmente gegeneinander geschieht durch die reichlich vorhandene Muskulatur. Einige spezielle Eigentümlichkeiten seien noch erwähnt. So rollt sich eine ganze Reihe von Blattwespenlarven auf einen Berührungsreiz hin zusammen und läßt dabei von der Unterlage los. Viele Nematinen nehmen besondere Schreckstellungen ein (Abb. 219.), wobei der Hinterleib hochgehoben und unter Umständen nach den Seiten geschlagen wird. Weitgehende Krümmungen mit dem Vorderkörper führen die Larven beim Spinnen des Kokons aus. Um sich vom Platze zu bewegen spinnen die bauchfußlosen Larven der Pamphiliiden Fäden, die quer über den Körper gelegt werden und so die Haltepunkte gewähren, an denen sich der Körper vorschieben kann (Abb. 23).

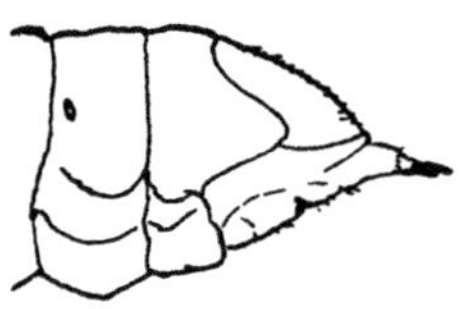

Abb. 22. Analfortsatz von *Xiphydria* nach YUASA.

Die Bewegungsfähigkeit der madenförmigen Larven ist durch den Fortfall der Extremitäten auf ein geringes Maß beschränkt. Nur bei manchen Cyclopoidlarven (Abb. 202) können Beinpaare noch in ihrer Anlage erkannt werden, ohne daß diesen jedoch eine lokomotorische Funktion zukommt. Kontraktionen und Streckungen einzelner Segmente bringen eine schwache Ortsveränderung hervor, besonders wenn ein feiner Borstenbesatz Haltepunkte gewährt. Derartige geringe Bewegungsmöglichkeiten können auch für die mit ihrer Nahrung in einer Zelle eingeschlossene Larve von Bedeutung sein, wenn diese an noch nicht ausgenutztes Futter gelangen will. Auch jene Larven parasitärer Hymenopteren, die nach Erlangung der vollen Größe und Erschöpfung der Nahrung sich aus ihrem Wirt herausbohren, um sich außerhalb desselben zu verpuppen, legen dabei meist nur ganz kurze Entfernungen zurück und verspinnen sich vielfach schon an der leeren Wirtshülle selbst oder verpuppen sich in deren nächster Nähe. An Spinnen ektoparasitär lebende *Polysphincta*-Larven (Abb. 24) haben auf den Tergiten einziehbare, mit Häkchen oder Dornen besetzte Höcker, mit deren Hilfe sich die Larven im Spinngewebe festklammern, wenn der ausgesogene Wirtskörper abfällt (NIELSEN). Die Larve der Dryinine *Gonatopus pilosus* THS, ist walzenförmig, hinten stumpf, kann aber ihr Vorderende durch Vorstrecken stark zuspitzen. Die sehr lebhaften Bewegungen der Larve sind wurmförmig. Beim Kriechen liegt sie auf dem Rücken und benutzt die steifen Rückenborsten zur Vorwärtsbewegung. Da die Kontraktionen und die dadurch bedingten Verdickungen des Körpers immer nur in geringer Ausdehnung am Körper auftreten und von hinten nach vorn aufeinander folgen, erscheint die Formveränderung sehr auffällig. Beim Kriechen wird der Kopf abwechselnd nach links und rechts geneigt und ein feiner Faden gesponnen. In dieser Weise bewegt sich die Larve, nachdem sie ihr Wirtstier, eine Zikade, verlassen hat, mehrere Tage ohne Nahrungsaufnahme lebhaft umher, ehe sie sich zum Spinnen des Kokons anschickt. Die im nährstoffreichen Medium ruhenden Larven entoparasitärer Hymenopteren haben innerhalb des Wirtes kaum eine Ortsveränderung nötig. Die Muskulatur einer solchen *Chalcididen*-Larve stellt Abb. 25 dar. Häufig besitzen solche Larven, ebenso wie die sonderbaren Cyclopoidstadien, besondere Schwanzanhänge, die vielleicht als

a.

b.

Abb. 23. Larve von *Neurotoma flavivenirts* RETZ. a. spinnend von der Seite; b. nach neuen Anheftungsstellen für den Spinnfaden suchend (nach H. SCHULZE).

a.

b.

Abb. 24. a. Larve von *Polysphincta eximia* SCHMDKN., b. mit Häkchen besetzter Fortsatz derselben (nach NIELSEN).

Stemmvorrichtungen gewisse Bewegungen ermöglichen, soweit sie nicht im Dienst der Respiration stehen. Auch die ektoparasitär saugenden Larven nehmen gelegentlich am Wirt selbst einen Platzwechsel vor. So kann man an den von *Lariophagus* befallenen Kornkäferlarven mitunter mehrere durch Farbveränderung auffallende Saugstellen erkennen. Bei dem zu den Evaniiden gehörenden *Gasteruption affectator* L., dessen Weibchen seine Eier in die Bauten von *Prosopis* legt, reicht eine Larve für die Ernährung des Parasiten nicht aus; dieser ist also darauf angewiesen, in eine Nachbarzelle einzudringen. Dabei kommt der flachen, an beiden Enden verjüngten Larve ihr starker Borstenbesatz sehr zustatten und unter behenden Bewegungen bohrt sie sich mit Hilfe der schaufelförmigen Mandibeln in eine Nachbarzelle ein. Etwas geringer sind die Hindernisse, die die Larve von *Zeuxevania splendidula* COSTA zu überwinden hat, wenn sie sich aus derjenigen Kammer der Oothek von *Loboptera decipiens* GERM. (einer Schabe),

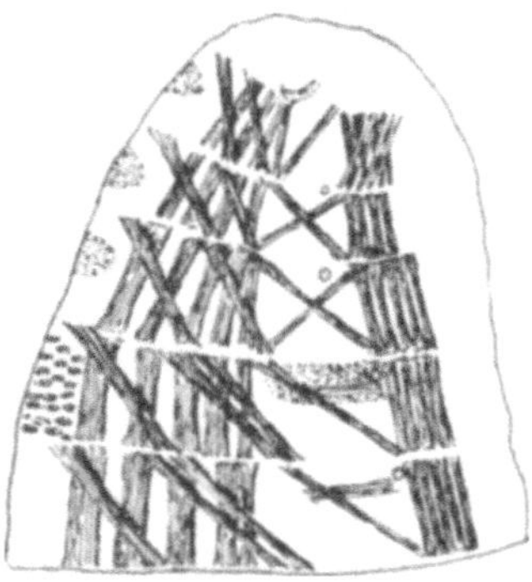

Abb. 25. Segmentale Muskulatur der Larve von *Chalcis fonscolombei* Duf. (nach PARKER).

Abb. 26. Schematische Darstellung der Ortsbewegung der *Habrobracon*-Larve von oben nach unten fortschreitend (nach HASE).

in der sie den Anfang ihrer Entwicklung durchlaufen hat, in die Nachbarkammern hineinarbeitet.

Größer ist im allgemeinen die Bewegungsfähigkeit solcher parasitären Larven, wo die Eier frei abgelegt wurden und wo nun die junge Larve selbst gezwungen ist, ihren Wirt aufzusuchen. Das ist z. B. bei *Habrobracon juglandis* ASHM. der Fall. Liegen die Eier auch in nächster Nähe einer vom Weibchen gelähmten Mehlmottenraupe, so muß sich doch die eben geschlüpfte *Habrobracon*-Larve selbständig dieser nähern, da sie durch bloße Streckung des Körpers ihr Opfer nicht erreicht. Auf ein Durchbiegen des Rückens und Aufstemmen gegen die nach unten gerichtete Hinterleibsspitze folgt die Streckung (Abb. 26). Ähnlich bewegte sich auch eine an einer minierenden Blattwespenlarve saugende Larve von *Phanomeris dimidiata* NEES, als sie zusammen mit dem Wirt aus der Mine herausgenommen und zur Beobachtung in ein Uhrschälchen gelegt war. Sie entfernte sich bis $1\,^1/_2$ cm von ihrem Opfer, fand es aber später wieder. Daraus, daß *Elasmus flabellatus* Fonsc. seine Eier frei in den Gespinsten der Ölmotte absetzt, kann ohne weiteres auf eine gewisse Beweglichkeit der Larve geschlossen werden. In einem anderen Falle – bei *Homoporus vassilievi* Ashm. — legt das Weibchen seine Eier frei in die Halminternodien von Gräsern, in denen sich *Isthmosomen*-Larven befinden. Die sehr beweglichen jungen Larven des Parasiten bekämpfen sich gegenseitig. Freie Eiablage parasitärer Arten dürfte auch sonst weiter verbreitet sein und wird sich namentlich dort finden, wo der Wirt, in dem Medium, in dem er lebt, selbst kaum oder nur sehr langsam den Ort verändert, wie dies z. B. bei Holzfressern oder in engen Hohlräumen eingeschlossenen Insektenlarven der Fall ist. In Anpassung an das freie Leben findet sich bei *Perilampus hyalinus* Say ein besonderer Larventyp (Abb. 201), der als „Planidium" bezeichnet wird, ausgebildet. Die stark chitinisierte, spindelförmige, mit Schwanzanhängen versehene Larve ist besonders dadurch auffällig, daß die

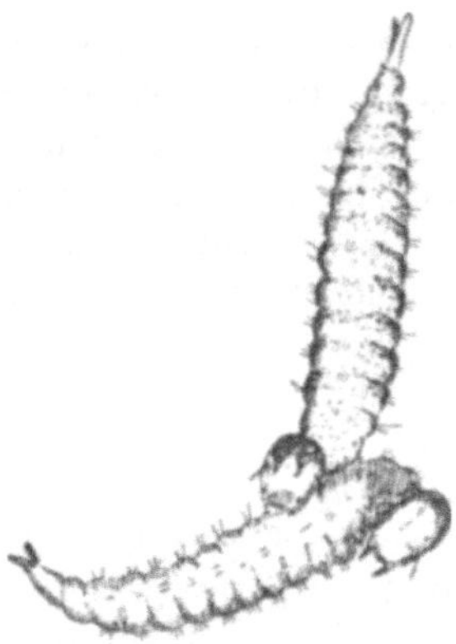

a.

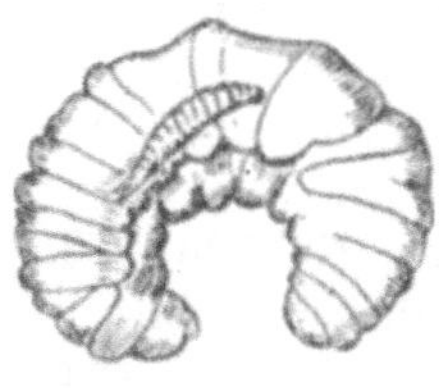

b.

Abb. 27. a. Kämpfende Primärlarven von *Chrysis dichroa* Dhlb.; b. einzelne Primärlarve an Osmienlarve saugend (nach Ferton).

Tergite weit auf die schwächer chitinisierte Ventralseite übergreifen. Außerdem finden sich daran zahlreiche Zähnchen und Borsten, die die Fortbewegung unterstützen. Sobald dieses Planidium sich an seinem Wirte festgesetzt hat, setzt eine Verwandlung ein, die ein nicht mehr selbständig sich bewegendes Stadium ergibt. Auch die im Trichopterengehäuse ektoparasitär lebende Junglarve von *Hemiteles biannulatus* Grav. stellt einen ähnlichen Typ dar, der mit einem Triungulinus verglichen wird. Ein merkwürdiges Jugendstadium haben die Larven mancher Goldwespen (*Chr. dichroa* Dhlb, *viridula* L., *barbara* Luc.). Ferton bezeichnet es als campodeides Stadium. Die eben aus dem Ei geschlüpfte Larve der genannten Arten ist durch einen großen, stärker chitinisierten Kopf mit mächtigen Mandibeln und wohlentwickelten Fühlern, durch starken Borstenbesatz auf Rücken und Seiten des Körpers und am letzten Segment durch zwei stumpf kegelförmige, schräg nach hinten gerichtete Fortsätze ausgezeichnet. An diesen Fortsätzen findet sich noch je ein kleinerer Kegel, der für die Bewegung und das Festhalten an der Wirtslarve von Wichtigkeit zu sein scheint. Die Larve untersucht zunächst ihre Umgebung nach einer Rivalin. Häufig genug kommt es bei *Chr. dichroa* DHLB. vor, daß mehrere Eier in die gleiche Wirtszelle (*Osmia rufohirta* LATR.) gelegt werden. Bei den Kämpfen, die sich entwickeln, sobald sich zwei Larven getroffen haben, werden lebhafte Bewegungen nach den verschiedensten Richtungen ausgeführt, bis es schließlich der einen gelingt, die andere trotz der langen Borsten zu fassen, sie in die Höhe zu heben und auszusaugen (Abb. 27). Dabei hält sie sich mit ihren Schwanzfortsätzen an der Unterlage fest. In gleicher Weise haftet sie auch, wenn sie nicht gerade die Mandibeln in ihr Opfer eingeschlagen hat, an der Osmien-Larve. Auch bei *Chr. barbara* LUC. können nach den Befunden FERTONS ähnliche Kämpfe der Junglarven untereinander erwartet werden. Nach der ersten Häutung ist der Kopf verhältnismäßig kleiner, nicht mehr so stark gepanzert, der Körper ist glatt und die Schwanzanhänge werden nur noch gelegentlich ausgestülpt.

Larven der Bienengattung *Allodape* besitzen als „Pseudopodien" (FRIESE) bezeichnete ausstülpbare Organe, die wenigstens teilweise mit der Bewegung in Zusammenhang stehen. Bei einer nicht näher bestimmten afrikanischen *Allodape*-Larve fanden sich am 6., 7. und 8. Segment seitlich jederseits zwei große blasenförmige Ausstülpungen, die am 7. am größten sind. Außerdem hatten das 7. und 8. Sternit ebenfalls jederseits eine kleinere Ausstülpung. Auf den beiden folgenden Segmenten finden sich die „Pseudopodien" in der gleichen Anordnung, sind aber dort viel gestreckter, fast zylindrisch. Die Beobachtungen von BRAUNS an *Allodape pungens* scheinen die Funktion dieser Gebilde zu klären. BRAUNS schreibt darüber: „Die bisher einzige Ausnahme bilden die Larven von *Allodape pungens* (= *variegata* SM.), deren Larven etwas anders gebaut sind. Bei dieser Art wird ein Klümpchen Futterbrei für 4—5 oder mehr Larven zusammen gegeben. Durch die segmentalen Anhänge (bzw. Ausstülpungen = Pseudopodien) vermögen sich die Larven dieser Art an den Wänden der Röhre und gegenseitig so im Lumen der Röhre zu halten, daß sie dieses in gleicher Höhe ausfüllen und ihre Köpfe in gleicher Höhe haben. Die Mutterbiene steckt nun den Futterbrei so in die Mitte, daß alle Larven, so wie oben postiert, gleichzeitig nagen können." Bei anderen Larven wird nach dem gleichen Autor das Futter einzeln gereicht und zwischen zwei am Vorderkörper befindliche Pseudopodien gesteckt. Mit ihnen umklammert die Larve das Futter, während sie es verzehrt.

Wenn auch die Hymenopteren**puppe** bereits deutlich die Anlagen der Extremitäten erkennen läßt, so kommen diese bei ihrer noch weichen Beschaffenheit für Bewegungen nicht in Frage. Im allgemeinen liegt die Puppe ruhig und führt erst vor dem Abstreifen der Puppenhaut, wenn die Imago bereits ausgefärbt ist, lebhaftere Bewegungen mit dem Hinterleib aus, die wohl mit dem Abstreifen der Haut in Verbindung stehen. Um so bemerkenswerter sind die bei verschiedenen Schlupfwespen beobachteten ruckartigen Bewegungen der Puppen in ihren Kokons. So führt nach PFANKUCH die Puppe von *Phytodietus segmentator* GRAV. mit ihrem Vorderkörper in dem länglich ovalen, fast durchsichtigen, pergamentartig zähen Kokon deutlich hörbare, taktmäßige Schläge aus. Und die Kokons des bei Feldwespen (*Polistes*) schmarotzenden *Crypturus* können sich hochschnellen.

Haben wir im vorhergehenden das Tier in der Bewegung betrachtet, so ist es von kaum geringerem Interesse, die Hymenopteren im Ruhestadium kennen zu lernen, da sich auch hier zahlreiche charakteristische Eigentümlichkeiten finden. Sind an sich die Bewegungen der Larven, soweit es sich nicht um freilebende Tenthrediniden handelt, schon gering, so ist häufig außerdem noch ein besonderes Ruhestadium nach Erreichung der vollen Größe vor dem Übergang in das Puppenstadium eingeschaltet, mag die Larve frei in ihrer Zelle oder eingeschlossen im Kokon ruhen. In solchen Fällen allerdings, wo parasitäre Larven von Chalcididen sich aus dem Wirtskörper herausbohren, um sich außerhalb desselben zu verpuppen, kann kaum von einer Ruhelarve gesprochen werden. Auch äußerlich treten an der Larve in diesem Stadium Veränderungen auf. Die Larve erscheint mehr zusammengezogen, ihre Haut im allgemeinen faltiger und runzliger, während sie vorher prall und glatt war; im ganzen macht das Tier jetzt einen geschrumpften Eindruck. Ermöglicht wurde diese Schrumpfung zum Teil dadurch, daß der Durchbruch zwischen Mittel- und Enddarm erfolgte, so daß nun der Kot, der sich während des ganzen Larvenlebens ansammeln mußte, abgegeben werden kann. Aber auch bei den Blattwespenlarven, die im Freßstadium dauernd exkrementierten, tritt im Ruhestadium eine Schrumpfung, die mit einer erheblichen Verringerung der Körperlänge verbunden ist, ein. Abgesehen von der Verkürzung, ist häufig bei der Ruhelarve, besonders aculeater Hymenopteren, ein Herabkrümmen des Kopfes auf die Ventralseite zu beobachten, die schließlich bei manchen Bienenruhelarven zu einer Einkrümmung des ganzen Körpers führen kann, bis der Kopf in die Nähe des Afters zu liegen kommt. Doch erfolgt vor der Verpuppung dann wieder eine Streckung. Das Ruhestadium der Larve ist oft von recht erheblicher Dauer. Vielfach ist es der Zustand, in dem die Überwinterung stattfindet. In ihm liegen manche Formen, wie zahlreiche Blattwespen und auch Cynipiden, mehrere Jahre, bis sie sich zu der dann meist nur kurze Zeit ruhenden Puppe entwickeln. Die Hauptruheperiode liegt bei uns im Winter, wobei die Kälte eine Reduktion der Lebensvorgänge mit sich bringt. Bei milder Temperatur kann eine Weiterentwicklung erfolgen. So fand FRIESE, daß manche *Megachile*-Arten, die normal als Larven überwintern, sich schon im Beginn des Winters verpuppen, und daß *Melecta*-Arten, die gewöhnlich als Nymphe durch den Winter kommen, schon im Spätherbst Imagines ergeben.

Allgemeine Angaben darüber, welches Stadium unserer Hymenopteren überwintert, lassen sich kaum machen. Es herrscht in dieser Hinsicht eine rechte Mannigfaltigkeit. Kommen mehrere Generationen in einem Jahr vor, so ist das Überwinterungsstadium mit seinem herabgesetzten Stoffwechsel von längerer Dauer als das entsprechende Stadium in der wärmeren Jahreszeit. Sehr häufig bildet bei Hymenopteren die nicht mehr fressende Larve das Ruhestadium. So erfolgt denn auch das Abstreifen der letzten Larvenhaut wohl kaum im Winter. Überwinterung der Puppe kommt dagegen, ebenso wie die der Imago häufiger vor. So überwintern von den sozialen Formen, Ameisen und Honigbienen, außer den Weibchen auch die Arbeiterinnen innerhalb der Bauten. Ein vollkommener Stillstand tritt aber bei der Honigbiene nicht ein. Vielmehr ist hier die Wärmeregulierung durch die Bienen für das Erhaltenbleiben des Volkes während des Winters von größter Wichtigkeit. Mit Beginn der Abkühlung ziehen sich die Honigbienen zur „Wintertraube“ auf den Waben zusammen. Durch die Stromrichtung der Atmungsluft von oben nach unten ergibt sich nach HESS eine Umschichtung der Temperatur entgegengesetzt der physikalischen Schichtung. Das Volk wird dabei von einem Temperaturgürtel von 7—8° umgeben. Im Wärmemittelpunkt schwankt die Temperatur zwischen 20 und 30°; die dort gemessene tiefste Temperatur betrug 18°, die größte Differenz gegenüber der Außentemperatur 43°. Bei 0° Außentemparatur wurden Tagesschwankungen von etwa 7° im Wärmemittelpunkt beobachtet. Nach STEINER ist dagegen die Temperatur im überwinternden *Formica*-Volk nur etwa $^1/_2$° höher als die Umgebung. Ein sozialer Wärmeinstinkt spielt also hier bei der Winterruhe keine Rolle.

Während die meisten einheimischen Ameisenarten in den tiefer gelegenen Nestteilen einen gewissen Schutz vor Kälte finden und dort in einem Erstarrungszustand liegen, sind von *Formica sanguinea* LATR. besondere Überwinterungsnester in geschützter Lage bekannt, die bis 20 m vom Hauptnest entfernt liegen können und etwa im September bezogen werden. Auch *F. rufa* L. und *pratensis* DEG. legen gelegentlich Winternester an. COBELLI berichtet ein ähnliches Vorkommen auch von *Dendrolasius fuliginosus* LATR. der seine Brut im November in das Winternest brachte, das im Februar wieder verlassen wurde. Bei den Vorräte sammelnden Ernteameisen im südlichen Europa ist die Möglichkeit zur Nahrungsaufnahme auch im Winter gegeben, der Ruhezustand dementsprechend weniger tief. Stellen auch die meisten Ameisenarten bei uns im Herbst die Brutpflege ein — eine Ausnahme machen die als Stammütter neuer Völker überwinternden befruchteten Weibchen —, so scheinen doch *Myrmica*, *Leptothorax*, *Lasius*, gelegentlich auch *Tetramorium* weniger empfindlich zu sein, so daß man verschiedene Entwicklungsstadien auch im Winter in deren Nestern finden kann. Leichte Bodenerwärmung lockt diese Tiere bald nach dem Wegtauen des Schnees hervor.

Von anderen sozialen Hymenopteren, wie den Wespen und Hummeln, überwintern bei uns die bereits im Herbst befruchteten Weibchen an besonders geschützten Stellen, während Männchen und Arbeiterinnen sterben. In wärmeren Gegenden kommen dagegen ausdauernde Völker vor. Bei dem Aufsuchen und Herrichten eines Winterlagers sind die Hummeln sehr wählerisch. Gelegentlich schicken sich auch Arbeiterinnen zur Überwinterung an, doch sollen diese dabei zugrunde gehen. In Moos- oder Laublagen richten sich die Hummelweibchen Höhlungen her oder bauen bereits vorhandene zweckentsprechend um. Ähnlich wie die echten Hummeln überwintern auch die Weibchen der Schmarotzerhummeln. In recht charakteristischer Haltung überwintern unsere

Wespen hinter morscher Rinde, unter Moos, in Holzschuppen und an den verschiedensten anderen Plätzen (Abb. 28). Die Flügel sind dabei eng zusammengelegt und liegen nicht wie gewöhnlich über dem Rücken, sondern seitlich am Körper, schieben sich von den Seiten her in die Taille ein und kommen dadurch in der Hauptsache unter das Abdomen zu liegen. Die Hinterbeine sind meist dem Körper seitlich eng angelegt

Abb. 28. Wespe im Winterschlaf auf einem Rindenstück.

und die Fühler der Unterseite angedrückt. Auch Vorder- und Mittelbeine sind angezogen. Mit den Krallen hängt das überwinternde Tier an der Unterlage. Ein gemeinsames Überwintern von Weibchen, vermutlich Schwestern, kommt bei *Polistes,* besonders in der Nähe des alten Nestes, vor. Die Auflösung der Wespenvölker tritt erst mit einsetzender Kälte ein. Bis zum Eingehen des Volkes wurde die Brut noch gepflegt, ist aber mit dem Knapperwerden der Nahrung und der sinkenden Temperatur im Nestinnern dem Tode verfallen.

Von solitären Bienengattungen und Arten, die als Ruhelarven überwintern, seien nach MEYER (1912) die folgenden genannt: *Osmia parvula* DUF et PERR., *leucomelaena* K., *Stelis ornatula* KL., *nasuta* LATR., *Megachile, Macropis, Systropha, Halictoides, Rhophites, Panurgus, Coelioxys, Dasypoda, Anthidium, Prosopis brevicornis* NYL. In all diesen Fällen handelt es sich um verhältnismäßig spät im Jahr erscheinende Bienen.

Gewisse *Colletes*-Arten findet man als noch nicht erwachsene Larven im Frühling im Pollenvorrat (FRIESE; Beobachtungsort: Straßburg). Dagegen überwintert der frühfliegende *Colletes cunicularius* L. als Imago. Bei der Überwinterung von Imagines muß zwischen solchen Formen unterschieden werden, die im Herbste schon entwickelt waren, das Nest bereits verließen und befruchtet wurden, und solchen, die ihre Entwicklung zwar schon im Herbst abgeschlossen hatten, aber erst im Frühjahr ausfliegen und sich paaren. In die erste Kategorie gehören unter den Apiden die meisten *Halictus*-Arten, sofern nicht wie bei *H. morio* F. und *xanthopus* K. eine Überwinterung von Herbstmännchen vorkommt. Bei *Ceratina* ruhen beide Geschlechter gemeinsam in kleinen Überwinterungsgesellschaften in ausgehöhlten Rubuszweigen. Die Männchen sollen sich nach GIRAUD an der Herrichtung dieser Nester beteiligen, in denen man bis zu 30 Individuen finden kann. Die Paarung erfolgt erst im Frühjahr. Vielleicht stellen diese „Überwinterungsnester" aber nichts anderes als die Brutnester selbst dar, in denen die betreffenden Tiere nach dem Schlüpfen verbleiben oder in die sie wenigstens zurückkehren. Ein besonderer Instinkt zur Anlage von Winternestern dürfte kaum ausgebildet sein. Es ist bei allen diesen Feststellungen aber stets zu berücksichtigen, daß verschiedene klimatische Verhältnisse recht erhebliche Abweichungen bedingen können. Ähnlich wie die Ceratinen verhalten sich in Südeuropa ihre wesentlich größeren nächsten Verwandten, die Holzhummeln (*Xylocopa*). Bezüglich des Winterlagers können bei den *Halictus*-Arten verschiedene Möglichkeiten vorkommen. So sind Fälle bekannt, in denen die jungen, vielleicht im Nest begatteten Herbstweibchen in diesem verbleiben. Die Weibchen können sich aber auch einzeln eingraben und mit der ausgeworfenen Erde den Gang hinter sich verstopfen (*H. minutus* K. und *morio* F.). Bei der letztgenannten Art ist aber auch eine gemeinsame Überwinterung von Weibchen (16 Individuen) in einem verzweigt angelegten Stollensystem unter einem Steine durch VERHOEFF beobachtet worden. Ob diese Gänge von den Weibchen selbst angelegt wurden oder bereits vorhanden waren und nur bezogen wurden, müßte bei Entdeckung eines ähnlichen Winterlagers ermittelt werden. In die zweite Kategorie von Bienen, die als Imagines überwintern, gehören die frühfliegenden *Andrena*-Arten, einige Bauchsammler und die zu den Frühjahrsbienen im Kuckucksverhältnis stehenden *Nomada*-Arten. Ähnliche Verhältnisse finden sich auch bei manchen *Anthophora*-Arten, z. B. *acervorum* L., und *Melecta*; *A. parietina* F. verpuppt sich dagegen erst im Frühjahr. Unter den Grabwespen überwintern die Weibchen der Gattung *Sphex* (*Psammophila*) gelegentlich in größeren Gesellschaften gemeinsam. Von den Psammochariden ist es nicht ausgeschlossen, daß die frühfliegenden Weibchen von *Anoplius fuscus* L. befruchtet überwintern. Von den Parasiten findet man häufig *Ichneumon*-Arten gesellig unter Moos an Stämmen und unter morschen Rinden, oft verschiedene Arten durcheinander, im Winterlager. Die noch nicht eingesunkenen Abdominalsternite des Weibchen lassen vermuten, daß es sich dabei um Individuen handelt, die spät im Jahre geschlüpft sind und erst im kommenden Frühjahr zur Eiablage gelangen werden. Im welken Laub am Boden überwintern zahlreiche flügellose Cryptinen, die man im Frühjahr mit Hilfe der Siebemethode erbeutet. Auch viele Braconiden, besonders cyclostome Formen, kann man im Winter als Imagines antreffen. Von der Chalcidide *Stenomalus muscarum* L. ist bekannt, daß sie bei milder Witterung auch im Winter, gegen Kälte verhältnismäßig unempfindlich, umherfliegt und -kriecht. Die an verschiedenen Bienenlarven ektoparasitär lebende *Melittobia acasta* WALK. kann in den verschiedensten Entwicklungsstadien den Winter zubringen. Unter Wasser vor Frost geschützt, liegt die bereits im Herbst entwickelte Imago von *Agriotypus armatus* WALK. im Trichopterengehäuse. Für den Fall, daß eine bei verschiedenen Wirten parasitär lebende Art je nach den Wirten ein verschiedenes Winterstadium besitzt, mag *Chrysis trimaculata* FÖRST. als Beispiel dienen. Von den Exemplaren, die bei *Osmia bicolor* SCHR. und *aurulenta* PZ. leben, überwintert die erst im Frühjahr ausfliegende Imago, dagegen die Larve, wenn *O. spinulosa* K. der Wirt war. In der Familiengruppe der Zehrwespen herrscht eine große Mannigfaltigkeit. Einige Beispiele mögen genügen. *Platygaster ornatus* KIEFF. und *marchali* KIEFF., *Trichacis remulus* WALK., *Synopeas* u. a. liegen wie ihre Wirte als Larven über Winter, *Platygaster instricator* dagegen als Puppe im Laub, *Polygnotus minutus* MARCH. im gleichen Stadium in der Wirtspuppe. Als Imago schlüpft die durch ihr als Horn entwickeltes Stachelfutteral ausgezeichnete *Inostemma piricola* KIEFF., ebenso wie der beim gleichen Wirt (*Diplosis pirivora* RILEY) lebende *Platygaster lineatus* KIEFF. im Frühjahr aus der Wirtspuppe, in der sie seit dem Herbst fertig entwickelt ruhte. *Mutilla europaea* L. soll als Puppe den Winter über im Hummelnest ruhen. Wurde oben bereits gesagt, daß bei den Blattwespen die Ruhelarve das hauptsächlichste Überwinterungsstadium darstellt, so gibt es auch hiervon einige Ausnahmen. So liegen die Imagines von *Sciapteryx costalis* F., *Arge enodis* L. und *Blennocampa lanceolata* THS. als Imagines vom Herbst bis zum Frühling im Kokon. Bei der Getreidehalmwespe *Cephus* erfolgt die Verpuppung im Herbst und die Imago schlüpft im Frühling. Von *Lophyrus rufus* LATR. überwintern die Eier.

Entsprechend der Winterruhe findet sich besonders bei tropischen Formen eine Sommerruhe, die wohl mit dem Vertrocknen der Vegetation im engsten Zusammenhang steht. Außer derartigen Ruheperioden von längerer Dauer kann man auch kürzere Schlafperioden erkennen, die aber nicht an den Wechsel von Tag und Nacht gebunden zu sein brauchen. Bei einem kurzen Ausruhen sitzen besonders Bienen mit angezogenen Vorderbeinen und gesperrten Mandibeln. Ist auch im allgemeinen bei unseren einheimischen Hymenopteren die Haupttätigkeitszeit der Tag, so gibt es doch auch Formen, die als Dämmerungstiere zu bezeichnen sind, während man unter den tropischen Hautflüglern auch eine ganze Reihe kennt, die eine rein nächtliche Lebensweise führen und sich tagsüber verborgen halten. Eigenartige Schlafgewohnheiten und Stellungen sind wiederholt beobachtet worden, wobei die in verschiedenen Familien vorkommenden Schlafgesellschaften von besonderem Interesse sind. Von *Habrobracon juglandis* ASHM. beschreibt H. SCHULZE verschiedene Ruhestellungen. In der Schlafstellung, die hauptsächlich nachts, gelegentlich aber auch bei Tage eingenommen wird, sind die Beine dicht an den Körper angezogen; die Flügel ruhen auf Thorax und Abdomen; die Fühler liegen gestreckt oder mit leicht abwärts gekrümmter Spitze nach hinten dicht den Flügeln auf oder am Rande derselben und sind nur um etwa 20° gespreizt. In hängender Haltung ist eine Halbschlafstellung zu beobachten. Hierbei ist ein Anziehen der Beine nicht möglich. Die Fühler werden nach vorn gestreckt und einander stark genähert. Gelegentlich berühren ihre Spitzen die Fläche, an der das Tier hängt. Offensichtlich steht bei dieser Haltung die Verteilung der Körperlast und die leichte Orientierung über die Gleichgewichtslage zu der eingenommenen Stellung in enger Beziehung. Charakteristisch für Schlaf- und Halbschlafstellung ist die durch die Fühlerhaltung bedingte teilweise Ausschaltung der reizaufnahmefähigen Fühleroberfläche. Mitunter werden auch die Fühler, wenn das Tier mit abwärts gerichtetem Kopf an vertikaler Fläche längere Zeit ruhig sitzt, unter ganz geringer Spreizung im distalen Drittel der Unterlage angedrückt und übernehmen so eine Stützfunktion (Abb. 13d).

Abb. 29. *Celonites* in Schlafstellung an einem Grashalm.

Vielfach findet man Schlafstellungen, die durch das Anlegen der Flügel an die Haltung der Wespen im Winterlager erinnern. Männchen von *Gasteruption* hielten sich nach Beobachtungen des Verfassers dabei mit den Mandibeln an den Blättchen und Stengeln von *Sisymbrium sofia* fest. Sie standen dabei schräg von den Pflanzenteilen ab und drückten mit den Hinterbeinen die Flügel seitlich gegen den Körper. Das Anklammern mit den Mandibeln ist eine bei den Hymenopteren weiter verbreitete Schlafgewohnheit. Besonders die Männchen bauchsammelnder Bienen und die Kuckucksbienen heften sich so an Pflanzenteilen an. Bei *Biastes truncatus* NYL. fand Verfasser eine ähnliche Haltung, doch war der Hinterleib dabei schräg nach oben gerichtet. Ein geselliges Übernachten ist bei Vespiden (*Labus spiniger* SSS.) auf Java beobachtet worden. *Celonides abbreviatus* VILL. legt zur Ruhe die Flügel, ähnlich wie es für echte Wespen in der Winterruhe oben beschrieben wurde, unter das Abdomen und rollt sich um einen Grashalm (Abb. 29). Nach BRAUNS ruhen die Masariden Südafrikas zum größten Teil in ihren Bauten, auch die Männchen. Selten suchen beide Geschlechter Pflanzenteile zur Nachtruhe auf; noch seltener findet man sie an trockenen Pflanzenstengeln festgebissen. Über die Schlafgewohnheiten anderer südafrikanischer Hymenopteren verdanken wir dem gleichen Autor zahlreiche einzelne Beobachtungen. Die größte Goldwespe, *Stilbum cyanurum* FORST., die über Tropen und Subtropen der Alten Welt verbreitet ist, und der prächtige *Euchroeus fervidus* F. beißen sich zur Nachtruhe, häufig in Gesellschaften, oft auch gemischt, an Pflanzenteilen mit den Mandibeln fest und ziehen die Beine dicht an den Körper an. Andere Goldwespen suchen Bohrlöcher von Insekten im Holz auf oder Niststollen in Lehmwänden, in die sie sich mit dem Hinterleib voran zurückziehen. Ein buntes Gemisch der verschiedensten Goldwespen und anderer aculeater Hymenopteren findet sich in hohlen, am Boden liegenden Pflanzenstengeln zur Übernachtung ein. In den Blattwinkeln krautiger Pflanzen sammeln sich die Schlafgesellschaften von *Hedychrum coelestinum* Spin., deren einzelne Individuen sich aber nicht festbeißen. Ebenso, nur einzeln, nächtigt *Holopyga janthina* Dhlb. Von *Stizus imperialis* Handl., einer prächtigen Grabwespe der Karroo, übernachten die Männchen in Anzahl in Astwinkeln; selten sind einige Weibchen dazwischen, von denen Brauns annimmt, daß es noch unbefruchtete Individuen sind, da die befruchteten Weibchen die Nacht in ihren Brutgängen zubringen. Aus unbefruchteten Weibchen dürften auch die bis zu Kinderkopfgröße beobachteten Ansammlungen weiblicher Individuen von *Stizus clavicornis* Handl. bestehen. Auch andere *Stizus*-Arten scharen sich zur Ruhe zusammen. *Palarus*-Arten bringen die Nacht nur selten im Freien zu, sondern benutzen vorhandene Löcher im Sandboden oder graben sich selbst ein. *Chlorion umbrosus* Chr. v. *lanata* Mocs. sitzt abends an den Spitzen dicker Grasähren mit dem Kopf nach unten. Die durch ihren langen und dünnen Hinterleibsstiel auffallenden *Sceliphron*-Arten Südafrikas, Männchen und Weibchen, finden sich zum Übernachten gesellig auf Gebüsch ein und strecken sich dabei auf den Blättern platt aus. Die metallisch gefärbten *Ampulex*-Arten sollen gelegentlich zu mehreren unter loser Borke die Nacht verbringen. Während beide Geschlechter der *Ammophila*-Arten häufig sich zu geselliger Nachtruhe vereinigen und sich dabei mit den Mandibeln an Pflanzenteilen festkneifen, verbergen sich die nahe verwandten *Sphex* (*Psammophila*)-Arten am Boden unter Wurzeln, Steinen usw. Die letzteren überwintern auch gesellig und verhalten sich darin ähnlich wie die einheimische *Sph. hirsuta* Scop. *Cerceris*-Männchen suchen gewöhnlich hohle Pflanzenteile zum Übernachten auf. Ebenso verkriechen sich auch *Prosopigastra*-Männchen zur Nacht. Von *Parapiagetia capensis* Brs. sitzen besonders die Männchen nachts quer auf Zweigen. Ein vom Verfasser in Gefangenschaft gehaltenes Weibchen von *Mutilla europaea* grub sich unter einem Stein eine besondere Übernachtungshöhle, in die es sich regelmäßig abends zurückzog. Es lag während der Ruhe zusammengerollt auf der Seite. Die Männchen von *Tetrapedia peckolti* Fr. und *diversipes* Kl. beißen sich gegen Sonnenuntergang an Zweigen fest und halten das Abdomen dabei hoch. In dieser Haltung bedecken sie die Zweige in einer Ausdehnung von 30—50 cm. Sie sitzen dabei sehr fest. Das gleiche gilt auch von der ebenfalls südamerikanischen *Tetralonia crassipes* Fr., die sich in kleinen Gesellschaften von 3—8 Individuen zur Nachtruhe zusammenfinden. Auch *Centris tricolor* Fr. nächtigt gesellig. Ein Pfirsichbaum wurde immer wieder als Schlafstätte aufgesucht. Für die Bevorzugung eines bestimmten Schlafplatzes von *Prosopis annulata* L. liegt eine Beobachtung VERHOEFFS vor, der im Laufe von $3\,{}^1/_2$ Wochen immer wieder einzelne Männchen — im ganzen 25 Individuen — in einer kleinen Vertiefung in einem Holzpfosten fand. Eine Schlafgesellschaft von Männchen einer anderen *Prosopis*-Art beobachtete Verf. zwischen den Strahlen eines Umbelliferenblütenstandes bei Trapezunt. Verfasser beobachtete außerdem, wie eine bestimmte Staude von *Sisymbrium sophia* in auffälliger Weise täglich nachmittags (gegen ${}^1/_2 5$ Uhr) von verschiedenen Hymenopteren-Männchen von *Eriades*, *Coelioxys* und *Gasteruption* aufgesucht wurde. Dieses Verhalten scheint um so bemerkenswerter, als zahlreiche Pflanzen der gleichen Art im Schutze einer Scheunenwand dicht nebeneinander standen. Übrigens bestand zwischen den Individuen der gleichen Art kein näherer Kontakt; sie waren regellos zwischen den anderen Arten über die Pflanze zerstreut. Auf Erschütterungen reagierten die ruhenden *Gasteruption* entschieden schneller als die Bienen. Morgens um 5 Uhr (Juni) fanden sich die Bienen nicht mehr auf ihrer Schlafpflanze, sondern nur noch die *Gasteruption*-Männchen. Engere Vereinigung zu Schlafgesellschaften sind unter einheimischen Bienen von den Männchen verschiedener *Halictus*-Arten, z. B. *fulvicornis* K., bekannt. In Makedonien beobachtete R. MEYER gemeinsames Übernachten der Männchen von *Colletes nasutus* SM., *succinctus* L., *Nomia diversipes* LATR., *Eucera cinerea* LEP. und *chrysopyga* PER. sowie von *Sphex*-Arten; außerdem aber auch von *Gorytes*-Weibchen. Glockenblumen bieten manchen einheimischen Bienenarten, wie *Melitta haemorrhoidalis* F., *Halictoides dentiventris* NYL., *Eriades* u. a. ein Nachtlager oder werden als Zufluchtsstätte bei ungünstiger Witterung aufgesucht. In den sich nachts schließenden Blüten von *Cichorium intybus* ruht gelegentlich das Männchen der Hosenbiene *Dasypoda plumipes* PZ.

Über den „Trompeter" der Hummeln, der das Volk angeblich morgens wecken sollte, ist viel gefabelt worden. Es wird später auf das durch Beobachtungen sichergestellte Vorhandensein des Trompeters und seine wahre Rolle näher eingegangen werden müssen. Für die Ruhegewohnheiten der Ameisen liegen einige nähere Beobachtungen vor. Tagsüber, mitunter auch in warmen Nächten, ist das Volk mit Arbeiten beschäftigt. Sobald sich aber heimkehrende Arbeiter ihrer Last entledigt und Futter aus dem gefüllten Kropfe an die Nestgenossen verteilt haben, ruht die Ameise nach vorhergegangener sorgfältiger Reinigung. Bei Beunruhigung des Volkes zeigt sich deutlich eine Art von „Schlaftrunkenheit" bei aufgescheuchten, ausruhenden Tieren. Ihre Bewegungen sind langsam und träge und vielfach kümmern sie sich unter diesen Umständen nicht um die Brut, die von frischen Tieren sofort in Sicherheit gebracht wird.

In ähnlicher Weise wie die Winterkälte in unseren Breiten eine Ruhepause im Leben der Hymenopteren mit sich bringt, kann auch große Hitze und Trockenheit, besonders bei tropischen Formen, für den Ablauf des Lebenszyklus die gleiche Rolle spielen. So berichtet FERTON, daß die auf Korsika heimische Rasse des *Bombus terrestris* L. im Herbst zur Volksgründung schreitet und im Frühsommer mit Ausnahme der jungen befruchteten Weibchen eingeht. Ähnliche Feststellungen machte

KRAUSSE auf Sardinien an den entsprechenden Rassen der gleichen Art. Auch dort war die Haupttätigkeit der Hummeln in den Winter verlegt. So wärme- und sonneliebend die Mehrzahl unserer aculeaten Hymenopteren sind, so kann trotzdem auch schon bei uns mit zunehmender Hitze und Trockenheit in den Mittagsstunden der Julitage mitunter eine zahlenmäßige Abnahme an Individuen und Arten beobachtet werden. Die Tiere, z. B. Goldwespen, verkriechen sich dann an den verschiedensten Schlupfwinkeln. Unter solchen Verhältnissen beobachtete Verfasser auch gelegentlich eine große Ansammlung von frischen *Sphex*-Weibchen, die sich unter einem Thymianpolster verkrochen. Ob hierbei Schutz vor den Sonnenstrahlen oder eine geringe Feuchtigkeitsmenge gesucht wurde, oder ob andere Instinkte das Zusammenscharen veranlaßten, muß unentschieden bleiben. Weit häufiger aber bringt bewölkter Himmel eine Ruhepause in der Tätigkeit der uns so unermüdlich erscheinenden Weibchen der aculeaten Hymenopteren mit sich. Die Tiere ziehen sich in ihre Bauten zurück, unterbrechen die Jagdausflüge oder den Blütenbesuch und die Bautätigkeit; eine vorüberziehende Wolke kann das Bild wie mit einem Schlage ändern. Wo vorher ein munteres Leben herrschte, tritt plötzlich Ruhe ein. Unter Umständen können aber auch Ausnahmen beobachtet werden. So fand Verfasser die *Anthophora garrula* ROSSI trotz strömenden Regens bei lebhafter Sammeltätigkeit. Aber auch nach anstrengender Grabtätigkeit kann man beobachten, wie sich manche Grabwespenweibchen zu einer kurzen Ruhe ins Nest begeben. So teilen G. und E. PECKHAM mit, daß *Bembix spinolae* LEP. auch bei günstiger Witterung mitunter ihre Tätigkeit unterbricht, das Nest hinter sich verschließt und eine halbe Stunde im Innern verbleibt.

Über das nächtliche Leben der Hymenopteren weiß man verhältnismäßig wenig. Immerhin werden aber besonders in südlichen Breiten zahlreiche Hymenopteren nachts an das Lampenlicht gelockt. Darunter erscheinen auch Arten, die man tagsüber kaum zu Gesicht bekommt, so daß angenommen werden darf, daß es sich bei derartigen Tieren um nächtliche Formen handelt. Charakteristisch für viele dieser Arten ist eine blaßgelbbraune Färbung verbunden mit vergrößerten Ocellen (Abb. 78). Aus der einheimischen Fauna mögen hier die durch ihr sichelförmiges, seitlich stark zusammengedrücktes Abdomen ausgezeichneten größeren Ophioninen (Schlupfwespen), besonders aus der Gattung *Ophion* selbst und einigen nahe verwandten Gattungen genannt werden. Während viele Ophioniden im Sonnenschein Gebüsch umfliegen, trifft man namentlich die blassen Arten mehr im Waldesschatten, auch in den späteren Nachmittagsstunden, vielfach auch nachts an künstlichen Lichtquellen. Unter den sozialen Hymenopteren sind es die Ameisen, die in milden Nächten häufig noch ihrer Beschäftigung nachgehen. Durch das Leben im dunklen Nestinnern und in unterirdischen Gängen erscheinen diese Tiere auch für eine nächtliche Lebensweise besonders geeignet. Selten begegnen uns nachts *Vespa*-Arten, besonders noch Hornissen, die sich mitunter an dem vom Sammler für Nachtschmetterlinge ausgestrichenen Köder einstellen. Größe der Ocellen und blasse Färbung lassen dagegen ohne weiteres die orientalischen *Vespa doryloides* Sss. und *barthelemyi* Buyss. als typische Nachttiere erkennen; dasselbe gilt von der amerikanischen *Apoica pallida* Oliv. Die Hummeln des höheren Nordens gehen auch in hellen Sommernächten ihrem Sammeltrieb nach. Die verkürzte Dauer der Blütenvegetation dürfte der Anlaß dafür sein. Andererseits wird aber auch aus Indien berichtet, daß Hummelarten bei Mondschein sammeln. Vielleicht liegt dabei aber auch eine Verwechslung mit der *Xylocopa tranquebarica* F. vor, einer Art, die im Gegensatz zu ihren Verwandten schon äußerlich durch ihre Färbung auf die nächtliche Lebensweise hinweist und auch nach Bingham in hellen Mondnächten sammelt. Das gleiche gilt auch für die südamerikanische Bienengattung *Megalopta*. Bei diesen echten Nachttieren dürfte die Hauptruhezeit am Tage liegen.

Drittes Kapitel.

Ernährung.

Das Imaginalstadium stellt einen Entwicklungszustand dar, bei dem die Ernährung gegenüber der der Larven eine untergeordnete Rolle spielt. Mußten diese zum Aufbau des Körpers und für die Metamorphose recht erhebliche Nahrungsmengen zu sich nehmen, so ist nach Abschluß der Entwicklung das Nahrungsbedürfnis der in erster Linie als Geschlechtstiere anzusehenden Imagines ein weit geringeres. Gleichwohl finden wir bei den ausgebildeten Tieren hochspezialisierte Mundteile, die mitunter auf einen ganz speziellen Nahrungserwerb eingestellt sind, vielfach allerdings auch im Dienste der Brutpflege stehend besondere Funktionen zu erfüllen haben. Demgegenüber erscheinen dann die Mundteile der Larven sehr einfach organisiert. Die große Verschiedenheit in der Ernährungsweise von Larven und Imagines zwingt uns dazu, hier beide Stadien getrennt zu behandeln.

Wurde oben bereits in kurzen Zügen der allgemeine Bauplan der Mundteile erörtert, so verdienen diese hier bei den oft recht speziellen Anpassungen eine eingehendere Behandlung. Oberhalb der Mundöffnung liegen die chitinisierte Oberlippe und der mehr häutige Epipharynx, der aber bei tiefstehenden Formen noch nicht von der Oberlippe abgespalten ist (Abb. 2). Während die Oberlippe (Labrum) oft einen kräftigen Borsten- oder Haarbesatz erkennen läßt, ist der Epipharynx nur durch feinere Kutikulastrukturen, Schuppen und Stacheln, ausgezeichnet, trägt im übrigen häufig Sinnesorgane. Ein hinten am Labrum mit langer Sehne ansetzendes Muskelpaar, das an der Innenseite der Stirn angeheftet ist, zieht die Oberlippe zusammen mit dem Epipharynx in der Ruhelage herunter und verschließt dadurch die Mundöffnung. Häufig greifen bei vergrößertem Labrum dann die Mandibeln noch über das Labrum herüber und scheinen es in dieser Lage festzuhalten. Die Oberlippe erreicht, namentlich bei *Bembix* und einigen verwandten Gattungen, eine recht erhebliche Größe, so daß die langgestreckten Mundteile mindestens zum Teil darunter verborgen werden können. (Über die am Epipharynx auftretenden Sinnesorgane siehe unten.) Seitlich von der Mundöffnung stehen die Mandibeln. Sie sind in Löcher der Kopfkapsel eingelenkt, die mit der Ausrandung, in die der Labiomaxillarkomplex eingezogen werden kann, entweder kommunizieren, oder aber auch durch Chitinspangen von ihr mehr oder weniger getrennt sein können.

Die Mandibeln sind zwei außerordentlich harte Chitingebilde, die nur noch in geringem Grade mit der Nahrungsaufnahme in Verbindung stehen, dagegen namentlich bei aculeaten Hymenopteren für die verschiedensten Zwecke Verwendung finden. Die Härte dieser Zangen geht soweit, daß unsere Riesenholzwespe *Sirex gigas* L. sich wiederholt dadurch unliebsam bemerkbar gemacht hat, daß sie die Bleikammerwände von Schwefelsäurefabriken damit durchlöcherte. Auch von einer *Xylocopa* wird ähnliches berichtet. Die Muskulatur ist eine entsprechend kräftige und besteht aus zwei im Kopf entspringenden breiten Muskeln mit chitinisierter Sehne, die das Öffnen und Schließen bedingen. Eingelenkt sind die Mandibeln auf Höckern und in Gruben der Kopfkapsel Mit ihnen können Drüsen in Verbindung stehen, die vielleicht eine Schmierfunktion an den Gelenkstellen ausüben. Andererseits sind aber auch in den Mandibeln selbst individuell variierende schlauchförmige Drüsen, z. B. bei *Lariophagus distinguendus* FOERST. bekannt. Die Form der Mandibeln und ihre Bewehrung, die häufig aus kräftigen Zähnen an ihrer Innenseite besteht, kann vielfach nur durch ihre jeweilige Funktion verstanden werden. Ihre vielseitigste Ausgestaltung, die aber bei weitgehender Spezialisierung zu größter Einseitigkeit führen kann, erfahren die Mandibeln bei den Ameisen. Oben wurden bereits die Mandibeln als Sprungapparate bei verschiedenen Ameisen erwähnt. Nie werden hier die Mandibeln zum Fressen selbst verwendet, höchstens zur Vorbereitung der Larvennahrung. Sie dienen dagegen zum Beißen, Schneiden, als Transportapparate usw. Da nur wenige Hymenopteren feste Nahrung zu sich nehmen, sehen wir die Mandibeln nur in diesen seltenen Fällen unmittelbar im Dienste der Nahrungsaufnahme.

Viel komplizierter als diese oberhalb und seitlich von der Mundöffnung gelegenen Teile erscheint der Labiomaxillarkomplex (Abb. 1 u. 2). Unterhalb der Mundöffnung spannt sich eine dünne Haut aus; und aus der auf der Hinterseite des Kopfes gelegenen tiefen Aushöhlung, in die die Mundteile in der Ruhehaltung zurückgezogen werden, kommt ihr eine andere sehr ausgedehnte Haut entgegen, die mit jener eine sackförmige Ausstülpung darstellt. Als distale Ausstülpungen dieses Sackes, die aber ihren Charakter als Hohlgebilde besonders zur Spitze hin verlieren, sind die Laden der Maxillen, sowie Glossa und Paraglossen, außerdem auch Labial- und Maxillartaster aufzufassen. Denkt man sich die Mundteile horizontal vorgestreckt, so schneiden vom Boden her zwei tiefe Furchen ein, wodurch als mittleres Stück das Mentum und als Seitenstücke die Maxillarstipites gebildet werden. In der Haut, die die Verbindung mit der hinteren Kopfausrandung darstellt, liegt jederseits in gelenkiger Verbindung mit den Maxillarstipites eine kräftige Chitinplatte, die Angel oder Cardo, die an dem nach innen einspringenden Rand des Kopfausschnittes gelenkig aufgehängt ist. Dieser verhältnismäßig komplizierte Mechanismus ermöglicht ein weitgehendes Hervorstrecken des gesamten Labiomaxillarkomplexes. Dicht unterhalb der Mundöffnung kann als häutige zungenartige Ausstülpung die Innenlippe oder das Mesolabium herabhängen. Hinter dieser ist mitunter eine taschenartige Erweiterung zu erkennen, die als Infrabukkaltasche bezeichnet wird und verschiedenen Funktionen dient, aber mit der Nahrungsaufnahme kaum in Verbindung steht. Allerdings gibt FOREL an, daß in ihr festere Teilchen zurückgehalten werden können. Über die Bedeutung der auf dem Mesolabium vorkommenden Drüsen ist nichts Näheres bekannt. Seitlich von der Innenlippe ziehen in der Haut zwei chitinige Stäbe, die sogenannten Segelhalter, nach oben gegen die Mundöffnung hin; unten entspringen sie aus der häutigen Verbindungsmembran, die die Innenwand des Stipes und die Außenwand des Mentums miteinander verbindet. Ihre Bedeutung liegt in der Ausspannung der häutigen Vorderwand, während die Cardines in der Hinterwand die gleiche Aufgabe zu erfüllen haben. Diese im Gegensatz zu anderen Insekten starke Ausbildung der häutigen Partien gewährleistet trotz der verhältnismäßigen Starrheit der einzelnen Bestandteile der Mundteile eine größtmögliche Beweglichkeit, die einerseits für das Vorstrecken, anderseits für das Zurückziehen des ganzen

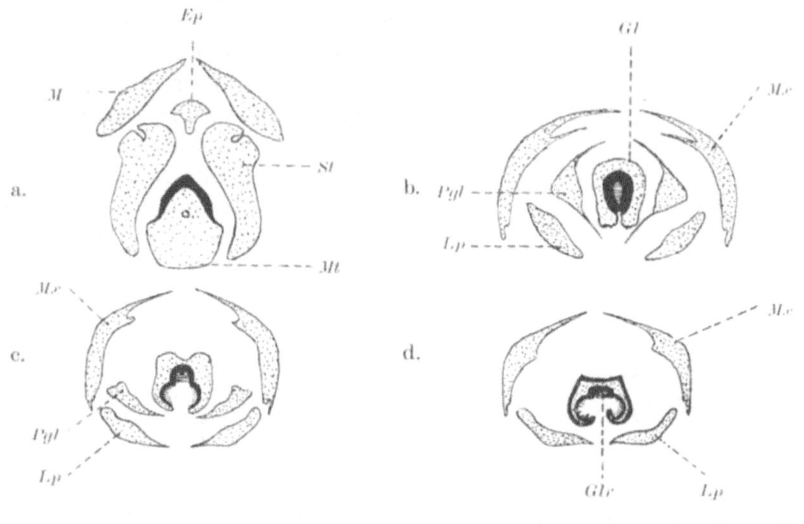

Abb. 30. Querschnitt durch die Mundteile der Honigbiene auf verschiedener Höhe (nach Zander). a. Unmittelbar vor dem Munde; b., c. in der Höhe der Paraglossen; d. in der vorderen Rüsselpartie. M = Mandibeln; Ep = Epipharynx; St = Stipes; Mt = Mentum; Gl = Glossa; Pgl = Paraglossa; Mx = Maxille; Lp = Labialpalpus; Glr = Glossarinne.

Apparates von Wichtigkeit ist. Für die Aufnahme flüssiger Nahrung, die in erster Linie in der Form von Blütennektar eine ganz hervorragende Rolle spielt, zeigen die Glossa und Paraglossen ihre speziellen Einrichtungen, unter denen der dichte Besatz mit feiner Behaarung, die durch ihre Kapillarwirkung ein Aufsteigen der Säfte an den Mundteilen selbst ermöglicht, besonders wichtig ist. An den spezialisierten Mundteilen der höchststehenden Bienen, wie Bauchsammlern, Hummeln, Honigbiene usw., treten die Labialpalpen, mit denen sonst nur ein Betasten der Nahrung vorgenommen wird, unmittelbar in den Dienst der Nahrungsaufnahme selbst. Sie zeichnen sich hier dadurch aus, daß die Basalglieder stark gestreckt und abgeflacht sind und nebeneinanderliegend eine Halbröhre bilden, in der die Glossa entlang zieht. Außerdem sind bei diesen Hymenopteren auch die Außenladen der Maxillen in ähnlicher Weise gestreckt und abgeflacht. Sie nähern sich auf der Ober-

oder Vorderseite und bilden so gleichfalls eine Halbröhre, die die Glossa von der andern Seite her umgibt. Auf diese Weise bilden Labialpalpen und Maxillarladen eine Röhre, die die Glossa umschließt. Dieser Röhrencharakter ist auch in der Umgebung der Mundöffnung gewahrt. Dort bilden die Stipites die Seiten, das Mentum den Boden und der Epipharynx den Rücken der Röhre (Abb. 30). Die Glossa selbst ist bei der Honigbiene ein langgestrecktes wurmförmiges Gebilde mit nach hinten bzw. unten eingebogenen Seitenrändern, so daß eine hinten offene Rinne an ihr entlang läuft. In der Rinne zieht außerdem ein langer Chitinstab in der Glossawand entlang, der dieser eine größere Festigkeit verleiht. Im übrigen ist die Glossa in sich recht beweglich und durch dicht stehende, mit Haaren besetzte Chitinringelchen versteift. Der Chitinstab, Zungenstab, überragt in Form eines Löffelchens die Zungenspitze. Gegen die Wurzel der Glossa findet sich eine von Behaarung freie Rinne, die zum Teil von den kurzen Paraglossen überdeckt wird (Abb. 31). An allen denjenigen Teilen, die bei der Nahrungsaufnahme mit der Nährflüssigkeit in Berührung kommen, können Sinnesorgane auftreten, die wohl dem Geschmackssinn dienen und an entsprechender Stelle behandelt werden. Außerdem finden sich auch besonders an den Außenladen der Maxillen Borsten, die den Zweck haben dürften, größere festere Partikelchen bei der Aufnahme der flüssigen Nahrung zurückzuhalten. Da die vorgestreckten Mundteile bei den verschiedenartigen Tätigkeiten sich dauernd in der Gefahr befinden, beschädigt zu werden, werden sie nur für die Nahrungsaufnahme selbst vorgestreckt, im übrigen aber zurückgezogen. Es würde hier zu weit führen, auf die Muskulatur, durch die die dazu nötigen Bewegungen ausgeführt werden, einzugehen. Durch eine Drehung der Cardines um ihren Anheftungspunkt am eingebogenen Rand des Kopfausschnittes nach hinten, werden die Maxillen in der gleichen Richtung rückwärts bewegt, bis sie sich der Länge nach dicht an die Cardines anlegen. Gleichzeitig wird auch das Mentum mit nach hinten gezogen, so daß es zwischen den Maxillarstipites liegend mit diesen die Ausrandung der Kopfkapsel ausfüllt. Die Segelhalter folgen dabei der gleichen Drehungsrichtung und klappen die vorderen Häute des Mundfeldes nach hinten ein (Abb. 32). Bei manchen Formen, wie den Scoliiden, bilden die hinteren an der Ausrandung entspringenden Häute eine große Querfalte, in der die proximalen Enden des Labiomaxillarkomplexes wie in einer Tasche stecken. Es würden jetzt also nur noch die Außenladen der Maxillen und die Glossa vorragen. Bei Formen mit kurzer Glossa ist diese bereits größtenteils geschützt, so daß, z. B. bei den Symphyten,

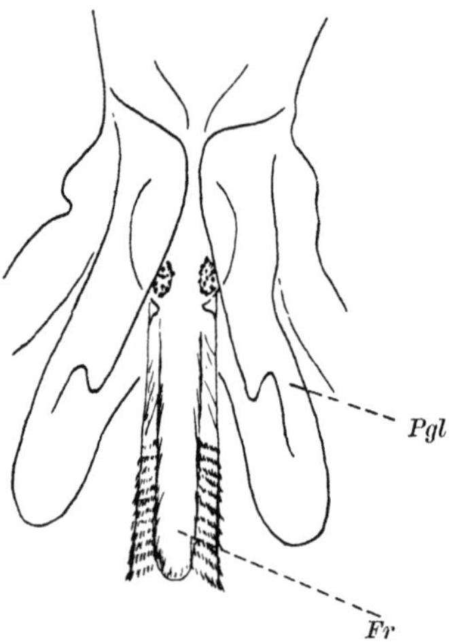

Abb. 31. Zungenwurzel der Honigbiene (nach ZANDER). *Pgl* = Paraglossa; *Fr* = Futterinne.

dieses einfache Zurückziehen genügt. In anderen Fällen wird ein besonderer Schutz der Glossa dadurch erzielt, daß die Außenladen, die ja mit den Stipites der Maxillen häutig verbunden sind, nach hinten und unten eingeschlagen werden. Dadurch wird eine Kappe mit stärker chitinisierten Außenwänden gebildet, die die leicht verletzbaren Teile der Glossaspitzen unter sich birgt. Auch Epipharynx und das Labrum können die distalen Teile schützen. Ist die Glossa jedoch langgestreckt, so sind weitere Vorsichtsmaßnahmen nötig. Der unmittelbar distal vom Mentum gelegene Abschnitt zeigt als Ligula in solchen Fällen vielfach eine besondere Ausgestaltung, die ein Zurückziehen der Glossenbasis auf das Mentum oder in dessen inneren Hohlraum hinein gestattet. Außerdem werden die dann noch vorragenden freien Endzipfel im gleichen

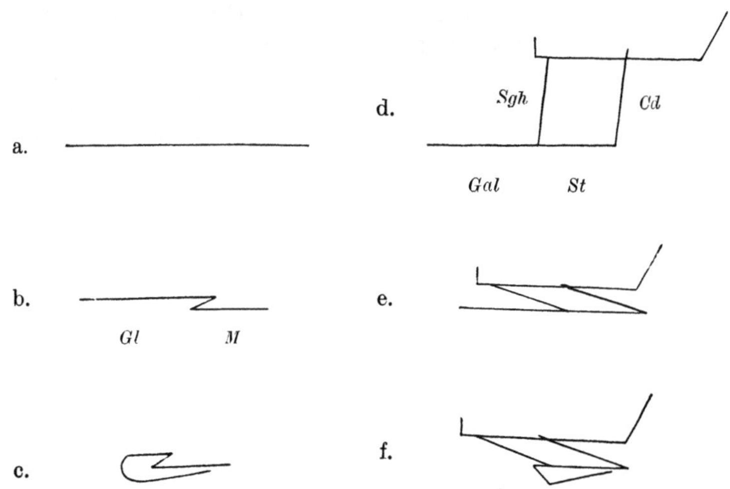

Abb. 32. Bewegungsmechanismus des Labiomaxillarkomplexes (nach ULRICH). a. Mentum und Glossa ausgestreckt; b. Glossa nach hinten über das Mentum gezogen; c. Glossa eingeschlagen; d. Galea und Stipus vorgestreckt; e. zurückgezogen; f. Galea eingeschlagen. *Gl* = Glossa; *M* = Mentum; *Sgh* = Segelhalter; *Cd* = Cardo; *St* = Stipes; *Gal* = Galea. Die Phasen a. und d., b. und e., c und f. gehören zusammen.

Sinne wie die Galeae eingekrümmt und durch diese bedeckt (Abb. 34 u. 35). Bei übermäßig langen Zungen, wie sie bei den verschiedensten höheren Bienen auftreten, überragt die unter den Körper gelegte Zunge schließlich auch noch die Hinterleibsspitze. Es ist in diesen Fällen den betreffenden Tieren nicht möglich, ihre Zunge weiter zu bergen. Unter Umständen übernimmt auch die stark verlängerte Oberlippe einen Teil des Schutzes, z. B. bei *Bembix* und *Steniolia*. Während bei dem Vorstrecken der Mundteile sicherlich der Blutdruck eine erhebliche Rolle spielt, treten bei dem Zurückziehen Muskeln in Funktion. Sehr unwahrscheinlich und offensichtlich auf falscher Beobachtung beruhend ist eine neuerdings von HOLMBERG vertretene Ansicht, daß die Glossa durch Luftdruck hervorgetrieben und gestreckt würde.

Ehe nun der Darmkanal einer näheren Betrachtung unterworfen wird, dürfte es sich empfehlen, kurz den Weg zu betrachten, den die flüssige Nahrung nimmt, um von der Zungenspitze in die Mundöffnung zu gelangen. In der folgenden Darstellung, die die betreffenden Verhältnisse bei der Honigbiene behandelt, folge ich Zander. Stehen nur geringe Mengen von Flüssigkeit zur Aufnahme zur Verfügung, so wird diese mit der in ihrem Endteil pinselartig behaarten Zunge abgetupft. „Dabei mag ihre Aufnahmefähigkeit durch den an ihrer Wurzel austretenden Saft der Hinterkieferdrüse (Speicheldrüse) gesteigert werden, der den Pinsel feucht erhält. Die vollgesaugte Zunge wird sodann in die Rüsselröhre eingezogen und durch Saugbewegungen des Schlundes der anhaftenden Flüssigkeit beraubt. Vielleicht beschleunigt der engere Zusammenschluß der Laden und Taster diesen Vorgang, wie ich durch Fingerdruck einen vollgesogenen Pinsel auspressen kann. — Bei größeren Flüssigkeitsmengen erleichtert sich die Biene das Saugen wesentlich. Obgleich die Zunge auch dann vorgestreckt wird, bleibt sie völlig untätig, denn die Biene taucht die Taster und Laden so tief in die Flüssig-

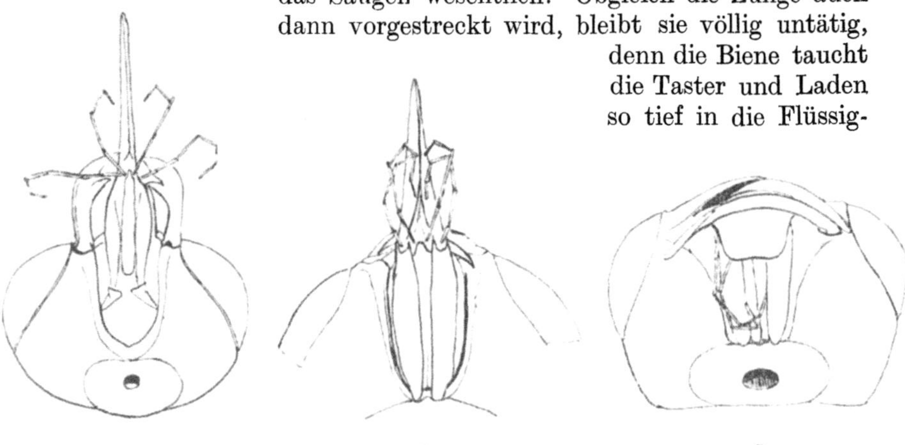

Abb. 33. Das Einklappen des Labiomaxillarkomplexes. a. Maximale Protraktion (entspricht Abb. 32 a. und d.), b. Anlegen des Stipites an den Kopf (entspricht Abb. 32 b. und e.), c. Endstellung (entspricht Abb. 32 c. und f.). a. und b. Ventralansichten des Kopfes von *Miscus campestris* LATR., c. von *Sphex hirsutus* SCOP. (nach ULRICH).

keit ein, daß sie mit der Rüsselröhre saugen kann, wie wir zur heißen Sommerszeit ein eisgekühltes Getränk durch einen Strohhalm schlürfen.“ Während die Hauptmasse der Flüssigkeit durch die Behaarung der Zungenvorderseite aufgesogen wird, sind es nur ganz geringe Mengen, die kapillar in der Rinne an der Rückseite emporsteigen. Um den Weg erkennen zu können, den die Nahrung im Bereich der Mundteile nimmt, wären Versuche mit gefärbten Flüssigkeiten sehr erwünscht.

Um ein eigenes Bild von der Nahrungsaufnahme zu gewinnen, bot Verfasser *Andrena*-Arten Fließpapier, das mit Zuckerwasser getränkt war. Die Biene öffnet zunächst die Mandibeln und streckt den Labiomaxillarkomplex soweit vor, daß die Endglieder der Maxillar- und Labialpalpen sowie die Borsten an den Spitzen der Galeae das Papier berühren. Dabei ist der Kopf etwas nach unten und hinten eingeschlagen und die Nackenhaut gespannt. Gleich danach beginnt der Leckakt. Das Mentum wird in schnellem Wechsel vorgestoßen und zurückgezogen. Dadurch geht die Zunge mit den Paraglossen bald aus dem von den Außenladen der Maxillen gebildeten Halbrohr heraus und verschwindet auch bei regelmäßigem Lecktempo ebenso schnell. Gleichzeitig macht der ganze Körper ziemlich lebhafte Bewegungen, die wohl als Pumpbewegungen aufgefaßt werden können. Dadurch, daß der ganze Kopf einschließlich der Mundteile leicht schräg nach hinten gerichtet ist, kommt die Ober- bzw. Vorderseite der Zunge ausschließlich als die die Flüssigkeit direkt aufnehmende Partie mit der Unterlage in Berührung. Das Hin und Her der Zungenbewegung kann am besten mit dem einer trinkenden Katze verglichen werden. Auch die Paraglossen sind mit der entsprechenden Seite beim Lecken beteiligt. Während das Mentum unabhängig von den Maxillen

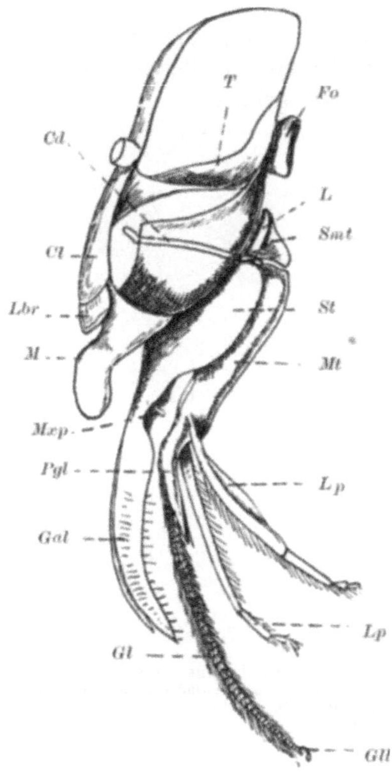

Abb. 34.

Abb. 35.

Abb. 34. Vorgestreckte Mundteile am geöffneten Kopf einer Honigbiene. Seitenansicht (nach ZANDER). Abkürzungen wie in den Abb. 1 und 2; außerdem *Cl* = Clypeus; *Lbr* = Labrum; *Mxp* = Maxillarpalpus; *Gll* = Glossalöffelchen; *Smt* = Submentum; *L* = Lorum; *Fo* = Foramen occipitale; *T* = Tentorium.

Abb. 35 wie 34, aber in Ruhestellung.

seine Bewegungen ausführt, werden die an ihm sitzenden Palpen ebenfalls hin und her bewegt und stoßen dabei gegen die Unterlage mehr oder weniger weit auf und legen sich mit ihren Gliedern dagegen. Diese Erschütterungen übertragen sich zum Teil auch auf die Maxillarpalpen, die im übrigen nur geringe Eigenbewegungen auszuführen scheinen. Aber auch die Außenladen der Maxillen ruhen nicht vollständig. Sie werden mit ihren Innenrändern, die parallel zur Körperlängsachse gestellt und bis zur Berührung dorsal genähert sind, bald mehr übereinander geschoben, bald wieder etwas voneinander entfernt. Es erweckt den Anschein, als ob die mit der Nährflüssigkeit behaftete Zunge zunächst in das geweitete Rohr eingezogen wird und die Flüssigkeit beim erneuten Vorstoßen der Zunge aus der Behaarung durch engeres Aneinanderrücken der Maxillen ausgedrückt wird und nun keinen andern Weg als in der Richtung zur Mündöffnung findet. Mit dem Rückziehen des gesamten Labiomaxillarkomplexes nach beendeter Nahrungsaufnahme nähern sich auch wieder die Mandibeln, die Galeae klappen über die Zungenspitze und auch die Palpen werden in der Richtung auf das Hinterhauptsloch hin angelegt.

In einer Studie über die Larriden von Kansas nimmt WILLIAMS an, daß die flüssige Nahrung ventral in der Rinne der Glossa emporsteigt und auf ihr selbst noch auf die Dorsalseite gelangt.

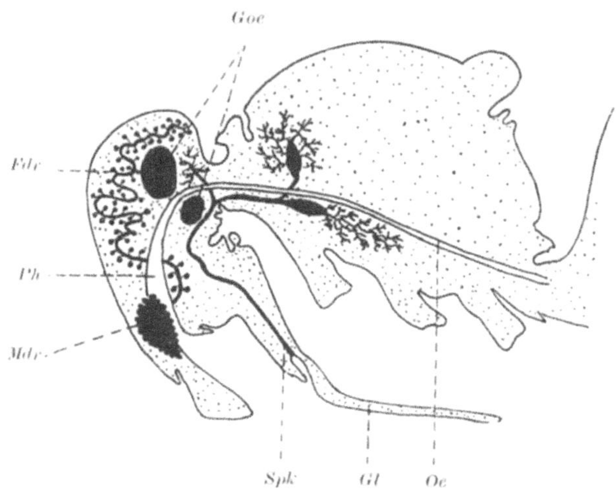

Abb. 36. Vorderdarm mit zugehörigen Drüsen bei der Honigbiene (nach ZANDER). *Mdr* = Mandibulardrüse; *Ph* = Pharynx; *Fdr* = Futterdrüse (nur bei der Bienenarbeiterin vorkommend); *Goe* = oberes und unteres Schlundganglion; *Spk* = Speichelkanal; *Gl* = Glossa; *Oe* = Oesophagus.

In ähnlicher Weise wie die Andrenen leckten nach eigener Beobachtung auch Crabroniden aus der Gattung *Pemphredon*. Die Maxillen bewegten sich dabei nur leicht gegeneinander, während das Labium hin- und hergeführt wurde und die Vorderseite der Zunge in der Richtung von hinten nach vorn die Flüssigkeit aufleckte. Wesentlich anders verhält sich dagegen *Cimbex* (beobachtet an *C. connata* SCHR). Bietet man diesen Tieren etwas Flüssigkeit, so wird bei geschlossenen Mandibeln der Labiomaxillarkomplex so weit vorgestreckt, daß die fleischige Glossa und die Paraglossen eintauchen. Dann verhält sich das Mentum weiterhin ruhig und wird nur durch die lebhaft bewegten Maxillen in geringem Maße mitbewegt. Die Außenladen der etwas auseinandertretenden Maxillen greifen von beiden Seiten in die Flüssigkeit hinein, nähern sich dann bis zur Berührung, so ein kleines Flüssigkeitsquantum zwischen sich aufnehmend. Die Maxillen werden nun mit ihren Laden zurückgezogen und der Tropfen auf der Zunge emporgeschoben. Es handelt sich also hier um eine Art von Schöpffunktion, die die Galeae übernommen haben. Im Gegensatz zu den Beobachtungen bei den Bienen und Grabwespen fällt hier besonders die lebhafte Bewegung der Maxillen gegenüber der wesentlich ruhigeren Zunge auf.

Unmittelbar an die Mundöffnung schließt sich nach innen der Pharynx (Schlund) an (Abb. 36), der einen Teil des Vorderdarmes darstellt und vom Munde zwischen den Gehirnmassen zum Hinterhauptsloch zieht. Bei der Präparation fällt hier sofort eine in der Hinter- bzw. Rückwand des Pharynx liegende zierliche Platte auf (Abb. 37), die aus einem breiten Querband und zwei in den Seitenwänden liegenden, der Ober- bzw. Vorderseite des Schlundes sich nähernden Chitingräten besteht. Auf der eigentlichen Platte können Drüsenausmündungen und auch mit Sinnesorganen besetzte Stellen leicht erkannt werden. Diese sogenannte Schlundplatte gewährt den dünnen Pharynxwänden eine gewisse Festigkeit, die bei den Pumpbewegungen dieses Darmabschnittes nötig ist.

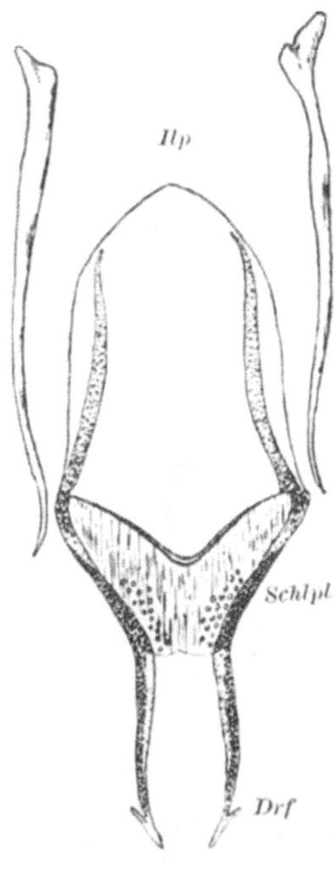

Abb. 37. Schlundplatte mit Innenlippe, Chitingräten und Segelbaltern von Sphex Mirsutus SCOP (nach ULRICH). *Hp* = Innenlippe; *Sgh* = Segelhalter; *Schlpl* = Schlundplatte; *Drf* = Dorsalfortsatz des Pharyngealspangen.

Entsprechend der einen Querspalt bildenden Mundöffnung sind auch die Schlund wände einander stark genähert. Muskeln, die einerseits gegen den Kopfschild, andererseits gegen das innere Kopfgerüst (Tentorium) hin ausstrahlen, ermöglichen bei ihrer Kontraktion eine Erweiterung des Lumens, so daß eine Saugwirkung entsteht, die die Flüssigkeit in das Körperinnere hineinzieht. Eine Verengerung des Schlundes bei geschlossener Mundöffnung muß dann die aufgenommene Nahrung weiter treiben. Dies wird durch Muskeln erreicht, die sowohl in Form von Längs- wie Querzügen der Schlundwand anliegen (Honigbiene: nach ZANDER). Schon vor dem Austritt aus dem Kopf verengert sich der Darmkanal zu einer dünnen Röhre, die als solche in den Thorax eintritt und unterhalb der für die Flugbewegungen so wichtigen Längsmuskulatur mit dehnbaren Wänden in geradem Verlauf dahinzieht, um durch den Hinterleibsstiel in den Hinterleib überzugehen (Abb. 67). In der Basis des Hinterleibes erweitert sich der Ösophagus stark und bildet den sogenannten Kropf, der auch speziell bei den Bienen als Honigblase bezeichnet wird. Er stellt ein außerordentlich, dehnbares Gebilde (Ingluvies) dar, so daß bei seiner Füllung besonders bei manchen Ameisen der ganze Hinterleib dadurch aufgetrieben erscheinen kann. Die Fähigkeit der Nahrungsspeicherung im Kropfe hat verschiedene Ameisenarten in Wüsten- und Steppengebieten

Australiens, Südafrikas, Mexikos und der Vereinigten Staaten, in denen zeitweiliger Nahrungsmangel auftreten könnte, dazu geführt, einzelne Individuen als Speicher, „Honigtöpfe“, (Abb. 38) zu halten. Als bekanntestes Beispiel sei hier der nordamerikanische *Myrmecocystus hortus deorum* M. COOK erwähnt. Junge, große Arbeiterinnen werden hier in möglichst trocken liegenden, unterirdischen Kammern mit einer zuckerhaltigen Abscheidung bestimmter Eichengallen (*Cynips quercus-melleriae*) soweit gefüttert, daß die Tiere unförmig anschwellen und die Intersegmentalhäute des Abdomens prall gespannt sind. Diese Speichertiere hängen an den Decken der Gewölbe und sind nach ihrer Füllung durch die Verunstaltung des Körpers nicht mehr fähig, sich selbst kriechend fortzubewegen. Bei *Camponotus atlantis* FOR. sind die Honigtöpfe nicht ganz so stark wie bei *Myrmecocystus*. Diejenigen von *Prenolepis imparis* SAY aus den Vereinigten

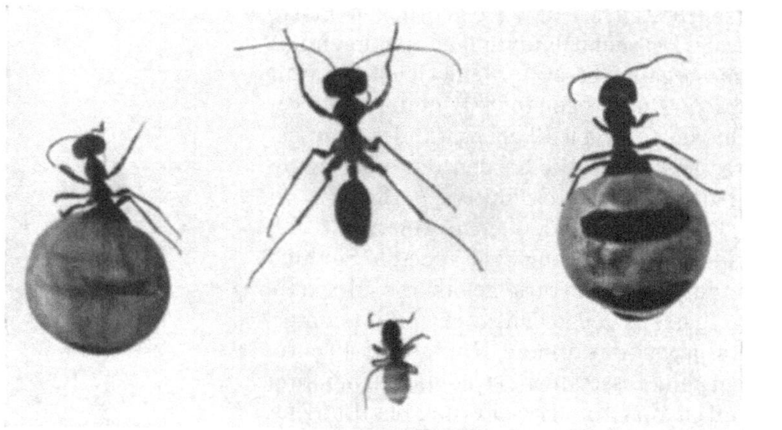

Abb. 38. Links „Honigtopf“ von *Myrmecocystus melliger* LLAVE; rechts von *Camponotus (Myrmophyma) inflatus* LUBB.; in der Mitte oben normale Arbeiterin von *Myrmecocystus melliger*; in der Mitte unten Arbeiterin von *Lasius flavus* DEG mit aufgetriebenem Abdomen.

Staaten können noch langsam kriechen. Das gleiche gilt von verschiedenen australischen *Brachymyrmex* und *Melophorus*, von der abessinischen *Acantholepis abdominalis* FOR. Mehr oder weniger Ergatogynen sind die Nährtiere von *Plagiolepis jouberti* FOR. aus Südafrika, weniger ausgeprägt bei *Pl. trimeni* FOR.; doch haben hier die Honigtöpfe keine Bewegungsfreiheit mehr. Bei den australischen *Leptomyrmex varians* und *Camponotus inflatus* LUBB. sind noch alle Übergänge zwischen unvollkommenen und vollkommenen Speicherindividuen vertreten. Die „Honigtöpfe“ der australischen und mexikanischen Arten werden übrigens von den Eingeborenen als Leckerbissen geschätzt und auch als Heilmittel verwendet. Schon bei unsern einheimischen *Lasius*-Arten kann man beobachten, wie der Hinterleib aufgetrieben erscheint, wenn sie ihren Kropf reichlich mit Blattlausexkrementen gefüllt haben.

Bei der Honigbiene soll der Kropf 14—16 cbmm Inhalt haben. Durch seine Lage vorn im Hinterleib ist eine Ausdehnung in der Richtung nach vorn verhindert. Seiner Funktion nach ist der Kropf in erster Linie ein Nahrungsspeicher. Eine Umwandlung der aufgenommenen Nährstoffe dürfte in ihm kaum stattfinden. Die Invertierung des Rohrzuckers soll bei der Honigbiene größtenteils bereits im Ösophagus erfolgen, dürfte aber schon durch die aus den Speicheldrüsen stammenden Invertase (daneben wird mit dem Speichel auch Diastase abgeschieden) eingeleitet sein. Jedenfalls findet im Vorderdarm keine Abscheidung von Fermenten statt. Auf den Kropf folgt ein recht charakteristischer Darmabschnitt, der Proventriculus oder Pumpmagen. Am besten bekannt ist dies Gebilde bei der Honigbiene und bei den Ameisen. Legt man den Inhalt des Abdomens einer Honigbiene frei, indem man die Tergite fortpräpariert, so sieht man, wie in die an der Basis des Abdomens liegende große Honigblase von rechts her scheinbar der Mitteldarm einmündet. Durch die Wände der Honigblase schimmert dabei ein in diese hineinragendes kolbiges

a.

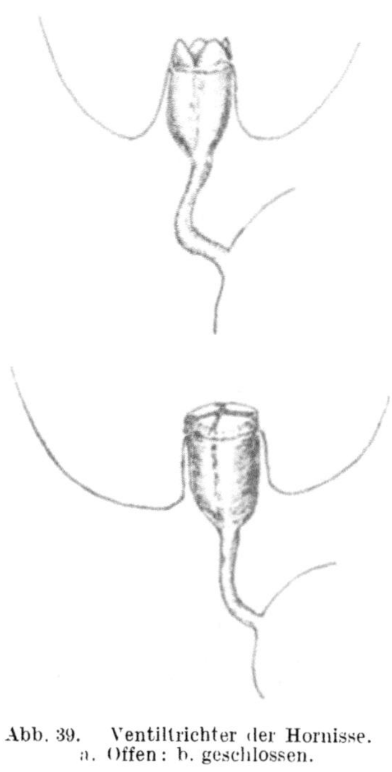

b.

Abb. 39. Ventiltrichter der Hornisse. a. Offen; b. geschlossen.

a.

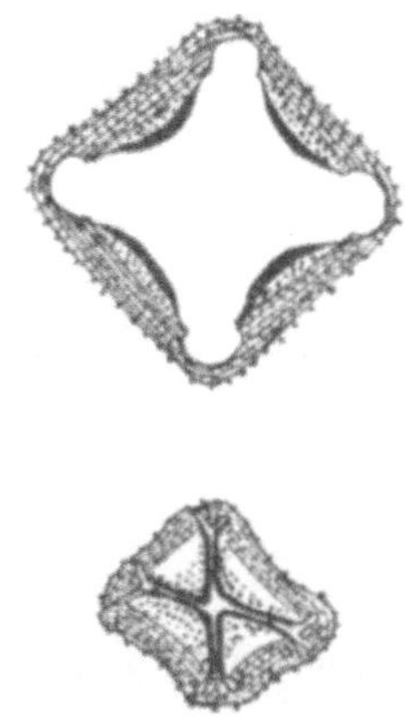

b.

Abb. 40. Querschnitt durch den Ventiltrichter der Honigbiene (nach ZANDER). a. Offen; b. geschlossen.

Zäpfchen hindurch, das zum Proventriculus gehört und bei der Biene als „Ventiltrichter" bezeichnet wird. Die Verbindung mit dem Mitteldarm wird äußerlich durch ein dünneres kurzes Zwischenstück, das gegen den Verschlußapparat im rechten Winkel abgebogen ist, hergestellt. Gewissermaßen durch einen Kreuzschnitt ist die Kappe des vorragenden „Ventiltrichters" in vier dreieckige Kappen geteilt, die in der Ruhe fest aneinander schließen und außerdem noch durch einen Borstenbesatz an ihren Rändern den Eingang sperren. Die verschiedene Wandstärke der einzelnen Teile des Trichters in Verbindung mit den ihn umgebenden drei Muskelschichten bedingen das Öffnen und Schließen des Apparates. Sind die Klappen durch die Ringmuskeln geschlossen, so kann Nektar in die Honigblase aufgenommen werden, ohne daß etwas in den Mitteldarm übertritt. Soll dagegen Nahrung in den Mitteldarm aufgenommen werden, so wird durch abwechselndes Erweitern und Verengern des Trichters eine Saugwirkung erzielt. Hierbei kann auch der eventuell in der Flüssigkeit aufgeschwemmte Pollen in den Mitteldarm übertreten. Mit dem Klappenventil steht dessen als offener Schlauch in die Basis des Mitteldarms hineinhängende Verlängerung in engster Verbindung. Entsprechend dem von rechts an die Honigblase herantretenden Mitteldarm ist auch der sogenannte „Ventilschlauch" fast rechtwinklig gegen das Klappenventil gekrümmt. Da er außerordentlich dünnwandig ist, wird er durch den im Mitteldarm vorhandenen Speisebrei leicht zusammengedrückt und legt sich gegen die Darmwand. Auf diese Weise

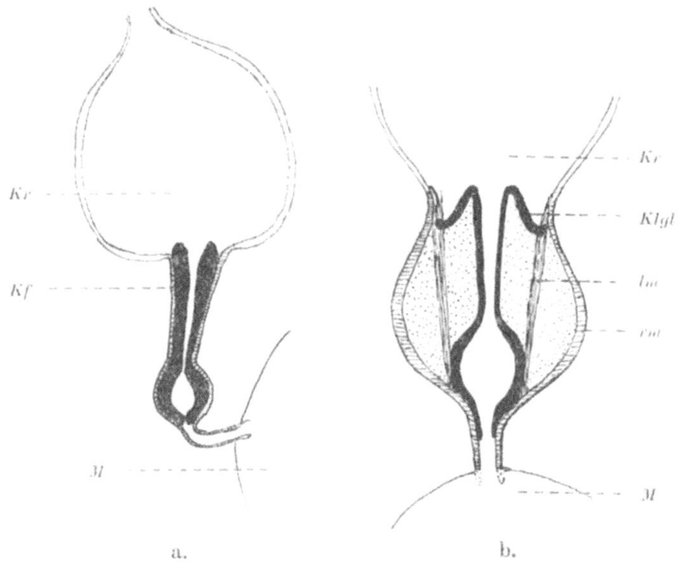

Abb. 41. Kropf mit Proventriculus von a. *Camponotus* und b. *Plagiolepis* (nach FOREL und ESCHERICH. *Kr* = Kropf; *Kf* = Kreuzfalten; *M* = Mitteldarm; *Klgl* = Kelchglocke; *lm* und *rm* = Längs- und Ringmuskeln.

verhindert er den Rücktritt von halbverdauter Nahrung in die Honigblase. Während der Metamorphose, nach Entleerung des Inhalts des Larvendarms werden Ventiltrichter und Schlauch als Teile des Vorderdarms im vorderen Brustabschnitt angelegt und mit der Gliederung des Puppenkörpers nach hinten in das Abdomen verlagert. Eine Erweiterung des Vorderdarms im Bereich des Thorax ist bisher nur bei *Isthmosoma* (*Harmolita*) beobachtet.

Der Proventriculus der Ameisen (Abb. 41) läßt eine Reihe verschiedener Typen erkennen, die auch systematisch verwertet worden sind. So verschieden die Geschlechtstiere und Arbeiterinnen bzw. Soldaten einer Ameisenart äußerlich gestaltet sein mögen, der Pumpmagen ist stets für die Art charakteristisch. Bei den Gruppen der Ponerinen, Dorylinen und Myrmicinen ist er ein einfacher ungegliederter Schlauch, in den vier Falten in Kreuzform einspringen, umgeben von kräftigen Ringmuskeln. Es ist nicht ausgeschlossen, daß unter peristaltischen Bewegungen allmählich Nährsubstanz aus dem Kropf durch ihn in den Mitteldarm hinübergepumpt wird. Einen komplizierteren Typ findet man bei den meisten Camponotinen. Hier sind bereits durch äußerliche Gliederung mehrere Teile zu unterscheiden. Ein vorderer zylindrischer, mehr oder weniger nach hinten verjüngter Abschnitt enthält vier einspringende Falten, deren Ränder auf dem Querschnitt in Kreuzform aneinanderliegen. Daran schließt sich ein kugelförmiger Abschnitt, der ebenfalls Falten im Innern aufweist. Weiter folgt ein ähnlich wie bei der Biene rechtwinklig geknietes Verbindungsstück, das schließlich als kurzer, mit einem kräftigen Chitinüberzug versehener Zapfen in den Mitteldarm hineinragt. In der Gruppe der Dolichoderinen krümmen sich die Falten des vordersten Abschnittes nach außen und hinten um, und der ganze Pumpmagen einschließlich der Kugel wird mehr oder weniger von den Wänden des Kropfes umhüllt. Auch bei *Cryptocerus* ist diese Einbeziehung des Proventriculus in den Kropf erfolgt, doch treten hier noch weitere Komplikationen auf. Die Funktion des ganzen Apparates dürfte wenigstens in seinen vorderen Teilen eine ähnliche wie bei der Honigbiene sein. Die verhältnismäßig einfache und feste Einmündung des Pumpmagens in den Mitteldarm würde aber keine Gewähr gegen ein Rücktreten von Speisebrei aus dem Chylusmagen (Mitteldarm) in den Kropf bieten können. Wie nun Fütterungsversuche mit gefärbtem Honig gezeigt haben, tritt dieser nicht in die kontrahierte Kugel ein, sondern höchstens in den Faltentrichter. Andererseits bleibt die Kugel durch das Verbindungsstück in dauernd offenem Zusammenhange mit dem Mitteldarm. Sie selbst aber kann sich unter Kontraktion schließen und dementsprechend Pumpbewegungen ausführen. Bei Aufnahme von Nahrung für den eigenen Bedarf weitet sich die Kugel und es tritt dann etwas von den im Kropfe gesammelten Vorräten in den Chylusmagen über. Soll dagegen Nahrung für die Volksgenossen im Kropfe gespeichert werden, dann wird die Kugel abgesperrt und es besteht keine Gefahr des Rücktritts von halbverdauter eigener Nahrung aus dem Mitteldarm. Die Pharynxmuskulatur tritt dann bei der Weiterverfütterung des Kropfinhaltes in Funktion.

Während die bisher besprochenen Darmabschnitte ektodermalen Ursprungs und als solche mit einer Chitintapete ausgekleidet waren, trifft dies für den Mitteldarm nicht zu. Waren die vorhergehenden Teile in erster Linie Nahrungsbehälter, so sehen wir im Mitteldarm den verdauenden Abschnitt, der die aufgenommene Nahrung für den Körper resorptionsfähig macht. Durch Faltungen wird eine Vergrößerung der Darmoberfläche erzielt. Außerdem ist nach Untersuchungen am Mitteldarmepithel der Honigbiene dort eine feinstreifige Struktur zu erkennen, die schwammartig die Mitteldarmsekrete aufsaugt, wodurch bei der relativen Kürze dieses Darmabschnittes eine sparsamere Ausnutzung der abgeschiedenen Fermente ermöglicht wird. Besonders die Zellen am Grunde der Mitteldarmfalten sollen eine sekretorische Funktion besitzen. Über die aus Mitteldarmzellen unter deren Zerfall in das Darmlumen ausgeschiedenen Sekrete ist nur wenig bekannt. Nachgewiesen wurden bei der Honigbiene als Fermente dieses Darmabschnittes Invertase, Amylase, Inulase, Laktase, Lipase, Pepsin, Trypsin und Chymosin. Die Abscheidung von Invertase wird übrigens während der Wintermonate eingestellt (PAVLOVSKY 1922). Zellulose wird dadurch nicht angegriffen, wie aus dem Nachweis der zurückbleibenden Membranen der Pollenkörner im Darm der Biene hervorgeht. Die Gesamtreaktion des Mitteldarms ist sauer. Wieweit dem Mitteldarm außer einer sezernierenden Tätigkeit auch eine Resorptionsfähigkeit, also die Aufnahme der für den Körper verwendbar gewordenen Teile der Nahrung zukommt, ist eine noch ungeklärte Frage. Immerhin sprechen an Hymenopterenlarven und in anderen Insektenordnungen gemachte Beobachtungen dafür.

An den Mitteldarm schließt sich der Enddarm (Proctodaeum) an, der wie der Vorderdarm eine Chitinauskleidung zeigt und an dem man wenigstens zwei Hauptabschnitte, den Dünndarm (Ileum) und den erweiterten, dehnbaren Mastdarm oder Kotblase (Rektum) unterscheiden kann. Vorn in den Dünndarm münden die MALPIGHIschen Gefäße, die uns als Exkretionsorgane an anderer Stelle beschäftigen werden. Der Enddarm dient der Ableitung der Kotmassen. Wieweit der Dünndarm eventuell noch an der Verdauung beteiligt ist, entzieht sich noch unseren Kenntnissen. Das einzige aus dem Enddarm der Honigbiene bekannte Ferment ist Katalase, die im Rektum während der Wintermonate nachweisbar ist, also zu einer Zeit, wenn die Produktion der Invertase im Mitteldarm nicht stattfindet. Andererseits kann wenigstens im Rektum nur an eine lokal begrenzte Sekretion und Resorption gedacht werden, da unter der Chitinlage die Zellen größtenteils verkümmert sind. Nur die sechs mächtig entwickelten Rektaldrüsen, zwischen deren Zellen Tracheen radial verlaufen, die sich weiter nach innen zu einem dichten Netz verästeln, kommen hierfür in Frage. Die Zahl derartiger Gebilde, die meist von länglicher Gestalt sind, doch auch gerundet sein können, schwankt. Von *Myrmica* werden drei (JANET), von Ichneumoniden vier und zwölf (*Ophion*) angegeben (LEUCKART), bei der Honigbiene sind es sechs. Die Analöffnung liegt an der Hinterleibsspitze zwischen dem 13. Körpertergit und -sternit, vielfach jederseits durch kleine Anhänge, „Cerci", ausgezeichnet. Sind diese Verhältnisse bei niederen Formen noch gut erkennbar, so können sie durch eine Verlagerung der letzten Segmente ins Körperinnere bei höher stehenden Hymenopteren undeutlich werden. Äußerlich wird die Hinterleibsspitze dann von einem der vorhergehenden Segmente gebildet und es entsteht eine Art von Kloake, deren Ausmündungsöffnung bei den Ameisen auch für die Unterscheidung höherer systematischer Kategorien von Bedeutung ist. Der Kot von *Habrobracon* ist je nach der aufgenommenen Nahrung flüssig oder körnig und reagiert bei den Männchen schwach, bei den Weibchen deutlich sauer. Unmittelbar nach dem Schlüpfen abgegebene Exkremente reagieren dagegen neutral.

Stellen die Imagines das Geschlechtsstadium dar, so sind die Larven das Freßstadium.

Können die Imagines durch zuckerhaltige Pflanzensäfte oder geringe Pollenmengen im allgemeinen ihren eigenen Bedarf decken, so brauchen die Larven nährstoffreicheres Futter, das sie dank der mütterlichen Brutpflege bei den höheren Hymenopteren in genügender Menge entweder vorfinden, oder das ihnen regelmäßig, besonders bei sozial lebenden Formen, geboten wird. Bei freilebenden oder im Holze bohrenden phytophagen Formen liegen andere Verhältnisse vor. Die als Ekto- oder Entoparasiten lebenden Larven zeigen bezüglich der Nahrungsaufnahme und Verdauung ebenfalls oft recht weitgehende Anpassungen. Die Mannigfaltigkeit, unter der die Larven ihre Nahrung vorfinden, und die Verschiedenheit der Kost sind also recht große.

Die Mundteile der Larven sind, abgesehen von den Mandibeln, vielfach nur in ihren Hauptzügen mit denen der ausgebildeten Tiere zu homologisieren. Am leichtesten gelingt dies noch bei den Tenthrediniden. Der Ausstülpungscharakter der Mundteile ist im Larven- besonders aber später im Puppenstadium deutlich zu erkennen. Im allgemeinen besteht der Labiomaxillarkomplex aus weichen, fleischigen Vorwölbungen unterhalb der Mundöffnung, die kleine Papillen als Tasteranlagen tragen können. Fester chitinisiert sind am häufigsten die Mandibeln und an diesen besonders die Innenkanten. Bei den Symphyten aber, deren Larven entweder Blätter fressen oder im Holze bohren, zeigen sie eine außergewöhnlich starke Chitinisierung. An ihren Innenkanten besitzen sie kräftige Zähne, die es ihnen erlauben, das Nahrungsmaterial zu zerschroten. Mitunter sind die Mandibeln auch asymmetrisch gebaut. Hier bei diesen tiefstehenden Formen sind aber auch noch die Außen- und besonders die Innenlade der Maxillen vielfach stark chitinisiert, so daß sie unter Umständen auch zum Beißen oder wenigstens zum Quetschen des von den Mandibeln zerkleinerten Materials verwendet werden könnten. Auch bei solchen Hymenopterenlarven, die als Ektoparasiten an anderen Insekten fressen und sich zum mindesten eine Öffnung durch deren Körperhaut schaffen müssen, um zu ihrer eigentlichen Nahrung zu gelangen, können die Mandibeln für diesen Zweck besonders geeignet erscheinen. Entweder sind sie scharf zugespitzt und dienen dann zum Verletzen der dünnen Wirtshaut oder sie sind mit kräftigen Zähnen ausgestattet, wie z. B. bei der *Bembix*-Larve, der die Mutter frischgefangene Fliegen vorlegt. Bei der Psammocharide *Pseudagenia punctum* beobachtete RAMME, daß die Larve auch die härteren Chitinteile des ihr als Nahrung dienenden Spinnenkörpers trotz ihrer verhältnismäßig weichen und schwachen Mundwerkzeuge verzehrte. Ermöglicht wird dies dadurch, daß die Larve ein Sekret ausscheidet, mit dem sie das Chitin ihres Opfers überschüttet und erweicht. Über die Zusammensetzung dieses Sekrets ist noch nichts bekannt. Es wäre wünschenswert, festzustellen, ob bei anderen Raub- und Wegwespen ähnliche Erscheinungen vorkommen. In den verschiedenen Gruppen der Ameisen zeigen die Larven bezüglich ihrer Mandibeln und der Nahrungsaufnahme von den niederen zu den höheren Formen eine zunehmende Reduktion. Bei den tiefstehenden Ponerinen werden den Larven tote Insekten und zerkautes Futter vorgelegt. Mit ihren verhältnismäßig kräftigen, beweglichen Mandibeln können sie diese Nahrung selbständig zu sich nehmen. Futter aus dem Kropf der Arbeiterinnen erhalten diese Larven im Gegensatz zu denen der anderen Unterfamilien der Ameisen nicht. Die Larven von *Leptothorax* und der Dolichoderinen, besonders *Tapinoma,* sind dagegen soweit auf die Kropffütterung durch ihre Pflegerinnen eingestellt, daß ihre Mandibeln so gut wie funktionslos und unbeweglich geworden sind.

Der Darmkanal der Hymenopterenlarven läßt deutlich seine primäre Dreigliederung in Vorder-, Mittel- und Enddarm erkennen. Bei den niederen, phytophagen Formen, die eine verhältnismäßig nährstoffarme Nahrung ihrem Körper zuführen, läuft er als beiderseits offener Schlauch vom Mund zum After, so daß diese Tiere normal defäzieren können. Der Darmkanal ist hier im Gegensatz zu der sonst bei Pflanzenfressern so häufig zu beobachtenden Erscheinung kurz und gerade; doch wird eine Oberflächenvergrößerung durch die Weite des Darmlumens erreicht. Da die Nahrung nur in geringem Maße ausgenutzt wird, werden reichliche Kotmengen abgegeben. Erwähnenswert sind noch die Schlundsäcke der *Lophyrus*-Larven als sackförmige Anhänge des Ösophagus. Vielleicht stammt aus ihnen ein Sekret, das die Larven auf Reizung aus der Mundöffnung von sich geben. Bei den Larven aller höheren Hymenopteren (Abb. 42) sind Mittel- und Enddarm gegeneinander verschlossen. Die verdaute, während des Larvenlebens aufgenommene Nahrung sammelt sich hier in dem stark dehnbaren Mitteldarm an, um erst vor der Verpuppung oder dem Eintritt in das Ruhelarvenstadium entleert zu werden. Auf diese Weise dürfte eine möglichst weitgehende Ausnutzung der Nährstoffe erreicht werden. Andererseits wird aber auch bei aculeaten Hymenopteren einer Verschmutzung der Brutzellen vorgebeugt, die leicht zu Fäulnis führen könnte. Ebenso ist die Zurückhaltung des Kotes bei Entoparasiten von Wichtigkeit. Da die Wandungen von Mittel- und Enddarm bei der Wespenlarve nach RENGEL kontinuierlich ineinander übergehen, ist dort die Unterbrechung der Darmhöhle nicht morphologisch, sondern physiologisch bedingt. Bei *Apis* und *Lasius* bleibt der embryonale Zustand in dieser Grenzzone während des ganzen Larvenlebens, bei *Vespa* dagegen etwas abgeändert bestehen. Am Enddarm von *Lasius flavus* F. sind nach KARAVAJEW der vorn geschlossene, mit dem Mitteldarm verwachsene Dünndarm, Dickdarm und Rektum zu unterscheiden. Über die merkwürdige Ausstülpung des Enddarmes bei *Apanteles*-Larven wird später berichtet werden. Von verschiedenen

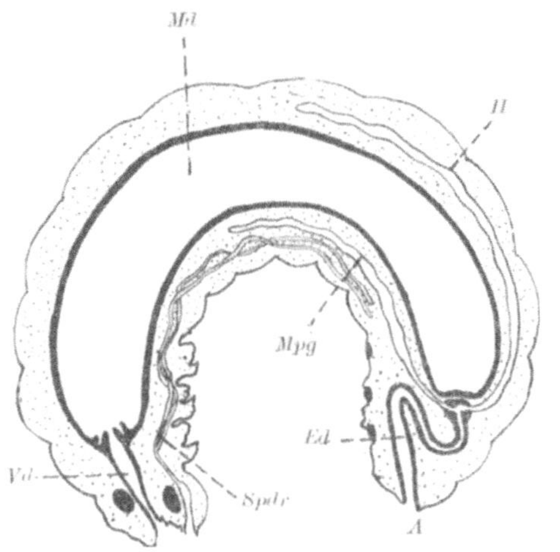

Abb. 42. Darmkanal der Honigbienenlarve (nach ZANDER). *Vd, Md. Ed* = Vorder-, Mittel-, Enddarm; *Spdr* = Speicheldrüse; *Mpg* = Malpighische Gefäße; *H* = Herz; *A* = After.

Ameisenlarven ist bekannt, daß der Inhalt des Mitteldarms von geschichteten gelatinösen Hüllen umgeben wird. Die Bedeutung dieser Hülle ist nicht ohne weiteres ersichtlich. Auch bei Wespen ist eine ähnliche Erscheinung beobachtet. Hier ist noch der abgeschiedene Larvenkot in einer dauerhaften Hülle eingeschlossen. Gewisse Schlupfwespenlarven entleeren in der Wirtspuppe den gleichfalls von einer gallertigen Membran überzogenen Kot derart, daß dadurch das ganze Abdomen der Schlupfwespenpuppe vom Kot umgeben wird, ohne jedoch direkt damit in Berührung zu kommen (Abb. 215). Schließlich sieht man auch bei der Sektion von Blattwespenlarven, wie der Darminhalt in einer gallertigen Hülle liegt; der Kot wird hier aber in einzelnen kleinen, mehr oder weniger trockenen Portionen abgegeben. Der Larvenkot von *Habrobracon* reagiert im Gegensatz zu dem imaginalen alkalisch.

Im folgenden soll uns zunächst die Frage des Nahrungserwerbs beschäftigen, und zwar soweit es sich dabei um den eigenen Bedarf der Imago handelt. Die leckenden Mundwerkzeuge der Imagines, ganz besonders aber der Bau der Glossa, setzen diese in erster Linie in die Lage, flüssige Nahrung aufzunehmen. Die weichhäutigen Partien der Mundteile verbieten die Aufnahme härterer Substanz. Es ist daher auch anzunehmen, daß es sich in denjenigen Fällen, in denen von einem Verzehren anderer Tiere durch Hymenopterenimagines gesprochen wird, eher um ein Zerkauen derselben und ein Lecken oder Schlürfen der Säfte handelt und daß kleinere feste Partikelchen höchstens aufgeschwemmt in der Flüssigkeit aufgenommen werden. So kann man gelegentlich größere Tenthrediniden wie *Tenthredo, Allantus, Rhogogaster* usw. beim Zerkauen kleinerer Insekten beobachten, wobei die Weibchen mitunter auch vor den schwächeren Männchen nicht halt machen. Die stark chitinisierten, mit kräftigen Zähnen versehenen Mandibeln ermöglichen es diesen im übrigen verhältnismäßig weichhäutigen Hymenopteren, sich an anderen Insekten zu vergreifen. Häufig findet man Blattwespen aber auf Blüten, wo sie Pollen verzehren. Da dieser in trockener Form aber kaum in den Schlund befördert werden kann, wird jedenfalls Speichel bei der Anfeuchtung eine Rolle spielen. Blütennektar selbst ist diesen tiefstehenden Formen nur dann zugänglich, wenn er flach und nicht in irgendwelchen Spalten der Blüten verborgen liegt, da die kurzen Mundteile ein Eindringen in tiefere Blütenteile nicht gestatten. Es kommen daher als Nektarpflanzen für die Tenthrediniden besonders Umbelliferen in Betracht. An Euphorbiaceen und *Ranunculus* stellen sich öfter *Cephus*-Arten ein. Allerdings gibt es auch schon manche Blattwespen, die gestrecktere Mundteile besitzen, wie z. B. *Tarpa* und *Megalodontes*-Arten, aber diese stellen gegenüber der großen Masse eine Ausnahme dar. Die Lophyrinen scheinen wie auch manche anderen Blatt- und Holzwespen überhaupt kein Nahrungsbedürfnis zu besitzen. Man trifft sie weder auf Blüten noch beim Fressen an. Bei den Sireciden scheinen auch die umgebildeten Teile des Labiomaxillarkomplexes auf die bereits vorhandene Unmöglichkeit der Nahrungsaufnahme hinzuweisen. Angaben, daß der After der Sireciden verschlossen sein soll, treffen nach eigenen Untersuchungen nicht zu. Scheinbar karnivor sind außer den Tenthredinidenimagines besonders die aculeaten Hymenopteren mit Ausnahme der Bienen. Bei ihnen handelt es sich jedoch im allgemeinen nicht um Nahrung für den eigenen Körper, sondern für die Brut, wenn sie irgendein anderes Insekt oder eine Spinne jagen. Etwas anders liegen die Verhältnisse bei Faltenwespen. Ihre Normalnahrung stellen gleich falls süße Pflanzensäfte dar. Häufig aber stürzen sich Hornissen auf Honigbienen, um mit dem abgetrennten Kopf der Biene die nektargefüllte Honigblase herauszureißen und ihren Inhalt zu sich zu nehmen. Der übrige Körper bleibt unbeachtet. Die Entstehung dieses Instinkts dürfte auf Erfahrungen beruhen, die beim Fangen von Insekten als Brutnahrung gemacht wurden. Nach Beobachtungen von PERKINS töten gelegentlich die zu den Bethyliden gehörigen Dryiniden die Homopteren, die als Wirtsstier der Larven normalerweise mit dem Ei belegt werden, und verspeisen diese. Ähnliche Verhältnisse fand FERTON bei *Psammochares acrobates* FERT. und *Priocnemis pusillus* SCHIÖDTE, die Spinnen fingen, um die beim Kauen aus dem Abdomen tretenden Säfte zu saugen. Auch für eine ganze Reihe von Spheciden liegen entsprechende Beobachtungen vor. *Sclerodermus immigrans* BRIDW., eine Bethylide, saugt die aus den Wunden an den Saugstellen der Larve hervortretenden Säfte des Wirtstieres. Auch unter den Schlupfwespen im weiteren Sinne ist ein Saugen des Wirtsblutes weit verbreitet. Primär ist hierzu nur das Weibchen befähigt, da es allein den dazu nötigen Stich mit dem Stachel führen kann. Doch können auch die Männchen daraus Nutzen ziehen, wie PICARD bei *Pimpla instigator* L. feststellte, wo auch das Männchen an der Stelle einer Weißlingspuppe leckt, in die das Weibchen eingestochen hat. *Diplazon* (*Bassus*) *laetatorius* F., eine Schlupfwespe, die ihre Eier in solche von Syrphiden legt, in denen bereits der Wirtsembryo entwickelt ist, wurde von Ishic dabei beobachtet, wie sie während des Legeaktes den Inhalt dieser Eier verzehrte. Wenig wählerisch ist *Habrobracon juglandis* ASHM. Abgesehen von dem aus der Mehlmottenraupe beim Anstich hervorquellenden Tropfen, nehmen die Tiere nach HASE auch zucker- und stärkehaltige Substanzen und sogar Fleisch an. Von *Dicaelotus erythrostoma* WESM., einer in den Puppen des Traubenwicklers, *Polychrosis botrana*, lebenden Ichneumonide, konnte beobachtet werden, daß das Saugen der Puppenflüssigkeit besonders nach den ersten Einstichen des jungen Weibchens erfolgte. Eine recht merkwürdige Erscheinung, die sich auf das Blutsaugen der Chalcidide *Habrocytus cionicita* bezieht, ist besonders erwähnenswert. Hier sticht die Erzwespe die in einer Verbascumkapsel lebende Larve des Rüsselkäfers *Cionus thapsi* an. Dabei austretende Sekrete gerinnen um den eingeführten Stachel herum und bilden so nach Herausziehen desselben eine Röhre, die eine Verbindung der Stichwunde an der Larve mit der Kapselwand herstellt. Durch diese Röhre saugt nun das Weibchen. Ähnliche Verhältnisse beobachtete GENIEYS an *Habrobracon*-Arten. Während *H. johannseni* VIER. die im Kokon befindlichen Raupen von *Phtorimaea operculella* ZELL. ansticht und deren Blut durch eine um den Stachel ausgeschiedene Sekretröhre aufsaugt, die den Körper der Raupe mit der Außenseite des Kokons verbindet, saugt *H. brevicornis* WESM. das an der Stichstelle aus der Raupe von *Pyrausta nubilalis* HÜB.

hervortretende Blut direkt. Sticht *H. johannseni* Raupen zum Nahrungserwerb außerhalb des Kokons an, so unterbleibt die Bildung der Röhre. Umgekehrt aber produziert *H. brevicornis* Saugvorrichtungen am Körper einer freiliegenden Raupe, wenn sich die hervortretende Blutmenge erschöpft. Während die Saugröhren von *H. j.* etwa 1 mm langen, schwarzen Haaren ähneln, erscheinen die von *H. b.* als etwa $^1/_3$ mm hohe Zäpfchen, doch verlängert sich die Röhre ins Innere des Raupenkörpers hinein um etwa Bohrerlänge. Die Farbe der Zäpfchen ist gelblichbraun. Die Substanz, aus der sie bestehen, wird auch gemeinsam mit den Exkrementen ausgeschieden. Weibchen von *H. b.*, die eine auf ein Gewebe aufgestrichene, eingedickte Zuckerlösung geleckt hatten, stachen durch den Stoff hindurch und suchten an der betreffenden Stelle wie am Raupenkörper zu saugen.

Neben Wassertropfen nimmt *Lariophagus distinguendus* FÖRST., der wichtigste Kornkäferparasit, auch gelegentlich zerschrotete Kornteilchen auf. Da an eine direkte Einführung der trockenen Substanz kaum zu denken ist, wird jedenfalls eine Speichelsekretion dazu erforderlich sein. Die merkwürdige *Rielia manticida Kieff.*, die als Imago ektoparasitär an Gottesanbeterinnen lebt, benagt gelegentlich die Flügeladern derselben an der Basis, vermutlich um auf diese Weise etwas Körperflüssigkeit zu erlangen. Als tierisches Ausscheidungsprodukt, das von den verschiedensten Hymenopteren gern aufgeleckt wird, ist der als Honigtau bekannte Kot der Blattläuse zu erwähnen. Der hohe Zuckergehalt desselben lockt bei starkem Blattlausbefall die Hymenopteren auf die Blätter und Zweige der betreffenden Pflanzen. Und zwar stellen sich hier nicht bloß Formen ein, die durch ihre kurzen Mundteile normalerweise an flach liegenden Blütennektar gebunden sind. Wenn diese auch, namentlich aus der Gruppe der Crabroninen und der Ichneumoniden, vorherrschen, so kommen doch auch häufig Honigbienen und Hummeln angeflogen um die zuckrige Flüssigkeit zu lecken. Eine auffällige Bevorzugung des Honigtaues einer großen, an Eichenzweigen sitzenden Blattlaus durch *Bombus hypnorum* L. konnte Verfasser gelegentlich beobachten. Obwohl Brombeeren, die sonst gern von dieser Hummel beflogen werden, reichlich unmittelbar neben den von den Blattläusen befallenen Eichenbüschen blühten, umschwärmten die Hummeln in größerer Anzahl die Eichen. Gleichzeitig an derselben Stelle fliegende andere Hummeln (*B. pratorum* L.) besuchten dagegen normal die Brombeerblüten, obwohl auch diese Art Blattlauskot annimmt. Es scheint immerhin auffällig, daß grade hochstehende Bienen wie Hummeln und Honigbienen den Blattlausexkrementen besonders gern nachstellen, während andere Bienen kaum daran gefunden werden. An großen beutelförmigen Gallen an Zitterpappeln fand Verfasser mehrfach Hornissen beschäftigt. Für viele Ameisen bildet der Blattlauszucker eines der wichtigsten, mitunter sogar das einzige Nahrungsmittel. So sehen wir denn, wie sich zwischen Ameisen und Blattläusen ein Verhältnis herausgebildet hat, das als Trophobiose oder nach FOREL besser als Synctenobiose zu bezeichnen ist. Beide Teile haben ihren Vorteil von dem Zusammenleben; geschädigt wird lediglich die Pflanze, an der die betreffenden Blattläuse saugen.

Die Nährtiere werden von den Ameisen teils außerhalb des Nestes aufgesucht, teils direkt im Bau aufgezogen. Durch Berühren mit den Fühlern üben die Ameisen auf ihr „Vieh" einen Reiz aus, der die Pflanzenläuse zur Abscheidung eines flüssigen Exkrementtropfens, der sofort aufgeleckt wird, anregt. Durch Pflege und Zucht von Wurzelläusen (*Stomachis*-Arten, *Trama radicis*) zeichnen sich besonders *Lasius flavus* L. und *brunneus* LATR. aus. Unter der Erdhülle seines Nestes pflegt *Lasius niger* L. sein „Vieh", doch werden auch gelegentlich, wenn sich Blattläuse in der unmittelbaren Nähe des Nestes befinden, besondere Erdkammern für diese an den befallenen Pflanzenteilen errichtet. Kartonherstellende Arten erbauen auch aus diesem Material ihre Blattlausställe, wie z. B. die nordamerikanische *Cremastog. pilosa.* Unsere größeren Ameisen, wie *Camponotus* und *Formica* suchen die *Lachnus*- und *Dryobius*-Arten an den Trieben der Waldbäume auf. Auch die süßen Ausscheidungen der Cocciden und mancher Psylliden werden von den verschiedensten Ameisengattungen verzehrt. Desgleichen sind verschiedene Fälle bekannt, in denen Ameisen den Ausscheidungen von Zikaden nachstellen. Ob es sich dabei um die Exkremente dieser Tiere oder aber um besondere Drüsenprodukte handelt, wäre noch näher zu untersuchen. Aus der einheimischen Fauna seien *Lasius niger* L. und *Formica cinerea* MAYR erwähnt, die die Larven von *Tettigometra obliqua* an Eichenwurzeln pflegen. Durch die Darbietung von flüchtigen, aromatischen Genußmitteln ist ein Teil der myrmekophilen Insekten ausgezeichnet, die später besonders behandelt werden sollen. Einen Übergang stellen vielleicht die Raupen mancher Lycaeniden dar. Daneben besitzen aber die Ameisen einen recht vielseitigen Küchenzettel. Da es meist kaum zu entscheiden ist, wieweit hier die aufgenommenen Nährstoffe für den eigenen Bedarf bzw. für die Weiterverfütterung an Imagines oder aber an die Brut dienen, mögen kurz die wichtigsten Ernährungsmöglichkeiten aufgeführt werden. Die Weichteile zerstückelter Beutetiere werden zerkaut. Der flachliegende Nektar verschiedener Pflanzen oder zuckerhaltige Säfte derselben werden geleckt. Die kurzen Mundteile halten die Ameisen von verborgener liegendem Nektar fern, soweit sie nicht im ganzen in engere Blütenteile eindringen. Dagegen werden die „extrafloralen Nektarien", außerhalb der Blüten frei gelegene, zuckerausscheidende Drüsen an den verschiedensten Pflanzen, gern von Ameisen aufgesucht. Durch reichliche Absonderung sind besonders die noch geschlossenen Blütenköpfe mancher Kompositen wie *Centaurea alpina*, *Jurinea mollis*, *Serratula lycopifolia* u. a. ausgezeichnet, auf denen sich eine größere Anzahl von Ameisen einstellen, um die Ausscheidungen zu lecken. Andere Insekten sollen dabei von den Ameisen abgewehrt werden. Eine große, an der Basis jeden Laubblattes von *Impatiens tricornis* stehende Nektar bietende Drüse lenkt die Ameisen von den Blüten selbst ab. *Formica cinerea* MAYR. besucht mit Vorliebe Wolfsmilch (*Euphorbia*-Arten). Reifes Fallobst wird gern angenommen. Unsere Roßameisen benagen nach PRELL nachts die Maitriebe der Eichen einseitig und lecken den austretenden Saft. Die Triebe brechen an der Wundstelle leicht und verdorren. Der Schaden, der dadurch angerichtet wird, kann, besonders in der Nähe der Nester dieser Art, recht erheblich sein.

Unter der Bezeichnung „Ernteameisen" faßt man Ameisen zusammen, die als biologische Eigentümlichkeit das Einsammeln von Früchten oder Pflanzensamen gemeinsam haben. Diese Tiere gehören sämtlich in die Unterfamilie der Myrmicinen. Als Ausnahmen mögen *Lasius emarginatus* LATR. und *Formica fusca* L. genannt sein, die gelegentlich Körner eintragen. Bei Straßburg beobachtete ESCHERICH, wie *Tetramorium caespitum* L. Körnervorräte anlegte, wie es für diese Art in Algier regelmäßig der Fall ist. In Europa sind die eigentlichen Ernteameisen die *Messor*-Arten im Mediterrangebiet. In den ausgedehnten tiefen unterirdischen Nestern dieser Arten finden sich in Vorratskammern durchschnittlich $^1/_2$ l (bis 1 l beobachtet) Samen. Die Körner werden nicht bloß am Boden unter den Pflanzen aufgesammelt, sondern die Ameisen steigen an diesen empor, schneiden dort die Früchte oder Samen ab und tragen sie vorsichtig herunter. Die Tages- und Jahreszeit der Ernte ist je nach der Gegend verschieden. Bei körnersammelnden *Pheidole*-Arten übernehmen die großköpfigen Soldaten das Abschneiden. Von verschiedenen Autoren ist beobachtet worden, daß die Körner besonders an der Luft und in der Sonne getrocknet werden. Verfasser fand bei Trapezunt ein Körnerlager von *Messor* auch unter einem flachen Stein. In anderen Fällen dürften die möglichst trocken liegenden Vorratskammern schon ein Auskeimen verhindern. Die Keimfähigkeit geht aber trotzdem nicht verloren, wie ein gelegentliches Auskeimen des ganzen Inhalts einer Kammer beweist. Anhängende Fruchthüllen, Samenkapseln usw. werden nach Möglichkeit entfernt; bei *Messor meridionalis* ANDRÈ geschieht dies nach Beobachtung von A. BRAUNS in Rumänien besonders an windigen Tagen. Die Abfälle werden dann aus dem Nest herausgeworfen und vom Wind schnell fortgeblasen. Nach DOFLEIN kleiden die *Messor*-Arten die Kammern und Wände der Nester mit einem Drüsensekret aus, das vielleicht mit dem Trockenhalten der Räume in Verbindung zu bringen ist. Der gleiche Autor beobachtete, wie in Makedonien die Körner von den Ameisen zum Keimen ins Feuchte gebracht wurden. Außerdem konnte aber EMERY feststellen, daß die Körner, auch ohne zu keimen, recht gut von den Ameisen verzehrt werden können. Zu diesem Zwecke zerkleinern großköpfige Arbeiter die von kleineren Individuen festgehaltenen Körner und stellen unter Durchfeuchtung mit Speichel daraus eine Paste her, die direkt aufgenommen, aber auch an die Larven verfüttert wird. Im übrigen soll aber der Keim den übrigen Teilen des Samens vorgezogen werden. Es ist wohl denkbar, daß durch Abschneiden des Keims und Trocknen desselben in der Sonne ein Vermalzungsprozeß bewirkt wird. Andererseits hat man aber auch in krümeligen, schwarzen Massen, die gleichzeitig mit den Körnern aus dem Nest herausgeschafft werden, einen bisher nur unter diesen Verhältnissen gezogenen Pilz (*Aspergillus niger*) nachgewiesen, der unter Umständen von den Ameisen gezüchtet werden könnte. Im subtropischen Nordamerika sind es besonders *Pogonomyrmex*-Arten, die sich ähnlich wie unsere südeuropäischen *Messor*-Arten verhalten. Dadurch, daß diese Ameisen den Pflanzenwuchs in der Umgebung des Nestes ausrotten, kann der Erdboden besser austrocknen und das Keimen der Samen verhindert werden. Findet sich gleichwohl als einzige Pflanze das Gras *Aristida stricta* in der Nähe des Nestes, so ist dies keineswegs die Regel. Offensichtlich wurden Samen, die trotz aller Vorsichtsmaßnahmen gekeimt waren, aus dem Nest herausgeschafft. Von einem eigentlichen „Ackerbau", wie er früher angenommen wurde, kann nach den WHEELERschen Untersuchungen nicht die Rede sein. Die Samen anderer *Aristida*-Arten werden auch von anderen Ernteameisen gern gesammelt. So tragen *Holcomyrmex*-Arten in der Sahara die *Aristida*-Samen unter dem Körper, indem sie die Körner am dünneren Ende mit den Mandibeln halten. Dem *Messor caviceps* FOR. aus Nordafrika und *Messor denticornis* FOR. aus der Kalahari kommt bei diesen Transporten der *Aristida*-Samen die tiefe Aushöhlung der Kopfunterseite recht zu statten. Bezüglich der Sammeltätigkeit mag noch erwähnt werden, daß einige Arten einzeln, andere in Linien zur Erntearbeit ausziehen. Schwierigkeiten, die sich beim Transport von Kompositenfrüchtchen durch den nach vorn gespreizten Pappus ergeben, wurden nach Beobachtungen des Verfassers in Piemont dadurch von den *Messor*-Individuen überwunden, daß die Ameisen rückwärts gingen und auch, falls die Achänien nicht am Nesteingang von anderen Exemplaren abgenommen wurden, rückwärts in diesen einschlüpften. Im übrigen scheinen die Ernteameisen durch ihre Tätigkeit noch nicht soweit spezialisiert zu sein, daß sie ausschließlich auf diese Ernährungsweise angewiesen sind. In Makedonien sollen die *Messor*-Arten hauptsächlich Insektenfresser sein, während die Körner in erster Linie als Notnahrung bei Mangel an Beutetieren und für die Aufzucht der Brut Verwendung finden. Eine recht vielseitige Ernteameise ist die wegen ihres Stiches gefürchtete Fire-Art, *Solenopsis geminata* F., in Amerika. Sie frißt Insekten und Früchte und pflegt außerdem noch Blattläuse. Einige körnersammelnde *Pheidole*-Arten sind unfähig, die Keime von den Samen zu entfernen und damit das Auskeimen der Körner zu verhindern. *Novomessor cockerelli* ANDRÉ soll omnivor sein; als Ernteameise ist er noch nicht besonders entwickelt, wofür auch die im Gegensatz zu den verschieden gestalteten Arbeitern der echten Ernteameisen noch einheitlichen Arbeiter dieser Art sprechen.

Ausschließlich auf vegetabilische Nahrung sind die pilzzüchtenden Ameisen (Attinen) Südamerikas angewiesen. Auf einem aus zerkauten Blattstücken bestehenden Substrat züchten diese auch als „Blattschneiderameisen" (SAUBA) bekannten Tiere bestimmte Myzel — Wuchsformen eines unseren großen *Amanita*- und *Lepiota*-Arten nahestehenden Pilzes, *Rozites gongylophora*, (Abb. 43) die sogenannten „Kohlrabi", die zur Nahrung dienen. Als weitere von Attinen gepflegte Pilze seien noch *Locellina Mazzuchi* SPEG. bei *Atta vollenweideri* FOR., *Poroniopsis bruchi* SPEG. bei *Acromyrmex heyeri* FOR., *Xylaria micrura* bei *Acromyrmex lundi* GUÉR. genannt. Besonders die gründliche Arbeit A. MÖLLERS hat über die Pilzzucht Klarheit geschaffen und Beziehungen zwischen den Ameisen und ihrem Pilz erkennen lassen, die durch die vielen, sich ungezwungen ergebenden Parallelen zur menschlichen Gemüsezucht verblüffend wirken. Erweitert durch die Untersuchungen FORELS und WHEELERS ergibt sich uns von dem Nahrungserwerb der hochstehenden Attinen etwa folgendes Bild. Die Arbeiter von *Atta* selbst sind polymorph; so messen z. B. die kleinsten

Individuen von *Atta laevigata* SM. nur 2 mm, während die größten eine Körperlänge von 16 mm besitzen. Der Hinterkopf eines solchen Riesenarbeiters ist allein 6 mm breit. Während nun die größten Exemplare zum Schutze des Nestes, das sie durch ihre sehr kräftigen Mandibeln aufs Wirksamste verteidigen können, in diesem zurückbleiben, zieht ein Teil der mittelgroßen Arbeiter auf sauber gehaltenen, bis 10 cm breiten Straßen zu geeigneten Bäumen und Sträuchern verschiedenster Art, aus deren Blättern sie mit den Mandibeln Stücke herausschneiden. Die Blattstücke werden beim Herabkriechen hoch über dem Rücken getragen. Stürzt eine Ameise dabei herunter, so läßt sie ihr Blattstück nicht los. Außer Blättern

Abb. 43. Junge aufbrechende Fruchtkörper von *Rozites gongylophora* im Zusammenhang mit dem oberen festeren Teil eines Pilzgartens (MÖLLER phot.).

werden auch gern andere, besonders stärkehaltige Pflanzenteile eingetragen. Im Innern der Nester werden die Blattstücke von anderen mittelgroßen Individuen weiterverarbeitet. Zunächst werden die Stücke weiter zerkleinert, bis sie etwa die Kopfgröße der Ameise haben. Dann werden sie durch Beißen erweicht und zu einem kugligen Ballen geformt. Danach wird dieses Kügelchen an eine geeignete Stelle des Pilzgartens, der die Größe eines Menschenkopfes erreichen kann, niedergelegt, um als Nährboden für den Pilz zu dienen. Die Pilzgärten (Abb. 44) selbst sind von sehr lockerer Beschaffenheit und zerfallen leicht beim Herausnehmen. Sind mehrere Gärten im gleichen Bau vorhanden, so stehen diese durch Gänge untereinander in Verbindung. In ihren Gängen und Kammern finden sich die Zwergarbeiter und die Brut. Sich selbst überlassen, würde das Myzel in kürzester Zeit alles durchwuchern und niemals die den Ameisen als Nahrung dienenden Schwellungen („Kohlrabi"), sondern statt dessen Konidien bilden. Hier setzt also die Tätigkeit der Zwergarbeiter ein, die die Myzelfäden beschneiden und den Garten sorgfältig von anderen Pilzsporen und Myzelien freihalten. Die von A. Möller beobachteten

Abb. 44. Baumstamm aus einem Walde bei Blumenau, an dem 1 m über dem Boden ein Nest von *Acromyrmex discigera* Mayr freigelegt ist. Der Pilzgarten ist mit einer schützenden Hülle von feinen Wurzeln, Blatt- und Zweigstücken überdeckt. Der oberste Teil der Decke ist erhalten (Möller phot.)

Ameisenarten gehören in erster Linie der Untergattung *Acromyrmex* an, verhalten sich aber ähnlich wie die echten, größeren *Atta* und pflegen die gleiche Pilzart. Die Nestanlagen, Größe der Pilzgärten usw. sind entsprechend kleiner; auch ist in den einzelnen Nestern meist nur ein Pilzgarten vorhanden. Nur bei *Acromyrmex subterraneus* For. wurden mehrere, miteinander verbundene Gärten gefunden. Bei Hunger verzehrten die *Acromyrmex*-Arten auch die Myzelien aus den Nestern der anderen Arten, niemals aber solche, die von den Gattungen *Apterostigma* und *Cyphomyrmex* gepflegt waren. Ohne ihren Pilz gehen die Tiere zugrunde. Es liegt also eine recht weitgehende Symbiose vor, da auch der *Rozites*-Pilz nur auf dem von den Ameisen vorbereiteten Nährboden gedeiht. Neuerdings ist es allerdings BRUCH gelungen, verschiedene Attinen in der Gefangenschaft zur Annahme von Honig, zerstückelten Insekten, Eiweiß usw. zu bringen; die aufgenommene Nahrung wurde auch weiter gegeben.

Bei den Attinen aus der Gattung *Apterostigma* steht die Pilzzucht noch auf einer niederen Stufe. Der Pilzgarten besteht aus faulen Holzfasern, Raupenexkrementen, Stärke usw. Blätter werden nicht geschnitten. Die Tiere gehen einzeln zu ihren Beutezügen aus und tragen die Last unter dem Körper heim. Das Nest von *Apt. pilosum* MAYR besteht aus einem aus Myzelfäden hergestellten Sack von 3—4 cm Durchmesser, in dem auch der eigentliche Pilzgarten aufgehängt ist. Die durch Beschneiden hervorgerufenen Schwellungen an den Myzelfäden sind weniger ausgeprägt. Unter sich verzehren, ähnlich wie die *Acromyrmex*-Arten, auch die Apterostigmen die Pilze der anderen Arten der gleichen Gattung, verschmähen aber die von *Acromyrmex* und *Cyphomyrmex*. Den Pilzgärten der letzteren fehlt die Hülle; sonst sind sie denen von *Apterostigma* ähnlich; doch wird hier auch wieder ein anderer Pilz kultiviert. *Cyphomyrmex rimosus* SPIN. besitzt nach WHEELER nur temporäre Pilzgärten, die aus Hefepilzen (*Thiridiomyces formicarum*) bestehen. Es läßt sich also von diesen tiefstehenden Pilzzüchtern zu den hochstehenden *Atta*-Arten eine Entwicklungsreihe konstruieren, die sich mit der natürlichen Entwicklung einigermaßen decken dürfte. Die Anfänge der Pilzkultur haben danach bei solchen Formen gelegen, die ihre Nester in humösen, von Myzelien durchwucherten Böden anlegten. Bei der Sorgfalt, mit der unsere einheimischen Ameisen ihre Nester säubern und z. B. von Schimmelbildungen frei halten, ist es auffällig, daß *Dendrolasius fuliginosus* LATR. in seinen Kartonnestern einen Pilz beherbergt, *Septosporium myrmecophilum* FRES, dessen Myzel den Karton reich durchwuchert und auf den Wänden einen zarten Flaum bildet. Ob dieser Pilz von den Ameisen zur Nahrung verwendet wird, oder ob er zur Festigung des Baues beitragen soll, ist ebensowenig wie seine sonstige Bedeutung im Haushalt dieser Ameise bekannt.

An den Stämmen der südamerikanischen *Cecropia*-Arten, die in ihrem Innern häufig Ameisen der Gattung *Azteca* beherbergen, hat man in der Umgebung jener Stellen, die von den Ameisen als Eingangspforten benutzt werden, nährstoffreiche, eiweißhaltige Zäpfchen und Knötchen gefunden, die nach ihrem Entdecker als die „MÜLLERschen Körperchen“ bezeichnet werden. Andererseits kennt man an den Spitzen der Fiederblätter von Akazien, deren hohle Dornen gewissen Ameisenarten zum Aufenthalt dienen, ähnliche Gebilde, die sogenannten „BELTschen Körperchen“. Bei dem Nährwert dieser Körper lag es nahe, in ihnen ein Anlockungsmittel der betreffenden Pflanzen für die Ameisen zu sehen, die ihren Wirtspflanzen dafür einen Schutz zuteil werden lassen sollten, indem sie von ihnen die Pflanzenfeinde fernhielten. Sind die Akten hierüber auch noch nicht geschlossen, so gewinnt es doch immer mehr den Anschein, daß die diesbezüglichen Theorien nicht mit den tatsächlichen Verhältnissen in Einklang zu bringen sind.

An den Samen einer ganzen Anzahl einheimischer Pflanzenarten der verschiedensten Familien, z. B. Veilchen, Schöllkraut, Haselwurz, Wachtelweizen, Ehrenpreis, Bienensaug, Schneeglöckchen u. a., findet sich ein ölhältiger Anhang, die Nabelschwiele oder das Elaeosom. Dieses Gebildes wegen schleppen die Ameisen die betreffenden Samen in ihre Bauten und verzehren dort das Elaeosom, wodurch der Same seine Keimfähigkeit nicht verliert. Später werden die Samen wieder aus den Nestern entfernt. Nach Untersuchungen von SERNANDER, die hier nach STITZ zitiert werden, verbreitete eine Kolonie der roten Waldameise auf diese Weise während einer Vegetationsperiode 36 480 Samen. Mehrere kleine Völker von *Lasius niger* L. hatten in acht Wochen 638 Samen von *Veronica hederifolia* gesammelt und nach Verzehren der Ölkörper wieder aus dem Nest entfernt.

Während die Formicinen, mit Ausnahme von *Formica* selbst, und die Dolichoderinen größtenteils eine mehr friedfertige Lebensweise führen und sich von ihren Haustieren und Pflanzensäften ernähren, finden wir unter den Ponerinen, Myrmicinen und besonders den Dorylinen recht räuberische Arten, die besonders auf tierische Kost angewiesen sind. Von unseren einheimischen Ameisen kommen besonders *Formica rufa* L. und *sanguinea* LATR. als Vertilger anderer Insekten in Betracht. Beobachtet man das Leben in der Nähe des Ameisenhaufens und auf den zu ihm führenden Straßen, so sieht man wie kleinere Insekten von einzelnen, größere aber von einer entsprechend größeren Anzahl von Ameisen herbeigeschleppt werden. Bei diesen Transporten kann man beobachten, daß die schleppenden Ameisen sich häufig ablösen, bis schließlich ganz andere Individuen die Beute heimbringen, als die, die anfangs am Transport beteiligt waren. (STAEGER), Die Beutetiere werden später, soweit es bei größeren Tieren nicht schon unterwegs der Fall war, zerstückelt und die Säfte geleckt, die Weichteile wohl auch zerkaut. Nach SCHULZ schützt ein Ameisenvolk von etwa 75 000 Individuen ein Hektar Wald gegen Raupenfraß. Durch künstliche Vermehrung der Kolonien ließen sich also forstwirtschaftliche Vorteile erzielen. Hinzukommt allerdings auch, daß diese insektenvertilgenden Arten ihren Kohlehydratbedarf in der Hauptsache durch Blattlausexkremente decken, infolgedessen der künstlichen Ausbreitung gewisse Schranken gezogen sind. Nach PRELL haben „die sorgfältigen Zählungen von STÄGER gelehrt, daß Ameisenhaufen auch mit einer geringen Insektenausbeute von schätzungsweise 2000 Insekten am Sommertage durchaus existieren können“. Nach Schätzungen von FOREL werden im Sommer täglich 20—40 000, nach ESCHERICH sogar bis 100 000 Insekten von einem starken Ameisenvolk vernichtet.

Als Räuber sind unter den Dorylinen besonders die als *Siafu* gefürchteten *Anomma*-Arten Afrikas und die Ecitoninen Südamerikas bekannt. Diese Ameisen, die ein Nomadenleben führen und keine Dauernester besitzen, halten sich nur solange an einem bestimmten Platze auf, bis die von diesem ausgehenden Raubzüge das erreichbare Gelände von allen Beutetieren entblößt haben. Auf geschlängelten, getrennten und sich wieder vereinigenden Wegen ziehen die aus einer sehr großen Zahl von Individuen bestehenden Kolonnen von der provisorischen Niederlassung aus, gewöhnlich auf dem Boden, selten an Pflanzen bis 1 m oder darüber emporsteigend. Während größere Beutestücke zerstückelt werden, beißen die Ameisen kleineren Tieren höchstens Beine und Flügel ab; nie wird die Beute an Ort und Stelle verzehrt, sondern erst im Nest. Von größeren Tieren wird Geflügel häufig überwältigt; den größeren Haustieren muß man bei einem Ameisenüberfall die Freiheit geben. Dringen die Raubameisen in die Häuser ein, so bleibt für die Bewohner nur die Flucht übrig. In kürzester Zeit sind die Behausungen vom Ungeziefer, Mäusen und Ratten gesäubert. Milch und Zucker sollen verschmäht werden, dagegen aber wird frisches Öl angenommen. Die größte afrikanische Schlange, *Pyton natalensis,* wird von ihnen während der Verdauungsruhe angegriffen und zerstückelt. Nach einem VOSSELER zugegangenen Bericht wurde in Tanga ein gefangener Leopard in einer Nacht von den Ameisen getötet und ausgehöhlt. Von einer Niederlassung aus, in der ein *Anomma*-Volk von schätzungsweise 2 Millionen Individuen sich 11 Tage aufgehalten hatte, waren 10 000 qm völlig abgejagt, so daß ein Platzwechsel nach dieser Zeit nötig wurde. Im allgemeinen liegen 8—15 Tage zwischen den einzelnen Umzügen. Sehr ähnlich wie die afrikanischen *Siafu* verhalten sich ihre amerikanischen Vettern. Die Raubzüge sind hier vielfach gegen andere Ameisenvölker gerichtet. Hauptsächlich wird nachts gearbeitet. Den Aufenthalt an einer Stelle schätzt BELT für *Eciton hamatum* F. auf 4—5 Tage. Nach dieser Zeit erfolgt der Umzug des ganzen Volkes nach einer neuen Station, die von der alten 2—300 m entfernt sein kann.

Haben wir im vorhergehenden die wichtigsten Nahrungsmittel der Ameisen kennen gelernt, so bleiben jetzt noch solche Stoffe kurz zu erwähnen übrig, die wohl mehr gelegentlich aufgenommen werden, die für die eigentliche Ernährung aber kaum eine Rolle spielen dürften. So kann man beobachten, wie die Ameisen nach der Reinigung den Putzkamm der Vorderbeine mit den Mundteilen säubern oder wie sie ihre Volksgenossen und die Brut belecken und dadurch von anhaftenden Schmutzteilchen befreien. All diese Substanzen, sowie die mit den Mundteilen aufgeleckten Abfallstoffe im Neste werden nur zu einem kleinen Teil wahrscheinlich in den Kropf, im übrigen aber in die Infrabuccaltasche wandern, aus der sie dann auf eine noch nicht bekannte Weise jedenfalls entfernt werden. Auch die Reste verzehrter parasitärer Milben sind in dieser Tasche nachgewiesen worden. Eine recht eigenartige Ernährungsweise ist bei befruchteten Ameisenweibchen zu beobachten, die sich zwecks Gründung einer neuen Kolonie in einem allseitig geschlossenen Raum verborgen halten. Hier ist es diesen Tieren unmöglich, außer den eventuell im einsickernden Wasser gelösten Humusbestandteilen irgendwelche Nahrung zu finden, zumal auch keine Vorräte angesammelt sind. Der Fettkörper des Weibchens ist aber stark entwickelt, und so kann angenommen werden, daß es durch Resorption desselben seinen Körperunterhalt bestreitet. Da die ersten Arbeiter, deren Larven auch vom Weibchen in der Höhlung auf eine später näher zu erörternden Weise großgezogen werden, unter Umständen erst nach einem Jahr erscheinen, ist die Hungerperiode des Weibchens eine recht lange. Gelegentlich nimmt das Weibchen aber auch einen Teil der selbstgelegten Eier zu sich; das gleiche ist auch von Ameisenarbeiterinnen beobachtet. Seltener dürfte sich die Mutter eines neuen Volkes an ihren Larven vergreifen, wie es FOREL an einem *Camponotus*-Weibchen beobachtete.

Bei den weitgehenden Anforderungen, die das Leben im Ameisenstaat an die einzelnen Individuen stellt, sowohl was die Brutpflege als auch das Herbeischaffen von Nahrung usw. betrifft, muß die Arbeitsteilung als zweckmäßig erscheinen. Die auf Nahrungserwerb ausziehenden Individuen sind dank des Baues ihres Kropfes in der Lage, viel mehr Nahrung aufzunehmen, als für den eigenen Bedarf nötig ist. Es ist daher auch kaum möglich zu entscheiden, wann und wieviel das einzelne Individuum für sich etwas davon verwertet. Das Öffnen des Pumpmagens, das erst einen Übertritt von dem Kropfinhalt in den Mitteldarm zuläßt, müßte hierfür das Kriterium sein, entzieht sich also der direkten Beobachtung. Dagegen kann man die Erscheinungen, die mit der Weitergabe der Nährstoffe an Nestgenossen verbunden sind, unmittelbar, bei der Betrachtung im künstlichen Nest auch mit Leichtigkeit unter der Lupe beobachten. Diese hungrigen Ameisen berühren Kopf und Fühler der mit gefülltem Kropf ins Nest zurückkehrenden Arbeiterin als Zeichen der Aufforderung zur Abgabe. Die aufgeforderte Ameise sperrt darauf die Mandibeln und legt die Fühler zurück. Unter dauerndem Betasten mit den Fühlern nähert die auffordernde Ameise ihren vorgestreckten Labiomaxillarkomplex dem der anderen und schlürft den hervortretenden Tropfen. Dabei ist das Mentum mit der Glossa und den Labialpalpen bei der leckenden Ameise in lebhafter Bewegung, während die Maxillen und ihre Taster kaum bewegt werden. Die gebende Ameise erscheint in allen ihren Bewegungen ruhiger als die nehmende. Nach einiger Zeit trennen sich beide Tiere und da die frisch gefütterte Ameise nun in ihrem Kropf ebenfalls über eine Nahrungsmenge verfügt, die den eigenen Bedarf übersteigt, wird von beiden Teilen auf Aufforderung weiter an andere Nestgenossen abgegeben. Über die als Nahrungsspeicher dienenden Honigtöpfe wurde bereits oben berichtet. Auch diese geben auf den nötigen Reiz hin von ihrem Honigvorrat aus dem Munde ab. Bei den tiefstehenden Ponerinen scheint die gegenseitige Fütterung von Mund zu Munde nicht vorzukommen.

Ähnliche Beziehungen, wie sie zwischen Individuen des gleichen Ameisenvolkes bestehen, können sich auch zwischen verschiedenen Arten, die eine gemischte Kolonie bilden, finden. Diese Verhältnisse werden an anderer Stelle erörtert.

Auf eine eigentümliche, ernährungsbiologisch recht interessante Feststellung WHEELERS kann hier nur kurz eingegangen werden. Die jungen Larven der zu den Pheidologetinen gehörigen Gattung *Paedalgus* besitzen ganz außerordentlich vergrößerte Speicheldrüsen. WHEELER ist der Ansicht, daß es sich hierbei um Drüsen handelt, die ein für die fütternden Ameisen bestimmtes Sekret, das von diesen aufgenommen wird, abgeben. Er bezeichnet diese Form des Ernährungsaustausches zwischen Larve und Imago als Trophallaxis. Sekretausscheidungen aus besonderen Höckern, die sich bei den jungen Larven von *Pachysima* (Abb. 45) (*Trophidium*-Stadium) finden, dürften auch unter diesem Gesichtspunkt zu betrachten sein.

Wurde oben bereits über die Blattläuse und Cocciden als die Haustiere der Ameisen gesprochen, so lernten wir dabei Beziehungen zwischen diesen Tieren kennen, die beiden Teilen Vorteile bieten und die als Tropho- oder Synctenobiose bezeichnet werden. In die gleiche Kategorie können auch noch manche Zikaden gestellt werden, deren Ausscheidungsprodukte den Ameisen angenehm sind und die infolgedesssen durch die sie umgebenden Ameisen mehr oder weniger geschützt sind. Ebenso dürfen die Raupen mancher Bläulinge noch dazugezählt werden,

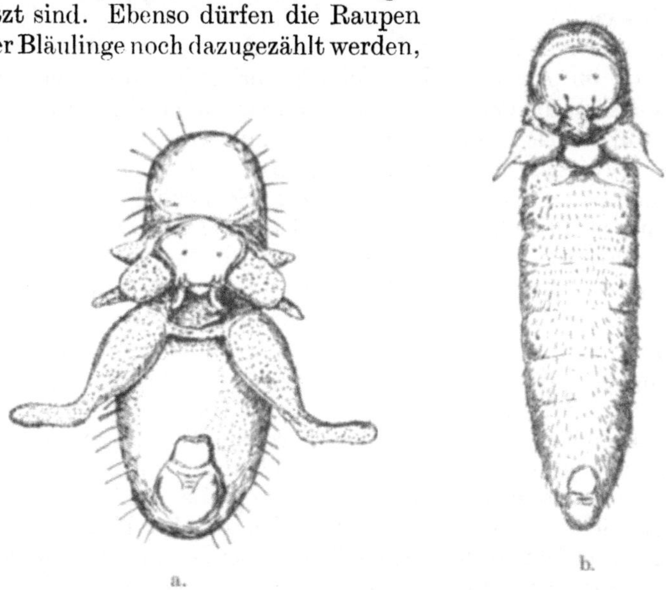

Abb. 45. a. Erstes, b. drittes Larvenstadium von *Pachysima latifrons* EMERY (nach WHEELER).

die auf dem Rücken der hinteren Segmente ein von Ameisen geschätztes Sekret absondern. Daß der Schutz, der der Raupe durch die Ameise zuteil werden soll, auch wirksam ist, wurde in einem Falle beobachtet, in dem die Abwehr einer Schlupfwespe von der Raupe durch die Ameise gelang. Da die Verpuppung außerdem im Ameisenbau erfolgt, ist auch für die weitere, sichere Entwicklung des Falters gesorgt. Immerhin stehen aber doch die Absonderungen dieser Tiere gegenüber denen der Blattläuse den Ameisen nur in so geringen Mengen zur Verfügung, daß sie kaum als ein wesentliches Nahrungsmittel in Betracht kommen. Bei der Vergesellschaftung der Raupen von *Psecadia pusilla* und *decemguttella* an *Lithospermum officinale* mit *Lasius niger* L., *Myrmica laevinodis* NYL. und *Formica*-Arten sind es lediglich die an den Fraßstellen der Raupen hervorquellenden Pflanzensäfte, die die Ameisen anlocken.

In Gesellschaft der Ameisen leben eine ganze Reihe von Insektenarten, besonders Käfer, die als Ameisengäste, Myrmecophile, bezeichnet werden. Da hier namentlich bei den sogenannten Symphilen ernährungsbiologische Beziehungen bestehen, mag die Myrmecophilie in diesem Zusammenhange behandelt werden. Über die myrmecophilen Lepidopteren vgl. HERING: Biologie der Schmetterlinge.

Die Myrmecophilen halten sich aus recht verschiedenen Gründen in Gesellschaft der Ameisen auf. Man kann dementsprechend mehrere, von WASMANN aufgestellte Kategorien unterscheiden, in denen das Verhältnis der Ameisen zu diesen Gästen und umgekehrt zum Ausdruck kommt. Unter „Synoekie" versteht man das Verhältnis der indifferenten Duldung, unter „Synechthrie" das einer feindlichen Verfolgung und unter „Symphilie" schließlich die freundlichen Beziehungen der Ameisen zu ihren Gästen.

Was zunächst die Synoeken anbetrifft, so finden diese in den Abfällen, die im Ameisenvolk reichlich vorhanden sind, ihre Nahrung. Manche lecken die Sekrete der Ameisen von deren Körperoberfläche ab, andere dürften sich wohl an der Entfernung von Pilzhyphen beteiligen. Einige stellen sich ein, wenn zwei Ameisen sich gegenseitig füttern, um den übertretenden Tropfen aufzufangen. Schließlich gibt es unter ihnen auch einige Bruträuber. Einen besonders interessanten Fall beobachtete ESCHERICH an der Larve von *Clytra*, einem Blattkäfer. Diese zieht sich bei irgendwelchen Störungen in das Innere ihres erdigen Schutztönnchens zurück. In dem dadurch entstehenden vorderen leeren Raum desselben bringen die Ameisen gern ihre Eier unter, wo dieselben dann von der Larve nach einiger Zeit verspeist werden. Durch die Entfernung zersetzbarer Stoffe sorgen die Synoeken wenigstens etwas für die Hygiene im Nest und fügen dadurch ihren Wirten einen gewissen Nutzen zu. *Dinarda* verspeist u. a. bestimmte, den Ameisen schädliche Milben und erweist sich daher den Ameisen nützlich, vergreift sich aber auch an der Ameisenbrut und richtet dadurch wieder Schaden an. Die kleine Ameisengrille *Myrmecophila* lebt in der Jugend bei kleineren Ameisen (*Lasius*, *Tetramorium*), später bei *Formica*, *Myrmica*, *Camponotus*, beleckt ihre Ameisen, frißt Milben, verzehrt auch gelegentlich Ameisenbrut. Da der Nutzen, den die große Masse der Synoeken den Ameisen zufügt, ein verhältnismäßig geringer ist, so liegt die Frage nahe, wie es kommt, daß die Ameisen, vor denen sonst kaum ein Insekt sicher ist, diesen Tieren eine Duldung zuteil werden lassen. Ein recht erheblicher Teil dieser Tiere setzt sich aus kleinen und kleinsten Formen zusammen, die schon durch die geringe Körpergröße den Ameisen kaum auffallen. Auch infolge ihrer trägen Bewegungen halten viele Formen die Aufmerksamkeit der Ameisen von sich fern. Anderen Synoeken stehen besondere Mittel zur Verfügung, die sie für die Ameisen unangreifbar machen. Die große Geschwindigkeit der Lepismatiden und einer ganzen Anzahl von Staphyliniden läßt hier eine Verfolgung von vornherein als nutzlos erscheinen. Der Schmetterling *Pachypodistes goeldii* HMPS. aus Südamerika, dessen Raupe in Südamerika von den Nestern von *Dolichoderus gibbosoanalis* FOREL lebt, läßt lange, leicht ausfallende Borsten zwischen den

Mandibeln der ihn packenden Ameisen zurück und kann auf diese Weise entkommen.

Andere, wie besonders die Histeriden, verfügen über einen außerordentlich harten, glatten Panzer, an dem die Mandibeln keinen Halt finden, da diese Tiere Beine und Fühler eng anziehen, wenn sie angegriffen werden. Manche meiden auch ein Zusammentreffen mit ihren Wirten. Daraus geht offenbar hervor, daß die Duldung vielfach eine erzwungene ist. Da der Einmieter aber über hinreichende Schutzmittel verfügt, können ihm die Ameisen nichts anhaben. Zu den Synechthren, also den stets feindlich verfolgten Einmietern, gehören besonders größere Staphyliniden, die als Bruträuber sich bei ihren Ameisenarten aufhalten und ihnen nicht unbeträchtlichen Schaden zufügen können. Die hierher zu stellenden Myrmedonien besitzen eine Körpergröße, die der des Wirtes nahekommt, häufig auch Konvergenzen in der Färbung. So finden sich schwarze Arten bei *Dendrolasius fuliginosus* LATR., hellere braune Töne bei der bei *F. rufa* L. lebenden *Myrmedonia humeralis*. Färbungsähnlichkeiten kommen auch schon bei den zu den Synoeken gestellten *Dinarda*-Arten vor. Hierdurch mögen diese Tiere die Aufmerksamkeit der Ameisen vielleicht weniger leicht auf sich zu ziehen. Im übrigen scheiden die Myrmedonien leichtflüchtige Sekrete aus, die intensiv riechen und vermutlich die Ameisen abschrecken werden. Während Synoeken und Synechthren sich den Ameisen möglichst wenig bemerkbar machen oder diese von sich abwehren können, ist bei den Symphilen das Gegenteil der Fall. Diese verfügen nämlich über eine Reihe von Eigentümlichkeiten, durch die sie sich den Ameisen angenehm machen. Als Anlockungsmittel schwitzen diese Gäste Exsudate aus, die von den Ameisen gern geleckt werden und die gewissermaßen wie ein Genußmittel bewertet werden können. Aus charakteristischen Poren oder Gruben tritt das Exsudat aus. Dazu kommen noch Trichome, lange, gelbbraune Borsten, die sich an den verschiedensten Körperteilen finden und zu Büscheln vereinigen können. Es wird angenommen, daß sie als Reizborsten für die Sekretion dienen. Weiter sind bei den auf einer höheren Stufe der Symphilie stehenden Formen noch eine Reihe verschiedener morphologischer Umgestaltungen aufgetreten, wie die bizarren Fühler der Paussiden oder die keulenförmigen Fühler von *Claviger*. Die Fühler der myrmecophilen Staphyliniden weichen dagegen kaum von denen freilebender Verwandter ab. Bei den Paussiden bilden sie die Transportorgane, an denen der Käfer angepackt und geschleppt wird, bei den Clavigeriden dienen sie als Verständigungsmittel. Eine Reduktion der Mundteile tritt in Verbindung mit ständiger Fütterung durch die Ameisen auf. Auch Färbungsähnlichkeiten mit den Wirten sind häufig, ohne daß jedoch einzusehen wäre, was für einen Vorteil die „Mimese“ hier gewähren könnte. da diese Tiere nicht nur durch die Ameisen geschützt, sondern sogar gepflegt werden, wodurch unnütze Arbeit geleistet und dadurch dem Volksganzen entzogen wird. Auch dadurch schädigen viele Symphilen ihre Wirtsvölker, daß sie sich von deren Brut ernähren.

Die den Symphilen zuteil werdende Pflege erstreckt sich meist nicht auf diese allein, sondern auch auf deren Brut. Gefüttert werden die

Symphilen auf Aufforderung, die in ähnlicher Weise geschieht, wie unter den Ameisen selbst. Im Gegensatz zu *Atemeles* streicht dabei aber *Lomechusa* niemals die Kopfseiten des Wirtes mit den Fühlern. Während *Lomechusa* normal bei *Formica sanguinea* LATR. lebt, wird sie auch von anderen *Formica*-Arten aufgenommen, wobei wohl die Exsudate mehr oder weniger schnell die Besänftigung bewirken. Selbst die künstlich herbeigeführte Adoption bei *Myrmica rubida* LATR. gelang, dagegen schlugen die Versuche bei *Camponotus*, *Myrmica rubra* L., *Lasius niger* L., *Tapinoma erraticum* LATR. und *Tetramorium* fehl. Hier wird die *Lomechusa* getötet. *Lasius umbratus* NYL. kümmert sich um die *Lomechusa* überhaupt nicht, während der Geruch von *Dendrolastius fuliginosus* LATR. der *Lomechusa* selbst unangenehm zu sein scheint. *Lasius flavus* F. sucht sich der in künstliche Nester eingesetzten Lomechusen durch Einmauern zu erwehren. Dadurch, daß *Formica sanguinea* LATR. den Normalwirt darstellt, dürfte es sich auch erklären, daß in sklavenenthaltenden Völkern dieser Art die Sklaven dem Gast weniger Aufmerksamkeit widmen als die Herren selbst. *Atemeles* ist durch seine Doppelwirtigkeit von besonderem Interesse. Hier erfolgt die Überwinterung bei *Myrmica*. Nach der Paarung im Frühjahr begeben sich die Käfer zu *Formica*-Arten, wo sie nach einer kurzen Übergangszeit Aufnahme finden. Die Larven des Käfers nähren sich dort von der Ameisenbrut, erhalten aber auch durch die Ameisen das für deren eigene Larven bestimmte Futter. Außerdem helfen die Ameisen beim Kokonspinnen, doch schädigen sie durch die weitere Pflege nach Ameisenart, die sie den Puppen zuteil werden lassen, diese eher, als daß sie ihnen Vorteil bringen. Je mehr das Volk unter dem Einfluß seiner Gäste unter Pseudogynenentwicklung (vgl. Kap. 11) degeneriert, um so weniger Pflege wird auf die Puppen verwendet, so daß diese sich dann ungestörter und dafür um so sicherer entwickeln können. Im August schlüpfen die *Atemeles* und suchen dann *Myrmica*-Nester zur Überwinterung auf. (Zu den Formen, die nur vorübergehend im Ameisenbau leben, muß auch die Fliegengattung *Microdon* gestellt werden, deren nacktschneckenähnliche Larven Trichome besitzen und dadurch als Symphile gekennzeichnet sind.)

Eine Reihe von Ameisenparasiten aus der Familiengruppe der Diapriiden sind ebenso wie einige parasitäre Fliegen durch Trichome, als Symphile gekennzeichnet, können also ungestört in ihren Wirtsvölkern ihrer Tätigkeit nachgehen. Von dem Belecken der Ameiseneier profitiert eine winzige Milbe, *Laelaps oophilus* WASM. Die Ruhestadien anderer Milben bedecken die Ameisen gelegentlich in solchen Massen, daß die Ameisen sich ihrer nicht erwehren können. Andere saugen als echte Ektoparasiten an den Intersegmentalhäuten. Milben der Gattung *Antennophorus* halten sich besonders auf der Unterseite eines *Lasius*-Kopfes auf und regen durch Bewegen der Vorderbeine die Ameise zur reflektorischen Abgabe eines Futtertropfens an, der dann aufgenommen wird. Als bloßer Futterräuber muß die von JAKOBSON auf Java entdeckte nematocere Diptere *Harpagomya splendens* angesehen werden, die hochbeinig über den Ameisenstraßen von *Cremastogaster* (*Physocrema*) *deformis* SM. steht und Ameisen, die mit gefülltem Kropf von ihren Blattläusen heimkehren, durch Betrillern mit den Fühlern zur Abgabe eines Tropfens anregt, den sie aufleckt. Als echte Ektoparasiten scheinen dagegen einige *Thorictus*-Arten an den Fühlern mediterraner Ameisen deren Blut zu saugen, während andere Arten als Synoeken leben.

Während wir bei den Ameisen einen verhältnismäßig recht reichhaltigen Küchenzettel finden, stellt, wie schon oben gesagt, Blütennektar die Hauptnahrung der übrigen Hymenopteren im ausgebildeten Zustand dar. Nehmen wohl auch zahlreiche Formen überhaupt keine Nahrung mehr während des kurzen, dem Geschlechtsleben gewidmeten Imaginalstadiums auf oder begnügen sich diese mit dem Auflecken irgendwelcher Flüssigkeitströpfchen, die sie als Tau oder Niederschläge zufällig antreffen, so stehen doch unter den Blüten besuchenden Insekten die Hymenopteren sowohl was die Artenziffer betrifft, wie auch nach der Zahl der verschiedenen Besuchsarten an erster Stelle. Sind hierbei wiederum die Bienen die führenden, so ist doch andererseits auch der Besuch von Hymenopteren aus anderen Familien, besonders an Blüten mit flachliegendem Nektar, ein recht auffälliger. Die große Masse der parasitären Hymenopteren, die Schlupfwespen, Erzwespen usw., besitzen nur kurze Mundteile, die ihnen den Besuch jener zahlreichen Blüten, welche ihren Nektar in tieferen Blütenteilen bergen, versagen. Das gleiche gilt, mit Ausnahme der Bienen, für die große Masse der aculeaten Hymenopteren. Doch finden sich sowohl bei den Parasiten, wie auch unter den Aculeaten manche Formen, denen auch tiefer gelegener Nektar zugänglich ist. Erreicht wird dies auf verschiedene Weise. Ist den kleineren und kleinsten Formen schon durch ihre geringe Körpergröße die Möglichkeit gegeben, durch engere Blütenteile direkt zur Nektarquelle vorzudringen, so können andere Hymenopteren entweder durch starke Verlängerung des ganzen Unterkopfes oder aber durch Streckung der Mundteile oder aber auch durch eine Vereinigung dieser beiden Charaktere ihr Ziel erreichen. Eine stark konische, nach unten gerichtete Verlängerung des Kopfes ist verhältnismäßig selten. In der einheimischen Fauna finden wir sie besonders bei gewissen Braconiden, den *Agathis*-Arten und Verwandten. Einer Streckung des Labiomaxillarkomplexes begegnen wir dagegen an verschiedenen Stellen des Systems, wo sie sich unabhängig voneinander entwickelt hat. Unter den Goldwespen fällt bei uns hierdurch besonders unsere größte Art, die bei *Bembix* schmarotzende *Parnopes*, auf. Thymianblüten sind ihr zugänglich. An der Verlängerung sind hier die Glossa selbst und die Außenladen der Maxillen beteiligt, während die Basalabschnitte, Mentum und Stipites, dagegen unwesentlich das normale Maß übersteigen. Die Palpen sind sowohl an den Maxillen wie am Labium stark verkürzt und können bei der übermäßigen Länge der vorgestreckten Teile die Nährflüssigkeit nicht mehr betasten. An ihrer Stelle sind die Außenladen reichlich mit großen Sinnesorganen besetzt. Bei der südafrikanischen Goldwespengattung *Pseudotetrachrysis* findet sich auch eine starke Verlängerung der Glossa und Galea, die allerdings noch nicht den gleichen Grad wie bei *Parnopes* erreicht, doch sind hier auch die Palpen mit einer starken Streckung der einzelnen Glieder gefolgt und also auch funktionsfähig. Die Dolchwespen (Scoliiden) mit ihren zum

Teil recht großen Arten, die aber in der mitteleuropäischen Fauna nur sehr spärlich vertreten sind, zeichnen sich im Gegensatz zu den früher zu ihnen gestellten Tiphiinen durch die starke Verlängerung von Zunge und Nebenzungen aus. Gleichzeitig hat hier auch das Mentum eine Streckung erfahren und bildet gewissermaßen ein Futteral, in das die Glossa mit den Paraglossen tief eingezogen werden kann. Bei diesen Tieren sind außerdem die Innenladen (Lacinia) der Maxillen außergewöhnlich stark nach hinten verlängert und decken das häutige Mentumdach. Die stark gefaltete, am Mundlochrand der Kopfkapsel entspringende hintere Membran gewährt eine recht erhebliche Vorstreckungsmöglichkeit. Der Besatz der Zunge und Nebenzungen mit zahlreichen langen, weichen Zapfen mag einer kapillaren Saugwirkung dienen. In der Gruppe der Faltenwespen sind stark verlängerte Mundteile selten. Immerhin stoßen wir in der ihnen angegliederten Gruppe der Masariden auf Formen, deren Mundteile bereits bei den höher stehenden Formen weitgehend spezialisiert sind. Die Zunge selbst ist hier außerordentlich verlängert und ihr basaler Abschnitt, die sich an das Mentum anschließende Ligula, zeigt eine starke Entwicklung. Die Zunge kann hier ähnlich wie bei den Scoliiden, durch Einstülpung der Ligula zum größten Teil im Mentum geborgen werden. Die Palpen zeigen deutliche Reduktionserscheinungen. Diesen Masariden ist auch tiefliegender Nektar zugänglich. Die Spezialisierung, die sich in der Bildung der Zunge hier ausdrückt, steht zweifellos mit der Brutpflege in Zusammenhang, da diese Tiere ihre Larven mit Honig füttern. In der großen Gruppe der spinnenjagenden Wegwespen (Psammochariden) ist eine Streckung der Mundteile kaum zu beobachten, dagegen zeigen manche tropische Formen ein verlängertes Untergesicht, das ein Einsenken des Kopfes in engere Blütenteile ermöglichen dürfte. Unter den Grabwespen begegnen wir in der Gruppe der Sphecinen Formen, deren Labiomaxillarkomplex verlängert ist. So sehen wir denn auch bei uns, wie die häufigen *Ammophila*-Arten und *Sphex* gern an Thymianblüten saugen oder ihre Mundteile in Distelköpfe einsenken. Schon Maxillen und Mentum zeigen hier eine deutliche Streckung (vgl. Abb. 33); außerdem sind aber besonders die Galeae und die Glossa gestreckt. Die Ligula mit der Trägerspange der Glossa ist gleichfalls gut entwickelt und ermöglicht ein Zurückziehen der Glossabasis auf das Mentum. Eine außergewöhnliche Länge der Mundteile weisen manche Bembicinen, wie die bei uns heimische *Bembix rostrata* L., von den anderen außereuropäischen Gattungen aber ganz besonders *Steniolia* auf, bei der die betreffenden Teile durch Rückziehung und Einfaltung trotz der gewaltig vergrößerten Oberlippe nicht mehr unter dem Kopfe geborgen werden können und frei nach hinten vorragen, die Glossa umgeben und geschützt von den Außenladen der Maxillen. Neben der stark verlängerten Glossa sind hier auch die Paraglossen noch als fadenförmige, dünne Gebilde erhalten. Die Galeae weisen eine entsprechende Länge auf. Mit der Streckung dieser Teile geht auf der anderen Seite eine Verkürzung der Palpen und eine Reduktion in der Gliederzahl Hand in Hand. Die Palpen können hier beim Lecken nicht mehr mit dem Nektar in Berührung kommen und werden entbehrlich. So verlockend es erscheint, ein derartiges Merkmal wie die Glossalänge für stammesgeschichtliche Spekulationen verwenden zu wollen, so kommt man gerade bei der Anwendung auf die Bembicinen dabei zu gewissen Schwierigkeiten, indem nämlich naheverwandte Gattungen in der Zungenlänge und Palpengliederzahl mehr voneinander abweichen können, als entfernter stehende. Wir haben es also hier mit Eigentümlichkeiten zu tun, die als regulatorische Anpassungscharaktere sich bei einer bereits vorhandenen Tendenz zur Verlängerung unabhängig voneinander entwickelt haben und keinesfalls mit systematisch hochwertigen organisatorischen, d. h. im ganzen Bauplan des Tieres durch die stammesgeschichtliche Entwicklung festgelegten Merkmalen gleichgestellt werden dürfen. Aus diesem Grunde kann ich auch FRIESE keineswegs beistimmen, wenn er sagt: „Die Mundteile eignen sich besonders gut für derartige (phylogenetische) Untersuchungen, da sie bei den Bienen wohl als Gradmesser für die gegenseitigen Anpassungen von Bienen und Blumen gelten können und in dem gegenseitigen Ringen zwischen beiden vortreffliche Anhaltspunkte bieten.“ Gerade in dem Anpassungscharakter liegt das Regulatorische. Soweit aber die Mundteile der Bienen unabhängig davon — und das ist hier der Fall — gewisse organisatorische Grundzüge erkennen lassen, sind sie für stammesgeschichtliche Untersuchungen sehr wohl verwertbar, doch ist auch hier stets ein vorsichtiges Abwägen nötig, da Anpassungscharaktere das Bild trüben können. Nichtbeachtung dieser Verhältnisse führt oft zu den merkwürdigsten Schlüssen auf verwandtschaftliche Beziehungen, namentlich wenn nur Stichproben genommen werden, wie es in dem BÖRNERschen Hymenopterensystem der Fall ist. Die engsten Beziehungen der Mundteile zum Besuch von Blüten und zum Lecken tiefliegenden Nektars finden sich bei den Bienen.

Es ist hier nicht meine Aufgabe, blütenbiologische Betrachtungen anzustellen. Die Rolle, die die Bienen im Haushalt der Natur spielen, ist heute jedem Schulkinde geläufig. Wir müssen hier aber scharf unterscheiden zwischen der nektarleckenden und der pollensammelnden Biene. Die letztere steht ganz im Dienste der Brutpflege, wenn sie den Pollen von den Blüten zusammenfegt, und wird später näher zu betrachten sein. Bei der Honigsammlerin tritt auch das eigene Nahrungsbedürfnis — bei den sozialen Bienen spielt weiter die Verfütterung an Nestgenossen noch eine wichtige Rolle — dazu, wenn auch die Hauptmenge des in den Kropf aufgenommenen Nektars zweifellos der Brut zugute kommt und nur ein Bruchteil des Inhalts der Honigblase in den Mitteldarm hinübertritt. Da wir hierbei äußerlich kein Kriterium haben, wieweit der aufgenommene Blütensaft einmal zur eigenen Ernährung dient, dann aber auch dem Larvenfutter beigegeben wird, für den Erwerb dieses Stoffes aber die gleichen Methoden angewandt werden, so mögen das Honigsammeln und die damit zusammen hängenden Fragen an dieser Stelle behandelt werden. Lediglich für den eigenen Körper wird der Nektar nur von den Männchen sämtlicher Bienen und von den Weibchen der Kuckucksbienen, die die Aufzucht ihrer Brut anderen Arten mit normalen Bieneninstinkten überlassen, aufgenommen. Außerdem sind hier auch noch jene Bienenweibchen zu erwähnen, die entweder durch Befall von parasitären Insekten (Strepsipteren) oder durch Würmer (*Sphaerularia bombi*) ihre Brutpflegeinstinkte eingebüßt und infolgedessen für keine Nachkommenschaft zu sorgen haben.

Bei der hervorragenden Bedeutung, die der Blütenbesuch für die Bienen hat, finden wir gerade in dieser Familie die weitestgehenden Spezialisierungen des Labiomaxillarkomplexes, die es den einzelnen Arten ermöglichen, aus den verschiedensten Blüten den Nektar zu entnehmen, auch dann, wenn der Bau der Blüten ein recht komplizierter wird. Noch sind uns in den Prosopidinen tiefstehende Bienen erhalten, deren Mundteile in ihrer Leistungsfähigkeit kaum über den Durchschnitt der Grabwespen emporragen. Der kurze Labiomaxillarkomplex mit der breiten Zunge steht hier aber auch jedenfalls im Dienste des Nestbaues und hat dabei Arbeiten zu verrichten, die mit einer verlängerten spitzen Zunge kaum ausführbar wären. Bei der Streckung der distalen Teile bleiben die Paraglossen und Maxillarpalpen zurück. Die letzteren werden mit der Verlängerung der Außenladen rudimentär. Die Labialpalpen können dagegen unmittelbar in den Dienst der Nahrungsaufnahme gestellt werden. Während aber schon bei niederen Hymenopteren die stark gegliederten Palpen außer ihrer Tastfunktion auch den gebotenen Flüssigkeitstropfen durch Adhäsion mit halten, erfahren hier die Labialpalpen weitergehende Umgestaltungen, wie dies bereits oben geschildert wurde. Die Spezialisierung der Mundteile führt zwar im allgemeinen dazu, daß eine große Anzahl von Blüten, die anderen Hymenopteren nicht zugänglich sind, den Bienen ihren Nektar erschließen; dafür kann aber die Spezialisierung auch in bestimmter Richtung so verlaufen, daß eine Bienenart nur eine bestimmte oder ganz wenige Blüten überhaupt besuchen kann. Außer der Streckung der Mundteile findet sich auch bei Bienen gelegentlich eine Verlängerung des Kopfes, besonders des Untergesichtes. Eine Verschmälerung des ganzen Kopfes, die für die Einsenkung desselben in engere Blütenteile von Bedeutung sein dürfte, ist an manchen *Halictus* zu beobachten. Betrachtet man die nektarsammelnden Honigbienen eines Standes, so hat man zwar häufig auch den Eindruck, daß bestimmte Blüten bevorzugt werden; aber diese sogenannte Blumenstetigkeit ist auf andere, gelegentlich der Besprechung des Sinneslebens näher zu erörternde Ursachen zurückzuführen, als der sogenannte Oligotropismus der Bienen. Der Oligotropismus tritt besonders dann deutlich zutage, wenn trotz reichlich vorhandener anderer Blütenpflanzen eine bestimmte Pflanzenart oder höchstens ganz wenige von den Bienen regelmäßig beflogen werden, eine Erscheinung, die der biologisch beobachtende, sammelnde Hymenopterologe wohl auszunutzen versteht. Als ein typisches Beispiel möchte ich hier die *Macropis labiata* F. anführen, eine Bienenart, die fast ausschließlich *Lysimachia vulgaris* besucht. Die bei ihr nach Kuckucksart sich entwickelnde *Epeoloides* bevorzugt dagegen den mit dem Friedlos so häufig vergesellschafteten Weiderich (*Lythrum*); *Anthophora furcata* Pz. zeigt eine deutliche Vorliebe für *Stachys*, der Bauchsammler *Trachusa byssina* Pz. für *Lotus*. Andere Bienen, *Colletes succinctus* L. und *Andrena fuscipes* K. können als typische Besucher der Heidekrautblüten genannt werden. Bei den frühfliegenden

Andrena-, *Nomada-* und *Halictus*-Arten kann man wohl kaum von einem eigentlichen Oligotropismus sprechen. Da diesen Bienen die frühblühenden Lippenblüten (*Lamium*), die z. B. *Anthophora acervorum* L. aufsucht, verschlossen sind, bleiben fast nur Weiden und Huflattich übrig, von denen namentlich die ersteren den bei weitem größten Teil unserer Frühjahrsbienen auf sich konzentrieren. Hier kommt dann auch der reichliche Pollenertrag dazu, der mit Leichtigkeit von den Blütenständen durch Zusammenfegen eingeheimst wird. Bezüglich der Entstehungsursache des Oligotropismus stehen sich die Ansichten von ROBERTSON und LOVELL gegenüber. Während der erstere den Ursprung in einem Vermeiden von Konkurrenz unter den Bienen zu finden glaubt, ist LOVELL der Ansicht, daß die während der kurzen Flugzeit blühenden Pflanzen bei der beschränkten Zahl derselben zu oligotropen Gewohnheiten geführt hätten.

Außer Blütensäften nehmen die Bienen auch andere Flüssigkeiten an. So lecken die verschiedenen Bienenarten in der Gefangenschaft die ihnen gebotenen Wassertröpfchen. Honigbienen brauchen bei lebhafter Bruttätigkeit verhältnismäßig viel Wasser, wobei stickstoffhaltiges Wasser in der Umgebung von Dunghaufen aufgenommen und im Stock weitergegeben wird. Vielleicht spielt bei der Verfütterung an die Brutbienen die auf der Zungenwurzel zwischen den Paraglossen gelegene kahle Rinne eine Rolle (Abb. 31). Gelegentlich beobachtete Verfasser, wie eine Anzahl Honigbienen den hervorquellenden, in Gärung befindlichen Saft an dem Stubben einer frischgeschlagenen Birke leckten, wobei vermutlich der Zuckergehalt eine besondere Anziehungskraft ausübte. Die in Lehm nistenden *Anthophora*-Arten kann man gleichfalls bei der Wasseraufnahme antreffen, doch findet dies Wasser, wie auch bei manchen anderen Hymenopteren, bei der Bautätigkeit zum Erweichen des Baugrundes Verwendung (näheres darüber später). Manche der tropischen stachellosen Honigbienen gehen gern an Exkremente, um dort einige Feuchtigkeit aufzunehmen. Daß Blattlausausscheidungen von Hummeln und Honigbienen gern geleckt werden, wurde bereits erwähnt. Wie bei den Ameisen, ist auch bei den sozialen Bienen der Kropf mit seinem Verschluß gegen den Mitteldarm von großer Bedeutung. Durch Fütterungsversuche stellte ARMBRUSTER fest, daß 1 g Honigbienen 1 ccm Zuckerwasser vom spezifischen Gewicht 1,2 im Fluge wegzutragen vermögen. Der Inhalt der Honigblase berechnet sich danach auf 57,8 cmm, die von der einzelnen Biene fortgetragene Last auf 69 mg, was etwa 69 vH des Eigengewichts ausmacht und eine recht erhebliche Flugleistung bedingt. Parallelversuche an Wespen ergaben ein Fassungsvermögen des Kropfes von 35,6 cmm und eine Belastung von 46 mg beim Fluge. Daraus, daß die Bienen sich von der Futterquelle nicht verdrängen ließen, sondern höchstens aufflogen, um sich an anderer Stelle niederzulassen, kann angenommen werden daß der freiwillige Abflug erst bei einer gewissen Spannung der Honigblase (Füllung?) erfolgte.

Aus dem Zuckergehalt der Blüten läßt sich annähernd die Zahl der zur Produktion von 1 kg Honig von den Bienen besuchten Blüten berechnen. Nach den von ARMBRUSTER aufgestellten Blütentrachtzahlen ergibt sich, daß hierfür mindestens 6 Millionen Einzelblüten des Rotklees, 5 Millionen Wickenblüten, 1 600 000 Akazienblüten benötigt werden. Zur einmaligen Füllung der Honigblase muß aus 193 Kleeblüten (etwa 3 Köpfe) bzw. 144 Wickenblüten der Nektar aufgenommen werden.

Manche Honigbienen werden aber auch zu Raubbienen. Es ist eine nicht selten zu beobachtende Erscheinung, daß diese in die Nester schwächerer Völker eindringen, um dort bereits gespeicherten Nektar zu rauben. Eine andere Abweichung von den normalen Instinkten des Nektarsammlers zeigt sich auch dann, wenn die Bienen nicht in die Blüten auf dem üblichen Wege eindringen, sondern an verletzten Blüten — hierfür kommen besonders von Hummeln in die Blüten gebissene Löcher in Betracht — den Rüssel einführen. So beißt besonders der kurzköpfige *Bombus mastrucatus* GERST., unsere einzige Hummelart mit gezähnten Mandibeln, die aufrechten Honigbehälter des gelben Sturmhuts, *Aconitum lycoctonum*, an, während *B. hortorum* L. und *gerstaeckeri* MOR. mit ihren langen Rüsseln ohne weiteres bis zu den Honigquellen vordringen können. Schließlich sei auch noch der Beobachtungen HERMANN MÜLLERS gedacht, die er beim Besuch von Hummeln und Honigbienen an *Orchis*-Arten machte. Hier wird direkt überhaupt kein Nektar geboten. Die saftigen Innen wände des Sporns werden dafür aber mit den Spitzen der Maxillenladen angeschnitten, um den Saft zu gewinnen. Im übrigen dürfte es wohl nur selten vorkommen, daß Bienen an kompliziert gebauten Blüten sich den Nektar auf einem Wege verschaffen, der nicht dem normalen Zugang zu dieser Stelle entspricht. So berichtet CAMERLOHER von der prächtig gebänderten *Anthophora zonata* L. auf Java, wie diese Art ihren Rüssel in die Schmetterlingsblüten der nur den Holzhummeln (*Xylocopa*) zugänglichen *Canavalia ensiformis* seitlich zwischen Kelch und Krone einführte, um den Nektar zu erreichen. In ähnlicher Weise fliegen Honigbienen die Lippenblüten der *Justicia adhatoda* so an, daß sie, ohne Pollen abzustreifen, in die seitliche Bucht zwischen Ober- und Unterlippe zur Nektarquelle eindringen.

Bei der Honigbiene und den übrigen sozialen Bienen werden Futtervorräte gespeichert. Das wird dadurch ermöglicht, daß die Biene mit Hilfe ihres Kropfes viel mehr Nektar einträgt, als für den eigenen Bedarf nötig ist. Die außerdem abgegebenen geringen Quantitäten ergeben noch einen solchen Überschuß, daß für die im Stock bei der Brut bleibenden Bienen und für den Winter, sowie für Zeiten mit schlechter Tracht ein Vorrat gespeichert werden kann, der Honig. Wie unterscheidet sich nun der Honig gegenüber dem eingesammelten Nektar? Wie aus Nektaranalysen verschiedener Pflanzen hervorgeht, unterscheiden sich die einzelnen Arten oft recht erheblich in der Zusammensetzung des Nektars, eine Verschiedenheit, die sich auch bei Honiganalysen zu erkennen gibt. Während im Nektar Invertzucker nur selten aufzutreten scheint, die Hauptzuckermenge aber aus Trauben- und Rohrzucker zu bestehen pflegt, ist im Honig das Verhältnis derart verschoben, daß Invertzucker bei weitem überwiegt. Die Invertierung des Rohrzuckers erfolgt aber bereits im Körper der Biene, vermutlich durch Speichelenzyme bereits bei der Aufnahme des Nektars oder spätestens im Kropf. Ein wesentlicher Unterschied zwischen Nektar und Honig besteht außerdem im Wassergehalt. Während der Nektar bis über 90 vH Wasser enthält, findet man im Honig höchstens 20 vH. Das Wasser wird erst nach der Speicherung entfernt. und zwar wohl in erster Linie durch einen Ventilationsluftstrom, der, durch Flügelfächeln erzeugt, den Wasserdampf mit der Luft zum Flugloch hinausbefördert. Da neben der Honigspeicherung gleichzeitig ein Verbrauch desselben erfolgt, sind genaue Angaben über die täglich gewonnene Honigmenge kaum zu machen. „Tageserträge von 7 kg netto dürften" — nach v. BUTTEL-REEPEN — „zu den höchsten in Europa mit Sicherheit ermittelten gehören." Ein derartiges Ergebnis ist aber nur an außergewöhnlich günstigen Trachttagen denkbar. Der Reinertrag eines Volkes kommt im ganzen nur selten auf 50 bis 60 kg, wenn auch selbst Rekordzahlen, die mehr als das Doppelte dieses Betrages verzeichnen, genannt werden. Die Bienen selbst verbrauchen im Laufe eines Jahres 20—50 kg. Während der Wintermonate ist der Verbrauch entsprechend herabgesetzt, doch findet während der sogenannten Winterruhe, in der die Bienen zur Traube zusammengedrängt sitzen, in regelmäßigen Abständen eine Nahrungsaufnahme statt, wobei höchstens 50 Honigzellen geöffnet werden sollen (ARMBRUSTER).

Außer Honig speichern die Bienen aber auch eine stickstoffhaltige Nahrung, den Blütenstaub oder Pollen. Über das Eintragen desselben wird später gelegentlich der Brutpflege im Zusammenhang mit der Sammeltätigkeit anderer Bienenarten berichtet werden. Während die Königin noch selbständig zur Aufnahme von Honig aus den Zellen fähig ist, kann sie den Pollen nicht mehr zu sich nehmen und ist also bezüglich der stickstoffhaltigen Nahrung auf die Arbeiterinnen angewiesen. Die Dehnbarkeit der doppelseitigen Wachswabe bringt es mit sich, daß die Bienen bestrebt sind, den Honig in Zellen zu speichern, die der Aufhängungskante genähert sind, also möglichst weit oben; andererseits wird auch auf beiden Seiten der Wabe gespeichert. Dadurch wird eine Verzerrung und Verbiegung der Waben vermieden. Durch besondere Absperrgitter, die der eierlegenden Königin den Zutritt zum Honigraum verwehren, so daß diese ihre Eierlegetätigkeit nur im Brutraum ausüben kann, bietet der Imker der Honigbiene andere Verhältnisse, als sie bei freilebenden Honigbienen vorkommen. Es wird auf diese Weise der Raum, in dem der Honig abgelagert wird, von vornherein von Bienenbrut freigehalten, was die Gewinnung eines sauberen Honigs ermöglicht. Die Vorratszellen werden mit Wachs zugedeckt. Für die Aufbewahrung des noch flüssigen Nektars ist es wichtig, daß dieser nicht aus den Zellen herausfließen kann. Verhindert wird dies durch eine entsprechende Verlängerung der Zellen, die zum Bau von sogenannten „Dickwaben" führt, eine Erscheinung, die besonders bei den zierlichen Miniaturwaben der Zwergbiene *Apis florea* auffällig ist. (Abb. 119.) Honigaufspeicherung findet sich auch bei den anderen sozialen Bienen, so bei unseren Hummeln. Als Behälter dienen hier besonders leere Kokons, deren Öffnung durch Benagen der Ränder noch etwas erweitert werden kann. Außerdem werden aber auch gelegentlich für diesen Zweck Wachstönnchen hergestellt, in denen der Honig gespeichert wird. FRIESE gibt an, daß bei frühfliegenden Arten (er nennt *B. pratorum* L., *hypnorum* L., *ruderarius* MÜLL. und *confusus* SCHENCK) vom Weibchen eine größere, ziemlich feste Wachszelle gebaut wird, die z. B. bei *B. pratorum* Ende April (Innsbruck) etwa 2 cm hoch ist und 10—12 mm Durchmesser hatte. In ihr wird dünnflüssiger Nektar angesammelt, der als Reservenahrung bei schlechter Witterung für die Weiterentwicklung und die Arbeiten im Nest von Bedeutung sein muß. Finden sich auch reichliche Pollenmassen mit dem Wachs verarbeitet, so können trotzdem auch noch besondere Pollenvorräte, wohl zum größten Teil als Larvenfutter, angehäuft werden. Hierbei scheinen die in der Sektion *Odontobombus* zusammengefaßten Arten den Pollen in Zellen unterzubringen, die in Verbindung mit den klumpigen Larvenbehausungen stehen; bei *Anodontobombus* dagegen sind die Pollenzellen davon getrennt (nach SLADEN und KRÜGER). Weitere Beobachtungen sind hier dringend erwünscht.

Nebenbei mag erwähnt werden, daß bei *Lithurgus dentipes* SM., einer solitär lebenden Bauchsammelbiene von den Karolinen, eine Aufhäufung von Pollen stattfinden soll. Es dürfte sich hier sehr wahrscheinlich um Material handeln, das für die Versorgung der Brut bestimmt ist. Da die *Lithurgus*-Larven in einem gemeinsamen Stollen fressen und ihre Kammern erst selbständig gegeneinander nach Abschluß der Freßperiode begrenzen (wenigstens gilt dies für den europäischen *Lithurgus fuscipennis* LEP.), so ist es sehr wohl denkbar, daß es sich in dem beobachteten Fall um solche Pollenmassen handelt, in deren Innern die Eier oder junge, fressende Larven lagen, die aber der Beobachtung entgangen sind, oder aber, an die überhaupt noch keine Eier herangelegt waren. Eine außerordentlich abwechslungsreiche Unterbringung der Nektar- und Pollenvorräte findet sich bei den stachellosen Honigbienen der Tropen, den Meliponen. Getrennt von den eigentlichen Brutwaben finden sich hier die unregelmäßig angeordneten Speicherzellen. Je nach den Arten sind diese in der Größe recht verschieden. Bis hühnereigroße Vorratstöpfe fertigt *Melipona nigra* LEP. an (Inhalt 32,5 g Pollen). Die Wandstärke dieser Töpfe soll bei *Melipona mondury* SM. von 4—18 mm schwanken. Vielleicht handelt es sich hierbei auch um ausgefüllte Zwischenräume. Außerdem können aber auch bei manchen Arten dick- und dünnwandige Behälter unterschieden werden. Die Anforderungen, die durch die Belastung gestellt werden, sind immerhin recht hohe. Lange, zylindrische, parallel liegende Pollenzylinder und kleinere Honigtöpfe konstruiert *Mel. silvestrii* FR. Von der Anhäufung der als Larvennahrung dienenden Vorräte bei solitären, aculeaten Hymenopteren wird später in dem Abschnitt über die Ernährung der Larven und über die Brutpflege die Rede sein. Hier, bei den sozialen Bienen, werden die Vorräte wenigstens zum Teil von den Imagines verzehrt, wenn auch der stickstoffhaltige Pollen wohl in erster Linie den Larven zugute kommen dürfte. Bei den sozialen Vespiden findet im allgemeinen keine Speicherung von Vorräten statt; doch gibt es auch hier einige Ausnahmen. So legt die Feldwespe *Polistes* gelegentlich in leere oder erst das Ei enthaltende Zellen Nektartröpfchen nieder, die aufgezehrt werden, wenn die Tiere wegen ungünstiger Witterung verhindert sind, das Nest zu verlassen, aber bei günstiger Witterung wieder ergänzt werden. Von tropischen Wespen sind Honigaufspeicherungen für die Trockenzeit von den Nektarinen bekannt. Der Honig soll ziemlich schnell kristallisieren. Die Zellen, in denen er aufbewahrt wird, werden nicht verdeckelt.

Haben wir im Vorstehenden einen Überblick über die Ernährungsverhältnisse der ausgebildeten Hymenopteren gewonnen, so soll uns im Folgenden die Larvenernährung beschäftigen.

Bei der weitaus größten Mehrzahl der Hymenopteren findet sich die aus dem Ei schlüpfende Larve in unmittelbarer Nähe des für ihre ganze Entwicklung nötigen Futters, mag sie sich nun in einer von der Mutter oder einem anderen aculeaten Hymenopteron versorgten Zelle oder als Parasit in oder an einem Wirtskörper befinden. In all diesen Fällen wird der Larve ein selbständiges Suchen nach Futter erspart. ihre Bewegungsfreiheit ist außerdem eingeengt, und der beinlose, madenähnliche Larventyp ist ausgebildet.

Wesentlich ursprünglicher liegen die Verhältnisse bei den Symphyten. Hier handelt es sich um den Schmetterlingsraupen ähnliche Larven, die frei an Blättern fressen (Abb. 47 u. 219) oder solche, die im Innern von Pflanzengeweben leben und dann besonders bei den Holzwespen einen anderen Larventyp zeigen. Auch bei den Symphyten stößt der selbständige Nahrungserwerb nicht auf allzu große Schwierigkeiten. Das Sirecidenweibchen senkt das Ei bereits mit dem Legebohrer in das Holz ein, so daß sich die Larven von ihrem Nährmedium sofort beim Schlüpfen umgeben finden. Ähnlich liegen die Verhältnisse auch bei jenen Blattwespen, die entweder als Blattminierer oder Stengelbohrer ihre Entwicklung durchmachen, oder bei solchen, um die sich eine Galle bildet. Bei den freilebenden Blattwespenlarven entwickelte sich das Ei zwar auch im Gewebe der Nährpflanze eingebettet, doch muß dann die junge Larve die ihr zusagenden Pflanzenteile selbst aufsuchen. Ihre erste Nahrung besteht z. B. bei *Phymatocera aterrima* Kl. aus dem unmittelbar dem Ei aufliegenden Gewebe, das eine Wand der Eitasche bildet. Durch diese das Ei überdeckende Hülle muß ein kleines Loch gefressen werden, das durch Randfraß unter Drehen des Kopfes so weit vergrößert wird, bis sich die Larve hindurchzwängen kann. Da die Eier bei dieser Art im Stengel von *Polygonatum* abgelegt werden, muß sich die Larve zum Fressen auf die Blätter begeben. Hier sitzen die Tiere auf der Unterseite und benagen diese, bis sie schließlich auch die obere Epidermis durchbrechen. Doch wird das Blattparenchym in etwas weiterem Umfange bereits verzehrt, ehe der Durchbruch nach oben erfolgt. Ist dies geschehen, so wird das Loch durch Befressen der Ränder immer mehr erweitert. Anfangs bilden die parallelen Blattrippen aber Hindernisse, und die Löcher nehmen daher eine längsgestreckte Form an. Von den größeren Larven werden dann aber auch die Gefäßbündel durchbissen und große Löcher aus den Blättern herausgefressen, auch vom Blattrande her.

Die großen Arten der Holzwespengattungen *Sirex* und *Paururus* sind ausschließlich Nadelholzbewohner, desgleichen die mit einem auffällig langen Legebohrer ausgestattete *Xeris spectrum* L. Innerhalb der Nadelholzarten scheint wohl je nach den Waldbeständen eine gewisse

Auswahl vorzukommen; im allgemeinen kann man aber nach SCHEIDTER diese Tiere als monophage Nadelholzbewohner bezeichnen. Immerhin ergeben sich hier gewisse Einschränkungen, die durch die Länge des Legebohrers bedingt sind. So können die *Paururus*-Arten mit ihrem verhältnismäßig kürzeren Bohrer durch dickere Borke hindurch ins Holz ihre Eier nicht mehr legen, wo dies größeren *Sirex*-Exemplaren noch möglich ist. Bei der außerordentlichen Variabilität in der Körpergröße und entsprechend in der Bohrerlänge sind allerdings auch die einzelnen Individuen selbst gezwungen, solche Stämme bzw. Stammpartien aufzusuchen, an denen sie ihre Eier bis ins Holz hineinbringen können. Die jungen Larven fressen vom Einbohrkanal aus, in dem die Eier abgesetzt wurden, ihre Gänge nach den verschiedensten Richtungen im Holze. Entsprechend der Körpergestalt der Larve weisen diese Fraßgänge einen kreisrunden Querschnitt auf und erhalten mit zunehmendem Wachstum der Larve einen größeren Durchmesser. Gelegentlich können sich die Gänge auch kreuzen. Die jüngsten Larven legen ihren Gang zunächst im weicheren Sommerholz eines Jahresringes an, sind aber schon nach kurzem Fraß fähig, auch die härteren Teile zu zernagen. Dementsprechend nehmen die Gänge bald einen geschlängelten Verlauf. Da die im Holz enthaltenen Nährstoffe recht gering sind, müssen diese Holz bewohnenden Larven ein verhältnismäßig großes Quantum zu sich nehmen. Hinter der fressenden Larve ist der ganze Fraßkanal mit dem fein zerschroteten Holz, das den Darmkanal passiert hat, vollgepfropft. Die geringe Menge von Nährstoffen bringt es auch mit sich, daß sich die Larvenentwicklung über mehrere Jahre erstreckt. Ähnlich wie diese in Nadelhölzern fressenden Larven leben auch die Laubholz bewohnenden Sireciden der Gattung *Tremex* und die Xiphydriinen. Auch hier scheint keine weite Spezialisierung bezüglich der Auswahl der Baumart einzutreten. Eine gewisse Vorliebe scheint indessen für Birken zu bestehen. Daneben sind aber auch Erle, Rüster, Buche, Eiche, Pappel, Weide, Ahorn und Birnbäume als Futterpflanzen bekannt. Während die Larve von *Xiphydria* gegen Ende des Fraßes dicht unter der Rinde anlangt, so daß die Imago nur einen kurzen Weg ins Freie sich selbst zu bahnen hat, ruht die *Sirex*-Puppe oft mehrere Zentimeter tief im Holze.

In jüngeren, besonders vorjährigen Laubholzzweigen bohren verschiedene Cephiden. So frißt *Janus compressus* F., der Birntriebbohrer, im Mark des Zweiges abwärts; ähnlich verhalten sich bei uns *I. luteipes* LEP. in Weiden- und Pappeltrieben und *I. femoratus* CURTIS in Eichen. Auch der nordamerikanische *I. integer* NORT. bohrt in Weiden und Pappeln abwärts. Im Mark von *Rubus* lebt die Larve von *Hartigia nigra* HARRIS, im *Agrimonia*-Stengel die von *H. linearis* SCHRANK. *Calameuta filiformis* EVERSM. frißt im Innern des Schilfrohrhalms. Die zarten *Cephus*-Arten scheinen hauptsächlich Gramineenbewohner zu sein. Unter ihnen ist besonders *C. pygmaeus* L., die Getreidehalmwespe, auch für die Landwirtschaft von Bedeutung. Hier bohrt sich die Larve aus dem obersten Halminternodium von Roggen oder Weizen, wohin das Ei im Frühjahr gelegt worden war, unter Zurücklassung des Bohrmehls im Halm abwärts bis dicht über die Wurzel. Dort ruht sie dann unter einem Kotpfropfen, nachdem sie vorher unmittelbar darüber in den Halm einen Ring genagt hat, an dem dieser leicht abbricht. Äußerlich sind die befallenen Halme an einem Zurückbleiben im Wachstum, der tauben Ähre und frühzeitigem Verbleichen kenntlich. In Zweiggallen an *Salix* und *Populus* finden sich Blattwespenlarven aus der Gattung *Euura*. In den größeren Gallen der *Euura amerinae* L., die bis Walnußgröße erreichen können, fressen mehrere (bis fünf) Larven in anfangs getrennten Kammern, die aber später gelegentlich verschmelzen. Mit Abschluß des Fraßes im Herbst bohrt die Larve von *Euura atra* bereits das Flugloch, durch das sie im Frühjahr als Imago die Weidenrute verläßt. *Hoplocampoides xylostei* Gir. erzeugt Anschwellungen an jungen Zweigen verschiedener *Lonicera*-Arten. In Knospen-, Blatt- oder Blattstielgallen fressen ebenfalls die Larven verschiedener *Euura*-, besonders aber auch der *Pontania*-Arten (Abb. 46). In verschiedenen Fällen besteht die Galle lediglich aus einer Einrollung des Blattrandes, die von der Larve beim Fressen verlassen wird (z. B. *Pontania leucosticta* Htg.). Ein Blatt scheint für die Ernährung einer Larve auszureichen. Bei *Pontania vesicator* Bremi frißt die Larve in der bohnenförmigen, dünnwandigen Galle besonders die stärkehaltige, innere Schicht. Eine Öffnung wird erst in die Gallenwand genagt, wenn die Larve sich zur Verpuppung herausbohrt. Der Kot sammelt sich infolgedessen in der Galle an. Diese sind wie die übrigen *Pontania*-Gallen einkammerig. In den Stielen der Wedel von *Athyrium filix femina* lebt die Larve einer systematisch recht interessanten Tenthredinide, der *Blasticotoma filiceti* Kl. Sie produziert einen dem Kuckucksspeichel ähnlichen Schaum an den betreffenden Pflanzenteilen. In Rosenzweigen kann sich der „aufsteigende Rosentriebbohrer" *Monophadnus elongatulus* Kl. unangenehm bemerkbar machen. Hier bohrt sich die junge Larve, nachdem sie die an der Unterseite eines Blattes befindliche Eipustel verlassen hat, an einer geeigneten Stelle, am liebsten an jungen Dornen, in einen Rosentrieb ein, in dem sie das Mark auf eine Strecke von 10 cm und darüber ausfrißt. Der Kot wird regelmäßig aus der Röhre entfernt. Ihr Gegenstück ist der „absteigende Rosenbohrer" *Ardis bruniventris* Htg., der im Rosentrieb nach unten frißt. In vielen anderen Fällen kann man gleichfalls Blattwespenlarven in markhaltige Pflanzenteile eingefressen finden. Dabei handelt es sich aber meistenteils nicht um einen Ernährungsfraß, sondern um die Herstellung eines geeigneten Ruheplatzes für die Puppe. Die Larve von *Dolerus palustris* Kl. sitzt tagsüber im Innern von Schachtelhalmgliedern versteckt, kommt aber nachts aus dem betreffenden Glied heraus, um den angrenzenden Astquirl zu fressen und sich in ein anderes Glied einzubohren. Darüber, wieweit andere Blattwespenlarven nachts fressen, weiß man noch kaum etwas. Vielleicht ist diese Erscheinung aber weiter verbreitet, woraus

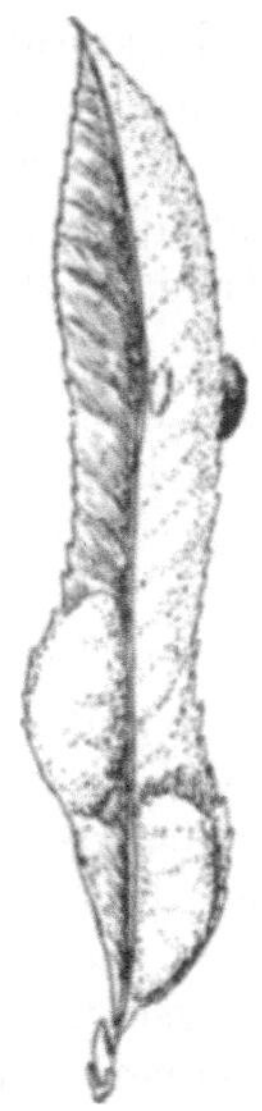

Abb. 46. Gallen von *Pontania vesicator* Br. an Weidenblatt (nach Ross).

dann auch unsere Unkenntnis zahlreicher Larven zu erklären wäre. Hier wären Untersuchungen sehr erwünscht. Neben einem Löcher- und Randfraß an den Blättern der Nährpflanzen — Fraßformen, die auch in den verschiedenen Altersstadien wechseln können, — findet sich bei manchen Arten die auffällige Eigentümlichkeit, die Blätter zu skelettieren, also die Gefäßbündel, das Adernetz, bestehen zu lassen, die weicheren Blattteile aber herauszufressen. So skelettiert die schwarzschleimige Larve von *Caliroa limacina* Retz. (Abb. 223) die Kirschblätter auf der Oberseite, die von *C. varipes* Kl. die Blätter verschiedener Laubbäume von der Unterseite her. Die Haltung der einzelnen Blattwespenlarven beim Fressen ist eine recht mannigfaltige. Ein Teil der Arten sitzt beim Fraß auf der Unterseite der Blätter, ein anderer oberseits, wieder andere halten sich direkt an der Blattkante. Die hinteren Körpersegmente sind dabei entweder spiralig eingerollt oder gestreckt. Sie können z. B. bei den Buschhornwespen *Lophyrus* auf der unteren Seite der Kiefernadel umgerollt ruhen, während sich der übrige Körper größtenteils auf der Oberseite befindet. Allgemein wird von vorn nach hinten gefressen. Die Raupe streckt erst ihren Kopf möglichst weit vor und frißt dann in der Richtung auf sich zu. Von den Larven der Gattung *Lophyrus* berichtet Hartig, daß sie beim Fressen rückwärts schreiten und den Rand der Nadelholzblätter von der Spitze her so weit benagen, daß nur die Mittelrippe bestehen bleibt. Fressen zwei Raupen an der gleichen Nadel, so sitzen sie an den gegenüberliegenden Kanten. Im Juni und Juli verzehren die Raupen hauptsächlich die Nadeln der vorjährigen Triebe. Die später auftretenden Larven nehmen dagegen mit den Trieben des gleichen Jahres vorlieb. Auch ein Benagen der Rinde junger Triebe ist beobachtet. Im Kot sind, wie auch bei anderen Blattwespenlarven, deutlich die noch grünen abgeschabten Blatteilchen zu erkennen, wenn man einen Exkrementballen unter dem Mikroskop betrachtet. Das Nahrungsbedürfnis soll im Gegensatz zu anderen an Nadelholz fressenden Raupen nicht groß sein. Eine eigentümliche Freßgewohnheit weist die Larve von *Lygaeonematus compressicornis* F. auf. Diese errichtet auf der Blattfläche um die Löcher herum, die sie in Pappelblätter frißt, aus einem Speichelsekret Reihen von weißen Stäbchen, die wie Palisaden aufragen.

Eine ganze Reihe von Blattwespen sind Minierer. Sie leben im Innern der Blätter bestimmter Pflanzen und fressen dort das Parenchym, so daß nur die Epidermis bestehen bleibt und sogenannte Platzminen entstehen. Naturgemäß kommen für eine derartige Lebensweise nur kleine und kleinste Formen in Betracht. Den Hauptanteil an den minierenden Blattwespenlarven stellt die Gruppe der Blennocampinen. Von ihnen lebt die Gattung *Pelmatopus* in Hahnenfußgewächsen, wobei sich die Larve, wenn ein Blatt zur Ernährung nicht ausreicht, in ein anderes einbohren kann (Hering). Die gleiche Erscheinung beobachtete Dyar auch an einer minierenden *Schizocera*. *Scolioneura* frißt in Blättern von Eiche, Buche und Birke, *Entodecta* in denen von *Rubus* und *Geum*. *Fenusa*-Arten finden sich in Ulmen, Erlen- und Birkenblättern, *Fenusella* in Eichen, *Fenella* in Odermennig (*Agrimonia*) und *Potentilla*. Aus der Gruppe der Hoplocampinen ist die Gattung *Phyllotoma* als minierend bemerkenswert. Hier sind die Nährpflanzen der einzelnen Arten Pappeln, Weiden, Erlen und Ahorn. Dagegen lebt die Gattung *Hoplocampa* selbst zwar auch im Innern von Pflanzenteilen, jedoch in Früchten. Einige Arten stellen recht unangenehme Obstschädlinge dar. So frißt die nach Wanzen riechende Larve von *H. minuta* CHRIST zunächst an mehreren jungen Pflaumen die Kerne aus; sobald diese jedoch härter werden, frißt sie nur noch das Fruchtfleisch um den Kern herum, dabei

Abb. 47. Larven von *Crocsus septentrionalis* L. an Birke fressend. (KANTAK phot.)

reichliche Kotmassen im Innern der Frucht abscheidend. In Äpfeln nagt die Larve von *H. testudinea* KL. einen großen Hohlraum; mitunter finden sich in größeren Früchten auch mehrere Larven. Der Apfel fällt unreif ab. Vom Fruchtfleisch der Birnen nährt sich *H. brevis* KL. unter ähnlichen Erscheinungen wie die vorhergehende. Auch von der Stachelbeere ist eine Art beschrieben (*H. chrysorrhoea* KL.). Besonders bevorzugt wird Weißdorn, in dessen Hagebutten sich vermutlich die Entwicklung vollzieht. Die Weibchen der betreffenden Arten findet man oft in Anzahl auf den Blüten.

Haben wir im vorhergehenden bereits eine Reihe von Spezialitäten in der Ernährungsform kennen gelernt, so zeigt sich auch in der Auswahl der Nährpflanze mitunter eine weitgehende Spezialisierung. Polyphagie kommt zwar vor, pflegt aber im allgemeinen auf naheverwandte Pflanzenarten und Gattungen beschränkt zu sein. Ebenso kommt aber auch strenge Monophagie vor. Bemerkenswert ist, daß auch die Gefäßkryptogamen ihren Anteil an den Nährpflanzen stellen. So bieten unter den Farnen die Gattungen *Aspidium*, *Athyrium*, *Struthiopterys* für verschiedene Selandriinen, unser Adlerfarn außerdem auch noch einigen *Tenthredella*-Arten das Futter. Bei den letztgenannten Blattwespen dürfte

Abb. 48. Mit Kot durchsetzte Gespinströhre von *Acantholyda hieroglyphica* Chr.

es sich aber um echte polyphage Formen handeln. Auch die Gymnospermen werden von zahlreichen Blattwespenlarven heimgesucht, darunter auch von den viele altertümliche Züge tragenden Xyeliden.

Häufig finden sich bei den Blattwespenlarven Freßgesellschaften, die sich wohl meist aus den Tieren eines Geleges zusammensetzen und mitunter bei jungen Tieren ausgeprägter als bei älteren sind. So beobachtete Verfasser, wie sich junge Larven von *Phymatocera aterrima* Kl., sämtlich Geschwister, auf dem gleichen *Polygonatum*-Blatt zusammenfanden — es war das nächste Blatt oberhalb des im Stengel befindlichen Eigeleges — und dort eng aneinander gedrängt, Seite an Seite meist mit dem Kopf nach der gleichen Richtung ruhten, nachdem sie an verschiedenen Stellen desselben Blattes gefressen hatten. Später ist von einem derartigen Triebe nichts mehr zu erkennen. Ein geselliges Fressen frei an den Blatträndern macht namentlich bei buntgefärbten Larven, wie denen von *Pteronidea salicis* L. oder *Croesus septentrionalis* L. (Abb. 47) einen eigenartigen Eindruck, besonders wenn dabei noch die Schreckbewegungen ausgeführt werden, die später näher zu erörtern sind. In Anzahl (30—100 Individuen) fressen auch *Lophyrus*-Arten, wie *pini* L., *pallidus* Kl., *socius* Kl. und *rufus* Latr. Andere Larven, wie die vieler Lydiden, machen sich ihre Spinnfähigkeit zunutze und fressen gemeinsam in selbstgesponnenen Nestern, so z. B. *Megalodontes klugi* Leach auf der Oberseite der Blätter von *Laserpitium latifolium*. *Neurotoma sorbi* Forsius frißt gesellig im kotdurchsetzten Gespinst an Eberesche, *N. flaviventris* Retz. an verschiedenen Pomaceen, *nemoralis* L. gelegentlich schädlich an *Prunus*-Arten. Die jungen Larven von *Cephaleia abietis* L. sammeln sich in Gespinsten, die stark mit Kot durchsetzt sind. Bei *Acantholyda erythrocephala* L. fressen die Larven zwar auch in Gesellschaften an den vorjährigen Kiefertrieben, aber jede einzelne hat eine eigene Gespinströhre, die mit Kot und Pflanzenteilen durchsetzt ist. Die Larven von *Cephaleia arvensis* Pz. fressen vom Maitrieb abwärts an Fichten meist einzeln in losen, kotfreien Gespinsten, scharen sich aber auch gelegentlich zusammen. Andere Lydidenlarven, wie die von *Cephaleia alpina* Kl., *erythrogastra* Htg., *Acantholyda hieroglyphica* Christ (Abb. 48) und *pinivora* Ensl. sitzen auch in Gespinsten, aber einzeln, und zwar ist da bei die Röhre von *A. hieroglyphica* mit Kot durchsetzt, die von *pinivora* kotfrei. Die letztere frißt erst den Maitrieb, später die vorjährigen Nadeln der Kiefern. Recht eigenartig sind die Schutzgehäuse, die sich die Larve von *Cephaleia erythrogastra* Htg. herstellt.

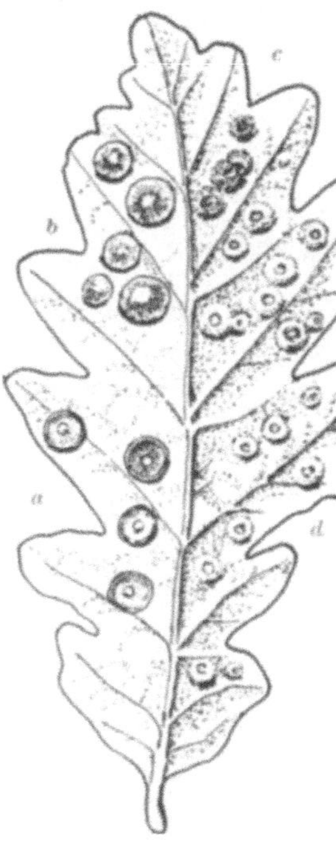

Abb. 49. Eichenblattgallen der agamen Generationen von *a Neuroterus albipes* Schenck; *b N. quercus baccarum* L.; *c N. numismalis*; *d N. tricolor* Htg. (nach Ross).

Während wir oben bereits die Einrollungen der Blattränder bei den *Pontania*-Gallen kennengelernt haben, rollen manche Lydiden selbständig den Blattrand ein, wobei dieser durch einige Gespinstfäden in dieser Lage gehalten wird. So sitzt die Larve von *Pamphilius depressus* Schrank in einer derartig gebildeten Röhre an Erlenblättern, deren Rand nach oben gerollt ist. Sie verläßt diese nur beim Fraß. Ein ähnliches Futteral stellt sich auch *P. silvaticus* an Weiden, Zitterpappeln und Hainbuche her; nur ist der Rand hier nach unten umgeschlagen. Eine eigenartige, beiderseits offene Röhre aus abgeschnittenen Blattstücken fertigt sich die Larve von *Pamphilius inanitus* VILL. (Abb. 210) an. Diese Röhre trägt die Larve dauernd mit sich herum und zieht sich bei Gefahr in sie zurück.

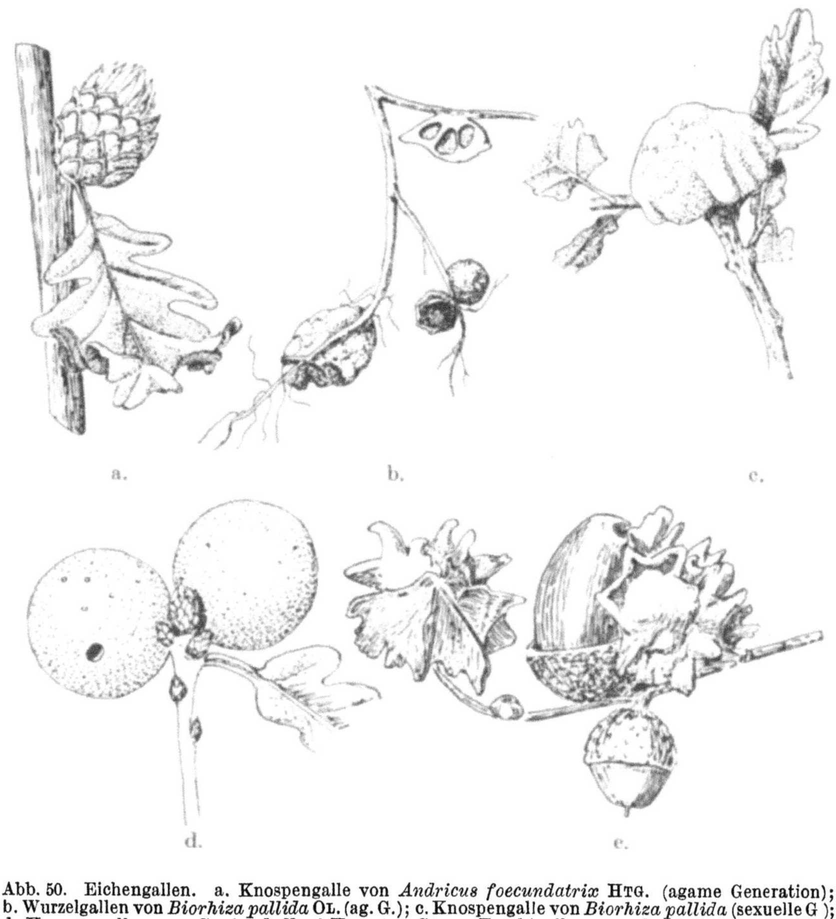

Abb. 50. Eichengallen. a. Knospengalle von *Andricus foecundatrix* HTG. (agame Generation); b. Wurzelgallen von *Biorhiza pallida* OL. (ag. G.); c. Knospengalle von *Biorhiza pallida* (sexuelle G); d. Knospengallen von *Cynips kollari* HTG. (ag. G); e. Fruchtgallen von *Cynips quercus calicis* BURGSD. (nach ROSS).

Echte Phytophagen sind unter den Hymenopterenlarven noch die Erzeuger von Gallen und deren Einmieter aus der Familie der Cynipiden. Neben den bereits erwähnten Blattwespengattungen *Pontania* und *Euura* sind eine große Anzahl von Cynipiden und eine verhältnismäßig kleine Anzahl von Chalcididen Gallerzeuger. Den Hauptanteil stellen die Gattungen *Cynips* und *Andricus* mit ihren Eichen bewohnenden Arten. (Abb. 50). Wilde Rosen — nicht veredelte — als Gallenpflanzen kommen der Gattung *Rhodites* zu (Abb. 51). An *Rubus* lebt *Diastrophus rubi*, HTG., an Ahorn *Pediaspis aceris* GM. Auch unter Stauden und Kräutern kennt man eine ganze Reihe, die gewissen Gallwespen als Nährpflanzen dienen. Besonders sind hier verschiedene Kompositen zu nennen: *Hieracium* (Abb. 52), *Centaurea, Hypochoeris, Taraxacum, Tragopogon* u. a.

Angehörige der Gattung *Aylax*, die auch die Mehrzahl der Kompositenbewohner darstellen, erzeugen aber auch Gallen an Mohn, Gundermann und Salbei. Auf Fingerkräuter ist die Gattung *Xestophanes* beschränkt. An Rapunzen lebt *Cecconia valerianellae* THS. Die Gattung *Aulacopsis* wurde aus *Heracleum*-Gallen gezogen. Die in den Gallen lebenden Larven finden dort ein besonderes Nährgewebe vor, in dem ihnen in dünnwandigen Zellen Stärke, Eiweiß und wohl auch Öltropfen geboten werden.

Abb. 51. „Bedeguare" oder „Schlafapfel" von *Rhodites rosea* L. (nach ROSS).

Abb. 52. Sproßachsengalle von *Aulacidea hieracii* L. (nach ROSS).

Als Gallen erzeugende Chalcididen sind besonders die Isthmosominen (*Isosoma-Harmolita*) bekannt. Fast ausschließlich stellen Gräser (Abb. 53) die Gallpflanzen dar, doch ist eine Art, die neuerdings zu *Eurytoma* gestellt wird, *I. orchidearum* WESTW. auch aus mittel- und südamerikanischen Orchideen bekannt. Von Perilampinen erzeugen *Asparagobius* in Südafrika Gallen an *Asparagus*, mehrere *Trichilogaster*-Arten an australischen Akazien, *Perilampoides* an *Eucalyptus*-Blättern. Auch Eulophiden, wie *Rhicnopeltella* und *Zagrammosomoides* werden für *Eucalyptus*-Gallen in Australien verantwortlich gemacht. Von Encyrtinen soll *Mimapis nigra* BRÈTHES in Argentinien an Zweigen von *Scutia buccifolia* Gallen hervorbringen. Weiter stellt die Gruppe der Agaoninen die sogenannten „Feigenwespen", die in Blütenständen der verschiedensten *Ficus*-Arten leben.

Was die Ursachen der Gallentwicklung anbelangt, so waren die Ansichten darüber lange Zeit geteilt, wieweit der Anreiz eventuell durch das Wespenweibchen erfolgt, oder ob Eier und Larve den eigentlichen Anstoß geben. Die Untersuchungen von BEIJERINCK und von W. MAGNUS haben hier in vielen Punkten Klarheit geschaffen und gezeigt, daß hier ebensowenig wie in anderen biologischen Fragen Verallgemeinerung angebracht ist. In den folgenden Ausführungen schließe ich mich MAGNUS (1914) an. Bei der Gallbildung der Tenthrediniden, Chalcididen und Cynipiden sind zwei Stadien zu unterscheiden. „Im ersten wird die Larve in Beziehung gebracht mit undifferenzierten, kallusartigen Pflanzengeweben, im zweiten erfolgt die Bildung der differenzierten Galle. Das erste soll als unspezifisches Entwicklungsstadium, das zweite als spezifisches bezeichnet werden.“ Wurden die frisch abgelegten Eier von *Pontania capreae* L. aus den *Salix*-Blättern entfernt, so kam es trotzdem zu einer Bildung von Gallen. Da nun bei der Eiablage durch das Weibchen reichlich Sekrete mitabgeschieden werden, konnte von diesen die Entwicklung der Galle abhängig sein. Impfversuche mit dem Sekret, das u. a. auch zum Verkleben der Wundränder dienen mag, ergaben ein negatives Resultat. MAGNUS kommt daher für *Pontania capreae* zu dem Ergebnis: „Nichts hindert, die Art der Verwundung als das wichtigste Moment bei der Gallbildung anzusehen, das Ei wird in das Mesophyll junger Blätter, nicht wie bei anderen Blattwespen unmittelbar unter die Oberhaut älterer Blätter geschoben — wozu als mitfördernder Faktor eine erhöhte lokale Ernährung der der Wunde benachbarten Zellen durch einen indifferenten Eiweißstoff vielleicht hinzukommen mag. Irgendwelche Gründe, für das Zustandekommen der Galle spezifisch wirkende Stoffe anzunehmen, liegen nicht vor.“ Durch Untersuchungen an anderen gallerzeugenden *Pontania*-Arten wurden diese Ergebnisse bestätigt.

Abb. 53. Galle von *Isthmosoma hordei* HARR. auf Agropyrum (nach HEDICKE).

Immerhin zeigen sich einige Abweichungen. Bei *P. capreae* kommt die Gallentwicklung zum Abschluß, wenn noch das Ei in der Galle enthalten ist, bei den anderen Arten, während die Larve frißt, und „erst nachdem die Larve das Ei verlassen hat, setzen die zur prägnanten Ausgestaltung der Galle führenden Veränderungen ein“, so daß hier der Unterschied zwischen dem „unspezifischen“ und „spezifischen Entwicklungsstadium“ deutlich ist. Die Größenzunahme der Galle hängt bei *P. capreae* eng mit dem Wachstum des Blattes und der Größe der Verwundung zusammen. An dem Ei von *Isthmosoma orchidearum* fand W. MAGNUS, daß der dem Eistiel gegenüberliegende Eifortsatz einen feinen mittleren Kanal aufweist, durch den möglicherweise zwischen Ei und Pflanze ein Stoffaustausch stattfinden und die unspezifische Kallusbildung gefördert werden kann. Der Eifortsatz könnte als „galligenes“

Organ angesehen werden. Die Bildung der Nährschicht findet erst statt, wenn die Larve aus dem Ei geschlüpft ist. Recht eigenartig sind die Beziehungen, die zwischen den Agaoninen und den Feigenblüten bestehen. Es muß hier genügen, auf das Verhältnis der *Blastophaga grossorum* GRAV. zu den Blütenständen des südeuropäischen Feigenbaums hinzuweisen (Abb. 54). Hier kommen an dem letzteren zwei verschiedene Arten von Blütenständen auf verschiedene Bäume (*Ficus* und *Caprificus*) verteilt vor. Die einen, die später die eßbaren Feigen liefern, enthalten weibliche, befruchtungsfähige Blüten mit einem langen Griffel, die anderen dicht hinter dem engen Eingang des urnenförmigen Blütenstandes die männlichen Pollenblüten, darunter aber umgewandelte weibliche Blüten, die als „Gallblüten" bezeichnet werden und sich durch den verkürzten Griffel mit einem deutlichen Griffelkanal auszeichnen. Die einzige Samenanlage ist normal ausgebildet, doch erfolgt niemals eine Befruchtung. Diese Blüten sind gewissermaßen für die Eiablage der Wespe präformiert, die durch den Griffelkanal ihr Ei bis an das embryonale Gewebe einsenkt, was ihr an den langgriffligen Blüten nicht möglich ist. Bereits mit dem Einstich scheint aber ein Reiz ausgeübt zu werden, der eine Anschwellung des Nucellus hervorruft. Erst nach dem Schlüpfen der Larve kommt es nach Auflösung des Nucellus zur Bildung eines endospermähnlichen Gewebes. Nach Abschluß der Entwicklung verlassen die geflügelten weiblichen Wespen den Blütenstand, müssen sich beim Herauskriechen mit Pollenstaub beladen, den sie beim Einschlüpfen in Fruchtblütenstände dort abstreifen. Werden Fruchtblüten gelegentlich mit Eiern belegt, so kommen diese wohl nur selten zur Entwicklung; dagegen aber bei solchen Feigenarten, die über keine vorgebildeten Gallblüten verfügen. Kultiviert wird im allgemeinen nur der *Ficus*, der die Fruchtblüten trägt, während der *Caprificus*, dessen Fruchtstände frühzeitig abfallen, höchstens vereinzelt gezogen wird. Man bedient sich aber in Italien noch seiner, um die Fruchtstände in *Ficus*-Stöcke einzuhängen. Dieses Verfahren der „Kaprifikation" ist an sich überflüssig, da die Früchte des *Ficus* sich auch ohne keimfähige Samen gut entwickeln und die Vermehrung heutzutage durch Stecklinge erfolgt. Auch in allseitig geschlossenen *Ficus*-Fruchtständen, z. B. von *F. gibbosa*, können andere Formen (*Neosycophila omeomorpha* GRANDI ihre Entwicklung durchmachen. Es befinden sich dann nur wenige große Gallen darin, und die Wespe muß sich ihren Weg ins Freie durch die Wand des Fruchtstandes selbst bahnen.

Abb. 54. Blütenstand von *Ficus carica*. a. Aufgeschnitten; b. einzelne langgriffelige Fruchtblüte; c. einzelne kurzgriffelige Gallenblüte. (nach KERNER VON MARILAUN).

Recht charakteristisch sind die dem spezifischen Gallenstadium vorangehenden Erscheinungen bei den Cynipiden. Hier erfolgt von der jungen *Cynips*- oder *Biorrhiza*-Larve oder bei *Rhodites* bereits vom Ei her eine Auflösung des Pflanzengewebes, in das die Larve einsinkt. W. MAGNUS nimmt an, daß das Ei von *Rhodites* an dem Fortsatz, mit dem es in einer Epidermiszelle verankert ist, offen ist, und daß von hier aus die Gewebeverflüssigung erfolgt. Bei *Aylax papaveris* PERR. bewegen sich die jungen Larven anfangs frei in der Fruchthöhle des Mohns. Erst wenn sie sich festgesetzt haben, beginnt die Gallentwicklung. In allen bei den Cynipiden beobachteten Fällen geht der Gallbildung eine Verletzung des Gewebes voran. Durch die Gewebeauflösung entsteht die Larvenkammer. „Die spezifische Wirkung, die fast stets folgende Neubildung von Geweben, und ihre spezifische Beeinflussung, welche zu der mannigfachen Formgestaltung der Cynipidengallen führt, setzt erst ein, nachdem die Larve in das Lysenchym eingesunken ist. Über die Natur dieses Reizes konnten die Experimente keine Auskunft geben. Sicher ist nur, daß sogleich mit dem Absterben der Larve die Weiterentwicklung der Galle unterbleibt, also von der ständigen Beeinflussung durch die lebende Larve abhängig ist." Diese Abhängigkeit des spezifischen Entwicklungsstadiums von der lebenden Larve ist auch bei allen anderen Gallen vorhanden und erinnert dadurch an die ständig nötige Pflege der Pilzgärten der Ameisen zur Züchtung der sogenannten „Pilzkohlrabi", die als spezifische Bildung nur bei dauernder Pflege durch die Ameisen selbst entstehen, aber mit dem prinzipiellen Unterschied, daß in der Pilzzucht der Attinen eine mutualistische Symbiose vorliegt. Vorbedingung für die Entstehung der Gallen ist ein wachstumsfähiges Gewebe. Dabei kommt es allerdings vor, z. B. bei *Trigonaspis renum* GIR., daß die Galle erst Monate nach der Eiablage entsteht, unter Umständen wenn das Eichenblatt sich schon zu verfärben beginnt. In solchen Fällen muß aber angenommen werden, daß sich bildungsfähiges Gewebe in der Nähe der fressenden Larve erhalten hat. Außerdem können Gallen selbst noch ein weiteres Wachstum zeigen, während das des Blattes schon zum Stillstand gekommen ist (z. B. *Rhodites rosae* L., *mayri* SCHLT). Ja, die abgefallene, vom Substrat losgelöste Linsengalle von *Neuroterus lenticularis* schwillt an und wölbt sich beiderseits gleichmäßig. Mit der Generationsfolge hängt es offensichtlich auch zusammen, daß die einzelnen Generationen ihre Eier verschiedenen, zur Zeit gerade bildungsfähigen Geweben anvertrauen. Für solche Arten, wie *Cynips calicis* BURGSD., bei der der Generationswechsel mit einem Wirtswechsel (Stieleiche — Zerreiche) verbunden ist, ist das Vorhandensein beider Eichenarten eine Vorbedingung. Im übrigen ist die Spezialisierung auf bestimmte pflanzliche Gewebe im allgemeinen so weitgehend, daß die Weibchen über ganz bestimmte Sinnesqualitäten verfügen müssen, die mit den Generationen wechseln können. Doch kommen auch Ausnahmen vor. So können besonders *Rhodites*-Gallen an den verschiedensten Teilen der Rosen auftreten. Was nun den Bau der Cynipidengalle selbst anbelangt (Abb. 55), so müssen wir an den Gallen, entsprechend ihrer Funktion, vor allem ein Nähr- und ein Schutzgewebe, die Innengalle, unterscheiden. Das stärke-, eiweiß- und auch gelegentlich ölhaltige Nährgewebe kleidet die auf lysigenem Wege entstandene Larvenkammer aus. Man könnte bezüglich der zur Bildung der Larvenkammer führenden Zellauflösungen vielleicht einen Vorgang annehmen, der mit einer präoralen Verdauung zu vergleichen wäre. In einer ganzen Reihe von Fällen geht das Nährgewebe unmittelbar in das Gallenparenchym über. Das gilt z. B. für *Diplolepis-folii* L., *Neuroterus albipes* SCHENCK, *aprilinus* GIR., *baccarum* L., *Trigonaspis renum* GIR., ebenso für *Rhodites rosae* L., *mayri* SCHLECHT., *eglanteriae* HTG. Während aber die letzteren eine dicke Rindenschicht bestehen lassen, wird diese

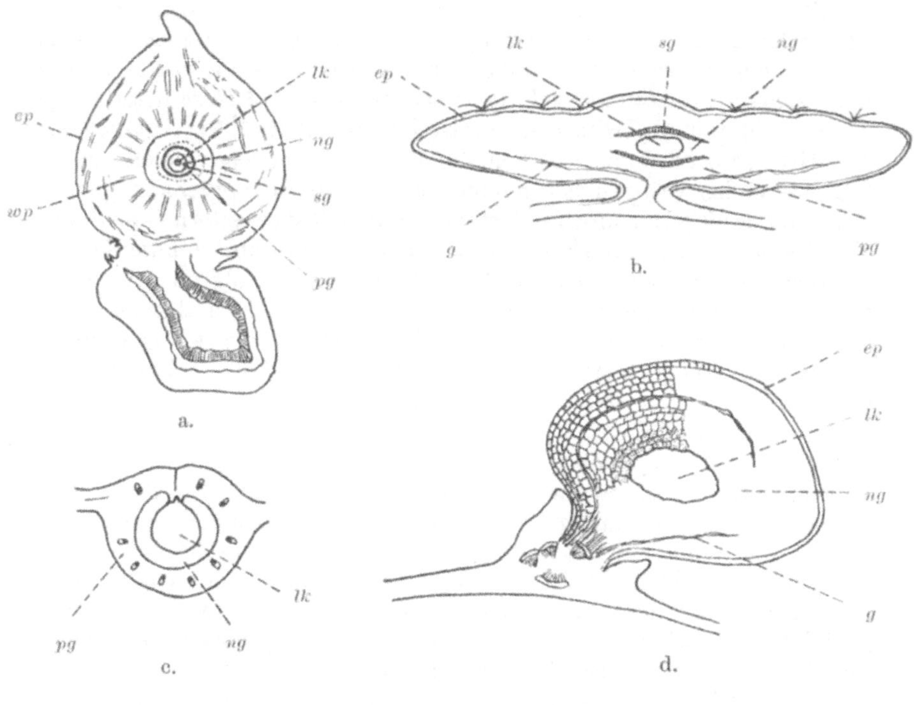

Abb. 55. Durchschnitte durch verschiedene Gallen. a. *Cynips kollari* HTG.; b. *Neuroterus l fumipennis* HTG.; c. *N. quercus-baccarum* L.; d. *Trigonaspis renum* HTG. (nach KIEFFER). *k* = Larvenkammer; *ng* = Nährgewebe; *sg* = Schutzgewebe; *pg* = Parenchymgewebe; *wp* = weiches Parenchym; *ep* = Epidermis; *g* = Gefäßbündel.

bei den anderen genannten Arten dünn, da hier die Larve den größten Teil des Parenchyms verzehrt. Als Schutzgewebe kann bei anderen Gallen eine das Nährgewebe nach außen mehr oder weniger weit abgrenzende Schicht angesprochen werden, die aus Steinzellen besteht. Auch im Gallparenchym selbst können weitere Differenzierungen auftreten. So sind die inneren Parenchymschichten der Galle von *C. kollari* HTG. hart, die äußeren schwammig. Bei manchen *Diplolepis*-Arten (*longiventris* HTG., *agama* HTG., *divisa* HTG.) ist nur hartes Parenchym vorhanden; ausschließlich schwammig ist es dagegen bei *Biorrhiza pallida* OL., *Diplolepis folii* L., *Cynips tozae* BOSC.; chlorohpyllhaltig, saftig bei verschiedenen *Andricus*- und *Neuroterus*-Arten, auch bei *Aulacidea hieracii* BOUCHÉ.

Die Oberhaut der Gallen wird von Epidermiszellen gebildet, doch fehlen gewöhnlich Spaltöffnungen, sollen aber, wo sie vorkommen, an der Seite der Galle zu beobachten sein, die dem Blatt zugekehrt ist (FOCKEU).

Die Synergarien oder Einmieter umfassen eine kleine Gruppe der Cynipiden mit den Gattungen *Synergus*, *Saphonecrus*, *Ceroptres*, *Periclistus*. Diese Tiere können selbst keine eigenen Gallen mehr erzeugen und legen ihre Eier in die Gallen anderer Familienangehöriger, und zwar die ersten drei der genannten Gattungen in Eichen-, *Periclistus* aber in Rosengallen von *Rhodites* und auch in *Diastrophus*-Gallen. Unter Umständen bilden sie im Parenchym der Galle, z. B. von *Cynips kollari* HTG. eigene Kammern, wodurch dann der Gallerzeuger selbst nicht gestört wird. Auch unterhalb der abfallenden, eigentlichen Galle von *Andricus foecundatrix* HTG. können sich *Synergus* entwickeln. Andere Arten leben in den Hohlräumen gewisser Gallen (*Diplolepis disticha* HTG., *Cynips polycera* GIR.), wo ebenfalls eine Schädigung des Gallerzeugers nicht zu erfolgen braucht. Dringen dagegen die Einmieter in die Larvenkammer ein — mögen sie diese nun unverändert lassen oder selbst erweitern —, so ist der Tod des Gallerzeugers die Folge. Daß der Einmieter selbst auf die Weiterentwicklung der Galle nicht ohne Einfluß ist, geht aus folgender Beobachtung von MAGNUS hervor: „Die *eglanteriae*-Gallen zeigen aber auch zugleich, daß der Einfluß der *Rhodites*-Larve mehr oder weniger durch andere Inquilinen ersetzt werden kann. Während normalerweise die Galle von einer Schutzschicht von etwa 5 Reihen ziemlich isodiametrischer, stark getüpfelter, verholzter Zellen umgeben ist, liegen in den von gewissen Inquilinen befallenen Gallen deren Larvenhöhlen in der Schutzschicht eingebettet. Sie werden ausgekleidet von 2—3 Zellschichten typischer Nährzellen und 4—5 Zellschichten dünnwandiger Parenchymzellen. Unter dem Einfluß dieser Inquilinen wächst nun die Galle etwas unregelmäßiger bis über die normale Größe heran, obgleich im Innern der Larvenhöhle der abgestorbenen *Rhodites*-Larve keine Nährschicht gebildet wird, während die verholzte Schicht bis in das Innere reicht und hier und da kallusartige Hervorwölbungen bildet."

Aus der Chalcididen-Unterfamilie der Toryminen sind als phytophag besonders die Gattungen *Syntomaspis*, *Megastigmus* und *Callimome* zu nennen, deren Larven in den Kernen von *Prunus*, *Sorbus*, *Crataegus* u. a., aber auch in den Samen von verschiedenen Nadelhölzern gefunden werden. Die übrigen sich von pflanzlichen Geweben nährenden Chalcididenlarven gehören in die Verwandtschaft der gallerzeugenden Isthmosominen, haben aber wie *Eurytoma* in der gleichen Gattung echte parasitär lebende Verwandte. Aus den Samen kultivierter Weinrebenarten in Amerika wurden *Evoxysoma vitis* SAUND., *Prodecatoma phytophaga* CROSBY und *Decatoma Cooki* HOW. gezogen. Aus Papilionaceensamen kennt man *Eurytoma acaciae* CAM. und *Bruchophagus funebris* HOW., letzterer an Klee und Luzerne. In Kernen von Mandeln und Pflaumen leben *Eurytoma amygdali* ENDERL. und *schreineri* SCHR. Als Bohrer im Fruchtfleisch von *Juniperus* werden *Geniocerus juniperi* CRAWF. und *Eurytoma juniperinus* MARCOV. aus Nordamerika angegeben. Bei der Feststellung derartiger Vorkommnisse durch die Zucht ist aber eine ganz besondere Vorsicht nötig, damit Verwechslungen mit echten Parasiten anderer phytophager Insekten, die in den betreffenden Pflanzengeweben leben, ausgeschlossen werden. Daß gewisse *Eurytoma*-Arten, wie die Isthmosomen Gallen an Gräsern erzeugen, dürfte ein Beobachtungsfehler von RIMSKY-KORSAKOW sein, und entweder auf einer Verwechslung mit ähnlichen Isthmosomen beruhen, oder es handelt sich dabei um Parasiten an Isthmosominen.

Gelegentlich können auch Ichneumoniden (*Grotea anguina* SAY) vorübergehend phytophag leben, und zwar von den Vorräten der Wirtsbiene. Pflanzliche Kost in Gestalt von Blütennektar und Pollen dient auch den meisten höheren Hymenopteren zur Nahrung, z. B. sämtlichen Bienenarten, einschließlich der sogenannten Kuckucksbienen, die ihre Eier in die Nester bestimmter anderer Bienenarten einschmuggeln, wobei allerdings auch die junge Larve oder das Ei des Wirts abgetötet und verzehrt werden kann. Je nach Gattungen und Arten kommen hierbei geringfügige Verschiedenheiten vor, indem die dem Pollen beigegebene Nektarmenge die Nährmasse mehr oder weniger feucht erscheinen läßt. In manchen Fällen liegt die Larve gekrümmt auf dem Futterballen und umgreift diesen, je mehr sie davon zehrt, immer mehr. Während in der Familie der Vespiden für die Larvenernährung in erster Linie animalische Stoffe Verwendung finden, bilden die Masariden eine Ausnahme. Hier wird die Brut nach Art der solitär lebenden Bienen ernährt. Recht eigenartige Ernährungsverhältnisse finden sich bei der Honigbienenlarve. Wie bei den anderen sozialen Hymenopteren wird durch das der Larve gebotene Futter die Entstehung eines Weibchens oder einer Arbeiterin hervorgerufen. Während aber meist wohl die Quantität des Futters von ausschlaggebender Bedeutung ist, ist es hier die Qualität. Im Laufe der Entwicklung, die bis zum Eindeckeln (Schließen) der Zelle $4\frac{1}{2}$–$5\frac{1}{2}$ Tage dauert, findet bei der Aufzucht von Arbeiterinnen am dritten Tage nach dem Schlüpfen aus dem Ei ein Wechsel in dem dargebotenen Futter statt. Das Futter für die beiden ersten Tage wird der frisch geschlüpften Larve in Form eines Futtersaftes, der aus den als Futter- oder Brutdrüsen (Abb. 36) zu bezeichnenden, mächtig entwickelten Pharynxdrüsen stammt, auf einmal gereicht. Eine Beimischung erbrochenen Kropfinhalts findet noch nicht statt. Erst am dritten Tage findet ein Übergang von der Stickstoff- zur Kohlehydratnahrung statt, die nun regelmäßig gereicht wird. Obwohl die Bienen außerordentlich um ihre Brut bemüht sind — Ei und Larve erfahren täglich während der ganzen Entwicklungsperiode durchschnittlich 1300 Besuche von Arbeitsbienen —, so ist doch die individuelle Verschiedenheit gleichaltriger Larven eine recht erhebliche und hängt von der gebotenen Futtermenge ab. Eine zu starke Zunahme der Larve wird aber gegen Ende der Entwicklung durch eine entsprechend geringere Nahrungsmenge wieder ausgeglichen. Gegen Ende des zweiten Tages zeigt die prozentuale Gewichtszunahme ein Maximum. Die grundlegende Bedeutung der Qualität des Futters auf die Ausbildung der Charaktere des Weibchens oder der Arbeiterin geht besonders klar aus der Untersuchung von sogenannten Nachschaffungsköniginnen hervor. Wird einer ganz jungen Arbeiterinnenlarve weiterhin der Drüsensaft geboten, so entwickelt sich daraus ein normales Weibchen. Hatte dagegen die betreffende Larve schon einige Zeit Arbeiterinnenkost erhalten und wird nun mit dem Futtersaft der Pharynxdrüsen weiter wie für eine Königinnenlarve gefüttert, so ergeben sich Nachschaffungsköniginnen, die je nach der Dauer der vorangegangenen Arbeiterinnenfütterung Übergänge zwischen Arbeiterinnen und Königin darstellen.

Ob auch die Hummeln in ähnlicher Weise einen Futtersaft verfüttern, wäre einer Untersuchung wert. Die entsprechenden Drüsen sind gut entwickelt. Die vielgestaltigen Ernährungsformen der Ameisen wurden oben bereits erwähnt. Eine reine Pflanzenkost dürften normalerweise nur die pilzzüchtenden Attinen ihren Larven bieten. Die körnersammelnden *Messor*-Arten ernähren ihre Larven entweder mit dem Inhalt des Kropfes oder einer aus den Körnern hergestellten halbflüssigen Paste. In anderen Fällen wird der Kropfinhalt in Tropfenform den Larven vorgelegt. Dabei ist seine Herkunft kaum zu entscheiden. Bei den ausschließlich Blattlauszucht treibenden Ameisenarten besteht die den Larven gereichte Nahrung ebenfalls aus Blattlausexkrementen, die, obwohl animalischer Herkunft, doch als stark zuckerhaltige Kohlehydratnahrung anzusehen ist.

Sahen wir bereits oben, daß in ein und derselben Gattung (*Eurytoma*) neben Arten, die im Larvenstadium rein parasitär sind, auch Arten vorkommen, die rein phytophag sind, so kann es kaum wundernehmen, daß bereits bei den allgemein als Pflanzenfressern anzusprechenden Symphyten eine kleine Gruppe auftritt, die *Orussidae*, deren Larven zum Parasitismus übergegangen sind. Eine nordamerikanische Art lebt parasitär an Buprestidenlarven. Über die Lebensweise der Larven unserer wenigen einheimischen Arten ist bisher nichts bekannt. Die Larve hat auch am Thorax keine Stummelfüße mehr, wie sie bei dem Sirecidentyp noch ausgebildet sind. Sie dürfte dieselben in Anpassung an ihre parasitäre Lebensweise verloren haben. Wenn auch hier eine karnivore Lebensweise innerhalb der Symphyten zum ersten Male in der Stammesreihe auftritt, so darf *Orussus* trotzdem nicht als ein Bindeglied zwischen diesen und den höherstehenden parasitären Hymenopteren aufgefaßt werden, da eine ganze Reihe wichtiger organisatorischer Merkmale dagegen sprechen.

Wenn man die Symphyten und die Bienen, sowie die gallerzeugenden Cynipiden ausschaltet, ist die große Masse der Hymenopterenlarven — abgesehen von den verschiedenen obengenannten Fällen, die mehr oder weniger als Ausnahmen hingestellt werden können — karnivor. Sie nähren sich als Ento- oder Ektoparasiten von den verschiedensten Entwicklungsstadien anderer Insekten oder Spinnentiere, sehr selten Myriopoden, oder aber bei den aculeaten Hymenopteren von den durch die Mutter oder ein anderes Hymenopterenweibchen aufgehäuften Beutetieren, gelegentlich auch bei sozialen von besonders vorbereiteter animalischer Kost. Es mag hier gleich erwähnt werden, daß ein prinzipieller biologischer Unterschied zwischen den sogenannten Parasiten und den aculeaten Hymenopteren, die durch die in Verbindung mit dem Nestbau stehenden höheren Instinkte der Brutpflege ausgezeichnet sind, nicht besteht (s. Kapitel Parasitismus). Schlupfwespen, die den Wirt durch einen Stich lähmen, oder aculeate Hymenopteren, die kein Nest anlegen, stellen die biologischen Übergänge her.

Je nachdem sich die Hymenopterenlarve außen an einem anderen tierischen Organismus oder innerhalb desselben ernährt, kann man von ekto- oder entophagen Formen sprechen. Auch hier sind die Grenzen nicht scharf. Sind auch im allgemeinen die Larven der karnivoren aculeaten Hymenopteren ektophag, so frißt sich doch die Dryinidenlarve gegen Schluß ihrer Entwicklung mit dem Vorderkörper tief in den Wirtskörper ein, um die von der Anheftungsstelle nicht erreichbaren Gewebe verzehren zu können. Innerhalb der Hymenoptera parasitica gibt es auch gewisse Übergänge. So müssen diejenigen Schlupfwespenlarven, die später entophag leben, deren Eier das Weibchen aber außen am Wirtskörper angeheftet hatte, sich in diesen einbohren, sind dabei also mindestens zeitweilig im jüngsten Stadium als ektophag zu bezeichnen. Der umgekehrte Fall, daß eine Larve erst ento-, später aber ektophag ist, ist selten, da ein Verlassen des Wirtskörpers seitens entophager Formen erst mit Abschluß der Entwicklung zu erfolgen pflegt.. Er kommt bei *Perilampus hyalinus* SAY vor, dessen Planidien zunächst als Entoparasiten leben, später aber außen am Wirt saugen. Im übrigen sind Ekto- und Entophagie durchaus nicht an irgendwelche bestimmte systematische Kategorien gebunden. Sie können innerhalb der gleichen Gattung vorkommen. Von der Braconide *Dendrosoter protuberans* NEES wird sogar angegeben, daß deren Larve sich an denen von *Myelophilus* ektoparasitenartig ernährt, während sie sich bei *Scolytus* im Innern der Wirtslarve aufhalten soll. Die Larven der Braconide *Oncophanes lanceolator* NEES saugen nach FERRIÈRE zu mehreren ektoparasitär an den Raupen von Mikrolepidopteren, vermutlich *Cacoecia sorbiana* in eingerollten Blättern von *Prunus padus*. Demgegenüber stehen Beobachtungen von BIGUELLE, nach denen die gleiche Wespe entoparasitär in *Tortrix viridana* und *Catoptria aspidiscana* lebt. Eine ektophage Lebensweise an frei lebenden Wirtstieren ist im allgemeinen selten. Sie findet sich aber regelmäßig bei den bereits genannten Dryiniden, die außen an Zikadenarten saugen. Gelegentlich wurden auch Spinnen gefunden, die an der Basis des Abdomens eine gekrümmte Hymenopterenlarve trugen, aus denen sich Psammochariden entwickelten. Ebenso findet man die *Polysphincta*-Larven regelmäßig außen an Spinnen (NIELSEN), während die verwandten Gattungen *Zaglyptus* und *Tromatobia* im Innern von Spinneneierkokons sich aufhalten. Häufig kommt dagegen Ektophagie bei solchen Formen vor, deren Wirte geschützt, besonders im Innern von Pflanzenteilen oder im Erdboden bei verhältnismäßig geringer Bewegungsfreiheit leben. Mit wenigen Ausnahmen, d. h. wenn die junge karnivore Hymenopterenlarve selbständig ihren Wirt aufsuchen muß, wie es bei den Planidienlarven mancher Perilampiden vorkommt, findet sie ihre Nährstoffe bereits durch das Muttertier bestimmt vor. Für Poly- und Monophagie sind also fast immer die Instinkte des Weibchens bei der Eiablage bzw. bei der Beschaffung des Futters für die Brut ausschlaggebend. Die Larve selbst hat, mit Ausnahme des genannten Falles, keine Auswahlmöglichkeiten in bezug auf ihre Nahrung, oder nur so weit, als es sich um bestimmte Gewebe des Nährtieres handelt. Im allgemeinen wird die Monophagie als eine seltene Erscheinung hoher Spezialisierung auftreten. Arten, die bisher nur aus einem einzigen Wirt bekannt sind und vielleicht aus diesem wiederholt gezogen wurden, dürfen deshalb noch keineswegs als monophag angesprochen werden. Das bisher vorliegende Beobachtungsmaterial ist meist viel zu gering, um ein endgültiges Urteil fällen zu können. Dagegen zeigt sich immer mehr, wie die Verzeichnisse der Wirtsarten für einzelne Schlupfwespen zunehmen. Leider ergeben sich aber durch die oft nur geringe Zuverlässigkeit der Bestimmungen Schwierigkeiten, die das Bild trüben. Wenn daher eine Schlupfwespe wie *Pimpla alternans* GRAV. sowohl aus anderen Hautflüglern, wie auch aus Käfern, Schmetterlingen und Fliegen als Parasit angegeben wird, so muß man derartige Feststellungen mit einer gewissen Vorsicht aufnehmen. Erst wenn es gelingt, die aus einem bestimmten Wirt gezogene Art zur Ablage ihrer Eier an oder in andere Insekten anderer Ordnungen zu bringen, kann von einer Pantophagie gesprochen werden. Unter Umständen könnte auch bereits eine physiologische Differenzierung der bei verschiedenen Wirten lebenden Formen eingetreten sein, während der Systematiker an seinen Objekten noch keine Unterschiede findet. Außerdem kommt es vor, daß je nach dem Orte oder der Zeit eine Schlupfwespe ihre Eier anderen Wirten anvertraut, oder auch verschiedenen Entwicklungsstadien des gleichen Wirtes. Ähnlich liegen die Verhältnisse bei der Brutversorgung aculeater Hymenopteren, auf die im Kapitel über die Brutpflege noch näher eingegangen werden muß. Die Fälle des Hyper- und Koparasitismus werden uns gleichfalls später beschäftigen. Hier können sie unberücksichtigt bleiben, da die Ernährung der Larve stets aus tierischen Grundstoffen besteht.

Da die Menge und Qualität der im Larvenstadium aufgenommenen Nahrung in bestimmtem Verhältnis zu der Größe, Körpergestalt usw. der Imago steht, erklärt sich ohne weiteres die Vielgestaltigkeit mancher Hymenopteren, die nach Kuckucksart bei den verschiedensten Wirten ihre Nahrung suchen. Ein solch vielgestaltiger Hautflügler ist unsere häufigste Goldwespe, *Chrysis ignita* L. Bei der Faltenwespe *Symmorphus murarius* L. aufgewachsen, stellt diese Goldwespe eine recht große, schlanke Rasse dar. Entwickelt sich die Larve bei *Osmia emarginata* LEP., so entsteht eine gedrungene, große Form mit dunklem Thorax, bei anderen Osmien eine kleinere Form mit grünem Thorax. Die häufigste Form kommt bei *Odynerus*-Arten vor. Eine sehr kleine und schlanke Form ist das Endprodukt der Entwicklung bei *Trypoxylon*-Arten. Da aber zwischen diesen Formen die verschiedensten Übergänge auftreten, ist jedenfalls Bastardierung möglich. Andererseits findet man aber auch an solchen Stellen, an denen die Goldwespe nur einen ihr zusagenden Wirt hat, eine weitgehende Einheitlichkeit. Die Entwicklung der Larve bei verschiedenen Wirten führt aber schon dazu, daß die größten Formen nicht mehr in diejenigen Nester eindringen können, in denen die kleinsten, schlanken Formen ihre Eier unterbringen. In ähnlicher Weise unterscheiden sich auch die Formen von *Chr. trimaculata* FÖRST., je nachdem sie ihre Entwicklung bei verschiedenen *Osmia*-Arten durchgemacht haben (*O. spinulosa* K. einerseits, *bicolor* SCHR. und *aurulenta* PZ. andererseits). Daß ein Schlupfwespenweibchen unter den Schmetterlingspuppen, in die es seine Eier legen wird, eine Auswahl für die Weibchen- bzw. Männchen-ergebenden Eier trifft, ist von CHEWYREUV beobachtet worden. Nach diesem Autor werden von dem *Pimpla*-Weibchen diejenigen Eier, aus denen sich Weibchen entwickeln, in größere Schmetterlingspuppen gelegt, als die Männchen ergebenden.

Während wohl die Mehrzahl der karnivoren Hymenopterenlarven in der Ernährung nicht auf bestimmte Gewebe des Körpers des Wirtstieres spezialisiert ist, höchstens in späteren Stadien auch etwas fester geformte Nahrung aufnehmen kann, sind doch einige Fälle bekannt, in denen die Larve von Schmarotzerwespen nur in dem ihr zusagenden Gewebe des Wirts zur Entwicklung kommt. So wird das Nervensystem, und zwar das Subösophagealganglion des Wirtes, von einer *Platygaster*-Art bevorzugt. Im Gehirn der Larve der Cecidomyide *Diplosis pirivora* bilden sich durch die dorthin erfolgende Eiablage von *Inostemma piricola* KIEFF. Wucherungen, in denen sich die betreffende Platygasteride entwickelt. Auch *Trichacis remulus* WALK. legt seine Eier in das Bauchmark des Wirts, *Polygnotus minutus* MARCH. dagegen in den Magen. Die Larven von *Aphelinus semiflavus* (HOWARD) orientieren sich in dem Wirtskörper so, daß die Längsachsen zusammenfallen und die Köpfe nach der gleichen Richtung zeigen. Während die Hymenopterenlarven, speziell die im Innern eines anderen Organismus lebenden, eine sehr dünne Kutikula besitzen, machen hier *Charips*-Arten (Hyperparasiten) in Blattläusen eine Ausnahme. Bei ihnen ist die Körperhaut verhältnismäßig kräftig, ähnlich wie bei den vorübergehend frei lebenden Planidienlarven der Perilampinen. An der Larve von *Habrobracon juglandis* Ashm. beobachtete HASE, daß die junge frei bewegliche erst am Raupenkörper umherkriecht, ehe sie sich festsaugt. Die Nahrungsaufnahme geschieht hier unter Pumpbewegungen. Die Mundöffnung muß daher fest gegen die durch die Mandibeln hervorgerufene Öffnung gepreßt werden. Hierbei dienen jedenfalls die Nebenzähne an den Mandibeln zur Befestigung. Bei der Larve von *Phanomeris* konnte Verfasser unter dem Mikroskop deutlich die lebhafte Bewegung der Pharynxmuskulatur erkennen. Der Vorderdarm wird während des Saugens gegen den Mitteldarm geschlossen. Dabei werden auch Teile des Fettkörpers mit der Körperflüssigkeit des Wirts in ihn eingestrudelt. Ist der Vorderdarm gefüllt, so öffnet sich der Verschluß gegen den Mitteldarm und die Nahrung tritt in diesen über. Diese Art ist in ähnlicher Weise wie *Habrobracon* auch nekrophag, d. h. sie saugt auch am toten Wirt und kann sich dabei normal entwickeln. Bei manchen Formen, z. B. *Copidosoma* (sec. LEIBY), *Bassus laetatorius* F. (sec. ISHIC), ernährt sich die junge Larve zunächst vom Blut, später auch von anderen Gewebeteilen des Wirts. Dagegen soll nach HILL die mit großen Mandibeln ausgestattete Jugendlarve von *Platygaster vernalis* MYERS anfangs den grünen Chylus im Wirtsmagen (*Mayetiola destructor* SAY) aufnehmen, später das aufgelöste Gewebe desselben und zum Schluß der Entwicklung schließlich die Wirtslarve bis auf die Kutikula leerfressen. Umgekehrt ist dagegen die *Apanteles*-Larve, die im 1. Stadium kräftige, sichelförmige Mandibeln besitzt, wohl dazu in der Lage, sich vom Fettkörper des Wirtes zu ernähren, während das folgende Stadium mit seinen weicheren Mundteilen auf die Aufnahme flüssiger Nahrung durch Saugen angewiesen ist. Es ist aber denkbar, daß auch hierbei wie bei der Larve von *Phanomeris* Teile des Fettkörpers mit dem Blutstrom mit fortgeführt werden. Das letzte Entwicklungsstadium der *Apanteles*-Larve hat wieder kräftige Mandibeln, doch werden diese es der Larve ermöglichen, sich den Weg aus dem Wirt heraus zu bahnen. Diejenigen Larven, die eine biophage Lebensweise besitzen oder wenigstens während der ersten Zeit des größeren Teils der Fraßperiode eine solche führen, können nicht ohne weiteres sämtliche Gewebe ihres Wirtes angreifen. Hier müssen die lebenswichtigen Organe desselben möglichst geschont werden, da ein verfrühtes Absterben des Wirtes für den Schmarotzer verhängnisvoll werden könnte. Von geringerer Bedeutung wird vermutlich das Weiterleben des Wirtes bei solchen Formen sein, deren Larven nur eine kurze Entwicklungsdauer haben. Ebenso ist anzunehmen, daß gegen Abschluß der Entwicklung wohl häufiger Nekrophagie vorkommen kann, wenn der Wirt an Entkräftung zugrunde gegangen ist. Wie wenig wählerisch die Larve von *Habrobracon juglandis* ist, darüber konnte Hase einige Beobachtungen anstellen. Er schreibt darüber folgendes: „Larven saugen sowohl an ganz frisch (vor ein bis zwei Stunden) gelähmten Raupen, wie auch an Raupen, die schon vor mehreren Tagen gelähmt wurden. Selbst solche, welche bereits vor 30 Tagen (!) gelähmt worden waren, wurden anstandslos als Nahrung aufgenommen. Aus den daran genährten Larven erzog ich völlig normale Wespen. Auch Raupen, welche schon in Fäulnis übergegangen waren — sie hatten 15 Tage in feuchter Kammer gelegen und zeigten bereits Schimmelbildung — verschmähten die Larven nicht." Da der während des Larvenlebens bestehende Verschluß des Mitteldarms gegen den Enddarm eine Kotentleerung verhindert, die Nahrungsaufnahme aber ununterbrochen vor sich geht, nimmt die Larve an Körpergewicht außerordentlich schnell zu. So errechnete Hase für *Habr. jugl.*, daß das Gewicht der jüngsten Larve zu dem der erwachsenen Larve im Verhältnis von 1 : 274 steht. Dabei beträgt die Zeitdauer, in der diese Gewichtszunahme erreicht werden kann, im günstigsten Falle nur zwei Tage.

Viertes Kapitel.

Respiration und Zirkulation.

Im Imaginalstadium sind die Hymenopteren luftatmende Tiere und als solche mit den bei den Insekten allgemein verbreiteten Tracheen und Stigmen als Atemorganen ausgestattet. Auch für die Mehrzahl der Larven trifft eine derartige Atmung zu. Ausnahmen kommen aber bei entoparasitären Formen vor.

Die Tracheen stellen ein verzweigtes Röhrensystem dar, das sich schließlich in außerordentlich feine Endäste aufspaltet und alle Organe umspinnt, ihnen direkt die Luft zuführend und Kohlensäure ableitend, zwischen Zellen und wohl auch in dieselben eintretend. Sie stehen durch besondere, an der Körperoberfläche gelegene Öffnungen (Stigmen, Spirakeln) mit der Außenluft in Verbindung. Eine derartige Durchbrechung der Körperwand ist nötig, da der starke Chitinpanzer der Imagines eine Hautatmung kaum zuläßt. Entsprechend ihrer Aufgabe des Gasaustausches sind die Tracheen außerordentlich dünnwandig, würden also leicht zusammensinken können, wenn nicht besondere Versteifungen, die in den feinsten Endzweigen fehlen, ausgebildet wären. So sieht man an der Innenseite der Tracheen ringförmige Leisten in das Lumen vorspringen und dazwischen dünnwandige Zwischenräume. Diese Ringleisten haben einen spiraligen Verlauf, gabeln sich aber häufig und sind auch untereinander durch kleine Chitinbrücken verbunden. Die Zwischenräume haben etwa die Breite der Leisten. Außerdem kommen aber auch große Luftsäcke vor, die mächtige Erweiterungen der Tracheen bei den Imagines darstellen und frei von den Versteifungen sind. Diese Luftsäcke nehmen im gefüllten Zustand einen großen Teil des Körpers ein. Besonders auffällig sind die Luftsäcke des Abdomens. Sie durchziehen dieses bei der Honigbiene (Abb. 56) jederseits fast in seiner ganzen Länge und sind durch kurze Tracheenstämme mit den Stigmen direkt verbunden. Ihrerseits entsenden sie große Tracheen gegeneinander, die kleinere Luft-

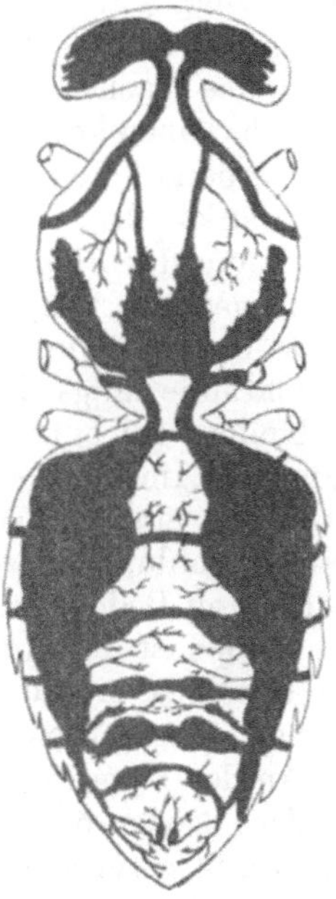

Abb. 56. Verteilung des Tracheensystems mit den Luftsäcken im Körper der Honigbiene (nach SNODGRAS und ZANDER).

säckchen bilden. An der Basis des Abdomens stehen die beiden seitlichen Luftsäcke miteinander in Verbindung. Im Thorax sind Luftsäcke besonders im Mittelsegment entwickelt; ein großer Luftsack liegt unter der Wölbung des Scutellums. Außerdem schieben sich große Säcke auch, soweit es der Raum gestattet, zwischen die Muskelmassen ein. Diese thorakalen Luftsäcke gehen durch längsverlaufende Tracheenstämme in die abdominalen über. Auf der Grenze zwischen Pro- und Mesopleuren entspringt jederseits eine mächtige Trachee, die in den Kopf hineinzieht und sich dort zu kleineren Säcken erweitert. Durch einen vorn im Thorax tiefer gelegenen Luftsack kommunizieren auch diese beiden Tracheen, die außerdem auch rücklaufende Äste entsenden, die nach hinten in zwei größere ventrale, mit breiter Basis zusammenhängende Säcke einmünden. Durch die Verbindung der einzelnen Tracheenstämme wird eine Durchlüftung des Körpers auch bei Verstopfung einzelner Stigmen gewährleistet. Das System der Luftsäcke, wie es oben in Anlehnung an die Verhältnisse bei der Honigbiene geschildert wurde, ist übrigens bei den einzelnen Hymenopteren verschiedenartig entwickelt. Auch in die Körperanhänge: Fühler, Beine, Mundteile und Flügel treten Tracheen ein. Dabei sind gewisse Beziehungen, die zwischen der Flügeladerung und den Tracheen bestehen, bemerkenswert. Während bei tiefstehenden Formen, wie den Sireciden, das Tracheensystem dem größten Teil des Aderverlaufs folgt — auch bei Ophioninen kommt etwas Ähnliches vor — ist bei der großen Mehrzahl der Hymenopteren das Tracheensystem auf die Adern in der Flügelbasis beschränkt. Die Tracheen sind beim Abstreifen der Puppenhaut der Streckung des Flügels nicht gefolgt und haben sich daher in die Basis zurückgezogen. Dagegen war im Puppenflügel ein verzweigtes Adernetz, selbst unter Bildung von Randadern, die die distalen Teile der Hauptaderstämme längs des Flügelrandes, wenigstens bei manchen Formen, verbinden, gut entwickelt. Auch bei solchen Formen, die wie die Chalcididen als Imagines eine außerordentlich reduzierte Flügeladerung besitzen, ist ein Tracheennetz im Puppenflügel und auch noch in dem der frisch geschlüpften Imago nachweisbar, das für die Homologisierung der Adern von Bedeutung sein muß. Für die mit Blut gefüllte Flügelanlage der Puppe ist die Sauerstoffversorgung von viel größerer Wichtigkeit als für den Imaginalflügel, in dem zwischen den beiden eng aufeinanderliegenden Schichten kaum noch eine Blutzirkulation stattfinden kann.

An der Hymenopterenimago liegen die Stigmen an ganz bestimmten Stellen. Doch können einzelne Stigmen mehr oder weniger reduziert, andere dafür vergrößert werden. Der Kopf trägt nie Stigmen. Dagegen liegt zwischen Pronotum und Mesopleuren dicht vor dem Flügelschüppchen ein großes Stigma, das jedoch gewöhnlich durch einen nach hinten gerichteten lappigen Vorsprung des Pronotums überdeckt wird. Die zugehörige Trachee ist sehr weitlumig und zieht hauptsächlich nach vorn in den Kopf. Bei den Symphyten liegt dieses Stigma noch verhältnismäßig frei. In der merkwürdigen Familie der Megalyriden, die in ihrem Vorkommen auf Australien beschränkt ist, und bei den dieser Familie nahestehenden Dinapsiden aus Afrika ist es im Pronotum selbst gelegen. Ein weiteres Stigma folgt zwischen den Epimeren der Mesopleuren und den Metapleuren. Nur bei tieferstehenden Gattungen ist es deutlich zu erkennen. Bemerkenswert ist, daß dieses Stigma, obwohl es den Larven der *Tenthredinoidea* fehlt, bei den Imagines der Cimbiciden in seiner Anlage deutlich zu erkennen ist und beim Schlüpfen der Imago die zugehörigen Tracheenstämme gehäutet werden. Ein großes Stigma, das auch namentlich in der Ichneumonidensystematik und, soweit besondere Furchen damit in Verbindung stehen, bei den Chalcididen eine wichtige Rolle spielt, befindet sich auf dem Mittelsegment bzw. 1. Abdominalsegment. Im übrigen besitzen die folgenden sieben Abdominalsegmente Stigmen. Die abdominalen Spirakeln liegen seitlich in den Tergiten, oft so weit nach vorn verlagert, daß sie von den Hinterrändern des vorher gehenden Tergits überdeckt werden. Mit der bei den höheren Hymenopteren erfolgenden Umgestaltung der letzten Segmente zum Stachelapparat und deren Verschiebung ins Innere des Abdomens wird auch das letzte Stigma in dieses hineingezogen und fällt durch seine Größe auf der „Stigmenplatte“ auf. In solchen Fällen, in denen Abdominalsegmente miteinander verschmelzen, kann man aus dem Vorhandensein von mehreren Stigmenpaaren auf dem gleichen Tergit auf den Verschmelzungsvorgang schließen. Bei den Chrysididen (Abb. 57) ist eine weitgehende Einstülpung der letzten Segmente in das Abdomen erfolgt. Hier scheinen die Stigmen auf diesen Segmenten funktionslos zu werden, wenn sie überhaupt noch nachweisbar sind. Am Goldwespenabdomen, das durch eine scharfe Seitenkante, die durch ein Umschlagen der Seitenteile auf die Ventralseite entsteht, ausgezeichnet ist, tritt noch eine weitere bemerkenswerte Erscheinung auf. Hier münden nämlich die Stigmen entweder dorsal oder aber auf den abgegliederten umgeschlagenen Tergitteilen ventral. In denjenigen Familien, in denen die Tergite die Sternite sehr weit umfassen oder bei denen der Stachelapparat weit nach vorn vorgezogen ist, wie bei Chalcididen und Cynipiden, so daß beim Stechakt Sternite und Tergite sehr weit gedehnt werden müssen, finden wir am Abdomen das letzte freiliegende Stigma besonders vergrößert und wohl allein funktionsfähig. Im übrigen pflegt

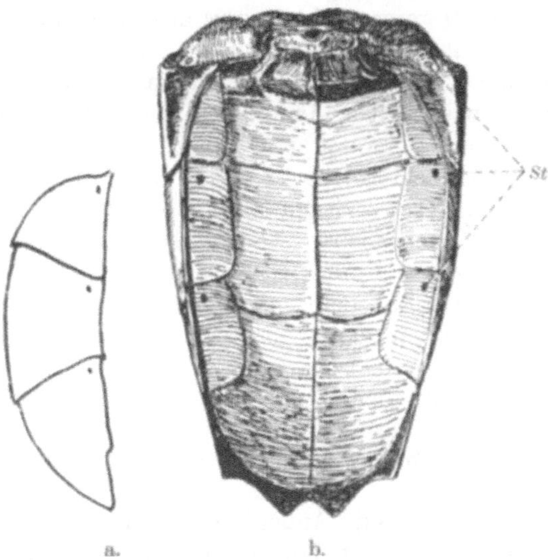

Abb. 57. a. Abdomen von *Hedychrum* von der Seite; b. Abdomen von *Stilbum*, Ventralansicht. a. Mit dorsal; b. mit ventral gelegenen Stigmen.

besonders das Stigma des Mittelsegments gut entwickelt zu sein. Die Tendenz zu einer Vergrößerung des letzten Stigmas ist aber auch weiter verbreitet.

Während bei freilebenden Larven das Tracheensystem im allgemeinen normal entwickelt ist, — Luftsäcke fehlen stets — treten bei den Entoparasiten Reduktionen häufig auf. Vielfach sind die Tracheen in den einzelnen Larvenstadien verschieden stark entwickelt, und die Zahl der Stigmen ist schwankend. Im Höchstfall besitzen die Larven zehn seitlich gelegene Stigmen, die übrigens nach Untersuchungen von SEMICHON an *Vespa* selbst artweise einen recht verschiedenen Dörnchenbesatz zeigen. Bei der verhältnismäßig undeutlichen Segmentierung der Larven der Parasiten und der aculeaten Hymenopteren kann man mitunter im Zweifel darüber sein, zu welchem Körpersegment ein Stigma gehört. Die innere Metamerie, besonders des Zentralnervensystems, wird die sichersten Aufschlüsse geben. Bei Tenthredinidenlarven liegt das 1. Stigma deutlich im 1. Segment, d. h. dem Prothorax, verschiebt sich aber später, so daß es bei der Imago intersegmental mündet. Bei den Larven der höheren Hymenopteren nähert sich dieses Stigma deutlich dem Hinterrand des Prothorax, kann aber auch auf das folgende Segment rücken. Das 2. Stigma, das bei den höheren Formen an der Imago nur schwer nachweisbar ist, liegt bei deren Larven in der Nähe der Meso-Metathorakalgrenze, ist aber bei den Larven der Symphyten weitgehend reduziert; nur bei Cephinen und Sirecinen, im Gegensatz zu den den letzteren nahestehenden Xiphydriinen, ist es deutlich. Die folgenden acht Abdominalsegmente haben die Stigmen in der Nähe des Vorderrandes. Bei den Parasiten ist eine Verringerung der Stigmenzahl sehr häufig. So besitzt die Larve der als Hyperparasit lebenden Cynipidengattung *Charips* nur sechs, ausnahmsweise sieben Stigmenpaare, gegenüber neun, die bei anderen parasitären und phytophagen Cynipiden zu beobachten sind. Außerdem tritt die Tracheenatmung erst im 4. Larvenstadium auf. An der ausgewachsenen Larve von *Platygaster vernalis* MYERS sind am 2. und 3. Thoraxsegment und am 2. Abdominalsegment Stigmen zu erkennen. Am 1. Abdominalsegment soll sich an Stelle des Stigmas ein großer, scheibenförmiger Körper finden. Für *Banchus* stellte neuerdings BLEDOWSKI, für andere Schlupfwespen RATZEBURG und SEURAT fest, daß Stigmen fehlen, obwohl ein Tracheensystem vorhanden ist. Bei *Banchus* ist außerdem das an die Kutikula herantretende Tracheenende durch einen Chitinpfropf fest verschlossen. Bei den erwachsenen Larven der Chalcididen sind nach PARKER (1924) die Längstracheen im 1. Körpersegment dorsal und im 11. ventral miteinander verbunden. Im allgemeinen sind neun nicht verschließbare Stigmenpaare entwickelt. In der Ausbildung und Art der Verzweigung herrscht eine gewisse Mannigfaltigkeit. Während sich die Trachee in der Nähe des Stigmas in einen dorsalen und einen ventralen Ast gabelt, biegt sich bei *Chalcis* und *Leucospis* das Tracheensystem ventral weiter um und spaltet sich dann in eine große Zahl von sehr feinen Tracheen auf, während der dorsale Ast viel kürzer ist. Bei *Perilampus* ist die Haupttrachee unmittelbar in jedem Segment in feine dorsale und ventrale Tracheen aufgefasert. Die

Jugendlarven der Gattungen *Torymus*, *Melittobia*, *Leucospis*, *Dibrachys*, *Elasmus* und verschiedener anderer besitzen vier Stigmenpaare auf dem 2. und 4. bis 6. Segment, vom 2. Stadium ab aber neun Paare. Primärlarven und die späteren Stadien von *Aphelinus* haben acht Paare auf Segment 2 und 4—10. Während die Larven von *Chalcis* und *Pteromalus* vom 2. Stadium an neun Paare aufweisen, sind deren primäre Larven wie die mancher anderen wichtigen Gattungen (*Tetrastichus*, *Lithomastix*, *Copidosoma*, *Aphycus* usw.) durch den gänzlichen Mangel von Stigmen ausgezeichnet. Bei *Perilampus* hat die Primärlarve nur ein Stigmenpaar, das auf dem 2. Segment liegt, im 2. Stadium kommt ein weiteres auf dem 4. Segment dazu, vom 3. Stadium ab sind sieben Paare vorhanden und schließlich wird die Zahl von neun Paaren erreicht. Als metapneustisch sind solche Larven zu bezeichnen, bei denen nur das letzte Stigmenpaar (10. Segment) sich findet. Diese Erscheinung kommt u. a. bei *Microterys*, *Encyrtus* und *Aphycus*-Arten vor. Im übrigen können selbst bei Arten der gleichen Gattung verschiedene dieser Typen auftreten. Vollkommen fehlt ein Respirationssystem den sogenannten Cyclopoidlarven, jenen zahlreiche embryonale Züge tragenden Larven mancher parasitären Hymenopteren. Dagegen ist bei parasitären Larven mitunter die Ausbildung besonderer Apparate zu erkennen, die als Blutkiemen angesprochen werden können und offensichtlich respiratorische Funktion besitzen (s. unten). Bei Larven von Ichneumoniden finden sich im Gegensatz zu denen der Braconiden und Chalcididen im Thorax tracheale Längskommissuren.

Von hervorragender Bedeutung für die Möglichkeit der Stigmenatmung ist eine Verschlußfähigkeit der Stigmen bzw. der zugehörigen Tracheen (Abb. 58). Um das imaginale Stigma herum entspringt an der Innenseite der Körperwand eine chitinige Kapsel, an deren Grund die Trachee mit einer kräftigen Chitinspange ansitzt. Feine Stacheln, die an den Innenwänden dieser kleinen Kapsel stehen, halten Staubteilchen zurück, die bei einer Ausatmung wohl wieder herausgetrieben werden können. Dort, wo die Trachee entspringt, bildet sie eine in die Stigmenkammer einhängende Falte oder Lippe mit stärker chitinisiertem Rand. Zwischen den Enden dieser Chitinleiste spannt sich ein Muskel aus. Nach ähnlichem Prinzip sind auch die großen Mittelsegmentstigmen gebaut, doch fällt hier die Innenkammer fort. Statt dessen können die Außenränder dieser Stigmen als Kanten vorspringen. Bei niederen Formen (Sireciden) sind diese beiden Chitinisierungen annähernd gleich, bei höheren (Apiden, Vespiden) ist dagegen eine der beiden rückgebildet. Durch eine Kontraktion der sich zwischen ihnen ausspannenden Muskeln wird die Trachee durch die Lippe verschlossen und die in ihr enthaltene Luft kann in diesem Zustande nicht nach außen entweichen. Außerdem ist aber auch noch eine andere Spirakularmuskulatur entwickelt (wenigstens bei aculeaten Hymenopteren). Hier ziehen nach Betts Muskeln von dem größeren der beiden Zapfen zu einem seitlichen Fortsatz am zugehörigen Sternit. Bei gestrecktem Abdomen ist dieser Muskel gespannt und hält den Verschlußapparat offen. Bei dem Ineinanderziehen der Abdominalsegmente sind die dabei erschlaffenden Muskeln jedenfalls nicht in der Lage, den Stigmenverschluß aktiv zu öffnen. Bei Ameisen setzt das Vorderende des Muskels an der Vorderkante des Tergums an. So tritt auch die Muskulatur, die die einzelnen Abdominalsegmente ineinander zieht und wieder streckt (Abb. 59) in den Dienst der Respiration.

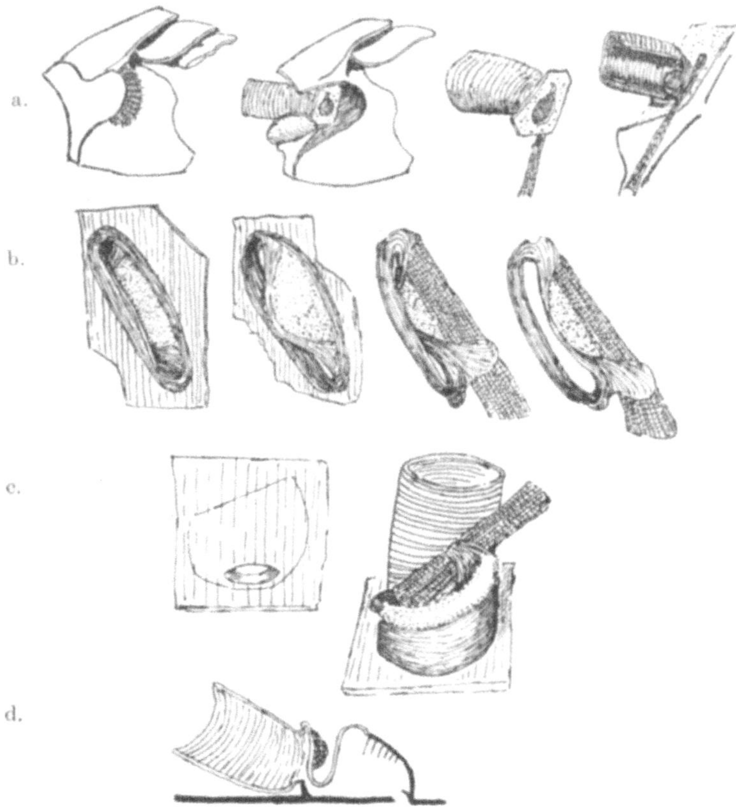

Abb. 58. Stigmenverschlüsse bei der Honigbiene (nach SNODGRAS). a. Erstes Thorakalstigma; b. Stigma des Mittelsegments; c und d Abdominalstigma.

Abweichend ist der Verschlußmechanismus der ersten Thoraxstigmen. Bei größeren Formen, bei denen diese Stigmen freiliegen (z. B. *Cimbex*), kann man leicht beobachten, wie die Tracheenmündung förmlich schnappende Bewegungen ausführt. Hier schiebt sich ein kleines chitinisiertes Deckelchen von innen her über die Öffnung. Das gleiche ist auch am 2. Stigmenpaar bei *Cimbex* zu beobachten, jedoch entsprechend der wesentlich geringeren Größe des Stigmas weniger deutlich. Die eigentlichen Atembewegungen sind Streckung und Zusammenziehen des Abdomens. Nach BETTS soll die ausgeatmete Luft durch die Thoraxstigmen entweichen, eine Auffassung, die dringend der Nachprüfung bedarf.

Die im Süßwasser vorkommenden Hymenopterenimagines, bzw. diejenigen Formen, die vorübergehend zur Eiablage in das Wasser gehen, lassen bezüglich der Ausbildung des Tracheensystems keine spezifischen Anpassungscharaktere an eine submerse Lebensweise erkennen. Mit offenen Stigmen und bereits seit dem Verlassen des Wirtes mit gas-

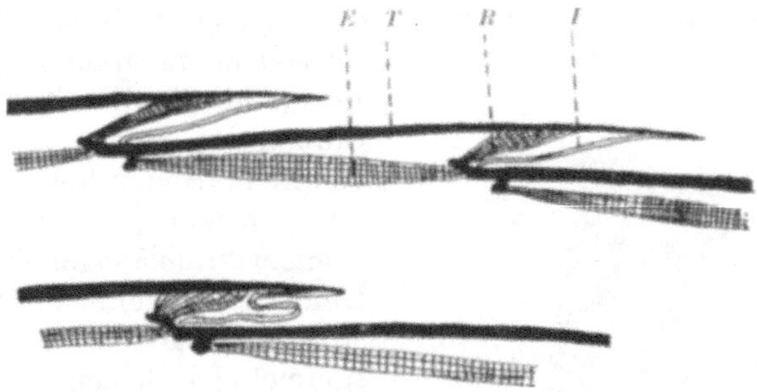

Abb. 59. Halbschematische Darstellung der abdominalen Respirationsbewegungen (nach SNODGRAS). T = Tergit; I = Intersegmentalmembran; E = Extensor; R = Retractor.

gefüllten Tracheen rudern die *Prestwichia*-Arten, die tagelang unter Wasser bleiben können, in diesem. Bei geringem Druck dringt kein Wasser in die Tracheen ein. Vielleicht kommt hier aber auch eine Hautatmung vor. Übrigens kann schon eine kleine Luftblase, mit der die *Prestwichia* unter Wasser in Berührung kam und die an ihrer Behaarung anhaftet, die Bewegungen des Tieres stören. Daß im übrigen das Atmungsbedürfnis ein recht geringes sein kann, geht auch aus der Tatsache hervor, daß die Mymaride *Anagrus subfuscus* FÖRST. unter Luftabschluß 24 Stunden in ausgekochtem Wasser leben kann. Auch hier sind die Tracheen bereits beim Schlüpfen gasgefüllt. Das Eindringen von Luft in die Tracheen der Flügelanlage der Puppen beobachtete Verfasser bei *Cemonus* in dem Zeitpunkt, in dem sich der Vorderkörper der Puppe aus der letzten Larvenhaut hervorarbeitete. Infolge der Totalreflexion erscheinen dann die vorher nicht auffälligen Tracheen bei der Betrachtung mit der Lupe als dunkle Linien, die sich distal mit dem Eindringen der Luft immer weiter verfolgen lassen. Dieses Vorrücken geht in beiden Flügeln nicht gleichmäßig vonstatten. Eine sehr eigenartige, im Dienste der Respiration (Abb. 60) stehende Vorrichtung ist bei der Gattung *Agriotypus* bekannt, deren Larven an denen von Köcherfliegen (Trichopteren) schmarotzen. Hier spinnt die verpuppungsreife Larve am vorderen Deckel ihres Kokons ein 1—2 mm breites Band, das vom Grunde her verlängert wird und eine Länge von 3 cm erreichen kann. In den Maschen dieses riemenförmigen Gebildes sind Luftblasen vorhanden. Die lebenswichtige Funktion desselben geht daraus hervor, daß bei frühzeitiger Ent-

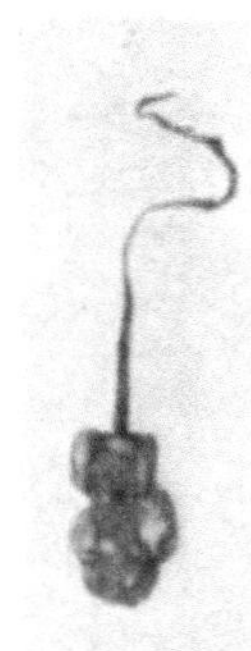

Abb. 60. Trichopterengehäuse mit anhängendem Respirationsband von *Agriotypus*.

fernung desselben die Imagines sich nicht entwickeln oder, wenn das Abschneiden etwas später erfolgte, wenigstens nicht lebensfähig sind. Auch bei landbewohnenden Hymenopteren kennt man verschiedene Durchlüftungsvorrichtungen an Kokons. Überflüssig sind diese an dünnwandigen oder an unvollständigen Kokons, wie sie z. B. bei den Pemphredonen vorkommen. Bei den Blattwespen sind besonders die Gitterkokons, die aus einem starren, weitmaschigen Gewebe bestehen (*Pseudoclavellaria amerinae* L.) bemerkenswert (Abb. 61). Die Kokons mancher Craboniden tragen am Vorderende eine kleine Spitze, die von dem eigentlichen Kokon durch eine mehr oder weniger durchlässige Scheidewand getrennt ist. Ähnliche Hohlzäpfchen sitzen den Kokons mancher bauchsammelnden Bienen (*Anthidium*) und der inneren Hülle mehrschichtiger Osmienkokons auf, finden sich außerdem bei den den Anthidien nahestehenden Arten der Kuckucksbienengattung *Stelis*. Vermutlich dient diese Spitze (Abb. 105) während der Spinntätigkeit als Ventilationsvorrichtung. Mit der dem Kokon aufsitzenden Durchlüftungsspitze dürfte offensichtlich auch der lange Fortsatz an den Harzzellen von *Anthidium strigatum* Pz in Beziehung zu bringen sein, da wohl die Harznester infolge ihres Baumaterials einen besonders starken Luftabschluß mit sich bringen. Etwas kompliziertere Durchlüftungsvorrichtungen sind am Kokon von *Bembix* (Abb. 62) zu erkennen. Hier fallen an der Stelle des größten Querdurchmessers 8—10 rings um den Kokon liegende kleine Poren auf, die beim Spinnen des Kokons als Löcher bestehen bleiben. Bei der Ansicht von innen sieht man an diesen Stellen dicke, nach innen vorspringende Gespinstpolster, die die Öffnung in der Außenwand nach innen hin abschließen. Nach Entfernung der Polster wird ein kleiner geglätteter Trichter freigelegt, dessen Öffnung in einer der Poren liegt. Die luftdurchlässigen Polster verhindern ein Eindringen von Fremdkörpern ins Innere des Kokons.

Abb. 61. Gitterkonkons von *Pseudoclavellaria amerinae* L.

Daß das Atmungsbedürfnis vielfach ein recht geringes ist, wurde bereits oben erwähnt. Ameisen, die bei den später zu behandelnden Geruchsexperimenten von Miss A. Fielde 80 Stunden in destilliertem

Wasser von 10° C untergetaucht waren, lebten wieder auf. Auch bei Larven kann die Luftatmung vielfach stark eingeschränkt sein. So ist wohl auch die starke Widerstandsfähigkeit mancher Larven gegen giftige Gase, z. B. Blausäure, zu erklären. Eine Larve von *Diomorus*, einer ektoparasitär lebenden Chalcidide, hielt es nach ENSLIN ohne Schädigung 4 Stunden in einer Blausäureatmosphäre aus, in der ein zählebiger Rüsselkäfer der Gattung *Cleonus* bereits nach 6 Minuten bewegungslos war. Die gleiche Larve vertrug danach einen zweistündigen Aufenthalt in Essigätherdämpfen. Eingehende Untersuchungen über das Atmungsbedürfnis liegen bezüglich der Honigbiene vor. Nach PARHON (zitiert nach ZANDER) bedarf 1 kg Bienen bei 20° C pro Stunde an Sauerstoff im Frühling 29 754 ccm, im Sommer 17 336 ccm, im Herbst 24 795 ccm und im Winter 22 549 ccm. Die entsprechende abgegebene Menge CO_2 beträgt 30 408, bzw. 17 575, bzw. 25 881, bzw. 23 038 ccm. Der durchschnittliche Sauerstoffbedarf ist danach 100 mal so stark wie

Abb. 62 Kokon von *Bembix rostrata* L. mit Durchlüftungsporen.

der des Menschen pro Kilo und Stunde bei 20° C (233 ccm). Die Bedeutung der großen Luftsäcke der Honigbiene scheint noch nicht hinreichend geklärt. Als Luftreservoire für die Atmung dürften sie kaum dienen, da sie auch bei untergetauchten Bienen prall gefüllt bleiben. Allerdings tritt hierbei schnell ein Starrezustand der Biene ein, währenddessen die Respiration stark herabgesetzt sein dürfte. Trotz des verhältnismäßig großen Körpers lassen die Luftkammern dessen Gewicht verhältnismäßig gering erscheinen, so daß also die Luftsäcke den Flug erleichtern können.

Die ektoparasitär lebenden Larven unterscheiden sich bezüglich der Atmung kaum von anderen Hymenopterenlarven. Allerdings scheint auch hier bei geschlossenen Stigmen Hautatmung vorzukommen, eine Erscheinung, die bei entoparasitischen Larven häufiger zu beobachten ist. Bei manchen Larven parasitärer Hymenopteren finden sich gewisse morphologische Eigentümlichkeiten, die als Blutkiemen gedeutet werden können. In einigen Fällen ist die Analöffnung stark erweitert und aus ihr treten verschiedenartige Bildungen hervor. So wird von einer als Hyperparasit lebenden Cynipidenlarve (*Charips*), die durch ihre starke Chitinisierung im 1. Larvenstadium auffällig ist, eine große Zellwucherung in dieser Öffnung beschrieben. Da gleichzeitig Stigmen fehlen und die Körperhaut in diesem Falle für eine Hautatmung ungeeignet erscheint, kann man darin ein Respirationsorgan vermuten. Erst wenn die Wirtslarve (*Aphidius*) ihren Kokon gesponnen hat, durchbricht die im 4. Stadium befindliche Cynipidenlarve den Thorax der Wirtslarve und atmet nun durch Tracheen. Von der Larve der Braconidengattung *Macrocentrus* beschreibt WEISSENBERG in der gleichen Lage große Drüsenzellen, die ein fast kompaktes Bündel langer kutikularer Fortsätze über die Öffnung hinaus nach außen senden, so daß diese rings vom Wirtsblut umspült werden. In diesem Falle werden die betreffenden Gebilde als Exkretionsorgane angesehen.

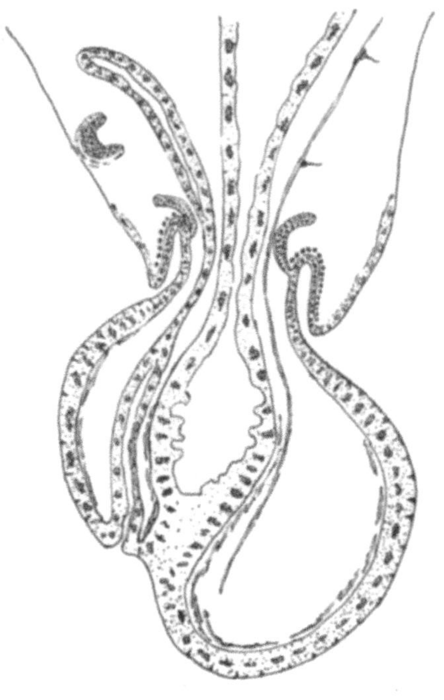

Abb. 63. Sagittalschnitt durch das hintere Körperende und die Schwanzblase von *Apanteles glomeratus* (nach WEISSENBERG).

Nicht zu verwechseln mit diesen Ausstülpungen aus der Analöffnung sind die in verschiedenen Familien wiederkehrenden schwanzartigen Anhänge. Dabei handelt es sich um ventrale Bildungen am letzten Körpersegment, die wohl in erster Linie eine lokomotorische Funktion zu erfüllen haben. Bei der aber doch wohl weiter verbreiteten Hautatmung der Parasiten können sie durch Vergrößerung der Körperoberfläche in den Dienst der Respiration treten. Die Larven der Braconidengattung *Apanteles* (Abb. 63) und höchstwahrscheinlich auch die nahe verwandter Gattungen besitzen nun eine merkwürdige Bildung, die gewisse Homologien mit den Verhältnissen bei *Macrocentrus* nach den Untersuchungen von WEISSENBERG aufweist, aber außer Exkretion noch eine neue Aufgabe, nämlich die einer Blutkieme zu erfüllen haben dürfte. Hier wird an der zunächst entoparasitär, biophag lebenden Larve der Enddarm wie ein Bruchsack aus der stark erweiterten Analöffnung als Schwanzblase ausgestülpt, so daß die den Verschluß des Mittel- gegen den Enddarm bedingende Polkappe an die Oberfläche der Vorstülpung zu liegen kommt. An der Basis findet sich eine nach innen einspringende Ringfalte. Frei auf der Oberfläche des Sackes münden die larvalen MALPIGHIschen Gefäße aus. Oberhalb des Mitteldarms tritt in die blutgefüllte Schwanzblase der verbreiterte Herzschlauch. Außen umspült das Blut der Wirtsraupe die dünnwandige Blase, so daß die Funktion als Blutkieme wahrscheinlich ist. Es ist jedoch zu bemerken, daß die Tracheen gegen Abschluß der entoparasitischen Lebensweise bereits luftgefüllt sind, die Schwanzblase aber noch ausgestülpt ist. Zur Verpuppung bohrt sich die Larve aus dem Wirt heraus und zieht die Blase ein. Dabei senkt sich, dem Zuge von Muskeln folgend, zunächst die Polkappe immer tiefer ein, so daß die Wölbung kraterartig vertieft erscheint. Später schließt sich die Analöffnung sphinkterartig, bis bei der Kokonlarve äußerlich keine Spuren der Schwanzblase mehr erkennbar sind.

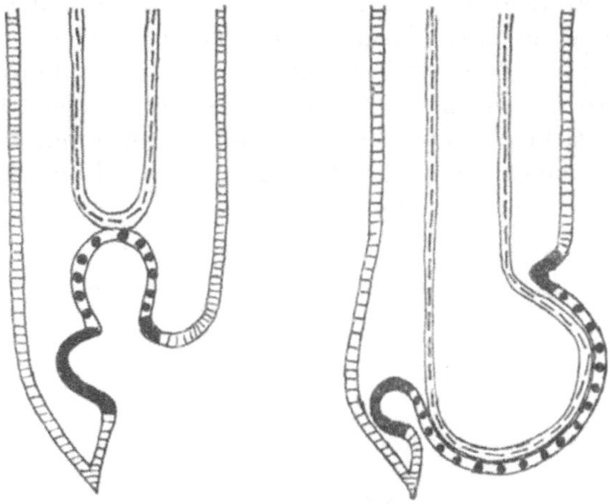

Abb. 64. Mechanismus der Analblase von *Banchus femoralis* THS. (nach BLEDOWSKI). a. Eingezogen: b. ausgestülpt. Larvenhaut; Proctodaeum; Proctodaealer Mitteldarm; Dotterblase.

Die von BLEDOWSKI bei *Banchus* beschriebene Analblase (Abb. 64) geht auf eine Ausstülpung des dottergefüllten Mitteldarms zurück, wobei sich der mesodermale Abschnitt des Enddarms kappenartig darüber legt. Blut tritt in diese rhythmisch pulsierende Blase nicht ein, so daß sie für die Respiration wohl kaum in Frage kommt. BLEDOWSKI nimmt an, „daß es sich hier um eine eigentümliche Einrichtung handelt, deren Zweck in der Erleichterung der Abbauprozesse des Dotters liegt". Doch ist auch eine exkretorische Funktion nicht ohne weiteres von der Hand zu weisen.

Schließlich ist für entobiophag lebende Larven mit geschlossenem Tracheensystem noch eine intramolekulare Atmung im Fettgewebe denkbar.

Über den Gasaustausch der Eier ist nur sehr wenig bekannt. PARKER nimmt an, daß der Eistiel (Abb. 65 u. 131), mit dem gewisse Chalcididen ihre Eier in der Wirtshaut verankern, als Respirationsapparat funktionieren könnte.

Das durch die Stigmen mit der Außenluft direkt verbundene Tracheennetz führt die Luft den einzelnen Körperteilen selbst zu und die abgegebenen Gase ab, während bei der Lokalisierung der Atemorgane höherer Tiere die Verteilung durch den Blutstrom erfolgt. Es kann wohl angenommen werden, daß auch bei den Hymenopteren geringe Mengen der Atemgase mit dem Blutstrom transportiert werden, doch besteht dabei gegenüber den Wirbeltieren insofern ein prinzipieller Unterschied, als dort der Sauerstoff der Luft chemisch an die roten Blutkörperchen (Hämoglobin) gebunden wird, während hier bei dem Fehlen derselben die Gase sich nur in gelöster Form in dem Blut befinden, falls nicht hämocyaninähnliche, kupferhaltige Verbindungen den Transport der Atemgase ausführen. Sowohl für den Gastransport, der hier aber von untergeordneter Bedeutung ist, wie für den Transport der durch die Verdauung im Mitteldarm als für den Körper verwertbar an das Blut abgegebenen Nährstoffe ist die Bewegung des Blutes, der Kreislauf, von größter Wichtigkeit. An Stelle des Herzens tritt hier das dorsal vom Darm gelegene, sich der Länge nach durch den Körper erstreckende schlauchförmige Rückengefäß, das das Blut von hinten nach vorn durch den Körper treibt. Sind auch den Adern der höheren Tiere

Abb. 65. Primärlarve von *Microterys masi* SILV. mit dem Eistiel noch in der Wirtshaut verankert (nach PARKER).

entsprechende Blutbahnen nicht vorgebildet, so umspült das Blut gleichwohl nicht regellos die einzelnen Organe, sondern wird durch gewisse Vorrichtungen in bestimmte Bahnen gelenkt.

Eine andere Funktion des Blutes dürfte bei den Larven wenigstens darin bestehen, durch den Turgor die an sich schlaffe Körperwand gespannt zu halten.

Über das Blut der Hymenopteren sind wir bisher nur unzureichend unterrichtet. GEYER konnte allerdings bei verschiedenen phytophagen Larven feststellen, daß hier ähnliche Differenzen in der Färbung der Hämolymphe nach dem Geschlecht vorkommen wie bei den Schmetterlingen. Die Blutfarbe des männlichen Blutes ist gelblich, die des weiblichen mehr grünlich. Die Färbung des Blutes geht auf Abbauprodukte des Chlorophylls zurück, wofür besonders die spektralanalytische Untersuchung Anhaltspunkte gewährte. Bei einer Anzahl von Larven von *Cimbex connata* SCHR., die Verfasser auf ihre Fähigkeit, das Blut im Strahl auszuspritzen, untersuchte, wurde stets nur blaßbläuliches Blut beobachtet, wobei allerdings nicht ausgeschlossen ist, daß zufälligerweise nur weibliche Larven zur Beobachtung kamen. Bei Larven von *Abia*, also ebenfalls einer Cimbicine, war das Blut der untersuchten Individuen wasserklar, unterschied sich außerdem aber von dem *Cimbex*-Blut durch eine größere Gerinnungsfähigkeit, die sich bemerkbar machte, wenn der hervortretende Blutstropfen später durch die Spritzöffnung wieder eingezogen wurde. Man sah dann, daß die äußersten Schichten bereits ein Häutchen gebildet hatten. Dagegen hielt sich das dünnflüssige *Cimbex*-Blut längere Zeit, ohne zu gerinnen. Das Blut der Larve von *Athalia colibri* CHR. ist nach HOLLANDE blau. Möglicherweise kamen auch hier nur Larven weiblichen Geschlechts zur Untersuchung.

Das Herz (Abb. 66) stellt einen dorsal gelegenen dünnwandigen Schlauch dar, der von feinen Muskeln umgeben ist. Die Wandung selbst ist bei der Hornisse in Falten gelegt, die sich ohne weiteres infolge eigener Elastizität der Wände wieder zusammenlegen, wenn man z. B. einen leichten Druck, den man auf das unter dem Deckglas ausgebreitete Herz ausübte, aufhören läßt. Bei den Larven sind erst verhältnismäßig geringe Differenzierungen zu erkennen in Form von Kammern, die den einzelnen Segmenten entsprechen. Bei der Honigbienenlarve unterscheidet man etwa 12 der Länge nach angeordnete Kammern, deren Grenzen mitten auf den Segmenten liegen und nicht mit den Segmentgrenzen zusammenfallen. An den Grenzstellen liegen seitliche Öffnungen, die Ostien. Bei der *Cimbex*-Larve sollen nur zehn Kammern entwickelt sein, deren vorderste sich in den Kopf öffnet. Bei den Imagines kann man zwei Hauptabschnitte am Herzen unterscheiden (Abb. 67). Der vordere als Aorta bezeichnete mündet offen im Kopfe aus und durchzieht in großem Bogen, zwischen der Längsmuskulatur des Thorax durchtretend, diesen, um im Abdomen sich in den eigentlichen Pumpapparat des Rückengefäßes fortzusetzen. Die Wände der Aorta können sich aber, bei der Hornisse wenigstens, streckenweise in Falten legen. Einen eigenartig geschlängelten Verlauf in 18 dicht aneinandergelegten Windungen nimmt sie bei der Honigbiene beim Durchtritt durch den Abdominalstiel. Man hat angenommen (ARNHART 1906), daß die Schlangenwindungen bei der Diastole des Herzens ein Rückströmen des Blutes vom Gehirn her durch die Aorta verhindern sollen. Nach ZANDER kommt dieser Schlingenbildung jedoch eine rein mechanische Bedeutung zu. Durch den geschlängelten Verlauf der Aorta unmittelbar an der Stelle, an der sie sich dem großen Phragma des Mesopostnotums anlegt, wird ein dauerndes Hin- und Herzerren beim Fluge vermieden. Bei der Hornisse, die keine derartigen Schlingen besitzt, bleibt die Aorta von dem Phragma entfernt, so daß Zerrungen schon durch ihre Lage ausgeschlossen sind. Außerdem können aber auch an der Aorta noch Ampullen auftreten, z. B. bei *Megachile bombycina* RAD. (Popovici). Eine von diesen liegt noch in der Abdominalbasis, die andere bereits im Thorax; zwischen beiden verläuft die Aorta bogenförmig.

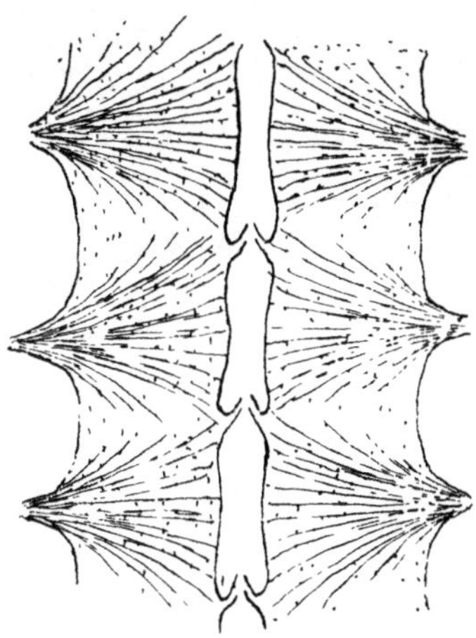

Abb. 66. Schema der Herzkammern mit darunter liegenden Fächermuskeln.

Der zweite Abschnitt des imaginalen Herzens stellt den eigentlichen Pumpapparat dar. An diesem kann man mehrere Kammern (4—5) unterscheiden, die gegen die Enden mehr oder weniger keulig verdickt erscheinen. Dabei hat man den Eindruck, als ob das vordere Ende in das hintere der vorhergehenden Kammer eingeschoben sei. An dieser Stelle öffnet sich jederseits eine ins Innere führende Spalte, durch die das Blut in den Pumpapparat eintritt. Dicht davor springen von der Wand des Rückengefäßes her zwei Klappen nach innen vor, die sich nach vorn öffnen und als Ventil ein Zurückströmen des Blutes verhin-

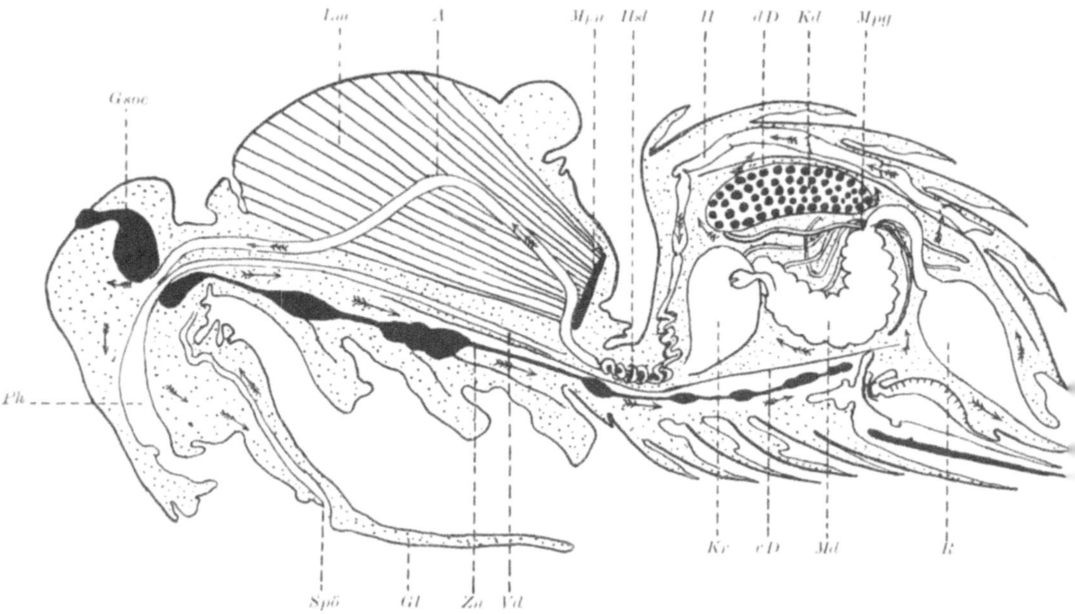

Abb. 67. Längsschnitt durch eine Honigbiene (nach ZANDER).
Gsoe = Oberes Schlundganglion; *Lm* = Thorakale Längsmuskulatur; *A* = Aorta; *Mpn* = Mesopostnotum; *Hsl* = Herzschlingen; *H* = Herzkammern; *dD* dorsales Diaphragma; *Kd* = Keimdrüsen; *Mpg* = Malpighische Gefäße: *Ph* = Pharynx; *Spö* = Öffnung des Speichelkanals; *Gl* = Glossa; *Zn* = Zentralnervensystem; *Vd* = Vorderdarm; *Kr* = Kropf; *vD* = ventrales Diaphragma; *Md* = Mitteldarm; *R* = Enddarm. Die Pfeile bezeichnen die Richtung des Blutstromes.

dern. Das hintere Ende dieses durch seinen Bau und die noch näher zu besprechende Muskulatur als Pumpapparat gekennzeichneten Abschnittes endet blind geschlossen. Ob es, wie angegeben wird, bei den mit den oben besprochenen Schwanzblasen versehenen Larven der Mircogasterinen hinten offen ist, ist einer Nachprüfung wert. Beiderseits vom Herzen liegen weiche Polster von „Perikardialzellen", deren physiologische Bedeutung noch nicht geklärt ist. Dicht unterhalb des Herzens spannt sich, bald hinter der Abdominalbasis beginnend, ein dorsales Diaphragma aus, das bis nahe an das Hinterleibsende reicht. In dieses strahlen von den seitlichen Vorderrändern her fächerförmig Muskelfibrillen ein, die sich zum großen Teil mit denen, die von der anderen

Körperhälfte herkommen, längs der Mittellinie vereinigen. Diese Muskeln werden als „Flügelmuskeln" bezeichnet. Außerdem liegen auf der Dorsalseite des Diaphragmas große Zellen in bandförmiger bis netzartiger Anordnung. Während gelegentlich gitterartige Durchbrechungen dieses Diaphragmas vorkommen, die einen Zustrom des Blutes zum Herzen erleichtern, verläuft bei der Honigbiene, in gleicher Weise auch bei der Hornisse, der seitliche Rand des Diaphragmas zwischen den einzelnen Anheftungsstellen der Fächermuskeln bogenförmig, so daß hier das Blut in den kleinen dorsalen, ventral durch das ausgespannte Diaphragma begrenzten Perikardialraum einströmen kann. Bei der Larve von *Cimbex* sollen die in das Diaphragma einstrahlenden Muskeln nicht fächerartig, sondern fast parallel verlaufen und im ganzen eine zusammenhängende, langgestreckte, rechteckige Platte bilden. Ob die Fächermuskeln an den Pumpbewegungen des Herzens selbst beteiligt sind, ist noch nicht sicher geklärt; es scheint jedoch, daß dies nicht der Fall ist.

Außer diesem dorsalen Diaphragma tritt noch ein ventrales auf, das für die Regelung der Blutbahnen von besonderer Bedeutung ist und das Nervensystem von den übrigen Organen des Abdomens trennt. Man kann somit im Abdomen einen dorsalen Perikardial-, einen ventralen Perineural- und einen zwischen beiden Diaphragmen liegenden Zirkumintestinalsinus unterscheiden, der Darm und Genitalorgane enthält (Abb. 68). Beide Diaphragmen sind zu rhythmischen Bewegungen befähigt und also in der Lage, den Blutstrom zu beeinflussen. Eine Verschmelzung der seitlichen Ränder des dorsalen und des ventralen Diaphragmas würde ein zylindrisches Gebilde ergeben, wie es BERLESE für *Arge rosae* L. und HENNEGUY für *Neurotoma pyri* SCHR. beschreiben. Im Innern liegen dann Darm, Geschlechtsapparate und Teile des Fettgewebes.

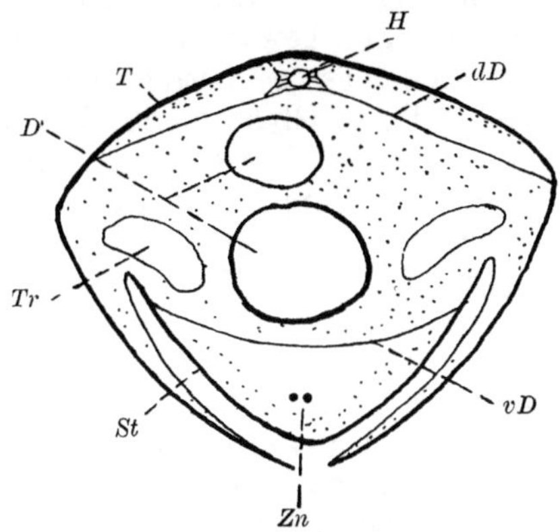

Abb. 68. Schematischer Querschnitt durch das Abdomen einer Honigbiene (nach ZANDER). H = Herz; dD, vD = dorsales resp. ventrales Diaphragma; T = Tergit; St = Sternit; D = Darm; Tr = Tracheenerweiterung; Zn = Zentralnervensystem.

Der Blutkreislauf würde sich nun etwa folgendermaßen darstellen lassen (vgl. die Pfeile in Abb. 67). Bei der Diastole wird Blut von hinten nach vorn fortschreitend aus dem Perikardialssinus in das Herz eingesaugt und bei der Systole bis in den Kopf nach vorn getrieben. Dort tritt es aus der Aorta aus und strömt zwischen den Organen des Kopfes in den Thorax zurück. An der Basis des Abdomens gelangt es unter das ventrale Diaphragma, das von vorn nach hinten fortschreitende Bewegungen ausführt und das Blut weiter nach hinten treibt. Durch die bei Kontraktion der Muskeln des ventralen Diaphragmas erfolgende Erweiterung des Perineuralsinus wird eine Saugwirkung ausgeübt, die das Blut in ihn einströmen läßt. Aus den Lücken zwischen den einzelnen Organen strömt die Hämolymphe in den Zirkumintestinalsinus, wo sie jedenfalls am Mitteldarm mit neuen Nährstoffen beladen wird, um dann durch die seitlichen Ausbuchtungen des Perikardialsinus in diesen und weiter durch die Ostien in das Herz einzutreten. Abgesehen von den unmittelbar den einzelnen Organen durch das Blut zugeführten Nährstoffen werden diese aber auch, besonders während des Larvenlebens, als Reservestoffe in den sogenannten „Fettzellen" oder Trophozyten in Form von Öltropfen, Glykogen und Eiweiß gespeichert. Die Fettzellen der Larven bilden große zusammenhängende Gewebelappen, in denen die gerundete Gestalt der Zellen durch die gedrängte Lage derselben verändert wird. Bei ganz jungen Honigbienenlarven ist der Verband der Fettzellen noch locker und im Plasma sind große Vakuolen vorhanden; erst später treten die Zellen zu Syncytien zusammen, und das Plasma bekommt dann eine mehr körnige Struktur. Die Fettfüllung erfolgt nach SCHNELLE in den peripheren Zellagen rascher als in den im Innern gelegenen Zellen. Am 6. Entwicklungstage beträgt nach STRAUS der Gehalt der Larven an Fett 17 vH, an Glykogen 33 vH von deren Trockengewicht. Kernspaltungen sind bei Larven von 8 mm Länge häufig zu beobachten. Im Beginne der Puppenruhe treten zuerst in den inneren, später in den äußeren Zellen Albuminoidkügelchen, gleichzeitig auch Kernverzweigungen auf. Durch Zerfall der Fettzellen gelangt deren Inhalt in das Blut, das dadurch getrübt erscheint, und findet zum Aufbau der imaginalen Organe Verwendung. Larvale Fettzellen dienen zum Aufbau des imaginalen Fettgewebes. Nach RÖSSIG werden allerdings bei verpuppungsreifen Gallwespenlarven Neubildungen ektodermalen Ursprungs angelegt, die das imaginale Fettgewebe liefern sollen. Im Blut der Imago finden sich keine freien Fetttröpfchen mehr vor; doch scheint Phagozytose nach SNODGRAS nur in geringem Maße vorzukommen. Im ganzen ist das Fettgewebe der Imagines wesentlich schwächer entwickelt als das der Larven. Eiweißspeicherung wurde von A. KOEHLER in den Fettzellen überwinternder Bienenimagines beobachtet. Aus dem Verhalten der Albuminoidkügelchen in den Fettzellen der Honigbienen gegenüber verschiedenen Farbstoffen schließt BISHOP (1923), daß dabei Ausscheidungen des Kerns vorliegen, daß eine Verdauung von Protein unter dem Einfluß der aus dem Kern ausgeschiedenen Substanzen erfolgt und daß das Fett umgewandelt wird. Der Grad des Kernzerfalls in den Fettzellen scheint in bestimmten Beziehungen zu der Ernährung und dem Entwicklungsstadium der Larven zu stehen, zumal Larven mit rascher Entwicklung die betreffenden Kernphänomene deutlicher erkennen lassen. Die Ablagerung von Albuminoiden soll bei Ameisenlarven verhältnismäßig frühzeitiger als bei Larven von anderen aculeaten Hymenopteren erfolgen. PÉREZ beobachtete an Ameisenlarven, daß die Kerne der Fettzellen sich im Beginn der Verpuppung verästeln und der Inhalt der Zellen mehr körnig wird. Während sich aber einige Zellen weiter entwickeln und in den imaginalen Körper übernommen werden, schwinden andere, besonders bei der Anlage der mächtigen Thoraxmuskulatur. Aber der körnige Inhalt der aus der Larve von *Formica* übernommenen Fettzellen wird reduziert und statt dessen findet eine Anreicherung von Fett statt. In der Nackenregion der Puppe werden die Fettzellen bald durch Phagozyten zerstört, wobei sich der vorher verästelte Kern der angegriffenen Zellen vorher abrundet. Im übrigen kommen in den weiblichen Körper mit seinen noch nicht fertig ausgereiften Eiern weit größere Mengen des Fettgewebes aus dem Larvenstadium hinüber als in den männlichen. Gegenüber den larvalen Fettzellen höherer Hymenopteren ist in denen der Symphyten der Kern schon in sehr jungen Stadien bandförmig verästelt.

Bezüglich des in den pupalen Fettzellen vorhandenen Glykogens muß nach Sturtevant angenommen werden, daß dieses, da der Zucker gleichzeitig schwindet, aus diesem aufgebaut wird. Um es für den Körper verwertbar zu machen, ist eine spätere Umwandlung in Glukose erforderlich.

Bestimmte Zellen des Fettgewebes, die bei Honigbienenlarven nach Schnelle besonders peripher gelegen sind oder frei in der Leibeshöhle liegen, werden als Exkretzellen aufgefaßt. Sie sind von Blutflüssigkeit umspült und speichern Urate. Ihre Kerne sind nie verzweigt. Während der Funktionslosigkeit der Malpighischen Schläuche zur Zeit der Puppenruhe sind die dann wasserlöslichen Konkremente nur spärlich vorhanden, während sie in der Larvenzeit als wasserunlöslich aufgehäuft werden. Der ausgebildeten Biene sollen derartige Zellen fehlen.

Solche Uratzellen, die in mehr oder weniger enge Beziehungen zum Fettkörper treten, sind auch von Blattwespenlarven bekannt. Man sieht dort an der Peripherie des Fettkörpers, oder auch in diesen eingedrungen, kleine Zellen mit runden Kernen, deren weißlicher, trüber Inhalt sie leicht kenntlich macht. Die Reaktionen sprechen für abgelagerte Harnsäureverbindungen. Diese Uratzellen können zu verschiedenen Zeiten auftreten. So finden sie sich bei der Larve von *Arge* erst, wenn diese mehrere Tage im Kokon ruhte, bei *Nematus*- und *Lyda*-Larven früher. Zur Zeit der Verpuppung werden die Uratzellen voluminöser. Man findet sie auch bei der Imago in deren Fettkörper wieder. An Ameisenlarven sollen sie frühzeitig auftreten. Ablagerungen in Form stark lichtbrechender Sphärokristalle, bei denen der Uratnachweis nicht gelang, und die für wasserunlösliche Kalziumsalze gehalten werden, beobachtete Stempell im Fettkörper einer in Birkenblättern minierenden Blattwespenlarve (*Fenusa* oder *Scolioneura*). Bei der Larve von *Selandria deumbrata* (?) sind nach Wilke zwischen den Malpighischen Schläuchen Reihen von Fettzellen, die kleiner als die normalen sind, ausgespannt und miteinander verbunden. Während die meisten bereits einen feinkörnigen, bräunlichen bis goldgelben Inhalt haben, finden sich auch noch vereinzelte typische Fettzellen (*Pristiphora*). Gelegentlich sollen derartige Fettzellen eine Verbindung zwischen Spinndrüsen und Malpighischen Gefäßen herstellen und evt. eine Stoffübertragung ermöglichen.

Außerdem finden sich zwischen den Fettzellen die sogenannten Önozyten, die ektodermalen Ursprungs sind und in der Nähe der Stigmen gebildet werden. In der jungen Bienenlarve fallen die Önozyten sofort durch ihre Größe zwischen den Fettzellen auf. In älteren Bienenlarven ist der Unterschied nicht ganz so erheblich, da hier besonders die Fettzellen an Größe stark zugenommen haben. Die Önozyten sind aber an ihrer gelblichen Färbung und dem Mangel von Fetteinschlüssen leicht kenntlich. Mit der Auflockerung der Fettzellverbände im Vorpuppenstadium werden auch die Önozyten frei und nehmen bedeutend an Größe zu, während sie in der älteren Puppe bedeutend an Größe abnehmen. Auch bei älteren Honigbienenimagines sind die Önozyten durch ihre dunklere Färbung nachweisbar. Bei alten Bienenköniginnen sollen diese Pigmente auch im Fettkörper selbst abgelagert werden.

Die wichtigsten Exkretionsorgane, die dem Blute die unbrauchbar gewordenen Abbauprodukte entziehen, sind die den Nieren entsprechenden MALPIGHIschen Gefäße. Sie münden in den Anfang des Dünndarms und finden sich in sehr verschiedener Anzahl. Bei den Larven sind meist nur wenige Schläuche (2—4) ausgebildet, die den Imagines dagegen wesentlich mehr (16—150). Über 150 MALPIGHIsche Gefäße soll die Honigbiene besitzen. Besonders während der Metamorphose sammeln sich die verschiedensten Ausscheidungsprodukte in ihnen an und werden später durch den Enddarm entleert. Vermutlich sind auch im Frühjahrskot der überwinterten Bienenimago Exkrete aus den MALPIGHIschen Gefäßen vorhanden. Die Bienen behalten bekanntlich während des Winters den Kot bei sich und entleeren sich erst im Frühjahr bei günstiger Witterung während des sogenannten Reinigungsfluges. Im allgemeinen spritzen die Arbeiterinnen und Drohnen ihren Kot außerhalb des Stockes aus, während die Königin ihn regelmäßig im Bau von sich gibt, wo er von den Arbeiterinnen durch Aufsaugen entfernt wird. Die Hygiene im Hummelbau scheint wesentlich geringer zu sein. So beobachtete Verfasser, wie Arbeiterinnen von *Bombus pratorum* L. im Nistkästchen eine bestimmte Ecke aufsuchten. Die letzte Strecke wurde rückwärts laufend zurückgelegt; andere Exemplare trippelten rückwärts zum Flugloch hinaus und gaben dann außerhalb des eigentlichen Nestraums ihre Exkremente in einem ausgespritzten Strahl von sich. Wo es sich um Nester handelt, die in Sandboden angelegt sind, dürfte der flüssige Kot schnell aufgesogen werden, so daß die Verunreinigung dadurch nur unbedeutend ist.

Fünftes Kapitel.

Nervensystem und Sinnesleben.

Die Verbindung mit der Umwelt stellen Sinnesorgane und Nervensystem dar. Auf einen bestimmten Reiz, der ein Sinnesorgan trifft, findet durch sensible Nerven eine Weiterleitung zum Zentralnervensystem statt. Dort erfolgt eine Umschaltung auf einen motorischen Nerv, der eine entsprechende Muskelbewegung auslöst.

a.

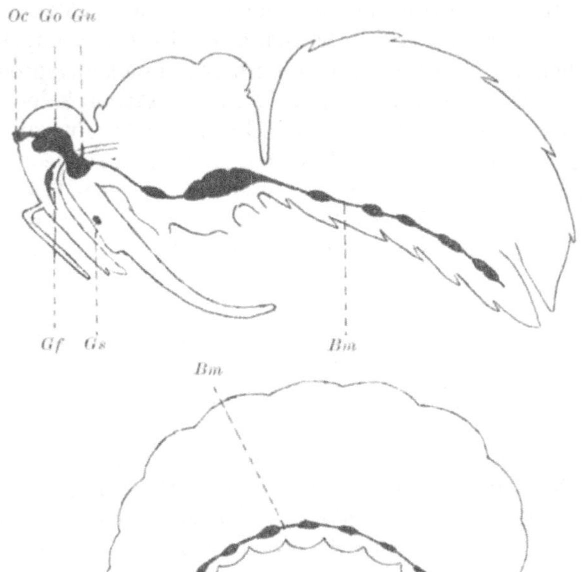

b.

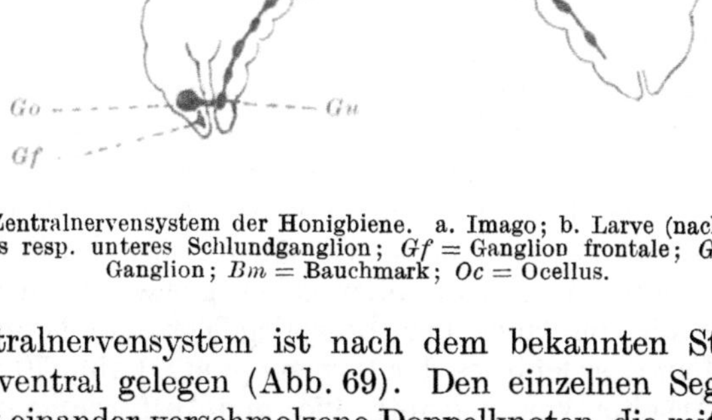

Abb. 69. Zentralnervensystem der Honigbiene. a. Imago; b. Larve (nach ZANDER). *Go*, *Gu* = Oberes resp. unteres Schlundganglion; *Gf* = Ganglion frontale; *Gs* = pharyngeales Ganglion; *Bm* = Bauchmark; *Oc* = Ocellus.

Das Zentralnervensystem ist nach dem bekannten Strickleitertyp gebaut und ventral gelegen (Abb. 69). Den einzelnen Segmenten entsprechen mit einander verschmolzene Doppelknoten, die mit dem folgenden durch zwei parallele Nervenstämme verbunden sind (Ganglien und Längskommissuren). Während im Embryonalstadium diese segmentale Anordnung meist deutlich erkennbar ist, treten bereits bei der Larve durch Aneinanderlagern mehrerer Ganglien gewisse Differenzierungen auf. Das untere Schlundganglion bleibt einfach, das obere entsteht aus einer besonderen Anlage aus dem Kopfektoderm der jungen Larve. Nach BLEDOWSKI fällt es bei der Larve von *Banchus* auf, „daß noch am Ende der Entwicklung bei den Kokonlarven das obere Schlundganglion, welches später zum Gehirn wird, relativ kleine Dimensionen besitzt und nicht höher differenziert erscheint, als das bei den Ganglien der Bauchkette der Fall ist". Bei der Larve von *Platygaster* bleibt das Bauchmark nach GANIN in einem sehr wenig differenzierten Stadium bestehen; nur zu dem Supraösophagealganglion ziehen Kommissuren. Eine Segmentierung der Bauchmarkmassen ist äußerlich nicht zu erkennen. Aneinanderlagerungen einzelner Ganglien der Bauchmarkkette beziehen sich besonders auf das 3. Thorakalganglion, dem nach BLEDOWSKI bei *Banchus* die beiden folgenden Abdominalganglien sich anschließen. In anderen Fällen findet man im Thorax nur zwei große Ganglienknoten, von denen sich der zweite schon äußerlich durch Einschnürungen und die von ihm ausgehenden Nervenstämme als ein Verschmelzungsprodukt aus verschiedenen Ganglienpaaren, dem meso- und metathorakalen sowie dem 1. und 2. abdominalen, zu erkennen gibt. Bezüglich der übrigen abdominalen Ganglien mag nur gesagt werden, daß hier die Zahl je nach den Gattungen und Familien, sowie nach Geschlechtern verschieden sein kann. Den einfachsten Typ stellen die tiefstehenden Tenthrediniden dar, bei denen im Imaginalstadium noch sieben abdominale Ganglienpaare getrennt vorhanden sind. Bei den Ichneumoniden sind noch sechs Ganglien entwickelt. Bei einer Verringerung der Zahl verschmelzen im allgemeinen die hinteren Ganglienpaare, doch kann auch der letzte Doppelknoten einfach bleiben und der vorletzte aus mehreren zusammengesetzt sein. *Panurgus*, *Sphecodes*, *Formica* besitzen vier abdominale Ganglienpaare, von denen das letzte aus den drei hintersten verschmolzen ist; bei *Mutilla rufipes* F.-Weibchen setzt sich das vorletzte aus dreien zusammen. Bei solchen Formen, die nur drei Doppelknoten im Abdomen aufweisen, wie *Eucera* und *Crabro*, ist der letzte aus vier Ganglienpaaren zusammengesetzt. Nach den Untersuchungen von BRANDT haben die Weibchen und Arbeiterinnen der Hummeln, sowie die Männchen und Weibchen der Wespen sechs, dagegen die Hummelmännchen, die Arbeiterinnen der Wespen und Honigbiene sowie die Weibchen von *Megachile* fünf Doppelknoten. Bienenkönigin, Drohne und *Megachile*-Männchen besitzen dagegen nur vier Ganglienpaare. Abgesehen von der einfachen Anordnung bei tiefstehenden Hymenopteren lassen sich irgendwelche phylogenetischen Betrachtungen an die Ausbildung des Zentralnervensystems kaum anknüpfen. Allerdings geben gewisse Gehirnmessungen Anhaltspunkte für die Höhe der Brutpflegeinstinkte beim Weibchen.

Über den Bau des Gehirnes der Hymenopteren (Abb. 70 u. 71) liegen mehrere gute Arbeiten vor. Ich folge hier den Ausführungen v. ALTENS. Von einer Schilderung der feineren anatomischen Verhältnisse muß hier Abstand genommen werden. Das Gehirn setzt sich aus zwei Hauptganglienmassen zusammen, dem Oberschlundganglion über dem Ösophagus und dem Unterschlundganglion unter demselben. Beide sind durch Kommissuren, die den Ösophagus seitlich umfassen, miteinander verbunden. Am Oberschlundganglion können mehrere Teile unterschieden werden, das Proto-, Deutero- und Tritozerebrum. Die wichtigsten Differenzierungen treten am Protozerebrum auf. Die zentrale Masse wird durch die Protozerebralloben gebildet, denen der von der Interzerebralbrücke überwölbte Zentralkörper aufliegt. Trägt man das Scheitelchitin eines Hymenopterenkopfes ab, so sieht man von oben auf die mit dem Gehirn durch die Ozellarnerven in Verbindung stehenden auffälligen Ozellenbecher und jederseits von ihnen eine Wölbung, die sogenannten pilzhutförmigen Körper, die sich nach innen mit einem Stiel zwischen Zentralkörper und Protozerebralloben einschieben. Auf die Bedeutung dieser Gebilde wird später näher einzugehen sein. Seitlich schließt sich an die Protocerebralloben der je nach der Augengröße verschieden stark entwickelte Lobus opticus an, der an die Facettenaugen herantritt. Den zweiten Abschnitt des Oberschlundganglions stellt das Deuterocerebrum dar, das in Form zweier starker Höcker die Lobi olfactorii trägt, aus denen die sensiblen und motorischen Nerven der Fühler hervorgehen. Dem äußerlich kaum abgesetzten Tritozerebrum verdanken mehrere Nerven ihre Entstehung. So sollen nach VIALLANES der Labrofrontalnerv, nach HALLER der innere motorische Nerv der Antenne und nach JANET ein zur Pharyngealmuskulatur ziehender Nerv hier ihren Ursprung nehmen. Das Unterschlundganglion setzt sich aus dem Mandibular-, Maxillar- und Labialganglion zusammen, die die betreffenden Mundteile innervieren. Die geringe Weite des Ösophagus bringt es mit sich, daß die ihn umgreifenden Kommissuren bei den Hymenopteren nur kurz sind. Mit der Spezialisierung der Sinnesorgane entwickeln sich die entsprechenden Teile des Gehirns. So sehen wir bei Formen mit feinem Witterungsvermögen die Lobi olfactorii, bei starker Entwicklung der Facettenaugen die Lobi optici besonders ausgebildet. Die pilzhutförmigen Körper sind nach v. ALTEN als die hauptsächlichsten Reflex- und Assoziationszentren des Hymenopterengehirns anzusprechen. Durch die verschiedensten Fasern stehen diese Körper mit allen wichtigen Zentren

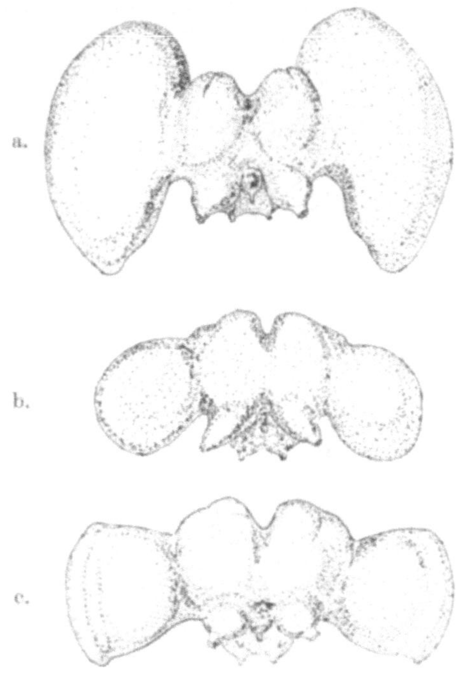

Abb. 70. Gehirne von Honigbienen (nach ARMBRUSTER und JONESCU). a. Drohne; b. Königin; c. Arbeiterin.

des Gehirns in Verbindung. Von ihrer geringen Ausbildung bei den Tenthrediniden, bei denen sie sich noch kaum vorwölben, läuft ihre Ausbildung über Sireciden und Ichneumoniden zu den Apiden und erreicht in der Gattung *Vespa* ihren Höhepunkt. Eine Spalte, die den jederseits von der Mittelfurche gelegenen pilzhutförmigen Körper teilt, tritt in der Entwicklungsreihe erst bei den Ichneumoniden deutlich auf. Meist verläuft sie von hinten medial nach vorn lateral, nur bei den Gallwespen von hinten lateral nach vorn medial, bei *Apis* und *Vespa* dagegen fast gerade von vorn nach hinten. Die Größenzunahme der pilzhutförmige Körper geht so weit, daß sie sich in der Mittellinie berühren und seitlich über die Lobi optici schieben können. Bei den Tenthrediniden bildet die Marksubstanz dieser Körper eine einfache Keulenform; bei Cynipiden und Sireciden entsteht

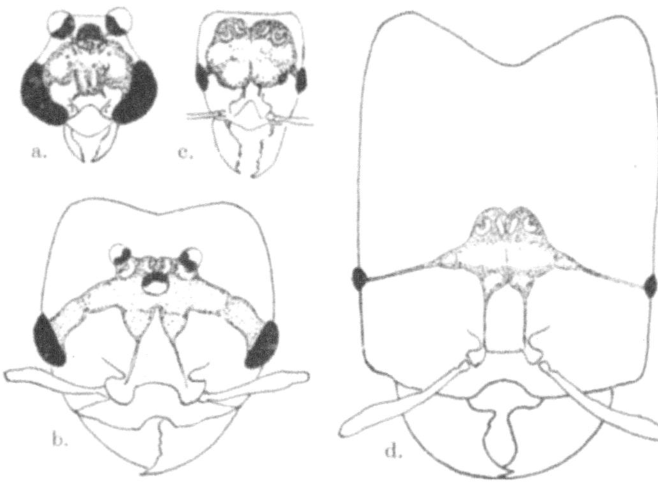

Abb. 71. Verschiedene Stufen der Gehirnausbildung bei Individuen der gleichen Art einer Ameise *(Pheidole instabilis)* nach WHEELER. a. Männchen; b. Weibchen; c. Arbeiterin; d. Soldat.

daraus durch eine Eindellung der Schalentypus; eine weitere Ausdehnung der Ränder führt zum Kelchtypus der Ichneumoniden und Braconiden und schließlich zur Becherform bei den aculeaten Hymenopteren. Außerdem erfolgen in den Markmassen der Lobi optici charakteristische Verlagerungen. Die phylogenetischen Spekulationen v. ALTENS, die auf der Entwicklung des Gehirns basieren, müssen hier kurz behandelt werden. Mit der selbständigen Nestgründung durch das Weibchen bei Hummeln und Wespen dürfte die höhere Ausbildung des Gehirns bei diesem gegenüber den Arbeiterinnen und Männchen in Verbindung zu bringen sein. Umgekehrt zeigen bei der Honigbiene die Arbeiterinnen ein fortgeschritteneres Stadium, was auf eine Reduktion des weiblichen Gehirns in Verbindung mit der perennierenden, abhängigen Lebensweise zurückgeführt werden könnte. Ein Geschlechtsdimorphismus bezüglich der Gehirnentwicklung ist vielfach zu erkennen, (Abb. 71) und zwar ist dabei das Weibchen im allgemeinen als höherstehend zu bezeichnen. Ganz besonders schwach ist das Gehirn bei den Männchen der sozialen Hymenopteren ausgebildet; aber auch bei den Bauchsammlern macht sich eine starke Differenz zugunsten des Weibchens bemerkbar. Recht auffällig ist, daß bei Kuckucksbienen wie *Nomada* und *Psithyrus* das Männchen in der Gehirnausbildung dem Weibchen überlegen ist. Die v. ALTENschen Gehirnmessungen verwertete ARMBRUSTER zur Aufstellung von Gehirnindizes, die in Beziehung zur Phylogenie und Instinktbiologie der Hymenopteren gesetzt werden. Dabei ergibt sich, wie auch nicht anders zu erwarten, daß nicht eine einzelne fortschreitende Reihe vorhanden ist, sondern daß innerhalb der einzelnen Verwandtschaftsgruppen der Hymenopteren unabhängig voneinander die Entwicklung ihren Weg gegangen ist. So können Grabwespen mit komplizierten Instinkten höhere Gehirnindizes aufweisen als tiefstehende Bienen, also als Vertreter einer Familie, die aus Grabwespen ähnlichen Vorfahren hervorgegangen ist. Und innerhalb der Bienen übertreffen die Gehirnindizes mancher Bauchsammler, hochstehender Beinsammler und Hummeln die der Honigbiene. Besonders interessant sind in diesem Zusammenhange solche Bienen, die von dem Brutpflegetypus der Familie abgewichen sind und nach Kuckucksart ihre Eier in andere Bienenbauten einschmuggeln, selbst keine Nester anlegen und sich auch um die eigene Brut nicht mehr kümmern, deren Aufzucht der Wirtsbiene überlassend. Mag auch die Unterbringung der Eier in geeigneten Nestern einer oder einiger weniger Wirtsbienen ganz spezielle Anforderungen an die Kuckucksbienenmutter stellen, so fallen dafür die komplizierten Brutpflegeinstinkte des Nestbaus und der Futterbeschaffung für die Brut fort. Während nun aber bei dem Hummelkuckuck *Psithyrus* das Weibchen gegenüber den Hummeln, zu denen es in engster phylogenetischer Beziehung steht, deutliche Reduktionserscheinungen am Gehirn erkennen läßt und das Männchen noch ähnliche Verhältnisse wie die Wirtsmännchen selbst aufweist, kann von einer Reduktion am Gehirn der Gattung *Nomada* kaum die Rede sein. Allerdings besitzt hier das Männchen höhere Gehirnindizes als das Weibchen, doch stehen beide in dieser Beziehung hoch. Sollten also die Gehirnindizes der Weibchen einen Maßstab für die Kompliziertheit der Brutpflegeinstinkte darstellen, so müßte angenommen werden, daß an die psychischen Fähigkeiten der *Nomada*-Weibchen verhältnismäßig hohe Anforderungen gestellt werden. Allerdings ist die Abstammung der Gattung *Nomada* noch keineswegs geklärt. Deshalb kann auch noch nicht entschieden werden, ob die Gattung nicht vielleicht doch gegenüber ihren Vorfahren, die als solitäre Sammelbienen lebten, im Gehirnbau reduziert ist.

Über das Gehirn der Larven ist noch sehr wenig bekannt. Es dürfte aber immer nur recht einfach organisiert sein. Bei den Larven der Tenthrediniden ist es nach CORNELI (1924) nur schwach entwickelt und übertrifft in der Mitte an seiner stärksten Stelle den Durchmesser des Sehnerven kaum um das Doppelte. Bindegewebsstränge durchziehen es. Auffallend sind die großen Kerne der Neuroglia. Während der Metamorphose treten zahlreiche Hohlräume im Innern auf. Von dem oberen Schlundganglion der *Banchus*-Larve war bereits oben die Rede.

Als ein besonderer Abschnitt muß das viszerale Nervensystem betrachtet werden, das seine Nerven an den Vorderdarm abgibt. Zwei aus dem Tritozerebrum nach vorn ziehende Nerven vereinigen sich im Ganglion frontale oberhalb des Pharynx. Von ihm aus wird die Clypeusmuskulatur innerviert. Außerdem entsendet der das Ganglion frontale mit dem Tritozerebrum verbindende Nerv nach JANETs Untersuchungen an *Lasius niger* L. nach vorn Nerven, die Labrum und Pharynx versorgen. Vom Frontalganglion selbst zieht oberhalb des Pharynx der Nervus recurrens, zwischen Oberschlundganglion und Ösophagus hindurchtretend, auf diesem nach hinten. Außerdem ist noch ein paariges viszerales Nervensystem ausgebildet, das den Nervus recurrens begleitet und jederseits zwei ganglienähnliche Gebilde umstrittener Natur aufweist. Zwischen diesen und dem Nervus recurrens bestehen Verbindungen. Von hier aus scheinen Speicheldrüsen und Aorta innerviert zu werden.

Schließlich sei auch noch des Sympathikus gedacht. Hinten an jedem Abdominalganglion befindet sich eine große Ganglienzelle, die einen Nerv, den NEWPORTschen Nerv, zwischen den Kommissuren unpaar nach hinten entsendet. Am folgenden Bauchmarkknoten gabelt sich dieser und folgt unter Bildung von Ganglien den großen, aus dem Bauchmark selbst hervorgehenden Nerven, um die Verschlußmuskulatur der Stigmen zu innervieren. Außerdem zieht aber auch von jedem Bauchmarkknoten ein NEWPORTscher Nerv zum vorhergehenden Knoten, der dann auch im Thorax die entsprechenden Verbindungen vermittelt.

Die sensiblen Nerven treten an nervöse Fortsätze der Sinneszellen heran. Mit diesen zusammen bilden die verschiedenartigsten kutikularen Umbildungen als Reizperzeptoren die Sinnesorgane. An der Körperoberfläche finden wir eine große Reihe von eigentümlichen Gebilden, die durch das Hinzutreten eines Nervs als Sinnesorgane gekennzeichnet sind, und die als Hautsinnesorgane zusammengefaßt werden können. Sie treten besonders an den Fühlern und im Bereich der Mundteile sowie der Genitalapparate auf. Vielfach kann hier aus dem äußeren Bau und der Lage nicht auf die Funktion der betreffenden Organe geschlossen werden. Experimente, die allein Klarheit bringen können, sind in dieser Richtung noch verhältnismäßig wenig ausgeführt, stoßen aber auch auf recht erhebliche Schwierigkeiten. Bei den Hautsinnesorganen dürfte es sich in erster Linie um Organe des Tast-, Geruchs- und Geschmackssinnes handeln. Der bevorzugte Sitz der Hautsinnesorgane sind die Fühler. Bei der großen Bedeutung, die dem Geruchssinn bei den Hymenopteren zukommt, werden die an den Antennen gelegenen Organe in hervorragendem Maße diesem Sinne dienen. Man kann sie morphologisch in verschiedene mehr oder weniger charakteristische Hauptgruppen zusammenfassen (Abb. 72). Die Sensilla placoidea (Porenplatten) sind bei Apiden, Vespiden und Spheciden von einer dünneren Membranzone ringförmig umgebene Platten, die in der Ebene der Fühleroberfläche liegen. In den Enden der zugehörigen Sinneszellen finden sich nach VOGEL im Anschluß an die chitinisierten Endfäden zwei stark färbbare Körnchen hintereinander in einem helleren Hof, die als Sinnesstäbchen bezeichnet werden. Der ganze distale Teil der Sinneszellen ist von einem Sekretmantel umgeben, in dem ein kegelförmiges Sekretkörperchen auftritt. Nach ihrem Bau sind diese Organe, wie auch die noch zu besprechenden Sensilla basiconica und trichodea olfactoria zum Riechen besonders geeignet, während dies für die S. ampullacea und coeloconica nicht im gleichen Maße zutrifft. Während die Sinneszellen, von denen die letzteren bei

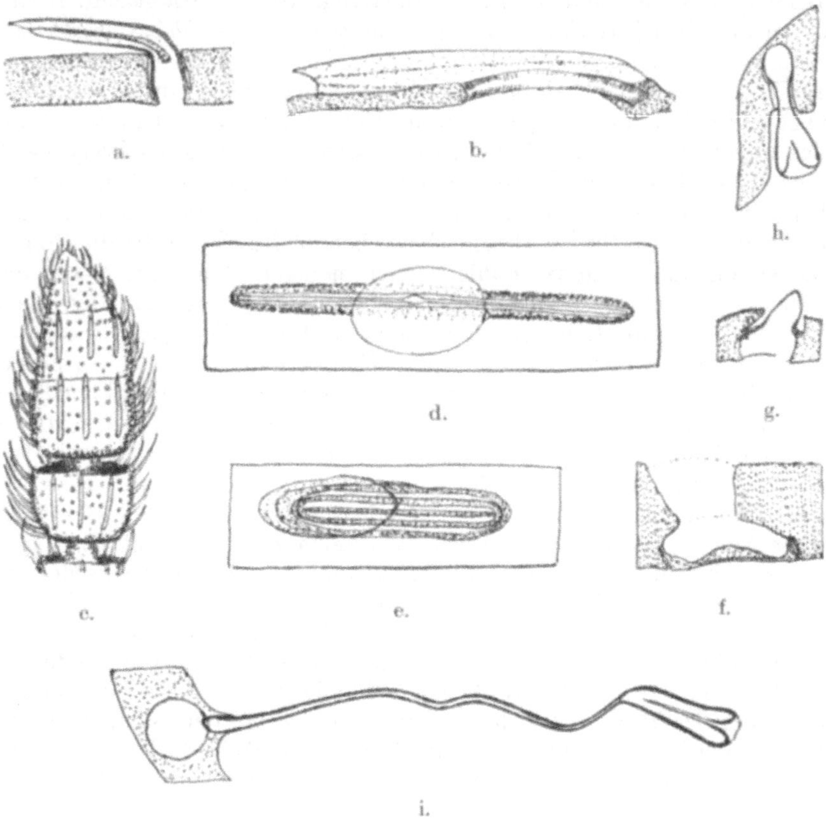

Abb. 72. Fühlersinnesorgane (nach WACKER). a. Längsansicht eines niedergelegten Haares von *Lasius niger*; b. Längsansicht einer Porenplatte von *Eurytoma rosae*; c. letzte vier Fühlerglieder von *Torymus regius* ♂ (Haare in der Aufsicht fortgelassen, durch Kreise angedeutet); d. Flächenansicht einer Porenplatte vom 3. Geißelglied von *Rhyssa persuasoria* ♀; e. Flächenansicht einer Porenplatte von *Vespa saxonica* ♀; f. Längsschnitt durch eine Porenplatte von *Mellinus*; g. unvollkommener Grubenkegel von *Sirex gigas* ♂; h. langgestrecktes Champagnerpfropforgan von *Formica rufa* ♀; i. FOREL'sche Flasche mit langem, schlauchförmigen Hals von *Formica rufa* ♀.

den Wespen nur in geringer Zahl vorkommen, bei diesen weiter ins Innere des Fühlers verlagert sind, liegen sie bei den Apiden dicht unter der Oberfläche und bilden bei der gedrängten Lage der auch als Rhinarien bezeichneten Organe ein förmliches Riechepithel. Die S. placoidea fehlen bei den Tenthrediniden ganz, bei Braconiden, Evaniiden und Cynipiden sollen sie allein vorkommen. Mit Sinneskegeln in wechselndem Verhältnis gemischt finden sie sich in den verschiedenen anderen Familien.

Bei parasitären Hymenopteren, die über ein außerordentlich feines Witterungsvermögen verfügen, erfahren sie vielfach eine außerordentliche Streckung in der Längsrichtung der Fühler, so daß deren einzelne Glieder einen gerippten Eindruck machen können. An diesen streifenförmigen Rhinarien zeigt sich als Durchbohrung der Fühlerkutikula noch ein besonderer Porus, der entweder in der basalen Hälfte liegt (Stephaniden, Evaniiden, Chalcididen) oder mittelständig ist (Braconiden, Ichneumoniden, Cynipiden). Bei den Orussiden nimmt der Porus die Länge des Rhinariums ein. In anderen Familien (*Pelezinidae, Proctotrupidae s. l., Bethylidae, Chrysididae*) sollen die Rhinarien gelegentlich eiförmig, aber nie strichförmig sein. Das auf die betreffenden Merkmale hin von Börner durchgeprüfte Material ist aber zu dürftig, um schon jetzt von einer Konstanz in den genannten Familien sprechen zu können. Bezüglich der Zahl der Sensilla placoidea herrscht auch nach den Geschlechtern eine teilweise recht erhebliche Verschiedenheit, die wohl in engstem Zusammenhange mit der Wichtigkeit des betreffenden Sinnes für das Geschlecht stehen dürfte. So besitzt die Honigbienenkönigin an ihrern Fühlern nach neueren Zählungen 2000, die Arbeiterin 6000, die Drohne aber 30 000 derartige Organe. Abgesehen von der Riechfunktion, hat man ihnen auch die Perzeption mechanischer Reize zugeschrieben und sogar Gehörorgane in ihnen vermutet. Nach Schenk würden durch ihre Vermittlung Druckschwankungen in der Luft empfunden, eine Ansicht, gegen die neuerdings von Wacker begründete Bedenken geltend gemacht worden sind. Als Sensilla trichodea bezeichnet man haarförmige hohle Chitingebilde von verschiedener Wanddicke, die in Verbindung mit Sinneszellen stehen. Bezüglich ihrer Funktion gehen die Ansichten auseinander. So sieht Vogel in ihnen zum Teil Geruchssinnesorgane, von anderen Forschern werden sie in erster Linie für Tastapparate gehalten. In Zapfenform ragen sie über die Fühleroberfläche dünnwandig empor. Sie finden sich besonders an den distalen Endrändern der Fühlerglieder. Den Bienenmännchen fehlen sie, kommen aber bei den Weibchen wohl allgemein vor, sind im übrigen auch bei den Wespenweibchen zahlreicher als bei den Männchen. In Gruben der Fühlerwand eingesenkt liegen die Sensilla coeloconica (Grubenkegel, Champagnerpfropforgane) und S. ampullacea („Forelsche Flaschen").

Die Porenplatten der parasitären Hymenopteren sind nach Wacker aus Sinneshaaren entstanden zu denken, die ähnlich wie die niedergelegten Haare von *Formica* aussahen und keine Versteifung an der Außenwand trugen. Die durch ihre Chitinplatte ausgezeichneten Sensilla placoidea der Vespiden, Spheciden und Apiden lassen sich dagegen von Sinneshaaren mit oberer Versteifungsleiste, wie sie bei *Myrmica* und *Camponotus* vorkommen, ableiten. Vom Tasthaar zum Sinneskegel kommen die verschiedensten Abstufungen vor. Auch die sogenannten „Champagnerpfropforgane" und weiter die „Forelschen Flaschen" können von eingesenkten Grubenkegelchen hergeleitet werden. Diese beiden Organtypen finden sich nicht bloß bei sozialen Hymenopteren, wie früher angenommen wurde, sondern sind auch bei anderen Aculeaten verbreitet; die „Champagnerpfropforgane" kommen auch außerhalb der

Aculeaten vor. Ihre Funktion ist nicht sicher. In ihren Begleitzellen, ebenso wie in denen der „FORELschen Flaschen" und der Tasthaare, treten keine Sekretkörperchen auf. Die Sinnesstäbchen sind dagegen an den verschiedensten Fühlersinnesorganen entwickelt und dürften an den Tasthaaren ihre ursprünglichste Form besitzen.

Unter dickwandigen, glatten Längsschwielen an der Fühleroberseite finden sich beim Männchen von *Pseudogonalos hahni* SPIN. Ansammlungen von Sinneszellen. Die dicke Chitinwand selbst wird von zahlreichen Kanälen durchzogen. Ähnliche Gebilde finden sich auch an Fühlern von Ichneumoniden und Wespenmännchen, sind aber dort auf ihre histologische Beschaffenheit noch nicht näher untersucht.

Außer normalen kräftigen Borsten kommen an den Tastern vieler Hymenopteren blassere, mit Sinneszellen in Verbindung stehende Haare vor, die als Tastapparate angesprochen werden können, vielleicht aber auch den chemischen Sinnen dienen, da die Taster bei Aufnahme flüssiger Nahrung teilweise in diese eingesenkt werden.

Abb. 73. Sinnesorgan vom Glossarand von *Trypoxylon* (nach ULRICH).

Auf dem Wege, den die Nahrung von der Zungenspitze her zu dem Pharynx nimmt, finden sich zahlreiche Sinnesorgane, die ihrer Lage nach mit großer Wahrscheinlichkeit dem Geschmacksinn dienen. So finden sich an der Innenseite der Glossazipfel, am Glossabuckel, auf den Paraglossen, bei den Trigonaloiden auf einem breiten Anhang derselben, und auf der Unterseite des Epipharynx in verschiedener Anordnung Sinnesorgane. Desgleichen sind auf der Innenseite der Galea Geschmackskegel vorhanden, die in einer Linie über dem Borstenkamm angeordnet sind oder mehr distal zerstreut stehen. Bei Tenthrediniden im engeren Sinne einschließlich der Cimbicinen finden sich Grubenkegel am Grunde der Galea im Gegensatz zu den übrigen Symphyten und apokriten Hymenopteren. Zahlreiche Sinnesorgane können der am Boden des Pharynx gelegenen Schlundplatte, besonders in den Hinterwinkeln derselben, ein fast siebartiges Aussehen verleihen, da dort die betreffenden Organe auf einer Sinnesfläche konzentriert stehen, während sie allerdings bei den Tenthrediniden noch unregelmäßig zerstreut liegen. Hier sind die Sinnesorgane nach dem Typ der Sensilla coeloconica gebaut und also in eine Grube eingesenkt. Im allgemeinen sind aber die Sinnesorgane im Bereich der Mundteile auf der Oberfläche eingelenkt und dann vielfach von einem Chitinring umgeben, der selbst ins Innere hineinragen kann oder aber auch kragenartig hervortritt. Zwischen stumpfen Kegeln und feinen Haaren kommen nach ULRICH bei den Spheciden alle Übergänge vor. Die Sinnesstifte am Glossarande haben nach dem gleichen Autor oft eine eigenartige Gestalt. Aus langen Zylindern gehen hier ebenfalls lange Sinneshaare hervor, um die sich bei *Trypoxylon* die Fransen am Glossarand pinselartig anordnen (Abb. 73). Ein recht eigenartiger, als

Geruchsorgan (Stiborezeptor) von DEMOLL bezeichneter Sinnesapparat findet sich im Endglied der Lippentaster der Sirecinen (Abb. 74) und der nahe verwandten Xiphydriinen. Das Endglied ist hier becherförmig eingestülpt. In dieser Vertiefung stehen eine größere Anzahl (40—50) von einem Nerv durchzogener Sinnesborsten, die zum Mittelpunkt der Einsenkung hinzeigen. Bei den Cephiden findet sich ein ähnliches Gebilde an der Basis des Endgliedes der Labialpalpen. Die Öffnung ist hier von einer Chitinglocke überwölbt, die an der Spitze eine Öffnung besitzt. In verschiedener Ausbildung lassen sich derartige Organe aber auch bei den übrigen Symphyten erkennen. Die Spitze des letzten Palpengliedes ist dann vielfach dünner chitinisiert, eingesunken und mit Sinnesborsten besetzt. Im übrigen treten besonders freistehende Tastborsten an den Palpen der Hymenopteren auf.

Die Sinnesorgane, soweit sie an den Fühlern und im Bereich der Mundteile vorkommen, können als Hautsinnesorgane zusammengefaßt werden. Sicherlich sind auch zahlreiche Borsten, die an den verschiedensten Körperteilen auftreten, unter ähnlichen Gesichtspunkten zu betrachten. Soweit sich die Sinnesorgane auf der Strecke befinden, die die Nahrung bei der Aufnahme durchläuft, kann über deren Funktion als Geschmacksorgane kaum ein Zweifel bestehen. Daß die Nahrung nicht wahllos aufgenommen wird, kann leicht durch Versuche festgestellt werden, ebenso daß gelegentlich eine Bevorzugung einer bestimmten Kost stattfindet. Bei den engen Beziehungen, die zwischen Geschmacks- und Geruchssinn bestehten, ist es für die Durchführung derartiger Experimente nötig, daß der letztere ausgeschaltet wird. Da der Geruchssinn seinen Sitz in den Fühlern hat, müssen diese amputiert werden. Außerdem sind auch die Taster zu entfernen. Die Rolle, die diese bei dem Erkennen der Nahrung spielen und ihre Bedeutung für die Aufnahme derselben ist noch nicht einwandfrei geklärt. Verfasser beobachtete sowohl bei Apiden, wie Crabroniden, Ichneumoniden und Tenthrediniden, wie die Taster bei der Nahrungsaufnahme unabhängig von den Bewegungen der Teile, an denen sie angeheftet sind, also Maxillen und Labium, Bewegungen ausführten. Nach Untersuchungen von FOREL nahmen Arbeiter von *Formica pratensis* DEG. Honig, der mit Phosphor gemischt war, auf, ohne durch den Phosphorgehalt abgeschreckt zu werden. Diejenigen Individuen, die am meisten davon genossen hatten, gingen ein, während sich andere erholten. In diesem Fall hatten weder Geruch noch Geschmack die Ameisen die ihnen schädliche Beimengung erkennen lassen. Honig mit Arsenik wurde von *Myrmica scabrinodis* NYL. ohne schädigende Wirkung gefressen. Eine Morphium-, Strychnin- oder Chininbeimengung wird mit den Fühlern weder von den Ameisen noch von Wespen wahrgenommen. Wespen, denen FOREL beide Antennen und die Taster abgeschnitten hatte, kosteten zwar von dem vorgelegten Honig, der diese

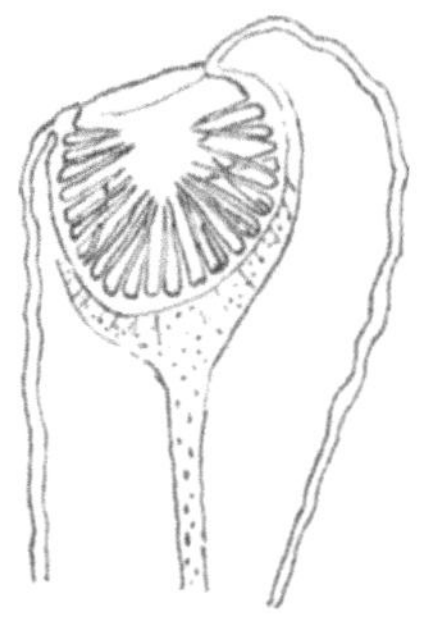

Abb. 74. Stiboreceptor aus dem Endglied des Labialpalpus von Sirex (nach DEMOLL).

Substanzen enthielt, ließen dann aber sofort davon ab, nahmen jedoch reinen Honig gern an. Das Kosten und Zurückschrecken wurde auch bei Ameisen, die im Besitze ihrer Fühler und Palpen waren, beobachtet. Wespen, die WILL daran gewöhnt hatte, an bestimmter Stelle Honig zu lecken, naschten von Alaun, der ihnen an der betreffenden Stelle statt des Honigs geboten wurde, wandten sich aber schleunigst davon ab. Ebenso verhielten sich Bienen und Hummeln, wenn der gewohnten Honigdarbietung Chinin oder Salz zugesetzt war. Nach einem derartigen Kosten einer dem betreffenden Tier nicht zusagenden Substanz reinigt sich dieses längere Zeit die Mundteile.

Der Geruchssinn spielt im Leben der Hymenopteren eine ganz übergeordnete Rolle. Wir können uns, da wir selbst nur über ein verhältnismäßig schlechtes Geruchsvermögen verfügen, von der Höhe der Entwicklung desselben bei anderen Lebewesen und von seiner vielseitigen Anwendbarkeit kaum eine Vorstellung machen. Während der Geschmackssinn nur bei unmittelbarer Berührung in Funktion tritt, werden mittels des Geruchssinnes auf die Entfernung verschiedene Stoffe in feinster Verteilung unterschieden. Reizungen, wie sie von gewissen Stoffen bei genügender Konzentration auch in Entfernung z. B. auf unsere Schleimhäute oder die Konjunktiva, ausgeübt werden, können nicht als Geruchsempfindungen bezeichnet werden. Für die Definition des Geruchssinnes ist es nach FOREL daher wichtig, die Unterscheidungsmöglichkeit zu beachten. Die Lage der Sinnesorgane an den Fühlern ist eine besonders exponierte und läßt sie daher für Geruchswahrnehmungen geeignet erscheinen. Die Beweglichkeit der Fühler, die Verteilung der Organe auf die Vorder- und Hinter-, sowie Ober- und Unterseite der einzelnen Glieder bringt es mit sich, daß das Insekt die Richtung der Riechquelle erkennt und schließlich auch zu einer Raumorientierung mit Hilfe dieses Sinnes gelangen kann. Statt der antennalen Sinnesorgane, denen MC.INDOO keine Geruchsfunktionen zuschreibt, sollen nach ihm zahlreiche mit Nervenendigungen in Verbindung stehende Poren an den Flügelwurzeln, Hüften und Knieen bei verschiedenen aculeaten Hymenopteren Geruchsporen darstellen. Durch Experimente ist indessen die Bedeutung der antennalen Sinnesorgane als Geruchsorgane als so sicher nachgewiesen anzusehen, daß daran kein Zweifel bestehen kann. Die Auffassung von WOLFF und einigen anderen Forschern, die im Bereich der Mundhöhle gelegene Organe als Geruchsorgane ansprechen wollten, kann gleichfalls als widerlegt gelten. Über die Grenzen des Geruchsvermögens liegen bisher noch keine Untersuchungen vor. Bei darauf bezüglichen Experimenten wäre darauf zu achten, daß in erster Linie mit Gerüchen gearbeitet wird, die im Leben des Tieres normal eine Rolle spielen und daß eventuelle Duftstoffe, die dem Menschen als solche erscheinen, nur zu Vergleichszwecken herangezogen werden. Mit Hilfe des Geruchssinnes wird die Nahrung für den eigenen Bedarf gefunden, findet das Männchen sein Weibchen; findet das Weibchen für die Brut die Nahrung und das Nest, soweit hierbei nicht der Gesichtssinn die Hauptrolle übernimmt. Mit seiner Hilfe erkennen sich die Volksgenossen sozialer Hymenopteren. Auch bei der Orientierung tritt der Geruchssinn in Tätigkeit, da auch Assoziationen von Gerüchen möglich sind; allerdings dürfte im Fluge der optische Sinn stark beteiligt sein, wie FOREL dies für Geschlechtstiere von Ameisen, für Hummeln und Honigbienen nachgewiesen hat.

Bei den folgenden Angaben, die sich auf Beobachtungen an Ameisen beziehen, schließe ich mich FOREL an. Ameisen, die noch einen Fühler besitzen, benehmen sich fast wie normale Tiere. Werden dagegen beide Fühler amputiert, wobei die Schäfte, denen Sinnesorgane fehlen, erhalten bleiben können, so treten schwere Störungen auf. Als Versuchsobjekte dienten zum Nest zurückkehrende Arbeiterinnen von *Formica pratensis* DEG. Einem eine Raupe schleppenden Individuum wurden beide Fühler abgeschnitten. Die danach wiedergegebene Raupe wurde nicht angenommen und der Weg zum Nest nicht gefunden. Werden den Ameisen dagegen die Fühler belassen, statt dessen aber Augen und Ocellen mit einem undurchsichtigen Lack überzogen, so ist immer noch die Möglichkeit gegeben, daß die Tiere sich zum Nest zurückfinden, wenn auch unter viel größeren Schwierigkeiten als normale Exemplare. Mehrfach gingen so behandelte Tiere, wenn sie von der Straße abgerieten, ein. Ameisen verschiedener Gattungen (*Camponotus*, *Tapinoma*, *Lasius*, *Formica*) ließen sich nach Fühleramputation ohne weiteres zu kleinen Gesellschaften vereinigen. Orientierungsversuche wurden mit Hilfe der Beine, Taster und des Kopfes unternommen. Auch gegenseitige Fütterungsversuche zwischen Vertretern verschiedener Gattungen wurden beobachtet; gelegentlich erfolgte auch eine Bedrohung unter Sperren der Mandibeln, aber ohne anschließenden Kampf. Der Fühler beraubte *F. fusca*-Arbeiterinnen eines Volkes verhielten sich gegeneinander neutral, bauten nicht und erkannten auch nicht die eigene Brut. Dagegen verhielten sich Exemplare von *F. fusca*, denen die Vorderbeine oberhalb der Putzsporen abgeschnitten waren, normal, soweit dies bei der Verstümmelung möglich war, die die für das Wohlbefinden nötige Reinigung unmöglich machte. Bei *Myrmica ruginodis* NYL. löst die Amputation beider Fühler den Trieb aus, jede andere in die Nähe kommende Ameise zu bekämpfen, selbst die Angehörigen des gleichen Volkes. Eine ähnliche Wirkung übten Sublimat-Emanationen auf Attinen aus. Da die Attinen aber unter diesen Umständen noch zur Orientierung fähig sind, besteht darin ein gewisser Unterschied. Die Ursache scheint in diesem Falle eine teilweise Paralyse des Geruchsvermögens zu sein. Bei den *Formica*-Arten, die über einen verhältnismäßig gut entwickelten Gesichtssinn verfügen, scheint dafür das Witterungsvermögen etwas herabgesetzt. So können sich diese Tiere mit Hilfe des Geruchssinnes allein nicht folgen, wozu *Lasius*- und *Myrmica*-Arten fähig sind. Während aber *Camponotus*, sowie *F. sanguinea* LATR. und *fusca* L., auch wenn die Augen durch einen Lacküberzug ausgeschaltet sind, sich noch einigermaßen zurechtfinden können, zeigt *F. pratensis* DEG. durch ihre danach eintretende Unbeholfenheit, daß bei ihr der Gesichtssinn besonders in den Vordergrund tritt. Den bestentwickelten Fühlersinn kann man bei blinden Ameisenarten (*Eciton*, *Aenictus*, *Dorylus*) vermuten, bei denen die Orientierung lediglich durch die Fühler erfolgt.

Bei einem Berühren bestimmter Körper mittels der Fühler muß nach FOREL ein topochemischer oder Kontaktgeruchssinn angenommen werden, durch den den Ameisen je nach der Gestalt des bewitterten Körpers eine entsprechende räumliche Geruchsvorstellung übermittelt wird. Zu ähnlichen Vorstellungen gelangte auch BRUN bei Experimenten über die Richtungsorientierung der Ameisen auf bestimmten Straßen. Mit Hilfe des topochemischen Sinnes sind die Ameisen in der Lage, auf ihren Straßen aus den Fährten die Richtung zum Nest hin und von diesem fort zu unterscheiden. Daneben dürften Tastempfindungen den Kontaktgeruch unterstützen. Versuche, die FOREL an Feldwespen (*Polistes*) anstellte, führten zu dem gleichen Ergebnis wie bei den Ameisen, daß die Fühler als Sitz des Geruchssinnes anzusprechen sind. Ein *Polistes*, dem der Vorderkopf mit den Mundteilen entfernt, dem aber die Fühler belassen waren, strebte genau so dem gebotenen Futter zu, wie ein unverletztes Exemplar, während ein fühlerloses Individuum mit erhaltenen Mundteilen indifferent blieb. Eine Beobachtung FORELS, bei der in einem Kästchen befindliche Honigbienen den darin enthaltenen, mit Drahtgaze bedeckten Honig nicht fanden und die den relativ geringen Geruchssinn der Honigbienen beweisen soll, glaubt v. BUTTEL-REEPEN durch die Irritabilität der Bienen entkräften zu können. Für das gegenseitige Erkennen der Ameisen spielt der diesen anhaftende Geruch eine übergeordnete Rolle. Wie Miß A. FIELDE nachgewiesen hat, handelt es sich bei dem Erkennen der Volksgenossen um einen erblichen Geruchsinstinkt. Außerdem sind aber auch individuell erworbene Geruchsassoziationen festzustellen. Ähnlich wie die Ameisen erkennen sich auch bei den Bienen die Nestgenossen am Geruch. Dieser Nestgeruch ist von v. BUTTEL-REEPEN in seine verschiedenen Bestandteile zerlegt worden: Individualgerüche, Familiengeruch, der besonders intensive Königingeruch, Brut-, Futterbrei-, Wachs- und Honiggeruch; dazu könnten noch der Pollen-, Propolis- und der durch die Materialien des Stockes selbst bedingte Geruch gezählt werden. Außerdem müßte auch der sogenannte Sterzelgeruch berücksichtigt werden. Eine vom Winde abgetriebene fremde Biene wird am Flugloch eines Nachbarstockes erkannt und vertrieben, wenn nicht abgestochen. Unter Umständen erfolgt aber auch nach vorheriger Honigabgabe eine Aufnahme. Eine fremde, in ein weiselloses Volk gesetzte Königin wird von den Bienen jedenfalls durch den Geruchssinn sofort als nicht zum Stock gehörig erkannt. Nach 2—3 Tagen erfolgt aber die Aufnahme ohne Gefahr für die Königin. Man nimmt an, daß sich inzwischen der nestfremde Geruch der Königin verloren, und daß diese den Nestgeruch des neuen Volkes angenommen hat. Hat eine Bienenkönigin nur 15—30 Minuten in einem Käfig gesessen, so wird dieser noch nach Stunden von Arbeitsbienen des gleichen Volkes untersucht. Ebenso ist es wohl auf anhaftende Gerüche zurückzuführen, wenn ein Bienenschwarm sich an einer Stelle anlegt, an der 8 Tage vorher ein anderer Schwarm bereits gehangen hatte.

Durch gemeinsame Aufzucht von Puppen verschiedenster Ameisenarten konnte Miß FIELDE friedlich zusammenlebende Gesellschaften erzielen und längere Zeit halten. Hier hat sich ein Gesellschaftsgeruch ausgebildet, an dem die Gerüche der einzelnen Arten beteiligt sind. Der Individualgeruch kehrt aber, wenn man die Individuen trennt, nach etwa 10 Tagen wieder. Dieser Geruch läßt die Mutter ihre Kinder und umgekehrt sowohl bei getrennter Aufzucht wie auch nach mehrwöchiger Trennung wiedererkennen. Allerdings ändert sich der Individualgeruch mit dem Lebensalter, doch bleibt er durchschnittlich in den ersten 40 Tagen konstant. Eine junge 7 Tage alte Ameise wurde von den anderen, die 11 Monate isoliert gehalten waren, als Schwester erkannt. Behandelt man Ameisen mit dem Saft anderer Arten, so werden sie von ihren Volksgenossen nicht erkannt und feindlich behandelt. Das gleiche tritt ein, wenn man verschiedene Arten einige Zeit unter destilliertem Wasser zusammenbringt. Erst nach dreiwöchiger isolierter Haltung erfolgte dann wieder die Aufnahme im Muttervolk. Nach längerer Isolierung erkennen sich Individuen verschiedener Arten, die vorher eine gemischte Kolonie bildeten, nicht mehr wieder. Ein Wiedererkennen des Jugendgeruches findet aber noch nach 11 Monaten statt, wenn junge Ameisen des gleichen Volkes zu älteren Individuen der anderen Art gebracht werden. Die Veränderung des Geruches mit dem Alter bringt es mit sich, daß alte Individuen von *Aphaenogaster fulva* Rog., die 3 Jahre von ihrem Muttervolke getrennt waren, nicht wieder erkannt werden; wohl aber erkennen die alten Tiere ihre jungen Geschwister. Unter isoliert aufgezogenen Schwestern von *Camponotus pennsylvanicus* Deg. bildeten sich nach dem Alter der Tiere zwei Gruppen heraus, zwischen denen es nach einer vorübergehenden Vereinigung schließlich zu dauernden Zwistigkeiten kam. Die Gründe für die individuelle Verschiedenheit der Gerüche der Weibchen sind wohl nicht sicher. Denkbar ist es, daß sich der verschiedene Geruch der Männchen als Nachkommen verschieden alter Arbeiterinnen bei der Paarung dem Weibchen anheftet.

Durch A. Fielde an *Aphaenogaster fulvum* Rog. vorgenommene Amputationsversuche haben ergeben, daß die einzelnen Fühlerglieder auf verschiedene Geruchsqualitäten eingestellt sind. Dabei ist allerdings der bereits von Forel erhobene Einwand nicht von der Hand zu weisen, daß bei diesen Experimenten durch die gleichzeitige Abtrennung der distalen Glieder eine genaue Lokalisierung der spezifischen Geruchszentren ausgeschlossen ist. Für alle Versuche wurden nur Tiere verwendet, die als geheilt betrachtet werden konnten. Fühlerschaft und die vier basalen Geißelglieder nehmen diejenigen Gerüche, für die die folgenden Glieder die Reizperzeptoren enthalten, nicht wahr. Da Ameisen nach Abschneiden des letzten Geißelgliedes furchtlos sich auch im feindlichen Bau bewegen, darf angenommen werden, daß diese Individuen nicht mehr fähig sind, den aus der Summe der Gerüche aller Mitbewohner sich zusammensetzenden Nestgeruch zu erkennen. Werden die beiden letzten Glieder abgeschnitten, so lassen sich Individuen der gleichen Art, aber aus verschiedenen Völkern stammend, miteinander vereinigen. Die Entfernung eines weiteren Gliedes läßt die Ameise ihre eigene Fährte weder auf die Entfernung noch durch Kontakt wiederfinden. Nach Abschneiden des 8. und 7. Geißelgliedes fällt das Erkennen des Mutter- und Brutgeruchs fort. Schließlich führt der Verlust des 6. und 5. Geißelgliedes zum Verlust der Erkenntnis des Artgeruches. In diesem Zustand lassen sich Ameisen der verschiedensten Gattungen zusammenbringen.

Bemerkt werden mag noch, daß manche Ameisen einen auch für die menschliche Nase deutlich wahrnehmbaren Geruch ständig ausströmen. Der stechende Geruch der Formicinen nach Ameisensäure ist besonders dann zu bemerken, wenn die Tiere gereizt ihre Säure ausspritzen. Einige *Lasius*-Arten haben einen charakteristischen Geruch. Eine bestimmte Ponerine stinkt nach Fäkalien. Typisch für die Dolichoderinen ist der „*Tapinoma*-Geruch“, der aus besonderen Analdrüsen stammt, die dorsal vom Rektum gelegen in die Kloake ausmünden.

Die Honigbienen besitzen einen besonderen Duftapparat, der für die Kenntlichmachung einer neu entdeckten Trachtquelle, beim Sterzeln vor dem Flugloch als Wegweiser für die heimkehrende Biene und somit für die Verständigung von größter Wichtigkeit ist. Unter „Sterzeln“ versteht der Imker eine charakteristische Stellung der Biene. Die Vorderbeine greifen dabei weit auseinander und die Hinterbeine sind eng angezogen. Dadurch senkt sich der Thorax nach vorn und hebt sich nach hinten. Das Abdomen wird unter Muskelkontraktion, die bis zu einer Durchbiegung des Rückens führen kann, in der schräg nach oben und hinten gerichteten Längsachse des Körpers gehalten. Gleichzeitig wird durch eine eigenartige Muskulatur das letzte freiliegende Abdominaltergit herausgezogen, so daß seine unpigmentierte Basis und die zwischen ihm und dem vorhergehenden Tergit liegende Intersegmentalhaut vorgestülpt wird (Abb. 75). Bei der auf dem Flugbrett sterzelnden Biene kann man diese Stellung, bei der die helle Fläche zwischen den beiden letzten Tergiten besonders auffällt, jederzeit leicht beobachten. Das Wesentliche bei der Ausbildung des Duftapparats ist nach JACOBS, auf dessen Arbeit wegen der Einzelheiten verwiesen sei, daß die Drüsenmündungen auf einen schmalen Streifen vor der sogenannten Bogenfalte konzentriert sind, daß ein sekretspeichernder Raum geschaffen wird und daß durch Faltenbildung der Intersegmentalhaut und Ausbildung einer glatten Fläche an der Basis des 7. Tergits eine gute Verdunstungsmöglichkeit gegeben wird. Der Königin und Drohne fehlt ein derartiger Duftapparat. Hautdrüsen, wie sie bei den verschiedensten Apiden nachgewiesen sind (HESELHAUS und JACOBS) stellen jedenfalls die Vorstufen zur Ausbildung des Duftapparates von *Apis* dar, lassen jedoch untereinander keine stammesgeschichtlichen Beziehungen erkennen. Einen besonders intensiven Geruch, der stark an Melisse erinnert, strömt unsere tiefstehende Bienengattung *Prosopis* aus. Über die Bedeutung

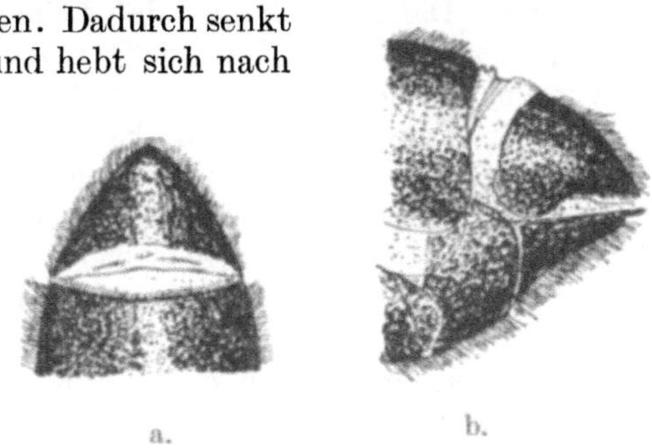

Abb. 75. Ausgestülptes Duftorgan der Honigbiene (nach JACOBS). a. Von oben; b. von der Seite.

des Geruches bei den solitären Bienen ist nichts bekannt. Der von neuentdeckter Trachtquelle heimkehrenden Honigbienen anhaftende Blütenduft wird von den übrigen Volksgenossen erkannt und daraufhin der Flugbereich nach Blüten dieser Art abgesucht. Dabei dient nach VON FRISCH außer diesem Geruch auch die Ausdünstung des Duftapparates, mit der die Entdeckerinnen der neuen Trachtquelle die Luft in deren Umgebung geschwängert haben, zur Orientierung. Ebenso wie der Honiggeruch, wirkt auch der Pollengeruch als Wegweiser zu den pollentragenden Blüten. Interessant ist dabei, daß die heimkehrenden Bienen, je nachdem sie Honig oder Pollen einbringen, die übrigen Nestgenossen in verschiedener Weise darauf aufmerksam machen.

Bei dem Aufsuchen der Blüten selbst mag für die Bienen Form und Farbe der Blüte als Lockmittel dienen. Außerdem wird aber auch der Geruch, wohl auch bei solchen Blüten, die der menschlichen Nase geruchlos erscheinen, zum Ziele hinführen. Bei oligotropen Bienenarten kann eine enge Begrenzung der wahrzunehmenden Geruchsqualitäten eingetreten sein. Die Erscheinung, daß beim Absuchen gedrängter Blütenstände, die Bienen ihren Kopf vielfach auch in Blüten einsenken, die erst kurz vorher Bienenbesuch erfahren hatten und in denen infolgedessen der Nektarvorrat erschöpft ist, kann damit erklärt werden, daß noch Duftpartikelchen um die betreffenden Blüten verbreitet sind, oder aber, daß der Geruchssinn auf Kontakt eingestellt ist. Nach Fühleramputationen an Wespen und Hummeln beobachtete FOREL, daß jene sich auch noch im Fluge gut orientieren können, während diese zu den von ihnen besuchten Blüten zurückkehrten. Ist der Geruchssinn auf die Fühler beschränkt, so ergibt sich daraus, daß hier der Geruchssinn bei der Orientierung von hervorragender Bedeutung ist.

Die Geschlechter der Hymenopteren dürften sich wohl allgemein durch den Geruchssinn finden, wobei allerdings mit ganz wenigen Ausnahmen das Männchen der aufsuchende Teil ist und infolgedessen auch an seinen Fühlern als den Trägern der Sinnesorgane gewisse Verschiedenheiten gegenüber den Weibchen erkennen läßt. Ansammlungen von Männsieht man dann gelegentlich an solchen Stellen, an denen ein frischgeschlüpftes Weibchen aus seinem Puppenversteck zu erwarten ist (z. B. *Andrena*, *Methoca*, Scoliiden Schlupfwespen). Größere Mengen von Hummelmännchen sah Verf. in einer Schwarmwolke über den Nestern von *Bombus ruderarius* MÜLL. zu einer Zeit, als die jungen Weibchen zu erwarten waren. Andererseits sind die Weibchen mit Hilfe ihrer Fühler befähigt, die Nährtiere der Larven oder bei phytophagen Formen die für die Eiablage geeigneten Pflanzengewebe aufzufinden, wobei allerdings der Tastsinn zu Hilfe kommen wird. Zahlreiche solitär lebende aculeate Hymenopteren, mit Ausnahme der Bienen, fangen bestimmte andere Insekten oder Spinnen, die den Larven zur Nahrung dienen sollen. Leben diese Beutetiere frei, so ist es zunächst oft kaum zu entscheiden, ob Geruchs- oder Gesichtssinn beim Aufsuchen das Übergewicht haben. In manchen Fällen, z. B. bei *Mellinus*, hat man aus der Art der Annäherung des Räubers an sein Opfer den Eindruck, besonders aus den Bewegungen des Kopfes, daß hier der optische Sinn überwiegt. Wird dagegen die Beute in irgendeinem Versteck aufgesucht oder aus dem Erdboden herausgeholt, wo sie der Wahrnehmbarkeit durch den Gesichtssinn entzogen ist, so kann hier nur der Geruchssinn zum Ziele führen.

Mit lebhaften Fühlerbewegungen folgen die Psammochariden der Spinnenfährte. Die Weibchen von Scoliiden und Tiphiiden graben sich in den Erdboden ein und finden dort die Käferlarve, die sie mit ihrem Ei belegen. Die schlanken amerikanischen Peleciniden senken nur den langgestreckten Hinterleib tief in den Boden ein, um den Engerling zu erreichen, dem sie ihr Ei anheften. Da das Altersstadium des Beutetieres oder des Wirtes vielfach ein ganz bestimmtes ist, wir aber bereits oben aus den FIELDEschen Untersuchungen an Ameisen erfahren haben, daß der Geruch sich mit dem Alter ändert, kann auch angenommen werden, daß bei der Auswahl in dieser Richtung die Entscheidung dem Geruchssinn zufällt. Nähere Angaben über die mit der Brutpflege in Zusammenhang stehenden Instinkte werden später ausführlicher zu behandeln sein. Die Frage, wie eine Schlupfwespe das der Brut zusagende Wirtstier auffindet, hat HASE ausführlich an *Habrobracon juglandis* ASHM. untersucht. Hierbei zeigte sich zunächst, daß das Auffinden auch in völliger Dunkelheit geschieht, der Gesichtssinn somit nur eine untergeordnete Rolle spielen kann. Da die Wirtsraupen (Mehlmotte und Wachsmotte) beim Kriechen ein Gespinst als Fadenspur hinterlassen, könnte auf ein Erkennen durch den Tastsinn geschlossen werden. Aber diese Vermutung wird dadurch hinfällig, daß die Schlupfwespe auch solche Stellen ohne weiteres auffindet, die lediglich mit einer Raupe betupft waren, ohne daß diese einen Faden ziehen konnte. Somit bleibt der Geruchssinn für das Auffinden des Wirtes allein übrig. Die fast oder ganz ausgewachsene Raupe wird auch als solche erkannt, wenn sie bereits den Kokon um sich gesponnen hat. Hierbei ist ebenfalls die Erkenntnis durch direktes Betasten ausgeschlossen. Durch seine Versuche kommt HASE zu folgenden Ergebnissen: „1. Der den Raupen eigentümliche Duft reizt die Geruchsorgane der Schlupfwespe: es ist gleichgültig, ob der Duft direkt von den Raupen ausgeht oder ob er indirekt von den Stellen ausgeht, welche die Raupen begangen haben. 2. Die Wespe sucht die Reizquelle, indem sie die Intensitätsunterschiede des Reizes auswertet." „Wesentlich ist, daß Geruchsreize Reaktionen und Handlungen der Wespen auslösen, welche zur Brutpflege in engstem Zusammenhang stehen (Anstechen bzw. Lähmen der Raupen usw. zwecks Unterbringung der Eier)." HASE kommt danach zu einer Definition der Panto-, Poly- und Monophagie der Schlupfwespen, die auf die Reaktionen der Wespen auf die Geruchssignale sehr vieler, bzw. einiger näher verwandter oder eines bestimmten Wirtstieres zurückgreift. Die Auswahl eines bestimmten Gewebes im Wirtskörper, in das bei manchen Parasiten das Ei gelegt werden muß, wenn es sich weiter entwickeln soll, dürfte dann allerdings erst beim Einstich stattfinden und wohl durch die am Stachel befindlichen Tastapparate ermöglicht werden. Ob bei solchen Formen, die regelmäßig als Hyperparasiten leben, der Duft des Wirtes durch einen primären Parasiten verändert wird, oder ob dessen Eigengeruch allein den Hyperparasiten anzieht, müßte noch untersucht werden. Jedenfalls unterscheiden die Charipinen sehr wohl die von *Aphidius* befallenen Blattläuse von gesunden Tieren, auch wenn äußerlich noch nicht die später für uns bemerkbaren Veränderungen aufgetreten sind. In solchen Fällen, in denen ein Parasit außerhalb des Wirtskörpers angestochen wird, kann man einen von diesem direkt ausgehenden Reiz annehmen. Bei der Eiablage mancher Schlupfwespen kann man beobachten, wie das Nährtier vorher mit den Fühlern berührt wird. Ob hierbei topochemische Reize im Sinne FORELS oder Tastreize den Fühler treffen, ist nicht ohne weiteres zu entscheiden. Wenn auch vielfach das Ei an beliebiger Stelle in den Wirtskörper oder an diesen heran gebracht wird, so erfolgt doch in anderen Fällen der Anstich an bestimmter Stelle und hierbei dürfte der Tastsinn, der auch bestimmten Teilen des Stachelapparates zukommt, für das Erkennen der geeigneten Stelle von Bedeutung sein. Ist der Wirt durch irgendein Medium, z. B. eine Holzschicht, von dem Parasiten getrennt, so ist anfangs ein direktes Betasten ausgeschlossen. Die Fühler des Parasiten werden dann der Unterlage genähert, und man hat den Eindruck, daß die betreffende Schlupfwespe mit Hilfe des Witterungsvermögens die Stelle erkennt, an der sich der Wirt in der Tiefe befindet. Erst wenn der Bohrer eingesenkt ist, ist ein Betasten des Wirtes denkbar, soweit nicht in solchen Fällen das Ei frei in den Fraßgang der Wirtslarve gelegt wird.

Wie wir oben sahen, setzt die Polyphagie ein Reagieren auf verschiedene Geruchsreize voraus. Doch kann auch ein periodischer Wechsel hierbei erfolgen. So sind Bienen, die bei uns in verschiedenen Generationen auftreten, in diesen auf verschiedene Blütenpflanzen angewiesen. Recht interessant sind auch unter diesem Gesichtspunkt gallerzeugende Cynipiden, die in den verschiedenen Generationen verschiedene pflanzliche Gewebe belegen. Der Geruch der Wirtspflanze dürfte das Weibchen zu dieser locken. Mit den Tastapparaten des Stachels wird aber offenbar erkannt, ob ein Gewebe geeignet ist oder nicht. Gleichwohl wird nicht allenthalben getastet, sondern die Wespe scheint in ihrem Geruchssinne auf bildungsfähiges Pflanzengewebe eingestellt zu sein. Bei *Cynips quercus-calicis* BURGSD. sehen wir einen Wechsel in der Wahl der Wirtspflanze je nach der Generation eintreten. Die großen holzigen Knoppergallen am Fruchtbecher der Stieleiche wechseln mit kleinen, unscheinbaren Gallen an den männlichen Blüten der Cerreiche im Entwicklungszyklus dieser Art. Auch bei jenen Gattungen und Arten, die wie *Biorrhiza* und *Pediaspis* in einer Generation unterirdische Pflanzenteile, Wurzeln von Eichen bzw. Ahorn, aufsuchen, dürften die Weibchen durch den Geruchssinn zu den Wurzeln geleitet werden.

Das Erkennen der Nährpflanze scheint bei den Blattwespen gleichfalls durch den Geruchssinn vermittelt zu werden. Hier gibt es sowohl mono- wie poly- und pantophage Arten.

Über die chemischen Sinne der Hymenopterenlarven sind wir noch schlecht unterrichtet und auf Vermutungen angewiesen. Bei der kümmerlichen Entwicklung oder dem gänzlichen Fehlen von Sinnesorganen, die als Geschmacks- oder Geruchsorgane angesprochen werden könnten, sind die entsprechenden Sinne wohl ohne weiteres als schwach entwickelt anzusehen. Dank der mütterlichen Brutfürsorge findet sich die Mehrzahl der Larven schon beim Schlüpfen aus dem Ei in unmittelbarer Berührung mit einer für die Lebensdauer ausreichenden Nahrungsmenge oder wird regelmäßig damit versorgt, ist also nicht auf eigenen Nahrungserwerb angewiesen. Die Fühler sind nur bei den Larven der Lydiden länger und mehrgliedrig; bei anderen Larven von Symphyten ist die Gliederung viel undeutlicher. Ob Geruchs- oder Tastsinn die gesellig fressenden Blattwespenlarven zusammenhält, ist noch unentschieden.

Das Gehör, wenn von einem solchen überhaupt gesprochen werden darf, spielt bei den Hymenopteren wie bei der Mehrzahl der Insekten eine ganz untergeordnete Rolle. Schon die Vorbedingungen für die Perzeption akustischer Reize sind so schlecht, daß man Gehörorgane kaum erwarten darf. Bei einer geringen Größe und dem leichten Gewicht wird der Körper eher im ganzen mitschwingen, als daß einzelne Teile an ihm in Schwingung geraten. Eine Tonwahrnehmung dürfen wir im übrigen nur dort erwarten, wo Töne von den betreffenden Tieren selbst erzeugt werden und in deren Leben eine gewisse Rolle spielen. Nun produzieren bekanntlich Bienen, Wespen, Hummeln und zahlreiche andere Hymenopteren Töne, deren Beziehungen zum Flügelschlag oben bereits erörtert wurden. Psychische Vorgänge werden aber durch diese Töne nicht ausgedrückt. Höchstens könnte im Stechton ein Erregungszustand zum Ausdruck kommen. Im übrigen sind die Töne nur Begleiterscheinungen von Bewegungen und nicht primäre Affektausdrücke. Ein Reagieren anderer Individuen auf die betreffenden Töne ist auch nicht zu beobachten.

Auch bezüglich der Tüt- und Quaktöne der Bienenköniginnen, die nach Imkeransicht eine Sprache der Königinnen darstellen, konnte ARMBRUSTER die mechanischen Vorbedingungen für deren Zustandekommen ermitteln. Wie aus den Beobachtungsprotokollen sich ergibt, nehmen die tütenden und quakenden Königinnen voneinander keine Notiz oder fallen höchstens dann annähernd gleichzeitig in die Quakstrophen ein, wenn die sie einschließenden Zellen dicht beieinander liegen. Hieraus darf aber unter keinen Umständen auf eine Hörfähigkeit geschlossen werden, da die durch das Quaken hervorgerufene Erschütterung ohne weiteres durch die Wachswabe fortgeleitet und selbst vom Beobachter, der die Wabe am Rähmchen hält, gespürt wird. Bei dem sicher feinen Tastempfinden der Bienen ist daher das Reagieren auf eine benachbarte Quakerin leicht verständlich. Ähnlich werden auch andere Beobachtungen, die für ein Hören der Bienen im Stocke zu sprechen scheinen, auf diesem Wege als pseudakustische Empfindungen zu erklären sein. Das gleiche dürfte auch gelten, wenn Wespenlarven gleichzeitig durch Kratzen mit den Mundteilen an den Wänden ihrer Zellen Geräusche hervorbringen. Dressurversuche, bei denen Glühkathodenröhren als konstante Tonquellen dienten und bei denen gewisse Assoziationen beobachtet wurden, werden zwar von ARMBRUSTER als Beweis für einen vorhandenen Hörsinn angesehen, scheinen jedoch auf Grund der verhältnismäßig geringen positiven Befunde kaum von Bedeutung. Ganz neuerdings hat KRÖNING bei eingehenderen Dressurversuchen auf Töne nur negative Ergebnisse gehabt. HOFFER gibt an, daß es ihm gelungen sei, Wespen auf einen Pfeifton zu dressieren. Während anfänglich gleichzeitig mit einem Pfiff das Nest erschüttert wurde, so daß die Wespen hervorkamen, genügte später der Pfiff, um die Wespen hervorzutreiben. Sollte diese bisher nicht nachgeprüfte Beobachtung nicht auf irgendwelche Fehler und unberücksichtigte Faktoren beim Experimentieren zurückzuführen sein, so wäre dadurch allerdings eine Gehörsassoziation bewiesen.

Auch bei Ameisen kommt eine Erzeugung von Tönen, und zwar mit Hilfe von Stridulationsapparaten vor. Den Camponotinen und Dolichoderinen scheinen jedoch derartige Apparate zu fehlen. Bei *Myrmica* liegt der Schrillapparat auf dem gelenkkopfartig in den zweiten Hinterleibsknoten eingefügten Basalabschnitt des ersten erweiterten Hinterleibstergits. Dieser Knopf trägt eine außerordentlich feine Querriefung, die ihn an den Seiten matt, in der Mitte aber stark glänzend erscheinen läßt. Die einzelnen Riefen sind dort nach den Untersuchungen von JANET 1—2 μ entfernt (bei *Myrmica laevinodis* NYL. Streicht die Kante des vorhergehenden Stielchenknotens darüber, so werden Schrillaute hervorgebracht, die nur bei größeren tropischen Formen deutlich vernehmbar sind, bei unsern einheimischen *Myrmica*-Arten aber so leise und hoch sind, daß sie nur auf künstlichem Wege hörbar gemacht werden können. JANET schloß z. B. zwischen zwei Glasplatten, die durch Kitt aneinandergehalten wurden und gerade einen der Dicke der Ameisen gleichkommenden Abstand hatten, 200—300 *Myrmica rubra* L. ein. Gelegentlich ertönen dann die Stridulationslaute. Die Zahl der Querriefen auf dem Gelenkknopf ist entsprechend der Größe des letzeren nach den Geschlechtern verschieden. Bei Ponerinen erscheint das Schrillfeld als eine matt schimmernde Fläche auf der nicht weiter umgestalteten Basis des zweiten Tergits hinter dem Knötchen. Wie WASMANN nachgewiesen hat, sind die Ameisen, auch Camponotinen, für hohe Töne empfindlich. WHEELER nimmt an, daß die Myrmicinen sich durch derartige Laute verständigen und zirpenden Genossinnen zu Hilfe eilen. FOREL neigt der Ansicht zu, daß es sich dabei nicht um ein eigentliches Hören im menschlichen Sinne handeln dürfte, sondern eher um eine dieses vertretende „Art pseudakustischer Modifikation des Tastsinns für Erschütterungen der Luft und der Grundlage.“ Auch bei anderen Hymenopteren, besonders Mutilliden, kommen in beiden Geschlechtern Schrillapparate vor, die ähnlich wie bei den Ameisen zwischen zwei Tergiten liegen und mit denen selbst unsere kleinen Arten Geräusche hervorbringen, die wir in der Nähe des Ohres hören. Daß bei solitären Hymenopteren derartige Laute einer Anlockung der Geschlechter dienen könnten, erscheint unwahrscheinlich, zumal der Geruchssinn viel sicherer und auf größere Entfernungen zum Ziel führen dürfte.

Chordotonalorgane, die als Perzeptoren für den pseudoakustischen Sinn angesprochen werden können, finden sich an verschiedenen Stellen des Körpers. Derartige saitenförmig ausgespannte Sinnesorgane sind bei den Ameisen paarig an der Antennenwurzel, ferner im Prosternum in Verbindung mit dem 1. Thorakalganglion unter diesem, im Metasternum, in den Stielchenknoten und den Tibien entwickelt. Sind diese

Organe nicht zwischen zwei festliegenden Punkten befestigt, so dürften sie im Dienste des Muskelsinnes stehen. Eine weitergehende Spezialisierung lassen aber die von SCHOEN näher untersuchten tibialen Chordotonalorgane erkennen, die in ihrem ganzen Aufbau nur wenig von dem bei Orthopteren ausgebildeten Typus abweichen und wohl eine allgemeinere Verbreitung besitzen. SCHOEN wies sie bei Ameisen, Wespen, Hummeln und Honigbienen nach. Die enge Beziehung zu einer Tracheenerweiterung ist an diesem Organ bemerkenswert. Dazu kommen auch noch im distalen Teil der Tibia Gruppen von Sinneszellen, die vom gleichen Nerven ausgehen wie das Chordotonalorgan und den Zellen desselben gleichen. Daß die Membran(Poren-)platten an den Fühlern als Gehörorgane angesehen werden könnten, ist trotz des v. BUTTEL-REEPENschen Beweisversuches doch recht zweifelhaft. Auch die Ansicht NAGELS, „daß die Porenplatten Druckpunkte darstellen, deren adäquater Reiz der Druck der Luft bei Bewegung der letzteren oder der Fühler ist", hat nach den Untersuchungen WACKERS wenig Wahrscheinlichkeit. Warum diese Organe bei der Drohne gegenüber der Arbeiterin und Bienenkönigin in so großer Menge entwickelt sind, ist allerdings nicht ohne weiteres einzusehen. Zunächst könnte eine geringere Sinnesschärfe bei der Drohne angenommen werden, die durch die Menge der Organe ausgeglichen werden könnte. Auch abweichende, durch das Körpergewicht bedingte Flugverhältnisse wären in Betracht zu ziehen. Die verhältnismäßig geringere Zahl der Porenplatten bei den Wespenmännchen glaubt v. BUTTEL-REEPEN aus der größeren Menge der Weibchen und der damit verbundenen geringeren Schwierigkeit für die Männchen, diese aufzufinden, biologisch erklären zu können. Es scheint jedoch, daß die Porenplatten auf ganz bestimmte chemische Reize eingestellt sind und dem Männchen das Auffinden des Weibchens ermöglichen oder wenigstens erleichtern.

Zwischen dem pseudoakustischen Empfinden und der Perzeption von Berührungsreizen dürften alle Übergänge bestehen. Die feste Kutikula bringt es mit sich, daß die Tastorgane nicht über die ganze Oberfläche des Körpers verteilt sind, sondern lokal auftreten, und zwar mit einer Häufung an Fühlern, Tastern, Beinen und Hinterleib, besonders an den Genitalanhängen. An den Flügeln scheint, wenigstens bei Wespen, keine Tastempfindung vorzukommen, da es FOREL gelang, einer trinkenden Wespe die Flügel zu beschneiden, ohne daß das Tier darauf reagierte. Die Tastapparate ragen als Zäpfchen oder Haare über die allgemeine Körperoberfläche empor, doch darf durchaus nicht jedes Haar als Tasthaar aufgefaßt werden. Vorbedingung ist eine Beweglichkeit desselben, die durch Artikulation in einer Grube der Kutikula erzielt werden kann, und ein hinzutretender Nerv. Außerdem ist zu bedenken, daß das Insekt schon durch leichte Erschütterungen aus seiner Gleichgewichtsstellung gebracht werden kann. Damit müssen Zerrungen besonders an den Muskeln der Extremitäten auftreten, die jedenfalls durch den Muskelsinn empfunden werden. Oft ist es bei Berührung mit den Fühlern kaum zu entscheiden, ob dabei der topochemische Sinn oder der Tastsinn zur Anwendung kommt. Jedenfalls wird beides zugleich geschehen. Daß das Tastempfinden ein außerordentlich feines sein kann, geht aus der Fühlersprache der Ameisen, auf die unten noch näher eingegangen werden wird, mit Sicherheit hervor. Zwischen 2. und 3. Fühlergeißelglied mündet ein im zweiten Gliede gelegenes, bei Insekten weit verbreitetes Organ aus, das nach seinem Entdecker als JOHNSTONsches Organ bezeichnet wird. Bei den Männchen soll es stärker entwickelt sein als bei den Weibchen. Von verschiedenen Autoren wird es als Gehörorgan angesprochen. MC INDOO glaubt darin bei der Honigbiene einen Apparat zur Bewegungsbestimmung der Fühler zu erkennen. Dieses Organ gehört nach seinem feineren Bau zu den stiftchenführenden Sinnesorganen und läßt dadurch gewisse Beziehungen zu den Chordotonalorganen erkennen. Nach den neuesten Untersuchungen von EGGERS dient es vermutlich der Rezeption von Spannungsänderungen der 3. Gelenkhaut, die durch Gebrauch der Antennen als Tastorgane, oder durch Lufterschütterungen hervorgerufen werden. Am Bienenstachel, besonders an der Stachelrinne, werden in den sogenannten „Porenkanälen" feine Nervenfasern gefunden, die zu einer bipolaren Nervenzelle ziehen und sich im Innern des Stachelrinnenlumens zu einem Nerven vereinigen. Nach KOEHLER und TROJAN handelt es sich dabei um Drucksinnesorgane. Mag auch die Lokalisierung des Stiches, den ein aculeates Hymenopteron seinem Beutetier, um es zu paralysieren, beibringt, nicht von absoluter Wichtigkeit sein, so ist doch zu beobachten, daß mit der Stachelspitze offensichtliche Tastbewegungen ausgeführt werden. Teilweise macht es allerdings den Eindruck, als ob dann der Stachel in eine Kerbe des Körpers des Beutetiers eingleitet und dort gleichzeitig ein Widerlager und die gewünschte, dünner chitinisierte Stelle findet. Das Weibchen von *Tremex fuscicornis* F. kriecht im Legedrang nach Beobachtungen des Verfassers mit schleifender Stachelspitze (hier handelt es sich um die Spitze der Stachelscheiden) an der Rinde entlang, macht plötzlich halt, während mit der Spitze Tastbewegungen ausgeführt werden. Wird dabei ein Stützpunkt für die Stachelspitze gefunden, so schreitet die Wespe etwas rückwärts, wobei jedoch die Stachelspitze nicht aus ihrer Lage gebracht wird. Das Abdomen wölbt sich infolgedessen dorsal stark vor. Ist die Stelle geeignet, so wird mit dem Einbohren begonnen, häufig aber auch schon nach kurzen Bohrbewegungen diese Tätigkeit unterbrochen und der Stachel wieder herausgezogen. Es scheint also, als ob mit der Stachelscheide lediglich solche Punkte erkannt werden, an denen der Stachel richtig angesetzt werden kann, daß aber erst beim Bohren selbst die Entscheidung fällt, ob die Stelle für die Eiablage günstig sein wird oder nicht. Ob hierbei Tastsinnesorgane den Ausschlag geben oder ob der beim Bohren zu überwindende Widerstand in irgendeiner Form durch Muskelsinn empfunden wird, wäre noch zu untersuchen. Für eine Tastfunktion der Stachelscheiden sprechen eine ganze Reihe von Beobachtungen an parasitären Hymenopteren. Während das *Lariophagus*-Weibchen (vgl. Abb. 162) bei den Vorbereitungen zum Einstich zunächst mit den Fühlern die Unterlage allgemein bewittert, schließlich einen ganz eng begrenzten Bezirk intensiv beriecht und mit den Fühlerspitzen unter raschen und zitternden Bewegungen betastet, wird danach mit den Stachelscheiden als Tastapparaten vor dem Einstich noch genauer untersucht. Die am Ende der Stachelscheiden befindlichen Haare dürften diese Tastfunktion übernehmen. Auch bei *Nemeritis canescens* GRAV., einem Parasiten der Mehlmotte, werden Tastorgane an den Stachelscheiden beschrieben. Sinneshaare und besondere Bürstenplatten an den Stachelscheiden der Blattwespen können nach dem vorhergehenden ebenfalls zwanglos als Tastapparate angesprochen werden; desgleichen die Scheidenbeborstung der Cynipiden. Vielfach ist es bei Entoparasiten und im Innern von Pflanzengeweben lebenden Formen von Wichtigkeit, daß das Ei an eine bestimmte Stelle gebracht wird. Dies kann durch ein Tastvermögen des Stachels selbst — die Stachelscheiden bleiben bei dem Einstich stets außerhalb und dringen nicht mit ein — erreicht werden. So sieht man basal von der verdünnten Stachelspitze bei Microgasterinen zwei Tastpapillen in einer Entfernung von der Spitze, die gerade der Eilänge der Art entspricht und ein zu tiefes Einsenken des Eies oder ein vollständiges Durchbohren des Wirtes verhindert. Veranlaßt man *Pimpla*-Arten zum Einstich in leere Puppenhüllen oder Papierzylinder, die zum Anlocken des Weibchens mit Puppensaft behandelt sind, so unterbleibt nach PICARD die Eiablage, wenn der Stachel dabei in den Hohlraum einstößt. Wird nach LICHTENSTEIN die Eiablage von *Habrocytus cionicida* erst durch Berührung eines lebenden Wirtstieres ausgelöst, so kann dagegen bei starkem Legedrang die Ablage von Eiern auch in einen leeren Raum erfolgen. Fehlstiche beobachtete HARTLEY häufig bei Stechversuchen von *Aphelinus semiflavus* HOW. an Blattläusen. Ist in der gestochenen Blattlaus schon früher ein Ei abgesetzt worden, so wird dies vorher nicht, sondern erst beim Einstich bemerkt. Die große Beweglichkeit des Stachels bei *Lariophagus* (Abb. 162) schildert uns HASE folgendermaßen: „Besonders bemerkenswert ist folgendes: der Stachel in seiner Gesamtheit ist nicht einem starren Dolche vergleichbar, sondern einer spitzen, elastischen Sonde, deren vorderes Ende vom weiblichen Tier willkürlich gebogen werden kann. Erstaunlich ist, wie außerordentlich lebhaft diese züngelnden Bewegungen des Stachelvorderendes sind, wobei ein Umlegen der Spitze fast bis zu 90° erfolgt. Mit seinem Bohrer tastet das Weibchen die erreichbare Umgebung im Kokon gründlich ab. Trifft der umhertastende und sondierende Stachel auf den Körper einer *Habrobracon*-Larve, so wird dieser zunächst nicht angestochen, sondern unter Benutzung aller Spalten zwischen *Habrobracon*-Larve und Kokoninnenwand wird vornehmlich die Innenseite des Kokons genau tastend geprüft, bis eine für die Eiablage günstige Stelle gefunden (‚herausgefühlt' könnte man sagen) wurde. Wie schnell und geschickt diese sondierende Arbeit geleistet wird, unter Vor- und Rückwärtsgehen, unter seitlichem Ausweichen und Biegungen aller Art des ganzen Stachels, ist ganz überraschend. Das *Lar.*-Weibchen dirigiert den Legeapparat genau so sicher, wie es sonst z. B. seine Fühler gebraucht. Während entsprechende Kopfwendungen die Arbeit der Fühler unterstützen, geschieht es hier durch seitliche Wendungen des Hinterteiles, der aus der Längsachse 30—35° bis 40° zu diesem Zwecke gedreht wird. Den Drehpunkt für den Stachel bildet dabei die Stelle, welche in der Kokonwandung steckt. Sicher ist:

das *Lar.*-Weibchen sticht nicht wahllos geradlinig in ein Objekt ein, sondern beim Eindringen des Bohrers wird fallweise ständig in sehr zweckmäßiger Weise getastet und sondiert unter entsprechenden Biegungen des Bohrers. Der Stachel geht dahin und so tief, wie und wohin ihn das Weibchen haben will."

Nur wenn der Stachel selbst ein feines Unterscheidungsvermögen besitzt, wird es verständlich, wie das Ei in ganz bestimmte Gewebe des Wirtskörpers, selbst des Embryos, gelangen kann. Dasselbe gilt für die Gallerzeuger. Auch hier muß im Stachel selbst ein feines Empfindungsvermögen lokalisiert sein, das es dem Weibchen ermöglicht, sein Ei an einen geeigneten Platz zu legen. Ähnlich liegen die Verhältnisse bei Blattwespen. So beobachtete Verf. bei *Phymatocera aterrima* Kl., wie das Weibchen mit dem Legeapparat unmittelbar unter der Epidermis des *Polygonatum*-Stengels die Tasche für die Unterbringung des Eies aushöhlte, wobei der Legeapparat der Krümmung des Stengels selbst folgte. War der gebotene Pflanzenstengel freilich zu dünn, so schien die Elastizität des Chitins schließlich bei einer halbkreisförmigen Biegung des Stachels nicht mehr folgen zu können und die Stachelspitze drang dann aus der Epidermis nach außen heraus.

Weitere Sinnesorgane treten in der Nähe der Hinterleibsspitze auf. So finden sich besonders bei den Blatt- und den Schlupfwespen jederseits vom After reich mit Sinnesborsten ausgestattete Cerci oder wenigstens Anhäufungen von entsprechenden Haaren, so daß besondere Sinnesfelder unterschieden werden können. Über die Bedeutung dieser Organe ist nichts bekannt, eine Tastfunktion aber wahrscheinlich.

Der Tastsinn der Larven ist wohl entsprechend der allgemeinen Reduktion der psychischen Fähigkeiten derselben kaum entwickelt. Papillen in der Mundregion könnten mit dem Tastsinn in Verbindung gebracht werden. Bei parasitären Larven ist es vielfach von Wichtigkeit, daß der Wirt möglichst weitgehend geschont wird, und es dürfen daher lebenswichtige Organe desselben nicht zu frühzeitig zerstört werden. Ob die Entscheidung bei der Auswahl dieser Nahrung auf chemische oder Tastreize hin erfolgt oder auf beide gemeinsam, ist nicht entschieden. Bei den freilebenden Blattwespenlarven kann man ein besonderes Unterscheidungsvermögen für verschiedenartige Erschütterungen erkennen. Bei ungewohnten Erschütterungen, also nicht den Bewegungen der Pflanzenteile durch Wind, rollen sich viele Larven spiralig ein und lassen sich fallen. Andere nehmen dagegen eine Schreckstellung (Abb. 219) unter Aufkrümmen des Hinterleibs oder Vorderkörpers, je nach den Arten verschieden, ein. Übrigens lassen sich auch viele Imagines auf Erschütterungen hin unter Anlegen der Fühler an den Körper nach unten, Anziehen des Kopfes und der Extremitäten fallen („Sich-Totstellen"). Besonders verbreitet ist diese Fähigkeit bei kleineren Blattwespen und Gallwespen, kommt aber mehr vereinzelt auch in verschiedenen anderen Familien vor. Bei den Goldwespen erfolgt außerdem ein Einschlagen des Abdomens gegen den Thorax, was besonders durch die konkave Bauchseite des ersteren ermöglicht wird. Diese Stellung wird hier besonders als Schutzmaßnahme bei Angriffen eingenommen, wenn die Goldwespe als Eindringling in einem Bau einer Biene oder Grabwespe von der rechtmäßigen Inhaberin des Nestes ertappt wird, erfolgt aber auch beim Fang derselben im Netz. Hierbei zeigt sich, daß die mit Klauenzähnen bewehrten epipneusten Formen durchschnittlich mit größerer Ausdauer in dieser Stellung verharren als die Arten von *Chrysis* selbst.

Über den Temperatursinn ist verhältnismäßig wenig, über die entsprechenden Organe nichts bekannt. Über die Temperaturverhältnisse im überwinternden Bienenvolk mit den dabei vorkommenden Schwankungen wurde bereits oben berichtet. Die Empfindlichkeit der Honigbienenbrut, deren Entwicklungsoptimum zwischen 34 und 35° liegt, zwingt die Bienen auch bei höheren Temperaruren zu einer Temperaturregulierung. Bei einem Sinken auf 34° setzt eine Heizreaktion ein. Bei einem Steigen auf 36° wird eine Abkühlung durch Fächeln am Flugloch und durch ein Abrücken von der Brut erzielt. Wie HERTER nachgewiesen hat, ist das Temperaturoptimum für unsere rote Waldameise (*F. rufa*) nicht konstant, sondern steht in Abhängigkeit von Licht und Umgebungstemperatur. Doch zeigen geblendete Ameisen nach FOREL ein deutliches Unterscheidungsvermögen für Temperaturen. Dagegen übt die relative Luftfeuchtigkeit auf die Höhe des Temperaturoptimums keinen Einfluß aus. Aus der Beobachtung, daß die Ameisen die einzelnen Entwicklungsstadien ihrer Brut vielfach umtransportieren, kann geschlossen werden, daß sie die jeweilig günstigsten Entwicklungsbedingungen derselben kennen, wobei Temperatur und Luftfeuchtigkeit jedenfalls die wichtigsten Faktoren darstellen dürften. Die Ameisen müssen danach über ein feines Temperaturempfinden verfügen. Im übrigen sehen wir aber, daß die Hymenopteren im ganzen betrachtet, sich unter den verschiedensten klimatischen Bedingungen entwickeln können. Soweit der Pflanzenwuchs im arktischen Gebiet sich ausbreitet, finden sich noch Hymenopteren, allerdings in einer verhältnismäßig recht kleinen Artenziffer. Hummeln. Schlupf- und Blattwespen gehen weit nach Norden oder im Hochgebirge bis zur ewigen Schneegrenze. Andererseits finden manche Arten, besonders Grabwespen, Wegwespen, Mutilliden und Ameisen im heißen Sande der Sahara oder den Steppengebieten Mittelamerikas ihre geeigneten Entwicklungsbedingungen.

Daß das Schmerzempfinden nur schwach entwickelt ist, kann wohl daraus geschlossen werden, daß Tiere, die eine schwere Verletzung erlitten haben, unmittelbar danach ihrer gewohnten Tätigkeit nachgehen. So berichtet FOREL, daß eine Hummel mit abgetrenntem Vorderkopf sofort wieder zu den Blüten zurückkehrte und daß eine Ameise trotz der soeben erfolgten Abtrennung von Antennen und Abdomen Honig zu sich nahm. Gewisse Unlusterscheinungen können aber auch bei Reizung durch ätzende Substanzen oder Chiningeschmack ausgelöst werden.

Besondere Gleichgewichtssinnesorgane kennen wir bei den Hymenopteren nicht, es sei denn, daß ein allgemeiner Muskelsinn ihnen von der jeweiligen Lage ihres Körpers Kenntnis gibt. Als sicher erwiesen kann es aber nach Experimenten von BRUN angesehen werden, daß die Ameisen eine Erinnerung an angewandte Muskelanstrengungen und an den entsprechenden Unterschied der Kraftaufwendung beim Aufwärts- und Abwärtssteigen auf einer schiefen Ebene besitzen (BRUN 1916). In gleicher Weise kann auch ein podometrischer Sinn, durch den die zurückgelegte Wegstrecke nach der angewandten Muskelkraft erkannt wird, angenommen werden (PIERON und CORNETZ).

Neuerdings nimmt auch R. WOLF für die Bienen eine besondere Fähigkeit an, aktive und passive Drehungen zu registrieren, und findet den Sitz dieses Vermögens in den Fühlern.

Als Lichtsinnesorgane dienen die zusammengesetzten Augen (Seitenaugen, Komplexaugen, Facettenaugen) und die Stirnaugen (Ocellen). Daneben kann vielleicht noch ein photodermatischer Sinn angenommen werden. Bei der großen Masse der Hymenopteren sind die Facetten- und Stirnaugen, letztere in der Dreizahl mit einem unpaaren vorderen Ocellus entwickelt. Sehr große Ocellen haben die Männchen mancher Ameisen, besonders von *Dorylus*, gewisse Schlupfwespen (*Ophion* und Verwandte), sowie auch verschiedene Mutillidengattungen, z. B. *Tricholabioides*, *Pseudophotopsis* u. a. Namentlich bei ungeflügelten Hymenopteren verkümmern gelegentlich die Ocellen und können auch gänzlich in Fortfall geraten. So bei Diapriiden, Belythiden, den höherstehenden Mutilliden, manchen Bethyliden, vielen Ameisen, gewissen Chalcididen u. a. Eine eigenartige Reduktion macht sich zunächst an den hinteren Ocellen in manchen artenreichen Gattungen der zu den Grabwespen gehörigen Gruppe der Larrinen bemerkbar, ebenso bei einigen Gattungen, die unserer Kreiselwespe, *Bembix*, verwandt sind. Bei diesen gehen die gewöhnlich in Linsenform deutlich hervortretenden hinteren Ocellen allmählich in die angrenzende Kutikula ohne scharfe Abgrenzung über, erleiden Verzerrungen und schwinden schließlich fast ganz, nur noch durch die an ihrer Stelle einen etwas anderen Eindruck machende Kutikula kenntlich. Gelegentlich hat man auch den Eindruck einer zurückbleibenden Narbe. Dies ist namentlich bei den Bembicinen der Fall, wo auch der vordere Ocellus eine Tendenz zum Schwinden zeigt, die mit einer Ausrandung des Vorderrandes beginnt und den ursprünglich runden Umriß über Bohnenform bis zu einer bogigen Narbe führt. Gelegentlich kommt auch bei Ameisen nur der vordere Ocellus vor oder dieser verkümmert und die hinteren bleiben bestehen. Ihrer Lage nach sind die Ocellen im allgemeinen so auf der Wölbung des Kopfes orientiert, daß der vordere Ocellus nach vorn und unten, die hinteren seitlichen aber nach den Seiten und oben schauen. Doch herrscht hier im einzelnen eine ziemliche Mannigfaltigkeit.

Die Facettenaugen stehen an den Seiten des Kopfes. Gewöhnlich von elliptischem bis rundlichem Umriß, sind sie in der Familie der Wespen an ihrer Innenseite tief nierenförmig ausgerandet, eine Erscheinung, die auch bei gewissen Grabwespen (*Trypoxylon*, *Pison* und Verwandten) in ähnlichem Grade zu erkennen ist, während in anderen Fällen nur eine leichte Ausbuchtung sich bemerkbar macht (manche Psammochariden, Scoliiden, Mutillidenmännchen, Ichneumoniden usw.). In ihrer Größe sind sie sehr variabel. Eine besonders starke Entwicklung der Augen findet sich bei den Drohnen der Honigbienen, einigen Hummelmännchen (*B. confusus* SCHENCK, *sicheli* RAD.), den Männchen der Bienengattung *Melitturga*, ebenfalls bei den Männchen der Grabwespengattung *Astata* u. a. Recht groß sind auch die Augen, aber in beiden Geschlechtern, bei den Arten der Gattung *Crabro*. Die einzelnen Facetten sind in der sechseckigen Felderung des Auges deutlich zu erkennen. Größenunterschiede an den Facetten eines Auges sind meist nicht scharf ausgeprägt, kommen aber namentlich an stark gewölbten Augenflächen vor. Meist ist dieser Übergang zwischen Facetten verschiedener Größe ein ganz allmählicher. Bei Faltenwespen ist die untere Hälfte der stark ausgerandeten Augen deutlich gröber facettiert als die obere; bei den genannten Hymenopterenmännchen erfolgt dagegen die Größenzunahme von unten nach oben. Eine Ausnahme macht die Gattung *Crabro*, bei der die Facetten gleichzeitig mit der Erweiterung der Augen nach unten gegen die Fühlerwurzeln hin bedeutend an Größe zunehmen. Hier finden sich auch häufige Abweichungen von der sechseckigen Facettenform. Sogar quadratische Facetten kommen vor. Eine weitgehende äußere Verwischung der Facettengrenzen läßt die Augenoberfläche bei zahlreichen südamerikanischen Mutilliden (*Ephuta* und Verwandten) glatt und glänzend erscheinen, wozu hier eine halbkuglige Wölbung tritt. Gelegentlich stehen auf der Augenoberfläche (*Apis*, manche andere Bienen verschiedene Schlupfwespen und *Serphoidea* u. a.) Haare, die zwischen den Facetten entspringen. Reduktion der Seitenaugen findet sich bei Formen, die unterirdisch oder im Dunkeln von Nestern leben. Den Hauptanteil stellen hier die Ameisen. Gewöhnlich sind hier noch die Geschlechtstiere im Besitz von großen Facettenaugen, die ihnen bei dem Hochzeitsfluge von Nutzen sein dürften, ganz besonders bei den Männchen, die die Weibchen im Fluge aufsuchen. Bei den merkwürdigen Dorylinenweibchen, die ungeflügelt sind und eine sehr versteckte Lebensweise führen, können sie dagegen ganz fehlen. Bei einer Cryptocerinenart (*Cryptoc. eduarduli* FOR.) aus Paraguay erwähnt FOREL, daß beim Weibchen die Augen abgeflacht und kleiner als bei dem Arbeiter sind, woraus geschlossen werden dürfte, daß dieses Weibchen kaum fliegt. ZANDER schätzt die Zahl der Facetten bei den weiblichen Honigbienen auf 3—4000, bei den Drohnen auf 7—8000; GERSTÄCKER ermittelte für das Seitenauge des Weibchens von *Crabro peltarius* SCHREB. c. 2200 Facetten. Bei einer Ameise mit relativ gutem optischem Sinn (*Formica pratensis*) besitzen nach FOREL die großen Arbeiter (9 mm) auf ihren flachen Augen etwa 600 Facetten, während Weibchen und Männchen 830 bzw. 1200 aufzuweisen haben. Bei der Diebameise mit ihren unterirdischen und in den Nestern anderer Ameisen angelegten Gängen, deren Arbeiter kaum an das Tageslicht kommen, besitzen diese nur 6—9 Facetten, Weibchen und Männchen dagegen 200 bzw. 400. Schließlich fand FOREL bei verschieden großen, im Tageslicht arbeitenden Individuen der Ernteameise *Messor barbarus* L. bei einer Körpergröße von 4 und 12 mm 90 bzw. 230 Facetten. Die Beziehungen zum Leben in der Dunkelheit und im Licht sind besonders bei dem Beispiel der Diebameise recht auffällig. Manche Ameisen wie *Anomma*, *Typhlopone*, *Leptanilla* u. a. haben überhaupt keine Seitenaugen. Abgesehen von den Ameisen, ist Verlust oder Reduktion der

Seitenaugen nur wenig verbreitet und findet sich auch hier besonders bei ungeflügelten Formen, die sich in den Nestern der Ameisen selbst als Parasiten (Diapriiden, Belythiden, Bethyliden) oder anderer Hymenopteren (*Melittobia*-Männchen) aufhalten. Bei dieser Gelegenheit mag auch der sogenanten Cyclopenbienen gedacht werden, die gelegentlich als Monstrosität unter Arbeiterinnen der Honigbiene vorkommen und dadurch ausgezeichnet sind, daß mit einer Verkleinerung des ganzen Kopfes eine bis zur völligen Verschmelzung führende Annäherung der Seitenaugen mitten auf der Stirn erfolgt ist.

Die Puppe als Ruhestadium bedarf eigener Lichtsinnesorgane nicht. An ihr sieht man bereits deutlich die imaginalen Organe vorgebildet. Die ersten Pigmentierungen treten hier an den Facettenaugen auf; ja man sieht unter Umständen diese schon an der noch in der letzten Larvenhaut steckenden Puppe, z. B. bei *Vespa* rosaviolett durchschimmern. Bei der Puppe der kleinen Grabwespe *Spilomena troglodytes* v. d. LIND. beobachtete ENSLIN, daß die hintere Ocellen zapfenartig hervorragen. Dies ist auch noch an der frischgeschlüpften Imago der Fall, bei der die Abflachung derselben allmählich im Laufe einiger Stunden erfolgt.

Die Larven der Hymenopteren können, mit Ausnahme der freilebenden Afterraupen der *Tenthredinoidea*, die Lichtsinnesorgane entbehren. Hier fehlen sie den holzbohrenden Larven der Siricinen und Xiphydriinen, sind aber bei den Cephinen noch erhalten, wo sie wenigstens als Pigmentkörnchen durch die Kutikula hindurchschimmern, ähnlich auch bei der amerikanischen Gattung *Phlebatrophia* und vielleicht einigen anderen minierend lebenden Formen. Die linsenförmigen, ocellenähnlichen Augen stehen jederseits in der Einzahl und sind von einem dunklen Hof umgeben. Im übrigen finden sich aber auch bei anderen Hymenopterenlarven punktaugenähnliche Gebilde jederseits am Kopfe, die aber wegen ihres Pigmentmangels kaum als Lichtsinnesorgane angesehen werden können.

Der feinere Bau der larvalen Ocellen ist neuerdings von CORNELI an verschiedenen Tenthredinidenlarven näher untersucht worden. Unter einer großen Linse, die bei jeder Häutung durch die unmittelbar darunter liegenden Linsenbildungs(Corneagen)zellen neugebildet wird, befinden sich die einzelnen Sehzellen. Diese treten zu regelmäßigen Vierergruppen zusammen, so daß der Querschnitt einer solchen Gruppe die einander zugekehrten Flächen der mit feinkörnigem Pigment versehenen Zellen in Kreuzform erscheinen läßt. An diesen Berührungsflächen sind die sogenannten Stiftchensäume als feinste Differenzierungen entwickelt, die auf den entsprechenden Schnitten die Kreuzform besonders deutlich hervortreten lassen. Die Kerne je zweier gegenüberliegenden Sehzellen einer Gruppe liegen stets auf der gleichen Höhe. Bis zu ihnen ziehen vom distalen Zellende her die Stäbchensäume (Rhabdome) in die Tiefe. Weiter verlängern sich die Sehzellen in lange, dünne Fortsätze, die die Basal- oder Fenstermembran des Ocellus durchsetzen, um sich schließlich im Sehnerven zu vereinigen. Zwischen den Sehzellgruppen, die eine spindelförmige Gestalt besitzen und deren größter Durchmesser in der Höhe der Kerne liegt, senden die distal von ihnen gelegenen Linsenbildungszellen Fortsätze nach hinten, die sich in der proximal verjüngten Region der Sehzellen entsprechend erweitern können. Die Kerne dieser Zellen finden sich bei *Pteronidea ribesii* Scop., *Trichiocampus viminalis* Fall. u. a. immer in dem erweiterten Basalteil, dagegen bei *Emphytus togatus* F. distal von den Sehzellen. Vor der Verpuppung wandern die Kerne aus den hinteren Basalräumen in die unter der Linse gelegenen distalen Abschnitte der Linsenbildungszellen. Außerdem finden sich auch noch besondere Pigmentzellen, die „in einer einzigen Lage kappenförmig von oben und hinten das Auge, dessen Sehfeld schräg nach vorn und unten gerichtet ist, bedecken". Pigment ist auch in den Basalräumen der Corneagenzellen vorhanden.

Der Bau der imaginalen Ocellen (Tenthrediniden) zeigt eine gewisse Ähnlichkeit mit dem des Larvenocellus, doch sind einige prinzipielle Unterschiede vorhanden. So werden die Rhabdome nur in Sehzellgruppen, die aus je zwei Sehzellen bestehen, gebildet und finden sich nur im distalen Teil der Zellen, erreichen also den Kern bei weitem nicht. Unter der die Linse umgebenden, durchsichtigen Cuticula liegen dunkel

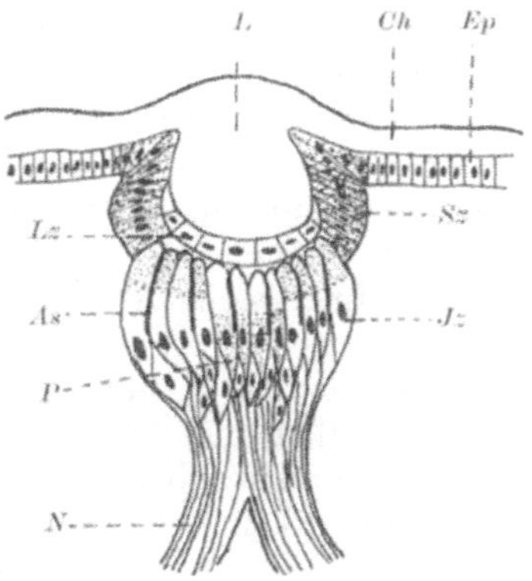

Abb. 76. Ocellus einer Biene (nach Redikorzew u. Zander). *L* = Linse; *Ch* = Körperwaud; *Ep* = Epidermis; *Lz* = Linsenzellen; *Iz* = Iriszellen; *Sz* = Sehzellen; *As* = Achsenstab; *P* = Pigment; *N* = Nervenfasern.

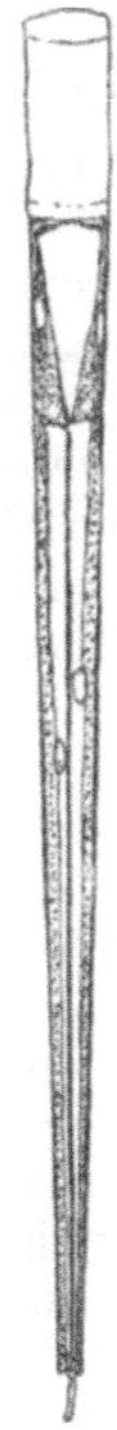

Abb 77. Einzelne Facette aus dem Auge der Biene (nach Snodgras).

pigmentierte Zellen, die die Corneagenzellen mit der Hypodermis verbinden. Ähnliche Verhältnisse finden sich auch am Punktauge der Bienen (Abb. 76). Unmittelbar unter der Linse setzt ein Muskel an. Bei der Hornisse fand Verfasser ähnliche Muskeln hinter jedem der hinteren Ocellen, die auf die obere Querspange des Tentoriums hinziehen.

In den einzelnen Elementen des Facettenauges wird der Bau etwas komplizierter. Unter der sechseckigen Corneafacette (Abb. 77) liegt der sogenannte Kristallkegel, der aus vier Zellen hervorgegangen und dessen Spitze nach innen zu gerichtet ist. Auf der breiten Basalfläche des Kegels liegen die zugehörigen Kerne. Die äußerste Spitze des Kegels wird von den Sehzellen umfaßt, die hier zu einer Achtergruppe vereinigt sind, von denen jedoch eine Zelle immer stark verkürzt bleibt, so daß sich an der Bildung des Rhabdoms nur sieben Zellen beteiligen. Dort, wo der Kristallkegel sich mit seiner Spitze zwischen die Sehzellen einschiebt, liegen die Kerne zweier Corneagenzellen, die als Hauptpigmentzellen den Kristallkegel umfassen und sich zwischen dessen Basis und die Corneafacette selbst einschieben. Außerdem ist das ganze aus Kristallkegel, Sehzellen und Corneagenzellen bestehende Augenelement von einer Anzahl von Nebenpigmentzellen in seiner ganzen Ausdehnung umgeben. Bei *Trichiocampus viminalis* Fall. wurden im allgemeinen acht, bei *Emphytus togatus* F. zwölf derartiger Nebenpigmentzellen gefunden.

Über die Wirkungsweise des Facettenauges mögen hier einige kurze Angaben genügen. Stellt auch jedes Ommatidium in sich eine Einheit dar, so wird mit ihm doch nur ein kleiner Ausschnitt eines Bildes wahrgenommen. Nur diejenigen Lichtstrahlen, die durch den Kristallkegel zum Rhabdom vordringen, werden eine optische Wirkung hervorbringen. Das wahrgenommene Bild wird sich also unter dem Zusammenwirken der verschiedenen Facetten mosaikartig aus Bildpunkten zusammensetzen, deren verschwommene Ränder sich decken. Daraus ergibt sich, daß das Bild um so schärfer werden wird, je kleiner die Facetten selbst sind und je größer deren Zahl ist. Das kann jedoch nur auf Kosten der Lichtstärke, also der Intensität des Bildes geschehen. Außerdem hängt die Bildschärfe von der Wölbung des Auges und der Annäherung des Objektes ab. Stärkere Wölbung des Auges bringt ferner eine Erweiterung des Gesichtsfeldes mit sich. Wie aus dem Bau des Facettenauges geschlossen werden kann und wie auch die Beobachtung ergibt, werden sich bewegende Objekte leichter erkannt als ruhende. Hierbei mag allerdings auch durch die Bewegung die Aufmerksamkeit erst angeregt werden. Eine ähnliche Wirkung, wie sie entsteht, wenn das Objekt sich bewegt, müßte theoretisch auch bei ruhendem Objekt in dem Auge des sich bewegenden Insekts erfolgen. Daß allerdings die Aufmerksamkeit, auf die es hier in erster Linie ankommen dürfte, bei dem fliegenden Insekt, das gewohnt ist, die Bilder an sich vorüberziehen zu sehen, hierdurch erregt würde, erscheint fraglich. Daran jedoch, daß die einzelnen Hymenopterenarten verschieden gut oder schlecht sehen, kann kein Zweifel bestehen. Hierbei scheinen gut witternde Arten nach Beobachtungen an Ameisen ein schlechtes optisches Wahrnehmungsvermögen zu haben und umgekehrt. Da Hummeln und Wespen, denen der Vorderkopf einschließlich der Fühler amputiert worden ist, nach Beobachtungen von Forel, mit einer größeren Sicherheit als normale im Besitz ihrer Fühler befindliche Individuen auf Blüten flogen, so geht hieraus ohne weiteres die Wichtigkeit des optischen Sinnes für diese Tiere hervor. Das Zögern der normalen Tiere beim Anflug dürfte durch die verschiedenen gleichzeitig auf das Tier einströmenden Sinnesreize und ein anschließendes Auswählen hervorgerufen werden.

Bei Kämpfen zwischen zwei Kolonien von *Formica pratensis* Deg. konnte Forel feststellen, daß der ruhende Feind nur durch die Berührung mit den Fühlern erkannt wurde, in der Bewegung aber auch schon in einer

Entfernung von mehreren Zentimetern nicht beachtet, also wohl auch nicht gesehen wird. Doch werden Bewegungen größerer Gegenstände auch auf größere Entfernungen beobachtet. Dagegen entziehen sich kleine Objekte auch in der Nähe der Wahrnehmung. Die 2 mm lange Diebsameise ist für *F. pratensis*, wie sich bei gelegentlichem Zusammentreffen mit dieser ergibt, unsichtbar, dagegen wird das etwas größere *Tetramosium caespitum* L. (2,5—3 mm) bemerkt. Mit der Leistungsfähigkeit der Augen hängt auch ein verschieden stark ausgebildetes Formenunterscheidungsvermögen zusammen. FOREL beobachtete, wie eine *Vespa*, die an einer Wand den Fliegen nachstellte, sich mehrfach durch den Kopf eines eingeschlagenen Nagels, der etwa die Größe einer Fliege hatte täuschen ließ und sich auf diesen stürzte. Auf experimentellem Wege hat uns v. FRISCH einen Einblick in das Formenunterscheidungsvermögen der Bienen verschafft. Dabei ergibt sich, daß sich die Bienen auf geometrische Figuren, wie Dreiecke, Quadrate, Ellipsen und Kreise nicht dressieren lassen. Der Grund hierfür dürfte darin zu suchen sein, daß den Bienen Verhältnisse geboten werden, die sie in der Natur nicht kennen lernen. Dagegen gelang die Dressur auf Schablonen von Strahlen- und Enzianblüten. Da bei diesen Versuchen auch mit mehrfachen Kombinationen erfolgreich gearbeitet wurde, ergibt sich, daß „neben der Blumenfarbe auch die Blumenform und bei mehrfarbigen Blumen auch die Anordnung der Farben an der Blüte oder am Blütenstand von den Bienen als Merkzeichen verwertet werden können".

Eine wichtige Frage ist die des Farbensinnes. Können die Hymenopteren Farben und nicht bloße Helligkeitswerte unterscheiden? Wir sehen die Blütenfarben und beobachten die ihnen zufliegenden Insekten. Daß der optische Sinn dabei eine leitende Rolle spielt, geht aus dem oben angegebenen Versuch mit Hummeln und Wespen, denen die Fühler abgeschnitten waren, für diese sicher hervor. Gleichwohl könnten es auch lediglich Helligkeitsabstufungen sein, die ähnlich wie vom total farbenblinden Menschen erkannt würden, eine Ansicht, die auch eine Zeitlang vertreten wurde, aber heute als widerlegt angesprochen werden darf. Auf die diesbezüglichen Experimente wird etwas näher eingegangen werden müssen, doch sei vorher bemerkt, daß damit noch keineswegs der gleiche Eindruck einer Farbe, wie wir ihn beim Betrachten bekommen, auch für Insektenauge und Gehirn nachgewiesen ist. Es ergibt sich lediglich, daß ein Farbenunterscheidungsvermögen existiert. Durch Fütterung von Honigbienen auf bestimmt gefärbtem Papier erreichte v. FRISCH, daß die Bienen auf die betreffende Farbe flogen, auch wenn dort ihnen kein Futter geboten wurde. Diese Farbe wurde als solche zwischen grauen Tönen verschiedener Helligkeit mit großer Sicherheit stets herausgefunden. Eine Dressur auf einen bestimmten Ort war bei diesen Experimenten durch ständiges Umlegen der Farbpapiere ausgeschaltet. Eine Dressur auf ein Grau bestimmter Helligkeit gelingt dabei nicht. Wohl aber ergab sich, daß bestimmte Farben miteinander verwechselt werden können. War Gelb die Dressurfarbe, so reagierten die Bienen auch auf Orange, ein helleres Gelb und zwei verschiedene

Gelbgrün, also Farben, die auch dem Menschen ähnlich erscheinen. Auf Blau dressierte Bienen beflogen außer der Dressurfarbe auch in auffälliger Weise Violett und Purpur, auf Purpurrot dressierte Violett und Blau, Farben, die für das menschliche Auge keine Ähnlichkeit besitzen. Eine Dressur auf Rot gelingt nicht, da die Bienen Rot und Schwarz, sowie dunklere graue Töne verwechseln. Da nun Purpur blaue und rote Strahlen enthält, das Rot von der Biene aber nicht erkannt wird, ist die Verwechslung von Purpur und Blau ohne weiteres zu verstehen. Bemerkt werden mag noch, daß bei diesen Experimenten durch Auswechseln der Papiere Fehler, die etwa durch anhaftenden Geruch hätten bedingt sein können, ausgeschaltet wurden. Der Einwand, daß die Bienen ein feineres Unterscheidungsvermögen für Helligkeitswerte als der Mensch besitzen könnten und die Dressurfarbe auch nur an ihrer Helligkeit erkennen, wird dadurch entkräftet, daß die Dressur auf Grau von verschiedener Helligkeit nicht gelingt. Daß die zur Dressurfarbe kommenden Bienen eventuell durch eine größere Menge von dort bereits vorhandenen Bienen in stärkerem Maße angelockt würden, mußte auch in Erwägung gezogen werden. Durch geeignete Versuchsbedingungen konnte dieser Umstand ausgeschaltet werden. Ebenso wurde darauf geachtet, daß nicht irgendwelche anderen Eigenschaften des Papieres die Versuchsergebnisse beeinflußten. Aus diesen Versuchen geht hervor, daß das Spektrum für den Farbensinn der Biene am langwelligen Ende verkürzt ist. Die Biene unterscheidet die Farben ähnlich wie ein relativ blausichtiger rot-grünblinder Mensch. v. Frisch schließt daher: „Wenn zwei Augen von derart verschiedenem anatomischen Bau wie das Facettenauge der Bienen und das Linsenauge des Menschen physiologisch so wenig voneinander differieren, daß man den Farbensinn der Biene einer bestimmten Form anomalen Farbensinnes beim Menschen zur Seite stellen kann, so darf man wohl darin einen Hinweis sehen, daß die Grundlagen des Farbensinnes beim Facettenauge die gleichen sind wie beim Wirbeltierauge.“ Die Versuche v. Frischs wurden von Kühn und Pohl auch auf ultraviolettes Gebiet ausgedehnt. Hierbei wurden die Bienen auf physikalisch monochromatisches Licht (Spektrallinie des Quecksilberspektrums) dressiert. Die Bienen zeigten sich dabei für Ultraviolett besonders empfindlich. Außerdem ergab sich innerhalb gewisser Grenzen ein Unterscheidungsvermögen. Wellenlängen von 400—440 $\mu\mu$, 492 $\mu\mu$ und 540—580 $\mu\mu$ wurden unterschieden. Nach Forels Versuchen reagierten *Formica sanguinea* Latr. und *fusca* L. ebenfalls auf ultraviolettes Licht, aber nicht mehr, wenn ihre Augen mit einem undurchsichtigen Lack überzogen wurden; sie erkennen also das Ultraviolett mit Hilfe des Gesichtssinnes und nicht etwa auf Grund eines photodermatischen Sinns oder der chemischen Wirksamkeit. Auf Röntgenstrahlen erfolgte keine Reaktion. Eine schlechtsehende Ameise wie *Lasius flavus* F. beachtete dagegen weder Ultraviolett noch andere Strahlen des Spektrums. Auf Grund von Dressurversuchen mit Farbpapieren kommt Armbruster zu dem Ergebnis, daß auch den Wespen ein Unterscheidungsvermögen für Farben zukommt. So wurde z. B. auf ein bestimmtes Grüngelb und Blaugrün deutlich verschieden reagiert. Immerhin erweist sich bei den Experimenten mit Wespen die dort wohl hauptsächlich auftretende Assoziation Ort—Futter, statt Farbe—Futter als etwas störend. Die Ergebnisse sind in diesem Falle denn auch zahlenmäßig nicht so überzeugend wie die der Parallelversuche an Bienen, führen aber trotzdem durch eine deutliche Mehrheit zu der Erkenntnis, daß auch die Wespen einen Farbensinn besitzen.

Abgesehen von den wenigen nächtlich lebenden Arten und denjenigen Ameisen, die eine vorzugsweise unterirdische Lebensweise führen, sind die Hymenopteren zum großen Teil lichtliebende Tiere. Besonders gilt dies für die aculeaten Hymenopteren, bei denen aber auch gleichzeitig ein gewisses Wärmebedürfnis dazukommt. So sehen wir, wie schon eine vorüberziehende Wolke plötzlich eine Ruhepause in der so emsigen Arbeit dieser Tiere mit sich bringt. Unter den Schlupf-, Erz- und Zehrwespen sind aber auch eine große Menge von Arten, die man im Waldesschatten findet. Diese Tiere halten sich hier in Gebieten auf, wo sie ihre Wirtstiere finden und sind daher in ihrer Verbreitung von diesen abhängig, was in gleicher Weise natürlich auch für die Raubwespen und deren Beutetiere sowie die Bienen und die von diesen besuchten Blüten gilt. Die Lichtrichtung spielt bei den Ameisen eine Rolle bei der Orientierung. So konnten Santschi und Brun mit Hilfe von Spiegeln und Schatten die Ameisen von ihren Wegen ableiten.

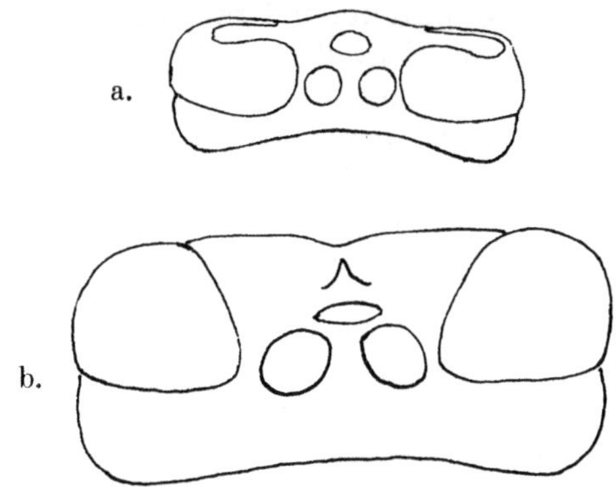

Abb. 78. Aufsicht auf den Scheitel a. *Vespa doryloides*; b. *Xylocopa tranquebarica*.

Über die Funktion und Bedeutung der Ocellenaugen ist noch verhältnismäßig wenig bekannt. Falls der Ocellus überhaupt der Bildwahrnehmung dient, wird er infolge seiner Linse ein verkleinertes umgekehrtes Bild in den die Strahlen perzipierenden Teilen entstehen lassen, also ähnlich wie in unserem eigenen Auge. Die Wölbung der Linse gestattet eine Bildwahrnehmung nur in der Nähe. Andererseits sind die Ocellen aber wesentlich lichtstärker als die Facettenaugen. Hieraus dürfte sich besonders ihre starke Ausbildung bei nächtlichen oder wenigstens Dämmerung liebenden Formen und solchen, die im Dunkel der Nester arbeiten, erklären lassen (Abb. 78). So sind z. B. bei der nächtlich fliegenden *Xylocopa tranquebarica* F., *Vespa doryloides* Sss. u. a. die Ocellen wesentlich größer als bei Tagfliegern aus deren nächster Verwandtschaft. Dabei dürften dann allerdings auch die Fühlersinne entsprechend feiner ausgeprägt sein. Forel findet außerdem Beziehungen zwischen der Ausbildung flacher Facettenaugen und dem Mangel von Ocellen bei Ameisenarbeitern. Die ersteren mit ihren entsprechend kurzen Kristallkegeln sind lichtstärker als die gewölbteren Facettenaugen mit ihren langen Kristallkegeln, die Ocellen also weniger bedeutungsvoll. Doch finden sich Ocellen auch bei einigen Ameisenarbeitern mit gleichzeitig gut entwickelten Augen (z. B. bei der Amazonenameise *Polyergus*).

Im großen und ganzen kommen den Hymenopteren, wie aus den bisherigen Betrachtungen ersichtlich, die gleichen Sinne wie uns selbst zu. Das Gehör scheint indessen zu fehlen oder nur schwach entwickelt zu sein. Je nach den Lebensverhältnissen der einzelnen Arten findet sich eine entsprechend verschiedene Leistungsfähigkeit der einzelnen Sinnesorgane, die mitunter stark entwickelt sind, aber nur ganz spezielle adäquate Reize zu besitzen scheinen.

Prinzipielle erhebliche Verschiedenheiten finden sich, abgesehen von der Empfindung des Ultraviolett, unter den Phänomenen des Geruchssinnes. Um zu einer Vorstellung von den Wahrnehmungsmöglichkeiten der Ameisen durch diesen Sinn zu gelangen, gebraucht FOREL den folgenden Vergleich: „Stellen wir uns einmal vor, wir besäßen in der Haut unserer Hände einen Sinn, der uns die genaue Kenntnis von tausenden von Gerüchen und Geruchsvariationen aller der Körper, die uns umgeben, vermittelte, und zwar nicht nur bei direkter Berührung, sondern sogar in der Form der zartesten Ausdünstungen aus einer gewissen Entfernung. Denken wir uns nun unsere Hände als gerundete, am Ende zweier langer, beweglicher Gerten bewegliche Spindeln, die wir nur bei jedem Schritt zu bewegen brauchen, um unsern Weg nach rechts, nach links, nach oben und nach unten abzutasten. Man stelle sich vor, daß die Emanationen verschiedener Gegenstände und Teile von Gegenständen, die im Raume lokalisiert sind, zwar ein wenig durch die Entfernung verwischt werden, daß aber die chemische Natur ihrer verschiedenen Oberflächen selbst bei Berührung sehr scharf durch die Grenzen dieser selben Oberflächen lokalisiert ist. Schließlich vergesse man nicht, welch ungeheure qualitative Mannigfaltigkeit die Gerüche selbst für unsern relativ wenig entwickelten menschlichen Geruchssinn darbieten.“

Ob noch weitere Sinne existieren, von denen wir uns vom menschlichen Standpunkte aus keine Vorstellung machen können, ist nicht ohne weiteres zu entscheiden. Von verschiedenen Seiten wurde früher ein besonderer Orientierungssinn angenommen. Wie aber FOREL u. a. für Ameisen, v. BUTTEL-REEPEN u. a. für Bienen nachgewiesen haben, setzt die Orientierungsfähigkeit lediglich die bekannten Sinne und das Gedächtnis voraus. Assoziationen zwischen Wahrnehmungen verschiedener Sinne oder auch nur eines einzigen genügen vollauf, um es zu verstehen, wie Bienen, Wespen und Ameisen den Weg zum Nest zurückfinden. Besonders bei fliegenden Formen wird der Gesichtskreis ein weiterer sein und die Orientierung auch auf größere Entfernungen ermöglichen als bei laufenden Formen wie den Ameisen, bei denen daher der Geruchssinn vielfach die Hauptrolle übernimmt, oder wenigstens Gesichts- und Geruchsassoziationen zur Orientierung beitragen. Nötige Vorbedingungen hierfür sind im individuellen Leben gemachte Erfahrungen. Die Orientierungsflüge der erstmalig ausfliegenden Bienen dienen diesem Zwecke. Sofern sich eine Ameise abseits von den Ameisenstraßen bewegt, werden die Geruchs- und Bildeindrücke eingeprägt, und zwar ist hierbei auch ein Gedächtnis für die Aufeinanderfolge der Eindrücke nötig, die bei der Rückkehr im umgekehrten Sinne wie beim Verlassen des Nestes erfolgt. Recht interessant und beweisend sind hier die BUTTELschen Experimente. Läßt man Flugbienen, die noch keinen Orientierungsflug ausgeführt haben, in einiger Entfernung vom Neste fliegen, so finden sie nicht zum Stocke zurück, alte Bienen dagegen freigelassen auch aus großer Entfernung. Dagegen ist dies selbst in der Nähe nicht der Fall, wenn das Volk an eine Stelle außerhalb des alten Flugkreises versetzt wird und man nun einige Bienen fliegen läßt, ehe sie den Orientierungsflug ausführen konnten, wobei allerdings beachtet werden muß, daß der Stock nicht ohne weiteres sichtbar ist. Außerdem beobachtete v. BUTTEL-REEPEN, daß Bienen, deren Stock innerhalb des Flugkreises etwa 2 km versetzt war, an den alten Standplatz zurückkehrten. Ein Orientierungsflug an der neuen Stelle schien unterblieben zu sein. Bemerkenswert ist, daß Bienen, die vorübergehend narkotisiert waren, die Erinnerung verlieren und weder den Weg zurückfinden, noch ihre Volksgenossen erkennen. Diese Tiere müssen von neuem lernen. Aber auch unter normalen Verhältnissen kann ein Nachlassen des Gedächtnisses eintreten. Mit dem Schwärmen der Bienen und der Übersiedelung in einen neuen Stock erfolgt eine Orientierungsumstellung auf diesem. Auf den berauschenden Genuß von Buchweizenhonig, eine Schockwirkung durch kaltes Wasser, längeres Verweilen in der Dunkelheit folgt eine teilweise Herabsetzung des Ortsgedächtnisses. Andererseits können aber im überwinternden Volk die Assoziationen aus dem vorhergehenden Herbst bis zum Frühjahr erhalten bleiben, da sich, wenn der Stock vor dem ersten Ausflug an eine andere Stelle gebracht wurde, bei einem plötzlich erfolgenden Ausflug die Bienen an den alten Standplatz begeben. Eingehendere Untersuchungen über die Heimkehrfähigkeit der Bienen durch WOLF (1926) haben jedoch zu Ergebnissen geführt, die von den bisherigen abweichen und daher hier kurz dargestellt sein mögen. Bei Verschiebungen von Bienenstöcken wurden dieselben schneller wiedergefunden, wenn sie durch irgendwelche Orientierungsmerkmale, auf die die Bienen dressiert waren, gekennzeichent waren. Trotzdem zeigten sich Ansammlungen von Bienen am alten Standplatz. Wurden Bienen in geschlossenen Schachteln an einen ihnen bekannten Platz gebracht, so konnten durch Drehungen der Schachteln Orientierungsstörungen erzielt werden, die darauf schließen lassen, daß für die Orientierung auch besondere Organe vorkommen, die die Drehungen registrieren. Da Bienen, denen die Fühler amputiert waren, unter diesen Umständen schneller heimkehrten als normale Individuen, von ihnen die Drehungen also nicht erkannt wurden, dürfte das Registrierungsvermögen für diese in den Fühlern seinen Sitz haben. Neben der Orientierung durch optische und olfaktorische Felder scheint die Registrierung der ausgeführten Drehungen für die Heimkehr zum Nest von großer Bedeutung zu sein. Da die Drehungen auch in der horizontalen Ebene erkannt werden, dürfte etwas Ähnliches vorliegen wie bei der Registrierung von Bewegungen mit Hilfe eines Labyrinthorganes. Auch hinterlassene Duftspuren könnten für die Heimkehr eine gewisse Bedeutung besitzen. Einen einfachen Analogieschluß sieht FOREL darin, daß Bienen, die durch ein offenes Fenster einfliegend ihnen zusagende Nahrung gefunden hatten, nach Schließen dieses Fensters durch andere eindrangen. Auch für die Dressur mit Hilfe von Fütterung an bestimmter Stelle ist das Gedächtnis Vorbedingung. Das Vorhandensein eines Zeitgedächtnisses, wie es v. BUTTEL annimmt, wenn er sagt, daß die Bienen nur in den Morgenstunden zur Zeit der Nektarabsonderung Buchweizenfelder besuchen, oder wie es FOREL erkannt zu haben glaubte, wenn die Bienen sich zur bestimmten Zeit an der Frühstückstafel einstellten, wo sie die bei den anderen Mahlzeiten nicht vorhandenen Süßigkeiten suchten, scheint nicht hinreichend erwiesen zu sein, zumal wir jetzt wissen, daß die Bienen sich auf Grund der Entdekkungen eines einzigen Individuums schon über gute oder schlechte Tracht und deren Beschaffenheit verständigen können. Es wäre aber auch nicht ausgeschlossen, daß ein derartiges „Zeitgedächtnis" auf eine Assoziation von Sonnenstand und Futter zurückgeführt werden könnte, zumal wir wissen, daß Ameisen bei der Orientierung auch die Richtung der Sonnenstrahlen berücksichtigen. Über das Orientierungsvermögen der Larve der solitären aculeaten Hymenopteren in ihren Zellen und die dabei in Betracht kommenden Sinne liegen bisher keine Beobachtungen vor. Daß aber eine Orientierung möglich ist, lehrt die Untersuchung irgendwelcher Bauten, in denen man die Larven so orientiert finden wird, daß die Puppe späterhin mit dem Kopf nach der Richtung zeigt, in der beim Schlüpfen ein möglichst geringer Widerstand zu überwinden ist. Stehen die einzelnen Zellen senkrecht oder sind sie wenigstens etwas geneigt, so mag ein Gleichgewichtssinn eine Orientierung gestatten. Ist aber das Nest etwa ein horizontal liegender oder mit der Mündung schräg nach abwärts oder aufwärts zeigender Linienbau, so fällt die Orientierung durch den Gleichgewichtssinn fort, da die Larven sich dann unabhängig von der allgemeinen Orientierung des Nestes so anordnen, daß der Kopf zum Nesteingang hinzeigt. In solchen Fällen, in denen, wie z. B. bei den Faltenwespen, das Ei am Grunde der einzelnen Zellen abgelegt und dann erst das Futter hinzugetragen wird, könnte man annehmen, daß die Larve, die dadurch gezwungen ist, sich von hinten nach vorn durch die Nahrung durchzufressen, durch diese Anordnung des Futters in ihre Richtung gelenkt wird. Das ist aber nicht der Fall, wie Verfasser durch Aufzucht von *Odynerus oviventris*-Larven aus den Eiern, die zwischen die Nährtiere in Glasröhrchen gelegt waren, nachweisen konnte. Gleichzeitig wird durch die Orientierung der Larven in „Glaszellen" bewiesen, daß auch die Wandbeschaffenheit der Zellen ohne Einfluß auf die von der Larve einzunehmende Richtung ist. Die vom Verfasser angewandten künstlichen Zellen waren Glasröhren, die am Boden einen Wattebausch trugen und die ebenfalls durch Watte verschlossen waren. Jedes Röhrchen enthielt eine Kammer. Die Röhren lagen horizontal, unter Lichtabschluß, abgesehen, wenn sie besichtigt wurden. Gleichwohl hatten sich alle Larven so orientiert, daß der Kopf zum offenen Ende der Röhren hinwies. Vielleicht ist ein Empfinden für die Richtung vorhanden, in der frischere Außenluft vorhanden ist. Bei dem aber oft recht festen Mündungsverschluß der Bauten ist auch dies wenig wahrscheinlich. Von einer Blattwespenlarve *Euura atra* JUR. ist bekannt, daß diese sich bereits im Herbst ein Flugloch aus dem Weidenzweige, in dem sie lebt, bohrt, woraus die Imago im Frühjahr schlüpft.

Die Orientierung mancher *Apanteles*-Larven in einer Ebene (Abb. 81) oder die Anordnung der Kokons bei gewissen gesellig sich verspinnenden Blattwespenlarven (*Dieclocerus*) (Abb. 79 u. 80) mag auf Berührungsreize zustande kommen. Die Anlage der Larvenkammer von *Cynips kollari* HTG. in einer bestimmten Ebene in der Galle, die als Äquatorialebene bezeichnet

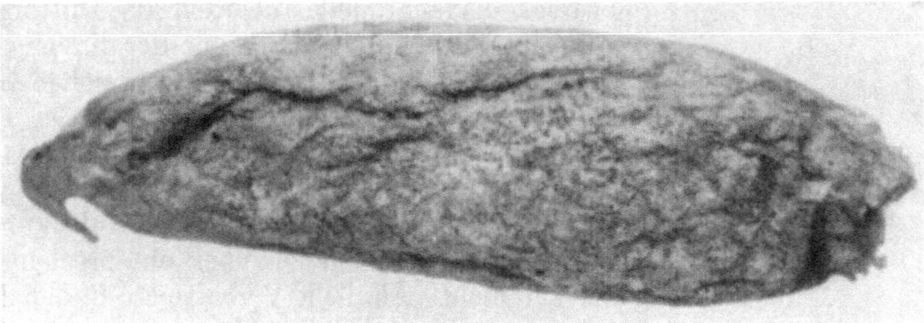

Abb. 79. Gesellschaftskokon von *Dielocerus ellisii* CURT.

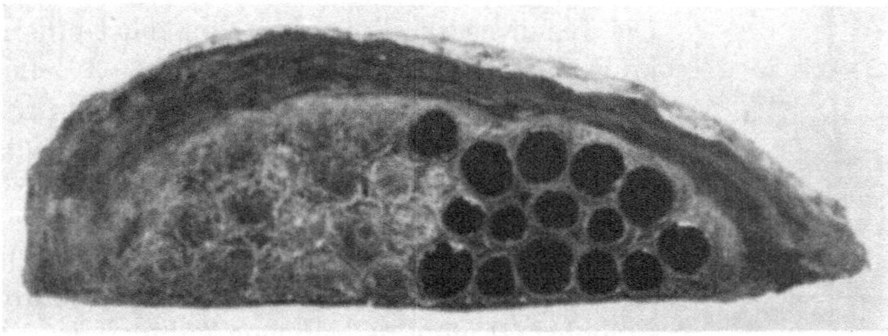

Abb. 80. Gesellschaftskokon von *Dielocerus ellisii* CURT. geöffnet.

werden kann, steht dagegen nach COTTE vermutlich in engerer Beziehung zum Anheftungspunkt der Galle und der damit verbundenen Gewebedifferenzierung im Innern derselben.

Die erwähnte Verständigung der Bienen untereinander, ihre „Sprache", ist neuerdings durch v. FRISCH eingehend studiert worden. Hier können nur die wesentlichen Züge behandelt werden, und es sei deshalb im übrigen aber auf die Arbeit selbst verwiesen. Hat eine einzeln ausfliegende Suchbiene eine gute Trachtquelle entdeckt, so kehrt sie mit gefüllter Honigblase in den Stock zurück und vollführt dort auf einer Wabe einen Rundtanz. Hierbei läuft sie rasch in engen Kreisen mit dem inneren Durchmesser von etwa einer Zelle herum und vollführt dabei häufige Schwenkungen nach der entgegengesetzten Richtung. Nach durchschnittlich 15 Sekunden wird der Tanz häufig an einer anderen Stelle fortgesetzt. Da der Rundtanz auf dichtbesetzter Wabe erfolgt,

„kommt die Biene schon bei ihrer ersten heftigen Drehung mit den Tieren der nächsten Umgebung in Berührung, und diese geraten nun in große Erregung, wenden ihr die Köpfe zu und einige, oft drei oder vier oder ein halbes Dutzend, suchen die Fühler an ihren Hinterleib zu halten und trippeln hinter ihr drein". Nun hat die Entdeckerin und Tänzerin von ihrem Ausflug anhaftenden Duft der Trachtquelle mitgebracht, der von den durch den Tanz in Erregung versetzten Bienen bemerkt wird und der ihnen nun als Wegweiser dient. Sie fliegen aus und suchen lediglich nach dem entsprechenden Duft. Bei geringer Futtermenge unterbleibt der Tanz. Da bei Ausbeutung einer reichen Trachtquelle außerdem das Duftorgan ausgestülpt wird (Abb. 75), so kann der diesem entströmende Geruch gleichfalls ein Kennzeichen sein, was auch besonders bei duftlosem Futter der Fall ist. Verschiedenheiten des Flugtons dürften als bloße Begleiterscheinungen anzusprechen sein. Jedenfalls reagierten die Bienen auf einen Anlockungsversuch durch Stimmgabeln bei entsprechenden Versuchen nicht. Ähnliche Verhältnisse finden sich auch, wenn pollensammelnde Bienen eine neue ergiebige Pollentracht entdeckt haben. Hier wird wie bei der Heimkehr ein vom Rundtanz charakteristisch verschiedener „Schwänzeltanz" aufgeführt. Die Biene beschreibt dabei „zunächst einen Halbkreis, läuft dann geradlinig über 2—3 Zellen zum Ausgangspunkt zurück, wendet sich nun nach der anderen Seite und läuft einen zweiten Halbkreis, der den früheren zu einem vollen Kreise schließt, läuft abermals geradlinig längs dem Durchmesser dieses Kreises zum Ausgangspunkt zurück", schwenkt dann wieder in den ersten Kreis ein und durchläuft so mehrmals eine gedrungene Achterfigur. Auf der geraden Strecke schlägt der ganze Körper mehrmals (4—12mal) rasch abwechselnd nach beiden Seiten aus, wobei die Hinterleibsspitze den größten, der Kopf den kleinsten Ausschlag hat. Bei diesen Schwänzelbewegungen kommt die Biene häufig etwas aus der geraden Richtung ab, so daß sich der Tanzplatz verschiebt. Hier ist es ein charakteristischer Pollenduft, der von den übrigen Bienen wahrgenommen wird und sie beim Ausflug sicher zum Ziele bringt. Darin, daß sowohl beim Rund- wie beim Schwänzeltanz durch den Duft ein ganz allgemeines Zeichen gegeben und nicht an die unter Umständen nur eng begrenzte Stelle, an der die Tracht zuerst entdeckt wurde, gewiesen wird, liegt für die Bienen ein großer Vorteil, da auf diese Weise allenthalben gesucht und gefunden und eine zu schnelle Ausbeutung, wie sie bei enger Begrenzung eintreten müßte, vermieden wird. Zunächst machen sich bei Erkennen des Duftes jene Bienen auf, denen diese Tracht bereits bekannt ist,

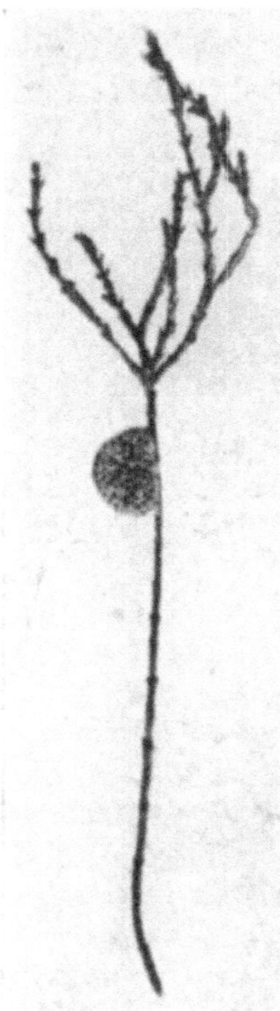

Abb. 81. Scheibenförmige Kokonanordnung eines *Apanteles*.

Neulinge erst später. Sind durch verschiedene Suchbienen verschiedene Futterplätze entdeckt worden, so bilden die ihnen folgenden Bienen mehr oder weniger getrennte Gruppen. „Tragen zwei Bienenscharen das Futter von duftlosen Objekten ein, dann versagt dieses Erkennungsmittel. Dann wird durch die Tänze der einen, ergiebig sammelnden Schar auch eine andere Bienengruppe mobil gemacht, an deren Futterplatz es nach wie vor nichts zu holen gibt.“ So überraschend diese Bienensprache in ihrer Einfachheit und Zweckmäßigkeit ist, so konnte der Einblick in sie doch nur durch zahlreiche Versuche, die aber von einer überzeugenden Beweiskraft sind, gewonnen werden.

Bei aufmerksamer Beobachtung eines Ameisenvolkes kann es nicht entgehen, daß auch hier eine Verständigungsmöglichkeit von Individuum zu Individiuum bestehen muß. Wenn man, wie es LUBBOCK gemacht hat, eine Ameise ein Beutetier entdecken läßt, das aber so befestigt ist, daß sie es nicht fortschaffen kann, so läßt diese nach vergeblichem Bemühen schließlich davon ab, kommt aber bald in Begleitung mehrerer Gefährten wieder. WASMANN brachte in ein Beobachtungsnest der blutroten Waldameise (*F. sanguinea* LATR.) Kokons von deren Sklavenarten, die anfangs unbemerkt blieben. Sobald aber eine Ameise die Entdeckung gemacht hatte, lief sie in das Hauptnest und 10 Sekunden später wurde dieses von einer Schar Ameisen verlassen, die sich zu den Kokons begaben, um diese in das Hauptnest zu schaffen. Hieraus geht zweifellos hervor, daß eine Verständigung stattgefunden hat. Diese erfolgt, wie man annimmt, durch Fühlersignale. Mit den Fühlern werden bestimmte Teile des Körpers (Stirn, Kopfseiten, Fühler usw.) einer anderen Ameise berührt. Dazu kommt die Bewegungsart der Fühler selbst, die lebhaft oder ruhig, leicht oder wuchtig und in gewissen Intervallen gegen die betreffenden Teile bewegt werden. Hierdurch wird zu gemeinsamer Arbeit aufgefordert, Futter erbeten, das Zeichen zum Angriff oder zur Flucht gegeben oder auf eine Gefahr aufmerksam gemacht usw. Außerdem können auch durch Stoßen mit dem Kopf oder Streicheln mit den Vorderbeinen Zeichen von bestimmter Bedeutung gegeben werden. Spielt sich diese Verständigungsart auch offen vor unsern Augen ab, so ist es nach den v. FRISCHschen Untersuchungen über die Sprache der Bienen nicht ausgeschlossen, daß wir in all diesen Bewegungen in erster Linie nur ein Mittel zur Erregung der Aufmerksamkeit zu sehen haben, daß aber hier wie dort die Grundlagen der Verständigung auf einem ganz anderen Sinnesgebiet zu suchen sind. Die betreffenden Bewegungen würden dann lediglich den Tanzformen der Bienen entsprechen.

Gegenüber der großen Masse durch Instinkte erblich festgelegter Handlungen und den Reflexen spielt das Urteilsvermögen eine nur geringe Rolle. Dieses beruht auf der individuellen Erfahrung und ist in seiner Plastizität nur möglich durch das Gedächtnis und setzt die Fähigkeit, Eindrücke der verschiedenen Sinne in den pilzhutförmigen Körpern des Gehirns miteinander in Verbindung zu bringen voraus. Am deutlichsten tritt das Urteilsvermögen bei den Dressurversuchen zutage. Hierbei zeigt sich aber auch deutlich, daß je nach den Arten das Erkenntnisvermögen auf Wahrnehmungen, die mit Hilfe verschiedener Sinne gewonnen wurden, zurückzuführen und dementsprechend ein verschiedenes ist. Somit ist es von vornherein nicht angängig zu behaupten, daß, weil z. B. Bienen, Wespen und Ameisen bei einem bestimmten Experiment verschieden reagierten, diese einen verschieden hohen Grad von Intelligenz besitzen. Unter allen Umständen ist stets zu berücksichtigen, daß die betreffende Art in der Natur in ihrer Lebensgemeinschaft sich mit dem Grad von Urteilsvermögen, den sie besitzt, durchzusetzen vermag. So werden z. B. an eine Kuckucksbiene, die ihre Brut bei anderen Bienen einschmuggelt, ganz andere psychische Anforderungen gestellt als an ihre Wirtsbiene. Wir können deshalb jene nicht als „dümmer" bezeichnen als diese. So hat auch die ganz einseitige Instinktspezialisierung von *Anergates atratulus* SCHENK zu einer kaum zu überbietenden Abhängigkeit von der Wirtsameise (*Tetramorium caespitum* L.) in Verbindung mit weitgehender körperlicher Degeneration geführt.

Außer den auf dem Erkenntnisvermögen sich aufbauenden psychischen Fähigkeiten kann man sich bei der Beobachtung des Eindrucks nicht erwehren, daß hier auch Gefühle der Lust und Unlust sowie individuell und artlich verschiedene Temperamente vorkommen. Man wird aber gerade bei derartigen Feststellungen ganz besonders leicht zum Anthropomorphisieren neigen. Bei seinen Untersuchungen über den Beutetransport durch die Waldameisen kommt STAEGER zu dem Ergebnis, daß „dem Instinkt der Waldameise außer der Variabilität eine gewisse Sprunghaftigkeit und Beweglichkeit eignet. Wir können ihr psychisches Verhalten fast mit dem Ausdruck Nervosität decken. Nirgends bleibt der Arbeiter dieser Ameisenart bei ein und derselben Aufgabe längere Zeit. Die kleinste Kleinigkeit lenkt ihn ab." Außer der Verzögerung, die sich beim gemeinsamen Transport einer größerenBeute durch mehrere Ameisen gegenüber einem Einzeltransport ergibt, geht hervor, daß zwar die einzelnen Ameisen von dem gleichen Trieb, die Beute nestwärts zu schaffen, beseelt sind, daß jedoch infolge der individuellen Verschiedenheiten jede einzelne Ameise für sich die Aufgabe zu erfüllen sucht. Daraus ergeben sich gegenseitige Hemmungen, sodaß ein gemeinsamer Transport etwa die vierfache Zeit als ein Einzeltransport für die gleiche Strecke braucht.

Im übrigen wurde bei diesen Versuchen erkannt, daß beschäftigte Ameisen infolge der psysischen Konzentration durch eine Markierung in viel geringerem Maße abgelenkt werden, als es bei Leergängern der Fall ist.

Sechstes Kapitel.

Die Bauten der solitären aculeaten Hymenopteren.

Zu den bemerkenswertesten Instinkten der sogenannten aculeaten Hymenopteren gehört zweifellos die Herstellung von Nestern, in denen die Brut ihre Entwicklung durchmacht. Gewöhnlich wird für jede Larve eine besondere Zelle hergerichtet, in der diese das für ihre Entwicklung nötige Futter vorfindet oder dauernd gefüttert wird. Zunächst sollen uns hier die Bauten der solitär lebenden Arten beschäftigen.

Nicht alle solitären aculeaten Hymenopteren bauen selbständig Nester. Zunächst scheiden jene Formen aus, die es gelernt haben, nach Kuckucksart ihr Ei in Nestern anderer Arten unterzubringen, wobei die Larve sich späterhin entweder von dem Futtervorrat, den die Erbauerin des Nestes für ihre eigene Brut aufstapelte, oder aber von der Larve des Wirts selbst nährt (s. Parasitismus). In anderen Fällen sieht man, wie eine Art geeignete Hohlräume, die sie zu diesem Zwecke aufsucht, als Nest entweder unverändert oder mit den nötigen Abänderungen annimmt. Hierher gehören auch diejenigen Fälle, in denen das Beutetier in seinem Versteck aufgesucht und nach erfolgter Lähmung durch einen Stich mit dem Ei belegt wird, um an Ort und Stelle belassen zu werden, wobei höchstens der Zugang zu dem Schlupfwinkel verschlossen wird. Derartige Verhältnisse treffen wir bei den Scoliiden, Tiphiiden und Verwandten, sowie bei manchen Psammochariden. Die Scolien- und Tiphienweibchen laufen witternd auf dem Erdboden oder an Stellen, wo ihre Wirtstiere (Lamellicornierlarven) vorkommen, umher, graben sich dann ein und dringen bis zu ihrer Beute vor. Diese wird dort durch einen Stich gelähmt und das Ei an der Bauchseite angeheftet. Von anhaltender Wirkung ist die Lähmung nach dem Scolienstich, dagegen nach dem der Tiphiide (*T. femorata* F. nach Adlerz an *Rhizotrogus*-Engerlingen) vorübergehend. Recht eigenartig sind die Verhältnisse bei *Methoca ichneumonides* Latr. Das Weibchen steigt der in einer Sandröhre auf Beute lauernden Cicindelenlarve auf den Kopf und wird von dieser gepackt. Während die *Cicindela*-Larve dabei den Kopf zurückbiegt, versetzt ihr die *Methoca* den lähmenden Stich in die Kehlgegend oder zwischen die Vorderhüften. Nach weiteren Stichen sinkt die gelähmte Beute tiefer in die Röhre hinab. Hier legt dann die *Methoca* ihr Ei daran, füllt die Röhre mit Sand und ebnet die Mündung der Röhre.

Auch manche Psammochariden legen keine eigenen Nester an. Hier handelt es sich um Arten, die als Beutetiere in Erdröhren lebende Spinnen fangen, die sie in deren Nest aufsuchen oder aus demselben hervorscheuchen, um sie dann außerhalb zu überwältigen. Im letzteren Fall wird die Spinne wieder in ihren Bau zurückgeschleppt, während sie sonst darin belassen wird. Die Spinne wird dabei so orientiert, daß die Bauchseite nach unten zu liegen kommt. Wie FERTON beobachtet hat, verfahren im Mittelmeergebiet *Pedinaspis plicatus* Costa, *effodiens* (?) und *Anoplius orbitalis* COSTA (*vagans*) in dieser Weise. Auch *Homonotus sanguinolentus* F. beläßt die Spinne in ihrer Röhre. Diese Arten besitzen zwar noch die Grabfähigkeit und machen davon auch Gebrauch, wenn sie sich den Zugang zum Spinnennest verschaffen, legen aber keinen eigenen Bau an. Andere Psammochariden, die gleichfalls im Erdboden bauende Spinnen fangen, graben, wie der gleiche Autor feststellte, selbst noch ein Nest (*P. umbrosus* KL.). *P. apicalis* v. d. L., *Paraferreda rhombica* CHR. (*coccineus* F.) und *Cryptochilus annulatus* F. verschließen das Spinnennest nachträglich mit Steinchen.

Von den verschiedenen Einteilungsversuchen der Hymenopterennester können hier nur einige erwähnt werden. Unter Einzelbauten (Monoecien) versteht VERHOEFF Nester, die aus einer mit einem Gang direkt nach außen mündenden Zelle bestehen. In den Linienbauten (Orthoecien) findet sich eine Anzahl von Kammern, die aneinandergereiht in einem Gange liegen und keine getrennten Ausgänge besitzen, so daß die Imago ihre Zelle erst verlassen kann, wenn die vorhergehende Zelle leer ist. Zweig- oder Traubenbauten (Dendroecien) sind dadurch charakterisiert, daß an einem Hauptstollen seitlich Zellen sitzen, die nun entweder durch Gänge mit diesen verbunden sind, oder unmittelbar in ihn einmünden. Als Freibauten (Eleutheroecien) bezeichnet VERHOEFF Nestanlagen, die nicht im Baugrund selbst ausgeführt wurden, sondern frei angelegt sind. Gewölbebauten (Trogloecien) stellen z. B. die Hummelbauten dar, wo sich in einem Hohlraum eine Anzahl von Individuen finden. Und schließlich bilden noch die Wabenbauten oder Melissoecien, vertreten durch den Bau der Honigbiene, einen eigenen Typ. GUTBIER geht von der Annahme aus, daß die Nester ursprünglich in oberen Bodenschichten angelegt wurden und dort die Fähigkeit erworben wurde, gegen die Feuchtigkeit Schutzwände aufzuführen. Weiter entstanden dann Bauten in geräumigeren Hohlräumen und schließlich Freibauten. Neben dieser fortschrittlichen Entwicklungsrichtung ist eine solche zu unterscheiden, die beim Übergang in Holz, Mark, Schneckengehäuse die Nestwände wieder in Fortfall geraten läßt. Er unterscheidet drei Hauptgruppen: einfache Erdnester („Terriers“), in denen der Baugrund die Wände der Zellen selbst bildet, Nester, deren Wände zum Teil aus dem Baugrund bestehen, zum Teil aufgebaut werden („nids libres-simplifiés“), und die eigentlichen Freibauten („nids libres“). Diese drei Gruppen werden in verschiedene Untergruppen eingeteilt. In den ursprünglichen Erdnestern sind die Wände nicht durch Speichelsekrete gefestigt; der Zellverschluß besteht aus dem gleichen Material wie die Zellwände und ist locker. Durch die mit Speichel zementierten Wände sind die gefestigten Erdnester ausgezeichnet. Der Verschluß besteht aus dem gleichen Material, während er in den einfachen Erdnestern, wenigstens zum Teil, aus Material aufgebaut wird, das von außen herbeigeschafft wird. Unter den „nids libres-simplifiés“ werden Nester unterschieden, die ringförmig gebaut sind und keine besonders aufgeführten Querwände besitzen und solche, deren Zellen napf- oder becherförmig aufgebaut werden, wobei die Wände mit dem umgebenden Material in enge Berührung kommen. Die echten Freibauten werden in solche eingeteilt, deren Zellen in weiteren Hohlräumen untergebracht sind, und solche, die frei an Steinen, Zweigen usw. angeheftet werden. Die Anordnung der Zellen im Nest läßt eine weitere Einteilung in verschiedene Typen und Untertypen zu, die als Einzellbauten, Linienbauten, Zweignester, verzweigte Linienbauten, Haufenbauten, Wabenbauten bezeichnet werden können. Neuerdings teilt ARMBRUSTER die in Frage kommenden Hymenopteren in „Grabnister" und „Baunister" oder „Maurer" ein. „Die einen graben im Baugrund, der bald Sand, bald Lehm (auf flachem Boden, an abschüssiger Halde oder steiler Wand), bald das Mark lebender oder meist trockener Pflanzenstengel (*Rubus*, *Sambucus* usw.), ja selbst Holz sein kann, ein Loch. Sie brauchen eigentlich nur das Grabmaterial beiseite zu schaffen und die Zelle ist fertig; die Wände der Zelle sind ja schon vorhanden (bis auf eine, die kleine Abschlußwand, den Zelldeckel). — Die „Baunister' oder ‚Maurer' erbauen ihr Zellenhaus. Sie tragen den Baustoff herbei, und zwar hauptsächlich schlammige Erde, Gartengrund, Lehm, Straßenkot, Sand, Quarzsteinchen, zerkaute Pflanzenteile, Mist, Pflanzenwolle, Harz, Baumgummi, ja auch, dann aber als seltene Ausnahme, eigentliches, selbstproduziertes Wachs und schichten die Wände auf."

So glücklich gewählt dieses Einteilungsprinzip auch sein mag — eine scharfe Trennung ist hier ebenfalls nicht möglich. Bei der Herstellung des Zellverschlusses kann der Grabnister Maurerinstinkte entwickeln, und gelegentlich schachtet auch der Baunister Stollen aus, um darin seine Zellen aufzuführen, die unter Umständen bei Linienbauten nur durch eine Abtrennung von Kammern durch dünne, aufgemauerte Querwände entstehen. Hierbei wird z. B. von in Lehmwänden nistenden *Odynerus*-Arten der Grabschutt selbst verwendet, so daß gegenüber den regulären Grabnistern keine prinzipiellen Unterschiede bestehen. Gleichwohl wird man diese Nester in Rücksicht auf die Bauweise verwandter Formen lediglich als eine Konvergenzerscheinung zu ähnlichen Bauten typischer Grabnister ansehen dürfen.

Abgesehen von der Grabtätigkeit an Nestern, die im Dienste der Brutpflege stehen, sehen wir, wie auch in einigen anderen Fällen gegraben wird. So scharren sich, wie schon erwähnt, manche Arten in den Erdboden ein, um zu dem versteckt lebenden Beutetier vorzudringen. Auch bei der Herstellung eines besonderen Überwinterungsnestes, falls nicht bloß ein vorgefundener Hohlraum bezogen wird, kann eine Grabtätigkeit ausgeübt werden. Während die Bautätigkeit am Brutnest ausschließlich von den Weibchen ausgeführt wird, besitzen auch manche Männchen Grabvermögen, wie dies bei der Herstellung von Ruhenestern zu beobachten ist. So gräbt sich nach G. und E. PECKHAM das Männchen von *Philanthus punctatus* SAY ein besonderes Schlafnest, wobei es die Erde mit den Mandibeln lockert und mit Hinterbeinen und Abdomen nach hinten stößt. Später, wenn es sich zur Ruhe zurückgezogen hat, verschließt es die Öffnung hinter sich. Das gleiche Nest wurde am Tage nach der ersten Beobachtung nachmittags wieder aufgesucht. Der Instinkt, das Beutetier vor Räubern zu schützen, hat bei manchen Psammochariden dazu geführt, daß sie die Beute, während sie am Neste graben, durch Einscharren verdecken (*Psammochares plumbeus* F., *pulcher*).

Die wichtigsten Werkzeuge, die bei der Herrichtung des Nestes gebraucht werden, sind Mandibeln und Vorderbeine. Grabnister, die in lockerem Sande bauen, wie viele Psammochariden, unter den Grabwespen besonders die Bembicinen und manche Vertreter der Sphecinen, scharren mit Hilfe der Vorderbeine den Baugrund fort. Diese werden dabei mit einer solchen Geschwindigkeit bewegt, daß der Sand wie in einem Strahl unter dem Hinterleib hindurch mitunter mehrere Zentimeter weit nach hinten geschleudert wird. Bei *Bembix* kann er außerdem durch lebhaftes Flügelschwirren fortgeblasen werden. Die Vorderbeine sind für die Scharrtätigkeit mit einer besonderen Vorrichtung, einem Scharrkamm, versehen (Abb. 82). Dieser besteht aus dünnen, mitunter spatelförmigen Borsten an den einzelnen Tarsengliedern, kann sich aber unter Umständen bei manchen Psammochariden auch noch auf die Tibien fortsetzen. Bei Arten, die in festerem Boden mit den Vorderbeinen graben, auch bei den Scolien, die sich lediglich zum Aufsuchen der Beute einwühlen, sind die Borsten entsprechend kräftiger und kürzer. Bei nichtgrabenden Formen sind sie nur schwach entwickelt oder fehlen ganz. So dringen z. B. *P. plicatus* Costa, *crassitarsis* Costa und *spissus* Schiödte in die Röhrennester ihrer Wirtsspinnen mit Hilfe der Mandibeln vor. Dagegen können *P. orbitalis* Costa (*vagans*) und *effodiens* (?) auch in härterem Boden graben. In härteren Böden sind die Mandibeln das Hauptwerkzeug zum Auflockern des Baugrundes, außerdem aber auch bei denjenigen Formen, die in leichteren Böden graben, aber keine Scharrkämme besitzen (Apiden, Vespiden und viele Grabwespen). Bei *Bembix* kommen die Mandibeln zum Fortschaffen klei-

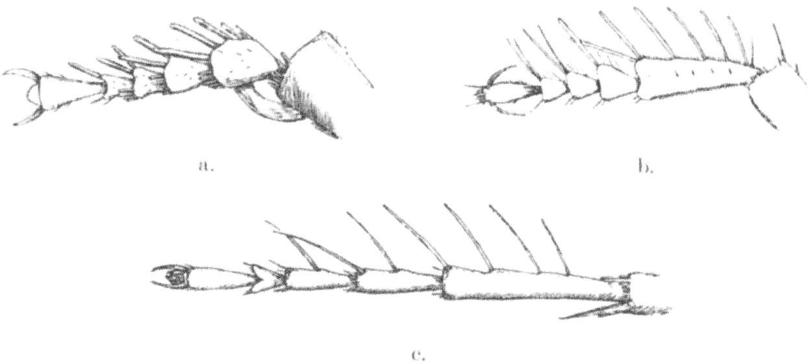

Abb. 82. Grabbeine von a. *Scolia*; b. *Bembix*; c. *Psammochares*.

nerer Steinchen in Betracht: vielleicht wird hier auch das Labrum zum Lockern verwendet. Eine starke Abnutzung, wie sie gelegentlich an den Mandibeln der Weibchen von Scoliiden und Mutilliden, selten bei Spheciden (z. B. *Oxybelus*) zu beobachten ist, läßt vermuten, daß die Mandibeln hier beim Eingraben Verwendung finden. Auch die breite, flache Gestalt der Scoliidenmandibel läßt sie für diesen Zweck geeignet erscheinen. Ein Erdhummelweibchen, das Verfasser dabei beobachtete, wie es sich im Sandboden eingrub, schob den mit Kopf und Vorderbeinen gelockerten Sand durch Einbiegen des Kopfes nach unten, außerdem mit Hilfe der Vorder- und Mittelbeine unter dem Thorax hindurch nach hinten. Die Hinterbeine drückten ihn unter abwechselnden Bewegungen dann weiter nach hinten, bis er schließlich durch die Hinterleibsspitze weiter verdrängt werden konnte. In etwa 3 Minuten hatte sich das Tier um seine eigene Länge eingegraben, gab dann aber, von Ameisen gestört, seine Tätigkeit auf. In ähnlicher Weise wird auch sonst im allgemeinen der Bauschutt bei Anlage eines Grabnestes, wenn die betreffenden Hymenopteren nicht mit einem Scharrkamm ausgestattet sind, aus der Nestöffnung herausbefördert. HACHFELD beobachtete, wie *Trachusa byssina* Pz. „rückwärts gehend die Erde mit den herabhängenden Kiefern und Vorderbeinen herausschafft; größere Steinchen werden dabei zwischen Kiefer, Kehle und Vorderschienen eingeklemmt, also auf dieselbe Weise transportiert wie Harz und Blätter.“ Liegt diese Öffnung in einer horizontalen Fläche, so sammelt sich das herausgeschaffte Material um diese an, entweder einseitig oder in Form eines Ringwalles. In recht anschaulicher Weise schildert H. MÜLLER, wie sich die Hosenbiene, *Dasypoda plumipes* Pz., ihrer mächtig behaarten Hinterbeine bedient, um die hervorgewühlten Sandmassen beiseite zu schaffen. „Wenn sie rückwärts und schräg aufwärts steigend aus dem Höhleneingange hervorkommt, hat sie die Hinterbeine unter den Leib zusammengelegt und preßt mit den Sammelhaaren derselben und mit der Bauchseite die vom Grunde der Höhle losgearbeitete Last losen Sandes empor. Indem sie nun, immer rückwärts schreitend, den Eingang der Höhle verläßt, bedient sie sich zum Weiterschreiten ausschließlich der Mittelbeine. Sie hält dieselben hoch und weit auseinander gestellt und setzt in gleichmäßigem Takte abwechselnd das rechte und das linke einen Schritt rückwärts. Die Vorderbeine schleudern unterdes fortwährend den aus der Höhle geförderten losen Sand zwischen den Mittelbeinen hindurch nach hinten und bewegen sich dabei so rasch, daß es kaum möglich ist, ihren Bewegungen zu folgen; sie mögen sich in der Sekunde vielleicht viermal nach vorn und wieder nach hinten bewegen. Wieder in ganz anderem Tempo und zu ganz anderen Zwecken werden gleichzeitig die Hinterbeine in Bewegung gesetzt: sie drehen sich in langsamem, gleichmäßigem Takte im ausgestreckten Zustande nach hinten, bis sie in der Mittellinie des Tieres unter seinem Bauche zusammenstoßen, dann kehren sie um und drehen sich, ebenso steif ausgestreckt bleibend, mit merklichem Druck nach unten wieder vorwärts und auswärts, bis sie fast in einer geraden, zur Längsachse des Tieres senkrechten Linie liegen. Durch diese letztere Bewegung fegt die Biene jedesmal den im Laufe der letzten Sekunde mit den Vorderbeinen nach hinten geschleuderten Sand mittels ihrer langen, dichten Haarbesen nach rechts und links auseinander. Jede solche Hinter- und Vorbewegung der Hinterbeine dauert wenig über eine Sekunde, während welcher Zeit die Mittelbeine einige abwechselnde Schritte ausführen. So entsteht vom Höhleneingang aus, soweit das Tier rückwärts schreitet, eine Rinne, in der nur in der Mittellinie der zwischen den nach hinten sich zusammenbiegenden Besen der Hinterbeine jedesmal liegen gebliebene Sand als schmaler Wall sich entlangzieht, und an deren Seiten die Spuren der einzelnen Besenstreiche deutlich sichtbar sind. Nur während die Hinterbeine in ihrer Bewegung von hinten nach vorn umwenden, entsteht in dem rastlosen, lebhaften Spiele der Vorderbeine bisweilen eine momentane Unterbrechung.“ Ist der Sand genügend weit fortgefegt, so läuft die Biene schnell wieder in das Nest zurück, um eine neue Ladung zu holen. Eine anfangs innegehaltene, bestimmte Fegebahn wird später aufgegeben. Zum Herausschaffen der Sandmenge ist ein jedesmaliger Aufenthalt von 1—2 Minuten im Nest nötig. Die Fegezeit außerhalb desselben betrug $^1/_4$—$^1/_2$ Minute. Gegen Abschluß des Baues häuft sich der Sand als kleiner Hügel mit schräg seitlich gelegener Eingangsöffnung um diese.

Dient Holz oder Pflanzenmark als Baugrund, so treten hier wohl zum Lockern ausschließlich die Mandibeln in Funktion. Die abgebissenen oder abgerissenen Teilchen werden dann nach hinten ebenfalls aus dem Nest herausgestoßen. Es sind aber auch Fälle bekannt, in denen der Bauschutt mit Hilfe von Borsten an der Unterseite des Kopfes und auch unter Beteiligung der Vorderbeine im Fluge vom Nest fortgetragen und in einiger Entfernung von diesem abgeworfen wird.

Nach dem Herausschaffen des Materials aus den Grabnestern findet meist noch eine weitere Bearbeitung der Nestwände statt, die besonders in einem Tünchen derselben durch Speichelsekrete besteht. Auf diese Weise erhalten die Wände eine gewisse Festigkeit, die ein Zusammensinken verhindert. Außerdem werden sie dadurch auch fast undurchlässig für Wasser. So ließ eine Zelle von *Halictus scabiosae* Rossi nach Fabre in 24 Stunden kein Wasser durch. Eine solche Wanddurchtränkung soll nach H. Müller bei *Dasypoda plumipes* Pz. nicht vorkommen. An der Bearbeitung der Wände sind, abgesehen von der ganzen Körperoberfläche, die wohl durch Drehungen des Körpers zur Rundung und Glättung derselben beiträgt, außer den oben schon genannten, noch einige weitere Apparate beteiligt. So ist bei vielen Erdnistern am letzten freiliegenden Abdominaltergit ein besonderes Pygidialfeld ausgebildet, das wie eine Mauerkelle zum Glätten benutzt werden kann. Zur Herstellung ihrer ganz aus einem Speichelsekret bestehenden Zellen dürfte den tiefstehenden Bienengattungen *Prosopis* und *Colletes* die kurze Zunge dienen. Weiter scheinen manche Differenzierungen an den Hinterbeinen wohl eine Bearbeitung der Zellwände zu ermöglichen. So finden sich bei *Xylocopa*-Arten an den Hinterschienen oft wulstartige Erhebungen, die eine rinnenartige Vertiefung tragen oder aber mit kurzen starren Dörnchen besetzt sind, gelegentlich auch eine raspelartige Oberfläche besitzen. Es ist sehr gut denkbar, daß hiermit von diesen kräftigen Bienen

Holz abgeschabt wird. An der Basis der Hinterschienen vieler beinsammelnder Bienen, die auch bei Unterlegen der Tibien unter den Körper noch hervortritt, sieht man eine durch ihre Kahlheit aus der übrigen Beinbehaarung vorragende besondere Knieplatte, die außer bei der Bewegung in der Neströhre auch bei der Bearbeitung der Zell- und Röhrenwände angewandt werden könnte. Doch ist hierüber ebensowenig bekannt, wie über die Bedeutung der scheibenartig erweiterten Schenkelspitze bei der Gattung *Cerceris*. Außerdem beobachtete FERTON, wie die Psammocharide *Batazonus quadripunctatus* F. mit ihrer Hinterleibsspitze, und zwar mit dem in der Ruhe verborgen liegenden, bei der Arbeit aber vorgestreckten 7. Abdominaltergit (Mittelsegment nicht mitgezählt) eine Stunde lang die Wände der Kammer stampfend oder hämmernd bearbeitete. Der ganze Hinterleib wurde bei diesen Stößen so schnell bewegt, daß der Beobachter den einzelnen Bewegungen mit dem Auge nicht zu folgen vermochte.

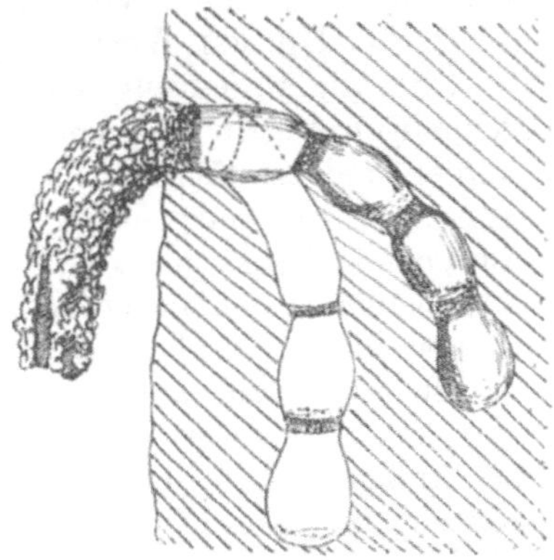

Abb. 83. Schematische Darstellung des Baus von *Anthophora parietina* F. mit Vorbau (nach FRIESE).

Eine eigenartige Form der Ablagerung des Baugrundes findet sich bei einer ganzen Reihe von Arten, die in Lehm nisten. Die bauende *Anthophora parietina* F. befeuchtet mit Wasser, das sie vorher aufgenommen hat, die zu bearbeitende Stelle, formt aus dem abgeschabten Material mit Mandibeln und Vorderbeinen ein Klümpchen, das sie mit den Hinterbeinen (nach FRIESE), mit den Mandibeln (nach ARMBRUSTER) am Nesteingange abstreicht. Auf diese Weise entsteht allmählich um die Nestöffnung ein Ring, an dessen Rand immer weitere Klümpchen angeheftet werden, wodurch schließlich eine Röhre gebildet wird. Mit zunehmender Entfernung von der Anheftungsstelle krümmt sich die recht locker gefügte und auch Längsspalten aufweisende Röhre wie ein Brunnenauslauf abwärts. Sie ist übrigens innen glätter als außen und soll auch durch Speichelbeimengungen zusammengehalten werden. Bei *Anth. parietina* F. erreicht sie eine Länge von 4 cm (Abb. 83). Von *Anth. abrupta* SAY beschreibt FRISON ähnliche, aber bedeutend längere Vorbauten aus Nordamerika. Außerdem verwenden bei uns eine Anzahl von *Odynerus*-Arten (*spinipes* L., *reniformis* GM., *melanocephalus* GM., *consobrinus* DUF., *parvulus* LEP. u. a.) den herausgeschafften Lehm in ähnlicher Weise. Doch sind die Wände der Röhren dabei fester gefügt und im ganzen weniger hinfällig. Da als gelegentliche Ausnahmen Röhren vorkommen, deren Öffnung nach oben zeigt, darf in diesen Fällen die Krümmung nicht rein mechanisch erklärt werden. Auch von einem bei uns einheimischen *Trypoxylon* werden Vorbauten beschrieben. Es erscheint aber fraglich, ob diese Grabwespe selbst die Herstellerin war. Es ist wohl denkbar, daß es sich hier um die Röhren unvollendet gebliebener *Odynerus*-Bauten handelt, die von *Trypoxylon* in Besitz genommen wurden.

Manche Bienen und Grabwespen versteifen die Wände des Hauptganges auch noch über die Bodenoberfläche hinaus, innerhalb des die Öffnung umgebenden Sandkraters. Dadurch wird ein kleiner Schornstein gebildet, der besonders dann hervortritt, wenn der Wind den lockeren, nicht durchfeuchteten Sand fortgeblasen hat. Eine massive, innen geglättete Röhre von 6—7 cm Höhe überragt die Nestöffnung von *Eucera obesa* DOURS (*notata* LEP.). Auch Masariden errichten derartige Bauwerke. Abgesehen von *Paraceramius lusitanicus* KL. aus dem Mittelmeergebiet sind sie namentlich von südafrikanischen Arten durch BRAUNS bekannt geworden. Bei *Ceramioides karroensis* BRS. und *capicola* BRS. liegen sie in Tunnelform dem Boden auf, bei *C. beyeri* BRS., *schulthessi* BRS., *fumipennis* BRS. und *lichtensteini* KL. streben sie dagegen gerade oder gekrümmt in die Höhe. Von südafrikanischen Bembicinen errichtet *Stizus clavicornis* HDLSCH. Vorbauten.

Über die Bedeutung der Vorbauten sind die Ansichten geteilt. In denjenigen Fällen, in denen sie nach Fertigstellung des Nestes abgebaut werden und ihr Material für die Herstellung von Zellwänden oder den Verschluß verwendet wird, könnte angenommen werden, daß es sich um eine bloße Ablage von Baumaterial handelt. Da dieses jedoch im allgemeinen in reichlicher Menge vorhanden ist, andererseits die Erbauerin aber an die Verklebung und Verarbeitung der Lehmklümpchen einige Arbeit verwendet, kann diese Annahme nur bedingt zutreffen. Von manchen Seiten wird vermutet, daß durch den Vorbau, dessen Öffnung bei Anlage des Nestes in einer steilen Wand nach abwärts zeigt, der Nesteingang den an der betreffenden Wand herumfliegenden Parasiten verdeckt oder wenigstens möglichst unauffällig gemacht werden soll. Da aber die Instinkte des Parasiten denen des Wirtes zu folgen pflegen, müßte schon eine plötzliche Entwicklung des Instinkts, Vorbauten anzulegen, erfolgt sein, wenn sich daraus ein Nutzen für die Art ergeben soll. Verfasser konnte sich aber selbst davon überführen, daß die *Coelioxys* sehr wohl die gekrümmte Röhre an dem im Bau befindlichen *Anthophora*-Nest kennt und dort einschlüpft. Zeigt die Öffnung als kurzer, verlängerter Niststollen nach oben, so ist für die über dem Boden suchend dahinfliegenden Parasiten der Eingang genau sogut sichtbar, wie wenn der Vorbau nicht vorhanden wäre. Im übrigen werden die Parasiten aber wohl auch außer dem Gesichtssinn durch den Geruch beim Aufsuchen der Wirtsbauten geleitet. Durch die aufragende verlängerte Niströhre kann meiner Ansicht nach wenigstens teilweise ein Zuwehen der Öffnung durch den von Bodenwinden mitgeführten Sand verhindert und dem Tier dadurch die Arbeit des Wiederfreilegens, solange das Nest im Bau befindlich ist, erspart werden. Von der mit besonderer Sorgfalt ausgeführten Röhre der *Eucera obesa*, die sich zwischen dichtem Gestrüpp erhebt, nimmt FERTON an, daß sie gewissermaßen einen Wegweiser für die Biene darstellt, der das Auffinden des Nestes erleichtern soll. Dieser Annahme könnte entgegengehalten werden, daß andere Hymenopteren das zwischen Pflanzenwuchs angelegte Nest auch ohne besonderes äußeres Merkzeichen zu finden vermögen. Immerhin scheint diese Erklärung für den speziellen Fall, besonders wenn der Wind die umgebenden Pflanzenteile bewegt und dadurch ihre Verwertbarkeit als Orientierungsmerkmale mehr oder weniger hinfällig macht, einige Wahrscheinlichkeit für sich zu haben.

Zur Unterbringung von Larvenfutter und Brut werden nach Ausschachten des Ganges die Zellen angelegt, in denen die Larven ihre Entwicklung durchmachen. In einfachen Grabnestern in der Erde erweitert sich lediglich der Gang am Ende zu einer ovalen bis rundlichen Kammer (Abb. 84). Die Dimensionen der Zelle sind artweise, je nach der Größe der Erbauerin und der Beutetiere sehr verschieden. Der Gang läuft unter den verschiedensten Winkeln, mit wechselnder Länge, gerade, gekrümmt oder geschlängelt. Derartig einfache Verhältnisse treffen wir bei vielen Spheciden, Psammochariden und auch bei *Pterochilus* an. In anderen Fällen schachtet das Weibchen am Gange mehrere Zellen von wechselnder Lage aus. Das dabei freiwerdende Grabmaterial fällt entweder in eine Verlängerung des Hauptganges oder wird zur Nestöffnung herausgeschafft. Genügt es bei Einzellbauten, wenn nach Versorgung der Zelle der Hauptgang verschlossen wird, so werden in Mehrzellbauten auch die einzelnen Zellen gegen den Hauptstollen geschlossen.

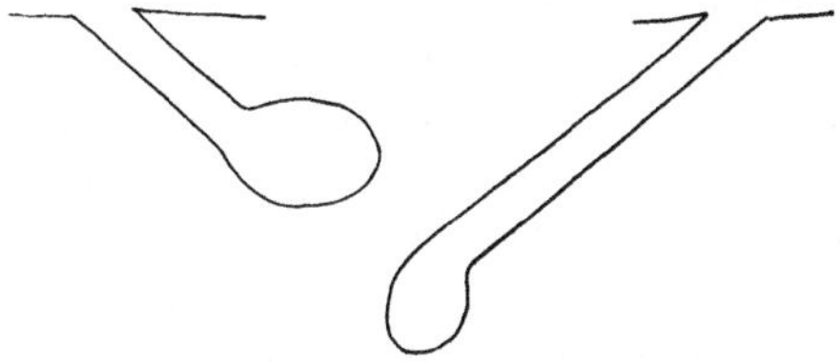

Abb. 84. Einzellige Grabnester von a. *Ammophila urnaria* Cr.; b. Psammocharide (nach PECKHAM).

Hierbei sehen wir, wie bereits bei Grabnistern deutliche Maurerinstinkte in Erscheinung treten. Sind die einzelnen Zellen mit dem Hauptgang durch besondere Zugangsstollen verbunden, so ist ein Verschluß derselben durch Einfüllen des Baumaterials denkbar. Stoßen die Zellen dagegen direkt an den Hauptgang, so würde das eingefüllte Material in die Zelle selbst zu liegen kommen und könnte die Entwicklung der Larve in derselben stören. Wir sehen daher in solchen Fällen — von den Linienbauten der Grabnister mag vorläufig abgesehen werden —, wie die Erbauerin des Grabnestes besondere Zelldeckel aufführt. Diese Deckel entstehen dadurch, daß das Weibchen einen Ringwulst aus Brocken des Bauschuttes an der Wand des Ganges aneinanderkittet und weiter vorschreitend an diesen Wulst immer neue Teilchen in spiraliger Anordnung ansetzt, bis die Wand geschlossen ist. Dabei ist dieser Deckel aber nicht eben, sondern gegen die Zelle hin etwas vorgewölbt. Schon bei verhältnismäßig tiefstehenden Grabnistern (*Andrena*) findet man derartige zierlich gewölbte Zellverschlüsse. Bei den solitären Faltenwespen findet man im allgemeinen bereits hoch entwickelte Maurerinstinkte. Gleichwohl sehen wir auch hier Arten, deren Maurertätigkeit sich auf das Aufführen von Zelldeckeln beschränkt. Unter den Wegwespen und Grabwespen, soweit es sich hier nicht um Formen handelt, die als typische Baunister angesprochen werden können, sind auch die

Zellverschlüsse recht primitiv und bestehen aus locker zusammengefügtem Material des Nistgrundes, das aber jedenfalls doch durch geringe Speichelmengen, besonders wenn es sich um Trennungswände in Linenbauten handelt, etwas zusammengehalten wird.

Dient der Erdboden als Baugrund, so kann mit einer gewissen Raumverschwendung gearbeitet werden, die beim Nisten im Mark dünner Pflanzenstengel höchstens kleineren Arten möglich ist. Dagegen bietet das Bauen im morschen Holz ähnliche Verhältnisse wie das im Erdboden. Während wir also bei Holzbauten vielfach verzweigte Nestanlagen kennen lernen werden, bringt das Nisten im Mark im allgemeinen den Linienbautyp mit sich, einen Bautyp, der bei reichlich vorhandenem Nistgrunde nur selten vorkommt. Bei Linienbauten, in denen die Zellen dicht aufeinander folgen, ist die Herstellung des Zelldeckels durch Maurertätigkeit die gegebene. In seltenen Fällen scheint die Errichtung von Querwänden aber zu unterbleiben. So fand Verfasser wenigstens in *Lipara*-Gallen, die von *Cemonus* mit Blattläusen vollgepfropft waren, keine Trennungswände. Die Larven schließen sich aber später durch ihre Kokondeckel gegeneinander ab, so daß der Bau schließlich doch gekammert erscheint.

Der Haupteingang zum Neste wird meist nach Versorgung desselben geschlossen, bei manchen erdnistenden Grabwespen, die ihr Nest im allgemeinen vor dem Jagen der Beute anlegen, aber auch in der Zeit, während der sich die Erbauerin auf der Jagd befindet. Dies geschieht besonders auch dann, wenn mehrere Beutetiere eingetragen werden (manche *Ammophila*-Arten, *Bembix*, *Miscophus*, *Oxybelus*). Dagegen verschließt *Ammophila heydeni* DHLB., (nicht *holosericea* F., wie BERLAND richtig gestellt hat) nach FABRE ihr Nest nicht provisorisch, obwohl sie mehrere Beutetiere einzutragen hat. Bei dem Nestverschluß richten diejenigen Formen, die den Sand mit Hilfe eines Scharrkammes fortzuschleudern vermögen, einen Sandstrahl gegen die Öffnung, den Kopf dabei vom Neste abgewandt. Um aber eine zu weit gehende Verschüttung des Nesteinganges zu vermeiden, wird vielfach vorher gröberes Material, Rindenstückchen, Grashalme, Steinchen und ähnliches mit den Mandibeln herbeigeholt, eingefüllt und erst dann mit dem Scharren begonnen. Schließlich streuen dann manche *Ammophila*-Arten noch nachträglich ähnliches Material wie das, was zum Füllen diente, über den Sand und machen so die Stelle des Nesteingangs unkenntlich. Ein zu schnelles Nachsinken des Sandes wird außerdem noch durch Feststampfen desselben verhindert. Dies geschieht bei unserer *Ammophila sabulosa* L. durch Gegendrücken der Vorderseite des Kopfes oder der Mandibeln. Bei *Ammophila urnaria* CR. beobachteten G. und E. PECKHAM, wie die Wespe schließlich mit einem Steinchen, das sie mit den Mandibeln gefaßt hatte, den Boden behämmerte, und WILLISTON sah, wie *Ammoph. yarrowi* CR. den Boden mit einem Steinchen glättete. Wir haben es hier offensichtlich mit dem Gebrauch eines Werkzeuges zu tun. Die Instinkte, die dazu geführt haben, lassen sich ohne große Schwierigkeit von denen ableiten, die unsere *Ammophila sabulosa* L. beim Nestbau erkennen läßt. Das Herbeischleppen gröberen Füllmaterials und das Festdrücken des

Bodens leiten offensichtlich zu dem komplizierteren Instinkt des Werkzeuggebrauchs über.

Daß das Pygidalfeld oder das 7. Abdominaltergit bei Bearbeitung der Nest- und Zellwände Verwendung findet, wurde oben bereits erwähnt. In ähnlicher Weise wie dort für die Wegwespe *Batazonus quadripunctatus* L. das Festhämmern der Zellwände geschildert wurde, verhalten sich andere Wegwespen beim Nestverschluß. So beobachteten G. und E. PECKHAM, wie ein Individuum von *Psammochares fuscipennis* LEP. gegenüber anderen beim Verschließen des Baues eine besondere Sorgfalt an den Tag legte. Das Tierchen benutzte die Hinterleibsspitze zum Glätten und Stampfen der Erde und schleppte schließlich ähnlich mancher *Ammophila* zur Verschleierung des Eingangs allerlei am Boden liegendes Material herbei.

In anderen Fällen wird der Nesteingang durch einen Lehmpfropf, zerkaute vegetabilische Substanzen und ähnliches geschlossen. Auf Besonderheiten wird bei der Besprechung der einzelnen Nester eingegangen werden.

Bei der Herstellung der Baunester treten vielfach noch Grabinstinkte auf, da die Weibchen ihre Zellen nicht bloß frei oder in vorhandenen Höhlen, sondern auch in selbstgegrabenen Gängen anlegen. Einen Höhepunkt in der Entwicklung dieses Nesttyps finden wir unter den bauchsammelnden Bienen; aber auch bei Grab-, Weg- und besonders Faltenwespen kommen recht auffällige Baunester vor. Die Werkzeuge sind die gleichen, wie sie für die Grabnester angewendet werden, d. h. Mandibeln und Beine.

Bei der folgenden Besprechung einzelner Nester werden in erster Linie solche aus der einheimischen Fauna berücksichtigt werden. Nur dort, wo eigenartige, bei uns nicht vorkommende Nesttypen auftreten, oder bei Formen, die aus irgendwelchen anderen Gründen interessant sind, wird auf deren Nistweise eingegangen werden.

Die große Masse der spinnenjagenden Psammochariden sind typische Grabnister. Auf manche Einzelheiten, besonders auch jene Fälle, in denen sich das Weibchen damit begnügt, den Bau der überwältigten Erdspinne selbst als Brutraum zu verwenden und höchstens den Eingang zu verschließen, wurde schon oben hingewiesen. Manche Formen sind zu einem Brutparasitismus übergegangen und werden später im entsprechenden Zusammenhange behandelt werden. Im allgemeinen wird wohl das nur flach im Boden liegende, immer einzellige Nest nach dem Fang der Spinne angelegt, in einigen Fällen, *P. scelestus* CR., *calipterus* SAY., *conicus* SAY., *pulcher* F. u. a., aber vorher. Das Weibchen der letztgenannten Art nächtigt auch in seiner Höhle, richtet dieselbe wohl aber erst nach Eintragen der Spinne als Brutkammer her (ADLERZ), wie aus dem längeren Verweilen in derselben geschlossen werden kann. Auf die Errichtung von Querwänden und eines Nestverschlusses beschränkt sich die Bautätigkeit der *Deuteragenia*-Arten. Gegraben scheint hier nicht zu werden. Verlassene Nistgänge anderer Hymenopteren in *Rubus*-Mark (*D. hircana* F.). Erdgänge und sonstige Höhlungen, sowie leere Schneckengehäuse werden als Nistgelegenheiten bezogen. Da mehrere Zellen durch Wände hintereinander abgetrennt werden können, sind auch Linienbauten vertreten. Die Querwände bestehen bei *D. variegata* L. aus nadelkopfgroßen Quarz- oder Kalkkörnchen, die sorgfältig ausgesucht werden. Die Nestöffnung ist durch einen Filz aus Spinnwebfäden verschlossen, bei dessen Herstellung die Beborstung der Palpen (ADLERZ) eine Rolle spielen dürfte. Gelegentlich bezieht diese Art auch *Helix*-Gehäuse und zeigt in der Art des Nestverschlusses gewisse Verschiedenheiten nach den Gegenden. *D. structor* (?) verschließt ihre bis dreizelligen Nester in *Helix*-Schalen in Südfrankreich und Algier mit einem konkaven Deckel aus fein zerteiltem Mist, verstärkt durch eine Lage von Steinchen und Erdbrocken. Die Kammern selbst sind durch ähnliche Erdwände voneinander getrennt. Nach ADLERZ verschließt *D. intermedia* DHLB. ihre Niströhre durch verschiedenes gröberes und feineres pflanzliches Material (Rindenstückchen), untermischt mit Spinngewebe. Sehr zierliche, leicht zerbrechliche Lehmtöpfchen errichtet bei uns *Pseudagenia punctum* F. Innen geglättet, lassen diese Gefäße außen deutlich ihren Aufbau aus kleinen Lehmklümpchen erkennen. Selten frei an Pflanzenteilen angeheftet findet man diese Zellen häufiger unter hohlliegenden Steinen, hinter lockerer Rinde, in die verschiedensten Hohlräume eingebaut. Verfasser fand sie wiederholt in verlassenen Zellen von *Halictus quadricinctus* F. einzeln freistehend (Abb. 85). Verbietet sich in diesem letzteren Fall durch die geringe Ausdehnung der *Halictus*-Zelle ein Aneinanderbauen dieser Lehmtöpfchen, so findet man sie, wenn es der Platz gestattet, in Anzahl nebeneinander und teilweise direkt aneinander haftend, so daß wabenähnliche Gebilde zustandekommen können. Die indomalayische *Ps. blanda* GUER. nistet sich in ähnlicher Weise, wie es für *Ps. punctum* F. in der *Halictus*-Zelle angegeben wurde, in den Zellen einer Grabwespe, des *Sceliphron madraspatanum* ein; hier haben aber gleichzeitig zwei Zellen, eine größere und eine kleinere, Platz; in der größeren entwickelt sich ein Weibchen, in der kleineren ein Männchen. Einen großen Komplex von 29 Zellen beobachtete ADLERZ bei *Ps. albifrons* DHLB. Soweit die Zellen sich nicht direkt berührten, waren sie durch kleine Lehmbrücken mit einander verbunden. Von der im indomalayischen Gebiet und der papuanischen Region verbreiteten Gattung *Macromeris* ist bekannt, daß hier vegetabilische Materialien mit Erde gemischt verwendet werden.

Abb. 85. Zelle von *Pseudagenia punctum* F. in einer geöffneten Zelle einer Grabwabe von *Halictus quadricinctus* F.

Die Arten der Gattung *Crabro* (ich folge hier der Monographie von KOHL) zeigen in bezug auf die Anlage ihrer Nester recht erhebliche Verschiedenheiten. Graben sie ihre Nistgänge und Zellen im allgemeinen auch selbst, so nehmen sie aber auch die Gänge anderer Insekten an und richten sie für sich her. Unsere größeren *Crabro*-Arten nisten im allgemeinen im morschen, seltener in festerem Holz, gelegentlich aber auch in Sand. So fand NIELSEN ein Nest von *Crabro cinctus* F. „in einem beinahe frischen Eichenpfahle", während diese Art sonst altes Holz bevorzugt.

Crabro zonatus PZ. legt seine Nester gern in größerer Höhe über dem Boden an. Verfasser fand ihn auch innerhalb Berlins im Holze der Fensterkreuze oder der Blumenkästen auf Balkons. Bei der Nestanlage in etwas festerem Holze folgt das Weibchen von *Cr. cavifrons* THMS. den weicheren Schichten zwischen zwei Jahresringen. Die Verhältnisse bringen es mit sich, daß im morschen Baugrund das Nest im ganzen verzweigter angelegt werden kann. Von dem 6—8 mm weiten Hauptgang, in dem die Wespe sich wohl kaum umkehren kann, gehen Seitengänge nach verschiedenen Richtungen und in verschiedener Höhe ab, die am Ende zur Zelle erweitert sind. Bei einem von BORRIES untersuchten Nest dieser Art „fanden sich im ganzen 13 Seitengänge, welche mit je einer Zelle endeten, nur einer mit zwei. Die Länge der Seitengänge schwankte zwischen 35—70 mm; ein einziger hatte die Länge von 120 mm". Ein Hauptverschluß findet sich an diesen Nestern nicht, aber die Gänge sind mit Holzmulm vollgepfropft. Ähnliche Verhältnisse trafen MARCHAL und Verfasser an, während ADLERZ bei *Cr. cavifrons* THS. Bauten im Sande beobachtete. Die Nester von *Crabro chrysostomus* LEP. lassen nach NIELSEN einige charakteristische Eigentümlichkeiten erkennen. Besonders ist die Weite der Gänge auffällig, die der Erbauerin ein Umwenden in denselben gestattet. Der Eingang selbst ist aber nur so weit, daß die Wespe gerade durchschlüpfen kann; doch erweitert sich der Gang bereits unmittelbar dahinter. Werden die einzelnen Zellen auch hier seitlich vom Hauptgang nach verschiedener Richtung und auf verschiedener Höhe angelegt, so fällt doch der mehr oder weniger lange Verbindungsgang zum Hauptstollen fort. Ein einziges Mal wurde ein langer, gebogener Seitengang beobachtet. *Crabro vagus* L. zeigt bei der Anlage der Nester, je nach dem Material, in dem diese gegraben werden, Verschiedenheiten. ADLERZ fand in einem morschen Birkenast verzweigte Gänge, in denen mehrere durch etwa 6 mm dicke Mulmschichten getrennte Zellen hintereinander lagen, eine Bauweise, die sich also dem Linientyp stark nähert. NIELSEN beschreibt dagegen ein verästeltes Nest, in dem in kurzen Seitengängen eine, höchstens zwei Zellen lagen. Der gleiche Autor konnte in einem Falle nichtverzweigte, 5—12 cm lange Gänge mit 4—5 mm Durchmesser, in denen meist drei Zellen hintereinander lagen, als ebenfalls zu dieser Art gehörig nachweisen. Schließlich beschreibt auch FRIESE ein kurzes Nest des *Cr. vagus* L., das sich in einem etwa armdicken morschen Ast befand und nur in eine einzige Zelle von 20 mm Länge und 7—8 mm Durchmesser auslief. Berücksichtigt man weiter, daß die Art in Hollunder und Rubusmark baut und dort typische Linienbauten anlegt, so zeigt sich eine große Mannigfaltigkeit und Plastizität der Bauinstinkte. Ein typischer Markbewohner ist *Cr. rubicola* DUF. PERR., allerdings soll er nach SICKMANN auch in altem Holz nisten. Besonders im Mark von *Rubus* (Abb. 89 a) und *Sambucus* ist diese Art zu finden, wo sie ein bis 30 cm, gelegentlich auch noch etwas längeres Nest herstellt. Bis 16 Zellen, die durch 4—18 mm lange, lockere Zwischenwände aus zerschrotetem Mark getrennt sind, können hintereinander liegen. *Cr. guttatus* v. d. Lind. trennt nach Beobachtungen von Adlerz im morschen Kiefernholz in Gängen, die wahrscheinlich von anderen Insekten herrührten, durch zernagtes Holz die einzelnen Zellen ab, die infolgedessen in Reihen angelegt waren. Recht ausführliche Angaben über das Nisten des nordamerikanischen *Cr. stirpicola* Pack. verdanken wir G. und E. Peckham. Die mit den Mandibeln abgerissenen Stückchen von *Rubus*-Mark wurden unter den Körper nach hinten befördert, bis sie die Abdominalspitze überragten. Dann schob das bauende Weibchen die Masse rückwärts schreitend der Nestöffnung zu und schließlich heraus, wobei auch die Hinterbeine in Funktion traten. Das Tierchen arbeitete, wie aus dem herausfallenden Mulm und bei nächtlichen Besuchen festgestellt werden konnte, auch nachts und war im ganzen, mit einer einzigen Pause von 10 Minuten, 42 Stunden mit dem Nestbau beschäftigt. Der Nistgang erreicht dabei eine durchschnittliche Länge von 30—40 cm bei einem Durchmesser von 3,5 mm und enthält 10—12 durch Markmulm getrennte Zellen als Linienbau. Im Gegensatz zu seinen nächsten, erdnistenden Verwandten, dem *Cr. alatus* Pz. und *subterraneus* F., nistet *Cr. clypeatus* L. in Holz. Durch Fortschaffen des Mulms aus alten Fraßgängen stellt sich diese Art ihre Nester her, deren Zellen durch Querwände aus dem gleichen Material getrennt werden. Ein Nest des *Cr. alatus* Pz. fand Bouwman als einen 20 cm tiefen Gang, an dessem Ende sich zwei Zellen befanden; es war also höchstwahrscheinlich noch im Bau begriffen. Der Nesteingang wird bei dieser Art verschlossen, während *C. subterraneus* F. ihn offen läßt. Der Hauptgang verläuft hier verhältnismäßig flach unter der Oberfläche (3—6 cm). Nach den Beobachtungen von Nielsen gehen von ihm 2—11 Seitenstollen von 4—10 cm Länge aus, in deren Grunde sich je eine Zelle befindet. Bei der Anlage des Nestes wird zunächst nur ein kurzer Hauptgang und an diesem gleich ein Seitenstollen ausgeschachtet. Ist dieser versorgt, so erfolgt die Verlängerung des Hauptganges, ein neuer Seitengang wird angelegt und so fort. Nach vollständiger Versorgung der im Seitengang liegenden Zelle wird diese gegen den Hauptgang geschlossen. Der Hauptgang bleibt dauernd offen. Im Gegensatz zu den Nestbaugewohnheiten anderer Grabwespen finden wir hier, daß die dem Eingang am nächsten liegenden Zellen bzw. Larven die ältesten sind. Aus dem Offenbleiben des Nesteinganges, wie er sonst bei Holz bewohnenden Arten häufig zu beobachten ist, glaubt Nielsen schließen zu dürfen, daß der Übergang zur Nistweise in der Erde verhältnismäßig jungen Datums ist. Adlerz fand dagegen ein von der gleichen Art herrührendes Nest, das als 22 cm langer, unverzweigter Gang in eine einzige Zelle auslief, was, auch wenn das Nest noch unvollendet ist, auf eine prinzipiell verschiedene Anlageart schließen läßt. Über das Nest des verhältnismäßig häufigen *Cr. cribrarius* L. ist noch wenig bekannt. Für gewöhnlich schlüpft die Art in Löcher im Erdboden ein, doch sieht man sie auch in Gänge im morschen Holz einkriechen. Adlerz fand, daß der Gang 15—20 cm tief fast senkrecht in die

Erde führt und dann horizontal umbiegt. Die häufigste Grabwespe unserer Sandgegenden, *Cr. peltarius* SCHREB., bedient sich gern der Nistgänge anderer Hymenopteren; so fand BORRIES sie in den Bauten von *Cerceris rybiensis* L. (in härterem Boden), ADLERZ in *Halictus*-Nestern, in denen noch Zellen der Biene mit Pollenvorrat, Eiern und Larven vorhanden waren. Die Hauptgänge dieser Nester werden entsprechend abgeändert, außerdem dann aber kurze Seitenstollen für je eine Zelle angelegt. Seiten- und Hauptgänge werden nach Versorgung der Zellen bzw. des ganzen Nestes zugescharrt. Bei *Cr. lapponicus* DHLB. führt der Hauptgang entweder senkrecht oder schräg in den Erdboden hinein und setzt sich dann unter einem andern Winkel fort. Hier beobachtete ADLERZ, wie die Wespe das Nest auf die Weise verschloß, daß sie im Gange bis zur Mündung emporkam, dort Sandkörnchen mit den Mandibeln ergriff und dann rückwärts zurückkroch. Gelegentlich wurden auch mit den Vorderbeinen größere Sandmengen abgescharrt. Aus durch Mulm getrennten Kokons in einem senkrechten Gang in morschem Holz zog BORRIES den *Cr. vagabundus* PZ. Dagegen ist *Crabro quadrimaculatus* SPIN. eine Art, die wohl ausschließlich in Sand nistet und dort im Verhältnis zu ihrer Größe recht ansehnliche Gänge anlegt. Nach VERHOEFF sind die einzelnen Zellen nicht durch Wände voneinander getrennt, eine im allgemeinen recht seltene Erscheinung. Mehrfach sind die Nester des *Cr. capitosus* SHUCK. beschrieben worden. Sie stellen typische Linienbauten dar, die im Mark von *Rubus*, *Sambucus*, *Fraxinus* u. a. angelegt werden, mitunter, wenn es der Durchmesser des Markzylinders gestattet, zu mehreren nebeneinander. Bei einem Durchmesser von 2—3 mm können diese Gänge bis etwa 40 cm lang werden und bis 18 Zellen enthalten, die durch Scheidewände aus Markmulm von 1—13 mm Dicke (durchschnittlich 6 mm) getrennt werden. Die Länge der Zellen selbst schwankt zwischen 7 und 24 mm. In von W. BAER beobachteten Fällen lag die stets an einer Bruch- oder Schnittfläche befindliche Nestöffnung in Trauereschenzweigen exzentrisch, in offensichtlichem Zusammenhang mit dem stärkeren Zuwachs der Zweige, an deren belichteter Seite. *Cr. cinxius* DHLB. führt gleichfalls Marklinienbauten in *Rubus*-Zweigen aus. Die Länge des Ganges kann bei einem Durchmesser von etwa 3,5 mm bis fast $^1/_2$ m betragen, doch sind oft nur wenige Zellen von 5—10 mm Länge, die durch Markmulmwände von 2—4 mm Dicke getrennt sind, darin vorhanden. In den Gallen von *Saperda populnea* in Zitterpappeln mietet sich gern *Cr. leucostoma*. L ein und errichtet darin gewöhnlich nur je eine einzige, selten zwei Zellen. Außerdem fand NIELSEN einen Nestgang dieser Art in Buchenholz in den mit Wurmmehl fast vollgepfropften Gängen eines anderen Bockkäfers. Die Wespe hatte hier ihren Gang in dem verhältnismäßig leicht zu bearbeitenden Wurmmehl angelegt. *Crabro cetratus* SHUCK. und *inermis* THS. wurden als Liniennister in Pflanzenmark nachgewiesen. Dagegen beobachtete NIELSEN bei *Cr. walkeri* SHUCK. in morschen Ästen einen gegabelten Hauptgang von 3—3.5 mm Durchmesser, an dem in kurzen, nach den verschiedensten Richtungen abgehenden Seitengängen von 10—12 mm Länge die einzelnen Zellen liegen. *Cr. carbonarius* DHLB. nistete nach

ADLERZ in Larvengängen in Fichtenstubben. In einem Falle betrug die Länge des von der Wespe hergerichteten Hauptganges 55 mm. Durch eine Schicht aus Rindenmulm von 7 mm Dicke war eine Zelle abgetrennt, außerdem war auch das Ende des Ganges in einer Ausdehnung von 25 mm mit Mulm gefüllt, den die Wespe aus anderen Löchern herbeiholte und mit der Hinterleibsspitze in den Nistgang hineinschob. In morschem Holz nisten auch *Cr. ambiguus* DHLB. und *podagricus* V. D. LIND., während *palmarius* SCHREB. außerdem im Sandboden und Lehmböschungen gräbt. Im Sande legen ferner eine Reihe weiterer Arten der *Crossocerus*-Gruppe ihre Nester an: *Cr. palmipes* L., *varius* LEP., *anxius* WESM., *wesmaeli* V. D. LIND., *elongatulus* V. D. LIND. Bei *Cr. varius* LEP. münden mehrere kurze, die einzelnen Zellen enthaltende Seitengänge in den Hauptstollen. Etwas festere Böden scheinen die Arten der *Lindenius*-Gruppe zu bevorzugen. Hier führt bei *Cr. albilabris* F. der Gang anfangs fast senkrecht 3—6 cm tief hinab und nimmt von da ab einen mehr oder weniger horizontalen Verlauf. Um diese letztere Strecke liegen die nach der Versorgung geschlossenen Zellen. Nach BOUWMAN legt *Cr. panzeri* V. D. LIND. seine Zellen wirtelförmig um den Hauptgang an. FERTON fand ein *Lindenius*-Nest als einfachen, in eine Zelle ausmündenden Gang. Während diese Arten von horizontalen Flächen her ihren Gang in die Tiefe graben, nistet *Crabro* (*Entomognathus*) *brevis* V. D. LIND. in Böschungen. Die ameisen-eintragenden mediterranen Arten der *Brachymerus*-Gruppe nisten entweder im Boden (*Cr. quinquenotatus* JUR. nach FERTON) oder in Fraßgängen in totem Holz (*Cr. curvitarsis* H. SCH. nach EMERY). Bei den Arten der *Rhopalum*-Gruppe zeigt sich eine gewisse Plastizität im Nestbau je nach der Dicke des Markzylinders, in dem der Gang angelegt wird. Hat das Mark nur einen geringen Durchmesser, so kommen typische Linienbauten zustande. Bei etwas größerem Durchmesser werden die einzelnen Kammern etwas erweitert und es ergeben sich dann perlschnurförmige Nester. Schließlich kann aber auch, wenn der Raum es gestattet, der Gang in gestreckten Windungen abwärts geführt werden; die Zellen oder kurzen Seitengänge werden dann in den Windungen seitlich am Hauptgang angelegt. Zwischen diesen Anlagetypen kommen die verschiedensten Modifikationen vor. Bei Nisten in etwas festerem Holz sind wieder Linienbauten vorherrschend, ebenso in hohlen Pflanzenteilen, wie z. B. dünneren Schilfhalmen. Die in den Linienbauten aufgeführten Querwände sind unter Umständen nur sehr dünn und hinfällig, so daß die einzelnen Kammern, wenn die Wände durch Bewegungen der Larve einsinken, nachträglich miteinander in Verbindung stehen. Die südafrikanischen Arten der *Dasyproctus*-Gruppe nisten nach BRAUNS in „saftigen Blütenstielen von Liliaceen, Amaryllideen, Aloe und selbst dickstengeligen Gräsern. Die Feuchtigkeit scheint dringend nötig zu sein zur Entwicklung". Der Anlage nach sind diese Nester Linienbauten, deren Kammern durch zerkautes Pflanzenmaterial getrennt werden.

Über die Bauten von *Oxybelus*-Arten ist noch wenig bekannt. Die Tierchen schlüpfen in sandigem Boden in Öffnungen, in die sie ihre aus Fliegen bestehende Beute eintragen. In Holz scheinen keine Arten zu nisten. Bei dem nordamerikanischen *Oxybelus quadrinotatus* SAY ermittelten G. und E. PECKHAM das Nest als eine schräg in den Boden führende Röhre, die zu einer rundlichen Endkammer erweitert ist. Die winzigen *Nitela*-Arten nisten in Bohrgängen in altem Holz, auf dem sich die Tiere auch gern aufhalten. FERTON fand Nester in *Rubus*-Mark. Die Querwände werden aus kleinen Steinchen gebildet, die aber nicht miteinander verkittet sind. Auch ein dicker Endverschluß aus zusammengetragenen Steinchen ist vorhanden. Die Nistweise der kleinen, dem Süden angehörigen *Solierella*-Arten wurde durch FERTON näher bekannt. *S. compedita* PICC. bezieht in festeren Böden Gänge irgendwelcher anderen Insekten und trennt ihre Zellen durch nicht zementierte Wände aus kleinen, sorgfältig ausgesuchten Steinchen. Wenn genügend Platz vorhanden ist, bleibt eine leere Endkammer bestehen, die durch den Hauptverschluß des Nestes nach außen abgeschlossen wird. Ähnlich baut auch *S. xambeui* ANDRÉ, jedoch in Gängen in *Rubus*-Zweigen. Auch hier wird ein Hauptverschluß angelegt. Ebenso nisten *Psen*-Arten gern in *Rubus*-Mark und legen dort Linienbauten an, deren Zellen durch Markmulm getrennt werden. Gestattet es der Raum, so können auch zwei Gänge nebeneinander verlaufen. Für *Ps. concolor* DHLB. gibt VERHOEFF einen feinen Schleimüberzug der Zellwände außer dem rudimentären Kokondeckel an. An einem Bau der gleichen Art konnte Verfasser eine solche Schleimtapete nicht finden. Möglicherweise handelt es sich in dem VERHOEFFschen Fall um einen verlassenen *Prosopis*-Bau, der von dem *Psen*-Weibchen bezogen wurde, wie überhaupt die Konkurrenz um den Nistplatz bei Markbewohnern eine recht große ist und zu den verschiedensten Kombinationen führen kann. Die in die Verwandtschaft von *Psen* gehörige Gattung *Mimesa* enthält Sandbewohner, die in lockeren Sandböschungen ihre nicht näher untersuchten Gänge anlegen. *Stigmus pendulus* Pz. zeigt als Markbewohner eine recht gute Raumausnutzung. Kleinheit und schlanke Gestalt erlauben dieser Art ganz besonders bei der Anlage des Nestes vom Linientyp abzuweichen. Für jede Zelle wird hier ein kleiner Seitenstollen angelegt, der in der konkaven Seite des geschlängelten Ganges liegt, so daß die schlüpfenden Imagines nicht durch davorliegende Zellen gehemmt werden, sondern direkt durch den Hauptgang ins Freie gelangen können. Eine ähnliche Anlage kommt auch bei manchen Crabronen (*Rhopalum*-Gruppe) in dicken Markzylindern vor, doch ist der ganze Bau bei *Stigmus* viel zierlicher. Im übrigen ist *Stigmus* durchaus nicht auf ein Nisten in Mark beschränkt. Verfasser beobachtete einmal das Nisten in der Holzeinfassung einer Fensterluke, die von *Anobium* stark durchbohrt war. Obwohl über 20 Exemplare abgefangen wurden, war keine Abnahme in der Zahl der ab- und zufliegenden Tiere zu bemerken. Das Bohrmehl wurde in großen Mengen von den Wespen selbst herausgeworfen. Die mit Beute heimkehrenden Tiere mußten ihren Weg durch das ausgeworfene Bohrmehl nehmen, um zu ihren Löchern zu gelangen. Auch die *Pemphredon*-Arten sind Holz- oder Markbewohner. Gestatten es die räumlichen Verhältnisse, so werden Zweigbauten, in anderen Fällen Linienbauten angelegt. Auch ein gemischter Bautyp kommt vor. Die Zellen sind durch abgeschabtes Material getrennt. *Diphlebus* nistet sich bei uns mit Vorliebe in alten *Lipara*-Gallen in Schilf ein. In der mit Blattläusen vollgepropften Galle scheinen vom Weibchen hergestellte Querwände zu fehlen. Bei *Ceratophorus* kann sich der Hauptgang unweit der Nestöffnung verzweigen. Unsere kleinste Grabwespe, *Spilomena troglodytes* v. d. LIND, legt ihrer Körpergröße entsprechende sehr zierliche Gänge von 1,1—1,2 mm Durchmesser in *Rubus* und Hollundermark an. Dabei schwankt die Länge des Ganges zwischen 4 und 12 cm. Wie ENSLIN beobachtete, bleibt das Weibchen, wenn es den Gang noch nicht fertiggestellt hat, über Nacht in demselben. In dem Nest befinden sich nach dem gleichen Autor 6—10 Zellen, die durch Markmulmzwischenwände von 1—2 mm Dicke voneinander getrennt sind. Der vordere Teil des Ganges bleibt frei von Zellen, so daß die Eingangsöffnung wie ein feiner Nadelstich im Mark sichtbar ist. Die *Bembix*-Arten sind Bewohner lockeren Sandes. Der Baugrund ist einerseits leicht wegzuschaffen, gestattet aber andererseits keine komplizierteren Bauten. So graben denn die Arten für jede Larve ein gesondertes Nest, das aus einem einfachen, 10—30 cm langen Tunnel besteht, der sich zu einer größeren Endkammer erweitert. Wie FERTON an verschiedenen mediterranen Arten (*B. oculata* LATR., *mediterranea* HDLSCH., *integra* PZ., *handlirschella* FERT.) beobachtete, senkt sich der anfangs wenig geneigte Gang dicht hinter der Öffnung und wird dann gegen die Kammer mehr horizontal. Bei *B. mediterranea* LATR. wurde als seltene Ausnahme ein verzweigtes Nest gefunden, bei dem von dem abfallenden Abschnitt des Ganges ein zweiter horizontaler Stollen abging, der aber unvollendet und wahrscheinlich als ungeeignet aufgegeben worden war. Nach einer PECKHAMschen Beobachtung dauerte die Herstellung eines Nestes bei der *B. spinolae* LEP. 15 Minuten, während unsere *B. rostrata* L. gelegentlich mehrere Tage dazu gebrauchen soll. Die *Bembix*-Weibchen legen ihre Nester gern gesellig an, und derartige Kolonien erweitern sich, wie für *B. spinolae* LEP. beobachtet wurde, nach außen durch Graben neuer Nester am Rande der Kolonie. Bemerkenswert ist auch, daß, wie für verschiedene Arten angegeben wird, die Weibchen gleichzeitig mit Graben beschäftigt sind. Dabei wird die Hinterleibsspitze angehoben und ein Sandstrahl unter dem Körper hindurch nach hinten geschleudert. Gleichzeitig hört man einen charakteristischen Ton, der durch schnelles Flügelschwirren zustande kommt. Durch dabei entstehende Luftwirbel kann Sand fortgeblasen werden. Gearbeitet wird nur bei günstiger Witterung; bei trübem Wetter ziehen sich die Tiere in die Nester zurück. Während WESENBERG annimmt, daß das gleiche Weibchen von *B. rostrata* L. gleichzeitig mehrere Nester versorgt, glauben G. und E. PECKHAM aus Versuchen, die sie unter Markierung verschiedener Individuen von *B. spinolae* LEP. anstellten, daß dort immer nur ein Nest versorgt wird.

Die Angaben über den Nestverschluß von *Bembix* widersprechen sich zum Teil, selbst innerhalb der gleichen Art. Die einzelnen Arten scheinen sich hier zum Teil individuell, zum Teil aber auch nach den Gegenden verschieden zu verhalten. So konnte Verfasser selbst in Polen (Lenkowo bei Ossowiec) eine Kolonie beobachten, die durch die offenen Eingänge sofort auffiel, hatte allerdings versäumt nachzuprüfen, ob es sich dabei um Nester handelte, die erst im Bau befindlich waren. In Ferchland an der Elbe blieben noch unversorgte Nester während der Ausflüge der Erbauerin offen, während Gänge, in denen sich schon die Larve befand, vor dem neuen Beutezug des Weibchen zugescharrt wurden. WESENBERG beobachtete, wie das *Bembix*-Weibchen sein Nest in etwa 1 Zoll Tiefe mit einem flachen Steinchen verschloß. Verfasser hat selbst derartiges nicht beobachtet, da an den Stellen, wo sich die *Bembix*-Kolonien befanden, reiner Flugsand den Baugrund bildete und flache Steinchen darin nicht zu finden waren. Gleichwohl ist es möglich, daß, wo geeignetes Material zur Verfügung steht, davon auch Gebrauch gemacht werden könnte. Beim Verschluß des Nestes kehrt das Weibchen der Öffnung die Hinterleibsspitze zu und richtet den Sandstrahl darauf. Da jedoch der Gang auch in weiter Ausdehnung mit Sand gefüllt sein kann, ist anzunehmen, daß das Weibchen schon beim Herauskriechen Sand von den Wänden abkratzt und damit den Verlauf des Ganges undeutlich macht. Beim Einschlüpfen mit Beute, die unter dem Körper getragen wird, kann noch unter dieser der Sand nach hinten befördert werden, so daß es mitunter kaum möglich ist, dem einkriechenden Individuum mit den Augen zu folgen, da sich gleich hinter diesem wieder die Sandmassen schließen.

Ähnliche Nistgewohnheiten dürften sich auch bei den mit *Bembix* nächstverwandten Gattungen finden. Für Arten der süd- und mittelamerikanischen Gattung *Stictia* (*Monedula*) ist ein Verschließen der Nestöffnung bei dem jedesmaligen Jagdausflug beobachtet. Die großen nordamerikanischen *Sphecius*-Arten legen recht ansehnliche Tunnel an. So ist der Bau von *Sphec. speciosus* DR. nach FULLER über 2 Fuß lang und hat einen Gangdurchmesser von ³/₄ Zoll. Anfangs läuft der Gang unter einem Winkel von 45° in den Boden, später senkt er sich schneller. Noch größere Grableistungen vollbringt *Sph. grandis* SAY mit seinen fast 3 Fuß langen Gängen, mit denen mehrere (2—3) große Kammern nach RILEY in Verbindung stehen. Über die Bauten der Gattung *Stizus* ist nur wenig bekannt. Wir haben es hier auch wieder mit Sandnistern zu tun. Der mediterrane *St. fasciatus* F. gräbt nach FERTON lange, gewundene Gänge, die fast horizontal verlaufen. Charakteristisch ist, daß die einzelnen Zellen im Hauptgang selbst liegen und voneinander durch lockeren Sand getrennt sind. Jede Kammer ist für sich etwas erweitert. Der Eingang wird beim Fortfliegen nicht verschlossen. Dagegen schließt nach dem gleichen Autor der auch bei uns verbreitete *St. tridens* F. sein Nest, sobald das Ei gelegt ist. Verfasser beobachtete diese Art in lockerem Dünensande. Die Arten der Gattung *Gorytes s. l.* sind ebenfalls Erdnister. Die Nester haben nach den Beobachtungen von MAILLARD (nach HANDLIRSCH) an *Gorytes laticinctus* SHUCK. mit dem von FERTON beschriebenen *Sphecius*-Bau eine gewisse prinzipielle Ähnlichkeit. Das Nest bestand „aus einer gekrümmten, unter einem ziemlich spitzen Winkel ungefähr 3 cm weit in den Grund eindringenden Röhre, die sich hierauf umkrümmte und in der entgegengesetzten Richtung des Eintrittes wieder 4—5 cm weit in aufsteigender Richtung sich fortsetzte. Der Gang war ungefähr 7—8 mm breit und an drei Punkten in Form einer gerundeten, 1 cm tiefen Höhle erweitert". Die Kammern waren untereinander „durch eine Schicht lockerer Erde getrennt". Eine vierte Kammer war in Vorbereitung. *G. campestris* MÜLL. gräbt nach SHUCKARD ungefähr 4 Zoll tiefe, ziemlich schräg in den Boden verlaufende Gänge. *G. elegans* LEP. nistet nach FERTON in langen Gängen in lockerem Sande und scharrt den Nesteingang während des Ausflugs nur oberflächlich zu. Der beim Graben ausgeworfene Sand liegt in einem kleinen Häufchen 3—4 cm vom Nesteingang entfernt. In ganz lockerem Sande baut auch *G. lunatus* DHLB., wie Verfasser zu beobachten Gelegenheit hatte. Die *Nysson*-Arten fertigen keine eigenen Bauten an, sondern scharren zur Unterbringung ihres Kuckuckseies lediglich einen *Gorytes*-Bau auf und nach Verlassen wieder zu. *Alyson fuscatus* PZ. fand KOHL in Sandböschungen eindringend, eine Beobachtung, die Verfasser für Norddeutschland bestätigen kann. Auch *A. ratzeburgi* DHLB. ist ein Sandbewohner. Die *Alyson* nahestehende Gattung *Didineis* dürfte eine ähnliche Nistweise besitzen. Die Bauten des *Mellinus arvensis* L., einer unserer häufigsten Grabwespen, sind leicht zu finden. Auf kahlen, vegetationsarmen Sandflächen, die nur mit Renntierflechten überzogen sind, sieht man namentlich im Spätsommer allenthalben die ausgeworfenen gelben Sandmassen, die kraterartig den offenen Nesteingang umgeben. Von diesem führt ein Schacht 30—40 cm in die Tiefe, fast senkrecht, hin und wieder etwas geschlängelt. Verfasser hat diese Gänge verschiedentlich ausgegraben und in Übereinstimmung mit VERHOEFF bei Berlin nie Verzweigungen daran beobachtet, wie sie von einigen Autoren angegeben werden. Der Schacht führt nur zu einer einzigen Zelle, die nach Eintragen des Futters mit Sand verschlossen wird. Das Weibchen hat also eine recht erhebliche Arbeit zu leisten, da für jedes einzelne Ei ein besonderes Nest gegraben wird. DAHLBOM gibt an, daß *M. sabulosus* F. im Gegensatz zu *arvensis* L. stets unverzweigte Nester anlegt. Für *M. alpinus* HDLSCH. hat es KOHL wahrscheinlich gemacht, daß der Bau mehrzellig ist, da er außer in der Endzelle auch noch vereinzelte Beutetiere „in der Nähe des Hauptganges über der Endzelle deponiert fand". Es wäre auch denkbar, daß hier Linienbauten, wie sie oben für *Stizus* und *Gorytes* angegeben wurden, vorkommen könnten. Die Ampulicinen *Dolichurus* und *Ampulex* sind Erdnister, bei denen zum Teil eine noch recht ursprüngliche Nistweise anzutreffen ist, da das Beutetier unter Umständen einfach in einen geeigneten Hohlraum geschleppt wird, eine Grabtätigkeit also kaum vorkommt. *Dolichurus haemorrhoidalis* legt nach FERTON ein Nest von 7—8 cm Tiefe an, das in eine erweiterte Zelle ausläuft. Der Gang selbst wird nach Versorgung der Zelle fast in ganzer Länge mit kleinen Steinchen gefüllt, bei deren Auswahl das Weibchen recht sorgfältig vorgeht.

In der Gattungsgruppe der Sphecinen sind die meisten Formen Grabnister; die Gattung *Sceliphron* enthält aber ausschließlich Baunister. Die Arten graben einen mehrere Zentimeter tiefen Tunnel, der sich am Ende zu einer Zelle erweitert, die mit dem Gang einen Winkel bildet und mehr horizontal gestellt ist. Selten kommen zwei Zellen am gleichen Gange vor (*Chlorion maxillosum* F., *albisectum* LEP.). Der Gang ist im Verhältnis zur Größe der Tiere im allgemeinen kurz. Die Larvenkammern sind dagegen recht ansehnlich; so haben sie bei unserem einheimischen *Chlorion* einen Längsdurchmesser von 50 mm und einen Querdurchmesser von 20 mm. Bei *Chl. pachysoma* KOHL fand FAHRINGER eine 8—10 cm lange Niströhre, während die von *Chl. ichneumoneum* L. nach PACKARD 10—15, nach PECKHAM bis 19 cm lang ist. Während bei *Chl.*-Arten, die in lockerem Sande nisten, das Nest in 15 Minuten gegraben sein kann, brauchen andere, deren Nester in festerem Boden angelegt werden, dazu Stunden. Auch nach längerer Arbeit wird unter Umständen das begonnene Nest wieder aufgegeben (*Chl. ichneumoneum* L. nach PECKHAM); ähnliche Beobachtungen machte auch FERTON an anderen Arten.

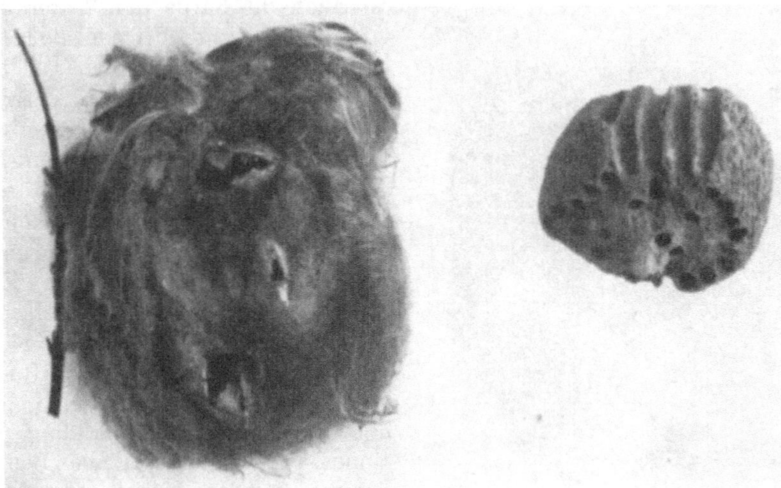

a. b.

Abb. 86. Bau von a. *Chlorion costipenne* SPIN aus Pflanzenwolle; b. Freibau einer südamerikanischen *Trypoxylon*-Art.

Chl. occitanicum LEP. soll nach FABRE sein Nest mit einem Mörtel verschließen, bei dessen Herstellung Speichelsekrete eine Rolle spielen dürften. Während *Sphex hirsutus* SCOP. und *Chl. subfuscatum* DHLB. den Grabschutt in der Nähe des Nesteingangs liegen lassen, um ihn später wieder beim Verschluß zu verwenden, schaffen andere Arten denselben im Fluge fort und lassen ihn in einiger Entfernung vom Nest fallen (*Chl. albisectum* LEP., *Ammophila rubriventris* COSTA, *heydeni* DHLB., *Miscus campestris* JUR.). *Ammophila apicalis* BR. trägt den Sand zwar auch im Fluge fort, zerstreut ihn aber nicht, sondern bildet daraus, etwa 1 m vom Nest entfernt, einen kleinen Hügel. Recht eigenartig sind die Nester des *Chl. costipenne* SPIN. Nach v. SCHULTHESS „schwanken sie in der Länge zwischen 5 und 8 cm und in der Breite zwischen $1^1/_2$ und $2^1/_2$ cm. Sie sind zylindrisch und bestehen aus unregelmäßig zusammengelegten Pflanzenhaaren“. Mir vorliegende Nester dieser Art

(Abb. 86a) sind aus der Samenwolle von *Asete piadaccae* hergestellt. Ein Nest, das bei einer Länge von 10—12 cm einen Durchmesser von 1 cm hat, war in einem Borkenstück angelegt, ein anderes an einer Bromeliacae. Ähnliche *Chlorion*-Bauten aus Pflanzenfasern sind auch durch DESTEFANI aus Sizilien beschrieben worden. Die Beutetiere liegen in dem Pflanzenhaarsack und sind von keiner besonderen Hülle umgeben. Diese Nistweise hat gewisse Anklänge an die Freibauten mancher afrikanischer *Sceliphron*-Arten, die als Baumaterial den Mist von Pflanzenfressern verwenden. In der letztgenannten Gattung kommen recht stark ausgeprägte Maurerinstinkte vor. Im allgemeinen dienen, wenn wir von der Verwendung von Mist absehen, die verschiedensten Bodenarten, aber nur feucht, als Baumaterial. Je nach den Baustoffen ist auch die Farbe der Nester verschieden. Die endgültige große Härte dieser Nester soll lediglich auf dem Austrocknen des Materials beruhen und Speichel zum Zementieren angeblich nicht verwendet werden. Mit Mandibeln und Vorderbeinen entnehmen die Weibchen mit erhobenem Hinterleib, summend einen je nach den Arten bis erbsengroßen Erdklumpen an einer feuchten Stelle aus dem Boden und tragen ihn an den Nistplatz, der sich in einer vor Regen geschützten Lage, häufig in irgendeiner vorhandenen Aushöhlung befindet. Auch menschliche Behausungen werden gern aufgesucht. Doch kommt auch ein Anheften der Zellklumpen an Baumrinden, unter Blättern, an Reisig usw. vor, vorausgesetzt, daß die betreffende Stelle einigermaßen geschützt liegt. Manche Arten, wie z. B. *Sc. bengalense* DHLB. begnügen sich damit, in geeignete Hohlräume das Larvenfutter einzutragen und diese zu vermauern. Bevorzugt werden von dieser Art die verlassenen Zellen von *Sc. madraspatanum* F., in deren geräumigem Hohlraum die kleinere Art noch genügend Platz findet, wenn auch noch Kokonreste der Erbauerin darin enthalten sind. Bei anderen Arten scheint trotz der Dauerhaftigkeit der Nester und ihres an geeigneten Plätzen reichlichen Vorkommens die Wiederverwendung zur Brutaufzucht nur selten zu sein (*Sc. caementarium* DR. und *coeruleum* L. nach G. und E. PECKHAM). Die einzelnen Zellen sind mehr oder weniger zylindrisch, nach vorn und hinten nur leicht verjüngt und lassen in ihrer Wandstruktur leicht die Art des Aufbaues erkennen (Abb. 87). Das feuchte Baumaterial wird gewöhnlich in Form eines Halbringes am Rande aufgesetzt, so daß zum Aufbau einer aus 16 bis 20 Gürteln bestehenden Zelle die doppelte Anzahl von Lehmportionen herbeigeholt werden muß. Diesen Aufbau studiert man am besten an

Abb. 87. *Sceliphron*-Bau mit einer noch nicht mit der Lehmkruste überzogenen, freiliegenden Zelle.

noch nicht fertigen Nestern. Später wird nämlich der gesamte Zellkomplex eines Nestes mit einer dicken Lehmkruste überzogen, wodurch dem Bau eine größere Dauerhaftigkeit gegeben wird (Abb. 87). Die einzelnen Zellen sind im allgemeinen parallel gelagert und zeigen mit der Öffnung nach oben; selten liegen einige horizontal. Da das Schlüpfen der Imagines am Vorderende erfolgt, weisen auch die Schlupflöcher am alten Bau nach der gleichen Richtung. An der Rückseite der der Unterlage aufliegenden Zellen spart die Wespe vielfach an Baumaterial, und man

a. b.

Abb. 88. *Sceliphron*-Bau. a. Vorderansicht; b. Rückansicht.

kann daher an abgelösten Nestern an dieser Seite die parallele Lagerung der Zellen erkennen (Abb. 88). Die Zahl der zu einem Neste vereinigten Zellen ist auch innerhalb einer Art recht verschieden. Die größte von KOHL beobachtete Zahl beträgt 39. Besteht ein Nest aus mehreren Schichten, so alternieren die Lagen.

Ein-Zell-Bauten, wie sie gelegentlich gefunden werden, dürften der Hauptsache nach erst Nestanfänge oder unvollendet gebliebene Nester darstellen. Die Haltbarkeit des Materials bringt es mit sich, daß gelegentlich um einen dünnen Zweig größere Zellkomplexe gebaut werden können. Verwendung von Mist, z. B. bei *Sc. quartinae* GRIB., erlaubt dagegen an Grashalmen und dünnen Zweigen nur den Bau wenigzelliger Nester, die mehr hintereinandergelagert werden und nicht durch irgendwelche gemeinsame Hüllschichten bedeckt werden (Abb. 89b). Der Aufbau aus Mistportionen ist bei der feinen Verarbeitung des Materials nicht zu erkennen. Bemerkenswert ist, daß diegleiche Art, die an der Delagoabai ihre Zellen aus Mist aufbaut, im Kapland feuchten Lehm benutzt. *Sc. laevigatum* KOHL soll nach GUEINZIUS in Pt. Natal in Rohrstengeln nisten und die Öffnung mit verarbeitetem, weißen Vogelkot verschließen.

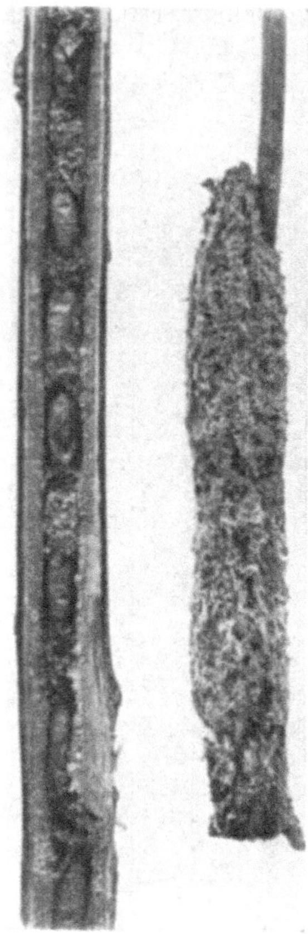

a. b.

Abb. 89.
a. Linienbau von *Crabro rubicola* DUF. in Rubusmark; b. Mistzellen von *Sceliphron quartinae* GRIB.

Bei *Philanthus* und *Cerceris* kommen verzweigte Erdnester vor, bei denen die Seitenstollen gleichzeitig die Nistzellen darstellen. Nach Beobachtungen von G. und E. PECKHAM fertigt *Ph. punctatus* SAY einen Gang von über 50 cm Länge an, der zum größten Teil horizontal im Boden verläuft. Wenn Einzelheiten der Nestanlage auch nicht genauer verfolgt werden konnten, so kommt das Forscherpaar nach den Befunden zu der Ansicht, daß diese Art „jede einzelne Kammer vollkommen mit Vorräten versiehtu nd die Öffnung nach dem Gange zu verschließt, bevor sie eine andere in Angriff nimmt, und im ganzen sechs oder acht voneinander unabhängige Zellen anlegt". Das Nest bleibt entweder beim Abfliegen des Weibchens offen oder wird verschlossen. Einzelne Tiere verhalten sich dabei individuell verschieden. Auch während der Anwesenheit im Nest verschließen manche Exemplare den Eingang hinter sich, und zwar derart, daß sie rückwärts emporkriechend den Sand mit der Hinterleibsspitze vor sich her zur Öffnung emporschieben oder aber losgelöstes Material mit Mandibeln und Vorderbeinen an der Nestöffnung in mehreren Portionen niederlegen. Während dieser *Philanthus* täglich etwa eine Stunde an der weiteren Ausschachtung des Nestes arbeitet, graben die von G. und E. PECKHAM beobachteten amerikanischen *Cerceris*-Arten ihr Nest hintereinander auf einmal aus. Auch hier muß aus der langen Dauer, während der sich das Weibchen mit der Versorgung des Nestes beschäftigt (bis 14 Tage), angenommen werden, daß in ihm mehrere Larven sich entwickeln. Bei *C. nigrescens* SM. wurde ein 9 cm langer Gang mit erweiterter Endkammer gefunden. Die Nestanlage unserer einheimischen Arten ist noch genauer zu erforschen.

Die Trypoxyloninen mit den wichtigsten Gattungen *Trypoxylon* und *Pison* zeigen eine ganze Reihe verschiedener Bauinstinkte. *Pison*, bei uns zwar nicht einheimisch, aber bereits im Mediterrangebiet vorkommend und in zahlreichen Arten über die Erde verbreitet, besitzt recht ausgiebige Maurerinstinkte. *Pison ater* SPIN. nistet nach FERTON in *Rubus*-Mark. Seine Bautätigkeit beschränkt sich allerdings auf die Herstellung von dünnen Querwänden aus Lehm oder Sand zwischen den einzelnen Zellen. Das dazu herbeigeschaffte Material spinnt die Larve teilweise in ihre Kokonwände ein, in ähnlicher Weise, wie dies auch *Solierella xambeui* ANDRÉ tut. Zahlreiche andere *Pison*-Arten errichten Freibauten oder bauen wenigstens ihre geschlossenen Lehmzellen in allerlei geeignete Hohlräume ein. Die gleichen Verhältnisse finden sich auch bei den *Trypoxylon*-Arten. *T. figulus* L., unsere häufigste Art nistet bei uns in Rohrhalmen, in Liparagallen oder auch in Markgängen. Seine Bautätigkeit besteht im Aufführen von Querwänden, wozu von außen erdiges Material herbeigeholt wird. Andere führen aus aneinandergefügten Lehmklümpchen mehrere Zellen hinter- und nebeneinander auf, deren Wände sich gegeneinander abflachen. Recht ansehnliche Bauten errichtet *Trypoxylon rostratum* TASCHBG. (Abb. 90). Hier werden auf einer Unterlage Röhren von 10—13 cm Länge und 1 cm Durchmesser aus Erde aufgebaut und diese Röhren durch Querwände in Zellen eingeteilt. Mehrere solcher Röhren werden nebeneinander angelegt. Nach Beobachtungen von ANISITS bringt die Wespe alle 2 bis 3 Minuten eine rote Lehmkugel von 5 mm Durchmesser zum Nest. „Sie kroch damit in den Eingang der Röhre, klebte die Kugel auf der Außenseite der oberen Wand an und rollte sie dann fortwährend wie einen Ball; erst nach links und dann wieder in der Mittellinie anfangend nach rechts. So wurde die Röhre allmählich gedeckt und fertiggestellt, wobei die beim Rollen der Kugel zurückbleibenden Lehmteilchen kleine Riefen bildeten und so deutlich erkennbar blieben". Bemerkenswert ist, „daß gleichzeitig zwei Wespen bei dem Nestbau beschäftigt waren. Die eine blieb im Innern der Röhre, wenn die andere mit einem Lehmkügelchen ankam und an der Röhre arbeitete. Sie verriet ihre Anwesenheit nur durch ein eigenartiges Summen von sehr hoher Tonlage, das beinahe wie weinend klang. Flog die zweite Wespe fort, so kam die erste aus der Röhre und trug ein wenig von der neu angebauten, noch nassen Lehmschicht in die Höhlung hinein, wobei sie gleichzeitig die ganze Arbeit sehr genau revidierte. Ich bin der Ansicht, daß diese Wespe ein

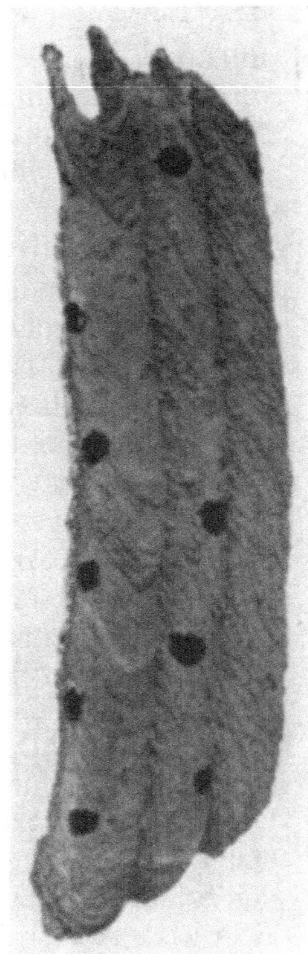

Abb. 90. Bau von *Trypoxylon rostratum* TASCHBG. mit den Schlupflöchern.

Weibchen war und die Scheidewände für die einzelnen Zellen baute". Nach den Beobachtungen von G. und E. PECKHAM an anderen *Trypoxylon*-Arten beteiligt sich dort das Männchen an der Brutpflege durch Bewachen des Nestes, während das Weibchen Larvenfutter oder Baumaterial herbeibringt. Es liegt deshalb nahe, anzunehmen, daß das bei *Tr. rostratum* im Nestinnern verbleibende Individuum das Männchen ist, das sich hier allerdings als seltene Ausnahme an der Bautätigkeit selbst beteiligt. Sind bei den *Trypoxylon*-Arten, die ihre Zellen in einer selbstgemauerten Röhre abteilen, diese auch nach dem Linientyp angeordnet, so schlüpfen die Imagines jedoch einzeln aus jeder Zelle durch ein Loch, das sie in deren Wand nagen. Der Endverschluß der Röhre wird nicht durchbrochen, während bei den anderen Grabwespen, deren Nester Linienbauten darstellen, der Röhreneingang gleichzeitig die Ausschlupföffnung für sämtliche im Bau zur Entwicklung kommenden Wespen darstellt. Gelegentlich kommen *Trypoxylon*-Bauten auch ganz frei auf der Unterseite von Blättern vor (Abb. 86 b). Gern werden auch die Fraß- oder Nistgänge anderer Insekten zur Anlage von Nestern angenommen; ebenso dienen Schilf und Strohhalme als Nistgelegenheit. In diesen Fällen werden von der Erbauerin lediglich die Querwände aufgeführt. Sind die vorgefundenen Röhren oder Gänge für die Anlage des Nestes zu lang, so wird vorher eine Wand errichtet, die eine Strecke von geeigneter Länge abtrennt. Die dem Weibchen von *Trypoxylon* zugeschriebene Anfertigung von röhrenartigen Vorbauten scheint zweifelhaft. Die Herstellung der Querwände bei Anlage des Nestes in Fraßgängen kann gelegentlich (nach KLEINE) unterbleiben. Die Larrinen mit zahlreichen Gattungen sind, soweit bisher bekannt, Sandnister und zeigen als solche einfache Bauten. Bei *Tachysphex mantiraptor* FERT. fand FERTON einen Gang von 10—15 cm Länge, der sich am Ende zu einer Zelle erweiterte, die 7—8 cm unter der Oberfläche lag. Der anfangs allmählich abfallende Gang nimmt etwa von der Mitte ab einen mehr horizontalen Verlauf. Die Zelle selbst liegt horizontal. Die Wespe bringt den aus dem Nest herausgeschafften Sand erst etwa 6—8 cm vom Eingangsloch fort und zerstreut ihn dann bei der Rückkehr. Beim Ausflug wird der Eingang mit Sand zugescharrt. Bei dieser Art ist die Zelle zu klein, um die gestreckten Beutetiere ganz aufzunehmen. Diese ragen infolgedessen in den Gang hinein. Während im allgemeinen der Nesteingang nach dem Verschluß von der Erbauerin möglichst geebnet wird, häuft der *T. mantiraptor* einen kleinen Sandhügel darüber. Bei *Tachysphex mediterraneus* KOHL biegt der Gang dicht hinter der Öffnung etwas nach der Seite ab (ob immer?). Nach Eintragen der Beute wird der 12—13 cm lange Gang ganz zugescharrt und die Umgebung der Nestöffnung geebnet. Um ihr verschlossenes Nest zu öffnen, brauchte eine *Lyroda subita* SAY nach PECKHAM 20 Minuten. Die *Notogonia*-Arten, *nigrita* LEP. und *pompiliformis* PZ., dringen gern in größere Erdlöcher (von Nagern) ein, um von dort aus ihr Nest anzulegen. Die kleinen *Miscophus*-Arten sind gleichfalls Sandbewohner und verschließen ihre Nester vor dem Abflug.

Ein eigenartiges Nest legt nach den PECKHAMS die nordamerikanische *Astata unicolor* SAY an. Über deren Grabtätigkeit und den Bau mögen die Autoren selbst zu Worte kommen: „Unter vier Individuen von *unicolor* höhlten drei ihre Nester gleich fertig aus, anstatt von Tag zu Tag Erweiterungen vorzunehmen; die letztgeschilderte Wespe indessen begann ihr Nest am Morgen des 4. September und wurde am Morgen des 5. wieder beim Aushöhlen betroffen. Sie arbeitete sehr langsam und würdevoll, ohne jede Eile und Überstürzung, indem sie die Erde loslöste und sich dann platt niederdrückte, um mit dem Ende ihres Abdomens den Schutt beiseite zu schieben. Indem sie sich hierbei rückwärts bewegte, kam sie aus dem Nest hervor, ganz bedeckt mit Schmutz, und stieß, sich abermals flach niederlegend, das lose Material mit den Hinterbeinen vom Eingange fort, und zwar mit einer so eleganten Bewegung, daß man sie als einen ‚Fußtritt' eigentlich nicht bezeichnen kann. Das Nest wurde am 6. September geöffnet, und diesmal gelang es, den Tunnel zu verfolgen; dabei wurden vier Kammern entdeckt, die sich etwa in der Mitte des Hauptganges vom letzteren abzweigten." Die Grabarbeiten wurden nach Beobachtungen an *Ast. bicolor* SAY nur mit den Mandibeln verrichtet. Das Nest stellte hier einen 6—8 cm langen, anfangs steil, später flacher im Boden verlaufenden Gang dar, der in eine erweiterte Kammer auslief. Zur Ruhe zieht sich diese Art nachmittags gegen 4 Uhr in ihr Nest zurück, das sie hinter sich verschließt. Beim Ausfliegen bleibt das Nest offen, doch liegt der Eingang versteckt.

Bei den solitären Faltenwespen herrscht gegenüber den Grabwespen der Maurerinstinkt vor. Auch in Linienbauten in selbst gegrabenen Stollen oder vorgefundenen geeigneten Nistgängen begnügen sich diese Wespen nicht, die einzelnen Zellen durch abgeschabtes Material voneinander zu trennen, sondern führen feste Querwände auf. Während die Spheciden, soweit sie Lehm verwenden, diesen feucht zum Neste bringen, holen ihn manche Wespen trocken herbei und beschaffen sich das für die Verarbeitung nötige Wasser getrennt davon. Wie weit beim Nisten in Erdröhren und in Markgängen die Wespen selbst eine Grabtätigkeit ausüben, ist von Fall zu Fall zu entscheiden. Die Anlage von Vorbauten beim Nisten in Lehmgängen läßt ohne weiteres die Grabtätigkeit der Wespe selbst erkennen.

Aus der bereits im Mittelmeergebiet vertretenen Gruppe der Rhaphiglossinen ist besonders der von FERTON entdeckte Bau der *Rhaphiglossa zethoides* SAUSS. bemerkenswert. Das Weibchen legt seine Nester in Schilfrohr an und verschafft sich den Eingang durch Durchnagen der Wand unterhalb eines Knotens. Unterhalb des der Wand angehefteten Eies wird der Grund des Internodiums durch eine dünne Schicht von langen, aber feinen Pflanzenfasern gebildet, die an der Innenseite von der Röhrenwand abgenagt waren. Die einzelnen Fasern sind nicht miteinander verklebt, sondern lediglich aneinander gepreßt. Eine ähnliche dünne verfilzte Schicht aus den gleichen Fasern schließt auch die Zelle zunächst gegen die Nachbarzelle ab, doch liegt darauf eine dicke Schicht, die aus feinem Staub aufgebaut wurde, wozu das Weibchen vermutlich ins Nest eingetragene Erdklümpchen zerreibt. Das Bemerkenswerte an diesem Nest, wenn auch nicht ganz ohne Anklänge bei manchen *Odynerus*-Arten, ist die Verwendung von Holzfasern zum Bau, eine Erscheinung, die sich sonst erst bei den sozialen Wespen wiederfindet. In *Rubus*-Stengeln nistet im Mittelmeergebiet *Rh. eumenoides* SAUNDERS, in Liliaceenstengeln *Rh. flavo-ornata* CAM. im Kapland. Die schlüpfenden Tiere suchen sich ihren Weg seitlich aus dem Nest durch Zernagen der Wand. *Psiloglossa algeriensis* E. SAUND. legt nach FERTON ihren Neststollen im Pflanzenmark entweder selbst an oder benutzt Gänge anderer Hymenopteren. Der Eingang zum Bau befindet sich nicht an einer Bruchstelle, an der das Mark freiliegt, sondern seitlich. Die einzelnen Zellen werden

Abb. 91. Zellen von *Eumenes coarctatus* L. auf morschem Holz.

gegeneinander durch Erde und zusammengepreßtes, abgeschabtes Mark abgegrenzt. In der Unterfamilie der hauptsächlich in Amerika verbreiteten Zethinen treffen wir die verschiedensten Bauinstinkte. Manche Arten, wie *Zethus mexicanus* L. und *missionus* BRÈTHES nisten in Gängen in Holz, in denen sie Kammern durch herbeigeschafftes pflanzliches Material, zerkaute Blattstücke, abteilen. Der letztere verwendet Blätter von *Mimosa*-Arten. Freibauten aus Lehm schreibt ASHMEAD dem *Z. spinipes* SAY zu. Kleine Blattstückchen von 1—1 $1/5$ mm Durchmesser klebt nach DUCKE *Z. lobulatus* SAUSS. mit harzigen Substanzen zu Gruppen von zylindrischen Zellen zusammen, die anfangs grün, später dunkel und sehr hart werden. Ovale, quergestreifte Tönnchen aus ähnlichem Material führt *Z. geniculatus* SPIN. auf; dagegen verwendet *Z. romandinus* SAUSS. zu seinen an die eierförmigen Hummelkokons erinnernden Zellen Holzfasern und Gummi. (Abb. 99b). Auch eine javanische Zethine *Calligaster cyanoptera* SAUSS. verwendet nach FORBES zusammengeklebte Blattstückchen. *Paramischocyttaerus* trennt in Gängen in Holz Zellen durch Lehmquerwände ab. Über die Nistweise des bei uns heimischen, wenn auch seltenen *Discoelius zonalis* PZ. ist wenig bekannt. Er wurde von ENSLIN aus Bohrlöchern in einem morschen Kirschbaumast gezogen. Auch andere Autoren erhielten ihn aus Holz. BOUWMAN fand Querwände aus zerkauten Pflanzenteilen. Die gleiche Beobachtung machte ANISITS an einem südamerikanischen *Discoelius*. In der großen Gattung *Eumenes* herrscht ein auffällig einheitlicher Bauinstinkt. Die Arten führen stark gewölbte Freibauten auf, die halbkuglig gewölbt sind oder sich der Kugelform noch mehr nähern, gelegentlich auch oval sind. Je nach der Ausdehnung der Anheftungsfläche wird der Boden der Zelle entweder ausgespart, d. h. also beim Beginn des Nestes Anlage eines Ringwalles, oder seltener wird auch die Bodenfläche ganz aus dem Baumaterial ausgeführt. Das Gewölbe entsteht durch Aneinandersetzen von kleinen Lehmklümpchen, die mit Vorderbeinen und Mandibeln verarbeitet werden. Die Zellen stehen entweder einzeln oder aneinandergereiht, vielfach auch in gedrängten Gruppen (Abb. 91). In solchen Fällen findet dann bei manchen Arten eine Überwölbung der Zellgruppe mit einer dicken Lehmkruste statt, die die einzelnen Nestbestandteile nicht mehr deutlich erkennen läßt. Vielfach tragen die Zellen oben auf der Kuppel einen kleinen pilzförmigen Aufsatz, der nach Füllung der Zelle als Abschluß aufgesetzt wird und wohl aus der ursprünglich trichterförmigen Einfassung entstanden ist. Häufig sind auch die Wände äußerlich nicht geglättet, sondern tragen hier feine Lehmspitzchen, sind wohl auch wie bei *E. arbustorum* PZ. mit Steinchen belegt. Bei dieser Art dient auch ein besonderer Stein als Nestverschluß. Die Größe der Nester schwankt je nach den Arten. So liegen kleine Nester von 4,5 und 7 mm Durchmesser und große, bei denen Zelldurchmesser von 13 und 25 mm vorkommen ,vor. Auch die Gattung *Pachymenes* führt ähnliche Zellen wie *Eumenes* auf.

In der großen Gattung *Odynerus* s. l. finden wir die verschiedenartigsten Nesttypen vertreten. Neben einfachen Linienbauten in verschiedenem Baugrund kommen Zweigbauten vor; aufgemauerte Lehmzellen in Gängen und Freibauten sind vertreten. Gelegentlich werden auch pflanzliche Materialien in geringem Umfang verwendet.

Den einfachsten bekannt gewordenen *Odynerus*-Bau fand Verfasser bei *O.* (*Lionotus*) *punctifrons* THS. Hier hatte das Weibchen einen trokkenen, am Boden liegenden Brennesselhalm zum Nistplatz gewählt und in diesem durch lose aneinander gekittete Sandkörnchen die einzelnen Zellen gegeneinander abgegrenzt. Auch bei den meisten markbewohnenden Formen finden sich recht einfache Verhältnisse. *Microdynerus helveticus* SSS. gräbt sich selbst seinen Gang in *Rubus*-Mark; für *M. exilis* H. SCH. dürfte das gleiche gelten. Beide Arten führen darin Lehmquerwände auf, durch die *O. helveticus* Zellen abteilt. Für diese Art beobachtete ENSLIN keinen besonderen Endverschluß des Nestes, während HÖPPNER bei *O. exilis* einen solchen fand. Das hinter der Lehmquerwand liegende Häutchen ist ein Produkt der Larve. Der am tiefsten im Gange gelegene Kokon ruht direkt auf dem Mark, nicht wie die übrigen auf einer Lehmschicht.

Eine auffällige nachträgliche Veränderung des Nestes kann bei *M. helveticus* gelegentlich dadurch zustande kommen, daß die Larven die Lehmquerwände durchbrechen und die Lehmbröckchen mit in ihr Gespinst einkleben. Ein ähnliches Nest baut auch *O.* (*Ancistrocerus*) *trifasciatus* F., doch ist hier der Gang an seinem inneren Ende durch eine Lehmwand abgeschlossen, auf der der innerste Kokon ruht. VERHOEFF fand Nester dieser Art in Eichenwurzelgallen. Das Gespinstdeckelchen der Larve liegt unmittelbar der vorderen Zellwand an, was bei *O.* (*Symmorphus*) *sinuatus* F. nicht der Fall zu sein braucht. Ob *O.* (*Symmorphus*) *sinuatus* F. sich seine Gänge in Pflanzenmark selbst gräbt, ist recht zweifelhaft, besonders wenn man berücksichtigt, daß diese Art auch in Rohrhalmen nistet. wo sie den vorgefundenen Hohlraum verwertet. Nach ENSLIN findet man in den *Rubus*-Gängen 4—8 Zellen. Hier wird vielfach ein Verschlußpfropf ausgeführt, der von der Eingangsöffnung etwas entfernt bleibt. In *Rubus*-Marknestern von *O.* (*Lionotus*) *delphinalis* GIR. fand ENSLIN doppelte Querwände. Nach außen hin grenzten die üblichen Lehmwände die einzelnen Zellen gegeneinander ab, darunter folgte eine durchschnittlich fast ebenso dicke Markmulmschicht. Es richtet sich wohl je nach dem Durchmesser des Markkanals, ob dieser ganz ausgenagt wird oder ob rings an den Wänden eine Markschicht von bestimmter Stärke bestehen bleibt. Ein Hauptverschluß wurde nicht beobachtet. Querwände aus Mark mit einem geringen Lehmzusatz werden bei *O. antilope* PZ. beobachtet, obwohl diese Art bei der Herstellung des Nestverschlusses von diesem Baumaterial auch ausgiebigeren Gebrauch macht. *O.* (*Symm.*) *murarius* L. und *bifasciatus* L. bedecken nach ADLERZ und AURIVILLIUS den den Nestverschluß bildenden Lehmpfropf mit Holzstückchen. Auch bei *reniformis* GM. ist das Auflegen von Pflanzenteilchen beobachtet worden. Der in *Helix*-Gehäusen nistende *O. alpestris* SAUSS. soll nach FABRE harzige Substanzen beim Nestverschluß verwenden, nach FERTON dagegen Steinchen und Bruchstücke von Schneckenschalen aneinanderkitten. Die Herstellung der Querwand wurde durch VERHOEFF an *O. parietum* L., der stets vorhandene Gänge ausnutzt und nicht selbst gräbt, beobachtet. „Das Weibchen kommt angeflogen mit einer durchnäßten Lehmkugel etwa von der Größe ihres eigenen Kopfes. Bei der Verarbeitung dieser ganz naß durchtränkten und in der Sonne glänzenden Lehmkugel halten Taster und Zunge dieselbe gegen das Substrat, doch haftet sie wegen dieser Feuchtigkeit schon fast von selbst an der Wand fest. Währenddem beißen die Mandibeln oben von der Kugel etwas Material ab, setzen es an die dazu bestimmte Stelle nieder, streichen es wie eine Mauerkelle gegen die Unterlage, formen und glätten. Die Beine sind dabei durchaus nicht beteiligt, vielmehr besorgen das Halten der Lehmkugel, auch im Fluge, ausschließlich die Mundteile." Nach Verarbeiten dieser ersten Lehmkugel springt ein halbkreisförmiger Wulst in das Röhrenlumen nach innen vor. Mit einer zweiten Lehmkugel wird der Ring geschlossen, eine dritte deckelt die Zelle bereits vollständig ab. Zur Verstärkung der Wand wird noch zwei- oder dreimal Lehm herbeigeholt. „Bei allen diesen Arbeiten tastete die Keule der Antennengeißel unaufhörlich auf das Deckelchen, sich mit den ganzen Antennen auf und nieder bewegend in eiligstem Takte; die Wespe erfährt so die mehr oder weniger befriedigende Beschaffenheit ihrer Arbeit." Die Gangöffnung selbst wird nach Fertigstellung des Nestes durch einen Lehmdeckel, der von der Vorderwand der vordersten Zelle entfernt bleibt und mit der übrigen Umgebung in der gleichen Ebene liegt, abgeschlossen. Dies ist jedoch nach VERHOEFF nur bei solchen Nestern der Fall, deren Insassen bereits im Sommer schlüpfen. Müssen die Nester jedoch in der folgenden Generation den Winter überstehen, so werden die Zellen durch einen bedeutend kräftigeren Hauptverschluß, der den Unbilden der Witterung besser standzuhalten vermag, geschützt. Während der gleiche Autor die Eiablage in die noch gänzlich offene Zelle beobachtete, fand FERTON, daß die Zelle zu diesem Zeitpunkt bereits teilweise geschlossen war. *O.* (*Hoplomerus*) *spinipes* L. nistet in Röhren in Lehmwänden, die, wie aus den Vorbauten hervorgeht, mindestens teilweise selbständig von der Wespe ausgeschachtet werden. Von einem Hauptgang, der an seinem Ende die älteste Zelle trägt, gehen andere kurze Stollen dicht vor dieser Zelle ab, die je eine weitere Larvenkammer enthalten, gegen den Hauptgang aber abgeschlossen werden. Es kommen Bauten mit sieben und mehr Zellen vor. Der Vorbau liefert schließlich das Material für den Hauptverschluß, der anfangs über die umgebende Wandfläche hervorragt, aber mit der Verwitterung abbröckelt und schließlich sogar eingedellt erscheinen kann. Aus dem Vorkommen von Vorbauten bei lehmnistenden Arten (*O. spinipes* L., *reniformis* GM., *consobrinus* DUF., *melanocephalus* GM. u. a.) kann auf die eigene Grabtätigkeit dieser Wespen geschlossen werden. *O. reniformis* schachtet nach FERTON auch in harten Lehmböden Tunnel von 6—7 cm Tiefe aus. *O. tropicalis* SAUSS., der in Zentralafrika in Lehm nistet, führt nach ROUBAUD und BEQUAERT ebenfalls einen Vorbau auf, der sich aber gegen das Ende stark trichterförmig erweitert. Hinter dem Vorbau von *O. anceps* GRIB. liegt eine erweiterte Kammer, in die 4—8 Nistgänge einmünden, von denen jeder 8—13 Zellen enthalten kann. Gegen die Zentralkammer werden die Gänge durch Lehmquerwände abgeschlossen, auf die zwei kleinere, leere Kammern nach innen zu folgen. Daß übrigens der Vorbau hier nicht lediglich als eine Ablage von Baugrund aufzufassen ist, lehren die folgenden Beobachtungen ROUBAUDS. Wird der Niststollen irgendwie freigelegt, so bringt die Wespe von innen her Material heraus und baut an dieser Stelle eine neue Röhre. Wird der Vorbau beschädigt, so setzt ihn die Wespe durch von außen herbeigeholtes Material wieder instand. Über die Nestanlage des *O. nobilis* SAUSS. verdanken wir FERTON ausführlichere Angaben. Die Wespe befeuchtet vor Beginn der Arbeit den zur Nestanlage ausgewählten Platz mit herbeigeholtem Wasser, trägt den durchfeuchteten Lehm mit den Mandibeln ab und setzt das abgelöste Klümpchen neben sich. Dem einen folgen bald andere. Häufig wird neues Wasser geholt. Der Gang erreicht schließlich 5 cm. Eine zellenartige Erweiterung findet sich an ihm ebensowenig wie bei anderen *Odynerus*-Arten. Vor jedem Jagdausflug schließt die Wespe das Nest mit sorgfältig ausgewählten Lehmklümpchen, die sie dann bei der Heimkehr wieder loslösen muß. Dabei legt sie die Kügelchen abwechselnd rechts und links von sich nieder. Gewöhnlich wird nur eine einzige Zelle in jedem Gang angelegt, seltener zwei. Der Verschluß des Nestes geschieht mit besonders sorgfältig ausgewählten Lehmklümpchen, die fest aneinandergeknetet werden. Für die dabei zu leistenden Arbeiten muß die Erbauerin dreimal den Kropf mit Wasser füllen.

a. b.

Abb. 92. a. Lehmzellen von *Odynerus laevipes* SHUCK in Rubusmark; b. Blattzellen von *Megachile* SPEC. in morschem Ast.

Während die bisher besprochenen *Odynerus*-Arten die einzelnen Zellen lediglich durch Querwände voneinander abgrenzten, gibt es aber auch bei uns Formen, die vollständige Lehmzellen aufbauen. *O.* (*Hoplomerus*) *laevipes* SHUCK. gehört hierher. Diese Art errichtet in Markgängen (*Rubus*) Lehmzylinder (Abb. 92), die am Boden geschlossen sind, vorn aber offen bleiben und dort durch das von anderen Arten schon erwähnte Gespinstdeckelchen der Larve verschlossen werden. Es können in derartigen Bauten eine ganze Reihe von solchen Lehmzellen enthalten sein. Die Gangöffnung selbst ist außerdem durch einen großen Lehmpfropf vermauert.

Verhältnismäßig selten sind Freibauten dieser Gattung bei uns. *O. crassicornis* Pz., *reniformis* GM., *oviventris* WESM. (MJÖBERG; BORRIES) und auch *parietum* L. (SCHOLZ) sollen ihre Nester frei auf irgendeiner Unterlage errichten. Nach BORRIES sollen die Lehmzellen von *O. oviventris* WESM. ein lockeres, brüchiges Gefüge besitzen, während sie nach MJÖBERG hart sein sollen. Verfasser fand zwei Nester dieser Art an Chausseesteinen, und zwar in Vertiefungen derselben eingebaut. Die Härte und Sprödigkeit ließ es nicht zu, einzelne Zellen im ganzen abzutrennen. Das eine Nest bildete eine Gruppe von sechs, das andere eine solche von elf Zellen. Das letztere war noch im Bau befindlich, wie eine noch nicht abgeschlossene Zelle lehrte. Bis auf die jüngst angelegte Zelle waren die übrigen in einer dicken, hellen Lehmkruste, die sich von dem betreffenden Steine in der Färbung auffällig abhob, eingebettet, ohne daß eine bestimmte Reihenfolge in der Anordnung der Zellen zu erkennen gewesen wäre. Jede Zelle war für sich verschlossen. Die Larven spannen später in Glasröhrchen unmittelbar hinter deren Verschluß (Wattebausch) einen feinen Gespinstdeckel, der im Nest sicher der vorderen Verschlußwand der Zelle von innen her angelegen haben würde. Die ganze Anlage des Nestes erinnert stark an Bauten von *Osmia caementaria* GERST. abgesehen von Färbung und Art des verarbeiteten Materials. Freibauten an Zweigen sind nach STRAND z. B. von den nordamerikanischen Arten *O. birenimaculatus* SAUSS. und *capra* SAUSS. bekannt. Auch von den südamerikanischen *O. nasidens* LATR. und *praecox* SAUSS. kennt man Freibauten. *O. crenatus* LEP. legt seine Zellen in verlassenen *Sceliphron*-Bauten, *roubaudi* BEQU. in denen von *Synagris* an. *O. hyacintae* GRIB. bekleidet seine Freibauten nach BEQUAERT außen mit harzigen Substanzen. *O. tropicalis* SAUSS. schließt nach ROUBAUD seine Zellen erst mit dem Lehm des Vorbaues, wenn die Larven, die dauernd gefüttert werden, erwachsen sind.

Bei *Montezumia platinia* SAUSS. fand ANISITS in Paraguay durchbrochene Röhrenvorbauten. Diese entstehen hier jedoch nicht aus dem ausgegrabenen Material, sondern die Wespe schnitt in einer Entfernung von 6 cm von der Öffnung den Lehm aus der Wand, „nahm es (das Lehmstück), befeuchtete es mit dem Munde und drehte und knetete es mit dem ersten Beinpaar, während sie sich mit dem zweiten Beinpaar an der Wand festhielt. Beim Ankleben der Erdkörner an die Röhre mußte sie eine anstrengende Arbeit leisten und sich manchmal auch noch mit dem dritten Beinpaar halten. Wenn ein Stück Erde hingeklebt war, holte sie ein neues. Jede dieser Operationen dauerte 30—50 Sekunden". Da hier der Vorbau aus Material, das außerhalb des Nestes geholt wird, aufgeführt wird, erinnert dies an die oben für *O. anceps* angeführten Beobachtungen. Bei *Montez. spinolae* SAUSS. soll statt der Röhre nur ein verdickter Rand vorhanden sein. Vielleicht handelt es sich in diesem Falle um ein unvollendetes Nest; oder aber die Röhre, deren Basis fester ist, ist abgebrochen.

Über die Gattung *Pterochilus* ist verhältnismäßig wenig bekannt. Man findet *Pt. phaleratus* Pz. bei uns in sandigen Gegenden; mitunter soll er gesellig nisten. FERTON beobachtete, wie *Pt. chevrieranus* SAUSS., der auch in einem härteren Boden nistet, den Grabschutt im Fluge forttrug und fallen ließ. Vermutlich spielt hierbei die Behaarung an den Mundteilen eine Rolle nach Art der bei Ameisen und Grabwespen (*Ammophila*) vorkommenden Psammophoren. Verschlossen wird das Nest durch Einfüllen von Steinchen, die in einer Entfernung von 30—40 cm vom Nest gesucht werden. Der Gang selbst ist kurz und endet in 1 cm Tiefe in eine horizontale Zelle. Ähnliche einfache Bauten fand auch AHRENS.

Die in bezug auf die Brutfütterung besonders interessante afrikanische Gattung *Synagris* führt auf flacher Unterlage große Lehmnester auf, die sich aus mehreren Zellen (bis 10) zusamensetzen können. Besonders ROUBAUD verdanken wir hier eingehende Studien. Im allgemeinen liegen die Zellen eines Nestes unter einer gemeinsamen Lehmmasse, so daß mit Ausnahme der in Versorgung befindlichen Zelledie übrigen sich nicht besonders ausprägen. Doch fand ROUBAUD bei *S. spiniventris* ILLIG. auch fertige Bauten, an denen man die einzelnen Zellen äußerlich unterscheiden konnte. Die letzte noch offene Zelle hat einen wulstförmig verdickten, etwas umgebogenen Rand.

Die den Vespiden nahestehenden Masariden weisen in ihren Nestanlagen wie auch in der Brutpflege manche von den Faltenwespen abweichenden Verhältnisse auf. Über die europäischen, hauptsächlich mediterranen Arten ist nur wenig bekannt. *Masaris vespiformis* F. errichtet nach FERTON Lehmbauten, die mit Steinchen besetzt werden. Auch *Celonites abbreviatus* VILL. baut Lehmzellen an Pflanzenteilen oder heftet sie Steinen an. Über den Nestbau der südafrikanischen Masariden sind wir durch H. BRAUNS gut unterrichtet, allerdings ist über die dortigen *Celonites*- und *Quartinia*-Arten nichts Näheres bekannt. Die Arten von *Ceramius* und verwandten Gattungen graben (*C. lichtensteini* KL.) tiefe Erdgänge „senkrecht oder gebogen in die Tiefe, oft bis 4 oder 5 Fuß tief in weichen Boden. Wirtelförmig von dieser Hauptröhre abgezweigt, höhlt die Wespe kleinere Räume aus, in welche sie ihre ovalen Lehmzellen hineinbaut. Diese Zellen ähneln denen von *Sceliphron spirifex* F. und verwandten Arten, sind aber rund-oval. Ist die Larve erwachsen, so wird von der Wespe die Lehmzelle geschlossen". Manche Arten nisten gesellig. *Ceramioides karroensis* BRS. und *capicola* BRS. haben röhrenartige Vorbauten, die dadurch unvollständig sind, „daß die Röhre wie ein Tunnel dem Boden fest aufliegt, so daß die Unterseite vom Boden selbst gebildet wird. Bei den größeren Arten *beyeri* BR., *schulthessi* BR., *fumipennis* BR., *lichtensteini* KL. und wohl auch anderen dagegen ragt diese Zugangsröhre, mehr oder weniger lang, gerade oder gekrümmt, frei und vollständig nach oben". — „Während *schulthessi*, *karroensis*, *capicola* (ebenso auch *Masariella saussurei* BRS.) am Rande des Gewässers den Lehm in Klümpchen aufsammeln, setzen sich *beyeri*, *lichtensteini* und *fumipennis* gern breitbeinig auf die Wasserfläche, saugen also nur Wasser und bereiten sich ihren Lehmbrei innerhalb des Baues".

In der Familie der Bienen finden wir unter den solitären Arten bezüglich der Nester eine große Mannigfaltigkeit. Von den einfachen Grabnesttypen der tiefstehenden beinsammelnden Bienen bis zu den komplizierten Bauten der Bauchsammler, bei denen das verschiedenartigste Baumaterial Verwendung findet, lassen sich Reihen konstruieren, die aber durchaus nicht immer mit der natürlichen Verwandtschaft der betreffenden Tiere in Einklang gebracht werden können. Die Erscheinung, daß körpereigene Produkte zum Aufbau der Zellen Verwendung finden, begegnet uns, abgesehen von den hochstehenden sozialen Bienen, bei tiefstehenden Formen, wie *Prosopis* und *Colletes*.

Die Arten der Urbienengattung *Prosopis* suchen als Niststätten Bohr- oder Nistgänge anderer Insekten in altem Holz, Lehmwänden, *Rubus*-Mark, verlassene *Lipara*-Gallen an Schilf oder irgendwelche anderen Hohlräume auf. Während *Prosopis kriechbaumeri* FÖRST. eine ganz auffällige Vorliebe für die Schilfgallen zeigt, sind als Markbewohner *Pr. rinki* GORSKI und *minuta* F. zu nennen; in Bohrgängen nistet *Pr. annulata* L.; verlassene Bauten in Lehmwänden beziehen *Pr. hyalinata* SM. und *difformis* Ev., letztere nach F. K. STÖCKHERT solche von *Hoplopus spinipes* L. *Pr. hyalinata* SM. fand FERTON in verlassenen Zellen der Mörtelbiene (*Chalicodoma muraria* F.). *Pr. variegata* F. nistet bei Erlangen nach F. K. STÖCKHERT in alten *Halictus*-Gängen, besonders von *H. maculatus* SM. Verfasser fand größere Zellkomplexe von *Pr. nigrita* F. in Gesteinspalten. Ob manche *Prosopis*-Arten ihre Nistgänge selbst herstellen, erscheint zweifelhaft; dagegen ist sicher beobachtet, daß die in Besitz genommenen, vorgefundenen Gänge für das Nest besonders hergerichtet werden. Bei Bauten in Gängen bestreicht das Weibchen zunächst das Ende des Ganges, der in *Lipara*-Gallen nach HÖPPNER durch abgenagtes Mark nach hinten abgeschlossen wird, und dann die Wände mit seinen Mundteilen mit einem erhärtenden Schleim, der einem ganz dünnen Gelatineblättchen nicht unähnlich ist. Ist das Larvenfutter eingetragen und das erste Ei gelegt, so wird wieder ein Querdeckel aus dem gleichen Schleim hergerichtet, der die Zelle abschließt. Dabei überragt die an der Wand ausgestrichene Schleimtapete den Zelldeckel. Sie wird nun in der Richtung auf die Nestöffnung hin weitergeführt; eine neue Querwand bildet den Boden der folgenden Zelle. Vielfach sind der Deckel der vorhergehenden und der Boden der folgenden Zelle einander stark genähert. In anderen Fällen können auch größere Lücken zwischen den einzelnen Zellen bestehen bleiben, in denen sich mitunter abgenagtes Mark oder anderes Material von der Innenwand des Nestganges findet. Hat ein Weibchen aus irgendeinem Grunde die Arbeit an einer Zelle aufgegeben und eine neue bereits begonnen, so bleibt die unvollendete Zelle offen, eine Erscheinung, die zu der irrtümlichen Ansicht geführt hat, daß die *Prosopis*-Larve ihre Zelle selbst zudeckele. Häufig erreichen die röhrenartig aneinander gebauten Zellen die Gangöffnung nicht, sondern bleiben von dieser entfernt. Dann wird wohl meist ein besonderer Verschlußdeckel angelegt, der stärker als die übrige Schleimtapete ist. Dadurch, daß der Schleimüberzug an den Gangwänden die einzelnen Zellen miteinander in engere Verbindung bringt, ist es vielfach möglich, mehrere Zellen im Zusammenhang aus den Bauten herauszulösen. An den Bauten von *Pr. kriechbaumeri*, die sich in den Gallen von *Lipara* oft über den Hohlraum der eigentlichen Galle selbst nach oben zwischen die verkürzten Blätter fortsetzen, wo das Weibchen wenigstens den Gang teilweise selbständig anlegen muß, beobachtete HÖPPNER einen Nestverschluß aus abgenagten Halmspänen, der bis zu 30 mm Länge erreichen kann. Bei *Pr. variegata* F. liegt der Verschlußdeckel nach STÖCKHERT in der erweiterten Region des *Halictus*-Ganges etwa 7—12 mm hinter der Eingangsöffnung und hat einen entsprechend großen Durchmesser. Außerdem fanden FERTON und STÖCKHERT bei der gleichen Art noch ein besonderes Schutzhäutchen, über dessen Anlage STÖCKHERT folgendermaßen berichtet: „Meist erst nach langem Suchen findet sich eine zum Nestbau geeignete Röhre. Nun beginnt sofort die Arbeit am Nest. Zunächst wird der alte Nistgang, soweit er zur Aufnahme der Zellen dienen soll, instandgesetzt und dann sogleich mit der Anlage des Schutzhäutchens (Membrane protectrice FERTONS) begonnen. Zu diesem Zwecke setzt sich die Biene in die Neströhre und spinnt ungefähr 2 mm unterhalb der Öffnung kreuz und quer eine Anzahl Fäden. Durch fortwährendes Bestreichen mit Schleim werden diese Fäden immer mehr verdichtet, so daß schließlich ein ganz auffallender Verschluß mit kleinen Lücken entsteht. Durch einen kurzen, kräftigen Stoß mit dem Kopf wird nun das Gespinst von innen heraus durchbohrt und auf diese Weise

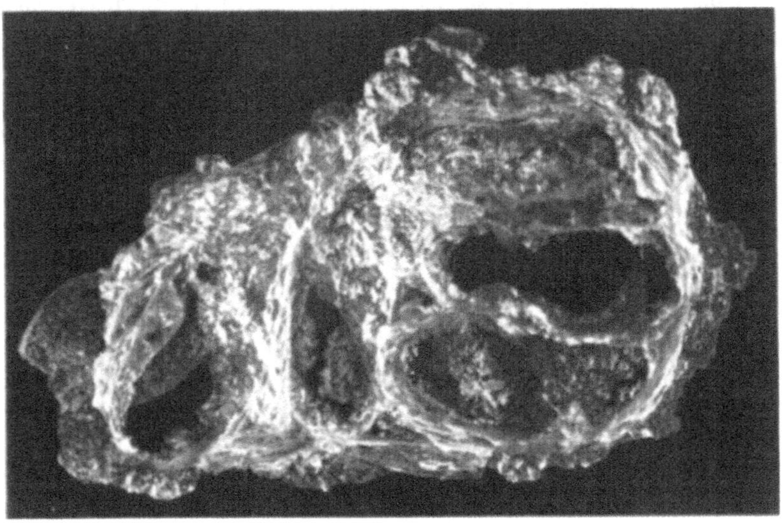

Abb. 93. Gruppe von Schleimzellen von *Prosopis nigrita* F.

das von FERTON beschriebene Schutzhäutchen hervorgebracht, welches zahlreiche in radialer Richtung verlaufende Spalten aufweist und dem Tiere jederzeit leicht den Eintritt in das Nest gestattet." Da durch dieses Häutchen der dunkle Nesteingang einigermaßen verdeckt wird, nimmt STÖCKHERT an, daß durch den Gesichtssinn geleiteten Parasiten das Auffinden des Nestes dadurch erschwert werden kann. Durch die wechselnde Weite der Nistgänge wird auch die Größe und Gestalt der *Prosopis*-Zellen stark beeinflußt, da sich die Schleimtapete den Wandungen anlegt. In schmalen Gesteinspalten kommt *Pr. nigrita* zu flächenhaft angelegten Zellgruppen. Verfasser fand derartige Gebilde (Abb. 93) einmal in größerer Anzahl. Dabei gehörten bis zu 20 Zellen zu einer Gruppe, offensichtlich als Gesamtleistung eines einzelnen Weibchens. Durch parallele Aneinanderlagerung einiger zentraler Zellen mit senkrecht gestellter Längsachse, umgeben von Zellen, die in der gleichen Ebene, aber mit senkrecht dazu gestellter Achse liegen, kommt ein Gebilde zustande, bei dem Lücken zwischen den einzelnen Zellen nur an deren Polen auftreten. Außerdem sind die an den Ecken der Zellgruppe gelegenen Zellen schräg gestellt und runden so die Gruppe etwas ab. In der Umgebung der Gruppe sind die Flächen des Steines mit dem gleichen Schleimüberzug versehen, aus dem die Zellen selbst bestehen und der auf den Steinen täuschend an Schneckenspuren erinnert. Eine derartige starke Schleimabsonderung beobachtete STÖCKHERT auch bei *Pr. variegata*. Hier lag das Schleimgespinst, bei dessen Herstellung die Biene „immer wieder ihren Kopf bauchwärts zum Hinterleibsende bog, ehe sie einenen Faden legte", vor der Nestöffnung zwischen zwei Blättern von *Hieracium pilosella* und bedeckte nach einer halben Stunde ungefähr 1 qcm. Bei dem Nisten in *Chalicodoma*-Zellen, wie es FERTON an *Pr. dilatata* K. beobachtete, werden die Zellen nicht nur flächenhaft angelegt, sondern füllen den Raum mehr oder weniger aus. Die mikroskopische Untersuchung der Schleimwände läßt in der homogenen Grundmasse ein lockeres Geflecht von Fäden erkennen.

Die Gattung *Colletes* trägt ihren deutschen Namen „Seidenbienen" nach dem Seidenglanz des Schleimgespinstes, mit dem sie in ähnlicher Weise wie *Prosopis* ihre Gänge auskleidet und aus dem sie ihre Zellen herstellt. Hier scheinen die Gänge von dem Weibchen selbst angelegt zu werden, was bei dem für eine Reihe von Arten nachgewiesenen Nisten in lockerem Sandboden auch nicht auf allzu große Schwierigkeiten stoßen dürfte. Bei dem honigbienenähnlichen *C. cunicularius*, L., einer unserer ersten Frühjahrsbienen in Sandgegenden, fand M. MÜLLER mehrere vom Nesteingang ausgehende Röhren, in denen nur je 1—2 Zellen lagen. Hier sollen nach FRIESE Deckel der vorhergehenden und Boden der folgenden Zelle von einer beiden gemeinsamen Membran gebildet werden. Die bezüglich ihrer Biologie viel umstrittene Gattung *Sphecodes* legt keine eigenen Nester an, sondern lebt in den Bauten besonders von *Halictus*. *Sphecodes monilicornis* K., der sich nach LEGEWIE gewaltsam in den Besitz der Bauten von *Halictus malachurus* K. setzt, übt insofern noch eine eigene Bautätigkeit aus, als er die mit seinem Ei bedachten *Halictus*-Zellen im Gegensatz zu seiner Wirtsbiene gegen den Hauptgang verschließt und ebenso nach Verlassen des Nestes dessen Eingang zuscharrt.

Die Nester der Gattung *Halictus* stellen im allgemeinen einfache in den Boden führende Röhren dar, an denen seitlich die Zellen liegen; diese können nach den verschiedensten Richtungen um den Gang gruppiert oder zusammengedrängt sein, gelegentlich dann auch nur einseitig liegen. Der Hauptgang selbst ist oft noch über die Zone, in der die Zellen liegen, weiter verlängert und stellt dann einen Notgang dar, in dem das Weibchen bei Gefahr Zuflucht suchen kann. Gang und Zellwände sind mit Speichelsekreten gefestigt, besonders erscheinen die Zellen geglättet und wenig durchlässig für Feuchtigkeit. Da die Arten meist in etwas festeren Böden nisten, besitzen die Bauten eine gewisse Widerstandsfähigkeit, so daß verlassene alte Nester wieder hergerichtet werden können. Die annähernd wagerecht im Boden liegenden Zellen werden meist nach der Versorgung geschlossen. Im allgemeinen werden sie so angelegt, daß die ältesten sich näher dem Nesteingang befinden. *H. malachurus* läßt nach LEGEWIE seine Zellen ständig offen. Sind die Zellen in gedrängter Lage zu einer Gruppe vereinigt und mit Speichel durchfeuchtet, so daß ihre Wände eine gewisse Festigkeit besitzen, so graben manche *Halictus*-Arten, bei uns besonders *quadricinctus* F., um den Zellkomplex eine geräumige Höhle. Dabei wird das Material in der unmittelbaren Umgebung der Zellen soweit fortgeräumt, bis die Biene auf die härtere Schicht stößt, die durch die von innen erfolgte Speicheldurchfeuchtung der Zellwände entstanden ist. Da die Zellwände gleichmäßig vom Speichel durchdrungen werden, so ergibt sich nach Entfernung des umliegenden Baugrundes ein Gebilde, auf dessen äußeren Wandungen die Gestalt der Zellen wiederkehrt (Abb. 94). Da auch die Wände des Hauptganges mit Speichel versteift sind, so findet hierdurch der einseitig an ihm gelegene Zellkomplex, die sogenannte „Grabwabe", einen gewissen Halt. Außerdem wird sie aber auch durch dünne Stützen, die die Biene bei ihrer Grabtätigkeit stehen läßt, in der Höhlung gestützt, wodurch ein Abbrechen verhindert wird. Wenn FAHRINGER für *Hal. scabiosae* angibt, daß „die tonnenförmigen, oben etwas verengten Waben (gemeint sind Zellen) kunstvoll aus Erdkrümchen hergestellt" werden, so ist das eine irrtümliche Beobachtung. *Halictus* baut nicht, sondern gräbt. Auf einige interessante Besonderheiten am Nestbau von *H. immarginatus* SCHCK. macht STÖCKHERT aufmerksam. Die Art legt zuweilen, aber nicht immer, auch Seitengänge von 2—4 cm Länge an, an denen sich gleichfalls Zellen befinden. Sowohl die Zellen des Hauptganges als auch der Seitengänge sind meist gehäuft, d. h. je 3—6 Zellen liegen mit ihren Längsseiten dicht nebeneinander, so daß die Zwischenwände nur etwa $^1/_2$ mm dick sind und sämtliche Zellen in den Gang ausmünden. Weiterhin wird nun aber auch die Erde rings um diese Zellhaufen mehr oder weniger ausgeschachtet, wodurch schließlich eine gewölbeartige Höhlung entsteht, in deren Mitte sich der Zellhaufen befindet, festgehalten nur durch einen oder mehrere dünne, von der Gewölbewand ausgehende Erdpfeiler; mit anderen Worten, *H. immarginatus* baut zuweilen eine Art „Lehmwabe", wie sie bisher nur bei *H. quadricinctus* F., insbesondere von VERHOEFF (1897) und v. BUTTEL-REEPEN (1903), und bei *Hal. scabiosae* ROSSI und *calceatus* SCOP. von FAHRINGER (1910) gefunden wurde. — Der Zweck oder, besser gesagt, der Vorteil dieser Wabenbildung besteht wohl hauptsächlich in einer besseren Durchlüftung der Nestanlage, wodurch die für die Brut so gefährliche Schimmelbildung vermieden wird. Allerdings kann

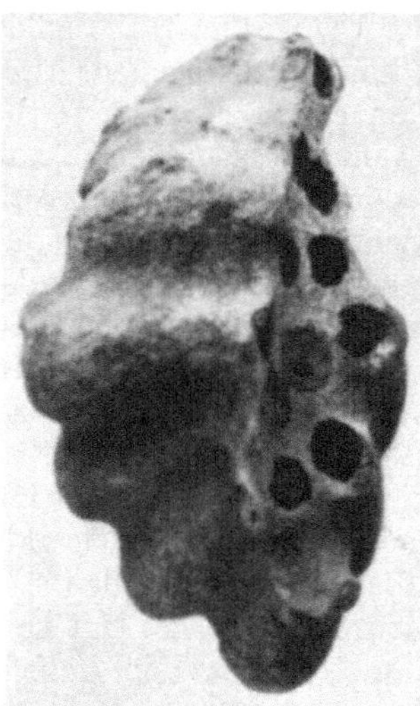

Abb. 94. Grabwabe von *Halictus quadricinctus* F.

die Anlage der Grabwabe mit ihrer besseren Durchlüftung das Schimmeln auch nicht ganz hintanhalten, wie Verfasser verschiedentlich selbst beim Ausgraben der Zellwaben von *H. quadricinctus* feststellen konnte. Verzweigung der Nester ist auch z. B. bei *H. sexcinctus* F. (VERHOEFF) beobachtet worden. Beide Stollen werden hier von einem Weibchen versorgt. Manche *Halictus*-Arten legen ihre Nester in der Nachbarschaft voneinander an. Dabei kommt es dann vor, daß sich, namentlich wenn auch noch ältere Bauten im Boden sind, die Gänge kreuzen. Auch bei verschiedenen Arten ist dies möglich. So konnte Verfasser an einer Lehmwand, in der unsere beiden größten *Halictus* (*H. quadricinctus* und *sexcinctus*) bauten, wiederholt eine Kreuzung der Gänge beider Arten beobachten. Bei manchen Arten stellen die Nester nicht das Produkt eines einzigen Weibchens vor, sondern sind in gemeinsamer Arbeit von mehreren Tieren geleistet worden. Wir finden hier bei *Halictus* den Beginn der Staatenbildung, auf den später noch näher einzugehen sein wird. Gegraben wird mit Mandibeln und Vorderbeinen, der Bauschutt mit Hinterbeinen und Abdomen nach oben aus der Nestöffnung herausgeschoben, soweit er nicht etwa bei senkrecht in den Boden führenden Gängen bei Anlage neuer Zellen in die als Notgang bezeichnete Verlängerung des Hauptganges hinabfällt. Verschiedentlich ist beobachtet worden, daß manche *Halictus*, z. B. *malachurus* K., *calceatus* SCOP., nach STÖCKHERT nächtlich im Bau arbeiten, so daß man in den frühen Morgenstunden die meisten frischen Erdhäufchen findet. Die Einflugöffnung ist nur so eng, daß sie den Bienen gerade das Einschlüpfen gestattet, der Gang selbst aber erheblich weiter, so daß die Tiere sich darin ausweichen können (*H. malachurus*). Auch bei anderen Arten dürften ähnliche Verhältnisse vorliegen. So stellt z. B. der an der Grabwabe des *H. quadricinctus* erkennbare Teil der Wand des Hauptganges einen Kreisbogen dar, der zum Kreise ergänzt, die Weite des Hauptganges erkennen läßt. Während aber die Nestöffnung nur einem einzelnen Individuum den Durchtritt gestattet, hat der Gang eine bedeutendere Weite. Auch bei *H. sexcinctus* und wohl auch anderen Arten ist die Nestöffnung enger als der Gang, wodurch, solange das Weibchen selbst im Bau ist, die Abwehr von Parasiten erleichtert werden dürfte. Vorbauten an den Nestöffnungen kommen zwar vor, sind aber wenig ausgeprägt und dann darauf zurückzuführen, daß die Biene die Austünchung des Hauptganges in den den Eingang umgebenden Schuttkrater fortsetzte. Bei ungünstiger Witterung sowie nachts verschließt *H. malachurus* die Nestöffnungen nach STÖCKHERT „durch einen kleinen, festen Erdpfropfen, der erst am nächsten Morgen, bzw. beim Eintritt besserer Witterung, beseitigt wird". VERHOEFF fand die Zellen von *H. sexcinctus* schon nachmittags geschlossen. „Dieses Verschließen der Bauten am Nachmittag ist eine Eigentümlichkeit fast aller im Sande bauenden Bienen und findet seine Erklärung leicht in dem Umstande, daß am Nachmittag nach 3 Uhr in der Regel an der Vergrößerung des Nestbaues, Ausgraben der neuen Zellen, Verlängerung des Stollens usw. intensiv gearbeitet wird, um bei Tagesanbruch die Zeit ganz frei für das Sammeln von Pollen und Nektar zu haben" (FRIESE). Gelegentlich wird auch der Eingang verschlossen, wenn die Biene in das Nest eingeflogen ist, aber nie, wenn sie sich zum Sammeln des Larvenfutters außerhalb befindet.

Ein eigentümliches Überwinterungsnest von *H. morio* F., dessen Anlage VERHOEFF der Biene selbst zuschreibt, fand genannter Autor im Ahrtal unter einem Steine. In verzweigten Erdgängen saßen dort 16 Weibchen von *H. morio*. Falls es sich hierbei nicht um Gänge handelt, die von irgendeinem anderen im Boden lebenden Tier herrühren, wäre dieser Bau ganz besonders bemerkenswert.

Den *Halictus*-Grabwaben ähnlich sind die Nestanlagen mancher tropischer Halictinen. So beschreibt JÖRGENSEN (1912) den von ihm in Argentinien entdeckten Bau der *Megalopta ipomoeae* SCHROTTKY, der sich über dem Erdboden in eine bis 2 cm hohe Röhre fortsetzt. In der erweiterten Endkammer des etwa 24 cm langen Ganges steht eine Wabe aus schwarzer Erde auf kleinen Stützpfeilern. Die Öffnungen der einzelnen Zellen zeigen aber hier angeblich nach oben; die Zellen selbst liegen also nicht horizontal wie bei *Halictus*, eine Erscheinung, die vielleicht durch die Annahme einer feuchteren Larvennahrung erklärt werden könnte. Da die Nester dieser Biene in einer niederschlagsreichen Gegend gefunden wurden, so vermutet JÖRGENSEN, daß der röhrenartige Vorbau das Einströmen von Wasser in den weiten Nistgang verhindern soll. Die freie Wabe würde in gleicher Weise von Vorteil sein können, da so das Wasser schneller absickern und der Zellkomplex besser austrocknen kann.

Auch aus der Gattung *Augochlora* sind Grabwaben bekannt geworden. Hier fand v. IHERING bis 1 m in die Tiefe gehende Hauptgänge, die sich bis viermal zu Kammern erweiterten, in denen die Grabwaben, anscheinend mit wagerecht liegenden Zellen ruhten. Ob diese großen Nester von einem einzigen Weibchen gebaut werden, ist recht zweifelhaft. Vielleicht handelt es sich um wiederholt benutzte Bauten, die nach und nach erweitert wurden.

In der großen Gattung *Andrena* herrscht, soweit bisher bekannt, eine rechte Einförmigkeit im Nestbau. Der Gang führt je nach Arten und Bodenverhältnissen wechselnd bis zu 50 cm in die Tiefe. Sein Verlauf ist mehr oder weniger gerade oder geschlängelt, gelegentlich auch geknict. In ihn münden die Zellen, die sich an seinem hinteren Ende befinden und an allen Seiten angelegt werden können. Mit der Verlängerung des Ganges wird auch für neue Zellen Raum geschaffen. Die ältesten Zellen sind also, wie aus der Untersuchung der in ihnen vorhandenen Larvenstadien ermittelt werden kann, diejenigen, die der Öffnung zunächst liegen. Wie bei *Halictus* sind auch hier die Zellen durch Sekrete gefestigt und innen geglättet. Grabwabenbildung ist bisher nicht beobachtet. Im Gegensatz zu *Halictus* stehen aber hier die Zellen fast senkrecht im Boden oder sind nur wenig geneigt, was für die Aufstapelung eines mehr flüssigen Larvenfutters bedeutungsvoll scheint. Die Zellen münden nicht direkt in den Hauptgang, sondern sind mit ihm durch einen kurzen, engeren Seitenstollen verbunden, so daß die Zelle zusammen mit dem Zuführungsgang eine mehr flaschenförmige Gestalt annimmt, eine Erscheinung, die auch bei *Halictus* schon vorkommt.

Bei der Anfertigung des Zelldeckels treten Maurerinstinkte auf. Der Deckelverschluß nimmt von einem ringförmigen Wulst an der Zellmündung, der in Form einer Spirale zur Mitte allmählich weitergeführt wird, seinen Ausgang.

Die in Norddeutschland fehlende Gattung *Nomia* baut Zweignester im Sande. Einen recht interessanten Bau legt *N. ruficornis* SPIN. an. Mehrere Weibchen sind nach GUTBIER an dem gleichen Bau beteiligt. Vom gemeinsamen Hauptgang aus führen verzweigte Gänge in die Tiefe, die je in eine Zelle ausmünden. Alle diese Zellen liegen in der gleichen Ebene und stehen durch die Durchtränkung der Wände miteinander in Verbindung. Durch nachträglich von den Bienen ringsherum ausgegrabene „Kreuz- und Quergänge wird der Nestkern von dem Substrat abgesondert und haftet in einer eben durch diese Labyrinthgänge entstandenen Höhlung dank zahlreicher Stützsäulchen, welche die Verbindung des Nestkernes mit dem Substrat erhalten“. Die Nestkerne mit den vorspringenden Stützpfeilern bekommen ein an gewisse Korallen erinnerndes Aussehen. „In einem Neste befinden sich zuweilen, ja gewöhnlich mehrere (bis vier) solcher großer und kleiner ‚Korallen‘, die durch Kommunikationsgänge miteinander verbunden werden. Die Form eines derartigen Zellenkomplexes ist entweder rund, eiförmig, zylindrisch bzw. nierenförmig u. dgl. m. Die Zellenpfropfen münden in die Gänge oberhalb der ‚Koralle‘.“ Es kommen hier also auch Grabwaben vor, doch nehmen dieselben größere Dimensionen als bei *Halictus* an und zeigen wie bei *Megalopta* senkrecht gestellte, mit der Mündung nach oben gerichtete Zellen. Beschrieben wurden diese Nester nach Funden im Syr-Darja-Gebiet.

Die kleinen *Dufourea*- und *Halictoides*-Arten sollen ähnliche Bauten wie *Andrena* im Sande anlegen. Über die Nester des *Rhophites canus* EVERSM. verdanken wir ENSLIN einige Angaben. Am Ende einer 25—30 cm langen, nicht durch Sekrete versteiften Röhre finden sich einige kuglige Zellen, deren Anzahl nicht ermittelt werden konnte, von 6—6,5 mm Durchmesser. Bei unserer zweiten *Rhophites*-Art (*quinquespinosus* SPIN.) kommen nach E. STÖCKHERT einige Besonderheiten vor. 8—10 Brutzellen liegen in verschiedener Höhe des 15—23 cm langen Ganges (nicht bloß am Ende), und zwar durch einen 5—7 mm langen, 4 mm weiten Gang in diesen einmündend. Sie sind wie bei der anderen Art annähernd kuglig. Gelegentlich kommen auch Doppelzellen vor, die unmittelbar hintereinander liegen und nur durch eine 2 mm dicke Erdschicht gegeneinander abgesetzt sind. Der hinteren Zelle fehlt also ein besonderer Zugang zur Niströhre. Nach der Versorgung der Zellen mit dem Larvenfutter und nach der Eiablage wird der Zellengang gegen den Hauptstollen durch einen Erdpfropf verschlossen. Die gegenüber dem Hauptgang etwas verengerte Eingangsöffnung des Nestes bleibt dauernd offen. Ein geringer Zusammenhalt der Wände des Nistganges spricht für eine, wenn auch mäßige Sekretverwendung. Die Zellen selbst sind innen zwar sorgfältig geglättet, aber gleichfalls ohne deutlichen Wandüberzug. Die *Panurgus*-Arten nisten in etwas festeren, lehmigen Sandböden, oft in großen Gesellschaften. Genauere Untersuchungen des Nestes wären recht erwünscht. Unsere *Dasypoda*-Arten nisten oft in großen Kolonien. Eingehend hat H. Müller die Nestanlage der *plumipes* untersucht. Am Ende eines über 60 cm langen, unter verschiedenen Winkeln in den Boden führenden Ganges finden sich kleine horizontale Stollen (bis sechs beobachtet), die je zu einer gerundeten Brutkammer, aber ohne Festigung der Wände erweitert sind und nach Füllung durch Sand gegen den ebenfalls nicht ausgesteiften Hauptgang abgeschlossen werden. Auf Grund seiner Befunde kommt H. Müller zu der Ansicht, daß die älteste Zelle die am tiefsten gelegene ist. Der ganze Gang wird nach Fertigstellung des Nestes durch lockeren Sand geschlossen. Über die recht auffällige Grab- und Fegearbeit dieser Bienengattung wurde oben bereits berichtet. Für die Gattungen *Melitta*, *Systropha* und *Panurginus* wies Malyshev verzweigte Nester nach. Die *Ceratina*-Arten nisten in Linienbauten in *Rubus*-Mark. Die einzelnen Zellen werden durch Querwände aus Markmulm voneinander getrennt. Während die Zellen für gewöhnlich unmittelbar, nur durch die Scheidewände getrennt, aufeinanderfolgen, fanden Malyshev und Rabaud bei *C. callosa* F. die Zellen durch Zwischenräume von Zellgröße voneinander entfernt. Recht eigenartige Nistverhältnisse bieten manche Arten der Gattung *Allodape*, die mit *Ceratina* nahe verwandt ist, aber bei uns nicht vorkommt. Nach den Angaben von Dr. Brauns bilden die *Allodape*-Arten Kolonien. Auf die interessante Brutpflege dieser Gattung wird später noch einzugehen sein. „Die Nestanlage der Arten ist primitiv. Die markhaltigen, trockenen Blütenstände von Aloe, Liliaceen, Akaziendorne, trockene *Rubus*- und *Rosa*-Zweige, alte Bohrlöcher von Coleopteren in Hölzern, *Arundo*-Stengel, selbst Erdgänge werden benutzt und einfache Röhren darin ausgenagt oder vorhandene benutzt, namentlich die von *Ceratina*-Arten früher hergestellten." Zwischenwände werden nicht hergestellt und die Larven von verschiedenem Alter liegen durcheinander in der Röhre. Die Eier werden gewöhnlich am Boden der Röhre abgelegt. In die nächste Verwandtschaft der beiden letztgenannten Gattungen gehören die Holzhummeln (X*ylocopa*), die in Deutschland nur durch zwei Arten vertreten sind, aber namentlich in den Tropen eine große Reihe von Arten, die durch ihre Körpergröße ausgezeichnet sind, besitzen. Die Mehrzahl nistet im Holz und legt hier in diesem auf- oder absteigende Linienbauten an. Die Seitenwände der Zellen werden durch das Holz selbst gebildet, die Querwände aus mit Speichel verkittetem Holzmulm aufgeführt. Beim Nisten in weiteren Hohlräumen, z. B. in Bambus, fällt die Grabarbeit, die zum Ausschachten des Ganges nötig ist, fort und es braucht nur soviel Material abgenagt zu werden, wie für die Querwände gebraucht wird (Abb. 95). Entsprechend der Größe der Tiere sind die einzelnen Kammern recht geräumig; bei unserer X. *violacea* L. sind sie 2 bis 3 cm lang und haben einen Durchmesser von etwa 1 $^1/_2$ cm. Aus holzarmen Steppengebieten sind auch Erdbauten bekannt. Ein derartiges Nest beschreibt Gutbier aus dem Syr Darja-Gebiet von der blassen *H. olivieri* Lep. An dem 10—20 cm in die Tiefe führenden Gang stehen einseitig gedrängt die Zellen, die als kurze schräg nach oben gerichtete Seitengänge angelegt werden und innen geglättet sind. Der Zellverschluß liegt unmittelbar am Gang und ist zum Gange hin abgeflacht. Durch nachträgliches Entfernen des den Zellkomplex umgebenden Baugrundes kommt ein an die *Halictus*-Grabwabe erinnerndes Gebilde zustande. Es scheint, daß auch hier die Zellwände lediglich durch Speichel gefestigt und nicht besonders aufgemauert werden. Über die Bauten der *Eucera*- und *Tetralonia*-Arten liegen verschiedene Angaben vor. An dem senkrecht oder schräg in den Boden führenden Gang, an dessen Mündung sich ein Erdwall befinden kann, liegen die Zellen in trauben-

Abb. 95. Bau einer *Xylocopa*.

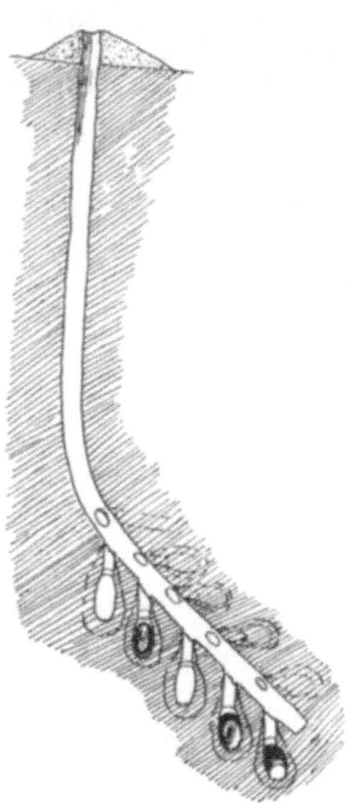

Abb. 96. Bau von *Eucera difficilis* PÉR (nach FRIESE).

förmiger Anordnung. Die tiefstgelegene Zelle ist die älteste. Bei *E. difficilis* PER. führen nach FRIESE 1—2 cm lange Gänge vom Hauptgang zu den Zellen, die einzeln durch einen Lehmpfropf verschlossen werden (Abb. 96). Auch die Zuführungsgänge sind geschlossen, doch nimmt FRIESE an, daß diese sich nachträglich beim Bauen neuer Zellen mit Sand füllen. Wände von Zellen und Gang sind geglättet und durch Sekrete gefestigt. HÖPPNER bezeichnet die Anlage als Zweigbau.

Die Nistweise der in Deutschland nur sehr lokal vorkommenden *Melitturga clavicornis* ist durch FRIESE bei Artern näher studiert worden (Abb. 97).

Hier führt zunächst der Gang 15—20 cm senkrecht oder auch gekniet in die Tiefe und verläuft dann horizontal weiter. An diesem Abschnitt finden sich die durch einen kurzen Hals mit dem Hauptgang in Verbindung stehenden Zellen, die schräg im Boden stehen und verschlossen werden. Die älteste Zelle ist dem Eingang zunächst gelegen. Gang und Zellen sind innen geglättet und mit Sekreten durchtränkt. Da der Platz, an dem die Untersuchungen vorgenommen wurden, schon seit langer Zeit den Bienen als Niststätte diente, war der Boden reich von alten Gängen durchzogen, die zum Teil mit den frischen Nestern in Verbindung standen. Es ist daher nicht ausgeschlossen, daß auch ältere Bauten bei der Anlage der Nester mitverwendet werden.

In der Gattung *Anthophora*, den höchststehenden solitären, beinsammelnden Bienen, herrscht die Grabtätigkeit noch entschieden vor. Während die Mehrzahl der Arten ihre Nester im Erdboden oder in Lehm-

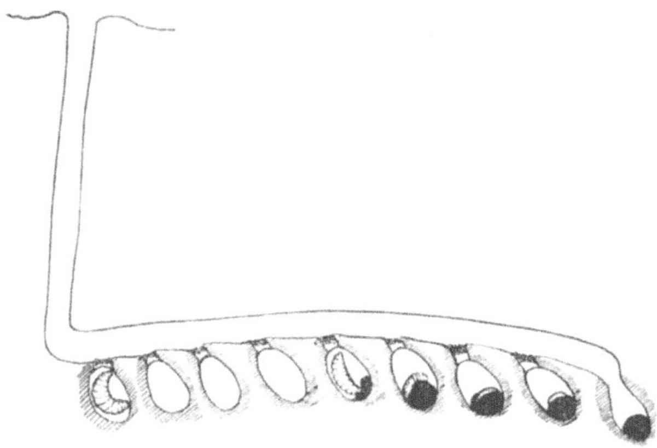

Abb. 97. Bau von *Melitturga* (nach FRIESE).

wänden anlegen, baut *A. furcata* Pz. ihre Nester in Holz (Abb. 98). Die gewöhnliche Nistart ist ein Linienbau, der einfach oder verzweigt sein kann. Die einzelnen Zellen sind etwas bauchig erweitert und dementsprechend gegeneinander durch eine Verjüngung des Ganges abgesetzt. Die Längsachse der Zellen ist, da der Gang mehr oder weniger senkrecht gerichtet ist, ebenfalls senkrecht gestellt, was für die Ablagerung der halbflüssigen Larvennahrung von Bedeutung ist. Einen etwas abweichenden Bautyp fand FRIESE bei *A. fulvitarsis* BR. Hier läuft der Gang selbst horizontal und die einzelnen Zellen liegen nicht in ihm, sondern an seiner unteren Seite, sind ebenfalls senkrecht gestellt und stehen jede für sich mit dem Hauptgang in Verbindung. Während es nun beim Liniensystem im allgemeinen nötig ist, daß der Gang zunächst in seiner ganzen Tiefe ausgeschachtet wird und die am weitesten im Innern gelegene Zelle also die zuerst abgeschlossene und älteste ist, führt *A. fulvitarsis* ihren Gang erst weiter in die Lehmwand hinein, wenn sie eine Zelle versorgt hat; in diesem Falle würden also die älteren Zellen dem Eingang zunächst liegen. Die einzelnen Zellen liegen an dem verhältnismäßig kurzen Gang gedrängt. Selten kommt eine Gabelung des Hauptganges vor. In einem solchen Falle fand FRIESE als Höchstzahl der angelegten Zellen 11, während im allgemeinen kaum mehr als 5—7 Zellen angelegt werden. Ein ähnlicher Nesttyp scheint nach FERTON auch der *A. ferruginea* LEP. zuzukommen, bei der FERTON am Ende des 10—12 cm langen Hauptganges eine Gruppe von 4—6 Zellen vorfand. Als Produkte der Maurerinstinkte wurden oben bereits die Vorbauten von *A. parietina* F. und *abrupta* SAY

Abb. 98. Bau von *Anthophora furcata* Pz. in Holz.

erwähnt. Außerdem kommt bei *Anthophora* eine Auskleidung der Zellwände vor. Diese sind innen schön geglättet und mit einem Wandbelag ausgekleidet, der aus dem mit Sekreten durchfeuchteten Baugrund besteht, also entweder aus erdigen oder lehmigen Bestandteilen oder aus zerkauter Holzfaser hergestellt ist. Für *ferruginea* wies FERTON außerdem noch eine dünne Wachsschicht nach, die den hinteren Teil des Hauptganges und die Mörtelwände der Zellen bekleidete. Über die Herkunft dieser wachsartigen Substanz können wohl kaum Zweifel bestehen, wenn man sieht, daß bei *Anthophora* ein Ausschwitzen von derartigen Substanzen auf den Abdominaltergiten stattfindet. Eine ähnliche Erscheinung bei *Tetralonia* legt es nahe, auch dort in den

Bauten nach einer Wachsauskleidung zu suchen. Die einzelnen Zellen sind bei der Anlage des Nestes nach dem Linientyp durch dünne Zelldeckel, die aus einem spiralig angelegten Wulst entstehen, gegeneinander abgegrenzt. Wurden Vorbauten aufgeführt, so dient nach WESENBERG das darin deponierte Material sowohl zur Aufführung des Wandbelags wie zur Herrichtung der Querwände. Im anderen Falle wird bei der Herrichtung der nächsten Zelle freiwerdendes Material hierfür verwendet. Bei *A. fulvitarsis*, bei der jede Zelle ihren getrennten Zugang zur Hauptröhre hat, fand FRIESE Zellverschlüsse, die bis 5 mm Dicke erreichten.

Abb. 99. a. Zwei Wollzellen von *Anthidium manicatum* L.; b. Zellengruppe eines *Zethus*; c. aus Rindenschuppen aufgeführter Bau von *Euglossa smaragdina* PERTY; d. Zelle von *Trachusa byssina* PZ.

Unter den hochstehenden, beinsammelnden solitären Bienen namentlich des tropischen Amerikas finden wir besonders in der Gattung *Euglossa* typische Freibaunester, zu denen die der später zu besprechenden bauchsammelnden Bienen vielfach lehrreiche Konvergenzen darstellen.

Bei *Hemisia nigriventris* BURM. kommen Zellen vor (JÖRGENSEN 1912), die aus eingetragener Erde in den verschiedensten Hohlräumen, z. B. im Innern von Bambusrohr, aufgebaut werden, wobei auch die Innenwände des Hohlraums damit ausgekleidet werden. Eine von JÖRGENSEN gegebene Abbildung läßt acht Zellen hinter- und nebeneinander im Bambusrohr liegend erkennen. Soweit aus der Figur ersichtlich, ist jede Zelle für sich abgegrenzt. Ähnlich wie bei *Anthophora* dürften auch erdnistende *Centris*-Arten in ihren Gängen die Zellwände ausmauern, wobei schon die Verwendung pflanzlicher Produkte vorkommen könnte, wie wir sie in der Reihe der Bauchsammler kennen lernen werden und wie sie bei den höchsten Solitärbienen, den prächtigen Euglossen, wohl ausschließlich angewandt werden. Es ist allerdings nicht ausgeschlossen, daß auch Wachs benutzt wird, zumal dies ja bereits bei *Anthophora* durch FERTON nachgewiesen wurde. Es ist dabei für die Beurteilung der stammesgeschichtlichen Verhältnisse — die Ableitung der körpereigenes wachsverarbeitenden sozialen Bienen — von größter Wichtigkeit zu wissen, ob derartige Produkte von der Biene selbst hervorgebracht werden oder aber ob sie eingetragene pflanzliche Ausscheidungen darstellen. In der *Euglossa*-Gruppe treffen wir nun recht verschiedenartige Nistweisen an. *Euglossa smaragdina* PERTY und *violacea* BLANCH. errichten an geschützten Orten aus Rindenstückchen, die mit Harz verklebt werden, Röhren oder Gruppen von solchen (Abb. 99c). Die Rindenschuppen stehen nach außen unregelmäßig ab, doch sind die Röhren im Innern geglättet und enthalten dort mehrere Zellen in linearer Anordnung, wobei die Nestöffnung noch eine Strecke weit von Rindenteilen überragt wird. Zur Glättung der Zellwände im Innern wird eine dunkle Harzmasse verwendet. Ähnliche Materialien verwenden auch *Eugl. dimidiata* F. und *surinamensis* L. Helles, bröckelig werdendes Harz benutzen *Eugl. cordata* L. und *variabilis* FR. Mehrere aufrecht stehende Harzzellen werden von einer dicken, kugligen Schutzhülle umgeben, an der auch ein röhrenförmiger Vorbau vorkommen kann. Derartige Nester können als Freibauten, z. B. an Palmenblättern, oder in irgendwelchen Hohlräumen errichtet werden. Recht eigenartige Verhältnisse bieten die Nester der *Eugl. nigrita* LEP., wie sie DUCKE beschrieben hat. Diese Bauten sind ein Produkt mehrerer Weibchen, wobei aber noch unbekannt ist, wieweit eventuell gemeinsame Arbeit verrichtet wird. In irgendwelchen größeren Hohlräumen werden die Zellen aus Dünger oder pflanzlichem Detritus, der an Pfützen gesammelt wird, aufgebaut und innen mit einer dickeren, außen mit einer dünneren Schicht von Burseraceenharz bestrichen, wodurch die Farbe anfänglich grau ist, später aber bei Oxydation des Harzes weißlich wird. Die äußere Lage kann unter Umständen fehlen. Die durchschnittlich 25 mm hohen und 14—15 mm dicken Zellen von elliptischer Gestalt hängen unregelmäßeg aneinander, sind aber doch im großen und ganzen zu scheibenförmigen Gebilden vereinigt, die horizontal liegen und auch zwei Stockwerke bilden können. In einem Nest aus Pará wurden weit über 200 Zellen gefunden. Bei unterirdischer Anlage der Nester wurden kurze, gerade Flugröhren beobachtet, in einem Falle sogar deren zwei.

In der Reihe derjenigen Bienengattungen, die den als Larvenfutter dienenden Blütenstaub mit Hilfe einer Bürste eintragen, die sich auf der Unterseite des Abdomens findet, begegnen wir der größten Mannigfaltigkeit in bezug auf die Nestbauinstinkte. Verschiedenartigstes Material kann Verwendung finden. Recht einfach sind noch die Nester der Gattung *Eriades*. So begnügt sich *E. florisomnis* L. damit, in Rohrhalmen der Scheunendächer vom 1. Halminternodium an Zellen durch Lehmquerwände gegeneinander abzugrenzen. Doch fand ALFKEN auch Pergamentpfropfen, über deren Zusammensetzung nichts Näheres ermittelt werden konnte. Wird ein bereits früher von Hymenopteren als Nistgelegenheit benutzter Rohrhalm angenommen, so werden die Reste älterer Nester entweder herausgeschafft oder am Halmknoten zusammengetragen und vermauert. Der Blütenstaub für die erste Zelle wird entweder unmittelbar am Knoten oder in geringer Entfernung davon deponiert. In einigen Fällen beobachtete ALFKEN als Abnormität das Fehlen von Querwänden. Aber außer in Schilfhalmen nistet *E. flori-*

somnis auch in Lehmwänden; andere Arten sieht man in Bohrlöcher in Holz einschlüpfen. In diesen Fällen dürfte es sich um eine Nistanlage in ebenfalls bereits vorhandenen Hohlräumen handeln, die wohl nur in geringem Maße für ihren besonderen Zweck hergerichtet werden; im übrigen scheint die Grabtätigkeit dieser kleinen Bienen nur eine geringe zu sein. Ein fester Lehmverschluß verrät häufig den Nesteingang in einem Holzpfosten, Balken usw.

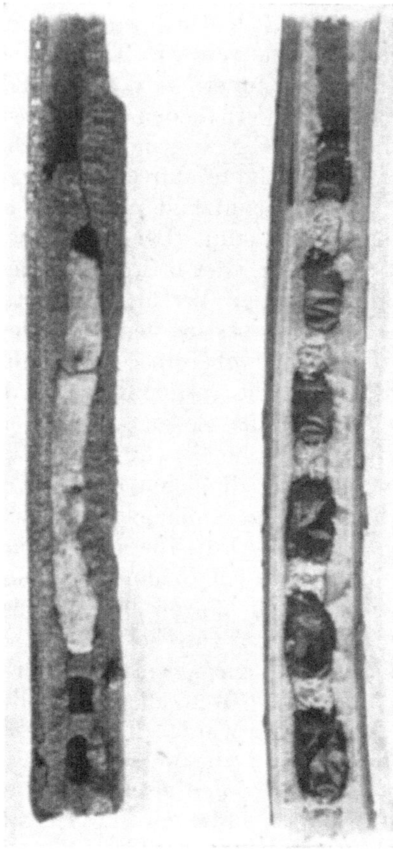

a. b.

Abb. 100. a. Wollzellen von *Anthidium lituratum* Pz, darunter alte *Ceratina*-Zellen; b. Linienbau von *Osmia acuticornis* DUF.

Innerhalb der Gattung *Osmia* weisen die Bauten die größten Verschiedenheiten auf. Als einfachster Nisttyp können die in bereits vorhandenen Hohlräumen angelegten Nester angesprochen werden, in denen die zur Abgrenzung der Zellen errichteten Querwände aus dem umgebenden Material selbst hergestellt werden. So wird dieses z. B. bei den in Pflanzenmark bauenden Arten von *O. acuticornis* DUF. et PERR. verwendet, also kein Material von außen herbeigeschafft, höchstens gelegentlich bei Herstellung des Hauptverschlusses (ENSLIN) (Abb. 100b). In anderen Fällen werden zerkaute und verkittete Blatteile benutzt (z. B. *O. leucomelaena* K., *parvula* DUF. et PERR., und *tridentata* DUF. et PERR. (nach ENSLIN). Bei denjenigen Arten, die in bezug auf ihre Nistgelegenheit wenig wählerisch sind, findet man als Trennungsmaterial der Zellen gewöhnlich Lehm, was auf eine ursprüngliche Nistweise im Boden schließen läßt. Dieses Material wird auch dann beibehalten, wenn das Nest sich in irgendwelchen Pflanzenteilen befindet. So sieht man *O. rufa* L., wenn sie einen verlaßnen *Anthophora*-Bau bezieht, dort Querwände aus Lehm aufführen; das gleiche ist aber auch beim Nisten in Rohrhalmen oder Fraßgängen in Holz der Fall. Gerade diese unsere im Frühjahr häufigste Art nimmt mit den verschiedensten Hohlräumen vorlieb und zeigt dementsprechend eine große Anpassungsfähigkeit, wenn es sich darum handelt, den zur Verfügung stehenden Raum für die Herrichtung der Zellen unterzuteilen. Hier beschränkt sich die Maurertätigkeit nicht auf die Ausführung von Zellböden; es können auch Längswände aufgeführt werden. Als Kuriositäten werden Nester dieser Art in Schlüssellöchern, Telephonhörer, Flöte, Gummischlauch usw. in der Literatur erwähnt. Bei der Anpassung an den gebotenen Raum kommt es vielfach zu unregelmäßigen Zellformen.

Die mit der *O. rufa* verwandte *O. cornuta* LATR. dringt ebenfalls gern in *Anthophora*-Nester ein (so von FRIESE bei Straßburg in den Bauten von *A. fulvitarsis* beobachtet), baut aber auch in Vertiefungen an Steinen und kommt damit schon dem Typ der freibauenden Arten nahe. Als Baumaterial dient dabei nach FRIESE sandiger Mörtel. (Abb. 101 u. 102). In morschem Holze, lockerer Rinde, in Baumstümpfen siedeln sich eine ganze Reihe von Arten an (z. B. *caerulescens* L., *fulviventris* Pz., *leajana* K., *panzeri* MOR., *nigriventris* ZETT., *inermis* ZETT. u. a.), doch können die Arten auch unter Umständen unter abweichenden Verhältnissen nisten. So erwähnt GERSTÄCKER von der *O. caerulescens* L. ein gelegentliches Nisten im Boden, obwohl Lehmscheunenwände und Fachwerk, die häufigeren Nistgelegenheiten, auch in der Nähe zur Verfügung standen. Als ein Bewohner großer mediterraner Eichengallen ist *O. gallarum*

Abb. 101.

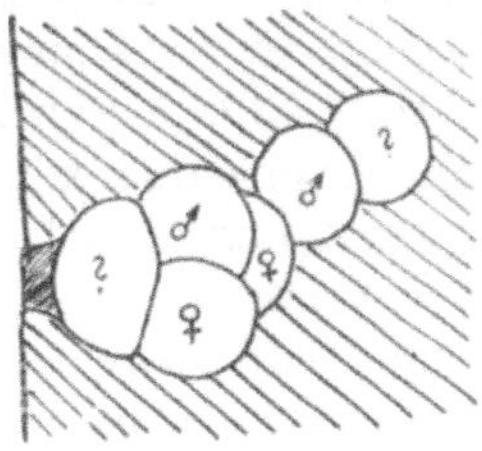

Abb. 102.

Abb. 101. Verteilung der Zellen von *Osmia cornuta* LATR. in einem weiten Rohrhalm (nach ARMBRUSTER).

Abb 102. Verteilung der Zellen von *Osmia cornuta* LATR. in einem unregelmäßigen Hohlraum (nach ARMBRUSTER).

SPIN., als Einmieter in alten *Lipara*-Gallen bei uns *O. parvula* DUF. et PERR. bekannt. Als typischen *Rubus* Bewohner bezeichnet FRIESE die *O. rubicola* FR. Bei der Anpassungsfähigkeit der Osmien dürfte aber auch wohl anderes Pflanzenmark als Nistgelegenheit angenommen werden, wie auch die *O. gallarum* in solchem ihr Nest anlegt. Eine besondere Vorliebe für leere Schneckenhäuser als Brutstätten lassen eine ganze Reihe der sogenannten helicophilen Osmien erkennen. Hier verdanken wir namentlich FERTON eine ganze Reihe eingehender Beobachtungen. Von einheimischen Arten sind besonders *O. aurulenta* Pz., *bicolor* SCHR. und *spinulosa* K. als helicophil bekannt geworden. In den Gehäusen verschiedener *Helix*-Arten legen diese Tierchen ihre Bauten an. Auf die Auswahl der Gehäuse scheint gewisse Sorgfalt verwendet zu werden. HOFFER beobachtete eine gewisse Bevorzugung solcher Schneckenhäuser durch *O. bicolor* SCHR., die versteckt mit nach unten gerichteter Mündung lagen. Je nach der Größe ist die Zahl der darin untergebrachten Zellen verschieden. Als Trennungsmaterial dient eine Masse aus zerkauten Blättern. Wie FRIESE beobachtete, verwendet *O. aurulenta* Pz. zerkaute Erdbeerblätter. Nach GEHRS verschließt *O. spinulosa* K. ihre

Schneckengehäuse durch ein Verstopfen der Mündung mit Hasen- oder Schafmist. Besondere Erwähnung verdienen die eigenartigen Schutzbauten, die *O. bicolor* SCHR. um die von ihr besiedelten Scheckengehäuse aufführt. Verschiedene Pflanzenteile, besonders Kiefernnadeln, trägt das Weibchen im Fluge herbei und verarbeitet sie zu einem Schutzgerüst, unter dem die Schneckenschale verborgen liegt. Für das Flechtwerk scheint die Doppelnadel der Kiefer besonders geeignet. „Ist das Grundgerüst fertig, so bringt sie Hälmchen, Moosstückchen und ähnliches Geniste herbei und versteckt auf diese Weise das Schneckenhaus samt Inhalt vollständig" (HOFFER). Eine Anwendung von Speichel zum Verkleben der Kiefernnadeln, wie es HOFFER und SMITH angeben, konnte von FRIESE in den von ihm beobachteten Fällen nicht nachgewiesen werden. Als weitere Schutzvorrichtung gegen Parasiten wird die nach innen von der Nestverschlußwand liegende leere Kammer angesehen. Bei *O. melanogastra* SPIN. besteht der Verschlußdeckel nach FERTON aus zerkauten Pflanzenteilen ohne Beimischung erdiger Bestandteile, dagegen scheint *O. fertoni* PÉR. Pflanzenmaterial zu meiden. Diese Art wählt möglichst freiliegende Schneckenhäuser mit nach oben gerichteter Mündung und führt darin 1—3 Zellen auf. Auch eine leere Endkammer kommt vor. Der 2 mm dicke Verschlußpfropf ist recht fest, was auf eine ausgiebige Speichelverwendung schließen läßt. Starker Taufall bringt nur ein Erweichen der obersten Schichten mit sich, die aber bei der freien Lage in der Sonne bald wieder trocknen und erhärten, ohne rissig zu werden. *O. rufohirta* LATR. bettet in den aus zerkauten Blättern bestehenden Verschluß pfropf Quarzkörnchen ein und erzielt dadurch eine größere Festigkeit desselben. *O. fossoria* PÉR. sucht Schneckengehäuse in ähnlich freier Lage wie die *O. fertoni* PÉR. auf, baut darin aber nur eine einzige Zelle, die vorn und hinten durch einen Deckel aus zerkautem Pflanzenmaterial begrenzt wird. Nach außen folgt darauf eine 3—4 mm dicke Lage aus Bruchstücken von Schneckenschalen, die durch Pflanzenbrei etwas verkittet sind und durch eine Zementschicht überzogen werden. Noch größere Sorgfalt verwendet *O. rufigastra* LEP. auf die Herstellung des Nestverschlusses. Hier wird zunächst ein dünner Deckel aus rein vegetabilischem Brei aufgeführt und von einer $^3/_4$ cm dicken Schicht aus verschiedenstem Material überdeckt. Darauf folgen Schichten von flach aufeinander gelegten Bruchstücken vonSchneckenhäusern. *O. rufohirta* LATR. transportiert die kleinen von ihr benutzten Gehäuse entweder vor Anlage des Nestes oder danach an einen geschützten Platz. Zur Erzielung einer rauheren Oberfläche, an der die Klauen beim Transport einen besseren Halt finden können, werden unregelmäßige Tupfen von Pflanzenbrei außen auf der Schneckenschale angebracht, ein Verfahren, das auch von *O. rufigastra* LEP. angewandt wird. Das Fortschaffen der Schnecke geschieht in der Weise, daß sich die Biene mit den Mandibeln am Boden anklammert und das Gehäuse dabei mit den Beinen festhält. FERTON beobachtete, wie *O. rufohirta* LATR. sich dabei überschlug und die Schneckenschale hinter sich herzog. *O. fossoria* PÉR. und *rufigastra* LEP. graben ihre Schnecken außerdem noch ein. Die erstere trägt den Sand zwischen Kopf und Thorax heraus. Hat der etwas schräg in den Boden verlaufende Gang eine Länge von 6—7 cm, so wird das

Gehäuse hineingerollt und die Öffnung zugescharrt, ohne daß aber der Sand dabei feiner verteilt wird, wie dies bei vielen Grabwespen vorkommt. Ein ganz eigenartiges Verfahren zum Herausschaffen des Sandes lernen wir in der Grabtätigkeit der *O. rufigastra* kennen. Nachdem das Tierchen mit geschlossenen Mandibeln den Sand gelockert hat, schleudert es rückwärtsschreitend unter einem plötzlichen Ruck des Kopfes eine kleine Staubwolke nach hinten. Hat der Gang eine genügende Tiefe erreicht, so wird die Schnecke hineingeschafft, dann aber der Gang durch Untergraben der Schnecke noch vertieft. Das Eingraben erfolgt gewöhnlich in nächster Nähe der Stelle, wo das Gehäuse lag. Das große Gewicht des fertigen Nestes mit mehreren Zellen verbietet offenbar einen weiteren Transport. *O. exenterata* PÉR. stellt die Zellwände in dem *Bulimus*-Gehäuse aus einer eigenartigen wachsartigen Substanz unbekannter Herkunft her. Der Vollständigkeit halber seien noch einige andere helicophile Osmien namentlich aufgeführt: *O. stelioides* PÉR., *ferruginea* LATR., *versicolor* LATR., *andrenoides* SPIN., *balearica* SCHMDK., *sybarita* SM., *lhotellieri* PÉR., *tunensis* LEP., *pinguis* PÉR u.a.

Eine Anzahl von *Osmia*-Arten nistet in der Erde und gräbt dort entweder selbständig kurze Gänge oder nimmt vorgefundene Gänge an. *O. iheringi* DUCKE deponiert ihren Honig nach FERTON in Steinhöhlungen, deren Wände nicht weiter zementiert werden. Verhältnismäßig einfach ist das von FERTON gefundene Nest der *O. crenulata* MOR. Es besteht aus einem 6—7 cm tiefen, senkrechten Gang, an dessen Ende sich eine Zelle befindet, deren Wände nur mit Speichel geglättet, aber nicht zementiert sind. Über den Nestbau der einheimischen *O. papaveris* LATR. verdanken wir M. MÜLLER eingehendere Beobachtungen. Der Gang führt wenige Zentimeter senkrecht in den Erdboden oder auch mehr wagerecht in Wegböschungen hinein. Das Nest enthält nur eine einzige Zelle, deren Wandungen mit Ausschnitten aus Mohnblütenblättern, gelegentlich auch mit Randblüten der Kornblume austapeziert werden. Überragt diese Tapete anfangs den eigentlichen Zellbereich, so wird sie nach Füllung der Zelle und erfolgter Eiablage am freien Ende eingefaltet und bildet so gleichzeitig die vordere Wand dieser Zelle. Durch den Wandbelag wird ein Schutz gegen abbröckelnden Sand und wohl auch gegen Feuchtigkeit erzielt. Auch einige mediterrane *Osmia*-Arten haben ähnliche Nistgewohnheiten, die von FERTON näher studiert wurden. *O. saundersi* VACH. (*annulata* LATR.) kleidet ihr Nest, das mehrere vom gleichen Gang ausgehende Zellen enthalten kann und in festem Boden angelegt wird, mit kleinen Stückchen der Randblüten von *Centaurea micrantha* aus. In dem trokkenen Boden halten sich die Zellwände verhältnismäßig lange. *O. lanosa*, PÉR., die wie *papaveris* Mohnblüten schneidet, zerstreut den beim Graben des Nestes herausgeschafften Sand im Fluge. Die Zellen werden zunächst mit einer nur $^1/_4$ mm dicken, innen geglätteten Schicht aus zerkauten Skabiosenblättern ausgekleidet, auf die erst die Mohnblütenblätter aufgelegt werden. Beim Schneiden derselben wird das Blütenblatt vor dem Abbeißen zunächst mit den Beinen zusammengelegt. In den Nestern dieser Art finden sich bis zu drei Zellen entweder in linearer oder traubiger Anordnung. Als Nestverschluß dienen zerkaute Blätter, die von einer Staubschicht überdeckt werden. Diese Art verwendet also neben dem Pflanzenbrei noch Blütenblätter als Tapete. *O. cristata* FONSC. gräbt in ähnlicher Weise wie die *lanosa* PÉR. ihr Nest, ist aber durch den Besitz von Mandibelhöckern in der Lage, größere Sandmassen auf einmal hinauszuschaffen, nimmt übrigens auch vorhandene Erdgänge an. Bei Marseille schnitt diese Art nach den FERTONschen Beobachtungen ausschließlich Blütenblätter von *Malva silvestris*. Zu diesem Zwecke knüllt sie dieselben von der Spitze her zu einer Kugel zusammen, die dann durch einen einzigen Biß auf einmal abgetrennt wird. Im Nest wird das Blatt wieder ausgebreitet, wobei vermutlich die Mandibelhöcker auch eine Rolle spielen werden, und gegen die Wand gedrückt. Die einzelnen Lagen werden untereinander mit Speichel verklebt. Oberhalb der Zelle legt die Biene die Blütenblätter als Zellverschluß zusammen und errichtet darüber einen festeren Deckel aus zwei Lagen zerkauter Pflanzenteile mit einer Zwischenschicht von Zement aus Erde und kleinen Steinchen. Geknitterte Blütenblätter und eine darüber befindliche Sandlage schließen das Nest nach außen ab. In der gleichen Weise wie *O. cristata* schneidet *O. perezi* FERT. Stücke aus der Blüte von *Convolvulus cantabrica*, die auch zur Herstellung der Querwände benutzt werden. Seltener findet sich ein derartiger Tapezierinstinkt in Verbindung mit Freibauten, ist aber typisch für die *O. villosa* SCHCK. (*platycera* GERST.). In bezug auf die zur Verwendung kommenden Blütenblätter scheint diese Art wenig wählerisch zu sein, da sowohl *Ranunculus* wie *Hieracium*, *Rosa*, *Papaver* und auch *Geranium silvaticum* zur Beobachtung gelangt sind. Wieweit hier eine gewisse Konstanz nach den Gegenden vorkommt, wäre noch zu untersuchen. Wenn auch das Nest dieser Art besonders in Löchern an Steinen aufzementiert wird, so kann es auch gelegentlich in engen Steinspalten, wo nur geringe Mengen der Zementmasse benutzt werden, angelegt und dann kaum noch als Freibau bezeichnet werden. *O. maritima* FR. führt im lockeren Dünensande ihre Zellen auf und kleidet diese mit zerkauten Pflanzenteilen, die mit Sand vermischt werden, aus. Von einem Gange aus sollen bis sieben Zellen errichtet werden.

Außerordentlich feste Freibauten baut bei uns *O. caementaria* GERST. Man findet diese Nester im norddeutschen Flachlande, wo, mit Aussnahme von erratischen Blöcken, ein Mangel an größeren Steinen herrscht, mit Vorliebe in einspringenden Winkeln an Chausseesteinen. Die Nester fallen aber nur wenig auf, um so mehr, als die Färbung der zur gemeinsamen Bekleidung der Zellen verwendeten Steinchen meist eine weitgehende Übereinstimmung mit der der Umgebung zeigt. Unter der gemeinsamen Zementdecke, die unmerklich in die Zellwände überzugehen scheint, fand Verfasser im Höchstfalle 11 Zellen, doch beschreibt FRIESE ein aus Rußland stammendes Nest, von anscheinened viel geringerer Härte mit 21 Zellen. Als Erbauerin wird *O. caementaria* GERST. vermutet. Mörtelfreibauten an Steinen sind auch von *O. loti* MOS. (*morawitzi* GERST.) und *lepeletieri* PÉREZ bekannt. Während bei diesen Freibauten die gemeinsame Zementschicht die einzelnen Zellen als solche nicht ohne weiteres erkennen läßt, führt *O. xanthomelaena* K. (*fuciformis* LATR.) oberirdisch im Grase nach verschiedenen Beobachtern freistehende

Lehmtönnchen auf. Diese Nistweise kann jedoch nicht als die ausschließliche gelten, da TRAUTMANN die verhältnismäßig großen Lehmzellen auch in ganz vermorschtem Kiefernholz, ENSLIN im Holzmehl, das *Camponotus* ausgeworfen hatte, fand. Die Zellen lassen äußerlich ihren Aufbau aus einzelnen Lehmbröckchen erkennen, innen sind sie geglättet. Außerdem haften den Zellen außen lockere Holzspäne an. Gelegentlich können mehrere Zellen aneinander kleben. Der 1 mm dicke Verschlußdeckel besteht ebenfalls aus Lehm und ist außen konkav und wie das Innere der Zelle geglättet. Doch ist seine Oberfläche meist mit Spänen und Mulm verklebt (ENSLIN). *O. adunca* LATR. soll in Mauerspalten Zellen aus Sandkörnchen ausführen. Verfasser fand diese Art jedoch wiederholt in Holzpfosten nistend, ohne daß es allerdings möglich war, das Nest unter den obwaltenden Umständen zu untersuchen. Freibauten aus zerkauten Pflanzenteilen sind nur in geschützter Lage gegen Witterungseinflüsse widerstandsfähig, aber auch für mehrere Arten nachgewiesen. So führt nach FRIESE *Osmia inermis* ZETT. Zellen aus zerkauten Blättern an der Unterseite von Steinen auf, wobei sich gleichzeitig mehrere Weibchen beteiligen sollen. An einem großen Nest der *O. emarginata* LEP., das aus zerkauten Pflanzenteilen in einer flachen Spalte zwischen Steinen von VERHOEFF gefunden wurde, befinden sich außer den normalen Zellen in der äußeren Lage größere, leere Kammern, die als eine Schutzvorrichtung gegen Parasiten gedeutet werden, und es diesen unmöglich machen sollen, mit ihrem Bohrer bis zu den Larven enthaltenden Zellen vorzudringen. Die gleiche Bedeutung soll auch dem leeren Raum zukommen, der sich in vielen Fällen zwischen dem Hauptverschluß eines Nestes und der ersten Zelle befindet. Daß dieser Schutz aber nur relativ sein kann, geht schon daraus hervor, daß man neben solchen Parasiten, die schon vor der Vollendung des Nestes ihre Eier darin abgelegt haben, auch Formen findet, die erst später sich den Zugang zu verschaffen wissen. Harz als widerstandsfähiges Material für Freibauten verwendet die südafrikanische *Osmia globicola* STADELM. Diese Art „baut ihre Zellen an die Zweige unserer harzigen Karroosträucher namentlich heftet sie dieselben an die Zweige des weite Strecken einnehmenden sogenannten ‚Rhenosterbosch'. Es sind wahre kleine Kunstwerke, deren Matrix aus einem schnell erhärtenden Harz besteht, welches auf der Oberfläche dicht aneinander gereihte und in die Harzmasse eingebettete kleine Quarzstücke trägt. alle von ziemlich gleicher Größe. Diese Zellen, deren gewöhnlich 3—5 in der Längsachse verbunden sind, widerstehen dem Einfluß der Witterung lange Jahre. Schmarotzer habe ich daraus noch nicht erzogen" (BRAUNS 1910). Nach STADELMANN sind diese Zellen von einer kugelförmigen Schutzhülle aus Harz mit eingebetteten Steinchen umgeben. Gummiartige oder klebrige, gelatineähnliche Substanzen sind nach GIRAUD das Baumaterial für die Zellen von *Osm. glutinosa* GIR. in alten Nestern anderer Hymenopteren (*Sceliphron, Chalicodoma, Anthophora*).

In der *Osmia* recht nahestehenden Gattung *Megachile* ist der Tapezierinstinkt besonders entwickelt. Ist auch das Auskleiden der Zellen mit Blattausschnitten hier eine weitverbreitete Eigentümlichkeit, so gibt es doch auch gewisse Artengruppen, deren Nistweise stark an die vieler Osmien erinnert. So stellt der Bau der *Meg.* (*Chalicodoma*) *muraria* F., der auch noch in südlicheren Teilen Mitteldeutschlands verbreiteten „Mörtelbiene", im Prinzip nur eine vergrößerte Ausgabe des Baues der *Osmia caementaria* dar. Aus trockenem Gesteinsstaub formt das Weibchen nach Durchfeuchtung mit Speichel einen kleinen Ballen, den es an den ausgewählten Nistplatz bringt. Dieser liegt gewöhnlich in Aushöhlungen an Steinen oder Löchern in Mauern. (Abb. 103). Kalkbewurf an Hauswänden soll als Unterlage stets vermieden werden. Vielfach werden auch ältere, verlassene Bauten wieder

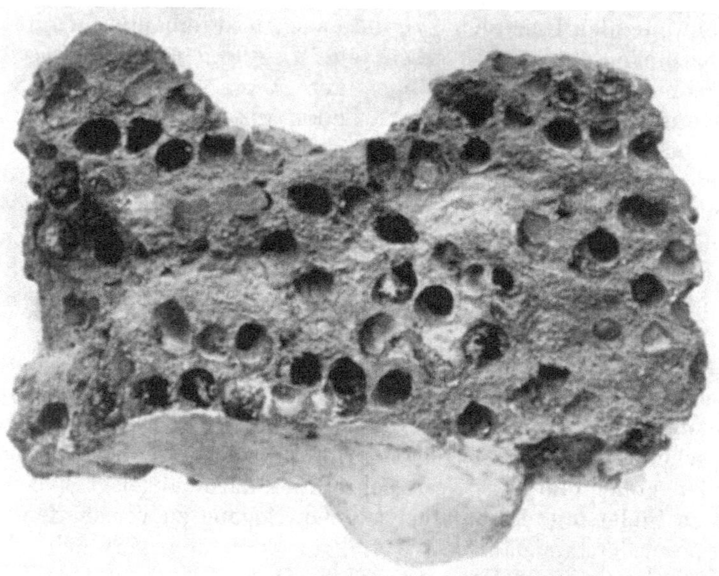

Abb. 103. Zellhaufen von *Chalicodoma* von der Rückseite.

bezogen und von den darin vorhandenen Ausfluglöchern her hergerichtet, was eine nicht unerhebliche Arbeitsersparnis mit sich bringt. Der eingetragene Zementballen wird zur Grundlage des Nestes umgeformt. Neue Zementballen werden hinzugebracht und dagegen gefügt, so daß schließlich eine Zelle entsteht, deren eine Seite von der Gesteinsgrundlage selbst gebildet werden kann. Im allgemeinen sind bei der Mörtelbiene die einzelnen Zellen so gestellt, daß ihre Längsachse mehr oder weniger senkrecht steht. Als Außenbelag werden nach Fabre in die Zellwand noch kleinere Kieselsteine eingefügt, solange der Zement noch weich ist. Sobald die Zelle hergerichtet, mit dem nötigen Futtervorrat, der hier aus einem flüssigen Honig besteht, versehen ist und das Weibchen sein Ei hineingelegt hat, wird sie mit einem Mörteldeckel verschlossen. Danach wird eine neue Zelle daneben aufgeführt usw. Im ganzen sind bis zu 13 Zellen so zu einem Komplex, als Werk einer Mutter, vereinigt. Zum Schluß wird das ganze Nest mit einer Zementlage, die alle einspringenden Winkel zwischen den einzelnen Zellen ausfüllt und diese auch noch überzieht, bedeckt. Dadurch gewinnt das Nest seine außerordentliche Härte und Widerstandsfähigkeit gegen klimatische Einflüsse. Daß die Zementdecke gleichwohl nicht einen sicheren Abschluß gegen Parasiten darstellt, beweist der oft starke Befall von *Monodontomerus*, einer Chalcidide, die mit ihrem Bohrer durch die Wandungen hindurch die *Chalicodoma*-Brut infiziert. Die harte Zementdecke bringt es wohl auch mit sich, daß nicht jedes Individuum sich selbst beim Schlüpfen einen Weg durch diese hindurch ins Freie bahnt, sondern es vorzieht, die dünnere Wand zu einer Nachbarzelle zu durchbrechen, um ein eventuell dort schon vorhandenes Flugloch zu benutzen. In ähnlicher Weise baut auch *M.* (*Chalicodoma*) *pyrenaica* LEP. ihre Zellen aus einem erhärtenden, aber etwas feinerem Zement, in deren Außenbelag keine Steinchen eingefügt werden. Bevorzugte Nistplätze stellen die Unterseiten von Dachziegeln dar. Da diese Art gern in größeren Gesellschaften nistet, nehmen die Nistkolonien oft gewaltige Ausmaße an. So berichtet FABRE über Fälle, in denen tausende von Individuen gemeinsam nisteten, so daß die Ausdehnung des Nistplatzes mehrere Quadratmeter umfaßte. Dabei ist allerdings zu bemerken, daß jedes Weibchen für sich seine eigenen Zellen baut. Nur bei der Herstellung der Zementdecke soll gemeinsame Arbeit geleistet werden. Bezug alter verlassener Bauten ist eine häufige Erscheinung. Etwas abweichend in der Auswahl des Platzes für die Nestanlage verhält sich *Ch. rufescens* PÉR., die nach FABRE 6—10 senkrecht gestellte Zellen um Zweige herumbaut, die dann nachträglich ebenfalls mit einer dicken Zementlage umgeben werden. Verwendung pflanzlichen Materials wurde von FERTON für *Ch. lefeburei* LEP. nachgewiesen. Die Zellen selbst werden hier zunächst wie bei anderen Arten aus mit Speichel durchfeuchtetem trockenem Gesteinsstaub in irgendwelchen Vertiefungen an Steinen ausgeführt, dann aber mit einem Überzug aus zerkauten Blättern, die das Weibchen in Gestalt von kleinen Kugeln von etwa 3 mm Durchmesser heranschafft, überzogen. Solange der pflanzliche Zement noch feucht ist, holt die Biene Steinchen herbei, die sie sorgfältig gegen die Unterlage drückt und darauf festkittet. Das Gewicht dieser Steinchen schwankt zwischen 0,02 und 1,14 g, wobei ein Durchmesser bis zu 8,5 mm beobachtet wurde. Haftet der Stein an der Unterlage, so wird neuer Blattkitt beschafft, derselbe neben der vorher behandelten Stelle ausgestrichen und mit der Pflasterung fortgefahren. Das Gesamtgewicht der 46 Steine eines Nestüberzuges betrug 2,88 g. Als FERTON von einem im Bau befindlichen Neste den letztangefügten Stein entfernt hatte, nahm die Biene davon offensichtlich keine Notiz, sondern es blieb bei der Weiterbehandlung eine Lücke an der betreffenden Stelle bestehen. Gelegentlich fand FERTON diese Art in *Helix*-Gehäusen nistend, während sie gewöhnlich in Steinhöhlungen baut, wobei sie unter Umständen auch die Eingänge benachbarter Höhlungen vermauert. Harz verwendet diese Art nicht. Die in die Untergattung *Pseudomegachile* gestellte *M. ericetorum* LEP. führt in Gängen (z. B. altem *Anthophora*-Nest) ihre Linienbauten auf. Die einzelnen Zellen werden aus Lehm aufgemauert und mit einem Harzüberzug im Innern versehen. Sie sind nach Höppner so ineinandergefügt, daß der Deckel einer hinteren Zelle gleichzeitig den Boden der davorgelegenen bildet. Auch die in die gleiche Gruppe gehörige *M. flavipes* Spin. baut nach Gutbier ähnlich. Bei *M. (Paramegachile) sericans* Fonsc. fand Ferton eine recht eigenartige Bauweise. Angelegt werden die Zellen in Erdgängen, die aber nicht von der *Megachile* herrühren, sondern ihre Entstehung irgendeinem anderen Insekt verdanken. Die Außenwand der Zellen wird von unregelmäßig geschnittenen Blattstücken, die sich decken, gebildet. Ein gewisser Zusammenhalt zwischen diesen Blattstücken wird durch geringe Mengen zerkauter Pflanzenteile, denen vielleicht etwas Speichel beigemengt ist, erzielt. Darauf folgt nach innen eine dicke Lage aus pflanzlichem Zement, dem kleine Steinchen eingebettet sind, und weiter nach innen noch eine Austapezierung der Zelle durch Blattstücke. Durch die Zwischenlage erhält die Zelle eine erhöhte Festigkeit. Eine ähnliche Zusammensetzung zeigt auch der Verschlußpfropf. Der Nesteingang wird durch einen Zement aus zerkauten Pflanzenteilen und Sandkörnern geschlossen. Abweichende Beobachtungen Fabres dürften nach Ferton auf eine irrtümliche Bestimmung der untersuchten Art zurückzuführen sein. Fahringer fand ein Nest dieser Art aus zwei aufeinanderfolgenden Zellen bestehend im Fraßgang eines Bockkäfers in *Sarothamnus*. Als Wandbelag sollen zusammengekittete Ausschnitte aus Rosenblättern gedient haben Eine Scheidewand soll zwischen den Zellen gefehlt haben Diese von dem Fertonschen Befunde gänzlich abweichende Nistweise legt die Vermutung nahe, daß auch hier ein Bestimmungsfehler vorliegt, da die Nestbauinstinkte im allgemeinen nur eine geringfügige Variabilität zu zeigen pflegen. Die große Masse der *Megachile*-Arten führt ihre Zellwände aus Blattschnitten auf. Dies kann im allgemeinen aber nur in geschützter Lage geschehen, da das Material gegen Witterungseinflüsse nicht genügend widerstandsfähig ist. Besonders Nistgänge anderer Hymenopteren im Boden oder in Pflanzenteilen, Bohrgänge im Holz, (Abb. 92 b), daneben aber auch hohle Pflanzenteile und die verschiedenartigsten anderen Hohlräume werden zur Nistanlage benutzt. Manche unserer Arten wie *argentata* F., *maritima* K., *analis* Nyl. u. a. scheinen im Erdreich, *centuncularis* L., *bombycina* Pall. u. a. dagegen in Pflanzenteilen zu nisten. *Meg. willughbiella* K. nistet sowohl in Holz wie im Sande. Von der *M. bombycina* sind besonders die Nester in Rohrhalmen bekannt. Verfasser fand dagegen in Kurland ein Nest in einem in einer Scheune liegend eingebauten Stamm. Die Eingangsöffnung lag in einer alten Astnarbe. Mehr als 20 Weibchen schlüpften an dieser Stelle ein und aus. Leider gestatteten die Verhältnisse keine nähere Untersuchung des Nestes. Es kann aber wohl keinem Zweifel unterliegen, daß jedes Weibchen für sich im Innern seinen eigenen Zellbereich versorgte und daß nur die Einflugöffnung eine gemeinsame war. Für die Herstellung der Zellwände werden im allgemeinen Ausschnitte aus den Laubblättern verschiedenster Pflanzen, besonders von Bäumen und Sträuchern gewählt, selten kommen Blütenblätter, noch seltener weiche, häutige Birkenrindenstücke zur Anwendung, innerhalb eines Nestes gewöhnlich nur die Ausschnitte aus einer bestimmten Blattart. Mit den Mandibeln schneidet das bauende Weibchen entweder große elliptische oder kleinere kreisrunde Blattstücke vom Blattrand her aus und trägt diese im Fluge — sie mit den Beinen haltend — an den Nistplatz. Die Ausschnitte fallen durch ihre Regelmäßigkeit leicht auf und sind unverkennbar (Abb. 104). Vielfach findet man auch

Abb. 104. Blattschnitte von *Megachile maritima* K. an Birke.

bogenförmige Einschnitte, die aber nicht zum Abtrennen eines Blattstückes geführt haben. In solchen Fällen dürfte das Weibchen bei seiner Tätigkeit gestört worden sein und ist dann nicht wieder an diesen Platz zurückgekehrt, sondern hat an einer anderen Stelle seine Arbeit neu begonnen. An Stellen, wo *Megachile*-Arten häufig sind, können die Tiere durch ihre Blattschneiderei dem Pflanzenwuchs nicht unerheblichen Schaden zufügen. So fand Verfasser wiederholt kleinere buschige Birkensträucher, die kaum ein unverletztes Blatt aufwiesen, bei denen aber den verletzten Blättern durchschnittlich $1/4$—$1/3$ der Blattfläche fehlte. Ähnliche Schädigungen beobachtete SAJÓ in Ungarn an Fliedersträuchern. Auch Rosen haben oft stark darunter zu leiden. Die Größe der Ausschnitte hängt außer von der Größe der Biene besonders von dem Durchmesser des bezogenen Nistganges ab. So berichtet SAVIN, wie je nach dem Durchmesser von künstlichen Bohrgängen in Holz, die einer *Megachile*-Art als Nistgelegenheit geboten wurden, die betreffenden Individuen verschieden große Stücke schnitten. Dabei zeigten sich auch individuelle Schwankungen in der zum Erbauen der Zellen nötigen Zeit. Die größeren elliptischen Stücke dienen als Seitenwände der Zellen und werden der Wand des Nistganges angelegt. Da eine einzelne Lage von etwa drei Stücken nicht ausreicht, um das Zellinnere vollständig gegen die Wand abzuschließen, werden die Lücken durch eine weitere Lage gedeckt, der noch eine dritte nach innen folgen kann. Rollt man diese Blattstücke auseinander, so sieht man, daß sie an der Bodenseite der Zelle nach innen zu umgebogen sind und so auch dort einen dichten Abschluß gegen die Umgebung bilden. Als Zelldeckel dienen eine Anzahl der kleineren runden Blattscheiben, die etwas vom vorderen Rand der Zelle entfernt in diese eingesenkt liegen. In dem durch die Einsenkung gebildeten Kragen steckt der Boden der folgenden Zelle. So können in Linienbauten eine größere Anzahl der aus Blattstücken aufgebauten Zellen aufeinanderfolgen. Als Hauptverschluß des Nestes findet man vielfach eine dicke Lage von hintereinander aufgestapelten Blattscheiben. Soweit bekannt, verwenden unsere einheimischen tapezierenden Arten kein besonderes Bindematerial, etwa Speichel, um ein festeres Aneinanderhalten der einzelnen Blattstücke zu erzielen. Immerhin wären daraufgerichtete spezielle Untersuchungen sehr erwünscht. In einzelnen Fällen wird auch eine Wandauskleidung des Ganges vor Anlage der Zellen erwähnt. Besonders auffällig ist dies bei solchen Arten, die Hohlräume beziehen, deren Durchmesser bedeutend größer ist als der der Zellen. Dies ist z. B. bei *M. genalis* MOR. der Fall, die eine Vorliebe für das Innere von Zwiebelstengeln zu besitzen scheint. Hier findet sich als äußere Lage eine hinfällige Tapete aus Himbeerblattstücken der inneren Stengelwand angeschmiegt. In dem von DUDICH beschriebenen Falle betrug nach FRIESE der größte Durchmesser 38 mm, während die größte Zelle 1 cm dick war. Die Zellen selbst sollen widerstandsfähig gewesen sein. Die Verwendung pflanzlichen Materials verschiedener Herkunft in ein und derselben Zelle ist verschiedentlich beobachtet worden. So beschreibt FERTON eine Zelle der *M. octosignata* NYL., deren äußere Lagen aus jüngeren Kastanienblättern bestanden, die wegen ihrer leichteren Biegsamkeit besser verwendbar sind als ältere Blätter; das Innere war von zwei Lagen *Rubus*-Blättern, die wegen ihrer Weichheit besonders geeignet erscheinen, ausgekleidet. *M. thevestensis* FERT. verwendet als äußere Nesthülle größere, derbe Blattstücke, das Innere wird mit Teilen von *Verbascum*-Blüten austapeziert. *M. alpestris* FR. aus Chile kleidet nach FRIESE die einzelnen Zellen des in eine Gesteinsspalte eingebauten Nestes mit Blütenblättern aus. Auf diese folgt nach außen eine „harzähnliche, etwa 1 mm dicke Schicht, die erdige Bestandteile enthält". An diese Schicht sind außen, soweit sie nicht direkt dem Gestein aufliegt, kleine graugrüne Blattstückchen von 4—5 mm Länge und 1—1 $^1/_2$ mm Breite aufgeklebt. Weiße, dünnhäutige Birkenrinde als Nistmaterial verwendet *M. analis* NYL., und zwar werden die Zellen nach dem gleichen Bauplan ausgeführt, wie von den aus Blattausschnitten bauenden Arten. Größere ovale Stücke werden für die Seitenwände, kleinere kreisrunde als Zelldeckel benutzt. Im übrigen wird auch der Nistgang mit größeren, länglichen Rindenstücken im ganzen ausgekleidet. Sind auch mehrere derartige Nester, die von *M. analis* hergestellt wurden, bekannt, so fanden doch C. G. THOMSON und ALFKEN Nester aus Birken- und HÖPPNER aus Eichenblättern. Die Art würde demnach zwei verschiedene Nistmethoden besitzen. Man sollte aber einmal aus Blätter- und aus Rindennestern gezogene Tiere miteinander vergleichen. Es ist nicht ausgeschlossen, daß diese in ihrer Ökologie so verschiedenen Weibchen auch morphologisch als Rassen unterscheidbar sind. Bei solchen Arten, die in Rohrhalmen nisten, sind nach GUTBIER die Zellen gelegentlich nur durch die Blattscheiben als Querwände getrennt und die Seitenwände der Zellen kommen ganz in Fortfall. Auch Freibauten aus Blattausschnitten werden erwähnt, z. B. für die indische *M. anthracina* SM. Derartige Nester erfordern naturgemäß eine geschützte Lage und außerdem die Anwendung eines Klebstoffes. Leider fehlen diesbezügliche Angaben.

Die Bauten von *Trachusa* findet man bei uns in lockerem Sande. FRIESE beobachtete Nistgänge von 12—15 cm Länge, an deren Ende 1—3 Zellen (Abb. 99d) lagen, und auch verzweigte Gänge mit vier Zellen. In den vom Verfasser beobachteten Fällen war der horizontale Gang nur wenige Zentimeter tief und höchstens zur Aufnahme von zwei Zellen geeignet, doch fand sich bei wiederholten Nachgrabungen stets nur eine einzelne Zelle. Die Festigkeit des Sandbodens ist vielleicht für die Länge des Ganges und damit auch für die Zellenzahl maßgebend. Diese der Gattung *Anthidium* nahestehende Biene betätigt sich auch noch als Blattschneider, und zwar werden nach verschiedenen Beobachtungen Blätter vom Weideröschen (*Epilobium*), Weiden, Birken, Buchen u. a. in Form von Streifen, die etwa 2 cm lang und 2—3 mm breit sind und deren Ränder im Gegensatz zu *Megachile*-Blattschnitten gesägt erscheinen, geschnitten. Verhältnismäßig selten werden nach HACHFELD in der gleichen Zelle verschiedene Blattarten verwendet. Während des Schneidens wird dieser Streifen offensichtlich spiralig aufgerollt und so zwischen den Vorderbeinen in die Niströhre eingetragen. Dort soll er sich nach FRIESE dank eigener Elastizität der Wand anlegen. Ist der selbstgegrabene Gang so austapeziert, dann werden kleinere Blattstückchen an das Ende des Ganges als Zellboden gebracht. Ist auch dies geschehen, so holt die Biene unregelmäßige Klümpchen von Kiefern- oder Fichtenharz herbei, die nach FRIESE 4 mm lang und 2 mm breit sind, nach Beobachtungen des Verfassers aber kaum der Größe eines Stecknadelglaskopfes gleichkamen. Dieses Harz wird nicht portionsweise verbraucht, sondern wie neuerdings HACHFELD festgestellt hat, solange aufgesammelt, bis der Bedarf für die Herrichtung einer Zelle gedeckt ist. Mit ihm werden dann die Blattlagen durchtränkt, so daß nach dem späteren Erhärten formbeständige, zum Vorderende verjüngte Zellen erhalten bleiben. Verschlossen wird die Zelle durch kleinere, unregelmäßig geschnittene, mit Harz verklebte Blattstücke. Im übrigen scheint das verwendete Harz längere Zeit halbflüssig zu bleiben, da Zellen, die Verfasser in eine Schachtel gelegt hatte, am Boden derselben festklebten. Eine ganz ähnliche Nistweise aus mit Harz verklebten Blattstreifen hat FERTON für *Anthidium foliivolutor* FERT. be-

Abb. 105. Harzzelle von *Anthidium strigatum* Pz., daneben Reste einer zweiten an einem Stein.

schrieben. Sonst ist für *Anthidium* die Verwendung von Blättern oder Blattstücken nicht beobachtet worden.

Innerhalb der Gattung *Anthidium* hat die Benutzung von Harz eine weitere Verbreitung erlangt. Dies Material ist einerseits wegen seiner Knetbarkeit leicht zu verarbeiten, andererseits ist es auch wetterbeständig genug, um für die Errichtung von Freibauten in Frage zu kommen. Das mediterrane *Anth. sticticum* F. nistet nach FERTON in Gehäusen von *Helix* oder *Cyclostoma*, die es mit durch Harz zusammengekitteten Materialien verschließt. Dieser Verschluß kann in seiner Zusammensetzung wechseln. Schalentrümmer, darüber eine Lage aus Steinchen und Pflanzenteilen und andere Stoffe, alles untereinander verklebt, bilden den Deckel, der jedoch gelegentlich auch nur aus einer dünnen Schicht bestehen kann. Ähnliche Harzdeckel mit eingemengten Steinchen errichten auch *A. 7-dentatum* LATR. und *bellicosum* LEP. Mitunter gräbt das Weibchen das Schneckenhaus noch ein, in anderen Fällen, besonders unter Steinen, beläßt es dasselbe an Ort und Stelle. Den ausgiebigsten Harzgebrauch finden wir unter den einheimischen Bienen bei *A. strigatum* Pz. Diese kleine Biene, deren Nester (Abb. 105 u. 106) man an geeigneten Stellen gar nicht allzu selten findet — meist allerdings schon geschlüpft, da sich auch vorjährige Zellen erhalten unddurch die Öffnungen leichter auffallen —, konstruiert aus Harz (bei uns kommt wohl ausschließlich Kiefernharz zur Anwendung) ovale Zellen von etwa 8 mm Länge. Diese werden in einspringenden Winkeln oder an der unteren Seite von hohl liegenden Steinen angeheftet, sind von PÉREZ sogar in *Lychnis*-Kapseln gefunden worden, und laufen nach unten in eine zapfenförmige Spitze aus. An frischen Zellen erscheint die Oberfläche rauher und die Spitze länger. Die Wandung der Zelle ist nach FRIESE etwa 1 mm dick. Die Zellen sind meist zu kleinen Gruppen vereinigt, gewöhnlich zwei oder drei beieinanderstehend. An günstigeren Stellen können auch mehr Zellen (bis zu acht beobachtet) angeheftet werden. Über die Bedeutung des Fortsatzes sind verschiedene Ansichten geäußert worden. FRIESE nimmt an, daß die „frei nach abwärts vorragende Röhre zuerst gebaut wird, um den Pollenklumpen hinreichend mit Luft gegen etwaige Schimmelbildung zu ventilieren. Nach Schluß der Zelle bleibt dann die Luftzirkulation wohl von unten her bestehen (?)“. An eine Abtropfvorrichtung für Niederschläge kann wohl kaum gedacht werden, da die Nester schon im allgemeinen durch ihre Lage gegen Regen geschützt sind. Ich glaube, daß die betreffende Vorrichtung mit dem Kokonzapfen in Verbindung zu bringen ist (s. Kapitel Respiration). Zu kleinen wabenähnlichen Gruppen vereinigt fand GUTBIER im Syrdarjagebiet die Zellen von *A. limbiferum* MOR. in den Bauten der *Xylocopa olivieri* LEP., wo sie entweder dem Zellkomplex der letzteren aufsaßen oder in dem Hauptgang des Nestes errichtet wurden. Das als „Wachs“ angesprochene Material dürfte, wie auch FRIESE vermutet, wohl kein körpereigenes Produkt darstellen, sondern wird vermutlich pflanzlicher Herkunft sein. Die Angabe, daß die Zellen mehrmals benutzt werden könnten, wobei der Kokon der vorhergehenden Generation der folgenden als Zelle dienen soll, scheint recht unwahrscheinlich, da dadurch der Raum stark eingeengt würde. Überaus zierliche Zellen errichtet das südamerikanische, bunt gefärbte *A. inerme* FR.

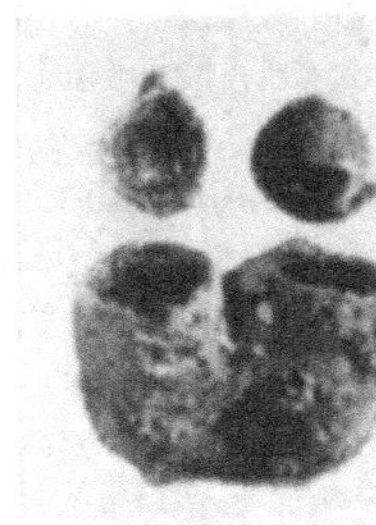

Abb. 106. Zwei Harzzellen von *Anthidium strigatum* Pz., aus denen als Parasit *Stelis signata* LATR. geschlüpft ist. Darüber die beim Schlüpfen abgetrennten Deckel.

Eine andere Gruppe von Anthidien wird als „Wollbienen“ bezeichnet. Diese treffende Benennung rührt daher, daß diese Tiere Pflanzenhaare abschaben und zu einem wolligen, watteartigen, dichten Gespinst verarbeiten. Aus diesem Material werden die Zellwände und eventuell auch die Auskleidung des ganzen röhrenförmigen Nestes errichtet. Für die Wollgewinnung werden die verschiedensten Pflanzen besucht. Neben den Haaren von Lippenblütlern finden die von Königskerze, Quitte, Edelweiß, Katzenpfötchen (Immortelle) u.a. Verwendung. Die Nistgänge scheinen im allgemeinen von den Wollbienen nicht selbst angelegt zu werden. Wie aber auch in anderen ähnlichen Fällen beobachtet, darf wohl angenommen werden, daß diese nach der Besitzergreifung für ihren speziellen Zweck hergerichtet werden. Die abgeschabte Wolle wird als Ballen nach FRIESE „zwischen der Kehle und den Vorderbeinen" portionsweise eingetragen und scheint dann im Neste zu einer Filzlage verarbeitet zu werden. Man kann jedenfalls sowohl bei *A. lituratum* Pz. (ENSLIN) wie bei *manicatum* L. nach eigener Beobachtung des Verfassers die die Zellen umgebende Wolle und die des Verschlußpfropfes wie Wattelagen abwickeln. Bezüglich des Nistplatzes scheinen die einzelnen Arten sich den verschiedensten Verhältnissen anpassen zu können. *A. lituratum* nistet ebenso in Bohrgängen in Pflanzenmark (*Sambucus*, *Rubus*, auch im *Phragmites*-Stengel [ENSLIN] und Umbelliferen), wie auch in Gallen (GRAEFFE) oder in *Helix*-Gehäusen, wo dann der Raum sogar eine Abweichung vom Linientyp gestattet und ein Nebeneinanderliegen von Zellen vorkommt. *A. manicatum* fand FRIESE im Hauptgang und verlassenen Zellen von *Anthophora fulvitarsis* BR. Verfasser beobachtete die gleiche Art einmal ebenfalls in einem *Anthophora*-Gang in einer Lehmwand (Abb. 99a), ein andermal in einem Winkel zwischen Feldsteinen in einer Scheunenwand. Leider konnte dieses Nest, bei dem der Linienbautyp kaum eingehalten worden sein dürfte, nicht freigelegt werden. *A. punctatum* LATR. nistet nach WESENBERG im Sandboden und legt dort seine Wollzellen an. Mit der genaueren Nestanlage des *A. lituratum* hat uns ENSLIN bekannt gemacht. Eröffnet man einen markhaltigen Pflanzenstengel, in dem sich ein Bau dieser kleinen Art befindet, (Abb. 100a) so sieht man einen weißen, im ganzen verfilzten Wattestrang, der die im Mark befindliche Röhre auf mehrere Zentimeter Länge ausfüllt. Die Nestöffnung ist durch einen Hauptverschluß, ebenfalls aus der gleichen Wolle bestehend, verschlossen, „während FABRE angibt, daß manchmal bei *Anthidium*-Arten der Hauptverschluß aus gröberer Wolle bestehe, wie die Umhüllung der Zellen". Die äußere, die Larvenkammer umgebende Watteschicht ist bei dieser Art zwar nur sehr dünn, läßt aber trotzdem bei ihrer dichten Verfilzung die dunklen Kokons nur schwach durchschimmern. Durch stärkere Wölbung heben sich die Kokons aus der Umgebung kaum heraus, so daß der ganze Strang zylindrisch erscheint. In einem anderen Falle fand Verfasser allerdings den Nistgang selbst an den betreffenden Stellen ganz leicht erweitert. Ohne weitere Schutzhülle liegt die Pollenmasse in den im Innern des Wattezylinders befindlichen, durch das gleiche Material getrennten Brutkammern. Auch die Wolle der Zwischenwände ist mit der äußeren Lage gleichmäßig verfilzt. Ein feines Häutchen, das ENSLIN außerhalb des eigentlichen Kokons fand, kann nur ein Produkt der Larve selbst sein. In einem vom Verfasser untersuchten Nest der gleichen Art, das aus Spanien stammte und in dickem Pflanzenmark angelegt war, fehlte der

Verschlußpfropf. Das Nest ist aber offensichtlich nicht vollendet. Das Weibchen scheint unmittelbar nach Versorgung der dritten Zelle und Eiablage nicht mehr zurückgekommen zu sein. So war die letzte Zelle erst etwa bis zur Hälfte mit ihrer Wattelage umgeben. Gleichwohl ist die Larve zur Entwicklung gekommen. Der Nistgang scheint schon früher in Benutzung gewesen zu sein; jedenfalls sind seine Wände in dem nicht benutzten Teil wesentlich dunkler als in dem Zellbereich. Daß die Art jedoch zu eigener Grabtätigkeit, also auch zur Anlage des Ganges fähig ist, scheint aus der Art des Schlüpfens hervorzugehen. Die Tiere haben nämlich beim Schlüpfen das Mark in weiter Umgebung zerschrotet und konnten so den mehr oder weniger durch davorliegende Zellen verstopften Gang umgehen. Etwas abweichende Bauverhältnisse fand Verfasser bei *A. manicatum* L. Hier fehlte die gemeinsame äußere, den ganzen Nistgang auskleidende Hülle. Der Zusammenhang zwischen den einzelnen Zellen ist dementsprechend ein viel lockerer. Auch die Querwände sind nur in geringem Maße miteinander verbunden, so daß jeder einzelnen Zelle ein eigener Deckel und Boden zukommt (Abb. 99a). Die Filzlagen selbst sind viel dicker und auch undurchsichtig. Man kann sie von den auseinanderfallenden Zellen abwickeln und sieht dann, daß Boden und Deckel der Zelle durch ein Umschlagen der äußeren Filzlage nach innen gebildet werden, also nicht durch besondere Wattepfropfen. Der Endverschluß des Nistganges, der als dicker Wattebausch aus der Lehmwand, in der das drei Zellen enthaltende Nest angelegt war, hervorragte, war aus dem gleichen Material gebildet, aber ließ sich nicht so regelmäßig aufwickeln. Im übrigen scheint die für die Herrichtung einer Zelle nötige Wattelage, wie aus dem beim Abwickeln zu beobachtenden Zerfall derselben in mehrere große Stücke hervorgeht, nicht im ganzen hergestellt zu werden, sondern in 4—5 Teilen, die nachträglich etwas miteinander verfilzt werden. Speichelanwendung seitens des Weibchens, wie sie für ein Verkleben denkbar wäre, konnte nicht beobachtet werden. Der Hauptverschluß folgte hier unmittelbar auf die vorderste Zelle des Ganges. Doch dürfte hier sehr wohl in Abhängigkeit von der Länge des Nistganges und der Zahl und Größe der Zellen in anderen Fällen ein leerer Zwischenraum bleiben, wie ihn Enslin bei *A. lituratum* feststellte. Freibauten aus Pflanzenwolle auf Palmenblättern sind von *A. truncatum* Sm. bekannt. Ebenfalls aus Pflanzenwolle führt die afrikanische, *Anthidium* nahestehende Gattung *Serapista* Freibauten an Zweigen auf. Ein von Friese beschriebenes Nest der *Serapista denticulata* Sm. war 6 cm lang und 3 cm breit und enthielt im Innern die Larvenkammern.

Recht eigenartige Verhältnisse weist die Gattung *Lithurgus* auf, von denen eine auch aus Mitteleuropa bekannte Art, *Lith. fuscipennis* Lep. durch Gutbier in Turkestan beobachtet wurde. Die Art nistet in verzweigten Gängen im Holz, wobei allerdings nicht angegeben wird, ob die betreffenden Gänge von der Mutterbiene selbst angelegt werden. In den Gängen wird die Pollenmasse ohne Abgrenzung einzelner Zellen gespeichert und wohl in bestimmten Abständen ein Ei dazugelegt. Die Larven sollen späterhin durch ihren eigenen Kot Scheidewände errichten und sich dann einspinnen. Ein Hauptverschluß wird nicht angelegt, während aber die Zweiggänge durch Holzmehlpfropfen verschlossen werden. Dagegen begrenzt *Lith. dentipes* Sm. von den Karolinen nach Friese seine in ähnlichen verzweigten Gängen angelegten Zellen gegeneinander durch abgeschabtes Holz, stapelt aber als besondere Eigentümlichkeit in Röhren, die nach oben verlaufen, Pollenvorräte, eine Erscheinung, die bei anderen solitären Bienen bisher nicht beobachtet wurde. Vielleicht sind aber auch in diesen Pollenröhren Eier in größeren Abständen abgelegt, die der Beobachtung entgingen.

Siebentes Kapitel.

Die Bauten der sozialen Hymenopteren.

Die Bauten der sozialen Bienen und Wespen können, wenn wir von den Anfangsstufen, wie wir sie unter den Bienen bei einigen *Halictus* kennen, absehen, als Produkt einer größeren Anzahl von Individuen entsprechend größere Dimensionen erreichen. Hinzukommt eine weitergehende Differenzierung einzelner Elemente für bestimmte Zwecke, besonders auch die Anlage von besonderen Vorratsräumen, durch deren Inhalt das betreffende Hymenopterenvolk seinen Bestand über ungünstige Zeiten hinweg sichern kann. Vorausgesetzt, daß den oben geschilderten Nistverhältnissen des *Lithurgus dentipes* Sm. kein Beobachtungsfehler zugrunde liegt, würden wir dort in der Reihe der bauchsammelnden Bienen dem Stapeln von Vorräten zum ersten Male begegnen. Dabei ist aber zu bedenken, daß die sozialen Apiden aus der Reihe der Beinsammler stammesgeschichtlich ihren Ursprung genommen haben, das dortige vereinzelte Vorkommen von Nahrungsspeicherung also eine Konvergenzerscheinung darstellt. Im übrigen ist das Ansammeln von Vorräten durchaus nicht allen sozialen Hymenopteren eigen, fehlt vielmehr in der Familie der Vespiden größtenteils. Unterschiede in der Zellgröße für die Aufzucht der Weibchen und Männchen sind keine Eigentümlichkeit der sozialen Hymenopteren. Einmal sind vielfach bei den sozialen Hymenopteren die betreffenden Zellen in ihrer Größe nicht geschieden, dann aber finden wir auch bei den solitären schon Zellgrößenunterschiede, weniger bei den Grab- als bei den Baunistern, wobei kleinere Zellen für die Männchen, größere für die weibliche Brut errichtet werden.

Körpereigene Produkte finden bei den sozialen Vespiden im Gegensatz zu den Apiden niemals Verwendung. Wachsausscheidung ist eine Eigentümlichkeit der höheren sozialen Apiden und einiger wenigen solitärer Formen. Als Baumaterial für die Nester dienen hier, abgesehen von den lediglich als Bindemittel benutzten Speichelsekreten, pflanzliche und mineralische Stoffe. Zerkaute Holzfasern mit dem in Wasser, Alkohol und dünneren Säuren unlöslichen Speichel verkittet, bilden das charakteristische, leicht brüchige „Papier“ unserer einheimischen *Vespa*-Arten. Etwas widerstandsfähiger als das zum Aufbau der Hülle verwendete Material ist meist das der Zellen. Im übrigen ist auch die Festigkeit des Papiermaterials schon bei unsern einheimischen sozialen Wespen artenweise verschieden. Nächst der hüllenlosen Wabe unserer Feldwespen (*Polistes*), die am widerstandsfähigsten ist, erzeugt *V. media* Deg. auch noch einigermaßen dauerhaftes Papier. Dagegen ist die von *V. saxonica* F. produzierte Masse viel hinfälliger. Die mikroskopische Untersuchung ergibt zwar bei *V. saxonica* F. eine recht feine Verteilung der Faser. Doch ist das Gefüge im ganzen lockerer als bei den gröberen Fasern der *V. media*. Immerhin dürften hier wohl auch je nach der Art des verarbeiteten Holzes Verschiedenheiten vorkommen. Die Farbe des Nestes hängt von der Farbe der gerade zernagten Holzfasern ab. Am häufigsten trifft man unsere Wespen beim Nagen am grauen Holz von Pfosten, Lattenzäunen, Telegraphenmasten und ähnlichem. Das bei dieser Gelegenheit mit den Mandibeln abgerissene Holz wird weiter zerkleinert und mit einem aus den Thoraxdrüsen stammenden Speichel durchfeuchtet als kleiner Ballen eingetragen, um dann im Nest weiterverarbeitet und am geeigneten Orte mit den Vorderbeinen und den Mandibeln aufgetragen und unter Rückwärtsschreiten zu einer dünnen Lamelle ausgezogen zu werden. Wird nicht nur graues Holz verarbeitet, sondern dazwischen auch anders gefärbtes, so kann man deutlich an der dadurch zustandekommenden Streifung erkennen, wieweit ein eingetragener Holzbreiballen sich ausarbeiten läßt. Außer dem Holz entnehmen die Wespen ihr Baumaterial auch gern von aufgefundenen Papierfetzen. War das Papier irgendwie gefärbt, so kehren entsprechend buntgefärbte Querstreifen an Wabe und Hülle, bzw. Längsstreifen an den sogenannten „Säulen" wieder. Eine besonders bunte derartige Wabe verdankt Verfasser der Liebenswürdigkeit von Prof. Forel. Das betreffende Volk von *Vespa vulgaris* L. hatte sich in einer Kiste, in der farbige Schnüre und Tuche lagen, niedergelassen. Die Wabe ist entsprechend grün, rot, blau und violett gestreift, dazwischen hell bräunlichgrau in einer Tönung, die mit der der Holzkiste übereinstimmte. Bei *Chartergus* besteht besonders die äußere Nesthülle aus einer recht festen, pappeartigen Masse, die eine besonders starke Durcharbeitung der Holzfaser vermuten läßt.

Die Verwendung von mehr oder weniger reinen oder mit Holzfasern vermischten mineralischen Baustoffen kommt sowohl bei *Vespa orientalis* L. wie auch bei einigen südamerikanischen *Polybia*-Arten vor. (Abb. 117). Bei *V. orientalis* könnte diese Erscheinung vielleicht aus dem Holzmangel der betreffenden Gegenden — aus Mesopotamien stammen die an Mineralstoffen reichsten Nester — erklärt werden, während auf die betreffenden *Polybia*-Arten ein derartiger Erklärungsversuch kaum ausdehnbar ist. v. Schulthess schreibt bezüglich des Nistmaterials der *Vespa orientalis*: „Meine Nester bestehen ausschließlich oder beinahe ausschließlich aus mineralischem Material. Werden sie mit HCl behandelt, so löst sich die Nestsubstanz unter starkem Brausen, besonders bei den asiatischen Nestern, auf, und es bleibt nur eine sehr geringe Menge undefinierbarer Zerfallstoffe übrig. Unter dem Mikroskop sieht man nichts als Detritus und ganz vereinzelte pflanzliche Überreste. Eine Analyse (Ausglühen) ergab, daß die in der Wabe befindlichen organischen Bestandteile höchstens 50 vH des Gesamtgewichtes betragen, inbegriffen Drüsensekrete der Puppe" (wohl richtiger Larve). Aus dem vereinzelten Vorkommen mineralischen Baumaterials innerhalb der Gattung *Vespa* und auch innerhalb der Gattung *Polybia* geht ohne weiteres hervor, daß die betreffende Technik in beiden Gruppen unabhängig voneinander erworben wurde. Die Verwendung von Pflanzenfaser ist jedenfalls bei den sozialen

Wespen das ursprünglichere Verfahren, wenn sie auch bei solitären Wespen erst auf dem Wege über mineralische Baustoffe erreicht wurde.

Besitzen auch die Wespennester durch ihre fast allgemein aus sechseckigen Zellen bestehenden Waben untereinander eine große Ähnlichkeit, so kann man doch bezüglich der Entstehungsweise der Waben zwei prinzipiell verschiedene Typen unterscheiden. Es ist ein Verdienst H. DE SAUSSURES, diese Verschiedenheiten als ein Einteilungsprinzip der Wespenbauten angewandt und damit zugleich die Grundlagen für eine natürliche Systematik der sozialen Wespen gefunden zu haben.

Die beiden verschiedenen Nesttypen werden als stelocyttarer und phragmocyttarer Typ unterschieden (Abb. 107). Die stelocyttare Bauweise kann am einfachsten an den Nestern unserer einheimischen *Vespa*- Arten (Abb. 108) studiert werden. Öffnet man die Hülle eines solchen Nestes, so sieht man, wenn es sich nicht gerade in den ersten Anfängen seiner Entwicklung befindet, mehrere übereinander in Stockwerken angeordnete Waben,

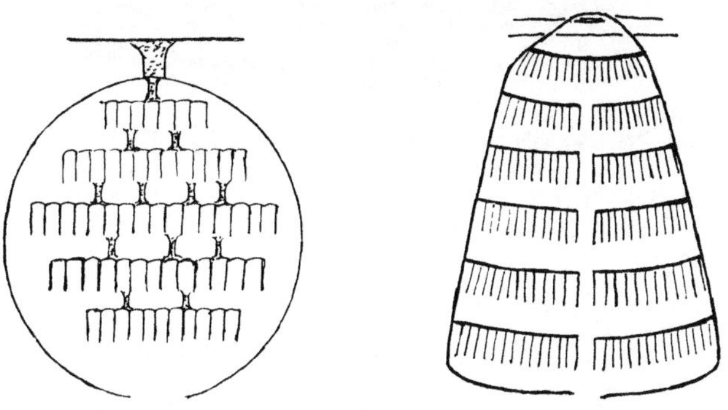

a. b.

Abb. 107. Schema eines stelocyttaren (a.) und eines phragmocyttaren (b) Wespennestes (nach BISCHOFF).

zwischen denen Strebepfeiler aufragen. Durch diese Pfeiler oder Säulen hängen die einzelnen Waben aneinander. Die Säulen sind zwar aus dem gleichen Baumaterial wie Hülle und Zellen, jedoch wesentlich fester verarbeitet. Man erkennt an ihnen, daß das Material in der Richtung der Längsachse der Säule angetragen wurde, während die Querstreifen der Zellwände deutlich die horizontale Aufschichtung derselben sichtbar macht. Statt der einzelnen Pfeiler findet man vielfach Verschmelzungen derselben zu zusammenhängenden festen Lamellen, die sich dann mit ihren Kanten mit den Wabenflächen verbinden und über mehr oder weniger weite Strecken derselben dahinziehen. Diese Lamellen werden offensichtlich bei stärkerer Belastung der Waben aufgeführt. Besonders häufig und kräftig entwickelt findet man sie an der obersten Wabe des Hornissennestes, aber auch z. B. zwischen den Waben von *V. saxonica*. Der Verlauf der Bänder zeigt nach STADLER „die größte Ähnlichkeit mit den Gekröseansätzen an der Hinterwand der menschlichen Bauchhöhle". Eine Verbindung der Waben mit der bei *Vespa* das Nest umgebenden Hülle ist nicht vorhanden. Überall können die Wespen seitlich zwischen Waben und Hülle von einer zur andern Wabe gelangen. Ebenso fehlen Durchgänge in den einzelnen Waben, die gewissermaßen je eine zusammenhängende Platte darstellen. Hin und wieder findet man allerdings auch zwischen den Waben und der Hülle hergestellte Verbindungen, doch sind diese wohl nur durch spezielle örtliche Verhältnisse bedingt, können also keineswegs mit den konstanten Verbindungen zwischen Wabe und Hülle, wie wir sie beim phragmocyttaren Bau finden, verglichen werden. Nur auf der Unterseite der Waben befinden sich die mit der Öffnung nach unten zeigenden Zellen. Betrachtet man die nach oben gekehrte Seite der Wabe, so sieht man, wie jeder Zelle eine Vorwölbung der Rückwand als Zellboden ent-

Abb. 108. Nest von *Vespa vulgaris* L. Hülle teilweise entfernt; im Inneren die durch Säulchen verbundenen Waben.

spricht, eine durch die Entstehungsgeschichte verständliche, charakteristische Eigentümlichkeit der stelocyttaren Wabe. Betrachtet man den Rand der Wabe, so sieht man dort kleine, muschelförmige Ansätze als Grundlage der neuen Zellen, die sich in den einspringenden Winkel zwischen zwei oder drei benachbarte Randzellen einschieben. Beim Vergleich der im Bau befindlichen Zellen fällt auf, daß deren Durchmesser zur Mündung hin allmählich zunimmt. Da dies bereits bei den zentralen Zellen der Fall war, wie sich ohne weiteres ergibt, wenn man das auf der Oberseite der Wabe befindliche Muster der Zellböden mit dem Sechseckmuster der offenen Zellseite vergleicht, so müssen die einzelnen Zellen eine hornförmig gebogene Gestalt annehmen. Mit der Vergrößerung der Waben, die an der ganzen Peripherie erfolgt, ergibt sich, wenn die Randzellen nicht eine übermäßige Länge erreichen sollen, eine Aufbiegung der

Wabenränder nach oben. Bei manchen Arten, z. B. *V. germanica* F. und *vulgaris* L., ist dagegen die Größendifferenz zwischen Zellböden und Mündung verhältnismäßig gering; hier erscheinen dann auch die einzelnen Zellen wesentlich regelmäßiger, fast prismenförmig und die Bodenfläche der Wabe im ganzen eben. Nur der von der Volksmutter angelegte Kern der ersten Wabe (Abb. 109) pflegt bei *V. vulgaris* deutlich gewölbt sich nach oben über die allgemeine Wabenfläche emporzuheben, während die später von den Arbeiterinnen gemachten Anbauten viel regelmäßiger sind. An der ersten Säule, die das Weibchen als Aufhängevorrichtung für die erste Wabe gebaut hat, oder an anderen neu entstehenden Waben bilden diejenigen Zellen, die mit der Säule zusammen angelegt werden, den Wabenkern. Um diesen gruppieren sich die nächsten Zellen zunächst als muschelförmige Taschen. Hierbei sind in der Aufeinanderfolge und An-

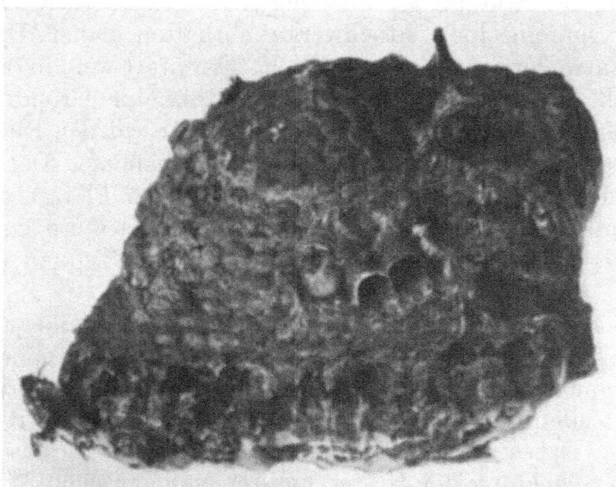

Abb. 109. Stück einer Wabe von *Vespa vulgaris* L. Auf der Oberseite der Wabe als Abnormität liegende Zellen. Der Wabenanfang (Wabenkern) ist stärker gewölbt.

ordnung gewisse Gesetzmäßigkeiten zu erkennen, die die junge Wabe eine elliptische Gestalt annehmen lassen. Aus der Aufeinanderfolge der einzelnen Zellen kann man erkennen, daß die neu angelegten Zellen sich um vier mittlere anordnen. Späterhin scheint sich die Wabengestalt mehr den räumlichen Verhältnissen anzupassen. Umgeben ist der Wabenkomplex bei *Vespa* von einer Hülle, die das Nest bis auf ein unten, seltener an den Seiten liegendes Flugloch verschließt. Auch im Bau dieser Hülle herrscht eine große Mannigfaltigkeit, selbst bei verschiedenen Völkern einer Art in Anpassung an die Umwelt. Auf verschiedene Einzelheiten des Baues von *Vespa* wird weiter unten noch näher einzugehen sein. Das Charakteristische des stelocyttaren Bautyps ist das Aneinanderbauen von Zellen zu Waben, die untereinander durch Säulen oder Bänder befestigt sind, mit der Hülle aber — wenn eine solche vorhanden ist — nur in loser Verbindung stehen. Außerdem lassen die

Waben keine Durchtrittsöffnungen. Die Hülle kann, wie bereits erwähnt, vorhanden sein oder fehlen (calyptodome und gymnodome Nester). Ein weiteres Einteilungsprinzip der stelocyttaren Nester bezieht sich auf die Anheftung der Waben. Entwickelt sich die Wabe nach den verschiedenen Richtungen mehr oder weniger gleichmäßig oder schwach exzentrisch, so spricht man von rectiniden Nestern. Findet dagegen der Anbau neuer Zellen in der Weise statt, daß langgestreckte Zellreihen nur nach einer Seite entstehen, so werden derartige Nester laterinid genannt. Auf diese verschiedenen Bautypen wird später näher eingegangen werden.

Die phragmocyttare Nistweise ist in der einheimischen Fauna nicht vertreten, dagegen in den Tropen weitverbreitet. Hier bildet die Nesthülle einen wesentlichen Bestandteil des Nestes, da die Waben mit ihr in direkter Verbindung stehen und gewissermaßen durch sie getragen werden, während Stützpfeiler zwischen den Wabenstockwerken nicht entstehen. Die einzelnen Stockwerke enthalten daher Durchgangsöffnungen, entweder zentral oder seitlich. Erweitert werden diese Nester dadurch, daß auf der unteren Seite der Nesthülle als Grundfläche neue Zellen angelegt werden. Infolgedessen sind hier auf der Rückseite der Waben keine Vorwölbungen von Zellböden vorhanden. Der Bau kann auf irgendeiner Stelle auch an mehreren getrennten Plätzen der Grundfläche begonnen werden. Weiter bringt diese Nistweise eine größere Regelmäßigkeit der Zellen mit sich, da hier die Biegung der Zellen fortfällt.

Daß gewisse Übergangsformen zwischen der phragmocyttaren und stelocyttaren Bauweise vorkommen können bzw. daß eine Art, die normal phragmocyttar baut, auch nach Art stelocyttar nistender Wespen gelegentlich Zellen (Abb. 117) errichten kann, wird bei der Besprechung der einzelnen Gattungen erwähnt werden.

Die Unterscheidung der Nester unserer einheimischen Wespenarten macht mitunter Schwierigkeiten; allerdings wird man schon nach der Zellgröße den Bau einer Hornisse niemals mißdeuten können. Die Schwierigkeiten, die sich bei der Bestimmung der Nester ergeben, beruhen auf der mehrfach erwähnten großen Anpassungsfähigkeit der Wespen an die verschiedensten Verhältnisse. Namentlich kann die ober- oder unterirdische Anlage eines Nestes nicht ohne weiteres als charakteristisch angesehen werden. Bezüglich der Auswahl des Nistplatzes kann man zwar einige Arten als vorzugsweise oberirdisch, andere als unterirdisch bezeichnen. Doch muß man sich vor Verallgemeinerungen hüten. Die Hornisse nistet zwar bei uns hauptsächlich in hohlen Bäumen, besonders Eichen, oder auch an der Decke von Gebäuden, doch kommen auch gelegentlich Nester im Erdboden vor. *V. media* konstruiert ihre Nester wohl immer oberirdisch an Baumzweigen freihängend und entsprechend widerstandsfähig. Ein Nest dieser Art fand Verfasser jedoch so dicht über dem Boden, daß es die Laublagen berührte und die Wespen selbst ihren Weg zum Nesteingang unter den welken Blättern am Boden suchten. Die in der Umgebung des Nestes stehenden Grashalme waren in die Hülle mit eingebaut. Die gerade bei dieser Art verhältnismäßig feste Hülle läßt eine Anpassung an die freie Nistweise vermuten. Auch von *V. saxonica* und *silvestris* scheinen keine rein unterirdischen Nester bekannt geworden zu sein. Doch beobachtete Verfasser ein kleines Nest der *V. silvestris*, das teilweise in einen sandigen Abhang unter dem Schutze von überhängenden Graswurzeln eingebaut war. Da hier die Wespen zur Erweiterung des Nistraumes Sand beiseite schafften, besteht kaum ein Unterschied gegenüber dem unterirdischen Nisten. Die mehrschichtige Hülle der Nester von *V. media, saxonica* und *silvestris* besteht im allgemeinen aus großen, gleichmäßigen Stücken, während die Bildung besonderer Taschen auf der Hülle ganz zurücktritt. Derartige Taschen finden wir dagegen bei der Hornisse, schön ausgeprägt. Ihre schuppen-

Abb. 110. Nest von *Vespa vulgaris* L. an einem Balken. KANTACK (phot.).

förmigen Taschen mit der nach unten zeigenden Öffnung kommunizieren nicht mit dem Nestinnern. Bei *Vespa germanica* und *vulgaris* erscheint die ganze Hülle aus mehr oder weniger muschelförmigen Stücken (Abb. 110) zusammengesetzt. Gewöhnlich bauen *V. germanica* und *silvestris* in der Erde, doch kommen auch Freibauten in den verschiedensten Hohlräumen (Kisten usw.) vor. In solchen Fällen pflegen die Nester größere Dimensionen anzunehmen. Von der Kuppel des unterirdischen Nestes der *V. germanica* gibt STADLER an, daß diese „meist mit einer Unzahl von Schlaudern an der Decke der Erdhöhle befestigt und von ihnen wie ein Morgenstern gespickt ist. Die Kuppel der Erdhöhle selbst, und nur die Kuppel, ist bei *V. germanica* austapeziert mit einem dünnen, grauen Pappeflaum". Auch die Farbe des Baumaterials zeigt im allgemeinen bei *V. germanica* und *vulgaris* gewisse Unterschiede. Während sie bei der ersteren das gewöhnliche Aschegrau ist, sind die Nester der *V. vulgaris* meist aus einem Material aufgebaut, das die Farbe von hellerem Holze zeigt. Es mag dies jedenfalls damit zusammenhängen, daß *V. germanica* zur Verarbeitung graues

Holz verwendet, während *V. vulgaris* vermorschtes helles Holz vorziehen dürfte. Diesbezügliche direkte Beobachtungen wären recht erwünscht. Bezüglich der Hülle der Hornissennester kann gesagt werden, daß deren Färbung entsprechend dem verschiedenen Holz, das die Hornisse verarbeitet, verschieden sein kann. Graue Hornissennester scheinen kaum vorzukommen. Dagegen findet man vielfach ockerfarbige Nester, für die offensichtlich rotfaules Eichenholz als Material diente. Für ein auffallend helles Nest war Pappelholz verwendet worden. Die Hülle kann bei der Hornisse besonders bei Anlage des Nestes in hohlen Bäumen oft weitgehend reduziert werden, so daß man schließlich nur noch einzelne isolierte Stücke als innere Auskleidung der Nisthöhle findet. Außerdem kann man aber gelegentlich, getrennt vom eigentlichen Nest, gewissermaßen Holzgardinen beobachten, die eine zu weite Öffnung am hohlen Baum verschließen und nur ein kleines Flugloch frei lassen. Anfangs soll nach JANET stets eine Hülle vorhanden sein, später aber bei der Vergrößerung des Nestes und damit verbundener Raumknappheit in der Nisthöhle abgetragen werden. Auch bei *V. orientalis* soll vielfach die Hülle fehlen. Da die Hülle des Wespennestes mehrschichtig ist und oft eine recht beträchtliche Dicke erreicht, kann die Erweiterung der Waben nach Abtragen der inneren Hüllschichten geschehen, ohne daß das Nest darum der schützenden Hülle zu entbehren braucht. Statt der innen entfernten Hüllschichten wird außen die Hülle durch neue Lagen wieder verstärkt. Da die Wespen ihre Nester sehr wohl auch ohne die verhältnismäßig hinfällige Hülle verteidigen können, dieselbe außerdem auch bei unterirdischen und geschützt gelegenen Bauten normalerweise vorhanden ist, kann angenommen werden, daß diese weniger einen Schutz gegen Feinde und Niederschläge darstellt, als vielmehr von wärmeökonomischer Bedeutung ist. Die Luftschichten zwischen den einzelnen Lagen und die besonderen taschenförmigen Kammern sprechen gleichfalls für eine derartige Auffassung. In den Brutraum des Nestes führt normalerweise nur ein einziger Eingang, meist von unten her durch die Hülle. Das Nest selbst kann, wenn es z. B. unterirdisch angelegt ist, mehrere Zugänge haben. Bei Hornissennestern soll nach STADLER nur am jüngeren Nest die Hülle bis auf eine kleine Öffnung verschlossen sein; dagegen „ist für die vorgeschritteneren Entwicklungsstufen dieser Nestform bezeichnend, daß der Mantel aufhört mit der jeweils letzten Wabe, daß also das Nest unten weit geöffnet bleibt, wie ein einziges ungeheures Flugloch, aus dem zugleich Futterreste und Wespenkot wie aus einer großen Kloake niedertropfen." Nach eigenen Beobachtungen kann dem entgegengehalten werden, daß diese Verallgemeinerung keineswegs zutrifft. Es kommen vollentwickelte Bauten vor, die sich ungestört entwickeln konnten und erst spät im Jahr, nachdem die meisten Insassen verschwunden waren, eingetragen wurden, bei denen die Hülle unterhalb der letzten Wabe sich zu einem Flugloch verengert, das nur wenige Zentimeter Durchmesser hat. Damit ist dieses Flugloch immerhin noch beträchtlich weiter als bei unseren anderen Wespen; die Hülle braucht aber jedenfalls nicht auf der Höhe der untersten Wabe aufzuhören. Vielfach sieht man auch einzelne Individuen am Nesteingang sitzen, die vielleicht eine Funktion als Wächter zu erfüllen haben. Gelegentlich ist der Eingang durch die Hülle etwas seitlich verlagert. Bei *V. germanica* soll das Flugloch stets seitlich liegen (STADLER). Einen scheinbaren doppelten Eingang beobachtete Verfasser an zwei verschiedenen Nestern von *V. saxonica*. Hier war eine verhältnismäßig große Öffnung durch eine Brücke aus Hüllenmaterial in zwei Hälften zerlegt worden. Beide Öffnungen wurden sowohl als Ein-, wie als Ausgänge benutzt.

Das Auffallendste an den Bauten der sozialen Hymenopteren sind, wenn wir von dem nach ganz andern Prinzipien errichteten Hummelnest, den Vorratszellen der Meliponen, der Weiselzelle der Bienenkönigin und einigen ganz verschwindenden, später zu behandelnden Ausnahmen bei manchen sozialen Wespen absehen, die sechseckigen Zellen. Bei den solitären Formen dieser Familien lernten wir Zellen kennen, deren Querschnitt stets rund war. Da die Sechseckgestalt der zu Waben zusammengefügten Zellen in den verschiedenen Familien unabhängig voneinander sich findet, dürften für die Entstehung gewisse Gründe, die mit der Raumausnutzung in Zusammenhang stehen, ausschlaggebend gewesen sein. Da wir keine freigebauten sechseckigen Zellen kennen, müssen diese als eine Erscheinung der Komplexbauten angesprochen werden. Nun kennen wir auch bei solitären Hymenopteren wabenähnliche Bauten; aber in all diesen Fällen ergibt eine genauere Untersuchung, daß jede Zelle ihre eigenen Wände hat. Dies trifft aber für die Wabe der sozialen Wespen nicht zu. Hier sind die Wände benachbarten Zellen gemeinsam. Es wird also Baumaterial gespart. Für die Entstehung der sechseckigen Wachszellen der Bienen hat man seit früher Zeit nach Erklärungen gesucht und, anstatt zu beobachten und zu vergleichen, phantasiert. Physikalische Kräfte sollten die Zellgestalt bedingen oder im anderen Falle die Bienen als Präzisionsmaschinen mit ganz speziellen mathematischen Instinkten arbeiten. Es würde zu weit führen, hier auf die verschiedenen Theorien einzugehen, die sich auf die Honigbienenwabe beziehen. Die Entstehungsgeschichte der Zelle gibt den Schlüssel für die Erklärung (s. später).

Es zeigt sich jedoch, daß der Bauplan der stelocyttaren Wespenwabe, also der unserer einheimischen *Vespa*- und *Polistes*-Arten, prinzipiell von dem der Bienenwabe so grundverschieden ist, daß das Endprodukt eine außerordentlich interessante Konvergenzerscheinung darstellt. Die Entstehungsgeschichte einer Wabe zeigt uns (JANET, WACHS), „daß die neuen Zellen nicht konzentrisch um eine einzelne Mittelzelle errichtet werden, sondern daß der Wabenkern von einer Vierergruppe gebildet wird. Bei einem regelmäßigen Anbau um einen vierzelligen Kern würden sich als erste Erweiterung 10, dann 16, 22, 28, 34 usw. Zellen anordnen lassen. Wie eine einfache mathematische Überlegung ergibt, verhalten sich die beiden Durchmesser der ein Oval darstellenden Wabe dabei zueinander wie der fünffache Radius des den Zellen umschriebenen Kreises zu dem vierfachen Radius des einbeschriebenen Kreises.“ Da abgesehen von der ersten Zelle einer Wabe, für die anfangs sämtliche Wände aufgeführt werden müssen, die übrigen Zellen im Verbande entstehen, so mag hier zunächst theoretisch die Frage erörtert werden, wieviel Zellwände zum Abschluß jeder Zelle anzulegen sind. Dabei zeigt sich, daß für die zweite Zelle, da sie eine Fläche mit der ersten Zell gemeinsam hat, fünf Wände, für die beiden folgenden, die sich in die einspringenden Winkel zwischen die ersten Zellen einfügen, je vier Wände nötig sind. Da es nun nicht vorkommt, daß neue Zellen auf der Wand einer vorhergehenden, sondern stets im einspringenden Winkel angelegt werden, die folgenden Zellen sich aber aneinanderlegen können, so sind im Höchstfall vier, im Minimum zwei Zellwände als Abschlußwände möglich. Die Entscheidung darüber, zu wieviel Wänden ein Ansatz am Rande der Wabe gedient hat, ist nur zu erbringen, wenn man die horizontalen Schichten, aus denen sich die Zellwand aufbaut, über verschiedene Wände erfolgen kann. Theoretisch müssen diejenigen Zellen der Wabe, die in der Richtung der kürzeren Achse liegen, eine Sonderstellung einnehmen, regelmäßig konzentrisches Wachstum vorausgesetzt. Ihnen nähern sich von beiden Seiten bereits geschlossene Zellen, so daß sie durch eine drei Wände einnehmende Wölbung überbrückt werden. Sind an jungen Waben diese Verhältnisse gut zu erkennen, so werden sie späterhin undeutlich. Betrachtet man die randständigen Zellen, so sieht man (ähnlich bei der Honigbiene), daß die frei nach außen liegenden Wände im allgemeinen rundlich gewölbt sind, ohne Kantenbildung. Die Anlage einer neuen Zelle geschieht nun in der Weise, daß die Wespe aus zerkauter Holzfaser in dem zwischen zwei Randzellen einspringenden Winkel eine kleine Tasche oben an der Wabe ansetzt, deren Seiten mit der Verlängerung der Zelle auf der Höhe der Wölbung der beiden Randzellen entlang nach unten laufen. Weitere Holzfaserzonen werden so angesetzt, daß die entstehende Zelle sich nach unten zur Mündung mehr oder weniger füllhornartig erweitert.

Da die neu angelegten Zellen nicht unmittelbar nebeneinander zu entstehen brauchen, sondern isoliert aufgeführt werden können, so ergibt sich, daß eine gegenseitige Beeinflussung der Zellform jüngster Zellen nicht stattzufinden braucht. Während die gewölbte Außenwand der peripheren Zellen von vornherein einer Beeinflussung durch andere Zellen entzogen ist und dementsprechend auch ihre Vorwölbung mehr oder weniger bewahrt, erscheinen die radiär gestellten Zellwände abgeflacht. Die Gründe hierfür können verschiedener Art sein. Bei der Honigbiene wird die ebene Fläche dadurch zustande gebracht, daß zwei Arbeiterinnen in benachbarten Zellen die gleiche aus knetbarem Material bestehende Wand bearbeiten. Da die Wespenzelle aber isoliert entsteht, kommt das Nebeneinanderarbeiten von Arbeiterinnen in aneinderstoßenden Zellen nicht in Betracht. Außerdem konstruiert auch die Volksmutter zunächst allein sechseckige Zellen, die in ihrer Größe von den von Arbeiterinnen später aufgeführten kaum verschieden sind. Die Beziehungen zwischen Körper und Zellgröße sind also hier bei weitem nicht so scharf ausgeprägt wie bei der Honigbiene, wo die Körpergröße der Arbeiterin für die normale Zellgröße von ausschlaggebender Bedeutung ist (Ausnahme: Drohnen und Weiselzellen).

Daß eine nachträgliche Abänderung der radial gestellten Flächen nicht nötig ist, zeigt sich bereits darin, daß diese Flächen von vornherein eben und nicht gewölbt angelegt werden. Untersucht man verschiedene Zellanfänge, wie sie jederzeit leicht am Rande der Waben zu studieren sind, so sieht man als ersten Anfang die mehrfach erwähnte kleine Tasche, deren Außenwand nach außen konvex gewölbt ist. Sie überbrückt den einspringenden Winkel zwischen zwei Zellen, die sich entsprechend ihrer mehr oder weniger füllhornartigen Erweiterung zum Grunde hin verjüngen. Die Seitenränder dieser Tasche laufen auf der Höhe der Wölbung ihrer beiden Anheftungszellen entlang. Auf einem etwas weiteren Stadium stehen die Seitenflächen als flache Ebenen auf den vorhergehenden Zellen und sind unter einem Winkel von 120° von den beiden nach außen liegenden Zellwänden, die sich aber infolge der gleichmäßigen Wölbung nicht gegeneinander absetzen, abgebogen. Verwendet die Wespe beim Aufbau der Zellen verschiedenfarbiges Material, dann sieht man, wie sich eine gleichmäßig gefärbte Zone auf gleicher Höhe sowohl über die ebenen Flächen, wie auch über die Wölbung erstreckt. Die flachen Wände werden also nicht als solche zuerst aufgeführt und dann überwölbt, sondern der Holzfaserbrei dient für eine Zone über alle freien Wände der Zelle, d. h. für den hier betrachteten Fall: vier, da nur zwei Wände als Bestandteile schon vorhandener Zellen übernommen wurden. Setzt die Wespe nunmehr eine neue Zelle daneben, so sind nur noch drei Seiten zu konstruieren. Von diesen werden die nach außen liegenden mit gleichmäßiger Wölbung ausgeführt, während die dritte Seite dazu gewinkelt erscheint. Sind zwei Zellen um die Wandbreite einer zentral von ihnen gelegenen Zelle getrennt, wie dies bei normalem Wabenbeginn an den auf dem kürzeren Radius gelegenen Zellen der Fall ist, so wird in diesem Falle die offene Zelle durch eine gleichmäßig gewölbte Fläche verschlossen, an der die Seitenteile zunächst nicht winklig abgebogen erscheinen. Normalerweise sind also an jeder Zelle neben ebenen auch ein- und ausgewölbte Flächen zu unterscheiden. Der Gesamtanblick der Wabe zeigt uns aber ein Sechseckmuster. Wenn man jedoch die einzelne Zelle für sich betrachtet, kann man daran auch noch gewisse Unregelmäßigkeiten erkennen; an Randzellen und über das Durchschnittsniveau der Wabe emporragenden Zellen sind diese Abweichungen von der Sechseckform immer deutlich. Da nun aber die schon um wenige Lagen von der Peripherie entfernten Zellen im ganzen zweifellos ebenere Flächen erkennen lassen, muß hier eine nachträgliche Veränderung stattgefunden haben. Bezüglich der Umgestaltungen sind wir leider nur auf Vermutungen angewiesen. Soll eine Glättung der Wände erfolgen, so müssen dieselben noch dehnbar sein oder von den Wespen einer neuen Vorbehandlung unterzogen werden, die sie wieder geschmeidig macht. Dies ist jedoch wohl kaum mehr möglich, wenn die vorhergehenden peripheren Zellen bereits zugedeckelt sind. Bei schneller Bautätigkeit könnte angenommen werden, daß der Holzbrei noch nicht vollständig getrocknet ist und nun mit dem Austrocknungsprozeß die Wände der im Verbande stehenden Zellen sich spannen und in der Sechseckform der Zellen gewissermaßen einen Gleichgewichtszustand darstellen. Als Gegengrund könnte das Auftreten ebener Flächen an isolierten Randzellen angeführt werden. Außerdem konnte ich an jungen Randzellen der *V. vulgaris* hin und wieder Zellen nachweisen, bei denen statt der im allgemeinen üblichen Wölbung der beiden Außenflächen, diese deutlich unter einem Winkel aneinanderstießen. Schließlich könnte man auch den Wespenlarven noch eine gewisse Beteiligung am Zustandekommen der ebenen Wände zuschreiben. Es wäre durchaus denkbar — vorausgesetzt, daß die Beschaffenheit der Wände es zuläßt —, daß die in das Zellumen vorgewölbten Wände durch die Drehbewegungen und den Druck, den die Larven auf die Wände ausüben, nach der entgegengesetzten Seite, d.h. nach außen gepreßt werden. Bei dem Gegendruck einer Larve in der betreffenden Nachbarzelle würde das Endergebnis eine ebene Fläche darstellen, wie dies in ähnlicher Weise bei der Honigbiene durch das Entgegenarbeiten zweier Arbeiterinnen an beiden Seiten der gleichen Wand in der Tat der Fall ist. Im übrigen besitzt der Wespenkokon, obwohl er sich den Zellwänden innen anlegt, einen fast kreisrunden Querschnitt. Dies wird dadurch erreicht, daß er längs der Zellwinkel leicht vorspringende Gewebekanten trägt, die also den Winkel etwas ausfüllen können. Hierbei ist besonders bemerkenswert, daß an den gerundeten Flächen randständiger Zellen entsprechend dem Fehlen der Kanten auch keine Verdickungsleisten am Kokon vorhanden sind. Daß die Sechseckform, bzw. die abgeflachten Seiten aber auch ohne Mithilfe der Larven entstehen können, geht schon aus der Tatsache hervor, daß auch an noch unbebrüteten Zellen die ursprünglich nach innen gewölbten Flächen fehlen können. Das bloße Studium der Wabe reicht also nicht aus, um sicher entscheiden zu können, auf welche Weise die Abflachung ursprünglich gewölbter Zellwände zustande kommt. Die direkte Beobachtung ist hier dringend erwünscht.

Die für die Ausführung der Bauarbeiten wichtigsten Organe sind Mandibeln und Vorderbeine. Mit den Mandibeln wird das Holz abgeschabt und zerfasert. Sie sind entsprechend kräftig gebaut und tragen an ihren distalen Innenkanten entsprechend starke Zähne. Bei sonst sehr nahestehenden Arten, wie *V. germanica* und *vulgaris*, die aber ein recht verschiedenes Baumaterial verwenden, ist der proximale Zahn an den Mandibeln damit in offensichtlichem Zusammenhange verschieden gebaut, eine Eigentümlichkeit, auf die meines Wissens bisher noch nicht hingewiesen wurde, die aber in zweifelhaften Fällen für die Bestimmung der beiden Arten von ausschlaggebender Bedeutung sein kann. Vielleicht spielen die Mandibeln auch bei der feineren Verteilung und Orientierung der Holzfasern, die sich im mikroskopischen Bild des verarbeiteten Materials erkennen läßt, eine Rolle. Die basale, gerade Innenkante der Mandibeln ist bei der Aufrichtung der dünnen Wände von Bedeutung. Die Vordertarsen sind abgeflacht und stark verbreitert und spielen beim Transport des durchfeuchteten Ballens eine Rolle. Vor der Verwendung wird der eingetragene Holzfaserballen im Nest noch feiner verarbeitet, wie es Janet für die Hornisse feststellte. Der Ballen wird dabei mit den Basalgliedern der Vordertarsen und den Enden der Vordertibien gehalten und gerollt. Eine Weitergabe desselben an Nestgenossen findet im Gegensatz zu den Futterballen nicht statt. Das Herbeischaffen neuen Nistmaterials und dessen weitereZerkleinerung erfordert nur wenige Minuten.

Während sich bei freibauenden Arten das Nest, wenn es nicht gerade in einen Winkel eingebaut wurde, nach allen Richtungen gleichmäßig entfalten kann und sich daher ohne Schwierigkeiten der zweckmäßigen Kugelgestalt mehr oder weniger nähert, zwingt bei unterirdisch bauenden Arten die Raumknappheit einer kleinen Erdhöhlung zur Erweiterung derselben. Mit der Zunahme des Nestumfangs muß auch die Höhle erweitert, d. h. die Erde, Steinchen usw. müssen beiseite geräumt werden. Der mit Mandibeln und Beinen gelockerte Baugrund muß hinausgeschafft werden. Gleichwohl findet man am Nesteingang nur verhältnis, mäßig geringe Mengen des Bauschuttes, die bedeutend geringer sind-als es dem Nestvolumen entspricht. Die Wespen tragen also das heraustransportierte Material in ähnlicher Weise, wie wir es bei manchen anderen erdbewohnenden Hymenopteren schon kennen lernten, im Fluge davon und lassen es in einiger Entfernung vom Neste fallen. Gröberes Material, wie Steinchen, die wegen ihres Gewichts nicht hinausgeschafft und auch nicht direkt vom Platze bewegt werden können, werden durch Unterminieren derselben gesenkt und bilden daher gelegentlich unterhalb der Nester eine kleine Lage. Ein weiteres Senken kann, wenn bereits mehrere Steinschichten vorhanden sind, nur auf die Weise erfolgen, daß der darunterliegende Sand aus der Tiefe herausbefördert und dann hinausgeschafft wird. Bei der Vergrößerung der Nisthöhle bleibt natürlich die Decke im Bereich der Anheftung der obersten Wabe bzw. Hülle unverändert, während nur seitlich davon und am Boden gearbeitet werden kann.

Die Vergrößerung des Nestes geschieht in der Weise, daß im allgemeinen um die vom Weibchen selbst erbauten ersten Zellen neue Zellen von den ersten Arbeiterinnen peripher angebaut werden. Mit der Vergrößerung der Wabe ist eine stärkere Belastung durch die sich darin entwickelnde Brut verbunden. Dementsprechend muß die Aufhängevorrichtung der Wabe verstärkt werden. Dies geschieht entweder durch Anbringung neuer Tragesäulen oder eine bandartige Verbreiterung derselben, bis schließlich auf der Oberseite der obersten Wabe ein Gewirr von Leisten entlang zieht, die diese gegen ein Abbrechen von der Anheftungsfläche schützen. Inzwischen reicht aber gewöhnlich die durch Vergrößerung der ersten Wabe vermehrte Zellenzahl auch nicht mehr für die Unterbringung der Eier, die das durch die Arbeiterinnen entlastete Weibchen in großer Menge produziert, aus, und so wird zur Anlage einer neuen Wabe geschritten, die zunächst wie die erste Wabe durch einen kleinen Stiel mit ihrer Anheftungsfläche — in diesem Falle die Unterseite der ersten Wabe – verbunden ist. Dabei ist bemerkenswert, daß die Säule nicht die Zellöffnungen, mit denen sie an ihrem oberen Ende in enge Berührung kommt, verschließen darf, da dadurch das Ausschlüpfen der Brut und auch die Ernährung gefährdet werden würde. Wir sehen daher, wie sich in diesem Falle die Säule dort aufteilt und in Form von niedrigen Leisten auf den benachbarten Zellkanten entlang läuft. Bei manchen Wespen, z. B. *V. saxonica*, werden auch hohe Randleisten aufgeführt. die sich weitgehend zwischen den Waben in Höhe des Wabenabstandes ausbreiten; in anderen Fällen übernehmen bei Vergrößerung der zweiten Wabe zahlreiche Säulchen, die annähernd gleiche Stärke besitzen und teilweise eine spiralige Anordnung erkennen lassen, die Sicherung gegen ein Abreißen der Wabe. Besonders große Waben, wie sie sich z. B. bei *V. germanica* vorfinden, besitzen nach STADLER mehrere Bauzentren. „Der Unterseite der jeweils untersten Wabe werden nicht ein, sondern zwei und drei neue Wabenanfänge aufgesetzt, deren Ränder zuletzt verschmelzen, und zwar ohne eine Spur von Naht oder Grenzlinie; diese riesigen Waben erscheinen vollkommen einheitlich." Bei *V. vulgaris* fand Verfasser, daß Waben mit einem größeren Durchmesser von 19 cm und einem kleineren von 17 cm durch 25 Säulen gehalten wurden, was einer Wabenfläche von 9—10 qcm pro Säule entspricht. Die peripher gestellten Säulen bleiben immer in erheblicher Entfernung vom Rande der Wabe. Die Zellgröße steht in enger Beziehung zu der Körpergröße der betreffenden Wespenart, doch findet man in den Nestern neben der Hauptmasse der Zellen, in denen sich die Arbeiterinnenbrut entwickelt, noch Zellen von bedeutend größerem Durchmesser, die gegen Ende der Entwicklung des Volkes für die Aufzucht von Weibchen angelegt werden. Bei der Hornisse haben die diesem Zwecke dienenden Zellen einen Durchmesser von 10,5 mm, während die für Aufzucht von Arbeiterinnen bestimmten nur 8 mm Durchmesser besitzen. Die Vergrößerung des Zelldurchmessers kann bei der füllhornartig erweiterten Gestalt der Zellen durch eine Verlängerung derselben erreicht werden. In anderen Fällen erkennt man schon auf der Oberseite der Wabe, daß die Zellböden bereits wesentlich größer angelegt wurden. Bei *V. vulgaris* fand Verfasser an der Arbeiterinnenzelle als Kantenabstand 5 mm, während der Seitenabstand etwa 4,3 mm beträgt, die entsprechenden Maße einer Zelle für Aufzucht von Weibchen wurden als 7,2 und fast 7 mm ermittelt. Daraus ergibt sich für die letztere ziemlich genau die doppelte Flächenausdehnung und ferner, daß 6 Arbeiterinnen- oder 3 Weibchenzellen etwa 1 qcm Wabenfläche einnehmen. Bei *V. germanica* sind die Zellmaße sehr ähnlich. Die Höhe der Waben ist beträchtlicheren Schwankungen unterworfen, da die Zellen, wenn sie mehrmals zur Brutaufzucht verwendet werden, eine Verlängerung erfahren. Die Hornissenzelle erreicht dabei eine Höhe von 25 mm, die Arbeiterinnenzelle von *V. vulgaris* 10—13, die Weibchenzelle der gleichen Art 16—18 mm. Der Abstand der einzelnen Waben voneinander steht namentlich bei raumknappen unterirdischen Nestern in engem Zusammenhange mit der Körpergröße der betreffenden Wespenart. Die Wespen müssen sich in dem Raume zwischen den Stockwerken ungehindert bewegen können, um den Larven das nötige Futter zu reichen. Andererseits müssen die schlüpfenden Tiere sich dort aus den Zellen herausarbeiten können. Der Wabenabstand wird im allgemeinen noch nachträglich dadurch etwas herabgesetzt, daß der Kokon über die Zellränder nach unten hervorragt. Bei freihängenden Nestern, wo der Nistraum nicht erst von den Wespen geschaffen zu werden braucht, ist der Wabenabstand gelegentlich etwas größer. Wenn man von gewissen Störungen in der normalen Nistweise, wie sie durch Ausnutzung eines nicht erweiterungsfähigen Hohlraumes bei unterirdischen Nestern vorkommen, absieht und auch zunächst die Fälle unberücksichtigt läßt, in denen ein freihängendes Nest durch Anlage in einem Winkel sich nicht gleichmäßig nach allen Richtungen entfalten kann, weisen die Erd- bzw. Höhlennester und die freien Nester in der Zunahme bzw. Abnahme der Wabengröße von oben nach unten gewisse Unterschiede auf. So pflegen bei unterirdischen Nestern die aufeinanderfolgenden Waben zunächst nach unten größer zu werden, dann aber wieder an Größe abzunehmen, so daß die mittelständigen die größten sind und der ganze Wabenkomplex sich mehr der Kugelform nähert. Bei den freihängenden Nestern wird dagegen die oberste, älteste Wabe allmählich immer weiter ausgebaut und die folgenden erreichen nicht deren Größe, sondern nehmen nach unten am Durchmesser ab. Außerdem zeigt sich, daß bei unterirdischen oder in Hohlräumen befindlichen Nestern durchschnittlich eine größere Wabenzahl erreicht wird. Während z. B. *V. media* selten bis auf fünf Waben kommt, bauen Hornisse bis 12, *V. vulgaris* und *germanica* bis 14 Waben. Die Waben von *V. germanica* sollen bis zu 50 cm Durchmesser erreichen können. Die Entwicklung der Nester hängt stark von dem zur Verfügung stehenden Nistraum ab. Bei starker Einengung werden nur Kümmernester mit wenigen Waben aufgeführt, in denen das Volk sich trotzdem, wenn auch in geringer Stärke, bis zur Aufzucht der Geschlechtstiere hält. Auch ungünstige klimatische Verhältnisse und Mangel an geeigneten Baustoffen können den Ausbau des Nestes hemmen. Riesenbauten, wie ein von Stadler erwähntes Nest der *V. germanica*, das bei einer Höhe von 55 cm eine Breite von 86 cm und eine Tiefe von 74 cm besitzt, gehören aber auch zu den Seltenheiten und kommen nur unter besonders günstigen Umständen zur Entwicklung. Bei ungestörter Entwicklung und genügendem Raum erreichen die Wespennester bei uns im Herbst ihre größte Stärke, die artweise verschieden ist.

Auch im Aufbau der Nesthülle treten artweise gewisse Verschiedenheiten auf. Es wurde bereits oben darauf hingewiesen. Mit dem Wachstum des Nestes muß naturgemäß die Hülle, die ja anfangs schon vom Weibchen um die erste Wabe konstruiert war, zu eng werden. Hierdurch würde ein Abtragen der Hülle nötig werden und das Nest demnach ohne äußeren Schutz sein. Da jedoch die Hülle aus mehreren Schichten, die mehr oder weniger locker aufeinander liegen, besteht, braucht zunächst lediglich die innere Lage entfernt zu werden, um Raum zu gewinnen. Wie weit das dabei freiwerdende Nestmaterial zum Aufbau der Waben selbst wieder verwertet wird, oder ob es als Anfang einer neuen Hüllschicht außen Verwendung findet, muß erst noch näher festgestellt werden. Das Nest wird also niemals ohne Hülle sein, da durch Abtragung der jeweils innersten und gleichzeitige Konstruktion neuer äußerer Schichten der Platz für die Erweiterungsbauten an den Waben frei wird. Janet beobachtete an der Hornisse, daß die Reste eines Holzfaserballens der zur Erweiterung der Hülle verwendet worden war, für die Konstruktion von Zellen benutzt wurde. Doch ist dies nicht immer der Fall. Das Material für die Erweiterung der Zellen ist feiner verarbeitet als das für die Hülle.

Wie weit die Anpassungsfähigkeit der Wespen an den Nistplatz gehen kann, mag durch einige Beispiele erörtert werden. STADLER beschreibt ein Nest eines raumknappen Hornissenvolkes, bei dem die beiden letzten Waben zum Flugloch hinausgebaut waren. In einem Falle soll ebenfalls Raummangel ein Volk von *V. vulgaris* nach dem gleichen Autor dazu gezwungen haben, „daß das Hauptvolk in 3 m Entfernung eine kleine Kolonie in einem eigenen Erdloche gegründet hatte ...“ Diese Beobachtung ist so eigenartig, daß sie dringend einer Bestätigung bedarf. Eine derartige Bildung einer Zweigkolonie könnte nur mit Schwarmbildung analog der der Honigbiene in Verbindung zu bringen sein. ERBER berichtet bezüglich *V. silvestris*: „Das Weibchen legt zunächst das kleinere Nest an und bewohnt dasselbe bis die erste Brut, gewöhnlich zwei bis drei Individuen, ausgekrochen sind. Dieser kleinere Bau wird dann verlassen und in der Nähe oder knapp nebenan ein zweiter Bau angelegt. Dieser wird bis zur Individuenzahl 20 bis 30 beibehalten, und dann mit mehr vereinter Kraft zum Ausbau eines schon gleich von Anfang größer angelegten Baues geschritten.“ Kleine verlassene Nester, wie man sie häufig findet, dürfen kaum als Beweis hierfür herangezogen werden, da sie sich meist in einem Zustande befinden, der deutlich erkennen läßt, daß bisher einzig und allein das Weibchen daran gearbeitet hatte. Dieses dürfte also irgendwie umgekommen sein, so daß die Erweiterung des Nestes unterblieb. Sollten aber in anderen Fällen schon Arbeiterinnen im Nest tätig gewesen sein, so genügt ebenfalls der Tod des Weibchens, um diese zum Verlassen des Nestes zu bewegen.

Offensichtlicher Raummangel hat ein Volk von *V. vulgaris* zur Konstruktion von horizontal liegenden Zellen auf der Oberseite der Waben veranlaßt. (Abb. 109). In diesen Zellen hat bereits Brut ihre Entwicklung durchgemacht, wie aus den vorhandenen Kokonresten — eine Zelle ist noch nicht geöffnet — mit Sicherheit hervorgeht. Derartige auf Raummangel zurückzuführenden Verhältnisse dürfen nicht mit der Errichtung überzähliger Waben, wie sie gelegentlich bei Völkern mit starker Vermehrung und intensiver Bautätigkeit zur Beobachtung gelangen, verwechselt werden. Führte STADLER die zum Flugloch hinausgebauten Waben eines Hornissenvolkes auf Raummangel zurück, so ist Verfasser im Gegensatz dazu ebenfalls bei Hornissen, ein Fall bekannt geworden, in dem auch ein wabenähnliches Gebilde, das aber unregelmäßig gebaut ist und aus einigen nicht benutzbaren Zellen besteht, in das Flugloch hineinragt, dadurch den Eingang verengend. In diesem Falle handelt es sich um ein starkes Nest, das, freihängend in einem Schuppen, sich ungestört und unbeengt hatte entwickeln können. STADLER erwähnt von überzähligen Waben „ein Miniaturweibchenwäbchen auf einem Pfeilerchen in der Wabengasse eines *V. media*-Nestes; eine winzige Weibchenwabe von 2½ cm Durchmesser, ohne Stiel aufsitzend einer Weibchenwabe in der Mitte eines Hornissennestes; ein Wäblein von drei Zellen mitten in der Mantelbekleidung einer Baumwurzel (*V. vulgaris*)". Unter Umständen können bei Nestbeschädigungen Lücken entstehen, die nachträglich von den Wespen durch neue Waben ausgefüllt werden, die sich dann zwischen die auseinanderklaffenden älteren Waben einschieben. Ein Hornissenvolk, das an der Decke eines Schuppens, in einer Ecke nistete, konnte das Nest nicht normal erweitern, da dasselbe schon nach Fertigstellung der zweiten Wabe auf einen Balken unten aufstieß. Diese beiden Waben wurden aufgegeben und der Hauptbau seitlich am Balken und an der Decke des Schuppens begonnen, so daß die dritte Wabe seitlich von der zweiten, stufenförmig gegen diese abgesetzt, zu liegen kam. Bei dem großen Abstand dieser Wabe von der Decke des Schuppens wurde diese Entfernung durch reichliches Hüllenmaterial ausgefüllt. ED. ANDRÉ berichtet von einem Nest von *V. germanica* aus Palermo, das bei einer Höhe von 25 cm eine Länge von 1 m und eine Breite von 80 cm erreichte. Hier war sicher der vorgefundene Raum für die Umgestaltung des Nestes maßgebend.

Besonders Nester in der Erde pflegen im Herbst schnell zu verfallen. Noch während die Wespen in ihm tätig sind, kann man Schimmelrasen auf der Oberseite, besonders an den ältesten Waben, beobachten. Eindringende Feuchtigkeit führt zur Fäulnis des in den Zellen aufgehäuften Larvenkotes, und das ganze Bauwerk verliert nach und nach seine an sich schon geringe Festigkeit. Larven anderer Insekten tragen neben Mikroorganismen zum raschen Verfall bei. Neben diesem natürlichen Verfall des Nestes beteiligen sich außer dem Menschen Dachs, Fuchs und Wespenbussard an einer frühzeitigen Vernichtung der Nester. Geschützt in Häusern oder Schuppen hängende Nester sind, soweit sie zerstörenden klimatischen Einflüssen entzogen sind, oft jahrelang beständig. Eine Wiederbesiedelung älterer Nester scheint recht unwahrscheinlich. Fälle, in denen Hornissen den gleichen hohlen Stamm jahrelang als Nistgelegenheit benutzen — in einem von STADLER angeführten Beispiel 10 Jahre lang —, sollen ein Beleg hierfür sein. Es kann aber wohl angenommen werden, daß unter solchen Umständen der hohle Stamm zunächst einmal Überwinterungsquartier für die befruchteten Weibchen war. Weiter werden diese dann dort aus dem reichlich vorhandenen Nistmaterial neue Nester begonnen haben. Bei dem tief eingewurzelten Bauinstinkt von *Vespa* ist es nicht zu erwarten, daß lediglich ein Herrichten verlassener Nester zur Eiablage stattfinden könnte.

Während der Tod des Weibchens ein allmähliches Auswandern des Volkes und Aufgabe des Nestes nach sich zieht, reagieren die Wespen bei Zerstörung des Nestes, wenn die Königin am Leben bleibt, verschieden. So findet man (nach STADLER), daß an Nestern, die der Dachs bis auf die Rückwand zerstört hatte, „die überlebenden Wespen dieses Mantelstück noch wochenlang wieder ausbauen: sie bauen Mäntel von 40—50 Blättern Dicke, zuweilen mit einer einzelnen Zwergwabe, während normalerweise der Mantel nur 4 oder 5 Lamellen besitzt". Ein kräftiges Volk von *V. media*, dessen Nest mehrfach zerstört wurde, erbaute (nach LABITTE) nach jeder Zerstörung ein neues Nest innerhalb von 2 Tagen, das in seinen Dimensionen nur wenig hinter dem ursprünglichen Bau zurückblieb.

Die Nester unserer Feldwespen (*Polistes*) sind ebenfalls nach dem stelocyttaren Bautyp aufgeführt, aber stets ohne Hülle (gymnodom) (Abb. 111). Da die bei uns einheimischen Arten der Gattung *Polistes* von den Systematikern bisher nicht hinreichend scharf geschieden wurden, die Nester aber mit wenigen Ausnahmen dem *Polistes* „*gallicus*“ zugeschrieben werden, können die folgenden Angaben auch nur verallgemeinert gehalten werden. Trotz der Verbreitung der Gattungin zahlreichen Arten über die ganze Erde ist die Nistweise eine sehr einheitliche.

Abb. 111. Wabe von *Polistes opinabilis* KOHL.

Das Nestmaterial besteht aus einer ähnlichen grauen Papiermasse wie bei den meisten *Vespa*-Arten. Hellgelblich braune Nester, in der Färbung ähnlich denen von *V. vulgaris* kommen bei einem mediterranen *Polistes* vor. Dagegen scheinen Erdbeimengungen bisher nicht beobachtet zu sein. Der Mangel der Hülle einerseits und die häufige freie Anlage des Nestes an Pflanzenteilen lassen die Waben den klimatischen Einflüssen stärker ausgesetzt erscheinen als dies bei *Vespa* der Fall ist. In offensichtlichem Zusammenhang hiermit dürfte die größere Festigkeit des Wabenmaterials stehen, die wohl durch eine reichlichere Sekretbeimischung erreicht wird. In vielen Fällen nistet aber auch *Polistes* an geschützten Stellen; unter hohlliegenden Steinen, unter übergebauten Dächern usw. In der Wahl des Nistplatzes sollen sich nach ROUGET *P. diadema* und *gallicus* unterscheiden, indem der erstere seine Nester frei an Pflanzenteilen befestigt, während *P. gallicus* sein Nest verborgen anlegt. *Polistes dubius* KOHL nistet nach v. SCHULTHESS „fast ausnahmslos unter Dach, z. B. im Giebel alter Häuser, während die frei an Zweigen und Mauern hängenden Nester von *P. opinabilis* KOHL (= *biglumis* F. = *diadema* LATR.) angelegt sind“. Eine Reihe interessanter Beobachtungen über einheimische *Polistes*-Arten verdanken wir H. MAYER (nach v. SCHULTHESS). Nach ihm fliegen die älteren Wespen zur Beschaffung des Baumaterials aus, geben dieses aber, soweit sie nicht selbst im Nest bauen, an jüngere Wespen zur Verarbeitung weiter. Ein Zweig, an dem sich ein Nest befand, wurde zu Beobachtungszwecken in ein Fläschchen mit Wasser gestellt. Die Bewegungen, in die Zweig und Nest im Luftzug gerieten, vielleicht auch die Nähe des Wassers, veranlaßten die Wespen den Flaschenhals mit Papiermasse zu schließen und so den Zweig zu befestigen. Bemerkenswert ist auch, daß sich die Wespen in diesem Falle trotz Fehlens der Stammutter nicht zerstreuten, sondern weiterarbeiteten und später auch ein neues befruchtetes Weibchen besaßen. Bei der verhältnismäßig geringen Differenz zwischen Weibchen und Arbeiterinnen ist diese Beobachtung für *Polistes* wohl ohne weiteres verständlich. Die Höhe, in der die Nester von *P. diadema* Latr. über dem Erdboden angelegt werden, ist sehr wechselnd. So wurden an Sträuchern die Nester gefunden in 17—103 cm Entfernung vom Erdboden, an Steinen in 32—40 cm und an Mauern sowie außerhalb an Bretterhütten in 60—259 cm Höhe. In der Literatur erwähnte aus zwei Waben bestehende Nester scheinen eine sehr seltene Ausnahme zu bilden. Entsprechend der Ausbildung einer einzelnen Wabe bleiben die *Polistes*-Völker in ihrer Stärke erheblich hinter denen von *Vespa* zurück. Waben von 500 Zellen sind bekannt, gehen aber bereits weit über den Durchschnitt hinaus Die Waben haben eine ähnliche Form wie die der echten Wespen. Die Anheftung an der Unterlage geschieht durch einen Stiel, der sich durch größere Festigkeit auszeichnet. Gelegentlich sollen auch als Abnormität mehrere Stiele vorkommen. Gewöhnlich setzt der Stiel etwas exzentrisch an. In extremen Fällen kann dies sogar zu einer lateriniden Anheftungsweise führen, wenn der Stiel ganz an die Seite gerückt ist. Auch die rundliche oder ovale Wabenform braucht nicht beibehalten zu werden. Wenn der Anbau der Zellen nur in einer Richtung erfolgt, kommt man schließlich zu dem Nest des *Polistes goeldii* Ducke, bei dem die Zellen in zwei Zeilen nebeneinander angeordnet sind, so daß der Bau linear erscheint. Eine eigenartige Nistweise von *Polistes* „*gallicus*" hat Berland aus Frankreich beschrieben. Das Nest sitzt mit breiter Basis einem Stein an. Die Achsen der mittleren Zellen sind horizontal gestellt, während Randzellen mit vertikalen Achsen angebaut wurden. Durch Übergreifen auf die Rückseite entsteht eine gewissermaßen doppelseitige Wabe, wobei sich die Zellen der Rückwand zwischen die gebuckelten Böden der Zellen der anderen Seite einschieben. Da noch ein weiteres ähnlich gebautes Nest gefunden wurde, scheint diese Nistweise unter Umständen normal bei einer bestimmten *Polistes*-Spezies vorzukommen. Während wir bei den echten Wespen stets horizontal gestellte Waben mit senkrechten Zellachsen und nach unten gerichteter Zellöffnung kennen lernten, besteht bei *Polistes* eine derartige Konstanz nicht. Namentlich bei Freibauten findet man die Waben oft fast senkrecht gestellt, so daß die Zellen annähernd horizontal liegen können. Größenunterschiede in den Zellen, wie sie bei den meisten echten Wespen durch die von vornherein größer angelegten Zellen für die weibliche Brut bedingt werden, scheinen bei *Polistes* nicht vorzukommen. Eine leichte Erhöhung der Zellwände genügt, um die Entwicklung weiblicher Brut zu ermöglichen. Der Anfang eines neuen Nestes wird auch bei *Polistes* von überwinterten befruchteten Weibchen gelegt. ISETY beobachtete bei dem amerikanischen *Polistes metricus* SAY, daß ein Weibchen in den ersten Tagen nach Gründung des Nestes täglich je drei Zellen baute und mit einem Ei belegte. Das Vorkommen einer Nestgründung durch gemeinsame Arbeit mehrerer Weibchen wird für diese Art bestritten, dagegen können sich mehrere Weibchen am Ausbau eines alten vorjährigen Nestes beteiligen. Über gemeinsame Nestgründung durch mehrere Weibchen (bis zu 4) ist bei einheimischen *Polistes*-Arten mehrfach berichtet worden. Verfasser beobachtete einmal, wie im Frühjahr zwei *Polistes*-Weibchen in einer leeren Konservenbüchse an einem Neststiel arbeiteten, an dem keine Zellen vorhanden waren. Leider konnte die Beobachtung nicht fortgesetzt werden. Es wäre in diesem Falle immerhin auch denkbar, daß der Stiel von einem vorjährigen Neste herrührte und daß die beiden Wespen das Material abbauten, um es an anderer Stelle jedes für sich für den Aufbau eines neuen Nestes zu verwenden. Sollte die gemeinsame Nestgründung aber doch vorkommen, so wären Beobachtungen darüber, wie weit später die Weibchen zusammenhalten und ob sie eventuell gemeinsam ihre Brut pflegen, sehr erwünscht. Bei der Polygynie vieler tropischer Vespiden ist eine derartige Vermutung nicht ganz von der Hand zu weisen, so unwahrscheinlich ein derartiges Verhalten bei *Polistes* auch ist.

Von der Nistweise der sozialen Wespen gewinnt man aber nur eine ganz unvollkommene Vorstellung, wenn man lediglich unsere einheimischen Formen betrachtet. Um einen Überblick über die Bauten der sozialen Wespen der altweltlichen und amerikanischen Tropen zu geben, werden den folgenden Ausführungen die Arbeiten DUCKES, ROUBAUDS und BEQUAERTS zugrunde gelegt. In der Anlage ihrer Nester kommt die paläotropische Gattung *Ropalidia* (*Icaria*) *Polistes* sehr nahe. Wie dort wird nur eine einfache horizontale Wabe mit nach unten gerichteten Zellen aus Papiermasse angefertigt. Der Stiel kann in der Mitte der ovalen Wabe aufsitzen oder exzentrisch stehen, wobei auch hier typisch laterinide Anheftung vorkommt. Die an den Stiel sich anschließenden Zellen haben dann die ganze Last der übrigen Waben zu tragen. Die Zellen haben eine einheitliche Größe. Neben volksstarken Nestern einzelner Arten mit mehreren 100 Zellen finden sich bei anderen Arten solche die ständig klein bleiben. Dies dürfte besonders bei den zweizeilig angelegten laterinidenNestern der Fall sein, die aus naheliegenden, mechanischen Gründen keine starke Belastung vertragen können. *Ropalidia ambigua* GRIB. baut nach BUYSSON kleine Nester von 2—4 cm Länge und 5—10 mm Breite, mitunter gegabelt, aus ziemlich festem Karton. Die Anordnung der Zellen ist dreizeilig. Der feste Stiel hat bei einer Länge von 4—5 mm eine Dicke von 1—1¼ mm. Nestgründung durch mehrere Weibchen ist beobachtet. Neben den Gattungen *Vespa*, *Polistes* und *Ropalidia*, die eine gewisse isolierte Stellung einnehmen, unterscheidet DUCKE innerhalb der sozialen Wespen zwei Entwicklungsreihen. Die eine findet den Höhepunkt ihrer Entwicklung in den polygynen Wespen mit stelocyttarem calyptodomen Nestbau, die andere im phragmocyttaren Bau. In der Gattung *Stenogaster* treffen wir kleine Waben an, die angeblich an verhältnismäßig sehr langen zentralen Stielen hängen und auch mehrere Etagen bilden können. Der lange Wabenstiel ist aber, wie Verfasser an Nestern verschiedener *Stenogaster*-Arten feststellen konnte, kein Produkt der Wespe, sondern besteht z. B. bei *St. mellyi* SAUSS. (Abb. 113) aus dünnen Pflanzenteilen (Grashalmen usw.). Eine nahestehende Art von den Philippinen benutzt dünne, freiliegende Würzelchen und Ästchen für die pendelnde Aufhängung ihrer Nester (Abb. 112). *St. micans var. luzonensis* umgibt seine Wabe mit einer Papierhülle. Eigenartig ist der Bau von *St. serrei* BUYSS.

Abb. 112. Nest einer *Stenogaster*-Art von den Philippinen an Wurzeln befestigt.

Hier werden längs eines dünnen Halmes die Zellen in einreihiger, linearer Anordnung hintereinader gefügt, und zwar so, daß der Deckel einer Zelle zum Teil vom Boden der folgenden gebildet wird. Die Zellen haben eine konische Gestalt und entsprechend ihrer verhältnismäßig freien Lage einen rundlichen Querschnitt (Abb. 113). Das Baumaterial besteht bei den mir bekannten *Stenogaster*-Nestern aus Holzmulen. Mit dem gleichen Material werden auch die Zellen verschlossen (wenigstens bei *serrei* BUYSS.) Da bei sämtlichen höheren, sozialen Wespen die Zellen ständig offen bleiben und nur durch den Kokon der Larve abgeschlossen werden, kann man hier an eine vielleicht ähnliche Lebensweise wie bei *Zethus* denken. Von verschiedenen Arten vorliegende, offene Zellkomplexe — teils im Bau befindliche, teils durch Schlüpfen der Insassen frei gewordene Zellen — lassen aus der Verjüngung der Zellen zur Mündung hin vermuten, daß auch hier die Zellen von den Erbauerinnen geschlossen werden. Bei *St. depressigaster* fand WILLIAMS in sich gewundene Zellen mit nach unten gerichteter Öffnung, die förmlich ineinander verflochten sind und aus Erde und Holzstückchen bestehen. *St. varipictus* führt dagegen nach dem gleichen Autor mehrere nebeneinander liegende, zylindrische Zellen auf einer Unterlage auf. Von einer weiteren Art werden ähnlich wie bei *serrei* hintereinander an einer Pflanzenfaser die Zellen aufgereiht, doch sind diese gerippt. Darüber befanden sich zwei kleine, schirmartige Gebilde. Einen wesentlich abweichenden und innerhalb der Vespiden isoliert dastehenden Bau stellen die *Polybioides* (*Parapolybia*)-Arten Afrikas her. Bei *P. tabida* (F.) sind nach BEQUAERT die an einem Zweige hängenden Waben von einer einschichtigen Hülle aus sehr dünner hellgrauer Papiermasse umgeben, in der ein seitlicher langer Schlitz die Verbindung vom Nestinnern mit der Außenwelt herstellt. Die Waben (bis 6 kommen nach BUYSS. vor)

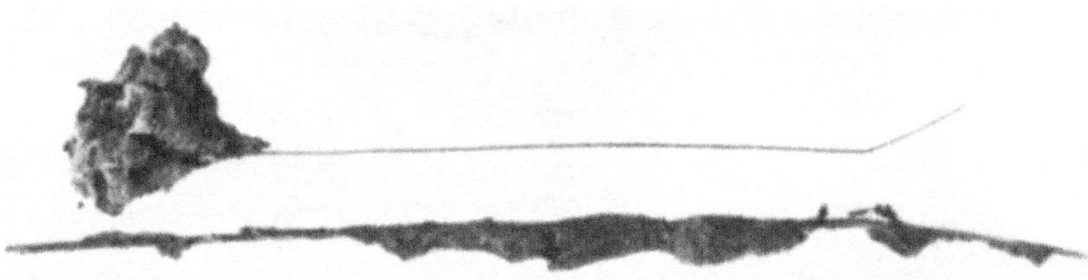

Abb. 113. Oben: Nest von *Stenogaster mellyi* SAUSS. an einem dünnen Halm aufgehängt; unten: hintereinander gereihte Zellen von *Stenogaster serrei* BUYSS.

sind direkt an einem Ast befestigt und hängen parallel nebeneinander senkrecht hinunter, dadurch stark an den Bau der Honigbiene erinnernd. Dieser Vergleich kann dadurch noch weiter geführt werden, daß wenigstens die zentralen Waben beiderseits Zellen tragen, während die äußeren allerdings nur auf der dem Nestinnern zugekehrten Seite mit Zellen besetzt sind. Während das von BEQUAERT beschriebene Nest 10,8 cm lang und 4,6 cm breit war, hat BUYSSON einen Bau von 18 cm Länge und 9 cm Breite beschrieben. Wesentlich größere, bis 3 Fuß lange, im Prinzip aber ähnlich gebaute Nester führt auch *P. melaina* (Meade WALDO) auf. Hier besteht aber die Hülle aus mehreren Lagen, die durch zahlreiche darin befindliche, überwölbte Fluglöcher gewellt erscheint. Gegen das untere zugespitzte Ende hin sind die Fluglöcher größer und dichter gestellt. Bei Störungen kommen die Wespen allenthalben aus den Öffnungen hervor. Die meisten Waben tragen auch hier beiderseits Zellen. Im übrigen sind bei beiden Arten die Waben weder unter sich noch mit der Hülle verbunden. Es ist auffällig, daß die Ausnutzung der freien Wabenfläche bei den Vespiden, da sie offensichtlich mit einer Materialersparnis verbunden ist, nicht weiter verbreitet ist. Die wenigen Fälle, in denen etwas derartiges beobachtet ist (z. B. bei den oben erwähnten Kümmerwaben von *V. vulgaris*, den BERLANDschen *Polistes*-Nestern und einem Fall an einer Ergänzungswabe von *Synoeca iresia* SPIN., der durch DUCKE beobachtet wurde) können als Anomalien angesehen werden. Die Gründe für die sonst allgemeine Einseitigkeit der Wespenwabe dürfte mit den verwendeten Baustoffen und deren Mechanik, besonders deren Belastungsfähigkeit bei wagerechter Stellung der Wabe zurückzuführen sein. Ein leider ohne Insassen und ohne nähere Angaben mir vorliegendes Nest zeigt in seinem Aufbau eine so weitgehende Ähnlichkeit mit dem von *Polybioides tabida*, daß man es für einen zur gleichen Gattung gehörigen Bau halten könnte. Hier hängen nebeneinander 9 Waben, von denen die am weitesten nach außen gelegenen am kleinsten sind. Der Wabenkomplex wird von einer einschichtigen, dünnen Nesthülle muschelschalenartig umgeben. Leider fehlen von der Hülle große Stücke. Die Waben sind nur einschichtig angelegt. Von den quer zur Richtung des Anheftungszweiges gestellten Waben kehren 5 ihre Öffnungen nach der einen, 4 nach der anderen Seite nach außen, so daß die beiden mittleren Waben ihre Böden einander zuwenden. Eine Doppelseitigkeit der Wabe wird aber vorgetäuscht. Die Zellböden sind nämlich, abgesehen von den jüngsten Waben, nur im distalen Zuwachsteil erhalten, im übrigen aber von den Wespen offensichtlich selbst abgetragen, so daß sich die einzelnen Zellen nach beiden Seiten öffnen. Dadurch wird mit Entfernung des Larvenkotes auch der Kokon freigelegt, so daß schließlich an beiden Seiten der Zelle Kokonfetzen hervorragen. Einen eigenartigen Anblick gewähren die meist kleinen, 50—60 Zellen enthaltenden *Belonogaster*-Waben, die nach BEQUAERT allerdings auch bis über 200 Zellen erreichen können. Der Stiel befindet sich hier seitlich (laterinid). Die hüllenlosen, stets in der Einzahl vorhandenen, stelocyttaren Waben erfahren infolge der starken Mündungserweiterung der Zellen und deren dadurch bedingten füllhornartigen Gestalt im ganzen eine erhebliche Aufwärtskrümmung im Zuwachsteil. Die einzelnen Zellen werden erst mit der Größenzunahme der Larven entsprechend verlängert. Im übrigen werden die alten Zellen abgetragen, und ihr Material, eine graue Papiermasse, die von ähnlicher Konsistenz wie bei *Polistes* ist, findet beim Aufbau neuer Zellen Verwendung. Mit dem Abtragen der alten Zellen bleiben aber die stielartig versteiften Wabenränder bestehen, so daß der Stiel scheinbar gegabelt ist und der Grund der Wabe sich von der Anheftungsstelle immer weiter entfernt. Die Nester werden in geschützter Lage, z. B. im Innern von Hütten, unter überhängenden Steinen, unter Blättern usw. angelegt. Bei *B. hildebrandti* SAUSS. von Madagaskar ist der Stiel stark verkürzt; *B. brevipetiolatus* SAUSS., ebenfalls aus Madagaskar, fügt seine Zellen so aneinander, daß das Endprodukt ein schmales bis 46 cm langes einzeiliges Nest darstellt. Da bei *Belonogaster* eine eigentliche Arbeiterinnenkaste nicht ausgeprägt ist, ist auch die Zellgröße einheitlich. Mag auch die Grundlage zu einem Nest ursprünglich von einem einzelnen Weibchen gelegt werden, so können sich diesem doch bald fremde Weibchen zugesellen, die sich an der Bauarbeit und am Eierlegen beteiligen. Auch Neugründung durch

Bildung von Schwärmen kommt vor. Die afrikanische Gattung *Paramischocyttarus*, von der DUCKE noch eine soziale Lebensweise annehmen zu müssen glaubte, wurde von BEQUAERT als solitäre Wespe erkannt; sie trägt paralysierte Spinnen in ihre durch Lehmquerwände abgetrennten Zellen. Bezüglich der Nistweise von *Mischocyttarus* (einschließlich *Megacanthops* und *Monacanthocnemis*) schreibt DUCKE: „Das artenreiche amerikanische Genus *Mischocyttarus* SAUSS. kommt in seinen monogamen Kolonien mit aus einer einfachen freien Wabe bestehendem Neste den Gattungen *Polistes*, *Icaria* und *Belonogaster* gleich; auch hier ist der Stiel des Nestes bald zentral, bald mehr oder weniger exzentrisch und von sehr verschiedener Länge (sehr lang bei *M. labiatus* F.), auch kennen wir langzweizeilige Nester, die den von SAUSSURE abgebildeten *Icaria*-Nestern gleichen (*M. collaris* DUCKE) sowie einzeilige Nester, deren Zellen entweder schräg seitlich nebeneinander gereiht (*M. artifex* DUCKE) oder sogar kettenartig mit der Basis an dem Endteile der vorhergehenden Zelle befestigt aneinander gereiht (*M. punctatus* DUCKE) sind." Namentlich das Nest der letztgenannten Art stellt einen ganz extremen stelocyttaren lateriniden Typ dar. Bei derartigen Bauten kommt die ja nur im geschlossenen Verbande auftretende Sechseckigkeit der Zellen naturgemäß nicht vor. In die Reihe der stelocyttar bauenden Arten gehören nach DUCKE noch eine Reihe polygyner südamerikanischer Gattungen. *Gymnopolybia* führt eine Reihe von horizontalen Waben oft in unordentlicher Weise in Hohlräumen oder an geschützten Stellen auf, die untereinander durch Säulen verbunden sind. Eine Hülle scheint zu fehlen. In regelmäßigerer Anordnung nur durch je eine zentrale Säule verbundene Waben, die von einer nur an der Unterlage angehefteten, weiten Hülle umgeben werden, konstruiert *Stelopolybia*. Gelegentlich soll die Hülle durch kleine Stiele mit den Waben verbunden sein. Ähnlich sind auch die Bauten von *Pseudopolybia*; doch besteht die sehr widerstandsfähige Hülle aus mehreren Lagen. *Parachartergus apicalis* F. heftet seine kleinen Waben nach dem lateriniden Typ an. Mehrere derartige Waben stehen übereinander, ohne Säulenverbindung und werden von einer weiten Hülle, die überall von den Waben entfernt bleibt, eingeschlossen (Abb. 114). Nach DUCKE stehen die Waben von *Parachartergus* und ebenso von *Leipomeles* nebeneinander. Einen recht eigenartigen Bau finden wir bei der nächtlich lebenden Gattung *Apoica*. Besonders an Zweigen werden die oft gewaltige Dimensionen erreichenden, stets nur in der Einzahl vorhandenen Wabenteller errichtet. Statt eines Anheftungsstieles zieht sich hier die Wabendecke in weiterer Ausdehnung an dem Zweige hin und bildet auf der Oberseite ein dickes Polster, dessen Inneres aus einem lockeren Filz aus Pflanzenfasern gebildet wird, während die Außenfläche aus einer widerstandsfähigeren, wohl mit Sekreten geleimten Haut besteht. Eine Hülle fehlt. Da DUCKE Traubenbildung beobachtet hat, scheint Polygynie vorzukommen.

Im folgenden sollen nun diejenigen sozialen Wespen kurz besprochen werden, deren Nistweise im phragmocyttaren Bau gipfelt. Bemerkenswerterweise scheint die erste Wabe des phragmocyttaren Nestes (Abb. 117) durch Aneinanderbauen von Zellen ganz wie bei den stelocyttar nistenden Wespen zu entstehen.

Auf Grund der Morphologie der Imagines stellt DUCKE die Gattungen *Pseudochartergus* und *Protopolybia* bereits in diese Reihe der sozialen phragmocyttar bauenden Vespiden. Auch *Charterginus* besitzt noch keine typischen phragmocyttaren Nester. *Pseudochartergus* baut in größeren, eingerollten Blättern je eine Wabe mit beiderseitigen Anheftungssäulen. Innerhalb der Gattung *Protopolybia* kommt eine verschiedenartige Nistweise vor. So hat *Pr. emortualis* SAUSS. nur ein aus einer einzelnen Wabe bestehendes Nest, das aber von einer Hülle umgeben wird. „Bei der gemeinen *Pr. sedula* (SAUSS.) finden wir bald kleine Nester mit ein oder zwei Waben, die durch mehrere Pfeiler an die Unterseite eines Blattes (meistens von Palmen) geheftet sind, oder auch ganz anders aussehende, große Nester mit einer Anzahl unregelmäßiger Waben, die größtenteils durch Pfeiler aneinander geheftet sind, aber deren älteste Waben direkt (ohne Pfeiler) um mehrere Zweige herumgebaut sind. Die Pfeiler der Etagen und der Mangel eines Verbindungsloches zwischen letzteren unterscheiden diese Nester sofort von den eigentlichen phragmocyttaren Nestern von *Nectarina*, *Polybia* usw. Diese großen *sedula*-Nester werden wahrscheinlich durch besonders starke Völker erbaut, und man findet sie besonders im kühleren Südbrasilien, wo überhaupt viele Wespen Neigung zum Erbauen größerer Nester zeigen, als z. B. in dem beständig warmen Amazonien“ (DUCKE).

Abb. 114. Nest von *Parachartergus apicalis* F. Die seitlich angehefteten Waben (laterinid) sind stelocyttar gebaut. Hülle vorhanden (calyptodom) aus gewellter Papiermasse.

Das Nest von *Charterginus* erinnert stark an die kleinen *Protopolybia*-Bauten; doch ist das Flugloch nicht seitlich in der Hülle, sondern durchbohrt die an einem Stiel aufgehängte Wabe von oben her. Die Gattungen *Protonectarina*, *Nectarina* und *Polybia* besitzen typische phragmocyttare Nester, deren Waben auf der jeweils untersten Fläche der Nesthülle angelegt werden und entsprechend dieser Art der Nesterweiterung untereinander nicht durch Stützpfeiler verbunden sind. Da sie auf Grund ihrer Entstehung an der ganzen Peripherie mit der Hülle in Verbindung stehen, wird die Verbindung zwischen den einzelnen Stockwerken durch das ursprünglich an der Unterseite des Nestes vorhandene einzige Flugloch, das durch alle Waben erhalten bleibt, hergestellt. Die Waben sind entweder flach scheibenförmig oder mehr oder weniger gewölbt je nach der ursprünglichen, unteren Abschlußfläche des Nestes. Bezüglich der Form und Konsistenz der Hülle herrscht — bei *Polybia*

Abb. 115. Großes Nest von *Polybia scutillaris* WHITE. Links der Eingang, daher die Waben dort von der Hülle zurücktretend.

(Abb. 115 u. 116) wird auch Lehm zum Aufbau von manchen Arten verwendet — eine außerordentlich große Mannigfaltigkeit. Dasselbe gilt auch von der Lage des Flugloches oder Spaltes. Bezüglich der Verwendung von Lehm mag bemerkt sein, daß derselbe nach Beobachtungen v. IHERINGS mit Pflanzenstoffen vermischt wird. Doch liegen Verfasser auch Bauten vor (Abb. 117), die, wie aus dem mikroskopischen Bilde des aufgeschwemmten Baumaterials hervorgeht, ohne Zuhilfenahme von Pflanzenteilen aufgeführt sind. Bei *Chartergus* bildet das Material des mit zentralem Flugloch versehenen Nestes eine starke, hellgraue, feste Pappmasse. Durch exzentrisches Flugloch und braunes Nistmaterial sind hiervon die Nester von *Synoecoides* und *Tatua* zu unterscheiden. Nach den Seiten hin wird die einzige Wabe von *Clypearia*, *Synoeca* und *Metapolybia*, die der Unterlage in ganzer Ausdehnung unmittelbar angeheftet und von der Hülle dicht umgeben ist, erweitert.

Die verhältnismäßig große Widerstandsfähigkeit phragmocyttarer Nester bedingt deren längere Lebensdauer. Derartige Nester bieten oft mehreren Generationen die Brutstätten. Eine Vermehrung der Kolonien erfolgt hier wohl allgemein durch Schwarmbildung, wobei dann in kurzer Zeit ein verhältnismäßig großes Nest gebaut werden kann, ehe mit der Eiablage und der weiteren Brutpflege begonnen wird.

Eine gewisse äußerliche Ähnlichkeit mit der Wespenwabe besitzen infolge der sechseckigen Zellstruktur die allgemein bekannten Waben der Honigbiene. Das Baumaterial ist hier Wachs, ein körpereigenes

Abb. 116. Nest einer *Polybia*-Art. Anlage der Zellen auf der papierartigen Hülle als Unterlage.

Produkt der Bienenarbeiterin. Seiner chemischen Zusammensetzung nach besteht das Wachs aus Zerotinsäure und Myricin, dem höhere Alkohole beigemengt sind. Als leicht erklärliche Verunreinigungen sind Pollenkörner darin vorhanden. Der Schmelzpunkt liegt zwischen 61 und 63 °C, und das spezifische Gewicht beträgt bei 15 °C 0,959—0,975. Da nach ECKERT (1922) das von Bienen bei reiner Zuckerfütterung produzierte Wachs sich in seinen physikalischen Konstanten und in der chemischen Zusammensetzung nicht von normalem Bienenwachs unterscheidet, kann angenommen werden, daß lediglich die mit der Nahrung aufgenommenen Kohlehydrate zum Aufbau des Wachses Verwendung finden. — Wo wird nun das Wachs produziert? Streckt man ein in Kalilauge mazeriertes Abdomen einer Bienenarbeiterin so weit, daß die tubusartig ineinandergeschachtelten Segmente auseinandergezogen werden, so sieht man, daß die vier letzten ausgebildeten Sternite in ihrem vorderen Teil, der vom vorhergehenden Tergit normalerweise verdeckt wird, in weiter Ausdehnung unbehaart und fast durchsichtig sind, während der freiliegende Teil die Bräunungen des übrigen Chitins besitzt.

Abb. 117. Lehmnest einer *Polybia*; oberste Wabe stelocyttar, die beiden unteren phragmocyttar.

Der Vorderrand des einzelnen Sternits ist wieder mit dunklem Chitin versteift; außerdem wird durch einen dunkleren mittleren Längsstreifen die durchsichtige Fläche in zwei Fenster, die sogenannten „Wachsspiegel" geteilt. Jedes dieser acht Fenster, von denen die sechs vorderen queroval sind, wird von einem sehr feinporigen Chitin gebildet, dem innen die von Fettgewebe überlagerten Drüsenfelder aufliegen. Die Drüsenzellen gehen aus ursprünglichen Hypodermiszellen hervor, strecken sich in der Sekretionsperiode stark, um später wieder zusammenzusinken. Durch die überaus feinen Poren dürfte das Drüsenprodukt in flüssiger Form durchsickern, mit dem der Nachbarzellen zusammenfließen und an der Luft, wohl unter Verdunstung eines Lösungsmittels, zu den sogenannten Wachsplättchen erstarren. Jedem der „Wachsspiegel" liegt außen zur Zeit der Wachserzeugung ein dünnes Plättchen aus Wachs auf (Abb. 118). Eigentliche Wachsspiegel sind weder bei der Drohne noch bei der Königin vorhanden. An den Sterniten kann wohl ein vorderer und ein hinterer Abschnitt unterschieden werden, doch setzt sich hier die Behaarung der hinteren Hälfte auch auf den Basalteil fort.

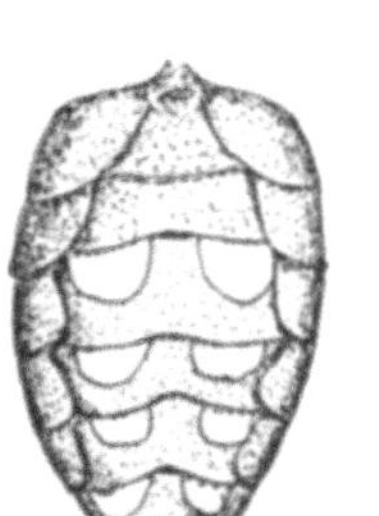

Abb 118. Unterseite des Abdomens einer Honigbienen-Arbeiterin mit Wachsschüppchen (nach von Buttel-Reepen).

Die anstelle der Wachsdrüsen gelegenen Hypodermiszellen unterscheiden sich kaum von denen der Umgebung. Daß die Drüsensekretion nicht an ein bestimmtes Lebensalter der betreffenden Biene gebunden ist, wie man auf Grund anderer Beobachtungen, die eine vom Alter der Biene abhängige Tätigkeit erkennen lassen, vermuten könnte, geht daraus hervor, daß ZANDER „mitten im Winter 3 Monate alte Bienen mit Erfolg zur Wachsbildung und Bautätigkeit anregen konnte, obwohl die Versuchsbienen einem halbverhungerten Volke entnommen waren". Auch von einem besonderen Ernährungszustand ist danach die Wachsbildung unabhängig. „Ungeklärt bleibt aber die Frage, ob Wachsdrüsen, welche nach der Wachsabscheidung rückgebildet wurden, ein zweites Mal oder öfter in Tätigkeit treten können." Entfernen die Bienen aus irgendeinem Grunde die dünnen, glimmerartigen Wachslamellen nicht, so kommt es gelegentlich vor, daß diese sich zu Blöcken zusammenballen. Einen extremen Fall dieser Art gibt v. BUTTEL-REEPEN bekannt, in dem die Wachsmassen zwischen den Sterniten der betreffenden Bienen derart gewaltige waren, daß die Sternite weit auseinander getrieben wurden. Die Blöcke saßen sehr lose und fielen infolgedessen leicht ab. „Trotz dieser unregelmäßigen Belastung flogen die Bienen geraden Fluges auf die noch vorhandene Heidetracht aus", schienen also nicht irgendwie behindert zu sein. Normalerweise werden die Wachslamellen bereits als dünne Häutchen aus der mit dem vorhergehenden Sternit gebildeten eingestülpten Tasche hervorgezogen. Dies geschieht mit Hilfe der Hinterbeine. Diese sind zwar in einer später zu schildernden Weise in erster Linie auf das Abbürsten und Eintragen des Blütenstaubes eingestellt, tragen aber an der Innenseite des stark verbreiterten Metatarsus zwischen den dort vorhandenen striegelartigen Bürsten längere, starre Borsten in ihrem distalen Teil. Streicht die Biene nun mit der Innenseite der Hintertarsen über die Bauchseite des Abdomens, so spießt sich ein Blättchen auf diesen Borsten auf und wird bei der Bewegung von vorn nach hinten aus der Tasche hervorgezogen. Der irreführende Ausdruck „Wachszange" für die im Tibio-Metatarsalgelenk gelegene, als Pollenschieber dienende Quetschvorrichtung sollte deshalb unter allen Umständen vermieden werden. Durch den weiten Aktionsradius der Hinterbeine, der es diesen gestattet, auch die Wachsblättchen aus der zwischen dem 2. und 3. Sternit gelegenen Tasche hervorzuziehen, ist es diesen auch möglich, das Plättchen unter dem Thorax hindurch nach vorn zu reichen, wo es mit den Vorderbeinen hochkantig den Mandibeln zugeführt wird. Zwischen diesen wird es in 4—5 Portionen zerknetet und als trübes Wachs aufgetragen. Der ganze Vorgang dauert nach DÖNHOFF etwa 2 Minuten.

Ehe die eigentliche Bautätigkeit erörtert wird, sei noch darauf hingewiesen, daß die Bienen außer dem Wachs noch weiteres Material für Bauzwecke verwenden, nämlich die sogenannte Propolis. Dieses Material, dessen Herkunft noch wenig geklärt ist, scheint aus Harzen und Knospenausscheidungen zu bestehen, die die Bienen nach Art des Blütenstaubes in den Körbchen ihrer Hinterschienen eintragen. Mit diesem Material werden Spalten verschmiert und Fremdkörper eingehüllt.

v. BUTTEL-REEPEN beobachtete bei der indomalayischen Zwergbiene (*Apis florea*), wie diese Art die ihre Klebkraft bewahrende Propolis nach Art von Leimringen um die Zweige, an denen sich die Waben befanden, anheftete, wodurch Ameisen ferngehalten wurden.

Wird auch durch die künstlichen Verhältnisse, die der Imker unserer Honigbiene bietet, von vornherein die Bautätigkeit in bestimmte Bahnen gelenkt, so sind doch die dabei auftretenden Bauinstinkte der Biene so fest eingewurzelt, daß wohl keine Abweichungen von der normalen Nistweise vorkommen. Der Biene kann lediglich der Platz zugewiesen werden, an dem die Wabe entstehen soll; jeder weitere Einfluß seitens des Menschen ist ausgeschlossen. Unter normalen Verhältnissen ist unsere Honigbiene mit ihren verschiedenen Rassen und den ihr nächststehenden afrikanischen und indischen Formen, die eventuell auch als eigene Arten aufgefaßt werden können, ein typischer Höhlenbrüter.

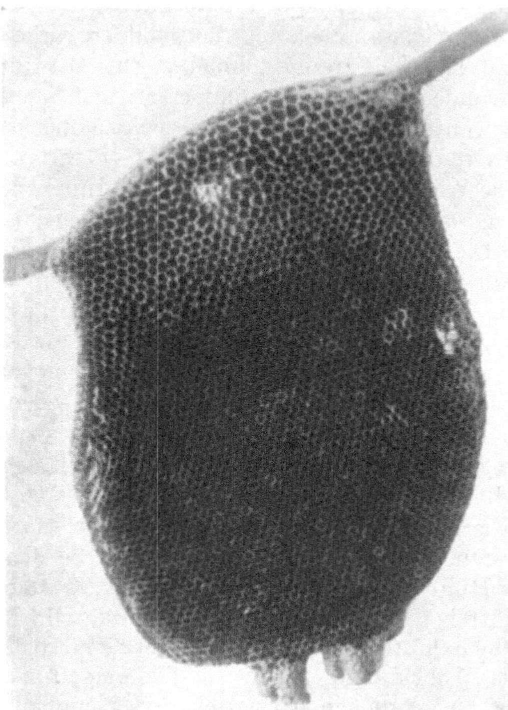

Abb. 119. Wabe der Zwerghonigbiene *Apis florea*. Oben größere Vorratszellen, unten Königinnen-(Weisel-)Zellen.

Bevorzugt werden Baum- und wohl auch Felshöhlen. Sind solche nicht vorhanden, so kommt bei verwilderten Schwärmen gelegentlich eine Ansiedelung im Freien in geschützter Lage, z. B. im dichten Brombeergebüsch, vor, wo die Blätter einigermaßen vor Niederschlägen schützen. Als seltene Ausnahme ist ein Nisten in der Erde beobachtet. Dagegen führen die große *Apis dorsata* F. und die winzige *Ap. florea* F. ihre nur in Einzahl vorhandenen Waben frei an Zweigen im indomalayischen Gebiete auf (Abb. 119). — Unter natürlichen Verhältnissen baut unsere Honigbiene eine Anzahl Waben nebeneinander die an ihrem oberen Rande zunächst angeheftet sind, später aber auch mit dem weiteren Wachstum an den Wänden der Höhlung angeheftet werden. Der Abstand der Waben voneinander muß in ähnlicher Weise wie beim Bau unserer Wespen den arbeitenden Tieren die genügende Bewegungsfreiheit gewährleisten und ein bequemes Schlüpfen der jungen Biene ermöglichen.

Da aber die Bienenwabe zweiseitig angelegt ist, also auf beiden Seiten versorgungsbedürftige Zellen enthält, müssen sie beiderseits zugänglich sein. Als Normalabstand der Wabenmittelwände können 35 mm angenommen werden. Geringerer oder größerer Abstand kann leicht zu Wirrbauten Anlaß geben. Als primitive Form der Bienenzucht machte sich der sogenannte Zeidelbetrieb die Erfahrung zunutze, daß die Bienen gerne in hohlen Bäumen nisten. Man höhlte dementsprechend Waldbäume aus und vernagelte die klaffende Spalte mit Brettern bis auf eine als Flugloch dienende Öffnung. Entweder wurde ein Schwarm darin angesiedelt, oder es wurde den Bienen selbst überlassen, den geeigneten Platz zu entdecken. Auf einer kaum höheren Stufe steht die sogenannte Klotzbeute (Beute = Bienenwohnung). Hier diente ein genügend starker und hoher Abschnitt eines Baumstammes, der ebenfalls ausgehöhlt wurde, als Nistgelegenheit. Der einzige Vorteil bestand darin, daß die Klotzbeute bequem erreichbar aufgestellt werden konnte. Nach einer schon im alten Ägypten und auch heute dort noch gepflegten Methode imkert man dort mit liegenden, aus getrocknetem Nilschlamm hergestellten Röhren, die ebenfalls mit Schlamm am offenen Ende verschlossen werden, wobei das Flugloch mit dem Finger eingebohrt wird. Der allbekannte „Bienenkorb“ aus geflochtenen Strohringen kann sich nur noch in Verbindung mit der Heideimkerei halten, wo sich der verhältnismäßig zähflüssige Honig nicht in der allgemein üblichen Weise aus den Waben durch Zentrifugen schleudern läßt. Den bisher besprochenen Methoden ist gemeinsam, daß die Waben fest im Bau hängen (Stabilbau), während die Praxis auf eine freie Beweglichkeit der Wabe, die ein bequemes Arbeiten ermöglicht, hinstrebte. Nach verschiedenen Versuchen und Entdeckungen, deren Geschichte bei v. Buttel-Reepen nachgelesen werden mag, ist man schließlich zum Mobilbau mit der sogenannten „Rähmchen“-Methode gekommen, die mehr oder weniger unabhängig voneinander verschiedene Praktiker fanden. Das Prinzip dieses „Mobilbaues“ liegt darin, daß hier den Bienen Rähmchen aus Holzlatten geboten werden, die in die Bienenkästen eingehängt werden können. Der für die Weite der Wabengassen wichtige Abstand wird entweder durch die Breite der Rähmchen selbst oder durch daran befindliche Stiftchen geregelt. Ein an der Unterseite des oberen Brettchens angebrachter Wachs- oder Wabenstreifen läßt die Bienen dort anbauen. Die Ausdehnungsmöglichkeit der Wabe nach den Seiten und unten ist durch die übrigen Brettchen begrenzt, Dadurch wird besonders auch das Anbauen der Wabe an den Wandungen des Nistraums verhindert und diese bleibt dauernd freibeweglich; jede Wabe kann also ohne Zerstörung aus dem Bau herausgenommen werden. Die Möglichkeiten einer sachgemäßen Bienenpflege sind dadurch wesentlich erhöht worden. — Zu Beginn der Bautätigkeit ziehen sich die wachsproduzierenden Bienen oben an den Rähmchen zusammen und ordnen sich dort wohl in Reihen. Unter normalen Verhältnissen scheint dabei die Richtung vom Flugloch nach hinten gewahrt zu werden. Finden sie dabei die ihnen vom Imker am oberen Rähmchenbrett gebotenen Wachsstreifen oder künstlichen Mittelwände, so wird an deren unterer Kante das mit den Mandibeln zerknetete Wachsklümpchen angetragen. Die Mittelwand wächst dadurch in die Dicke. Bei der in der zusammengedrängt arbeitenden Bienentraube herrschenden Temperatur dürfte das Wachs eine verhältnismäßig große Knetbarkeit besitzen. Es ist wohl nicht ganz von der Hand zu weisen, daß wachserzeugende Bienen, die sich in etwas größerer Entfernung von der Mittelwand befinden, so daß sie diese nicht direkt erreichen können, ihre Wachsklümpchen weitergeben. Doch wären hierfür noch eingehende Beobachtungen erforderlich. Ein Herausziehen der Wachsplättchen aus den Ventraltaschen durch fremde Bienen dürfte nach dem oben Gesagten unmöglich sein. Hat die Mittelwand zunächst oben eine gewisse Dicke erreicht, so kann mit der Modelliertätigkeit begonnen werden, als deren Endprodukt schließlich die so regelmäßig sechseckig prismatischen Zellen erscheinen. Da die unmittelbare Beobachtung auf große Schwierigkeiten stößt, ist man zum Studium der Bautätigkeit der Biene gezwungen, deren Bauprodukte auf den verschiedensten Stadien zu untersuchen. Hierbei ergibt sich, daß die ebenen Flächen nur im Zellverbande auftreten, randständige Zellen dagegen nach außen kreisbogenförmig sich vorwölben. Ebenso stellt die erste Eindellung des Bodens, also der Mittelwand, die später in Form einer von drei Rhombenflächen begrenzten Pyramide auftritt, anfangs eine gewölbte Fläche, eine Kugelhaube, dar. Da jedoch sehr bald neue Randzellen entstehen, sind diese Rundungen nur an ganz niedrigen Zellwänden sichtbar. Die Entstehung der Zellen und ihrer charakteristischen Böden, sowie die auf beiden Seiten der Wabe gegeneinander verschobene Lage haben wir uns nun folgendermaßen vorzustellen. Zur Arbeit drängen sich die Bienen möglichst eng zusammen. Kehren sie hierbei die Köpfe der Wabenmittelwand oder der Wachsleiste zu, so hat jedes Individuum auf der zu bearbeitenden Wachsfläche nur wenig mehr Arbeitsraum vor sich als der annähernd runden Vorderfläche des Kopfes entspricht. Wenn man nun zunächst bloß die Arbeit auf einer Seite der Wabe berücksichtigt, so würden sich dort bei der praktisch gleichen Körpergröße der Arbeiterinnen nach bekannten mathematischen Gesetzen um einen als Mittelpunkt angenommenen Bienenkopf sechs weitere symmetrisch gruppieren können. Um die Regelmäßigkeit des Endproduktes zu verstehen, muß angenommen werden, daß die gemeinsam arbeitenden Tiere gleiche Kräfte besitzen und von den gleichen Instinkten geleitet werden.

Unter dieser Voraussetzung läßt sich die Entstehung der prismatischen Zellen ohne weiteres verstehen. Die Bienen höhlen und quetschen in dem ihnen zukommenden Bereich das Wachs nach den Seiten, so daß vor dem Kopf eine Eindellung in der Mittelwand entsteht. Mit dem tieferen Aushöhlen dieser Grube wird das frei werdende Wachs den oberen Rändern angeknetet. Würde eine Biene für sich isoliert arbeiten können, so müßte auf diese Weise um sie herum ein ihrer Körpergröße entsprechender bzw. ein von dem Durchmesser des nahezu zylindrischen Körpers abhängiger Wachszylinder entstehen. Nun geschieht die Bauarbeit aber im geschlossenen Verbande Auf die in die Nachbarzelle sich vorwölbende Zylinderwand muß daher von der Nachbarbiene ein

Gegendruck ausgeübt werden; und das Endprodukt wird eine ebene Fläche als Resultante darstellen. Da das zur Verfügung stehende Wachsmaterial spärlich ist, die Zellen aber — mögen sie nun als Brut- oder als Speicherzellen späterhin dienen sollen — eine bestimmte Länge erreichen müssen, wird das Wachs auch soweit abgetragen, daß die Kanten des Sechsecks mit Winkeln von 120° entstehen. Die Bearbeitung des Zellbodens kann von den Nachbarbienen auf der gleichen Seite nicht beeinflußt werden. Dieser müßte also gerundet bleiben — er bleibt es auch bei Waben mit zu starker Mittelwand —, wenn nicht auf der gegenüberliegenden Seite der Wabe ebenfalls gearbeitet würde. Hierbei ergibt sich nun die für das Verständnis der Entwicklung der Bodenpyramide interessante Tatsache, daß die Bienen sich in ihrer beiderseitigen Anordnung beeinflussen, und zwar erfolgt die Gruppierung derart, daß offensichtlich nur an den Stellen gearbeitet wird, wo der geringste Gegendruck von der anderen Seite bemerkbar ist. Da durch je drei im Dreieck arbeitende Bienen auf der Gegenseite der Wabe drei Druckpunkte gebildet werden, dazwischen aber im Mittelpunkte dieses Dreiecks gewissermaßen ein toter Raum liegt, so wird sich eine Biene der anderen Seite an dieser Stelle zu schaffen machen. Bei dem regelmäßigen Alternieren derartiger Plätze ergibt sich auf beiden Seiten das gleiche Wabenbild, nur sind die einzelnen Zellen um eine halbe Zellbreite gegeneinander verschoben, wie man leicht erkennen kann, wenn man eine noch nicht zu stark bebrüte Wabe gegen das Licht betrachtet. Bei der Bearbeitung des Zellbodens findet also jede Biene sich gegenüber drei Partnerinnen, und es müssen hier nach dem gleichen Prinzip wie für die Zellseiten ebene Flächen, und zwar drei, entstehen, die schließlich bei Ausarbeitung der Kanten zu Rhomben werden. Diese Rhomben sind gegen die Seitenflächen um 120° geneigt, ihr stumpfer Winkel liegt zwischen 109 und 110°. Daß die Biene als Individuum und nicht als Reflexmaschine arbeitet, geht daraus hervor, daß die Zellen durchaus nicht mathematisch exakt gebaut sind, sondern gewisse individuelle Schwankungen in ihren Ausmaßen erkennen lassen. Einige mit dem Wabenbau in Verbindung stehende Tatsachen müssen aber noch besonders erörtert werden. Bauen die Bienen an einer ebenen Grundlage wie der Unterseite des oberen Rähmchenbrettes, so werden die Zellen in durchlaufenden horizontalen Reihen angelegt. Der kleinere Durchmesser des Sechsecks, der gegenüberliegende Flächen verbindet, ist dabei horizontal gestellt: oder anders ausgedrückt: in den horizontalen Reihen stehen zwei gegenüberliegende Flächen vertikal. Im übrigen verjüngt sich die wachsende Wabe aus breiter Basis zungenförmig nach unten. Läßt man nun die Bienen an einer gekrümmten Fläche ihre Zellen anbauen, so stehen auch hier zwei gegenüberliegende Flächen senkrecht zur Anbaufläche, d. h. die Zellreihen besitzen keinen horizontalen Verlauf, sondern folgen in ihrer Krümmung der Grundfläche. Diese Erscheinung muß wohl so erklärt werden, daß sich die Bienen in gedrängter Stellung beim Beginn der Arbeit mit ihrer Sagittalebene senkrecht zur Unterlage orientieren. Eine besondere Fähigkeit der Bienen, Zellwände symmetrisch aufzuführen, braucht nicht angenommen zu werden.

Standen die Brutzellen für die Arbeitsbienenlarven bei ihrer Herstellung in unmittelbarem Zusammenhang mit der Körpergröße ihrer Erbauerinnen und waren sie dadurch verhältnismäßig leicht verständlich, so trifft dies für die zweite Art von Zellen der Bienenwabe, nämlich die Drohnenzellen nicht zu. Während der Abstand gegenüberliegender Wände in der Normalzelle 5,25 mm beträgt, ist der entsprechende kleine Durchmesser der Drohnenzelle 6,3 mm lang. Dabei wird nach QUELLE für eine Drohnenzelle 30,34 cmm Wachs verbraucht gegenüber 13,39 cmm für Errichtung einer Arbeiterinnenzelle. Gebaut werden Drohnenzellen unter normalen Verhältnissen nur dann, „wenn bereits reichlich Arbeiterbau mit Vorräten und Brut vorhanden ist", wobei der Übergang vom Arbeiterbau zum Drohnenbau erfolgt, aber nicht umgekehrt. QUELLE hat sich nun neuerdings mit dem „Rätsel des Drohnenbaues" eingehender befaßt und kommt dabei zu folgender Auffassung: „Drohnenbau entsteht (unter normalen Verhältnissen) dann, wenn das Verhältnis der Zahl der jungen Bienen zur Zahl der Trachtbienen so groß geworden ist, daß eine streng einheitliche, konzentrierte Tätigkeit aller Bienen desselben Volkes, wie wir sie beim Schwarm und bei der aufsteigenden Frühjahrsentwicklung wahrnehmen, nicht mehr durchgeführt wird." Hierbei wird von der nicht ganz zutreffenden Voraussetzung ausgegangen, daß lediglich Jungbienen als Wachsproduzenten und Zellmodelleure in Frage kommen. Wenn man aber hiervon absieht und statt der Überproduktion von Jungbienen eine durch bestimmte Verhältnisse bedingte zeitweilige stärkere Wachsproduktion annimmt, die unter normalen Verhältnissen mit einer stärkeren Vermehrung des Volkes und einer gewissen Überproduktion von Arbeitskräften allgemein parallel laufen wird, so kann man den folgenden Erklärungsversuch QUELLES wohl gelten lassen. „Es kommt vor, daß unter diesen Verhältnissen (weniger geregelte Arbeitseinteilung bei Überproduktion von Arbeitskräften — Verfasser) die eine Gruppe von Arbeitsbienen zu derselben Zeit Arbeiterbau aufführt, während eine andere Gruppe Drohnenzellen baut. Drohnenzellen aber werden dort gebaut, wo sich am meisten die wachsliefernden (Jung-)Bienen ansammeln, d. h. wo sehr viel Wachs produziert wird und auf der wachsenden Wabenmittelwand zur Ablagerung gelangt. Verglichen mit den Verhältnissen beim Schwarm und bei der aufsteigenden Entwicklung ist jetzt der Zufluß des Wachses ein stärkerer, als der Zahl der eigentlichen Baubienen entspricht. Nun gehört es aber auch zur Bauweise der Bienen, die Zellen in demselben Maße hochwachsen zu lassen, wie Wachs am Rande abgelagert wird; die Folge ist also: Der Verband der Baubienen wird ein lockerer, auf jede einzelne Baubiene kommt ein größeres Stück Mittelwandfläche, und zwar wird jede gerade soviel von dieser Fläche nehmen, wie sie bequem bearbeiten kann — im Schwarmklumpen war sie beengt — die Zellen erhalten größeren Durchmesser bei regelmäßiger Gesamtausführung (dies letztere ist durch VOGTS Messungen genau festgestellt), wir haben Drohnenbau! Wenn die Bienen nach Verlust der Königin Drohnenzellen bauen, so erscheinen für den tiefer Blickenden die hiermit gegebenen Bedingungen, denen doch nicht so ganz unähnlich, unter welchen bei Weiselrichtigkeit Drohnenzellen entstehen: Denn da mit dem Verschwinden des eierlegenden Dauerweibchens zunächst keine Eier, nach 9 Tagen auch keine Larven mehr zu pflegen sind, so werden plötzlich sonst brutpflegende Jungbienen die Wabenfläche verlassen, sich an den unteren Wabenenden ansammeln und die andere Seite ihrer Brutpflege in Tätigkeit treten lassen, nämlich Wachs schwitzen; der Erfolg ist Drohnenbau. So ist das Erscheinen von Drohnenbau in jedem Falle ein Zeichen der Änderung des inneren Gesamtzustandes eines Volkes; so erscheint der Drohnenbau als äußeres Erkennungsmerkmal einer gewissen ‚Stimmung' des Volkes, als welches er, wohl nach der Meinung aller Sachverständigen, mit Recht zu gelten hat.“ Entsprechend der zeitlich späten Anlage der Drohnenzellen finden sich diese in den unteren Partien der Waben, an Arbeiterbrutzellen anschließend, oder wenn die betreffenden Rähmchen schon mit Waben vollbebaut waren, auf den äußersten, am weitesten vom Zentrum des Brutnestes entfernten Waben. Die Zahl der Drohnenzellen in einem Neste ist sehr verschieden. Gelegentlich kann als Abnormität nach v. BUTTEL-REEPEN der Bau von Drohnenzellen so gut wie ganz unterbleiben. In anderen ebenfalls abnormen Fällen können Drohnen in Arbeiterinnenzellen und Arbeiterinnen in Drohnenzellen erzogen werden. Hat die Bienenlarve ihre Entwicklung soweit abgeschlossen, daß sie nicht mehr gefüttert zu werden braucht, so werden die Zellen von den Bienen zugedeckelt, ehe sich die Larve ihren Kokon gesponnen hat. Dieser Deckel besteht aus Wachs, dem nach v. PLANTA Pollen beigemischt sein soll, was ich jedoch bei einigen Stichproben nicht bestätigt fand, hat aber oft eine hellere Farbe als die Zellwände, die nach mehrmaliger Bebrütung dunkler werden. Auch die Konsistenz des Deckelwachses erscheint etwas anders, nicht so gleichmäßig geglättet wie an den Zellseiten, sondern aus Brocken zusammengesetzt. Es ist dies auch leicht verständlich, wenn man bedenkt, daß die Zellwände durch das Gegeneinanderarbeiten zweier Bienen geglättet werden, während beim Eindeckeln der Zellen ein Gegendruck fortfällt, der Deckel im übrigen über einen Hohlraum gewölbt werden muß. Auch zwischen den Zelldeckeln der Arbeiterinnen- und Drohnenzellen bestehen Verschiedenheiten. So findet man über den ersteren normal einen flachen, über den Drohnenzellen dagegen einen stark nach außen vorgewölbten Deckel. Eine interessante Zusammenstellung über die verschiedenen vorkommenden Anomalien: Drohnen in Arbeiterinnenzellen und Arbeiterinnen in Drohnenzellen, entweder mit gewölbtem Deckel (Buckelbrut) oder aber flach abgeschlossen, gibt v. BUTTEL-REEPEN. Es würde hier zu weit führen, auf diese Einzelheiten einzugehen und sei deshalb auf die betreffende Arbeit selbst verwiesen. Außer diesen beiden bereits vorhandenen Hauptzellarten werden zum Speichern der Vorräte (Honig und Pollen) keine diesem Zweck ausschließlich dienende Zellen errichtet. Sowohl in Arbeiterinnen- wie auch in Drohnenzellen kann die Ablagerung erfolgen. Propolis scheint direkt an den Gebrauchsplatz gebracht und dort verwertet zu werden. Bezüglich der Honigspeicherung haben die Bienen die Gewohnheit, diese möglichst hoch oben in den Waben vorzunehmen. Dadurch ist die Bienentraube im Winter, wenn sie sich ebenfalls nach oben zusammengezogen hat, in der Lage, von den Vorräten zehren zu können, ohne sich vom Wärmezentrum des Nestes entfernen zu müssen. Andererseits kommen wohl auch mechanische Momente für die Unterbringung des spezifisch schweren Honigs in der Nähe der Anheftungsstelle der Wabe in Betracht, da dadurch ein Verziehen der Wabe, wie es bei der Dehnbarkeit des Wachses vorkommen könnte, mehr oder weniger vermieden wird. Die der Speicherung dienenden Zellen werden außerdem noch etwas verlängert. Erfolgt diese sogenannte „Dickwaben“-Bildung ebenfalls dicht an dem oberen Brett des Rähmchens, so wird dadurch die ganze Wabe noch stabiler befestigt. Besonders auffällig ist diese Erscheinung der Dickwabenbildung an den Bauten der Zwergbiene *Apis florea* (Abb. 119). Die Tatsache, daß die Bienen den Honig nach oben schaffen, hat sich auch die Imkerei zunutze gemacht, indem man den Bienen für die Honigablagerung bei gut besetztem Brutnest einen besonderen, oberhalb desselben befindlichen Honigraum bietet, zu dem der Königin der Zutritt verwehrt ist, um diesen Raum brutfrei zu erhalten. Die Absperrung geschieht durch ein Gitter, dessen Maschenweite den Arbeiterinnen ein Durchschlüpfen gestattet, während die größere Königin dasselbe nicht passieren kann. Auch die Honigzellen werden mit Wachs bedeckelt. Eine interessante Anomalie, für die man atavistisch aufzufassende Instinkte als Ursache annehmen könnte, ist die Erscheinung, daß gelegentlich in nicht ganz mit Pollen gefüllte Zellen ein Ei hineingelegt wird. Die Parallele zu den Verhältnissen bei solitären Bienen ist hier, worauf v. Buttel-Reepen hingewiesen hat, recht auffällig. Die Anzahl der im ganzen Nest vorhandenen Zellen hängt von verschiedenen Faktoren ab. Eine Schätzung v. Buttel-Reepens kommt auf 50 000 Zellen in einem gut besetzten Volk. Nimmt man an, daß auf acht sogenannten „Normalganzrähmchen“ 40 000 Zellen vorhanden sind, so beträgt das reine Wachsgewicht derselben nach dem gleichen Autor 800 g. „Sperrt man ein Volk zu geeigneter Zeit ein und füttert es mit Honig, so muß man 5—6 kg Honig füttern, um $1/2$ kg Wachs durch die Bienen erzeugen zu lassen. Während also die Hausimmen das Wachs produzieren, haben die Feldimmen in den 14 Tagen mindestens 9 kg Honig eingetragen, denn wir finden oben in den Waben ungefähr 1 kg Honig und mehr bereits aufgestapelt und dann hat das Volk zur Selbsternährung und zur Bereitung des Futterbreies mindestens 7 kg verbraucht.“

Wurde im vorstehenden auch versucht, die Entstehung der Bienenzelle möglichst natürlich zu erklären, soweit nicht die direkte Beobachtung die Tatsachen erkennen läßt, so ergeben sich doch noch allerlei Fragen in diesem Zusammenhange, die nur durch Beobachtung zu lösen sind. Darüber, in welcher Weise die Zellwände verlängert werden und wie an den Rändern das Wachs angetragen wird, kann man sich gegenwärtig erst in Vermutungen ergehen. Weiter ist es wichtig festzustellen, in welcher Stellung sich die Bienen bei dem Modellieren der Zellen befinden bzw. wie die horizontale oder leicht nach oben zeigende Richtung der Zellen zustandekommt.

Ganz aus dem Rahmen der bisher geschilderten Zellbauten der Honigbiene fallen die Weiselzellen (Abb. 119), in denen eine neue Königin ihre Entwicklung durchmacht, heraus. Diese Zellen weisen keinerlei Kanten in ihrem Lumen auf; dieses erscheint vielmehr auf dem Querschnitt kreisrund. Sie fallen als große eichelförmige Zapfen, die am unteren Wabenrande herabhängen, sofort auf. Ihre Oberfläche ist mit zahlreichen Eindellungen bedeckt. Gelegentlich wird auch das Sechseckmuster darauf deutlich. Die Anlage dieser Zellen geht aus kleinen Näpfchen hervor, die unten an den Waben angebaut werden, wobei es gleichgültig ist, ob die vorhergehenden Zellen für Arbeiterinnen- oder Drohnenbrut bestimmt waren. Die Anlage der Weiselzellen steht mit der Schwarmlust, also einem gewissen periodischen Ausdehnungstrieb, in offensichtlichem Zusammenhang. So kann auch unter normalen Verhältnissen der Bau von Drohnenzellen bei guter Volksvermehrung bereits als ein Symptom dieser „Stimmung“ angesehen werden. Sicher kann man dies von den Weiselzellen sagen. Im allgemeinen wird wohl nur ein Teil der Weiselnäpfchen zu Königinnenzellen ausgebaut. Die Zahl der Weiselzellen wechselt stark mit den Rassen. „Im allgemeinen kommen die europäischen Varietäten selten über 50 hinaus, auch nicht die stark schwarmlustigen Heidebienen und Krainerbienen. Gewöhnlich findet man etwa 10—20 Königinnenzellen, oft aber auch nur 5—6 und auch noch weniger. Bei den ausländischen Rassen dagegen treten die weiblichen Geschlechtszellen zahlreicher auf. Bei der ägyptischen Biene (*Apis fasciata*) sind 100—200 Zellen in einem Volke keine Seltenheit, bei der syrischen Biene findet man hin und wieder 200—300, bei der kaukasischen 150—160 (v. BUTTEL-REEPEN).“ Schließlich sei auch noch der sogenannten Nachschaffungszellen gedacht, die durch Erweiterung von Arbeiterinnenzellen, in denen sich möglichst junge Larven befinden, hergestellt werden, jedoch nur nach Verlust der Königin und insoweit, als nicht schon normale Weiselzellen mit Brut vorhanden sind. Nachdem die Weiselzellen ihren Zweck erfüllt haben, werden sie wieder abgetragen. Bei der ein Nomadenleben führenden indischen Riesenhonigbiene (*A. dorsata*) werden besondere Zellen für Aufzucht von Drohnen und Königinnen nicht hergestellt; sämtliche Zellen haben bei ihr den gleichen Durchmesser. Dagegen hat die Zwergbiene (*A. florea*) alle drei Zellformen gut entwickelt. Außerdem sind hier die für die Honigspeicherung bestimmten Zellen besonders stark verlängert, wodurch die Dickwabenbildung an der Wabenanheftungsstelle besonders ausgeprägt erscheint (Abb. 119).

Gute Raumausnutzung verbunden mit sparsamem Verbrauch der Baustoffe haben wie bei den Wespen so auch bei den Honigbienen zur Anlage der sechseckigen Zellprismen geführt. Dem Einwand VOGTS (vom mathematischen Standpunkt), daß die Bodenpyramiden der Zellen das Ersparnisprinzip durchbrechen und daß gegenständige Zellen auf ebener Mittelwand mit geringerem Materialaufwand hergestellt werden könnten, hält ARMBRUSTER (vom biologischen Standpunkt) entgegen, daß die Zellen durch den geringen Mehrverbrauch von Wachs eine größere, für die Entwicklung der Larve nötige Länge erreichen und daß Zellen mit stumpfwinklig aneinanderstoßenden Flächen leichter gereinigt werden können. Die Doppelseitigkeit der senkrecht hängenden Wabe verhütet bei Belastung mit Vorräten und Brut ein Durchbiegen. Eine einseitige, horizontale, hängende Wabe aus Wachs ist bei den physikalischen Eigenschaften desselben eine Unmöglichkeit, wenn es sich darum handelt, spezifisch schwere Vorräte (Honig) darin aufzuspeichern. Als Brutwabe kommt aber auch die horizontale, einseitige Wachswabe bei den stachellosen Honigbienen der Tropen vor.

Recht eigenartige und mannigfaltige Nistweisen treffen wir bei den sogenannten stachellosen Honigbienen an. Unterschied man früher zwei Hauptgruppen derselben, *Melipona* und *Trigona*, so haben die jüngsten Untersuchungen DUCKES es wahrscheinlich gemacht, daß diese Trennung nicht aufrechterhalten werden kann, da sowohl morphologische wie ökologische Zwischenformen vorkommen. Am besten sind wir über die Bauten der brasilianischen Arten orientiert, während die Formen der altweltlichen Tropen erst dürftig bekannt sind. In der Reihe der stachellosen Bienen, die in sich hochspezialisiert sind und keinesfalls als direkte Vorfahren der echten Honigbienen angesehen werden können, herrscht eine außerordentliche Verschiedenheit in der Bauweise — fast jede der bekannten Arten hat ihre Eigenheiten —, so daß allgemeine Angaben schwer gemacht werden können. Was zunächst das Baumaterial anbetrifft, so wird Wachs produziert und zwar, was besonders bemerkenswert ist, auch von den Männchen. Eine Beteiligung derselben an den Nestarbeiten ist jedoch bisher nicht beobachtet worden. Im Gegensatz zu *Apis* findet die Wachsausscheidung dorsal statt, (Abb. 120) und zwar nach DREYLING auf den vier hinteren Tergiten, in geringerem Maße auch am 2. Tergit. Die einzelnen Wachsplättchen, die hier eine polygonale Felderung erkennen lassen, werden ebenfalls paarig angelegt. Außer dem selbstproduzierten Wachs werden aber die verschiedenartigsten vegetabilischen Substanzen (Harze, Gummi, Holzmulm, sowie Mist von Pflanzenfressern usw.) verwendet, die an den außerordentlich verbreiterten Hinterschienen eingetragen werden. Ein Gemisch aus derartigen Bestandteilen bezeichnet H. v. IHERING als „Cerumen." Ferner machen die Meliponen im engeren Sinne vielfach auch von Lehm Gebrauch, mit dem besonders die Nisthöhle im morschen Baum durch das sogenannte obere und untere „Batumen", wie v. IHERING die Querwände bezeichnet, gegen die Umgebung abgedichtet wird. Reines Wachs wird offensichtlich nur selten angewandt, dagegen kommen die Mischungen verschiedenster Art häufig vor. Das Baumaterial für die Zellen enthält auch

Abb. 120. Befruchtete Königin und Arbeiterin von *Melipona paraguayaca* STRD.; die Arbeiterin mit Wachsausscheidung auf dem Rücken.

wenig mehr als zur Hälfte Wachs. Im übrigen zeigt sich hier auch eine weitgehende Anpassungsfähigkeit dieser Bienen, da das eine oder andere Baumaterial gelegentlich fortfallen kann. DUCKE betont dies besonders für die Benutzung von Lehm bei *Melipona pallida* LATR. und *ruficrus* LATR. Von Freibauten sind besonders die der letztgenannten Art bekannt, große kuglige oder mehr ovale Nester mit brüchiger brauner äußerer Hülle, in der man deutlich die Reste verwendeten Mistes erkennt. Diese Nester sind zwischen Zweigen angebracht (Abb. 121) und um diese herumgebaut und können recht große Dimensionen erreichen (über $1/_2$ m Durchmesser). Nach Angaben v. IHERINGS kann das Gewicht derartiger Bauten bis

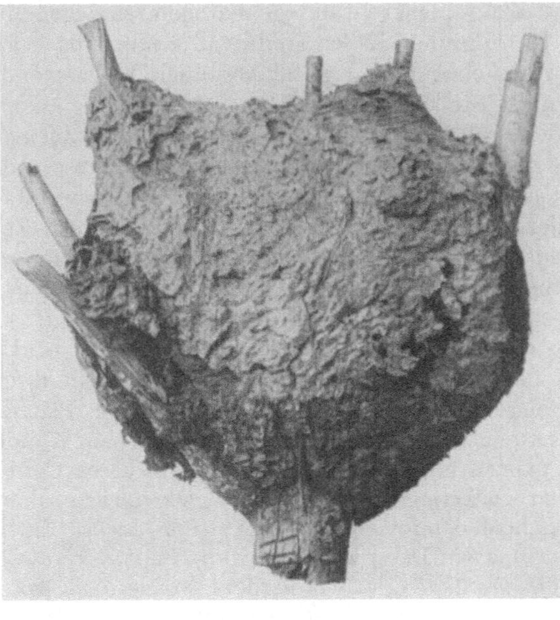

Abb. 121. Nest von *Melipona ruficrus* LATR. in Astgabel.

60 kg betragen, was wohl auf die großen Lehmmassen, die den größeren Teil des Nestes ausfüllen können, zurückzuführen ist. Die Mehrzahl der Arten legt dagegen ihre Nester in hohlen Bäumen an, wobei die Nisthöhle, wenn das umgebende Holz morsch ist, von den Bienen selbst vergrößert werden kann. Einige Arten wie *M. subterranea* FR., *quadripunctata* LEP. und *santhilari* LEP. scheinen ausschließlich in der Erde zu nisten (bis 4 m tief!). Wieder andere bevorzugen Termitennester, um darin ihre Bauten unterzubringen. Wie wenig wählerisch einzelne Arten in bezug auf die Auswahl des Nistplatzes sind, geht aus den Bemerkungen DUCKES zu *M. pallida* LATR. hervor: „Meistens in hohlen Bäumen oder in auf Bäumen erbauten Nestern von Termitenarten; SILVESTRI fand in Matto Grosso alle drei Subspezies auch in Erdhöhlen und Mauerspalten;

in den Staaten Sao Paulo, Rio de Janeiro und Nachbargebieten baut die schwarze Form (Subspecies *cupira* Sm.) häufig ein freies Nest zwischen epiphytischen Bromeliaceen oder außen an den Wänden der Dorfhäuser.“ Am Meliponennest sind außer dem eigentlichen Brutnest mit seinen Brutzellen oder Waben noch eine Reihe Nebenbauten vorhanden, die am besten getrennt vom ersteren besprochen werden. Bezüglich des Brutnestes lassen sich zwei Haupttypen unterscheiden, der traubige und der scheibenförmige Bau. Als Beispiel für den ersten Fall mag hier die Schilderung wiedergegeben werden, die v. Ihering vom Brutnest der *M. silvestrii* Fr. gibt. „Die Brutmasse (darunter wird der Komplex der Brutzellen verstanden) unterscheidet sich auch dadurch von jener aller anderen Arten, daß die Zellen nicht in Waben angeordnet sind, sondern durch kurze Wachspfeiler zu unregelmäßigen traubigen Massen verbunden sind. Die einzelnen Zellen sind oval, 5 mm lang bei 4 mm Durchmesser und aus einer feinen gelblichbraunen Wachsmembran gebildet. Nur an wenigen Stellen sind die Zellen unregelmäßig aneinandergeklebt, bald mit den Polen, bald mit der breiten Fläche aneinanderhängend. In der Regel sind sie in die Verlängerung der oben erwähnten Wachsbalken eingeschoben. Diese Balken bilden kurze, 3—4 mm lange Wachspfeiler, welche bisweilen einfach von Zelle zu Zelle verlaufen, meistens jedoch sich in der Mitte gabeln, so daß sie dann mit drei Zellen in Verbindung stehen. Die Mehrzahl der Zellen ist so gelagert, daß ihre Achse jener der Baumhöhle annähernd parallel läuft, doch kommen dazwischen auch andere vor, welche horizontal liegen. Die Zellen enthielten an dem untersuchten Neste reife Brut; in ihrer Gesamtheit bilden sie eine 4—5 cm hohe, etwas ringförmige Platte.“ Bei dieser Bauweise hat naturgemäß jede Zelle ihre eigenen Wände. Die Zellen bilden im ganzen ein mehr oder weniger lockeres Gefüge, das durch Wachspfeiler zusammengehalten wird. Die gleiche Bauweise kommt nach Ducke noch den folgenden Arten zu: *M. duckei* (Fr.), *mülleri* (Fr.), *timida* (Silv.), *varia* Lep., *minima* (Grib.) mit der *subsp. meridionalis* Ducke und *schrottkyi* (Fr.); außerdem ist sie auch von altweltlichen Arten, wie der *M. canifrons* Sm. bekannt. Die von W. A. Schulz mitgeteilten Beobachtungen über den Bau der *M. laeviceps* Sm. beziehen sich nach einer späteren Richtigstellung desselben Autors ebenfalls auf *M. canifrons* Sm. Als eine weitere Eigentümlichkeit dieser Nester mag erwähnt sein, daß ihnen eine Hülle, auf deren Zusammensetzung bei der Besprechung der übrigen Arten noch näher eingegangen werden muß, fehlt. Ducke vermutet, daß die Arten seiner 1. Gruppe, zu denen von den vorstehend genannten *M. duckei* und *mülleri* gehören, keine besonderen Weiselzellen konstruieren; das gleiche soll bei *silvestrii* der Fall sein. Die an sich geräumigen Zellen in Verbindung mit der geringen Größendifferenz der Arbeiterinnen und des jungfräulichen Weibchens lassen die Anlage besonderer Zellen für die weibliche Brut überflüssig erscheinen. Für die Drohnenbrut werden auch von den anderen Meliponen keine eigenen Zellen aufgeführt.

Die große Masse der südamerikanischen Arten ordnet dagegen ihre Zellen in scheibenförmigen Waben an. Es scheint, daß im allgemeinen die einzelnen Zellen einfach aneinander gebaut werden, wodurch eine Wabe zustandekommt, die mit der stelocyttaren Wespenwabe noch die meiste Ähnlichkeit besitzt. Bei der Einseitigkeit der Wabe sind die Zellböden einfach gewölbt. Eine Zwischenstufe zu der traubigen Anordnung ergibt sich dann, wenn die Einzelzellen in eine Ebene verlagert und stark genähert sind. Der Bau einer Wabe geht nach v. IHERING bei den meisten Arten von einem Wabenzentrum aus. Doch wird hier in umgekehrter Richtung wie bei den Wespen gearbeitet, da die meist horizontal gestellten Waben ihre Zellöffnungen nach oben kehren. Vielfach kommen in den Waben Öffnungen von Zellgröße vor, die den Bienen ein Durchschlüpfen ermöglichen und dadurch den Weg ersparen, der zurückgelegt werden müßte, wenn die Nachbarwabe besucht werden soll. Untereinander sind die Waben durch Pfeiler verbunden, die auch gelegentlich von den Waben zur Hülle ziehen. An der Insertion sind die Pfeiler verbreitert und sitzen dann den Kanten dreier aneinanderstoßender Zellen auf. „Eine besondere Modifikation im Verhalten der Pfeiler wurde bei einigen *Trigona*-Arten beobachtet. Bei *Trigona cupira* waren die Pfeiler mehrfach durch die Wabe hin verlängert, so daß derselbe Pfeiler zwei Zwischenräume und eine Wabe durchsetzte. Die am Rande gelegenen Pfeiler erstreckten sich mehrfach über 3 bis 4 Waben hin, wobei sie abwechselnd bei der einen Wabe nach links, bei der nächsten nach rechts hin einen kurzen Zweig abgaben, der zur Befestigung an der betreffenden Wabe diente. Bei *Trigona argentata* LEP. war dieses Verhältnis noch weiter ausgebildet, indem es keine isolierten Pfeiler mehr gab, sondern dicke Verbindungsstränge sowohl außen am Rande als auch innen die Waben durchsetzten, wobei sich diese Stränge oftmals dichotomisch teilten“ (v. IHERING). Ähnlich wie wir es bei manchen sozialen Wespen kennen lernten, tragen die Meliponen die Zellen nach einmaliger Benutzung ab. Da entsprechend der Entwicklung der Brut zunächst das Wabenzentrum frei wird, bleibt nach dessen Entfernung eine ringförmige Wabe übrig. Gelegentlich scheint allerdings nach Beobachtungen v. IHERINGS eine zusammenhängende Platte von Zellböden bestehen zu bleiben, wenn lediglich die Seitenwände der Zellen abgetragen wurden (beobachtet bei *M. marginata* LEP. und *nigra* LEP.). Da bei der letztgenannten Art die Bodenplatte nachträglich verstärkt war, kann angenommen werden, daß diese als Grundlage einer neuen Wabe dienen sollte. Umgekehrt hatte *M. cupira* die Zellen von unten her abgetragen und nachträglich die ausgebesserte Deckelschicht zu einer starken Scheibe verdickt. Bei *M. postica* (LATR.) fand v. IHERING Waben, bei denen sowohl die Deckel wie die Böden abgetragen waren, so daß ein sechseckiges Wabengitter bestehen blieb. Da die Wabe daneben große Lücken aufwies, nimmt v. IHERING an, daß die Reste der Zellwände auch noch entfernt werden und im ganzen eine neue Wachsplatte eingefügt wird. Derartige Wachsplatten, mit denen auch nachträglich die zentralen Löcher in den ringförmigen Waben ausgefüllt werden, werden „Trochoblaste“ genannt. Auf diesen sollen „zunächst durch zarte Verdickungslinien die Grenzen der zukünftigen Zellen angedeutet“ werden. Ein Auftragen des Sechseckmusters dürfte wohl kaum in Frage kommen. Meines Erachtens gibt es nur zwei Erklärungsmöglichkeiten des Zustandekommens der Zellgrundrisse. Entweder haben die Bienen in gemeinsamer Arbeit, gedrängt wie die Honigbienen an der Mittelwand, auf der Wachslamelle durch Eindellung derselben die Zellgrundlagen markiert, oder aber es handelt sich auch hier um nicht ganz abgetragene, nachträglich mit frischem Wachs verdickte Wabenteile, bei denen das alte Muster durchschimmert. Diese vorhandene Grundmembran legt den Vergleich mit der phragmocyttaren Wespenwabe nahe. Die Zellen entstehen jedoch in einer so wesentlich abweichenden und eigenartigen Weise, daß v. IHERING, dem wir die diesbezüglichen Beobachtungen verdanken, selbst zu Worte kommen mag. „Die Herstellung der Zellen erfolgt in der Weise, daß zunächst an der dem Hohlraume der Zelle entsprechenden Stelle die Wachsmembran entfernt und das dabei gewonnene Material zur Herstellung eines sechseckigen Gürtels verwendet wird, welcher sich anfangs nur sehr wenig über den Trochoblast erhebt, allmählich aber nach oben und unten bis zur völligen Herstellung der Zelle vergrößert wird. In der Regel wird dabei eine Zelle nach der andern in regelmäßigem Zusammenhange hergestellt, doch kommt es auch vor, daß in einiger Entfernung von den andern begonnenen oder fertiggestellten Zellen eine einzelne in Angriff genommen und zunächst in ihrer untern Hälfte beendet wird, so daß sich dieselbe wie ein nach oben offener, in den Trochoblast eingelassener kleiner Topf präsentiert. Da die Grenzen der Zellen bereits vorgemerkt sind, so kann durch eine solche Unregelmäßigkeit des Vorgehens keine Störung in der Symmetrie des Baues verursacht werden. Die Existenz eines solchen Trochoblastes habe ich unter andern nachgewiesen bei *Trigona jaty*, *cupira*, *dorsalis* und *molesta*."

Vorübergehend, wenn die Zellen mit Vorräten versorgt und das Ei dazugelegt ist, können nach Verdeckelung der Zellen die Ober- und Unterseite der Wabe durch Wachsschichten, die aber später wieder entfernt werden, verstärkt werden. Die im allgemeinen vorherrschende horizontale Lage der Waben wird mitunter aufgegeben und einzelne Waben können schräg oder fast senkrecht gestellt sein. Eine spiralige, wendeltreppenähnliche Anordnung der Waben findet sich besonders bei *M. ruficrus* LATR., *quadripunctata* LEP. und *postica* (LATR.).

Bei jener Artengruppe, die die Meliponen im engeren Sinne umfaßt, bleiben die jungfräulichen Weibchen in den Körpermaßen hinter den Arbeiterinnen teilweise zurück. (Abb. 120). Besondere Weiselzellen sind dementsprechend nicht zu finden. Ebenso fehlen bei der *M. capitata* (SM.) Weiselzellen, die den übrigen Arten der wabenbauenden Meliponen zukommen, an Größe die übrigen Zellen übertreffen und an der Peripherie der Waben liegen. Abgesehen von dem zur Verfügung stehenden Nistraum, dürfte die Größe der Nester auch artweise gewissen Schwankungen unterworfen sein. Das größte von v. IHERING untersuchte Nest gehörte einer *M. postica* (LATR.) an und enthielt 27 Waben, von denen die größeren 14 × 15 cm maßen und ungefähr 2300 Zellen enthielten, so daß die Gesamtzellenzahl auf 64 000 und die Volksstärke auf 70- bis 80 000 Individuen geschätzt wurde.

Von den Nebenbauten sei zunächst das „Involucrum", die Hülle des Brutnestes, erwähnt. Diese fehlt, wie bereits oben erwähnt, jenen Formen, die ihre Brutzellen nicht zu Waben vereinigen, sondern in traubiger Anordnung aneinanderfügen. Bei den anderen Meliponen besteht die Hülle aus verschiedenen dünnen Wachsschichten, die zwischen sich mehr oder weniger konzentrisch gelagerte Luftkammern enthalten. In diesen halten sich nichtarbeitende Bienen auf. Bei freigebauten Nestern (*M. cupira, ruficrus*) dient ein ähnliches Lamellensystem als Grundlage des ganzen Nestes und umfaßt außer dem Brutnest auch die Vorratsräume. Diese Hülle wird von v. IHERING als „Spongiosa" bezeichnet. Ihre schwärzlichgrauen, harten, brüchigen Lamellen sind aus Lehm und Cerumen gemischt. „Die unregelmäßig, labyrinthisch untereinander kommunizierenden Gänge der Spongiosa geben dieser beim Durchschnitt ganz das Aussehen mancher Termitennester, und es ist daher kein Zufall, wenn die Eingeborenen das Nest der *Tr. cupira* als Termitenhonignest (*cupim = termitarium, vira = apiarium*) bezeichneten."

Abb. 122. In eine Kiste eingebautes Nest von *Melipona fulvipes* GUÉR. In der Mitte Brutzellen, links und rechts Vorratsbehälter. (Länge der Kiste ca. 55 cm).

Die Vorratsbehälter der Meliponen (Abb. 122 u. 123), bestehend aus Honig- und Pollentöpfen, sind stets räumlich vom Brutnest getrennt. Niemals werden in den Brutwaben Vorräte gespeichert. Typisch befinden sich diese Behälter im Nistraum ober- und unterhalb des Brutnestes. Doch kommen verschiedenartige Abweichungen, zum Teil wohl durch Raumverhältnisse bedingt, vor. Besonders der obere Vorratsraum kann öfter fehlen. In anderen Fällen liegen die Vorratstöpfe seitlich. Bei *M. quadripunctata* LEP. und *subterranea* FR. umfassen sie ringförmig einen Teil des Nestes. Im allgemeinen sind die Töpfe zu unregelmäßigen Klumpen vereinigt, untereinander und mit den Wandungen des Nestes durch Wachspfeiler verbunden oder mit breiten Flächen aneinanderhängend. Die dabei entstehenden Zwischenräume werden gelegentlich unter Materialverschwendung mit dicken Harz-Wachsmassen ausgefüllt, die allerdings nicht nutzlos aufgehäuft sind, sondern bei Bauarbeiten Verwendung finden können. Bei Ausfüllung der Lücken sind die zentral gelegenen Behälter unter Umständen erst nach Abtragung der äußeren für die Bienen erreichbar, während im anderen Falle die Zwischenräume ohne weiteres ein Vordringen bis zu diesen gestatten. Mitunter läßt sich aber insofern ein gewisses Prinzip in der Anordnung erkennen, als Pollen mehr in denjenigen Töpfen deponiert wird, die dem Brutnest näher liegen, Honig dagegen in den distalen Zellen Die Größe der Vorratszellen ist außerordentlichen Schwankungen unterworfen. Für die größeren Meliponen gibt v. IHERING ein Durchschnittsmaß von 40 × 30 mm an; doch sind bei *M. nigra* LEP. Töpfe von der Größe eines Hühnereies 55 × 48 mm gemessen, die 28 ccm Rauminhalt hatten und 32,5 g Pollen enthielten. Die Dicke der Wandungen bedingt den gegenüber dem Hühnerei bedeutend geringeren Inhalt. Nach H. MÜLLER kommen Wandstärken bis zu 18 mm vor; dabei scheint jedoch die Füllmasse eines Zellzwischenraums mitgemessen zu sein, da im allgemeinen die Dicke der Wandungen ganz erheblich dahinter zurückbleibt. Andererseits gibt v. IHERING

Abb. 123. Kleines *Meliponen*-Nest in einer Pappschachtel; oben (im Bilde) Brut-, unten Vorratszellen, an den Wänden lange, dünne Wachspfeiler.

für *M. anthidioides* LEP. an, dort neben Töpfen von reichlich 1 mm Wanddicke andere gefunden zu haben, „bei denen die Dicke der Wandung kaum 0,3—0,4 mm betrug“. Die dickwandigeren Behälter sind besonders bei den größeren Meliponen als Dauertöpfe anzusprechen, während die dünnwandigeren wieder abgetragen werden und ihr Material anderweitig Verwendung findet. v. IHERING schreibt darüber: „Alle diese Tatsachen zwingen uns zu der Annahme, daß bezüglich der Vorratstöpfe bei den uns beschäftigenden Bienen zwei verschiedene Behandlungsweisen vorkommen: Zerstörung der verbrauchten Töpfe mit später folgendem Neubau derselben, bei einer Anzahl von *Trigona*-Arten; Herstellung von Dauertöpfen bei den Meliponen. Bezüglich der letzteren habe ich wiederholt die Töpfe nach Verbrauch des Honigs im Frühjahr leer gefunden und niemals irgendein Nest beobachtet, in welchem die Vorratstöpfe entfernt worden wären; ich glaube daher, daß die Existenz von Dauertöpfen allen Meliponen gemeinsam ist. Andererseits hingegen habe ich wohl die Zerstörung der verbrauchten Vorratstöpfe bei einer Anzahl von *Trigona*-Arten nachweisen können; ich weiß aber nicht, ob die Beobachtung verallgemeinert werden darf.“ Pollenvorratsbehälter besonderer Form als lange Zylinder oder Röhren sind z. B. von *M. silvestrii* Fr. und *canifrons* Sm. bekannt. Andere Vorräte wie Harze, abgetragenes Wachs und Cerumen können auch gespeichert und an verschiedenen Stellen des Nestes niedergelegt werden. Harzaufstapelung soll gelegentlich auch in Zellen stattfinden. Sehr große Mengen von Lehm finden sich in den Freibauten der *M. ruficrus* Latr. unterhalb des Brut- und Vorratsraumes, innerhalb der Spongiosa und verleihen diesen Nestern ihr großes Gewicht. v. Ihering bezeichnet dieses Gebilde als „Scutellum“. Die Lehmmasse ist „mit Wachs durchsetzt, aber ziemlich fest, nur hier und da von unregelmäßigen Gängen durchzogen, welche ganz erfüllt sind mit den Körpern abgestorbener Bienen“.

Während sich an den Wandungen der Nisthöhle eine Auskleidung aus Harz und Wachs finden kann, wird der Nestraum, namentlich wenn er sich in weiter ausgedehnten Höhlungen befindet, nach oben und unten durch eine Zwischenwand, das „Batumen“, abgegrenzt. Ist der Hohlraum im übrigen in sich abgeschlossen und nicht zu groß, so kann die Errichtung der Querwände, die besonders von den größeren Meliponen gebaut werden, unterbleiben, doch kommt es auch hier gelegentlich zur Anhäufung von Lehm. Die herbeigeschaffte Lehmmenge ist recht beträchtlich, beträgt doch die Dicke der Abschlußplatte bei den größeren Meliponen bis 12 cm. Kleinere Meliponen verwenden auch für das Batumen Wachs und Harze und haben entsprechend dünnere Querwände (2 bis 4 cm).

Schließlich muß auch noch der Verbindung des Nestes mit der Außenwelt gedacht werden. Bei denjenigen Arten, die freie Nester bauen, ist eine weite Öffnung vorhanden, die bei *M. pallida* Latr. in einem Lehmfeld liegt und mehr oder weniger regelmäßig ausgeführt ist; bei *M. ruficrus* Latr. befindet sich das unregelmäßige Flugloch ziemlich weit oben am Nest. Bei den kleineren Arten kann sich das Flugloch in der mit Wachs nach außen verschlossenen Öffnung der Nesthöhle befinden und ein direkter Zugang zum Brutraum bestehen. Je nach den räumlichen Verhältnissen durchsetzt der Flugkanal entweder die obere oder die untere Batumenplatte oder führt auch, wenn das Flugloch sich auf der gleichen Höhe wie das Brutnest befindet, unmittelbar dorthin. In vielen Fällen wird eine besondere Flugröhre gebaut. Auch wenn das Nest in der Erde angelegt wird (z. B. *M. quadripunctata* Lep.), kann der in die Erde führende Gang nach außen in eine aus Erde hergestellte Röhre verlängert sein. Andere Arten, z. B. *M. jaty* (Sm.) und *postica* (Latr.), konstruieren eine oder mehrere weite Flugröhren aus Wachs, dem Harz beigemischt sein kann. Diese Röhren können sich am Ende trichterartig erweitern und auch noch mit Aussackungen versehen sein. „Nicht selten werden mehrfache Endtrichter gebaut, offenbar, indem die älteren durch neuere, weiter vorgeschobene ersetzt werden. Am größten und massigsten sind die Flugröhren von *M. limao* Sm., welche eine fast kuglige Gestalt haben und ringsherum mit knotigen Höckern besetzt sind" (v. Ihering). Nach Ducke kommen in den Trichterwandungen der letztgenannten Art auch kleine Öffnungen vor; das Eingangsloch befindet sich aber stets am Ende. Gegen das Eindringen von Ameisen schützt sich *M. canifrons* Sm. nach den Beobachtungen von Jacobson durch Anbringung eines klebrigen Harzringes in der Mündung. Mit dem Eintrocknen des Harzringes wird die Röhre verlängert und ein neuer Ring davor angebracht, so daß die Röhre allmählich eine beträchtliche Länge erreichen kann. Bemerkenswert ist auch der nächtliche Verschluß der Flugröhre bei manchen Arten. Entweder wird ein gewölbtes Deckelstück eingebaut (z. B. bei *M. jaty* Sm.), oder das Flugloch wird soweit verengt, daß nur eine Biene den Kopf durchstecken kann, oder aber die Verschlußwand trägt kleine Öffnungen, die einerseits eine geringe Luftzirkulation gestatten, andererseits es aber wachehaltenden Individuen ermöglichen, die Fühler hinauszustrecken.

Sehr abweichende Nistverhältnisse finden wir bei den Hummeln. Als Baumaterial dient selbstproduziertes Wachs. Die Wachsausscheidung erfolgt hier auf allen Segmenten mit Ausnahme des ersten sowohl dorsal wie ventral. Jedoch kommt das Wachs kaum rein zur Verwendung, da große Mengen von Pollen mitverarbeitet werden. Nach Armbruster „erhielt Sundwik aus 130 g verarbeiteter Wachspollenmasse durch Ausziehen mit Äther und Chloroform etwa 30 g braungelben, rohen Wachses vom Schmelzpunkt 30—40 ° C. Er nimmt 70 vH Pollengehalt an. Nach ihm ist dieses Rohwachs nicht durch ‚verschiedene harzige und andere klebrige Stoffe vermengt' (Hoffer), sondern hauptsächlich nur durch Fette und etwas Pollenfarbstoff. Wenn man das Fett vom Rohwachs durch einen mehr als siebenfachen Umkristallisierungsprozeß trennt, erhält man ein reines, nur noch wenig klebriges Produkt von wesentlich höherem Schmelzpunkt, 74—75 °, das hinsichtlich der Knetbarkeit völlig dem gleicht, das Hoffer mittels Skalpells den Bauchwachsspiegeln der Hummeln entnommen hatte. Als wahrscheinlichste, wenn auch nicht sichere Formel gibt Sundwik für reines Hummelwachs $C_{34}H_{70}O$ an."

Für die Anlage des Nestes werden die verschiedensten Plätze ausgesucht. Unterirdische Nester befinden sich vielfach in Mäuse- oder Maulwurfsgängen; vorgefundene Pflanzenteile werden zerfasert und zerzupft und bilden dann die Unterlage, die mitunter auch das Nest mehr oder weniger einhüllt. In morschen Baumstümpfen, unter Mooslagen, in Steinhaufen, in der Spreu der Scheunen, unter dem Dielenbelag derselben, in verlassenen Nestern von Vögeln oder kleinen Nagetieren (außer Mäusen auch Eichhörnchen und Schläfern) oder auch oberirdisch nur von leichter Moosschicht bedeckt (Abb. 124) findet man die Nester der Hummeln. Die einzelnen Arten sind bei der Auswahl des Nistplatzes verhältnismäßig wenig wählerisch. *B. terrestris* L. und *lapidarius* L. scheinen allerdings gewöhnlich tiefer in die Erde einzudringen. Wieweit dabei eigene Grabtätigkeit zur Erweiterung der Höhle in Betracht kommt, ist noch näher zu untersuchen. Über das Graben eines *B. terrestris* wurde oben bereits berichtet. Außer den aus vegetabilischen Substanzen hergestellten Nesthüllen, die besonders für oberirdische Nester charakteristisch sind, werden auch von manchen Arten (z. B. *lapidarius* L., *argillaceus* Scop., *terrestris* L., *elegans* Seidl., *silvarum* L.) Wachshüllen aufgeführt, die aber in anderen Nestern der gleichen Art fehlen können. Hoffer schreibt darüber: „Die unter der Erde nistenden bauen über den Waben häufig keine Hülle, sondern benutzen unmittelbar den Erdboden als Decke, häufig jedoch besonders in nassen Jahren bauen sie eine sehr dichte, aber mit mehreren Luftlöchern versehene Wachshülle darüber." In anderen Fällen

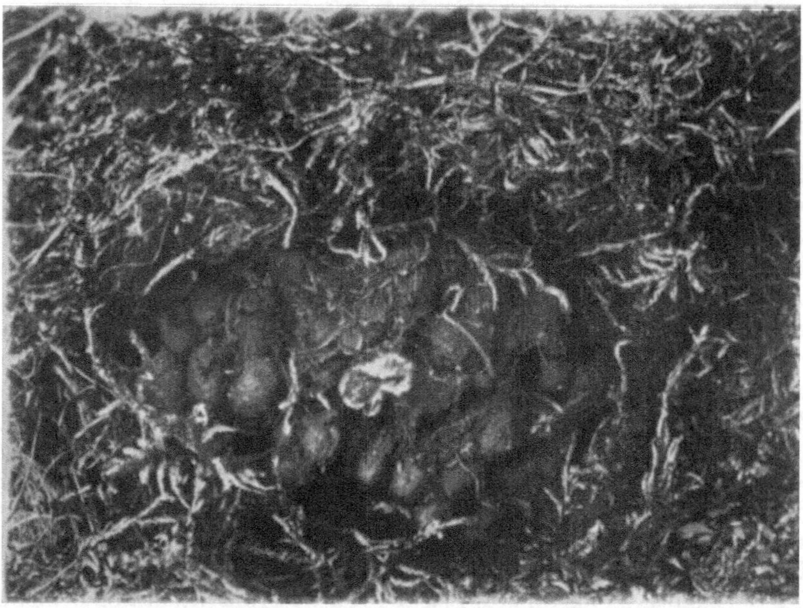

Abb. 124. Nest von *Bombus agrorum* F. mit Kokongruppen.

wird nach dem gleichen Autor die Hülle auch als Wärmeschutz bei eintretender Kälte (z. B. *B. lapidarius*) aufgeführt. Die oberirdischen Nester von *B. ruderarius* Müll. (= *derhamellus* K. = *rajellus* K.) fand Verfasser, in einem allerdings trockenen Sommer, nur mit einer dünnen Moosdecke versehen, beobachtete auch sonst nicht bei dieser Art, ebensowenig wie bei *B. pratorum* L. je das Vorhandensein von ausgedehnten Wachsflächen. Auch das Hüllmaterial der Nester der erstgenannten Art war nicht irgendwie mit Wachs verklebt, sondern einfach ineinander verflochten. Bei der Anpassungsfähigkeit an bestimmte Örtlichkeiten und klimatische Verhältnisse darf man daher nicht ohne weiteres verallgemeinern. Deckt man ein Hummelnest auf, so sieht man darin zahlreiche zu Klumpen vereinigte, eiförmige Gebilde, die meisten oben geöffnet und gelegentlich auch mit Honig gefüllt. Die Farbe dieser Gebilde ist recht verschieden. Eine Anzahl können hell erscheinen, andere zeigen auf ihren Außenseiten einen braunen Wachsbelag, an anderen ist dieser Überzug nur noch an kleinen, auf der Oberfläche zerstreuten Stellen vorhanden. Daneben fallen besonders unregelmäßig mehrfach bucklig aufgetriebene Wachsmassen auf; auch größere zylinderförmige Wachsklumpen befinden sich vielfach an den Seiten. Nimmt man das ganze Nest in die Hand, so brechen vielfach Gruppen der eiförmigen Gebilde, die aber unter sich im Zusammenhange bleiben, heraus und geben dadurch ihre engere Zusammengehörigkeit zu erkennen. Derartige Komplexe findet man bei genauerem Zusehen in ganzer Anzahl. Die Zahl der sie zusammensetzenden kleinen Töpfchen ist sehr verschieden, übersteigt zehn aber wohl kaum. In unregelmäßigem Gefüge sind diese durch Wachsmassen aneinander geklebt. Es mag hier gleich vorweggenommen werden, daß diese teilweise als Honig- und wohl auch als Pollenspeicher dienenden Gebilde nicht etwa die Hummelzellen darstellen, wie man leicht vermuten könnte — wir werden nie in einem offenen Töpfchen die Larve liegen sehen —, sondern Kokonreste der Hummellarven bilden. Zum Verständnis des Zustandekommens der wabenartig zusammenhängenden Kokongruppen ist es nötig, eine jüngere Zellgruppe, d. h. einen braunen Wachsklumpen, der erst schwache Zeichen von Auftreibungen an seiner Oberfläche zeigt, im übrigen aber an den verschiedensten Stellen des Nestes angebaut sein kann, aufzuschneiden. Das Bild ist einigermaßen überraschend; denn in dem Wachs liegen mehrere Larven, wobei jedem äußeren Buckel eine darunterliegende Larve entspricht. Zwischen den Hohlräumen, die im Innern den Bereich jeder Larve darstellen, bestehen wohl meist Verbindungen. Dies scheint jedoch nicht immer der Fall zu sein, denn ich fand bei *B. pratorum* bereits in jungen Wachsklumpen vereinzelt Querwände zwischen den Larven. Auf jeden Fall stellt aber der Wachsklumpen die Behausung mehrerer Larven dar. Die Wände bilden nun die Nahrung der Insassen; und die reiche Pollenbeimengung im Wachs kommt also den Larven zugute. Auch direkte Beigabe von unvermischtem Pollen kommt vor. Aus dem abgeschiedenen Wachs werden anfangs vom Weibchen, später auch von den Arbeiterinnen verhältnismäßig große Näpfe hergestellt, in die das Weibchen mehrere Eier legt und die dann von einer dicken, mit Pollen reich durchsetzten Wachsmenge zugedeckelt wird. Jede schlüpfende Larve wird nun um sich herum im Laufe ihrer Entwicklung die erreichbare Nahrung verzehren und sich dadurch ihre Höhlung vergrößern. Waren Deckel und Boden der Zelle einander stark genähert, so ist es leicht verständlich, wenn scheinbare Trennungswände zwischen den einzelnen Larven schließlich bestehen bleiben können. Diese Wände werden mit dem Wachstum der Larven immer mehr zusammengequetscht werden, so daß schließlich, wenn die Larven ihre Kokons gesponnen haben, der Zusammenhang zwischen diesen ein recht inniger wird. Immerhin gelingt es öfter, die Kokons voneinander zu trennen, was bei einem Fehlen von dazwischenliegenden Wachspartikelchen wohl kaum möglich wäre. In diesem Zusammenhange muß auch die Frage erörtert werden, ob die anfänglich vorhandenen Pollenwachsmengen für die ganze Entwicklungsdauer der eingeschlossenen Brut als

Nahrungsmenge ausreichen. Dies erscheint von vornherein als recht unwahrscheinlich. HOFFER gibt an, daß die Larven „auf das sorgfältigste gefüttert werden, indem die Wachswände aufgemacht, die Zelle mit Futter gefüllt und dann wieder geschlossen wird. Diese außerordentliche Vorsicht scheint unumgänglich notwendig zu sein, da jede Larve, auf welche die Luft unmittelbar einwirkt, zugrunde geht und hinausgeworfen wird". Leider ist nicht angegeben, bei welchen Arten diese Beobachtungen gemacht wurden. Jedenfalls sind sie in dieser Verallgemeinerung unzulässig. Bei *B. pratorum* habe ich ein derartiges Öffnen einer Gruppenzelle nie beobachtet. Es ist auch schwer verständlich, wie dann jede Larve zu der ihr zukommenden Nahrung gelangen sollte. Bei *B. pratorum* werden dagegen die Wachsklumpen, in denen sich Brut befindet, ständig von Arbeiterinnen „bebrütet". Die Tierchen sitzen dicht angeschmiegt auf dem Wachs, den Hinterleib in ständiger Bewegung, indem die Segmente in schnellem Tempo ineinander eingezogen und wieder gestreckt werden. Außerdem werden die Außenwände häufig beleckt. Es erscheint nach dieser Beobachtung wahrscheinlich, daß bei dem Belecken die Wandungen mit aufgenommenem Honig durchtränkt werden. Ob bei dem „Bebrüten" eine ventrale Wachssekretion stattfindet, konnte nicht beobachtet werden. Auf jeden Fall bedarf die Frage der Ernährung der Hummellarve im allseitig geschlossenen Raum noch eingehender Studien. Haben die Hummellarven ihre volle Größe erreicht und die dehnbaren Wände ihrer Behausung entsprechend vorgewölbt, so spinnen sie jede für sich ihre Kokons, von denen die außen aufliegenden Wachsreste durch die Hummeln allmählich entfernt werden. Nach dem Schlüpfen können die nun leeren Kokonbecher als Vorratstöpfe verwendet werden. Dabei findet man gelegentlich einen äußeren Wachsüberzug; es muß dahingestellt bleiben, ob dieser aus nachträglich aufgetragenem Wachs gebildet wird, oder ob dasselbe überhaupt nicht entfernt wurde. Von eigentlichen Nebenbauten werden besondere Wachskrüge für Honigaufbewahrung beschrieben und Pollenbehälter. Bei der Anlage der ersten Zelle soll die Stammutter bereits gelegentlich einen Vorratstopf daneben errichten. Am *Bombus pratorum*-Nest fand Verfasser am Grunde große, scheinbar massive Wachsklumpen, die keine Auftreibungen erkennen ließen und unter einer nur dünnen Wachsschicht große Mengen Blütenstaubes enthielten. Wachs war dem Inhalte nicht beigemengt; doch war der Pollen vermutlich mit etwas Nektar durchfeuchtet, da er zusammenballte und nicht pulverig war. Das mikroskopische Bild ließ reinen Pollen verschiedener Herkunft erkennen. Lange Wachszylinder, die von den Kokongruppen getrennt sind und als „Pollenzylinder" bezeichnet werden, sollen bei den meisten Arten der Untergattung *Anodontobombus* (*terrestris* L. usw.) als Pollenbehälter dienen.

Die große Kunstfertigkeit, die wir an den Bauten der sozialen Bienen und Wespen bewundern konnten und die sich besonders in der Errichtung der sechseckigen prismatischen Bauzellen zeigt, war zurückzuführen auf eine möglichst weitgehende Raumausnutzung, für die wohl sparsame Verwendung des Baumaterials der tieferliegende Grund war.

Denn schließlich kommt nicht bloß das Wachs als körpereigenes Bauprodukt in Betracht; auch der Sekretion des Bindemittels, des Speichels, sind gewisse Grenzen gezogen. Bei Hummeln und den kleineren Meliponen ist allerdings die Raumausnutzung von geringerer Bedeutung. Das Baumaterial, das Wachs, wird in diesen Fällen mit anderen Substanzen vielfach gestreckt. Die Kompliziertheit dieser Bauten bedingt eine große Seßhaftigkeit der Erbauer und eine Zerstörung des Nestes, vernichtet die in den Zellen ruhende Brut. Im Ameisenbau begegnen wir demgegenüber einer scheinbaren Regellosigkeit. Körpereigene Bauprodukte finden in viel geringerem Maße Anwendung; Gespinstnester sind eine Eigentümlichkeit verhältnismäßig weniger Arten. Und bei der Aufführung von Erdgewölben oder Kartonmassen läßt die Brüchigkeit derselben nur eine verhältnismäßig geringe Anwendung von Sekreten vermuten. Steht Baugrund und Nistmaterial in genügendem Maße zur Verfügung, so fällt auch die sparsame Raumausnutzung trotz starker Volksvermehrung fort. Damit sind auch die Larven frei bewegbar und können von den Ameisen jederzeit an Plätze getragen werden, die der Entwicklung zuträglich sind, was bei den übrigen sozialen Hymenopteren nicht vorkommt.

Die wichtigsten Bauwerkzeuge der Ameisen sind die Mandibeln. Mit ihnen wird Material fortgeschafft und zugetragen. Auch die Vorderbeine können beim Graben benutzt werden. So scharren z. B. kleinere Individuen von *Messor arenarius* F. den lockeren Sand nach Hundeart schnell nach hinten. Für das Fortschaffen lockeren Sandes lernen wir bei den verschiedensten, besonders wüstenbewohnenden Ameisen eine aus langen Borsten (Macrochäten) bestehende Vorrichtung an der Unterseite des Kopfes in dem sogenannten „Psammophor" kennen. Ähnlich wie die körbchensammelnden Bienen den Pollen innerhalb des Borstenkranzes der ausgehöhlten Hintertibien transportieren, geschieht hier der Sandtransport mit Hilfe des Psammophors. Nach SANTSCHI drückt *M. barbarus* L. mit der Hinterleibsspitze Sand gegen den dabei nach unten und hinten gekrümmten Kopf und in das Psammophor, gelegentlich wohl auch die Vorderbeine zuhilfe nehmend. Die Macrochäten können im übrigen bei den verschiedenen Wüstenameisen an den verschiedensten Teilen der Kopfunterseite stehen: am Rande der Eindellung derselben, an Mandibeln, Palpen, Vorderrand des Clypeus usw. Auch Verlängerung der Maxillarpalpen, z. B. bei *Cataglyphis*, *Machaeromyrma*, *Dorymyrmex*, *Conomyrma*-Arten, ist mit dem Sandtransport in Verbindung zu bringen. Bei *Camponotus mystaceus* EM. ist der Apparat weit nach vorn verlagert, bei *Cataglyphis* zwischen die Mandibeln, bei den unter ähnlichen Verhältnissen lebenden Myrmicinen mehr nach hinten. Ein Öffnen der Mandibeln kann genügen, um den Sand aus dem Körbchen herausfallen zu lassen.

Am einfachsten erscheinen die in der Erde oder im Holzmulm durch Ausschachten von Gängen und Kammern hergestellten Nester. Vielfach werden derartige Bauten unter flachen Steinen, die dann als Wärmespeicher dienen können, angelegt. Der herausgeschaffte Baugrund kann als Krater um den Nesteingang abgelagert oder aber auch weiter fortgetragen werden, so daß dann lediglich die Nestöffnung den Eingang verrät. Vielfach wird der Sand nicht in trockener Form, sondern durch Feuchtigkeit zu kleinen Klümpchen geballt hervorgeschafft. Die unterirdischen Anlagen können sich bei manchen Arten recht weit ausdehnen. So wird für *Messor arenarius* F. ein Nestbereich von 50—100 qm angegeben, mehrere Eingänge sind vorhanden und einzelne Gänge konnten bis $1\frac{1}{2}$ m Tiefe verfolgt werden. Unter Umständen kann auch ein bestimmter Plan in der Nestanlage erkannt werden, indem seitlich an einem senkrecht in den Boden führenden Gange verschiedene Kammern übereinander ausgehöhlt werden, z. B. nach den Beobachtungen von Bruch bei *Pheidole bergi* Mayr oder nach Forel bei *Oxyopomyrmex krüperi* For. Bei der letztgenannten sind die Kammern alle nach einer Seite gerichtet. Das Nisten im Wurmmehl alter Stubben und morscher Bäume bevorzugt bei uns besonders *Lasius brunneus* Latr. Morsche Stubben bilden gern den Ausgangspunkt für die Bauten von *F. truncicola* Nyl., *pratensis* Deg. und *sanguinea* Latr. Das feuchtere Erdreich oder der Mulm unter Moospolstern wird gern von *Myrmica*-Arten zur Anlage der Nester gewählt.

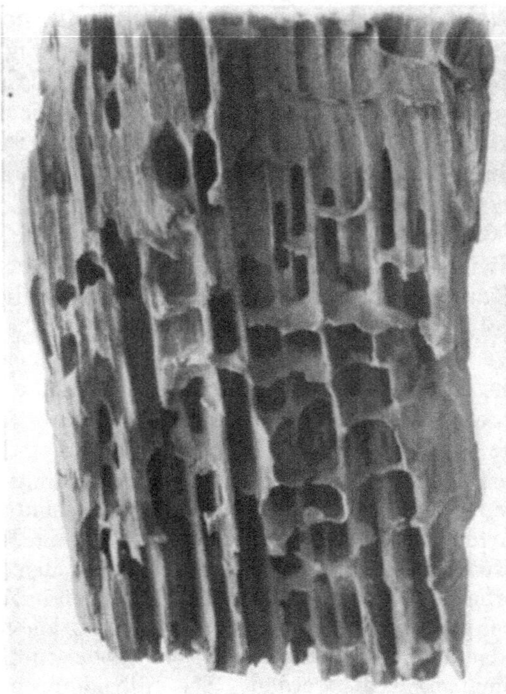

Abb. 125. Holznest von *Camponotus ligniperda* Latr.

Unter ähnlichen Verhältnissen trifft man auch *Leptothorax muscorum* Nyl. Unter morscher Rinde siedeln sich kleine *Leptothorax*-Völker an, in der Rinde der Korkeiche im Mediterrangebiet als charakteristische Erscheinungen *Cremastogaster scutellaris* Ol. und *Camponotus lateralis* Ol. Im festeren Holze arbeitet *Camponotus herculeanus* L. dort die verschiedenartigsten Pfeiler und Verbindungsstücke, besonders aus dem härteren Holz der Jahresringe, bestehen lassend, die diesen Bauten ihr charakteristisches Aussehen geben (Abb. 125). Auch *Colobopsis* dringt in festeres Holz vor; doch sind hier die Gänge und Kammern viel unregelmäßiger, da keine Beziehungen zum konzentrischen Verlauf der Jahresringe zu erkennen sind.

Die Maurertätigkeit besteht in der Herstellung von Gewölben und

Gängen. Da *Lasius niger* Deg., *Formica fusca* L. u. a. nur bei feuchtem Wetter bauen können, wenn das Material durch eigene Feuchtigkeit aneinander haftet, ein besonderes Bindemittel dabei auch nicht verwendet wird, sind diese Bauwerke nach dem Austrocknen sehr hinfällig. Das Material für die Bauwerke wird aus dem Innern herausgeschafft und dadurch werden die unterirdischen Hohlräume vergrößert. Bei ihrer Hinfälligkeit sind die Gewölbe auch gleichzeitig keine Dauerbauten, sondern müssen in jedem Jahr neu begonnen werden. Um dem Ganzen einen größeren Halt zu gewähren, werden Pflanzenteile, wie Grashalme, Heidekraut usw. als Stützpunkte gewählt. *Lasius niger* L. wurde auch bei Nachtarbeit beobachtet. Zur Ausführung einer neuen Etage braucht diese Art etwa 7—8 Stunden. Viel weniger regelmäßig sind die Gewölbebauten von *L. flavus* F. und *F. fusca* L. ausgeführt. Pflanzenteile, z. B. Blätter, die zu weit vom Nest entfernt sind, als daß sie direkt mit eingebaut werden könnten, soll *F. fusca glebaria* Nyl. mit Erdteilchen belasten und dadurch in erreichbare Nähe bringen. Die verschiedenen Rassen von *F. fusca*, sowie die nächstverwandten Arten besitzen jeweils gewisse charakteristische Bauinstinkte. So siedelt sich *F. fusca* L. selbst gern unter Steinen an; *rufibarbis* L. gräbt mehr, mauert weniger und führt offenere Bauten auf; *cinerea* Mayr bevorzugt sandiges Terrain und bildet dort polykalische Kolonien, *picea*, eine typische Moorameise, trägt ähnlich wie *F. rufa* L. verschiedenes Material zusammen, Gras- und Binsenfasern, verwendet aber vor allem Torfmoose. Ähnliche Gewölbe kommen auch bei *Tetramorium caespitum* L., *Myrmica rubra* L., *Tapinoma erraticum* Latr. u. a. vor. Besondere Bauten am Nesteingang, wie kelch- oder röhrenartige Gebilde, bei deren Herstellung vielleicht auch Speichelverwendung in Betracht kommen könnte, sind von verschiedenen *Pheidole*-Arten, *vallifica* For., *praeusta* Rog., *sykesi* For., *Conomyrma wolfhugeli*, *Möllerius*- und *Trachymyrmex*-Arten bekannt. Die Gewölbe stehen offensichtlich mit der Pflege der Larven in Zusammenhang, da dieselben bei günstiger Witterung unter dem Erddach niedergelegt, bei zu hoher oder zu tiefer Temperatur aber wieder in die Erdgänge und Kammern hinabgeschafft werden. Die allbekannten „Haufen" unserer Waldameisen stellen eine Kombination eines typischen Erdnestes mit dem aus den verschiedensten, besonders vegetabilischen Substanzen darüber gewölbten Aufbau dar. Der Zweck dieser Bauten dürfte ein ähnlicher sein wie die Errichtung der Erdgewölbe. So fand denn auch Escherich Temperaturdifferenzen bis zu 10 ° C zwischen Luft und Innerem des Haufens, besonders in dessen oberen Lagen. Die verwendeten Materialien hängen zum Teil von der Lage des Baues ab, lassen aber auch gewisse spezifische Verschiedenheiten erkennen. Gelegentlich sammeln auch *Formica fusca*, *Tetramorium caespitum* und *Lasius niger* auf ihren Gewölben Pflanzenteile an. Die größten Haufenbauten, bis zu 1 $^1/_2$ m Höhe, führt bei uns *F. rufa* L. auf. Die Nesteingänge an der Oberfläche der Haufen, die in ihrem Innern ein Gewirr von Kammern und Gängen bergen, werden bei Regen gegen die Feuchtigkeit, z. B. von *F. rufa* und *pratensis*, verschlossen, ebenso gegen Kälte, meist auch abends. Setzt sich ein Volk von *Formica sanguinea* Latr. außer der Herrenameise aus verschiedenen Arten von Sklavenameisen zusammen, so findet sich die Bautechnik der einzelnen Arten in den verschiedensten Kombinationen vereinigt. Auch bei Besitznahme eines Nestes durch eine andere Art ergibt sich ein gemischter Baustil. Dagegen findet durch die lestobiotisch lebende Diebsameise *Solenopsis fugax* LATR. ebensowenig eine Beeinflussung des Baustils statt, wie durch das Vorhandensein der Bauten von *Formicoxenus nitidulus* NYL. im Ameisenhaufen.

Abb. 126. „Ameisengarten" (ULE phot.)

Unter „Ameisengärten" versteht man Nestanlagen, die sich in tropischen Überschwemmungsgebieten, besonders im Amazonengebiet, hoch über dem Boden befinden und dort als Erd- bzw. Humusbauten aufgeführt werden. (Abb. 126). Nach ULE angeblich von den Ameisen selbst angesiedelte Epiphyten (besonders Bromeliaceen und Gesneriaceen) geben durch ihre Wurzeln dem ganzen Bau einen festeren Zusammenhalt. Besonders einige *Azteca*-Arten, *Camponotus femoratus* F. und seltener *Cremastogaster lineolata* SAY legen derartige Bauten an. Auch auf Borneo soll ein *Camponotus* (*Myrmotarsus*) *irritabilis v. winkleri* FOR. ein Erbauer großer Ameisengärten sein.

Eine ausgiebigere Verwendung von Drüsensekreten kommt bei der Herstellung der sogenannten Kartonnester vor. Als Kittsubstanz dient vermutlich eine Ausscheidung der Mandibulardrüsen; das Baumaterial selbst besteht aus Holzteilchen, denen auch Erde beigemischt sein kann. Auf der Kartonmasse siedelt sich ein Pilz: *Septosporium myrmecophilum* an, der dem Karton ein samtartiges Aussehen verleiht. Bei einheimischen Arten kann man den Bau von labyrinthartigen Kartonnestern bei *Dendrol. fuliginosus* LATR. besonders in morschen Bäumen beobachten, wo die ziemlich brüchige Masse recht erhebliche Ausdehnung gewinnen kann. (Abb. 127). Fester und von einer rötlichen Färbung sind die entsprechenden Bauten von *Liometopum microcephalum* Pz. in hohlen Eichen auf dem Balkan. Im Mittelmeergebiet legt weiter der auffällige *Cremastogaster scutellaris* OL. Kartonnester unter Steinen und zwischen Wurzeln an. Sehr hinfällige Kartonbauten kommen übrigens auch bei anderen

Abb. 127. Bau von *Dendrolasius fuliginosus* LATR. mit Kartonbildung.

einheimischen *Lasius*-Arten (*umbratus* NYL., *emarginatus* OL., *brunneus* LATR. und *bicornis* FOERST.) vor. Die Sekretverwendung scheint hier besonders gering zu sein. Besonders unter den amerikanischen *Azteca* und *Cremastogaster*-Arten ist die Fähigkeit, Kartonnester herzustellen, weit verbreitet. Neben riesigen Bauten, die freihängend an Ästen und Stämmen selbst von kleineren Arten angefertigt werden, finden sich andere Arten in den ursprünglich hohlen Stammteilen von *Cecropia* (Abb. 128). Während beim Nisten in vermorschten Stämmen das Baumaterial ohne weiteres zur Verfügung steht, muß es in anderen Fällen erst herbeigeschafft werden. Kleinere freie Kartonnester auf Blättern sind von *Tetramorium aculeatum* MAYR vom Kongo und *Myrmosphincta folicola* FOR. von Trinidad bekannt. Das Nest der letztgenannten Art ist einkammerig und besitzt nur einen einzigen Eingang. Eine etwas höhere Architektur findet sich bei dem ebenfalls an Blättern angelegten Kartonnest von *Myrmicaria arachnoides* SM. von Java. Hier stehen jederseits von einer Mittelwand eine Reihe von Kammern. Der Bau von *Cremastog.* (*Oxygyne*) *emmae* FOR. von Madagasker hat ungefähr 50 cm Durchmesser und zahlreiche Eingänge. Im Innern des Nestes von

Oxygyne ranavalone For., ebenfalls von Madagaskar, finden sich dichtgedrängte Kammern, während es außen mit langen Holzfasern bekleidet ist. *Azteca hypophylla* For. heftet Blätter von Schlingpflanzen, die sich dem Stamme eng anlegen, durch Kartonmassen am Rande fest, so daß das Blatt ein kleines Nest mit einem Zugang bedeckt; doch können mehrere Blätter Zweigkolonien beherbergen. Eine ganz eigenartige Bauweise finden wir in den sogenannten Gespinstnestern der Gat-

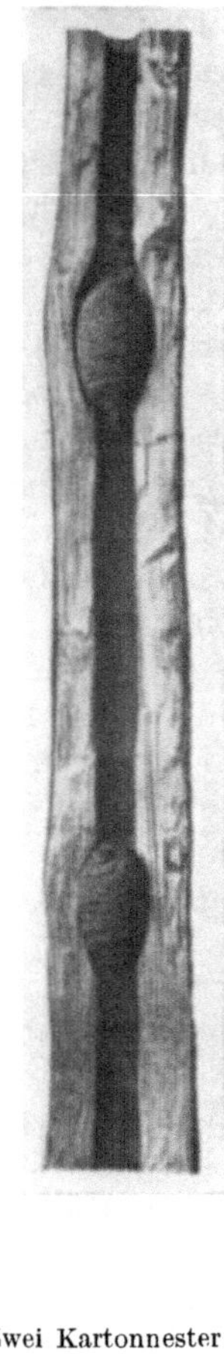

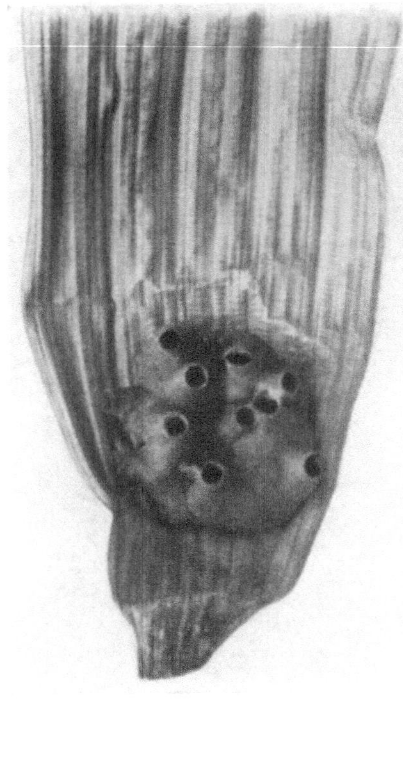

Abb. 128. Zwei Kartonnester von *Azteca mülleri* Em. in einem Cecropienstamm. Die Entfernung der beiden Nester beträgt etwa 75 cm.

Abb. 129. Nest von *Polyrhachis hippomanes* Sm. *r. boettcheri* Stz.

tungen *Polyrhachis* (Abb. 129) und *Oecophylla*. Den Imagines fehlt selbst die Fähigkeit zu spinnen, während die Larven eine solche besitzen. Diese werden also für die Herstellung des Gespinstes verwendet, und zwar in der Art, daß die Ameisen den aus der Öffnung des Speichelkanals hervortretenden Sekrettropfen unter Bewegung der Larve an einem bestimmten Punkt anheften und dann dadurch, daß sie sich mit der Larve entfernen, den Tropfen zu einem Faden ausziehen. An einer anderen Stelle wird die Larve wieder gegen eine Unterlage gedrückt und so der Faden angeheftet, der also dann zwischen diesen beiden Punkten ausgespannt ist. Den Ursprung des Instinktes, mit Hilfe der Larven zu spinnen, kann man nach FOREL vielleicht in Hilfeleistungen, die die Ameisen ihren Larven beim Kokonspinnen gewähren, suchen. Am besten in bezug auf die Herstellung der Nester ist *Oecophylla smaragdina* F. bekannt, deren große Nester, in die Blätter mit eingesponnen werden, besonders auffällig sind (Abb. 130).

Abb. 130. Gespinstnest von *Oecophylla smaragdina* F.

Ohne hier näher auf Einzelheiten eingehen zu können, muß aber erwähnt werden, daß in der Gattung *Polyrhachis* neben reinen Gespinstnestern, zwischen Blättern und als Auskleidung von Hohlräumen, auch solche vorkommen, bei denen die verschiedenartigsten Materialien mit eingewebt werden. Auch Kombinationen wie Kartonnester mit Seidenauskleidung kommen vor. Bei einigen *Polyrhachis*-Arten scheinen Gespinstnester zu fehlen. Aus anderen Ameisengruppen sei noch die Dolichoderine *Technomyrmex bicolor r. textor* erwähnt, die in kleinen einkammerigen, mit Flechten bekleideten Gespinstnestern an Rinden auf Java lebt. Nicht bloß die äußere Hülle bzw. die Auskleidung, sondern auch Pfeiler können aus Gespinst hergestellt werden (z. B. *Camponotus senex v. textor* FOR.). Die größten Gespinstnester finden wir in den Tropen der Alten Welt bei den Vertretern der Gattung *Oecophylla* (Abb. 130), in Amerika bei *Camponotus senex* SM. Hier werden Blätter mit in die Nester einbezogen und an ihren Rändern miteinander durch Gespinst verbunden. Während eine Anzahl von Individuen sich auf einem Blatt mit den Klauen festhält, wird der Rand eines anderen Blattes diesem dadurch genähert, daß sie ihn mit den Mandibeln festpacken. Dazwischen bewegen andere Individuen die durch ihre stark entwickelten Spinndrüsen ausgezeichneten Larven, die sie mit den Mandibeln umklammert halten, in der oben geschilderten Weise von dem einen Blattrand zum anderen und bringen, zumal sich auch die Fäden bei dichter Arbeit überkreuzen, ein widerstandsfähiges Gewebe hervor. Sind die Blätter zu weit voneinander entfernt, so bilden die Ameisen, indem sie sich gegenseitig halten, Ketten, die von einem Blatt zum andern reichen und von den andern Ameisen mit Larven als Brücken benutzt werden. Der Bau selbst ist wenig kunstvoll und enthält im Gegensatz zu dem der webenden *Camponotus* keine Kammern. Bei manchen webenden Ameisen können durch Mithilfe von spinnenden Ameisengästen die Nestwände verstärkt oder mit weiteren Gewebsfäden ausgekleidet werden. So beobachtete KEMNER auf Java in dem mittels der eigenen Larven von den Ameisen hergestellten Nest die Raupen eines zu den Pyraliden gestellten Schmetterlings (*Wurthia aurivilliusi* KEMN.) bei der Spinntätigkeit. Eine andere *Wurthia*-Art wurde von ROEPKE in den Nestern von *Oecophylla smaragdina* F., die Raupe der Tineide *Batrachedra myrmecophila* SNELLEN bei *Polyrhachis dives* SM. durch JACOBSON unter ganz ähnlichen Verhältnissen beobachtet. Auch das festere Gespinst der Kokons kann zur Wandverstärkung beitragen. Diese eigenartige Form der Symphilie — die Raupen werden nicht nur im Nest geduldet, sondern nähren sich sogar von der Ameisenbrut — bietet den Ameisen im Gegensatz zu den Exsudaten anderer Symphilen eine gewisse Hilfe bei der Herstellung der Nester und wird von KEMNER als Hyphaenosymphilie bezeichnet, während die gewöhnliche Form der Symphilie als Chymosymphilie davon zu unterscheiden ist.

In gewisser Hinsicht können auch die sackförmigen Nester mancher kleinen Attinen (*Acromyrmex*) als Gespinstnester bezeichnet werden, doch bestehen diese weder aus einem von den Ameisen, noch von deren Larven hergestellten Gespinst, sondern aus Pilzhyphen, die von den Ameisen verflochten werden.

Da viele Ameisen sich gern in Hohlräumen ansiedeln, so kann es nicht weiter verwundern, wenn vorhandene Höhlungen in Pflanzenteilen von ihnen als Nistgelegenheit gewählt werden. So bilden die hohlen Stammteile von *Cecropia*-Arten den Nistraum für *Azteca*-Arten und *Camponotus ulei* FOR. Das gleiche gilt von Zweigen von *Triplaris*. In den verworrenen Gängen der Luftknollen von *Myrmecodia* und *Hydnophytum* siedeln sich regelmäßig *Iridomyrmex myrmecodiae* und *Cremastogaster deformis* Sm. an. In den hohlen Dornen verschiedener Akazien sind in Afrika *Cremastogaster*, in Amerika *Pseudomyrma*-Arten typische Bewohner. Namentlich die Arten der letztgenannten Gattung und eine Reihe von *Azteca*-Arten zeigen eine ganz besondere Vorliebe für natürliche Hohlräume in Pflanzenteilen. Die winzige *Cardiocondyla wroughtoni* aus Indien bildet in Fraßgängen im Blattgewebe, in Blattminen, ihre Kolonien. Das Nisten in Gramineenstengeln ist in Kolumbia stark verbreitet. Auch die Phyllome, besondere Hohlräume an Blättern von *Tococa, Duroia, Maieta* u. a., werden von Ameisen bewohnt. Im hohlen Markkanal trockener Nußbaumzweige, sowie in Markröhren von *Rubus* und Rosen siedeln sich gern oder ausschließlich *Hypoclinea 4-punctata* L. und *Leptothorax affinis* MAYR, gelegentlich auch *Colobopsis* an. Das Nisten in engeren pflanzlichen Höhlungen macht die Entwicklung einer besonderen Nestarchitektur überflüssig, was in gleicher Weise der Fall ist, wenn engere Gesteinsspalten z. B. von *Lasius emarginatus* Ol., *Aphaenogaster subterranea* Latr. u. a. besiedelt werden. Die Anlage von Nestern unterbleibt bei den Jagdameisen, den Dorylinen, deren Nomadenleben in Widerspruch zu einem ständigen Wohnsitz steht. Hier kann man wohl von gewissen Sammelpunkten an mehr oder weniger geschützten Stellen sprechen, von wo aus jeweils die Streifzüge so lange unternommen werden, bis keine Beute mehr zu machen ist und der Standplatz gewechselt wird. Die nicht grade auf Jagd befindlichen Individuen bilden dort einen großen Klumpen (mehrere Liter) und nehmen die Brut in ihre Mitte, wie es wenigstens an *Eciton* in Nikaragua beobachtet wurde. Auch ein Zusammendrängen in morschem Holz ist beobachtet.

Von Konstruktionen, die sich außerhalb der Nester befinden, sind hier besonders die sogenannten „Ameisenstraßen" zu nennen. Es sind dies von den Ameisen angelegte Wege, die vom Nest zu den wichtigsten Futterstellen, z. B. von Blattläusen befallenen Bäumen führen und auf denen möglichst alle Hindernisse beseitigt, oder, wenn dies unmöglich ist, umgangen werden, so daß namentlich größere Lasten leichter transportiert werden können. Es scheint, daß Pflanzenkeimlinge auf den Straßen vielfach überhaupt nicht aufkommen. Meist laufen mehrere Straßen in möglichst gerader Richtung vom Nest auf ihre Ziele zu und können eine recht erhebliche Länge erreichen (z. B. über 60 m bei *F. pratensis* Retz.). Abgesehen von dem Hauptziel der Straße bildet das zwischen ihnen gelegene Gelände das wichtigste Jagdrevier der Ameisen. Bei unserer roten Waldameise sind die Straßen nur wenig markiert. Gern folgen die Tiere den Waldwegen, wo die Hindernisse bereits zum größten Teil weg geräumt sind, so daß die Ameisen hier in breiter Front wandern können. Auf offenen Straßen, die 2—4 cm breit und 1—1 $^1/_2$ cm tief sein können, zieht *F. pratensis* dahin. Auf die Instandhaltung der Wege wird viel Sorgfalt verwandt. Während bei *Dendrolasius fuliginosus* Latr. die Straßen offen angelegt werden und als solche wenig deutlich erkennbar sind, bauen andere *Lasius* bei uns (z. B. *niger* L., *alienus* Foerst., *brunneus* Latr., auch *Myrmica*-Arten) erdgedeckte Wege. Die Straßen werden in diesen Fällen zunächst als offene, eingesenkte Rinnen angelegt und dann mit Sandklümpchen, die durch Regen feucht sind und infolgedessen aneinander haften, von den Rändern her überwölbt. Kleine Würzelchen, die über den Weg dahinziehen, können dabei als Stützpunkte gewählt werden. Häufig ist die Gewölbedecke der Straße streckenweise unterbrochen, ohne daß ein Einsturz erfolgt zu sein scheint. In weit ausgedehnterem Maße decken auch manche Jagdameisen, z. B. *Eciton praedator* Sm. ihre Wege. In diesem Zusammenhange mag auch eine interessante Beobachtung von Miß Fielde erwähnt werden, die *Aphaenogaster picea* Em. einen trockenen Erdhaufen geboten hatte. Die Tiere konnten, da die Bröckchen nicht aneinander hafteten, nur dadurch zur Bautätigkeit schreiten, daß sie Wasser herbeiholten. Miß Fielde nimmt an, daß dies mit Hilfe der Infrabukkaltasche geschah, während Forel es bei der Kleinheit der Tasche für wahrscheinlicher hält, daß hier der Kropf in Funktion getreten ist. Nach Art der Erdgewölbe führen manche Ameisen, z. B.

Lasius und *Myrmica*-Arten, über Blattlausgesellschaften besondere Schutzbauten auf. Als Nebenbauten sind auch die von *F. sanguinea* häufig getrennt angelegten freieren Sommer- bzw. geschützteren Winternester anzusehen, in denen sich diese Art je nach der Jahreszeit oder sonstigen klimatischen Verhältnissen — bei größerer Hitze kann auch das verborgene und den Sonnenstrahlen entzogene Winternest aufgesucht werden — aufhält, während andere Arten ihre oberirdischen Bauten durch entsprechende Veränderungen den klimatischen Verhältnissen anpassen. Ebenso können Zweigkolonien, die gewissermaßen Ableger des Stammvolkes darstellen, hierzu gezählt werden. Um größere, alte Bauten von *F. rufa*, *pratensis* und *truncicola* finden sich gelegentlich eine kleine Anzahl (2—4) Bauten der gleichen Art, die noch mit der Mutterkolonie in mehr oder weniger regelmäßigem Verkehr stehen. Andere Arten können viel mehr Ablegerkolonien besitzen. Hierher gehören von einheimischen Arten *F. pressilabris* NYL. und *exsecta* NYL., von denen man kaum Einzelnester findet. Selten übersteigt die Zahl derartiger Zweigkolonien 30 Nester; doch kommen auch hin und wieder wesentlich größere Völker vor. So sind von *F. exsecta* bis 200 Nester als zusammengehörig erkannt worden, ja bei der nordamerikanischen *F. exsectoides* zählte MAC COOK bis 1500. Bemerkenswert ist eine Beobachtung FORELS, nach der ein Volk von *F. sanguinea*, das ausnahmsweise ohne Sklaven war, 30—40 Zweignester entsandt hatte, eine Erscheinung, die bei der nordamerikanischen Rasse *aserva* FOR. regelmäßig zu beobachten ist.

Achtes Kapitel.

Eier und Eiablage.

Die Eier der Hymenopteren (Abb. 131) stellen im allgemeinen weichschalige, elliptische Gebilde dar, denen besondere Schalendifferenzierungen fehlen. Meist sind sie von milchigweißer Farbe, doch kommen auch

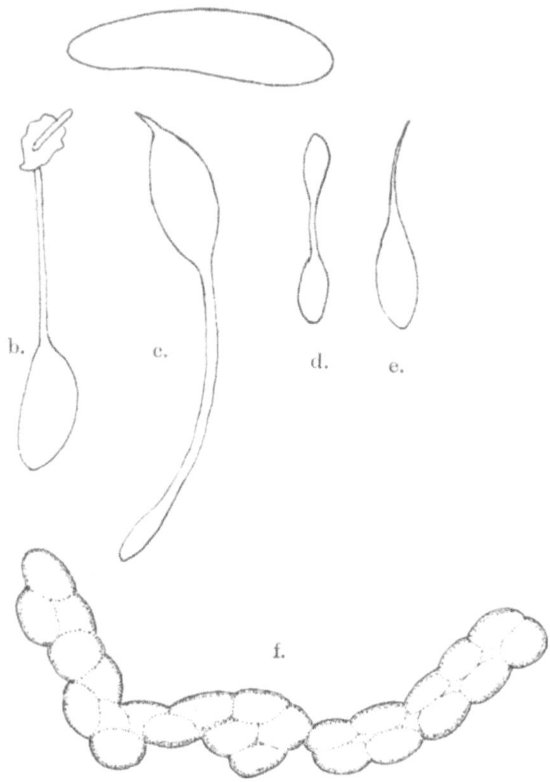

Abb. 131. Chalcididen-Eier (nach PARKER). a. *Tetrastichus spec.*; b. *Microterys masii.*; c. *Isthmosoma secalis;* d. u. e. *Aphycus loundsburyi* vor (d.) und nach (e.) dem Schlüpfen; f. Polyembryonale Eierkette von *Copidosoma boucheanum.*

blaßgelbliche oder grünliche Eier vor. Ein festeres Chorion scheint hier überflüssig, da die meisten Eier sehr geschützt abgelegt werden. In denjenigen Fällen allerdings, in denen die Eier bei manchen Tryphoniden (Abb. 137) außen einem Wirt anhängen, ist die Eischale fester und bräunlich. Die Größe der Eier ist naturgemäß recht beträchtlichen Schwankungen unterworfen. Bei großen Arten mit hoher Eiziffer, z. B. Sireciden (*Sirex augur* KL. c. 1000, *Paururus* 4—500), sind die Eier verhältnismäßig klein, während sie umgekehrt bei solchen mit geringer Eizahl wesentlich größer sind. Allgemeine Angaben können hier kaum gemacht werden. Haben wir Formen, die bei einem relativ spärlichen Vorkommen eine sehr hohe Eiziffer besitzen (z. B. Trigonaloiden mit mehreren tausend Eiern), so darf daraus eine komplizierte Lebensweise der Larve vermutet werden, die nur einem geringen Prozentsatz die Entwicklung überhaupt ermöglicht. In anderen Fällen dagegen können sich aus einem einzigen Ei infolge der in verschiedenen Familien vorkommenden Polyembryonie zahlreiche Individuen entwickeln. Dort, wo bei den solitären Aculeaten eine komplizierte Brutpflege entwickelt ist, wo das Weibchen die Zellen für seine Nachkommenschaft selbst anlegt und die Nahrung für die ganze Entwicklungsdauer jeder einzelnen Larve oft unter schwierigen Verhältnissen beschaffen muß, wird die Zahl der Eier eine relativ geringe sein. Wesentlich anders liegen die Vermehrungsbedingungen für die sozialen Formen. Können hier auch im Anfang die Tätigkeiten der Stammutter eines neuen Volkes — vorausgesetzt, daß nicht eine Bildung von Ablegervölkern unter Schwarmbildung auftritt — mit denen eines solitären Hymenopterenweibchens verglichen werden, so verschiebt sich die ganze Sachlage doch sehr bald zugunsten der Vermehrungsmöglichkeit, sobald nämlich die ersten Arbeiterinnen erscheinen. In diesem Falle wird das Weibchen der eigentlichen Brutpflegearbeiten enthoben und, da es auch außerdem für seinen eigenen Unterhalt nicht zu sorgen braucht, ausschließlich zur Eierlegerin. Besonders hoch wird die Eizahl dann, wenn es sich nicht um einjährige, sondern um mehrjährige bzw. perennierende Staaten handelt. Die Eier brauchen in diesen Fällen nicht einmal besonders klein zu sein, da der Kräfteverbrauch durch die Arbeiterinnen, die ständig für die Ernährung des Weibchens Sorge tragen, ausgeglichen werden kann. Einige Angaben über die Stärke von Völkern sozialer Hymenopteren wurden bereits gemacht. Diese Bemerkungen können bei dem dauernden Abgang von Individuen, namentlich auch bei perennierenden Völkern, nur annähernd für die Leistungsfähigkeit des Weibchens in bezug auf die Eiablage herangezogen werden. Außerdem dürfen die polygamen tropischen Wespenvölker überhaupt nicht bei derartigen Schätzungen berücksichtigt werden, wenn man nicht die Zahl der vorhandenen eierlegenden Weibchen kennt. Sehr lehrreich ist aber eine Aufstellung v. BUTTEL-REEPENS über die Leistungsfähigkeit der Bienenköniginnen bei der Eiablage und mag daher hier im Wortlaut wiedergegeben werden: „Von den 40 000 Zellen erwiesen sich ungefähr 30 000 mit Eiern und Larven besetzt. Die Königin hat also innerhalb zweier Wochen durchschnittlich täglich (24 Stunden) etwa 2140 Eier gelegt. Da im Anfang die Eiablage spärlicher gewesen sein wird, so werden sicherlich an einigen Tagen etwa 3000—3500 abgelegt sein. So findet man in der Tat oft Waben von 6000 Zellen innerhalb zweier Tage vollständig bestiftet (DZIERZON, 1882, BUTTEL-REEPEN, 1900). Man hat das Gewicht einer im Eierlegen begriffenen Königin mit 0,23 g festgestellt, das von 20 Eiern ergab 0,0026 g, macht für 3000 Eier

0,39 g, also übersteigt das Gewicht der täglich gelegten Eier das des Körpers der Königin um $1\,{}^{1}/_{3}$mal. Überträgt man aber diese Berechnung, wie es richtiger ist, auf eine Königin, die nicht in der Eiablage begriffen ist und deren Gewicht nach LEUCKART ungefähr 0,15 g ausmacht, so überschreitet die tägliche Eileistung das Körpergewicht der Königin sogar um mehr als das $2\,{}^{1}/_{2}$fache. Veranschlagt man diese Produktionsfähigkeit, natürlich mit den notwendigen Kautelen, auf das ganze Jahr, so ergibt sich, daß die Fruchtbarkeit der Königin im Jahre weit über 100 000 Eier beträgt." Auch die von v. BUTTEL-REEPEN zitierten LEUCKARTschen Berechnungen mögen hier im Wortlaut wiedergegeben sein: „Diese Eier repräsentieren ein Gewicht von mehr als 16 g. 100 g Bienenkönigin produzieren also im Jahre 11 000 g Eisubstanz, d. h. ungefähr soviel wie ein Weib, das täglich drei bis vier Kinder gebären würde (LEUCKART, 1898). Wenn ein Huhn 8 Monate lang einen Tag um den andern ein Ei legt, so produziert es im Laufe des Jahres ungefähr 500 vH seines Eigengewichtes, während eine Frau, die alle Jahre ein Kind bringt, nur etwa 7 vH dafür erübrigt. Eine Königin produziert also soviel, wie etwa ein Huhn an Eiermaterial produzieren würde, das an jedem Tage 20 Eier legte oder eine Frau, die an jedem Tage drei bis vier Kinder zur Welt brächte." In gleicher Weise kann man auch bei den Ameisenweibchen eine recht hohe Eierzahl vermuten. Es gibt allerdings auch hier Arten, die ständig nur kleine Gesellschaften bilden. Über die Anzahl der Eier bei den Ichneumoniden verdanken wir PAMPEL einige Angaben. So enthalten die Arten des Ichneumonentypus in ihren vier Eiröhren je 3—4 Eier, die Arten des Bohrertypus in 4—20 je 2 bis viele, die des Ophionentypus in 15—40 Eiröhren je sehr viele Eier. Beim Tryphonidentypus ist die Zahl der Eiröhren geringer als beim Ophionentypus und in jeder sind 4—8 sehr große Eier mit Stiel enthalten. HASE kommt auf Grund seiner Untersuchungen an *Habrobracon* dazu, den Begriff der Vermehrungsziffer (V) einzuführen, die die Differenz zwischen der Eizahl (E) und den Verlusten während der Entwicklung (M) sowie durch taub abgelegte Eier (T) bedeutet; also: $V = E - (M + T)$. Bei optimalen Lebensbedingungen mit geringen Verlusten nähern sich die Zahlen V und E. Bei Versuchen mit *Habrobracon juglandis* ASHM. ergaben sich bezüglich der Eizahl, Qualität der Eier und Vermehrungsziffer folgende Verhältnisse. Ein nach dem Schlüpfen sofort befruchtetes Weibchen legte innerhalb von 54 Tagen Lebensdauer 317 Eier, aus denen im ganzen 43 Männchen und 31 Weibchen hervorgingen, 188 Eier waren taub, 55 Individuen gingen als Larven oder Puppen ein. Ein anderes ebenfalls nur einmal, und zwar auch gleich nach dem Schlüpfen, befruchtetes Weibchen produzierte bei einer Lebensdauer von 62 Tagen 257 Eier, die 131 Nachkommen (129 Männchen und 3 Weibchen) ergaben. 98 Eier waren taub; als Larven oder Puppen starben 28 Stück. Schließlich sei noch ein drittes Beispiel angeführt: In diesem Falle wurde das Weibchen außer nach dem Schlüpfen noch einmal 28 Tage später befruchtet. Während der Lebensdauer von 59 Tagen wurden 201 Eier gelegt, die 34 Männchen und 32 Weibchen ergaben, 119 Eier waren taub, 16 Larven bzw. Puppen starben. In diesen drei Beispielen entwickelten sich also 23 vH, bzw. 51 vH, bzw. 32,8 vH der Eier zur Nachkommenschaft in der zweiten Generation. Auffällig ist die hohe Zahl (bis fast 60 vH) der tauben Eier. Derartige Zahlen, sowie die Angaben über die Verteilung der Geschlechter, haben bei Parasiten, die in der Schädlingsbekämpfung eine Rolle zu spielen berufen sind, größte praktische Bedeutung. Im übrigen zeigen sie aber auch die großen individuellen Verschiedenheiten.

Herrscht auch im allgemeinen bei den Hymenopteren das ovale Ei vor, bei dem der eine Pol stärker als der andere abgerundet sein kann, so kommen doch auch gestielte Eier bei Parasiten verhältnismäßig häufig vor. Wenn wir zunächst von den schon erwähnten hartschaligen Tryphonideneiern absehen, tritt in den übrigen Fällen der Dotter in den Stiel, der ebenso wie der Eikörper einen weichen, elastischen Chorionüberzug besitzt, hinein. Besonders langgestielt sind die Eier bei unsern großen, mit einem sehr langen Bohrer versehenen Pimplinen (Abb. 158). Über diese gestielten Eier schreibt PAMPEL: „Bei *Ephialtes manifestator* beträgt die absolute Länge des ganzen Eies etwa 2 cm (das Abdomen ist etwa 3 cm lang), davon fallen allein auf den Stiel $1\,{}^1/_2$ cm. Der $^1/_2$—1 mm im Querschnitt messende Kopfteil ist etwa viermal so dick wie der Stiel." — Bei den Eiern phytophager Cynipiden kommt ebenfalls ein langer Stiel vor, doch ist dieser im Gegensatz zu dem durchweg gleichstarken Anhang des Pimplineneies am Ende kolbenförmig erweitert (Abb. 132). In beiden Fällen setzt sich aber der Eiinhalt in den Stiel hinein fort. „Die Länge dieses schlauchförmigen, elastischen Fortsatzes steht nun bei den einzelnen Arten in unverkennbarer Beziehung zur Länge des Legebohrers, derart also, daß Gallwespen mit langer Legeröhre auch stets lange Eistiele haben und umgekehrt." „Bei *Biorhiza aptera* BOSC. mißt das ganze Ei reichlich zwei Drittel an Länge wie der Kanal des Legebohrers, den es zu passieren hat" (FRÜHAUF). Im Gegensatz zu den Verhältnissen bei den Cynipiden ist der Eistiel bei *Ephialtes*, *Rhyssa*, *Thalessa* u. a. nach hinten gerichtet und geht also bei der Ablage des Eies voran. Als interessante Konvergenzerscheinung ist der lange Eistiel von

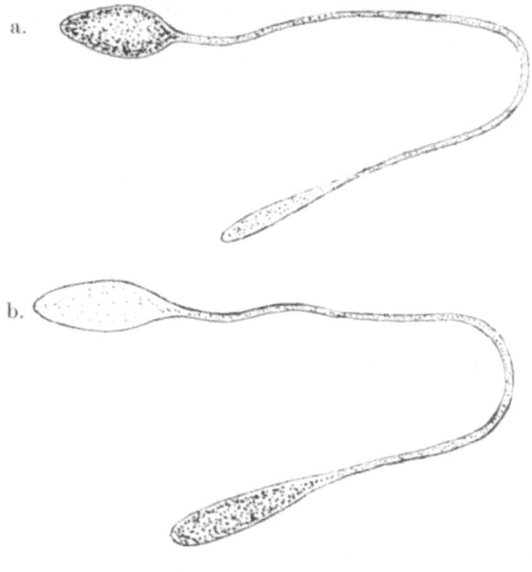

Abb. 132. Cynipideneier; a. mit Plasma im Eierkörper; b. Übertritt des Plasmas in das erweiterte Ende des Eistiels bei Druck auf den Eikörper (nach BISCHOFF).

Orussus zu erwähnen, also einem Vertreter der symphyten Hymenopteren, der zum Parasitismus übergegangen ist und einen auffällig langen Bohrer besitzt (Abb. 133). Der Eistiel ist nun für das Durchgleiten des Eies durch den engen Stachelkanal von großer Bedeutung. „In dem engen Innen-

Abb. 133. Ei von *Orussus* (nach BISCHOFF).

kanal des Legebohrers (*Biorhiza aptera* BOSC.) ist gerade soviel Spielraum vorhanden, daß er den schlauchförmigen Stiel zwischen sich aufnehmen kann; der vorangehende Eikörper muß daher durch Entleeren und Ausziehen auf dieses Volumen vermindert werden. Um also das Vorangehen des Eikörpers überhaupt möglich zu machen, muß sein

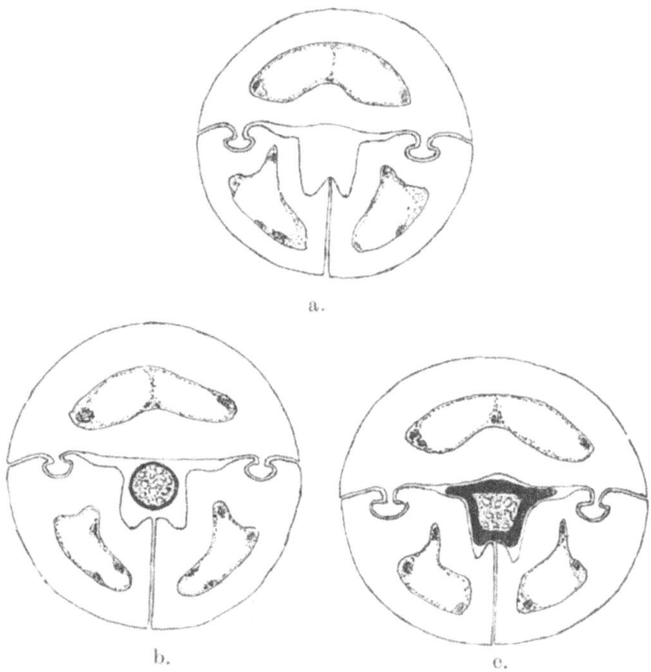

Abb. 134. Querschnitt durch den Stachel von *Biorhiza aptera* BOSC. (nach FRÜHAUF). a. Mit leerem Eikanal; b. das ausgezogene Ei, c. die Endanschwellung des Eistieles im Innenkanal.

Inhalt in die dehnbare Endanschwellung des Stieles gepreßt werden. Dann erst kann der leere Sack mitsamt dem nachfolgenden Stiel von den Stechborsten gefaßt und durch den feinen Kanal des Legebohrers allmählich hindurchgetrieben werden. Sobald nun der Eikörper aus der äußersten Spitze des Bohrers als ein faltenwerfender, schlaffer Sack heraustritt, wird auch die noch innerhalb des Hinterleibes im Endabschnitt des Eileiters verbliebene Endanschwellung zusammengedrückt und dadurch die Eiflüssigkeit durch den noch in der Legeröhre befindlichen, elastisch ausgezogenen Stiel wieder in den austretenden Eikörper zurückbefördert. Das Zusammenpressen der Endanschwellung und damit das Zurückfließen des Eiinhaltes wird durch Muskeldruck am distalen Abschnitt des Eileiters ausgelöst. Insbesondere ist es ein zwischen den beiderseitigen Schienenbögen ausgespannter Transversalmuskel, bei dessen Kontraktion der Eileiter stark zusammengepreßt wird. Hat sich der austretende Eikörper mit seinem Inhalt wieder prall gefüllt, so braucht nur noch der Stachel wieder zurückgezogen zu werden und das Ei ist abgelegt" (FRÜHAUF) (Abb. 134). Von gallerzeugenden Chalcididen (*Isthmosoma*) geben Dr. W. und J. VAN LEEUWEN an, daß der Eistiel dem Stichkanal zugekehrt ist. Hier geht also ebenfalls der Eikörper bei der Eiablage voran. Auch eine leichte Schwellung am Ende des Stieles kommt vor, so daß also im großen und ganzen die Verhältnisse bei der Eiablage mit denen der Cynipiden übereinstimmen werden. In anderen Fällen, in denen das Ei ebenfalls den Stachelkanal zu passieren hat, wobei aber kein besonderer Eistiel ausgebildet ist, muß eine entweder lokale oder allgemeine Elastizität der Chorionhülle angenommen werden. Eine gewisse Deformation der Eier konnte Verfasser in dem durchsichtigen Legeapparat einer Tenthredinide (*Phymatocera aterrima* KL.) beobachten, wo das Lumen zwar ein verhältnismäßig großes (Abb. 135) ist, gleichwohl aber eine seitliche Kompression des Eies während des Durchgangs erfolgt. Auffällige Anhangsgebilde kommen an den Eiern mancher Tryphoniden vor. Hier ist das Ei zwar auch in einen Stiel ausgezogen, der jedoch massiv ist und infolgedessen nicht dazu dienen kann, den Eiinhalt etwa in sich aufzunehmen. Diese Eier sind außerdem groß und verhältnismäßig dickschalig (Abb. 137). Sie passieren den Stachelkanal nicht, sondern gleiten außen unten zwischen den Stechborsten entlang, wobei nur das Ende des Eistiels im Kanal entlang läuft. Häufig findet man Weibchen der Gattung *Polyblastus* (Abb. 136), bei denen die Eier in größerer Anzahl traubenartig gedrängt an der Unterseite des Stachels hängen. Die Hauptfunktion des Eistiels besteht hier aber darin, daß mit ihm die Eier in der Haut des Wirtes (einer Tenthredinidenlarve) verankert werden. Während der Eikörper und ein Teil des Stieles außerhalb bleiben, wird das knopfförmige oder in zwei, gelegentlich sehr lange, senkrecht zur Achse des Stieles gestellte Spitzen ausgezogene Ende desselben mit dem Stachel unter die Wirtshaut geschoben. In einem Falle, den Verfasser an einem

Abb. 135. Querschnitt durch einen *Cimbex*-Stachel (nach BISCHOFF).

Abb 136. Weibchen von *Polyblastus cothurnatus* GRAV. mit anhängender Eiertraube.

Tryphonidenei, das an einer *Periclista*-Larve hing, beobachtete, war der Eistiel innerhalb des Raupenkörpers von einem dicken, schwarzen Mantel umgeben. Es muß angenommen werden, daß hier beim Anstich aus dem Stachel des Schlupfwespenweibchens ein Sekret ausgeschieden wurde, wie es ähnlich auch bei dem zur Gewinnung von Nahrung erfolgenden Einstich bei manchen parasitären Hymenopteren geschieht. Dieser Sekretzylinder bedingt eine weitere Verankerung im Raupenkörper. Daß diese Befestigung von großer Bedeutung ist, konnte an dem gleichen Objekt beobachtet werden. Die befallene Blattwespenraupe häutete sich nämlich. Da das Ei nun nicht so weichschalig ist wie bei anderen Hymenopteren, besteht die Gefahr, daß es bei ungenügender Verankerung mit der Haut des Wirtes abgestreift werden kann. Ein Abreißen wird durch die relative Festigkeit des Eistieles, ein Umknicken des hier in zwei sehr lange Spitzen ausgezogenen Ankers durch den Sekretmantel verhindert. Leider war die Häutung der Blattwespenlarve unbeobachtet vor sich gegangen, so daß über die Dehnbarkeit des Eikörpers keine näheren Angaben gemacht werden können. Das Loch in der abgestreiften Haut, durch die das Ei hindurchgezogen worden war, war verhältnismäßig klein; doch kann hierfür auch die Elastizität der Raupenhaut verantwortlich gemacht werden. Den kompliziertesten Anheftungsapparat fand Verfasser bei einem Vertreter der Gattung *Tryphon*. Hier ist das Ei an einem Pole kurz zapfenförmig ausgezogen und dann in einen Stiel verlängert, der gegen diesen Zapfen abgesetzt ist, während in anderen Fällen das Chorion unmittelbar in den Stiel übergeht. Mit diesem verhältnismäßig kurzen Stiel ist nun ein mächtiger, kahnförmiger Verankerungsapparat gelenkig verbunden. Im Eileiter ist dieser Apparat mit seiner Konkavseite dem Eikörper zugekehrt, diesen zwischen sich aufnehmend. Am distalen Ende ist er in zwei scharfe Spitzen ausgezogen, die den Eikörper seitlich umfassen (Abb. 137). Das proximale Ende, in dessen konkaver Aushöhlung der Stiel eingelenkt ist, ist außerdem hornartig dem Ei zugekrümmt. Die einzelnen Entwicklungsstadien dieses Ankers finden sich an den älteren Eiern in den einzelnen Ovarialröhren in allen Abstufungen.

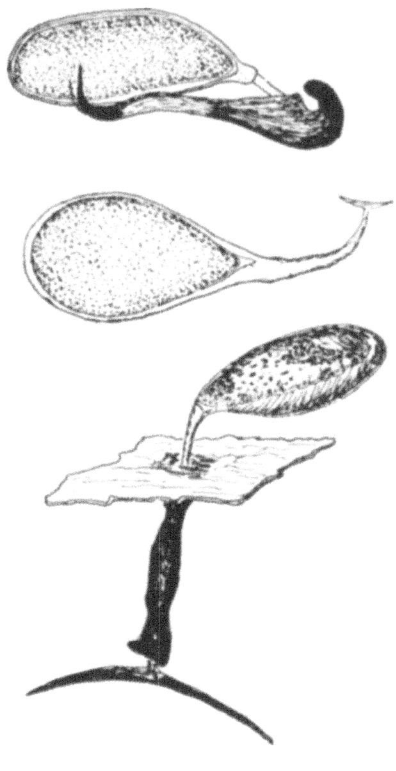

Abb. 137. Tryphoniden-Eier mit Verankerungsapparaten (nach BISCHOFF).

Das Einführen dieses Ankers wird offensichtlich durch seine kahnförmige Gestalt ermöglicht. Der gekrümmte Fortsatz am proximalen Ende des Kahns muß beim Einstich voran unter die Raupenhaut geschoben werden. Das ganze übrige Ankergebilde folgt dann nach, während der Eikörper und ein Teil des Eistieles dank ihrer gelenkigen Verbindung außerhalb verbleiben. Aus dem ganzen Bau dieses Gebildes muß man annehmen, daß es der Länge nach unter der Raupenhaut liegt, da die Anheftungsart des Stieles und vor allem der Hornfortsatz eine zur Raupenhaut senkrecht gerichtete Stellung, wie sie bei dem Befall von *Periclista* beobachtet wurde, nicht zuläßt. Das Hörnchen läßt dem Eistiel nur einen geringen Spielraum und der Eikörper wird dadurch der Raupenhaut möglichst genähert. Auf diese Weise kommt die schlüpfende Larve der Schlupfwespe sofort in Berührung mit dem Körper des Wirtstieres. Eier mit ähnlichen Anhangsgebilden fand PAMPEL bei *Tryphon rutilator* HOLMG.; doch soll hier dieser Anhang verschwinden, wenn das Ei aus dem Uterus heraustritt. Wahrscheinlich findet aber der ganze Apparat in der kahnförmigen Stachelrinne Aufnahme, und das „erstarrte Drüsensekret", das PAMPEL dort vorfindet, dürfte den Ankerapparat darstellen.

Die Ablage von Eiern in besonders nährstoffreiche Gewebe macht gelegentlich bei Parasiten eine Dotterbeigabe überflüssig, da die Larve schon auf einem frühzeitigen Stadium schlüpfen kann. Derartige dotterarme Eier, die bei der Entwicklung eine totale Furchung durchmachen, kommen bei Chalcididen und Scelioniden vor und finden sich vermutlich auch bei anderen Parasiten. Auf die Vorgänge bei der Eiablage und die Unterbringung der Eier wird noch näher einzugehen sein. Hier soll uns zunächst der Legeapparat beschäftigen.

Die jederseits im weiblichen Abdomen gelegenen Ovarien (Abb. 138) entleeren ihre Produkte, die Eier, in den rechten bzw. linken Eileiter (Ovidukt), der als dünnhäutiger Schlauch entwickelt und in seinem proximalen Teile erweitert ist, um die oft zahlreichen Ovariolen des Eierstocks zu umfassen. Die Eileiter verlaufen nun normalerweise schräg nach hinten zur Mittellinie, um miteinander zu verschmelzen und einen unpaarigen, weitlumigen Ausführungsgang zu bilden, der auch als Uterus oder distal als Vagina bezeichnet wird. Gelegentlich können die paarigen Eileiter recht lang und gewunden sein. Abweichend von diesem normalen Verlauf fand PAMPEL bei verschiedenen Ichneumoniden einen geknickten Uterus, der erst nach hinten verläuft, um dann nach vorn und unten umbiegend die Geschlechtsöffnung zu erreichen. Seitlich ansetzende Muskeln und wohl auch die veränderte Stellung des äußeren Legeapparates bei der Eiablage ermöglichen den Durchtritt der Eier. Auch bei Verlagerungen des äußeren Legeapparates nach der Abdominalbasis zu findet sich ein entsprechend abgeänderter Verlauf, der stets durch die Lage der Geschlechtsöffnung zwischen 10. und 11. Körpersternit bestimmt wird. Diese inneren Eibahnen des Körpers können nun verschiedenartige Anhangsgebilde aufweisen, die zum Teil drüsiger Natur sind. Der distale Teil des unpaaren Eileiterabschnittes, also die Vagina, kann mannigfache Ausstülpungen aufweisen. So ist nach ADAM bei

Formiciden eine Eileitertasche ausgebildet, die vom übrigen Ovidukt durch eine Klappe mit Hilfe von Muskeln abgeschlossen wird. Diese Tasche spielt jedenfalls bei der Befruchtung eine Rolle, da in sie das Receptaculum seminis eintritt und dort also das Ei vor der Ablage be-

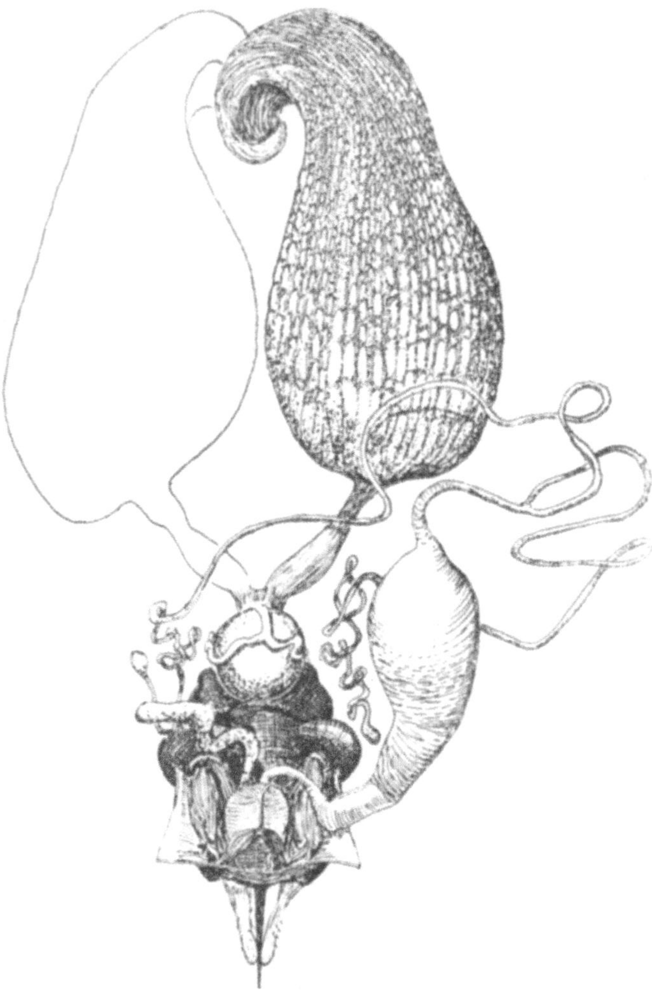

Abb. 138. Weiblicher Geschlechtsapparat einer Bienenkönigin (nach SNODGRAS).

fruchtet wird. Sie kann aber auch fehlen. Es ist nicht ausgeschlossen, daß sie auch bei der Paarung eine Rolle spielt. Das Receptaculum seminis liegt dem unpaaren Abschnitt des Eileiters auf und steht mit ihm durch einen Gang, den Ductus seminalis, in Verbindung. Durch den Muskelbelag des Ductus seminalis (Abb. 139) hat es z. B. die Honigbienenkönigin in ihrer Macht, zu dem den Uterus passierenden Ei Sperma hinzutreten zu lassen, es also zu befruchten oder aber das Ei unbefruchtet abzulegen.

Bei Ichneumoniden ist das Receptaculum seminis nach PAMPEL „bald ein einfaches Wärzchen, bald gleicht es einer kleinen Traube, bald zeigt es ähnlich einem Säugerhirn tiefe Riefen und Windungen“ oder besteht aus büschelförmig angeordneten Schläuchen. Mitunter scheint es ganz zu fehlen (*Paniscus, Dyspetes*). „Im Vergleich zum Receptaculum seminis von *Rhodites rosae* L. und auch zu demjenigen der zugehörigen sexuellen Generation erscheint das von *Biorhiza aptera* BOSC. in allen seinen Teilen, zumal im Lumen der Samenkapsel, etwas reduziert, was ja im Hinblick auf die parthenogenetische Fortpflanzung von *B. aptera* nicht weiter verwunderlich ist“ (FRÜHAUF). Aus dem gleichen Grunde dürfte auch das Fehlen der Eileitertasche zu erklären sein. Die verschiedenen, in den Endteil der Eibahnen mündenden Drüsen sind in ihrer Funktion noch recht wenig geklärt. Man spricht wohl von Kitt- und Schmierdrüsen, ohne daß jedoch hierfür sichere Grundlagen vorhanden wären. Daß Sekrete bei der Eiablage im Stechkanal vorhanden sind, ist sicher. Bei der Beobachtung der Eiablage einer Blattwespe (*Phymatocera aterrima* KL.) hatte Verfasser den Eindruck, daß hier das Sekret als Flüssigkeitssäule unter Druck das Ei vor sich her schob. Auch am Receptaculum seminis kann eine kleine Anhangsdrüse auftreten. Dorsal von der Geschlechtsöffnung mündet das meist als „Giftblase“ bezeichnete Sammelreservoir der in Form eines langen, einfachen, verzweigten oder gegabelten Schlauches ausgebildeten „Giftdrüse“ in den Stachelrinnenkolben. Ihr Sekret erhärtet nach PAMPEL bei Ichneumoniden und spielt bei der Herausbeförderung der Eier seine Rolle. Neben dieser großen Drüse mündet dann noch bei Aculeaten eine andere Drüse, deren Sekret alkalisch ist und die Bedeutung haben soll, die dem Stachel anhaftenden sauren Sekrete der großen „Giftdrüse“ zu neutralisieren. Im übrigen zeigen alle diese den Ausfuhrwegen der Eier anhängenden oder zu ihnen in Beziehungen tretenden Drüsen selbst innerhalb der gleichen Familie so große Verschiedenheiten — einzelne können auch ganz fehlen —, daß hier diese allgemeinen Angaben genügen müssen. Eine außerordentlich große Drüse mündet bei *Scolia* von oben in den Stachelrinnenwulst, umfaßt seitlich den Darm und legt sich über diesem wieder zusammen.

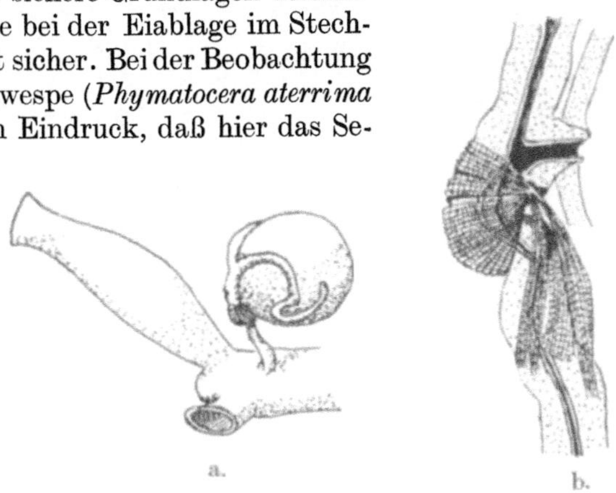

Abb. 139. a. Einmündung des Samenblasenganges in den unpaaren Eileiter.; b. Muskulatur der Samenpumpe. Lumen des Samenblasenganges schwarz; rechts seine Einmündung in das Receptaculum (nach SNODGRAS).

Haben wir im vorhergehenden die Wege kennen gelernt, die das Ei auf seinem Wege vom Ovarium zum unpaaren Endabschnitt des Eileiters und zur Geschlechtsöffnung zurücklegt, so muß nunmehr der

Stachelapparat besprochen werden, soweit er das Ei in sich aufnimmt und gewissermaßen den Eileiter nach außen verlängert, um das Ei an einen bestimmten Platz zu bringen, wohin es bei seinem Austritt aus der Geschlechtsöffnung nicht direkt gelegt werden könnte. Da wir allgemein bei den niederen Hymenopteren (Symphyten) den Stachelapparat in Verbindung mit der Eileitung finden, muß dieses Verhalten wohl als das ursprüngliche angesehen werden, während er entweder als Wehrstachel oder Vorrichtung zum Paralysieren von Beutetieren oder infolge weitgehender Reduktion bei den aculeaten Hymenopteren einen

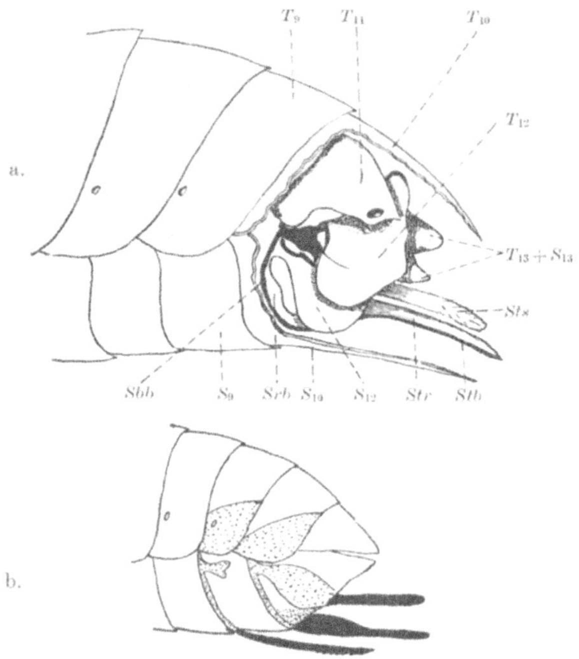

Abb. 140. a. Stachelapparat einer Honigbiene in der Hinterleibsspitze freigelegt. T_{9-13} = Tergite; T_{11} = Stigmenplatte; T_{12} = quadrat. Platte; S_{9-12} = Sternite; S_{12} = oblonge Platte; *Sts* = Stachelscheide; *Stb* = Stechborsten; *Str* = Stachelrinne; *Srb* (zu S_{12} gehörig) = Stachelrinnenbögen; *Sbb* (zu S_{11} gehörig) = Stechborstenbögen. b. Ableitung der einzelnen Stachelteile von den entsprechenden Segmenten (nach ZANDER).

Funktionswechsel eingegangen ist. Bei den letzteren scheint er im Allgemeinen das Ei nicht mehr in sich aufzunehmen; dieses tritt vielmehr aus der freiliegenden Öffnung oberhalb des 10. Körpersternits unterhalb der Stachelbasis unmittelbar hervor und wird direkt an seinen Bestimmungsplatz gelegt. Wenn wir von den Symphyten einerseits, den aculeaten Hymenopteren andererseits absehen, finden wir den Stachel der großen Masse der übrigen Hymenopterenfamilien als Legeapparat. Nebenbei kann er auch hier die Funktion eines Wehrstachels besitzen. Da außerdem manche der hierher gehörigen Schlupfwespenweibchen die Wirtstiere ihrer Larven mit Hilfe des Stachels lähmen oder selbst töten, können diese Funktionen nicht als eine Eigentümlichkeit der Aculeaten gelten. Lediglich die freie

Ablage des Eies ist für die Aculeaten nach unseren bisherigen Kenntnissen charakteristisch. Tritt auch bei vielen nichtaculeaten Hymenopteren das Ei bereits vor der Spitze des Stachels aus diesem heraus, so hat es ihn doch wenigstens teilweise zu durchlaufen. Auch in denjenigen Fällen, wo es wie bei vielen Tryphoninen zu groß und fest ist, um selbst im Stachelkanal Aufnahme zu finden, hängt es doch wenigstens mit dem Stiel noch in diesem und gleitet damit in ihm entlang (Abb. 136). Leider liegen über die Eiablage der Trigonaloiden und mancher anderer morphologisch isoliert stehenden Gruppen keine direkten Beobachtungen vor.

Der aus dem Abdomen herauspräparierte Stachelapparat (Abb. 140) erscheint zwar zunächst als ein recht kompliziertes Gebilde. Doch bereitet die Homologisierung seiner Teile dank den Untersuchungen ZANDERs keine Schwierigkeiten. Namentlich die Entwicklungsgeschichte ist für das Verständnis nötig. Dabei ergibt sich, daß die einzelnen Stachelteile verschiedener Herkunft sind. Einige, namentlich die größeren plattenförmigen Teile stellen gewissermaßen Ausschnitte bzw. die noch stärker chitinisierten Reste von im übrigen dünnhäutig gewordenen Segmenten dar, während die mehr gräten- oder lanzettförmigen distalen Teile als besondere Ausstülpungen angelegt wurden (Abb. 141), wobei erst im Laufe der Entwicklung die Verbindung mit den stärker chitinisierten Sternitresten erfolgte. Die Tergite werden nur verhältnismäßig wenig umgestaltet. Von den 13 normalen Körpersegmenten ist der Nachweis des letzten nicht immer ganz sicher, da das betreffende Tergit und Sternit vielfach häutig bleibt und keine stärkere Chitinisierung erkennen läßt. Auf jeden Fall ist es aber das den After umgebende Segment und daher am Präparat durch die Ausmündung des Enddarms charakterisiert. Bei Symphyten kann man vielfach das zugehörige Tergit leicht erkennen, in anderen Fällen kann das Sternit der stärker chitinisierte Teil sein. Auf keinen Fall ist dieses Segment an der Ausbildung des Stachels beteiligt. Es liegt oberhalb des eigentlichen Stachels. Wohl aber können das 12. und 11. Tergit in den Stachelapparat miteinbezogen werden. Liegen diese Rückenschuppen bei niederen Formen noch frei und zeigen sie dort nur geringfügige Veränderungen, so daß an ihrer Deutung kaum irgendwelche Zweifel aufkommen können, so sind sie z. B. bei den Aculeaten in das Körperinnere eingezogen und werden größtenteils von der 10. Rückenschuppe überdeckt. Dadurch, daß die mittleren Partien ihre starke Chitinisierung immer mehr verlieren und diese nur auf den Seiten der Tergite erhalten bleibt, wird im extremsten Fall der Eindruck hervorgerufen, daß schließlich jederseits nur noch zwei Platten liegen, wobei der dorsale Zusammenhang jedes der beiden Plattenpaare wegen seiner Dünnhäutigkeit übersehen wird. Die vorderen Platten sind durch den Besitz eines großen Stigmas ausgezeichnet und werden daher „Stig-

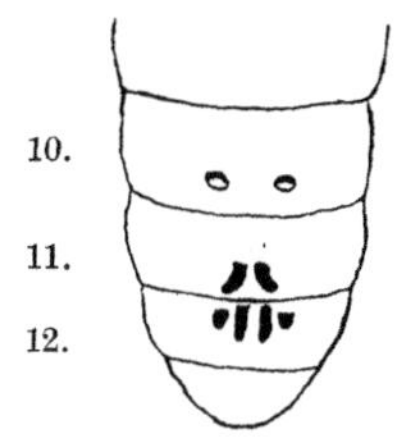

Abb. 141. Anlage des Stachelapparates bei einer älteren Bienenlarve. Am 10. Sternit ist die paarige Anlage der Geschlechtsöffnung, auf dem 11. die Anlage der Stechborsten, auf dem 12. die der Stachelrinne (Mitte) und der Stachelscheide (außen) zu erkennen (nach ZANDER).

menplatten" genannt; sie entsprechen dem 11. Segment. Das hintere Paar wird nach der annähernd quadratischen Gestalt der einzelnen Seitenplatte bei der Honigbiene als „quadratische Platte" bezeichnet. Dieser Name hat sich zwar eingebürgert, ist aber insofern unglücklich gewählt, als die Gestalt der Platten in einzelnen Gruppen recht wechselt. Ein Stigma trägt der 12. Körperring nicht mehr. Das 12. Sternit ist durch seine Lagebeziehung zum 12. Tergit zu erkennen. Die dunkleren Seitenflächen werden, ebenfalls nach ihrer Gestalt bei der Honigbiene, als „oblonge Platten" bezeichnet. Der Mittelteil dieses Sternits spannt sich jedoch nicht wie bei den normalen Sterniten in leichter Wölbung von der einen zur anderen Seite aus, sondern ist in der Mitte der Länge nach stark nach oben emporgewölbt, dadurch eine Rinne bildend, deren obere Decke als „Stachelrinnenwulst" bezeichnet wird (Abb. 142). Diesem Wulst ist häufig vorn eine starke, gegabelte Chitinisierung eingelagert, das so-

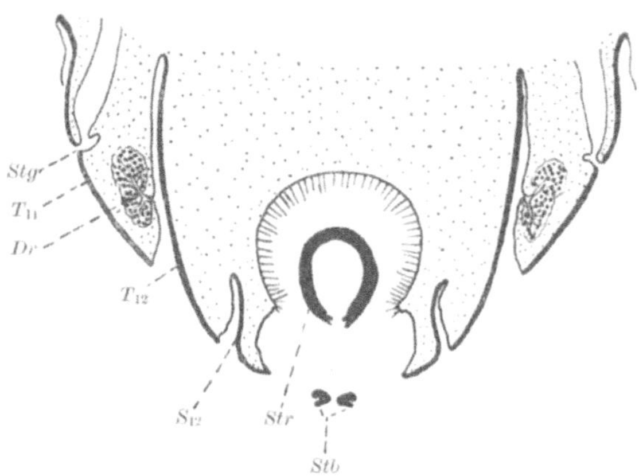

Abb. 142. Querschnitt durch einen Bienenstachel auf der Höhe des Stachelwulstes (nach ZANDER). Abkürzungen wie in Abb. 140. *Stg* = Stigma; *Dr* = Drüse.

genannte „Gabelbein". Die an typischen Sterniten vorhandene Vorderrandleiste erfährt dadurch eine mittlere Unterbrechung, daß sie dort dünnhäutig wird und hängt nur noch auf eine mehr oder weniger kurze Strecke durch eine dunklere Chitinbrücke mit den oblongen Platten zusammen. Sie bildet die sogenannten „Stachelrinnenbögen" aus. Zwei ähnliche Bögen, die „Stechborstenbögen", verdanken ihre Entstehung dem Vorderrand des 11. Sternits, von dem im übrigen als nichthäutige Teile nur die verbreiterten vorderen Seitenkanten als „Winkel" in Verbindung mit den Stechborstenbögen bestehen bleiben. Das Winkelstück ist an den verschiedensten Stachelapparaten stets deutlich zu erkennen und erleichtert dadurch die Homologisierung. Es ist besonders durch zwei Fortsätze ausgezeichnet, von denen der eine mit der oberen Kante der oblongen, der andere mit der quadratischen Platte ein Gelenk bildet. Zu diesen basalen Teilen des Stachelapparates, die ihre Entstehung dem Hautpanzer verdanken, treten nun drei Paare von grätenförmigen oder wenigstens gestreckten Stücken, von denen ein Paar allerdings meist verschmilzt und die an der Larve als zapfenförmige Ausstülpungen in Gruben unter der Haut des 11. und 12. Sternits in ihrer Anlage zu erkennen sind (Abb. 141). Das an dem 11. Sternit allein erkennbare Zapfenpaar entwickelt sich zu den sogenannten „Stechborsten", die nach vorn direkt in die aus dem Vorderrand des Sternits hervorgehenden Stechborstenbögen übergehen. Das mittlere Zapfenpaar des 12. Sternits ergibt die Stachelrinne, die meist ein Verschmelzungsprodukt darstellt, aber doch auch an den Imagines noch vielfach ihre paarige Anlage erkennen läßt Die in der Literatur verbreitete Angabe, daß die Verschmelzung beider Stachelrinnenhälften eine Eigentümlichkeit der aculeaten Hymenopteren sei, trifft nicht zu. da die Stachelrinne auch bei vielen Parasiten ein einheitliches Gebilde darstellt. Die beiden Stachelrinnenhälften finden nach vorn in ähnlicher Weise wie die Stechborsten ihren Anschluß an die entsprechenden Bögen des 12. Sternits. Der häufig erweiterte

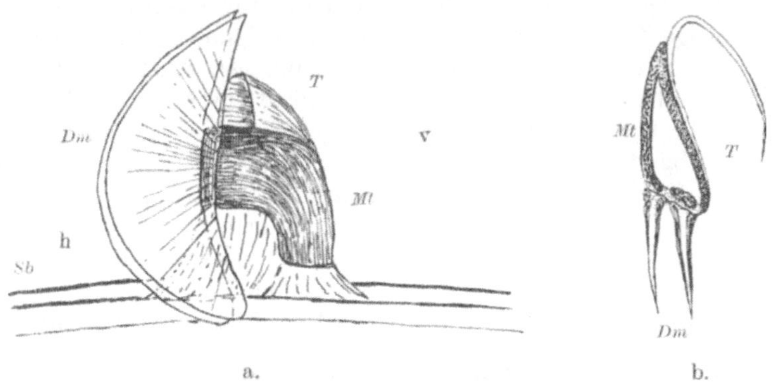

Abb. 143. a. „Hemmplättchen"; b. Schnitt durch ein solches. *Sb* = Stechborste; *Mt* = Membranträger; *Dm* = Doppelmembranen; *T* = Täschchen; v = vorn; h = hinten (z. T. nach Trojan).

basale Teil der Stachelrinne ist der sogenannte „Stachelrinnenkolben", an den die Äste des Gabelbeins herantreten. Seitlich und etwas nach hinten verschoben ergibt das zweite Zapfenpaar des 12. Sternits die „Stachelscheiden", deren Basis mit den oblongen Platten verschmilzt. Stachelrinne und Stachelborsten treten nun zusammen und enthalten zwischen sich den Stachelkanal, den entweder die Eier oder Sekrete durchlaufen. Diese Teile erfahren dadurch einen festeren Zusammenhalt, daß sie in verschiedenartiger Weise miteinander verbunden sein können. Bei den Aculeaten läuft wohl allgemein auf den unteren Kanten der eine nach unten offene Halbrinne darstellenden Stachelrinne eine Längsleiste entlang, die in einer entsprechenden Längsvertiefung jeder Stechborste entlang zieht. Da die untere Kante der Leisten erweitert ist und auch die Furche der Stechborsten einen entsprechenden Querschnitt zeigt, ist diese Verbindung eine sehr innige, gestattet den Stechborsten nur ein Gleiten in der Längsrichtung und verhindert ein seitliches Ausbiegen (Abb. 134). Ähnliche Verhältnisse finden sich auch bei anderen Hymenopteren. Pampel fand bei Ichneumoniden die Stechborsten „in die übergreifenden Ränder der Stachelschiene derart eingepaßt, daß sie sich in dieser Führung durch Muskelzug leicht hin und her bewegen lassen". Bei *Cimbex* gleiten die oberen Kanten der den Stechborsten entsprechenden Teile, die hier wegen ihrer abgeplatteten Gestalt als „Sägeblätter" bezeichnet werden, in einer Ausrandung an der unteren Kante der Stachelrinnenhälften; bei *Sirex* scheinen diese im ganzen in die Stechborsten eingefalzt zu sein. Selten unterbleibt ein engerer Zusammenschluß dieser Teile. Abgesehen von solchen Fällen, in denen allgemeine Reduktionserscheinungen am ganzen Stachelapparat auftreten, wie bei Meliponen und Formicinen sind hier besonders die Trigonaloiden zu erwähnen. Bei Beförderung von Sekreten durch den Stachelkanal spielen die bei Aculeaten entwickelten, „Hemmplättchen" — sie fehlen jedoch den Vespiden, Psammochariden, Sapgyiden, Cleptiden, Bethyliden, Chrysiden — eine Rolle (Abb. 143), die gleichzeitig als Pumpenkolben und Ventil wirken. Diese Gebilde ragen an der Innenseite der Stechborsten in Einzahl an jeder in den Stachelkanal hinein. Ihr Basalstück, das durch eine häutige Zone mit der Stechborste in Verbindung steht und dessen Hohlraum mit dem der Stechborste kommuniziert, wird nach den Untersuchungen TROJANS an der Honigbiene als Membranträger bezeichnet. Die Membranträger sind nach hinten gekrümmt und dort schräg zur Mediane abgestutzt. Seitlich tragen sie eine häutige Tasche mit nach hinten gekehrter Konkavität. An der abgeschrägten Fläche stehen je zwei doppelwandige Blättchen mit feinen Chitinversteifungen, die mit dem Membranträger gelenkig verbunden sind. Beim Vorstoßen der Stechborsten spreizen sie sich und füllen dann den ganzen Stachelkanal aus. Da sich die Plättchen um 90° umlegen können, wird selbst beim Arbeiten mit einer Borste der Kanal ausgefüllt.

Zum Verständnis der Funktion des Stachels ist es wichtig, daran einen relativ feststehenden, d.h. nur im ganzen beweglichen, und einen beweglichen Teil nach ZANDER zu unterscheiden (Abb. 144). Der erstere setzt sich aus der Stachelrinne mit den dazu gehörigen Bögen, den oblongen Platten mit Rinnenwulst und Stachelscheiden zusammen. Auch das Gabelbein muß dazugezählt werden. Andererseits bilden die Stechborsten mit dem Winkelstück den beweglichen Abschnitt. Durch einen komplizierten Muskelmechanismus, bei dessen Kraftübertragung dem Winkelstück eine hervorragende Rolle zukommt, können die Stechborsten einzeln oder auch gemeinsam ihre gleitenden Bewegungen an der Stachelrinne ausführen. Da die Geschlechtsöffnung, wie aus der paarigen Anlage der Eileiter am 10. Sternit der Larve hervorgeht, vor dem vordersten Teil des Stachelapparates, den Stechborstenbögen, liegt — diese werden aus dem Vorderrand des 11. Sternits gebildet —, kann das Ei bei den aculeaten Hymenopteren frei austreten. Um die Öffnung freizulegen und den Austritt des Eies damit zu ermöglichen, muß auch hier der Stachelapparat einige Bewegungen ausführen. Seine sonstige Beteiligung bei der Eiablage der Honigbiene schildert ZANDER folgendermaßen: „Unter dem Zuge der vom Gabelbein an die oblongen Platten strahlenden Muskeln legt sich die gekrümmte Stachelrinne dem aus der Scheide austretenden Ei von oben her an, seitlich fassen es die beiden

Stachelscheiden, während es von unten durch die 10. Bauchschuppe gehalten wird. Indem die Königin den Hinterleib tief in die Zelle senkt, klebt sie das Ei mit seinem hinteren Ende am Zellboden fest. Ob und welche Rolle dabei die mächtig entwickelten Giftdrüsen spielen, weiß man nicht. Jedenfalls läßt sich der Umfang der Drüse mit dem Stechakte nicht in Zusammenhang bringen, da die Königin nur in ganz seltenen Fällen sticht." In ähnlicher Weise dürfte sich die Eiablage auch bei der Mehrzahl der aculeaten Hymenopteren abspielen, so daß also die aktive Beteiligung des Stachels dabei mehr von untergeordneter Bedeutung ist. Die Giftblase geht nach TROJAN, mit ihrem Hals dorsal und seitlich in die Stachelrinne über. Ventral ist der Giftblasenhals in einen Wulst ausgezogen, der den Raum zwischen den nach vorn aus-

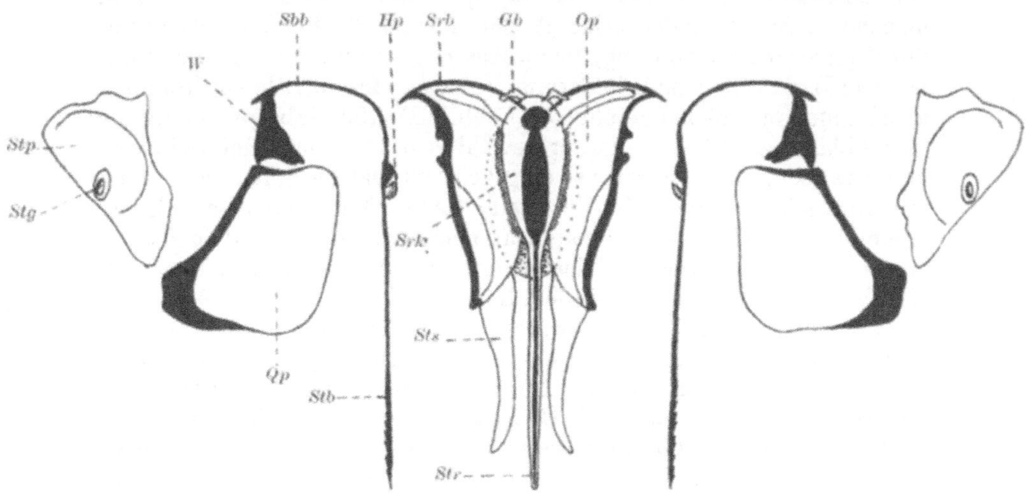

Abb. 144. Stachelapparat der Honigbiene ausgebreitet (nach ZANDER). Alle häutigen Partien sind fortgelassen. *Op* = Oblonge Platte; *Gb* = Gabelbein; *Srb* = Stachelrinnenbogen; *Hp* = Hemmplättchen; *Sbb* = Stechborstenbogen; *W* = Winkel; *Stp* = Stigmenplatte; *Stg* = Stigma; *Qp* = quadratische Platte; *Stb* = Stechborste; *Str* = Stachelrinne; *Sts* = Stachelscheide; *Srk* = Stachelrinnenkolben.

einandertretenden Bögen ausfüllt. Der Verschluß des Giftblasenhalses erfolgt durch ein seitliches Muskelpaar, das Öffnen durch einen dorsoventral verlaufenden Muskel, der die Füllmasse des Wulstes bildet. Den Anschluß des unpaaren Eileiterabschnittes an den Stachelapparat bei Cynipiden schildert FRÜHAUF: „Histologisch erscheint der unpaare Teil des Eileiters als ein dorsoventral zusammengedrückter Schlauch. Ventral wird er von hohem Zylinderepithel begrenzt, das sich weiter distalwärts dann in zwei hohe Längswülste faltet, aus denen schließlich die Chitinspangen der Stechborsten entstehen. Die dorsale Wandung bildet ein stark gefaltetes Plattenepithel, das sich zwischen den beiderseitigen Rinnenbögen ausspannt und bis zum Horn erstreckt, wo dann ja der Kanal des Legebohrers beginnt. Kurz vorher mündet hier der Ausführgang des mächtigen ‚Giftapparates' in den Anfangsteil des Stachels ein." Ein prinzipieller Unterschied besteht hiernach zwischen der Lage der

Geschlechtsöffnung und ihrer Beziehung zur Stachelwurzel zwischen aculeaten Hymenopteren und solchen mit einem Legestachel nicht.

Bei Tryphoniden mit großen Eiern, die den Stachelkanal nicht passieren können, ist der Endabschnitt des unpaaren Eileiters in Gestalt eines langen Spaltes nach unten geöffnet. Hier tritt der Eikörper zwischen den Stechborstenbögen hervor, während der Stiel vom Stachelkanal gefaßt wird und wenigstens teilweise darin entlang gleitet. Oft wird aber nicht der ganze Stachelkanal vom Ei durchlaufen, sondern das Ei tritt bereits vor der Spitze des Stachels zwischen den Stechborsten hervor, was dadurch möglich wird, daß die letzteren untereinander nicht verbunden sind. Die voluminösen Eier der Blattwespen zwingen sich gewissermaßen zwischen den Sägeblättern hervor und nehmen dabei einen beträchtlichen Teil der Länge des Sägeapparates ein (vgl. Abb. 156). Bei manchen Ichneumoniden erkennt man an den Stechborsten etwas vor ihrer Spitze eine Ausrandung, die die Austrittsöffnung für das Ei umfaßt. Die von Hase gegebene Schilderung des Legeaktes von *Habrobracon juglandis* Ashm. mag hier angeführt sein (Abb. 161): „Ist die betreffende Stelle (zur Ablage des Eies) endgültig gewählt, so wird der Hinterleib aufs äußerste gedehnt (er ist dabei so eingekrümmt, daß die Spitze nach unten und vorn zeigt, wodurch die Unterseite des Stachels nach oben zu liegen kommt), seine Flanken beginnen krampfartig zu zucken und zu zittern, ein Zeichen, daß das Ei aus dem Uterus in den Legeapparat übertritt. Gleich darauf erscheint es mit dem hinteren Pol an der Grenze des vorletzten und letzten Drittels des Legeapparates. Der im Innern des Stachels herrschende Druck preßt das Ei ganz heraus, so daß es quer zur Längsachse des Stachels zu liegen kommt. Nun erfolgt etwas ganz Merkwürdiges: den Stachel, gewissermaßen als Gleitbahn benutzend, rückt, wir können auch sagen wandert, das Ei in dieser Stellung langsam dem Stachelende zu. Wodurch dieses Vorwärtswandern des Eies bewirkt wird, ist mir noch nicht ganz klar. Sicher ist nur, daß es nicht etwa der Druck eines nachfolgenden zweiten Eies ist, denn nie habe ich gesehen, daß ein zweites Ei ausgestoßen wurde, bevor das erste bis zur Stachelspitze wanderte. Ob dieser Druck durch eine Flüssigkeitssäule hervorgerufen wird, oder ob die Stachelrinne — ihr Ende ist auffallenderweise ziemlich stumpf — wie ein Stempel das Ei nach dem rückwärtigen Ende zuschiebt, wage ich nicht zu entscheiden, da bei der Kleinheit und Schwierigkeit des Objektes Sicheres nicht zu erkennen ist." Diese zweite Vermutung kann kaum zutreffend sein, da die Stachelrinne, wie wir oben sahen, zum feststehenden Teil des Legeapparates gehört. Dagegen hat die Erklärung des Wanderns des Eies durch den Druck einer Flüssigkeitssäule die größere Wahrscheinlichkeit schon dadurch, daß bei Blattwespen, wie bereits oben erwähnt, die nachdrängende Flüssigkeit im durchsichtigen Legeapparat direkt beobachtet werden kann. Eine weitere Bestätigung hierfür bietet auch das austretende Secretttröpfchen nach Ablage eines einzelnen oder mehrerer Eier bei Gallwespen. Bei diesen treten allerdings die Eier an der äußersten Stachelspitze heraus, während z. B. nach Hase bei der Chalcidide *Lariophagus distinguendus* Förster., das Ei ähnlich wie bei *Habrobracon* erheblich vor der Stachelspitze zum Vorschein kommt und dann außen am Stachel zur Spitze zu gleiten scheint.

Wie wir bereits sahen, hat der Stachel bei den aculeaten Hymenopteren seine Funktion als Legeapparat verloren; er ist hier das Werkzeug geworden, mit dem das Beutetier gelähmt wird oder die Besitzerin sich verteidigen kann. Wo schließlich auch der Paralysierungsinstinkt fortfällt oder andere Verteidigungsmittel vorhanden sind, sehen wir in dieser Familiengruppe am Stachelapparat deutliche Reduktionserscheinungen. Dies ist z. B. bei den höheren Unterfamilien der Ameisen der Fall, wo, abgesehen von den kräftigen Mandibeln, zur Verteidigung Ameisensäure im Strahl ausgespritzt werden kann oder andere Drüsensecrete ein wirksames Verteidigungsmittel darstellen (Formicinen und Dolichoderinen). Auch die stachellosen, sozialen Honigbienen verfügen über gewisse Hilfsmittel. Mag in der Mehrzahl der Fälle bei ihnen auch nur das beim Angriff auf das Nest erfolgende, massenhafte Ausschwärmen einen furchtsameren Angreifer vertreiben, so neigen andere Arten dazu, zu beißen und einige besitzen giftige Secrete, die beim Biß in die Haut eindringen und dort ein Brennen und Entzündungen hervorrufen können.

Das meist kahnförmig gebaute letzte Abdominalsegment mag für die Unterbringung der Eier von Bedeutung sein. Vorbedingung für die Entwicklung ist, daß das Ei am richtigen Platz untergebracht wird. Die Bienenkönigin legt ihr Ei in die hergerichtete leere Zelle, das Hummelweibchen in die bereits mit Nahrung versorgte. „Nun versucht sie den Hinterleib in die Wallzelle hineinzubringen. In der Regel gelingt es auch gleich; mitunter ist ihr der Ring zu eng und wird dann ganz einfach erweitert durch Abnagen am Innenrand. Sodann umfaßt sie mit den Hinterfüßen die Zelle, hält dieselbe krampfhaft fest, zwängt den After mit aller Kraft hinein, stemmt den Stachel an den Boden oder an die Wand an, wodurch sie bewerkstelligt, daß der After weit klafft und eine gewisse Anzahl von Eiern demselben entgleitet und in die Zelle fällt. Dabei kann es, wie SCHMIEDEKNECHT meint, vielleicht vorkommen, daß sie die Wand mit dem kräftigen Stachel durchbohrt. Aber von einem Ankleben desselben an die Zelle ist keine Rede“ (HOFFER). Abgesehen davon, daß hier die Geschlechtsöffnung mit dem After verwechselt wird, gibt diese Schilderung den Vorgang der Eiablage bei den Hummeln treffend wieder. Bemerkt werden mag auch noch, daß das Weibchen bei der Eiablage starken Störungen durch die Arbeiterinnen ausgesetzt ist, die sich nicht etwa zu Hilfeleistungen einfinden, sondern die Eier als Leckerbissen schätzen. Nach erfolgter Ablage und Abwehr schließt das Weibchen die Zelle selbst. Bei den Meliponen legt das Weibchen ebenfalls seine Eier in Zellen, die aber hier von den Arbeitern gefüllt waren und hinterher auch von diesen verschlossen werden. Auch bei der Mehrzahl der solitären Bienen treffen wir die gleiche Reihenfolge an: Herstellung der Zelle, Versorgung derselben mit Larvennahrung, Eiablage. Eine Ausnahme macht die Gruppe der Kuckucksbienen, die ihre Eier in die Bauten anderer Bienen einschmuggeln. Dies kann vor Abschluß der Zelle durch die Wirtsbiene bzw. bevor diese ihr Ei gelegt hat, geschehen. Hierfür könnte wohl auch die ausgezogene Abdominalspitze der Gattung *Coelioxys* von Bedeutung sein, da es dadurch ermöglicht wird, daß das Weibchen sein Ei trotz eines bereits vorhandenen Futterballens tief in die Zelle einsenkt und damit der Beobachtung durch die heimkehrende Wirtsbiene entzieht. Es kommt auch vor, daß das Weibchen hiermit die Blattstücke des *Megachile*-Nestes auseinanderbiegt, um sein Ei einzuführen (Abb. 170). In der Familie der Grabwespen ist die Eiablage verhältnismäßig wenig beobachtet. Dagegen liegen eine Reihe interessanter Beobachtungen über die Unterbringung des Eies (Abb. 145) an einem Wirtstier, das als Larvennahrung dienen soll und meist paralysiert wird, vor. Die mit der Paralysierung verbundenen Instinkte werden uns später, (Kap. IX), noch eingehender beschäftigen. Bezüglich der Crabronen faßt KOHL die bisher bekannten Tatsachen folgendermaßen zusammen: „Bei einigen Arten wird es (das Ei) an das erste eingetragene Beutestück geheftet, bei andern an ein beliebiges, oft sogar an das letzte (vgl. G. und E. PECKHAM). Die Stelle, an welcher die Wespe ihr Ei an das Opfer heftet, ist wohl meistens dieselbe. Bei den Fliegen wird es fast stets am Halse befestigt, während *Cr. quinquenotatus* JUR. und *curvitarsis* H. SCH. das Ei auf der Brust der Ameise hinter dem ersten Beinpaare in schräger Richtung anbringt. Es scheint, daß es außer dem Bereiche der häufig noch beweglichen Oberkiefer und Fühler liegen und so vor Vernichtung und dem Entferntwerden geschützt sein soll. Man hat wiederholt beobachtet, daß bei den eingeschleppten Fliegen ein Flügel ausgerenkt und ausgespannt ist. Dies beobachtete CH. FERTON (1901) bei den Opfern des *Cr. quadrimaculatus* F., G. ADLERZ bei *Cr. carbonarius* DHLB. und *cinxius* DHLB. Die Anschauung FERTONS, daß die Ausspannung eines Flügels die Standsicherheit des eingetragenen Opfers erhöhen soll, und zwar zum Nutzen des ihr angehefteten Wespeneies, teilt ADLERZ nicht und sucht die Ursächlichkeit dieser Erscheinung zu erklären, ohne einen bestimmten Zweck darin zu erblicken.“ Das Ei wird mit dem Kopfpol angeheftet. Die gleiche Erscheinung kommt auch bei anderen Grabwespen vor (*Oxybelus, Sceliphron, Chlorion, Sylaon, Miscophus* usw.). Da die Anheftung stets an einer dünnhäutigen Stelle (Gelenkhäute der Hüften bei Orthopteren, Kehlhaut usw.) erfolgt, ist die frischgeschlüpfte Larve sofort in der Lage, Nahrung zu sich zu nehmen. Aus diesem Grunde bietet auch die Unterseite des Nährtieres die besten Gelegenheiten. Bei *Ammophila* und *Sphex*-Arten, die weichhäutige Raupen als Larvenfutter eintragen, ist der Platz für die Anheftung des Eies weniger scharf bestimmt. Als ein weiteres Prinzip bei der Unterbringung des Eies muß das Bestreben angesehen werden, das Ei möglichst vor Verletzungen oder Abstreifen durch das Opfertier, das vielfach seine Mundteile, Beine und Fühler noch bewegen kann, zu bewahren. Auch hierdurch ist die bevorzugte Anheftung des Eies in der Mittellinie der Körperunterseite mit bedingt. Bei *Sylaon* glaubt FERTON einen besonderen Schutz für das Ei darin erblicken zu können, daß es von dem Saugrüssel einer Wanze, die als Nährtier dient, überdeckt wird, während bei *Astata* (Abb. 145d) das Ei dem Wanzenrüssel aufliegt. An der Vorderseite eines Mittelschenkels der eingetragenen Schabe fand FERTON das Ei von *Dolichurus* so befestigt, daß es trotz lebhafter Bewegungen des Opfers von dessen bewehrten Beinen nicht gestreift werden konnte. Wenn mehrere Beutetiere eingetragen werden, so wird in manchen Fällen das erste als Anheftungsplatz für das Ei ausgewählt, in anderen Fällen das letzte. Unter Umständen kann das Ei auch nach Eintragen mehrerer Beutetiere nachträglich an eines der vorhergehenden angeheftet werden, wie FERTON dies für *Astata* vermutet. Die *Bembix*-Arten pflegen das Ei an die erste eingetragene Fliege zu legen (Abb. 145b), und zwar wird es in diesem Falle mit dem hinteren

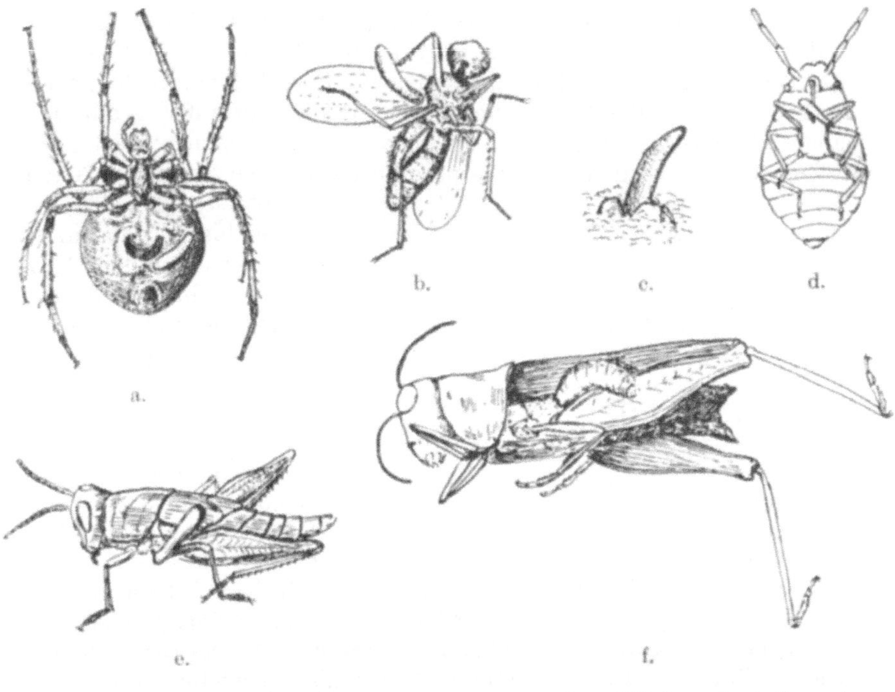

Abb. 145. Eier oder Larven von Weg- und Grabwespen an ihren Nährtieren (nach FERTON). a. Ei von *Psammochares pectinipes* v. D. LIND. an *Epeira dalmatica;* b. Ei von *Bembix oculata* LATR. an einer Fliege; c. frei abgelegtes Ei von *Bembix mediterranea* HDL.; d. Ei von *Astata minor* KOHL an einer Wanzenlarve; e. Ei von *Stizus fasciatus* F. an einer Acridierlarve; f. junge Larve von *Chlorion subfuscatum* DHLB. sich in einen Acridier einfressend.

Pole angeklebt, so daß das Kopfende frei absteht. Dabei ist es außerhalb der Flügelwurzel befestigt. Die Fliege liegt auf dem Rücken und ihr Flügel ist auf der Seite, wo sich das Ei befindet, durch Ausrenkung abgespreizt. Außerdem ist auch das entsprechende Mittelbein ausgerenkt und verhindert in dieser Stellung ein Zurückgleiten des Flügels. FERTON glaubt, daß diese Stellung der Fliege von der Wespe zum Schutze des Eies herbeigeführt wird. Sind Fliegenarten, z. B. Anthraciden, die ihre Flügel normalerweise ausgebreitet tragen und besonders von *B. handlirschella* FERT. gefangen werden, die Beutetiere, so fallen diese Maßnahmen fort. Besonderer Erwähnung bedarf *B. mediterranea* HDLSCH. (Abb. 145c), die nach dem gleichen Autor zuerst ihr Ei in die noch leere Zelle legt und dann erst

Nahrung herbeischafft. Bei der Auswahl des Nistplatzes ist diese Art recht wählerisch, da zu nasser, ebenso wie zu trockener Boden für das wenig geschützte Ei gefährlich werden kann. Das Ei liegt jedoch nicht unmittelbar in ganzer Länge dem Boden auf, sondern steht aufgerichtet auf dem hinteren Pole, der entweder in einem kleinen Sandgrübchen oder zwischen mehreren zusammengelegten Sandkörnchen angeklebt ist. Freie Eiablage vor Eintragen von Larvennahrung ist ferner bei *Stizus tridens* F. beobachtet; doch wird das Ei hier nicht aufgerichtet. Andere *Stizus*-Arten, z. B. *fasciatus* F. (Abb. 145e), kleben ihr Ei mit dem hinteren Pole an die erste eingetragene Heuschrecke. Auch die südamerikanische *Stictia punctata* F., eine mit *Bembix* nahe verwandte Grabwespe, legt zuerst das Ei ab, während andere Arten der gleichen Gattung ihr Ei dem ersten Beutetier ankleben. Es ist aber nicht angängig, auf Grund dieser biologischen Eigentümlichkeit, die bei den Faltenwespen konstant auftritt, auf eine nähere stammesgeschichtliche Verwandtschaft zu diesen schließen zu wollen. Die paläarktischen und nordamerikanischen *Sceliphron*-Arten unterscheiden sich, soweit bisher beobachtet, in bezug auf den Platz der Eiablage dadurch, daß die ersteren ihr Ei der ersteingetragenen, die anderen dagegen einer der letzten Spinnen anheften. Die Anheftung des Eies ist bei *Astata* sehr locker; in anderen Fällen scheint es auch ganz frei zwischen die Nährtiere gelegt zu werden, z. B. bei *Mellinus* und *Philanthus*, bei *Mellinus* allerdings nach anderen Beobachtungen an die erste eingetragene Fliege. Die Ablage des Eies in die leere Zelle wurde bereits als eine Eigentümlichkeit der Faltenwespen erwähnt. Das Ei liegt hier niemals lose, sondern ist mit seinem hinteren Pole angekittet oder bei vielen solitären Formen an einem Sekretfaden pendelnd aufgehängt (Abb. 146). Über die Bedeutung dieser Vorrichtung gehen die Ansichten auseinander. Teilweise wird angenommen, daß hierdurch ein Zerdrücken des Eies verhindert wird, da dasselbe bei Bewegungen der vielfach nur schwach gelähmten Nährtiere ausweichen kann. Die besonders von FABRE geschilderte Druckempfindlichkeit des Eies trifft aber keineswegs allgemein zu, ebenso wie eine andere vom gleichen Autor herrührende, aber nicht weiter bestätigte Beobachtung, daß die junge Larve von *Eumenes* noch längere Zeit in pendelnder Aufhängung frißt und sich auf Störungen zurückzieht. Losgelöste Eier kann man leicht zwischen den lebenden Beutetieren zur Entwicklung bringen, so daß also die Empfindlichkeit keine allzu große sein dürfte. FERTON ist der Ansicht, daß die Aufhängung einen Schutz gegen die Wandfeuchtigkeit darstellt. Wenn in Pflanzenteilen nistende Arten ihre Eier ebenfalls aufhängen, so ist dabei dieser Instinkt, der sich in Verbindung mit dem Nisten in der Erde entwickelt haben dürfte, auch später beibehalten worden. Da

Abb. 146. Zellen von *Eumenes*, davon eine geöffnet und die Nährtiere daraus zum Teil entfernt, um die pendelnde Aufhängung des Eies zu zeigen (nach BISCHOFF).

aber die Zellen, besonders auch die von *Eumenes*, mit bewegungsfähigen Nährtieren vollgepfropft sind, wird wohl kaum je ein genügender Raum vorhanden sein, in dem das Ei pendelnd hängen kann. Bei *Od. oviventris* WESM. fand Verfasser, ebenso wie FERTON es für *Eumenes* schildert, die Eier durch ihr zukünftiges Futter an die Wand gequetscht. Damit dürfte aber auch die FERTONsche Hypothese selbst nicht aufrecht zu erhalten sein. Bemerkenswert ist, daß nach ROUBAUDS Beobachtungen *Odynerus* (*Rhynchium*) *anceps* GRIB. sein Ei bald frei aufhängt, bald aber auch einfach ankittet. Die in Pflanzenteilen nistende *Rhaphiglossa zethoides* klebt ihr Ei mit einem Ende an die Zellwand an und würde dadurch die FERTONsche Hypothese stützen. Aber eine andere Rhaphiglossine: *Psiloglossa algeriensis* EDW. SAUND. hängt unter ähnlichen Nistverhältnissen ihr Ei auf. Die Entstehung des Fadens kann darauf zurückgeführt werden, daß das Sekret, mit dem bei anderen Wespen das Ei der Unterlage direkt aufgekittet wird, hier weniger schnell erstarrt und daher zum Fädchen ausgezogen werden kann. Auch bei *Ceramius* und *Masaris* wird erst das Ei in den Grund der Zelle gelegt und dann der Futterballen hergerichtet. FERTON gibt an, daß *Ceramius* sein Ei nachträglich an das Futter anheftet, so daß es dann vom Boden isoliert ist. In den Bauten sozialer Wespen wird das Ei ziemlich weit unten an der Zellwand mit dem hinteren Pole angeklebt. Als Anomalie kommt es hier vor, daß in einer Zelle mehrere Eier gefunden werden. Ob das Weibchen dieselben bei verschiedenen Besuchen absetzte, oder ob dies auf einmal geschah, oder ob eventuelle Hilfsweibchen dabei tätig waren, ist ungewiß. Stets wird aber nur eine Larve sich in der Zelle entwickeln, wobei es wieder unsicher bleibt, ob die überzähligen Eier von der zuerst schlüpfenden Larve oder aber von den Arbeiterinnen vernichtet werden. Die Psammochariden heften ihr Ei am weichhäutigen Spinnenabdomen an (Abb. 145a). An *Psammochares sexmaculatus* SPIN. machte FERTON die eigenartige Beobachtung, daß das Weibchen an der Spinne (*Thanatus vulgaris* E. S.) die Stelle, wo es sein Ei anheften will, vorher enthaart. In solchen Fällen, in denen räuberische Psammochariden in die Nester von Angehörigen der gleichen Familie eindringen, um sich mühelos in den Besitz einer Spinne und eines Nestes für die eigene Brut zu setzen, dürfte das Ei der rechtmäßigen Eigentümerin vorher abgetötet werden. Sonderbare Verhältnisse finden wir bei der zum Futterparasitismus übergegangenen Psammocharidengattung *Ceratopales*. Diese Wegwespe legt ihr Ei in den Lungenspalt einer von einer anderen Wegwespe erbeuteten Spinne, die vorübergehend unbewacht daliegt, während die Wespe im Neste tätig ist. Bei dieser Gattung ist das letzte freie Abdominalsternit des Weibchens von den Seiten her stark zusammengedrückt und in einen stumpfen Fortsatz ausgezogen, der die Unterbringung des Eies in seinem Versteck ermöglicht. Das Ei kann bei größeren Spinnen ganz in der Lungentasche verborgen werden, bei kleineren klafft der Spalt und läßt den Kopfpol des Eies hervorschauen. Die zuerst schlüpfende *Ceratopales*-Larve tötet sowohl die andere Wegwespenlarve, sowie auch eine zweite *Ceratopales*-Larve, die sich an der gleichen Spinne eventuell entwickelt. Bei Ameisen vollzieht sich nach JANET die Eiablage in der Weise, daß das Weibchen den

Vorderkörper senkt, das Abdomen aber mit vorgestrecktem Stachel (Myrmicinen) emporhält. Das hervortretende Ei wird entweder von den schon darauf wartenden Arbeiterinnen sofort in Empfang genommen und an einen geeigneten Platz gebracht oder aber vom Weibchen am Boden abgestreift. Gelegentlich kann die Mutter auch die Eier selbst von der Hinterleibsspitze unter starker Einkrümmung abnehmen. Während der Ablage können die Arbeiterinnen das Abdomen des Weibchens betasten und belecken. VIEHMEYER beobachtete ein Weibchen von *F. sanguinea* LATR., das in der Hauptlegeperiode durchschnittlich alle 10 Minuten ein Ei legte, doch wurden später die Zwischenräume wesentlich größer. Werden einerseits sowohl vom Weibchen wie auch von den Arbeiterinnen eine größere Menge Eier verzehrt, so wird ihnen doch andererseits eine ganz besondere Pflege zuteil. Neben einem häufigen Belecken, das wohl außer der Reinigung auch den Zweck hat, den Eiern Nährstoffe, die durch Osmose aufgenommen werden können, zuzuführen, werden die recht empfindlichen Eier häufig im Nest herumtransportiert, und zwar offensichtlich an solche Stellen, wo die für die Entwicklung beste Temperatur oder der geeignete Feuchtigkeitsgehalt vorhanden ist. WHEELER beschreibt von *Eciton* und *Cerapachys*, daß diese ihre Eier förmlich bebrüten, indem sie sich darüberstellen. Über die mit der Eiablage verbundenen Instinkte bei Scoliiden, Tiphiiden, Mutilliden und Verwandten ist verhältnismäßig wenig bekannt. Das betreffende Weibchen sucht das Opfer, das der zukünftigen Larve als Nahrung dienen soll, unter den verschiedensten Verhältnissen auf, lähmt es vorübergehend oder dauernd durch einen oder mehrere Stiche und legt dann das Ei daran. Eine besondere Nisthöhle wird meist nicht angelegt, höchstens kann bei Scoliiden die Larvenkammer des Engerlings etwas hergerichtet werden, oder das *Myzine*-Weibchen scharrt die von ihr gefangene freilebende Tenebrionidenlarve ein. Für eine ausgiebige Grabtätigkeit kommen an den Vorderbeinen Grabkämme mit breiten Borsten vor, Stachelbesatz als Stemmvorrichtungen an den Beinen und auch die Mandibeln zeigen für diesen Zweck vielfach (*Scolia*) eine besondere breite, flache Form. Über die jeweils in Frage kommenden Beutetiere wird später (Kap. IX) näher berichtet werden. Der Scoliidenstachel mit seiner gelegentlich starken Seitenbezahnung läßt besondere Vorgänge beim Paralysierungsstich vermuten. Das Ei scheint im allgemeinen bei Käferlarven, die eine gekrümmte Stellung einnehmen, so untergebracht zu werden, daß es geschützt an der Ventralseite liegt, was besonders in solchen Fällen wichtig ist, wo die betreffende Larve nachträglich ihre volle Bewegungsfreiheit wieder erlangt und daher verhütet werden muß, daß das Ei abgestreift wird. Recht eigenartig sind die Begleitumstände, unter denen sich nach ADLERZ die Eiablage von *Methoca* abspielt. Dieser Vorgang sei hier nach REUTER wiedergegeben: „Die *Methoca* zeichnet sich nämlich dadurch aus, daß sie ein Insekt recht gefährlicher Art, die raubgierige Larve des Sandjägers, *Cicindela*, zur Beute ausersehen hat. Diese Larve lauert auf Beute in einer senkrechten Röhre, die sie in der Erde ausgehöhlt hat und deren Mündung sie mit Kopf und Prothorax verschließt. Die *Methoca* wandert um die nach ihr schnappende Larve herum, bis sie endlich Gelegenheit findet, auf deren Kopf zu steigen. Die *Cicindela*-Larve umfaßt jetzt augenblicklich den Kopf oder Thorax der *Methoca* mit ihren nach hinten geworfenen sichelförmigen Kiefern, aber wegen ihres schmalen Körperbaues wird das Wespenweibchen im Zwischenraum zwischen den Kiefern nur gefangen, ohne beschädigt zu werden. Wenn sie nun auf diese Weise von der *Cicindela*-Larve in die Luft gehoben wird, kommt sie in die Lage, ihr den ersten lähmenden Stich in die Kehle oder zwischen die Vorderhüften zu versetzen und hat somit ihren Raub dadurch überlistet, daß sie selbst die Rolle der Beute spielte. Neue Stiche folgen hierauf in der Richtung von vorne nach hinten, während die Wespe dazwischen gewisse Partien des Larvenkörpers knetet, wo sich Ganglienknoten befinden. Die *Cicindela*-Larve sinkt jetzt in ihre eigene Röhre hinab und die *Methoca* heftet ihr Ei an sie, worauf sie emporsteigt, die Röhre mit Sand ausfüllt und die Mündung derselben spurlos ausgleicht." Auch von anderen Autoren werden ähnliche Kämpfe zwischen der Cicindelen-Larve und dem *Methoca*-Weibchen mit geringfügigen individuellen Unterschieden berichtet. Doch scheinen die Kämpfe für die *Methoca* durchaus nicht immer harmlos zu verlaufen, da man sowohl bei *M. ichneumonides* LATR., wie bei *stygia* SAY Tiere gefunden hat, die durch die Cicindelen-Larven verstümmelt waren. Über den Legeakt der Bethyliden sind wir nur sehr wenig unterrichtet. Es ist aber bekannt, daß hier häufig mehrere Eier am gleichen Beutetier angeheftet werden. Über Paralysierungsgewohnheiten soll später berichtet werden. Die über die Bethyliden aus der Gruppe der Anteoninen vorliegenden Beobachtungen faßt KIEFFER folgendermaßen zusammen: „Um sich der springenden Zikaden zu bemächtigen, bedienen sich die Anteoninen ihrer sogenannten Raubfüße (Abb. 172); mit der einen Schere wird die Beute am Halse erfaßt und niedergedrückt, mit der anderen werden ihr die Hinterbeine lahm gelegt. Darauf beginnt die Eiablage, wobei der Räuber mit seinem dolchartigen Legestachel das wehrlose, quer vor ihm liegende Opfer anbohrt. Die Lamellen oder Borsten, mit denen die Ventralseite der Scherenglieder bewaffnet ist, dienen dabei vielleicht als Tastorgane, die eine tödliche Verletzung der Zikade verhindern sollen. Die Eiablage dauert mehrere Minuten. Nach ihrer Beendigung wird das Tier in Freiheit gesetzt. Die Zikade hat sich bald von ihren unwesentlichen Verletzungen erholt, sie hüpft umher und nimmt Nahrung, als wäre nichts vorgefallen." Da die Larven späterhin ektoparasitär an den verschiedensten Körperstellen beobachtet werden, kann der Einstich wohl nur der vorübergehenden Paralysierung dienen, während das Ei oder auch mehrere äußerlich, vielleicht durch übergreifende Segmentränder verdeckt, angeheftet werden. Gerade an dieser Familie wären aber Untersuchungen über die Eiablage besonders erwünscht, da manche Autoren der Ansicht zuneigen, daß die Bethyliden zu Unrecht zu den aculeaten Hymenopteren gestellt werden. Erfolgt die Eiablage nicht durch den Stachel, so wäre damit eine weitere Stütze für die Zugehörigkeit der Bethyliden zu der Gruppe der aculeaten Hymenopteren erbracht. Recht weitgehende Umgestaltungen haben die letzten Körpersegmente der Cleptiden und Chrysididen erfahren. Äußerlich bildet hier bereits das 8. bzw. 7. Körpersegment, bei dem südafrikanischen Genus *Allocoelia* sogar das 6., das Hinterende des Abdomens. Die folgenden Segmente sind tubusartig ineinander geschoben und selbst wieder in das Abdomen eingezogen. Die Streckung und Verschmälerung der Segmente ist mit einer großen Beweglichkeit verbunden, so daß diese Segmente, wenn sie vorgestreckt sind, züngelnde Bewegungen ausführen können (Abb. 147). Da bei den Goldwespen ein besonderer Paralysierungsinstinkt nicht in Frage kommt und wohl auch bei solchen Formen fehlt, die wie manche *Pentachrysis*-Arten Schmetterlingskokons anstechen, ist der ganze Apparat in erster Linie als Eilegeapparat anzusprechen. Mit ihm kann das Weibchen durch eine kleine selbsthergestellte Öffnung das Ei in die Zelle irgendeines aculeaten Hautflüglers sondierend legen, oder es, wenn die Zelle noch offen war, ohne die dort bereits aufgehäuften Vorräte wesentlich zu stören, in größere Tiefen versenken. Auf diese Weise entgeht es dem mit neuer Beute oder dem Verschlußmaterial für die Zelle heimkehrenden Wespenweibchen und befindet sich dabei schon in der Nähe des Wirtseies. Die Bezahnung oder die Ausrandungen, die das letzte freie Abdominaltergit zahlreicher Goldwespen aufweist, kann auch bei der Eiablage ihre Bedeutung haben, indem sie dem Weibchen einen Haltepunkt an der Basis des beweglichen Legeapparates gewährt. Unter Umständen könnte man auch daran denken, daß die Mittelausrandung, wo eine solche vorhanden ist, besonders bei den kleinen Ellampinen, als Stachelführung dient. Eine Eigentümlichkeit mancher Gattungen, z. B. *Stilbum* (Abb. 147) und *Spinolia*, besteht darin, daß das 8. Körpertergit sehr kräftige, raspelzahnartige Höcker trägt und dabei in seiner Längsrichtung gespalten sein kann. Auch an den betreffenden Sterniten können besondere Auszeichnungen vorkommen. Man könnte annehmen, daß diese Vorrichtung dazu dient, die Legeröhre durch Zellwände durchzubohren ohne vorherige Öffnung derselben, eine Funktion, die, wie wir späterhin sehen werden, in anderen Fällen der Stachelrinne und den Stechborsten zukommt. Die Höcker sind allerdings teilweise so stumpf, daß sie für eine Bohrtätigkeit wenig geeignet erscheinen. Da *Stilbum* seine Eier in noch offene *Eumenes*-Zellen legen soll, käme der Apparat hier für eine derartige Arbeit gar nicht in Betracht. Die Zähne können aber dem in die Zelle eingesenkten Legeapparat einen gewissen Halt geben und ein Zurückgleiten verhindern. Entsprechend der allgemeinen Streckung der letzten Segmente macht auch der eigentliche Stachelapparat einen etwas abweichenden Eindruck; doch lassen sich seine einzelnen Elemente unschwer nach dem oben auseinandergesetzten allgemeinen Bauplan homologisieren. Der tubusartige Legeapparat ist eine Eigentümlichkeit, die sich außer bei den Chrysididen auch noch bei den mit den Bethyliden näher verwandten Cleptiden findet, weswegen man diese Gruppen auch als *Tubulifera* von

Abb. 147. Weibchen von *Stilbum cyanurum* FORST. mit vorgestreckten hinteren Abdominalsegmenten.

den übrigen Hymenopteren systematisch trennte. Die Erwerbung dieses Legeapparates dürfte aber noch verhältnismäßig jungen Datums sein, da aus dem Bernstein eine Goldwespe bekannt ist, die noch die für die große Masse der Aculeaten typische Zahl von freien Abdominalsegmenten erkennen läßt, so daß auf dieses Merkmal hin kaum eine Gruppe von übergeordneter Bedeutung errichtet werden darf. Ich bin sogar der Ansicht, daß der Legeapparat in beiden Familien eine Konvergenzerscheinung darstellt, wobei allerdings eine gewisse Verwandtschaft das Entstehen derselben begünstigte. Die Arten der Gattung *Cleptes* sind, soweit bisher bekannt, Blattwespenparasiten. *Cleptes semiauratus* L. soll nach LEPELETIER den verpuppungsreifen Larven von *Pteronidea ribesii* SCOP. in die Erde folgen, während der gleiche Autor *Cl. nitidulus* F. dabei beobachtete, wie er das Abdomen unter den Thorax krümmte und dabei den Legeapparat nach vorn gegen eine Tenthredinidenlarve richtete. Von *Chrysis ignita* L. wird übrigens angegeben, daß sie sich rückwärts der offenen *Odynerus*-Zelle nähert, um ihr Ei darin unterzubringen. Das Abdomen wird in diesem Falle also nicht nach unten und vorn umgeschlagen, wozu die Chrysididen nach ihrer ganzen Organisation leicht in der Lage sind. Die Sapygiden bilden eine scharf umgrenzte Familie. Ihr Stachel ist verhältnismäßig lang, ohne daß er für Paralysierung von Beutetieren in Betracht kommt. Nach FABRE wird das Ei durch die Wand einer geschlossenen Bienenzelle an das Wirtsei gelegt. Wenn die Zellwand nicht weiter geöffnet wird, als dem Einstich entspricht, dann ist es unverständlich, wie das Ei der *Sapyga* an das Wirtsei herangebracht werden kann. Oder es müßte angenommen werden, daß hier der Stachel die Funktion eines Legebohrers besitzt. Seine Verlängerung kommt hier dadurch zustande, daß Stachelrinne und Stechborsten bald hinter ihren Bögen aufwärtsbiegen und in einem großen nach oben gekrümmten Bogen im Innern des Abdomens verlaufen. Die Stachelscheiden sind an der Basis stark genähert und bilden fast eine Halbröhre. Es erscheint daher nicht ausgeschlossen, daß sie beim Einstich mit eingeführt werden und die Eileitung übernehmen. Ähnliche Verhältnisse finden sich auch bei manchen Mutilliden, bei denen die Aufbiegung des Stachels nach oben zwar nicht ganz so stark ist; doch bildet hier der Stachelrinnenwulst eine große Tasche. Das Ei scheint hier bis in den Stachelbulbus, den erweiterten basalen Stachelteil, an dessen Unterseite sich die Stechborsten noch nicht aneinanderlegen, einzutreten. Die Paralysierungsinstinkte der aculeaten Hymenopteren sollen uns später in Verbindung mit den übrigen Brutpflegeinstinkten beschäftigen.

Während der Aculeatenstachel als Werkzeug zum Paralysieren von Beutetieren und als Waffe diente und in dieser Eigenschaft kurz sein mußte, um möglichst wirksam zu sein, treten bei den übrigen Hymenopteren diese Funktionen zurück, und wir haben im Stachel den eigentlichen Legeapparat vor uns. Wohl kann er, solange er kurz und kräftig ist, als Waffe gebraucht werden — manche Ichneumoninen und Ophioninen durchdringen mit ihm auch die menschliche Haut —, aber das sind Ausnahmen. Sein ganzer Bau ist darauf eingestellt, das Ei in einen Wirtskörper hineinzubringen oder diesem anzuheften, seltener, es nur in dessen Nähe zu bringen; bei den phytophagen Formen dagegen, es in bestimmtes pflanzliches Gewebe einzusenken. Der Stachel zeigt sich nun der Lebensweise der Wirtstiere oder der Beschaffenheit des pflanzlichen Gewebes entsprechend artweise spezialisiert. Im folgenden sollen zunächst Blatt- und Holzwespen unberücksichtigt bleiben. Eine Reduktion ist verhältnismäßig selten. Höchstens bei den Trigonaloiden kann von einer solchen gesprochen werden. Diese Tiere weisen aber einerseits eine ganze Reihe altertümlicher Merkmale auf, zeigen sich aber andererseits als Hyperparasiten so hoch spezialisiert, daß eine Entscheidung darüber, ob es sich hier tatsächlich um Reduktion handelt, kaum möglich ist, da vor allem Übergangsglieder fehlen. Hier sind Stechborsten und Stachelrinnen voneinander getrennt und lassen demnach einen weiten offenen Stachelkanal zwischen sich. Bei der bereits oben erwähnten Kleinheit der Eier können daher gleichzeitig mehrere Eier austreten. Wie die Eiablage vor sich geht, ist unbekannt. Die riesige Menge von Eiern verbunden mit der Seltenheit dieser Tiere läßt auf eine komplizierte Lebensweise schließen, die sich denn auch im Hyperparasitismus kund tut. Vielleicht werden die Eier frei in Häufchen abgelegt, so daß die jungen Larven sich selbst ihren Weg suchen müssen. Jedenfalls können sie nicht ins Innere einer Raupe gelegt werden, da der Stachel zu einem Anstechen überhaupt nicht fähig ist. Die Stachelrinne ist verhältnismäßig sehr breit und besitzt ebenso wie die von ihr und unter sich getrennten Stechborsten weichhäutige Spitzen. Leben die Wirtstiere bzw. deren Entwicklungsstadien frei, so daß sich der Parasit ihnen direkt nähern kann, dann genügt im allgemeinen ein kurzer Legestachel. Sind diese jedoch nicht direkt erreichbar und durch irgendwelche dicken Schichten vom Parasiten entfernt, so muß der Legestachel verlängert und gleichzeitig der

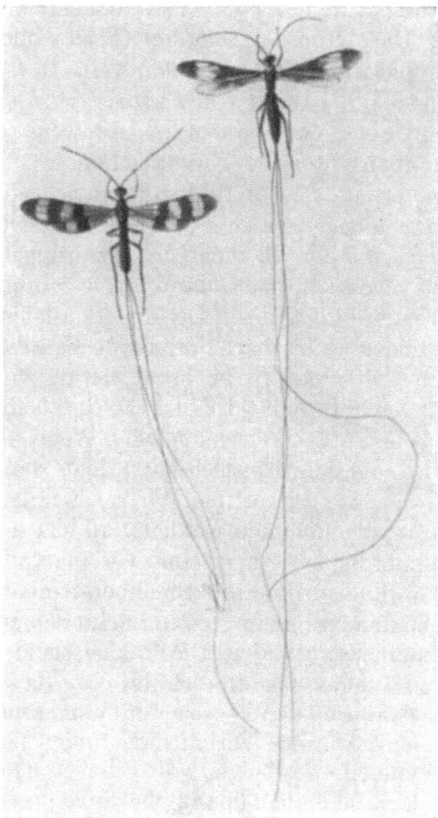

a. b.

Abb. 148. a. Eine Braconide und b. eine Ichneumonide mit stark verlängertem Legebohrer. a. *Rhamnura filicauda* ENDERL. von Kamerun; b. eine unbestimmte Pimpline aus Peru (Körperlänge 2 cm, Bohrer 15 cm).

Apparat dabei so beschaffen sein, daß er die betreffenden Schichten durchdringen kann. An Stechborsten und auch an der Stachelrinne (die Stachelscheiden treten dabei nie in Funktion) finden sich scharfe Leisten und Sägezähne, die entweder ein Einbohren oder Sägen ermöglichen oder aber auch beide Fähigkeiten kombinieren. Eine Bohrerverlängerung, oft um ein Mehrfaches der Körperlänge, tritt in den verschiedenen hier in Betracht kommenden Familien auf (Abb. 148).

Da der Bohrer verhältnismäßig sehr dünn und elastisch ist, also auf Druck gegen die Spitze, wie er beim Einbohren auftritt, leicht ausbiegen kann, finden sich die verschiedensten speziellen Anpassungen. Falls er nicht etwa wie eine Sonde in den Fraßgang irgendeiner Insektenlarve ins Holz eingeführt wird, scheint er im allgemeinen rechtwinklig auf die Unterlage aufgesetzt zu werden, da so die kürzeste Strecke zu durchbohren ist. Dies ist aber nur dann möglich, wenn die Ansatzstelle des Bohrers genügend weit über die Unterlage emporgehoben werden kann. So sehen wir denn auch bei derartigen Formen, z. B. den großen Pimplinen, gleichzeitig mit einer allgemeinen Streckung des Abdomens auch eine Verlängerung der Beine, vor allem der hinteren, parallel gehen. Reicht dies auch noch nicht aus, so können Intersegmentalmembranen stark verlängert werden und beim Aufsetzen des Bohrers nach der gegenüberliegenden Seite eine ausgestülpte Tasche bilden, in der die Bohrerbasis eine Schleife beschreibt (z. B. *Thalessa*) (Abb. 159). Vielfach wird die Führung des Bohrers an seiner Wurzel durch das pflugscharförmige und oft stark verlängerte letzte freiliegende Abdominalsternit übernommen. In anderen Fällen können die Hinterhüften beim Einbohren den langen Legestachel fixieren (Abb. 158). Nicht immer ragt aber ein langer Bohrer frei an der Abdominalspitze hervor, sondern ist in der Ruhehaltung eingezogen. Das ist in ausgeprägtem Maße z. B. bei vielen Cynipiden der Fall. Hier ist das 11. Tergit noch nicht als Stigmenplatte in den basalen Plattenapparat des Stachels miteinbezogen, bildet also äußerlich die Abdominalspitze; die Intersegmentalhäute zum folgenden Segment sind aber stark gedehnt, so daß die Wurzel des Stachelapparates vorn im Abdomen liegt.

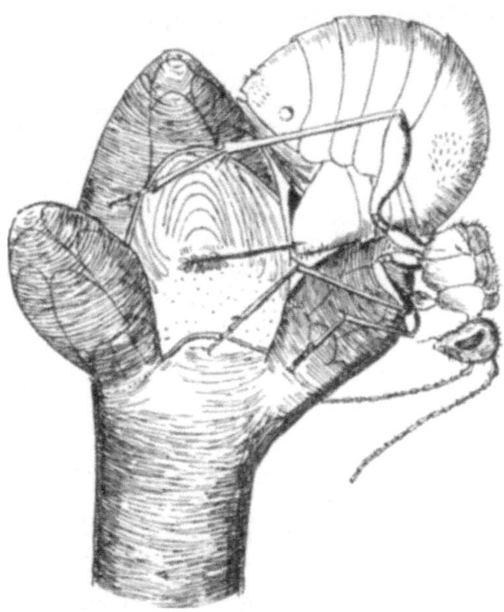

Abb. 149. *Biorhiza aptera* BOSC. bei der Eiablage in eine Knospe (diese z. T. aufpräpariert) (nach FRÜHAUF).

Dadurch daß sich die Bögen von Stachelrinne und Stechborsten mehr oder weniger weit nach oben und hinten wieder umbiegen, wird eine weitere Bohrerverlängerung erzielt (Abb. 150). Die Stechborsten können also etwa auf der Mitte der Abdominallänge dorsal beginnen, ziehen dann im Bogen nach vorn und unten in die Abdominalbasis hinein, um dort nach unten und hinten umzubiegen. Auf diese Weise wird eine Stachellänge, die der anderthalbfachen des Abdomens gleichkommt, erzielt, ohne daß der Bohrer äußerlich sichtbar zu sein braucht. Als Begleiterscheinung kann eine Unterteilung der quadratischen Platten auftreten (*Rhodites*). Beim Stechakt wird die Basis des Stachelapparates soweit nach hinten und unten gezogen, daß 11. Tergit und 10. Sternit weit auseinanderrücken. Den extremsten Fall dieser Entwicklungsrichtung des Bohrers treffen wir wohl bei *Ibalia*, einer bei Sireciden schmarotzend lebenden

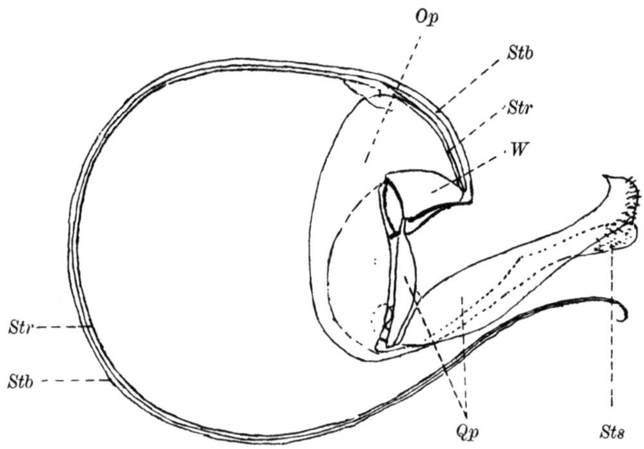

Abb. 150. Stachelapparat von *Rhodites rosae* von der Seite (nach FRÜHAUF). *Op* = oblonge Platte; *Qp* = quadratische Platte; *W* = Winkel; *Stb* = Stechborsten; *Str* = Stachelrinne; *Sts* = Stachelscheide.

Cynipidengattung, an. Hier ist ein etwa 22 mm langer Bohrer in dem 8 mm langen Abdomen verborgen. Zunächst ist auch hier die Stachelbasis in die des Abdomens verlagert, aber die Bogenteile krümmen sich nicht bloß nach oben und hinten, sondern wieder nach unten zur Stachelbasis hin. Gemeinsam ziehen nun Stachelrinne und Stechborsten von ihren Bögen fort an der Unterseite des Abdomens nach hinten, krümmen sich in dessen Spitze nach oben und laufen dorsal nach vorn, um in der Abdominalbasis den Anschluß an ihre Bogenteile wiederzugewinnen und nun nochmals nach unten und hinten zu ziehen. Der von seinen Bogenteilen losgelöste Stachel wird hier von einem großen Sack umschlossen, der von den Häuten des 12. Segments gebildet wird, dessen Tergit (quadratische Platten) in der Basis gebogen und distal in zwei stabförmigen Fortsätze verlängert ist. Ziehen sich die Intersegmentalhaut zwischen 11. und 12. Segment und die reich mit Längsmuskeln ausgestattete Membran des 12. Segments zusammen, so wird der Bohrer vorgetrieben. Das letzte freiliegende Sternit ist in all diesen Fällen kahnförmig gebaut, kann distal spitz ausgezogen sein und übernimmt beim Stechakt abgekrümmt vom Abdomen die Stachelführung. Ähnliche Verhältnisse finden sich auch bei Chalcididen, doch zeigen hier die Basalteile des Stachels viel geringere Umbildungen. Einen ganz eigenartigen Stachelverlauf findet man bei den größten Chalcididen, den Leucospididen (Abb. 151). Die Stachelscheiden und der Stachel krümmen sich hier an der Hinterleibsspitze aufwärts und laufen auf dem Rücken des Tieres teilweise in einer besonders ausgebildeten Rinne entlang. Gleichwohl sticht die Wespe nicht, wie man leicht annehmen könnte, nach vorn über den Kopf fort. Bei *Leucospis* konnte Verfasser eine ähnliche dehnbare Intersegmentalmembran wie bei *Thalessa* feststellen, doch liegt dieselbe hier zwischen dem 5. und 6. Körpersegment. Dadurch kann das Abdomen zwischen dem 1. Segment hinter der Taille (5. Körpersegment) und dem 2. im rechten Winkel nach unten umgeschlagen werden. Die Intersegmentalhaut wird dabei durch die weit nach vorn verlagerte Stachelbasis als ein starker Buckel über den Rücken vorgetrieben. Die Ventralseite des Abdomens gleitet dabei auf dem stark verlängerten basalen Abdominalsternit entlang, das gleichzeitig senkrecht aufgesetzt werden kann. Dieses Sternit übernimmt auch die Führung des Stachels. Vermutlich wird beim Einbohren desselben mit

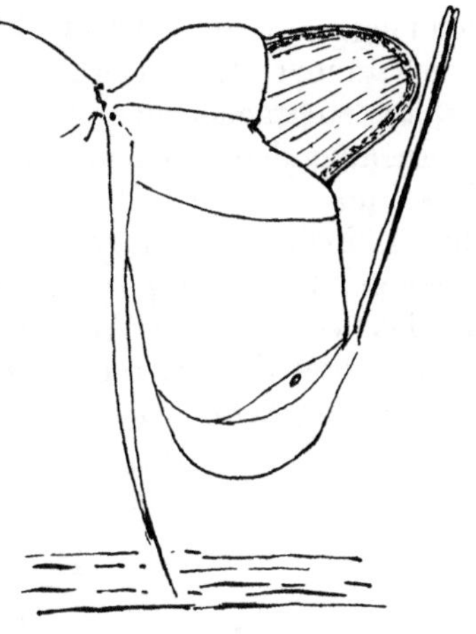

Abb. 151. Ausstülpung der Intersegmentalmembran zwischen 1. und 2. Abdominalsegment von *Leucospis* beim Bohrakt.

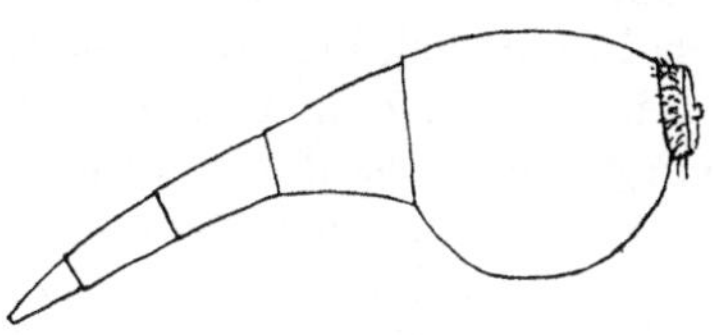

Abb. 152. Abdomen von *Sactogaster* mit dem für die Stachelaufnahme erweiterten 2. Abdominalsegment.

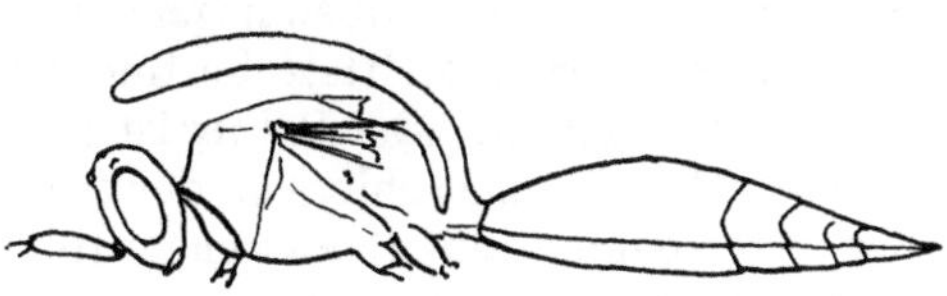

Abb. 153. Weibchen von *Inostemma* mit dem als Stachelfutteral dienenden Abdominalhorn (nach BISCHOFF).

dem Hervortreiben des Stachels die dorsale Vorwölbung zurückgehen und das Abdomen selbst schließlich wieder ausgestreckt werden. Während bei manchen Chalcididen der Stachel ins Innere des Abdomens verlagert und in der Ruhe durch die Sternite verdeckt wird, ragt er z. B. bei den Toryminen lang und frei hervor. Verborgen liegt auch der lange Stachel mancher Platygasteriden, findet aber in besonderen, äußerlich sichtbaren Hörnern oder Taschen des Körpers Aufnahme. So durchzieht er hin- und rücklaufend ein großes Horn, das sich bei *Inostemma* (Abb. 153) auf dem 5. Segment (1. Segment hinter der Taille) erhebt und nach vorn über Kopf und Thorax krümmt. Bei *Sactogaster* (Abb. 152) liegt seine Basis in einer großen ventralen Tasche, in der er eine Schleife nach unten und vorn beschreibt, um dann rückläufig das ganze Abdomen zu durchlaufen. Recht eigenartig sind auch die Lagerungsverhältnisse des Bohrers bei *Orussus*. Die Orussiden gehören zwar nach ihrer ganzen Körperorganisation zu den Symphyten, sind aber durch ihre Biologie so weitgehend spezialisiert, daß sie getrennt von den übrigen Symphyten in diesem Zusammenhange behandelt werden mögen, um so mehr, als sich bei anderen Symphyten keine ähnlichen Erscheinungen finden (Abb. 154). Stechborsten und die miteinander verwachsenen Stachelrinnenhälften legen sich nicht den sonst ihre Führung übernehmenden Teilen an, sondern krümmen sich davon fort und laufen dorsal unterhalb der Mittellinie des Rückens nach vorn bis in den Mesothorax hinein, so daß man beim Abtrennen der Vorderhüften dort eine von ihnen gebildete komplizierte Schleife erkennen kann. Durch die an der Stachelbasis erfolgte Abkrümmung ist die Lagebeziehung der Stechborsten und Stachelrinne während des nach vorn gerichteten Verlaufs gerade umgekehrt wie sonst, da hier die Stechborsten nach oben, die

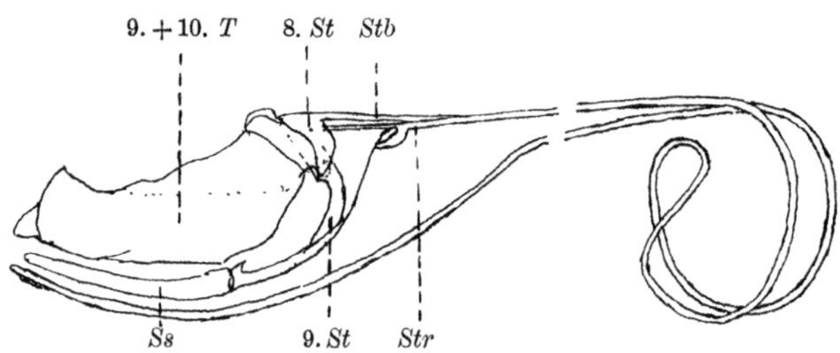

Abb. 154. Stachelapparat von *Orussus* (nach ROHWER). *T* = Tergit; *St* = Sternit; *Ss* = Stachelscheide; *Str* = Stachelrinne; *Stb* = Stechborsten.

Rinne dagegen nach unten zu liegen kommt. Vorn im Thorax wird eine Spiralwindung nach unten hinten und wieder nach vorn oben beschrieben, auf die eine zweite in entgegengesetzter Richtung folgt, bis der Stachel mit der nunmehr nach oben liegenden Stachelrinne nach hinten gerichtet ist. Unweit der Austrittsstelle findet er dann wieder den Anschluß an den Plattenapparat. Der Bohrer ist in seinem ganzen Verlauf in einen häutigen Schlauch eingeschlossen, der auch die Windung mitmacht und aus der Intersegmentalhaut zwischen 10. und 11. Sternit hervorgeht. Die hinteren Abdominalsternite sind an ihrem Vorderrande in der Mitte je in zwei Spitzen ausgezogen, die an dem letzten freiliegenden Sternit, dem 10., am längsten sind. Das 11. Sternit ist dorsal verlagert. Durch die vorragenden Spitzen des 10. Sternits wird die Intersegmentalhaut nach vorn gestreckt und legt sich ventral dem rücklaufenden Teil des Stachels an. Außerdem erreicht sie aber auch oben das 11. Sternit und bildet so eine große Tasche, die den Körper in der Längsrichtung durchzieht. Dieser Verlauf wird erst dadurch ermöglicht, daß eine Tailleneinschnürung fehlt. Als Hindernis würde sich jedoch das der Längsmuskulatur als Ansatzfläche dienende große Phragma des Mesothorax, das weit in den Körper hineinragt, entgegenstellen. Dieses zeigt aber den für Symphyten typischen tiefen Einschnitt, durch den der Stachel in seiner häutigen Scheide hindurchtreten kann. Bemerkenswert ist, daß der Stachel an der Puppe freiliegend sich über den Rücken derselben nach vorn krümmt. In der merkwürdigen, isoliert stehenden Gruppe der Peleciniden (Abb. 155) ist der ganze Hinterleib von der Basis an außerordentlich schlank. Die einzelnen Segmente haben eine sehr starke Streckung erfahren. Der Stachelapparat ist verhältnismäßig sehr klein. Die Abdominalgestalt und die sehr starke Chitinisierung ermöglicht es diesen Tieren, den Hinterleib im ganzen rückwärts in das Erdreich einzuführen und dort eine Käferlarve mit dem Ei zu belegen. Ein ähnlicher gestreckter Bau findet sich auch bei manchen Platygasteriden, z. B. *Polymecus*. Vielleicht ist die bei derartigen Tieren beschriebene Variabilität der Länge der einzelnen Segmente auf einen mehr oder weniger starken Grad von Einstülpung zurückzuführen. BRUES gibt an, daß in der Cecidomyidengattung *Janetiella* lebende Platygasteriden die Larven dieser Tiere dadurch erreichen, daß sie die stark verlängerten letzten Segmente in die Gefäße im Holz einführen, in denen die betreffenden Larven leben. Schließlich sei auch noch eines Hilfsapparates gedacht, den die Aphidiidengattung *Trioxys* bei der von EIDMANN näher beschriebenen Eiablage benötigt. Für den Legeapparat dieser Gattung sind zwei lange, ventrale, aufwärts gebogene Chitinfortsätze und der abwärts gekrümmte Stachel charakteristisch.

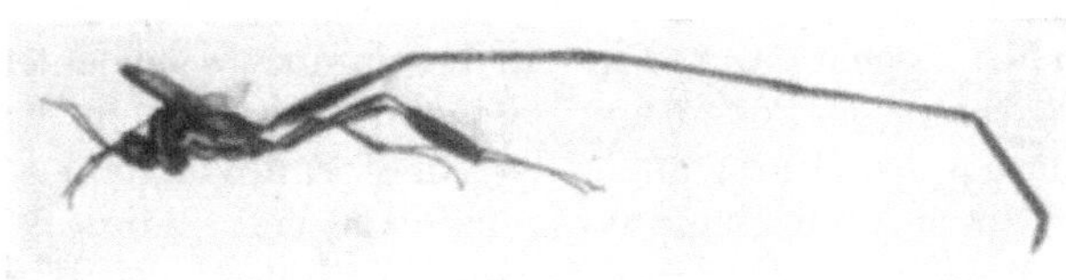

Abb. 155. Weibchen von *Pelecinus polyturator* DR. von der Seite.

Beim Anstich wird das Abdomen, in der für die Aphidiiden typischen Weise unter dem Thorax nach vorn durchgebogen. Die Chitinfortsätze einerseits und der Stachel andererseits bilden einen Zangenapparat, mit dem der Körper des Wirtstieres — im beobachteten Falle ausschließlich *Aphis pomi* — so umfaßt wird, daß die Fortsätze gespreizt auf dem Rücken der Blattlaus liegen und der Stachel infolge seiner Krümmung von unten senkrecht aufgesetzt werden kann. Der Einstich erfolgt stets von unten her in den Thorax. Die Auswahl der Wirte geschieht mit Hilfe des Legeapparates, der nur die Umklammerung junger Larven der ersten drei Stadien ermöglicht. Bereits infizierte Blattläuse werden zwar auch erfaßt, aber im Gegensatz zu den Beobachtungen an anderen Aphidiiden nicht erneut angestochen. Jedenfalls ermöglichen Sinnesorgane am Ende der Stachelscheiden die Erkennung der infizierten Tiere. Die Spezialisierung des Legeapparates hat bei *Trioxys* unter den Aphidiiden einen Höhepunkt erreicht.

Innerhalb der symphyten Hymenopteren kann man zwei Haupttypen von Legeapparaten unterscheiden, einen Bohr- und einen Sägetyp. Der erstere ist charakteristisch für die Sirecinen und hat einen runden Querschnitt, der drehende Einbohrbewegungen gestattet. Bei manchen holzbohrenden Formen dagegen wie den Xiphydriinen ist er stark von den Seiten zusammengedrückt, so daß also Drehbewegungen unmöglich werden. Die Stachelrinnenhälften der Sireciden sind miteinander fest verwachsen und lassen ihre paarige Anlage nur durch eine Längsaufspaltung am Ende erkennen. Dort stehen zahlreiche feine gerade oder schräg gestellte Querkanten. Die Stechborsten sind mit viel kräftigeren, schräg verlaufenden Kanten ausgestattet, die erkennen lassen, daß ihnen die Hauptarbeit beim Bohren zufällt. Auch an den Stachelscheiden kommen zahn- oder kantenförmige Oberflächenstrukturen vor, doch stehen diese nicht mit der Bohrtätigkeit in Verbindung und haben wohl höchstens die Bedeutung beim Ansetzen des Bohrers vor dem Einbohren diesem einen Halt zu geben. Der seitlich meist stark zusammengedrückte Legeapparat der übrigen Symphyten läßt wegen seiner blattartigen Gestalt die Bezeichnung „Stachel" kaum zu und man spricht hier daher besser von „Sägerinne" und „Sägeblättern". An der ersteren ist die paarige Anlage häufig zu erkennen, da sich in vielen Fällen beide Hälften leicht voneinander trennen. Die Sägeblätter sind an ihren unteren Kanten mit Sägezähnen und Versteifungsleisten besetzt, an der Sägerinne finden sich ähnliche Gebilde. Die Geschlechtsöffnung wird vielfach durch ein besonderes kleines Plättchen, das Hypopygium verdeckt, das sich bei der Eiablage in den Winkel zwischen die beiden Sägeblätterbögen einfügt und so den Weg des Eies in den Hohlraum des Legeapparates hinein bestimmt. Vielleicht ist es auch bei der Paarung von Bedeutung. Seiner Herkunft nach dürfte es eine Differenzierung des Hinterrandes des 10. Sternits darstellen. Als Waffe findet der Stachel der Symphyten niemals Verwendung.

Ist eine parasitäre Schlupfwespe oder ein phytophages Hymenopteron durch sein Witterungsvermögen in die Nähe des Wirtstieres oder direkt an dasselbe bzw. an die Wirtspflanze geleitet worden, so beginnt vor dem Lege- oder Stechakt zunächst eine genauere Untersuchung des Platzes, an dem das Ei abgelegt werden soll. Hierbei ist vielfach eine recht weitgehende Spezialisierung zu erkennen und nach eingehender Prüfung bleibt das betreffende Objekt unberücksichtigt. Die feinere Untersuchung wird im allgemeinen zunächst mit den Fühlern vorgenommen, die dabei recht charakteristische Stellungen einnehmen können, woraus wohl auf eine gewisse Lokalisation der betreffenden Sinnesorgane geschlossen werden darf. In anderen Fällen oder bei der weiteren Untersuchung fällt den Sinnesorganen an der Stachelscheide und am Stachel selbst die feinere Unterscheidung zu. (S. oben Tastsinn usw.) Das Lecken des aus einer Anstichstelle hervortretenden Tropfens läßt auch eine Entscheidung auf Grund des Geschmackes nicht ausgeschlossen erscheinen. Bezüglich der physikalischen Bedingungen für die Eiablage von *Habrobracon* schreibt Hase: „Die Temperatur spielt eine ausschlaggebende Rolle. Unter +15° unterbleibt die Eiablage. Ein höherer oder niederer Feuchtigkeitsgrad der Luft scheint dagegen keinen bestimmbaren Einfluß auszuüben. Die Einwirkung kühler Temperatur unterbindet, automatisch kann man sagen, die Eiablage, wie aus folgendem Versuch hervorgeht. Ich verbrachte legreife Weibchen, die schon Eier abgesetzt hatten, wodurch ihre Legfähigkeit erwiesen war, in +4 bis 5° für die Dauer von 10, 20 und 30 Tagen. Während dieser Zeit wurde kein einziges Ei abgelegt. Nach Überführung der Kulturen in +25° wurden frühestens nach zwei und spätestens nach vier Tagen Eier wieder abgelegt.“ FAURE fand, daß *Pimpla instigator* F. erst bei einer Temperatur von über 20° C zur Eiablage schreitet. Auch das Nahrungsbedürfnis und eine vorherige Verhinderung der Eiablage spielen beim Anstechen gleichfalls eine große Rolle. Es gelang dem genannten Autor auch, den Anstich in bereits entwickelte, aber noch nicht geschlüpfte Falter innerhalb der Puppenhülle und selbst in bereits geschlüpfte Imagines herbeizuführen, doch mißglückte in letzterem Falle die Zucht, da die Schmetterlinge bald starben und vertrockneten. Das Blut der Falter wurde ebenso wie das der Puppen als Nahrung aufgenommen. Daß der Ernährungszustand für die Eiablage von Bedeutung ist, konnte HASE ebenfalls für *Habrobracon* nachweisen. „Hält man *Habrobracon*-Weibchen ohne jedwede Nahrung, so legen sie keine Eier ab und werden allmählich ‚mager‘. Reicht man erneut Nahrung, dann fressen sich die Versuchstiere gierig voll. Nach kürzeren (bis zu 8 Tagen) Hungerperioden (in Zimmertemperatur) kommt bei erneuter Nahrungszufuhr die Ablage in 3—4 Tagen wieder in Gang; bei längeren Hungerperioden (8—15 Tagen) dagegen erst nach 10—15 Tagen unter sonst gleichen Bedingungen.“ Daß *Banchus femoralis* THS. beim Anstich der *Panolis*-Raupen von klimatischen Bedingungen weitgehend unabhängig ist, wurde oben bereits erwähnt.

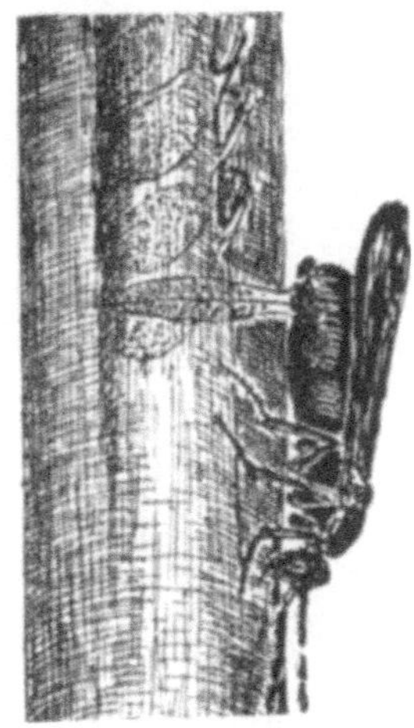

Abb. 156. *Phymatocera aterrima* Kl. bei der Eiablage in einen Polygonatum-Stengel (nach BISCHOFF).

Der seitlich stark zusammengedrückte Legeapparat der Blattwespen gestattet es diesen, hiermit die Eier in vorhergeschnittene Taschen in pflanzlichen Geweben unterzubringen. Bei den flachen Lydiden wird das Ei nur in einen flach eingeritzten Spalt eingeführt und liegt daher zum Teil frei. In anderen Fällen wird auf die Herstellung der Taschen große Sorgfalt verwendet. Sägerinne und Blätter treten, während das Abdominalende der Unterlage genähert ist, daraus hervor und werden möglichst unter rechtem Winkel aufgesetzt. Bei *Phymatocera* beobachtete Verfasser ein vorheriges Anritzen bei schleifendem Abdomen. Dann tritt die Sägevorrichtung, indem die Sägeblätter abwechselnd arbeiten, immer weiter vor und scheint dabei durch die Leisten, Zähne und Kanten der Stachelrinne an einem Zurückgleiten gehindert zu werden. Unter dauernder Bewegung der Sägeblätter geht der Apparat aus seiner ursprünglichen, zur Körperlängsachse senkrechten Stellung mit der Spitze immer mehr nach vorn, während das arbeitende Weibchen seinen Platz beibehält (Abb. 156). Dadurch wird eine bogenförmige Tasche ausgehöhlt. War der Legeapparat auch senkrecht zur Unterlage aufgesetzt — bei *Phymatocera* am Stengel von *Polygonatum* —, so wird die Tasche gleichwohl nicht, wie es naheliegend wäre, in radialer Richtung eingeschnitten, sondern folgt den unmittelbar unter der Epidermis liegenden Schichten, dabei unter Umständen einen Drittelkreisbogen beschreibend. Es ist hierbei noch nicht festgestellt, ob Sägerinne und -blätter zu einer derartigen Krümmung aktiv fähig sind — wir werden später einen Fall kennen lernen, in dem die Wespe selbst ihren Stachel krümmen kann — oder ob hier Unterschiede in den Spannungsverhältnissen in Epidermis und Parenchym diese Biegungen bedingen. Ist die Tasche unter weitest möglicher Vorstreckung des ganzen Legeapparates vollendet, so geht der Bohrer in die Ausgangsstellung nach hinten in der Tasche zurück, und das Ei kann zwischen den Sägeblättern hervortreten. In anderen Fällen, z. B. bei *Trichiosoma* tritt nach CHAPMANN, das Ei schon heraus, wenn der Stachel ganz vorgestreckt ist und geht mit dem weiteren Vorquellen des Eies nach hinten. Das Ei pflegt anfangs die Tasche nicht ganz auszufüllen. Später kann es mit seinem Wachstum, das auf osmotische Nahrungsaufnahme zurückzuführen ist, die Tasche pustelartig auftreiben. Wurde oben bei *Phymatocera* der Fall der Eiablage in einen Pflanzenstengel, und zwar für eine Blattwespe, deren Larven an Blättern fressen, nicht im Stengel weiterbohren, geschildert, so werden in anderen Fällen die Eier auch in Blätter gelegt, und zwar sägt *Trichiosoma* unweit des Blattrandes, auf diesem gewissermaßen reitend, ihre flachen Taschen mit dem an der Spitze stark gekrümmten Sägeapparat in die Blätter verschiedener Laubhölzer. Andere Blattwespen bevorzugen für die Eiablage die Blattrippen oder die angrenzende Blattfläche. Von der Basis der Kiefernadel schreitet *Lophyrus similis* HTG. bei der Ablage nach der Spitze zu. Da sich die Flugzeit dieser Art über eine längere Periode erstrecken kann, werden nach den Beobachtungen MIDDLETONS von den nach Amerika importierten Wespen entweder vorjährige oder diesjährige Nadeln belegt. Gelegentlich bilden auch Blattstiele den bevorzugten Platz für die Eiablage. Für die Unterbringung der Eier an Pflanzenstengeln, z. B. an Rosenzweigen, benötigen die *Arge*-Arten einen verhältnismäßig kräftigen Sägeapparat; das gleiche gilt auch für *Nematus*. Bezüglich der Anordnung der Eier mag bemerkt werden, daß diese meist eine gereihte ist, im übrigen offensichtlich in enger Beziehung zu der Ausdehnung des betreffenden Pflanzenteils steht. So fand Verfasser am *Polygonatum*-Stengel (Abb. 157) eine Kette von 24 Eiern von *Phymatocera*, die hintereinander gereiht jedes in seiner Tasche lagen. Auch zweireihige Anordnung scheint nicht selten zu sein. So unterscheidet sich hierin *Arge pagana* Pz. von *Arge rosae* L. — Wesentlich anders als bei den Tenthrediniden vollzieht sich die Unterbringung der Eier bei den Sireciden. Ein biologisches Übergangsstadium stellen die Xiphydriiden

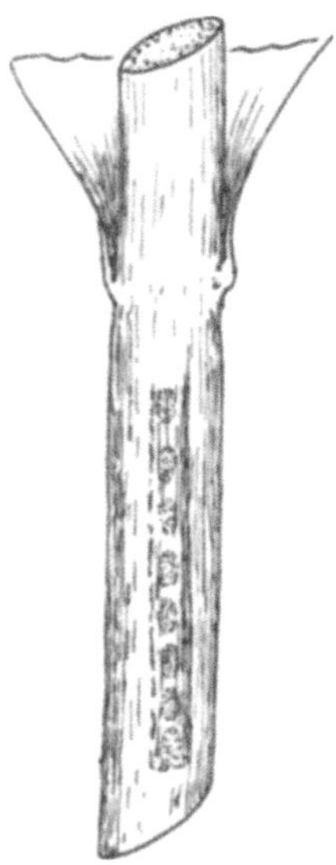

Abb. 157. Eigelege von *Phymatocera aterrima* Kl. in Polygonatum-Stengel.

dar, die ihre Eier zwar auch in Holz einsenken, aber da ihr Legeapparat seitlich flach zusammengedrückt ist, keine Drehbewegungen ausführen können, wie dies bei dem runden Querschnitt des Sirecidenstachels möglich ist. Wir müssen daher annehmen, daß *Xiphydria* nach Tenthredinidenart sägt, aber keine Tasche anfertigt, sondern den Legeapparat in das Holz selbst einsenkt. Das Bohrgeschäft der Sireciden gestaltet sich nach eigenen Beobachtungen an *Tremex fuscicornis* F. etwa folgendermaßen. Das Weibchen kriecht mit schleppendem Abdomen an einem geeigneten Laubholzstamm (im beobachteten Fall an Eschenahorn (*Negundo*) empor, wobei der Bohrer ganz in seinen Scheiden verborgen liegt und die Spitzen der letzteren die Unterlage berühren. Plötzlich macht das Tier halt und sondiert mit den Spitzen der Scheiden. Die dort befindlichen Sinnesorgane haben offensichtlich die Erkennung einer geeigneten Einbohrstelle vermittelt. Die Fühler scheinen hierbei unbeteiligt zu sein. Irgendeine kleine Unebenheit gewährt der noch verborgenen Bohrerspitze einen Haltepunkt und der ganze Bohrer einschließlich der Scheiden wird dagegen gestemmt. Nunmehr schreitet das Tier rückwärts, wobei das Abdomen in seiner Mitte nach oben ausbiegt. Der nach unten offene stumpfe Winkel, den hierbei das Abdomen beschreibt (etwa 120°) scheint das Maximum der Einbiegungsmöglichkeit darzustellen, denn jetzt lösen sich die Bohrerscheiben und der distale Teil des Abdomens hebt sich etwas, wodurch der Bohrer freigelegt wird. Hierbei krallt sich das verhältnismäßig breitbeinig dasitzende Weibchen fest an der Rinde an und drückt unter Anziehen des Körpers den Bohrer möglichs fest an die Einbohrstelle. Während sich die Borsten an der Rinne hin- und herbewegen, bemerkt man bald feine, weiße Bohrspäne; vielleicht übernimmt hierbei auch die Stachelrinne eine raspelartige Tätigkeit. Der Bohrer, der nicht senkrecht aufgesetzt zu sein braucht, sondern meist etwas schräg von oben her eingeführt wird, wird nun zunächst noch weiter in der gleichen Weise eingetrieben; dann aber beginnen Bohrbewegungen. Während der Vorderkörper vollkommen ruhig gehalten wird, führt der Hinterkörper nach beiden Seiten Bewegungen aus, wobei die Hinterbleibsspitze einen Bogen von mehr als 90° beschreiben kann. Der Drehpunkt liegt dabei zwischen dem 9. und 10. Körpersegment. Die enge, durch den dem Hypopygium entsprechenden Fortsatz hergestellte Verbindung zwischen Stachelapparat und 10. Körpersegment, die durch das Herausklappen des Bohrers noch verstärkt wird, bewirkt, daß der Bohrer die Drehbewegungen mitmacht. Er beschreibt also hin- und hergehende Bohrbewegungen um über 90°. Dabei arbeiten die Borsten außerdem in ihrer Längsrichtung gleichzeitig sägend weiter. Das Bohrmehl gleitet dabei auf den schrägen Leisten derselben nach hinten und oben. Allmählich wird nun der Bohrer soweit eingetrieben, daß das Abdomen gestreckt fest der Rinde anliegt. Erst jetzt dürfte die Eiablage erfolgen. Wurden Weibchen bei der Bohrtätigkeit gestört, so trat gelegentlich ein Ei bei dem freigehaltenen Tier aus der Bohrerspitze hervor. Leider wurde nicht beobachtet, was für eine Rolle die klaffende Spitze der Stachelrinne spielte. Da außerdem bei der Eiablage ein klebriges, fadenziehendes Sekret hervorquellen kann, ein Grund für ein besonderes Festkitten der Eier im Holze aber nicht vorliegt, so darf angenommen werden, daß dieses Sekret beim Durchpressen der Eier durch den engen Stachelkanal eine Rolle spielt. Ob bei dem Verweilen des Bohrers im Bohrkanal mehrere Eier oder nur ein einziges abgesetzt wurde, konnte nicht entschieden werden. Die zweifellos für das Weibchen recht große Anstrengung einerseits und der verschieden lange Aufenthalt des Bohrers im Kanal andererseits lassen aber vermuten, daß hier ähnlich wie bei *Sirex* eine mehrfache Ablage von Eiern stattfindet. Ein ruckweises Herausziehen des Bohrers in kleinen Abständen, das für eine Verteilung der Eier im Kanal sprechen würde, wurde allerdings nicht beobachtet. Während die *Tremex*-Arten ihre Eier in die verschiedensten absterbenden Laubhölzer einsenken, sind die Arten von *Sirex, Paururus* und *Xeris* Nadelholzbewohner, die aber nach SCHEIDTER an keine bestimmte Holzart gebunden sind, sondern sich den jeweils vorhandenen Nadelhölzern anpassen. „Bei *gigas* und *augur* konnte ich (SCHEIDTER) immer die Beobachtung machen, daß diese beiden Arten die stärksten Stämme angehen, während *juvencus* und *noctilio* mehr die Stangenhölzer bevorzugen. Dies hängt meines Erachtens mit der Länge des Legebohrers zusammen. Bei Altstämmen, vornehmlich der Tanne mit ihrer meist dicken Borke, könnte *juvencus* und *noctilio* mit ihren kurzen Legesägen den Holzkörper zur Unterbringung der Eier kaum erreichen.“ Hauptsächlich bohrten die Tiere am späteren Nachmittag und wurden bis zum Einbruch der Dunkelheit beobachtet. SCHEIDTER fand außerdem, daß die genannten Sireciden die Rinde vor dem Einbohren mit den Fühlern betasteten. Außerdem war hier auch während des Bohrens um das Loch ein „kleiner Wall von Flüssigkeit“ zu erkennen. „Ist der Legebohrer weit genug ins Holz versenkt, so tritt eine kurze Pause ein. Während dieser Pause scheinen die Eier in der Legescheide hindurchzugleiten. Nunmehr wird der Legebohrer wieder langsam und allmählich herausgezogen und meist werden hierbei kleine Abschnitte und Pausen gemacht.“ Diese Intervalle werden mit der Zahl der abgelegten Eier und ihrer Verteilung innerhalb des Bohrkanals in Verbindung gebracht. Das ganze Einbohren und Hinausziehen des Stachels dauert durchschnittlich 5—8 Minuten, ähnlich auch bei *Tremex*, mitunter jedoch wesentlich länger. Gelegentlich soll der Bohrer nicht in seiner ganzen Länge eingesenkt werden und trotzdem die Eiablage erfolgen. Bei *Paururus* mit verhältnismäßig kürzerem Bohrer scheint dagegen das vollständige Einbohren die Regel darzustellen; das gleiche dürfte auch von *Tremex* gelten. Häufig zogen die Tiere den Bohrer, der nur etwa bis zur Hälfte im Holze steckte, bald wieder heraus, wobei wohl kaum eine Eiablage erfolgt sein wird. Da dies bei *Tremex* auch geschah, auch wenn keine Störung vorausgegangen war, darf wohl angenommen werden, daß die mit den Sinnesorganen des Bohrers erkannte Beschaffenheit des Holzes nicht zusagte.

Die Möglichkeit des senkrechten Aufsetzens eines langen, frei vorragenden Bohrers, wie er sich z. B. bei den großen Pimplinen (*Ephialtes, Thalessa, Rhyssa*) findet, wurde bereits oben kurz erörtert. Bei den Vorbereitungen zur Eiablage tastet das spürende *Ephialtes*-Weibchen nach

Dingler zunächst mit den Fühlerspitzen das Holz ab, wobei das Abdomen wagerecht getragen wird (Abb. 158). Offenbar nach Auffinden einer Wirtslarve im Holz werden die Fühler eingekniet und liegen mit dem distalen Teile der Unterlage auf. In einem weiteren Stadium werden die Beine aneinandergerückt, wodurch der Thorax gehoben wird. Nach steiler Aufrichtung des Abdomens erfolgt das senkrechte Aufsetzen des Bohrers. Die Bohrerklappen fallen dabei in die Richtung der Längsachse des Körpers. Während des Einbohrens schreitet das Tier etwas nach vorn; die Fühler bleiben dabei gekniet und die Flügel liegen flach auf dem Abdomen. Auch hier können bei *Ephialtes* Drehbewegungen um die Bohrerachse vorkommen. So beobachtete

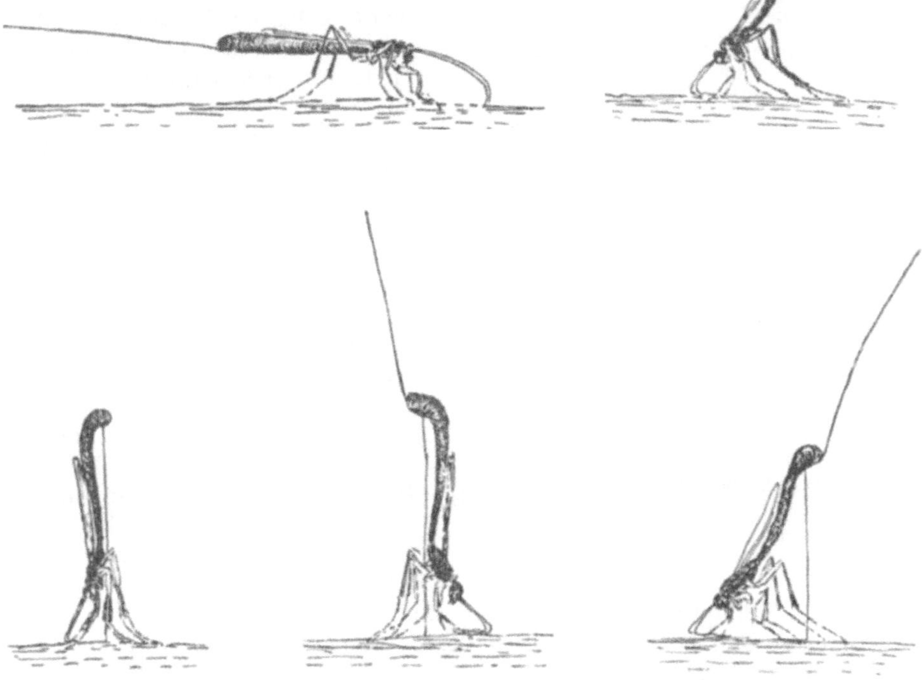

Abb. 158. Fünf aufeinander folgende Bohrstellungen von *Ephialtes manifestator* L. (nach Dingler).

Baer bei *Eph. manifestator* L., nachdem der Bohrer etwa 1 cm tief eingesenkt war, wie sich die Schlupfwespe unter trippelnder Bewegung, anfangs langsam, dann aber immer schneller, um den Bohrer drehte, bis er in 3—4 Minuten ganz eingesenkt war. Der Bohrer besitzt hier einen kreisrunden Querschnitt und im Spitzenteil scharfe Kiele als unterbrochenes Schraubengewinde im Gegensatz zum flachgedrückten Bohrer von *Rhyssa*, an dem die dort zwar auch vorhandenen Kiele quer zur Längsrichtung gestellt sind. Da neben der Drehbewegung die

Stechborsten auf- und niedergleiten, vereinigt *Ephialtes* in seinem Bohrapparat Schraube und Raspel.

Am Legeapparat von *Thalessa* ist besonders die von BAUMANN beschriebene Ausstülpungsvorrichtung bemerkenswert (Abb. 159). Die Intersegmentalmembran zwischen 7. und 8. Abdominaltergit und -sternit ist stark eingefaltet. Beim senkrechten Aufsetzen des Bohrers stülpt sich die Dorsalmembran als große Blase, die durch die Krümmung des Basalteils des Bohrers gespannt wird, vor. Gleichzeitig wird auch die Ventralmembran beim Vorklappen des basalen Plattenapparates des Bohrers vorgezogen und legt sich der Innenseite der Dorsalblase an. Auch die Basen der Legescheiden wurden im Innern der Tasche beobachtet. Weiter wird die Bewegungsfreiheit des Plattenapparates dadurch vergrößert, daß die zwischen 8. und 9. Abdominalsegment gelegene Membran weit dehnbar ist. So kann das orale Ende des Plattenapparates nach außen und abwärts gerichtet werden, während die Abdominalspitze nach oben zeigt. Die letzten Abdominalsternite können durch eine Längseinknickung nach innen eingebuchtet und teilweise zur Bohrerführung herangezogen werden. Weiter können nach MARCHAND auch die Hinterhüften die Bohrerführung übernehmen. Bei anderen Formen mit verlängertem Bohrer übernimmt das große letzte, kahnförmige Sternit die Führung desselben an der Basis. Dies dürfte sicherlich auch bei *Coleocentrus* und anderen Acoenitinen der Fall sein.

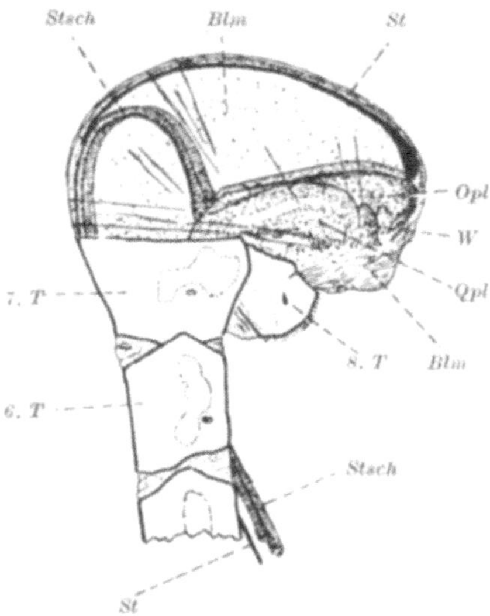

Abb. 159. Ausgestülpte Stachelblase von *Thalessa leucographa* GRAV. (nach BAUMANN). T = Tergit; Blm = Blasenmembran; St = Stachel; $Stsch$ = Stachelscheide; Opl, Qpl = oblonge und quadratische Platte; W = Winkel.

Bei Schlupfwespen mit kurzem Bohrer sind die Vorgänge vor der Eiablage und beim Anstich des Wirtes weniger auffällig. Gleichwohl scheint auch hier der Bohrer, soweit das Ei in das Innere eines Körpers gelegt wird, nicht einfach eingestoßen zu werden, sondern erst durch das Arbeiten der Stechborsten einzudringen. VOUKASSOVITCH beobachtete beim Anstechen der Puppen von *Polychrosis botrana* SCHIFF. durch *Dicaelotus erythrostoma* WESM., daß die Ablage des ersten Eies wesentlich mehr Zeit erfordert als die der folgenden. Der Reiz zum Anstich geht besonders vom Kokon aus. Der Stich selbst erfolgt in ein Abdominalsegment der Puppe. Zunächst werden 30—60 Sekunden lang viertelkreisförmige Bohrbewegungen ausgeführt; dann erfolgt die Einsenkung des Bohrers in 15—30 Sekunden und eine Ruhepause von 45 Sekunden. Schließlich arbeiten die letzten Abdominalsegmente 15 Sekunden, worauf der Bohrer plötzlich herausgezogen wird. Die Einkrümmung des Abdomens (Abb. 159), wie sie unter den Ichneumoniden besonders in der Gruppe der Ophionen mit ihrer sichelförmigen Hinterleibsgestalt verbreitet ist, oder die in vielen anderen Fällen durch ein starkes Einbiegen der Segmente erzielt wird, ermöglicht die Anbringung des Stiches unter dem eigenen Körper hindurch an einer Stelle, die mit den Fühlern als geeignet erkannt wurde. Nach HASE tötet oder lähmt *Habrobracon* seine Opfer erst durch einen Stich, ehe das Ei abgelegt wird; wir werden diesen und ähnliche Fälle bei Parasiten in Verbindung mit dem Paralysierungsstich der Aculeaten später noch näher erörtern. Danach wird das Abdomen weiter eingekrümmt (Abb. 161c), und die Eier werden frei unter dem Nährtier der zukünftigen Larven abgelegt. Wenn die Wespe bei der Eiablage ihre Stellung nicht ändert, so erscheinen die Eier parallel zueinander gelagert, in anderen Fällen bilden sie ein unregelmäßiges oder zerstreutes Gelege. Drehbewegungen um die Bohrerlängsachse finden sich nach dem gleichen Autor bei *Lariophagus distinguendus* FÖRST. Bei dieser Erzwespe wird der Hinterleib, an dem der Bohrer sich noch in der Ruhelage, verdeckt durch die Sternite, befindet, so eingekrümmt, daß seine Spitze die nach charakteristischem Betasten und Betrillern gefundene Einstichstelle mit den Fühlern berührt (Abb. 162). Die zunächst senkrecht zur Unterlage ge-

Abb. 160. *Banchus femoralis* THS. beim Anstich einer jungen Forleulenraupe (nach BLEDOWSKI).

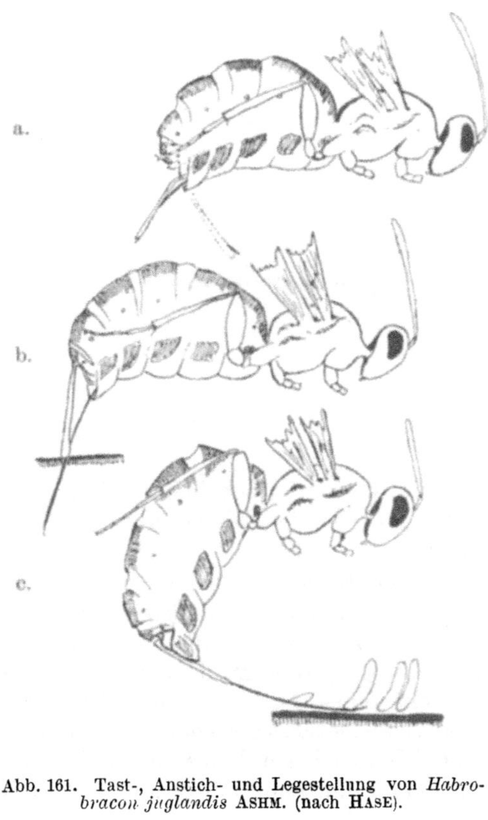

Abb. 161. Tast-, Anstich- und Legestellung von *Habrobracon juglandis* ASHM. (nach HASE).

stellte Längsachse ändert nun, nachdem noch ein eingehendes Sondieren mit den Sinnesorganen der Stachelscheide stattgefunden hat, ihre Lage und das Abdomen geht in seine Ausgangsstellung zurück. Die Stachelspitze war jedoch inzwischen angesetzt worden und da diese nun in ihrer Lage fixiert ist, können die Abdominalsternite nicht dem übrigen Abdomen folgen, sondern schieben sich vor dem Stachel zusammen. „Nun beginnt das eigentliche Einstoßen des Stachels. Der Rückstoß, welcher hierbei entsteht, wird durch die Basalteile des Stechapparates aufgefangen, die ihrerseits vornehmlich durch die Bauchplatte des 5. Segments hierbei

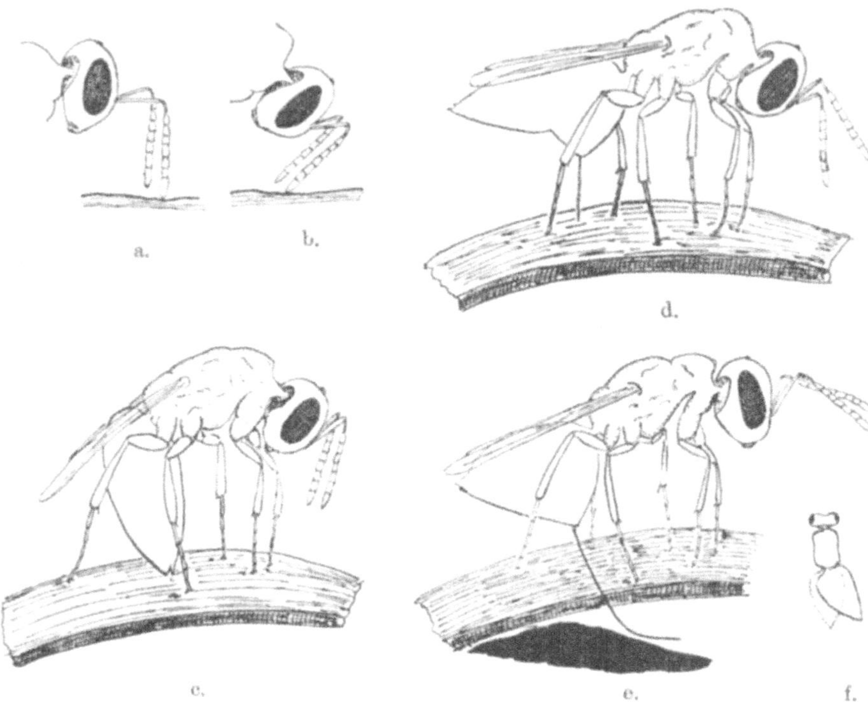

Abb. 162. *Lariophagus distinguendus* FÖRST. beim Anstechen und den Vorbereitungen dazu (nach HASE).

gestützt zu werden scheinen. Wie groß der dem Eindringen des Bohrers entgegenstehende Widerstand ist, erkennt man an dem starken seitlichen Ausbiegen des Stachels. Andererseits beweist dieser Umstand die erstaunliche Elastizität dieses Gebildes. Im Augenblick des Einstoßes hat man den bestimmten Eindruck: das Weibchen läßt die Wucht des ganzen Körpers wirken; denn die Beine sind so hoch gestelzt dabei, daß sie den Körper gerade an dem Umfallen verhindern. (Das Durchschnittsgewicht eines *Lar.*-Weibchens beträgt rund 0,7 mg. Die Männchen sind viel leichter, sie wiegen nur rund 0,22 mg. Das Gewicht von 0,7 mg lastet demnach auf dem Stachel. Der Durchmesser desselben wurde zu 0,025 mm und seine Länge auf 1,00—1,26 mm bestimmt. Durchmesser zur Länge verhält sich also etwa wie 1 : 45. Die absoluten Maße sind je nach der Größe des Individuums Schwankungen unterworfen.) Der erste Einstich erfordert von seiten des Weibchens die höchste Kraftentfaltung. Ist er geglückt, so dringt der Stachel weiter vor, und nun arbeitet der ganze Körper des Tieres mit. Die Füße bewirken jetzt erst dabei einen entsprechenden, rhythmisch wirkenden Gegenzug, kenntlich an dem leichten Auf- und Abschwingen des Körpers, wobei der Druck auf den eindringenden, nach und nach in seiner ganzen Länge hervortretenden Stachel verlegt wird. Nicht verändert wird während dieser Phase die Grundstellung der Füße, wohl aber die der Fühler" (Hase). Unter stärkerer Einwinkelung der Beingelenke kann der ganz vorgestoßene Bohrer, der hierbei eine weitergehende erhebliche Gestaltsveränderung im Profil des Abdomens mit sich bringt und dieses dreieckig erscheinen läßt, noch weiter eingeführt werden. Das aktive Sondierungsvermögen des eingeführten Stachels wurde bereits oben erwähnt. „Die Dauer dieser sondierenden Arbeit, d. h. der ganzen letzten Phase, kann verhältnismäßig kurz, etwa $1/2$ Minute, bemessen sein; sie ist in der Regel länger, nämlich $2-2\,1/2-3\,1/2$ Minuten. In einem Falle dauerte sie sogar 9 Minuten ununterbrochen." Dabei sind auch Bewegungen des Hinterleibs nach den Seiten hin zu beobachten, die aber im Dienste der Sondierung stehen und nicht mit Drehbewegungen beim Einbohren, wie sie oben z. B. von *Tremex* und *Ephialtes* angegeben wurden, verwechselt werden dürfen, da hier ja der Bohrer bereits in ganzer Länge vorgestreckt ist und mit seinem distalen Teil in einem Hohlraum sondiert. An geeigneter Stelle wird im Hohlraum, der den Wirtskörper umgibt, oder an diesem selbst ein Ei abgelegt, wobei der eigentliche Legeakt 3–5 Sekunden dauert. Bis fünf Eier können vom gleichen Weibchen in einen *Habrobracon*-Kokon eingeführt werden. Besonders bemerkenswert ist, daß hier erst das Ei abgelegt wird und dann ein tödlich wirkendes Anstechen des Wirtes erfolgt.

In sehr vielen Fällen können bei Hymenopteren Eier parthenogenetisch abgelegt werden. Die damit eng zusammenhängende Frage der Geschlechtsbestimmung wird später noch ausführlicher zu behandeln sein.

Neuntes Kapitel.

Brutfürsorge.

Die primitivste Form der Sorge für die Nachkommenschaft seitens des Muttertieres besteht darin, die Eier an einem Platze niederzulegen, wo sie geschützt ruhen und wo die schlüpfende Larve unmittelbar die ihrer Ernährung dienenden Stoffe vorfindet. So frißt die Sirecidenlarve, nachdem sie im Bohrkanal das Ei verlassen hat, von dort im umgebenden Holz weiter. Hat ein Tenthredinidenweibchen seine Eier im Gewebe der Nährpflanzen verborgen, so frißt die Larve sich aus der Eitasche heraus, um gewöhnlich zum freien Fraß an Pflanzenteilen überzugehen. Seltener bleibt sie im Innern und miniert dann in Blättern, bohrt in Stengelteilen oder frißt in einer Galle. Kaum auf einer höheren Stufe steht die Unterbringung der Eier in einem tierischen Körper bei den Entoparasiten. In beiden Fällen kann allerdings die Spezialisierung recht weit gehen und nur ein ganz bestimmtes tierisches oder pflanzliches Gewebe der Larve als Nahrung dienen. Im Kapitel über die Ernährung wurde schon einiges erwähnt. Weitere Angaben finden sich im Kapitel „Parasitismus". Bezüglich der Gallbildungen, die noch einen weiteren Schutz für die Larve darstellen und gleichzeitig das zusagende Nährgewebe bilden, mag Kap. III verglichen werden. Mit der Eiablage der Platygasteride *Inostemma piricola* Kieff. in das Gehirn der Larve von *Diplosis pirivora* ist eine Hypertrophie der umgebenden Zellen verbunden, gewissermaßen eine mit den Gallen in Parallele zu setzende Erscheinung, bei der jedoch als für die Gallen wesentliches Moment der Schutz der Larve fortfällt. Verhältnismäßig einfacher erscheint die freie Eiablage von Parasiten außen an einen Wirt oder in dessen unmittelbarer Nähe. Im ersteren Falle, z. B. Tryphoniden, pflegen die Eier aber recht hartschalig zu sein, und die Verankerung des Eies ist eine derart feste, daß das Ei auch bei einer eventuellen Häutung des Wirtes nicht abgestreift wird. Schon beim Herausarbeiten aus der Eischale ist die junge Larve mit ihrem Kopfende dem Wirtskörper stark genähert, so daß unter Umständen eine kleine Streckung genügen kann, um diesen zu erreichen. Die Befestigungsart der Eier (Abb. 137) ist hier aber so kompliziert, daß diese Form der Unterbringung kaum als etwas Primäres angesehen werden kann. Die freie Eianheftung ist fast immer mit Ektoparasitismus verbunden, braucht es aber nicht zu sein, da sich die Larve unter Umständen selbst späterhin in den Wirtskörper einbohrt (Perilampinen). Eine Ablage von Eiern, ohne daß dieselben am Wirtskörper befestigt werden, dürfte, wenn sie auch bisher bei Parasiten wenig beobachtet wurde, weiter verbreitet sein. Sie kommt besonders dann vor, wenn der Wirt in einem engen Hohlraum, z. B. in einem Fraßgang, einer Galle, dem Innern einer

Brutzelle oder auch im Kokon eingeschlossen und damit also die Gefahr, daß er sich vom Platz der Eiablage zu weit entfernen könnte, ausgeschlossen ist. Recht spärlich sind auch die Beobachtungen, in denen durch die sogenannten parasitären Hymenopteren das Nährtier paralysiert oder getötet wird. Hierbei können die Eier ebenfalls frei abgelegt werden. In diesen Fällen muß scharf zwischen Stech- und Legeakt unterschieden werden. Früher nahm man an, daß der Stechakt eine Eigentümlichkeit der aculeaten Hymenopteren sei. Die Beobachtung des gleichen Vorgangs bei Schlupfwespen legt die Frage nahe, ob nicht vielleicht auch beim Einstich in den Wirt durch Entoparasiten irgendwelche Stoffe injiziert werden, die gewissermaßen die Grundlage für den Paralysierungsinstinkt abgeben. Diese Frage wird uns späterhin noch gelegentlich der Besprechung des Parasitismus beschäftigen. Sehr selten ist bei parasitären Hymenopteren die völlig freie Eiablage, wobei der jüngsten Larve, die dazu besonders beweglich sein muß, überlassen bleibt, den Wirt selbst auf größere Entfernungen aufzusuchen. In solchen Fällen (Perilampinen und Eucharidinen) ist die Eizahl eine sehr große. und die kleinen „Planidien"-Larven (Abb. 201) sind für ihre Wanderungen besonders organisiert. Da wir es hier außerdem mit Hyperparasiten zu tun haben, sind für die Larven die Aussichten, an einen geeigneten Wirt zu gelangen — ob Phoresie mit Hilfe der Primärparasiten (Tachinen) stattfindet, ist unbekannt —, recht gering. Die Fürsorge für die Nachkommenschaft ist hier die denkbar geringste.

Bei den aculeaten Hymenopteren treffen wir die mannigfaltigsten Brutpflegeinstinkte an. Diese sollen uns im folgenden eingehender beschäftigen. In vielen Fällen gehen sie allerdings nicht über Stadien hinaus, die wir soeben bei ektoparasitären Schlupfwespen kennen lernten. Werden die Beutetiere an geschützten Stellen, etwa in deren eigenen Erdhöhlen aufgesucht, so können sie dort nach Lähmung verbleiben oder, wenn sie nur vorübergehend gelähmt sind, mit einem anhaftenden Ei versehen werden. Eine ganze Reihe von Aculeaten, Angehörige der verschiedensten Familien, sind allerdings zu einem Arbeitsparasitismus übergegangen, bauen keine selbständigen Nester mehr und tragen auch keine Vorräte ein, sondern schmuggeln ihre Eier in die Zellen anderer Aculeaten ein, wo die Larve von den dort aufgestapelten Vorräten oder der Wirtslarve selbst lebt. (Vgl. Kap. X.)

In den Familien der Psammochariden, Vespiden, Crabroniden und Apiden kommt als neues Moment die Herstellung besonderer Brutkammern hinzu. In diesen werden als weitere Eigentümlichkeit der höheren Brutpflege herbeigeschaffte Beutetiere oder pflanzliche Nahrung in hinreichender Menge für die Ernährung der Larve aufgespeichert. Schließlich findet man vereinzelt bei den solitären, häufiger bei den sozialen eine Dauerfütterung der Brut.

Die Bauten, die ja in erster Linie der Brutpflege dienen, wurden bereits oben behandelt. Die Vorteile, die diese Bauten gewähren, liegen auf der Hand. Hierunter steht der weitgehende Schutz, den sie der heranwachsenden Brut bieten, obenan. Wenn wir gleichwohl sehen, wie trotzdem Parasiten dort zur Ablage ihrer Eier gelangen, so ist dies nur ein Zeichen dafür, wie weitgehend sich diese Insekten den Eigenarten ihrer Wirte anzupassen vermögen. Der gewährte Schutz kann verschiedener Art sein. Bei Nestern in Sand oder Lehm ist das verräterische Zeichen nach außen der Nesteingang. Auf dessen Verschleierung wird denn auch vielfach der größte Wert gelegt. Wir haben oben gesehen, wie der Nesteingang bei den verschiedensten Formen verschlossen wird. Vielfach genügt hierfür nicht mehr ein einfaches Zuscharren mit dem beim Ausschachten des Nestes herausgeschafften Baugrund, sondern die Öffnung wird förmlich verrammelt unter Zuhilfenahme von Steinchen, Holzstückchen, Grashalmen usw., die einem Eindringen größere Hindernisse entgegensetzen. Zum Schluß wird dann die verschlossene Öffnung durch Überscharren weitgehend verdeckt und ist als Nesteingang nicht mehr kenntlich. Ein optisches Kennzeichen dürfte nun auch nicht mehr für die Parasiten vorhanden sein, diese werden vielmehr mit Hilfe ihres fein entwickelten Geruchssinnes dorthin geleitet werden. Aber daß auch auf diesem für uns Menschen verhältnismäßig schwer verständlichen Gebiete eine Verschleierung stattfindet, kann aus gewissen Arbeitsmethoden erschlossen werden. Der Grabschutt ist bei dem Anlegen des Nistschachtes und der Zellen naturgemäß in besonders innige Berührung mit dem bauenden Weibchen gekommen. Ihm wird sich also ganz besonders der Geruch der Erbauerin mitgeteilt haben. Wenn daher viele Hymenopteren so verfahren, daß sie den ausgegrabenen Schutt nicht neben der Nestöffnung oder um dieselbe herum, wie es das einfachste wäre, liegen lassen, sondern denselben im Fluge wegtransportieren und zerstreuen, so kann dadurch der durch den Geruchsinn geleitete Parasit wohl getäuscht und wenigstens während der Anlage des Nestes von diesem abgelenkt werden. Das zum Ausfüllen der Nestöffnung benutzte Material ist dann auch nur einmal mit dem Körper des betreffenden Hymenopterons in Berührung gekommen und dürfte daher eine geringere Geruchsintensität besitzen. Statt der Verrammelung und einfachen Verschüttung des Nesteinganges wird in anderen Fällen die Öffnung durch einen mittels Sekreten hergestellten Zementpfropf verschlossen und setzt damit den Eingang suchenden Parasiten einen schwer zu überwindenden, mechanischen Widerstand entgegen. Auch doppelte Nestverschlüsse und größere Schutzbauten über den Schneckenhäusern helicophiler Osmien haben wir oben kennengelernt. Weiter darf auch in der Anlage leerer Endkammern, besonders bei Linienbauten, eine Irreführung von Feinden gesehen werden. In den brunnenauslaufartigen Vorbauten werden ebenfalls vielfach Vorkehrungen zur optischen Täuschung von Parasiten gesehen, da hierdurch die normalerweise in der mehr oder weniger senkrechten Wand gelegene Öffnung durch die Krümmung der Röhre in eine andere Ebene verlagert wird, also beim suchenden Vorbeifliegen an der Wand weniger auffällig sein soll. Die Zementwände von Freibauten gewähren durch ihre Härte nicht nur einen gewissen Schutz gegen Parasiten, sondern zeigen sich auch andererseits sehr widerstandsfähig gegen klimatische Einflüsse. Dies gilt auch von den Harzbauten. Gegen das Eindringen von Feuchtigkeit und das Einsinken der Wände sichert der häufig vorhandene

Wandüberzug sowohl die Brut, wie auch die Vorräte. Umgekehrt wird ein Austrocknen derselben verhindert. Die Bedeutung des Tapezierinstinktes für Brut und Vorräte ist wenig geklärt. Abgesehen davon, daß durch den Blätterbelag der Wände ein Einsinken derselben verhindert wird, können der Gerbsäuregehalt der Blätter und in den verwendeten Blütenblättern vorhandene Stoffe vielleicht einer Schimmelbildung entgegenwirken, wenngleich diese auch nicht ganz unterdrückt wird. Einen absolut sicheren Schutz gegen Parasiten gewähren diese pflanzlichen Wände allerdings ebensowenig wie die übrigen bisher genannten Schutzvorkehrungen. All diese mit dem Brutschutz in Verbindung stehenden Instinkte haben sich offensichtlich in einem Tempo entwickelt, bei dem die Parasiten mit entsprechenden Spezialisierungen Schritt zu halten vermochten. Bei den sozialen Hymenopteren spielt der mechanische Schutz der Brut durch die Zellwände eine untergeordnete Rolle. Hier sind fast immer wehrhafte Verteidiger vorhanden, die den Eindringling fernhalten können.

Mit der Herrichtung einer besonderen Zelle von bestimmter Größe für jede einzelne Larve ergibt sich die Möglichkeit, die Menge des Larvenfutters zu dosieren. Die Zelle wird daher von vornherein in einer Größe angelegt, die der erwachsenen Larve noch genügend Raum gewährt. Mit dem Verzehren der Vorräte wird auch der Raum für die wachsende Larve größer. Selten sind solche Fälle, in denen die eingetragenen Vorräte so groß sind, daß sie in den Larvenkammern nicht Platz finden, sondern aus diesen herausragen (z. B. von *Tachysphex* eingetragene Mantidenlarven nach FERTON). Bemerkenswert ist auch die im Zusammenhang mit den Fragen der Geschlechtsbestimmung noch näher zu behandelnde verschiedene Größe der Zellen, die bei manchen Formen je nach dem Geschlecht der Brut angelegt werden. Ein Aufspeichern von Reservenahrung für die Brut kommt nicht vor. Wohl wird gelegentlich nicht das ganze eingetragene Futter restlos aufgezehrt. Im allgemeinen handelt es sich dann aber um unverdauliche und nährstoffarme Chitinteile (wie Flügel) oder zu harte Skeletteile, die übrig bleiben. Speziell bei solchen Formen, die ihre Beutetiere nur schwach lähmen, so daß diese nachträglich ihre Bewegungsfreiheit wieder erlangen können, verhindern die Zellwände ein Entweichen der Nährtiere. Gleichwohl kommt es auch hier bei Psammochariden vor, daß die Beutespinne sich zu befreien vermag und mit der allerdings von ihrem Opfer nicht ablassenden Larve das Weite sucht. Da aber derartige Spinnen irgendeinen Schlupfwinkel aufzusuchen pflegen, ist dann immer noch die Möglichkeit einer weiteren Entwicklung für die Wespenlarve gegeben.

Verhältnismäßig selten scheint es bei solitären Hymenopteren vorzukommen, daß diese ihre Brut kennenlernen und dauernd mit Nahrung versorgen. Im allgemeinen verschließt die Mutterwespe ihr Ei mit der ausreichenden Futtermenge in einer Zelle und bekümmert sich dann weiter nicht mehr darum. In manchen Fällen findet jedoch eine Dauerfütterung statt. Und zwar lassen sich hier verschiedene Abstufungen unterscheiden. Gelegentlich mag die Schwierigkeit der Futterbeschaffung dazu führen, daß die Larve aus dem an das erste Beutetier gelegten Ei bereits geschlüpft ist, wenn ein zweites Opfer herbeigeschafft wird, während im entgegengesetzten Falle, bei leichter Beschaffungsmöglichkeit von Larvennahrung, die Zelle längst gefüllt ist, ehe die Larve schlüpft. So verhalten sich denn wohl auch manche Arten, die ständig frisches Futter herbeischaffen sollen, in dieser Beziehung nicht konstant, da unter Umständen bei günstigem Wetter ein reicher Jagdertrag erzielt wird, durch den mehr Vorräte herbeigeschafft werden, als die Larve zurzeit bewältigen kann. Damit ist gleichzeitig eine gewisse Vorsorge für ungünstigere Tage getroffen. So kann man beim Aufgraben von *Bembix*-Nestern gelegentlich eine größere Anzahl von Fliegen finden, die von der *Bembix*-Larve noch nicht angerührt sind. Oder im *Ammophila*-Bau liegen außer der Raupe, an der die Larve gerade frißt, noch einige weitere. Bei *Stizus tridens* F. wird nach FERTON das Ei zwar vor Beschaffung von Nahrung in die Zelle gelegt, aber dann wird in kurzer Zeit die Zelle hintereinander mit den als Larvennahrung dienenden Grillen gefüllt, ehe die Larve selbst geschlüpft ist. Bei denjenigen *Bembix*-Arten, die ihr Ei ebenfalls frei ablegen, und denen, die es dem ersten Beutetier anheften, erwarten die Weibchen das Schlüpfen der Larven, ehe sie neues Futter herbeischaffen. Ebenso verhalten sich die *Bembix* nahestehenden *Stictia*-Arten. Die Larven nehmen übrigens, aus ihren Nestern herausgenommen, leicht ihnen vorgelegte frisch getötete Fliegen, aber auch Insekten anderer Ordnung an, sofern man nur dafür Sorge trägt, daß bei zu harter Chitinisierung die weicheren Teile erreichbar sind. Wenn die Zucht sich im übrigen auch nicht einfach gestaltet, so wären doch dahingehende Versuche, wieweit eine Beeinflussung durch Quantität und Qualität der Nahrung geht, sehr erwünscht. *Lyroda subita* SAY, eine Larrine, schafft nach G. und E. PECKHAM ebenfalls nicht auf einmal die ganze Nahrung für ihre Larve herbei, so daß die Beobachter der jungen Larve zur weiteren Entwicklung noch mehrere Grillen reichen mußten, die auch ohne weiteres wenigstens teilweise verzehrt wurden. Bemerkenswert ist übrigens, daß *Bembix* im allgemeinen ihrer Larve anfangs kleinere Fliegen reichen soll, später aber zu größeren übergeht. Glaubte man den Grund für die ständige Fütterung bei *Bembix* in dem leichten Eintrocknen der Nährtiere zu finden, so trifft dies für die Gattung *Ammophila* nicht zu, da sich hier die gelähmten Beutetiere nach FERTON lange Zeit frisch erhalten. Über Vertreter dieser Gattung liegen Beobachtungen von FERTON an *A. heydeni* DHLB. und von ADLERZ an *A. sabulosa* L. und *campestris* JUR vor. Der genannte Autor schreibt: „So oft ich eine *Amm. heydeni* beim Eintragen einer Raupe in ihr Nest fand, stellte ich fest, daß, wenn dies nicht das erste Beutestück war, die Wespenlarve schon geschlüpft war und mitunter ein Viertel oder ein Drittel der vollen Größe erreichte." Im übrigen weicht hier der endgültige Nestverschluß durch seine viel sorgfältigere Ausführung von den provisorischen Verschlüssen zwischen den einzelnen Fütterungen recht erheblich ab. Während diese Beobachtungen in Bonifacio gemacht wurden, fand FERTON, daß die gleiche Art in Algier nicht erst das Schlüpfen der Larve abwartet, sondern die Zelle sofort füllt und verschließt, sich also nicht weiter um ihre Larven zu bekümmern braucht. Einen etwas höheren Instinkt kann man darin sehen, daß diese Wespe gelegentlich zwei Nester gleichzeitig versorgt, eine bei *Chlorion albisectum* Lep. und *Bembix mediterranea* Hdl. regelmäßig auftretende Erscheinung. Recht interessant ist die von Adlerz beobachtete Brutfürsorge bei *Ammophila* (*Miscus*) *campestris* Jur., die im folgenden nach O. M. Reuter zitiert wird: „Das Weibchen von *A.* (*M.*) *campestris*, welches seine Larve mit kleinen gelähmten Schmetterlingslarven, vorzugsweise Spannern, versieht, die gleichfalls nach dem Auskriechen der Larve zu verschiedenen Zeiten ins Nest geschafft werden, scheint schließlich, nach Adlerz, eine noch höhere Entwicklung der mütterlichen Instinkte zu zeigen als die oben genannte Gattung (*Bembix*). Von dem Augenblick an, wo das Ei an der zuerst niedergelegten Futterlarve befestigt ist, macht es sich die Mühe, den mit Kies oder Erdklümpchen provisorisch verschlossenen Eingang der Zelle zu öffnen, um nachzusehen, wann neuer Vorrat nötig ist. Zeigt sich hierbei, daß eine der hineingeschafften Futterlarven zusammengesunken oder geschrumpft ist, so entfernt es sie aus der Zelle und schafft frisches Futter an. In dieser häufig wiederholten Inspektion der Zelle ohne gleichzeitiges Einführen von Futter und deutlich ohne anderen Zweck als den, sich vom Zustande und den Bedürfnissen der Larve zu überzeugen, zeigt sich diese Wespe als höher entwickelte Mutter als die meisten anderen solitären Wespen. ‚Man wäre fast,' sagt Adlerz, ‚geneigt zu behaupten, sie ziehe Schlüsse aus dem Zustande in der Zelle und handele danach. Sollte längere Zeit anhaltendes regnerisches Wetter sie nötigen, unnötig in ihrem Versteck zu sitzen, so vergißt sie gleichwohl ihre Larve nicht, sondern sobald die Sonne hervorbricht, sucht sie das Nest auf und öffnet die Zelle, um zu sehen, ob die Larve, die in dieser Zeit vielleicht hat hungern müssen, noch am Leben ist, in welchem Fall sie eiligst frisches Futter herbeischafft, während sie dieselbe im entgegengesetzten Falle hinausschafft.'" Unter den Wegwespen scheinen ähnliche Instinkte nicht vorzukommen. Das Weibchen hat das hier auch nicht nötig, da als Larvennahrung nur eine einzige Spinne dient, der das Ei angeheftet wird. Dagegen kommen unter den solitären Faltenwespen mehrfach Fälle vor, in denen das Muttertier ständig eine Larve füttert. *Zethus lobulatus* Sauss. legt nach Ducke seine Eier in die erst halbfertigen Zellen, vollendet dann diese und legt den inzwischen geschlüpften Larven paralysierte Raupen, anfangs kleine, später größere als Nahrung vor. Wenn die Larve erwachsen ist, wird die Zelle über ihr geschlossen. Hier kommt zwar eine Verschmelzung von Zellhaufen verschiedener Weibchen vor, doch sorgt jedes Weibchen nur für seine eigene Brut, so daß also von Staatenbildung nicht gesprochen werden darf. Die schönen Untersuchungen Roubauds an *Synagris* machen uns auch in dieser interessanten Gattung mit ähnlichen hochentwickelten Brutpflegeinstinkten bekannt, die schließlich kaum hinter denen sozialer Wespen zurückstehen. *Synagris spiniventris* (Ill.) und in ähnlicher Weise *S. calida* (L.) füllen gewöhnlich nach der Eiablage ihre Zellen mit gelähmten Raupen, verschließen diese dann und kümmern sich nicht weiter darum, weichen darin also nicht von der normalen Brutversorgungsweise ab. Dieses Verfahren wird angewandt, solange reichlich Nahrungsmengen herbeigeschafft werden können. Ist dies aber unmöglich, so werden zunächst nur geringe Vorräte eingetragen und neue erst, wenn die Larve zu fressen begonnen hat. Die Zelle wird verschlossen zu einer Zeit, wenn die Larve noch nicht ganz erwachsen ist und noch ausreichende Nahrung bei sich hat. Hier ist die Anpassungsfähigkeit der Wespe besonders bemerkenswert. Eine regelmäßige Fütterung läßt auch *Syn. cornuta* (L.) ihren Larven zuteil werden. Hier ist ein weiterer Fortschritt in der Richtung zu verzeichnen, daß die Wespe nicht mehr einfach gelähmte Raupen vorlegt, sondern eine besonders präparierte Nahrung aus zerkauten Raupen, also auch direkt von Mund zu Mund füttert und damit sich stark dem Verhalten sozialer Wespen ihrer Brut gegenüber nähert. Stets wird nur eine einzige Larve auf einmal versorgt. Die Zelle wird geschlossen, sobald die Larve erwachsen ist, was von der Eiablage an etwa einen Monat erfordert, und dann erst daneben eine neue Zelle aufgeführt. Aus diesen Umständen ergibt sich auch die relativ geringe Ausdehnung der Nester. Unter dem Zwange klimatischer Verhältnisse wird von *Eumenes maxillosus* Deg. ausnahmsweise die bereits geschlüpfte Larve gefüttert, wenn die für das Auffüllen der Vorräte nötige Futtermenge nicht genügend schnell beschafft werden kann. Bei *Rhynchium anceps* Grib. beobachtete Roubaud, wie die Wespe in einem von ihr selbst bewohnten Nebenstollen, der noch nicht als neuer Niststollen ausgebaut ist, in der Ruhepause zwischen zwei Legeperioden bereits paralysierte Raupen vor der Eiablage ansammelt. Auf diese Weise wird es ermöglicht, daß die Wespe nach Herrichtung der Zelle und Eiablage schnell ihre Zelle mit den Vorräten füllen und verschließen kann. Ähnliche Beobachtungen wurden auch an *Odynerus bellatulus* Sauss. gemacht. Dagegen trägt *Od. tropicalis* Sauss. seiner Larve ständig frisches Futter in Gestalt paralysierter Raupen zu. Die erste Raupe wird eingetragen, wenn die Wespenlarve bereits geschlüpft oder das Schlüpfen wenigstens bald zu erwarten ist. Gelegentlich werden zwei Larven gleichzeitig gefüttert, was dadurch erleichtert wird, daß die kurzen Niststollen gegabelt sind. Die Größe der vorgelegten Beutetiere wird dabei der Größe der zehrenden Larve angepaßt. Im Gegensatz zu *Bembix* und anderen regelmäßig fütternden Grabwespen verschließt die Wespe die Zelle erst, wenn die Larve völlig erwachsen ist, so daß keine Futterreste in die Zelle miteingemauert werden.

Unter den solitären Bienen ist eine ständige Brutfütterung ebenfalls eine recht seltene Erscheinung und am besten von der Gattung *Allodape* auf Grund der Beobachtungen von H. Brauns bekannt. Gelegentlich der Besprechung der Bewegungsmöglichkeiten der Larven wurde bereits auf die hier vorkommenden sogenannten „Pseudopodien" hingewiesen, die auch im Dienste der Ernährung stehen. (S. 56.) Da hier mehrere Weibchen im gleichen Nest tätig sind und auch alle füttern, wobei allerdings nicht bekannt ist, ob ein Weibchen immer nur seine eigene Brut versorgt, ist es nicht ausgeschlossen, daß wir es hier bereits mit einem echten Bienenstaat zu tun haben, der sich allerdings in vielen Punkten von den ursprünglichen *Halictus*-Staaten unterscheidet und namentlich durch die ständige Fütterung eine höhere Stufe darstellen würde.

Im vorstehenden haben wir einige Fälle kennengelernt, in denen hochstehende solitäre Hymenopteren ihren Eiern und Larven eine besondere Pflege zuteil werden ließen, wo es allerdings auch den madenförmigen Larven nicht möglich war, sich selbst Nahrung zu verschaffen. Um so bemerkenswerter ist eine Form von Brutpflege, die bei einer tiefstehenden australischen Blattwespe *Perga lewisi* Westw. von Lewis beobachtet wurde. Das Weibchen legt seine Eier in *Eucalyptus*-Blätter längs der Mittelrippe und bleibt dann bei diesen, indem es fast bewegungslos breitbeinig über denselben sitzt. Auch nach dem Schlüpfen der Larven soll das Weibchen seine Stellung nicht aufgeben. Die Larven drängen sich dabei eng zusammen und sitzen mit den Köpfen nach außen. Setzte Lewis die Weibchen auf fremde Bruten, so wurden auch diese angenommen, so daß also das Weibchen seine eigene Nachkommenschaft als solche nicht kennt. Auffällig ist die lange Zeit (6—8 Wochen), die das Weibchen bei der Brut bleiben soll, zumal mit dem Heranwachsen der Larven — unter Umständen soll ein Gelege bis 80 Eier enthalten — der Platz unter dem Muttertier bald sehr beengt und vor allem auch das Blatt, von dem so zahlreiche Larven leben, in kurzer Zeit abgefressen sein dürfte.

Ein außerordentlich interessantes Kapitel bilden die Nährtiere der karnivoren Larven solitärer aculeater Hymenopteren. Hier sehen wir vielfach eine weitgehende Spezialisierung, die dem jagenden Muttertier die Vertrautheit mit den Instinkten seiner Beutetiere gibt. Die Frage nach dem Zustandekommen der Spezialisierung auf eine bestimmte Nahrung ist schwer zu beantworten. Wir sehen, wie verwandte Gattungen und Arten auch verwandte Beutetiere eintragen. Oft aber ist auch eine bestimmte Gattungsgruppe in bezug auf ihre Beute durch eine tiefe Kluft von ihren nächsten Verwandten getrennt. In anderen Fällen zeigt sich eine Art weniger wählerisch, ja kann auf einmal Vertreter aus verschiedenen Insektenordnungen eintragen. Wir sehen auch gelegentlich einen Wechsel in den Nährtieren nach Örtlichkeiten eintreten. Die Auswahl des Nistplatzes steht namentlich bei den bodenbewohnenden Formen in engem Zusammenhang mit der Bodenformation und zwingt dadurch gewissermaßen die Art in eine bestimmte Biozönose. Mit ihr finden sich daher auch an anderen Niststellen die gleichen oder vikariierenden Arten vergesellschaftet, unter denen sich auch die Nährtiere befinden. Hierdurch wird die Auswahl von vornherein eingeschränkt. Weiter dürfte die frischgeschlüpfte Wespe in ihrer Brutkammer noch den charakteristischen Geruch derjenigen Tiere kennenlernen, aus der sich ihre eigene Larvennahrung zusammensetzte. Schließlich könnte man auch annehmen, daß mit den geringfügigen Veränderungen, die das Nervensystem im Laufe der Metamorphose durchmacht, auch ein Gedächtnis an die eigene Larvenzeit bestehen bleibt. Im übrigen dürfte das mit klimatischen Verhältnissen wechselnde häufigere oder seltenere Auftreten der Nährtiere die Auswahl stark beeinflussen und die Wespenart nicht in ein allzu starkes Abhängigkeitsverhältnis, das schließlich artgefährdend wirken könnte, geraten lassen.

Als Larvenfutter tragen die solitären Faltenwespen, wobei die Masariden als Nektarsammler hier unberücksichtigt bleiben, kleinere Schmetterlingsraupen und auch Käferlarven ein. Bei *Odyn. dubius* SAUSS. fand FERTON auch Käferpuppen und bei *Odyn. parvulus* LEP. Trichopterenlarven. Häufig findet man in der gleichen Zelle verschiedene Arten vertreten. In anderen Fällen macht sich eine gewisse Einheitlichkeit bemerkbar, die wohl mit der Häufigkeit einer bestimmten Beutetierart und mit den Jagderfahrungen, die gerade das betreffende Weibchen machte, in Verbindung zu bringen ist. Hierbei unterscheidet die Wespe nicht zwischen gesunden Raupen und solchen, die von Parasiten befallen sind, so daß man häufig in den Zellen Kokons von Parasiten der eingetragenen Nährtiere vorfindet. In einem vom Verfasser beobachteten Fall verzehrte jedoch die Larve von *Odyn. oviventris* WESM. die infizierten Raupen nicht und vergriff sich auch nicht an den Braconidenlarven, die sich in diesem Falle aus Eichenwicklerraupen hervorbohrten.

Ausschließlich als Spinnenjäger betätigen sich die Psammochariden, wobei sich auch diejenigen Arten, die zum Futterparasitismus übergegangen sind, bei anderen Vertretern derselben Familien ansiedeln. Hier ist vielfach die Spezialisierung auf eine bestimmte Beutetierart besonders weitgetrieben und setzt bei der Wespe genaue Kenntnisse der Nist- und Fluchtgewohnheiten der betreffenden Spinne voraus.

Recht mannigfach sind die Beutetiere der Grabwespen. Spinnen als Nährtiere kommen auch hier vor, doch nur vereinzelt, und wenn man von den miteinander naheverwandten Gattungen *Trypoxylon* und *Pison* absieht, in Gattungen, die keine Verwandtschaftsbeziehungen zueinander besitzen, wie *Sceliphron* und *Miscophus*. Der Instinkt des Spinnenjagens ist also in diesen drei Gruppen sicher unabhängig voneinander entstanden und geht auch auf keine engeren Beziehungen zu den Psammochariden zurück, ist aber allen Arten dieser Gattungen eigentümlich. Im Gegensatz zu den Wegwespen sind es aber hier verhältnismäßig kleinere Spinnen, die stets in Anzahl eingetragen werden. Recht verbreitet als Larvennahrung sind Geradflügler im weiteren Sinne. So werden Blattiden von den naheverwandten Gattungen *Dolichurus* und *Ampulex*, letztere besonders in den Tropen, sowie vermutlich auch von *Podium* gejagt und in recht unvollkommener Weise verstaut. Mantiden und andere Orthopteren stellen die Hauptnahrung der Larrinen- und Chlorioninenlarven dar. Dagegen werden kahle Lepidopterenraupen von *Ammophila* und *Sphex*-Arten ihren Larven vorgelegt. Die Gattung *Astata* und *Dinetus* hat sich auf Wanzenlarven spezialisiert. In der Gruppe der Philanthinen (*Philanthus* und *Cerceris*) begegnen uns dagegen recht verschiedenartige Beutetiere, nämlich andere Hymenopteren und Käfer. Die Gattung *Philanthus* scheint sich jedoch ausschließlich auf Hymenopteren zu beschränken, während *Cerceris* je nach den Arten Vertreter aus beiden Ordnungen fängt und für *C. labiata* F. außerdem noch Hemipterenlarven als Larvennahrung angegeben werden. *Philanthus triangulum* F., der „Bienenwolf“, läßt außer für andere Bienen eine besondere Vorliebe für Honigbienen erkennen. Unter den von *Cerceris* gesammelten Käfern finden sich besonders Arten mit recht festem Chitinpanzer, z. B. Rüsselkäfer und Prachtkäfer, so daß die Wespenlarven vermutlich über besondere Fähigkeiten verfügen werden, um sich ihre Nahrung zugänglich zu machen. Die Spezialisierung geht hier teilweise recht weit. Für die hymenopterenjagenden *Cerceris*-Arten bilden kleinere Bienen die Hauptnahrung der Larven. *Spilomena* hat sich auf den Fang von Physopoden gelegt. Blattläuse findet man in den Nistkammern von kleineren Formen, so bei *Nitela*, *Stigmus*, den Gattungen der Pemphredonen, außerdem bei *Psen*; *Mimesa* bevorzugt dagegen Psylliden- und Zikadenlarven. *Sphecius* legt seinen Larven große Zikaden vor. Während auch *Stizus tridens* F. Hemipteren einträgt, sind die größeren Arten der gleichen Gattung Orthopterenjäger. Für die Gorytinen bilden gleichfalls Homopteren die Hauptnahrung, doch ist *Mellinus* zum Fliegenfang übergegangen, der auch von der Mehrzahl der Bembicinen betrieben wird. Ebenso scheinen alle *Oxybelus* Fliegen als Beutetiere einzutragen. Recht vielseitig ist die Gattung *Crabro*. Hier herrschen Dipteren, darunter auch Mücken, vor. Gleichwohl stellen eine ganze Reihe von Arten den verschiedensten Insekten nach. „*Rhopalum clavipes* erbeutet Fliegen oder Psociden, *Cr. wesmaeli* Capsiden und Fliegen, *cinxius* außer Fliegen auch ausnahmsweise Hemipteren, *brevis* neben Dipteren auch Käfer (Halticinen), *alatus* und *subterraneus* Nachtschmetterlinge (Imagines) (*Crambus*-Arten), *quinquenotatus* und *curvitarsis* — die Vertreter einer natürlichen Artgruppe — Ameisen, *armatus* — soviel bekannt geworden ist — andere Hymenopteren (z. B. Braconiden), *exiguus* nur Hemipteren, *walkeri* das *Cloeon dipteron*“ (nach Kohl). Auffallend ist, wie manche Arten nach der Gegend verschiedenes Larvenfutter eintragen, z. B. *Lindenius albilabris* F. Adlerz schreibt darüber: „Während diese Art in einer Ansiedlung in der Gegend von Sundswall nur Fliegen einsammelte, trug sie einige Meilen südwärts sowohl Fliegen als Hemipteren ein. Noch weiter südwärts, in Östergötland, fing sie nur Hemipteren; dasselbe gilt von Dänemark und Holland. In den oben erwähnten Nestern, wo sowohl Hemipteren als Fliegen eingesammelt waren, lag das Ei immer an Hemipteren befestigt. Diese waren freilich auch zahlreicher. Nachfolgend seien noch andere Crabronen erwähnt, welche sowohl Hemipteren als auch Fliegen einsammeln, nämlich: *Coelocrabro cinxius* und *Crossocerus anxius*. In den Zellen der ersteren Art werden die Fliegen in größerer Zahl angetroffen, und wenn Beute von beiden Ordnungen in derselben Zahl vorkommt, ist es im Gegensatz zu *Lindenius* eine Fliege, an welcher das Ei gefunden wird. Da Fliegen die häufigste Beute in der Unterfamilie der Crabronen sind, ist es wahrscheinlich, daß die Ansiedlung, welche in der Gegend von Sundswall nur Fliegen sammelte, die ursprünglichen Gewohnheiten der Art zeigte. Die in anderen Teilen des Landes vorkommenden polyphagen Ansiedelungen zeigten diese Gewohnheit unterdrückt von einer, wie es scheint, aus Süden stammenden neuen Gewohnheit, Schnabelkerfe einzutragen. In Östergötland hat diese Gewohnheit so überhand genommen, daß die Art wieder monophag geworden ist. Da diese Art auch in Lappland getroffen wird, wäre es nützlich zu untersuchen, ob sie in nördlichen Gegenden ausschließlich oder wenigstens vorwiegend Dipteren sammelt wie *L. panzeri*.“ *Stictia punctata* F., eine Bembicine, trägt nach HUDSON in Südamerika unter Bevorzugung von Fliegen auch andere Insekten ein. Diese Angaben sind aber ohne Nennung irgendwelcher Namen so unbestimmt gehalten, daß man daraus meines Erachtens nicht auf eine besonders ursprüngliche Form der Brutpflege schließen darf.

Bezüglich der Zahl der Beutetiere lassen sich keine allgemeinen Angaben machen. Dieselbe ist naturgemäß artweise den größten Schwankungen unterworfen. Während bei den Wegwespen eine einzige Spinne für die volle Ernährung der Larve ausreicht, müssen andere Arten dagegen, die verhältnismäßig kleine Beutetiere eintragen, eine große Zahl derselben vorlegen. Die Menge dürfte außerdem von der mehr oder weniger weitgehenden Verwertbarkeit der Nährstoffe abhängen. So wird der *Bembix*-Larve vom Weibchen bei der ständigen Fütterung eine recht große Anzahl von großen Fliegen vorgelegt. Während bei solchen Arten, die besonders wählerisch sind und dementsprechend nur über einen kleinen Küchenzettel verfügen, annähernd die gleiche Menge von Nährtieren in allen Zellen geboten wird, kann man bei anderen Arten große Schwankungen beobachten, die in Abhängigkeit von der Örtlichkeit und Jahreszeit stehen. So gibt ROUBAUD an, daß man gewöhnlich in den Zellen von *Synagris* oder *Rhynchium* etwa ein Dutzend, mitunter aber nur sieben oder acht Raupen von 3—4 cm Länge findet bei einem Durchschnittsgewicht von 0,2 g. Zu anderer Jahreszeit wurden dagegen bei *Synagris* bis 60 Raupen von 0,03 g gefunden. Das Herbeischaffen der letzteren bedeutet eine viel größere Anstrengung für das Muttertier und wird daher nur unter dem Zwange der Verhältnisse stattfinden. Ähnliche Beobachtungen wurden auch bei *Eumenes maxillosus* DEG. gemacht, wo mitunter eine einzige große Raupe, gewöhnlich aber ein Dutzend auf jede Zelle kommen. Hat das Weibchen also in günstiger Zeit die Möglichkeit einer Wahl, so wird es möglichst große Nährtiere einzutragen suchen und sich dadurch die Brutversorgung wesentlich erleichtern.

Das wichtigste Werkzeug, gewissermaßen die Jagdwaffe, stellt der Stachel dar, der hier bei den aculeaten Hymenopteren zur Paralysierung der Beute dient. Sein Bau wurde bereits oben besprochen. Mit ihm werden auch dem kräftigen Beutetier die wehrlos machenden Stiche beigebracht. In anderen Fällen wird die Beute getötet. Der Vorteil der bloßen Paralysierung der Nährtiere besteht zunächst darin, daß sie so ohne Widerstand in das Nest transportiert werden können, und ferner, daß sie sich auch für längere Zeit frisch halten, während nach der Tötung Fäulnis auftreten kann. Getötete Beutetiere können nicht für längere Zeit aufgestapelt werden, und so ergibt sich hieraus die ständige Fütterung, wie sie für verschiedene Formen bereits erwähnt wurde. Ursprünglich, kann man annehmen, wird das Ei dem ersten und einzigen Beutetier angeheftet worden sein. Wenn wir daher bei *Stictia*, manchen *Bembix*-Arten und den anderen oben bereits erwähnten Formen eine Eiablage vor Eintragen der Beute finden, so wird diese Erscheinung hier etwas Sekundäres darstellen. Im übrigen sind gerade bei diesen Formen, die ständig füttern, die Paralysierungsinstinkte noch wenig ausgeprägt, so daß man teils das Eintragen von toten, teils von paralysierten Nährtieren beobachtet.

Wenig widerstandsfähige Beutetiere, wie Blattläuse, Chironomiden, vielfach auch Fliegen, scheinen allerdings meist getötet eingetragen zu werden. Das das Nest umgebende Medium wird unter Umständen, besonders wenn es sich um Nester in trockenen Pflanzenteilen und Sandboden handelt, das Faulen oder Verschimmeln der Nährtiere verzögern. Kommt dann noch eine möglichst kurze Freßperiode der Larve hinzu, so ist die Gefahr, die das Aufhäufen toten Larvenfutters mit sich bringt, wohl nur gering. Über die Paralysierungsgewohnheiten der Psammochariden verdanken wir besonders FERTON eingehende Beobachtungen. Der die Lähmung herbeiführende Stich wird hauptsächlich in die Mundgegend der Spinne geführt. Es ist dabei nicht nötig, daß die Wespe ihr Opfer vorher packt. Sie kann vielmehr schon bei der Berührung mit der eingekrümmten Abdominalspitze, während diese unter dem Körper der Spinne entlang gleitet den Punkt erkennen, wohin sie den Stachel zu führen hat. Gelegentlich beobachtete FERTON auch bei einem Kampfe eines *P. republicanus* KOHL. mit einer *Textrix coarctata*, wie in der Eile der Spinne, die auf den Rücken gefallen war, dorthin ein wirkungsloser Fehlstich beigebracht wurde. Die Wirkung des Giftes auf die Spinnen ist recht verschieden. Es sind eine ganze Reihe von Fällen bekannt, in denen die Spinne ihre volle Bewegungsfreiheit nachträglich wieder erlangte. Hierfür kann außer einer falschen Stichführung auch eine zu geringe Giftmenge als Ursache in Frage kommen. Für einige Arten scheint eine schwache Stichwirkung die Regel darzustellen, z. B. für *P. cinctellus*. Aber auch individuelle Verschiedenheiten kommen vor. Die Anbringung des Stiches sowie die Art der Spinne spielen hierbei eine große Rolle, so daß sich nichts verallgemeinern läßt. Vielfach ist die Paralyse, ehe die Spinne stirbt, — vorausgesetzt, daß ihr noch kein Ei angeheftet war oder daß dieses entfernt wurde, — von recht langer Dauer (mehrere Wochen). Unter Umständen erwacht dieselbe schon nach wenigen Minuten, nimmt Nahrung zu sich und scheint keine weiteren Schädigungen davonzutragen. G. und E. PECKHAM geben allerdings eine ganze Reihe von Fällen bekannt, in denen die Beutespinnen direkt getötet werden sollen. Wenn freilich auch diese Spinnen nicht auf irgendwelche Reize reagierten, so darf daraus aber doch noch nicht auf eine Tötung geschlossen werden. Erlangt eine Spinne nachträglich ihre volle Bewegungsfreiheit wieder, so kann es, wie G. und E. PECKHAM vermuten, von großer Wichtigkeit sein, daß die Brutkammer möglichst eng ist, so daß das Beutetier nach dem Erwachen aus der Paralyse in seiner eingeengten Lage sich nicht bewegen und dabei das Ei oder die Larve abstreifen kann. In Verbindung mit dem engen Nesteingang ist auch das bei den verschiedensten Arten beobachtete Kneten der Spinnenbeine zu verstehen. So berichteten die genannten amerikanischen Autoren von *P. scelestus* CR., wie dieser die Beine der Beutespinne der Reihe nach in der Hüftgegend mit den Mandibeln knetet. Die dadurch erzielte Weichheit ermöglicht erst das Hineinziehen des Opfers in den Niststollen. Trotzdem können derartig behandelte Spinnen, wenn sie aus der Paralyse erwachen und nicht unmittelbare Zerstörungen von Ganglien oder Nervenfasern vorliegen, ihre normale Bewegungsfähigkeit wieder erlangen. Einige Wegwespen gehen aber noch weiter. So trennt *Pseudagenia punctum* F. der Spinne einige Beine ab, wodurch eine leichtere Unterbringung in der Lehmzelle ermöglicht wird. Dasselbe wird von *Agenia bombycina* Cr. und *P. fuscipennis* Lep. berichtet. Die Jagdweise der Psammochariden ist besonders von Ferton an einer Anzahl von Arten im Mittelmeergebiet studiert worden. Es zeigt sich dabei, daß je nach den Arten eine besondere Taktik verfolgt wird. Eine gewisse instinktive Furcht der Spinnen vor ihren Feinden machen sich die Wespen zunutze. Viele Spinnen suchen sich durch die Flucht ihrem Angreifer zu entziehen. Sie lassen sich von einem Blatte fallen oder biegen plötzlich aus der bisher innegehaltenen Richtung ab. Die Wespe verfügt aber über ein außerordentlich feines Witterungsvermögen und findet die Spinne fast immer in kürzester Zeit wieder, bis sie sich dann plötzlich auf die Spinne stürzt und ihr mit großer Geschwindigkeit den lähmenden Stich beibringt. Beim Aufsuchen der Spinne in ihrem Versteck dürfte auch der Geruchssinn die jagende Wespe leiten. Von *Ps. acrobates* Fert. wird berichtet, daß dieser den vereinzelt ausgespannten Fäden von *Lithyphantes corollatus* folgt, diese als Brücken benutzend, und so schließlich in die Nähe seiner Spinne gelangt, die sich darauf fallen läßt und nun verfolgt wird. In ähnlicher Weise folgt auch *Aporus gredleri* Kohl den ausgespannten Fäden. Suchen sich viele Erdspinnen in ihren Nestern durch besondere Klapptüren zu schützen, so haben aber auch die ihnen nachstellenden Wegwespen entsprechende Fähigkeiten entwickelt, die es ihnen ermöglichen, dort einzudringen. Eine kräftige Ausbildung der Vorderbeine, Abflachung des Kopfes und Verlängerung des Clypeus spielen hierbei eine Rolle. Was die Grabtätigkeit anbetrifft, so zeichnet sich hierdurch besonders *P. effodiens* aus. Er gräbt den mehrere Zentimeter tiefen Gang einer *Lycosoides* auf, um die Spinne darin zu überwältigen. Eigenartig sind die wechselnden Jagdinstinkte von *P. orbitalis* Costa (*vagans*), die Ferton eingehend schildert und die in enger Beziehung zu den verschiedenen Nistgewohnheiten der hauptsächlich von ihm gejagten Spinne, *Nemesia badia*, stehen. Von Mai bis Ende August ruht die Spinne in einem einfachen Erdgang, den die Wespe durch Angraben von oben her öffnet, um die Spinne im Gange zu überwältigen. Später baut die Spinne einen Y-förmigen Gang mit zwei getrennten, durch Klapptüren geschlossenen Öffnungen, die eine Flucht ermöglichen. In diesem Falle unternimmt die Wespe erst an der einen, dann an der anderen Pforte Reizversuche, um die Spinne aus dem Nest herauszutreiben. Gelingt dies nicht, so dringt sie in das Nest selbst ein und verläßt es wieder am andern Ausgang. Auf diese Weise wird schließlich die Spinne solange gereizt, bis sie hinauskommt und die Wespe sich auf sie stürzen kann. Nach der Lähmung wird sie dann in ihren eigenen Gang, der als Brutzelle der Wespe dient, zurückgeschleppt. Gelegentlich werden die Reizversuche in der Weise vorgenommen, daß der *P. orbitalis* sich mit seiner Hinterleibsspitze an dem einen Deckel zu schaffen macht, während er nach dem zweiten Eingang hinschaut. Nach einstündiger Grabtätigkeit gelangte diese Wespe an den Gang einer großen *Nemesia fertoni*, die 11mal so schwer wie die Wespe war. Die Wespe unterließ einen Paralysierungsversuch und gab ihre Tätigkeit auf. In einem anderen Falle gelang es der gleichen Art nicht, einen zweiten Verschluß zu öffnen, den ein *Nemesia*-Weibchen im Gange angelegt hatte, so daß die Wespe unverrichteter Sache abziehen mußte. Wie fein der Geruchssinn ist und wieweit die Wespe durch ihn geleitet wird, geht aus einer Beobachtung FERTONS hervor, wobei eine Wespe sich vergebens bemühte, den zweiten Gang einer *Nemesia mandersjernae* zu finden. Der beim Scharren am Nest gelöste Sand war an einer kleinen Böschung herabgerollt. Die Wespe kam auf der Suche nach dem zweiten Gang dorthin und grub nun an dieser Stelle, wo also Sand lag, der sich im ersten Gang der Spinne befunden hatte. Ein weiterer Grabversuch wurde dann noch an dem Platze vorgenommen, wo sich der an der zweiten Grabstelle entfernte Sand angesammelt hatte. Beim Stich packt diese Wespe die Spinne am Thorax, steht dabei quer zu ihr und führt den Stachel von unten her gegen die Mitte des Thorax. Einige weitere Stiche werden der Spinne außerdem noch vorn und hinten am Thorax beigebracht. Obwohl diese Art noch über eine recht gute Grabfähigkeit verfügt, ist sie doch nicht in der Lage, selbständig ein eigenes Nest anzulegen, gleichwohl nimmt sie Nemesien, die ihr außerhalb des Nestes geboten werden, an, gibt sie aber nach einigen Grabversuchen auf. Die Benutzung des Spinnenganges für ihre eigenen Zwecke scheint daher eine regelmäßige zu sein. Die gleiche Spinne wird auch von *Priocnemis leucoelius* COSTA gejagt, dessen Stich eine nachhaltigere Wirkung zu besitzen scheint als der des *P. orbitalis*. Ähnliche Jagdgewohnheiten wie der letztere hat auch *P. umbrosus* KL. An dem Nestverschluß seines Beutetieres, der *Lycosa villica* (= *tomentosa*), durchbohrt er erst die darauf befindliche Erdlage und dringt dann dort ein. Sein Verweilen im Gang ist von längerer Dauer, da hier ein besonderer Stollen zur Unterbringung der gelähmten Spinne ausgeschachtet wird. *Cryptochilus egregius* LEP. scheint in ähnlicher Weise wie *Cr. variabilis* ROSSI (*scurra*) die in der Rückenlage befindliche Spinne anzustechen. Während viele Arten nur ganz bestimmte Spinnen jagen und dementsprechende spezialisierte Jagdinstinkte besitzen, sind andere Arten weniger wählerisch. So jagt *Pr. vachali* FERT. Spinnen von recht verschiedener Lebensweise. *P. marginatus* SAY erbeutet nach G. und E. PECKHAM ohne Unterschied *Thomisus, Drassus, Attus, Agalena* oder *Lycosa*. Von *Pseudagenia punctum* F. sind ebenso wohl Drassiden, wie Philodromiden und Epeiriden als Beutetiere bekannt. Der Transport der Beute zum Nest, vorausgesetzt, daß diese nicht bereits in ihrem eigenen Bau paralysiert und dort belassen wurde, geschieht auf verschiedenartige Weise. Da es sich hier meist um Beutetiere handelt, die verhältnismäßig schwer (bis 10mal so schwer wie die Wespe) sind, so kommt hauptsächlich ein Schleppen der Spinne am Boden in Betracht. Die Wespe packt dabei ihr Opfer gewöhnlich an einem Bein und schleift es, rückwärts schreitend, zum Bau. *Agenia variegata* L. und *Pseudagenia punctum* F. halten ihr Opfer dabei an den Spinnwarzen. Ist die Spinne leichter, so kann sie auch in den Mandibeln getragen werden. Dabei ist es bemerkenswert, daß offensichtlich in Verbindung mit der auch vorkommenden Schleppmethode *P. marginatus* SAY nach G. und E. PECKHAM beim Tragen der

Beute gleichfalls rückwärts geht, während z. B. *P. sericeus* v. d. LIND., *pulcher* F. und *Priocn. hyalinatus* die Spinne vor sich hertragen. Auch von *Agenia bombycina* CR. wird das gleiche berichtet; sie hält ihr Opfer dabei an einem der übriggebliebenen, nicht abgeschnittenen Beine. Auf kürzere Strecken können nicht zu schwere Spinnen auch im Fluge transportiert werden. Die mehrfach genannten amerikanischen Autoren beobachteten zweimal, „daß *P. marginatus* seine Spinne aufnahm und mit ihr ein beträchtliches Stück (1,2—1,5 m) rückwärts flog". Da in vielen Fällen das Nest zur Unterbringung der Spinne erst nach deren Erbeutung angelegt wird, muß die Spinne vorher irgendwo deponiert werden. Hierfür wählen manche Arten die verschiedensten Erdhöhlungen aus, andere bevorzugen höher gelegene Punkte, wie Blattwinkel, die wohl einen besseren Schutz gegen Ameisen darstellen mögen, noch andere scharren vorübergehend ihre Beute ein. Findet sich in der Nähe kein geeigneter Nistplatz, so wird die Spinne wieder abgeholt und an einer neuen Stelle niedergelegt. Dies kann sich mehrfach wiederholen. Auch während der Anlage des Nestes selbst stattet die Wespe ihrer Beute mehrfache Besuche ab. *Calicurgus hyalinatus* F. soll eine Spinne, ohne sie vorher niederzulegen, ins Nest einbringen. In solchen Fällen, in denen das Nest vor der Jagd angelegt wurde, kann es vorkommen, daß der Eingang sich als zu eng erweist, wenn ein verhältnismäßig großes Beutetier zur Strecke kam. Dann wird entweder nach Ablegen der Spinne der Gang erweitert, oder es kann durch Kneten der Spinnenbeine eine größere Schmiegsamkeit derselben erreicht werden, so daß sie sich beim Hineinzerren besser dem Körper anlegen. Dürften viele dieser Handlungen auch instinktiv fixiert sein, so scheinen doch von Fall zu Fall kleine Verschiedenheiten vorzukommen. Während es FERTON mehrfach gelungen ist, paralysierte Spinnen auszutauschen, so daß diese von einem anderen Weibchen angenommen wurden, berichten G. und E. PECKHAM, daß ihnen dies bei *P. quinquenotatus* SAY nie gelang. Wenn sich auch Wespen dieser Art gegenseitig ihre Beute streitig machen, so wurden paralysierte oder lebende Spinnen der Beuteart (*Epeira strix*), die an der Stelle einer von der Wespe deponierten Spinne untergeschoben wurden, nie angenommen. Diese Wespe scheint also die von ihr erlegten Spinnen genau zu unterscheiden und zeigt also dabei ähnliche Instinkte, wie wir sie später bei solitären Faltenwespen kennen lernen werden. Bezüglich der Unterbringung der paralysierten Spinne im Nest herrscht eine große Mannigfaltigkeit. Die Spinne kann entweder auf dem Rücken, dem Bauch oder der Seite liegen. Als Beweis für eine angebliche Beständigkeit der Unterbringungsart reichen meines Erachtens die dürftigen vorliegenden Angaben aber keineswegs aus.

Die Paralysierungsgewohnheiten der Grabwespen sind denen der Wegwespen recht ähnlich. Als Ausnahme müssen aber die *Diodontus*-Arten nach G. und E. PECKHAM erwähnt werden. Hat eine Wespe eine Blattlaus gepackt, so läßt sie sich mit dieser auf einem Nachbarblatt nieder, gibt die Beute mit den Mandibeln nach hinten zum zweiten Beinpaar und bekommt dadurch das erste zum Putzen des Gesichtes frei. Nach der Reinigung nimmt sie die Blattlaus wieder nach vorn und quetscht deren Nacken; dieses Kneten wird mehrfach wiederholt. Der Stachel wird hier offensichtlich nicht benutzt. Es wäre interessant, festzustellen, ob andere Wespen, die ebenfalls verhältnismäßig schwache Beutetiere eintragen, ähnlich verfahren und vom Stachel keinen Gebrauch machen. Die FABREschen Angaben über die Lokalisierung der Stiche bei Grabwespen entsprechen durchaus nicht immer den Tatsachen. Bei hartgepanzerten Käfern sind die Einstichmöglichkeiten sehr gering, und der Stachel wird eben nur dann zustoßen, wenn er auf weichere Intersegmentalmembranen, die Kehlhaut oder die Gelenkhäute der Hüften usw. trifft. Es kommt auch viel weniger darauf an, daß die Ganglien oder bestimmte Nerven selbst mechanisch verletzt werden, als auf ein Injizieren des Giftes in der Nähe des Nervensystems, wodurch allgemeine Vergiftungserscheinungen auftreten, die auch zum Tode führen können.

Namentlich bei Raupen als Larvennahrung von *Ammophila* und *Sphex* scheint ein wiederholtes Stechen in verschiedene Segmente mit der weitgetrennten Lage der Ganglien in Verbindung gebracht werden zu können. Eine bestimmte Stichfolge scheint aber nicht vorzukommen. Bereits nach dem ersten Stich machen sich deutliche Erschlaffungserscheinungen an der Raupe bemerkbar. Nach ADLERZ sollen die letzten Segmente der Raupe nicht gestochen werden. In anderen Fällen genügt ein einziger Stich, um das Beutetier sofort zu töten. Dies scheint z. B. bei *Philanthus*-Arten der Fall zu sein. Da eine instinktive Furcht, wie sie die Spinnen vor den Wegwespen aufweisen und die sich unter Umständen beim Herannahen des Gegners in einem regungslosen Verharren äußert, bei den Opfern der Grabwespen nicht vorzukommen scheint, so wird der Stich offensichtlich nur dann versetzt, wenn das Beutetier gepackt worden ist. Wurde von den Wegwespen der wirksamste Stich in die Mundgegend der Spinne geführt, so führen viele Grabwespen denselben in die Kehlgegend, wobei sie dem Subösophageal- und eventuell auch Zerebralganglion nahekommen. Besonders häufig findet hier auch ein Quetschen des Opfers in der Nackenregion zwischen Kopf und Thorax statt oder auch an den vorderen Segmenten der von *Ammophila* eingetragenen Raupen. Dies geschieht nicht bloß bei solchen Tieren, aus denen die Wespe selbst Säfte zur eigenen Ernährung — eine bei Grabwespen häufige Erscheinung — ausquetschen will, sondern speziell auch bei Tieren, die als Larvenfutter dienen sollen. Dabei wird das Kneten aber mit einer gewissen Vorsicht ausgeführt, daß keine äußeren Verletzungen zu bemerken sind. Es kann keinem Zweifel unterliegen, daß auch durch diese Tätigkeit das Zentralnervensystem stark in Mitleidenschaft gezogen wird. In manchen Gattungen, z. B. *Dolichurus*, scheint die Lähmung sehr schnell zu vergehen, in anderen können die Beutetiere monatelang gelähmt liegen, ohne aus der Paralyse in einen normalen Zustand zurückzukehren. Diese Lebenszähigkeit im Zustand der Paralyse dürfte mit einer allgemeinen Herabsetzung aller körperlichen Funktionen im engen Zusammenhang stehen. Wenn sich manche angeblich getöteten Beutetiere noch längere Zeit frisch erhalten, so kann wohl angenommen werden, daß es sich hier entweder um durch Paralyse völlig bewegungslose Individuen handelt, oder aber daß das mit dem Stich eingeflößte Gift eine antiseptische Wirkung besitzt. In einigen Fällen fressen jedoch auch die Larven bereits in Zersetzung begriffene oder selbst eingetrocknete Nährtiere, so daß also durchaus nicht immer lebendfrisches Futter eine Vorbedingung für eine gute Entwicklung der Brut ist. Für das Töten einzelner oder aller Beutetiere liefern besonders die Spinnen-jagenden *Sceliphron*-Arten ein gutes Beispiel. Auch große individuelle Verschiedenheiten sind dabei zu erkennen. Ein Abschneiden einzelner Beine, wie es manche Wegwespen an ihren Spinnen vornehmen, kommt auch gelegentlich bei Grabwespen vor. So berichtet FERTON, daß *Notogonia pompiliformis* Pz. den eingetragenen Grillenlarven einzelne Beine abbeißt. Während in diesem Falle der Grund hierfür nicht sicher zu erkennen ist — es könnte sich darum handeln, daß aus der Paralyse erwachende Tiere möglichst geringe Bewegungen ausführen sollen —, scheint durch das Abschneiden von Mückenbeinen (*Crabro cinxius* DHLB.) oder Fliegenflügeln (*Cr. fossorius* L.) das Eintragen und die Unterbringung in den Zellen erleichtert zu werden. Für *Bembix rostrata* L., *Oxybelus*-Arten und einige Crabronen wird von einigen Autoren angegeben, daß der Thorax der eingetragenen Fliege gequetscht wird und der Panzer dadurch Risse aufweist. Dem stehen aber widersprechende Angaben anderer Beobachter entgegen. Unter Umständen sind hier vielleicht die Instinkte je nach den Gegenden verschieden. Da FERTON festgestellt hat, daß *Bembix* Fliegen, die sie zur eigenen Ernährung fing und dementsprechend mit ihren Mandibeln bearbeitete, niemals der Brut vorlegt, scheint es ausgeschlossen, daß die mit zerstörtem Thorax im *Bembix*-Bau gefundenen Fliegen etwa vorher schon der Wespe für den eigenen Bedarf gedient haben. Ein besonderes, mit dem Stechakt in Verbindung stehendes eigentümliches Verhalten ist von *Oxybelus melancholicus* CHEVR. und *uniglumis* L. beobachtet worden. Die Wespe packt die Fliege mit den Mandibeln am Thorax, sticht sie von unten her in die Kehlgegend. Dann wird die Fliege, ohne daß der Stachel herausgezogen wird, so gedreht, daß sie auf den Rücken zu liegen kommt, und unter dem Körper der Wespe nach hinten geschoben. Aufgespießt auf den Stachel und mit dem Kopf unter dem Abdomen des Wespe liegend, wird die Fliege, deren Körper dabei weit über den der Wespe nach hinten hervorragt, mit den Hinterbeinen gehalten und im Fluge ins Nest getragen. Ein mit seiner Last dahinfliegender oder am Boden sitzender *Oxybelus* fällt durch den vorragenden Körper des Beutetieres sofort auf. *Oxybelus nigripes* OL. und 14 *notatus* JUR. sollen diese Gewohnheit nicht besitzen. Ein längeres Verweilen des Stachels im Körper des Opfers kann auch gelegentlich beim Stechakt anderer Grabwespen beobachtet werden. *Ammophila* bewegt sogar mitunter den Stachel im Raupenkörper nach verschiedenen Richtungen. Von den zahlreichen Beobachtungen, die über den Fang der Beutetiere und deren Transport bis zum Nest vorliegen, kann hier nur eine kleine Auswahl zur Darstellung gelangen. Innerhalb der Gattung *Crabro* zeichnet sich die *Tracheliodes*-Gruppe dadurch aus, daß sie Ameisen nachstellt. Das Weibchen von *Tr. quinquenotatus* JUR. schwebt über den Straßen von *Tapinoma erraticum* LATR.

und greift sich nach längerer Wahl eine Ameisenarbeiterin heraus, die sie außerhalb der Straße lähmt. 40—50 Ameisen bilden das Futter für eine Larve. Die Ameisen führen anfangs zwar noch lebhafte Bewegungen aus, können aber nicht laufen. Sind die Beutetiere im Verhältnis zu der jagenden Wespe klein, wie dies bei allen Blattläuse jagenden Grabwespen und auch den *Crabro*-Arten der Fall ist, so kann die Beute im Fluge ins Nest gebracht werden, braucht auch vorher nicht niedergelegt zu werden. Wo sich der Nesteingang in einer steilen Böschung oder an einem Holzpfosten befindet, ist dies von vornherein ausgeschlossen. *Miscophus* bringt seine kleinen Spinnen zu Fuß ins Nest und führt höchstens kurze Hüpfpflüge aus. *M. bicolor* JUR. schleppt übrigens nach FERTON 7—12 gelähmte, wohl auch geknetete, aber nicht getötete Spinnen in die Zellen. *Bembix* packt die Fliegen vorn und sticht dann ziemlich langsam mit eingekrümmtem Abdomen in die Mundgegend. Die Fliege wird mit dem mittleren Beinpaar eng an die Unterseite der Wespe herangezogen, so daß man, selbst wenn es sich um eine verhältnismäßig große Fliege handelt, diese kaum wahrnimmt, wenn sie im Fluge zum Nest getragen wird. War das Nest verschlossen, so braucht die mit Beute heimkehrende Wespe dieselbe doch nicht abzulegen, da sie die Vorderbeine zum Öffnen des Ganges frei hat. Beim Einschlüpfen selbst wird die Fliege etwas nach hinten verschoben, so daß sie dann über die Abdominalspitze der Wespe mehr oder weniger weit nach hinten hervorragt. Bemerkenswerte Beziehungen zwischen Körperorganisation — in diesem Falle eine Flügelverkürzung — und Jagdgewohnheiten fand FERTON bei *Bembix handlirschiella* FERT. Diese ist in der Lage, dem unregelmäßigen Fluge der Beutefliegen (Anthraciden) sich vollkommen anzupassen — übrigens kann auch *B. rostrata* L. kurze Zeit wie eine Syrphide schwirrend in der Luft stehen — und folgt fliegend allen Bewegungen ihres Jagdwildes, vorwärts und rückwärts, um in einem geeigneten Augenblick auf ihr Opfer loszuschießen. Unter den Zikaden-eintragenden *Gorytes*-Arten ist besonders *G. mystaceus* L. dadurch interessant, daß er es gelernt hat, die Zikadenlarven aus dem Kuckucksspeichel hervorzuholen. Er läßt sich dann irgendwo in der Nähe nieder und streicht mit den Vorderbeinen den Schaum ab. Verhältnismäßig leicht kann man entsprechend seiner Häufigkeit *Mellinus arvensis* L. auf der Fliegenjagd beobachten. Die Wespe beschleicht förmlich ihre Beute und stürzt sich aus kurzer Entfernung auf diese. Auch hier wird die Fliege im Fluge ins Nest getragen. *Alyson* soll seine Beute mit den Mandibeln eintragen. Verfasser sah *A. fuscatus* Pz. mit seiner Zikade, die er sich von Pappelschößlingen holte und die er im Fluge forttrug, in der Nähe seines Nestes, mit der Beute unter dem Körper, aber laufen und, ohne die Zikade niederzulegen, in seine Nester einschlüpfen. *Notogonia*-Arten und *Tachysphex laevidorsis* suchen ähnlich wie die Wegwespen ihre Beutetiere, in diesem Falle Gryllidenlarven, aus deren Verstecken hervorzuscheuchen, um sich dann auf sie zu stürzen. Die Beute kann im Fluge eingetragen werden. Ist sie hierfür zu schwer, so wird sie am Boden vorwärts getragen, wobei auch ein hüpfender Flug vorkommen kann. Beim Eintragen lassen weder *Tachysphex mantiraptor* FERT. noch *julliani* KOHL noch *mediterraneus* KOHL ihre Beute los. Sind die

Beutetiere langgestreckt wie die Larven von *Mantis* oder *Oecanthus*, so ragt das Opfer unter dem Körper der Wespe nach hinten vor. Der Transport kann im Fluge erfolgen. G. und E. PECKHAM beobachteten dagegen, wie ein *Tachytes*, der rittlings über einer Heuschrecke saß und diese in kurzen Sprüngen einbrachte, rückwärts in das Nest einschlüpfte und seine Beute am Fühler hinter sich herzog. Die Zahl der einer Larve vorgelegten Beutetiere ist entsprechend der Größe derselben gering. Außer der Paralysierung wird auch ein Kneten der Beutetiere in der Nackenregion beschrieben. Dasselbe kommt auch bei *Astata* vor, deren Stich wenigstens nach G. und E. PECKHAM gewöhnlich tödlich wirkt, während nach FERTON ein einziger Stich in die Kehlgegend der Wanze die Paralyse eintreten läßt. Die Wanzen sollen auch hier bald ganz bewegungslos werden, aber längere Zeit frisch bleiben. Zum Nest wird die Beute im Fluge getragen oder unter Vorwärtsschreiten transportiert. Die *Philanthus*- und ihnen nahestehenden *Cerceris*-Arten scheinen mit einmaligem Stich ihre Beutetiere sofort zu lähmen oder zu töten. Die von *Philanthus triangulum* F. auf einer Blüte gestochene Honigbiene gibt unmittelbar nach dem Stich nur noch ganz geringe Lebenszeichen von sich. Sie wird im Fluge in das Nest getragen, wobei die Biene wahrscheinlich mit dem mittleren Beinpaar umklammert wird. Den Vorgang der Einbringung der Beute ins Nest schildern G. und E. PECKHAM (für den amerikanischen *Phil. punctatus* SAY) folgendermaßen: „Bei ihrer Rückkehr ließ sich die Wespe plötzlich auf den richtigen Platz herab und begann den Eingang aufzugraben, wobei sie die Biene (einen *Halictus*, den die Wespe bei dem vergeblichen Suchen nach dem von den Beobachtern absichtlich verdeckten Nesteingang hatte fallen lassen) mit der aufgeworfenen Erde rückwärts stieß. Als der Weg frei war, griff sie die Biene auf und brachte sie nach der Höhle zu, ließ sie fallen, rannte hinein und heraus, brachte sie näher, lief wieder zurück, drehte sich im Tunnel um, packte die Biene mit den Mandibeln und zog sie hinunter. Dieses Manöver war eine Folge von der zufälligen Verstopfung des Ganges. Denn später fanden wir, daß *punctatus* geradezu direkt in das Nest hineinfliegt oder, wenn es verschlossen ist, sich auf seinen Schwingen hält, bis mit den Vorderbeinen eine Öffnung gegraben ist. Dabei wird die Biene ein wenig rückwärts, selten indessen über das Abdomen hinaus geschoben.“ An einer von FRIESE beobachteten Kolonie brachte ein *Philanthus* etwa alle halbe Stunde eine Honigbiene ein. „Die Honigbienen werden von der Wespe auf den Blüten von *Melilotus*, *Calluna* u. a. während des Saugaktes überfallen, und zwar stößt sie mit rapidem Flug auf die Ahnungslose ein, sie sofort mit ihren großen Kiefern in den Nacken packend und durch ihren Stachel lähmend.“ „Am andern Morgen in der Frühe findet man die von der Wespenlarve ausgesogenen Bienenkadaver bis zu 7 Stück außerhalb des Nestes liegend vor“ (FRIESE). Eine Erklärung hierfür bleibt uns FRIESE schuldig. Es kann nur angenommen werden, daß die Wespen selbst die Bienen aus den Gängen heraustransportieren, was aber, wenn es sich um tatsächlich frisch „ausgesogene“ Bienen handelt, eine Dauerfütterung der Larve voraussetzen würde. Diesbezügliche Beobachtungen liegen aber für

Philanthus nicht vor; auch spricht das schnelle Eintragen der Beutetiere dagegen. Wenn daher tatsächlich mehrere Bienen vor den Nestern gefunden werden — Verfasser hat an verschiedenen *Philanthus*-Nestern nie etwas derartiges beobachtet —, so dürfte es sich hierbei um älteres Material handeln, das bei der Herrichtung der Gänge älterer Nester an das Tageslicht befördert wird. Ein Kneten an den Beutetieren wurde von den amerikanischen Forschern nicht beobachtet. Der feste Panzer der Rüssel- und Prachtkäfer gibt den diese als Larvenfutter fangenden *Cerceris*-Arten nur wenige Gelegenheiten, ihren Stich sicher anzubringen. So fand FABRE, daß *C. tuberculata* VILL. den von ihr bevorzugten *Cleonus ophthalmicus* mit den Mandibeln und Vorderbeinen packt und den Stich in die Intersegmentalmembran zwischen Pro- und Mesosternum führt. Bauch gegen Bauch und Kopf gegen Kopf wird die Beute mit den Mittelbeinen umklammert und im Fluge ins Nest gebracht. G. und E. PECKHAM sahen dagegen, wie *Cerc. clypeata* DHLB. ihren *Balaninus nasicus* auch in die Kehlgegend sticht. Diese Art packt ihre Beute mit den Mandibeln am Rüssel und hält sie außerdem mit den Mittelbeinen, während *C. deserta* SAY sich beim Transport nur der Mandibeln bedient. Ein Kneten der Kopfregion dürfte an Käfern mit festem Panzer und tief in den Prothorax eingesenktem Kopf kaum vorkommen, wird dagegen von *C. ornata* angegeben, die den Kopf der von ihr gefangenen Hymenopteren mit den Mandibeln stark bearbeitet. *Cerceris arenaria* L. umschwärmt bei uns besonders junge Kiefern, an denen sie dem dort häufigen Rüsselkäfer *Brachyderes incanus* L. nachstellt; dagegen ist eine andere, bei uns ebenfalls häufige Art, *C. rybyensis* L., ein Bienenjäger (kleine *Halictus* und *Andrena*). Über die *Chlorion*-Arten als Heuschreckenjäger liegen eine ganze Reihe von Beobachtungen vor. Die Anstichstellen liegen wie gewöhnlich auf der Unterseite des Vorderkörpers, wobei besonders die Gelenkhäute der Beine in Betracht kommen. FERTON beschreibt, wie eine Acridiide (*Caloptenus italicus*-♀), die von *Chl. subfuscatum* DHLB. gestochen war, noch große Sprünge ausführte, wobei die Wespe jedoch ihren Stachel nicht herauszog. Nach mehrmaligem, kurz nacheinander erfolgendem Anstich zeigt sich ein Nachlassen des Paralysierungsvermögens, das auf geringere injizierte Giftdosen zurückzuführen ist. Auch Tiere, die niemals den Larven als Futter vorgelegt werden, sondern der eigenen Ernährung dienen sollen, z. B. die Männchen der genannten Heuschreckenart, werden vorher paralysiert. Vor dem Eintragen ins Nest kann die Heuschrecke irgendwo deponiert werden. Im allgemeinen bringt dann die Wespe ihre Beute in unmittelbare Nähe des Nesteingangs, geht rückwärts hinein, packt die Beute bei einem Fühler und zieht sie hinter sich her. Gelegentlich kommt auch ein Abbeißen der Vorderbeine vor (z. B. *Chlorion maxillosum* F. bei *Phaneroptera 4 punctata*). Da die *Chl.*-Arten verhältnismäßig große Beutetiere als Larvenfutter fangen, werden diese nur selten im Fluge transportiert, meist ist die Last zu groß. Die Wespe packt dann die auf dem Rücken liegende Heuschrecke an einer Fühlerwurzel und schleppt sie so, vorwärts schreitend, unter ihrem Körper mit. In anderen Fällen zieht sie, rückwärts schreitend, die Wespe hinter sich her. Außer dem Gewicht der Heuschrecke spielen dabei auch die Geländeverhältnisse eine Rolle. In Verbindung mit der Überwältigung besonders schwerer Beutetiere als einer spezifischen Eigentümlichkeit mancher Arten kommt es schließlich vor, daß die Wespe ihr Nest erst nach Erlegung der Heuschrecke in deren unmittelbarer Nähe anlegt, wodurch der Transport über eine größere Strecke fortfällt und dadurch eine erhebliche Arbeit gespart wird. Ein ähnliches Verhalten findet sich auch bei *Sphex* und solchen *Ammophila*-Arten, wie *tydei* GUILL., die nur eine einzige, möglichst große Raupe als Larvennahrung brauchen. Die einzelnen Stiche werden mehr oder weniger regellos entgegen den Fabreschen Beobachtungen beigebracht werden. Die Mehrzahl der Stiche ist offenbar nötig, um in dem langgestreckten Raupenkörper das ebenfalls gestreckte Nervensystem mit seinen noch nicht gruppenweise verschmolzenen Ganglien möglichst bald und ausgiebig mit dem eingeführten Gift in Berührung kommen zu lassen. Häufig wird der Raupenkörper hinter dem Kopfe gequetscht, wie dies an Heuschrecken auch von manchen *Chlorion* durchgeführt wird. Nach G. und E. PECKHAM jagt *Ammophila urnaria* DHLB. gewöhnlich 1—2 Tage, ehe sie eine ihr zusagende Raupe einbringt; in einem Falle war dies sogar erst nach 3 Tagen der Fall. Ist der Platz, an dem die Raupe erbeutet wurde, vom Nest weit entfernt, so unterbricht die Wespe, die mit der mit den Mandibeln gepackten Beute unter sich ihren Weg vorwärtsschreitend zu Fuß zurücklegt, diesen Transport mehrfach, um einen Orientierungsflug auszuführen, bei dem sie das Nest aufsucht. Vollzieht sich das Herbeischaffen des Beutetieres auch gewöhnlich in der angegebenen Weise, so kann man doch auch beobachten, daß die Wespe, wenn sie kleinere Abhänge zu überwinden hat, die Raupe rückwärtsgehend hinter sich herschleppt, sich dabei also ähnlich verhält wie manche *Chlorion* Sind es dagegen kleinere Spannerraupen, die in Mehrzahl zur Aufzucht der Larven verwendet werden, so können diese im Fluge eingetragen werden. Manche Arten, die unterirdisch lebenden Schmetterlingsraupen nachstellen, müssen sich, um zu ihrer Beute zu gelangen, erst eingraben. Im übrigen hat die Larve von *urnaria* nicht unbedingt frische Nahrung nötig, da sie sich auch von bereits sich zersetzenden Raupen nähren kann. Über die Spinnenjagden von *Sceliphron* sind wir durch die beiden mehrfach genannten amerikanischen Beobachter unterrichtet. Die Wespen suchen entsprechend ihren Nistgewohnheiten die Spinnen besonders an Hauswänden auf. Sie packen dieselben mit Mandibeln und Vorderfüßen und versetzen ihnen den ersten Stich an eine beliebige Stelle. Später wird die Spinne in einiger Entfernung vom Fangplatz noch ein zweites Mal in Ruhe gestochen. Eine Auswahl wird nicht getroffen, weder nach Arten, noch nach Größe. So können je nach der Größe in den einzelnen Zellen 4—40 Spinnen verstaut werden, wobei sie mit dem Kopf hineingestoßen und möglichst eng aneinander gedrängt werden. Bei den beobachteten amerikanischen *Sceliphron*-Arten ist die Mehrzahl der Spinnen auf der Stelle tot; die abgestorbenen bleiben jedoch 12—14 Tage in einem für die Larven genießbaren Zustand. In anderen Fällen, z. B. bei den europäischen Arten *S. spirifex* F. und *destillatorium* ILL. werden dagegen die Spinnen nur paralysiert. Bei reichlichem Futtervorrat lassen die Larven Teile oder auch ganze Spinnen übrig, verzehren aber auch tote, ausgetrocknete Spinnen. Verhältnismäßig schwach paralysiert und später wieder sehr lebhaft sind die von *Dolichurus* gefangenen Schaben. *Dolichurus corniculus* SPIN. jagt *Aphlebia punctata*, *D. haemorrhous Loboptera decipiens*. Die Wespe packt die Schabe an einem Fühler und schleppt sie hinter sich her. Stets dient nur ein einziges Individuum als Larvennahrung. Beobachtungen über den Stechakt von *Trypoxylon* sind spärlich. G. und E. PECKHAM schildern, wie die Wespe die Spinne am Cephalothorax packt und mit eingekrümmtem Abdomen in den Cephalothorax sticht. Die von *Tr. rubrocinctum* PACK. und *albopilosellum* FOX eingebrachten Exemplare sind entweder tot oder gelähmt. Sie werden ähnlich wie bei *Sceliphron* mit dem Kopf eng zusammengedrückt. Hier bei *Tr. rubrocinctum* ist auch der einzig dastehende Fall beobachtet, daß das Männchen sich aktiv an der Brutversorgung beteiligt, indem es gelegentlich dem heimkehrenden Weibchen die Spinne abnimmt und im Nest, in dem es sonst als Wache zurückbleibt, verstaut.

Unter den solitären karnivoren Faltenwespen scheint die Tendenz zur Lebendkonservierung der Beute nach den Untersuchungen ROUBAUDS besonders ausgeprägt zu sein. Während allerdings in manchen Fällen die Beutetiere, hier in erster Linie Schmetterlingsraupen und Käferlarven, nur ganz geringe Lebenszeichen auf Reize von sich geben, sind dagegen die Raupen, z. B. bei *Odynerus oviventris* WESM. oder auch den einheimischen *Eumenes*-Arten, recht lebhaft, können sich auch bei der erstgenannten Art selbst noch auf kurze Strecken kriechend fortbewegen, doch machen die einzelnen Bewegungen keinen koordinierten Eindruck mehr. Während FABRE der Ansicht ist, daß jeder Stich einem bestimmten Ganglion gilt, stehen dem die Beobachtungen ROUBAUDS und anderer Forscher entgegen. Hiernach sticht die Wespe beliebig auf ihr Opfer bis zu dessen Wehrlosigkeit ein, allerdings unter einer gewissen Bevorzugung der Ventralseite, besonders in der Collarregion, wodurch wohl die Fähigkeit, sich einzurollen, bei der Raupe verloren geht. Bis 23 Stiche, die an den verfärbten Einstichstellen zu erkennen waren, fand ROUBAUD an einer von *Synagris calida* L. eingetragenen Raupe. In anderen Fällen können aber auch z. B. schon drei Stiche genügen. Mitunter werden auch die Mandibeln zu Hilfe genommen, und die Raupe wird in der Nackengegend gequetscht, aber stets so, daß keine äußeren Verletzungen entstehen. Verstümmelungen werden niemals vorgenommen. Auf den guten Erhaltungszustand der Beutetiere scheint größter Wert gelegt zu werden. So werden diese auch niemals am Boden zum Neste geschleppt, sondern stets im Fluge eingetragen. Ein Ablegen des Beutetieres neben dem Neste, wenn dies vor dem Jagdausfluge verschlossen wurde, beschreibt FERTON von *Od. nobilis* SAUSS. Stört man in einer noch in der Versorgung begriffenen Zelle den Inhalt oder nimmt man einige der Raupen heraus, so reagiert die Wespe fast immer in der Form, daß sie auch die noch vorhandenen Raupen hinauswirft und meist das Ei vernichtet. Es mag dies als eine Vorsichtsmaßnahme angesehen werden, die sich im Kampfe mit Parasiten herausgebildet hat. Die gleiche Beobachtung kann auch gemacht werden, wenn die Wandung einer Zelle teilweise zerstört wurde. Die Öffnung wird dann nicht, wie es naheliegend wäre, ausgeflickt, sondern der Zellinhalt wird vernichtet. Die bei Weg- und Grabwespen weitverbreitete Erscheinung des Futterraubes, die es den räuberischen Individuen gestattet, sich mit geringeren Mühen in den Besitz eines Beutetieres unter Ersparung eines Kampfes zu setzen, kommt bei solitären Faltenwespen nie vor. Ebenso nehmen diese Wespen auch keine ihnen direkt vorgelegten Nährtiere an. Nur selbsterjagte Raupen, über deren Herkunft das Weibchen also gewisse Kenntnisse hat, dienen der Larve als Nahrung. Man kann hierin eine besonders große Sorgfalt bei der Brutversorgung erkennen. Eine recht eigenartige Beobachtung machte FERTON an *Odynerus nobilis* SAUSS. Die Wespe unterbricht gelegentlich ihre Jagdarbeit und holt den ganzen Zellinhalt hervor, um ihn neben sich auszubreiten. Jede Larve (es handelte sich hier um Käferlarven), besonders die frischgefangenen, wird mit den Mandibeln bearbeitet und die hervortretenden Säfte werden aufgeleckt, so daß die letzten Abdominalsegmente fast leer erscheinen. Bei der Gefährdung durch Parasiten und Ameisen, die mit dem Hervorholen des Larvenfutters verbunden ist, darf mit FERTON angenommen werden, daß es sich hierbei nicht um eine bloße Leckerei handelt, sondern daß dabei entweder für die Brut schädliche Stoffe beseitigt werden oder daß diese Tätigkeit eine bessere Konservierung ermöglicht.

Nimmt man mit ROUBAUD an, daß die Tötung eines Tieres als Larvennahrung das Ursprüngliche ist, so können wir in den Familien der Grab- und Wegwespen die Vervollkommnung des Paralysierungsinstinktes erkennen. Eine gewisse Unsicherheit ist besonders bei jenen Grabwespenarten zu erkennen, bei denen von den eingetragenen Nährtieren ein Teil getötet, ein Teil aber gelähmt ist. Dem scheint allerdings zu widersprechen, daß wir bei tiefstehenden Aculeaten, wie der Gruppe der Scoliiden, die Lähmung des Beutetieres, nicht aber dessen Tötung finden. Auch bei den den ursprünglicheren Aculeaten näher stehenden Wegwespen ist der Paralysierungsinstinkt gut ausgebildet. Wenn mit dem aus dem Legestachel hervorgegangenen Giftstachel, in dessen Entwicklung ein Stadium erreicht wurde, in dem es möglich war, das Beutetier vorübergehend kampfunfähig zu machen, so brauchte die Entwicklung nicht weiter fortzuschreiten, da dies genügte. Darüber, daß der Fang eines einzigen Beutetieres das Ursprüngliche darstellt, kann kein Zweifel bestehen. Das Zusammentragen weiterer Opfer als Futter für eine einzige Larve stellt sicher einen bedeutenden Fortschritt dar, dessen Entwicklung schwer zu verstehen ist. ROUBAUD nimmt an, daß unter dem Druck des Legetriebes mehrere Eier auf einmal abgesetzt wurden, eine Erscheinung, die als Abnormität bei *Chlorion*, *Ammophila* und auch bei dem afrikanischen *Eumenes maxillosus* DEG. beobachtet wurde. In der gemeinsamen Zelle soll sich dann nur die erstgeschlüpfte Larve durch ihren Entwicklungsvorsprung weiter entwickelt haben, da sie die jüngeren Larven vernichten konnte, bzw. die Futtervorräte schon zum Teil aufgezehrt waren. Der französische Forscher nimmt weiter an, daß mit der Arbeitsüberlastung des Weibchens eine Verringerung seiner Reproduktionsfähigkeit einsetzte, daß also die Pausen zwischen zwei Eiablagen größer werden, das Weibchen also in Muße seine Zelle füllen konnte. Dehnte sich die Pause noch weiter aus, so konnte es dazu kommen, daß die Larve bereits während der Proviantbeschaffung schlüpfte, womit schließlich die Fütterung von Mund zu Mund erreicht wurde, die aber auch durch schwierige oder verzögerte Nahrungsbeschaffung entstanden gedacht werden kann. Mit der engeren Fühlungnahme zwischen Mutter und Kind konnte dann dadurch, daß auch die Larve der fütternden Mutter eine Gegenleistung in Gestalt von Sekreten zu bieten vermochte, dieses Stadium weiter entwickelt werden. Über diese sogenannte Öcotrophobiose oder Trophallaxis wird an anderer Stelle noch einiges gesagt werden müssen.

Die Entwicklung des Brutpflegeinstinktes aus individualistischen Trieben denkt sich Roubaud etwa folgendermaßen. Das Weibchen fängt zur eigenen Ernährung ein anderes Insekt, das es an seinem Ruheplatz teilweise verzehrt, wonach es im persönlichen Wohlbefinden ein Ei an den Rest legt, woraus eine Assoziation zwischen Beutefang und Eiablage entspringt. Mit einer Verzögerung des Legedranges bleibt der Jadgtrieb als etwas, das mit angenehmen Empfindungen verbunden war, bestehen, und das Weibchen bringt seine Beute an den Platz, an dem es zuerst diese Empfindungen hatte. Mit der persönlichen Befriedigung des Ernährungstriebes wird die durch die Eiablage bedingte physiologische Befriedigung eng verknüpft, so daß unter dem Drang der reifenden Eier das Weibchen auf Jagd ausfliegt und andererseits der Beutefang die Eiablage auslöst. Bei den solitären Faltenwespen ist das Eierlegebedürfnis unabhängig vom Jagdtrieb geworden, und das Ei wird unabhängig davon abgelegt. Doch folgt dann die Periode des Nahrungserwerbs zunächst für das sich einstellende eigene Bedürfnis des Weibchens. Mit dem Nachlassen in seiner Tätigkeit der Futterbeschaffung sieht das Weibchen schließlich seine eigene Larve schlüpfen, die von den Vorräten zehrt. Hierdurch wird wiederum bei dem Weibchen der Drang nach eigener Ernährung geweckt. In diesem Verhältnis zwischen Wespe und Larve wird durch bereits zerkaut vorgelegte Nahrung ein weiterer Fortschritt für beide Teile erzielt. Jetzt wird in der Assoziationskette an Stelle des Eies, dessen Anblick wohl an eine mehr oder weniger zurückliegende Befriedigung physiologischer Bedürfnisse erinnert, die Larve treten, deren Anblick als Tischgenosse angenehme Empfindungen auslöst, so wird denn schließlich das Schlüpfen des Eies bei den sozialen Wespen abgewartet, ehe die Nahrungsbeschaffung, die der Befriedigung beider Teile dient, beginnt.

Hatten wir die Entwicklung der Paralysierungsfähigkeiten besonders bei den solitären Faltwespen einen Höhepunkt erreichen sehen, so kann doch bereits hier auf Kosten einer anderen Ernährungsform, die eine engere Beziehung zwischen dem Weibchen und der Larve erkennen läßt, eine Rückbildung derselben eintreten. Die ständige Fütterung mit zerkauten Beutetieren macht eine vorherige Paralysierung derselben überflüssig. So reicht *Synagris cornuta* L. ihrer Larve einen Ballen vorgekauten Futters, das nicht mehr alle Säfte des Beutetieres enthält, dadurch wohl bei der Larve eine stärkere Speichelsekretion anregend, die schließlich in der Reihe der sozialen Wespen ein Lockmittel für die Imagines darstellt.

Recht eigenartige Brutpflegeinstinkte hat die kleine, den Faltenwespen nahestehende Familie der *Masariden* aufzuweisen. Abweichend von den bisher besprochenen Aculeaten reichen sie ihren Larven Blütensäfte. Im Gegensatz zu den Bienen scheint aber hier die Nektarnahrung gegenüber dem Pollen vorzuherrschen. Eigene Pollensammelapparate sind auch bisher nicht bekannt. Allerdings findet man im Kropf von *Celonites* auch aufgeschwemmten Pollen. *Masaris vespiformis* F. speichert nach FERTON einen bläulichen Honig. Zur Gewinnung der Blütensäfte dient die namentlich bei den hochstehenden Formen recht lange und protraktile Zunge. So sind selbst tiefliegende Nektarquellen diesen Tieren zugänglich. *Celonites abbreviatus* VILL. fand Verfasser vorzugsweise an Labiaten. Dagegen ist bei den altertümlichen Euparagien und Paragien Australiens die Zunge kurz. Bemerkenswert ist, daß sich auch in dieser Familie Formen unterscheiden lassen, die in ihren Brutzellen den ganzen Futtervorrat für die Larve auf einmal eintragen, wie *Masaris* und *Celonites*, und solche, die zur ständigen Fütterung übergegangen sind, wie manche *Ceramius*-Arten. Eine gewisse Beziehung zu den Vespiden zeigt sich darin, daß die Eiablage vor der Zellversorgung erfolgt, wobei übrigens *Ceramius* nach FERTON sein Ei nachträglich dem Futterballen anheften soll. Die Larve von *Celonites* soll entsprechend der Lage des Eies in der Zelle nach unten fressen und bei der Verpuppung wie die der sozialen Wespen mit dem Kopf nach unten liegen.

Während bei den bisher besprochenen aculeaten Hymenopteren mit Ausnahme der Masariden die Nahrung für die Brut durch das Erjagen anderer Insekten, die paralysiert oder getötet werden, beschafft wurde und infolgedessen mehr oder weniger lebhafte Kämpfe mit den Beutetieren vorkommen, spielt sich die Nahrungsbeschaffung bei den Apiden wesentlich ruhiger ab. War dort der Stachel das wichtigste Werkzeug, so verliert er hier im Zusammenhang mit der Brutpflege ganz seine Bedeutung. Er kann hier höchstens als Waffe Anwendung finden. Blütenstaub und Nektar bilden hier die ausschließliche Larvenkost. Spezialisierungen, die wir in Verbindung mit der Brutpflege bei den Bienen finden, erstrecken sich daher in erster Linie auf die Art und Weise, wie Pollen und Nektar gesammelt wird. Besonders die Ausbildung der Pollensammelapparate ist recht charakteristisch für die Bienen und deren biologisch bedingtes Hauptkennzeichen, gegenüber dem die Sammelapparate für den Blütennektar etwas zurücktreten. Gewisse Bienen haben es aber erlernt, sich die als Larvennahrung aufgestapelten Vorräte ihrer Familiengenossen in deren Zellen zunutze zu machen und haben dementsprechend ihre Sammelapparate durch Reduktion verloren. Diese Kuckucksbienen werden uns an anderer Stelle beschäftigen. Wenn wir von den tiefstehenden Bienen, *Prosopis* und Verwandten, deren Hauptverbreitungsgebiet in Australien liegt, und einigen anderen Formen absehen, ist es in erster Linie eine besonders ausgebildete Behaarung bestimmter Körperteile, die zur Gewinnung und zum Eintragen des Pollens verwendet wird. In scharfer Scheidung stehen sich hier die „Beinsammler“ und die „Bauchsammler“, *Podilegidae* und *Gastrilegidae*, deren Name die Lokalisierung der Sammelapparate andeutet gegenüber. Zwischenformen, bei denen beide Teile das Eintragen von Pollen übernehmen, kommen zwar auch vor, wie die eigenartige Gattung *Fidelia* in Südafrika oder selbst *Systropha* in der einheimischen Fauna, doch bilden diese nur ein biologisches Übergangsglied, gehören aber auf Grund anderer morphologischer Verhältnisse in die Gruppe der Beinsammler. Die gleiche Erscheinung einer verlängerten Bauchbehaarung unter den echten Beinsammlern findet sich auch bei manchen *Halictus*-Arten recht ausgeprägt. Schließlich sind bei zahlreichen *Andrena*-Arten auch die Haare auf den Seiten des Mittelsegments durch besondere Verlängerung und Einkrümmung zum Eintragen von Pollen besonders geeignet. Bei der Pollensammeltätigkeit der beinsammelnden Bienen sind zwei Hauptphasen zu unterscheiden, einerseits das Abbürsten des Pollens von den Antheren und aus der allgemeinen Körperbehaarung, in der bei den Bewegungen der Biene in der Blüte viel Blütenstaub haften bleibt, anderseits das Eintragen desselben. Für die erste Funktion erweisen sich kürzere, steife Haare als besonders geeignet, die entsprechend der Bewegungsmöglichkeit der Beine besonders an deren Innen- oder Hinterseite auftreten. Für das Eintragen trockenen Blütenstaubes kommt dagegen eine möglichst lang gefiederte Behaarung in Betracht, in der die Pollenkörner in größeren Mengen zusammengeballt werden können und ohne hinauszufallen festhängen.

Eine Reihe von langstrahlig einseitig oder doppelseitig gefiederten oder anderen komplizierten Haartypen sind daher nach Braue für diese „Trockensammler“ (*Ceratina*, *Halictoides*, *Halictus*, *Colletes* und *Panurgus*) charakteristisch. Andererseits zeigt sich nach dem genannten Autor, daß, „sobald die Pollenmasse feucht zu einem Klumpen zusammengeballt und ihr auf diese Weise schon eine ziemliche Festigkeit gegeben wird, die Sammelhaare wieder weniger stark differenziert und gar ganz glatt werden. Am deutlichsten zeigt uns letztere Erscheinung die Haarbekleidung der Tibien von *Eucera*, mehr noch von *Melitta* (glatte Borsten), am besten jedoch die Körbchenhaare von *Bombus* und *Apis*.“ Mit der scharfen Scheidung von Bürsten- und Sammelhaaren auf Hinter- und Vorderseite der Beine, die nur in wenigen Fällen durchbrochen wird, z. B. bei *Dasypoda* und *Andrena*, wo auch die Hinterseite der Beine zum Eintragen von Pollen mit langen Haaren ausgestattet ist, vollzieht sich auch eine Umgestaltung der Beinglieder. Diese werden nämlich so zusammengedrückt, daß man deutlich eine Vorder- und eine Hinterseite unterscheiden kann. Außerdem werden aber auch nicht alle Teile der Beine gleichmäßig zum Bürsten und Eintragen herangezogen. Zunächst kommen hierfür in erster Linie die Hinterbeine in Betracht, für das Eintragen sogar ausschließlich. Muß man annehmen, daß ursprünglich die allgemeine Beinbehaarung dem Eintragen des Pollens dienen konnte, so sehen wir jedoch schon frühzeitig in der Bienenreihe, abgesehen von der Differenzierung in Bürsten- und Sammelhaare, wie sich die letzteren auf der Vorderseite bestimmter Beinglieder konzentrieren. Die vier letzten Tarsenglieder scheinen allerdings nie hierbei verwendet zu werden. Je nach der Lage des Sammelapparates lassen sich unter den Beinsammlern Schenkel- und Schienensammler unterscheiden. Die ursprünglicheren Formen stellen die Schenkelsammler dar. Hier können zum Teil auch noch die anderen Beinglieder, besonders Schenkelring und Schiene zum Eintragen mit herangezogen werden. Eine besondere Ausbildung hat der Sammelapparat von *Halictus* erfahren. In dieser Gattung stehen die gefiederten Haare auf der Vorderseite des Schenkels ziemlich dicht, sind aber außergewöhnlich verlängert, überragen weit die untere, konkav geschwungene Kante des Schenkels und sind stark umgebogen. Auch an der Hinterseite des Schenkels stehen ähnliche lange Haare, die sich den von der Vorderseite herumgreifenden Haaren entgegenkrümmen und so mit diesen unterhalb des Schenkels einen Raum umgrenzen, in dem größere Pollenmassen transportiert werden können. Abgesehen von der bürstenartigen Behaarung der Hinterseite der Mittelbeine kommen kurze, starre Haare an den Hinterschenkeln auf deren oberer Hinterseite und am Metatarsus vor. Eine ähnliche Schenkelbehaarung wie bei *Halictus* findet sich auch bei *Andrena*. Hier kommt außerdem eine meist recht auffällige, aus langen gefiederten Haaren gebildete Locke vor. Einen eigenartigen Schenkelsammelapparat beschreibt BRAUE bei *Andrena labialis*. In Verbindung mit dem Eintragen feuchten Pollens kommt es hier zu einer Art von Körbchenbildung, bestehend aus einer ausgedehnten glatten Fläche an der Rückseite der Hinterschenkel, die oben durch starre Borsten, unten durch längere, gefiederte Haare eingefaßt wird. Außerdem beteiligt sich aber auch die Sammelbehaarung der übrigen Glieder, wie bei anderen Andrenen am Eintragen. Typische Schienensammler sind die Gattungen *Melitta*, *Macropis* und *Anthophora*, doch leiten schon *Dasypoda* und *Panurgus* (Abb. 163) dorthin über.

Abb. 163. Rechtes Hinterbein von *Panurgus calcaratus* SCOP. (nach BRAUE).

Auch der Metatarsus der Hinterbeine kann stark beansprucht werden. Besonders bei *Dasypoda* ist er verlängert und mit Sammelhaaren besetzt. Bei *Xylocopa* findet sich zwar auch eine starke Behaarung auf Tibien und Metatarsus, doch kommt diese für die Sammeltätigkeit wohl nur in geringem Maße in Betracht. *Xylocopa* wird daher später unter den Kropfsammlern behandelt werden. Recht mächtig sind auch die Sammelapparate in der südamerikanischen Gattung *Centris* ausgedehnt. Bei den höchststehenden Schienensammlern finden wir dann das sogenannte „Körbchen“ an den Hinterbeinen, die hier ausschließlich dem Eintragen dienen. Man versteht darunter flache, glatte Aushöhlungen, die sich über einen großen Teil der Außenseite der Hintertibien erstrecken können und von starren Borsten eingefaßt werden, die den zusammengeballten, feuchten Pollen an der Schiene als „Höschen" festhalten. Bei solitären Bienen sind derartige Bildungen bisher nur bei den tropisch-amerikanischen Gattungen *Canephorula* und *Euglossa* bekannt. Bei der erstgenannten Gattung zeigt das „Körbchen" (Corbicula) eine geringe Ausdehnung auf dem distalen Teil der Schiene und wird zum Teil von den überhängenden Sammelhaaren bedeckt. An der einen Seite wird es durch einen aus langen, starken Borsten gebildeten Kamm begrenzt. Der Pollen wird hier feucht eingesammelt. Bei den Euglossen, die zu den Hummeln eine ganze Reihe von Verwandtschaftsbeziehungen erkennen lassen, nehmen die Körbchen die ganze geglättete Außenseite der stark erweiterten Hinterbeine ein. Hier werden außer dem Pollen auch die verschiedenartigsten klebrigen Substanzen, Harze, Gummi usw. gehöselt, die beim Nestbau Verwendung finden. Im allgemeinen nähert sich die Tibiengestalt bei den sozialen Bienen der Dreiecksform, wobei das distale Ende der Tibie breit abgestutzt wird und der Innenwinkel ziemlich rechtwinklig sein kann. Randständige Borsten genügen, um den Pollen zusammenzuhalten. An der distalen Tibienkante kommt als weitere Bildung bei vielen Meliponen, besonders aber bei *Apis* und *Bombus* (Abb. 164) ein kräftiger Borstenkamm, über dessen Bedeutung unten noch näher berichtet werden soll, hinzu. Bei den stachellosen tropischen Honigbienen ist die Hinterschiene zwar außen immer geglättet, aber die Eindellung derselben ist unter Umständen nur schwach, und es können auch flächenständige Haare auftreten (Abb. 165), so daß schließlich ein „Körbchen" dort überhaupt fehlen kann (z. B. *M. limao* Sm.). Selten ist bei Hummeln die Fläche des Körbchens nicht glatt, sondern matt (z. B. bei dem alpinen *Bombus mendax* Gerst.).

Abb. 164. Rechtes Hinterbein einer Hummel.

In ähnlicher Weise wie eine Lokalisierung der Sammelapparate auf bestimmte Abschnitte des Beines zu erkennen ist, ist dies auch bezüglich der Bürstenapparate der Fall. „Sind bei den Anfangsgliedern der Reihe ebenfalls alle Glieder des Beines gleichmäßig beim Abbürsten des Blütenstaubes beteiligt (*Ceratina*), so werden, je höher die Reihe hinaufsteigt, Coxa, Trochanter und Femur mehr und mehr von dieser Funktion ausgeschaltet, bis schließlich bei den höchstdifferenzierten Schienensammlern (*Melitta*, *Macropis*, *Anthophora* u. a. m.) nur noch die Tibia und der Metatarsus, bei den Körbchensammlern endlich nur noch letzterer das Abbürsten des Blütenstaubes vollführt. Bei letzterer Tätigkeit kommt dabei das Mittelbein (eventuell auch das Vorderbein: *Panurgus*, *Bombus*, *Apis*) der Hinterseite des Hinterbeines zu Hilfe. In der bürstenartigen Behaarung beider Beine lassen sich direkt Beziehungen nachweisen, dahingehend, daß die bürstenartige Funktion des Mittelbeines regelmäßig um so stärker ausgeprägt ist, je mehr die Hinterseite des Hinterbeines sie eingebüßt hat (*Meliturga*, besonders *Andrena*)" (BRAUE). In Verbindung mit der stärkeren Beanspruchung des hinteren Metatarsus als Bürste ist gerade an diesem Glied die Tendenz zur Verbreiterung und Abflachung stark ausgeprägt. Eine sekundäre Streckung ist dann zu beobachten, wenn am Metatarsus die Funktion des Eintragens in den Vordergrund tritt, wie dies für *Dasypoda* bereits erwähnt wurde.

Umgestaltungen am Femur sind besonders bei den Schenkelsammlern zu beobachten, wo eine „mehr und mehr säbelartige Krümmung" auftritt.

Bei den „Bauchsammlern", mit den Hauptgattungen *Eriades*, *Osmia*, *Megachile*, *Lithurgus*, *Anthidium*, herrscht bezüglich der Sammelapparate eine viel größere Einheitlichkeit. Auf den Abdominalsterniten stehen die Haare, mittels derer der Pollen zusammengefegt und eingetragen wird (Abb. 166). „Bei der Ausbildung dieses Sam-

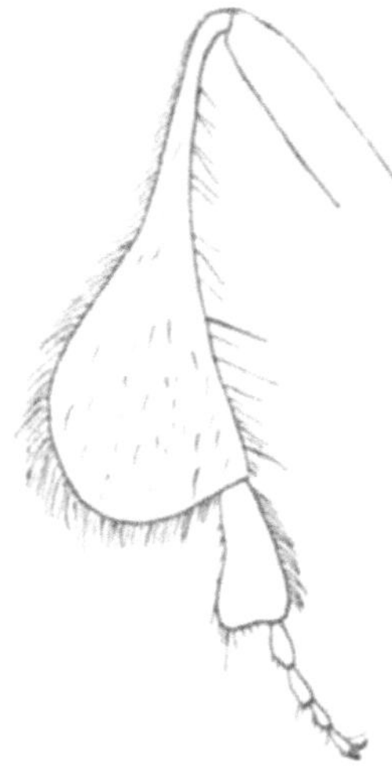

Abb. 165. Sammelapparat von *Melipona varia* LEP.

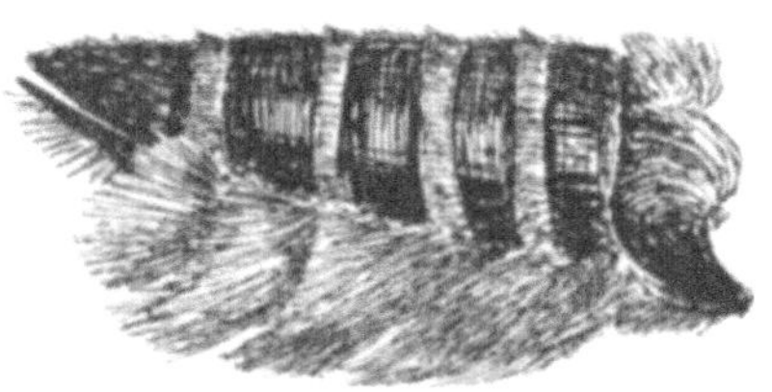

Abb. 166. Abdomen einer *Megachile* mit Bauchbürste

melapparates machen sich zwei Richtungen bemerkbar. Einmal das Bestreben, eine möglichst dichte Bauchbürste zu entwickeln, das andere Mal, den für die Sammelbehaarung vorhandenen Raum vollkommen auszunutzen. Die Sammelbürste konnte also auf Dichte wie Ausdehnung weitergebildet werden. — Von der dünnbehaarten Bauchbürste eines *Eriades campanularum* gelangen wir zu immer dichter behaarten Formen, bis schließlich die Höhe erreicht ist (*Osmia adunca*) und der umgekehrte Fall von Rückbildung in Erscheinung tritt (*O. bicolor*). Vorher jedoch haben sich zwei Entwicklungsreihen abgeschieden, die eine auf *Megachile*, die andere auf *Anthidium* zu. Das bis dahin dünne Haar hat nach und nach an Dicke zugenommen. Die *Megachile*-Reihe behält die auf die ganzen Segmente ausgedehnte Bauchbürste bei. Die Haare werden immer dicker, bis sie Borstenform angenommen haben, und schließlich finden wir als Schlußform die über alle sechs Segmente ausgedehnte Bürste aus steifen Borstenhaaren. Anders die Entwicklungsreihe auf *Anthidium* zu. Hier wird die Bürstenbehaarung auf den einzelnen Segmenten immer mehr verschmälert, nimmt dafür aber an Dichte zu und zeigt uns zum Schluß eine Bürste, deren einzelne Teile scharf abgesetzt ebenfalls in ihrer Art eine Höhe der Entwicklung erreicht haben" (R. MEYER). Die Haare der Bauchbürste zeigen verschiedene Differenzierungen. Gefiederte Haare sind hier wenig geeignet, da nach MEYER die Pollenkörner in den obersten Fiedern hängen bleiben müßten und so eine volle Ausnutzung der Bürste bis zum Grunde hin verhindert würde. Sie finden sich nur bei tiefstehenden *Eriades*-Arten. Dagegen gelangt hier das in sich gedrehte Haar zu besonderer Ausbildung. „Durch die Drehung ist gleichzeitig mit Druck- und Zugfestigkeit ein hoher Grad von Elastizität gewährleistet."

Die „Mundsammler", für die besser die Bezeichnung „Kropfsammler" gebraucht werden sollte, umfassen außer *Prosopis* die Mehrzahl der tiefstehenden australischen Bienengattungen. Sie sind infolge der geringen Körperbehaarung nicht in der Lage, Pollen in dieser einzutragen. Sie schlucken den Pollen und Nektar. Leider liegen keine Untersuchungen über den Vorderdarm dieser Bienen vor. Auch die Ceratinen dürften die Hauptmasse des Pollens, den sie in ihren Zellen aufstapeln, im Kropfe eintragen, da die geringe Pollenmenge, die in der dünnen Behaarung haftet, kaum dazu ausreichen wird. Verhältnismäßig gering ist auch der Pollen, der in der an sich kräftigen Beinbehaarung der Xylocopen zu beobachten ist. Dagegen ist der Kropf dieser Tiere mit Pollen vollgepfropft. Bei größeren Arten kann der Kropf zusammengedrängte Pollenmassen von der Größe einer kleineren Erbse aufweisen, so daß auch hier das Kropfsammeln von übergeordneter Bedeutung sein wird. Diese Erscheinung legt die Vermutung nahe, daß auch bei manchen typischen „Beinsammlern" das Eintragen von Pollen im Kropf vorkommen wird. Untersuchungen in dieser Richtung wäre sehr erwünscht.

Haben wir im vorhergehenden die Apparate zum Erlangen des Pollens besprochen, so sollen uns im folgenden die dabei in Betracht kommenden Tätigkeiten der Bienen allgemein beschäftigen. Bei den engen Wechselbeziehungen zwischen blütenbesuchenden Insekten, besonders den Bienen, und der Einrichtung der Blüten selbst, die auf die Fremdbestäubung der letzteren hinzielen, sehen wir die Bienen auf die verschiedenste Weise in den Besitz von Pollen gelangen. Schon bei dem Aufsuchen von Nektar zum eigenen Bedarf bleibt locker sitzender Blütenstaub in der Körperbehaarung hängen, von dem sich die Biene später zu reinigen versucht. Mit Hilfe des tibiotarsalen Putzapparates (Abb. 217) werden die Fühler davon freigehalten. Mit der Innenseite der Vorderbeine kann der Kopf, mit der der Mittel- und Hinterbeine der ganze übrige Körper gesäubert werden. Die nun aus der Körperbehaarung entfernten Pollenkörnchen werden aus den Bürsten dadurch entfernt, daß die Mittelbeine mit ihrer Innenseite über die Außenseite der Hinterbeine hinstreichen, wodurch der Pollen, der an sich schon selbst mit Haft- oder Klebvorrichtungen versehen ist, dort in den Fiederhaaren hängen bleibt. Die Hinterbeine scheinen sich gegenseitig zu reinigen. In anderen Fällen, wenn die Biene ausschließlich auf Pollentracht ausgeflogen ist, wobei die Auswahl der Blüten schon durch die Bauverhältnisse weitgehend eingeschränkt ist, kann man beobachten, wie sie, besonders wenn größere, mit Pollen bedeckte Flächen wie an Kompositen vorhanden sind, sich mit dem Blütenstaub förmlich besudelt, um ihn dann später in der oben beschriebenen Weise auf dem Sammelapparat abzustreifen. Das ist besonders bei *Panurgus*, vielen *Andrena*- und *Halictus*-Arten der Fall. Der Bau der Windenblüte gestattet es der eindringenden *Systropha* nur an den inneren Trichterwänden sitzend zur Nektarquelle vorzudringen. Dabei bepudert sie sich den größten Teil des Hinterleibsrückens in so weitgehendem Maße, daß nur ein mit der Spitze nach hinten zeigendes Dreieck auf dem Rücken davon frei bleibt. Die Beinbehaarung ist hier für einen höherstehenden Beinsammler besonders spärlich. Wenn die Biene in der Windenblüte sitzt, hält sie die gegenüber dem weißbestäubten Körper durch ihre schwarze Färbung auffällig hervortretenden Beine spinnenartig gespreizt, so daß diese kaum an der Übertragung des Pollens auf das Abdomen beteiligt sein dürften. Andererseits müssn sie aber in der Zelle beim Entfernen des Blütenstaubes vom Körper in Funktion treten. Während locker sitzender Blütenstaub im allgemeinen mit den vorderen Beinen zusammengefegt und dann nach hinten übertragen wird, können auch die Mandibeln zum Lockern des Pollens (Honigbiene), vielleicht auch zum Öffnen der Antheren herangezogen werden. H. MÜLLER beschreibt ein abweichendes Verhalten bei *Andrena gwynana* K. an den Blüten von *Primula elatior*. „Sie hält die im Blüteneingange stehenden Staubgefäße mit den Vorderbeinen, beißt mit den Oberkiefern Blütenstaub los und bringt ihn mit den Fersenbürsten der Mittelbeine an die Sammelhaare der Hinterbeine. Sie besucht auch die langgrifflige Form, fliegt aber sogleich wieder weg; ihr flüchtiger Besuch genügt jedoch, einzelne langgrifflige Blüten legitim zu befruchten. Bei den pollensammelnden Hummeln habe ich nie gesehen, daß sie an langgrifflige Blüten angeflogen wären; sie scheinen dieselben schon aus einiger Entfernung zu erkennen und, wenn sie eben Pollen sammeln wollen, zu vermeiden. Diejenigen Bienen, die den Pollen anfeuchten, scheinen hierfür Nektar zu verwenden. Wo solcher von den besuchten Blüten nicht geboten wird, werden andere Hilfsquellen hinzugezogen. So ist es nach H. MÜLLER nicht ausgeschlossen, daß die Bienengattung *Macropis* an den nektarlosen Blüten von *Lysimachia vulgaris* saftiges Zellgewebe anbohrt, um zu der nötigen Flüssigkeit zu gelangen. Entsprechende Beobachtungen machte H. MÜLLER an Honigbienen, die zum Pollensammeln Blüten von *Anemone nemorosa* beflogen. Noch auffälliger ist ein von dem gleichen, um die Blütenbiologie hochverdienten Forscher mehrfach beobachtetes Verfahren der Honigbiene an *Plantago lanceolata* L. „Mit vorgestrecktem Rüssel fliegt die Biene summend an eine Blütenähre heran und speit freischwebend etwas Honig auf die frei hervorstehenden Staubbeutel. Dann bürstet sie, immer noch frei schwebend und summend, mit den Vorderfersen mit einer plötzlich vorwärtsgreifenden und wieder zurückziehenden Bewegung, wobei der Summton ebenso plötzlich sich erhöht, Pollen von den Staubgefäßen ab; in demselben Momente sieht man ein

Pollenstaubwölkchen von den erschütterten Staubgefäßen aus sich in der Luft verbreiten. Die Biene wiederholt nun, nachdem sie den Blütenstaub an die Hinterschienen abgegeben hat, dasselbe Geschäft an derselben oder einer anderen Ähre oder faßt, wenn sie ermüdet ist, festen Fuß auf der freischwebend abgebürsteten und kriecht an derselben aufwärts."

Recht eigenartig ist die Art und Weise, wie die Honigbiene und Hummeln, vielleicht auch ein Teil der Meliponen den Pollen, der sich in den Bürsten auf der Hinterseite der Metatarsen des dritten Beinpaares befindet, auf die Außenseite der Tibie des gleichen Beinpaares befördern. Die Bersteneinfassung des Körbchens zeigt an der Distalkante der Schiene auf deren Vorderseite eine Unterbrechung; statt dessen befindet sich an

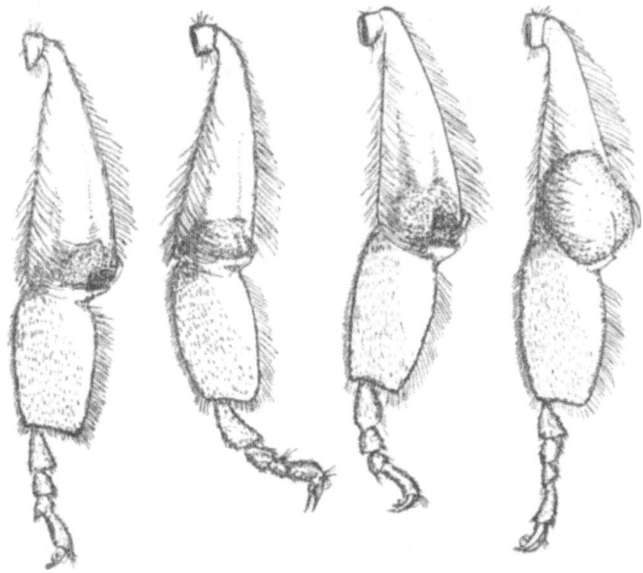

Abb. 167. Fortschreitende Füllung der „Körbchen" bei der Honigbiene (nach CASTEEL).

der Hinterseite ein aus kräftigen, starren Borsten bestehender Kamm. Der Metatarsus ist exzentrisch eingelenkt und an seiner der Schiene zugekehrten Proximalkante in einen Fortsatz ausgezogen, (Abb. 167) der sich der distalen Schienenkante nähern kann. Auf der Vorderseite trägt dieser Fortsatz einen dichten Haarbesatz. Reibt die Biene die mit Pollen durchsetzten, aus regelmäßigen Borstenreihen bestehenden Metatarsalbürsten gegeneinander (Abb. 168), so wird der Endkamm der Tibie der gegenüberliegenden Körperseite aus dieser Bürste den Pollen herauskämmen. Dieser sammelt sich also vor dem Kamm an der Distalkante der Tibie. Wird nun der Metatarsus etwas nach oben gezogen, so quetscht dessen proximaler Fortsatz die Pollenmasse, die wegen des tibialen Borstenkammes nicht auf die Hinterseite entweichen kann, zusammen und drängt sie auf die Außenseite der Tibie nach oben durch die Lücke im Randborstenbesatz in das Körbchen hinein. Auf diese Weise füllt sich also das Körbchen von unten her. Als seltene Ausnahme kommt nach v. BUTTEL-REEPEN ein direktes Aufpacken von Blütenstaub mit Hilfe der Mittelbeine auf das Körbchen vor, ein Verfahren, nach dem normalerweise harzige Substanzen gehöselt werden und auch die Meliponen verfahren sollen.

Den bauchsammelnden Bienen ist besonders der Pollen solcher Blüten oder Blütenstände zugänglich, deren Staubbeutel so gestellt sind, daß sie beim Nektarsammeln der Biene deren Unterseite berühren. Gelegentlich werden auch die Beine zu Hilfe genommen. So kann man leicht größere Megachilen z. B. auf Distelköpfen beobachten, wie sie Blütenstaub zusammenscharren, um ihn dann in die Bauchbürste aufzunehmen, dabei mitunter Drehungen auf dem Blütenkopf ausführend und den Pollen zusammenfegend. Im Nest dürfte der Blütenstaub mittels der Beine abgestreift werden.

Zur Sammeltätigkeit von *Prosopis* an Reseda mag wieder H. MÜLLER zu Worte kommen. „Beständig kamen *Prosopis* angeflogen und trieben sich ungemein lebhaft, oft zu 6—8 an einem Stocke, umher. Sie steckten bald den Kopf zwischen die schildförmige Platte und die oberen Blumenblätter und leckten mit ausgestreckter Zunge den Honig, bald kauten sie noch nicht aufgesprungene Staubgefäße durch, um deren Blüten staub zu verzehren.“ Diese Mundsammler dürften dann späterhin im Neste den Honig-Pollenbrei aus dem Kropfe in ihre häutigen Zellen entleeren. Ähnliche Verhältnisse können wir bei den übrigen „Kropfsammlern“ vermuten.

Abb. 168. Honigbiene die hinteren Metatarsen aneinander reibend und dabei die Körbchen füllend (nach CASTEEL).

Nach der Heimkehr von einem Sammelausflug werden die mitgebrachten Pollenmassen in den Zellen deponiert und zusammengeballt. Um dem ganzen eine größere Festigkeit zu verleihen, scheint auch bei den Trockensammlern etwas Nektar hinzugegeben zu werden. Der in jeder Zelle aufgehäufte Vorrat ist das Ergebnis einer ganzen Reihe von Ausflügen und je nach den Arten verschieden groß. Auf den Pollen oder Honig wird, mit alleiniger Ausnahme der *Apis*-Arten und in gewisser Beziehung auch der Hummeln, das Ei gelegt, also nach Eintragen des Futters. Eine Ausnahme bilden weiter die zu ständiger Fütterung übergegangenen Arten von *Allodape*. Die Bienenlarve scheint sich nicht in ihren Futterballen einzufressen, sondern nur an dessen Oberfläche zu zehren. Hierdurch wird auch eine Schimmelbildung besser verhindert, da die Infektion wohl am ehesten von den Zellwänden aus in den äußeren Schichten des Vorratsballens erfolgen wird. Eine recht eigenartige

Erscheinung, die ebenfalls auf eine Verhinderung von Pilzinfektionen zurückzuführen sein dürfte, hat H. MÜLLER bei *Dasypoda* gefunden. Hier soll nämlich die Pollenkugel nicht direkt dem Zellboden aufliegen, sondern durch drei kleine Höcker gestützt auf diesem stehen. Nach den Beobachtungen des gleichen Autors gehören zur Versorgung einer Larve 5–6 Sammelausflüge, von denen die Biene insgesamt 0,1–0,23 g Pollen heimbringt. Das Eigengewicht der Biene beträgt etwa 0,08 g. Im übrigen scheint auch die Undurchlässigkeit der Zellwände für Wasser, die durch die Speichelsekrete der Bienen bewirkt wird, der Tapezierinstinkt, die Verwendung von Harzen für eine gute Konservierung der Nährstoffe gewisse Vorteile zu bieten.

In den bisher besprochenen Fällen kam es nur selten vor (bei ständiger Fütterung der Larven z. B. einiger Grabwespen, der Bienengattung *Allodape*, *Synagris* u. a.), daß das Muttertier seine eigene Brut kennenlernt und damit zugleich auch für diese sorgen muß. Bei der großen Mehrzahl der Aculeaten hört mit Futteraufspeicherung und Eiablage gewissermaßen das Interesse des Weibchens am Kommenden auf. Dagegen liegen die Verhältnisse bei den sozialen Hautflüglern größtenteils wesentlich anders. Hier überwachen das Weibchen oder Arbeiterinnen das Heranwachsen der Larven und lernen sogar ihre Kinder bzw. Geschwister kennen. Während der ganzen Entwicklungsdauer wird diesen eine besondere Pflege zuteil, die sich nicht bloß auf die Ernährung der Brut, wenn diese auch einen Hauptteil der Larvenpflege darstellt, erstreckt. Verhältnismäßig selten sind unter den sozialen Hymenopteren solche Formen, die nach Art der meisten aculeaten Hymenopteren ihre Zellen nach Aufhäufung des Larvenfutters schließen und damit die ständige Fütterung der Larven nicht nötig haben. Hierher gehören z. B. die Meliponen, zum Teil auch die Hummeln, über deren Ernährungsweise bereits gelegentlich der Bauten gesprochen wurde. Über die komplizierte Fütterung, die den Larven der Honigbiene zuteil wird, ist bereits oben berichtet (S. 121), so daß uns im folgenden hauptsächlich die Fütterung bei den sozialen Wespen und Ameisen beschäftigen wird. Bei den sozialen Faltenwespen scheint in dieser Hinsicht eine große Einheitlichkeit zu herrschen. Überwältigte andere Insekten oder deren Larven und auch Spinnen werden zerlegt und in das Nest gebracht. Manche Teile werden von vornherein verworfen. Gelegentlich wird der Darm herausgerissen. Im Nest findet eine weitere Zerteilung und erneutes Durchkauen statt, woran sich auch die jüngeren, noch nicht ausfliegenden Arbeiterinnen beteiligen. Teilweise nehmen diese das Futter für sich selbst auf, legen aber auch den Larven Nährkügelchen direkt vor die Mundwerkzeuge. An dem afrikanischen *Belonogaster juncea* F. machte ROUBAUD die interessante Beobachtung, daß junge, noch nicht flügge Arbeiterinnen, die Annahme unzerstückelter Beutetiere verweigern, wenn bereits Larven im Bau vorhanden sind. Dagegen werden auch, wenn nur Eier im Bau vorhanden sind, die Nährtiere bis zur Herstellung kleiner Nährkügelchen verarbeitet, die aber dann, da keine Verwendung derselben möglich ist, verworfen werden. Häufig ist auch ein Kannibalismus zu beobachten, indem Larven und Puppen der gleichen Art, aus dem eigenen oder fremden Nestern zerstückelt und von den Wespen selbst gefressen oder der Brut vorgelegt werden. Besonders werden hierfür Larven, die aus ihren Zellen herausgefallen sind, verwendet. In den vorgelegten Nährkügelchen finden sich auch Chitinreste der Opfer; sie sind es, die den Darminhalt dunkel färben. In flüssiger Form aufgenommene Nahrung kann aus dem Kropf vorgelegt werden. Bei manchen Wespen, z. B. den Nectarinen, scheint Honigfütterung das übliche zu sein.

Schon bei der Besprechung der Ernährungsweise der Ameisenimagines lernten wir diese Tiere als außerordentlich vielseitig kennen. Wir sahen auch, daß aufgenommene Nährstoffe nicht bloß dem Individuum selbst zugute kamen, sondern auch an Nestgenossen weiter verfüttert werden. Der gegen den Mitteldarm verschießbare Kropf bietet hierzu die Möglichkeit. In ähnlicher Weise wie an die fertigen Ameisen wird auch bei vielen, namentlich den höherstehenden Formen, der Kropfinhalt, also flüssige Nahrung, an die Larven weiter gegeben. Besonders bei den Dolichoderinen und Formicinen, aber auch bei manchen Myrmicinen ist dies beobachtet. Die Herkunft des Kropfinhaltes kann eine recht verschiedenartige sein. Neben Blattlausexkrementen kommen Säfte zerkauter Insekten oder pflanzlicher Herkunft in Betracht. Vielleicht treten auch Drüsensekrete hinzu. Bei den pilzzüchtenden Attinen bilden die kultivierten Pilzkohlrabi die wichtigste Brutnahrung. Die an den Fiederblättchen mancher Akazien auftretenden „BELTschen Körperchen" gelten als eine myrmecophile Anpassung und werden von den an diesen Bäumen lebenden Pseudomyrminen auch an die Brut verfüttert, während andere Arten wie auch manche *Leptothorax* und vielleicht auch die Cryptocerinen ihren Larven den Inhalt der Infrabuccaltasche, bestehend aus den verschiedensten, auch bei gegenseitiger Reinigung aufgeleckten Stoffen, vorlegen. Körnersammelnde Ameisen füttern ihre Larven entweder mit dem Inhalt des Kropfes oder aber mit der aus den zerkleinerten Körnern unter Sekretbeimengung hergestellten Paste. Die Dorylinen formen aus zerkauten Beutetieren Nährkügelchen, die als Larvennahrung dienen. Eine namentlich bei den niederen Formen noch vorhandene größere Beweglichkeit des Vorderkörpers der Larve gestattet es diesen (besonders Ponerinen und manchen Myrmicinen), auch ihnen direkt vorgelegte ganze oder zerstückelte Beutetiere zu verzehren. Doch kommt es gelegentlich auch vor, daß Larven höherer Ameisen (wie die von *Lasius*, *Formica* oder *Tapinoma*) feste Nahrung zu sich nehmen. ESCHERICH ist der Ansicht, daß diese Ernährungsweise nur bei orthognathen oder mäßig hypognathen Larven möglich ist, während die extrem hypognathen Larven (wie z. B. von *Sima*) — also mit stark nach unten und hinten umgekrümmtem Vorderkörper — ausschließlich auf flüssige Nahrung angewiesen sein dürften.

Da die Larven der Ameisen frei liegen und nicht wie bei den übrigen sozialen Hymenopteren in besonderen Zellen eingeschlossen sind, kann ihnen im ganzen eine viel ausgiebigere Pflege zuteil werden, als dies bei jenen Formen der Fall ist. Allerdings ist die Gefahr einer Verschmutzung bei der in ihrer Zelle liegenden und diese schließlich größtenteils ausfüllenden Larve dank der Anlage der Nester weitgehend herabgesetzt, während bei der frei liegenden Larve, die außerdem viel herumgetragen wird, diese Gefahr ganz entschieden besteht. Der Besitz von hakenförmigen, verästelten, gefiederten oder klebrigen Borstenanhängen gibt den Larven nicht nur einen gewissen Halt an der Unterlage, sondern ermöglicht es auch, daß mehrere Larven aneinanderhängend gleichzeitig transportiert werden. Ebenso haften auch die klebrigen Eier aneinander. Nur durch ständiges Belecken können die Larven der Ameisen sauber gehalten werden, wie dies für ihre Entwicklung unumgänglich notwendig ist. Eine Verschmutzung der Larve durch Kot kann hier allerdings ebensowenig stattfinden wie bei anderen Hymenopterenlarven, da die Entleerung erst am Ende der Fraßperiode erfolgt. Nur die Symphytenlarven defäzieren während ihrer ganzen Lebensdauer. Da die Exkremente im übrigen vielfach innerhalb des Kokons ausgeschieden werden, so scheinen sie keine Gesundheitsschädigung mit sich zu bringen, werden auch von unseren Wespen nicht nachträglich aus den Zellen vor deren neuer Bebrütung entfernt. Infolgedessen müssen die Zellen, wenn mehrmals Larven in ihnen aufgezogen wurden, verlängert werden, da die am Grunde angesammelten Kotmassen schließlich die Zellenlänge derart verkürzen, daß die Larven nicht mehr genügend Raum finden. Gegen den Spätherbst hin gehen aber bei unseren einheimischen Wespen von diesen Kotansammlungen bei Hinzukommen von Feuchtigkeit Fäulnisprozesse aus, die dann nicht mehr aufgehalten werden können und schließlich nach dem Aussterben des Volkes bald den ganzen Bau verfallen lassen. Die Honigbienenlarven scheinen gegenüber den Wespen wesentlich geringere Kotmengen abzugeben, die außerhalb des Kokons am Zellgrunde liegen und auch wohl kaum entfernt werden können. Vielleicht finden sich auch bei ausdauernden Wespenarten ähnliche hygienische Verhältnisse. Unter Umständen ist auch das Abtragen von Zellen, wie es bei manchen Wespen und den Meliponen vorkommt, als eine Maßnahme anzusehen, die zur Entfernung gesundheitsschädlicher Stoffe im Interesse der Brut dient. Für die Entwicklung der Brut in allen Entwicklungsstadien spielen Temperatur und Feuchtigkeitsgehalt vielfach eine hervorragende Rolle. Soweit es sich bei Wespenbauten um freie, hüllenlose Nester handelt, ist naturgemäß eine Beeinflussung dieser Verhältnisse durch die Nestbewohner nicht möglich. So werden denn auch derartige hüllenlose Nester in höheren Breiten immer seltener. Auch die Gattung *Polistes* zeigt trotz ihrer kosmopolitischen Verbreitung in den Tropen den größten Artenreichtum; verhältnismäßig spärlich sind die Arten, die sie in die gemäßigten Zonen entsendet. Dagegen kann in geschlossenen Bauten, soweit die Hülle einen schlechten Wärmeleiter bildet, die Temperatur im Innern so geregelt werden, daß sie ein Optimum für die Brutentwicklung darstellt. Da eine verhältnismäßig hohe Temperatur nötig ist, sind entsprechende Vorrichtungen an tropischen Wespenbauten spärlich und man hat den Eindruck, als ob die Gattung *Vespa* es ihrer für die Wärmeregulierung besonders geeigneten Hülle verdankt, daß sie in höhere Breiten vordringen konnte. Hier finden wir mehrschichtige Hüllen aus Papiermasse, die nur unten auseinanderweichen, oft mit besonderen nach unten offenen Taschen besetzt oder ein Labyrinth bildend. Unter allen Umständen bedürfen die Eier in den ersten Tagen einer erhöhten Temperatur, wenn sie sich entwickeln sollen. Nur aus Eiern, die, wenn die Wabe aus dem Nest herausgenommen wird, schon einige Tage alt sind, können die Larven schlüpfen; die übrigen gehen ein. Eine Reihe von Temperaturmessungen an Hornissennestern verdanken wir JANET. Bei einer Temperatur von 20°, die im Laboratorium herrschte, wurden durchschnittlich 12° höhere Temperaturen im Stockinnern gemessen. In der zweiten Hälfte des Oktober nahm die Differenz schnell ab und betrug am 4. November nur noch $2^1/_2$°. Recht empfindlich gegen Temperaturwechsel sind auch die Honigbienenlarven. Ihr Entwicklungsoptimum liegt etwa bei 35°. Sinkt unter dem Einfluß einer niedrigeren Außentemperatur die Quecksilbersäule des Thermometers im Innern, so setzt schon bei 34° eine Heizreaktion ein, die die Stockwärme auf die gewünschte Höhe bringt. Steigt die Temperatur über 35°, so erfolgen Gegenmaßnahmen dadurch, daß die Bienen vom Flugloch her einen lebhaften Luftstrom durch Fächeln erzeugen und sich auch selbst vom Brutnest zurückziehen. Während bei Wespen und Bienen die Larven durch ihre Zellen an einen bestimmten Platz im Nest festgelegt sind, kann bei den Ameisen die Larve jederzeit an einen geeigneten Platz gebracht werden, an dem sie unter den optimalen Bedingungen belassen wird. Schon das bei weitem nicht so starre Bausystem ermöglicht es, daß die Ameisen ihre Bauten den klimatischen Verhältnissen anpassen können. So wird nach WASMANN bei hohen Temperaturen zur Herabsetzung der Verdunstung und um eine geringere Sonnenbestrahlung zu erreichen, die Nestkuppel flacher angelegt, umgekehrt gibt eine stark gewölbte Kuppel eine größere Verdunstungs- und Heizfläche, an der auch Regenwasser leichter abläuft. Eier, Larven und Puppen der Ameisen scheinen nun je nach ihrem Entwicklungsgrad bestimmte Temperaturen und Feuchtigkeitsgrade nötig zu haben. Hieraus ergibt sich einmal der häufige Umtransport, dann aber auch, daß die Stadien nach dem Alter gewissermaßen sortiert an bestimmten Stellen des Baues liegen. Den Puppen ist trockene Wärme, den Eiern und jüngeren Larven dagegen nach JANET eine niedrigere Temperatur und höhere Feuchtigkeit zuträglich.

Die Brutfürsorge erstreckt sich aber bei den Sozialen nicht bloß auf die noch fressende, sondern auch auf die erwachsene Larve, die Puppe, und unter Umständen auch auf die frisch geschlüpften Imagines. Die sozialen Wespen verschließen ihre Brutzellen nicht durch einen besonderen Deckel. Der zähe Kokon, den sich die Larve selbst spinnt, genügt zu deren Schutz. Hummeln und Meliponen liegen vom Anfang ihrer Larvenentwicklung an eingeschlossen, so daß auch hier ein Verschluß der Zellen nicht nötig ist. Im Gegenteil tragen die Hummeln sogar die Wachsmasse, die den Kokon noch bekleidet, ab. Es mögen hierfür Sparsamkeitsgründe in bezug auf das Material in Frage kommen; andererseits ist es aber auch nicht ausgeschlossen, daß dies mit der Atmung der Ruhelarve und Puppe in Verbindung steht. Die Honigbienen verschließen dagegen ihre Brutzellen, und zwar ehe die Larve mit der Anfertigung ihres Kokons beginnt. Im Gegensatz zu den Deckeln der Honigzellen, die aus reinem Wachs bestehen und daher die Vorräte luftdicht abschließen, ist das Gefüge der Brutzellendeckel lockerer. Während bei den in Zellen eingeschlossenen Larven die sie umgebenden Wände als Anheftungspunkte der Sekretfäden beim Spinnen dienen können, ergeben sich für die Ameisenlarven Schwierigkeiten. Eine gewisse Unbeholfenheit ist hier zu beobachten und in vielen Fällen unterbleibt das Kokonspinnen überhaupt. Offensichtlich ist die Fähigkeit hierzu durch die weitgehende Brutpflege, die die Ameisen ihren Larven zuteil werden lassen, rückgebildet worden. „Beim Kokonspinnen sind die Arbeiter den Larven behilflich, indem sie dieselben mit Detritus, Sandkörnchen usw. umgeben oder sie in Erdgewölbe einbetten, um ihnen feste Anhaltspunkte für die Gespinstfäden zu geben. Haben die Larven das Gespinst fertiggestellt, so werden sie wieder ausgegraben, von den anhaftenden Sandpartikelchen usw. aufs sorgfältigste gereinigt, bis die Oberfläche des Kokons vollkommen sauber und glatt ist, und dann zu einem Haufen zusammengeschleppt" (ESCHERICH). Beim Schlüpfen aus den Kokons scheinen die Wespen der jungen Imago keine besonderen Dienste zu leisten. Die Wespe selbst muß sich ohne Unterstützung daraus hervorarbeiten. Als seltene Ausnahme beobachtete JANET allerdings, wie Hornissenarbeiterinnen gelegentlich in den Kokonbuckel Löcher einnagten. Auch die junge Honigbiene bahnt sich selbst ihren Weg, indem sie den Zelldeckel am Rande abnagt. Ihr wird in der ersten Zeit außer der Fütterung noch eine besondere Pflege zuteil, indem sie vielfach von anderen Arbeiterinnen beleckt wird. Verkrüppelte Individuen sollen frühzeitig ausgemerzt werden. Abgesehen von den tiefstehenden Ameisen (Ponerinen), die selbständig von innen her ihre Kokons zu öffnen vermögen, scheinen die meisten Arten diese Fähigkeit verloren zu haben und gehen zugrunde, wenn ihnen kein Beistand zuteil wird. Ameisenarbeiterinnen müssen also ein Loch in den Kokon nagen, aus dem die junge Ameise hervorgeholt werden kann. Das Alter der im Kokon liegenden Puppe scheint jedoch von den Ameisen bei Erfüllung ihrer Hebammentätigkeit nicht erkannt zu werden, da selbst noch ganz weiche, unausgefärbte Puppen aus der schützenden Hülle herausgezogen werden. In diesen Fällen muß den empfindlichen Puppen eine erneute, sorgfältige Pflege zuteil werden. Während die Arbeiterinnen beim Abstreifen ihrer Puppenhaut auch ohne fremde Hilfe fertig werden können, ist gelegentlich auch hierbei ein Beistand zu beobachten, da namentlich an den Tarsen und Fühlern anhaftende Hautfetzen mitunter nur schwer entfernbar sind. Bei den Männchen „bleiben, wenn sie sich selbst überlassen werden, an den Flügeln wie am Hinterleibe stets größere oder kleinere Stücke der alten Haut hängen, welche ihnen natürlich sehr hinderlich sind und sogar ihren Untergang herbeiführen können" (ESCHERICH).

Wir sehen also, wie die Brutpflege bei sozialen Hymenopteren sich schließlich über die ganze Entwicklungsdauer erstrecken kann, während bei tieferstehenden Formen lediglich eine gewisse Fürsorge für die Eier zu beobachten ist.

Zehntes Kapitel.

Parasitismus.

Wenn man unter echtem Parasitismus nur das auf Nahrungserwerb eingestellte Verhältnis einer kleineren Tierart zu einer größeren versteht, wobei Körpersubstanzen des größeren Organismus dem kleineren zur ständigen Ernährung dienen, so haben wir unter den Hymenopteren überhaupt keine echten Parasiten. Solche finden sich unter den Insekten als Ektoparasiten in Verbindung mit einer entsprechenden Umgestaltung des Körpers besonders in den Ordnungen der Anopluren, Mallophagen, Hemipteren (z.B. Polycteniden), Dipteren (*Pupipara*) und in dem merkwürdigen *Hemimerus*. Diese echten Parasiten bewohnen ständig den Körper eines bedeutend größeren Wirtstieres und fügen diesem einen verhältnismäßig geringen Schaden zu. Ähnlich liegen die Verhältnisse bei den Flöhen, den Oestriden, doch lebt hier nur das Imaginal- bzw. Larvenstadium nach Parasitenart. Wesentlich abweichend ist dagegen die Lebensweise der sogenannten parasitären Hymenopteren. Hier sind die Wirte stets andere Arthropoden in den verschiedenen Entwicklungsstadien. Diese Entomophagie ist außerdem mit wenigen Ausnahmen auf die Larven beschränkt. Und da der Größenunterschied zwischen Wirt und Parasit ein geringfügiger ist, führt die dem Wirte zugefügte Schädigung in der weitaus größten Mehrzahl der Fälle zum Tode, doch wird der Wirt vielfach anfänglich nur in geringem Maße geschädigt, so daß er noch verschiedene Stadien in der Metamorphose durchlaufen kann. Unter Umständen geht der Wirt aber auch eher ein, als die Parasitenlarve ihre Entwicklung abgeschlossen hat. Der Tod des Wirtes braucht dann aber nicht den des Parasiten nach sich zu ziehen, sondern dieser geht dann von der für den Parasiten charakteristischen biophagen Lebensweise zur Nekrophagie über. Ja, ein und dieselbe Art lebt gelegentlich je nach dem Wirt bio- oder nekrophag und nähert sich dadurch jenen Formen, die eine mehr räuberische Lebensweise führen. Doch ist auch hierbei zu bedenken, daß bei vielen karnivoren Aculeaten die Beutetiere durch Paralysierung als Larvenfutter lebend konserviert werden. Daraus ergibt sich aber auch, daß die Grenzen zwischen den einzelnen Ernährungsformen nicht scharf zu ziehen sind. Reuter bezeichnet diejenigen Parasiten, die nach Schlupfwespenart entomophag sind und deren Schmarotzertum den Tod des Wirtes nach sich zieht, als „Parasitoiden". Da aber auch der „Parasitoidismus" nicht scharf gegen den „Parasitismus" abzugrenzen ist, soll im folgenden das Schmarotzertum der Entomophagen in der allgemein üblichen Weise weiterhin als „Parasitismus" bezeichnet werden. Recht eigenartig sind die Lebensverhältnisse der sogenannten parasitären Aculeaten. Hier gibt es zwar auch zahlreiche Formen, die nach Art der „Parasitoiden“ leben, aber in den Familien der Grab-, Weg-, Faltenwespen und Bienen treffen wir einzelne Gattungen und Arten, die es bei mehr oder weniger naher Verwandtschaft zu Formen mit der für die Familie normalen Lebensweise gelernt haben, sich die Arbeit der anderen zunutze zu machen. Nicht die Larve des Wirts ist hier das Objekt, auf das sich der Parasitismus erstreckt, sondern die von der anderen Wespe aufgehäuften Vorräte werden aufgesucht. Die Brutpflegeinstinkte haben eine weitgehende Abänderung erfahren. Vorübergehend können die zwischen der Wirtslarve und der des Eindringlings bestehenden Beziehungen an Kommensalismus erinnern. Doch ist in allen Fällen der Tod der Wirtslarve sicher. Entwickelt sich ein derartiger Arbeitsparasitismus zwischen sozialen Formen, so läuft dies auf eine Ausnutzung der Hilfskräfte des Wirtsvolkes für die Aufzucht der artfremden Brut hinaus.

Zunächst sollen uns diejenigen Fälle von Schmarotzertum beschäftigen, die noch die meiste Ähnlichkeit mit echtem Parasitismus besitzen. Eine ganze Reihe von Beispielen, deren Zahl bei gründlicher Beobachtung sicher noch stark vergrößert werden wird, sind schon bekannt, in denen Hymenopteren, deren Larven in irgendwelchen Entwicklungsstadien eines Wirtstieres leben, als Imagines ebenfalls von den Säften der gleichen Art zehren. Dieselben zu erreichen ist jedoch nur das Weibchen fähig, indem es sich dabei seines Stachels als Hilfsapparates bedient, um die Körperwand des Wirtstieres zu durchbohren, um dann von den hervortretenden Säften zu lecken. Mag auch diese Ernährungsweise nicht die ausschließliche der betreffenden Wespe bilden, so stellt sie doch ein immerhin so interessantes Phänomen dar, daß sie hier nicht übergangen werden darf. Auch Männchen können von dem Tropfen, der aus der vom Weibchen dem Wirt beigebrachten Stichwunde hervortritt, profitieren, indem sie ebenfalls an der betreffenden Stelle lecken. Über die eigenartigen vom Weibchen produzierten Sekretröhren, durch die ein Saugen durch eine trennende Wand (z. B. Kokon), die ein direktes Auflecken des Tropfens verhindert, möglich wird, wurde bereits oben berichtet. Möglicherweise spielt der Geschmackssinn auch eine Rolle, wenn es sich darum handelt, zu entscheiden, ob ein Wirt zur Eiablage geeignet ist. Über die schädigende Wirkung des zum Nahrungserwerb beigebrachten Stiches für den Wirt ist nur wenig bekannt. Erfolgt aber keine Eiablage danach in diesen, so scheint die Verletzung doch eine so geringfügige zu sein, daß sie ohne schädliche Folgen für den Wirt sein kann. Wir hätten dann eine sehr einfache Form von Ektoparasitismus, der in keiner Weise irgendwelche speziellen morphologischen Differenzierungen bedingt. Die Beziehungen zwischen Wirt und Parasit sind hier noch sehr lockere. Dagegen wirkt der von *Habrobracon* der Mehlmottenraupe beigebrachte Stich lähmend, so daß eine Erholung der Raupe danach fraglich wird. Im übrigen kann aber das *Habrobracon*-Weibchen, abgesehen von den zahlreichen anderen Nährstoffen, die es aufnimmt, auch nekrophag sich nähren. Als echten Ektoparasiten im Imaginalzustand muß man dagegen nach den Beobachtungen von Rabaud und Chopard die *Rielia manticida* Kieff. bezeichnen. Dieses in den Ootheken von *Mantis* parasitierende, kleine Hymenopteron befällt als geflügelte Imago ausgewachsene *Mantis*, gelegentlich auch *Empusa*, und dringt nach Abwerfen der Flügel unter die der *Mantis*. Dort wird sie durch die Bewegungen ihres Wirtstieres selbst bis in die Achseln der Vorder- oder Hinterflügel gedrängt, um erst bei der Eiablage der *Mantis* ihren Platz zu wechseln und sich zu der noch schaumigen Oothek zu begeben. Ist die befallene *Mantis*, was ziemlich häufig vorkommt, ein Männchen, so geht der Parasit, da er auch bei der Paarung des Wirts nicht auf das Weibchen überkriecht, zugrunde. Nach dem Abstoßen der Flügel gelangt diese Wespe in ein derartiges Abhängigkeitsverhältnis zu ihrem Wirt, an dem sie ektoparasitär lebt, daß sie mit diesem zugrunde gehen muß. Der Größenunterschied zwischen Wirt und Parasit ist andererseits so erheblich, daß die Gottesanbeterin nicht geschädigt wird. Es ist dies meines Wissens der einzige Fall unter den Hymenopteren, wo man von einem echten Parasitismus sprechen kann.

Die Brutpflege- oder Futterparasiten unter den solitären aculeaten Hymenopteren sind, wie bereits oben gesagt wurde, dadurch ausgezeichnet, daß sie sich die Brutpflegeinstinkte nahe verwandter Formen zunutze machen. Unter den solitären Faltenwespen sind Arten, die zu einer derartigen Lebensweise übergegangen wären, nicht bekannt. Wohl aber lassen sich gelegentlich die Anfänge einer solchen erkennen. Von besonderem Interesse sind in diesem Zusammenhange die Beobachtungen Roubauds an *Eumenes maxillosus* Deg. In ungünstiger Jahreszeit, die der Beschaffung des nötigen Larvenfutters Schwierigkeiten bereitet, sind immer einzelne Individuen vorhanden, die es aufgegeben haben, selbst Raupen zu suchen. Diese Weibchen inspizieren die von anderen Individuen angelegten Zellen, die länger offen bleiben müssen, als es nötig ist, wenn Nahrung schnell beschafft werden kann. Merkwürdigerweise vergreifen sie sich aber niemals an den dort bereits aufgestapelten Raupen, sondern hängen lediglich ihr Ei in die Zelle hinein, in der nach Art der solitären Faltenwespen das Ei der Zellerbauerin bereits vorhanden ist. Dieses wird auch nicht entfernt, so daß also jetzt gleichzeitig zwei Eier sich darin befinden. Kommt die Nestmutter zurück, so entspinnen sich, wenn der Eindringling ertappt wird, gelegentlich Kämpfe. In einem derartigen Fall ließ sich der verscheuchte Eindringling nicht abschrecken und kehrte immer wieder zurück, wobei es ihm auch gelang, neue Eier einzuschmuggeln. Der Legedrang scheint hier ein recht starker zu sein; denn es kommt auch vor, daß das gleiche Weibchen selbst mehrere Eier in der unversorgten Zelle aufhängt und diese danach, ohne für Futter zu sorgen, verschließt. Das Vorhandensein mehrerer Eier in der gleichen Zelle bei ausreichender Nahrung für eine Larve bedeutet aber mindestens den Tod derjenigen Wespenlarven, die später schlüpfen, so daß die Instinktentartung, die sich im Aufgeben der Brutpflegearbeiten äußert, für die Nachkommenschaft derartiger Weibchen zum Verderben wird. Eine Ausnahme bildet ein später noch zu behandelnder Fall, in dem sich bei der gleichen Wespenart zwei Weibchen gewissermaßen in die Arbeit teilten: Ausübung der Bauarbeiten und Nahrungsbeschaffung durch das eine, Eiablage durch das andere Individuum.

Da bei den solitären Wespen das Ei der Nestmutter durch seine vorzeitigere Ablage einen kleinen Entwicklungsvorsprung vor dem eingeschmuggelten Ei haben wird, wäre die Entstehung regelmäßig parasitärer Formen nur dann denkbar, wenn gleichzeitig ein Instinkt auftauchen würde, das erstabgelegte Ei in der Zelle zu vernichten.

Recht lehrreich sind in dieser Beziehung die Psammochariden. Verschiedene Arten, z. B. *Ps. rufipes* L., *fuscus* L., *pulcher* F., machen sich nach FERTON öfter ihre Beute streitig, noch ehe dieselbe eingegraben, also ehe das Ei daran abgelegt wurde. Um den Raub auszuführen, wird besonders die Gelegenheit wahrgenommen, wenn die rechtmäßige Besitzerin der Beute mit dem Graben des Neststollens beschäftigt ist. Das den Wegwespen eigene feine Witterungsvermögen, das sie die in ihrem Erdgange verborgene Spinne finden läßt, führt aber auch dazu, daß gewisse Arten die von anderen Familienangehörigen erbeutete und bereits im Boden ruhende paralysierte Spinne wittern und dorthin vordringen. Da manche Arten hierbei an bestimmte Wirte gebunden zu sein scheinen, ist die Möglichkeit nicht von der Hand zu weisen, daß der Futterparasit früher einmal selbständig die gleichen Spinnen wie sein Wirt jagte. So dringt nach ADLERZ *P. campestris* WESM. bei *unguicularis* THS., *aculeatus* THS. bei *rufipes* L. und *fumipennis* DHLB. ein. Und FERTON fand, daß *P. pectinipes* V. D. LIND. zur Beute des *rufipes* L. vordringt, das bereits daran befindliche Ei zerstört und sein eigenes hinzufügt. Von letztgenannter Art kann also mit Sicherheit gesagt werden, daß sie bezüglich ihrer parasitären Gewohnheiten einen erheblichen Schritt weiter gekommen ist als das *Eumenes*-Weibchen, das sein dem Untergang geweihtes Ei bei einer Artgenossin einschmuggelt. Während die bisher genannten Psammochariden sich morphologisch nicht von den nahe verwandten, eine normale Brutpflege treibenden Formen unterscheiden lassen, ist die Gattung *Ceratopales* zu einer parasitären Lebensweise besonders befähigt. Ihr letztes freiliegendes Sternit ist von den Seiten her stark zusammengedrückt und in eine stumpfe Spitze ausgezogen. Hiermit können diese Wespen ihre Eier in die zu den Fächertracheen führenden Lungenspalten der Spinnen so einführen, daß dieselben, wenigstens wenn es sich um größere Spinnen handelt, vollkommen darin verborgen liegen. Geschieht nun die Eiablage, wie es die Regel darzustellen scheint, bevor die rechtmäßige Eigentümerin der Spinne diese eingegraben hat, so drohen dem Ei bei dem weiteren Transport keine Gefahren, da es nicht abgestreift werden kann und auch kaum von der Wespe bemerkt werden wird. Man kann annehmen, daß die Fähigkeit dieser Wegwespen, ihre Eier in den Lungenspalten der Spinnen unterzubringen, sie für die parasitäre Lebensweise befähigte und nicht, daß umgekehrt das letztere Sternit sich in Anpassung an das Schmarotzertum umgestaltete. Die eingehendsten Beobachtungen über die Lebensweise von *Ceratopales maculatus* F. verdanken wir ADLERZ. Er sah, wie die Wespe mit herabgebogenen Antennen aufmerksam den Bewegungen des zukünftigen Wirts ihrer Brut folgt, gelegentlich auch in den von der anderen Wespe ausgegrabenen Stollen eindringt, während diese noch an der Arbeit ist. In einem anderen Falle stürzte sich ein *Cerato-*

pales auf den kleinen *P. cinctellus* v. d. Lind. daß dieser seine Beute fahren ließ und nicht wieder zurückkehrte, wodurch auch der *Ceratopales* nicht zu seinem Ziele kam, da die freiliegende, verlassene Spinne bald das Opfer von Ameisen geworden sein dürfte. Im übrigen kennt nach den Beobachtungen des gleichen Autors *Anoplius fuscus* L., (*viaticus aut.*) seinen Feind recht gut. So verscheuchte ein Weibchen dieser Art zwei ihm folgende *Ceratopales* erst, ehe es seine Beute zum Neste brachte. Für den Schmarotzer ist es von nicht zu unterschätzender Bedeutung, daß seine Embryonalentwicklung von kürzerer Dauer ist als die der Wirtsart, da deren Ei ja später abgelegt wird und von dem *Ceratopales*-Weibchen nicht beseitigt werden kann. Nach zwei bis drei Tagen schlüpft bereits die junge Larve, die anfangs mit ihrem Hinterende noch zwischen den Fächertracheen steckt, während sie außen an der Spinne frißt, wobei sie wohl ähnlich, wie es bereits für *Pseudagenia* angegeben wurde, extraoral verdaut, da nur geringfügige Reste von der Spinne schließlich übrig bleiben. Schlüpft die Larve der Wirtswespe, so wird diese, sobald sie von der *Ceratopales*-Larve erreicht werden kann, getötet und verzehrt. Ebenso geht es auch einer zweiten *C.*-Larve, die sich gelegentlich aus einem im gegenüberliegenden Lungenspalt untergebrachten anderen Ei entwickelt. Der Vorsprung in der Entwicklung genügt auch hier, um die eine die andere überwältigen zu lassen. Ferton beobachtete wiederholt, wie *C. maculatus* sich auf *P. pulcher* F. stürzte und es dabei zu Kämpfen kam. Der *Psammochares*, gefolgt vom Parasiten, nahm hinterher seine Arbeit wieder auf. Die gleiche Art belegte auch die von einem *P. chalybeatus* Schiödte eingebrachte Lycoside mit ihrem Ei. *C. cribratus* Costa bemächtigte sich einer *Pythonissa exornata*, die einem *Aporus dubius* v. d. Lind. abgenommen war. Dieselbe *Ceratopales*-Art nahm eine von *P. chalybeatus* Schiödte eingetragene Lycoside an. Hier gelangte das Ei des *P.* nicht zur Entwicklung. Der *Ceratopales* drang, als die Spinne von dem *Psammochares* in den Gang geschleppt wurde, gleichzeitig ein und blieb einige Sekunden darin. Es ist nicht ausgeschlossen, daß dabei die Eiablage, also verhältnismäßig spät, erfolgte. Doch kann die von Ferton aus dieser Zucht erhaltene *Ceratopales*-Larve auch einem bereits früher abgelegten Ei ihre Entstehung verdanken. Riley und Walsh züchteten den nordamerikanischen *C. robinsoni* Cress. aus den Lehmzellen von *Pseudagenia bombycina* Cress.

Unter den Grabwespen ist der Brutpflegeparasitismus verhältnismäßig selten. Jene Fälle, in denen zwei Arten ihre Linienbauten hintereinander anlegen, wobei die schwächere von der stärkeren verdrängt sein kann, bieten nichts Gesetzmäßiges. Sie gehen auf Mangel an günstigen Nistgelegenheiten zurück und finden sich daher nicht bloß zwischen Grabwespen unter sich, sondern auch zwischen diesen und Bienen und Faltenwespen. Die Konkurrenz um den Nistplatz ist hier das Ausschlaggebende, wenn auch durch den bereits vorgebohrten Nistgang eine Arbeit erspart oder, falls eine Erweiterung des Ganges noch nötig ist, wenigstens erleichtert wird. Ein gegenseitiges Streitigmachen der Beutetiere ist aber bei Bembiciden beobachtet. So sahen G. und E. Peckham, wie eine *Bembix spinolae* Lep., die eine besonders große Fliege (*Tabanus atratus*) erbeutet hatte, von einem halben Dutzend Angehörigen der gleichen Art verfolgt und nicht in Ruhe gelassen wurde. Ebenso waren zwei Weibchen um ihre Beute in einen Kampf verwickelt, bis die eine das Beutetier schließlich für sich erraffte und damit das Weite suchen wollte. Aber dies gelang ihr nicht, denn bei einem zweiten Kampf erbeutete es die andere Wespe. Durch solche Raubmethoden können sich, namentlich bei Nahrungsmangel, unter Umständen einzelne Individuen mit geringer Mühe, falls die Überrumpelung gelingt, ein Beutetier verschaffen, dessen Jagd größere Schwierigkeiten bereiten dürfte. Auch von einer *Tachytes*-Art berichten die gleichen Autoren, wie ein Individuum einem anderen dessen Heuschrecke zu entreißen versuchte. Recht vielseitig in ihren Lebensgewohnheiten ist die Gattung *Stizus*. Während *St. errans* und *tridens* F. nach Ausgraben des Nestes zunächst das Ei ablegen und dann dauernd mit Hemipteren füttern, trägt *fasciatus* F. Orthopterenlarven ein und legt an die erste sein Ei. Der nordamerikanische *St. unicinctus* LEP. dringt dagegen nach WILLIAMS in die verschlossenen Nester von *Chlorion thomae* F. ein, frißt das *Chlorion*-Ei auf und legt sein eigenes hinzu. Da diese Beobachtungen auch von RAU bestätigt wurden, scheint es sich hier um eine bereits gefestigte biologische Eigentümlichkeit dieser Art zu handeln. Die Gattung *Nysson* scheint bereits völlig zum Futterparasitismus übergegangen zu sein. *Nysson dimidiatus* JUR. sucht nach FERTON in die zugescharrten Nester von *Gorytes elegans* LEP. einzudringen, wird jedoch dabei häufig durch die in einiger Entfernung vom Nesteingang liegenden ausgegrabenen Sandmassen irregeführt. Außerdem beobachtet er aber gelegentlich das am Bau befindliche *Gorytes*-Weibchen. Wenn dasselbe den Eingang wieder verschlossen hat und davon geflogen ist, gräbt der *Nysson* ihn wieder auf und schlüpft hinein. War die Zelle noch nicht vollständig versorgt und noch kein *Gorytes*-Ei darin, so kommt die Wespe schnell wieder hervor, scharrt den Eingang zu und unternimmt einige Orientierungsflüge. Später dringt sie dann dort wieder ein. Möglicherweise hält sie gleichzeitig mehrere Bauten unter ständiger Beobachtung. Ähnlich verhält sich auch *Nysson maculatus* F. bei *Gorytes lunatus* DHLB. nach ADLERZ. Vermutlich wird das *Gorytes*-Ei zerstört und an seiner Stelle das des *Nysson*-Weibchens untergeschoben.

Unter den Bienen ist die Erscheinung des Arbeitsparasitismus recht verbreitet. Eine ganze Reihe von Gattungen machen sich die Brutpflegearbeiten anderer Bienen zunutze und schmuggeln zum geeigneten Zeitpunkt ihre Eier ein. Vielfach sind diese Bienengattungen mit denen ihrer Wirte nahe verwandt und dürften sich unter Verlust der typischen Sammelapparate und vielfach auch des übrigen Haarkleides zu eigenen Gattungen entwickelt haben. So können abgeleitet werden: *Coelioxys* von *Megachile*, *Stelis* von *Anthidium*, *Melecta* von *Anthophora* (*Crocisa* dürfte aus *Melecta* hervorgegangen sein), *Sphecodes* von *Halictus*-ähnlichen Vorfahren, *Aglae* und *Exaerete* von *Euglossa*, *Thalestria* von *Oxaea* u. a. m. Auffallend ist die häufig wiederkehrende bunte Färbung oder Fleckenzeichnung parasitärer Bienen. Nachdem die parasitären Gewohnheiten gefestigt waren, sind einzelne Gattungen bzw. Arten zu anderen Wirten übergegangen. *Stelis* hat sich den verschiedensten kleineren Bauchsammlern angepaßt, *Coelioxys* befällt außer *Megachile* auch *Anthophora*, ein Sprung, der besonders groß erscheint; ebenso hat sich *Nomada*, deren stammesgeschichtliche Ableitung noch nicht sicher ist, bei recht heterogenen Bienengattungen eingefunden: *Halictus*, *Andrena*, *Panurgus*, *Eucera*.

Konnten auch kaum mehr irgendwelche Zweifel an der Parasitennatur von *Sphecodes* bestehen, so sind doch noch bis in die neueste Zeit immer wieder Vermutungen geäußert worden (Friese), daß *Sphecodes* erst eine auf dem Wege zum Brutpflegeparasitismus befindliche Form sei. Schon die Feststellung, daß bestimmte *Sphecodes*-Arten an bestimmte Wirtsbienen gebunden sind, läßt enge, zwischen beiden vorhandene Beziehungen vermuten, die auch in der Generationsfolge ihren Ausdruck finden. Bemerkenswert ist, daß auch *Sphecodes*, der seiner Abstammung nach ein *Halictus*-Parasit sein müßte, mit einigen Arten zu *Andrena* übergegangen ist (*Sph. reticulatus* Thoms. und *pilifrons* Thoms. bei *Andrena sericea* Chr.). Eingehendere Beobachtungen an *Sphecodes monilicornis* K. verdanken wir neuerdings Legewie. Der genannte *Sphecodes* lebt bei den verschiedenen Generationen des *Halictus malachurus* K. (*longulus* Sm). In der ersten Generation, solange das *malachurus*-Weibchen allein am Nest tätig ist, fällt ihm ein Eindringen im allgemeinen nicht schwer, und Kämpfe zwischen beiden kommen selten vor. In den folgenden Generationen jedoch, wenn der Nesteingang durch einen besonderen Wächter geschützt ist, muß es zu Kämpfen kommen. Hierbei zeigt sich der *Sphecodes* fast immer als der Stärkere. Ein *H. longulus* nach dem anderen wird sein Opfer. Vielfach wird der *Halictus* dabei zerrissen oder mit dem Stachel abgestochen und aus dem Nestgang herausgezerrt. Der Räuber dringt allmählich tiefer ein, dabei von Zeit zu Zeit Sand nach oben herausschiebend und die Kadaver hinaus befördernd. Er läßt mit dem Morden nicht eher nach, als bis alle Insassen des Nestes erledigt sind. Auch später noch von außen hinzukommende Halicten werden seine Opfer. Gelegentlich muß er den Nesteingang durch Losbeißen von Erde erweitern, um eindringen zu können. In einem Falle wurden in einem 6 Stunden währenden Kampf 16 *Halictus* zur Strecke gebracht. „Ein Kampf außerhalb des Nestes findet nur sehr selten statt, und nach meinen (Legewies) Beobachtungen nur dann, wenn der *Sphecodes* von einer heimkehrenden Biene am Flugloch angegriffen wird, aber auch hier bei weitem nicht immer. So sah ich einige Male, wie *Sphecodes* in stetem Kampf den *Halictus* aus dem Nest drängte und selbst voller Erregung nachkam, so daß der Kampf sich außerhalb des Flugloches, jedoch in nächster Nähe desselben abspielte. Einmal beobachtete ich sogar, wie die am Flugloch Kämpfenden sich lösten, der *Halictus* ein paar Zentimeter zurückflog, der *Sphecodes* aber sich mit großer Heftigkeit auf ihn stürzte und ihn abstach.“ Als Ausnahme muß es angesehen werden, wenn der *Sphecodes* einmal unterliegt. „In dem einzigen beobachteten Falle wurde sein Kopf, dessen muskulöse Verbindung mit dem Thorax deutlich sichtbar war, zum größten Teile von diesem getrennt. An dieser Verletzung ging der *Sphecodes* kurz darauf zugrunde. Hinzufügen möchte ich noch, daß es sich um einen Kampf während der dritten Generation handelte. Dem ersten Wächter des Nestes, das er anflog, fiel *Sphecodes* zum Opfer." Diese Kämpfe zwischen *Sphecodes* und seinem Wirt wiederholen sich bei anderen parasitären Bienen und deren Wirten nicht. Wohl kennen manche Wirtsbienen ihre Parasiten und drängen diese zum Neste hinaus, wenn sie sie darin antreffen, aber niemals verschafft sich der Schmarotzer mit Gewalt Einlaß. Hat der *Sphecodes* den *Halictus*-Bau für sich erobert, so kann er dort in Ruhe seine Eier unterbringen. Leider klaffen hier in der direkten Beobachtung noch große Lücken. Aus zahlreichen Nestbefunden folgert LEGEWIE aber, daß die von ihm beobachtete Art die von *Halictus* angelegten Zellen mit dem darin aufgestapelten Pollen benutzt. Das darin befindliche *Halictus*-Ei wird jedenfalls von ihr selbst beseitigt werden. Während aber die *Halictus*-Zellen, soweit sie von diesen Bienen selbst versorgt wurden, zum Neststollen hin offen bleiben, finden sich in den von *Sphecodes* befallenen Nestern verschlossene Zellen, die die Vermutung nahe legen, daß der Schmarotzer diesen Verschluß anbringt. Es ist denkbar, daß infolge des Zellverschlusses der in der Zelle vorhandene Pollenvorrat weniger schnell austrocknet und daß insofern die *Sphecodes*-Larve in ihrer Ernährung von der *Halictus*-Larve abweicht. Verläßt der *Sphecodes* das Nest, so verschließt er im Gegensatz zu *Halictus* ebenfalls den Nesteingang. Diese Grabtätigkeit konnte als ein Arbeiten am eigenen Nest leicht ausgelegt und daher falsch gedeutet werden. „Der Schaden, den *Sphecodes monilicornis* seinem Wirt zufügt, ist größer als bei anderen Kuckucksbienen. Nicht nur vermindert er, wie andere Schmarotzerbienen auch, durch die Besitznahme einer Anzahl fertiger Kammern dessen Nachkommenschaft, er schließt außerdem durch seine Kämpfe eine Reihe geschlechtsreifer Weibchen von weiterer Eiablage überhaupt aus. Allerdings hat *Sphecodes* während der zweiten und dritten Generation weniger oft Gelegenheit, in ein Nest einzudringen als andere Schmarotzerbienen bei ihren solitär lebenden Wirten."

Die Gewohnheiten der anderen Schmarotzerbienen weichen nicht unerheblich von denen von *Sphecodes* ab. Der suchende Flug dicht über den Nistplätzen, wobei die betreffenden Bienen verhältnismäßig langsam dahingleiten, ist bei *Sphecodes* nicht ganz so typisch. Während das *Sphecodes*-Weibchen nach Eroberung eines *Halictus*-Baues in Ruhe eine Anzahl Eier darin ablegen kann, sind die übrigen Parasiten in dieser Beziehung weniger günstig gestellt. Das Suchen neuer Nester mit Zellen, die für die Aufnahme geeignet sind, stellt verhältnismäßig hohe Anforderungen an diese von der normalen Brutpflege abgekommenen Formen. Orientierungsflüge am Wirtsnest, die zur Einprägung der Lage eines aufgefundenen Baues dienen, beschreibt GRAENICHER von der bei *Colletes eulophi* RBTS. lebenden *Argyroselenis minima*. Möglicherweise halten derartige Parasiten gleichzeitig mehrere Nester unter Beobachtung. Häufig sah Verfasser *Coelioxys rufescens* LEP. in die Bauten von *Anthophora parietina* F. einschlüpfen, aber auch meist sehr schnell wieder herauskommen. Der Zustand der letzten Zelle scheint dann für die Eiablage nicht geeignet zu sein. Vielfach kennen die in Frage kommenden Wirtsbienen ihren Feind und verdrängen ihn, wenn sie ihn im Neste antreffen, daraus. Kämpfe mit tödlichem Ausgang entwickeln sich dabei nicht, und auch der Parasit scheint sich niemals mit Gewalt in den Besitz von Zellen der Wirtsart zu setzen. Das Verhältnis von *Andrena* zu *Nomada* ist dagegen ein neutrales, wenn nicht sogar als freundlich zu bezeichnen, da hier die Wirtsbiene keine Anstalten machen soll, den Parasiten aus ihrem Bau zu entfernen, sondern wartet, bis derselbe freiwillig hervorkommt. Vielleicht ist der aromatische Duft, der diesen Bienen anhaftet, für dieses Verhältnis irgendwie von Bedeutung. Es sind aber genauere Untersuchungen über die Beziehungen zwischen den Nomaden und ihren Wirten dringend erwünscht. Im allgemeinen pflegen die Schmarotzerbienen erst einige Zeit nach ihren Wirten zu erscheinen, wodurch die Möglichkeit, bereits im Bau befindliche oder versorgte Zellen zu finden, gewährleistet ist. Charakteristisch für die Gattung *Stelis* ist es, daß das Ei am Grunde der noch nicht mit Futter versehenen Zelle der Wirtsbiene abgelegt wird. Direkte Beobachtungen der Eiablage liegen zwar nicht vor; aber es ist anders kaum verständlich, wie gerade *Stelis* mit ihrem verhältnismäßig gerundeten Abdomen ihre Eier an den Boden der Zellen befördern sollte, wenn der Pollenballen bereits die Zelle ausfüllen würde. Die Wirtsbiene legt später ihr Ei auf das eingetragene Futter und verschließt die Zelle, in der sich nun die beiden Eier vom Wirt und Schmarotzer an den gegenüberliegenden Enden befinden. Die *Stelis*-Larve hat einen kleinen Entwicklungsvorsprung und frißt sich nun nach vorn durch die Futtermassen hindurch. Inzwischen ist aber auch die Wirtsbienen (z. B. *Osmia*)-Larve ebenfalls geschlüpft und frißt der *Stelis*-Larve entgegen. Die *Stelis*-Larve kann dann bereits größer sein als ihr Nestgenosse, braucht es aber nicht zu sein. Treffen beide schließlich aufeinander, so kann es zu Kämpfen kommen, wie sie VERHOEFF zwischen *Stelis minuta* SCHENCK und *Osmia leucomelaena* K. beobachtete und aus denen die *Stelis*-Larve als Sieger hervorgeht, indem sie ihre Mandibeln in den Körper der *Osmia*-Larve schlägt und diesen aussaugt. HÖPPNER beobachtete keine besonderen Kämpfe zwischen den Larven von *Stelis ornatula* KL. und denen von *Osm. parvula* DUF. und *leucomelaena* K. Die letzteren leisteten keinen Widerstand und wurden ausgesogen. GRAENICHER konnte die Entwicklung der nordamerikanischen *Stelis 6-maculata* an *Alcidamia producta* CR. verfolgen und kam zu ganz ähnlichen Ergebnissen. Hier war aber, als beide Larven zusammentrafen, die des Parasiten noch die kleinere. Nachdem die *Alcidamia*-Larve ausgesogen war, kehrte die *Stelis* wieder zu ihrer vegetabilen Kost zurück. Bei dem Aussaugender Wirtslarve sind es sicher auch in erster Linie die noch unverdauten Nahrungsmengen, die die Wirtslarve in sich enthält und die dem Parasiten zugute kommen, so daß auch die Parasitenlarve in dieser Zeit kaum als karnivor angesprochen werden darf. In ähnlicher Weise wie der Larve der Wirtsbiene ergeht es auch anderen Larven des Parasiten, die sich aus Eiern, die in die gleiche Zelle gelegt wurden, entwickeln. So sah GRAENICHER, wie von drei Larven der *Stelis 6-maculata* die am weitesten nach hinten in der Zelle befindliche zunächst die eine, später die andere vor ihr liegende Larve tötete und schließlich auch die der *Alcidamia*. In ähnlicher Weise greifen sich auch die *Triepeolus*-Larven nach dem gleichen Autor an. Versuche, durch die das gegenseitige Verhalten zweier Wirtsbienenlarven in der gleichen Zelle ermittelt werden sollte, ergaben, daß zwei gleichgroße *Ceratina*-Larven (*C. dupla* SAY.) sich in das Futter teilten und dementsprechend kleinere Individuen ergaben (in einem Falle zwei Weibchen, im anderen ein Männchen und ein Weibchen). Von zwei verschieden großen *Megachile*-Larven verdrängte schließlich die größere, als der Raum in der Zelle zu knapp wurde, die kleinere. Diesen Beobachtungen GRAENICHERS steht eine andere, an *Halictus*-Larven gemachte entgegen, wobei die größere die kleinere mit den Mandibeln verletzte und aussog. Stehen jedoch verhältnismäßig große Futtermengen zur Verfügung, wie dies der Fall ist, wenn *Stelis nasuta* LATR. bei *Chalicodoma muraria* F. ihre Entwicklung durchmacht, so können gleichzeitig mehrere Larven der *Stelis* nebeneinander leben, ohne sich zu behelligen. Bis sechs Kokons fand FRIESE zu traubenartigen Haufen zusammengedrängt. Die recht erheblichen Größenunterschiede dieser *Stelis* hängen offensichtlich mit der Nahrungsmenge, die den einzelnen Larven zufiel, zusammen. Die *Chalicodoma*-Larve, scheint aber auf jeden Fall getötet zu werden. Eine interessante Beobachtung GRAENICHERS (Abb. 170b) an den Larven verschiedener parasitärer Bienen müßte an den einheimischen Formen nach noch nachgeprüft werden. Es handelt sich nämlich darum, daß die Jugendlarve von *Stelis 6-maculata*, *Coelioxys lucrosa* CR. und *Triepeolus helianthi* RBTS. (Abb. 169) sichelförmige, scharfe Mandibeln, die als Mordwaffen Verwendung finden, besitzen, die aber mit der Häutung nach dem Abtöten der Wirtslarve, besonders bei *Coelioxys* und *Triepeolus*, durch kleinere ersetzt werden. Außerdem hat die *Triepeolus*-Larve Anhänge als Scheinfüße, die ihr eine größere Bewegungsfähigkeit verleihen.

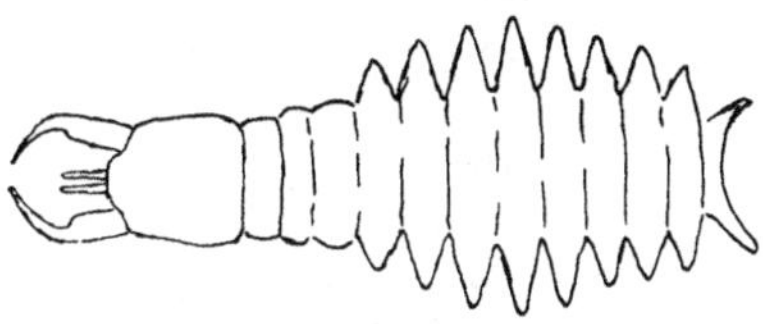

Abb. 169. Primärlarve von *Triepeolus helianthi* ROB. (nach GRAENICHER).

Die folgende Tabelle gibt eine Übersicht über europäische Schmarotzerbienen und ihre Wirte, ohne jedoch den Anspruch auf eine Vollständigkeit erheben zu wollen.

Schmarotzer	Wirte
Stelis signata LATR.	*Anthidium strigatum* LATR.
„ *frey gessneri* FR.	„ *interruptum* F.
„ *nasuta* LATR.	*Chalicodoma muraria* F.
„ *ornatula* KL.	*Osmia leucomelaena* K., *parvula* DUF. et PERR.
„ *minuta* LEP.	*Osmia parvula* DUF., *gallarum* SPIN.
„ *minima* SCHENCK	*Eriades campanularum* K.
„ *breviuscula* NYL.	„ *truncorum* L.
	„ *nigricornis* NYL.

Schmarotzer	Wirte
Stelis phaeoptera K.	*Osmia spinolae* SCHENCK ,, *fulviventris* PZ.
,, *odontopyga* NOSK.	,, *spinulosa* K.
,, *aterrima* LATR.	,, *adunca* LATR., *fulviventris* PZ.
Coelioxys aurolimbata FÖRST.	*Megachile ericetorum* LEP.
,, *rufescens* LEP.	*Anthophora parietina* F., *fulvitarsis* BR.
,, *conoidea* KL.	*Megachile lagopoda* L. ,, *maritima* K.
,, *lanceolata* NYL.	,, *nigriventris* SCHENCK
,, *alata* FÖRST.	,, *ligniseca* K.
,, *quadridentata* L.	,, *circumcincta* K., *willoughbiella* K., *argentata* F.; *Anthophora parietina* F.
,, *elongata* LEP.	*Megachile circumcincta* K., *centuncularis* L., *willoughbiella* K.
,, *acuminata* NYL.	*Megachile centuncularis* L.
,, *mandibularis* NYL.	,, *versicolor* SM., *centuncularis* L., *argentata* F.
,, *afra* LEP.	*Megachile argentata* F., *apicalis* SPIN.
,, *emarginata* FÖRST.	*Megachile leucomalla* GERST.
,, *brevis* EV.	,, *apicalis* SPIN.
,, *rufocaudata* SM.	,, *rotundata* F.
,, *polycentris* FÖRST.	*Tetralonia nana* MOR. (sec. FAHRINGER)
,, *argentea* LEP.	*Megachile sericans* FONSC.
,, *acanthura* ILL.	*Chalicodoma syraënsis* RAD.
Dioxys cincta JUR.	,, *muraria* F. ,, *sicula* ROSSI, *pyrenaica* LEP.
,, *tridentata* NYL.	*Megachile argentata* F.
,, *pannonica* MOCS.	*Chalicodoma syraënsis* RAD.
Ammobates punctatus F.	*Anthophora bimaculata* PZ.
,, *vinctus* GERST.	*Tetralonia graja* EV. und *ruficornis* F.
,, *oraniensis* LEP.	*Tetralonia armeniaca* MOR.
Phiarus abdominalis EV.	*Meliturga clavicornis* LATR.
,, *scriptus* GERST.	,, *caudata* PÉR.
Pasites maculatus JUR.	*Nomia diversipes* LATR. ,, *rufiventris* SPIN.
,, *minutus* MOCS.	*Camptopoeum frontale* F.
Biastes emarginatus SCHENCK	*Rhophites 5-spinosus* SPIN.
,, *truncatus* NYL.	*Halictoides dentiventris* NYL.
,, *brevicornis* PZ.	*Systropha curvicornis* SCOP. ,, *planidens* GIR.

Schmarotzer	Wirte
Melecta armata Pz.	*Anthophora acervorum* L., *fulvitarsis* Br.
,, *luctuosa* Scop.	*Anthophora retusa* L. und *aestivalis* Pz.
,, *funeraria* Sm.	*Anthophora zonatula* Sm.
Crocisa scutellaris F.	,, *vulpina* Pz., *parietina* F.
,, *ramosa* Lep.	*Anthophora albigena* Lep.
,, *major* Mor.	,, *quadrifasciata* Vill.
,, *truncata* Pér.	,, *garrula* Rossi
Epeolus tristis Sm.	*Colletes hylaeiformis* Ev.
,, *fallax* Mor.	,, *succinctus* L.
,, *tarsalis* Mor.	,, *picistigma* Ths.
,, *praeustus* Pér.	,, *frigidus* (?)
,, *fasciatus* Fr.	,, *punctatus* Mocs.
,, *cruciger* Pz.	,, *daviesanus* Sm., *succinctus* L.
,, *notatus* Chr.	*Colletes fodiens* Geoffr., *daviesanus* Sm.
,, *glacialis* Alfk.	*Colletes impunctatus* Nyl., *montanus* Mor.
,, *schummeli* Schill.	*Colletes nasutus* Sm.
Epeoloides coecutiens F.	*Macropis labiata* F., *fulvipes* F.
Nomada germanica Pz. (*ferruginata*)	*Andrena humilis* Imh.
Nomada argentata H.-Sch. (*atrata*)	,, *marginata* F.
,, *cinnabarina* Mor.	,, *labialis* K.
,, *armata* H.-Sch.	,, *hattorfiana* F.
,, *mutabilis* Mor.	,, *chrysopyga* Sch.
,, *femoralis* Mor.	,, *humilis* Imh.
,, *guttulata* Sch.	,, *cingulata* F.
,, *obscura*Zett.	,, *ruficrus* Nyl., ? *rufitarsis* Zett.
,, *obtusifrons* Nyl.	*Andrena tarsata* Nyl. (*analis*), *coitana* K.
,, *nobilis* H.-Sch.	,, ? *nasuta* Gir.
,, *tormentillae* Alfk.	,, *tarsata* Nyl. (*analis*)
,, *roberjeotiana* Pz.	,, ? *ovatula* K., ? *fuscipes* K.
,, *rufipes* F. (*solidaginis*)	,, *fuscipes* K., *denticulata* K.
,, *errans* Lep.	,, *nitidiuscula* Sch. (*lucens*)
,, *flavopicta* K. (*jacobaeae*)	,, ? *ovatula* K., ? *wilkella* K., ? *nigriceps* K.
,, *sexfasciata* Pz.	*Eucera longicornis* L., *tuberculata* F.
,, *aberrans* Ev. (*imperialis*)	,, ? *tomentosa* Dours
,, *agrestis* F.	,, ? *nigrilabris* Lep.
,, *manni* Mor.	*Andrena morio* Br.
,, *fucata* Pz.	,, *flavipes* Pz., *gravida* Imh.

Schmarotzer	Wirte
Nomada goodeniana K. (*succincta*)	*Andrena nigroaenea* K., *nitida* Geoffr.
,, *chrysopyga* Mor.	*Andrena* ? *rutila* Spin.
,, *pastoralis* Ev.	,, ? *morio* Br., ? *rutila* Spin.
,, *lathburiana* K.	,, *vaga* Pz., *cineraria* L.
,, *verna* Mocs.	,, *nigrifrons* Sm.
,, *marshamella* K. (*alternata*)	,, *jakobi* Perk. (*trimmerana aut.*), *spinigera* K.
,, *mutica* Mor.	*Andrena* ? *ferox* Sm.
,, *lineola* Pz.	,, *carbonaria* L., *tibialis* K., *bimaculata* K.
,, *bifida* Ths.	*Andrena albicans* Müll.
,, *baccata* Sm. (*alboguttata*)	,, *sericea* Chr. (*albicrus*), *argentata* Sm.
,, *hillana* K.	*Andrena wilkella* K., *lathyri* Alfk.
,, *ochrostoma* K.	,, *wilkella* K., *fucata* Sm.
,, *braunsiana* Schmdkn.	,, *pandellei* Saund.
,, *xanthosticta* K. (*lateralis*)	,, *praecox* Scop.
,, *leucophthalma* K. (*borealis*	,, *apicata* Sm., *clarkella* K., *nycthemera* Imh.
,, *bucephalae* Perk.	*Andrena bucephala* St.
,, *signata* Pz.	,, *fulva* Schr.
,, *flava* Pz. (*ruficornis part.*)	,, *jakobi* Perk. (*trimmerana aut.*)
,, *ruficornis* L.	*Andrena varians* K., *helvola* L., *synadelpha* Perk., *fucata* Sm., *lapponica* Zett., *fulva* Schr.
,, *zonata* Pz.	*Andrena ovatula* K.
,, *rhenana* Mor.	,, *ovatula* K., *lathyri* Alfk.
,, *fabriciana* L.	,, *gwynana* K., *angustior* K., *nigroaenea* K.
,, *conjungens* H.-Sch.	*Andrena proxima* K.
,, *flavoguttata* K.	,, *falsifica* Perk., *saundersella* Perk., *subopaca* Nyl., *parvula* K.
,, *distinguenda* Mor.	*Andrena minutula* K.
,, *furva* Pz.	*Halictus nitidiusculus* K., *minutus* K., *leucopus* K., *morio* F.
,, *kohli* Schmdkn.	*Halictus puncticollis* Mor., *villosulus* K.
,, *fuscicornis* Nyl.	*Panurgus calcaratus* Scop.
,, *similis* Mor.	,, *banksianus* K.
,, *panurgina* Mor.	,, *dentipes* Latr.
Sphecodes fuscipennis Germ.	*Halictus 4-cinctus* F.
,, *gibbus* L.	,, *4-cinctus* F.
,, *reticulatus* Thoms.	*Andrena sericea* Chr., *argentata* Sm.
,, *spinulosus* v. Hag.	*Halictus xanthopus* K.

Schmarotzer	Wirte
Sphecodes monilicornis K.	*Halictus malachurus* K.
,, *rubicundus* v. HAG.	*Andrena labialis* K.
,, *subovalis* SCHCK.	*Halictus maculatus* SM.
,, *pellucidus* SM.	*Andrena sericea* CHR.
,, *divisus* K.	*Halictus maculatus* SM., *quadrinotatulus* SCHCK., *lativentris* SCHCK., *tumulorum* L.
,, *niger* v. HAG.	*Halictus lucidulus* SCHCK.
,, *longulus* v. HAG.	,, *minutissimus* K.
,, *puncticeps* THOMS.	,, *brevicornis* SCHCK., ? *villosulus* K.
,, *crassus* THOMS.	*Halictus quadrinotatulus* SCHCK., *nitidiusculus* K.
,, *miniatus* v. HAG.	*Halictus nitidiusculus* K.
,, *fasciatus* v. HAG.	,, *morio* F.

(Die vorstehenden Angaben über *Sphecodes* und dessen mutmaßliche Wirte verdanke ich Herrn Landgerichtsrat BLÜTHGEN.)

Psithyrus vestalis GEOFFR. ,, *bohemicus* SEIDL	*Bombus terrestris* L., *lucorum* L.
,, *quadricolor* LEP.	*Bombus pratorum* L., *jonellus* K.
,, *campestris* PZ.	,, *agrorum* F., *muscorum* F., *soroensis* F.
,, *rupestris* F.	*Bombus lapidarius* L., *silvarum* L.
,, *barbutellus* K.	,, *distinguendus* MOR., *hortorum* L.

Zu vorstehender Übersicht muß aber bemerkt werden, daß in vielen Fällen, namentlich bei den *Nomada*- und *Sphecodes*-Arten, die Zusammengehörigkeit von Wirt und Parasit nicht oder nur in ganz wenigen Fällen auf dem Wege der Zucht erkannt wurde, sondern aus dem gemeinsamen Vorkommen, besonders aber dem Herumsuchen der betreffenden Bienen-Arten an den Nistplätzen der anderen Bienen erschlossen wurde. Wird aber an verschiedenen Nistplätzen das gemeinsame Vorkommen einer *Andrena*-Art mit einer *Nomada* oder eines *Halictus* mit einem *Sphecodes* festgestellt, so gewinnt die Vermutung der Zusammengehörigkeit recht erheblich an Wahrscheinlichkeit. Andererseits darf aber auch das Einschlüpfen eines Parasiten in irgendein Bienen- oder gar Grabwespennest, wie dies z. B. bei *Sphecodes* vorkommt, nicht als sicherer Beweis für das Parasitieren bei der Nesteigentümerin angesehen werden, da das Hineinkriechen, soweit es sich nicht um einen Irrtum bei dem Suchen nach einem geeigneten Wirtsnest handelt, auch den Zweck haben kann, einen geeigneten Unterschlupf aufzusuchen. Die Mehrwirtigkeit mancher *Nomada*-Arten ist zum Teil dadurch bedingt, daß diese in zwei oder drei Generationen vorkommen können, während die Wirtsbiene nur eine Generation zu haben braucht, oder wenigstens in der zweiten Generation so selten ist, daß sie praktisch nicht als Wirt in Frage kommt. Der dadurch bedingte Wirtswechsel erstreckt sich aber nicht bloß auf nächst verwandte Arten. Einige Angaben über derartige Verhältnisse mögen hier nach ALFKEN (1902) wiedergegeben werden. „Die Frühjahrsgeneration von *N. alboguttata* H. SCH. schmarotzt bei den Frühlingsgenerationen der *Andrena sericea* CHR. (große Tiere) und der *argentata* SM. (kleine Tiere); die Herbstgeneration wurde bisher nur bei der Herbstgeneration der *A. argentata* SM. gefunden. Es ist dies erklärlich, da die Herbstgeneration der *A. sericea* CHR. äußerst selten ist. — *Nomada flavoguttata* K. kommt in drei Generationen vor, von denen die im ersten Frühjahr fliegende dunkle Form (*hoeppneri* ALFK.) der Schmarotzer der *Andr. parvula* K. ist, die im Mai, meist erst um die Mitte dieses Monats auftretende helle und bekannteste Form bei *Andr. nana* K. (nach SCHMIEDEKNECHT) fliegt, und endlich die dritte, die Sommergeneration als Parasit der *Andr. minutula* K. (2. Generation) anzusehen ist. — *N. zonata* PANZ. *var. rhenana* MOR. erscheint in zwei Generationen, von denen die erste bei *A. lathyri* ALFK., die zweite bei *A. afzeliella* K. (2. Generation) wohnt.“ *Nomada fucata* PZ. folgt dagegen in beiden Generationen denen der *Andr. flavipes* PZ. Ob die Mehrwirtigkeit mancher *Nomada*-Arten das ursprünglichere ist und die Lebensweise bei einem Wirt eine Spezialisierung darstellt, oder ob die Entwicklung in umgekehrter Richtung gegangen ist, ist schwer zu entscheiden. Leben die verschiedenen Generationen bei verschiedenen Wirten, so sind sie oft schon äußerlich, besonders auch in der Größe verschieden. Es ist anzunehmen, daß dort, wo nahe verwandte Arten bei verschiedenen Wirten leben, durch diesen biologischen Unterschied allmählich sich Artcharaktere herausgebildet haben, wie dies ALFKEN für die größere *Nomada roberjeotiana* PZ. und die kleinen *N. tormentillae* ALFK., die bereits als spezifisch verschieden angesehen werden müssen, wahrscheinlich gemacht hat.

Abweichend von *Stelis* legen andere Schmarotzerbienen ihre Eier erst in die Zellen der Wirtsbiene, wenn sich in diesen bereits das rechtmäßige Ei befindet. Hierbei muß dann auch der Zellverschluß, wenn ein solcher angelegt wurde, entfernt werden. Nach SEMICHON kommt *Melecta armata* PZ. an den *Anthophora*-Zellen dabei um so eher zum Ziel, je weicher noch das Verschlußmaterial ist. Es ist daher für die Biene von Vorteil, wenn sie durch häufigen Besuch in den Wirtsnestern gewissermaßen den Fortschritt der Arbeiten der Wirtsbiene verfolgt, um rechtzeitig zur Eiablage gelangen zu können. Die Öffnung im Zellverschluß wird nicht wieder geschlossen, so daß durch den reichlicheren Luftzutritt der Zellinhalt gegenüber dem normalen Futter der *Anthophora* einige Änderungen erfahren wird. Eine morphologische Eigentümlichkeit vieler Kuckucksbienen besteht darin, daß das Abdomen bei ihnen stärker zugespitzt ist als bei ihren Wirten, bzw. jenen Formen, von denen sie sich stammesgeschichtlich herleiten. Es liegt nahe anzunehmen, daß solche Weibchen durch die konische Verjüngung der Hinterleissbpitze befähigt sind, ihre Eier durch das Loch im Zelldeckel in das Innere der Zelle zu versenken, ohne daß es nötig wird, die Öffnung stark zu erweitern oder den Deckel ganz abzutragen. Bezeichnend ist es daher, daß

Arten, die in offen bleibende oder noch nicht verschlossene Zellen legen, wie *Sphecodes* und *Stelis*, ein hinten gerundetes Abdomen besitzen. Den stärksten Grad der Zuspitzung erfährt das Hinterleibsende bei *Coelioxys*, bei denen es mitunter in eine sehr lange Spitze ausgezogen ist, eine Eigentümlichkeit, die mit den oft dicken Blätterlagen der *Megachile*-Zellen in Verbindung gebracht werden kann. Der Apparat kann in diesen Fällen außerdem dazu dienen, die Blätter zu lüften. Es ist auch denkbar, daß das Ei damit in die Tiefe der Pollenmasse gesenkt wird, doch liegen Beobachtungen darüber nicht vor. *Coelioxys quadridentata* L. schiebt nach FERTON (1897) ihr Ei zwischen die Blattstücke des Verschlußdeckels, *C. afra* LEP. legt es auf den Futterbrei neben das des Wirtes (FERTON 1895) und *C. rufescens* LEP. hängt es nach FRIESE an einem Faden am Zelldeckel auf. GRAENICHER beobachtete, daß eine amerikanische *Coelioxys* (Abb. 170 a) das Ei seitlich durch die Blattlagen der *Megachile*-Zellen schob, so daß es mit seinem Hinterende zwischen diesen stecken blieb, während das Vorderende mit der Pollenmasse in Berührung kam. Es war dabei weit von dem Ei der Wirtsbiene entfernt. Auch die Eier von *Triepeolus* werden unter dem Futtervorrat verborgen, liegen jedenfalls nicht vorn in der Zelle beim Wirtsei. Bezüglich *Melecta armata* Pz. gibt FRIESE an, daß diese ihr Ei an der Zellwand der *Anthophora fulvitarsis* BR. oberhalb des flüssigen Larvenfutters anheftet, während das des Wirts auf dem Brei schwimmt. Da in allen diesen Fällen später nur die Schmarotzerlarve gefunden wird, ist anzunehmen, daß diese entweder das Wirtsei oder die Larve vernichtet. Sie ist hier um so eher dazu in der Lage, da sich die beiden Eier dicht nebeneinander auf der gleichen Seite in der Zelle befinden. Waren mehrere Parasiteneier in ein und derselben Zelle, so kommt auch hier nur eins von ihnen zur Entwicklung, was ebenfalls auf ein Abtöten der übrigen schließen läßt.

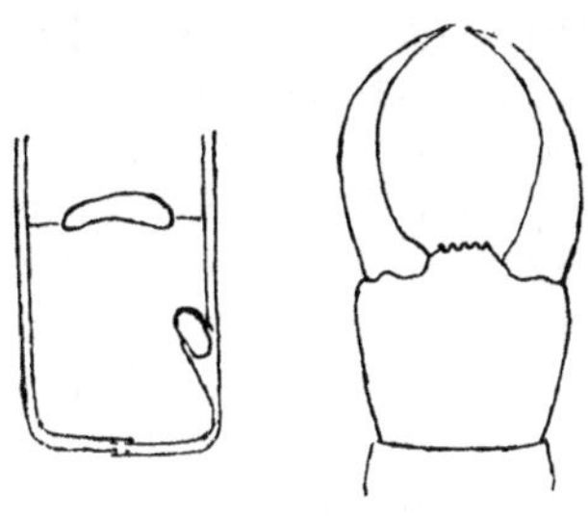

Abb. 170. a. Zelle von *Megachile latimanus* SAY mit dem *Megachile*-Ei (oben) und einem *Coelioxys*-Ei zwischen den Blattschichten der Zellwand; b. Kopf der Primärlarve von *Coelioxys rufitarsis* SM. (nach GRAENICHER).

Ein ähnlicher Arbeitsparasitismus, wie wir ihn hier bei solitären aculeaten Hymenopteren kennen gelernt haben, findet sich nun auch bei sozialen Wespen, Bienen und Ameisen. Gerade hier, wo eine Menge von Hilfskräften zur Verfügung steht, sind die Vorbedingungen besonders günstige. Die verschiedenen Fälle der abhängigen Nestgründung, wie sie später noch näher besprochen werden, gehören bereits hierher. Allerdings ist dabei anfangs die junge Ameisenkönigin nicht anders als ein solitäres Hymenopterenweibchen zu bewerten. Auch auf die Beziehungen zwischen den Ameisen zusammengesetzter und gemischter Völker, das Sklavenhalten, den vorübergehenden und ständigen Sozialparasitismus, der schließlich seinen Höhepunkt in dem Verhältnis zwischen *Anergates* und *Tetramorium* findet, sei in diesem Zusammenhange hingewiesen (s. S. 469). Während wir es bei den gemischten Völkern mit myrmecophilen Einmietern zu tun haben, die in keinem näheren Verwandtschaftsverhältnis zur Wirtsameise stehen, leiten sich in den anderen Fällen die Sozialparasiten von Vorfahren ab, die den Wirten generisch nahe standen. Vielfach sind es sogar Angehörige der gleichen Gattungen, wie die Wirtsameisen. Und auch dann, wenn Schmarotzer und Wirt verschiedenen Gattungen zugezählt werden, ist die Gattung des Parasiten durch gewisse Entartungen aus der Gattung der Wirtsameise hervorgegangen. Ähnliche Brutpflegeverhältnisse haben es offensichtlich mit sich gebracht, daß eine Art auf Kosten einer verwandten zum Sozialparasiten werden konnte. Bei spezialisierteren Sklaven haltenden Ameisen wie *Polyergus* und *Strongylognathus testaceus* SCHCK. machen sich schon deutliche Züge von Degeneration bemerkbar, wodurch diese Formen in ihrer Abhängigkeit von anderen Ameisen gewissermaßen einen Übergang von der Sklavenwirtschaft zum ständigen Sozialparasitismus bilden. Über die Entstehung des Sklaverei-Instinktes und des temporären Sozialparasitismus sind die Ansichten noch geteilt. WHEELER nimmt (1919) als Ausgangspunkt für seine Hypothese über die Entstehung des Sklaverei-Instinktes eine Form an, die in ihrem Verhalten der *Formica sanguinea* LATR. nahekommen würde. „Vermutlich drang die räuberische *sanguinea*-Königin ursprünglich in *fusca*-Nester ein, um die Brut zu verzehren, ging aber später dazu über, für Larven und Puppen zu sorgen, bis sie schlüpften. Wir können annehmen, daß mehr *fusca*-Brut vorhanden war, als für die Ernährung benötigt wurde, und daß die Königin dadurch in Brutpflegebeziehungen zu dem Rest trat, daß sie mit den Buccalsekretionen oder Fettexsudaten der Larven in Berührung kam. Mit anderen Worten: trophallaktische Beziehungen bildeten sich zwischen der Königin und der fremden Brut heraus und führten zur Aufzucht der letzteren.“ WASMANN neigt dazu, den temporären Sozialparasitismus von der Polygynie und den Sklaverei-Instinkt von jenem abzuleiten. Charakteristisch für die höheren Formen des Sozialparasitismus ist der Ausfall der Arbeiterkaste, so daß nur die Geschlechtstiere übrig bleiben. Dieselbe Erscheinung macht sich auch bei den wenigen im Verhältnis von Sozialparasiten lebenden Faltenwespen und Bienen bemerkbar. Von Wespen sind bisher nur zwei Arten bekannt, die ihre Arbeiterkaste verloren haben, nämlich *Vespa austriaca* Pz., die bei uns in Völkern der *V. rufa* L., in Nordamerika bei *V. arenaria* F. lebt, und die kanadische *Vespa arctica* bei *V. diabolica* SAUSS. Man hat auf die *V. austriaca* eine besondere Gattung *Pseudovespa* errichtet, die lediglich durch die biologische Eigentümlichkeit des Fehlens der Arbeiterkaste begründet, morphologisch aber nicht haltbar ist. Möglicherweise befindet sich auch die von DU BUYSSON als *V. saxonica var. adulterina* beschriebene Form, die meines Erachtens eine eigene Art darstellt, in einem ähnlichen Verhältnis zu einer anderen sozialen Wespe, als die in diesem Falle nur *V. saxonica* F. in Frage kommen kann. Bezüglich der *Vespa austriaca* glauben CARPENTER und PACK BERESFORD (1903) annehmen zu dürfen, daß diese eine Stammform der *rufa* sei. Die Ähnlichkeit ist in der Tat eine recht große. Aber trotz aller Variabilität haben beide Wespen doch so charakteristische Eigentümlichkeiten, daß sie nicht verkannt werden können. Das Ergebnis der Untersuchung eines *austriaca*-haltigen *rufa*-Nestes führt die genannten Autoren zu der Ansicht, daß sich die *V. austriaca*-Individuen als direkte Nachkommen eines *rufa*-Weibchens entwickeln.

Unter den sozialen Bienen ist als einzige im parasitären Verhältnis lebende Gattung *Psithyrus* bekannt. Die bei Hummeln lebenden Arten stehen diesen stammesgeschichtlich recht nahe, haben aber als charakteristisches morphologisches Kennzeichen ihren Sammelapparat völlig verloren. Die Erkennung der Männchen bereitet größere Schwierigkeiten. Doch sind die Kopulationsapparate etwas abweichend gebaut, zeigen aber unter sich gewisse einheitliche Charaktere, so daß eine polyphyletische Ableitung der Gattung kaum angenommen werden darf. Die Arbeiterkaste fehlt als typische Erscheinung eines ständigen Sozialparasitismus. Dafür, wie sich das Schmarotzertum bei Hummeln entwickelt haben mag, geben interessante Beobachtungen SLADENS Aufschluß. Dieser Forscher fand nämlich, daß die *B. terrestris*-Königin gelegentlich bei der ihr nächststehenden Art (*B. lucorum* L.) eindringt, die *lucorum*-Königin tötet und dadurch für Aufzucht der eigenen Brut von vornherein Hilfskräfte frei bekommt. Ganz ähnliche Beziehungen finden sich nun auch zwischen *Psithyrus* und *Bombus*. Das *Psithyrus*-Weibchen als das kräftigere sucht die Hummelarbeiterinnen einzuschüchtern, indem es sie mit den Mandibeln packt und tötet gelegentlich auch die Königin. Im anderen Falle gewöhnt sich diese an den Eindringling, verliert aber ihr Interesse an der Brut. PLATH beobachtete, daß der amerikanische *Psithyrus laboriosus* F. im gleichen Wirtsnest (*Bombus vagans* SM.) kein anderes *Psithyrus*-Weibchen neben sich duldet. Diese Art ist noch zu selbständiger Brutpflege teilweise fähig. Sie legt ihre Eier nicht immer in Pollenmassen, in denen sich schon Hummeleier befinden, sondern kann noch eigene Zellen für mehrere Larven anlegen. Eier und Brut ihrer Wirtshummeln scheint sie zu vernichten, wie dies auch bei anderen *Psithyrus*-Arten der Fall ist, so daß mit dem Eindringen der Schmarotzerhummel das Schicksal des Volkes besiegelt ist. Die vorhandenen und noch zur Entwicklung kommenden *Bombus*-Arbeiterinnen pflegen im übrigen die *Psithyrus*-Brut wie die eigene.

Zwischen dem Parasitismus der Ichneumoniden und verwandter Familien, die als Gruppe der „Parasitica" systematisch zusammengefaßt werden können, und der Lebensweise einer ganzen Reihe aculeater Hymenopteren bestehen keine prinzipiellen Verschiedenheiten. Gemeinsam ist ihnen im Gegensatz zu den im vorhergehenden besprochenen Futter- bzw. Arbeitsparasiten, daß das Wirtstier selbst aufgesucht und, wenn nötig, überwältigt wird, um dann mit dem Ei belegt zu werden. Dort waren die von einem anderen Hymenopteron aufgehäuften Vorräte das Ziel und nur nebenbei ergibt sich ein Abtöten der Brut, für die die betreffenden Vorräte bestimmt waren. Außerdem wirkte sich der Arbeitsparasitismus zwischen nahe verwandten Formen aus, während der Parasitismus der nun zu behandelnden Formen sich auch auf Angehörige anderer Insektenordnungen, ja selbst Spinnen und Myriopoden erstrecken kann. Im Grunde genommen stellt auch die Ernährungsweise der höheren karnivoren Hymenopteren eine Form des Parasitismus dar. Nur dort, wo das als Larvenfutter dienende Nährtier getötet wird und nicht, wenn auch gelähmt, am Leben bleibt, darf man nicht mehr von Parasitismus sprechen (Nekrophagie). Bei den höheren karnivoren aculeaten Hymenopteren war die Brutpflege durch die Unterbringung der Larvennahrung in bestimmten, selbst hergestellten Hohlräumen oder wenigstens durch ein Verbergen der Beute an geschützter Stelle ausgezeichnet. Lebt das Beutetier, etwa die Larve irgendeines höheren aculeaten Hautflüglers, schon an und für sich geschützt, so wird die Herstellung einer besonderen Brutkammer überflüssig. Das Verhalten derartiger aculeater Parasiten unterscheidet sich nicht von dem unter gleichen Verhältnissen lebender Angehöriger der „Parasitica". Auch freilebende andere Insekten werden von aculeaten Parasiten mit einem Ei belegt. Das Opfer bleibt für längere Zeit am Leben, ähnlich wie bei den Schlupfwespen. Während aber bei dem Befall freilebender Wirte durch Schlupfwespen deren Larven meist eine entoparasitäre Lebensweise führen, scheint eine solche bei den aculeaten Parasiten nicht vorzukommen.

Im folgenden sollen nun zunächst diejenigen Familien der aculeaten Hymenopteren behandelt werden, bei denen vom Weibchen keine besonderen Brutkammern angelegt werden. Es sind dies in erster Linie die Bethyliden, Mutilliden und Chrysididen. Bei den Scoliiden und Psammochariden lernten wir bereits oben einige Fälle kennen, in denen das Weibchen kaum nennenswerte Arbeit zur Unterbringung des Brutfutters zu leisten hat, da das betreffende Nährtier der Larve schon durch seinen Aufenthaltsort hinreichend gesichert war. Die Anheftung des Eies erfolgt dort an einer geschützten Stelle der Ventralseite der betreffenden Käferlarve, so daß diese, auch wenn die Lähmung eine nur vorübergehende ist, das Ei des Schmarotzers nicht entfernen kann. Auch die abgestreiften Larvenhäute desselben bleiben vielfach an der ursprünglichen Anheftungsstelle des Eies hängen und geben der Larve auch weiterhin einen Halt. In der Familie der Bethyliden finden wir gewisse Brutpflegeverhältnisse, die stark an die der Scoliiden erinnern, sogar kaum hinter denen höherer Aculeaten zurückstehen. So schleppen Bethylinen vielfach ihre Beute an einen geschützten Ort, nachdem sie dieselbe gelähmt haben. Die Beutetiere gehören verschiedenen Insektenordnungen an, besonders sind es Käfer- und Schmetterlingslarven. *Bethylus* und *Goniozus* scheinen Schmetterlingsraupen zu bevorzugen. Zahlreiche Arten kommen auch in Ameisennestern vor, doch sind Einzelheiten über deren nähere Lebensumstände noch nicht bekannt. Wurden vereinzelt Bethyliden aus Nestern anderer Aculeaten gezogen, so kann es sich hierbei um Individuen handeln, die im Eistadium mit den von den betreffenden Wespen eingetragenen Raupen hingeschleppt wurden. Da jedoch die Bethyliden ihre Beute zu lähmen pflegen, ist diese Wahrscheinlichkeit außerordentlich gering. Andererseits ist aber auch aus Melanesien das Parasitieren an *Prosopis* bekannt, woraus auch auf ein Eindringen in die Bauten anderer aculeater Hymenopteren geschlossen werden darf. Recht abweichend verhält sich nach den Beobachtungen von PERKINS die Larve von *Harpagocryptus australiae*

Perk., einer Mesitiine aus Queensland, die dort in einer aus früheren Larvenhäuten gebildeten Tasche an der Seite des Abdomens von nicht paralysierten Orthopterenlarven (*Trigonidium*) angeheftet ist. Eine ähnliche Lebensweise werden wir später bei den Dryiniden kennen lernen, doch besteht ein wesentlicher Unterschied in den Wirtstieren insofern, als bei den Dryiniden Homopteren die Larvennahrung bilden. Eingehendere Untersuchungen über die Art der Überwältigung größerer Beutetiere wurden von Bridwell an *Sclerodermus immigrans* Bridw. und anderen Arten vorgenommen. Je nach der Größe des Wirts werden dem Beutetiere mehrere paralysierende Stiche beigebracht, wobei das Gift allmählich zu den benachbarten Ganglien vorzudringen scheint und diese nicht direkt angestochen werden. Häufig kommt es dabei zwischen Wespe und Beute zu Kämpfen, die für die erstere auch gefährlich ablaufen können, wenn sie zwischen die kräftigen Mandibeln einer Käferlarve gerät. Die ersten Stiche werden daher gewöhnlich in der Mundgegend angebracht, wohl um eine Lähmung der Mandibeln herbeizuführen. Stellen auch die Hauptwirte dieser Art Käferlarven dar, so gelang auch ihre Übertragung auf verschiedene Hymenopteren und selbst auf Termiten (*Calotermes castaneus* Burm.). Gemieden wurden jedoch *Sarcophaga*-Maden. Ist das Beutetier besonders groß, wie z. B. Cerambycidenlarven, so können mehrere Weibchen dem gleichen Opfer ihre Eier anheften. Die Weibchen halten sich dann an dem gemeinsam überwältigten Beutetier, von dessen Säften sie ebenfalls leben, auf und verschonen bei der Nahrungsaufnahme sowohl die eigene, wie die fremde Brut und selbst die anderer Arten, obwohl Larven anderer aculeater Hymenopteren von ihnen angeriffen werden. Gelegentlich töten auch die Weibchen die eigenen Männchen. Gewöhnlich bleiben sie, da ihnen ja auch selbst das Nährtier der Larven als Futterquelle dient, mit diesen solange zusammen, bis sich die Larven eingesponnen haben und im Kokon ruhen. Doch kommt es auch vor, daß sie noch beim Ausschlüpfen der Imagines zugegen sind, nach etwa einem Monat. Die frisch geschlüpften Weibchen halten sich noch einige Zeit zusammen und zerstreuen sich erst allmählich, nachdem gewöhnlich die Kokons vorher zerstört wurden. Die Zahl der vom Weibchen abgelegten Eier richtet sich nach der Größe des Wirtstieres. Bridwell fand, daß in vier bis sechs oder mehr Schüben, die in Intervallen von 5—7 Tagen erfolgen, je 10—40 Eier gelegt werden können. Hin und wieder verspeist auch das Weibchen eigene Eier und Larven, besonders dann, wenn die Wirtslarve aus irgendeinem Grunde (Austrocknung) für die Larvenernährung unzuträglich geworden ist. Anfangs fressen die Larven rein ektoparasitär, später, nachdem auch die Mandibeln kräftiger geworden sind, bohren sie sich mit Kopf und einem Teil des Körpers in den Wirt ein. Für das auffällig lange Verbleiben der Weibchen bei ihrer Brut kommt ein recht egoistisches Motiv in Frage. Während sie nämlich anfangs die Säfte des Wirtes mit ihren Mandibeln durch die Wirtshaut hindurchquetschen, saugen sie später an den von den Larven verursachten Wundstellen. Während sich die Vertreter der *Sclerodermus*-Gruppe als Imagines ausschließlich von den Wirtssäften nähren, ihre Beute im Verborgenen angreifen, dort belassen und mehrere Eier an den gleichen Wirt außen anheften, greifen die Arten der *Goniozus*-Gruppe nach BRIDWELL versteckt lebende Schmetterlingsraupen an, belassen sie ebenfalls an Ort und Stelle und belegen sie mit mehreren Eiern; als Imaginalnahrung dienen aber zuckerhaltige Pflanzensäfte. BRIDWELL stellt in diese Gruppe außer *Goniozus* auch *Perisierola*, *Sierola* und *Laelius*. Die letztere Gattung kann aber höchstens teilweise hierher gerechnet werden, da auch Käferlarven als Larvennahrung dienen und diese sogar transportiert werden können, wodurch sich gewisse Ähnlichkeiten mit Arten der *Epyris*-Gruppe ergeben. Diese nehmen im Imaginalstadium sowohl süße Säfte wie das Blut des Wirtes als Nahrung auf, haben verschiedene an Scoliiden erinnernde Eigentümlichkeiten und belegen ihre Beutetiere nur mit einem Ei. Charakteristisch ist auch das Fortschleppen der gelähmten Beute in ein Versteck. Hier bestehen also keine Unterschiede mehr gegenüber den Brutpflegegewohnheiten höherer aculeater Hymenoteren. (Abb. 171). WILLIAMS beobachtete, wie *Epyris extraneus* BRIDW. die Larve einer Tenebrionide (*Gonocephalum striatum* BOISD.) über dem

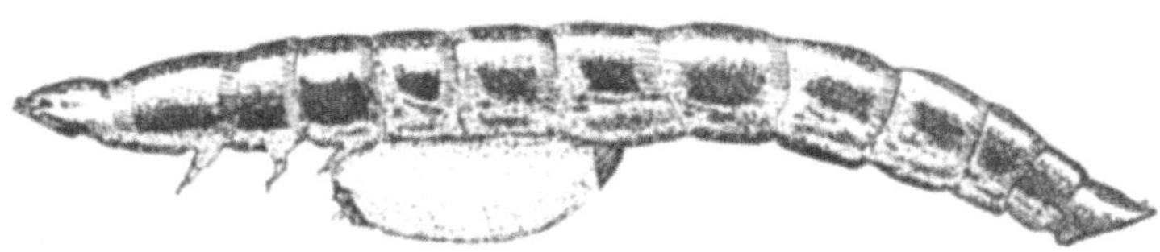

Abb. 171. Erwachsene Larve von *Pristocera armifera* SAY an Larve von *Limonius agonus* SAY (nach HYSLOP).

Rücken haltend davontrug und sich damit eingrub. Da die Grabfähigkeit eine verhältnismäßig gute ist, kann um die eingegrabene Larve eine Art von Zelle, ähnlich wie bei manchen Scoliiden, ausgehöhlt werden. Desgleichen sah NIELSEN, wie *Bethylus cephalotes* FORST. eine Tortricidenraupe in ein verlassenes *Pemphredon*-Nest eintrug, in dem schon eine andere Wicklerraupe lag, an der drei *Bethylus*-Larven fraßen. Eine Zwischenwand wurde jedoch nicht gebaut. Von *Laelius anthrenivorus* TRANI gibt TRANI an, daß die Wespe die gelähmte *Anthrenus*-Larve am Fühler packt und fortschleift.

Eine recht eigenartig spezialisierte Gruppe sind die Anteoninen oder Dryininen, die gewöhnlich als Unterfamilie den Bethyliden eingereiht werden, aber auch ebenso gut als eigene Familie angesehen werden können. Die zum Teil flügellosen Weibchen sind mit Ausnahme der Gattung *Aphelopus* mit Raubbeinen ausgestattet, die es dem Weibchen erlauben, damit Zikaden zu greifen. Haben auch die übrigen Beine durch Verlängerung der Trochanteren und die zur Basis verdickten Schenkel weitgehende Umgestaltungen erfahren und besitzen sie dank ihrer Streckung einen recht großen Aktionsradius, so sind die Hauptveränderungen doch an den Vorderbeinen erfolgt. (Abb. 172). Von den beiden Klauen ist die eine übermäßig stark verlängert, sensenförmig gekrümmt und kann gegen den Tarsus eingeschlagen werden. Die andere Klaue ist reduziert, das Empodium dagegen kräftig. Entsprechend der Länge der großen Klaue ist das 5. Tarsenglied basalwärts in einen langen Fortsatz ausgezogen, der sich den vorhergehenden Tarsengliedern eng anlegt und zum Teil auch in einer rinnenartigen Aushöhlung derselben Aufnahme findet. Das 5. Tarsenglied kann außerdem aber auch gegen das 4. gekrümmt werden, wobei dann der Fortsatz des 5. frei hervorragt. Dieser bildet zusammen mit dem Rest seines Gliedes die eine Scherenhälfte, während die dagegen bewegliche Klaue die andere darstellt. An den einander zugekehrten Seiten beider Scherenglieder stehen, besonders aber auf dem Fortsatz des 5. Gliedes, lamellenförmige Sinnesorgane oder Tastborsten, wobei nach PERKINS diejenigen Formen, die an beiden

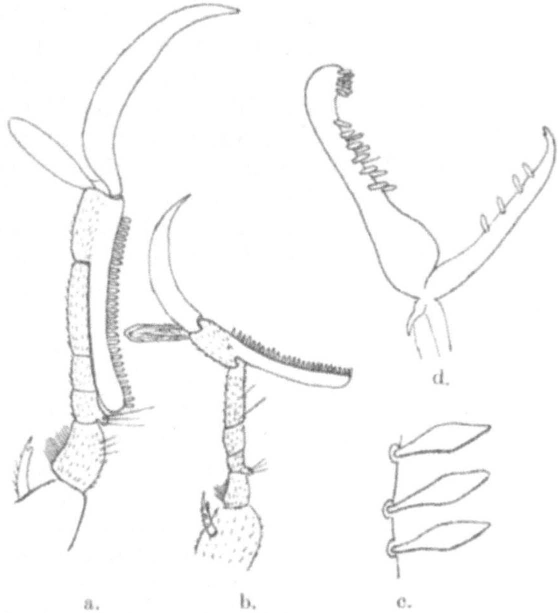

Abb. 172. Raubbeine von Dryininen (nach KIEFFER). a. *Chelogynus carinatus* KIEFF. mit anliegendem; b. mit abgeklapptem medialem Scherenglied; c. 3 Lamellen des medialen Scherengliedes von *Chelogynus longiforceps* KIEFF.; d. Schere von *Dicondylus bicolor* HALID. mit Sinnesorganen auf medialem und lateralem Scherenglied.

Scherengliedern Sinnesorgane besitzen, Fulgoriden, die anderen aber Jassiden jagen. Die Bedeutung der Sinnesorgane dürfte darin bestehen, den Druck zu regulieren, der beim Packen auf das Beutetier ausgeübt wird. Beim Laufen wird das große Klauenglied eingeschlagen getragen. Über die Art und Weise, wie die Wespe sich ihrer Raubbeine bedient, wurde oben bereits berichtet (S. 331). Die Zikade erholt sich schnell und verhält sich zunächst wie ein gesundes Tier. An der Anstichstelle tritt nach einigen Tagen ein bläschenförmiges Gebilde auf, die junge Larve, die in der Eihaut liegt. Später umgeben die einzelnen, bei den Häutungen in einem Dorsalspalt auseinanderklaffenden Häute, wie ineinander geschachtelte Muschelschalen die Larve, die mit stärkerem Wachstum immer mehr daraus hervorquillt. (Abb.173). Schließlich setzt sich die Zikade fest und geht ein. Die inzwischen herangewachsene Schmarotzerlarve ist nun durch ihre kräftigen Mandibeln zu einem Endfraß befähigt, bei dem sie sich in den Wirtskörper tief einbohrt und diesen völlig entleert. Es ist anzunehmen, daß vorher schon verdauende Sekrete, die gleichzeitig die Erschlaffung des Wirtstieres mit sich brachten, in dieses eingeflößt wurden. Der Platz der Eiablage ist verschieden, artweise aber nicht immer, konstant. Häufig finden sich mehrere — bis acht beobachtet —, Larventaschen an ein und derselben Zikade, die unter Umständen von verschiedenen Arten herrühren. Da die Wirte hemimetabol sind, können Erscheinungen beobachtet werden, die denen der Stylopisierung ähneln, d. h. also Hemmungen bei der Ausbildung sekundärer Geschlechtscharaktere, die jedenfalls auf eine Entziehung von Nährstoffen und nicht auf eine Kastration zurückzuführen sind. Ähneln die Anteoninen dadurch, daß sich das Wirtstier der Larve zunächst wie ein gesundes Individuum verhält, den Parasiten, so zeigen die Imagines in der Form der Überwältigung ihrer Beute gewisse Anklänge an Raubwespen. Die ausgewachsene Larve löst sich schließlich von ihrem Opfer und sucht sich, wobei sie verhältnismäßig leicht kriecht, einen geeigneten Ort zur Verpuppung. Entweder frei oder in der Erde spinnt sie sich ihren Kokon, dem auch Blattstückchen angeheftet werden können. „Bei *Neodryinus* ist er eirund, am Rande mit vielen senkrechten Fortsätzen, von den zwei Klappen des Larvenbläschens wie von einem Dache bedeckt.“ Das Erhaltenbleiben früherer Larvenhäute erinnert an ähnliche Verhältnisse, wie sie sich bei Scoliiden finden und auch in der in bezug auf ihre systematische Stellung noch wenig geklärten Gattung *Rhopalosoma* (*Olixon*) vorkommen, deren Larve nach HOOD ektoparasitär an der Orthoptere *Orocharis saltator* UHL. frißt.

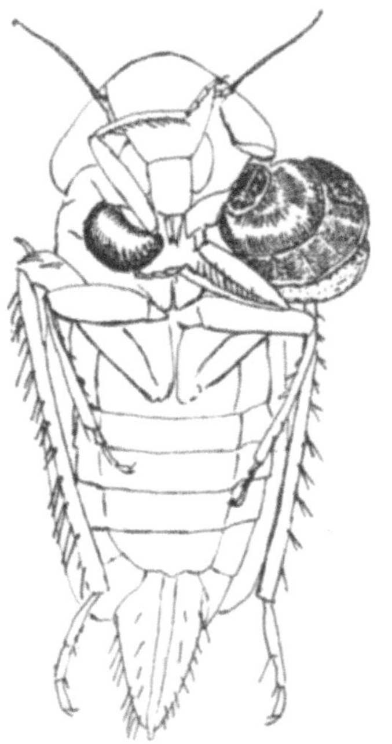

Abb. 173. *Athysanus sordidus* ZETT. ♀ mit 2 Dryininenlarven (*Anteon*); die eine ist geschlüpft, die andere verkümmert. Auf der leeren Haut liegen die Reste der vorhergehenden Häutungen (nach HAUPT).

Über die parasitären Lebensgewohnheiten der Mutilliden sind wir noch recht wenig unterrichtet. Das feinwitternde Weibchen dringt in die Bauten anderer aculeater Hymenopteren und bringt in deren Zellen seine Eier unter. Die einzelnen Arten scheinen dabei wenig wählerisch zu sein und gehen selbst an Vertreter verschiedener Familien. Es scheint, daß nur die vollentwickelte Larve, vielleicht auch die Puppe in ihrer Zelle angegriffen wird, da man den Mutillidenkokon in dem des Wirtstieres findet. Das ist z. B. auch bei unserer größten einheimischen *Mutilla* (*M. europaea* L.) der Fall, deren weißer Kokon in dem eiförmigen Hummelkokon ruht. Die große mediterrane *M. brutia* PTG. dringt sowohl in *Megachile*-Bauten ein (FERTON), wie sie auch auf den Waben von *Polistes* beobachtet wurde, wo auch *M. littoralis* PTG. sich einstellt (DE STEFANI). FERTON beobachtete, wie eine Form der auch aus Käfer-(*Clytra*)Kokons gezogenen *Stenomutilla argentata* VILL. grabend in den Erdboden eindrang, um ihr Ei in den Kokon von *Osmia saundersi* VACH. abzusetzen, solange noch die Ruhelarve darin oder die Puppe in ihrer Entwicklung noch nicht zu weit vorgeschritten ist. Zeitweilig verläßt die Mutillidenlarve ihr Opfer, um andere Parasiten, die sich gleichzeitig in der Zelle befinden, abzutöten. Auch aus *Glossina*-Puparien wurde eine afrikanische Art gezüchtet. Einen besonders starken Mutillenbefall eines Hummelnestes (*B. jonellus* K.) berichtet DREWSEN, der aus einem mehr als 100 Kokons enthaltenden Neste 44 Männchen und 32 Weibchen von *M. europaea* L., aber nur zwei Hummeln erzog. Auch HOFFER fand in einem Nest von *B. solstitialis* Pz. mehr Mutillen als Hummeln. Da die Zahl der Eier eine verhältnismäßig geringe ist, dürften in solchen Fällen mehrere Weibchen in einem Neste tätig gewesen sein. Ein Weibchen von *Mutilla europaea*, das Verfasser in ein kleines Beobachtungsvolk von *B. lapidarius* L., der als natürlicher Wirt dieser Art nicht bekannt ist, gesetzt hatte, wurde dort entschieden feindlich aufgenommen. Häufig kam es zu Balgereien, ohne daß sich aber die Gegner mit ihrem Stachel Schaden zufügen zu können schienen. Die Flügel der Hummeln wurden dabei häufig zerfetzt. Zu einer Eiablage seitens der Mutille kam es aber nicht. Diese zog sich oft stundenlang unter die Kokonwaben zurück.

Auch die Familie der Goldwespen ist mit ihren sämtlichen Vertretern zu einer parasitären Lebensweise übergegangen. Als Wirte kommen mit ganz wenigen Ausnahmen die Larven anderer aculeater Hymenopteren in Betracht. Doch ist auch ein Futterparasitismus beobachtet. Zwei Fälle sind bisher bekannt, in denen die Chrysididenlarven in Schmetterlingskokons, *Chrysis shanghaiensis* SM. bei *Monema flavescens* WALK. in Ostasien und *Chr. bombycida* MOCS. bei *Coenobasis amoena* FELD. im Kapland, leben. Beide Arten gehören zu jener Gruppe der Gattung *Chrysis*, bei denen der Hinterrand des 3. Abdominaltergits fünf Zähne (*Pentachrysis*) trägt. Vielfach sind die Goldwespen ihren Wirten als Feinde bekannt, die sie zu verscheuchen suchen, wenn sie sie in der Nähe des Nestes antreffen. Wird in einem solchen Falle etwa die Goldwespe von dem Wirtsweibchen in dessen Bau bei der Rückkehr von einem Ausflug betroffen, so wird sie, sofern sie nicht selbst das Weite sucht, hinausgeworfen. Ein Zurwehrsetzen ist der Goldwespe nicht möglich, da die Gliederung des ganzen Stachelapparates demselben nicht den nötigen Halt gibt, um ihn als Waffe gegen hartgepanzerte andere Insekten zu verwerten. Die Goldwespe kann sich aber durch ein Einrollen, wobei die weichere konkave Bauchseite des Abdomens gegen den Thorax eingeschlagen wird, schützen. Auf diese Weise leistet dem Gegner allenthalben ein sehr fester Panzer Widerstand. Nur die Flügel sind in dieser Lage noch gefährdet und können zerfetzt werden, was aber die

Goldwespe nicht abhält, späterhin zu Fuß wieder in den gleichen Bau einzudringen. Im übrigen können manche der Verschleierungstaktiken beim Nestbau auf die Nachstellungen durch Goldwespen zurückgeführt werden. In vielen Fällen beobachtet die Goldwespe die Wirtswespe beim Nestbau und hält sich dabei in einer Entfernung von mehreren Zentimetern vom Nesteingang hinter irgendeiner kleinen Unebenheit verborgen. Sie sitzt dabei fast unbeweglich und läßt die Stelle, an der das Weibchen verschwunden ist, nicht aus den Augen. Mitunter nähert sie sich allerdings auch dem Eingang, um hineinzuwittern. Andere Goldwespen suchen bereits verschlossene Nester auf, die sie selbständig öffnen, teilweise sogar wieder verschließen. Hierbei fällt ein Zusammentreffen mit der Nesterbauerin selbstverständlich fort. Zu den ersteren gehören nach den Beobachtungen FERTONS *Chrysis dichroa* DHLB, *Chr. barbara* LUC., weiter *Chr. ignita* L., *nitidula* F. und zweifellos viele andere Arten. In die noch nicht geschlossenen Zellen wird das Ei mit Hilfe des langen Legeapparates in größere Tiefen versenkt und ist dadurch anfangs von dem Ei des Wirtes weit getrennt. So fand FERTON die Eier der *Chr. dichroa* in den engen Spiralwindungen von *Helix*-Gehäusen, die dem in diesen nistenden Wirt, *Osmia rufohirta* LATR. selbst nicht zugänglich waren. Werden die Nester beim Ausflug des Weibchens vorübergehend geschlossen, so muß sich die Goldwespe den zugescharrten Eingang selbst öffnen, z. B. *Parnopes* bei *Bembix*, was auch ohne den Besitz eines besonderen Scharrkammes recht geschickt gelingt. *Chr. succincta* v. *germari* WESM. wurde von FERTON dabei betroffen, wie sie eine Nestöffnung beim Verlassen wieder zuscharrte. Um das Nest von *Osmia saundersi* VACH. auf den Entwicklungszustand seiner Larven zu untersuchen, gräbt sich *Chr. prodita* BUYSS. in den Boden ein. Sind die Wirtslarven noch nicht in das Ruhestadium im Innern ihres Kokons übergegangen, so kommt die Goldwespe wieder hervor; im anderen Falle wird das Ei in das Innere eines Kokons zur Wirtslarve gelegt. Auch *Chrysis fertoni* BUYSS. dringt in einen *Odynerus*-Bau erst ein, wenn die erwachsene Wespenlarve im Kokon ruht, ebenso *Chr. viridula* L. nach ADLERZ. Hierbei wird der feste Nestverschluß durch Ablösen von Bröckchen soweit geöffnet, bis die Goldwespe in den Hauptgang einschlüpfen kann. Dort muß sie weiter die Deckel der in diesen mündenden Zellen öffnen. Nach Ablage der Eier in die Kokons werden die einzelnen Zellen wieder verschlossen und der Gang ausgefüllt. Die charakteristischen beweglichen, sogenannten „campodeiden" Jugendlarven einiger Arten wurden bereits oben (S. 55) erwähnt. Bei der an der Larve von *Osmia saundersi* VACH. lebenden *Chr. prodita* BUYSS. fand FERTON ein derartiges Larvenstadium nicht. Hier kommt die Goldwespenlarve sofort nach dem Schlüpfen mit einem auf dem geeigneten Entwicklungsstadium befindlichen Wirt zusammen und kann ohne weiteres zu saugen beginnen. Die Gefahr einer Konkurrenz durch andere Larven der gleichen Art, wie sie bei anderen Goldwespen vorkommt und auch oben für *Stelis*, *Ceratopales* und andere Futterparasiten geschildert wurde, ist hier bedeutend herabgesetzt und Kämpfe zwischen den Junglarven sind nicht zu befürchten, so daß das campodeide Stadium überflüssig erscheint. Ist eine räumliche Trennung zwischen dem Wirtsei und dem der Goldwespe durch die dazwischenliegenden Futtermassen vorhanden, so wartet die ausgeschlüpfte Goldwespenlarve solange, bis sich die Wirtslarve hindurchgefressen hat, d. h. bis diese erwachsen ist, um erst dann über sie herzufallen. Sind beide Eier annähernd gleichzeitig geschlüpft, so ergibt sich daraus eine entsprechend lange Hungerperiode — für *Chr. dichroa* konnte FERTON noch nach 18 Tagen vollkommen frische Jugendlarven nachweisen —, während der eventuell Kämpfe mit anderen Goldwespenlarven in der gleichen Zelle stattfinden. Während dieser Hungerzeit fand FERTON die Larve von *Chr. barbara* LUC. in der Zelle von *Osmia rufigastra* LEP., wie sie ihren Kopf gegen eine feuchte Stelle des Nektar-Pollenbreies legte. Gleichzeitig war der Darminhalt gelb, so daß der genannte Autor zu der Annahme gedrängt wurde, daß die betreffende Goldwespenlarve auch von den Futtervorräten selbst zehrte. Diese vegetabile Kost bei im allgemeinen karnivoren Tieren ist recht bemerkenswert. Wesentlich leichter ist es begreiflich, wenn Goldwespen bei solchen Arten, die ihre Brut mit paralysierten Beutetieren füttern, zu einem Futterparasitismus übergehen. ADLERZ, VERHOEFF und CHAPMAN haben ein derartiges Verhalten für *Chrysis ignita* L. und *neglecta* SHUCK. nachgewiesen. Hier vergreift sich die junge Goldwespenlarve, die vor dem Wirt schlüpft, zunächst am Ei, um dann das aufgestapelte Futter zu verzehren. Da *Chrysis ignita* L. aber auch ein häufiger Parasit verschiedener Bienen ist, so ist kaum anzunehmen, daß sie stets als Futterparasit auftreten wird. Gerade diese Art verfügt über eine so große Auswahl von Wirten, daß sie außerordentlich anpassungsfähig sein muß. Ihre große Variabilität steht damit zweifellos in engstem Zusammenhange, wie auch Zuchten erkennen lassen. Gleichwohl sind die einzelnen Formen im Genotyp offensichtlich noch nicht festgelegt, und ihr Phänotyp scheint in erster Linie durch die jeweilige Ernährung bedingt zu sein. TRAUTMANN (1920) schreibt darüber: „So erzog ich aus *Symmorphus murarius* L. jene Riesenform von 12—13 mm Länge; sie geht in der Systematik unter dem Namen *var. longula* AB. Man muß sie als schlank bezeichnen; das Gegenteil hiervon lieferte ein Nest von *Osmia emarginata* LEP. Die hieraus schlüpfenden *ignita* sind riesig-gedrungene, breitthoraxige Tiere von etwa 10 mm Länge, sie haben außerdem einen schwarz gefärbten Thorax und grüne Seiten des ersten Abdominaltergits. Einen wiederum ganz abweichenden Typus liefert das Wirtstier *Trypoxylon figulus* L.; diese hieraus resultierenden *ignita* haben *Cleptes*-artigen, schmalen Körperbau. Die vierte Rasse lieferten *Hoplomerus*-Arten z. B. *reniformis* GM., *parietum* L., *oviventris* WESM. etc.; sie stellen den eigentlichen gemeinen *ignita*-Typ dar: kleine, 7—8 mm lange, mit spitzen Zähnen bewaffnete, gedrungene Tiere. Ich erzog noch aus *Osmia adunca* LATR. und aus *cementaria* GERST. *ignita*, doch ähneln diese Rassen mehr oder weniger der aus *O. emarginata* in ihrer gedrungenen Gestalt, sie sind nur ein wenig kleiner und haben grün gefärbte Thoraxrücken. *Holochrysis hirsuta* GERST. bildet bei den verschiedenen Wirtstieren auch verschiedene Rassen; *Osmia fuciformis* LATR. liefert große, schwarzhaarige, breit abgestutzte Tiere, *Osm. tuberculata* NYL. kleinere, bedeutend weißhaarige Stücke; ganz weißhaarige Rassen liefert eine andere

Osmia, vermutlich *O. parietina* CURTIS, die bei Oberstorf in Telegraphenstangen nistet und bei der *hirsuta* auch schmarotzt. Bei *Holochrysis trimaculata* FÖRST. hat sich bei den verschiedenen Wirten außer der abgeänderten Gestalt auch eine abweichende Biologie herausgebildet. Die Rasse, die bei *O. spinulosa* K. schmarotzt, hat eine sehr kleine, schlanke Gestalt, fliegt im Juli und August und überwintert als Larve, während die Hauptrasse, die bei *O. bicolor* SCHR. und *aurulenta* PANZ. lebt, große und kräftige Tiere hat, im Frühjahr fliegt und als Imago überwintert." Bezüglich der Lebensweise der Cleptiden s. oben.

Zum Schluß unserer Ausführungen über die eine parasitäre Lebensweise führenden Aculeaten mag die kleine Familie der Sapygiden noch kurz behandelt werden. Diese Tiere züchtet man aus den Nestern verschiedener bauchsammelnder Bienen, besonders *Eriades florisomnis* L., und *Osmia*-Arten; die Gattung *Polochrum* ist ein Xylocopen-Schmarotzer. Nach FABRE wird das Ei von *Sapyga* mit ihrem langen Stachel in die bereits geschlossene Bienenzelle an das Wirtsei gelegt, das von der geschlüpften Larve aufgezehrt wird. Hiernach müßten sich die *Sapyga*-Larven also vorzugsweise von den von Bienen aufgestapelten Futtervorräten nähren. Es wäre wünschenswert, wenn diese nur wenige Arten umfassende kleine Familie, deren Unterbringung im System auf gewisse Schwierigkeiten stößt, in ihrer Biologie einmal genauer durchforscht würde.

Im folgenden sollen uns nunmehr die eigentlichen Schmarotzer beschäftigen, die auch eine systematische Einheit bilden und mehrere Familien ganz oder zum Teil umfassen. Die in Frage kommenden Familien sind die Evaniiden, Stephaniden, Braconiden, Ichneumoniden mit Agriotypiden, die Trigonaloiden, Chalcididen und Serphiden im weiteren Sinne, sowie die Cynipiden. Als phytophag, und damit nicht parasitär, scheiden die gallerzeugenden Cynipiden und eine Anzahl von Chalcididen aus, deren Larven bereits oben als phytophag genannt wurden. Da gelegentlich innerhalb ein und derselben Gattung, z. B. *Eurytoma*, sowohl Arten, die karnivor sind, wie solche, die sich von Pflanzenteilen ernähren, vorkommen, scheint die physiologische Anpassungsfähigkeit eine recht große zu sein. Von NIELSEN, RIMSKY-KORSAKOW und PHILIPPS wird für *Eurytoma* und *Isthmosoma*-Arten (*Eurytoma sp.*, *Eurytoma pater*, *Harmolita* [*Isthmos.*] *inquilinum*) angegeben, daß deren Larven anfangs parasitär leben, später aber zur Phytophagie übergehen. Daraus kann auch angenommen werden, daß die Phytophagie, wo sie uns in Formenkreisen entgegentritt, die normal als Parasiten leben, eine neu erworbene Eigentümlichkeit darstellt, daß sich diese Formen also nicht direkt von altertümlichen Phytophagen in ihrer Ökologie ableiten lassen. Zurückgehen mag sie aber auf einen Parasitismus an ursprünglich phytophagen Arten, wobei der noch unverdaute oder erst teilweise aufgespaltene Darminhalt des Wirts vom ektophagen Schmarotzer aufgenommen wurde. Daß auch in anderen Familien Phytophagie karnivorer Arten vorkommen kann, wurde von FERTON für *Chrysis barbara* LUC. wahrscheinlich gemacht, die jedenfalls vorübergehend als Futterparasit von den Vorräten der Wirtsbiene zehrt. Ein ähnlicher Fall wurde auch von GRAE-

NICHER an der Schlupfwespe *Grotea anguinea* CR. festgestellt, deren Larve anfangs das Ei oder die junge Larve der Wirtsbiene *Ceratina dupla* SAY verzehrt und später mehrere Tage auch die Vorräte verspeist, wobei sie an Größe zunimmt. Da aber diese Nahrung noch nicht ausreicht, bohrt sie sich in eine oder auch mehrere der Nachbarzellen ein und nährt sich nun wieder karnivor von den *Ceratina*-Larven.

Auch nekrophage Formen können nicht als eigentliche Parasiten bezeichnet werden. Der Parasitismus entomophager Hymenopteren ist dadurch ausgezeichnet, daß der Tod mit der Entwicklung des Schmarotzers, abgesehen von seltenen Ausnahmen, verbunden ist. Erfolgt der Tod des Wirtes vor Abschluß der Entwicklung des Schmarotzers, so wird dieser sich noch einige Zeit von den Zersetzungsprodukten des Wirtskörpers zu nähren haben. So kann man auch die Larven verschiedener Schlupf- und Erzwespen zum Teil in dem schon verjauchten Inhalt des Wirtskörpers vorfinden. Im allgemeinen sieht man allerdings, daß der Wirt durch Schonung der lebenswichtigen Organsysteme des Parasiten möglichst lange am Leben erhalten bleibt. Seltener scheinen dagegen solche Fälle zu sein, in denen die Schlupfwespe ihr Opfer durch Stiche lähmt oder tötet. Ein Unterschied gegenüber den Paralysierungsgewohnheiten der eine kompliziertere Brutpflege treibenden Raubwespen besteht dann nur darin, daß das gelähmte Beutetier an Ort und Stelle belassen wird und häufig nicht bloß einem einzigen, sondern mehreren Larven als Nahrung dient, also ein ähnliches Verhalten vorliegt, wie es für gewisse Bethyliden erwähnt wurde. Einen durch recht eigenartige Begleitumstände bemerkenswerten Fall des Übergangs von bio- zu nekrophager Ernährungsweise nimmt ROUBAUD bei *Osprynchotus flavipes* BR., einer großen, dunkelgeflügelten, bei *Synagris cornuta* L. lebenden Schlupfwespe, an. Diese soll, nachdem sie die *Synagris*-Larve aufgezehrt hat, die von der Mutterwespe ständig zur Ernährung herbeigebrachten Futterballen entgegennehmen und damit vollkommen an die Stelle ihrer Wirtslarve treten. Dieses Verhältnis dürfte jedoch nach BEQUAERT dadurch eine gewisse Abänderung erfahren, daß die Vespidenlarve erst verhältnismäßig spät angestochen wird, so daß sie noch zur Verpuppung gelangt, wie Überreste der Puppe neben dem *Osprynchotus*-Kokon in den betreffenden *Synagris*-Zellen beweisen. Daß übrigens eine nachträgliche Paralysierung von Raupen, die von Parasiten befallen sind, auf deren Entwicklung nur von geringem Einfluß sein kann, beweisen die Schlupfwespen-, besonders Ichneumonidenkokons, die man in Eumenidenzellen findet, vorausgesetzt, daß es sich nicht um Vespidenparasiten handelt. So fand Verfasser einen großen Prozentsatz der Raupen, die *Odyn. oriventris* WESM. eingetragen hatte, mit Braconiden infiziert. Die Raupen selbst waren paralysiert; aber die Parasiten kamen trotzdem zur Entwicklung. Die sich zur Verpuppung hervorbohrenden Braconidenlarven wurden von der *Odynerus*-Larve verschont, befallene Raupen, die die Parasitenlarve noch im Innern enthielten, dagegen verspeist. Darüber, ob die Schlupfwespen beim Stiche irgendwelche Sekrete in den Wirtskörper eintreten lassen, liegen erst wenige Beobachtungen vor. HASE (1924) ist der Ansicht: „Wenn auch nicht alle, so doch bei weitem der größte Teil dieser Formen greift seine Beutetiere mittels vergifteter Stechwerkzeuge an". Eine vorübergehende Lähmung des Wirtstieres wurde z. B. beim Anstich des *Pityophthorus henscheli* SEITN. durch *Cosmophorus henscheli* RUSCHKA von SEITNER beobachtet. Ebenso fand NIELSEN, daß der Stich des *Polysphincta*-Weibchens die Spinne, der das Ei außen angeheftet wird, vorübergehend lähmt. Die das Wirtstier lähmende Wirkung des Stiches von *Habrobracon juglandis* ASHM. und *Lariophagus distinguendus* FÖRST. ist nicht durch mechanische Verletzungen des Nervensystems bedingt, sondern durch das eintretende Gift. Nach HASE hat der proximal von der Stachelspitze austretende, an der Luft schnell erstarrende Gifttropfen von *Habrobracon* eine Größe von 0,00030 cmm (Honigbiene = 0,0125 cmm). Nach Abgabe von etwa 30 Tropfen, wie sie im Experiment durch Reizung erzielt werden konnte, tritt eine Erschöpfung des *Habrobracon*-Weibchens ein. Die Tropfenfolge betrug für die ersten 10 Tropfen etwa 5 Sekunden, später verzögerte sie sich. Der errechnete Gesamtgiftvorrat eines Weibchens beträgt 0,0102 mg = $^1/_{109}$ des Körpergewichts, wobei angenommen wird, daß der ganze Tropfen aus wirksamem Gift besteht, und das spezifische Gewicht des Bienengiftes 1,1313 zugrunde gelegt wurde. Die zur Vergiftung einer Raupe nötige Giftmenge beträgt, umgerechnet auf 1 kg Raupe, 2,446 mg. Die Vergiftung äußert sich bei Raupen der Wachs- und Mehlmotte in einer vollkommenen Lähmung aller aktiven Bewegungsfähigkeiten, die unmittelbar nach dem Stich eintreten kann, mitunter aber allmählich — bis zu 4 Stunden — vorschreitet. Selten wurde eine Erholung bei Mehlmottenraupen nach dem Stich beobachtet. Auf Druckreiz findet noch eine Krümmung des gelähmten Raupenkörpers nach der Druckseite hin statt. Mit Aufhören des Reizes streckt sich der Körper wieder. Die Lähmung von Wachsmottenraupen scheint trotz des 3—5 mal größeren Gewichtes tiefer zu sein. Das Herz der gelähmten Raupen arbeitet dauernd (bis 5 Monate beobachtet) weiter, nachdem unmittelbar nach dem Stich eine vorübergehende erhöhte Pulsfrequenz zu verzeichnen war, und reagiert auf Temperaturreize wie das Herz einer gesunden Raupe. Durch den Stich von *Lariophagus distinguendus* gelähmte Brotkäferlarven wurden bis zu 48 Tagen lebend erhalten. Sticht die letztgenannte Schlupfwespe Larven oder Puppen von *Habrobracon* an, so tritt deren Tod sicher ein, wobei das Opfer feucht wird und auszulaufen scheint. Die Giftmenge ist dabei im Verhältnis zur Körpermasse des Opfers doppelt so groß wie bei einer Brotkäferlarve. An der Einstichstelle kann eine Verfärbung beobachtet werden, unter Umständen in Form konzentrischer, abwechselnd heller und dunkler Ringe, die HASE durch die Ausbreitung des Giftes durch Diffusion in die nächste Umgebung zu deuten sucht. „Die dadurch bewirkten chemischen Umsetzungen sind an der eigentümlichen, ringförmigen Verfärbung kenntlich; d. h. die durch das Gift bewirkten Umsetzungen verlaufen allem Anschein nach rhythmisch" (Pulswirkung?). Es wird also auch hier nicht direkt der Stich in das Nervensystem geführt, sondern die Verteilung des Giftes im Körper genügt, wie bei den Aculeaten, um eine Lähmung herbeizuführen. Ein von den PECKHAMS vorgenommenes Experiment über die Giftwirkung von Wespen mag hier nachgetragen sein. „Einer großen Hornisse (*Vespa maculata* L.) wurde der Stachel ausgepreßt und in das letzte Segment der (großen) Raupe eingeführt; in die Wunde wurde noch etwas Gift gequetscht. Die Wirkung des letzteren war sofort zu konstatieren an dem hinteren Drittel des Körpers. Die vorderen zwei Drittel bewegten sich ganz normal, das Ende des Körpers aber schleppte nach. Allmählich aber wurden auch die vorderen Teile affiziert. Eine Stunde später schien die Raupe etwas wohler, aber am nächsten Tage war sie so angegriffen, daß sie sich, auf den Rücken gelegt, nicht umwenden konnte und nur bei Reizung sich bewegte. Am dritten Tage zeigte sie wieder mehr Leben, war aber sehr schwerfällig und bewegte sich nur, wenn sie berührt wurde. Am vierten Tage starb sie." Nach MARTINI „enthält das Bienengift außer einer Säure und einem aromatischen Stoff das eigentlich giftige Prinzip als eine den Sapotoxinen nahestehende Säure, die Auflösung der roten Blutkörperchen ‚Hämolyse' verursacht. Ihr zyklisches Anhydrid wirkt blasenziehend. Diese Saponinsubstanz findet sich im natürlichen Sekret in einer komplexen Verbindung mit Lezithin und einem basischen Anteil." HASE setzt die Wirkung des Schlupfwespengiftes nach seinen Beobachtungen mit der Curarewirkung in Parallele — in beiden Fällen das kräftige Weiterarbeiten des Herzens, das man übrigens auch an geeigneten paralysierten Beutetieren von Aculeaten beobachten kann. Nach FLURY ist eine Gewöhnung an höhere Dosen von Bienengift möglich, doch sind Antitoxine nicht nachweisbar. Die Wirkung des Giftes wird nach Entfernung der nicht giftigen Begleitstoffe herabgesetzt und ist auf verschiedene Tiere sehr verschieden. Für Regenwürmer ist bereits $^1/_{20}$ mg tödlich, während Frösche 20—30 Bienenstiche ohne Folgen ertragen. Auch äußerlich aufgetragen ist das Gift stark wirksam. Auf den Menschen ist die Wirkung individuell sehr verschieden. Bei 500 Stichen dürfte die tödliche Dosis für erwachsene Männer (nicht Imker) liegen. Frauen sind dagegen wesentlich empfindlicher. Als Idiosynkrasie muß das Empfindlicherwerden gegen Bienenstiche, als eine abnorme Reaktion das verhältnismäßig häufige Auftreten von Urtikaria nach Stichen angesprochen werden. Selten sind Fälle, in denen einzelne Bienenstiche tödlich gewirkt haben; die Ursache dafür dürfte in schon vorher bestehenden Herzerkrankungen zu suchen sein. Doch können auch Stiche in die Mundhöhle durch Schwellungen indirekt einen Erstickungstod herbeiführen. Ein Unempfindlichwerden gegen den Schmerz tritt auch beim Imker nicht ein; dagegen reagieren 83 vH früher empfindlicher Imker nur noch durch eine leichte Rötung an der gestochenen Hautstelle. Die Heilwirkung des Bienengiftes bei Rheumatismus beruht nicht auf einer bloßen Hautreizung, sondern tritt nach schweren allgemeinen Erscheinungen, wie Schüttelfrost, Atembeschwerden, Herzklopfen, Schwindel usw., auf und dürfte auf eine Einführung körperfremder Eiweißstoffe in den Organismus zurückzuführen sein. ROUBAUD konnte übrigens feststellen, daß Blattwespenlarven gegen Hummel- und Wespenstiche unempfindlich waren. Auch auf Schmetterlingsraupen wirkt der Stich von *Polistes* sehr verschieden. Rasch gelähmt wurden Raupen von *Calymnia trapezina*, während die von *Hoporina croceago* dagegen immun erscheinen.

Nach dem Platz der Eiablage in bezug zum Wirt der Larve kann man drei verschiedene Infektionstypen (STELLWAAG) unterscheiden. Entweder das Ei wird frei abgelegt und die ausschlüpfende Larve muß sich selbst den Wirt suchen, oder es wird äußerlich an diesen angeheftet oder in ihn eingesenkt. Zwischen den beiden ersten Fällen kommen leicht Übergänge vor, da das Wespenweibchen, das seine Eier gewöhnlich in der Nähe des Wirtes niederlegt, sie auch an diesen selbst heranlegen kann. Recht kompliziert werden die Verhältnisse beim Vorhandensein von Planidienlarven, wie sie bei *Perilampus*, *Orasema*, *Schizaspidia* und *Psilogaster* bekannt sind. Genauer bekannt sind die Entwicklungsbedingungen von *Perilampus hyalinus* SAY. Die Eier werden zweifellos frei abgelegt, vermutlich in der Nähe von Gesellschaften der Wirtsraupen. Einzelne Planidien werden auch an diese herankriechen und sich in sie einbohren. Zur weiteren Entwicklung kommen sie jedoch erst, wenn sie in der betreffenden Raupe ihre eigentlichen Wirte — sie sind Hyperparasiten — finden. Einer der Wirte ist die Tachinide *Varichaeta aldrichi* TOWNS. Da diese ihre Maden frei an Pflanzenteilen ablegt und schon in jungen Tachinenlarven die Planidien gefunden wurden, ist eine Übertragung auch in der Weise denkbar, daß sich die Planidienlarve außerhalb des Wirtes der Tachinenmade bereits in diese einbohrt. Für andere Wirte des *Perilampus* ist ein Befall außerhalb des Raupenkörpers aber ausgeschlossen, da diese ihre Eier direkt in die Wirtsraupe hineinlegen. Das Planidium von *Perilampus hyalinus* bohrt sich nun in seinen Wirt ein und wartet, ohne eine Häutung in ihm durchzumachen, so lange bis an diesem die histolytischen Veränderungen des Puppenstadiums einsetzen. Sobald das Puparium der Tachine gebildet ist oder die Ichneumonidenlarve ihren Kokon gesponnen hat, bohrt sich das Planidium hervor und saugt nun in vollkommen veränderter Gestalt (Abb. 201) als Ektoparasit, geschützt durch die es umgebende Hülle. Dabei zeigt sich eine außerordentlich weitgehende Anpassungsfähigkeit an die jeweilige Wirtsart. In einem Falle beobachtete H. S. SMITH, dem wir die interessanten Untersuchungen am Planidium von *Perilampus hyalinus* verdanken, wie eine von einem Planidium befallene Larve von *Limnerium validum* CR., die im Kokon überwinterte, gleichzeitig von der Chalcidide *Dibrachys boucheanus* RTZB. angegriffen war. Die ektoparasitär saugenden Larven des letzteren Parasiten überwintern ebenfalls im Larvenstadium. Hier wanderte das Planidium nach Vernichtung seines primären Wirtes in eine *Dibrachys*-Larve über. Wie sich die einzelnen *Perilampus*-Planidien gegeneinander verhalten, wenn mehrere zusammentreffen, ist noch nicht bekannt. Aus den Untersuchungen von SMITH geht aber hervor, daß trotz Befalls mit mehreren Planidien nur eins zur Entwicklung kommt. Ob irgendwelche Ausscheidungsprodukte derjenigen Larve, die einen kleinen Entwicklungsvorsprung besitzt und als erste zu einer ektoparasitären Lebensweise übergeht, die übrigen Planidien schädigen oder ob in ähnlicher Weise, wie es oben für die Jugendlarven der Goldwespen geschildert wurde, vielleicht Kämpfe zwischen diesen beweglichen Larvenstadien stattfinden, ist nicht sicher. Derartige Kämpfe würden auch bei Chalcididen nicht isoliert stehen, da sie bereits von *Homoporus vassiliewi* bekannt sind.

Der Foresie durch Ameisen bedienen sich auch die Primärlarven von *Schizaspidia*.

Von praktischer Bedeutung ist es oft, zu entscheiden, ob aus einem als Schädling auftretenden Wirt gezogene Parasiten als primäre Parasiten und damit als „nützlich" oder als Hyperparasiten und damit als „schädlich" zu bezeichnen sind. Die Entscheidung scheint einfach zu sein, ist aber im allgemeinen nur auf dem Wege der Zucht möglich und kann durch verschiedene Umstände recht kompliziert werden. Denn außer den Hyperparasiten, die Schmarotzer zweiten Grades sind, können auch Coparasiten vorhanden sein, die als Parasiten ersten Grades mit solchen gleicher Ordnung im selben Wirt lebten. Schließlich sind auch Parasiten dritter und vierter Ordnung bekannt. Vielfach sind die Parasiten, besonders Chalcididen, recht anpassungsfähig, so daß ein und dieselbe Art als primärer bzw. als Coparasit oder als Parasit höherer Ordnung auftreten kann. Es muß daher scharf zwischen obligatorischen Parasiten höherer Ordnung und fakultativen unterschieden werden. „Silvestri hat bei der Ölmotte (*Prays oleellus* F.) neun Parasiten ersten Grades festgestellt. Von diesen können acht aber auch als Parasiten zweiter Ordnung auftreten. Nur *Ageniaspis fuscicollis praysincola* Silv. bleibt stets primärer Schmarotzer. Als echte Parasiten zweiten Grades können unter zwanzig gezüchteten Arten nur sieben gelten. Echte Parasiten dritter und vierter Ordnung waren überhaupt nicht vorhanden, obwohl sechzehn als solche vorkamen. Die Formen können sich gegenseitig vertreten, d. h. ihr Nutzen oder Schaden stellt sich jeweils in ganz verschiedenem Lichte dar" (Stellwaag). Die größte Vorsicht ist also bei der Beurteilung von „Hyperparasiten" geboten. Mitunter können allerdings die Verhältnisse etwas einfacher liegen, wie in einem Falle aus eigener Erfahrung des Verfassers. Hier wurde in der Zeit des starken Forleulenfraßes 1924 ein auffälliger grüner Kokon (Abb. 206) eingesandt, aus dem eine flügellose Schlupfwespe geschlüpft war. Der Kokon war als solcher überaus charakteristisch und konnte nur einem Vertreter der Braconidengattung *Microplitis* angehören, woraus sich ohne weiteres ergab, daß die miteingesandte Schlupfwespe (ein *Pezomachus*) als Hyperparasit anzusehen war. Aber auch der von mir in Aussicht gestellte *Microplitis* wollte nicht aus den grünen Kokons schlüpfen, während statt seiner nun nicht mehr die flügellose Ichneumonide, sondern eine Braconide, und zwar ein *Meteorus* kam, den schon Ratzeburg aus gleichen Kokons gezogen hatte, so daß er diesen *Meteorus brevipetiolatus* für den Erzeuger der betreffenden Kokons hielt. Da andere *Meteorus*-Arten schon als Hyperparasiten aus *Microplitis* und verwandten Gattungen gezogen waren, so lag es nahe, in dem Schlüpfen eines *Meteorus* aus den grünen Kokons eine Bestätigung ihrer wahren Herkunft zu sehen, die denn auch schließlich durch die Zucht der Verfertiger der Kokons, *Microplitis decipiens* Prell, erhalten wurde. Der charakteristische Kokon des primären Parasiten schaltet hier von Anfang an jeden Zweifel aus. Vielfach werden aus dem gleichen Wirtsindividuum eine ganze Anzahl von Schmarotzern erzogen. Gehören diese, wie es z. B. bei dem Kohlweißlingsparasiten *Apanteles glomeratus* L. und anderen verwandten Arten bei anderen Wirten häufig der Fall ist, sämtlich zur gleichen Art, so kann es sich um Geschwister handeln. Dies braucht jedoch nicht der Fall zu sein, denn ein und dieselbe Raupe kann auch nacheinander von zwei oder mehr Weibchen der gleichen Schmarotzerart angestochen werden. Dieser Kohlweißlingsparasit wird seinerseits von einer ganzen Reihe von Schmarotzern befallen, von denen nach FAURE *Tetrastichus rapo* WALK., *Dibrachys boucheanus* RTZB. und *Hemiteles fulvipes* GRAV. die wichtigsten sind, während die zahlreichen anderen Parasiten der gleichen Schlupfwespe eine mehr untergeordnete Bedeutung besitzen. Ein anderer primärer Parasit des Kohlweißlings, *Anilastus ebeninus* GRAV., hat unter zehn bei ihm als Hyperparasiten lebenden Formen sieben mit *Apanteles* gemeinsam. Was nun die Zahl der aus einem Wirt hervorgehenden Schmarotzer anbelangt, so kann dieselbe, wie schon oben gesagt, sehr verschieden groß sein. Namentlich im Verhältnis zum Wirt große Formen werden in der Einzahl auftreten, wie z. B. die *Ichneumon*-Arten. Aber auch größere Ophioninen und Cryptinen können in Mehrzahl aus ein und demselben Wirtskokon schlüpfen. Auch die Zahl der Parasiten von Eiern kann großen Schwankungen unterworfen sein. Waren unter Umständen mehrere Eier oder Larven von Schmarotzern in einem Wirt vorhanden, so kann gelegentlich nur eine Imago schlüpfen, wie z. B. bei *Perilampus* und *Polygnotus*, ohne daß die Gründe für die Hemmung der übrigen bisher sicher zu erkennen wären. Bei Polyembryonie (s. S. 508) beträgt die Zahl der aus einer einzigen Raupe hervorgehenden Individuen mitunter 1000 bis 2000, wie bei *Lithomastix truncatellus* DALM. in *Plusia gamma*. Daneben kommen bei manchen polyembryonal sich vermehrenden Arten aus zu geringen Embryonalmassen zwar Larven zur Entwicklung, die sich aber nicht weiterentwickeln können.

Bezüglich der von einzelnen Gruppen parasitärer Hymenopteren bevorzugten Wirte können hier nur einige allgemeinere Angaben gemacht werden. *Ichneumon* und *Amblyteles* befallen in erster Linie Schmetterlingsraupen, *Dinotomus* bevorzugt *Papilio*. Bei den Pimplinen ist die Mannigfaltigkeit recht groß. Für jene Arten, die über sehr lange Legebohrer verfügen, wie *Ephialtes*, *Rhyssa*, *Thalessa*, stellen tief im Holz lebende Larven von Käfern und Sireciden die Wirte. Auch unter den Cryptinen finden wir eine große Verschiedenheit der Wirte. Bei den Tryphoninen macht sich eine deutliche Bevorzugung von Blattwespenlarven bemerkbar. Als Parasiten sozialer Wespen seien *Sphecophaga* und *Crypturus*, letzterer bei *Polistes*, erwähnt. Auch die Zahl der Schmarotzer solitärer aculeater Hymenopteren ist nicht klein: *Mesostenus* bei *Eumenes*, *Perithous*, *Kaltenbachia* und andere Cryptinen, *Osprynchotus* u.a. bei verschiedenen Aculeaten. Neuropterenparasiten sind unter den Ichneumoniden spärlich, doch wurde eine *Hemiteles*-Art aus *Hemerobius*-Kokons gezogen. In Spinneneierkokons fressen Larven von *Pimpla*, *Leptocryptus*, *Pezomachus* und *Hemiteles*, letzterer vielleicht als Hyperparasit. Ebenso zog NIELSEN auch *Zaglyptus* und *Tromatobia* entweder einzeln oder zu mehreren aus Spinneneierkokons, während die nahe verwandte Gattung *Polysphincta* ebenso wie *Epimecis* ektoparasitär an Spinnen sich entwickelt. Die Larven haften auf dem Rücken des Spinnenabdomens mittels der abgestreiften Häute, die eine Platte bilden und am Larvenkörper durch ventrale Fortsätze verankert sind, gelegentlich auch noch mit Hilfe der Eischale, also ähnlich wie manche Scoliiden und Dryininen. Was die Braconiden anbetrifft, so finden sich unter den Cyclostomen anscheinend vorherrschend Käferschmarotzer; doch leben die Rhogadinen wohl ausschließlich in Lepidopterenraupen. Die Exodonten, mit ihren nach außen umgebogenen Mandibeln, haben besonders Fliegen als Wirte. Die Microgasterinen sind vorwiegend Schmetterlingsschmarotzer, doch werden auch andere Ordnungen befallen. Die Gattung *Elasmosoma* und die Pachylommatinen leben ausschließlich als Ameisenparasiten, die Aphidiinen nur an Blattläusen. Soweit bisher die Lebensverhältnisse der kleinen Familie der Trigonaloiden bekannt sind, zeigen sich auch hier recht erhebliche Verschiedenheiten in bezug auf die Wirte. Unsere einheimische Art ist ein Hyperparasit bei *Ophion* (nach REICHERT) und *Trogus* (nach ULBRICHT auf Grund einer persönlichen Mitteilung von REICHERT). *Lycogaster pullata* SHUCK., eine nordamerikanische Art, lebt ebenfalls bei einem *Ophion* (*macrurus*), *Tapinogonalos pulchella* CRESS. dagegen bei einer Tachine (*Exorista lobeliae* COQU.). Arten der Gattungen *Seminota*, *Bareogonalos* und *Nomadina* sind dagegen aus Nestern sozialer Wespen bekannt geworden. Die Familiengruppe der Evaniiden enthält in der typischen Unterfamilie, den Evaniinen, ausschließlich Parasiten von Schaben, die in den Ootheken derselben ihre Entwicklung durchmachen. Verfolgen unter Umständen Evanien die Schaben, so dürfte das darauf zurückzuführen sein, daß das Ei in die noch weiche Oothek gelegt wird, die das Weibchen noch mit sich herumträgt. In der Oothek entwickelt sich immer nur ein einzelnes Individuum, auch wenn dieselbe mehrmals angestochen wurde. *Zeuxevania* soll nach PICARD auch aus Schaben selbst (*Loboptera*) gezogen sein. Für *Brachygaster minuta* OL., eine bei uns in Wäldern vorkommende Form, sind Waldschaben die Wirte. Die Gasteruptioninen sind, soweit bekannt, ohne Ausnahme Ektoparasiten an den Larven solitär aculeater Hymenopteren, wobei ein und dieselbe Art bei Angehörigen verschiedener Familien leben kann. Bevorzugte Wirte liefern die Gattungen *Trypoxylon*, *Eriades*, *Prosopis*, *Osmia*, *Odynerus*. Reicht eine kleinere *Prosopis*-Larve für die Ernährung der *Gasteruption*-Larve nicht aus, so bricht die letztere auch in die Nachbarzelle ein. Als Parasit von *Xylocopa sicheli* VACH. wird *Trigonofoenus xylocopae* KIEFF. aus Südafrika angegeben. Die Aulaciden schließlich dokumentieren sich schon durch ihre Körpergestalt als Parasiten holzbewohnender Insektenlarven und sind sowohl aus Cerambyciden- wie Sirecidenfraßgängen gezogen worden, wo sie höchstwahrscheinlich auch ektoparasitär leben werden. Auf eine ähnliche Lebensweise läßt auch der Bau der Stephaniden schließen. Die kleine Familie der Megalyriden mit ihren vorzugsweise australischen Arten enthält Bockkäferparasiten. Die Familie der Gallwespen (*Cynipidae*) ist zwar in erster Linie durch die zahlreichen Gallerzeuger bemerkenswert, enthält daneben aber auch viele als Parasiten lebende Formen, die sogar die Gallerzeuger an Zahl übertreffen. Die kleine Unterfamilie der Ibaliinen schmarotzt bei Sireciden. Anacharitinen sind aus *Hemerobius* gezogen worden. Die Figitinen, Aspicerinen und Eucoilinen sind in erster Linie Dipterenparasiten. Als Stubenfliegenparasit mag *Figites striolatus* HTG. genannt sein. Einige wenige Arten gelten als Käferparasiten. Aus Bauten von *Formica rufa* L. kennt man *Rhynchacis wasmanni* KIEFF., aus denen von *Lasius fuliginosus* LATR. *Cleidotoma formicaria* KIEFF. Diese Arten mögen bei irgendwelchen Ameisengästen schmarotzen. Die Charipinen sind, soweit bekannt, Hyperparasiten und haben die in Blattläusen lebenden *Aphidius*-Larven (Braconiden) zu Wirten. Recht vielseitig in bezug auf ihre Wirte sind die Chalcididen. Sie finden sich bei den verschiedensten Insektenordnungen, befallen die verschiedenen Entwicklungsstadien derselben, leben teils ekto-, teils entophag und enthalten auch zahlreiche Parasiten höherer Ordnung. Dasselbe gilt auch von den verschiedenen Familien der *Serphoidea*. Schmetterlingsraupen scheinen von letzteren selten befallen zu werden. Dagegen sind Dipteren und Coleopteren bevorzugt und Eiparasiten häufig. Als ein pantophager Eiparasit kann *Trichogramma evanescens* WESTW. angesprochen werden. Von bestimmten biologischen Rassen, die an bestimmte Eier oder Gelegeformen angepaßt wären, kann bei dieser Art nach HASE (1925) keine Rede sein. Die Wespen gehen ohne weiteres auf neue Wirte über, wobei auch die Zugehörigkeit zu einer anderen Insektenordnung keine Rolle spielt. Diese Wespe ist also danach praktisch jederzeit in der Lage, ihre Eier unterbringen zu können und ist nicht an die Generationsfolge eines oder einiger verschiedener Wirte gebunden.

Im vorstehenden wurden bisher nur solche Parasiten behandelt, die bei Landformen leben. Eine Anzahl von parasitären Hymenopteren befällt jedoch auch an das Leben im Süßwasser angepaßte Insekten. Derartige Wasserhymenopteren stellen keine systematische Einheit dar, sondern leiten sich aus den verschiedenen Familien ab. Die Entstehung der zum Wasserleben übergegangenen Gattungen und Arten kann man sich auf verschiedene Weise denken. Wir können annehmen, daß irgendwelche Entwicklungsstadien eines Wirtes außerhalb des Wassers angestochen wurden, die sich späterhin in das Wasser begaben, so daß die unter Wasser hervorkommenden Imagines ihren Weg zunächst durch das neue Medium nehmen mußten. Oder auf der Suche nach geeigneten Wirten stiegen bestimmte Schlupfwespen an Wasserpflanzen in die Tiefe. Flaches Wasser, austrocknende Tümpel können das Schmarotzen bei Wasserinsekten ebenfalls befördert haben. Im übrigen sind besondere Anpassungen an das veränderte Medium nur in geringem Maße vorhanden. Die Lebensweise im Innern eines Wirts im Wasser unterscheidet sich nicht prinzipiell von einer solchen außerhalb desselben. So können wir denn bei unter Wasser ihre Entwicklung durchmachenden Entoparasiten höchstens im Imaginalstadium gewisse Abweichungen vom normalen Typ erwarten, die es den betreffenden Individuen ermöglichen, sich auch unter Wasser zu bewegen. Handelt es sich hierbei lediglich um ein Kriechen an Stengeln, so sind dazu keine besonderen Vorrichtungen nötig. Eine Mitnahme von Luftblasen scheint nicht vorzukommen. Im Gegenteil können dieselben bei der Kleinheit der Tiere durch ihren Auftrieb störend wirken, wenn sie irgendwie anhaften. Flügelverlust kommt bei *Prestwichia* vor, die sich, mit den Beinen rudernd, unter Wasser bewegt; von besonderen Schwimmborsten kann auch hier keine Rede sein. Ebensowenig stellen die Flügel der Arten, die sich derselben unter Wasser bedienen, einen besonderen Typ dar. Die ausgestreckten Flügel mit ihrem langen Wimperbesatz kommen als Schwebevorrichtung in ähnlicher Ausbildung auch bei verwandten Landformen vor und sind für einen aktiven Flug nur von untergeordneter Bedeutung. Von den Ichneumoniden finden sich einige *Hemiteles*-Arten bei Wasserinsekten. Ein Untertauchen des Parasiten ist aber kaum nötig, da die Wirte in ganz flachem Wasser aufgesucht werden (Stratiomyidenlarven und *Gyrinus*-Puppen). *Hemiteles biannulatus* GRAV. befällt Trichopteren. Seine Jugendlarve lebt ektoparasitär im Gehäuse von *Limnophilus griseus* L., später dringt sie in den Wirt ein; der Kokon liegt aber frei im Gehäuse. Als ein Seitenzweig der Ichneumoniden sind die Agriotypiden zu betrachten. Unsere einzige Art, *Agriotypus armatus* WALK., legt ihre Eier in verschiedene Trichopterengehäuse, wobei sie 10 Minuten und länger untertaucht. Die charakteristische Respirationsvorrichtung am Kokon wurde bereits oben behandelt. Braconiden aus den Gruppen der Opiinen und Exodonten finden in den in Wasserpflanzen minierenden Larven von *Hydrellia*-Arten ihre geeigneten Wirte und gleichzeitig Lebensbedingungen, die, abgesehen von der Erschwerung der Eiablage, sich kaum von denen unterscheiden dürften, die das Schmarotzen bei anderen minierenden Fliegen mit sich bringt. Von Cynipiden können jene Arten, die man, wie *Aphyoptera helgolandica* FÖRST., an den an den Strand geworfenen, häufig vom Wasser überspülten großen Laminarien findet, noch mit gewisser Einschränkung hierher gestellt werden. Als Wirte dürften die in großen Mengen an den gleichen Stellen vorhandenen *Coelopa*- und *Orygma*-Arten in Frage kommen. Die *Prestwichia*-Arten leben in den Eiern verschiedenster Wasserinsekten teils einzeln, teils in Anzahl. Die in Stratiomyiden lebende *Chalcis* (*Smicra*) *sispes* L. infiziert die Eihaufen ihrer Wirtsfliege an Uferpflanzen und braucht daher nicht ins Wasser zu gehen. Da später auch die Larven der Fliege zur Verpuppung an Land kommen, fällt für die Wespe selbst jeder Aufenthalt unter Wasser fort. In Eiern von Libellen, Wasserkäfern und Wasserwanzen entwickeln sich die *Anagrus*-und *Caraphractus*-Arten. Bei der Eiablage und beim Schlüpfen kommen diese Tiere mit dem Wasser in Berührung.

Die Beziehungen des Parasiten zur Wirtsart oder zu den verschiedenen Wirten werden dadurch engere, daß nicht jedes beliebige Entwicklungsstadium mit dem Ei belegt wird. An sich kann zwar in jedem Stadium eine Infektion erfolgen. Aber die einzelnen Arten sind meist ganz speziell auf bestimmte Entwicklungsstufen eingestellt, die sich nicht bloß auf Ei, Larve, Puppe und Imago beschränken, sondern durch den jeweiligen Zustand derselben bestimmt werden können. Namentlich während der Wachstumsperiode des Wirtes, also im Larvenleben, wird die Auswahl deutlich. Es ist daher von größter Wichtigkeit, daß das legreife Weibchen des betreffenden Parasiten zu einer Zeit bzw. etwas früher erscheint, in der auch das für die Eiablage in Frage kommende

Wirtsstadium vorhanden ist. Decken sich aber die Generationen von Wirt und Parasit nicht, so muß das Vorhandensein von Zwischenwirten angenommen werden. Je polyphager eine Art ist, um so besser und leichter wird sie sich daher erhalten können. Bei monophagen Formen ist der Zusammenfall des Vorhandenseins des Parasiten und des Infektionsstadiums Vorbedingung. Bei manchen Eiparasiten, wie *Ageniapsis* und *Anastatus*-Arten, mit einjähriger Generation ist eine solche Deckung deutlich ausgeprägt. Auch wenn der Wirt mehrere Generationen im Jahr hervorbringt, erscheinen die Parasiten parallel dazu. So decken sich nach SILVESTRI die drei Generationen von *Ageniaspis fuscicollis praysincola* SILV. mit denen der Ölmotte. Weniger scharf ist die Generationsfolge von *Pieris brassicae* und die von *Apanteles glomeratus* L., der die frisch geschlüpften Räupchen des Weißlings ansticht, ausgeprägt. Hier scheinen die Generationen mehr oder weniger ineinander überzugehen. Auch durch Langlebigkeit der Parasitenweibchen kann diese Lücke in der Generationsfolge ausgeglichen werden. Eine weitere Möglichkeit, bei einer Verschiebung der Erscheinungszeiten der Generationen von Wirt und Parasit unter Vermeidung von Zwischenwirten monophag zu bleiben, ist dann gegeben, wenn der Parasit verschiedene Entwicklungsstadien des Wirtes befallen kann. Ein derartiger Fall liegt zum Beispiel bei dem Schwammspinnerparasiten *Apanteles melanoscelus* RTZBG. vor, der seine Eier in Schwammspinnerraupen verschiedenen Alters legt. Ist das Befallsstadium des Wirtes ein Ruhestadium von langer Dauer, die Entwicklungszeit des Schmarotzers aber eine kurze, so ist es denkbar, daß der letztere mehrere Generationen am gleichen Entwicklungsstadium des Wirtes erzielen kann. Ein derartiger Fall dürfte vorliegen, wenn die Cryptine *Kaltenbachia bimaculata* GRAV. drei Generationen produziert, während *Odynerus laevipes* SHUCK. als Wirt eine einzige hervorbringt. Während im allgemeinen das Weibchen von *Tetrastichus rapo* WALK. als Hyperparasit an Weißlingsraupen seine Eier in die Kokons von *Apanteles glomeratus* L. und *Anilastus ebeninus* GRAV. ablegt, also außerhalb des primären Wirts, kann es auch gelegentlich die noch in der *Pieris*-Raupe enthaltenen *Apanteles*-Larven kurz vor deren Herausbohren anstechen. Daß selbst bei monophagen Eiparasiten die Möglichkeit von zwei Generationen des Parasiten beim Vorhandensein einer Wirtsgeneration gegeben ist, lehrt der Fall von *Podagrion pachymerum* WALK. Diese Chalcidide stellt einen charakteristischen Eiparasiten von *Mantis religiosa* dar, bildet aber im Gegensatz zu ihrem Wirt zwei Generationen im Jahr aus. Dies ist nach CHOPARD nur dadurch zu erklären, daß nicht alle Eier der gleichen Oothek schlüpfen, sondern eine Anzahl überliegen.

Wie die Wirte, so sind auch die Parasiten in ihrer Entwicklungsdauer von klimatischen Bedingungen abhängig. Doch brauchen Temperaturveränderungen auf Wirt und Parasit nicht im gleichen Sinne zu wirken. So kann die Entwicklung des Parasiten in einer anderen Zeitspanne durchlaufen werden als die des Wirts, worauf zu achten ist, wenn man zu bestimmter Zeit, z. B. für biologische Bekämpfungsmethoden von Schädlingen durch Massenzüchtung, einen nützlichen Parasiten zur Verfügung haben will. Auch gegen Feuchtigkeit oder Trockenheit kann der Parasit empfindlicher sein als der Wirt und umgekehrt.

Wie aus den bisherigen Ausführungen hervorgeht, ist das Ineinandergreifen der verschiedensten Ursachen, die die zahlenmäßige Vermehrung eines Parasiten bedingen und andererseits ein Abflauen derselben mit sich bringen. recht kompliziert. Ein „biologisches Gleichgewicht“ als Ruhezustand im Zahlenverhältnis ist nicht vorhanden. Wohl aber können die Parasiten vorbeugend gegen Kalamitäten wirken. STELLWAAG hat für die Gesamtheit dieser Erscheinungen den Ausdruck „Gradation“ geprägt. Bei der wirtschaftlichen Bedeutung derjenigen Parasiten, die als Vernichter menschlicher Wirtschaftsfeinde eine Rolle spielen, sollte eine Erforschung dieser Zusammenhänge eine der Hauptfragen der angewandten Entomologie darstellen.

Im folgenden sei nun noch kurz das Verhalten des Wirtes dem Parasiten gegenüber behandelt. Während bei den karnivoren aculeaten Hymenopteren mit Ausnahme derjenigen Formen, die sich die Arbeit anderer zunutze machen, das Larvenfutter im allgemeinen im Kampfe überwältigt wird, liegen bei den Parasiten die Verhältnisse anders. Vielfach wird hier das Opfer im wehrlosen Ruhestadium als Ei, Ruhelarve oder Puppe angestochen. Mögen dieselben, ebenso wie die Larven, scheinbar verborgen und geschützt sein, so findet der Parasit sie doch. Vielfach ist man geneigt, die verborgene Lebensweise in ursächliche Verbindung mit einem Schutz vor den natürlichen Feinden zu bringen. Dabei wird aber übersehen, daß derartige Lebensgewohnheiten sich auch erst in langsamer Entwicklung herausgebildet haben werden und daß dementsprechend auch die Parasiten entsprechende Instinktänderungen erfuhren. Einen praktischen Schutz durch den Aufenthaltsort, sei es, daß dieser tief im Holz, in der Erde, in harter Hülle oder selbst unter Wasser liegt, gibt es gegenüber dem Parasiten nicht.

In vielen Fällen kann man allerdings auch aktive Schutzmaßnahmen seitens eines angegriffenen Wirtstieres beobachten, besonders dann, wenn es sich dabei um frei lebende Raupen handelt. Diese suchen sich des Angreifers dadurch zu erwehren, daß sie mit erhobenem Vorder- oder Hinterkörper schlagende Bewegungen ausführen, sich dabei wohl auch einrollen und fallen lassen. Recht auffällig sind in dieser Beziehung die Schreckstellungen und Bewegungen mancher Blattwespenraupen, deren Körper dabei S-förmig gekrümmt ist (Abb. 219). Viele Raupen spritzen Säfte aus dem Munde aus. Ruckweise schlagen viele Schmetterlingspuppen mit dem Hinterleib, wenn sich der Schmarotzer auf ihnen niederläßt; andere drehen sich schnell. Größere Raupen von *Pieris brassicae* sind nach PICARD gegen das Weibchen von *Tetrastichus rapo* WALK. so gut wie wehrlos, während kleinere mit dem Kopf um sich schlagen, beißen und Speichel austreten lassen. Allerdings wirkt der Stich der Chalcidide auf die kleineren tödlich, auf größere erst nach mehrmaliger Wiederholung. Dabei ist zu bemerken, daß das Chalcididenweibchen für gewöhnlich die Kokons von *Anilastus ebeninus* GRAV. und *Apanteles glomeratus* L. ansticht und nur ausnahmsweise die Larven dieser Wirte, ehe sie sich aus den Raupen hervorbohren. Im übrigen soll es gesunde von befallenen

Raupen nicht unterscheiden können. Auch die Fähigkeit, das Blut aus bestimmten, oberhalb der Stigmen gelegenen Öffnungen (Abb. 218) auszuspritzen, die den Larven der Cimbicinen zukommt, dürfte als ein Schutzmittel gegen Parasiten angesprochen werden. Der Strahl kann von den Larven von *C. connata* SCHR. mehrere Zentimeter weit gespritzt werden, während bei *Abia*-Arten (z. B. *lonicerae* L.) lediglich ein Tropfen hervorquillt. Das Blut von *C. connata* besitzt eine blaßbläuliche Farbe und hat einen bitteren Geschmack. Wie Verfasser durch Reizungsversuche feststellen konnte, wird das Blut lediglich aus dem berührten Segment, und zwar auf der Seite, an der die Reizung erfolgte, ausgespritzt, so daß bei einer möglichst großen Sparsamkeit im Verbrauch die Gewähr, einen Angreifer zu treffen oder zu verscheuchen, gegeben ist. War nur ein Tropfen hervorgequollen, wie es bei *Abia* regelmäßig der Fall zu sein scheint, so fließt dieser nicht gleichmäßig aus, sondern bleibt gerundet an der Seite des betreffenden Segmentes stehen. Nachträglich kann der Tropfen wieder eingesogen werden. Dabei zeigt sich durch das ungleichmäßige Einsinken der Tropfenoberfläche, daß an dieser ein Gerinnen der Blutflüssigkeit eingetreten sein muß. Das Ausfließen des Tropfens scheint durch Wachs- oder Fettausscheidungen verhindert zu werden. In Verbindung mit den Abwehrstellungen treten auch die bei Nematinen und Cladinen ventral auf der Mittellinie der ersten sieben Sternite gelegenen Ventraldrüsen in Funktion. Ob aus ihnen der für manche Nematinen und auch Hoplocampinen charakteristische Geruch ausströmt, ist nicht sicher; ebensowenig ist die Bedeutung der fingerförmig ausstülpbaren Nackendrüsen der Xyelinen (Abb. 220) bekannt. Da aber die Parasiten in erster Linie durch den Geruchssinn geleitet werden und die „Schutzfarben" grüner Raupen ihnen gegenüber jedenfalls von ganz untergeordneter Bedeutung sein werden, ist es wohl möglich, daß ein plötzlich veränderter Geruch des Wirtes irreführend wirken kann. Daß Körperbehaarung oder Bedornung nicht als passives Schutzmittel wirken, geht aus dem Vorkommen zahlreicher Parasiten in derartig „geschützten" Raupen hervor. Der Schmarotzer kennt die Stellen des Wirts, an denen er das Ei anbringen bzw. einführen kann. Ebensowenig vermögen Kokons einen Schutz gegen ein Anstechen durch den Parasiten zu gewähren.

Auch von einer Immunität gegen biophage Parasiten ist bisher wenig bekannt. Es sind zwar Fälle bekannt, in denen das von Eiparasiten in das Wirtsei gesenkte Ei nicht zur Entwicklung kommt. Dies geschieht dann, wenn das Ei statt in die embryonalen Gewebe in den Dotter gelangt ist. Hierfür sind offenbar physiologische Unterschiede der betreffenden Gewebe ausschlaggebend. Wenn mitunter mehrere Eier oder Larven einer Art, die man nur in Einzahl aus je einem Wirte züchtet, in solchen gefunden werden, so geht daraus hervor, daß diese bis auf ein Individuum zugrunde gehen werden. Denkbar ist, daß in ähnlicher Weise, wie es bei den aculeaten Futterparasiten angegeben wurde, Kämpfe zwischen Larven vorkommen können und daß in solchen Fällen ein fakultativer Hyperparasitismus vorliegt. Andererseits kann man sich aber auch vorstellen, daß bei der geringen Bewegungsmöglichkeit im Wirtskörper Ausscheidungs- oder Zersetzungsprodukte der in der Entwicklung fortgeschrittensten Larve die Entwicklung der übrigen hemmen. Bei solchen Arten dagegen, die als Coparasiten entweder selbst in Mehrzahl oder mit anderen vergesellschaftet leben können, würden derartige schädigende Einflüsse nicht vorhanden sein. Daß überhaupt die Möglichkeit des mehrmaligen Befalls durch eine solitär lebende Schmarotzerart gegeben ist, weist darauf hin, daß die betreffenden Wespenweibchen nicht zwischen gesunden und schon angestochenen Wirten zu unterscheiden vermögen. Für das oben bereits angeführte Beispiel des mehrfachen Befalls durch *Perilampus*-Planidien ist entsprechend dem wesentlich abweichenden Infektionstypus die Instinktirrung, wenn es sich um eine solche handeln sollte, nicht bei der Mutter zu suchen. Da das mehrfache Anstechen des gleichen Wirts durch solitäre Parasiten zweifellos für diese schädlich ist, andererseits aber normalerweise eine Prüfung des Wirtskörpers stattfindet, scheint es sich um häufig vorkommende Instinktirrungen zu handeln, für die verschiedene Faktoren, wie starker Legedrang, Knappheit des in Frage kommenden Wirtsstadiums u. a. m., in Betracht gezogen werden müssen. Befinden sich in der gleichen Blattlaus eine *Aphidius*- und eine *Aphelinus*-Larve als Coparasiten, so hemmt die erstere die Entwicklung einer selbst älteren *Aphelinus*-Larve. Da die Vernichtung keine direkte ist und auch nicht auf Nahrungsmangel zurückgeführt werden kann, muß angenommen werden (nach HARTLEY), daß entweder eine den *Aphelinus* schädigende Substanz ausgeschieden wird, oder daß der *Aphidius* leichter Sauerstoff aus dem Wirtsblut entnehmen kann, so daß jener an Sauerstoffmangel zugrunde geht. In ähnlicher Weise wird auch die Made von *Zygobothria nidicola* FALL., die am Vorderdarm der Goldafterraupe liegt, bei gleichzeitigem Befall der Raupe durch *Meteorus* in ihrer Entwicklung gestört (TIMBERLAKE). BLEDOWSKI beobachtete, daß bei Entwicklung zweier Larven von *Banchus femoralis* THS. in derselben Raupe der Forleule aus gleichzeitig abegelegten Eiern eine Larve in der Entwicklung erheblich zurückbleibt. Untersucht man das Verhältnis zwischen einem Parasiten und seinem normalen Wirt bzw. seinen Wirten, soweit der Schmarotzer oligo- oder polyphag ist, so zeigt sich, daß derselbe physiologisch dem Leben im Innern des Wirtes weitgehend angepaßt ist, und daß der Wirt keinesfalls immun ist. Gelingt es experimentell, Schmarotzerweibchen zur Eiablage in außergewöhnliche Wirte zu veranlassen, so sind bestimmte Reaktionen des Wirtes zu beobachten, wie TIMBERLAKE nachgewiesen hat. Stach die Ophionide *Limnerium validum* (CR.) statt ihres normalen Wirtes (*Hyphantria cunea*) Raupen vom Goldafter an, so gehen diese bei einer zu großen Eimenge zugrunde, mitunter schon ehe die Eier geschlüpft sind. Gelegentlich sind auch einzelne junge Larven vorhanden. Meist war die Zahl der Larven eine weit geringere als die der geschlüpften Eier im Wirt. Dieser Zahlenunterschied kommt dadurch zustande, daß Amöbozyten als Blutbestandteile die Eier und geschlüpften Larven einschließen, förmlich abkapseln und die letzteren auflösen. Schon der Embryo in dem verhältnismäßig dickschaligen Ei kann auf diese Weise abgetötet werden; meist schlüpft jedoch erst die

Larve und wird dann durch Phagozytose aufgelöst. Da derartige Erscheinungen bei Befall des normalen Wirtes nicht auftreten, hält es TIMBERLAKE für wahrscheinlich, daß der angepaßte Parasit bestimmte Sekrete in das Wirtsblut abgibt, die die Schutzreaktionen des Wirtes aufheben. Weniger wahrscheinlich ist es, daß das ganze Verhalten der Schmarotzerlarve so weitgehend physiologisch mit dem des Wirtes übereinstimmt, daß sie nicht als Fremdkörper erkannt wird. Wurden Raupen von *Malacosoma americanum* (FABR.) als Wirte gegeben, so wurden nicht alle Eier und Larven eingekapselt, so daß sich einige weiterentwickeln konnten. *Notolophus antiquus* (L.) als Wirt brachte sämtliche Eier bzw. junge Larven zum Absterben. Die widerstandsfähigen Eischalen blieben erhalten und konnten noch in den Wirtsimagines, auch dort in Amöbozyten eingekapselt, nachgewesen werden. VOUKASSOVITCH beobachtete, daß sich zwei Weibchen von *Trissolcus*, die sich auf dem gleichen Eigelege der Wirtswanze (*Eurydema ornatum*) begegnen, gegenseitig zu verdrängen suchen. Mit großer Sicherheit findet hier das Weibchen die noch nicht angestochenen Eier heraus. Diese werden nach erfolgtem Anstich durch ein Darüberstreichen mit der Stachelspitze regelmäßig markiert. Ausgetretener Eiinhalt kommt als Kennzeichen nicht in Betracht, da Eier, die mit dem Inhalt anderer betupft waren, angestochen wurden. *Aphelinus semiflavus* (HOWARD), der nach HARTLEY in seine Wirtsblattlaus stets nur ein Ei legt, erkennt erst beim Einstich, also mit Hilfe der am Stachel befindlichen Sinnesorgane, ob die angestochene Blattlaus bereits ein Ei enthält, so daß ein und dieselbe Blattlaus zwar mehrfach angestochen, jedoch nur mit einem Ei belegt wird.

Verhältnismäßig selten scheint es bei Parasiten vorzukommen, daß das Weibchen, um sein Ei unterbringen zu können, den Wirt packt. In solchen Fällen, wo durch ein Medium hindurch der Anstich erfolgt, ist dies von vornherein unmöglich; unnötig erscheint es, wenn das Wirtstier sich in einem Ruhestadium befindet. Im allgemeinen dürfte die Behendigkeit des Schmarotzers im Verhältnis zur Trägheit des Wirtstieres den Anstich mit eingebogenem Hinterleib ermöglichen, wenn der verhältnismäßig große Parasit über seinem Opfer oder neben diesem steht, wie dies häufig bei Braconiden und Ichneumoniden vorkommt. Ist der Schmarotzer wesentlich kleiner als sein Wirt, so kann er sich direkt auf dessen Körper niederlassen.

Über den Vorgang der Anheftung der mit einem Verankerungsapparat versehenen Eier von Tryphoninen an Blattwespenraupen scheinen keine direkten Beobachtungen vorzuliegen. Die Kompliziertheit macht es aber wahrscheinlich, daß hier das Wirtstier gepackt wird. Die ausgeschlüpfte Larve von *Paniscus* bleibt während ihrer ganzen ektoparasitär verlaufenden Entwicklung mit dem Hinterleibsende in der Eischale bzw. den nach hinten abgestreiften Larvenhäuten verankert (CUSHMAN). Sie beginnt mit dem Fraß erst, wenn die Wirtsraupe im Kokon ruht, so daß die Gefährdung für den Schmarotzer als Ektoparasiten herabgesetzt erscheint. Bei anderen Tryphoninen können ähnliche Verhältnisse erwartet werden. Der eigenartige Apparat, mit dem *Trioxys* nach EIDMANN Blattläuse umklammert, wurde bereits oben erwähnt. Auch dann, wenn eine Art als Imaginalparasit lebt, d. h. Imagines anderer Insekten ansticht, pflegen gewöhnlich keine Angriffe auf das betreffende Insekt — es handelt sich dabei besonders um Käfer, und zwar Rüssel-, Blatt- und Marienkäfer — zu erfolgen. So sah Verfasser gleichzeitig mehrere *Perilitus* an ein und derselben *Timarcha* herumkriechen, ohne daß diese dadurch behelligt erscheint. Neuerdings hat nun aber SEITNER einen Fall beschrieben, der stark an das Verhalten von Raubwespen erinnert. So packt die Braconide *Cosmophorus henscheli* RUSCHKA ihren Wirt, den Borkenkäfer *Pityophthorus henscheli* SEITN. beim Anstich von vorn mit den Mandibeln und führt den Stachel von unten her in die Thoraxgegend. Der Stich hat eine vorübergehende Lähmung des Käfers zur Folge. Auch *Polysphincta* lähmt ihr Beutetier, eine Spinne, vorübergehend.

Der Einfluß des Parasiten auf den Wirt ist recht verschiedenartig. Ist ein Parasit während seines ganzen Larvenlebens biophag, so werden die lebenswichtigen Organe des Wirtes möglichst weitgehend geschont. Das ist besonders auch dort der Fall, wo der Schmarotzer von einem Entwicklungsstadium in das andere mit übernommen wird. So kann die Entwicklung eines Parasiten, dessen Eier in das Eistadium des Wirtes gelegt wurden, in deren Larve ihren Abschluß finden (z. B.

Abb. 174. Junge *Panolis*-Raupe mit 6 *Banchus*-Eiern resp. Embryonen (nach BLEDOWSKI).

Bassinen) und Raupenparasiten entwickeln sich häufig erst in der Puppe zu Ende. Parasitierte Raupen, denen man äußerlich kaum etwas von ihren Schmarotzern anmerkt, suchen, wie RATZEBURG festgestellt hat, dadurch einen Ausgleich für die ihnen durch die Schmarotzerlarven entzogenen Stoffe zu schaffen, daß sie um so mehr Nahrung zu sich nehmen. In anderen Fällen fressen Raupen, die normalerweise nachts fressen, bei Parasitenbefall auch am Tage oder gehen auf andere Futterpflanzen über. Eine mehrfache Infektion von Forleulenraupen (Abb. 174) durch *Banchus femoralis* THS. hat nach BLEDOWSKI häufig septische Erkrankungen der Raupen durch Mikroorganismen zur Folge. Es sind aber auch Fälle bekannt, in denen die Entwicklung des Parasiten zunächst verzögert ist und erst später, wenn der Wirt herangewachsen ist, durchlaufen wird. Oben wurde bereits von *Perilampus* angegeben, daß die Planidien, die schon in der jungen Wirtslarve vorhanden sind, erst im Puparium des Wirtes ihre erste Häutung durchmachen. In solchen Fällen macht sich während des Larvenlebens des Wirts kaum ein schädigender Einfluß bemerkbar; die Puppe der von *Perilampus*-Planidien befallenen *Varichaeta* zeigt aber nach SMITH bereits krankhafte Veränderungen. Kopf und Körperanhänge sind schwächer entwickelt, und eine Pigmentierung der Augen unterbleibt. Ähnliche Verhältnisse liegen auch bei *Dacnusa areolaris* NEES vor. die ihre Eier in ganz junge Maden von *Phytomyza angelicae* ZETT. legt. Wachstum und Entwicklung des Parasiten werden bis zur

Metamorphose des Wirtes eingestellt und erst im Fliegenpuparium fortgesetzt. Die Dauer des Larven- und Puppenlebens steht in enger Beziehung zur Entwicklung des Wirts, so daß die jungen Fliegenmaden gerade vorhanden sind, wenn Weibchen der Braconide schlüpfen. Reine Eiparasiten bringen die Embryonalentwicklung des Wirtes zum Stillstand, und das Ei stirbt ab, wobei Verfärbungen des letzteren zu beobachten sind. Darüber, wann von Schmarotzern angestochene Puppen absterben, liegen nur wenige Beobachtungen vor. 14 Tage und mehr können vergehen, ehe die befallenen Puppen aufhören auf Reize zu reagieren. VOUKASSOVITCH beschreibt, daß an den Puppen von *Polychrosis botrana* SCHIFF., die von *Dicaelotus erythrostoma* WESM. befallen waren, nach 17 Tagen Gasblasen unter den Puppenflügeln auftraten und nach 24 Tagen der ganze Puppeninhalt aufgezehrt war. Selten kommt die Entwicklung des Parasiten im Imaginalstadium des Wirtes zum Abschluß, sofern es sich nicht um reine Imaginalparasiten handelt. Hier dürften besonders bei hemimetabolen Insekten als Wirten die Verhältnisse einfacher liegen als bei solchen mit einer vollkommenen Verwandlung. Die weniger durchgreifenden Veränderungen beim Übergang zur Imago bei den ersteren lassen die Übernahme eines Parasiten leichter möglich erscheinen, und die Entwicklungsstörungen dürften entsprechend geringere sein. P. SCHULZE beobachtete, wie sich aus einer in der Größe etwas zurückgebliebenen, eierlegenden *Locusta viridissima*, ebenfalls aus *Meconema Apanteles*-Larven hervorgebohrt hatten. Vielleicht kann auch der Befall von Blattläusen durch *Aphidius* hierhergestellt werden. Die Blattläuse erfahren dabei eine weitgehende Veränderung in ihrer Gestalt und erscheinen ballonförmig aufgetrieben, so daß man die mit dem Parasiten besetzten Individuen ohne weiteres aus den Blattlausgesellschaften herauserkennt. Worauf die Auftreibung des Wirtes zurückzuführen ist, scheint nicht bekannt zu sein. Es ist nicht ausgeschlossen, daß eine übermäßig starke Nahrungsaufnahme dabei mitwirkt. In diesem Falle stirbt aber der Wirt mit der Entwicklung des Parasiten ab. Entwicklungshemmungen können hier Erscheinungen bewirken, die an parasitäre Kastration erinnern. Ist der Schmarotzer dagegen im Verhältnis zum Wirt klein, so können die durch ihn verursachten Störungen so geringfügig sein, daß die Imago sich entwickelt und lebensfähig ist. Es muß aber auch die Entwicklungsgeschwindigkeit des Wirtes eine verhältnismäßig große sein. So ist ein Fall bekannt, in dem ein durch erhöhte Temperatur beschleunigt zur Entwicklung gebrachter „Totenkopf" eine Ichneumonidenlarve (?) im Abdomen enthielt, deren Entwicklung offensichtlich durch die Temperatur nicht beschleunigt worden war. Daß gleichzeitig mit einem verkrüppelten Wirt (*Arctia caja*) *Apanteles* aus dem Kokon schlüpften, läßt erkennen, daß die Schädigung durch eine geringe Zahl von verhältnismäßig kleinen Parasiten so gering sein kann, daß der Wirt zur Entwicklung kommt. Wenn in den Flügeln von *Pieris rapae* L. zwei *Apanteles*-Kokons gefunden wurden, so wird auch dies auf eine beschleunigte Entwicklung des Wirtes bei relativ geringer Schwächung durch die Parasiten zurückgeführt werden können. Die

Schmarotzerlarven waren noch nicht zum Herausbohren aus der Wirtsraupe fähig, als diese sich verpuppte, konnten aber auch die festere Puppenhaut nicht mehr durchbrechen und fanden ihren Weg in die taschenförmigen imaginalen Flügelanlagen, wo sie noch ihre Kokons spinnen konnten.

Stellen Insektenimagines die Wirte dar und zieht die Entwicklung des Parasiten den Tod des Wirtes nicht unmittelbar nach sich, so sind aber Hemmungen in der Reproduktionsfähigkeit desselben zu erkennen. HARTLEY beobachtete eine solche bei Befall viviparer Blattlausweibchen durch *Aphelinus*. SPEYER fand, daß sich die Larve von *Perilitus melanopus* RUTHE in dem Rüsselkäfer *Ceutorhynchus quadridens* Pz. von dem bei ihrer Anwesenheit zerfallenden Fettgewebe des Wirtes nährt und ihn daher wenig schädigt. Später treten Degenerationserscheinungen an den Ovarien auf, die wohl auf den Entzug von Reservestoffen und „Vergiftung durch fremde Stoffwechselprodukte" zurückgeführt werden können; doch kann der Käfer noch vorher zur Eiablage gelangen. SPEYER und KAUFMANN fanden, daß „aus den unzähligen kleinen, in der Leibeshöhle frei beweglichen Fettkugeln in jedem Fall mit Sicherheit auf das Vorhandensein eines Parasiten" geschlossen werden darf. „Die gleichen zystenartigen Gebilde fand ich (SPEYER) in einigen Imagines von *Coccinella 7-punctata* und *Anthonomus pomorum*, außerdem, wie KAUFMANN, häufig in Halticinen. Stets lebte dann in solchen Käfern ein Entoparasit vom Habitus der *Perilitus*-Larve." Erst kurz vor dem Herausbohren der Larven aus dem Wirt dürften im Endfraß weitgehende Gewebezerstörungen zu beobachten sein, die den alsbaldigen Tod desselben zur Folge haben.

Der Ursprung des Parasitismus der Hymenopteren ist kaum geklärt. Jene Fälle, in denen er sich in der Gruppe der aculeaten Hymenopteren als Brut- oder Futter- bzw. Arbeitsparasitismus zeigt oder uns als sozialer Parasitismus entgegentritt, sind zweifellos polyphyletisch entstanden und zum großen Teil verhältnismäßig jungen Datums, wie aus der geringen Differenzierung von Wirt und Parasit hervorgeht. Die tiefststehenden rezenten Hymenopteren sind die Symphyten, also phytophage Formen. Von ihnen müssen die höheren Hymenopteren mit ihrem Karnivorentum, wenn man von den Bienen, die nachträglich wieder zu pflanzlicher Kost übergegangen sind, absieht, ihren Ausgang genommen haben. Es ergibt sich nun die Frage, welcher der beiden vom Systematiker als Hauptgruppen erkannten Stämme, die Parasitica oder Aculeata, dem Ausgangspunkt näher steht, ob sich also, eine monophyletische Entwicklung vorausgesetzt, Aculeaten aus der Reihe der Parasiten entwickelt haben, oder ob umgekehrt die Parasiten aus Aculeaten hervorgegangen sind. Meiner Ansicht nach kann, wenn man die allgemeine Körperorganisation beider Gruppen vergleicht und nicht etwa einzelne Organsysteme herausgreift, kein Zweifel an dem ursprünglicheren Bau der parasitären Familien bestehen. Oben wurde bereits versucht, die Brutpflegegewohnheiten der höheren aculeaten Hymenopteren aus denen der niederen herzuleiten. Dabei kamen wir in der Gruppe der Bethyliden zu Verhältnissen, die sich kaum von den bei Schlupfwespen vorkommenden unterscheiden.

Nun kennen wir in der Gruppe der Parasitica eine Anzahl von phytophagen Formen, die die Frage nahelegen, ob hier die Phytophagie das Primäre ist, oder ob es sich dabei um Parasiten handelt, die sekundär zur Pflanzenkost übergegangen sind. Sowohl bei den Cynipiden wie bei den Chalcididen haben wir es mit spezialisierten Seitenzweigen innerhalb der Parasitica zu tun. Beide Familien stehen so isoliert, daß eine Ableitung aus den übrigen parasitären Familien bisher kaum möglich erscheint, während die Reihe der Evaniiden — Braconiden — Ichneumoniden eine größere Geschlossenheit erkennen läßt. Aber auch aus der Reihe der echten Phytophagen, der Symphyten, sind beide Familien nicht ohne weiteres abzuleiten. Innerhalb der Chalcididen scheint jedoch das isolierte Vorkommen phytophager Arten bei deren oft ganz naher Verwandtschaft mit Parasiten dafür zu sprechen, daß hier die Phytophagie sekundär ist. Die gänzlich abweichende Ernährungsform hat teilweise noch nicht einmal zur Ausbildung besonderer Gattungen geführt. Man kann sich vorstellen, daß die phytophagen Chalcididen ursprünglich Parasiten von anderen pflanzenfressenden Insekten waren und bei der engen Berührung, in die sie, namentlich wenn es sich um Ektoparasiten handelte, mit den umgebenden pflanzlichen Geweben kamen, allmählich dazu übergingen, diese direkt für sich zu verwerten. Wesentlich komplizierter liegen die Verhältnisse bei den Cynipiden. Hier haben wir es bei den phytophagen Formen mit einer in sich abgeschlossenen systematischen Gruppe zu tun. In die gleiche Gruppe gehören auch die selbst keine Gallen produzierenden, aber als Einmieter in solchen lebenden, als *Synergariae* zusammenzufassenden Gattungen. Diese Lebensweise kann leicht den Anstoß zum Parasitismus gegeben haben. Taxonomische Untersuchungen, die sich auf die Beziehungen der parasitären zu den gallerzeugenden Cynipiden erstrecken, sind bisher zuwenig durchgeführt, als daß man eine der beiden Gruppen als die Ausgangsstelle der andern ansprechen könnte. Die obligatorischen Hyperparasiten, wie wir sie in dieser Familie in den blattlausbewohnenden Charipinen kennenlernten, können selbstverständlich nur als ein spezialisierter Formenkreis angesprochen werden, der sich von der Wurzel bereits weit entfernt hat. Es ist wenig wahrscheinlich, daß diese Familie von zoophagen Formen ihren Ausgang genommen hat, dann teilweise zur Phytophagie überging, die Gallerzeuger hervorbrachte und nun wieder auf dem Wege über die Synergarien zur Zoophagie zurückkehrte. Wo allerdings die Wurzel der phytophagen Cynipiden stammesgeschichtlich zu suchen ist, liegt heute noch in völligem Dunkel. Auch bezüglich jener anderen Reihe der Parasiten können wir auf Grund rezenter Formen keinen unmittelbaren Anschluß an Symphyten erkennen. Und das fossile Material ist andererseits zu dürftig, um dem jurassischen *Ephialtites* etwa eine Mittelstellung einräumen zu können. Wohl kennen wir auch unter den Symphyten eine kleine Familie von Parasiten, die Orussiden; diese stehen aber ihren phytophagen Verwandten durch eine ganze Reihe organisatorisch wichtiger Charaktere so nahe, daß auch sie keinen Übergang bilden und nur einen extremen Seitenzweig der Sireciden darstellen. Immerhin sind die Orussiden ein lehrreiches Beispiel dafür, wie die Sireciden sich in parasitärer Richtung weiterentwickeln konnten. Sieht man sich unter den Symphyten um, wo die nächsten Beziehungen zu der Gruppe der Schlupfwespen erwartet werden können, so wird man meiner Ansicht nach auf die Familie der Cephiden kommen müssen. Es ist nun denkbar, daß es bei gedrängter Lebensweise in pflanzlichen Hohlräumen vorkam, daß die unmittelbare Nachbarschaft dazu führte, den Mitbewohner anzugreifen und auszusaugen. Derartige Gewohnheiten konnten erblich in Instinkten fixiert werden und mögen zum Parasitismus geführt haben. Auf der anderen Seite sehen wir, daß eine ganze Anzahl Blattwespen als Imagines karnivor sind, während über kannibalische Neigungen unter den Larven keine Beobachtungen vorliegen. Man kann daher auch die Möglichkeit erwägen, den Parasitismus von den Raubgewohnheiten der Blattwespenimagines abzuleiten. Bei den aculeaten Hymenopteren scheint das Fangen von Insekten, zunächst für die eigene Ernährung, zu den höheren Brutpflegeinstinkten geführt zu haben. In ähnlicher Weise könnte auch die Befriedigung des Ernährungstriebes bei Symphyten durch das Fressen anderer Insekten, besonders von deren weniger wehrhaften und schwächer beweglichen Larven oder Ruhestadien, angenehme Empfindungen ausgelöst haben, die in irgendwelche Beziehungen zum Eierlegetrieb kamen und weiter dazu führten, über den eigenen Bedarf hinaus Beute für die Brut zu fangen. Auf diesem Wege würden wir aber kaum zum Parasitismus gelangen, sondern zu Raubgewohnheiten, die mit denen aculeater Hymenopteren viele gemeinsame Züge haben müßten. Schwer vorstellbar ist es, die Nekrophagie als Ausgangspunkt anzunehmen. Wo wir sie in der Gruppe der Parasitica finden, ist sie entweder gegen Abschluß des Larvenlebens zu beobachten und dürfte nur in dieser Form eine ursprünglichere, leicht erklärliche Erscheinung darstellen; der Wirt stirbt infolge des Fraßes seines Schmarotzers. Oder aber das zur Larvenernährung dienende Tier ist von vornherein vergiftet worden. Die letztere Erscheinung findet sich nach den bisherigen Beobachtungen verhältnismäßig so selten und noch dazu bei Formen, wie cyclostomen Braconiden, die bereits als hochspezialisiert innerhalb der Parasiten anzusprechen sind, so daß diese Nekrophagie, die durch das Töten des Nährtieres durch das Weibchen der Schlupfwespe bedingt ist, zweifellos nicht ursprünglich sein kann. Aus der Tötung durch den Stich müßte sich die Paralysierung und schließlich die leichtere Vergiftung beim Einstich herleiten. So wahrscheinlich es ist, daß bei den Aculeaten die Tötung der Nährtiere den Paralysierungsgewohnheiten voranging und daß diese sich aus jener entwickelten, so unwahrscheinlich scheint dies für die biophagen Parasiten.

Im vorstehenden ist versucht worden, verschiedene Möglichkeiten kurz zu erörtern, wie sich der bei den Hymenopteren so weitverbreitete Parasitismus entwickelt haben könnte. Auf Vollständigkeit erheben diese Erörterungen keinen Anspruch. Die Anpassungsfähigkeit der Formen ist eine so große, daß Konvergenzerscheinungen überall zu erwarten sind. Was daher für einzelne Arten oder Gattungen zutrifft, kann in anderen Fällen auf andere Weise entstanden gedacht werden. Wir kommen in der Entstehungsgeschichte des Parasitismus vorläufig über Hypothesen und Vermutungen nicht hinaus.

Elftes Kapitel.

Staatenleben.

Wir haben im vorhergehenden bereits gelegentlich verschiedene Formen von Vergesellschaftungen kennen gelernt, die aber mit einem eigentlichen sozialen Leben nichts zu tun haben. So können sich an günstigen Nistplätzen, die seit langem von einer Art benutzt werden, oft sehr große Mengen von Nestern des gleichen solitären Hautflüglers dicht gedrängt beieinander finden. Besonders werden derartige Nistplätze dann immer wieder gern besiedelt werden, wenn es sich um widerstandsfähige Bauten handelt, die für erneute Benutzung nur geringfügige Wiederherstellungsarbeiten benötigen. Auch wenn geeignete Nistgelegenheiten spärlich sind, werden sich die betreffenden Arten an den wenigen Punkten konzentrieren. Auch bei Freibauten kommt es vor, daß mehrere Weibchen, vielleicht Schwestern, die in der nächsten Nähe der von ihnen gefundenen Nistgelegenheit selbst sich entwickelt haben, zwar getrennte Bauten anlegen, daß diese aber mit dem Größerwerden sich einander stark nähern. Werden die einzelnen Zellen des Komplexes dann schließlich mit einer weiteren Lehmdecke überkleidet, so können die Zellen mehrerer Weibchen schließlich unter einer gemeinsamen Hülle liegen, an deren Herstellung verschiedene Weibchen beteiligt sind (z. B. *Chalicodoma*-Arten, *Sceliphron*, *Eumenes canaliculatus* OL.). An starken Nistkolonien einer Art sind wiederholt Beobachtungen gemacht worden, daß Tiere, die einzeln nistend scheu sind, sobald sie in Massen auftreten, den Eindringling zu verscheuchen suchen (z. B. *Anthophora parietina* F,, *Andrena vaga* Pz., *Bembix*-Arten usw.). Dieser Fall kann als interessante Parallele zu der größeren Angriffslust stärkerer Völker staatenbildender Hymenopteren gegenüber individuenarmen hingestellt werden. Auf Überwinterungs- und Schlafgesellschaften wurde bereits an entsprechender Stelle hingewiesen. All diese Verhältnisse zeigen aber nichts anderes, als daß sich die betreffenden Tiere als Artgenossen kennen. Selbst in der gemeinsamen Abwehr und in den von G. und E. PECKHAM beobachteten gemeinsamen Jagdausflügen der *Bembix spinolae* LEP. sind keine Züge zu erkennen, die auf den Beginn eines Staatenlebens hinauslaufen würden. Jedes Weibchen sorgt getrennt für seine Brut und kümmert sich nicht um die der Nachbarin. Und gerade darin müßte der Anfang eines Staates gesehen werden, daß der „Brutegoismus" (LEGEWIE) herabgesetzt ist. Davon kann aber hier keinesfalls die Rede sein. Die gemeinsame Überwältigung eines besonders großen Wirtstieres, an dem die Larven mehrerer Weibchen und diese selbst ausreichende Nahrung finden, ist von BRIDWELL an *Sclerodermus immigrans* BRIDW.

nachgewiesen worden (vgl. Kapitel „Parasitismus"). Die Toleranz ist hier bemerkenswert, erstreckt sich aber auch auf die Brut anderer Arten. Selbst dann, wenn wir mehrere Weibchen in den gleichen Nistgang einschlüpfen sehen, brauchen dem noch keine sozialen Triebe zugrunde zu liegen (z. B. bei Osmien, *Megachile*, *Eucera*, *Macrocera*, *Panurgus*, *Andrena*, *Halictus*, *Stigmus americanus* Pack., *St. pendulus* Pz.). In solchen Fällen pflegt jedes Weibchen einen eigenen Zellbereich zu haben und lediglich diesen, der sich bei grabenden Formen auch meist an einem besonderen Seitengang befinden wird, zu versorgen. Ebenso muß man sich hüten, in dem Zusammenbleiben frisch geschlüpfter Individuen eines Nestes, das auch vorübergehend verlassen werden kann, irgendwelche Züge zu sehen, die auf Staatenbildung deuten sollen. Auch selbst dann, wenn mehrere Weibchen nicht bloß gelegentlich, sondern regelmäßig sich zum Nisten zusammenfinden, brauchen noch keine sozialen Instinkte aufzutreten. Als Beispiel hierfür glaube ich die Gruppen der Zethinae und Stenogastrinae (*Ischnogaster*), Unterfamilien der Faltenwespen, hinstellen zu können.

Während bei *Zethus mexicanus* L. entsprechend seiner Nistweise in Holzgängen stets nur ein einziges Weibchen am Bau tätig sein kann, findet man bei jenen Arten, die freihängende Nester aufführen, oft mehrere Weibchen und Männchen auf größeren Bauten vereinigt, In einem Falle beobachtete Ducke, wie zwei Weibchen dicht nebeneinander ihre Nester angelegt hatten, so daß diese schließlich miteinander verschmolzen. Während es sich in dem letzteren Falle um eine mehr zufällige Erscheinung handelt, die kaum anders bewertet werden kann, als die Anlage zahlreicher Grabnester auf günstigem Nistterrain, muß dem gemeinsamen Arbeiten doch eine etwas größere Bedeutung beigemessen werden. Offensichtlich handelt es sich hier um die Nachkommen des Weibchens, das gewissermaßen den Grundstock zu dem Neste gelegt hat. Man kann sich wohl vorstellen, daß die jungen Tiere in den leeren Zellen, die sie selbst verlassen haben, geeignete Schlupfwinkel kennenlernen, zu denen sie wieder zurückkehren. Auch Männchen ziehen sich dorthin zurück. Von dem vorhandenen Mutternest mag nun der Reiz ausgehen, an diesem weiterzubauen. Leider liegen über den entscheidenden Punkt, ob die jungen Weibchen lediglich für den eigenen Bedarf ihre Zellen aufführen, keine Beobachtungen vor. Denn erst dann kann man von einem Staatenleben sprechen, wenn über den egoistischen Bruttrieb hinaus ein Individuum für Zellbau und Brutpflege der anderen mitsorgt. Denkbar wäre es allerdings auch, daß noch jungfräuliche Weibchen am Mutternest bauend und brutversorgend tätig sind, während mit Eireife und Befruchtung ein dahingehender Umschlag eintritt, daß nunmehr das Weibchen lediglich für seine eigene Brut sorgt. Auch bei den indomalaiischen Stenogastrinen sind mehrere Weibchen am gleichen Nest von Williams auf den Philippinen beobachtet worden. Hier kommt bei manchen Formen, z. B. der *St. micans* var. *luzonensis*, noch eine gewisse Ähnlichkeit der Bauten mit denen höherer sozialer Wespen hinzu. Diese bestehen nämlich aus einer kleinen Wabe, die sich aus sechseckigen Zellen, hergestellt aus zerkautem Holz, zusammensetzt.

Die Zellwände sind, wie bei den Waben sozialer Wespen, nicht doppelt, d. h. also: jede Zelle wird in den einspringenden Winkel zwischen zwei oder drei vorhandenen eingebaut und es wird dadurch an Material gespart. Etwas Ähnliches kommt aber auch bei solitären Wespen dort vor, wo z. B. die Zelle auf einer Unterlage errichtet wird, wobei diese selbst als Zellwand funktioniert, oder dann, wenn eine normal freibauende Wespe eine natürliche Höhlung ausnutzt und diese lediglich durch einen Deckel verschließt. Das Ganze ist umgeben von einer papierartigen Hülle. Das hier vorkommende Verschließen der einzelnen Zellen durch die Wespe findet sich bei höheren sozialen Wespen nicht. Die nach unten gerichtete Zellöffnung und die entsprechende Lage der Larve bzw. Puppe sind zwar bei den meisten sozialen Wespen verbreitet, kommen aber auch manchen solitären Masariden zu. Auch die Wiederbenutzung der Zellen bei *Stenogaster* kann nicht als ein Kennzeichen sozialer Formen angesehen werden, sondern bedeutet lediglich eine Arbeitsersparnis der betreffenden Arten, die in den verschiedenen Familien aculeater Hymenopteren unabhängig voneinander erkannt wurde und entsprechend ausgenutzt wird. Die Fähigkeit, mehrere Larven gleichzeitig mit Futter zu versorgen, läßt auf höhere intellektuelle Fähigkeiten schließen, findet sich aber gleichfalls als seltene Ausnahme bei solitären Wespen, z. B. bei *Odynerus tropicalis* Sauss., wo Roubaud nachweisen konnte, wie dieser Instinkt in Verbindung mit der gegabelten Bauart des Nestes und der übrigen Brutpflege der Art entstanden ist. Für *Stenogaster* liegt nach den weitergehenden Beobachtungen Williams die Vermutung nahe, daß jedes Weibchen am Nest seinen eigenen Zellbereich hat und sich nicht um die Brut der anderen Nestgenossinnen kümmert. Damit würde auch *Stenogaster* nur unter jene Formen zu zählen sein, bei denen zwar eine Geselligkeit zu beobachten ist, der soziale Instinkt aber noch nicht in Erscheinung tritt. Diese soziale Betätigung liegt erst dann vor — ich schließe mich hier den Auseinandersetzungen Legewies an —, wenn „ein Tier für die Nachkommenschaft anderer Individuen und damit im Zusammenhange für die Imagines selbst" arbeitet. Es fragt sich nun, wie dieses Überwinden des Egoismus und damit die Grundlage des Staatenlebens zustandekommt. Früher glaubte man im Matriarchat, dem Zusammenleben von Mutter und Kindern, die ersten Anfänge des Insektenstaates zu sehen. Über ein derartiges Zusammenleben wurde bereits oben berichtet. Es ist dann zu beobachten, wenn die Arbeiten der Mutter am Nest sich über einen längeren Zeitraum erstrecken, als die Brut zur Entwicklung braucht. In diesem Falle lernt die Mutter ihre Kinder persönlich kennen, ein Fall, der unter den solitären Hymenopteren nur vereinzelt vorkommt. Damit ist aber noch keine Erklärung dafür gegeben, wie nun die Übernahme der Brutpflegearbeiten durch die Kinder erfolgt, während das Weibchen lediglich dem Eierlegegeschäft nachgeht. Daß andererseits dieses Mutter-Kind-Verhältnis durchaus keine Vorbedingung für das Staatenleben zu sein braucht, geht aus den zahlreichen Fällen hervor, in denen es in Insektenstaaten überhaupt nicht vorkommt. Für unsere einheimischen Hummeln und Wespen mag es zutreffen. Nicht jedoch gilt es für die polygynen, perennierenden Völker dieser Tiere in wärmeren Gegenden. Hier besteht der Staat auch ohne weiteres dann fort, wenn die Mutter nicht mehr vorhanden ist, da gleichzeitig eine ganze Reihe von Weibchen mit der Eiablage beschäftigt sein können. Auch bei der Honigbiene ist das Matriarchat nur eine vorübergehende Erscheinung. Nach Aussenden des Schwarmes, d. h. dem Abzug der alten Königin mit einem Teil ihrer eigenen Nachkommenschaft, setzt sich das Restvolk aus der neuen Königin und den zurückgebliebenen Arbeiterinnen, also Geschwistern, zusammen. Die in diesem Volk auftretenden neuen Arbeiterinnen sind dann zum Teil noch die Kinder der früheren Königin, später aber die der neuen und damit Nichten der älteren Arbeiterinnen. Bei denjenigen stachellosen Honigbienen (Meliponen), deren Weibchen unreif schlüpfen, besteht gegenüber der Gattung *Apis* insofern ein Unterschied, als hier nur die jungen Weibchen ausschwärmen können, da das alte Weibchen durch die Anschwellung des Hinterleibes flugunfähig ist. Noch ungeklärt sind die Verhältnisse bei den übrigen Meliponen, doch kann auch angenommen werden, daß die Sachlage hier eine ähnliche ist und daß die unbeholfenere alte Königin zurückbleiben wird. Wie dem auch sei, das Matriarchat wird hier auf jeden Fall durchbrochen. Im übrigen zeigt besonders die Honigbiene des Kaplandes nach den 1916 durch W.R. Jack bestätigten Beobachtungen Onions, daß hier die Königin an sich überflüssig ist, da die Arbeiterinnen selbst eine weibliche Nachkommenschaft hervorbringen können. Auch die Ameisenstaaten sind, wenn auch anfangs vielfach nach dem Prinzip des Matriarchats aufgebaut, später oft genug polygyn infolge von Adoption neuer Weibchen. Die Aufzucht von Ersatzweibchen nach Absterben des Weibchens ist sowohl bei Bienen aus jüngsten Larvenstadien wie bei Ameisen vermutlich aus älteren Larven (*Polyergus*) beobachtet und dürfte wohl auch bei *Vespa* vorkommen. Die auf diese Weise produzierte neue Nestmutter ist dann anfangs eine Schwester der vorhandenen Arbeiterinnen. In dem interessanten sozialen Verbande des *Halictus malachurus-longulus* konnte Legewie das Fehlen der Nestmutter feststellen, ohne daß sich das Völkchen deswegen auflöst oder zur Zucht einer Ersatzkönigin anschickt. Da unter Umständen auch aus Eiern, die parthenogenetisch von Arbeiterinnen gelegt werden (z. B. Kapbiene), neue Weibchen erzogen werden können, ist auch die Möglichkeit gegeben, daß die neue Königin eine Tochter ihrer ersten Arbeiterinnen ist. Vor allem ergibt sich aus diesen Tatsachen auch, daß die an der Honigbiene erkannte Dzierzonsche Regel, nach der sich die Männchen aus unbefruchteten, die weiblichen Wesen aber (Königin und Arbeiterinnen) aus befruchteten Eiern entwickeln, in keinen engeren Zusammenhang mit der Entstehung des Staatenlebens überhaupt gebracht werden kann. Im übrigen sind die Grundlagen der Dzierzonschen Regel durchaus nicht so sicher stehend, wie sie oft dargestellt werden. Diese Frage wird später noch näher zu erörtern sein. Das Auftreten der Männchen ist bei vielen sozialen Hymenopteren eine periodische Erscheinung, die durchaus nicht mit einer gewissen Willkür des Weibchens, das Geschlecht seiner Eier zu bestimmen, in Zusammenhang gebracht zu werden braucht. Die sogenannte Spermapumpe (Abb. 139), eine Vorrichtung zur Regulierung des Spermaaustritts aus dem Receptaculum seminis in den Ovidukt, soll willkürlich vom Weibchen abgeschlossen werden können, worauf dann das den Ovidukt passierende Ei unbefruchtet nach außen tritt. Man hat auch diese hypothetische Fähigkeit in Verbindung mit dem Staatenleben zu setzen gesucht. Aus der Fähigkeit, willkürlich das Geschlecht der Eier zu bestimmen, würde sich lediglich das Zahlenverhältnis des Geschlechts der Volksgenossen ergeben; auf die Entwicklung eines sozialen Instinkts hat dies keinen Einfluß, höchstens insofern als mit dem Verzögern des Erscheinens männlicher Geschlechtstiere eine Brunst der Weibchen nach v. BUTTEL-REEPEN vergehen könnte, diese also gewissermaßen als alte Jungfern im Nest verbleiben. Demgegenüber weist jedoch LEGEWIE mit Recht darauf hin, „daß Arbeiter und Hilfsweibchen in ihrer weitaus größten Mehrzahl aus sich selbst heraus gar nicht zu einer Begattung neigen“ und auch in perennierenden Wespen- und Hummelstaaten trotz vorhandener Männchen kaum zur Paarung gelangen. „Wenn sie ausnahmsweise befruchtet werden sollten, leben sie ihrer Bestimmung dennoch getreu, helfen und arbeiten zum Wohl des Staatsganzen mit den anderen.“ Für die Ausbildung des sozialen Instinkts sind andere Grundlagen zu suchen, und ich schließe mich hierbei den Ansichten LEGEWIEs an. Jene Individuen, die die Brutpflege übernehmen, sind Weibchen, bei denen die Keimdrüsen infolge einer Unterernährung nicht zur vollen Ausbildung gelangten und dementsprechend der Fortpflanzungstrieb nicht zu voller Entfaltung kommt. „Die Kinder helfen der Mutter, weil bei ihnen kraft geringerer Ausbildung des Fortpflanzungstriebes die innige Verbindung von eigener Nachkommenschaft und Selbstverrichtung von Brutpflegearbeiten nur für dieselbe fehlt oder doch wenigstens gelockert ist.“ Einen Brutegoismus, wie er für das normale Weibchen, mag es nun befruchtet oder unbefruchtet zur Eiablage schreiten und seine übrigen Brutpflegetätigkeiten ausüben, charakteristisch ist, fällt für diese in bezug auf die Entwicklung des Geschlechtsapparats verkümmerten Weibchen fort. Gleichzeitig muß aber noch eine andere Vorbedingung für die Möglichkeit gemeinsamer Arbeit vorhanden sein. Die Brutpflegetätigkeiten des normalen Weibchens verlaufen in ganz bestimmten Bahnen. Die zeitliche Aufeinanderfolge ist scharf festgelegt. Wir sahen, wie je nach den Familien, Gattungen oder selbst Arten die Reihenfolge: Zellenbau, Beschaffung der Larvennahrung, Eiablage konstant ist. Gewisse Faktoren, wie künstliche Eingriffe, aber auch z. B. klimatische Verhältnisse, können vorübergehend allerdings schon hier eine Abweichung von der Norm mit sich bringen. Für die Tätigkeiten der Arbeiterinnen darf nun eine derartige Verkettung nicht bestehen. Jedes Individuum muß da anfangen können, wo ein anderes aufhörte. Die Arbeiten als solche in ihrer Gesamtheit betrachtet sind jedoch die gleichen. Durch den Fortfall der starken Hemmung — Brutversorgung nur eigener Larven (bedingt durch den normal ausgebildeten Geschlechtsapparat) — vermag das Gehirn leichter und schneller zu arbeiten, vermögen sich neue ‚Gehirnbahnen‘ zu bilden, mit den alten zu verknüpfen usw.“ Auch die erst im sozialen Verbande auftretenden, nicht aus der solitären Lebensweise her übernommenen Fähigkeiten sind erst in Verbindung mit der Reduktion der Keimdrüsen möglich. „Das Soziale am ‚sozialen Instinkt‘ liegt letzten Endes nicht im Gehirn, sondern am reduzierten Geschlechtsapparat; es nimmt den Arbeiten den Charakter des ‚Egoistischen‘, korrigiert und schafft neue Tätigkeiten in steter Anpassung an das Staatsganze, das ausschließlich auf Schutz und Pflege einer möglichst großen Nachkommenzahl eingestellt ist.“

Im folgenden sollen nun die einzelnen Hymenopterenstaaten in ihren charakteristischen Zügen besprochen werden. Vorausgeschickt sei aber ein abnormer Fall, den Roubaud an *Eumenes maxillosus* Deg. beobachtete und der zeigen soll, wie auch gelegentlich bei Solitären eine Arbeitsteilung als Instinktaberration auftreten kann, die an das Leben im sozialen Verbande erinnert. Unter ungünstigen Verhältnissen kommt es häufig vor, daß bei der Schwierigkeit der Brutversorgung einzelne Weibchen ihre Eier in die noch nicht abgeschlossenen Zellen eines anderen Individuums hineinhängen. Unter dem Druck des starken Legetriebes werden diese Weibchen gewissermaßen zu Parasiten. Da jedoch stets nur ein Ei in jeder Zelle zur Entwicklung gelangt, das aber bereits in der Zelle rechtmäßig vorhandene Ei — es wird vor der Nahrungsbeschaffung darin untergebracht — einen kleinen Entwicklungsvorsprung haben dürfte, ist die Entwicklung des eingeschmuggelten Eies von vornherein gefährdet. Selbst von dem gleichen Weibchen können mehrere Eier in ein und derselben Zelle abgesetzt werden. Aber auch nach einer anderen Richtung können in der ungünstigen Jahreszeit Abänderungen des Brutpflegeinstinktes auftreten. So wurde an der gleichen Art ein auffällig starker Bautrieb, der auch zur Aufführung besonders starker Nestwände führt, beobachtet. In einem anderen Falle fand Roubaud zwei Exemplare von *Eumenes maxillosus* an zwei benachbarten Nestern. Beide Weibchen flogen sowohl zu dem einen wie zu dem anderen Bau. Die eine der beiden Wespen zeigte einen überaus starken Bau- und Nahrungsbeschaffungstrieb, so daß sie sich lediglich darauf beschränkte, an den Zellen zu bauen und Futter herbeizuholen. Zur Eiablage schritt dieses Weibchen jedoch nicht. Diese wurde dafür von dem anderen Weibchen ausgeübt, das seine Eier in den von dem anderen Weibchen erbauten Zellen unterbrachte, eine Erscheinung, die nach den bei dieser Art vorkommenden parasitären Gewohnheiten leicht verständlich ist. Auf Störungen an den Zellen reagierte das eierlegende Weibchen. Es entfernte, wie es sonst die normale Mutter tut, den Inhalt aus der verletzten Zelle. Warum die echte Nestmutter und bauende Wespe nicht zur Eiablage schritt, ist unklar. Es ist nicht ausgeschlossen, daß dieses Weibchen physisch an der Eiablage verhindert war. Über den Zustand der Keimdrüsen liegen leider keine Untersuchungen vor. Denkbar wäre auch eine Periodizität des Legetriebes mit einem davon unabhängigen Brutversorgungstrieb. Doch muß es sich dann ebenfalls um eine abnorme Erscheinung handeln, da bei normalen Wespen Zellbau, Eiablage und Nahrungsbeschaffung in dieser Reihenfolge scharf fixiert sind.

Unter den sozialen Wespen stellt die Gattung *Belonogaster*, von der die häufige Art *B. juncea* F. durch ROUBAUD eingehend untersucht wurde, einen recht primitiven Typ dar. Eine besondere Kaste von Arbeiterinnen ist nicht vorhanden. Wohl sind gleichzeitig große und kleine weibliche Individuen im Nest. Aber, wie anatomische Untersuchungen, besonders auch das Vorhandensein von Sperma im Receptaculum seminis, beweisen, können sämtliche Weibchen befruchtet werden, Gleichwohl steht auch hier die soziale Betätigung mit dem Zustand der Keimdrüsen in Verbindung. Die jungen Weibchen bleiben in den ersten acht Tagen im Nest und verteilen dort die Nahrung an die Larven, säubern auch die Zellen, aus denen die Wespen geschlüpft sind und schaffen Regentropfen hinaus, indem sie diese wie die älteren Weibchen auflecken und dann auswerfen. Am Bauen der Zellen, sowie an dem Herbeischaffen des dazu nötigen Materials und des Larvenfutters beteiligen sie sich jedoch nicht. Dies ist vielmehr die Aufgabe der älteren Weibchen, die bereits selbst Eier legen können. Unter Umständen, wenn relativ viel Arbeit zu leisten ist, wie dies besonders in schwachen Nestern vorkommt, kann die Eiablage stark verzögert werden. So sah ROUBAUD, wie die einzige Tochter einer Nestmutter, obwohl befruchtet, noch nach mehr als einem Monat kein reifes Ei enthielt. Diese einzige Hilfskraft des Weibchens war so sehr durch die Arbeiten in Anspruch genommen, daß darunter die Entwicklung der Eier zu leiden schien. Wie eng aber doch die Beziehungen zwischen den unreifen und den reifen Weibchen sind, geht daraus hervor, daß, wenn die letzteren, denen die Beschaffung der nötigen Materialien obliegt, entfernt werden, die jungen Weibchen allein nicht in der Lage sind, das Nest weiter zu unterhalten. Sie zerren dann die Larven aus ihren Zellen heraus und verspeisen diese für sich.

Das Bestreben der älteren Weibchen geht offensichtlich dahin, für ihre eigene Brut zu sorgen. Sie werden jedoch dieser Arbeit durch die jungen Nestweibchen enthoben, da diese den Futterballen abnehmen, ihn weiter verarbeiten und unter sich sowie an die Brut verteilen. Erst durch die unreifen Weibchen ist hier ein sozialer Verband möglich, da die Tätigkeiten der älteren Weibchen nicht über den Rahmen der Brutpflegearbeiten solitärer Wespen hinausgehen, allerdings mit dem Unterschiede, daß ein gewisser Geselligkeitstrieb hinzukommt, der das gemeinsame Nisten mit sich bringt. Nur die jungen Weibchen sorgen für die Brut der anderen. Die Rolle der anfangs im Nest verbleibenden Männchen ist die von Futterparasiten. Auch sie nehmen Futterballen entgegen (4—5 Tage), verbrauchen diese aber für den eigenen Bedarf, so daß bei starker Produktion von Männchen die Brutversorgung gefährdet wird. Den Nachweis, daß tatsächlich eine Anzahl von Weibchen an der Eiablage teilnehmen, konnte ROUBAUD dadurch erbringen, daß er die Entwicklung von Völkern von Anfang an verfolgte. In einem Nest, das von einem einzigen Weibchen gegründet war, befanden sich nach etwa einem Monat sieben Eier und Larven, in zwei anderen, an denen vier (bzw. sieben) Gründerinnen beteiligt waren, nach der gleichen Zeit 36 (bzw. 65) Eier und Larven. Daraus geht weiter hervor, daß die gemeinsame Nestgründung von gleichwertigen Weibchen ausgeführt wird, daß es sich also dabei nicht um eine eigentliche Schwarmbildung handelt. Anlage eines neuen Nestes durch ein einzelnes Weibchen ist verhältnismäßig selten. Gewöhnlich erfolgen die Neugründungen, wenn die Bevölkerung des Stammnestes sich stark vermehrt hat. Jedenfalls sind es Gründe, die mit der Bautechnik zusammenhängen und die ein weiteres Anwachsen des Nestes nicht zulassen. Das Stammnest ist dann häufig das Ziel der ausgezogenen Wespen, die plündernd darüber herfallen, um sich Nistmaterial (Holzfasern) und Futter in Gestalt von herausgerissenen Larven zu holen. Damit ist das Schicksal des alten Nestes besiegelt, und dieses wird nach und nach ganz verlassen. Es scheint übrigens, daß an einer Neugründung nicht bloß Weibchen des gleichen Volkes teilnehmen. In einem Falle gesellte sich zu einem Weibchen, das bisher isoliert drei Wochen gearbeitet hatte, ein zweites, das aber nicht ohne weiteres zuflog, sondern sich zunächst einen Tag lang in der Nähe aufhielt, später aber geduldet wurde. Als nach erfolgter Adoption die Nestmutter — Eier waren noch nicht vorhanden — entfernt wurde, übernahm das zweite Weibchen die Nestanlage für sich.

Bei den höheren Epiponinen, den hauptsächlich in Südamerika vorkommenden zahlreichen Gattungen, erfährt das Staatenleben dadurch eine weitere Vervollkommnung, daß eine besondere Arbeiterinnenkaste zu unterscheiden ist. Hier haben wir neben normalen, reproduktionsfähigen Weibchen zahlreiche kleinere Individuen, die wohl auch eine entsprechend schwächere Ovarialanlage besitzen. Mögen sie auch noch Eier ablegen können, so wird dies Geschäft doch in der Hauptsache von den größeren Weibchen übernommen, während die kleineren sich in erster Linie mit der Bautätigkeit und dem Beschaffen der Nahrung befassen. Manche Arten sammeln Vorräte (Honig) ein; bei anderen hat man Geschlechtstiere von Ameisen und Termiten als animalische Reservenahrung an der Hülle und in den Waben aufgestapelt gefunden. Die Mannigfaltigkeit der Bauten ist hier eine außerordentlich große. Neben den einfachen stelocyttaren Nestern von *Belonogaster* sehen wir die höchst komplizierten phragmocyttaren Bauten. Günstige klimatische Verhältnisse lassen perennierende Völker in Nestern aus widerstandsfähigem Pappmaterial zustande kommen. Polygynie, zahlreiche eierlegende Weibchen im gleichen Volk, ist eine häufige Erscheinung, die hier bei der Überproduktion zur Neugründung von Völkern durch Schwarmbildung führt. Ein einzelnes oder eine Anzahl von Weibchen verlassen in Begleitung von Arbeiterinnen das Stammnest, um ein neues Volk zu bilden. In den Schwärmen sind teilweise auch Männchen beobachtet worden. Ob die Weibchen in solchen Schwärmen noch jungfräulich oder bereits befruchtet sind, scheint noch nicht bekannt zu sein. Die von Anfang an zur Verfügung stehenden Hilfskräfte ermöglichen es, in kurzer Zeit bereits einen ansehnlichen Bau herzustellen, der den Weibchen Gelegenheit zur Unterbringung ihrer Eier gibt. Gelegentlich soll auf Störungen ein Auswandern des ganzen Volkes erfolgen; eine Erscheinung, die mit dem Schwärmen als einer Form der Vermehrung nichts zu tun hat. Ob bei Arten, die normalerweise Schwärme entsenden, auch das isolierte Weibchen zur Volksgründung fähig ist, ist noch unbekannt. Ist auch die einseitig differenzierte Honigbienenkönigin dazu nicht mehr in der Lage, so sind diese Wespenweibchen noch mit ihren normalen Fähigkeiten ausgestattet. Ein sicherer Beweis hierfür dürfte am ehesten zu erbringen sein, wenn Nestanfänge bzw. Zwergnester gefunden werden, aus denen hervorgeht, daß sie das Produkt eines einzigen Weibchens sind. ARMBRUSTER vermutet in einem kleinen Lehmnest einer *Polybia* wenigstens teilweise das Produkt eines einzelnen Weibchens. Meiner Ansicht nach kann es auch von einem kleinen Schwarm begonnen sein. Wenigstens ist die stelozytare Bauweise der ersten Wabe gegenüber dem weiteren phragmozytaren Bau kein Beweis, da auch an anderen Nestern der gleichen Art die Urwabe deutlich gewölbte Zellböden besitzt. Der Bau scheint also in der Art zu erfolgen, daß zunächst eine kleine freie Wabe, dann aber die glockenförmige, unten geschlossene Hülle darum errichtet wird, auf deren unterer Fläche nun erst der phragmozyttare Bautyp zur Anwendung kommen kann.

In der Unterfamilie der Ropalidiinen findet sich, ebenso wie bei den Polistinen und Vespinen, ausschließlich eine rein stelozyttare Nistweise, wobei die beiden erstgenannten stets hüllenlose, die Vespinen aber wenigstens ursprünglich mit Hülle versehene (kalyptodome) Bauten aufführen und die Hülle nur gelegentlich in Fortfall kommt. Bei den Vespinen ist stets eine scharf ausgeprägte Arbeiterinnenkaste vorhanden, die sich indessen nur durch die geringere Größe und herabgesetzte Reproduktionsfähigkeit von dem Weibchen unterscheidet. Monogynie, also Vorhandensein eines einzigen normalen, eierlegenden Weibchens, bildet die Regel. Auch bei *Ropalidia* und *Polistes* sind kleinere Arbeiter vorhanden, die jedoch bei den ersteren gegenüber den echten Weibchen in der Minderheit sein sollen, so daß hier regelmäßig Polygynie vorzukommen scheint. In der Gattung *Polistes* bereitet bei unseren einheimischen Arten eine äußere Unterscheidung von Weibchen und Arbeiterinnen vielfach Schwierigkeiten, da die Grenzen nicht scharf zu ziehen sind. Es sind daher Untersuchungen über die Ausbildung der Keimdrüsen dringend nötig. Auch hier sind manche tropische Formen, z. B. *P. marginalis* F., polygyn; die Neugründungen erfolgen dort unter Schwarmbildung. Bei den süd merikanischen *Polistes* vermutet v. IHERING dagegen Monogynie.

Im übrigen kommt Polygynie als abnorme Erscheinung gelegentlich bei normal monogynen Arten vor. So sind wiederholt mehrere *Polistes*-Weibchen gemeinsam bei der Anlage eines neuen Nestes bei uns beobachtet worden, wobei es sich um Individuen handeln dürfte, die als Abkömmlinge des gleichen Stammnestes gemeinsam überwintert haben. JANET sah einmal, wie ein Hornissenweibchen sich auf einer fremden Hornissenwabe niederließ und dort ohne weiteres von den frisch geschlüpften Arbeiterinnen geduldet wurde. Derartige Fälle scheinen darauf hinzuweisen, daß ein gewisser Vergesellschaftungstrieb, der an sich nur wenig mit dem Staatenleben zu tun hat, bei Vespiden eine größere Verbreitung besitzt. Schließlich besteht auch in der Vermehrung der Völker durch Schwarmbildung und der durch das einzelne Weibchen kein prinzipieller Unterschied. Einerseits sehen wir, wie bei polygynen Formen, z. B. *Belonogaster*, sehr wohl noch eine Neugründung durch ein isoliertes Weibchen erfolgen kann. Andererseits ist auch die Auflösung des Volkes, wie wir sie bei *Vespa* im Herbste beobachten, ein Schwarmakt unter ungünstigen Verhältnissen, wobei die Arbeiterinnnen sich nicht zur Überwinterung anschicken, während die Weibchen überwintern und dann im Frühjahr isoliert sind. Bei den vorhandenen Übergängen zwischen Poly- und Monogynie ergibt sich die Frage nach der Ursprünglichkeit der einen oder der anderen Staatsform bei den Faltenwespen. Widersprüche, die sich bei der Beantwortung dieser Frage finden, gehen darauf zurück, daß man zwei verschiedene Formen der Polygynie miteinander vermengt, eine primäre Form, die im Laufe der Entwicklung des Volkes zustande kommt, und eine sekundäre, die durch die Art der Nestgründung bedingt ist. Was zunächst die erstere betrifft, so schließt sie als Grundproblem die Entstehung der sozial tätigen Formen in sich. Hierbei geben meines Erachtens die für *Belonogaster* dargelegten Verhältnisse die wichtigsten Grundlagen. Die Nachkommenschaft der Nestmutter besteht aus normalen Geschlechtstieren, wie wir es bei den solitären Vorfahren auch erwarten müssen. Sämtliche Weibchen können befruchtet werden. Aber die jungen, noch nicht zur Eiablage fähigen Tiere bleiben im Nest zurück. Der Grund hierfür ist wohl darin zu suchen, daß der Trieb zur Nahrungsbeschaffung und zum Herbeiholen von Baumaterial erst mit der Eireife erwacht. In dieser bei *Belonogaster juncea* F. etwa eine Woche beanspruchenden Zwischenzeit fehlt also den jungen Weibchen der Brutegoismus. In diesem indifferenten Stadium ist von den Brutpflegetätigkeiten nur der Fütterungstrieb ausgebildet, der durch die von den Wespen gern angenommenen Sekrete der Larven als Gegenleistung gefördert werden könnte. Später werden auch die anfangs sich lediglich der Fütterung widmenden Individuen zu Müttern, die dann selbständig bauen, Eier legen und Nahrung von außen herbeiholen. Daß hierbei gerade das mütterliche Nest als Ort der weiteren Brutpflege gewählt wird, mag darauf zurückgeführt werden, daß die Wespen während ihres unreifen Stadiums den Platz als solchen bereits genauer kennengelernt haben und mit dem Nestgeruch vertraut sind. Auch die Trophallaxis kann dabei vielleicht eine Rolle spielen. So sehen wir denn in diesem primitiven Staatswesen bereits eine periodische Arbeitsteilung bei Anwesenheit mehrerer befruchteter Weibchen, also eine polygyne Staatsform. In Zeiten der Not kann aber infolge eigener schlechter Ernährung während der Entwicklung die Ausbildung der Keimdrüsen verzögert werden, daß derartige Weibchen über eine weit längere Zeitspanne keinen Eierlegetrieb und damit auch keinen Brutegoismus erkennen lassen. Wohl treten außer der Futterverteilung auch nunmehr die Instinkte, Nahrung und Nistmaterial herbeizuholen, auf; aber nicht in Verbindung mit dem Vorhandensein eigener Brut. Die Tätigkeitskette ist also aufgelöst. Hier haben wir also bereits den Anfang zur Entwicklung der Arbeiterinnen. Anfangs ergibt die Nachkommenschaft eines einzelnen *Belonogaster*-Weibchens ein polygynes Volk, dessen Ausdehnung allerdings durch die Zunahme der Individuenzahl in Verbindung mit der Bautechnik bald die Grenze gezogen ist, so daß eine Auflösung erfolgen muß. Die Ausbildung einer besonderen

Arbeiterkaste, bedingt durch abweichende Ernährung, stellt dann einen weiteren Schritt dar. Mögen die reduzierten Weibchen anfangs in der Minderheit gewesen sein, so führt die Spezialisierung schließlich bei *Vespa* dazu, daß nur noch perodisch, bei uns im Herbst, zur Aufzucht einer größeren Zahl von Geschlechtstieren geschritten werden kann. Die primäre Polygynie findet sich in einem einfachen Familienverband, der seinen Zusammenhalt durch die geschlechtlich reduzierten Weibchen erhält.

Jene zweite Form der Polygynie, die auf gemeinsame Nestgründung durch mehrere Weibchen zurückgeht, scheint dagegen erst eine sekundäre Erscheinung zu sein. Hier wird eine weitere Unterteilung nötig, die sich auf die Zusammensetzung der Volksgründerinnen bezieht. Ihrer Herkunft nach können diese Individuen aus dem gleichen Stammnest hervorgegangen sein. Dies dürfte das Normale, die Adoption eines aus einem anderen Neste kommenden Weibchens dagegen eine abnorme Erscheinung sein. Der letztere Fall ist für die phylogenetische Entwicklung des Staatenlebens ohne Belang. Von Wichtigkeit ist es dagegen, ob die zur Gründung eines neuen Volkes ausschwärmenden Wespen geschlechtsreife Weibchen sind oder ob es sich um ein einzelnes bzw. mehrere Weibchen in Verbindung mit Arbeiterinnen handelt. Die Vereinigung mehrerer geschlechtsreifer Weibchen ist sicher für *Belonogaster juncea* durch ROUBAUD erwiesen. Ein eigentlicher sozialer Instinkt kommt hierbei nicht in Betracht, um so weniger, als auch das einzelne Weibchen für sich in der Lage ist, ein neues Volk zu gründen. Auch in jenen Fällen, in denen die Arbeiterinnen gegenüber den normalen Weibchen in der Minderheit sind, wie bei *Ropalidia* und manchen polygynen *Polistes*, wird der Schwarm wenigstens vorzugsweise aus echten Weibchen gebildet werden. Wieweit diese noch in der Lage sind, isoliert einen neuen Staat ins Leben zu rufen, ist nicht bekannt; doch lassen die monogynen *Polistes*-Arten deutlich erkennen, daß es bei nächstverwandten Formen noch möglich ist. Immerhin sehen wir aber, wie auch bei einheimischen *Polistes*-Arten unter Umständen mehrere Weibchen sich zu gemeinsamer Arbeit zusammenfinden. Leider liegen keine Beobachtungen darüber vor, ob die Polygynie von Dauer ist, und ob die Weibchen gegenseitig die Brut versorgen, oder ob sich jedes für sich nur um die eigene Nachkommenschaft bekümmert. Ziehen mit einem Schwarm sowohl Weibchen wie Arbeiterinnen ab, so ist es hierbei kaum von Bedeutung, ob die betreffenden Arbeiterinnen etwa Kinder der ausschwärmenden Weibchen sind. Der gemeinsame Nestgeruch kann in solchem Falle das Kriterium der Zusammengehörigkeit sein. Nach unseren bisherigen Kenntnissen scheint bei den sozialen Wespen die Abhängigkeit der Weibchen infolge einseitiger Differenzierung zu Eierlege-Individuen aber nirgends so weit vorgeschritten zu sein, wie wir dies später bei der Honigbiene kennenlernen werden. Selbst bei *Vespa*, wo die Kastenspezialisierung eine scharfe Scheidung von Weibchen und Arbeiterinnen ermöglicht, ist das Weibchen bei der Nestgründung völlig von Arbeiterinnen unabhängig. Und es liegt kein Grund vor, dies nicht auch für andere soziale Faltenwespen anzunehmen, In derartigen Völkern, die mehreren Weibchen ihre Entstehung verdanken, ist naturgemäß von vornherein eine Polygynie zu beobachten, die aber in der Staatenentwicklung selbst eine sekundäre Erscheinung darstellt. Die Ablegerbildung ist sicherlich ein komplizierterer Vorgang als der nach Art der Solitären erfolgende Nestbeginn eines einzelnen Weibchens.

Die Differenzierung der Arbeiterinnenkaste geschieht auf Kosten der Geschlechtstiere. Offensichtlich wird aber die Vermehrungsmöglichkeit durch Produktion von Geschlechtstieren dadurch auch für ungünstigere Zeiten sichergestellt. Die Entwicklung der reduzierten Weibchen erscheint danach zunächst durch schwierigere Lebensverhältnisse bedingt, späterhin aber fixiert worden zu sein. Man kann daher annehmen, daß polygyne Völker sich unter gleichmäßig günstigen klimatischen Bedingungen in Verbindung mit der Möglichkeit, stets hinreichende Nahrungsmengen beschaffen zu können, halten und zu perennierenden Staaten entwickeln konnten. Gleichwohl sehen wir aber, wie unter ebenfalls günstigen Bedingungen *Polistes*-Arten monogyn sind, d. h. die Produktion von Geschlechtstieren auf einen bestimmten Zeitpunkt zusammendrängen. Immerhin ist es auch nicht ausgeschlossen, daß die Periodizität in der Erzeugung von Geschlechtstieren unter anderen klimatischen Verhältnissen erworben und dann beibehalten wurde.

Einen besonderen Einfluß auf die Entwicklung des Staatenlebens soll die Trophallaxis ausgeübt haben und nach manchen Autoren sogar die Grundlage des sozialen Verbandes überhaupt bilden. Namentlich ROUBAUD, der diese Erscheinung als Ökotrophobiose bezeichnet, hat sich eingehend damit befaßt, das Zustandekommen des Wespenstaates darauf zurückzuführen. Bei sämtlichen höheren Wespen sind die Larven dazu fähig, ein aus den Speicheldrüsen stammendes Sekret in Tropfenform an der Unterlippe auszuscheiden, das von den Imagines sehr gern aufgesogen wird. Während einerseits die hungrige Wespenlarve unter Bewegungen des vorgestreckten Kopfes oder durch kratzende Bewegungen an den Zellwänden ihr Futter fordert, trachten die Wespen selbst danach, sich den Sekrettropfen, wenn er ihnen nicht ohne weiteres gewährt wird, zu verschaffen. Dabei macht sich z. B. bei *Belonogaster* die Erregung durch die zitternden Flügelbewegungen des Tieres bemerkbar. Erfolgt die Abgabe nicht, so ergreift die Wespe den Kopf der Larve mit den Mandibeln, zerrt ihn etwas hin und her und stößt ihn dann wieder zurück, worauf die Flüssigkeit hervortritt. Die stärkere Entwicklung der Speicheldrüsen glaubt ROUBAUD darauf zurückführen zu können, daß den Larven mit der Darbietung besonders präparierter Kost, wie sie in der Reihe der Solitären zuerst bei *Synagris* vorkommt, ein Futter gereicht wird, das nicht mehr alle Säfte enthält, die in den den niederen Formen gebotenen Nährtieren vorhanden sind. Für die Wespen bedeutet das wohl als Genußmittel anzusehende Larvensekret eine Anregung zur Fütterung und zur Aufzucht einer möglichst großen Zahl von Larven. Außerdem aber hält es das Volk zusammen. Auf der anderen Seite werden durch die Schleckerei der Wespen den Larven Körpersäfte entzogen, was nun eine verstärkte Nahrungszuführung erfordert. Hält diese mit der Entziehung nicht Schritt, so entstehen die reduzierten Weibchen. Es wäre zunächst wünschenswert, die Beobachtung speziell darauf zu richten, wie sich die Larven der Männchen und normaler Weibchen in dieser Beziehung verhalten. Meines Erachtens darf man aber die Bedeutung der Trophallaxis, des Nahrungsaustausches zwischen Larve und Imago, auch nicht überschätzen. In der Reihe der sozialen Bienen kommt sie überhaupt nicht vor, findet sich allerdings wieder bei den Ameisen. Ob sie den entwicklungshemmenden Einfluß wirklich ausübt, ist nicht erwiesen. Ein einfaches Experiment könnte Klarheit schaffen. Man müßte etwa bei *Vespa*-Larven, die in großen Weibchenzellen liegen, durch häufiges Reizen die prompt erfolgende Sekretion veranlassen und den Tropfen mit Fließpapier aufsaugen. Äußert sich die Säfteentziehung nicht in der Reduktion der Keimdrüsen, dann kommt ihr auch keine direkte Bedeutung für die Entstehung des Staatenlebens zu. Besondere im Dienste des Nahrungsaustausches stehende Organe finden sich bei manchen Ameisenlarven, z. B. bei *Pseudomyrma*. (Abb. 45). Am 1. Abdominalsternit ist eine Tasche, der Trophothylax, ausgebildet, in die die fütternde Ameise den Inhalt ihrer Infrabukkaltasche hineinlegt. Außerdem haben die betreffenden Larven ventrolateral an den Thoraxsegmenten und am 1. Abdominalsegmente zapfenförmige Anhangsgebilde, die als Exsudatorgane funktionieren. In anderen Fällen werden Produkte der Speicheldrüsen seitens der Larven abgegeben. Es ist nach WHEELER auch nicht ausgeschlossen, daß das häufige Belecken der Ameisenlarven auf Sekrete zurückzuführen ist, die an der ganzen Körperoberfläche ausgeschieden werden, so daß also dieser Brutpflegeform egoistische Motive zugrunde liegen.

Die einfachsten sozialen Verbände unter den Bienen treffen wir nach den Untersuchungen LEGEWIES und STÖCKHERTS in der Gattung *Halictus*, und zwar bei *H. malachurus*. Während diese Biene in Norddeutschland nur in einer Generation fliegt und sich in dieser wie andere normale solitäre Bienen verhält, kommen schon in Mitteldeutschland drei Generationen vor, von denen die erste keine Abweichungen von der Norm zeigt. Die Nachkommen des im Herbst befruchteten Weibchens der ersten Generation sind ausschließlich Weibchen, die sich unter dem Einfluß knapper Ernährung in ihrer Körpergröße reduziert zeigen und auch einige weitere geringfügige Abweichungen aufweisen, die als Generationsdimorphismus aufgefaßt werden müssen und die vor dem erkannten Zusammenhang diesen Individuen einen eigenen Artnamen (*H. longulus* SM.) verschafft haben. Die dritte Generation gleicht der zweiten. Bemerkenswert sind auch die Geschlechtsverhältnisse. Aus den unbefruchteten Eiern der zweiten Generation ergeben sich wiederum ausschließlich Weibchen, deren parthenogenetisch erzeugte Nachkommen Männchen und Weibchen liefern. Sowohl die zweite wie die dritte Generation bleiben im Mutternest und bauen dieses weiter aus. Aus den LEGEWIEschen Beobachtungen geht nun folgendes hervor: „1. Jedes Tier in einem Nest verrichtet sämtliche Arbeiten; 2. mehrere Weibchen verrichten ohne Rücksicht auf eigene Nachkommenschaft gemeinsame Arbeit an einer Brutkammer; 3. bei größerer Anzahl von arbeitsfähigen Tieren finden wir außer dieser gemeinschaftlichen Arbeitsverrichtung eine ausgesprochene Arbeitsteilung: die wichtigsten einander ergänzenden Arbeiten werden von mehreren Tieren gleichzeitig verrichtet.“ Die Reduktion der Weibchen der zweiten und dritten Generation geht hier zweifellos auf die Quantität der Nahrung zurück, wie zahlreiche Messungen an den von der ersten und zweiten Generation aufgestapelten Futterballen ergaben. Die Reduktion der Geschlechtsdrüsen ist der Körpergröße etwa proportional. Erst die Anfertigung größerer Futterballen in der dritten Generation ermöglicht die Entstehung der größeren Tiere (Männchen und Weibchen), deren Weibchen dann als erste Generation anzusehen sind. Mit der Reduktion der Keimdrüsen ergibt sich das Aufhören des Brutegoismus und das Auftreten des sozialen Instinkts. Da die reduzierten Weibchen gleichwohl zur Eiablage fähig sind und die Weibchen-ergebenden Eier sich hier auch parthenogenetisch entwickeln können, ist eine verlängerte Lebensdauer der Stammutter nicht nötig. Auch in der Gattung *Allodape* dürften nach den interessanten Beobachtungen von Brauns (nach Wheeler) in Südafrika soziale Verbände vermutet werden. Im primitiven *Allodape*-Nest legt das Weibchen im Nistgang einen Futterballen an, legt das Ei daran, stellt einen zweiten Futterballen her usw. Trennende Querwände fehlen. Die Larven besitzen, wie die der höheren Formen mit komplizierterer Brutpflege, die bereits oben erwähnten Pseudopodien. Als Exsudatorgane kommen diese nicht in Betracht, da die Mutter mit ihrer Brut nicht in Berührung kommt; sie werden also nur als Klammerapparate dienen. Auf einer zweiten Stufe werden die Eier in einer halben Spiralwindung an die Nestwand etwa in der Mitte des Ganges geheftet. Die ausgeschlüpften Larven halten sich mit den Pseudopodien an den Wänden fest und kehren den Kopf dem Nesteingang zu. Sie befinden sich auf gleicher Höhe, so daß ihnen das Futter gemeinsam vorgelegt werden kann. Später, zur Verpuppung, gruppieren sich die Larven hintereinander. Auch hier ist das Weibchen allein tätig. Auf einer dritten Stufe werden die Larven, die sich aus den am Grunde des Ganges niedergelegten Eiern entwickeln, einzeln gefüttert. Die Larve umklammert dabei das Futter mit den Pseudopodien. Anfangs wird die Brutpflege von der Mutter allein ausgeführt, später helfen ihr dabei die Töchter. Leider erstrecken sich diese Beobachtungen nicht darauf, wieweit hierbei diese zweite Generation eventuell für eigene Brut sorgt und ob es sich um normale legereife Weibchen oder in der Keimdrüsenentwicklung gehemmte Individuen handelt. Doch ist es bei der komplizierten Brutpflege naheliegend, anzunehmen, daß die ersten Nachkommen noch nicht auf der Höhe der Entwicklung stehen.

Die Hummeln der gemäßigten Zone bilden wie die Wespen einjährige monogyne Staaten, die der Tropen dagegen sind perennierend und polygyn. Im arktischen Gebiet mit seiner wesentlich verkürzten Flugzeit fällt z. B. bei *Bombus kirbyellus* Curt. und *hyperboreus* Schönh. die Arbeiterkaste fort, und die Nachkommen der Nestmutter sind gleich die Geschlechtstiere, die im folgenden Jahre zur Nestgründung schreiten können. Die Auflösung des Hummelvolkes im Herbst ist mit einer Schwarmbildung der polygynen Arten zu vergleichen. Ähnlich wie bei *Vespa* verdankt bei uns der Hummelstaat einem einzigen im Herbst befruchteten Weibchen seinen Ursprung. Über den Nestanfang sind wir am besten durch SLADEN unterrichtet. Das Weibchen durchknetet an geschützter Stelle Honig und Pollen zu einer Paste und errichtet darauf einen Wachswall, in den es seine Eier hineinlegt, worauf ein Wachsdeckel darüber errichtet wird. Außerdem führt es einen bis fingerhutgroßen Honigtopf auf, der in der Richtung auf den Nesteingang zu steht. Frischer Pollen wird gegen den alten Nährballen gedrückt. Durch Entnahme vom Pollen- und Honigvorrat wird eine Mischung hergestellt, die durch eine Öffnung in die mehrere Larven enthaltende Wachskammer eingespritzt wird und anfangs den Larven gemeinsam zugute kommt. Hieraus ergibt sich eine sehr ungleichmäßige Larvenernährung. Späterhin wird allerdings jede Larve einzeln gefüttert; die dazu hergestellte Öffnung wird immer wieder verschlossen. Mit dem Wachstum der Larven beginnt die Zelle sich vom 5. Tage ab besonders stark zu weiten und neue Wachsmassen werden aufgetragen. Elf Tage nach der Eiablage spinnen sich dann die erwachsenen Larven ihre Kokons, von denen nachträglich das Wachs abgetragen wird. Im übrigen bildet die Larvenkammer, in der 7—16 Larven liegen, keine ebene Fläche, sondern das ganze Gebilde ist sattelförmig eingesenkt. In der auf den Honigtopf zu verlaufenden Einsenkung findet das Weibchen Platz und umklammert dabei mit den Beinen so weit wie möglich die randständigen, von den Larven aufgetriebenen Buckel. Dabei bewegt sich das Abdomen, während die Hummel ruhig dasitzt, in schnellem Tempo, indem die Segmente ausgestreckt und wieder zusammengezogen werden. Den Honigvorrat hat sie dabei dicht vor sich, so daß sie sich kaum fortzubewegen braucht, um Nahrung zu sich zu nehmen. Die anfänglich sich entwickelnden Individuen sind Zwergformen, bedingt durch die knappe Ernährung und die Fruchtbarkeit der Königin. Dieselben Arbeiten, die anfangs die Königin allein ausführen mußte, werden später von den Arbeiterinnen ausgeführt. Als Futterbehälter können außer besonders dafür aufgeführten zellähnlichen Gebilden, die bei *B. pomorum* Pz. für Pollen lang und zylinderförmig, für Honig kuglig sind, die leeren Kokons verwendet werden. Auf die die Volksvermehrung hemmende Gewohnheit vieler Arbeiterinnen, Eier zu verzehren, wurde bereits oben hingewiesen. Ob sich hieraus auch ein gewisser Vorteil ergeben könnte, insofern als den übrigbleibenden Individuen dafür ein um so größeres Nahrungsquantum zukommen wird und dementsprechend kräftigere Individuen entstehen werden, ist schwer zu entscheiden. Die wenig ausgeprägte Kastenbildung, die wohl hier die größeren Arbeiterinnen selbst häufiger zur Eiablage kommen lassen wird, läßt den Staatsverband der Hummeln weniger hochspezialisiert erscheinen als den der Meliponen und echten Honigbienen. Die Ernährungsform jedoch, die Aufzucht mehrerer Larven in der gleichen Kammer, erscheint als eine besondere Spezialisierung, die höchstens mit der von *Allodape* verglichen werden kann, wobei allerdings in beiden Gattungen, die systematisch nicht das geringste miteinander zu tun haben, diese Erscheinung getrennten Ursprungs ist. Immerhin ist auch zu beachten, daß den älteren Hummellarven durch die Sonderfütterung doch eine individuelle Behandlung zuteil wird. Leider ist über die Lebensweise der den Hummeln nahestehenden geselligen *Eulema*-Arten zuwenig bekannt, um die phylogenetische Entwicklung des Hummelstaates und besonders die auffällige Ernährungsform etwas bestimmter auslegen zu können. Das Vorhandensein verhältnismäßig großer eierlegender Arbeiterinnen als ein Produkt günstiger Ernährungsbedingungen läßt dagegen die Entstehung des polygynen Hummelvolkes der amerikanischen und indomalaiischen Tropen — im tropischen Afrika fehlen die Hummeln — leicht verständlich erscheinen.

Wie wir oben bei der Besprechung der Bauten gesehen haben, zeichnen sich die Meliponen durch recht komplizierte und mannigfaltige Bauinstinkte aus. Und doch können wir als eine bei Sozialen, wenn wir vom *Halictus*-Volk absehen, einzig hier vorkommende Erscheinung die ursprüngliche Ernährungsform feststellen. Dadurch, daß die Brutzellen mit Vorräten versehen werden und dann nach Eiablage die Zelle verschlossen wird und dauernd verdeckelt bleibt, ist jeder Kontakt zwischen Mutter und Kind, der ja in der Theorie der Staatenbildung eine große Rolle spielte, ebenso wie die Trophallaxis völlig ausgeschaltet. Dagegen ist die Differenzierung der Kasten weiter getrieben als bei den bisher besprochenen Sozialen. Die Unterschiede scheinen jedoch nicht durch eine weitere Spezialisierung der Arbeiterinnen, sondern durch Reduktion von Charakteren des Weibchens bewirkt zu werden, so daß die Arbeiterinnen in ihrer Organisation das Artbild in höherem Maße wiedergeben als die normalen Weibchen. Diese haben Charaktere, die sie zweifellos im Laufe der phylogenetischen Entwicklung erworben haben und die für die Arterhaltung bei solitärer Lebensweise nötig waren, eingebüßt und sind dadurch unselbständige Organismen geworden, die der Hilfe der Arbeiterinnen auf jeden Fall bedürfen. Die Sammelapparate haben eine Rückbildung erfahren. Der Kopf ist im Verhältnis zum Thorax kleiner, was auf eine schwächere Muskulatur der Mundteile, in erster Linie wohl der Mandibeln, hindeutet. Vermutlich ist auch der Gehirnindex verringert worden, da diese Weibchen nicht mehr über jene Instinkte zu verfügen brauchen, die es den solitären Hymenopteren erst ermöglichen, ihre verwickelten Brutpflegearbeiten auszuführen. Die Thoraxmaße bleiben gelegentlich hinter denen der Arbeiterinnen zurück, übertreffen dieselben allerdings mitunter auch, aber dann wohl in Verbindung mit einem allgemein größeren Körper. In der Verringerung der Thoraxmaße findet ein Schwund der Flugmuskulatur des Thorax seinen Ausdruck. Die herabgesetzte Flugfähigkeit zeigt sich in noch auffälligerer Weise in einer Flügelverkürzung (Abb. 120) und gelegentlich auch in der schwächeren Chitinisierung der Adern. Nach alledem muß es unmöglich erscheinen, daß ein isoliertes Weibchen ein neues Volk begründen kann. Schwarmbildung, also eine Vereinigung eines Weibchens mit den nötigen Hilfskräften, gibt erst die Voraussetzung zur Bildung eines neuen Volkes. Je nach den Arten herrscht in der Differenzierung der Königinnen eine gewisse Mannigfaltigkeit. Bei manchen sind die Brutzellen für die Königinnen äußerlich nicht von denen der Arbeiterinnen verschieden. In solchen Fällen schlüpfen die Weibchen mit erst schwach entwickelten

Ovarien, so daß der Hinterleib erst nach der Eireife oder Befruchtung anschwillt und unförmig wird, die jungfräulichen Weibchen unter den Arbeiterinnen daher auch kaum auffallen. Derartige Formen scheinen für die Frage der Geschlechtsbestimmung von rechter Bedeutung, da hier die Differenzierung nicht wie bei der Honigbiene nachträglich durch Fütterung bedingt werden kann. Ob in den betreffenden Brutzellen, die sich, wie bereits gesagt, nicht von denen der Arbeiterinnen unterscheiden, vor der Eiablage etwa ein abweichendes Futter aufgehäuft wurde, ist leider nicht bekannt. Andere Meliponen erbrüten ihre Königinnen in besonderen großen Zellen, die nur für diesen Zweck angelegt werden. Hier können die Weibchen zum mindesten durch die Quantität des Futters beeinflußt werden. Bei solchen Arten übertreffen die Königinnen die Arbeiterinnen in der Körpergröße, woran allerdings der Hinterleib in Verbindung mit der Ausbildung der Ovarien besonders stark beteiligt ist. Diese Weibchen scheinen also geschlechtsreif ihre Zellen zu verlassen. In den einzelnen Völkern scheint stets nur ein befruchtetes Weibchen vorhanden zu sein; doch soll dieses jungfräuliche Königinnen neben sich dulden. Daß die Neugründung von Völkern wegen der Unselbständigkeit der Weibchen an Schwarmbildung gebunden ist, wurde bereits gesagt. Das schwache Flugvermögen, namentlich der geschlechtsreifen plumpen Weibchen, dürfte aber nur Flüge von geringer Weite gestatten. Da wir es hier mit monogynen Staaten zu tun haben, ist die Schwarmbildung anders als bei den polygynen Wespenvölkern zu bewerten. Während es dort nicht ausgeschlossen ist, daß noch das einzelne Weibchen zur Volksgründung schreiten kann, der Schwarm also einem gewissen Geselligkeitsgefühl und Überfluß an Hilfskräften entspringt, liegt bei den Meliponen ein Muß vor. Die hiermit zusammenhängenden Fragen werden unten in Verbindung mit der Schwarmbildung von *Apis* behandelt werden. Wieweit bestimmte Arbeitsverrichtungen etwa an bestimmte Altersstadien der Arbeiterinnen gebunden sind, ist noch unbekannt. Eine gewisse größere Selbständigkeit des einzelnen Individuums, die sich bei jenen Arten findet, die ihre Brutzellen nicht zu Waben vereinigen, wird man geneigt sein, für etwas Primäres zu halten. Da sich aber der Wabenbau schon bei den tiefstehenden sozialen Wespen findet und die Bauten der isolierte Brutzellen errichtenden Meliponen recht hochentwickelte Bauinstinkte erkennen lassen, erscheint es doch möglich, daß diese Bautechnik in Anpassung an irgendwelche besondere Verhältnisse erworben wurde.

Von den sozialen Bienen ist naturgemäß der Honigbienenstaat am besten bekannt. Die einzelnen *Apis*-Arten weisen unter sich einige Unterschiede auf. Bei allen Arten sind Weibchen und Arbeiterinnen scharf voneinander zu unterscheiden. Die Weibchen sind im weitesten Maße von ihren Hilfskräften abhängig geworden und dementsprechend auch zur selbständigen Gründung eines Volkes gänzlich unfähig. Wenn die Weibchen auch noch gute Flieger sind, im Gegensatz zu denen vieler Meliponen, so machen sie von ihrer Flugfähigkeit doch nur spärlichen Gebrauch. Bemerkenswert ist, daß auch die befruchtete Königin fliegt. Als eine seltene Ausnahme wird das gleichzeitige Vorhandensein zweier befruchteter Königinnen im gleichen Volke berichtet, während normalerweise eine gegenseitige Duldung nicht beobachtet wird. Sind die im alten Bau vorhandenen Königinnen-(Weisel-)Zellen verdeckelt, so verläßt (selten früher) die alte Königin mit etwa der Hälfte des Volkes — auch Drohnen sind im Schwarm — das Nest. Dem Ausschwärmen geht eine gewisse unruhige Schwarmstimmung des Volkes voraus. Die Königin selbst gibt nicht den eigentlichen Anlaß dazu, da gelegentlich auch Schwärme ohne Königin abziehen, die sich jedoch später wieder auflösen und zurückkehren. Hat sich ein Schwarm geteilt, so vereinigt sich der weisellose später mit dem die Königin enthaltenden oder kann auch ins Nest zurückwandern. Im allgemeinen zieht der Schwarm nicht weit, sondern legt sich dort oft als herabhängende Traube in Klumpenform an, wo die Königin sich niedergelassen hat. Ein Platz für die Anlage des neuen Nestes ist schon vorher durch einzelne Bienen ausgekundschaftet worden, und wenn der Imker den Schwarm, der im übrigen keine Stechlust zeigt, nicht einfängt, siedeln sich die Bienen schließlich an der von ihnen selbst gefundenen Stelle an. Um den Schwarm in der ihm gebotenen neuen Wohnung seßhaft zu machen, pflegt der Imker dort Waben mit Brut einzuhängen. Ist die alte Königin mit einem Teil des Volkes als „Vorschwarm" abgezogen, so ist das Stammvolk einige Tage, bis zum Schlüpfen der neuen Königin, weisellos. Dem „Vorschwarm" folgen ein oder mehrere „Nachschwärme" in kurzen Abständen, die durch die Altersdifferenzen der zur Entwicklung kommenden Königinnen bestimmt werden. Sieben Tage war das Stammvolk weisellos, dann schlüpft die erste neue Königin; zwei Tage später fliegt sie aus. Die Zwischenräume zwischen den einzelnen Nachschwärmen sind kürzer, da die einzelnen Königinnenlarven nur wenig an Alter verschieden sind. Daher kommt es auch, daß im gleichen Nachschwarm unter Umständen mehrere Königinnen vorhanden sein können. Eine von ihnen bleibt aber nur am Leben, da die anderen abgestochen werden. Wird bei einem besonders schwarmlustigen Volk eine Mehrzahl von Schwärmen abgegeben, so wird die Teilnehmerzahl allmählich immer geringer, und im Ausgangsvolk bleibt eine entsprechend kleine Zahl von Bienen zurück. In großen Vorschwärmen können dagegen bis 30 000 Individuen abziehen. Der wesentliche Unterschied, der zwischen Vor- und Nachschwarm besteht, liegt darin, daß im ersteren die Königin bereits befruchtet, im Nachschwarm dagegen jungfräulich ist. Über die Paarungsvorgänge wird später zu berichten sein. In ähnlicher Weise, wie ein Schwarm aus einer nicht zusagenden Behausung wieder abziehen kann, kommt auch ein Wandern ganzer Völker bei tropischen *Apis*-Arten (*dorsata* F. und *mellif. adansoni* LATR.) vor, wenn die Trachtverhältnisse ungünstig werden. Ein Ausschwärmen von *Apis mellifica* bei unzureichender Ernährung kommt als „Hungerschwarm" ebenfalls vor und kann aus den mehr oder weniger regelmäßigen Wanderungen der tropischen Formen ohne weiteres hergeleitet werden. Auch auf ständige Störungen, z. B. bei Überhandnehmen von Wachsmotten, sucht das ganze Volk mitunter einen neuen Wohnsitz. Während aber bei der Entsendung von echten Schwärmen neue Völker gebildet werden, bringen diese Wanderschwärme lediglich einen Wohnungswechsel mit sich. — Über die Arbeitsteilung im Bienenstaate sei im folgenden nach den Untersuchungen von Rösch berichtet. Je nach den Tätigkeiten der Arbeiterinnen lassen sich drei Perioden unterscheiden, die zum Alter der Tiere in gewissen Beziehungen stehen. In den ersten zwei bis drei Tagen ihres Daseins ist die junge Biene mit der Herrichtung und Säuberung von Brutzellen für Ablage neuer Eier durch die Königin beschäftigt. Die eigene Zelle, aus der die Biene geschlüpft ist, wird wohl nur zufällig einmal von ihr selbst gereinigt. Ausbesserungsarbeiten am Zellrande kommen noch nicht vor. Außerdem beteiligen sich die jungen Bienen an der Wärmeregulierung. Mit Honig und Pollen, der aus den Vorratszellen herbeigeholt wird, füttern sie bis zu ihrem eigenen 6. Lebenstage alte, fast erwachsene Larven, wobei kein bestimmter Brutbezirk innegehalten wird, sondern geeignete Larven aufgesucht werden. Inzwischen sind die Futterdrüsen funktionsfähig geworden, so daß von nun ab auch die jüngere Brut mit Futtersaft versorgt werden kann. Mit Rückbildung der Drüse hört diese Form der Fütterung gewöhnlich schon am 10. Lebenstage der Biene auf; selten kann sie bis zum 15. Tage ausgeübt werden. Gegen Ende dieser ersten Periode kann bei günstiger Witterung schon der erste Orientierungsausflug unternommen werden. Die zweite Periode ist durch die Vielseitigkeit der ausgeführten Arbeiten charakterisiert. So wird den mit gefüllter Honigblase heimkehrenden Bienen der Nektar abgenommen, weiter verfüttert und gespeichert. Die Pollenklümpchen, die andere sammelnde Bienen in den Zellen abgestreift hatten, werden eingedrückt. Das Herausschaffen von Fremdkörpern geschieht im Fluge. Aus den Zellen schlüpfenden Bienen wird Hilfe geleistet und schließlich der Wächterdienst am Flugbrett übernommen. Der dritte Lebensabschnitt beginnt um den 20. Tag und umfaßt in erster Linie die Arbeiten als „Feldbiene“. Die ersten Futterquellen werden selbständig entdeckt, die „Sprache“ erst allmählich erlernt. Das Durchschnittsalter einer Sommerbiene beträgt 30—35 Tage, als Höchstalter wurden 55 Tage ermittelt. Der sogenannte „Hofstaat“ der Königin, d. h. diejenigen Bienen, die ständig in der Umgebung des Weibchens beobachtet werden, dieses füttern und belecken, setzt sich aus Bienen verschiedener Altersstufen zusammen. Dadurch, daß die einzelnen Perioden zeitlich nicht scharf gegeneinander abgesetzt sind, wird die Anpassungsfähigkeit des Volkes erhöht.

Im folgenden sollen nun noch einige allgemeine Fragen, die mit den bisher besprochenen Hymenopterenstaaten in Zusammenhang stehen, besprochen werden. Wir sahen, wie sich bei *Belonogaster juncea* mit ihrer primären Polygynie die jüngeren Weibchen zunächst anderen Arbeiten widmen als die älteren befruchteten, und wie unter gewissen Notlagen die Reproduktionsfähigkeit weit hinausgeschoben werden kann. Auf der anderen Seite ist z. B. bei *Bombus* und *Halictus* die geringere Futtermenge die Ursache für die Entstehung der geschlechtlich nicht auf der vollen Höhe stehenden Individuen. Hierdurch scheint die Ausbildung der Arbeiterinnen erklärt werden zu können. Mit dem Zunehmen der Hilfskräfte muß nun andererseits die Aufzucht von geschlechtlich normalen Individuen wieder erleichtert werden. Wenn wir trotzdem den *Apis*- oder *Vespa*-Staat monogyn bleiben sehen, so müssen hierfür besondere Gründe vorliegen. So kann man annehmen, daß der Brutegoismus dieser Weibchen ein starker ist und sie keine weiteren befruchteten Weibchen im Nest neben sich dulden. Die Arbeiterinnen, denen die Weibchen ihre Entstehung verdanken, mögen im Laufe der Entwicklung die Nutzlosigkeit der Aufzucht von sich gegenseitig bekämpfenden Weibchen kennengelernt haben und die Aufzucht von Weibchen nur zu bestimmten Zeiten vornehmen. Handelt es sich um einjährige Völker, so wird eine solche zweckmäßig gegen Ende des Volkslebens erfolgen können, wo also sowieso die Auflösung bevorsteht. Bei perennierenden Völkern ist dagegen der Zeitpunkt so gewählt, daß das Ausschwärmen unter günstigen Bedingungen bei einem Überschuß von Hilfskräften erfolgen kann, so daß der vorzunehmenden Neugründung keine Schwierigkeiten entgegenstehen. Die Arbeiterinnen von *Apis*, in deren Macht ja die Aufzucht neuer Königinnen liegt, sind es daher auch, von denen die Schwarmunruhe vor dem Erscheinen der neuen Weibchen ausgeht. — Eine Schwarmbildung ist im übrigen nur da nötig, wo ein Weibchen seine Selbständigkeit verloren hat. Im anderen Fall, vermutlich bei polygynen Wespen, können wir im Schwarm nur einen gewissen Geselligkeitstrieb erkennen, der bei einer Überproduktion unter günstigen klimatischen und Ernährungsbedingungen zustande kommt. Einen wichtigen Faktor in der Beibehaltung der Monogynie dürfte aber auch die Fruchtbarkeit des Weibchens spielen. Wird diese gewissermaßen ins Extrem getrieben, so ist es denkbar, daß selbst eine große Menge von Hilfskräften den Anforderungen, die die Aufzucht von Weibchen stellen würde, nicht gerecht werden kann, während auf der anderen Seite eine zu geringe Zahl von Arbeiterinnen auch bei schwächerer Reproduktionsfähigkeit des Weibchens ebenfalls nicht ausreicht. In der Frage der Herkunft des *Apis*-Staates gehen die Ansichten der einzelnen Forscher, die sich mit dieser immerhin allgemeiner interessierenden Frage beschäftigt haben, auseinander. Vorfahren der echten Honigbienen kennt man aus dem baltischen Bernstein, rezente Apidinen nur aus der Alten Welt, so daß die Vermutung einer altweltlichen Herkunft nicht von der Hand zu weisen sein dürfte und auch nicht bezweifelt wird. Die Frage der Herkunft ist weiter dahin zu formulieren, ob der *Apis*-Staat gemäßigtem oder tropischem Klima seinen Ursprung verdankt. Mit Ausnahme unserer Honigbiene sind die anderen *Apis*-Arten Tropenbewohner, darunter auch die durch die einförmige Bauweise ursprünglicher erscheinende *A. dorsata* F. Gleichwohl braucht der perennierende Staat durchaus nicht seinen Ursprung im wärmeren Klima genommen zu haben, wie ja auch die große Verbreitung der ausdauernden Ameisenstaaten in unseren Breiten zu beweisen scheint. Immerhin sind die Ameisen durch ihre viel labileren Bauinstinkte bei weitem anpassungsfähiger als die Bienen mit ihrer starren Bauweise. Würde man nun auch für den *Apis mellifica*-Staat eine Entstehung im wärmeren Klima annehmen, so braucht dessen Herkunft immer noch nicht ins südliche Asien verlegt zu werden, wo wir die heutigen ursprünglicheren *Apis*-Arten finden, sondern kann auch unter günstigeren paläoklimatischen Verhältnissen in anderen Gegenden gesucht werden. Auf jeden Fall zeigt ihr Vorkommen bis zum 64. Breitengrad in Schweden, daß sie sich den nacheiszeitlichen klimatischen Verhältnissen weitgehend angepaßt hat. Mit der Verbreitung der *Apis mellifica* durch den Menschen hat sich ihr ursprüngliches Verbreitungsgebietstark verwischt. Da aber die Bienenrassen kein Zuchtprodukt des Menschen darstellen und insofern auch nicht mit den Rassen domestizierter Tiere verglichen werden dürfen, muß es immerhin noch möglich sein, ein Bild von der ursprünglichen Verbreitung zu gewinnen. Formen, die man als geographische Rassen der *A. mellifica* ansprechen kann, sind über Europa, den asiatischen Anteil des Mittelmeergebietes bis zum Kaukasus und Afrika verbreitet. Leider fehlen Angaben über bodenständiges Vorkommen in Innerasien, wo sie aber meines Erachtens eine große Ausbreitung bis nach dem fernen Osten besitzen muß. Ob die europäische Honigbiene schon im Tertiär bei uns gewesen ist und dann abgedrängt wurde, um später wieder zu erscheinen, ist zweifelhaft. Doch lassen die Funde der sozialen „*Elektrapis*" im Bernstein die Möglichkeit zu. Das mächtige afrikanische Verbreitungsgebiet, in dem die Art in zahlreiche einzelne Rassen aufspaltet, läßt auf eine alte Ausbreitung auf diesem Kontinent schließen. Wie weit dieselbe eventuell von Südasien her erfolgte, und ob z. B. die hellgebänderten Honigbienen Rassen des mediterranen Gebiets ursprünglich afrikanischer Herkunft sind, während die großen dunklen Formen aus dem Osten gekommen sein könnten, entzieht sich noch der Beurteilung.

Betrachtet man das Leben und Treiben eines Ameisenvolkes im Vergleich mit dem im Bienenstock, so macht das Ganze einen viel weniger geregelten Eindruck. Gleichwohl stehen Arbeitsteilung und Brutpflege auf einem unverkennbar höheren Standpunkt. Auch die morphologische Differenzierung der einzelnen Kasten ist viel weiter vorgeschritten, so daß man hier von echten Kasten sprechen kann, während bei den sozialen Wespen und Bienen die Arbeiterinnen einen in bezug auf Größe und Keimdrüsen reduzierten weiblichen Typ darstellten, bei den Meliponen und echten Honigbienen die Weibchen dem ursprünglicheren Arttyp aber ferner stehen als die weniger weitgehend reduzierten Arbeiterinnen. Mit dem Flügelverlust der Arbeiterkaste, die nur einigen wenigen parasitären Formen fehlt, hat sich das Bodenleben mit seinen an die intellektuellen Fähigkeiten viel höhere Anforderungen stellenden Hindernissen, die beim Luftleben nicht vorkommen, entwickelt. Aber auch weitere morphologische Unterschiede haben sich ergeben, die die Arbeiterkaste den Geschlechtstieren vielfach recht unähnlich werden lassen. Mit dem Fortfall der Flügel wird auch die bei den Geschlechtstieren vorhandene starke Flugmuskulatur reduziert, der Thorax daher im ganzen schmächtiger (Abb. 12) und seine bei den fliegenden Formen gut ausgeprägte Gliederung durch Verwachsung undeutlich. Besonders der Mesothorax hat darunter zu leiden, während der Prothorax verhältnismäßig kräftig wird. Auch der Kopf von Weibchen und Arbeiterinnen kann recht verschieden aussehen. Hier hat die Arbeiterin eine bedeutend kräftigere Muskulatur nötig, entsprechend nehmen auch die Ausmaße zu. Außerdem findet das viel mächtiger entwickelte Gehirn darin Aufnahme. (Abb. 71). Ocellen und Augen können dagegen entsprechend dem Leben am Boden oder unterirdisch stark rückgebildet werden und schließlich auch fehlen. Die schwache Entwicklung der Ovarien bedingt das beträchtlich kleinere Abdomen. Auch unter sich zeigen die Arbeiter vieler Arten recht erhebliche Unterschiede. Sind sie bei primitiven Formen wie Ponerinen, Cerapachyinen, Pseudomyrminen noch fast so groß wie die Weibchen und, abgesehen von geringfügigen Größendifferenzen, monomorph, so sind sie doch vielfach in den höheren Unterfamilien recht variabel, ohne eine Konstanz bestimmter Typen erkennen zu lassen. Vergleicht man etwa eine Anzahl von *Camponotus*-Arbeitern, so sieht man ohne weiteres, wie z. B. die kleineren Tiere nicht bloß in der Größe, sondern auch in der Kopfform abweichen, aber die verschiedenartigsten Übergänge vorkommen (Abb. 175). Als Beispiele für eine extreme Größenschwankung mögen *Atta*-Arten genannt sein, bei denen die größten Arbeiterinnen 15 mm, die kleinsten nur 2 mm lang sind. Aus diesem unvollständigen Polymorphismus, der durch das Vorhandensein von Übergängen ausgezeichnet ist, ergibt sich, wenn nur die Extreme oder zwei besondere Typen erhalten bleiben, die Zwischenformen aber aussterben, ein typischer Dimorphismus der Arbeiterinnen. Bleibt nur ein Typ von Arbeiterinnen erhalten, so haben wir einen Monomorphismus. War dieser aber bei tiefstehenden Ameisen etwas Primäres, so ist er in den Gattungen *Carebara*, *Tranopelta*, *Paedalgus*. *Solenopsis* u. a. durch den Fortfall der großen Formen entstanden, wie aus dem gewaltigen Größenunterschied zwischen Geschlechtstieren und den als Zwergarbeitern anzusprechenden Hilfskräften hervorgeht. Zu einem *Carebara*-Weibchen von 22 mm Länge gehört eine Arbeiterin von 1,5 mm. Stellt man die Geschlechtstiere und Arbeiterinnen von *Formica* und *Lasius* zusammen, so fällt die viel erheblichere Größendifferenz bei *Lasius* sofort auf. Da aber in diesem Falle auch die Männchen im Verhältnis zum Weibchen klein sind, kann eine sekundäre Größenzunahme der Weibchen vermutet werden. Bei einem typischen Dimorphismus unter den Arbeiterinnen, wie er z. B. bei *Pheidole* oder *Colobopsis*, aber auch in vielen anderen Gattungen vorkommt, werden die großen Formen als „Soldaten" bezeichnet, wobei allerdings diese durchaus nicht immer die Verteidiger des Nestes oder Angreifer auf Raubzügen zu sein brauchen. Die Großköpfigkeit oder eine charakteristische Bildung der Mandibeln tritt oft in Verbindung mit irgendwelchen anderen biologischen Eigentümlichkeiten auf. Die kleineren

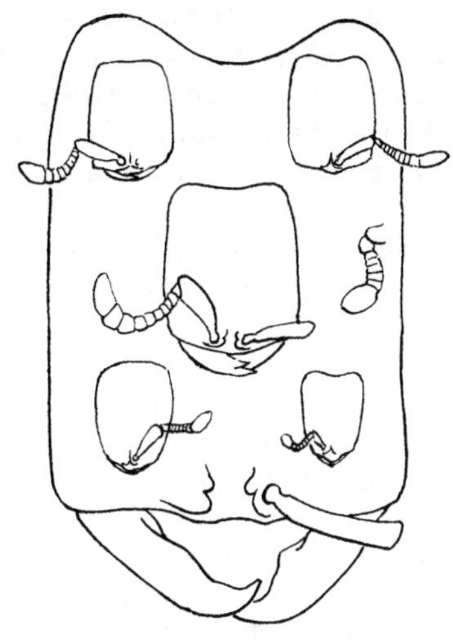

Abb. 175. Köpfe von Arbeiterinnen von *Dorylus affinis*, sämtlich bei gleicher Vergrößerung gezeichnet (nach WHEELER).

Formen werden kurzweg als Arbeiterinnen bezeichnet. Neben derartigen Fällen eines normalen Dimorphismus wird ein solcher auch gelegentlich als Ausnahme beobachtet. So fand WASMANN bei *Myrmica*-Arten vereinzelte bedeutend größere Individuen (Makroergaten), die offensichtlich keinen bestimmten Zwecken dienen. Die als Honigträger dienenden Arbeiterinnen von *Myrmecocystus* (Abb. 38) und anderen honigspeichernden Ameisen besitzen nur vorübergehend ein stark aufgetriebenes Abdomen, sind im übrigen normale Individuen, dürfen also nicht als dimorphe Formen behandelt werden. Auch die bei Verlust der Königin als Ersatzweibchen gelegentlich herangezüchteten gynäkoiden Arbeiterinnen mit gedehnterem Abdomen bilden sich bei Wiederherstellung normaler Verhältnisse wieder zurück (*Formica, Polyergus*). Auch unter den Geschlechtstieren kommt ein Polymorphismus vor. So finden sich neben normalen (makrogynen) Weibchen bei uns auch kleinere Weibchen, die Mikrogynen, z. B.bei *Formica fusca, Formicoxenus nitidulus* und *Myrmica*. Bei *Leptothorax* dagegen scheinen die größeren Weibchen nicht mehr vorzukommen. Wohl in Verbindung mit der Unfähigkeit, eigene Nester zu gründen, sind die großen Weibchen mancher *Formica*-Arten (z. B. *difficilis* und *microgyne*) und von *Oxygyne*, einer Untergattung von *Cremastogaster*, ausgestorben. Solche Mikrogynen können kleiner als die Arbeiterinnen sein. Ergatogyne Zwischenformen im eigentlichen Sinne sind nach ESCHERICH „in allen Charakteren sehr variabel und stellen mehr oder weniger vollkommene Übergänge zwischen ♀ zum ☿ (Arbeiterin) dar. Sie sind keine speziellen Anpassungsformen, sondern gleichbedeutend mit den phylogenetischen Zwischenstufen zwischen ♀ und ☿; d. h. die Differenzierung in ♀ und ☿ ist noch nicht vollkommen durchgeführt, der Dimorphismus ♀ bis ☿ noch kein kompletter.“ Es bedarf dazu erst des Aussterbens der Übergangsformen. Solche Zwischenformen finden sich z. B. bei *Leptothorax* und *Formicoxenus*. In manchen Gattungen, z. B. *Leptogenys* und wahrscheinlich auch bei *Diacamma*, kommen geflügelte ♀ nicht mehr vor. In diesem Falle spricht man von ergatoiden Weibchen, die besonders bei tiefstehenden Ameisen verbreitet sind und durch ihre Flügellosigkeit stark an Arbeiterinnen erinnern. Auch bei *Polyergus* nach WASMANN vorkommende Zwischenformen zwischen ♀ und ☿, die aber nicht durch Übergänge verbunden sind, müssen hierzu gezählt werden. WASMANN nimmt an, daß „Arbeiterlarven von *Polyergus*, welche schon über das Stadium, in welchem bei den weiblichen Larven die Flügelanlage sich zu entwickeln pflegt, hinaus sind, nachträglich noch besondere (königliche) Pflege zuteil wurde. Dadurch konnte wohl noch die Körpergröße und vor allem die Entwicklung der Ovarien und des Abdomens beeinflußt werden, nicht mehr aber die Entwicklung des Thorax, da die Entscheidung über die Entwicklungsrichtung desselben bereits gefallen ist“ (ESCHERICH). Durch eine Reihe verschiedener plastischer Charaktere sind nach WHEELER zwei Weibchenformen des nordamerikanischen *Lasius latipes* WALSH zu unterscheiden. Recht charakteristisch sind die großen flügellosen Weibchen der Dorylinen. Sie stehen so isoliert, daß die Vermutung eines Aussterbens überleitender Formen naheliegt. Als einer Abnormität muß hier auch der mit einer gewissen Regelmäßigkeit in

Verbindung mit bestimmten Ameisengästen (*Lomechusa*, *Xenodusa*, *Atemeles*) auftretenden „Pseudogynen" gedacht werden. „WHEELER sucht die Erklärung für diese Formen in einer mangelhaften Ernährung der weiblichen Larven, WASMANN in einer positiven Modifikation des Brutpflegeinstinktes der Arbeiterinnen, durch die eine Mischung der Arbeitererziehung mit der Weibchenerziehung bewirkt wird, die in der andauernden Pflege der *Lomechusa*-Larven ihren Grund hat" (STITZ). Auf die weiter vorgenommene Unterteilung der Pseudogynen nach WASMANN einzugehen, würde hier zuweit führen. Schließlich können noch die makronoten, brachypteren Weibchen, die im Gegensatz zu den Pseudogynen durch den Besitz von Flügeln — allerdings sind diese verkürzt — ausgezeichnet sind, erwähnt werden. Sie stellen gleichfalls Abnormitäten in Verbindung mit dem Vorhandensein von *Lomechusa* dar.

Von den Männchen der Ameisen ist die bei weitem größte Mehrheit geflügelt. Nur wenige haben dagegen ihre Flügel verloren und können als ergatomorph bezeichnet werden. Andere, z. B. *Anergates*, sind als Parasiten degeneriert.

Die Arbeiten, die die Arbeiterinnen zu verrichten haben, sind recht vielseitige (vgl. Ernährung, Bauten, Brutpflege). Sind die Arbeiterinnen sehr variabel, so beobachtet man eine Arbeitsteilung, die gewissen Typen derselben entspricht. So sind die Zwergarbeiter der Attinen im Pilzgarten beschäftigt: aber auch die größten verlassen das Nest nicht, sondern bewachen und verteidigen es. Die mittelgroßen schneiden dagegen Blätter, tragen die Blattstücke herbei und behandeln sie im Nest weiter. Den großköpfigen „Soldaten" liegt vielfach die Zerkleinerung von kräftigeren Beutetieren oder Pflanzensamen ob. Eine eigenartige Funktion haben sie bei scharfem Dimorphismus als sogenannte „Pförtner" zu erfüllen. Den Beginn eines solchen Pförtnerdienstes, d. h. ein Verschließen des Nesteinganges mittels des großen Kopfes, findet man bei unseren großen *Camponotus*-Arbeitern. Der Kopf verschließt die Öffnung aber noch nicht ganz und ist auch in seiner Färbung nicht der Umgebung angepaßt; außerdem fällt er auch durch seine Wölbung auf — Merkmale, die bei *Colobopsis* fehlen, so daß dort die durch den Pförtnerkopf verschlossene Nestöffnung nur bei genauester Untersuchung zu bemerken ist. Unter den Myrmicinen kommen Pförtner bei *Messor*, *Pheidole* und *Atta*-Arten vor, wo dieser Dienst ebenfalls von großköpfigen Individuen ausgeübt wird. Bei karton- und gespinstnesterbauenden Ameisen sind Pförtner dagegen nicht beobachtet. In anderen Fällen, z. B. *Formica*-Arten, sind keine besonderen Individuen für den Nestverschluß nötig, da hier die Nesteingänge nach Bedarf mit den Baumaterialien verschlossen werden.

Darüber, wie weit bestimmte Individuen Spezialarbeiten ausführen, liegen nur wenige Beobachtungen, und diese zumeist am künstlichen Nest gemacht, vor. Durch Markierung konnte festgestellt werden, daß hier von einzelnen Tieren über längere Zeit die gleichen Arbeiten ausgeführt wurden. Ob in ähnlicher Weise, wie bei der Honigbiene, die Tätigkeiten in Beziehungen zum Alter der Tiere gebracht werden können, ist noch ungewiß. Jüngere Tiere scheinen aber mehr die häuslichen Arbeiten zu verrichten.

Während die Männchen sich niemals an irgendwelchen Arbeiten beteiligen, sondern lediglich zur Befruchtung der Weibchen bestimmt sind, haben diese in erster Linie die Gründung neuer Völker übernommen, können aber namentlich bei Gefahr auch noch verschiedene Arbeiten ausführen, die sonst nur den Arbeiterinnen zuzukommen pflegen.

Die Gründung eines neuen Volkes geschieht je nach den Arten auf eine verschiedene Weise. Der einfachste Fall ist an einigen einheimischen Ameisen (*Myrmica ruginodis* Nyl., *Camponotus*, *Formica fusca* L., *Lasius niger* L., *flavus* F.) beobachtet. Das befruchtete Weibchen schließt sich, nachdem es die Flügel abgeworfen hat (s. oben), in einer selbstgegrabenen Höhle oder irgendeinem Hohlraum ein, wobei der Zugang zugemauert wird. Bis zum Erscheinen der ersten Arbeiter, das bis zu einem Jahr (*L. niger*) dauern kann, ist das Weibchen von der Außenwelt abgeschlossen und nimmt außer der Bodenfeuchtigkeit keine Nahrung zu sich. Bei *Myrmica rubra* L. erscheinen nach Eidmann die ersten Arbeiter bereits im Jahre des Hochzeitsfluges, während das *Camponotus*-Weibchen in der Regel mit Brut überwintert, nachdem die Eiablage (12—20 Eier) bald nach dem Hochzeitsfluge erfolgt ist. Die Larvenentwicklung wird hier jedenfalls durch die Ernährung reguliert und immer nur eine Larve auf einmal zur Entwicklung gebracht, wobei die erste Arbeiterin im Jahre nach dem Hochzeitsflug erscheint. In einem von Forel beobachteten Falle verließ ein *Camponotus*-Weibchen nach neun Monaten seine Brut, grub sich frei und begann zu fressen. Trotz der langen Hungerperiode ist das Weibchen fähig, Larven und Puppen aufzuziehen, denen es sorgfältige Pflege zuteil werden läßt. Ein Teil der Eier pflegt verzehrt zu werden und wird auch den Larven als Futter gereicht. Bei dieser Fütterung handelt es sich ebenso wie bei der durch Drüsensekrete um körpereigene Produkte des Weibchens, die der Nachkommenschaft zugute kommen. Durch Resorption der überflüssig gewordenen Flugmuskulatur im Blut mögen neue Nährstoffe frei werden, die, wie auch der anfangs stark entwickelte Fettkörper, dem Muttertier ebenfalls zugute kommen können. Auf keinen Fall wird Nahrung von außen in den Kessel hineingeschafft. Weiterhin ist das Weibchen den Larven durch Reichen von Erdkörnchen beim Kokonspinnen und schließlich auch den jungen Ameisen beim Schlüpfen behilflich. All diese Brutpflegeinstinkte lassen mit dem Erscheinen der ersten Arbeiterinnen nach, doch bleiben sie latent vorhanden, da gelegentlich auch ein von seiner Brut getrenntes Weibchen noch einmal zur Nestgründung schreiten kann. In an sich kleinen Völkern, wie solchen von *Leptothorax* und besonders bei Ponerinen, bleibt das Weibchen auch späterhin tätig. — Bei den Attinen treffen wir als weiteren Instinkt der Nestgründerin die erste primitive Pflege des Pilzgartens. Das Weibchen hatte beim Hochzeitsflug einen Myzelballen in der Infrabukkaltasche mitgenommen. Diesen gibt es in der Brutkammer zuerst von sich, wendet ihm besondere Sorgfalt zu und legt 5—6 Eier dazu. Der anfangs gelbliche oder dunklere, etwa 0,5 mm lange Ballen ist am nächsten Tage zu einer weißlichen Kugel von 1—2 mm Durchmesser herangewachsen und wird nun portionsweise, indem das Weibchen einzelne Flöckchen davon löst und gegen den After führt, gedüngt (Huber,

Goeldi). Die Flöckchen werden dann wieder zurückgelegt. Um dies durchführen zu können, bedarf das Weibchen reichlicher Nahrung. Diese besteht aus einem hohen Prozentsatz (90 vH) der selbstgelegten Eier. Niemals zehrt die Mutter selbst von dem Pilz. Auch den Larven wird nichts davon vorgelegt; diese erhalten vielmehr auch Eier, und zwar wird das von einer jungen Larve nur teilweise verzehrte Ei an eine andere Larve weitergegeben. Etwa einen Monat nach der Nestgründung sind die ersten Puppen da, acht Tage später die ersten Zwergarbeiter. Der Pilzgarten hat jetzt etwa 2 cm Durchmesser. In diesem Stadium sind bereits „Kohlrabi" gebildet, die auch von den Zwergarbeitern verspeist werden, während der Brut und dem Weibchen noch Eier als Nahrung dienen. Auch die kleinen Arbeiterinnen düngen die Myzelien mit ihren Exkrementen, indem sie diese direkt darauf tropfen lassen. Erst 9—10 Tage später, mit dem Erscheinen größerer Arbeiterinnen, wird der Kessel geöffnet, und nun kann der Pilz auf zerkauten Blattstückchen als Substrat wuchern.

Erfolgte in den bisher besprochenen Fällen die Neugründung durch ein einzelnes Weibchen, so können sich gelegentlich auch mehrere Weibchen der gleichen Art zusammenscharen. Es scheint sich hierbei jedoch um eine einfache Vergesellschaftung zu handeln, unabhängig von der bevorstehenden Gründung eines Volkes. Denn nach Beobachtungen v. Buttel-Reepens u. a. dulden sich die Königinnen nur so lange, als noch keine Arbeiterinnen vorhanden sind. Mit dem Erscheinen derselben kommt der als ein alter Instinkt anzusehende Brutegoismus zum Durchbruch, und die Weibchen bekämpfen sich, bis eines unterliegt. Daß daher eine Polygynie auf Grundlage der Nestgründung zustande kommt, ist höchst unwahrscheinlich. Kommt trotzdem eine Polygynie oder, wie bei den Ameisen diese Erscheinung meist genannt wird, „Pleometrose" vor, so kann diese auch nachträglich durch Adoption neuer Weibchen entstanden sein, die beim Hochzeitsflug nach der Paarung in der Nähe eines Nestes der gleichen Art niedergingen. Bei der räumlichen Ausdehnung der Ameisenbauten ist es naheliegend, daß mehrere Weibchen nebeneinander existieren können, ohne in Berührung miteinander zu kommen. Die Brut wird den Familiengeruch annehmen, sofern es sich nicht überhaupt um ein aus dem gleichen Volk hervorgegangenes Weibchen handelt, und dann ohne weiteres geduldet werden. Besonders leicht scheint dies bei solchen Völkern möglich zu sein, die ausgedehnte Zweigniederlassungen haben, wie z. B. *F. rufa* L. und *exsecta* Nyl. Mit der abhängigen Koloniegründung von *F. rufa* hat nach Eidmann das Weibchen seine Grabfähigkeit verloren. Dem Weibchen bleiben nach dem Hochzeitsfluge etwa 14 Tage Zeit, um sich Hilfsameisen zur Koloniegründung zu verschaffen. Forel beobachtete die mehrfache Spaltung eines Volkes von *F. pratensis* Retz., wobei offensichtlich befruchtete Weibchen in die neuen Kolonien mit übernommen wurden. Dabei ist es bemerkenswert, daß zwischen dem Stammvolk und seinen Ablegern später eine Entfremdung eintreten kann. Das Gefühl für die Zusammengehörigkeit scheint am leichtesten während des Winterschlafs zu erlöschen. Das hohe Alter, das viele Völker erreichen (bis über 80 Jahre beobachtet), läßt erkennen, daß das Volk als solches in seiner ständig wechselnden Zusammensetzung die Stammutter bei weitem überlebt. Es ist dies aber nur dann möglich, wenn Nachfolgerinnen an deren Stelle treten. Als das Wahrscheinlichste darf in solchen Fällen angenommen werden, daß hierfür in erster Linie Töchter des gleichen Volkes in Betracht kommen. Wir haben hier gewissermaßen eine sekundäre Volksgründung, bei der Völker, die ihre Königin verloren haben, ein neues Weibchen adoptieren.

In einer ganzen Reihe von Fällen haben aber die Weibchen die Fähigkeit zu einer selbständigen Volksgründung verloren. Entstand ein Volk durch Spaltung und übernahm es dabei ein junges Weibchen oder wurde ein solches von Artangehörigen adoptiert, so stehen diesem von Anfang an schon Hilfskräfte zur Seite. Die Riesenweibchen von *Carebara* sollen die winzigen Arbeiterinnen, die sich am Körper des Weibchens anklammern, aus dem Mutternest auf den Hochzeitsflug mitnehmen. Aber eine Adoption braucht durchaus nicht bei Artangehörigen zu erfolgen. Unter den *Formica*-Arten ist ein derartiges Verhalten recht verbreitet. Besonders bevorzugt als vorübergehende Gastgeberin scheint dabei *Formica fusca* mit ihren verschiedenen Rassen in der Alten und Neuen Welt zu sein. So lassen sich nach FOREL die befruchteten Weibchen von einheimischen Arten *F. truncorum* F., *rufa* L., *exsecta* NYL., *pressilabris* NYL., von nordamerikanischen Arten *F. exsectoides* FOR., *incerta* EM., *ciliata* MAYR, *criniventris* WHEEL., *dakotensis* EM., *specularis* EM., u. a. von ihr adoptieren. Als eine Begleiterscheinung kommt die Mikrogynie der Weibchen bei *F. microgyne* WHEEL. und *difficilis* EM. vor. Mit dem Tode der Wirtsmutter, über dessen nähere Ursachen noch wenig bekannt ist, ist auch der Nachwuchs an Arbeiterinnen dieser Art unterbunden, so daß allmählich ein reines Volk der adoptierten Art übrig bleibt. *Lasius niger* L. nimmt in ähnlicher Weise wie *F. fusca* als Gattungsangehörige die Weibchen von *L. mixtus* FÖRST. und *umbratus* NYL., die letztere ihrerseits das Weibchen von *L. fuliginosus* LATR. bei sich auf. Unter den Myrmicinen scheint *Aphaenogaster tennesseensis* MAYR und *mariae* FOR. der Hilfe von *Aph. piceus*-Arbeiterinnen zur Volksgründung zu bedürfen. Das Weibchen von *Bothriomyrmex decapitans* dringt nach SANTSCHI, wohl geschützt durch den gleichen charakteristischen Geruch wie seine Wirtsameise, *Tapinoma nigerrimum* NYL., bei dieser ein und beißt der wesentlich größeren *Tapinoma*-Königin, indem sie auf deren Rücken klettert, den Kopf ab. Verläßt auch eventuell mit anderen noch vorhandenen Königinnen ein Teil der Arbeiterinnen das Nest, so bleibt doch ein Rest bei dem *Bothriomyrmex*-Weibchen und zieht dessen Brut auf. Setzen sich die auf diese Weise entstehenden Völker anfangs aus verschiedenen Arten zusammen, so kann man sie doch nur als „temporär gemischte Völker" bezeichnen, da das Endprodukt schließlich ein reines Volk der adoptierten Art ist. In den folgenden Fällen weist jedoch das Volk ständig eine gemischte Zusammensetzung auf, die entweder durch nachträglichen Puppenraub oder durch Allianz von Weibchen verschiedener Arten zustande kommt. Am vielseitigsten zeigt sich *Formica sanguinea* LATR. Ist das Weibchen in ein Volk der *Formica fusca* L. eingedrungen, in dem sich bereits ein anderes *Formica*-Weibchen angesiedelt hatte, so können mehrfach gemischte Völker entstehen. Die Verhältnisse werden dann dadurch noch komplizierter, daß die *sanguinea*-Arbeiterinnen auf Sklavenraub ausziehen und die Puppen weiterer Arten herbeischleppen, die ebenfalls im Neste aufgezogen werden. In besonders starken Völkern verzichtet diese Art auf Sklavenraub, und wenn es hier zur Bildung von Zweigvölkern kommt, kann dort ein Weibchen bei der eigenen Art von vornherein Aufnahme finden. Ebenso findet Adoption befruchteter *sanguinea*-Weibchen durch *sanguinea*-Arbeiterinnen anderer Völker statt. Nach dem Hochzeitsflug kann sich aber auch ein *sanguinea*-Weibchen dem befruchteten Weibchen einer Sklavenart anschließen, mit diesem zunächst eine Allianz eingehen, später aber, sobald die erste Nachkommenschaft der Sklavenameise geschlüpft ist, das andere Weibchen töten. Das befruchtete Weibchen von *F. sanguinea* ist also recht selbständig und zeigt sich den verschiedensten Verhältnissen gewachsen. Es greift unter Umständen die Sklavenarbeiterinnen an, verscheucht sie und tötet sie sogar. Bemerkenswerterweise schließt sich nach Beobachtungen EIDMANNS das Weibchen von *F. sanguinea*, wenn es eine Hilfsameisennest erobert hat, von der Außenwelt ab und legt zunächst nur eine beschränkte Zahl von Eiern. Es hat also im Gegensatz zu *F. rufa* seine Grabtätigkeit nicht eingebüßt und zeigt darin gewisse atavistische Züge. Demgegenüber beschränkt sich die Königin der Amazonenameise, *Polyergus rufescens* LATR., darauf, eine *F. fusca*-Königin in deren Nest zu töten, setzt sich aber den Arbeiterinnen gegenüber nicht zur Wehr, sondern läßt sich von ihnen herumschleppen. In den ersten beiden Jahren ist das Amazonenameisenvolk noch auf die ursprünglich im Nest vorhandenen Hilfskräfte angewiesen, da erst im dritten Jahre mit dem Sklavenraub begonnen wird. Während manche *Strongylognathus*-Arten, z. B. *huberi* FOR. und *rehbinderi* FOR., echte Sklavenräuber sind und sich bei der Volksgründung ähnlich wie *Polyergus* verhalten, späterhin aber wieder durch Raub ihre Hilfskräfte auffüllen müssen, schließt sich das Weibchen von *Str. testaceus* SCHENCK friedlich einem ebenfalls bei der Volksgründung tätigen *Tetramorium*-Weibchen an. Sowohl die eigene Brut wie die von *Strongylognathus* wird von den *Tetramorium*-Arbeiterinnen aufgezogen; dabei werden jedoch die Geschlechtstiere von *Strongylognathus* vor den größeren von *Tetramorium* bevorzugt. *Strongylognathus*-Arbeiter sind dagegen sehr spärlich und werden überflüssig. Von *Harpagoxenus sublaevis* NYL. dringen die verhältnismäßig kräftigen Arbeiter und die die Weibchen vertretenden Ergatogynen in *Leptothorax*-Völker ein, vertreiben diese, behalten jedoch Puppen beiderlei Geschlechts. Sahen wir schon bei *Strongylognathus* ein Überflüssigwerden der Arbeiterinnen, so sind diese bei *Anergates atratulus* SCHENCK bereits ganz in Fortfall gekommen. Das Weibchen sucht Aufnahme in einem *Tetramorium*-Volk, was auch stets gelingt. Nach der Adoption töten die *Tetramorium*-Arbeiterinnen ihre eigenen Weibchen. Ähnliche Verhältnisse finden sich auch bei anderen parasitären Myrmicinen.

Haben wir bisher die Gründung des Ameisenvolkes betrachtet, also den Beginn seiner Entwicklung, so fragt es sich nun, wieweit man daraus Schlüsse auf seine Phylogenese ziehen darf und ob das Staatenleben in ähnlicher Weise wie bei Bienen und Wespen entstanden zu denken ist. Die einfachste Form stellt zweifellos die monogyne Gründung dar. Das Weibchen ist noch solitär. Ein Sichzusammenfinden mehrerer Weibchen ist zwar beobachtet, wobei die komplizierteren Fälle mit Adoption oder in Verbindung mit Parasitismus als etwas zweifellos Sekundäres zunächst nicht berücksichtigt werden sollen. Aber auch hier setzt sich der Brutegoismus durch, wenn nach anfänglichem neutralen Zusammenleben die ersten Arbeiterinnen auftreten, und es kommt zwischen den einzelnen Weibchen zu Kämpfen, die eine gemeinsame Gründung unmöglich machen. Wenn trotzdem später gelegentlich eine Polygynie zu beobachten ist, so kann hier sehr wohl die räumliche Ausdehnung und die gegenüber anderen sozialen Hymenopteren wesentlich unübersichtlichere Nestanlage das ihrige dazu beitragen Die Gewohnheit vieler Weibchen, sich zur Volksgründung von der Umwelt abzuschließen, wird nur durch ihre Fähigkeit, die erste Brut mit körpereigenen Produkten aufzuziehen, möglich. Die Verwendung von Körpersekreten für die Ernährung der Larven sehen wir aber auch bei der Honigbiene ausgebildet; insofern steht also dieses Verfahren nicht isoliert da. Nur bei den pilzzüchtenden Attinen sahen wir gewissermaßen Brutfutter im weiblichen Kessel, das jedoch erst später den erst geschlüpften Arbeiterinnen zugute kommt. Dadurch wird die Vermutung nahegelegt, daß vielleicht bei tiefstehenden Ponerinen oder Ameisen, deren Weibchen auch späterhin noch außer der Eierlegetätigkeit andere Arbeiten ausführen, auch noch heutzutage eine Fütterung durch nicht aus dem weiblichen Körper selbst stammende Stoffe bei der Volksgründung vorkommen könnte. Erst infolge einer stärkeren Ernährung der zum Weibchen bestimmten Larve konnte dieses die für die mehr oder weniger lange selbstgewählte Einzelhaft nötigen Reservestoffe in seinem Körper aufspeichern. Darüber, wie sich weiter der Instinkt, mit körpereigenen Stoffen zu füttern, entwickelt hat, sind ebenfalls nur Vermutungen möglich. Denkbar wäre es, daß er auf ein Belecken der Eier und später der Larven zurückgeht. Eine gewisse Notlage zusammen mit starker Reproduktionsfähigkeit wird schließlich zur Verfütterung eigener Eier geführt haben.

Diese Ernährungsweise bringt es mit sich, daß hier mehr als bei den anderen sozialen Hymenopteren den ersten Larven eine ganz besonders geringe Menge von Nährstoffen, mögen diese vielleicht auch von höherem Nährwert sein, zugeführt wird. Bei der Entwicklung wird daher nicht bloß an den Keimdrüsen gespart, wie es bei den sozialen Bienen und Wespen der Fall war. Auch eine damit verbundene Herabsetzung der Körpergröße reicht nicht aus. In ganz hervorragendem Maße leidet die Thoraxmuskulatur darunter und Flügel werden nicht mehr angelegt. Die geringe Nahrungsmenge bringt es mit sich, daß gerade die ersten Arbeiterinnen besonders klein ausfallen, eine Erscheinung, die mit der Zwergenhaftigkeit erster Hummelarbeiter verglichen werden kann, wo das Weibchen nur geringe Futtermengen beschaffen kann. Wie weit die Qualität der Nahrung auf die Ausbildung der Kasten bzw. auf die Entwicklung der Weibchen von Einfluß ist, ist noch kaum bekannt. Bei der Vielseitigkeit der Ameisen wäre eine dadurch bedingte Differenzierung wohl möglich. Wir sehen jedoch, wie das Attinen-Weibchen, ohne die Pilzkohlrabi zu verwerten, die später die hauptsächlichste, wenn nicht ausschließliche Larvennahrung darstellen, seine ersten Arbeiter aufzieht. Gleichwohl scheint die Kastenbildung trophogenen Ursprungs zu sein. Diese Frage wird später im Zusammenhang mit der Geschlechtsbestimmung noch näher zu behandeln sein. Der Nahrungsmangel in der Brutkammer kann auf der anderen Seite dadurch ausgeglichen werden, daß die Eizahl eine geringe ist. Andrerseits wird bei individuenarmen Ameisengesellschaften, die auf ein geringes Reproduktionsvermögen der Königin schließen lassen, die Differenzierung der Arbeiterkaste weniger weit getrieben.

In den Anfangsstadien der Stammesentwicklung des Ameisenstaates wird das Weibchen in ähnlicher Weise wie später seine in sexueller Hinsicht reduzierten Töchter die Arbeiten selbst ausgeführt, also auch entsprechende Instinkte aufzuweisen haben. Derartige Instinkte mögen dann latent erhalten geblieben und auf die Nachkommen vererbt worden sein. Mit der weiteren Entwicklung ergibt sich aber auf der Seite des Weibchens, das immer mehr zur Eierlegerin wird, daß es fast nur noch bei der Nestgründung zur Entfaltung seiner übrigen Fähigkeiten kommt. während umgekehrt die Instinkte der Arbeiterinnen immer komplizierter werden. Diese Instinkte gehen aber auf die von den Arbeiterinnen im Verlauf ihres verhältnismäßig langen Lebens gemachten Erfahrungen zurück, sie sind also an unfruchtbare Individuen gebunden. Damit scheint aber ihre erbliche Fixierung ausgeschlossen. Diese ist jedoch dadurch nicht ganz unterbunden, daß auch Arbeiterinnen gelegentlich zur Eiablage schreiten. Aus derartigen Eiern können sich nach verschiedenen Beobachtungen wieder weibliche Wesen, allerdings vorzugsweise Arbeiterinnen, außerdem aber besonders Männchen entwickeln. Auf diesem Wege ist daher eine Vererbung denkbar. Sind Arbeiterinnen gänzlich unfruchtbar geworden, wie dies bei *Tetramorium* der Fall sein soll, dann scheint eine Weiterentwicklung der Instinkte ausgeschlossen. In ähnlicher Weise dürften auch bei anderen sozialen Hymenopteren die nur im Leben der Arbeiterinnen auftretenden Instinkte durch deren Nachkommen, meistens Männchen, erblich fixiert werden und erhalten bleiben. Ob allerdings die spärliche Nachkommenschaft der Arbeiterinnen, die im allgemeinen nur eine abnorme Erscheinung darstellt, bei der damit verbundenen großen Zufälligkeit hierfür ausreicht, mag dahingestellt bleiben.

Die Untersuchung der Phylogenese des Ameisenstaates stößt dadurch auf größere Schwierigkeiten als bei anderen sozialen Hymenopteren, daß in dieser Familie solitäre Formen nicht mehr vorkommen. Andererseits ist es auch kaum möglich, bei der scharfen Umgrenzung der Familie diese mit anderen solitären Hymenopteren in engeren morphologischen Zusammenhang zu bringen.

Haben wir bereits bei der Besprechung der Volksgründung gewisse Vereinigungen von artfremden Ameisenarten kennengelernt, so sollen uns im folgenden solche gemischten Gesellschaften beschäftigen, die über die Gründung des Volkes hinaus von Bestand sind. Eine günstige Nistgelegenheit kann verschiedene Ameisenarten zusammenführen. An einem morschen Baumstamm oder unter einem Stein findet man nicht selten mehrere Arten vereinigt. Die Nachbarschaft ist nur räumlich bedingt; die Nester selbst sind getrennt. Allerdings haben sich die Arten doch wohl kennengelernt. Denn wenn sich außerhalb der Nester die Individuen verschiedener Völker begegnen, bekämpfen sie sich nicht mehr. Dieser Gleichgewichtszustand wird aber durch künstliche Störungen an den Nestern aufgehoben, und es pflegt dann zu Kämpfen zu kommen. Unter Umständen genügt das Aufdecken des Steines, um die friedlich nebeneinander lebenden Ameisen zum gegenseitigen Kampf zu reizen. In manchen Fällen sucht aber die eine Ameisenart die Nähe einer anderen und kann unter Umständen daraus Nutzen für sich ziehen. Im einfachsten Falle führen derartige Beziehungen zur Kleptobiose. Hier handelt es sich um eine Ausbeutung des Raubes der einen durch die andere Art. Dabei ist gewöhnlich die ausbeutende Art die behendere. Unter Umständen beschränkt sich die kleptobiotische Art aber auch darauf, die nach Kämpfen in der Nähe des Baues herumliegenden Kadaver für sich zu stehlen. Mit größerer Regelmäßigkeit finden sich *Conomyrma pyramica* an den Nesteingängen von erntenden *Pogonomyrmex*-Arten und indische *Cremastogaster*-Arten bei *Holcomyrmex,* die sie bei der Rückkehr zum Nest angreifen, um ihnen die Beute abzunehmen. Etwas enger sind die Beziehnugen der Diebsameisen zu anderen Ameisen oder auch Termiten, mit denen sie in einem lestobiotischen Verhältnis leben. Charakteristisch ist die Kleinheit dieser Ameisen, die es ihnen ermöglicht, ihre eigenen engen Gänge, in denen ihnen größere Ameisen nicht zu folgen vermögen, in den Nestern größerer Arten anzulegen. Auf diesen mit den geräumigen Wegen der größeren Ameisen kommunizierenden Pfaden gelangen sie zu den Brutkammern und können dort ihre Räubereien ausführen. In anderen Fällen scheinen auch die Vorratskammern von Ernteameisen das Ziel zu sein. Aus der einheimischen Fauna mag hier besonders *Solenopsis fugax* Latr. erwähnt werden. Diese Art dringt gewöhnlich bei *Formica*-Arten ein, kommt aber auch bei Myrmicinen vor. Ihre Kleinheit schützt sie außerdem vor den Angriffen der größeren, die vergebens den durch seinen Stachel wehrhaften kleinen Gegner zu packen suchen. Außerdem lebt unsere *Solenopsis* gelegentlich auch in reinen Völkern. Verfasser fand einmal ein sehr individuenreiches Volk dieser Art unter einem Stein, fern von jeder anderen Ameisensiedlung. Auch Blattlauszucht ist beobachtet. Während größere *Solenopsis*-Arten frei zu leben scheinen, ist bei denjenigen, die noch kleiner sind als unsere Art, die Lestobiose wohl eine ständige Erscheinung. Mit der lichtscheuen Lebensweise dieser Tiere ist eine blasse Färbung verbunden. Außerdem erreicht hier der besonders bei der in Termitennestern im gleichen Verhältnis lebenden Gattung *Carebara* ausgeprägte Größenunterschied zwischen Weibchen und Arbeiterinnen seinen Höhepunkt. Die riesigen Weibchen sind zur Anlage des Diebsnestes im Termitenbau nicht fähig und nehmen die hier ausschließlich vorhandenen Zwergarbeiter im Fluge aus dem Stammvolk mit. Die Arbeiterinnen klammern sich dabei hauptsächlich an den Beinen an, machen im übrigen nach WHEELER beim Antritt ihrer Luftreise keinen Unterschied zwischen Männchen und Weibchen. Von den zahlreichen anderen in Lestobiose lebenden Ameisen mögen hier nur noch die allerkleinsten erwähnt werden, die bei schlanker Gestalt weniger als 1 mm lang sind und bei denen außerdem winzige Soldaten vorkommen können. Als „Parabiose" bezeichnet FOREL natürliche und freie soziale Beziehungen zwischen zwei oder mehr Ameisengesellschaften oder zwischen Ameisen und Termiten, wobei die Bruträume getrennt sind. Zwischen Gleichgültigkeit und Freundschaft kommen alle Übergänge vor. Die Parabiose vermittelt zwischen den Kämpfen und intimen Allianzen gemischter Völker. Diese Vereinigung braucht allerdings nicht immer gesetzmäßig zu sein. Eine kleinere Art kann dabei durch den von der größeren Art ausgeübten Nestschutz Vorteile genießen; gleichstarke Arten können ihr Nest gemeinsam verteidigen. In einem von WHEELER beobachteten Falle ist ein gegenseitiger Vorteil vorhanden. *Cremastogaster parabiotica* FOR. siedelt sich in den äußeren Schichten eines von *Camponotus femoratus* F. bewohnten Ameisengartens an. Bei schwächeren Angriffen übernehmen die *Cremastogaster* bei stärkeren außerdem die *Camponotus* gemeinsam die Verteidigung. Im Mittelmeergebiet findet man *Cremastogaster scutellaris* OL. und den ihr auffallend ähnlichen *Camponotus lateralis* OL. zwischeneinander an den gleichen Stämmen herumlaufend. Die Ähnlichkeit kann als Mimese aufgefaßt werden. Die *Cremastogaster*-Art dürfte die wehrhaftere sein und ihre Gesellschaft von dem kleinen *Camponotus* aufgesucht werden. In anscheinend friedlicher Gemeinschaft mit *F. rufa* L. und *pratensis* RETZ., von diesen geduldet, lebt bei uns als einzige einheimische Gastameise *Formicoxenus nitidulus* NYL., der durch seine vielfach ergatogynen Arbeiter, die flügellosen Männchen und die an der Brutpflege (Transport) Anteil nehmenden Weibchen ausgezeichnet ist. Für sich allein findet sich diese Ameise nicht mehr, folgt auch der Wirtsameise mit ihrer Brut, wenn diese in ein anderes Nest übersiedelt. Dicht unter der Oberfläche des Ameisenhaufens finden sich die kleinen, aus feinerem Material aufgebauten Nester der Gastameise, ohne daß diese durch engere Zugangswege gegen die größeren Straßen der Wirtsameise abgeschlossen wären. Eine ganze Anzahl einzelner *Formicoxenus*-Völkchen kann sich im gleichen Wirtsbau ansiedeln, wobei zwischen den Angehörigen der einzelnen Gesellschaften ein durchaus friedfertiger Verkehr besteht. Nach den Beobachtungen von STÄGER steigt unsere Gastameise ihrem Wirt auf den Rücken und nimmt den beim Betrillern der Mundteile hervortretenden Nahrungstropfen zu sich, sucht aber auch noch selbständig andere Nahrung. Wird sie von den Wirtsameisen angegriffen, so verharrt sie regungslos und wird dann nicht weiter beachtet. Gelegentlich greift sie auch selbst aktiv an. Dieses Verhältnis stellt nach STÄGER einen Übergang zwischen indifferenter Synökie und echter Symphilie dar und wird von ihm als Hemisymphilie bezeichnet. Recht ähnlich sind auch die Beziehungen zwischen den nordamerikanischen *Leptothorax emersoni* WHEEL. und *glacialis* WHEEL. und ihren Wirtsameisen aus der Gattung *Myrmica*.

Die Nester befinden sich in denen des Wirtes, sind diesem selbst aber wegen der engen dorthin führenden Straßen nicht zugänglich. Dagegen halten sich die *Leptothorax*-Arbeiterinnen zwischen den Myrmicinen auf und belecken diese, *L. emersoni* reichlicher als *glacialis*. Außerdem nehmen sie auch hin und wieder Futtertropfen von ihren Wirten entgegen; dabei scheint *glacialis* mehr gefüttert zu werden und von seinem Wirt also auch abhängiger zu sein. In künstlichen Nestern isoliert gehalten, nimmt *L. emersoni* auch Honig und Insekten selbständig als Nahrung an, zeigt also trotz des bereits unverkennbaren Parasitismus noch seine ursprünglichen Instinkte.

Während bei den bisher besprochenen zusammengesetzten Völkern die zusammenlebenden Ameisen oft ganz verschiedenen Verwandtschaftsgruppen angehörten und daher eine gemeinsame Brutpflege von vornherein ausgeschlossen war, haben wir es bei den sozial gemischten Völkern stets mit enger verwandten Formen zu tun, die, wenn sie auch teilweise infolge einer parasitären Differenzierung bereits anderen Gattungen angehören, doch ihre stammesgeschichtlich engen Beziehungen zur Wirtsameise erkennen lassen. Hierdurch wird auch eine gemeinsame Brutpflege möglich. Die Fälle des „temporären Sozialparasitismus" lernten wir bereits bei der Besprechung der Volksgründungen kennen. Die Zusammensetzung des Volkes ändert sich hier allmählich mit dem Aussterben des Stammvolkes nach dem Tode des dazugehörigen Weibchens, bis schließlich die Nachkommenschaft des eingedrungenen oder adoptiert artfremden Weibchens allein übrig ist. Es kann aber auch aus derartigen Volksgründungen ein ständig gemischtes Volk hervorgehen, wenn die eingedrungene Art eine sklavenraubende Form ist. Der „Sklavenraub" beruht darauf, daß die betreffende Art sich Puppen einer anderen durch Raub verschafft und diese im eigenen Volk zur Entwicklung kommen läßt, wodurch sich die dort ausschlüpfenden Ameisen als Angehörige dieses Volkes fühlen. Im übrigen arbeiten sie dort nach ihren eigenen Instinkten und behandeln die Brut der „Herrenameise", als wenn es die der eigenen Mutter wäre. Die Fütterung wird ebenfalls auf die „Herren" übertragen. Aus der Gattung *Formica* ist als Puppenräuberin die *Formica sanguinea* LATR. besonders hervorragend. In Nordamerika kommen noch einige weitere Rassen derselben und einige andere Arten in Betracht. Geraubt werden in erster Linie die schwächlichen Arten der *F. fusca*-Gruppe. Zu diesem Zwecke werden im Laufe des Hochsommers im ganzen zwei bis drei Raubzüge unternommen. Mehrere Rotten ziehen aus, behalten aber untereinander Fühlung, umstellen das vorher ausgekundschaftete Nest und dringen plötzlich von allen Seiten gegen dasselbe vor. Denjenigen Sklavenameisen, die Puppen in Sicherheit bringen wollen, werden dieselben abgenommen, während solche, die ohne Brut die Flucht suchen, soweit sie sich nicht zur Wehr setzen, durchgelassen werden. Die nach Abzug der Ameisen im Bau zurückbleibenden Kokons werden dann in das *sanguinea*-Nest geschleppt. Je nach dem Temperament der Sklavenart zeigen die einzelnen Raubzüge gewisse Verschiedenheiten. Die Zahl der Sklaven kann der der Herrenameise gleichkommen, aber auch wesentlich dahinter zurückbleiben. Außerdem kommen aber auch besonders große Völker der *F. sanguinea* ganz ohne Sklaven aus, eine Eigentümlichkeit, die bei einigen nordamerikanischen Formen der gleichen Art die Regel bildet. Die Sklavenlosigkeit kann auch darauf zurückgeführt werden, daß sämtliche in der Nähe befindliche Völker von Sklavenarten bereits ausgeplündert sind. Wenn auch die gewöhnlichen Sklaven dieser Ameise *F. fusca L.* und *rufibarbis F.* darstellen, so konnte FOREL doch künstliche Aufzucht einer ganzen Reihe von *Formica*-Arten und von *Polyergus* durch die *sanguinea* erzielen. Hin und wieder raubt *F. sanguinea* auch Puppen von *Lasius*-Arten, doch nicht, um aus ihnen Hilfskräfte aufzuziehen, sondern zur eigenen Nahrung. Bemerkenswert ist, daß die Puppen der Geschlechtstiere geraubter Arten von den „Herrenameisen“ getötet werden.

Während *F. sanguinea* noch sehr wohl ohne Sklaven existieren kann und sich als eine recht vielseitige Ameise zeigt, ist der Sklavereiinstinkt bei der Gattung *Polyergus* ins Extrem getrieben und hat zu weitgehenden Spezialisierungen in der Körperorganisation geführt. Besonders die Mandibeln, die ja das wichtigste Werkzeug der Ameisen beim Bauen und beim Zerkleinern der Beute bilden, sind hier schlank sichelförmig geworden und nur mit ganz winzigen Zähnchen besetzt. Die Abhängigkeit von den Hilfsameisen ist hier durch die einseitige Spezialisierung so weit vorgeschritten, daß die Amazonenameisen die selbständige Nahrungsaufnahme verlernt haben und bei Hunger sich an ihre Sklaven wenden müssen. Auch die Brut wird nicht mehr von ihnen selbst gepflegt und die Bauinstinkte sind ebenfalls verloren gegangen. Wenn gejagt wird, so geschieht dies lediglich, um Puppen zu rauben, aber nicht zur Nahrungsbeschaffung. Die bei den Raubzügen zu beobachtende Taktik unterscheidet sich von der von *F. sanguinea* angewandten besonders durch die Schnelligkeit des Handelns. Nur ein Teil des Volkes (bis 2000 Individuen) nimmt an den Raubzügen teil, die an warmen Sommernachmittagen ausgeführt werden. Die für eine Beraubung in Frage kommenden Nester sind vorher durch einzelne Ameisen, die später wohl den Kopf des Zuges bilden, ausgekundschaftet worden. Gelegentlich kommt aber auch der Zug in eine falsche Richtung, worauf ein erneutes Suchen erfolgt und kleinere Sonderexpeditionen sich abtrennen können. In kurzer Entfernung vom Ziel wird haltgemacht und so lange gewartet, bis alle Teilnehmer — auch Weibchen können sich darunter befinden — versammelt sind. In einem plötzlichen Ansturm erfolgt dann der Angriff. Die Amazonen dringen in das Innere ein und kommen mit Beute beladen heim. Diese kann entweder vor dem *Polyergus*-Nest niedergelegt werden, worauf die Sklaven die Kokons hineintragen und die Amazonen noch einmal zum Rauben zurückkehren, oder wird von ihnen selbst hineingebracht. Setzen sich Ameisen der Sklavenart zur Wehr oder verfolgen sie die heimkehrenden *Polyergus*, um ihnen die Kokons zu entreißen, so entledigt sich die Amazonenameise ihres Gegners dadurch, daß sie dessen Kopf mit ihren Sichelmandibeln packt und, wenn darauf kein Loslassen erfolgt, mit den Mandibelspitzen das Gehirn durchbohrt. Als hauptsächlichste Sklavenarten kommen *F. fusca glebaria Nyl.* und *rufibarbis F.* in Betracht. Die Raubzüge finden viel häufiger als bei *F. sanguinea*, mitunter zwei am gleichen Tage, statt. Der Instinkt, in das Nest der Sklavenart einzudringen, erscheint sehr stark gefestigt, da die einem Raubzuge vorgeschütteten Sklavenkokons als solche nicht erkannt werden. Der diesen anhaftende Geruch scheint jedoch das Vorhandensein eines Nestes der gesuchten Art vorzutäuschen, da die Amazonen doch einzudringen suchen. Auch die nordamerikanischen *Polyergus*-Arten verhalten sich ähnlich wie unsere einheimische Amazonenameise. Gewisse Unterschiede in der Taktik sind im übrigen je nach den Sklavenarten vorhanden.

Unter den *Strongylognathus*-Arten, deren Mandibelbau eine interessante Konvergenzerscheinung zu dem von *Polyergus* darstellt (Abb. 176), finden sich ebenfalls noch sklavenraubende Arten. Am besten bekannt sind hier die Verhältnisse bei *Str. huberi alpinus* WHEEL. KUTTER beobachtete die nächtlichen, spontan erfolgenden Raubzüge, bei denen eine ständige Verbindung zwischen dem Stammnest und einer *Tetramorium*-Siedlung

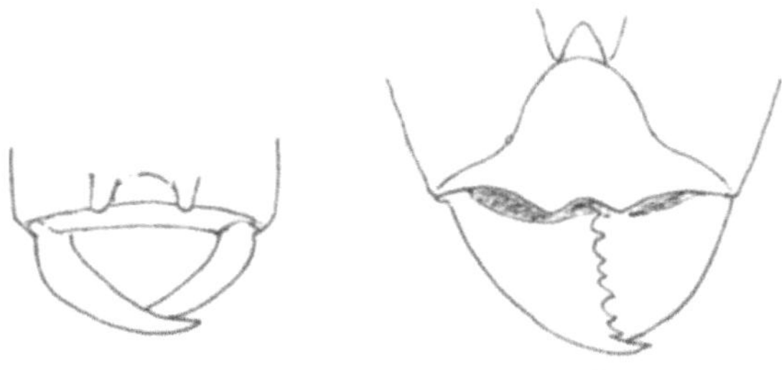

Abb. 176. Mandibeln von *Strongylognathus* (a.) und *Formica sanguinea* LATR. (b.).

vorhanden ist. Auch die bereits vorhandenen Sklaven nehmen daran teil. Abweichend von *F. sanguinea* und *Polyergus rufescens* suchen die *Strongylognathus* die Tetramorien dadurch, daß sie dieselben von hinten mit den Mandibeln packen, einzuschüchtern. Ist dies gelungen, so wird die Brut mit Beihilfe der Sklaven geraubt. Auch die Imagines selbst können fortgetragen werden. Soweit es zu Kämpfen kommt, werden diese zwischen den Tetramorien-Sklaven und den überrumpelten Tetramorien ausgefochten. Das Endergebnis kann eine Allianz sein, deren Zustandekommen dadurch begünstigt wird, daß zur Zeit des Überfalles (nächtlich, bei kühlerer Temperatur) die Tetramorien weniger rege sind und die Einschüchterungstaktik friedlicher ist als die Angriffsweisen der anderen sklavenhaltenden Ameisen. Möglicherweise kommen auch unterirdische Raubzüge vor. *Strongylognathus rehbinderi* FOR. unternimmt dagegen seine Expeditionen bei Tage. Wenn auch der Bau der Mandibeln weitgehend dem von *Polyergus* ähnelt, so sind die sklavenhaltenden *Str.* doch noch viel selbständiger als die Amazonenameisen. Sie nehmen ohne fremde Hilfe die Nahrung zu sich und können auch selbst Nester anlegen. Bei dem auch bei uns vorkommenden *Strongylog. testaceus* SCHENCK ist die durch das Halten von Hilfsameisen eingeleitete

Degeneration weiter fortgeschritten und die Tiere haben erheblich an Selbständigkeit eingebüßt, wie bereits bei der Besprechung der durch Allianz zustande kommenden Nestgründung erwähnt wurde. Die Arbeiterinnen werden hier überflüssig, da Sklavenraub nicht mehr in Betracht kommt, und sind im Verhältnis zu den Geschlechtstieren gering an Zahl. Zur Nahrungsaufnahme sind die *Strongylognathus* zwar noch fähig, lassen sich aber gewöhnlich von den *Tetramorium*-Arbeiterinnen füttern. FOREL brachte *Strongylognathus testaceus* mit fremden *Tetramorium* zusammen, was zu Kämpfen führte, wobei die *Str.* nach Art der Amazonenameisen mit ihren Sichelmandibeln den Gegner zu durchbohren versuchten, was ihnen jedoch nicht gelang. Auch ungeschickte Versuche, *Tetramorium*-Puppen zu transportieren, konnten beobachtet werden. Hierin sowohl wie in der Kampfmethode kommen nach FOREL atavistische Reminiszenzen zum Durchbruch, die an das Verhalten der sklavenraubenden *Strongylognathus* erinnern. Der Brutpflegeeinstinkte ist auch *Harpagoxenus sublaevis* NYL. verlustig gegangen, der seine eigene Brut durch die *Leptothorax*-Arbeiterinnen, die aus den im besetzten Nest zurückgehaltenen Puppen schlüpfen, aufziehen läßt. Um sich auch die *Leptothorax*-Weibchen als Hilfskräfte zu erhalten, werden den jungfräulichen Weibchen häufig die Flügel abgeschnitten, demselben Instinkt folgend aber auch gelegentlich die der Männchen. Isolierte *Harpagoxenus* nehmen nach den Beobachtungen von ADLERZ für sich Nahrung auf, lassen aber die Brut verhungern. Ob die Ergatogynen auch noch auf Puppenraub ausgehen können, ist nicht sicher. Der genannte schwedische Forscher fand aber in ein und derselben Gesellschaft neben den *Harpagoxenus* sowohl *Leptothorax acervorum* F. wie *muscorum* NYL., was diese Vermutung entschieden nahelegt, eine Ansicht, die FOREL für durchaus möglich hält, da im entgegengesetzten Falle die *Harpagoxenus*-Ergatogyne von einem von vornherein gemischten *Leptothorax*-Volk Besitz ergriffen haben müßte. VIEHMEYER machte die interessante Beobachtung, daß die *Leptothorax* den *Harpagoxenus*-Larven anfangs Nahrung aus dem Kropfe, später zerstückelte Insekten vorlegen. Leider ist nicht bekannt, ob bei der eigenen Brutfütterung von *Leptothorax* eine ähnliche Differenzierung der Nahrung vorkommt.

Mit dem Fortfall der Arbeiterinnen, der sich bei einer Reihe von Gattungen findet — am besten bekannt ist in dieser Beziehung der auch bei uns vorkommende *Anergates atratulus* SCHENCK (Abb. 177) — kommt die betreffende Art in die größte Abhängigkeit von ihrer Wirtsameise. Dieses Verhältnis wird dadurch um so verhängnisvoller, daß in dem Wirtsnest kein Weibchen der Wirtsart — in unserem Falle: *Tetramorium caespitum* — vorhanden ist. Damit ist aber mit dem Aussterben der *Tetramorium*-Arbeiterinnen auch das der *Anergates* und deren eventuell noch vorhandener Brut besiegelt. Die flügellosen Männchen und das durch Schwellung unförmige Weibchen sind zu unbeholfen, um das Wirtsnest verlassen zu können. Lediglich die geflügelten Weibchen können in neue *Tetramorium*-Nester übersiedeln. Die Tiere sind zu eigener Nahrungsaufnahme unfähig und werden durch die *Tetramorium*-Arbeiterinnen gefüttert. Außerdem wird besonders den Männchen viel Aufmerksamkeit zugewandt. Aus dem häufigen Belecken derselben darf angenommen werden, daß sie für ihre Wirte angenehme Drüsensekrete ausscheiden.

Wurden im vorhergehenden die hauptsächlichsten natürlich gemischten Völker behandelt, so können auch durch Bündnisse zwischen Völkern der gleichen Art gemischte Völker entstehen, denen man jedoch ihren Ursprung nicht ansehen kann, die sich aber experimentell erzielen lassen und deren Vorkommen im Freien danach nicht ohne weiteres von der Hand gewiesen werden darf. Da sich im allgemeinen kräftige Völker leicht befehden, gelingt die Vereinigung zwischen schwachen Völkern am ehesten. FOREL fand, daß gegeneinander geschüttete Völker von *F. sanguinea* sich leicht vereinigen. Bestanden jedoch schon vorher zwischen beiden Streitigkeiten, so kommt es zu Kämpfen. Die künstliche Herstellung gemischter Völker durch M. FIELDE wurde bereits oben behan-

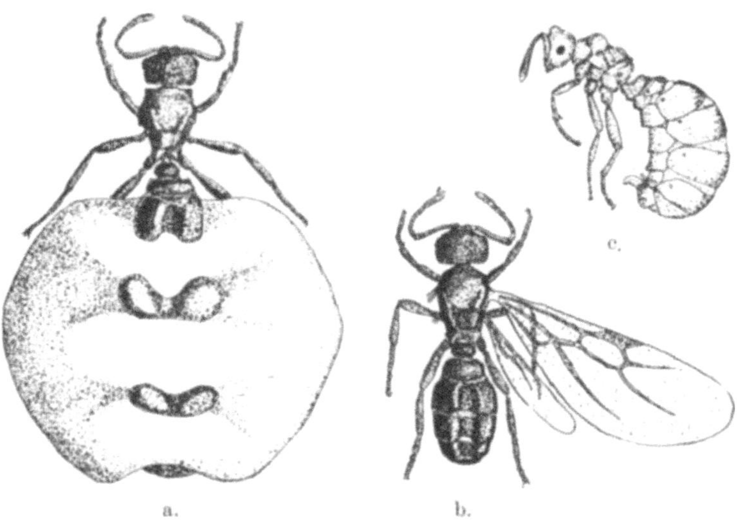

Abb. 177. *Anergates atratulus* SCHENCK; a. befruchtetes, b. jungfräuliches Weibchen, c. Männchen (nach WHEELER).

delt (S. 158). Ein Volk, in dem *F. pratensis, exsecta, fusca, rufibarbis* und *sanguinea* friedlich nebeneinander lebten, konnte FOREL dadurch erzielen, daß er in einem *sanguinea*-Volk, das bereits als Hilfsameisen *F. exsecta* und *rufibarbis* enthielt, Puppen der anderen Arten aufziehen ließ. Als junge *fusca*- und *pratensis*-Arbeiterinnen hinzugesetzt wurden, wurden diese nicht aufgenommen. Ausnahmsweise zieht *F. sanguinea* Arbeiterinnen von *pratensis* als Sklaven auf. Als auf ein derartig gemischtes Volk andere *pratensis* losgelassen wurden, hielten die im gemischten Volk vorhandenen *pratensis* zu ihren Herrenameisen. Selbst wenn die Nester benachbart liegen, kehren die *pratensis* nicht zu ihren Schwestern zurück und stehen ihnen selbst feindlich gegenüber. In einem anderen von FOREL beobachteten Falle hielten sich die *pratensis*-Arbeiterinnen eines bereits zwei Monate gemischten *sanguinea-pratensis*-

Volkes bei Kämpfen gegen andere *pratensis* zurück und die *sanguinea* nahmen von der Anwendung ihres Giftes Abstand. Ein Teil der fremden *pratensis* wurde später im gemischten Volk aufgenommen, wenn auch vereinzelte Kömpfe noch einige Zeit andauerten.

Die Kämpfe der Ameisenvölker gegeneinander können verschiedenen Anlaß haben und dementsprechend Verteidigungs- und Ankgriffskriege unterschieden werden. Als Waffen kommen die Mandibeln in Betracht. Hinzu kommt bei den Formicinen die Giftspritze, durch die der Gegner mit Ameisensäure bespritzt wird. Die niederen Ameisen, Ponerinen und Myrmicinen, verfügen noch über den Stachelapparat, doch ist dafür hier unter Umständen die Giftdrüse rückgebildet und der Stachel durchaus nicht immer fähig, härtere Chitinteile zu durchbohren. Die Dolichoderinen verfügen über das Sekret ihrer Analdrüsen, mit dem sie die Fühler des Gegners zu besudeln suchen und den sie, da sie die wichtigsten Sinnesorgane desselben dadurch außer Funktion setzen, kampfunfähig machen. Andere, z. B. manche *Lasius*-Arten, verbreiten einen abstoßenden Geruch. Einer ganzen Reihe von Formen kommt die größere Behendigkeit zu gute, anderen ihre Kleinheit, anderen ihre zahlenmäßige Überlegenheit. Mit der Stärke des Volkes pflegt auch die Kampflust zu wachsen. Bei den Kämpfen zwischen *Camponotus* prallen diese vielfach mit den Stirnen gegeneinander und klopfen mit dem Abdomen auf den Boden, wodurch ein deutlich hörbares Geräusch entsteht. Kommt es zwischen Völkern der gleichen Art zu Streitigkeiten, etwa bei der Ausdehnung des auszubeutenden Gebietes, so führt die gleiche Kampfweise beider Parteien oft zu schweren, mitunter nach Tausenden zählenden Verlusten. Dagegen neigen *F. sanguinea* und *Leptothorax* mehr zur Bildung von Allianzen. Gegen ihr Analdrüsensekret sollen die Dolichoderinen weniger empfindlich sein als andere Ameisen, so daß es bei ihren Kriegen kaum Verluste gibt. Mehr harmlose Balgereien sind gelegentlich bei *Formica*-Arten und *Tetramorium* beobachtet worden. Die Entwicklung der Kämpfe verschiedener Ameisenarten oder -rassen gegeneinander ist außerordentlich verschieden. Wegen der zahlreichen beobachteten Einzelheiten sei auf FOREL hingewiesen.

Zwölftes Kapitel.

Geschlechtsleben.

Das Hauptziel des Imaginalstadiums ist die Erhaltung der Art und dieses steht daher im Zeichen des Geschlechtslebens, wozu beim Weibchen noch besondere Instinkte der Eiablage und der Brutpflege auftreten. Bei der großen Mehrzahl der Hymenopteren finden sich denn auch beide Geschlechter, während eine verhältnismäßig kleine Zahl der Männchen entbehren kann und entweder sich ständig parthenogenetisch, durch Jungfernzeugung, vermehrt, oder aber einen Wechsel zwischen agamen und sexuellen Generationen aufweist. Damit steht naturgemäß das Zahlenverhältnis der Geschlechter in engstem Zusammenhang. Einen Einblick in dasselbe zu gewinnen, stößt auf allerlei Schwierigkeiten, da besonders Massenfänge leicht ein falsches Bild geben können. Oft ist die Lebensweise der Geschlechtstiere so verschieden, daß man entweder das eine oder das andere Geschlecht in Anzahl findet, während in Wirklichkeit das Verhältnis ein annähernd gleiches sein kann. Das besonders bei aculeaten Hymenopteren häufig vorkommende frühere Ausfliegen der Männchen kann gleichfalls leicht falsche Vorstellungen erwecken. So findet man im Beginn der Flugperiode einer Art, z. B. ganz auffällig bei vielen Frühjahrsbienen, lediglich Männchen, höchstens ein ganz vereinzeltes Weibchen dazwischen, um die Weidenkätzchen schwärmend, während sich einige Tage später das Verhältnis gerade umgekehrt haben kann. Andererseits treffen wir aber, z. B. bei *Halictus*-Arten, zur gleichen Zeit nur Weibchen an, so daß die Männchen zu fehlen scheinen. Der Grund hierfür liegt aber darin, daß die Weibchen bereits im Herbst sich mit den Männchen gepaart haben und allein überwinterten, während die Männchen abstarben. Auch die Ansammlungen einer großen Anzahl von Männchen um ein und dasselbe schlüpfende Weibchen, selbst ehe es noch seine schützenden Hüllen verlassen hat, können zu falschen Schlüssen führen. Die früher geschlüpften Männchen stellen sich dann in Massen um die ersten Weibchen ein, wobei im allgemeinen nur ein einzelnes Individuum zum Ziele gelangen dürfte. Mit dem Erscheinen weiterer Weibchen verschiebt sich dann das Zahlenverhältnis. Einigermaßen sichere Schlüsse sind daher nur durch die Zucht zu gewinnen. Doch ist bei der Beurteilung der Ergebnisse auch hier Vorsicht angebracht. Nimmt man z. B. einzelne Marknester irgendwelcher aculeaten Hymenopteren in Zucht, so stellen diese durchaus nicht immer das Gesamtwerk eines Weibchens dar. Und da die Männchen bzw. Weibchen ergebenden Eier periodisch abgelegt werden können, findet man außer solchen Bauten, aus denen beide Geschlechter schlüpfen, andere, die entweder nur Männchen oder nur Weibchen liefern. Ebenfalls führt die Polyembryonie mancher Parasiten leicht zu Täuschungen. Hier sind die aus einem Ei in großer Anzahl hervorgehenden Individuen sämtlich vom gleichen Geschlecht. Züchtet man daher aus irgendwelchen Wirten große Massen von Weibchen, aber nicht ein einziges Männchen, so ist man durchaus noch nicht zur Annahme berechtigt, daß die betreffende Art sich parthenogenetisch vermehrt, da gelegentlich andere Wirte eine rein männliche Parasitennachkommenschaft ergeben können. Soweit nicht Weibchen erzeugende Parthenogenese die Regel darstellt, wird vermutlich ein die Befruchtung sichernder Überschuß von Männchen zu erwarten sein, der schon deswegen nötig erscheint, weil das Männchen wohl nur ganz ausnahmsweise eine zweite Paarung vornehmen kann. In gewissen Fällen ist allerdings, besonders bei sozialen Hymenopteren, eine recht erhebliche Überproduktion von Männchen zu beobachten. So kommen auf ganz wenige Bienenköniginnen unter Umständen mehr als 1000 Drohnen, die sich im Volke nur als überzählige Fresser aufhalten. Man nimmt an, daß durch diese Überproduktion an männlichen Elementen eine größere Auswahlmöglichkeit gegeben ist und daß daher beim Hochzeitsflug nur ein besonders kräftiges Männchen das Weibchen im Fluge erreichen wird. Es findet also gewissermaßen eine natürliche Zuchtwahl statt. Diese Möglichkeit ist zwar gegeben; doch können auch Zufälligkeiten eine große Rolle spielen. Da nur ein einziges Männchen zur Paarung gelangt, ist die Wahrscheinlichkeit der Vererbung eines entwicklungsfördernden Faktors recht gering anzusetzen. Meiner Ansicht nach ist die große Drohnenziffer als eine atavistische Erscheinung aufzufassen, die an polygyne Vorfahren der Honigbiene erinnert. War früher einmal eine größere Menge von Drohnen über einen längeren Zeitraum nötig, so sind diese, obwohl sie noch produziert werden, überflüssig geworden, und das Bienenvolk sucht sich ihrer daher zu entledigen. Die sogenannte Drohnenschlacht findet statt. Über die sich dabei abspielenden Vorgänge schreibt v. Buttel-Reepen: „Nach Beendigung der sommerlichen oder herbstlichen Haupttracht beginnen im allgemeinen im Volk die biologischen Übergänge zur Winterruhe sich allmählich bemerkbar zu machen. Die Brut ist durch den als ‚Winterfutter' eingetragenen Honig schon stark eingeschränkt. Die Drohnen, die immer noch mit durchgefüttert wurden — in Gegenden mit Spättracht oft bis in den September hinein —, fallen bei Eintritt kühler oder trachtarmer Tage als Opfer; die Drohnenschlacht beginnt. Ein eigentliches Erstechen findet nicht oder nur hin und wieder an ganz vereinzelten Exemplaren statt. Im Beginn wird den Drohnen offenbar kein Futterbrei mehr gereicht. Da nur dieser ihnen den nötigen Stickstoff gewährt, so ermatten sie, zumal sie von den Honigwaben abgedrängt werden. Öffnet man um diese Zeit einen Stock, so findet man die Drohnen auf dem Boden, in den Ecken und an den Stockwänden oft klumpenweise zusammengehäuft sitzen. Auf den Waben sieht man die Arbeiter hinter einzelnen Exemplaren herjagen. Die zum Flugloch hinausfliehenden oder ermattet hinauskriechenden (erkrankte oder verletzte Bienen haben die Gewohnheit, aus dem Stock hinauszukriechen) werden nicht wieder hereingelassen. Versuchen sie einzudringen, so werden sie von den Arbeitern gepackt, gebissen oder zu erstechen versucht. Oft sieht man dann eine Arbeiterin als Reiterin auf dem breiten Rücken einer Drohne; die Drohnen werden ‚hinausgeritten' und kommen schließlich draußen um. So werden auch die in den Stockecken völlig ermatteten hinausgezerrt, die dann oft in Mengen auf der Erde vor den Stöcken liegen." In weisellosen Völkern findet keine Drohnenschlacht statt. Da keine Weibchen vorhanden sind, die befruchtet werden könnten, scheint der Instinkt, die Drohnen aus dem Volke zu entfernen, in enger Abhängigkeit von der Bildung neuer Völker durch Entsenden von Schwärmen zu stehen. Erst wenn dies nicht mehr möglich ist — bei weisellosen Völkern tritt dies nie ein —, erfolgt die Drohnenschlacht. Ob bei den Hummeln, deren Männchen man spät im Jahre oft in großen Mengen verklammt auf den letzten Distelköpfen findet und die auch nachts nicht mehr in die Nester heimkehren, eine gewisse Unduldsamkeit der Arbeiterinnen gegen die Männchen vorliegt, wäre noch näher zu untersuchen. In Analogie zur Honigbiene könnte man eine derartige Erscheinung nach der Befruchtung der Weibchen erwarten. Sie erscheint jedoch bei unseren Hummeln zwecklos, da es sich ja nicht um perennierende Staaten handelt. Diese im Freien verbleibenden Männchen sind offensichtlich Individuen, die nicht zur Paarung gelangt und infolgedessen noch nicht erschöpft sind. Da der Verfall des Volkes und Nestes nach Abzug der neuen Weibchen recht schnell erfolgt, kann auch das Nest diesen Tieren nichts mehr bieten. Auch Wespenmännchen scheinen nicht aus ihren Völkern herausgedrängt zu werden. Sie verlassen allmählich selbst das Nest. Bei den Ameisen fehlt ebenfalls eine der Drohnenschlacht entsprechende Erscheinung. Hier verläßt die große Masse der Männchen — über Ausnahmen wird gelegentlich der Paarungsgewohnheiten noch einiges zu bemerken sein — an günstigen Schwärmtagen das Nest, um nie wieder dorthin zurückzukehren. Findet man trotzdem hin und wieder einige Männchen noch nach dem Schwärmen darin, so ist das Verhalten der Arbeiterinnen ihnen gegenüber ein verschiedenes. Forel beobachtete eine gute bzw. gleichgültige Behandlung, Janet dagegen auch eine Aggressivität.

Zur Erzielung von Paarung und Befruchtung kommen außer den primären auch eine ganze Reihe sekundärer Geschlechtscharaktere vor. Daneben finden wir bei den Brutpflege treibenden Weibchen der aculeaten Hymenopteren besondere Brutpflegecharaktere, die mit Nestbau und Nahrungsbeschaffung für die Larven in engster Verbindung stehen. Solche Charaktere wurden bereits gelegentlich der Brutpflegegewohnheiten besprochen und brauchen uns hier nicht mehr zu beschäftigen. Über die Bedeutung der eigenartigen, monströs wirkenden Umbildungen an Vorderbeinen und Fühlern des Weibchens von *Orussus* ist nichts bekannt. Erwähnt werden mag die Übertragung solcher Eigentümlichkeiten auf das männliche Geschlecht, wie wir sie gelegentlich im Auftreten eines Scharrkamms bzw. in einer Bedornung an den Vorderbeinen bei den Männchen mancher Grabnester anlegenden Formen finden. Bezüglich der Annahme einer Übertragung auf das Männchen können in solchen Fällen aber doch Bedenken geltend gemacht werden, da auch die Männchen gelegentlich eine Grabtätigkeit auszuüben haben, wenn sie sich aus dem Erdboden hervorarbeiten müssen, oder evt., wie es besonders bei Scoliiden vorkommt, nach den noch im Erdboden befindlichen Weibchen scharren.

Als primäre Geschlechtscharaktere des Männchens bezeichne ich hier nur die unmittelbar mit den Keimdrüsen bzw. deren Ausführungsgängen in Verbindung stehenden Körperanhänge, die die Einführung des Spermas in die weibliche Geschlechtsöffnung ermöglichen. Unabhängig von einer Beeinflussung durch die Keimdrüsen dienen die sekundären Geschlechtscharaktere dem Zusammenfinden der Geschlechter, geben dem Männchen Mittel zur Erregung und Bewältigung des Weibchens und können beim Kämpfen mehrerer Männchen gegeneinander zur Anwen-

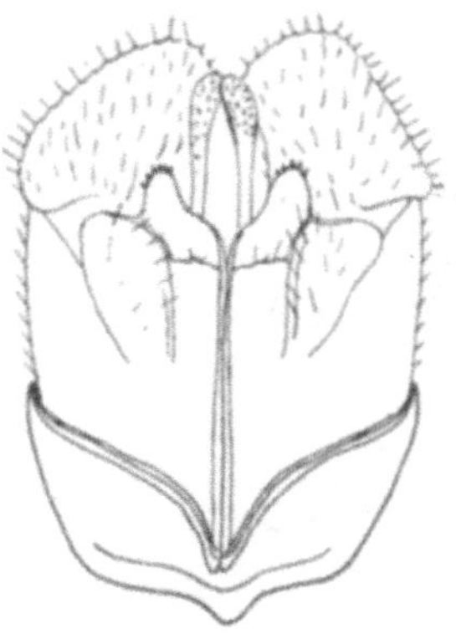

Abb. 178. Männlicher Kopulationsapparat von *Sirex* (nach ENSLIN.)

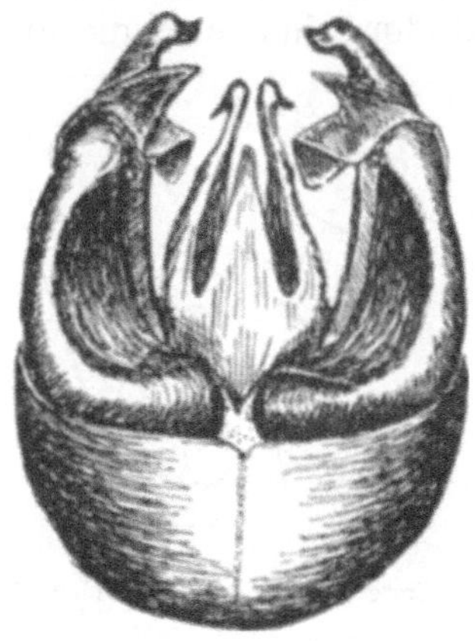

Abb. 179. Männlicher Kopulationsapparat von *Bombus pomorum* PZ.

dung kommen. In vielen Fällen ist, wie z. B. bei Färbungsdifferenzen, irgend eine Bedeutung, die diesen Charakteren zukommen könnte, nicht zu erkennen. Die Unabhängigkeit der Geschlechtscharaktere von den Keimdrüsen läßt sich aus den Beobachtungen GEYERS über die geschlechtliche Differenzierung des Blutes phytophager Formen darauf zurückführen, daß das gesamte Soma von Anfang an sexuell bestimmt ist.

Was zunächst die primären Geschlechtscharaktere anbelangt, so wurden die des Weibchens, der Stachelapparat, bereits oben besprochen. Ich kann mich daher hier auf die Grundzüge des Bauplanes des männlichen Kopulationsapparates (Abb. 178 u. 179) beschränken.

Nach den vergleichend-entwicklungsgeschichtlichen Untersuchungen ZANDERS entstehen in einer Einsenkung des 12. larvalen Sternits (Abb. 180) die beiden Primitivzapfen, aus denen sich die äußeren Genitalanhänge differenzieren. Zunächst erfolgt eine manchmal, z. B. bei *Bombus* und *Apis*, unterbleibende, von hinten nach vorn vordringende Einkerbung des Zapfens, der die Valva externa und Valva interna ihre Entstehung verdanken.

Die letztere wird bei den höheren Apiden entweder reduziert oder kommt ganz in Fortfall. Außerdem nimmt von dem ungeteilten Basalabschnitt jedes Primitivzapfens ein weiterer Zapfen, der sogenannte „Peniszapfen“, seinen Ursprung. Ist der Penis späterhin auch unpaar, so geht er doch aus einer Verwachsung hervor. In ihn senkt sich der Ductus ejaculatorius ein. Am Grunde der Valva externa und Valva interna jeder Seite entsteht eine beide Zapfenbasen umfassende Chitinwucherung, der Cardo, als ringförmiges Gebilde, das dorsal unterbrochen sein kann und dem die Valva externa und interna meist gelenkig aufsitzen. Bei Hummelmännchen wachsen die beiden Peniszapfen zu den sogenannten „Sagitten“ getrennt aus und verschmelzen erst später an ihrem Grunde zu einer den weiten Ductus ejaculatorius umgebenden Röhre, wobei sich auf der Dorsalseite der Röhre die zungenförmige „Spatha“ gewissermaßen als Deckschuppe ausbildet. Nach innen zu verlängert sich das Penisrohr in zwei orale Fortsätze. Bei der Honigbienendrohne sind auch die äußeren Valven nur schwach entwickelt

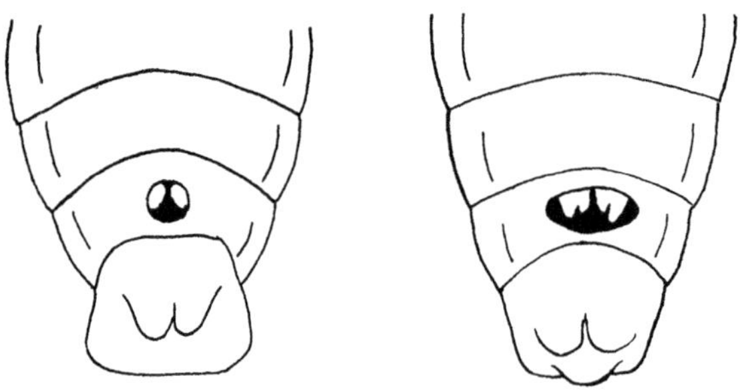

Abb. 180. Erste Anlage des männlichen Kopulationsapparates einer Wespe im 12. Sternit der Larve (nach ZANDER).

und werden von den getrennt bleibenden kräftigen Peniszapfen weit überragt. Der Cardo wird nicht mehr abgegliedert. Zwischen den Primitivzapfen stülpt sich hier schon frühzeitig ein besonders weiter, vorn allerdings enger Ductus ejaculatorius tief in den Körper ein. Der weite Endteil trägt eine ganze Reihe eigenartiger Differenzierungen und Fortsätze (Abb. 181) und wird bei der Begattung handschuhfingerartig umgestülpt, eine Eigentümlichkeit, die sich unter den Hymenopteren nur bei der Honigbiene findet. Am Aufbau des äußeren Genitalapparates der Männchen nehmen also Segmentteile im Gegensatz zum Stachelapparat des Weibchens keinen direkten Anteil. Außerdem zeigt auch die verschiedene Entstehungsweise, daß eine Homologisierung einzelner Teile nicht möglich ist. Entsprechend der Nichtbeteiligung der hinteren Abdominalsegmente am Aufbau des äußeren Genitalapparates liegen hier die Verhältnisse einfacher als bei den Weibchen, wenn auch verschiedene Sternite oder Tergite reduziert werden können. — Die Hoden (Abb. 181) sind entweder paarig (z. B. *Anthophora*) oder unpaar. In jedem befindet sich eine Anzahl Hodenröhrchen, bei der Honigbiene eine große Anzahl langer Schläuche, die mehr oder weniger gewunden liegen. An die ausführenden Vasa deferentia können große Schleimdrüsen herantreten; außerdem kommt als Erweiterung eines jeden Vas deferens die Vesicula seminalis vor. Nach hinten nähern sich beide Gänge stark und finden ihren Anschluß an den unpaaren Ductus ejaculatorius.

Während die Weibchen der höheren (aculeaten) Hymenopteren über eine große Reihe von besonderen Brutpflegeinstinkten verfügen, die dem Männchen nicht zukommen, muß letzteres wenigstens in der Lage sein, das Weibchen aufzufinden. So sehen wir es denn vielfach im Besitz spezifischer Sinnesorgane, die nur für das Aufsuchen des Weibchens in Frage kommen. Die Kompliziertheit der Brutpflegeinstinkte steht in offensichtlicher Beziehung zur Entwicklung des Gehirns. Im großen und ganzen zeigt daher das Gehirn der Weibchen bzw. Arbeiterinnen wesentlich höhere Indizes als das der zugehörigen Männchen. Besonders auffällig sind diese Unterschiede bei hochstehenden Bauchsammlern, wie *Megachile* und *Anthidium*, aber auch *Polistes*. Recht bemerkenswert ist aber, daß bei Kuckucksbienen, deren Weibchen höherer Brutpflegeinstinkte ermangeln, nach v. ALTEN und ARMBRUSTER, die Männchen die höheren Gehirnindizes aufweisen, wobei das *Psithyrus*-Männchen auf gleicher Höhe mit den echten Hummelmännchen steht, während das Gehirn des Weibchens wesentlich reduziert ist. Man könnte also sagen, daß die psychischen Fähigkeiten, die das Männchen zum Auffinden des Weibchens nötig hat, höhere sind, als die des Weibchens beim Aufsuchen des Wirtsbienennestes und der Unterbringung der Eier — vorausgesetzt, daß die Gehirnmaße und der Grad der psychischen Fähigkeiten in Parallele gesetzt werden dürfen. Abgesehen von diesen Ausnahmen der Kuckucksbienenmännchen bleiben aber die übrigen Männchen in ihren Gehirnindizes oft weit hinter den Weibchen zurück, selbst bei der Honigbiene, deren unselbständiges Weibchen seinerseits von den Arbeiterinnen übertroffen wird.

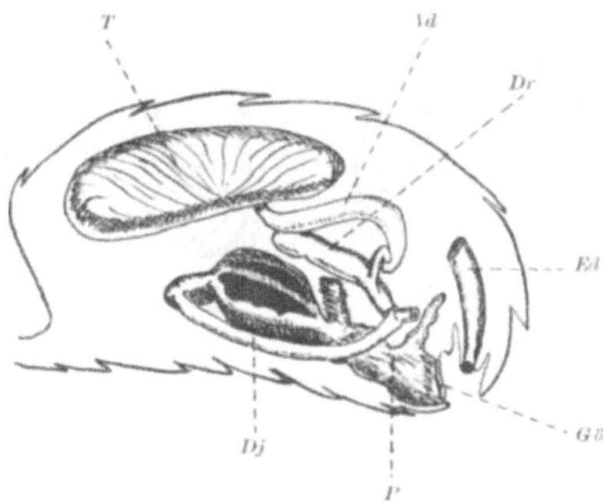

Abb. 181. Lage der männlichen Geschlechtsorgane im Abdomen der Bienendrohne. T = Hoden, Vd = Vas deferens, Dr = Anhangsdrüse, Ed = Enddarm, $Gö$ = Geschlechtsöffnung, Dj = Ductus ejaculatorius, P = Penis (nach ZANDER).

Die wichtigsten Sinnesorgane, die das Männchen zum Weibchen führen, sind Witterungsorgane und liegen dementsprechend an den Fühlern. Eine Vergrößerung der Oberfläche der letzteren durch Verlängerung derselben ist vielfach, besonders bei Aculeaten, zu beobachten. Häufig ist die Gliederzahl größer als am weiblichen Fühler. Eine besonders starke Verlängerung derselben ist für die Männchen der Gattungen *Eucera*, *Macrocera* u. a. Bienen (Abb. 182) charakteristisch. Während die Weibchen der Psammochariden und Scoliiden in sich beweglichere Fühler besitzen, sind die der Männchen mehr starr und können weniger eingerollt werden. Grubenförmige Einsenkungen auf der Rückseite der einzelnen Fühlerglieder sind für die Bienengattung *Melecta* charakteristisch. Im entgegengesetzten Falle wird durch Vorwölbung eine Vergrößerung der Oberfläche erreicht. Bei den Ameisenmännchen ist die bei Weibchen und Arbeiterinnen zu beobachtende scharfe Differenzierung in Fühlerschaft und Geißel mehr verwischt. Unter leistenförmigen Anschwellungen (Tyloiden) liegen bei manchen Wespen und den merkwürdigen Trigonaloiden im männlichen Geschlecht Sinnesorgane verborgen. Eine starke plattenförmige Erweiterung der mittleren Fühlerglieder charakterisiert die Männchen der Goldwespengattung *Pleurocera*. In große Lappen sind die einzelnen Fühlerglieder der Männchen von *Clavelia* (Abb. 182) und einigen anderen Psammocharidengattungen und von *Psammotherma* (Mutillide) ausgezogen, so daß der Fühler gefiedert erscheint. Lange Anhänge tragen auch die Männchen vieler Chalcididen, besonders der Eulophinen. Gekämmte Fühler kehren in verschiedenen Gruppen wieder: z. B. bei Bethyliden, Serphoiden, Tenthrediniden [*Lophyrinae* (Abb. 183 a), *Megalodontinae*]. Eine große Gabel bildet das durch Verwachsung entstandene Endglied mancher Arginen (Abb. 183 b). Knopfförmig erweiterte Endglieder zeichnen die Fühler mancher Nomienmännchen aus. Den eigenartigen Fühler der Gattung *Thaumatosoma* stellt Abb. 182a dar. Haarförmig verlängert ist der ganze Fühler von *Melissa goryi* ROM. Spiralige Einrollung der Endglieder in Verbindung mit starker Erweiterung des letzten ist für die Männchen der Bienengattung *Systropha* charakteristisch. Eine Einrollung der letzten Glieder oder ein hakenförmiges Einschlagen des Endgliedes findet sich bei vielen Faltenwespenmännchen. Im ganzen schraubenförmig gedreht ist der Fühler von *Dinetus*. Bei zahlreichen anderen Spheciden finden sich die verschiedenartigsten Fühlerdifferenzierungen, die zum Teil wohl auch als Reizapparate bei den die Paarung einleitenden Liebesspielen oder Klammervorrichtungen bei dieser selbst angesprochen werden dürfen.

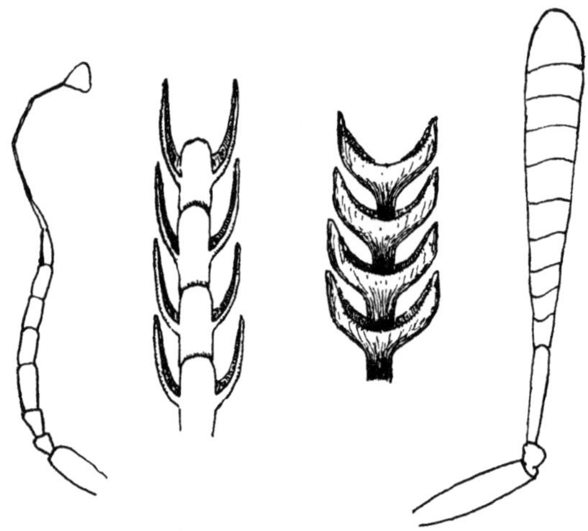

Abb. 182. Männliche Fühler als sekundäre Geschlechtscharaktere. a. von *Thaumatosoma*, b. und c. von *Clavelia* von unten und von oben, d. von *Melitturga*.

So können die an vielen Fühlern zu beobachtenden Ausrandungen, die sich, wenn auch seltener, auch bei Parasiten finden, neben einer Oberflächenvergrößerung auch derartigen Zwecken dienen. Die Differenzierung der Sinnesorgane an den Fühlern wurde bereits oben behandelt.

Die Feinheit des Witterungsvermögens zeigt sich, wenn sich die Männchen in Anzahl an einer Stelle einfinden, um ein schlüpfendes Weibchen zu erwarten, wie es z. B. bei Scoliiden, *Methoca*, Wegwespen, verschiedenen Schlupfwespen usw. beobachtet worden ist. Hier ist zweifellos der Gesichtssinn ausgeschaltet, da das Weibchen sich noch nicht aus der Erde oder aus dem Holz ins Freie hervorgearbeitet hat. Daß jedoch auch der Gesichtssinn eine Rolle beim Auffinden des Weibchens spielen dürfte, dafür scheint die Vergrößerung der Augen mancher Formen zu sprechen. Am bekanntesten ist diese Erscheinung bei der Drohne, wo, ähnlich wie bei vielen Fliegenmännchen, die Augen übermäßig stark an den Seiten des Kopfes hervorquellen. Damit wird auch eine Vergrößerung der Facettenzahl — man zählt bei der Arbeitsbiene 3—4000, bei den Drohnen 7—8000 — und des Gesichtsfeldes erreicht. Eine drohnenartige Augenvergrößerung kommt auch bei manchen Hummelmännchen (z. B. *B. confusus* SCHENCK, *mendax* GERST. u. a.) vor, findet sich unter den einheimischen Bienen besonders ausgeprägt in der Gattung *Melitturga*, deren Fühler (Abb. 182d) dafür an Länge eingebüßt haben, dabei allerdings keulenförmig erweitert sind. Vielfach ist bei Crabronidenmännchen der Scheitelabstand der Augen verringert, unter den einheimischen Formen am weitgehendsten bei *Astata stigma* Pz. (Abb. 184). Auffällig ist, daß diese Augenvergrößerungen sich nur bei manchen Arten finden, während andere der gleichen Gattungen keine nennenswerte Erweiterung erkennen lassen. Recht auffällig ist auch der Größenunterschied der Augen bei den Geschlechtstieren

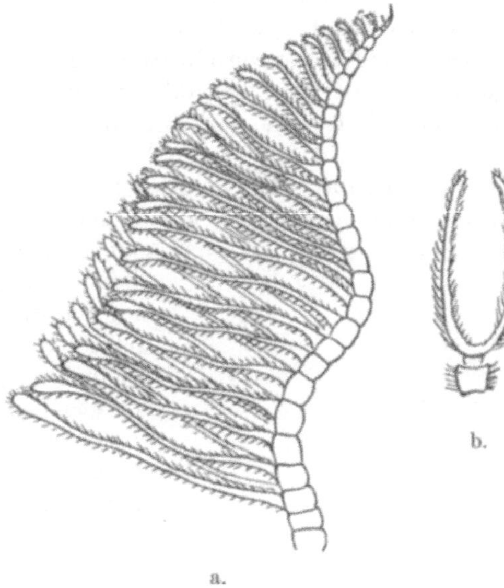

Abb. 183. Männliche Fühler als sekundäre Geschlechtscharaktere. a. *Lophyrus*, b. *Schizocera* (nach ENSLIN).

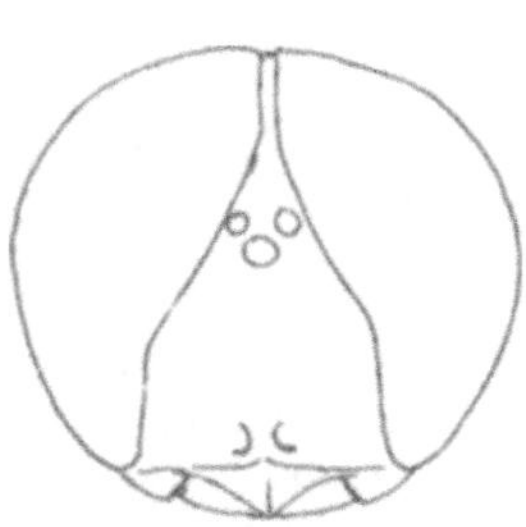
Abb. 184. Vergrößerte Seitenaugen als sekundärer Geschlechtscharakter beim Männchen von *Astata*.

der Ameisen. Seitenaugen und Ocellen sind hier im allgemeinen bedeutend größer beim Männchen als beim Weibchen, während das Gehirn durch den Schwund der das höhere Instinktleben ermöglichenden pilzhutförmigen Körper stark rückgebildet ist. Wieweit beim Aufsuchen des anderen Geschlechts im Fluge die Augen von Bedeutung sind, ist schwer zu entscheiden, da gleichzeitig das Witterungsvermögen zu berücksichtigen ist. Bei der verhältnismäßig geringen Sehweite des Facettenauges dürfte es erst in der Nähe in Funktion treten. Daß es aber nicht ganz ausgeschaltet ist und für die Augenvergrößerung keine andere Erklärung gesucht zu werden braucht, geht aus den folgenden Beobachtungen hervor. Manche Bienenmännchen (z. B. *Anthidium, Anthophora, Xylocopa, Prosopis*) stehen nach Syrphidenart in der Nähe der von den Weibchen besuchten Blüten schwirrend an einer bestimmten Stelle in der Luft. Kommt irgendein anderes Insekt vorbeigeflogen, so schießen sie förmlich darauf los, wohl ein Weibchen der gleichen Art vermutend. Handelte es sich um eine Täuschung oder wurde ein Nebenbuhler dadurch vertrieben, so kehrt das Männchen an seinen Standplatz wieder zurück oder schwirrt über einer benachbarten Staude weiter. Auch das Männchen von *Bembix rostrata* L. steht in ähnlicher Weise schwirrend in der Luft, wechselt dabei häufiger seinen Platz, dabei eine kurze Strecke, etwa $^1/_2$ m, vorrückend, um plötzlich auf ein erspähtes Weibchen raubvogelartig hinabzustoßen. Ob hier in ähnlicher Weise wie bei den Bienen Täuschungen vorkommen, konnte Verfasser bei dem einzigen von ihm beobachteten Fall nicht feststellen.

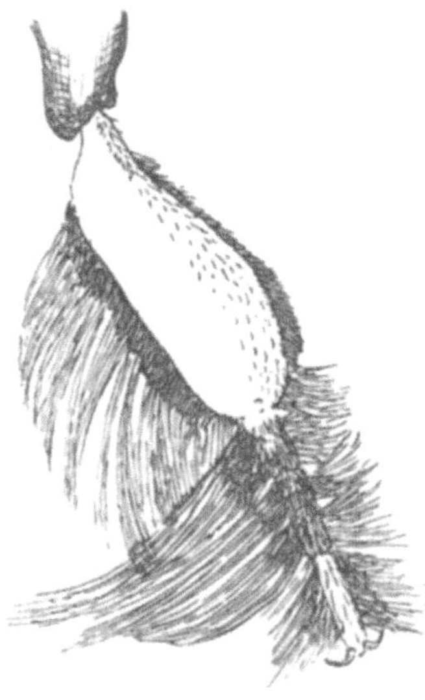
Abb. 185. Erweiterte Vordertarsen des Männchens von *Xylocopa latipes* F.

Ob Schrillaute zum Anlocken des anderen Geschlechts in Betracht kommen, ist fraglich. In jenen Fällen, wo Schrillapparate besonders gut ausgebildet sind, finden sie sich bei beiden Geschlechtern (z. B. Mutilliden).

Neben den verschiedenen Sinnesorganen, die dem Männchen das Auffinden des Weibchens ermöglichen, sollen nunmehr jene Organe behandelt werden, mit denen das Männchen das Weibchen überwältigt. In manchen Fällen sind allerdings der Paarung vorangehende Liebesspiele beobachtet worden, durch die das Weibchen in einen Erregungszustand versetzt wird, wonach dem Männchen keine Schwierigkeiten bereitet werden. Dagegen ist in anderen Fällen die Paarung von einer Überrumpelung des Weibchens begleitet. Während bei der Paarung nach vorangehender Erregung die Zangen und Klappen des Forzeps genügen, um das Männchen festzuhalten, werden in andern Fällen Mandibeln und

Beine zu Hilfe genommen. Das Männchen pflegt sich dann mit den Mandibeln hinter dem Kopfe des Weibchens festzuklammern, so daß diesem ein Entweichen unmöglich ist. Ist das Männchen wesentlich kleiner

Abb. 186. *Synagris*-Männchen: links und in der Mitte. *Synagris proserpina* Grib, das größere Exemplar mit sehr großen Hörnern auf den Mandibeln, das kleinere ohne solche; rechts *Synagris fulva* Mocs. mit mittlerem Clypeushorn und zwei aufgebogenen Mandibelhörnern.

als das Weibchen, so ist eine derartige Anklammerung ausgeschlossen. Vielfach lassen die Beine des Männchens wesentliche Umgestaltungen erkennen, die gelegentlich zu ganz bizarren Bildungen führen. Am häufigsten sind Verbreiterungen und Abflachungen besonders an den Vorderbeinen (Abb. 185). Sie kommen unter den Bienen z. B. bei Arten von *Xylocopa*, *Megachile*, *Nomia*, unter den Grabwespen bei vielen Arten von *Crabro* und auch bei Bembicinen vor. Recht auffällig sind große schildartige Erweiterungen an den Vorderschienen bei *Crabro*-Männchen. Ausrandungen und Bezahnungen sowie die verschiedenartigsten Umbildungen finden sich an Vertretern verschiedenster Familien. Sie dürften gleichfalls bei der Umklammerung des Weibchens während der Paarung eine Rolle spielen. Von den als Sexualcharakter stark umgeformten Hinterbeinen der Nomienmännchen kann angenommen werden, daß sie ebenfalls in irgendwelchen Beziehungen zur Paarung stehen. Eine starke Verlängerung in Verbindung mit eigenartiger Behaarung findet sich bei *Anthophora*-Männchen. Allerdings sind hier auch Kämpfe der Männchen untereinander beobachtet, bei denen sich die Tiere mit den Beinen umklammern. In ähnlicher Weise werden vermutlich auch die großen Mandibularhörner (Abb. 186) von *Synagris cornuta* L. bei der Paarung zum Festhalten des Weibchens dienen;

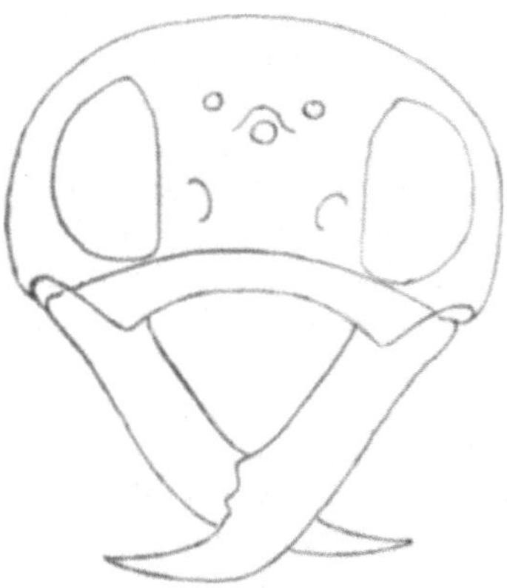

Abb. 187. Vergrößerte Mandibeln als sekundärer Geschlechtscharakter beim Männchen von *Pseudoclavellaria*.

doch beobachtete Roubaud, wie sich zwei Männchen damit zu vertreiben suchten. Bei *Synagris fulva* Mocs. können die Mandibelhörner wegen ihrer Stellung, die eine Umklammerung ausschließt, gemeinsam mit einem Horn auf dem Clypeus wohl nur zum Angriff und zur Verteidigung dienen und werden daher bei Kämpfen zwischen Männchen zur Anwendung gelangen. Verlängerte Mandibeln lassen diese geeignet erscheinen, um mit ihnen die Kollarregion des Weibchens zu umgreifen, werden aber wohl bei *Pseudoclavellaria* eher zum Kämpfen Verwendung finden. (Abb. 187). Außerdem finden sich bei manchen Andrenen an der Basis der Mandibeln nach hinten vorspringende, dreieckige bis dornförmige Erweiterungen, die sich beim Packen mit den Mandibeln vorn seitlich an den Thorax des Weibchens legen müssen und so dem Männchen einen größeren Halt geben. Auch die Wangendornen dürften hier die gleiche Bedeutung haben.

Häufig hat das Weibchen in Verbindung mit einer parasitären Lebensweise bei Insekten oder Spinnentieren, die am Boden leben oder dort wenigstens ihre Brutnester anlegen, seine Flugfähigkeit eingebüßt und die Flügel ganz verloren. In vielen derartigen Fällen verfügt das Männchen noch über ein gutes Flugvermögen und kann daher auf größere Entfernung das Weibchen aufsuchen, eine Erscheinung, die der Inzucht vorzubeugen geeignet sein dürfte. Außerdem trägt das Männchen, z. B. bei Mutilliden und Thynniden, das ungeflügelte Weibchen eine Strecke weit durch die Luft mit sich und ermöglicht so auch eine schnellere Ausbreitung der Art. Da der Verlust der Flügel eine weitgehende Umgestaltung des Thorax mit sich bringt, pflegt der Geschlechtsdimorphismus hier besonders stark zu sein. Gelegentlich kommt es allerdings auch bei Mutillidenmännchen vor, daß sie in Verbindung mit der bodenständigen Lebensweise des Weibchens ihre Flügel verloren haben. Wir finden dies in verschiedenen Gattungen vor. Verhältnismäßig jungen Datums scheint der Flügelverlust bei manchen Männchen aus der Gattung *Myrmilla* zu sein, da hier der Thorax größtenteils noch seine Segmentierung erkennen läßt, die bei dem Weibchen durch Verwachsung der einzelnen Segmente mit dem Überflüssigwerden von deren Beweglichkeit undeutlich geworden ist. Die Blattwespengattung *Cacosyndya* ist eine der wenigen Formen, bei denen der Flügelverlust des Weibchens wohl auf das Vorkommen auf stürmischem Gelände, innerasiatischen Hochplateaus, zurückzuführen ist. Wenn bei dem Männchen die Flügel vollentwickelt sind, so mag darin dessen geringere Bedeutung für die Arterhaltung zu erkennen sein, da ja gerade bei Blattwespen die Parthenogenese eine häufige Erscheinung ist. Andererseits wird es aber auch seine Flügel benötigen, um das Weibchen aufzusuchen. Bei der Mehrzahl der Ameisen sind die Geschlechtstiere geflügelt. Wir lernten aber bereits oben auch Ameisenweibchen kennen, bei denen keine Flügel mehr angelegt werden. Gerade bei den Ameisen, die wie keine anderen Hymenopteren dem Leben am Boden angepaßt sind, muß es sonderbar erscheinen, daß die Flugfähigkeit der Geschlechtstiere noch so weit verbreitet ist. Es ist daher wohl angebracht, nach den Gründen hierfür zu forschen. Bei der Größe des Areals, das ein einziges Ameisenvolk als sein Jagdrevier behauptet, würde jedes innerhalb des Gebietes neu entstehende Volk bei der Überlegenheit des ansässigen Volkes von vornherein Gefahr laufen, unterdrückt zu werden. Neue Siedlungen dürfen also nur außerhalb des Areals gegründet werden. Soweit bereits flügellose, ergatoide Weibchen vorkommen, handelt es sich um verhältnismäßig kleine Völker, deren gegenseitige Konkurrenz nur gering zu bewerten ist. Oder es fällt, wie bei den Doryliden, durch die nomadisierende Lebensweise der Besitz eines bestimmten Jagdgebietes ganz fort. In auffälligem Kontrast zu dem Wanderleben dieser Ameisen steht die durch die plumpe Gestalt des Weibchens (Abb. 188) bedingte Schwerfälligkeit desselben. Die Konvergenz mit dem flügellosen Thynnidenweibchen ist recht groß. Ist die Volksgründung hier auch nicht beobachtet, so scheint es nicht ausgeschlossen, daß jedes neue Weibchen sich mit einem Teil der Arbeiterinnen des Muttervolks zusammentun und so unter Abspaltung ein neues Volk bilden wird. Daß auch eine Reihe von Ameisenmännchen flügellos, ergatomorph ist, wurde oben bereits erwähnt. Die verhältnismäßige Spärlichkeit der Dorylidenköniginnen hat andererseits zur Folge, daß die Männchen geflügelt sind, so daß sie auf größere Entfernungen die Weibchen aufsuchen können. Selten sind dagegen die Fälle, in denen das Weibchen noch geflügelt, das Männchen dagegen ungeflügelt ist. Sie sind im allgemeinen nur dann möglich, wenn das Weibchen für das Männchen leicht erreichbar ist. So sucht das *Blastophaga*-Männchen das noch in seiner Galle im Feigenblütenstand steckende Weibchen auf, um es dort zu befruchten. In ähnlicher Weise bringt die Eingeschlossenheit in einem engen Raum, z.B. in einer Bienenzelle, offensichtlich den Flügelverlust des Männchens von *Melittobia acasta* WALK. mit sich, während die Weibchen späterhin noch wenn auch schwachen Gebrauch von ihren Flügeln machen werden, um eine neue Bienenzelle zu infizieren.

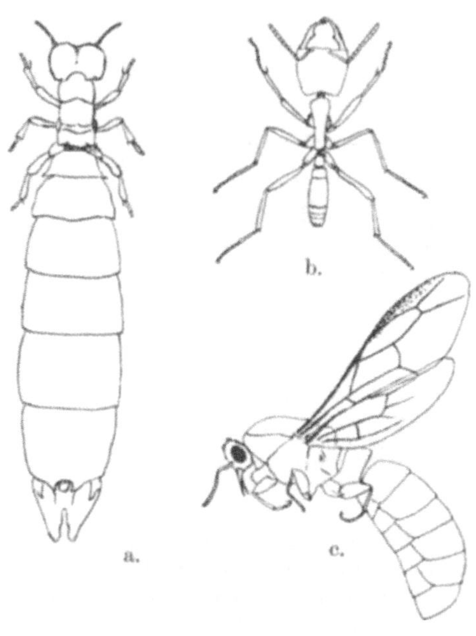

Abb. 188. *Dorylus* (*Anomma*) *nigricans* ILL. a. Weibchen, b. Arbeiterin, c. Männchen.

Ist bei Ameisenarten ein Geschlecht flügellos, so muß das Ausschwärmen unterbleiben. Es wäre höchstens denkbar, daß das im Besitz seiner Flügel befindliche Geschlecht das flügellose mit auf die Luftreise nimmt. Ganz eigenartig liegen die Bedingungen für die Paarung bei *Anergates atratulus*. Hier kann die Kopula nur im Wirtsnest selbst vollzogen werden und muß daher stets zwischen Bruder und Schwester stattfinden. Inzucht, die sonst möglichst zu vermeiden gesucht wird, wird hier als Adelphogamie zur Regel. Bei *Formicoxenus* kommt sie zwar auch vor; doch ist hier immerhin die Möglichkeit gegeben, daß Weibchen ein Nachbarvölkchen im gleichen *Formica*-Bau aufsuchen. Auch die Nester der Gattung *Cardiocondyla*, deren Männchen flügellos sind und eine blasse Färbung, die auf eine ständige Lebensweise im Dunkel des Nestes schließen läßt, besitzen, liegen nicht weit auseinander, so daß die Weibchen hier ebenfalls vom einen zum anderen Nest hinüberwechseln können. Sind dagegen die Nester weit zerstreut, wie dies FOREL für die mit ungeflügelten Männchen versehene *Ponera punctatissima* ROG. und *ergatandria* FOR. angibt, so gibt es kaum eine andere Paarungsmöglichkeit als Adelphogamie.

Über die Bedeutung der gegenüber den Weibchen reduzierten Tarsengliederzahl bei den Männchen von *Tetracampe* und *Platynocheilus*

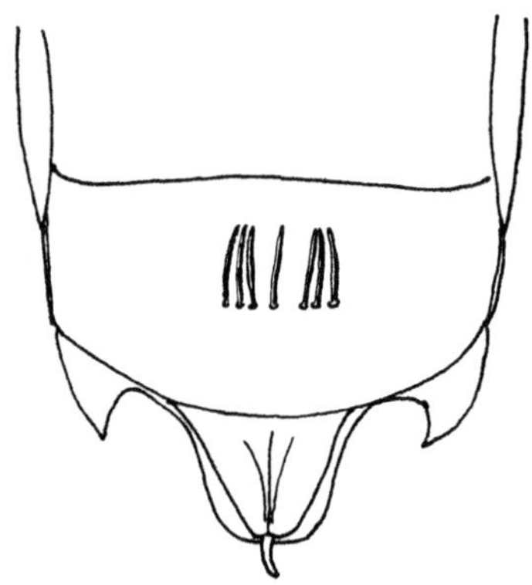

Abb. 189. Stiftchen auf dem vorletzten Abdominalsternit des Männchens von *Stictia adonis* HDLSCH.

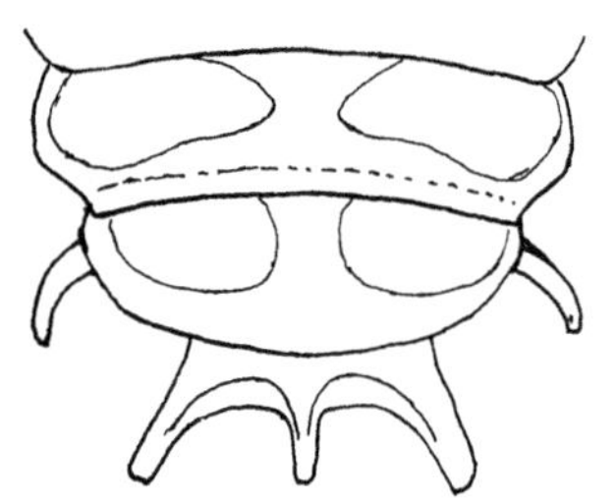

Abb. 190. Bewehrung der letzten Abdominalsegmente des Männchens von *Anthidium manicatum* L.

ist nichts bekannt. Irgendwelche Paarungsgewohnheiten dürften jedoch darin kaum ihren Ausdruck finden.

Am Abdomen vieler Männchen finden sich, besonders bei den aculeaten Hymenopteren, vielfach auf den Sterniten die verschiedenartigsten Bewehrungen in Gestalt von Höckern, Zähnen, Wülsten, Kielen, Stiftchen (Abb. 189) usw. Dieselben kommen aber durch ihre Lage kaum als Haltapparate für das Weibchen bei der Paarung in Betracht. Eine größere Wahrscheinlichkeit hat die Annahme, daß es sich hier um Vorrichtungen handelt, das Weibchen zu erregen. Daß den Bezahnungen, wie sie bei *Coelioxys*-Männchen am letzten Segment auftreten, eine ähnliche Funktion zukommen könnte, scheint ungewiß, da diese dorsal stehenden Fortsätze mit dem Weibchen nicht direkt in Berührung kommen. Dagegen können die Männchen von *Anthidium* ihr Abdomen stark einkrümmen. Bei der mitunter beträchtlich geringeren Größe der Weibchen (z. B. *Anth. manicatum* L.) kann das in verschiedener Weise umgeformte, letzte freiliegende Tergit (Abb. 190) ein Entgleiten des Weibchens nach hinten verhindern. Da die Klemmkraft beim Einkrümmen des Hinterleibs eine nicht unerhebliche ist, ist auch eine Anwendung der am Hinterleibsende vorhandenen Bewehrungen als Waffe möglich. Unter den Schlupfwespen kommen Ventralhöcker und Zähne als Sexualcharaktere nur selten vor. Einige Gattungen aus der kleinen Familie der Trigonaloiden sind hierdurch ausgezeichnet; doch besitzt sie in diesen Fällen nur das Weibchen, so daß ihnen eine noch nicht näher bekannte Funktion zukommen wird. Die Ichneumonidengruppe der Mesochorinen ist im männlichen Geschlecht durch lange griffelförmige Anhänge am Hinterleibsende ausgezeichnet, die jedenfalls bei der Paarung das Weibchen halten werden.

Konnten die bisher besprochenen sekundären Geschlechtscharaktere noch in gewisse Beziehungen zur Paarung gebracht werden, so kommt aber auch eine große Anzahl von solchen vor, bei denen dies nicht möglich ist. Was zunächst den häufig zu beobachtenden Größenunterschied zwischen Männchen und Weibchen anbelangt, so kann dieser, wenn das Männchen den kleineren Teil darstellt, wohl darauf zurückgeführt werden, daß die reifenden Geschlechtsprodukte des Weibchens, die Eier, im Abdomen einen wesentlich größeren Raum beanspruchen als die männlichen Spermien. Zwischen den einzelnen Organsystemen

Abb. 191. Eierstöcke (a., b.) und Hoden (c., d.) der Honigbiene. a. und c. kurz vor dem Schlüpfen, b. und d. bei älteren Individuen (nach ZANDER).

bestehende Korrelationen führen zu einer allgemeinen Größenzunahme. Bei Arten, die eine große Menge von Eiern produzieren, also besonders die Weibchen sozialer Formen, wird sich daher der Größenunterschied besonders bemerkbar machen. Dabei ist allerdings zu bemerken, daß eine schnelle Eireife, wenn ihr eine ebenso schnelle Ablage der Eier folgt, die bedeutendere Körpergröße überflüssig machen kann. Unter Umständen wird der Gleichgewichtszustand aber erst erreicht, wenn das Abdomen des Weibchens eine gewisse Dehnung erfahren hat, wie dies z. B. bei der Honigbienenkönigin der Fall ist, deren Ovarien während des Imaginallebens erheblich an Größe zunehmen, während die Hoden der Drohne bereits in der Puppe ihren vollen Umfang erreichen und später kleiner werden. (Abb. 191). Bei den Meliponen sind zwei Fälle möglich. Entweder wurde das Weibchen in besonderen größeren Königinnenzellen aufgezogen: dann schlüpft es mit gedunsenem Abdomen und in der Entwicklung bereits fortgeschrittenen Eiern. Oder aber die jungfräulichen Weibchen überragen an Größe die Arbeiterinnen nicht und die Volumenvergrößerung des Abdomens erfolgt später. Hier scheint gelegentlich die Vergrößerung des Abdomens auf Kosten des Vorderkörpers zu erfolgen, so daß darunter die Flugfähigkeit leiden kann. Bei der Mehrzahl der Hymenopterenweibchen ist eine mit der Eireife verbundene Schwellung des Abdomens kaum zu beobachten. Die Intersegmentalhäute werden nicht sichtbar. Nur bei solchen Formen, die eine weichere Körperwandung besitzen, kann ein Unterschied zwischen dem trächtigen Weibchen und dem, das seine Eier bereits abgelegt hat, z. B. bei manchen Blattwespen (*Phymatocera*) erkannt werden. Auch die überwinternden Ichneumoniden zeigen dank der Dünnhäutigkeit ihrer Abdominalsternite eine recht erhebliche Schwellung des Abdomens. Es ist jedoch nicht ausgeschlossen, daß diese spät im Jahre geschlüpften Individuen noch größere Mengen von Reservestoffen in sich enthalten (Fett), das zur Entwicklung der Ovarien weiter verwendet wird. Es ist dies um so wahrscheinlicher, als auch andere Hymenopteren, sowohl Männchen wie Weibchen, beim Schlüpfen voluminöser erscheinen und später erst nach Abgabe flüssiger Kottropfen ihre endgültige Gestalt annehmen. Es werden hier offenbar während der Umwandlungen in der Puppe abgebaute Stoffe auf dem Wege über den Darmkanal ausgeschieden. Auch an eine Beteiligung der MALPIGHIschen Gefäße könnte gedacht werden. Derartige Schwellungen haben naturgemäß mit der Reife der Geschlechtsprodukte direkt nichts zu tun.

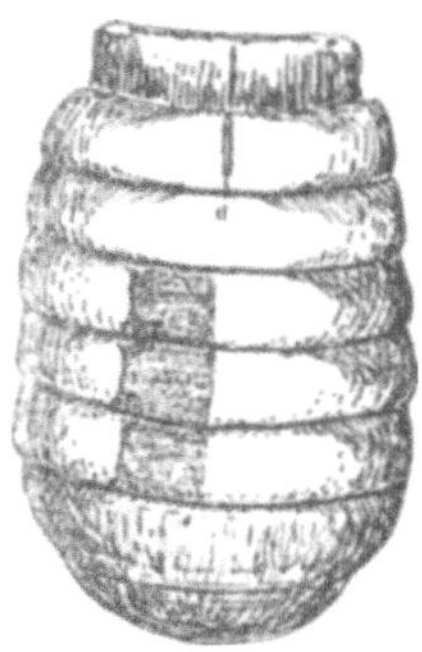

Abb. 192. Abdomen eines teilweise lateral gynandromorphen Exemplars von *Abia sericea* L. Auf der linken Seite treten die für das Männchen charakteristischen Samtflecken auf.

Die Variabilität der Individuen in bezug auf ihre Größe, wie sie in Abhängigkeit von der Larvenernährung z. B. bei Sireciden und deren Parasiten zu beobachten ist, gibt bei derartig variablen Arten die Möglichkeit einer Paarung zwischen Riesen- und Zwergformen. Ob allerdings die Kümmerformen überhaupt zu sexueller Betätigung neigen und ob eine Paarung zur Befruchtung führt, sind noch offene Fragen. Die Mikrogynie mancher Ameisenarten und deren vermutliche Ursachen wurde bereits oben erörtert. Im übrigen ist eine geringere Körpergröße der Weibchen im Verhältnis zum Männchen als normale Erscheinung bei Hymenopteren kaum zu beobachten.

Unterschiede der Geschlechter in der Färbung, Punktierung und Behaarung (Abb. 192) sind weit verbreitet. Irgendwelche Bedeutung derartiger Charaktere für das Zustandekommen einer Paarung ist nicht zu erkennen. Bedeutungslos in diesem Sinne scheint auch eine abweichende Flügeladerung der Männchen, wie sie sich bei manchen Blattwespenmännchen, z. B. Vertretern der Gattungen *Tenthredopsis*, *Periclista* und *Perineura* findet, bei denen gewisse Queradern der Hinterflügel aus der Flügelmitte an den Flügelrand verlagert werden. Jene Organe dagegen, die bei der Kopula in Funktion treten, mögen es nun Halte- oder Reizvorrichtungen sein, können ihre Ausbildung auf dem Wege der Auslese erfahren haben. An ihnen ist auch häufig ein Variieren zu beobachten, das vielfach in weiten Grenzen schwankt und bei schwächeren, kleineren Individuen die betreffenden Organe unverhältnismäßig schwächer, gelegentlich nicht einmal angedeutet, zur Ausbildung kommen läßt. Man kann annehmen, daß solche Bildungen, wie die Ventralzähne mancher Männchen oder die gewaltigen Hörner auf dem Kopfe großer *Synagris*-Männchen, (Abb. 186) Überschußbildungen sind, die dadurch ermöglicht werden, daß beim Männchen an dem Aufbau der Geschlechtsprodukte Material gespart wird, das beim Weibchen für die Keimdrüsenentwicklung aufgebraucht wird.

Die eigentlichen Kopulationsapparate unterliegen viel geringeren Schwankungen in der Form ihrer Bestandteile als die in deutlicher Abhängigkeit von der Größe der Individuen stehenden genannten sekundären Geschlechtscharaktere.

Der Polymorphismus bei sozialen Hymenopteren wurde bereits oben behandelt. Die sogenannten „Arbeiter" sind hier ausschließlich im Gegensatz zu den von den Termiten her bekannten Verhältnissen ursprünglich als Weibchen angelegte Individuen (Abb. 193). Auch der Polymorphismus mancher Geschlechtstiere bei den Ameisen wurde bereits erörtert. Recht selten sind bei solitären Hymenopteren Fälle von Dimorphismus, wenn wir zunächst vom Saisondimorphismus absehen. Gelegentlich beobachtet man bei Arten von *Andrena* das Auftreten von Riesenmännchen, die in ihrer Größe die normalen Individuen erheblich übertreffen und kaum hinter den Weibchen der gleichen Art zurückstehen. Offensichtlich sind derartige Fälle auf eine bessere bzw. reichlichere Ernährung der Larve zurückzuführen, die darauf beruhen mag, daß das Weibchen in eine Zelle, die nach den darin aufgestapelten Futtervorräten für ein Weibchen bestimmt war, ein Ei legte, das ein Männchen ergab. Wo Übergänge zu den großen Männchen beobachtet werden, ist es naheliegend, hierfür eine besonders günstige Tracht während der Zellversorgung anzunehmen. Das Auftreten von Riesenmännchen würde hiernach nur einen Spezialfall der Variabilität auf Grund der Ernährung darstellen, der dadurch eine gewisse Eigenart besitzt, daß infolge der Fähigkeit des Muttertieres, entweder große oder kleine Futtermengen einzutragen, im allgemeinen eine deutliche Kluft zwischen normalen und überernährten Männchen besteht. Neben dem unter den Feigen bewohnenden Agaoninen meist sehr stark ausgeprägten Sexualdimorphismus kommt nach GRANDI dort bei einer ganzen Reihe von Arten (z. B. in der Gattung *Philotrypesis*) ein Dimorphismus und selbst Polymorphismus der Männchen vor, der sich, abgesehen von der Körpergröße und unabhängig von dieser, in einer recht erheblichen Variabilität von Kopfform und Gestalt der Mandibeln äußert. Als Ausnahme muß in dieser Gruppe der geringe Sexualdimorphismus von *Neosycophila omeomorpha* GRANDI von Sumatra angesehen werden. Scheinbar dimorph sind die Weibchen von *Rielia manticida* KIEFF., die sowohl geflügelt wie mit Flügelstummeln versehen vorkommen. In letzterem Falle sind aber die Flügel abgestoßen, was regelmäßig zu erfolgen scheint, wenn die Wespe zu ihrer ektoparasitären Lebensweise an einer Gottesanbeterin

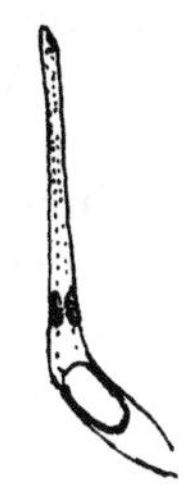

Abb. 193. Kümmerovarium einer Bienenarbeiterin (nach ZANDER).

übergeht. Ein echter Polymorphismus scheint jedoch bei der Braconide *Sycosoter lavagnei* Pic. u. Lichtst. ausgebildet zu sein, die als Larve bei dem Feigenborkenkäfer (*Hypoborus ficus* Er.) schmarotzt. Hier treten sowohl Männchen wie Weibchen in einer geflügelten und einer ungeflügelten Form auf. Aus Zuchten der Bethylide *Sclerodermus immigrans* Bridw. erhielt Bridwell neben flügellosen Weibchen etwa halb so viele geflügelte Individuen und neben den normalen geflügelten Männchen vereinzelte ungeflügelte. Nach Dover (1914) müßte auch *Xylocopa aestuans* L. als polymorph angesprochen werden, da dreierlei verschiedene Weibchen aus den Nestern gezogen wurden. Diese Frage bedarf einer dringenden Nachprüfung. In jüngster Zeit macht Brauns auf einen Polymorphismus gewisser südafrikanischer *Ceratina*-Arten im weiblichen Geschlecht aufmerksam, u. z. handelt es sich dabei um Individuen, die aus den gleichen Nestern herrührend ihre Abstammung von der gleichen Mutter zu erkennen geben. Während sich bei der *C. labrosa-emarginata* Fr. die individuelle Variabilität im Bau von Clypeus und Labrum ausdrückt, verschieben sich bei *C. braunsiana* Fr. die gesamten Dimensionen des Kopfes und die Mandibeln erreichen schließlich eine außerordentliche Länge. Auch die basalen Teile der Vorderbeine schwellen an. Hinzu kommt eine Zunahme der Körpergröße fast auf das Doppelte. Generationsdimorphismus ist unter den aculeaten Hymenopteren wohl vorhanden, aber meist nicht besonders auffällig. Bei verschiedenen solitären Bienen, z. B. *Andrena*-Arten, die zwei Generationen im Jahre hervorbringen, können geringfügige Unterschiede zwischen diesen erkannt werden. So kann man von der *Andrena gallica* Pér. eine Frühjahrsgeneration mit kurzer und eine Sommergeneration mit langer Behaarung auf dem Thoraxrücken unterscheiden. Erwähnt wurde bereits die Differenzierung der Generationen von *Halictus malachurus* K., dessen Sommergenerationen als *H. longulus* Sm. bezeichnet werden. Hier kommt hinzu, daß die Sommerweibchen gewissermaßen Kümmerformen darstellen, die nur noch in beschränktem Maße fortpflanzungsfähig sind — zu den Sommerweibchen gehörige Männchen fehlen — und daß mit dem Schwinden des Brutegoismus die Grundlagen für eine Staatenbildung gegeben sind. In ähnlicher Weise, wie bei *H. malachurus* mit dem Generationsdimorphismus ein Generationswechsel verknüpft ist, findet sich auch bei vielen gallerzeugenden Cynipiden eine Erscheinung, die damit in Parallele gesetzt werden kann, aber mit dem prinzipiellen Unterschiede, daß die Weibchen beider Generationen in vollem Maße fortpflanzungfähig sind. Während in der Gattung *Neuroterus* die Differenzen zwischen den Individuen der agamen und der sexuellen Generation recht geringfügig sind und sich in verschiedener Bohrerlänge und manchen Skulptureigentümlichkeiten äußern, und auch die Gallen, obwohl von äußerlich verschiedener Gestalt, einen ähnlichen Aufbau erkennen lassen, sind in anderen Fällen beide Generationen voneinander so abweichend, daß man darin wiederholt verschiedene Gattungen zu sehen gemeint hat, um so mehr, als auch die Gallen nach Entstehungsart und Aufbau prinzipielle Unterschiede aufweisen. Besonders die agamen Generationen kann man wohl als die vom eigentlichen Arttyp abgerückten Formen ansehen. Bei *Trigonaspis* und

Biorhiza haben die sich parthenogenetisch vermehrenden Weibchen keine Flügel mehr; doch ist bei *Trig.* der Flügelverlust noch nicht so weit fixiert, daß nicht auch noch geflügelte Individuen in dieser Generation vorkommen. *Biorhiza* ist dagegen in der zur Erzeugung von Wurzelgallen übergegangenen agamen Generation stets flügellos, in der sexuellen Generation aber kommen neben geflügelten auch ungeflügelte Weibchen und solche mit verkürzten Flügeln vor. Recht erheblich ist auch der Größenunterschied zwischen den Weibchen der agamen und sexuellen Generation von *Biorhiza*, wobei die ersteren mehr als die doppelte Länge erreichen können. Durch reichlichere und an den Fühlern langzottige Behaarung zeichnet sich die agame Generation von *Diplolepis* vor der sexuellen aus; bei *Andricus* liegt ein Hauptunterschied in der Schläfendicke. Die Gattung *Cynips* umfaßt nach den bisherigen Kenntnissen nur agame Formen. Von einigen Arten, z. B. *Cynips calicis* Burgsd. und *kollari* Hart. ist Generationswechsel mit *Andricus cerri* Beyer. resp. *circulans* Mayr bekannt. Manche Arten vermehren sich ausschließlich parthenogenetisch. So züchtete Adler zwei Generationen von *Andricus albipunctatus*, *marginalis*, *quadrilineatus* und drei von *A. seminationis*. Die Gallen der aufeinander folgenden Generationen gleichen sich hier ebenso wie ihre Erzeugerinnen. Von *Diplolepis disticha* Htg. erhielt Hartig durch Zucht viele Tausende von Weibchen, aber nicht ein einziges Männchen. In der Gattung *Rhodites* kommen bei manchen Arten die Männchen noch in einem höheren Prozentsatz vor, während sie bei anderen ganz fehlen oder wenigstens große Seltenheiten darstellen, so daß sie dort für eine Paarung kaum in Betracht kommen und die betreffende Art auch ohne Männchen fortpflanzungsfähig ist. Für *Rhodites ignotus* Ost. Sack. gibt Kinsey 35 vH Männchen an, für *Rh. dichlocerus* Harr. 8 vH, für *Rh. rosae* L. 1,5 vH und für *Rh. bicolor* Harr. 0 vH. Das Männchen von *Rh. mayri* Schlecht. wurde erst neuerdings bekannt. Bei den phylogenetisch tiefer stehenden gallerzeugenden Cynipiden ist das Zahlenverhältnis der Geschlechter noch ein derartiges, daß mit einer ziemlich regelmäßigen Befruchtung der Weibchen gerechnet werden darf. Im übrigen ergibt sich aus den Untersuchungen Kinseys, daß die Möglichkeit zur parthenogenetischen Vermehrung an drei oder vier verschiedenen Stellen innerhalb der Cynipiden entstanden ist. Der Frage nach dem Ursprung des Generationswechsels der Gallwespen ist Kinsey nähergetreten. Er findet, daß in der als tiefstehend anzusehenden Gattung *Neuroterus* die agame und sexuelle Generation sich fast nur physiologisch, eben durch die verschiedene Fortpflanzungsweise, unterscheiden. Verschiedenheiten in der Gestalt der Galle können in diesen Fällen auf das zur Eiablage gewählte pflanzliche Gewebe zurückgeführt werden, das im Wachstum begriffen sein muß und das daher je nach der Jahreszeit ein verschiedenes sein wird. So stellen die Unterschiede nur eine Form des Saisondimorphismus dar. Keineswegs soll damit aber gesagt sein, daß die Verschiedenheiten der Gallen zweier Generationen immer ausschließlich den klimatischen und Wachstumsverhältnissen ihre Entstehung verdanken. Den Ausfall der Männchen in der agamen Generation von *Biorhiza* führt Kinsey auf die ungünstige

Jahreszeit, in der die betreffende Generation erscheint, zurück. „Wenn es nötig wäre, daß das Weibchen der Wintergeneration mit einem Männchen der Art zusammentrifft und daß die Eier, ehe sie entwicklungsfähig werden, befruchtet würden, dann würden die Möglichkeiten des Überlebens stark verringert werden." Was hier für *Biorhiza* gilt, kann auch auf die anderen im Jahr zwei Generationen hervorbringenden Gallwespen angewandt werden, da die agame Generation stets die Wintergeneration, ist bzw. im Frühjahre noch zu ungünstiger Zeit erscheint. Für die Auswahlfähigkeit eines zur Eiablage passenden pflanzlichen Gewebes ist ebenfalls die Gattung *Biorhiza* ein geeignetes Beispiel, da hier der Instinkt noch nicht festgelegt zu sein scheint. ADLER beobachtete nämlich, wie Weibchen der getrenntgeschlechtlichen Generation außer Wurzeln auch Blattstiele und Knospen anstachen, woraus sich zwar Gallen entwickelten, die jedoch an den Stielen und Knospen nicht zur Reife kamen. Es ist nicht unwahrscheinlich, daß bei der Entwicklung des Generationswechsels auch Zwischenformen vorhanden gewesen sind, die allmählich ausstarben. Dafür zu sprechen scheint eine Beobachtung KINSEYS, der zunächst im Dezember flügellose Weibchen einer agamen Generation von *Biorhiza forticornis* WALSH. erhielt. Diese Weibchen reagierten stark positiv geotropisch und suchten den Grund der Stämme auf, um dort ihre Eier abzusetzen. Aus den gleichen Gallen kamen aber im März noch einmal ungeflügelte Weibchen, die negativ geotropisch reagierten, nach oben krochen und Endknospen anstachen. Eine Gallentwicklung fand aber nicht statt, obwohl die Zweige später normal ausschlugen. Falls klimatische Bedingungen zum Saisondimorphismus und in Verbindung damit zum Generationswechsel geführt haben sollten, so müßten Gallwespen aus Gegenden mit wärmerem, gleichmäßigerem Klima eine entsprechend geringere Differenzierung zeigen. Es wäre daher wünschenswert, wenn in solchen Gegenden auf die Generationsverhältnisse der Cynipiden geachtet werden würde.

Eine Parallele zum Generationswechsel der Cynipiden ist auch von gallerzeugenden Chalcididen bekannt. So bringt das nordamerikanische *Isthmosoma tritici* FITCH als getrenntgeschlechtliche Generation eine ungeschlechtliche flügellose Generation (*I. grande* RILEY) hervor. Ähnlich liegen die Verhältnisse bei der langflügeligen Sommer- und kurzflügeligen Frühjahrsgeneration der russischen *Philachyra aptera* PORTSCH.

Die Parthenogenese, wie wir sie im vorhergehenden bei Gallwespen kennengelernt haben, ist auch sonst vielfach bei Hymenopteren verbreitet, allerdings nicht in regelmäßigem Zyklus mit zweigeschlechtlicher Fortpflanzung. Man kann hier zwischen einer fakultativen und obligatorischen Parthenogenese unterscheiden. Die erstere liegt dann vor, wenn trotz des Vorhandenseins von Männchen ein jungfräuliches Weibchen zur Eiablage schreitet und Nachkommenschaft hervorbringt, die zweite aber, wenn Männchen fehlen, so daß nie eine Befruchtung erfolgt. Dazwischen kommen Übergänge vor, indem die relative Seltenheit der Männchen nur einem bestimmten Prozentsatz der Weibchen die Paarung ermöglicht. Recht interessant sind die Beobachtungen über Parthenogenese bei Blattwespen. Von einer ganzen Reihe von

Formen ist es bekannt, daß sie unbefruchtet Eier ablegen können, jedoch gelingt die Aufzucht der Larven nicht immer, wobei allerdings der Grund hierfür durchaus nicht etwa in der parthenogenetischen Entstehung derselben gesucht zu werden braucht, da auch normale Blattwespenlarven oft bei der Zucht Schwierigkeiten bereiten. In einzelnen Fällen sind die Männchen recht selten, ähnlich wie es oben bereits für manche Cynipiden angegeben wurde, z. B. *Eriocampa ovata* L., *Tomostethus ephippium* Pz., *luteiventris* Kl., *Mesoneura opaca* F., *Empria abdominalis* F., *Monophadnus albipes* Gmel., *monticola* Htg., *Holcocneme erichsoni* Htg. (nach Enslin). Hier kann es keinem Zweifel unterliegen, daß die gewöhnliche Vermehrungsweise parthenogenetisch vor sich gehen muß und daß die Nachkommenschaft normalerweise wieder aus Weibchen besteht. Von folgenden Arten hat man aus parthenogenetischen Eiern ausschließlich Weibchen erhalten: *Cimbex connata* Schr., *Pseudoclavellaria amerinae* L., *Abia fasciata* L., *Empria pulverata* Retz., *Hemichroa alni* L., *crocea* Geoffr., *Croesus varus* Vill., *Pteronus tibialis* Newm., *spiraeae* Zadd., *Pontania proxima* Lep., *Pachynematus conductus* Htg., *Pristiphora pallipes* Lep., *fulvipes* Fall. (nach Enslin). Eine Männchen ergebende, arrhenotoke Parthenogenese ist verhältnismäßig häufig. Sie kann selbstverständlich keine normale und ausschließliche Vermehrungsform sein, sondern würde die betreffenden Arten zum Aussterben verurteilen. Bemerkenswert ist, daß nahe verwandte Arten sich durch das Geschlecht ihrer parthenogenetisch hervorgebrachten Nachkommen unterscheiden können. Eine Anzahl von Arten mit arrhenotoker Parthenogenese sei im folgenden nach Enslin aufgeführt: *Cimbex lutea* L. und *femorata* L., *Abia nitens* L., *Arge coerulipennis* Retz., *rosae* L., *berberidis* Schr., *Croesus septentrionalis* L. und *latipes* Vill., *Cladius pectinicornis* Geoffr., *Trichiocampus viminalis* Htg., *Priophorus padi* L., *Pteronus ribesii* Scop., *miliaris* Pz., *brevivalvis* C. S. Thoms., *curtispinis* C. G. Thoms., *hypoxanthus* Förster., *melanaspis* Htg., *dimidiatus* Lep., *pavidus* Lep., *salicis* L., *Holcocneme coeruleicarpa* Htg., *Amauronematus fallax* Lep., *Pristiphora conjugata* Dahlb., *betulae* Retz., *crassicornis* Htg., *geniculata* Htg., *Lophyrus laricis* Jur., *pini* L., *Emphytus cinctus* L., *viennensis* Schr. Als Ausnahme sollen gelegentlich zwischen den Weibchen, die sich aus parthenogenetischen Zuchten entwickelten, vereinzelte Männchen auftreten (*Pteronus polyspilus* Först., *Pseudoclavellaria amerinae* L., *Abia fasciata* L., *Croesus varus* Vill., *Pristiphora fulvipes* Fall). Es ist nach v. Rossum nicht ausgeschlossen, daß derartige Beobachtungen dadurch zustande kommen, daß mit dem Futter befruchtete Eier eingeschleppt werden. Eine auffällige Erscheinung ist es, „daß Arten, welche auf Erle leben, häufig parthenogenetisch sich fortpflanzen, während sehr nahe Verwandte, die Birke fressen, regelmäßig geschlechtliche Fortpflanzung haben". Man könnte dadurch geneigt sein, dem Futter einen Einfluß auf die Entstehung der Parthenogenese einzuräumen. Daß dem jedoch nicht so sein kann, geht aus dem gleichzeitigen häufigen Vorkommen von *Eriocampa ovata* L. und *umbratica* Kl. an Erle hervor, von denen die erstere sich bei uns stets parthenogenetisch fortpflanzt, die *E. umbratica* dagegen zweigeschlechtlich. Ähnlich abwechslungsreich wie bei den Tenthrediniden sind die Beziehungen, die sich zwischen parthenogenetischer Eiablage und Geschlechtsbestimmung ergeben, in den Familien der Ichneumoniden, Braconiden, Chalcididen, Serphoiden (im weiteren Sinne). Wir kennen auch hier Formen, bei denen auf diese Weise nur Männchen, andere, bei denen nur Weibchen, und schließlich solche, bei denen beide Geschlechter parthenogenetisch hervorgebracht werden. Wieweit arrhenotoke und thelytoke Parthenogenese dabei konstant und für einzelne Arten charakteristisch ist, ist nicht bekannt. Die Feststellung, daß *Opheltes glaucopterus* parthenogenetisch entweder nur Männchen oder nur Weibchen hervorbringt, läßt Zweifel an der Allgemeingültigkeit der gewöhnlich auf Grund einer kleinen Anzahl von Beobachtungen gewonnenen Resultate aufkommen. Hase fand die parthenogenetische Nachkommenschaft von *Habrobracon juglandis* Ashm. gewöhnlich männlich, selten aber gemischt. Er konnte bei der gleichen Art auch feststellen, daß Weibchen, die schon eine Zeitlang parthenogenetisch Männchen erzeugt hatten, später sich paarten und dann auch weiblichen Nachwuchs hatten. Die Parthenogenese bei aculeaten Hymenopteren hat für die mit der Geschlechtsbestimmung zusammenhängenden Fragen ihre größte Bedeutung erlangt. Die mehr oder weniger zahlreichen, einem Ei entstammenden Individuen bei polyembryonaler Vermehrung sind stets vom gleichen Geschlecht.

Die im Jahre 1835 von Dzierzon gemachte Entdeckung, daß eine jungfräulich gebliebene Bienenkönigin nur männliche Nachkommenschaft hervorbrachte, schien dazu angetan, in die Fragen der Geschlechtsbestimmung Licht zu bringen. Aus der Beobachtung ging zweifellos hervor, daß die Männchen-ergebenden Eier unbefruchtet sind. Eine weitere Bestätigung hierfür bietet die Drohnenbrütigkeit der alternden Königin, d. h. also, mit der Erschöpfung des Samenvorrats, den die Königin vom Hochzeitsfluge mit heimbrachte und der eine jahrelange Lebensfähigkeit behält, ist das Weibchen nicht mehr in der Lage, befruchtete Eier zu legen. Und schließlich bringen auch Arbeiterinnen, also Individuen, die nicht befruchtet werden können, ausschließlich männliche Nachkommen hervor. Die mikroskopischen Untersuchungen, die schon auf v. Siebold und Leuckart zurückgehen, bestätigten durch ihren Befund, daß die Drohnen-ergebenden Eier der Honigbiene unbefruchtet sind.

Ehe auf die dieser Theorie entgegenstehenden Einwände eingegangen werden kann, muß kurz erörtert werden, wie es möglich ist, daß die normale Bienenkönigin, obwohl befruchtet, parthenogenetisch Eier absetzen kann. „In die obere Wand des vorderen Scheidenraumes mündet die 1 mm weite, kugelige Samenblase (Receptaculum seminis) (Abb. 139) mit einem kurzen, gewundenen Gang. Ihrer von Tracheen dicht umsponnenen Oberfläche liegen zwei geschlängelte Drüsenschläuche auf, die gleichfalls in den Samenblasengang übergehen. Unmittelbar vor der Einmündung der Drüsenschläuche umspannt ein komplizierter Muskelapparat den Samenblasengang. Solange die Muskeln verkürzt sind, wird der Gang an dieser Stelle S-förmig zusammengeknickt und verengert. Mit dem Erschlaffen der Muskeln streckt er sich, so daß seine Lichtung weiter wird. Durch das abwechselnde Erweitern und Verengern wird eine Saugwirkung auf den Samenblaseninhalt ausgeübt, der in den Samenblasengang eintritt und in die Scheide abfließt. Man nennt den kleinen Apparat Samenpumpe und legt ihm Bedeutung für die Befruchtung der Eier bei" (Zander). Gleitet also das Ei an der Einmündungsstelle des Samenblasenganges vorüber, wenn dieser geschlossen gehalten wird, so kann es, vorausgesetzt, daß keine lebensfähigen Spermatozoen im Eileiter vorhanden sind, unbefruchtet passieren. Die Zahl der Spermatozoen, die im anderen Falle den Eiern beigegeben werden, ist eine so geringe (Adam [1912] nimmt 10—12 Spermien an), daß das Zurückbleiben von Samenfäden, um so mehr als die Eier polysperm sind und bis sieben Spermatozoen in einem Ei beobachtet werden, unwahrscheinlich wird. Hinzu kommt, daß die Eier noch durch eine besondere Vorrichtung an der Ventralseite des Ovidukts in eine bestimmte Lage zur Einmündung des Samenblasenganges gebracht werden, wodurch bei geöffneter Samenpumpe die Befruchtung gesichert erscheint. Hieraus ergibt sich aber die Frage, ob die Geschlechtsbestimmung eine willkürliche ist oder ob das Weibchen das zukünftige Geschlecht seiner Eier kennt. Eine dritte Möglichkeit wäre die, daß die Bienenkönigin rein mechanisch durch die Zellgröße zur Ablage befruchteter oder unbefruchteter Eier gewissermaßen gezwungen wird. Der letztere Einwand wird dadurch hinfällig, daß Drohnenbrut auch gelegentlich in Arbeiterinnenzellen gefunden wird, und umgekehrt, daß die Königin noch unvollendete Zellen, die nicht auf das ganze Abdomen einwirken können, „bestiftet", d. h. mit einem Ei belegt. Durch geschicktes Experimentieren mit noch im Bau bzw. in der Versorgung befindlichen Zellen von *Osmia* wies Descy nach, daß die Weibchen nicht durch den Anblick bzw. die Kenntnis vom Vorhandensein einer großen, für ein Weibchen, oder einer kleineren, für ein Männchen bestimmten Zelle zur Ablage eines entsprechenden Eies veranlaßt werden. Wird der Rauminhalt einer großen Zelle durch Verschieben des Bodens auf einem beliebigen Stadium der Versorgung verkleinert oder der einer kleinen Zelle künstlich vergrößert, so wird durch entsprechende Anlage des Zelldeckels das ursprüngliche Volumen stets wieder hergestellt. Der gleiche Autor konnte auch den direkten Nachweis für arrhenotoke Parthenogenese bei *Osmia tricornis* dadurch erbringen, daß er Brut dieser mediterranen Art in den belgischen Ardennen, wo sie nicht vorkommt, zur Entwicklung brachte. Da eine starke Proterandrie ausgeprägt ist, war es möglich, die Männchen abzutöten, ehe Weibchen schlüpften. Die Weibchen akklimatisierten sich und schritten unbefruchtet zur Anlage von Bauten und zur Eiablage. In allen Fällen war die Nachkommenschaft männlich. In solchen Fällen könnte man annehmen, daß ein vom Spermamangel im Receptaculum seminis ausgehender Reiz die Anlage der Zellen für Männchen bestimmt. Unter Umständen wird aber auch gelegentlich von befruchteten Weibchen eine männliche Zelle zwischen weiblichen angelegt, so daß also das Weibchen auch noch auf anderem Wege von dem Geschlecht des demnächst abzulegenden Eies Kenntnis erlangt, oder aber es in der Gewalt hat, willkürlich das Geschlecht zu bestimmen. Es steht hier noch ein weites Forschungsgebiet offen. Ob sich Männchen bei aculeaten Hymenopteren auch aus befruchteten Eiern entwickeln können, ist bisher noch nicht bekannt. Daß weibliche Individuen sich parthenogenetisch entwickeln, wurde oben bereits für viele Gall- und Blattwespen erwähnt. Aus den Beobachtungen verschiedener Forscher steht aber fest, daß auch Ameisenarbeiterinnen nicht bloß Männchen-, sondern auch Arbeiterinnen-, sogar Weibchen-ergebende Eier produzieren. Auch für die amerikanische *Methoca stygia* SAY. konnte durch Zucht nachgewiesen werden, daß Weibchen sich aus unbefruchtet abgelegten Eiern entwickelten. Am auffälligsten bleibt es jedoch, daß bei einer im Kapland gezüchteten Rasse der Honigbiene auch ohne Königinnen von unbefruchteten Arbeiterinnen weiblicher Nachwuchs produziert wird. Damit wird der eine Teil der DZIERZONschen Hypothese — unbefruchtete Eier der Honigbiene entwickeln sich zu Männchen, befruchtete zu weiblichen Individuen — in seiner Verallgemeinerung hinfällig. Wir kommen daher zu der besonders von CORRENS und einer Reihe amerikanischer Forscher vertretenen Ansicht, daß zweierlei Eier unterschieden werden müssen, solche, die parthenogenetisch, und solche, die unbefruchtet entwicklungsfähig sind. Sicher ist nur, daß bei unserer Honigbiene aus parthenogenetisch hervorgebrachten Eiern nur Männchen sich entwickeln; für die Kapbiene trifft dies schon nicht mehr zu. Wir wissen aber nichts über das Geschlecht derjenigen von einer drohnenbrütigen Bienenkönigin produzierten Eier, die nicht zur Entwicklung kommen und von den Arbeiterinnen beseitigt werden. Es ist also wohl denkbar, daß hier Eier mit weiblicher Tendenz abgesetzt wurden, diese aber unbefruchtet nicht zur Entwicklung kommen. Die Erscheinung, daß bei einer Kreuzung zwischen einer hellen italienischen Königin und einer dunklen deutschen Drohne anfangs Bastardarbeiterinnen, später aber solche entstehen können, die wie die Mutter hell sind, läßt vermuten, daß auch Arbeiterinnen sich aus unbefruchteten Eiern entwickeln können, wie es für die Kapbiene ein durchaus normales Vorkommen bildet. Wir sehen also, daß wir hier ebensowenig wie bei den Ameisen oder auch z. B. bei den Blattwespen ohne weiteres verallgemeinern dürfen, da nahe verwandte Formen ganz erhebliche Abweichungen zeigen können. Recht eigenartig sind die Theorien von F. DICKEL, der zweierlei Drohnen unterscheiden will, und zwar zwischen den von der Königin produzierten, die allein fruchtbar sein sollen, und denen, die sich aus den von Arbeiterinnen abgelegten Eiern als unfruchtbare Organismen entwickeln. Die Bienenkönigin legt danach nur befruchtete Eier. Die Bestimmung über das Geschlecht soll den Arbeiterinnen vorbehalten sein, und zwar sollen Sekrete den Ausschlag geben. Zur Begründung der Theorien werden so viele Hilfshypothesen herangezogen, daß eine ernstliche Diskussion hier nicht vorgenommen werden kann. In diesem Zusammenhang muß auch kurz die Frage der Ontogenese des Polymorphismus kurz gestreift werden. Wie oben bereits gezeigt wurde, sind die bei den sozialen Hymenopteren als Arbeiterinnen ausgebildeten Individuen ihrer Anlage nach Weibchen. Für die Honigbiene ist die Differenzierung der Arbeiterinnen unter dem

Einfluß der den Larven gebotenen Nahrung einwandfrei durch die künstliche Züchtung von Zwischenformen zwischen Weibchen und Arbeiterinnen als trophogen erwiesen. Die Qualität des Futters gibt hier den Ausschlag. Eine Differenzierung im Ei braucht bei der Einheitlichkeit der Arbeiterinnen nicht angenommen zu werden. In jedem Ei, das sich zu einem weiblichen Individuum entwickelt, müssen aber die Tendenzen zur Ausbildung beider weiblicher Formen, Geschlechtstier und Arbeiterin, vorhanden sein. Erst während des Larvenlebens erfolgt aber durch die Nahrung die Entscheidung, nach welcher Richtung sich der weibliche Organismus entwickeln wird. Auch bei den Ameisen dürften die Verhältnisse ähnlich liegen. Man hat zwar hier einen „blastogenen Polymorphismus" angenommen, wobei der Phänotyp, d. h. die äußere Erscheinungsform der betreffenden Kaste, von vornherein festgelegt sein und unabhängig von der Ernährung der Larve zur Ausbildung gelangen soll. Danach müßten also nicht nur für Weibchen und Arbeiterinnen, sondern auch z. B. für die Soldatenkaste von Anfang an differierende Eier vorhanden sein. Leider ist nun für Ameisen eine unterschiedliche Fütterung der Larven in Beziehung zu dem Typ der Kaste noch nicht direkt beobachtet. Dagegen haben die WASMANNschen Untersuchungen über die als abnorme Zwischenformen zwischen Weibchen und Arbeiterinnen anzusehenden Pseudogynen in mancher Hinsicht Klarheit gebracht. Diese Mißbildungen kommen dann zustande, wenn die betreffenden Ameisen bei Befall mit der symphil lebenden *Lomechusa* den Larven dieses Käfers besondere Pflege zuteil werden lassen und darüber die eigene Brut vernachlässigen. Die Käferlarve tut dann durch Verzehren von Larven und Eiern ihres Wirtes ihr übriges und bringt dadurch recht fühlbare Lücken im Bestande der Arbeiterinnen des Volkes hervor. Die Ameisen reagieren nun darauf in der Weise, daß sie die bereits in weiblicher Richtung herangezüchteten Larven zu Arbeiterinnen umzuwandeln versuchen. Vielleicht kommt auch eine Vernachlässigung in der Fütterung dabei in Betracht, die zur Entstehung der Pseudogynen führt. Daß es sich hierbei nicht um eine Störung der Keimanlagen des Weibchens handelt, geht daraus hervor, daß nach VIEHMEYERS Feststellung das aus einem pseudogynenhaltigen Volk entnommene Weibchen, in ein Volk mit nicht entarteten Brutpflegeinstinkten übertragen, wieder normale Nachkommenschaft hervorbringt. Dadurch scheint die Annahme verschiedener Eier für Arbeiterinnen und Weibchen für das Verständnis der Ontogenese des Polymorphismus überflüssig. Äußerliche Anlässe, wie die von der Ernährung ausgehenden Reize, bringen die verschiedenen im weiblichen Ei fixierten Anlagen zur Entfaltung. Ob noch weitere Reize auslösend wirken, ist zur Zeit noch unbekannt. Denkbar wäre schon ein Einfluß durch die Beleckung des Eies und durch die verschiedenen physikalischen Bedingungen, denen es durch den Transport an verschiedene Plätze ausgesetzt wird. Die durch die Phylogenese zu erklärende Entstehung der Kasten muß aber voraufgegangen sein, um die Anlage dazu im Ei festlegen zu können. Auf die Schwierigkeiten, die sich daraus ergeben, daß diese Kasten aus in geschlechtlicher Beziehung reduzierten weiblichen Individuen bestehen, die also nur ausnahmsweise dazu gelangen, ihre eigenen Eigenschaften zu vererben, wurde bereits oben hingewiesen.

In den meisten Fällen scheint die Paarung bald oder wenigstens einige Tage nach dem Schlüpfen zu erfolgen, woraus hervorgeht, daß die betreffenden Individuen bereits geschlechtsreif sind oder nur wenige Tage bis zur Reife nötig haben. Bei *Trichogramma* sind nach Hase beide Geschlechter unmittelbar nach dem Schlüpfen, schon wenn die Flügel noch nicht einmal voll entwickelt sind, zur Paarung fähig. Und die Männchen von *Sclerodermus immigrans* Brid. dringen nach den Beobachtungen ihres Autors in die im gleichen Kokonhaufen befindlichen weiblichen Kokons ein, um sich dort mit den noch nicht geschlüpften Weibchen zu paaren, verhalten sich darin also ähnlich wie manche Feigen-bewohnenden Chalcididen. Inzucht ist dabei eine sehr häufige Erscheinung. Unter Umständen ist aber auch seit dem Abstreifen der Puppenhaut schon eine längere Zeit verstrichen, wie z. B. bei solchen Formen, die als Imagines überwintern und dann erst im folgenden Frühjahr zur Eiablage schreiten. Hier kann dann entweder im Herbst die Begattung bereits erfolgt sein und sich nicht oder unwesentlich von der unmittelbar nach dem Beginn des Imagniallebens erfolgenden unterscheiden; oder aber die Imagines ruhten zwar bereits den Winter über fertig entwickelt in ihren Zellen, z. B. die der Frühjahrsbienen, und die Paarung findet erst dann statt. Im letzteren Falle liegt gelegentlich eine Frist von mehreren Monaten zwischen Schlüpfen und Paarung. In dieser Zeit können die Keimdrüsen noch Veränderungen erfahren. Es ist aber auch denkbar und wahrscheinlich, daß auch dann, wenn ein Weibchen im Herbst begattet wurde, die Eireife erst im Frühjahr erfolgen wird. Das Sperma ruht bis dahin im Receptaculum seminis. Der Vorgang der Paarung kann daher auch zugleich von der Befruchtung des Eies weit getrennt sein. Der Hauptunterschied zwischen denjenigen Formen, die kurz nach dem Schlüpfen sich paaren, und denjenigen, bei denen eine längere Zeitspanne dazwischen liegt, besteht demnach darin, daß bei den ersteren reife Eier sofort in die Ovidukte eintreten können, unter Umständen sich darin schon aufgehäuft haben (z. B. bei manchen Ichneumoniden) oder aber, daß wohl Sperma im Receptaculum seminis, aber noch keine befruchtungsfähigen Eier vorhanden sind. Ob im übrigen auch bei denjenigen Männchen, die überwintern, noch Veränderungen an den Hoden vorkommen, wäre einer speziellen Untersuchung wert. Verhältnismäßig selten kommt es vor, daß beide Geschlechter im Imaginalzustand überwintern und sich dann erst im Frühjahr paaren (z. B. unter den Bienen *Ceratina*- und *Xylocopa*-Arten). Vielleicht liegen aber auch hier die Verhältnisse einfacher, da es leicht möglich ist, daß die betreffenden Tiere im Herbst noch nicht geflogen sind und den Winter nach Analogie der Frühjahrsbienen in ihren Brutzellen verbringen. Wie wir bereits oben sahen (Kap. XI), ist bei *Belonogaster* eine Hemmung der Ovarialentwicklung durch starke Brutpflegearbeiten bei einer zu geringen Zahl von Hilfsweibchen durch Roubaud beobachtet. Die anfangs ausgeübten Arbeiten im Neste hängen offenbar mit der nicht vorhandenen Geschlechtsreife der betreffenden Weibchen zusammen. Erst wenn diese eingetreten ist, werden die Weibchen ausfliegen und dabei befruchtet werden. Daß bei Meliponenweibchen je nach den Arten Unterschiede in dem Entwicklungsgrad der Keimdrüsen vorkommen und schon im Bau großer Königinnenzellen oder in der Aufzucht einer Königinnenlarve in gewöhnlicher Brutzelle ihren Ausdruck finden, wurde bereits oben erwähnt. Die interessante Feststellung, daß ein isoliert gehaltenes Weibchen von *Habrobracon juglandis* ASHM. nach anfänglich parthenogenetischer Eiablage noch am 38. Tage die ihm ermöglichte Paarung einging, verdanken wir HASE.

Von besonderen Brunstperioden kann kaum gesprochen werden, da im allgemeinen nur eine einzige Paarung stattfindet, die gewöhnlich in kurzer Zeit den Tod des damit überflüssig gewordenen Männchens nach sich zieht. Ist jedoch eine mehrmalige Paarung zur Aufnahme einer größeren Spermamenge für die Befruchtung einer sehr großen Zahl von Eiern, wie dies bei vielen Ameisen vorzukommen scheint, erforderlich oder wenigstens erwünscht, so finden die verschiedenen Paarungen während ein und desselben Schwarmaktes kurz nacheinander statt. Im übrigen fand HASE auch bei *Habrobracon*, daß ein und dasselbe Männchen mehrmals kopulieren kann, ebenso daß ein Weibchen hintereinander, auch in größeren Pausen, begattet wird. In den ersten 24 Stunden nach dem Schlüpfen sind die *Habrobracon*-Weibchen am willigsten zur Begattung; später findet meist eine Abwehr des Männchens statt. Doch kann eine Paarung noch nach Wochen, wenn vorher keine Gelegenheit dazu gegeben war, beobachtet werden. Die Beantwortung der Frage nach den Ursachen des Erregungszustandes des Männchens, wie er in dem später noch zu behandelnden Liebesspiel des Männchens seinen Ausdruck findet, ist kompliziert. Auch ohne daß ein Weibchen anwesend ist, geraten isolierte Männchen häufig in Erregung und unternehmen unter Umständen Begattungsversuche. „Helligkeit löst zweifelsohne einen erhöhten Begattungstrieb aus, doch werden auch Weibchen befruchtet, welche mit Männchen zusammen völlig im Dunkeln gehalten werden.“ In Abhängigkeit von klimatischen Verhältnissen scheint vielfach die Paarung bei Ameisen stattzufinden, da anders kaum das gleichzeitige Ausschwärmen der Geschlechtstiere aus verschiedenen Völkern in der gleichen Gegend erklärt werden kann, wie es z. B. bei *Lasius*-Arten zu beobachten ist.

Die Paarungsgewohnheiten selbst sind recht abwechslungsreich. Bei den Tenthrediniden nähert sich das Männchen rückwärts dem Weibchen, bis es mit seinem Halteapparat in die Gegend der weiblichen Geschlechtsöffnung kommt. Die Tiere bleiben dann mit abgewendeten Köpfen hintereinander sitzen. Geht das Weibchen einige Schritte vor, so folgt das an ihm hängende Männchen, rückwärts schreitend. Im Gegensatz zu Lydiden und Sireciden erfährt nach BOULANGÉ der männliche Kopulationsapparat bei der Paarung eine Umdrehung um seine Längsachse um 180°. Infolge dessen erscheinen die Vasa deferentia und verschiedene Muskeln gekreuzt. Die Drehung kann sowohl nach rechts wie nach links erfolgen. Bei *Phymatocera aterrima* KL. beobachtete Verf. eine Paarungsdauer von über einer halben Stunde, ehe die Geschlechter sich wieder trennten. Ein Vorspiel war nicht voraufgegangen. Während der Erregung wurden aber die Flügel etwas angehoben. In der Reihe der Schlupfwespen (Ichneumoniden und Braconiden) scheint die Paarung im allgemeinen von kurzer Dauer zu sein. Die vorbereitenden Liebesspiele des erregten Männchens von *Habrobracon juglandis* Ashm. hat Hase näher beschrieben. „Zunächst läuft das Männchen etwas schneller und schwirrt, ohne sich von der Unterlage zu erheben, mit den Flügeln. Dieser Vorgang kann drei bis vier Sekunden lang ununterbrochen anhalten. Beim Schwirren — Vorder- und Hinterflügel bilden dabei eine Fläche — kippt das Männchen meist etwas nach vorn über, und der Gang wird mehr schaukelnd und stoßweise, bald schneller, bald langsamer. Die Fühler sind schräg nach vorn und oben gerichtet. Kommt das Männchen in unmittelbare Nähe des Weibchens, so läuft es auf letzteres zu; ja es läuft direkt über dessen Körper hinweg, gleichgültig, ob es ihn von vorn, hinten oder der Seite her übersteigen muß. Das Schwirren der Flügel wiederholt sich dabei fortgesetzt mit ganz kurzen Pausen. Doch, soviele Paare ich auch in Kopulation beobachtete, niemals sah ich, daß ein Männchen auf das Weibchen zugeflogen wäre; stets näherten sich die Männchen auf die beschriebene Art und Weise. Möglichst rasch sucht nun das Männchen seinen Körper parallel zu dem des ausersehenen Weibchens zu stellen. Es läuft geschickt, vor und rückwärts, auf dem Rücken des Weibchens, wobei es mit den Füßen sich an den Flanken des Weibchens anklammert.

Ist das Weibchen bereit zur Begattung, so bleibt es völlig ruhig stehen; die Fühler meist nach vorn gerichtet. Es reagiert nicht sichtbar auf das hitzige Liebesspiel des Männchens. Hat letzteres das Weibchen erstiegen und sich festgekrallt, dann wird der Hinterleib ausgestreckt, bauchwärts stark gebogen, und die Geschlechtsöffnung mit dem Klammerapparat tritt hervor. Damit tastet das Männchen nach der weiblichen Geschlechtsöffnung, seitlich oder mehr von hinten kommend, entsprechend der jeweiligen Haltung des Stechapparats, der bald nach rechts, bald nach links, schräg nach oben oder schräg nach unten gehalten wird. Scharf nach vorn zu, bauchwärts eingeschlagen, wird der Stechapparat während der Kopulation nie gehalten. Die anatomischen Grundlagen bedingen die Haltung des Stechapparats!

Ist die Geschlechtsöffnung des Weibchens richtig gefaßt, so wird der männliche Klammerapparat so weit wie möglich auseinander gesperrt und damit ist die normale Kopulationsstellung erreicht. In diesem Augenblick tritt ein eigenartiger, charakteristischer Krampfzustand ein. Das Männchen peitscht mit den Fühlern, welche schon vorher „widderhornartig" gerollt wurden, in dieser Stellung die Flanken des Weibchens taktmäßig, und ebenso taktmäßig zucken und schlagen die Flügelpaare."

Nach der Erregung, die etwa 10 Sekunden andauert, bleibt das anscheinend erschöpfte Männchen noch einige Sekunden am Weibchen hängen und kann von diesem mitgeschleppt werden (Abb. 194). Schließlich fällt es ab und bleibt auch dann gewöhnlich noch ein paar Sekunden ruhig liegen. Das Weibchen verhält sich während der ganzen Zeit passiv und gibt weder durch Fühlerbewegungen noch durch Flügelschlagen irgendwelche Erregungszustände zu erkennen.

Die gleiche Passivität des Weibchens wurde auch bei *Lariophagus* und *Trichogramma* beobachtet. Das im Vergleich zum Weibchen verhältnismäßig kleine Männchen von *Lariophagus dist.* (Abb. 195) klettert auf den Rücken des Weibchens und bearbeitet mit den weitgespreizten Fühlern die Außenseiten der weiblichen Fühler, indem es anfangs dieselben schlägt, später daran nach der Spitze zu streicht und auf diese auftippt. Dieses Spiel wird mehrmals wiederholt. Da sich das Männchen aber dabei auf dem Vorderkörper des Weibchens befindet, die Geschlechtsöffnung des Weibchens aber ventral liegt, ist es ihm aus dieser Lage heraus nicht möglich, dorthin zu gelangen. Es läuft deshalb nach hinten, wobei es ebenso wie bei den anderen Bewegungen auf dem Rücken des Weibchens mit den Flügeln schwingt, wohl um sich im Gleichgewicht halten zu können. Ist es genügend weit hinten, so krümmt es sein Abdomen unter das des Weibchens und krallt sich dabei mit den vorderen Beinpaaren am Rücken bzw. an den Seiten des Weibchens fest, während die Hinterbeine von unten nach vorn greifen. Auch die Flügel werden dabei zu Hilfe genommen, um sich in dieser Lage halten zu können. War das Weibchen noch nicht genügend erregt, so gelingt die Paarung

Abb. 194. Paarung von *Habrobracon* (nach HASE).

a.

b.

Abb. 195. *Lariophagus distinguendus* FÖRST. a. beim Erregungsspiel, b. Paarung (nach HASE).

nicht und das Männchen beginnt sein Fühlerspiel auf neue. Die Paarung selbst dauert nur wenige Sekunden. Häufig wehren auch die Weibchen den Partner ab; es mag sich in solchen Fällen um Weibchen handeln, die sich bereits gepaart haben. Im übrigen versuchen die Männchen wiederholt zur Paarung zu gelangen. Das der Paarung von *Trichogramma evanescens* WESTW. vorangehende Liebesspiel besteht darin, daß „die Männchen in höchster Erregung um die Weibchen herum oder auf diese zu laufen unter lebhaftem Schlagen der Flügel und der Fühler. Dabei suchen die Männchen die gewählte Partnerin zu besteigen, von hinten, vorn oder von der Seite her, wie es gerade die Stellung ermöglicht. Oft wehren die Weibchen, mit den Hinterfüßen stoßend, die hitzigen Männchen ab, oder sie versuchen durch Sprung oder Lauf sich zu entziehen. Ist das Weibchen zur Empfängnis bereit, so bleibt es ruhig stehen. Die Paarungsstellung selbst ist ein ähnliches Hängen wie bei *Lariophagus*, doch können die Hinterbeine auch am Boden eine Stütze finden.“ Gelegentlich kann das Liebesspiel bei *Trichogramma* auch ganz unterbleiben, und zwar ist das dann der Fall, wenn das Männchen das frisch aus dem Wirtsei hervorkommende Weibchen abfaßt. Ähnliche Liebesspiele und Paarungsstellungen werden sich vermutlich auch bei andern Schlupf- und Erzwespen finden. Bei der kurzen Dauer des Vorganges hat man allerdings im Freien nur verhältnismäßig selten Gelegenheit, ihn zu beobachten. Recht eigenartige Verhältnisse finden sich auch bei den in Gallen im Feigenblütenstand lebenden weitgehend spezialisierten Blastophaginen. Das flügellose Männchen (Abb. 196) sucht die im gleichen Blütenstand noch in ihren Gallen ruhenden Weibchen auf und nagt ein Loch in die Gallenwand, durch das es seinen umgekrümmten und ausgestreckten Hinterleib einführen kann, um so das Weibchen zu begatten. Außerdem nagt es auch an anderen Gallen, vergrößert u. a. auch die Öffnung, aus der es selbst geschlüpft ist. Offenbar ist der Instinkt, die weibliche Galle zu öffnen, aus dem Nahrungsbedürfnis des Männchens entstanden. Die Weibchen können sich aber auch ohne Hilfe des Männchens aus ihren Gallen hervorarbeiten. In dem 1924 von GRANDI beschriebenen Falle von *Neosycophila omeomorpha* liegen die Verhältnisse von vornherein dadurch anders, daß die nur schwach dimorphe Art ihre Entwicklung in verhältnismäßig großen, wandständigen Gallen im Innern des allseits geschlossenen Fruchtstandes von *Ficus gibbosa* durchmacht. Der Weg ins Freie führt hier durch einen von der Galle her in die Fruchtwand genagten Gang. Die Paarung muß also im Freien stattfinden, und das Männchen wird sich vermutlich nicht an der Befreiung des Weibchens beteiligen.

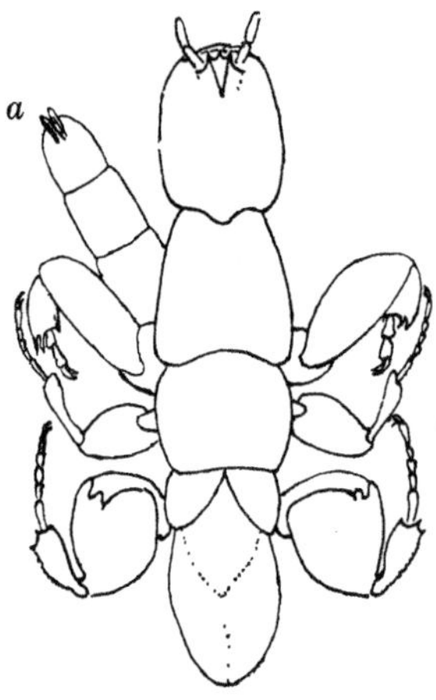

Abb. 196. Männchen von *Ceratosolen appendiculata* Mayr (nach MAYR). a. Hinterleibsspitze.

Bei den aculeaten Hymenopteren scheint die Paarung im allgemeinen nur von kurzer Dauer zu sein, Wo die Weibchen ungeflügelt sind, trägt das Männchen das Weibchen im Fluge davon. Doch findet man auch verhältnismäßig häufig die Pärchen von *Ammophila* durch die Luft fliegend. Das Männchen umklammert dabei die Nackenregion des Weibchens oft recht fest und löst diese Umklammerung mitunter nicht einmal im Giftglase. Wer hierbei der aktiv fliegende Teil ist, wäre noch näher zu untersuchen. Bei den Hummeln scheint es das Weibchen zu sein, das davonfliegt und dabei das wesentlich kleinere Männchen auf dem Rücken trägt. Die Paarung findet hier entweder im Freien oder im Neste statt. In einem Falle sah Verf. das Weibchen von *B. ruderarius* Müll. mit seinem Männchen aus der Mooshülle des Nestes hervorkommen und davonfliegen. Bei der Paarung selbst scheint aber dann das Pärchen zu Boden zu stürzen. Meist soll die Paarung im Neste erfolgen. Ob hierfür Männchen fremder Völker zugelassen werden, scheint nicht bekannt zu sein. Immerhin könnte auf diese Weise eine Inzucht vermieden werden. An Nestern von *B. ruderarius* beobachtete Verf. große Mengen von Männchen, die darüber schwärmten und dadurch leicht die Lage der betreffenden Nester verrieten. Da sich hier mehrere Nester in der Nähe befanden, an denen gleichzeitig ähnliche Schwärme von Männchen tanzten, konnte eine Mischung von Männchen verschiedener Völker leicht eintreten. Frische Weibchen waren in den Nestern vorhanden. Hoffer beschreibt einen Fall, in dem das auf einem sonnenbeschienenen Blatt sitzende Weibchen einer Hummel, vermutlich *B. solstitialis* v. *fieberanus* Seidl., von Männchen der gleichen Art umworben wurde. Eine von M. Müller beobachtete Paarung der Ackerhummel (*B. agrorum* F.) war dadurch besonders bemerkenswert, daß, als sich die Geschlechter trennten, der Halteapparat des Männchens am Weibchen hängen blieb (Abb. 197), eine Parallele zu den Erscheinungen, wie sie bei der Honigbiene vorkommen. Für Hummeln scheint ein derartiges Vorkommnis etwas Außergewöhnliches zu sein. Vielleicht war ein Krampfzustand eingetreten, der eine Spreizung und Lockerung der Klammervorrichtung unmöglich machte. Auch bei den sozialen Wespen dürfte die Paarung außerhalb des Nestes erfolgen. Die Pärchen stürzen dabei aus der Luft zu Boden. Gelegentlich hängen, wie in einem von v. Buttel-Reepen an *Vespa rufa* L. beobachteten Falle, an dem fest vereinigten Pärchen noch weitere Männchen, die das zuvorgekommene zu verdrängen suchen. Besser bekannt sind die mit dem Hochzeitsflug in Verbindung stehenden Verhältnisse bei der Honigbiene. Hat sich nach Abzug der alten und mit dem Ausschlüpfen einer neuen Königin oder durch Nachschwarm ein neues Volk gebildet, das nun eine unbefruchtete Königin besitzt, so muß diese, wenn das Volk sich weiter entwickeln soll, befruchtet werden. Günstige Witterung vorausgesetzt, macht

Abb. 197. Weibchen von *Bombus agrorum* F. mit anhängendem männlichem Kopulationsapparat.

sich bereits am nächsten Tage ein lebhaftes Schwärmen der Arbeiterinnen am Nesteingang bemerkbar, bis plötzlich die Königin erscheint, um nach einer kurzen Orientierung davonzufliegen. Wie weit der Flug geht, ist schwer zu sagen und sicher auch von Fall zu Fall verschieden. Es ist aber bekannt, daß bestimmte Punkte bevorzugt werden, wie etwa höhere Bäume oder kleinere Anhöhen, über denen sich die Drohnen

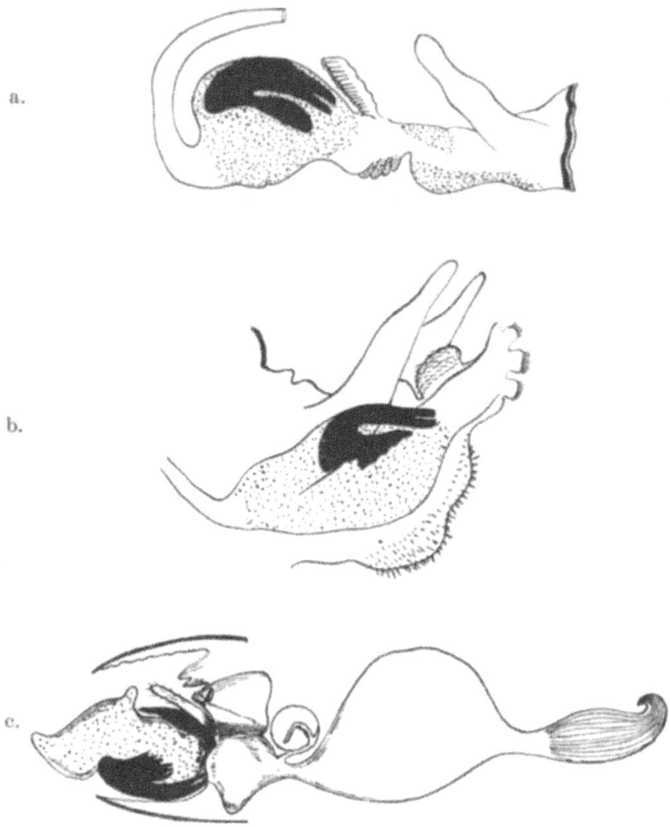

Abb. 198. Kopulationsapparat der Drohne. a. in Ruhestellung, b. aus- und umgestülpt, c. umgedreht und in der weiblichen Geschlechtsöffnung abgerissen (nach ZANDER).

tummeln. Hoch in der Luft findet die Vereinigung statt; doch fällt auch hier das Weibchen mit dem schweren Männchen, gelegentlich im Innern einer faustgroßen Kugel von Drohnen, die das Paar umgeben, zu Boden. Die eigenartigen Anhänge des männlichen Begattungsapparates der Drohne gestatten dieser nicht, ihn nach der Paarung aus den weiblichen Geschlechtswegen herauszuziehen (Abb. 198). Das ganze Glied reißt ab, und der Tod der Drohne wird sehr bald eintreten. Schon die Ausstülpung, wie sie durch einen leichten Druck herbeigeführt werden kann, soll den sofortigen Tod zur Folge haben können. Mit dem noch anhängenden „Begattungszeichen" kehrt die Königin nach einigen Minuten bis mehreren Stunden in ihr Volk zurück, wo sie den Penis mit den Hinterbeinen herauszerrt. Bei der Erregung des ganzen Volkes, die dem Hochzeitsfluge der Königin vorangeht, kommt es gelegentlich vor, daß die Arbeiterinnen im Schwarm mit abziehen. Dabei ist ebenfalls eine Begattung im Schwarm möglich. Verzögert aber ungünstige Witterung den Hochzeitsflug, so kann darüber die Brunst der Königin vergehen, sie schreitet jungfräulich zur Eiablage, und ihre Nachkommen werden Männchen. Andererseits sind auch Fälle bekannt, in denen der Begattungsausflug schon sehr frühzeitig, am Tage des Ausschlüpfens, erfolgte, wonach eine überreiche Eierproduktion beobachtet wurde, da einzelne Zellen mit zwei bis sieben Eiern bestiftet wurden und auch in zum Teil gefüllte Pollenzellen, sowie Zellen mit jungen Maden Eier gelegt wurden.

Hochzeitsflüge sind auch bei den Ameisen weit verbreitet, können aber nur dort stattfinden, wo beide Geschlechter geflügelt sind. Daß ein gegeflügeltes Männchen mit dem flügellosen Weibchen oder umgekehrt davonfliegt, wie es bei solchen solitären Hymenopteren vorkommt, deren Weibchen ungeflügelt sind, ist bisher nicht beobachtet. Ein spontanes Ausschwärmen ist ebenfalls nicht beobachtet. Eine Orientierung über die Lage des Nestes braucht von den geflügelten Individuen vor dem Abflug nicht vorgenommen zu werden, da sie im allgemeinen nicht wieder zum Bau zurückkehren, sondern höchstens, wenn die Paarung in unmittelbarer Nähe des Mutternestes erfolgte, von Arbeiterinnen dorthin zurückgeholt werden. Dort, wo große Massen von Geschlechtstieren produziert werden, erstreckt sich das Ausschwärmen derselben gewöhnlich über einige Tage, wobei zuerst die gewöhnlich früher entwickelten Männchen ihr Muttervolk zu verlassen pflegen. Findet man in einem Volke nur eine größere Anzahl geflügelter Weibchen, so kann angenommen werden, daß die Männchen schon das Weite gesucht haben und vielleicht mit den Weibchen eines anderen Volkes zusammengetroffen sind. Dadurch, daß sich die Geschlechter an bestimmten, bevorzugten, besonders hochliegenden Punkten sammeln, können sich allmählich dort recht große, nach vielen Tausenden zählende Schwärme bilden, in denen sich Angehörige verschiedener Völker zusammenfinden. Besonders ausgeprägt sind derartige Schwärme bei *Lasius*-Arten, die mitunter wolkenartig über irgendwelchen erhöhten Punkten stehen. Derartige große Vereinigungen kommen bei *Formica*, *Camponotus*, *Polyergus* und *Tapinoma* nicht vor, da sich hier die Geschlechtstiere mehr zerstreuen. ESCHERICH fand sogar tief im Nestinnern zwei in fester Kopula befindliche Pärchen von *F. rufa* L. Und v. IHERING berichtet, daß die Weibchen von *Atta sexdens*, die vom Neste abfliegen, bereits befruchtet sind. Auch für *Tapinoma erraticum* LATR. ist eine Paarung zwischen Geschwistern als Ausnahme beobachtet worden. Bei kleinen Völkern mit einer geringen Ziffer von Weibchen und Männchen wird an sich schon das Ausschwärmen unauffälliger. Die Paarungsmöglichkeiten, wenn eines der Geschlechter ungeflügelt ist und die mitunter dadurch bedingte Geschwisterehe (Adelphogamie) wurden bereits oben behandelt. Dort, wo große Massen von Geschlechtstieren kurz vor dem Ausschwärmen sind oder dasselbe bereits begonnen hat, teilt sich auch den Arbeiterinnen eine Unruhe mit. Sie füttern vielfach die zum Ausflug sich bereit machenden oder suchen sie auch zurückzuhalten. Nach verschiedenen Autoren sollen die Männchen der Dorylinen von den Arbeiterinnen aus den Nestern verscheucht werden, während WHEELER und SANTSCHI ein freiwilliges Ausschwärmen derselben beobachteten. Gestattet die Kleinheit der Männchen, wie bei *Lasius*, eine Kopula im Fluge und können sich mehrere Männchen am gleichen Weibchen dabei festklammern, die nacheinander den Platz wechseln, so werden besondere Liebesspiele kaum stattfinden. Der Größenunterschied zwischen Weibchen und Männchen ermöglicht u. a. auch bei *Tetramorium* und *Solenopsis* die Paarung während des Fliegens. Kommen die Pärchen aber auf den Boden, wie bei *Myrmica*, so kommen, wie FOREL beobachtete, vor und nach der Paarung Berührungen mit den Fühlern und gegenseitiges Belecken vor. Im übrigen wird ein und dasselbe Weibchen auch hier nacheinander mehrfach von verschiedenen Männchen begattet. Die Paarung selbst dauert nur wenige Sekunden. Das Weibchen von *Monomorium salomonis* verscheucht danach das Männchen. Die Wüstenameise *Cataglyphis bicolor* weicht dadurch in ihren Paarungsgewohnheiten ab, daß hier die geflügelten Männchen den ebenfalls geflügelten Weibchen nachlaufen und sich mit ihnen am Boden paaren. Haben die Ameisenmännchen ihren Daseinszweck erfüllt, so gehen sie isoliert an Entkräftung allmählich ein oder fallen irgendwelchen Feinden als Beute zum Opfer.

Durch die Proterandrie, d. h. das frühzeitigere Ausfliegen der Männchen, kann eine Inzucht weitgehend vermieden werden. Die Männchen haben sich bereits zerstreut bzw. von dem Platze, an dem sie ihre Entwicklung durchmachten, weit entfernt, wenn die Weibchen ausfliegen. Diese Erscheinung wird besonders dort von Bedeutung, wo die Nachkommen einer Mutter in enger Nachbarschaft ihre Entwicklung durchmachen, was für die parasitären Formen weniger zutrifft, dagegen bei solitären Apiden, Crabroniden und Vespiden (nicht den einzeln nistenden Psammochariden) die Regel darstellt. Unter Umständen findet man dort die Männchen bereits zwei bis drei Wochen vor den Weibchen, so daß im Beginn der Flugzeit der betreffenden Arten die Männchen erheblich überwiegen. Die Proterandrie kann auf verschiedene Weisen zustande kommen. Das Naheliegendste wäre, anzunehmen, daß hierbei zuerst Männchen- und später Weibchen-ergebende Eier abgelegt werden. Dies trifft jedoch nicht zu. Namentlich dort, wo Befruchtung bzw. Nichtbefruchtung über das Geschlecht des Eies entscheidet, werden die Männchen-ergebenden Eier gewöhnlich zuletzt gelegt, was auf eine Erschöpfung des Spermavorates zurückgeführt werden kann. Gleichwohl können auch Männchen-ergebende Eier außer der Reihe gelegt werden, wie besonders die Untersuchung von Linienbauten ergibt, deren aufeinanderfolgende Zellen der Reihenfolge der abgelegten Eier entsprechen. Würden die Eier nach dem Geschlecht getrennt, zuerst die Weibchenergebenden, in den entsprechenden Zellen untergebracht, dann dürften Unterbrechungen nicht vorkommen. Und doch sind diese auch bei Linienbauten nicht selten. Immerhin ist die Tendenz, anfänglich Weibchen-, später Männchen-ergebende Eier zu produzieren, deutlich ausgeprägt. Da die Bauarbeit eines Weibchens meist mehrere Liniennester umfaßt, findet man unter Umständen solche, die rein männliche oder rein weibliche Bruten enthalten. Wenn es sich bei einem Bau mit rein männlicher Nachkommenschaft nicht um das Werk eines unbefruchteten Weibchens, das im Freien nur eine Ausnahmeerscheinung darstellten dürfte, handeln sollte, so stellt diese Nachkommenschaft, ebenso wie die rein weiblichen Bauten, lediglich einen Ausschnitt dar, dessen Zufälligkeit bei der Untersuchung einer größeren Zahl ohne weiteres zutage tritt. Bemerkenswert ist nun, daß trotz späterer Ablage der Eier die Männchen zuerst erscheinen. Dafür, daß die ausgebildeten Tiere, je nachdem es sich um Männchen oder Weibchen handelt, hier eine verschieden lange Zeit vor dem Ausschlüpfen noch in den Zellen ruhen, die Weibchen also eher geschlüpft sein können, aber erst das Ausfliegen der Männchen abwarten, bevor sie selbst ins Freie gelangen, liegen keine sicheren Beobachtungen vor. Wohl aber ist eine kürzere Entwicklungsdauer der Männchen festgestellt, die mit der geringeren Nahrungsmenge vielleicht in Verbindung gebracht werden kann. Ein spezieller Vorteil der Proterandrie bei Arten, die Linienbauten anlegen, besteht darin, daß der Weg ins Freie den Weibchen durch die dem Ein- bzw. Ausgang näher liegenden männlichen Zellen nicht mehr versperrt wird. Wesentlich anders liegen die Verhältnisse bei solchen Formen, die längere Zeit als Imagines ruhen, etwa über Winter, ehe sie die Zellen verlassen. Es ist kaum anzunehmen, daß hier noch in der im Verhältnis zur gesamten Entwicklungsdauer kurzen Zwischenzeit zwischen dem Ausfliegen der Männchen und der Weibchen wesentliche Veränderungen im weiblichen Organismus vor sich gehen, die das Erscheinen der Weibchen verzögern. Was für Faktoren hier das frühere Hervorkommen, wie z. B. bei vielen bereits seit dem Herbst entwickelten Frühjahrsbienen, bestimmen, ist unbekannt. Möglicherweise spielen klimatische Bedingungen dabei mit eine Rolle. Ein früheres Räumen der Zellen ist nicht nötig, da diese gewöhnlich den Hauptgang nicht versperren — abgesehen von Linienbauten —, sondern getrennt in diesen einmünden. Außer dem schon erwähnten Vorteil — Vermeidung der Inzucht —, den die Proterandrie mit sich bringt, bedeutet dieselbe aber auch für die Weibchen eine Zeitersparnis. Die Befruchtung und damit die Brutpflegearbeiten können sofort erfolgen, während im entgegengesetzten Falle die Tätigkeitsreihe des Weibchens eine Unterbrechung erfahren würde oder die Brutpflegarbeiten hinausgezögert werden müßten. Wir wissen allerdings, daß auch unbefruchtete Weibchen zu diesen Arbeiten übergehen.

Was nun die Geschlechtsprodukte anbelangt, so wurden die Eier bereits oben behandelt, so daß ich mich hier kurz auf einige wenige Angaben über die Spermatozoen beschränken kann. Diese sind nach dem Fadentyp gebaut. Ihre Länge beträgt bei der Honigbiene 0,275 mm, ihre größte Dicke 0,005 mm. Gehen auch die Schätzungen über die Zahl der Spermatozoen im Receptaculum seminis der Bienenkönigin erheblich auseinander, so kommt v. Buttel-Reepen doch unter sorgfältiger Berücksichtigung der verschiedensten Faktoren zu einem Mindestbetrag von 200 Millionen.

Dreizehntes Kapitel.

Entwicklung.

Die Entwicklung der Hymenopteren läßt uns schon bei den Furchungserscheinungen eine rechte Mannigfaltigkeit erkennen, die wenigstens zum Teil mit Dotterreichtum oder -armut der Eier in Verbindung gebracht werden konnte. Vielfach liegt dem zentralen Nährdotter der Bildungsdotter oder das Keimhautblastem auf, z. B. bei der Honigbiene und verschiedenen Ameisen, soll aber der Mauerbiene und einigen Gallwespen fehlen. Eine Dottermembran soll dagegen nach STRINDBERG den Ameisen fehlen. Bei dotterreichen Eiern dürfte wohl eine „intravitelline Sonderung" verbreitet sein, d. h. nicht alle Furchungskerne lagern sich an der Oberfläche in den Bildungsdotter ein, sondern ein Teil derselben bleibt im Eiinnern zurück. Diese Differenzierung kann schon frühzeitig erfolgen, so nach den Untersuchungen von WEISSMANN an *Rhodites* und *Biorhiza* bereits nach der ersten Kernteilung. Nur die Abkömmlinge des am hinteren Eipol gelegenen ersten Furchungskernes wandern an die Eioberfläche, während die des vorderen Furchungskernes im Nährdotter verbleiben. Auch in den von MARCHAL untersuchten dotterarmen Eiern von Platygasterinen (*Misocyclops ornatus* KIEFF. und *Synopeas rhanis* WALK.), die trotz des geringen Nährdotters eine superfizielle Furchung, aber ohne intravitelline Sonderung, erfahren, kommt es frühzeitig zu einer Entscheidung darüber, welche Furchungsprodukte als Bildungsdotter an die Eioberfläche wandern. Einer der ersten vier Furchungskerne von *Synopeas* trennt sich ab und liefert später den Embryo, die übrigen das Amnion. Bei *Misoc. ornatus* stammt dagegen das Amnion von einem stark vergrößerten Kern des Achtzellenstadiums, während die übrigen sieben den Aufbau des Embryos übernehmen. Je nach den Gattungen kann das erste Auftreten von Kernen im Blastoderm der Eioberfläche an verschiedenen Stellen erfolgen. STRINDBERG fand bei *Formica* zunächst eine gürtelförmige Zone dicht am Vorderpol, diesen aber anfangs freilassend. Später bildet das Keimhautblastem die ganze Oberfläche des Eies und läßt nur eine bestimmte Stelle, das „Dorsalsynzytium", frei. Für *Vespa* beschreibt STRINDBERG den Vorgang der Blastodermbildung folgendermaßen: „Die nach außen strömenden Kerne erreichen die Dotteroberfläche zuerst am mikropylaren Pol und dann allmählich über den Rest der Dotteroberfläche, je nachdem die von dem Eiinnern kommenden Kerne in die oberflächliche Plasmaschicht des Dotters auftauchen. Hier setzen die indirekten Kernteilungen wieder ein, wodurch die Kerne sich stark vermehren; die letzteren nebst umgebendem Plasma grenzen sich voneinander ab, und das Blastoderm ist fertig gebildet. Das Blastoderm bedeckt somit bei *Vespa* die ganze Oberfläche des Dotters, d. h. wir finden überall eine zusammenhängende Schicht von Zellen, wodurch natürlich die von mir (STRINDBERG) bei den Ameisen als ‚Dorsalsynzytium' bezeichnete Partie der oberflächlichen Plasmaschicht mit eingestreuten Kernen vermißt wird. Bei *Trachusa* wird jedoch eine offene Stelle im Blastoderm, wie es GRASSI für die Biene beschrieben hat, eine Zeitlang beibehalten". Hier bildet also das Blastoderm ein regelrechtes Oberflächenepithel, das dem Dotter aufliegt, nicht in diesen einschneidet und auch keine Dottereinschlüsse enthält. Das gleiche gilt auch für *Trachusa*, während bei *Camponotus* und *Myrmica* nach STRINDBERG Dotterballen bei der Abgrenzung der Blastodermzellen mit in diese einbezogen werden. Während bei manchen Formen, z. B. *Chalicodoma*, große Teile des Blastoderms zur Bildung des Embryos von vornherein herangezogen werden, ist die eigentliche Keimzone bei *Formica* und *Camponotus* nach STRINDBERG nur von geringer Ausdehnung, Abgesehen vom Dorsalsynzytium sind vier Zonen zu unterscheiden, die sich durch ihren zellulären Aufbau unterscheiden und von denen die zweite von vorn den Embryo ergibt, während die übrigen mit dem Dorsalsynzytium die Hüllenbildung übernehmen. Verhältnismäßig viel größer ist dagegen die Keimanlage bei *Myrmica*, die sich über die ganze Ventralseite des Eies erstreckt, so daß hier außer dieser und dem nach hinten verschobenen Dorsalsynzytium nur noch eine am Vorderpol gelegene Hüllenepithelzone unterschieden werden kann. Eine Differenzierung im Blastoderm konnte STRINDBERG auch bei *Vespa* nachweisen. „Hier wird nämlich das Blastoderm zwar über die ganze Eioberfläche ausgebildet, nicht aber überall in derselben Weise, indem dasselbe ventral von ziemlich hohen, dorsal von plattgedrückten Zellen aufgebaut ist, wodurch eine Differenzierung im Blastoderm sehr frühzeitig zum Ausdruck kommt." Recht eigenartige Verhältnisse hat nach dem gleichen Autor auch der Furchungsprozeß des *Leptothorax*-Eies aufzuweisen. Hier sondert sich nämlich der Dotter in zwei Teile, von denen der im Bereiche der Keimanlage liegende keine Besonderheiten aufweist, der andere sich aber in sehr große, anfangs zusammenhängende, später getrennte Zellen umwandelt. Entsprechen diese großen Zellen auch jenen Elementen, die bei anderen Ameisen zur Bildung der Serosa herangezogen werden, so fehlt doch eine solche bei *Leptothorax* ganz. Das Keimhautblastem eines dotterreichen *Azteca*-Eies läßt eine superfizielle Furchung erkennen. Daneben ist aber auch die Dottermasse in große Zellen von unregelmäßiger Anordnung zerfallen, die auf eine totale Furchung hinzuweisen scheinen, so daß hier ein kombinierter Furchungsvorgang vorzuliegen scheint. An eine totale Furchung erinnert auch schon der Zerfall der außerhalb des Keimbereichs gelegenen Dottermasse am *Leptothorax*-Ei.

Eine für Insekten recht auffällige und außergewöhnliche Furchungsweise stellt die totale Furchung dar, wie sie an den dotterarmen Eiern mancher Chalcididen (bes. Encyrtinen, aber auch *Smicra*), mancher Platygasterinen und Scelioninen nachgewiesen wurde, die aber auch zweifellos bei zahlreichen anderen Gattungen der genannten Gruppen vorkommen dürfte. Besonders interessant ist diese Erscheinung dadurch, daß mit ihr Polyembryonie verbunden sein kann. Auch außerhalb der genannten Gruppen legt der Massenbefall eines Wirtes durch einen verhältnismäßig kleinen Schmarotzer die Vermutung einer polyembryonalen Vermehrung nahe. So könnte vielleicht auch bei Braconiden, wie *Macrocentrus*, *Sphaeropyx* (nach CUSHMAN), oder manchen Ichneumoniden daran gedacht werden. Der sichere Beweis kann naturgemäß nur durch embryologische Untersuchung erbracht werden. Diese ist namentlich für Encyrtinen durch die Untersuchungen von MARCHAL, SILVESTRI, MARTIN, PATTERSON und LEIBY gut bekannt. Bei *Ageniaspis* spielen sich nach SILVESTRI und MARTIN die zur Polyembryonie führenden Furchungsvorgänge folgendermaßen ab: Das Eiplasma sondert sich in zwei Teile, von denen einer den Eikern mit einem als Nukleolus bezeichneten Gebilde einschließt und die eigentliche Eizelle darstellt, während in dem Plasmarest die Reste der Richtungskörper, die bei der Reifung abgegeben wurden, enthalten sind. Das Chromatin der Richtungskörper vereinigt sich zu einem großen Kern, dem Paranukleus oder Polkern. Der Teil des Plasmas, der diesen Paranukleus umgibt, hüllt weiter auch die Eizelle ein und wird als Trophamnios bezeichnet. Die bisher besprochenen Vorgänge können noch nicht mit einer Furchung verglichen werden, da es sich bei der Bildung des Paranukleus nicht um eine Abschnürung der Eizelle handelt, sondern hier eine Neubildung aus den Richtungskörpern erfolgt. Bei der nun auftretenden mitotischen Teilung des Eikerns zerfällt die Eizelle in zwei gleichgroße kernhaltige Ballen durch totale, äquale Furchung. Allerdings sind beide Teile nicht als gleichwertig anzusprechen, da der Nukleolus nur in eine der beiden Blastomeren ungeteilt übernommen wurde. Bemerkenswert für die weiteren Teilungen ist, daß die nukleolushaltige Blastomere sich erst später teilt als die nukleolusfreie. Die folgenden Teilungen verlaufen ebenfalls total und, nachdem sich auch die nukleolushaltige Blastomere geteilt hat, wobei Bestandteile des Nukleolus in beide Zellen übernommen wurden, ist ein Vierzellenstadium erreicht. Daraus geht durch die zunächst erfolgende Teilung der nukleolusfreien Blastomere ein Sechszellenstadium hervor und durch synchrone Teilung ein Zwölfzellenstadium. Auch der Trophamnios hat sich inzwischen vergrößert und der stark vergrößerte Paranukleus zerfällt in mehrere Paranuclei. Der Trophamnios umgibt dabei die sich in Gruppen sondernden Blastomeren, deren Zahl durch weitere Furchungen stark vergrößert wurde. Die Furchungszellengruppen ergeben die sogenannten primären Morulae (MARCHAL) und durch sich einschiebende Trophamniosmassen sekundäre, aus denen sich dann weiter die Embryonen entwickeln. Im Prinzip ähnlich verlaufen auch die Vorgänge bei *Lithomastix truncatellus* und *Copidosoma buyssoni*. „Sobald die Furchung so weit fortgeschritten ist, daß sich der Embryo aus etwa 20—25 Blastomeren zusammensetzt und die Polarregion etwa acht oder etwas mehr Polarkerne besitzt (die durch mitotische Teilung entstanden sind), wird der erstere durch die letztere, die die Form eines membranösen Gebildes (Membrana nucleata SILVESTRIS) annimmt, allseits umgeben. An älteren Embryonen, die aus etwa 160 Zellen aufgebaut sind, lassen sich zweierlei Zellen unterscheiden, größere und kleinere, von denen die ersten an einem Ende und peripher, die zweiten an dem anderen Ende gelegen sind. Aus dem Komplexe der kleineren Blastomeren entwickelt sich ein Individuum (nämlich eine geschlechtslose Larve), während der Komplex der größeren Blastomeren in mehrere Hundert von Zellnestern zerfällt, von denen jedes sich zu einer geschlechtslosen oder Geschlechtslarve entwickelt" (HIRSCHLER). Bezüglich der Entwicklung des Polarkerns, des Paranukleus, gibt PATTERSON für *Paracopidosomopsis floridanus* an, daß er hier zwar auch aus den im Eiinnern verbleibenden Richtungskörpern gebildet wird, daß sich daran jedoch nur zwei Polkörper beteiligen, während der dritte verschwindet. Den Nukleolus sah LEIBY sich als „germinal cell determinant" bereits frühzeitig im Eifollikel aus Plasmaverdichtungen am hinteren Ende der Eizelle von *Copidosoma gelechiae* entwickeln. Die Aufteilung des Embryos in das Polygerm findet bei *Paracopidosomopsis* zunächst dadurch statt, daß sich einzelne Blastomeren spindelförmig strecken und schließlich als innere Membran Gruppen von normalen Blastomeren umgeben. Außerdem schiebt sich die Polarmembran, Trophamnios, zwischen die einzelnen Gruppen ein. Die Aufspaltung kann schließlich so weit gehen, daß sich nicht mehr normale Individuen aus den Keimanlagen entwickeln und daß Pseudoembryonen oder kurzlebige, geschlechtslose Pseudolarven entstehen. Durch die Untersuchungen SILVESTRIS an *Trichogramma* ist es wahrscheinlich gemacht, daß der Nukleolus als Keimbahnplasma angesehen werden muß, das für die Anlage der Keimdrüsen von ausschlaggebender Bedeutung ist. Entwickeln sich aus einer Keimanlage geschlechtslose Larven, so darf angenommen werden, daß in die betreffenden Morulae keine Nukleolussubstanz übernommen wurde. Nachweisbar ist diese bei *Paracopidosomopsis* und *Copidosoma gelechiae* nur bis zum 28- bzw. 26-Zellenstadium. Polyspermie kommt nicht vor. Die Reduktion der Chromosomenzahl von 16 auf 8 erfolgt bei der Reifung. Die Eier können sich auch parthenogenetisch entwickeln und ergeben dann männliche Bruten.

Was nun die embryonalen Hüllen anbetrifft, so scheint bei den Hymenopteren die Bildung eines Amnions, wie es bei vielen anderen Insekten aus den Rändern der Keimanlage hervorgeht, zu unterbleiben. Es ist daher meist nur eine Hülle, die Serosa, vorhanden, die aus extraembryonalen Hüllzellen epithelartig aufgebaut wird. Aber auch diese Hülle kann bei manchen Ameisen und Schlupfwespen (z. B. *Banchus*) in Fortfall geraten. Gewisse Vorgänge an den Rändern des Keimstreifens lassen vorübergehend amnionartige Bildungen erkennen. So fanden CARRIÈRE und BÜRGER bei ihren embryologischen Untersuchungen an *Chalicodoma muraria* F., daß dort eine Kopf- und Schwanzfalte angelegt wird, die aber bald wieder verschwindet. Auch der verdünnte Rand der Keimanlage bei Ameisen, der sich am Aufbau des eigentlichen Embryos nicht beteiligt und später in das Innere desselben einbezogen wird, muß nach STRINDBERG als eine amnionale Anlage angesehen werden. Die Entwicklung der Serosa vollzieht sich bei *Vespa* in der Weise, daß sich die an der Ventralseite des Eies liegende Keimanlage von dem übrigen Oberflächenepithel ablöst und von diesem umwachsen wird. Hier ist also die gesamte Hüllenanlage am Aufbau der Serosa beteiligt. Etwas abweichend liegen die Verhältnisse bei Ameisen, wo von vornherein nach STRINDBERG mehrere Zonen im Blastoderm differenziert sind. Bei *Formica* ist es lediglich die vordere Kappe, die den Embryo schließlich ganz einhüllt. Dabei wächst dieser zwischen Dotter und Serosa nach vorn und schiebt sich schließlich mit seinem Vorderende auf die Dorsalseite des Eies hinauf. Die hinter der Keimanlage gelegenen Zonen werden dabei ins Innere des Eies eingestülpt und ebenfalls vom Embryo überwachsen. Zuletzt schließt sich die Serosa am hinteren Eipol. Etwas komplizierter verläuft die Differenzierung der Serosa und die Verlagerung der hinter der Keimanlage gelegenen Zonen bei anderen Ameisen, z. B. *Camponotus*. Auch hier entwickelt sich die Serosa aus der vordersten Blastodermzone, jedoch nur aus den der Keimanlage zunächst gelegenen Schichten, während außerdem noch eine besondere, vordere Polkappe abgeschieden wird. Die dritte Zone ergibt eine hintere Polkappe, während die vierte und ein auf der Grenze zwischen dritter und vierter Zone entwickeltes Myzetom ins Innere verlagert werden, nachdem sie auf die Dorsalseite des Eies heraufgerückt sind. Die Polkappen degenerieren später und beteiligen sich nicht am Aufbau des Embryos. Auch bei der Honigbiene schreitet die Abgliederung der Eihülle von beiden Eipolen zur Mitte hin fort. Dabei wird zunächst von der Grenze zwischen dem Oberflächenepithel des Eies und der Keimanlage aus die Rückenseite des Eies überwachsen, wobei das Epithel ins Innere sich einsenkt, und erst dann wachsen die freien Hüllenwände nach unten weiter, um schließlich das Ei auch ventral zu umfassen und ganz einzuhüllen. Bei manchen Ameisen, wie *Leptothorax*, *Tetramorium*, ist zwar eine Serosaanlage vorhanden; doch besteht diese aus dotterreiche Zellen, die sich nicht zu einem Epithel zusammenfügen, sondern durch den wachsenden Keimstreifen an die Eipole abgedrängt werden. Im weiteren Verlauf der Embryonalentwicklung degeneriert die Serosa, indem sie sich an verschiedenen Stellen des Embryos zusammenziehen kann (bei *Formica* ventral, bei *Vespa* am Kopfende, bei *Trachusa* vorn und hinten).

Weitere wichtige Differenzierungen werden durch die Ausbildung des Mesoderms eingeleitet. Bei *Apis*, *Chalicodoma*, *Vespa* sieht man in der Gegend, in der sich später der Vorder- und Enddarm einstülpen, Zellhaufen sich anlegen, die sich vom Ektoderm differenzieren, mit ihren Rändern aufeinander zuwachsen und das Mitteldarmepithel bilden, wodurch ein Schlauch, der Mitteldarm, entsteht, der Dottermasse in sich einschließt.

Die vordere und hintere Mitteldarmanlage entstehen bei *Apis* nach NELSON in Verbindung mit einer Einsenkung, die von der mittleren Längslinie des Keimstreifens ausgeht. Die eingesenkten Zellen des Blastoderms legen sich den Ektodermzellen an, so daß jetzt im Bereich der Keimanlage zwei Zellschichten vorhanden sind. Nur am vorderen und hinteren Ende kommt es zu stärkeren Wucherungen, die die Zellanhäufungen für den Aufbau des Mitteldarms bilden und mit der nach innen verlagerten Zellschicht als Mesoderm angesprochen werden dürfen. Durch weitere Differenzierungen längs der ventralen Mittellinie des Embryos, die zur Entstehung eines neuralen Mittelstranges führen, wird das Mesoderm in einen rechten und linken Streifen zerlegt, die nach der Anlage des Mitteldarms zwischen diesem und dem Ektoderm jederseits emporwachsen und den Muskeln, dem Fettgewebe, dem Herzen und Blut ihren Ursprung geben. Abweichende Verhältnisse fand STRINDBERG bei Ameisen. Hier fällt die vordere und hintere Zellenhäufung fort. Statt dessen sondert sich bereits bei der Einstülpung der mittleren Zellen des Keimstreifens von diesen eine Epithelschicht ab, die das Mitteldarmepithel bildet, das somit nach HIRSCHLER in seiner Entwicklung der Mesodermbildung voraneilt. Dieses Epithel legt sich dem Dotter an und umwächst ihn nach oben. Der Mitteldarm geht also hier aus einer einheitlichen Anlage hervor, während er sich bei anderen Formen aus einer vorderen und einer hinteren Zellanhäufung entwickelt. Einen provisorischen Verschluß des ventral noch offenen Mitteldarmrohres fand STRINDBERG bei *Vespa*. Hier kleideten auf einem bestimmten Stadium Dotterzellen den Mitteldarm aus und bewirkten auch einen synzytialen Ventralverschluß desselben.

Durch Einstülpungen am Vorder- und Hinterende des Embryos entstehen Vorder- und Enddarm, die als ektodermale Bildungen sich auch später noch durch ihre Chitinauskleidung und die damit verbundene Häutungsfähigkeit zu erkennen geben. Beide bleiben während des Embryonallebens gegen den Mitteldarm abgeschlossen; dabei wird nach den Untersuchungen NELSONS am Honigbienenembryo die Trennung zwischen Vorder- und Mitteldarm durch mesodermale Zellen bewirkt, während der Enddarm nach vorn durch ektodermales Gewebe für sich geschlossen ist. STRINDBERG sagt dagegen bezüglich *Formica*: „Wenn das blinde Ende des Stomodäums gegen die schon fertig gebildete Mitteldarmwand stößt, ist hier die Mesodermschicht verschwunden, wobei nur die Ektodermschicht des Stomodäums mit dem entodermalen Mitteldarmepithel verlötet wird. Etwas später trifft dasselbe für das Proktodäum zu. Während aber die Verbindung zwischen Vorder- und Mitteldarm bereits frühzeitig hergestellt wird, etwa zur Zeit des Schlüpfens der jungen Larve, bleibt bei der Mehrzahl der Hymenopteren die Trennung zwischen Mittel- und Enddarm während des ganzen Larvenlebens bestehen. Eine Ausnahme bilden hier die einfacher organisierten Larven der Symphyten, die dementsprechend auch während des ganzen Larvenlebens ihren Kot abgeben können. Für *Banchus femoralis* THOMS (Abb. 64). konnte BLEDOWSKI nachweisen, daß der Darm aus fünf Anlagen entsteht, „wobei die mittlere (die Dotterblase) die eigentliche Anlage des Mitteldarms darstellt und während der ganzen Entwicklungszeit bis zur Metamorphose von hinten geschlossen bleibt". Sowohl am Aufbau des Stomodäums wie des Proktodäums beteiligt sich hier außer der ektodermalen Einstülpung Mesoderm.

Als ektodermale Einstülpungen werden auch die Tracheen von den

Stigmen her, im Höchstfall zehn Paare, angelegt. Bei *Formica* fand STRINDBERG, daß die Stigmen ventral angelegt, beim Emporwachsen der Körperränder dorsal geschoben werden und sich definitiv in der oberen Hälfte der Pleura befinden. Das bei dem Honigbienenembryo im ersten Maxillarsegment von NELSON nachgewiesene (elfte) Tracheenpaar bildet später das Kopftracheensystem aus, mündet aber nicht mehr frei. Ebenso ist der zunächst paarig angelegte Ausführungsgang der Speicheldrüsen als ektodermale Einstülpung mit Chitin ausgekleidet. Das in Zusammenhang mit der Körperwandung verbleibende Endoskelett verdankt ebenfalls ektodermalen Bildungen seine Entstehung. Ist die Mesodermalentwicklung weiter vorgeschritten, so senkt sich eine ventrale Längsrinne, die Neuralfurche, ein, die die mesodermalen Seitenplatten auseinander drängt. Der dadurch nach innen vorspringende Neuralstrang differenziert sich in ein aus normalen Ektodermzellen gebildetes Epithel und die in die Tiefe gesenkten Neuroblasten. Hauptsächlich werden dieselben aber an den „Primitivwülsten" oder „Seitensträngen", d. h. im Ektoderm der Seitenwände der Neuralrinne, gebildet. Aus den großkernigen Neuroblasten gehen die kleinen Ganglienzellen hervor, die später die ersteren einhüllen. STRINDBERG fand, daß bei *Formica* „die drei thorakalen Ganglien nur ein wenig größer als die zehn abdominalen sind, was vielleicht in der geringen Entwicklung der Extremitäten während der Embryonalzeit zu suchen ist. Wie bei den Termiten treten auch hier Verschmelzungen der Ganglien ein, indem zuerst die Kieferganglien, dann auch die drei letzten Abdominalganglien miteinander in eine Masse vereinigt werden". Bei der frisch geschlüpften Honigbiene sind noch zwölf Körperganglien nachweisbar; allerdings sind die drei letzten miteinander in engeren Zusammenhang getreten. Von den Ganglien der Kopfsegmente verschmelzen die drei ersten zum Gehirn, die drei folgenden zum Subösophagealganglion. Als weiterer ektodermaler Bildungen muß schließlich auch noch der Önocyten gedacht werden, die STRINDBERG nur in den ersten acht Abdominalsegmenten von *Formica* nachweisen konnte, wo sie „etwas früher als die Stigmaeinstülpungen, aber an einer Stelle, die hinter den letzteren gelegen ist, erscheinen. In den späteren Embryonalstadien liegen sie in den Segmenten ziemlich dicht aneinander und bilden hier dorsoventrale, bandförmige Massen im Kaudalteil der Segmente". Bezüglich der mesodermalen Bildungen muß hier kurz noch einmal auf vorhergehende Verhältnisse eingegangen werden. Die anfangs einschichtige Mesodermanlage wird, während das Mesoderm sich seitlich und nach oben ausbreitet, zweischichtig, und läßt nun eine Segmentierung erkennen. Bei *Formica* fand STRINDBERG 19 Mesodermsegmente, „von denen das erste auf das Deutozerebralsegment, das letzte auf das elfte Abdominalsegment kommt". Bei *Chalicodoma* erfolgt nach CARRIÈRE und BÜRGER die Segmentierung schon wesentlich früher, nämlich bereits dann, wenn die Mitte der Keimanlage eingesenkt wird. Das zweischichtige Mesoderm wird bei *Formica* durch Auflösung der inneren Zellschicht ventral wieder einschichtig, während es lateral doppelschichtig bleibt. Die beiden Schichten weichen auseinander und die zwischen ihnen befindlichen Spalten stellen Zölomsäckchen dar. Bei der Honigbiene fand Nelson diese nicht.

Die Leibeshöhle entsteht hier mit dem Schwinden des Dotters. An den oberen Kanten der Mesodermschichten entstehen die Kardioblasten, die schließlich das Dorsalgefäß bilden. In dieses werden diejenigen Zellen hineingedrängt, die bei den Ameisen am Rande des Keimstreifens lagen, also mit amnionbildenden Zellen verglichen werden können und später den provisorischen Rückenverschluß des Embryos bildeten. Sie werden bei der Vereinigung der beiderseitigen Kardioblastenreihen in das Herzrohr eingeschlossen. Ebenfalls mesodermalen Ursprungs sind auch die Aorta cephalica und der parakardiale Zellstrang. Die Anlage der Keimdrüsen wird im allgemeinen vom Mesoderm hergeleitet. Wie wir jedoch bei der Besprechung der Polyembryonie sahen, sind es hier von Anfang an gewisse Zellen, schon nach erfolgter erster Teilung des Eikerns, die durch die Aufnahme des Nukleolus als zukünftige Keimzellen charakterisiert sind. Von der inneren Schicht des Mesoderms wird außerdem die Muskulatur des Mitteldarms, von der äußeren die an der Körperwandung ansitzende Muskulatur gebildet. Die chitinisierten Sehnen sind dagegen ektodermale Bildungen. Von der inneren Schicht gehen bei der Honigbiene auch die Fettzellen aus, während sie für gewöhnlich von der äußeren Schicht abstammen. Auch die Blutzellen leiten sich aus dem Mesoderm her. Die Malpighischen Gefäße entstehen an der ektodermalen Enddarmeinstülpung bei *Formica* als hohle Zapfen und wachsen rasch zu Schläuchen nach vorn hin aus. Bei *Chalicodoma* werden sie nach Carrière und Bürger „bereits vor der Enddarmanlage oder mit dieser zugleich als besondere Einstülpungen des das hintere Entodermpolster bedeckenden Ektoderms angelegt und erst nachträglich in die Enddarmeinstülpung, die von demselben Boden ausgeht, hineingezogen". Dagegen entstehen sie nach Nelson bei der Honigbiene in der gleichen Weise, wie Strindberg es für *Formica* angegeben hat. Die äußere Segmentierung des Embryos läßt deutlich eine größere Zahl von Segmenten erkennen, als dies an an der Imago der Fall ist. Kann man an dieser ohne weiteres die Segmente von Thorax und Abdomen — nur die Umgrenzung des letzten Segmentes macht gewisse Schwierigkeiten — erkennen, so sind die Grenzen zwischen den einzelnen Segmenten, aus denen der Kopf aufgebaut ist, als solche nicht mehr nachweisbar. Dies trifft auch bereits für den Larvenkopf zu. Besonders deutlich sind drei die Mundgliedmaßen tragende Segmente zu erkennen; doch setzt sich jedenfalls auch der vordere Teil des Kopfes aus drei Segmenten zusammen, so daß der Kopf im ganzen aus sechs ursprünglichen Segmenten aufgebaut wird. Bemerkenswert ist, daß am Honigbienenembryo, ebenso bei *Chalicodoma*, obwohl die Larve keine Fühler und Beine besitzt, deren Anlagen deutlich vorhanden sind; doch werden diese vor dem Schlüpfen der Larve zu hypodermalen Verdickungen rückgebildet, bilden aber später während des Puppenstadiums die Anlage für die entsprechenden imaginalen Organe. Abdominalgliedmaßen werden hier nicht mehr angelegt. Doch sollen nach den Untersuchungen von Kowalewsky und Tichomiroff die Abdominalfüße der

Tenthredinidenlarven direkt aus embryonalen Abdominalbeinen hervorgehen.

Wenn wir von den noch näher zu behandelnden Primärlarven mancher Hymenopteren absehen, können wir zwei Haupttypen unterscheiden, den Afterraupentyp der Blattwespen und den madenförmigen Typ. Die erste Gruppe findet sich ausschließlich bei den Symphyten, also tiefstehenden Formen, die zweite kommt bei allen übrigen Hymenopteren vor. Die freilebenden Symphytenlarven (Abb. 219) sind Schmetterlingsraupen recht ähnlich. Der Besitz eines einzigen Ocellenpaares, das nur den Xiphydriiden, Sireciden und Orussiden fehlt, läßt sie aber von der Mehrzahl der Schmetterlingsraupen leicht unterscheiden. Fühler finden sich bei allen Symphytenlarven, doch sind dieselben meist recht kurz und bestehen z. B. bei Sireciden und Orussiden nur aus einem einzigen Segment. Die Mandibeln sind stets kräftig und zum Zerkleinern von Pflanzenteilen mit Zähnen bewehrt, nur selten, und zwar bei solchen Formen, die im Innern von weichen Pflanzenteilen leben, flach und zugespitzt (z. B. Schizocerinen und *Phlebatrophia*). Die Thorakalbeine sind meist deutlich ausgebildet; bei solchen Formen, die jedoch im Innern von pflanzlichen Geweben leben, oft zu Zäpfchen reduziert. Auffallend schlank sind die Thoraxbeine der Lydiden. YUASA weist darauf hin, daß die Thoraxbeine der Gallerzeuger, z. B. *Pontania,* nach dem gleichen Typ gebaut sind wie die freilebender Nematinen, während bei minierenden Larven, z. B. aus der Gruppe der Fenusinen, die Umgestaltungen viel weiter vorgeschritten sind. Soweit Bauchfüße vorhanden sind, wie bei den Xyelinen und Tenthrediniden, unterscheiden sich diese von denen der Schmetterlingsraupen leicht dadurch, daß die Hakenkränze und sonstige Haltevorrichtungen an denselben fehlen. An allen Abdominalsegmenten finden sich Bauchfüße nur bei den Xyeliden, bei den Tenthrediniden fehlen sie dagegen am ersten und neunten, vielfach auch am achten, so daß im allgemeinen die Zahl der Bauchfüße größer als bei Lepidopterenraupen ist. Am letzten (zehnten) Abdominaltergit — das elfte ist an der entwickelten Larve nicht erkennbar — finden sich häufig Höcker und bei bohrenden Formen (Cephiden, Xiphydriiden, Sireciden) ein kräftiger Fortsatz, der wohl als Stemmvorrichtung im Holze dient. Recht auffällige Gebilde sind die Analtaster der Pamphiliiden und Cephiden, die jederseits etwas ventral von der Analspalte stehen. Bei den Cephiden sind sie zwar rudimentär, bei den Pamphiliiden aber lang und gegliedert, so daß sie vielleicht mit den Cerci tieferstehender Insekten homologisiert werden können; doch fehlen die hierfür noch nötigen embryologischen Untersuchungen. Die einzelnen Körpersegmente sind im allgemeinen zylindrisch, selten abgeflacht — bei Minierern — gebaut, und dabei an Durchmesser nur wenig verschieden, so daß der Körper im großen und ganzen walzenförmig ist. Die Segmente sind äußerlich meist nicht scharf abgegrenzt, wenigstens verwischen sich an den Seiten oft die Grenzen. Vielfach zeigen die Segmente eine Ringelung, die sie in eine Anzahl von kleineren Abschnitten zerlegen. Lage der Stigmen und Abdominalbeine geben aber in Verbindung mit der dorsal gewöhnlich tiefer eingesenkten Segmenttrennungsfurche die Möglichkeit, die Segmentgrenzen mit einiger Sicherheit zu erkennen. Nach YUASA gibt die Muskulatur die besten Anhaltungspunkte zur scharfen Begrenzung der einzelnen Somite. Der Borstenbesatz der Segmente ist gering, so daß niemals Formen gefunden werden, die mit lang und dicht behaarten Schmetterlingsraupen verwechselt werden können. Vielfach erscheinen die Blattwespenlarven auch ganz kahl, höchstens mit warzigen Unebenheiten auf den einzelnen Ringeln. Dornenbesatz, z. T. mit mehrfach gespaltenen Dornen, findet sich bei *Periclista*, *Monophadnoides* (Abb. 20) u. a. Doch schwinden diese Gebilde bei der Häutung, die zum Ruhelarvenstadium führt. Einen eigenartigen Typ stellen die ganz flach zusammengedrückten, asselartigen Larven von *Platycampus luridiventris* FALL. dar, die dicht an der Unterseite von Erlenblättern angeschmiegt fressen. Die Kirschblätter skelettierende Larve von *Caliroa limacina* RETZ. (Abb. 223) ist von einem dicken schwarzen Schleim überzogen der dem Tier ein nacktschneckenartiges Aussehen verleiht. Bei den Häutungen wird der Schleim mit abgestreift und wieder neu gebildet. Das gleiche gilt auch von den recht verbreiteten, weißen Wachsausscheidungen, die besonders bei *Eriocampa ovata* L. stark entwickelt sind, wodurch diese Larve einen dicken, flockigen Belag erhält. Was die Färbung anbelangt, so sind die im Innern von Pflanzenteilen lebenden Larven weiß bis bleichgelb, z. B. die der Cephiden, Sireciden, aber auch solche Formen, die eine nähere Verwandschaft mit freilebenden Blattwespen besitzen, wie *Monophadnus elongatulus* KL. und *Ardis bipunctata* KL. Bei gallbewohnenden Formen findet sich meist noch eine lebhaftere Färbung. Recht verbreitet ist eine grüne Färbung bei freifressenden Larven, häufig in Verbindung mit hellerer Streifung oder dunklerer Tüpfelung. Doch sind auch recht lebhaft gefärbte Larven nicht selten; so kommen gelbe, blaugrüne, schwarze und auch rötliche Tönungen vor. Recht häufig findet man die durch die außergewöhnliche Anordnung und Zusammenstellung der Farben sofort auffallenden Larven von *Pteronidea salicis* L., die gesellig an Weidenblättern fressen. Bei dieser Larve sind die drei vordersten und ebenso die drei letzten Segmente lebhaft rostrot, die dazwischen liegenden aber blaugrün gefärbt. Außerdem sind sie schwarz getüpfelt. Von einer Schutzfärbung kann hier auf keinen Fall die Rede sein, um so weniger, als die Larven auf Störungen hin unter lebhaften Bewegungen in eine S-förmige Stellung übergehen. Im übrigen kann sich auch die Färbung mit den einzelnen Häutungen etwas verändern. Unmittelbar nach den Häutungen erscheint die sonst dunkle Kopfkapsel von *Phymatocera aterrima* KL. blaß und nimmt erst im Laufe mehrerer Stunden ihre dunkle Färbung wieder an; doch ist die Larve schon vorher zur Nahrungsaufnahme fähig. Bei den Larven der Parasiten und Aculeaten herrscht ganz entschieden eine weißliche Färbung vor. Doch finden sich auch sattgelbe Farbtöne, z. B. bei *Cemonus* und einigen *Odynerus*. Bei *Od. oviventris* WESM. fand Verf. weißliche Larven, deren Färbung jedoch stark durch die der Nährtiere beeinflußt wurde, so daß einzelne Individuen vorübergehend grünlich oder gelblich gefärbt waren, dann aber wieder verblassen konnten. In ähnlicher

Weise fand auch HASE, daß die Farbtönung der *Habrobracon*-Larven (2—4) „bis zu gewissem Grade von der jeweiligen Färbung der Raupen abhängig ist, auf denen sie sich festgesogen haben. Man kann glasig helle, weißliche, zart meergrüne, gelbgrüne, gelbliche, rötliche und braune Larven unterscheiden. Dabei stellte ich (HASE) fest, daß nicht alle Larven, die an einer Raupe saugen, gleichgefärbt sein müssen. Im allgemeinen ist es aber der Fall. Ist z. B. die Mehlmotte mehr grünlich (wie kurz vor der Verpuppung), dann nehmen die darauf lebenden Larven auch grünliche Tönung an. Andererseits habe ich an ausgesprochen scharlachroten Raupen grüngefärbte Larven erzogen. Welcherlei Stoffwechselvorgänge die Färbungen im einzelnen bestimmen, entzieht sich noch völlig unserer Kenntnis". Vielleicht spielen auch Unterschiede in der Blutfärbung nach den Geschlechtern hierbei eine Rolle.

In gleicher Weise wie sich die Imagines der symphyten Hymenopteren auf Grund ihres ganzen Körperbaues als die primitiveren Hymenopteren dokumentieren, gilt dies auch von ihren Larven gegenüber dem im folgenden noch näher zu besprechenden madenförmigen Larventyp. Bei der Entwicklung des letzteren werden zwar auch Thorakalbeine im Embryonalstadium angelegt, aber später wieder rückgebildet, um dann erst für die Extremitätenentwicklung der Puppe neu herangezogen zu werden. Besonders auch die Abdominalfüße der Tenthrediniden deuten ursprünglichere Verhältnisse in der Larvenorganisation an, zumal diese ihrer Entstehung nach mit den echten Abdominalanhängen tiefstehender Insekten in Übereinstimmung gebracht werden können. Der madenförmige Larventyp, der sich bei den Hymenopteren überwiegend findet, zeigt dagegen in seiner ganzen äußeren Organisation zahlreiche Reduktionserscheinungen. Doch ist im Gegensatz zur echten Made, wie sie bei den Dipteren weit verbreitet ist, die Kopfkapsel noch allgemein entwickelt, und die Mundteile lassen sich, wenn auch die Gliederung meist schwach ist, mit denen der Imagines identifizieren. Am besten sind im allgemeinen die Mandibeln entwickelt. Bei jungen Larven der polyembryonalen Encyrtinen fehlen jedoch die Mandibeln (*Copidosoma*, *Lithomastix*). Außer dem Kopf sind gewöhnlich 13 Segmente, die zugleich die Höchstzahl bilden, zu erkennen. Ist die Zahl geringer, wie z. B. bei den Larven von manchen Encyrtinen, die nur 10 Segmente erkennen lassen, so sind die hinteren Segmente miteinander verschmolzen. Der Körper im ganzen verjüngt sich gewöhnlich nach vorn und hinten, kann auch in einen mehr oder weniger langen, schwanzartigen Anhang ausgezogen sein. Häufig sind besonders bei aculeaten Hymenopteren Wülste und Höcker, mit deren Hilfe sich die Larven in den Zellen bewegen können. Selten sind annähernd sphärisch gebaute Larven (*Aphelinus*) (Abb. 199b). Bei der Mehrzahl der Chalcididenlarven ist der Körper nach vorn nur wenig verjüngt, der Kopf also fast so breit wie der Thorax. Schwanzanhänge sind bei entoparasitären Schlupfwespen weit verbreitet, kommen dagegen bei Chalcididen nach PARKER verhältnismäßig spärlich vor (z. B. *Chalcis* (Abb. 199a), *Aspidiophagus*, *Cerapterocerus*, *Tetrastichus*). Diesen Schwänzen mag außer einer lokomotorischen vor allem auch eine respiratorische Funktion zukommen. Sie werden im

Laufe des späteren larvalen Lebens rückgebildet. Auf die Schwanzblase der Microgasterinen (Abb. 63) und andere respiratorische Vorrichtungen wurde bereits oben hingewiesen. Die Haut ist meist glatt und trägt nur wenige Borsten oder Dörnchen, die teilweise Sinnes-

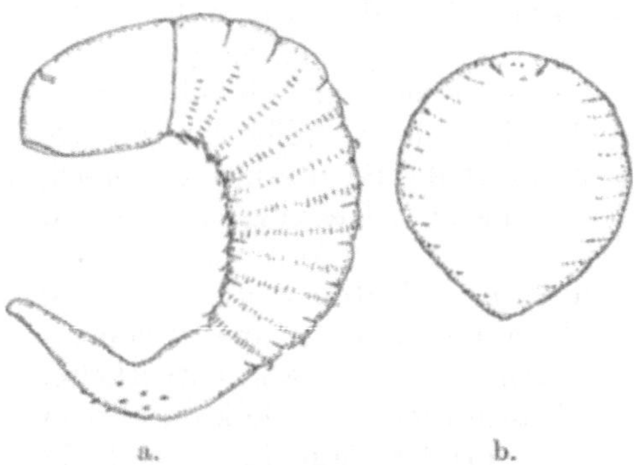

Abb. 199. Primärlarven von *Chalcis fonscolombei* (a.) und *Aphelinus* (b.).

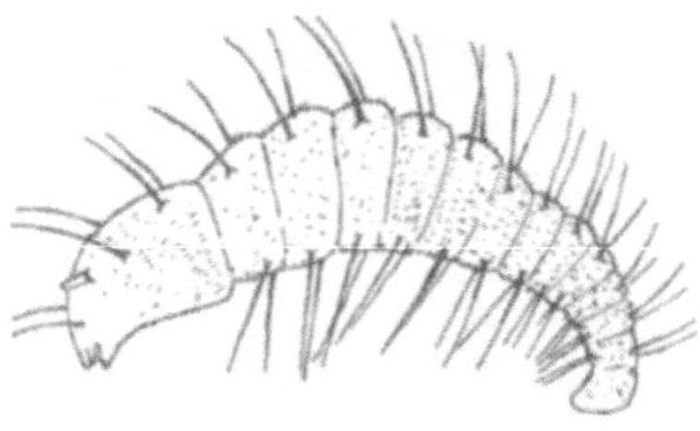

Abb. 200. Primärlarve von *Leucospis affinis* Say (nach GRAENICHER).

organe darstellen, im übrigen aber auch der Ortsbewegung dienen können. Selten kommen längere Haare vor (Abb. 200). Die Haftvorrichtungen der Ameisenlarven, die für den Transport derselben von Bedeutung sind, wurden bereits oben erwähnt. Auch im Bereich der Mundteile finden sich Sinnesorgane. Die Fühler sind stets nur schwach entwickelt. Von Jugendlarven sind besonders die Planidienformen (Abb. 201a) verschiedener Chalcididen (Perilampinen und Eucha-

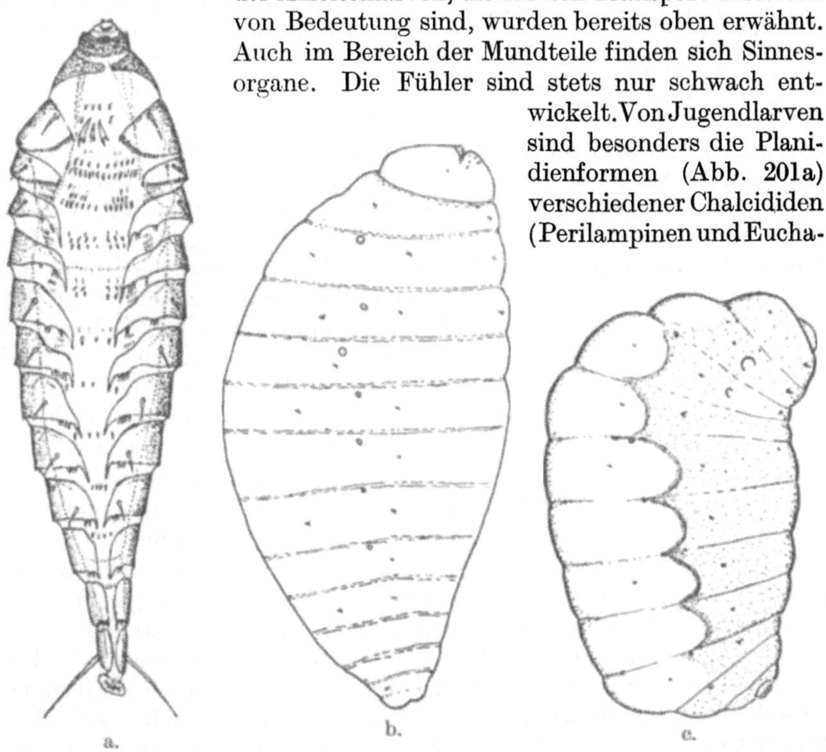

Abb. 201. Verschiedene Larvenstadien von *Perilampus hyalinus* Say. a. „Planidium" (Primärlarve) von der Unterseite; b. sekundäre; c. erwachsene Larve von der Seite (nach PARKER).

ridinen) bemerkenswert. Auch auf die beweglichen ersten Larvenstadien der Goldwespen (Abb. 27) und mancher Schmarotzerbienen (*Triepeolus*) (Abb. 169) wurde bereits hingewiesen.

Recht merkwürdige Junglarven lernen wir in der Gruppe der Platygasterinen kennen. Die Eigenheit dieser als Cyclopoidlarven (Abb. 202) bezeichneten Formen beruht darauf, daß sie noch eine Reihe von embryonalen Charakteren erkennen lassen, denen sich andere zugesellen, die als spezielle larvale Anpassungserscheinungen gedeutet werden müssen. Charakteristisch für die Cyclopoidlarven ist der stark entwickelte, scheibenförmige Vorderkörper, dem ein schlankes, am Ende meist in einen Gabelfortsatz ausgezogenes Abdomen ansitzt. Am Vorderkörper ist teilweise die embryonale Kopfsegmentierung noch deutlich zu erkennen. Am ersten Thorakalsegment können Beinfortsätze auftreten. Die Gliederung des Abdomens ist noch nicht völlig durchgeführt und der Darmkanal erst in der Anlage begriffen, ein Enddarm noch nicht vorhanden. Ein Dorsalgefäß, sowie Tracheen und Stigmen fehlen noch; auch Nervensystem und Keimdrüsen befinden sich noch in der Entwicklung. Hierin liegen zweifellos embryonale Züge. Recht auffällig sind dagegen die Mundteile entwickelt (Abb. 203). Auffallend groß sind die Mandibeln. Während die ersten Maxillen nur kleine, schwache Höcker bilden, sind die zweiten zu einem an eine Schneckenradula erinnernden Gebilde verschmolzen, das diese Ähnlichkeit zahlreichen kleinen Chitinhöckerchen verdankt. Diese „Radula" liegt unmittelbar hinter der Mundöffnung und ist von einem anderen, kleineren, mit Chitinhöckern besetzten Stück, das nach MARCHAL als umgewandelte Ligula anzusehen ist, getrennt. Bei anderen einfach organisierten Larven, wie der von *Ophioneurus* nach GANIN, „stellt die junge Larve nichts anderes als einen ovalen Körper mit zwei Öffnungen und einem undifferenzierten Verdauungskanal dar. Zwei Kopflappen sind vorhanden. An der Mundöffnung stehen zwei große Mandibeln. Unter ihr münden in den Schlundkopf die sich eben bildenden lateralen Drüsen. Bauchnerven und -muskeln sind schwach angedeutet" (STELLWAAG). Den Cyclopoidlarven ähnlich sind auch gewisse Jugendstadien von parasitären Cynipiden, z. B. *Eucoila keilini*.

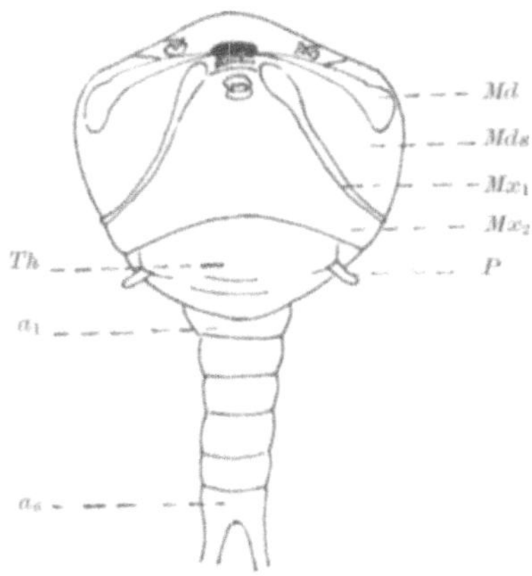

Abb. 202. Cyclopoidlarve von *Platygaster* (nach MARCHAL und STELLWAAG). *Md* Mandibel; *Mds* Mandibularsegment; Mx_1 u. Mx_2 erstes und zweites Maxillensegment; *Th* Thorax; *P* Bein; a_1, a_6 1. resp. 6. Abdominalsegment, letzteres mit Schwanzgabel.

Abb. 203. Mundteile einer „Cyclopoid"larve von *Synopeas Rhanis* (nach STELLWAAG).

Während wir bei Larven, die von Anfang an dem madenförmigen

Typ angehören oder raupenförmig sind, im Laufe der Entwicklung nur unwesentliche Gestaltveränderungen, etwa die Reduktion eines Schwanzanhanges, kennen lernen, ist der Unterschied der verschiedenen Larvenstadien ein erheblicher, wenn das Jugendstadium eine Cyclopoidlarve oder ein Planidium war oder, wie bei den Goldwespen, eine größere Beweglichkeit besaß. Das Planidium oder die junge Goldwespenlarve sind Entwicklungsstadien, die vorübergehend eine andere Lebensweise führen als die ältere Larve, die in Ruhe von ihrem Wirt zehren kann. Ob für die Cyclopoidlarven gegenüber deren späteren Stadien bestimmte biologische Faktoren innerhalb des Wirtes gestaltbedingend sind, scheint nicht bekannt zu sein. Es ist aber auch kaum anzunehmen. Abweichende Verhältnisse bei der Entwicklung des dotterarmen Eies mögen für das vorzeitige Schlüpfen des Embryos, vielleicht unter besonders günstigen Ernährungsbedingungen, den Anlaß gegeben haben. Eine recht auffällige „histriobdella-ähnliche" Larve schreibt Ganin (1869) der Gattung *Polynema* zu. Vermutlich handelt es sich aber nach der Abbildung der Imago um einen *Anagrus*, wofür auch die Lebensweise im *Calopteryx*-Ei spricht. Diese ebenfalls embryonale Züge tragende Larve ist durch einige Anhänge des aus sechs Segmenten aufgebauten Körpers ausgezeichnet. Vorn am Kopf, oberhalb der Mundöffnung, stehen zwei lange, rotbraune, krallenförmig nach unten gebogene Fortsätze, seitlich am Kopf jederseits ein anfangs senkrecht abstehender, später schräg nach vorn gerichteter, dickerer Anhang, der von Ganin als Fühler gedeutet wird, aber wohl kaum etwas damit zu tun haben dürfte. Außerdem befinden sich näher der Mundöffnung noch zwei weitere, kleinere Höcker. Vermutlich stellen all diese Anhänge die Anlagen der Mundteile dar. Am letzten Segment entspringen zwei große, ventral ansitzende, schräg nach den Seiten und vorn gerichtete Flügelfortsätze. Die endgültigen Larven all dieser Entwicklungsstadien gehören wieder dem madenförmigen Typ an. Ob man diese Entwicklungsweise mit abweichender Jugendlarve als Hypermetamorphose bezeichnen will, ist Ansichtssache. Die prinzipiellen Unterschiede zwischen dem ersten Stadium einerseits und den späteren andererseits könnte die Bezeichnung „Hypermetamorphose" rechtfertigen. Dabei ist allerdings ein ruhendes Larvenstadium, wie es sich bei dem Musterbeispiele für Hypermetamorphose, *Sitaris*, findet, in den Entwicklungszyklus nicht eingeschaltet. Ob diesem Ruhestadium aber eine grundlegende Bedeutung beigelegt werden darf, scheint um so zweifelhafter, als es dort vom vorhergehenden und folgenden Larventyp nicht verschieden ist und kaum anders bewertet werden kann als eine in der Winterruhe befindliche Larve, die allerdings ihre vorhergehende Larvenhaut nicht abgestreift hat.

Die Gestaltsveränderung der Cyclopoidlarven in den madenförmigen Typ vollzieht sich in der Weise, daß die Larve zunächst unter reichlicher Nahrungsaufnahme anschwillt, ein Zwischenstadium bildet und sich häutet. Erst jetzt erfolgt die weitere Entwicklung der bis dahin auf einem embryonalen Stadium verharrenden Organsysteme. Noch unvermittelter scheint der Übergang vom Planidium zum späteren Larvenstadium von *Perilampus* zu sein. Ist zwar auch das Planidium durch

Nahrungsaufnahme gedunsen, so ist das folgende Stadium von wesentlich anderer Gestalt. Hinzu kommt hier, daß die für das Planidium als anfangs frei lebende Larve charakteristischen stärker chitinisierten Platten nunmehr überflüssig werden und daher der reifen Larve fehlen.

Das Wachstum der Larve in Verbindung mit gewissen Veränderungen wird nur dadurch möglich, daß die alte Chitinhaut, wenn eine neue darunter abgeschieden ist, abgestreift werden kann. Die Dehnbarkeit der alten Haut läßt zwar eine gewisse Größenzunahme zu, doch können etwas stärker chitinisierte Teile, wie z. B. die Kopfkapsel, nicht in dem gleichen Maße folgen. Außerdem können andere Veränderungen der äußeren Körperhülle, die in der Richtung auf das Imaginalstadium hin verlaufen, oder neue larvale Organe derselben nur in einer neu angelegten Chitinschicht entstehen. Die alte darüber befindliche Haut muß also abgeworfen werden. Dies wird dadurch möglich, daß das Chitin von der Hypodermis her neu entsteht und daß besondere Häutungsdrüsen zwischen alte und neue Haut Sekrete ergießen. Der Vorgang der Häutung selbst pflegt sich in der Weise abzuspielen, daß die alte Haut zunächst an bestimmter Stelle platzt. Hierfür kommen, wie Verf. bei Blattwespenlarven feststellen konnte, die Kopfnähte, in erster Linie die Scheitelnaht, in Betracht. Vorbedingung dürfte ein leerer Vorder- und Enddarm sein, da diese Darmteile, ebenso wie die Tracheen, mitgehäutet werden. Während sich die hinteren Segmente etwas zusammenziehen, sprengt wohl der nach vorn gerichtete Druck, der die vorderen Segmente stärker auftreibt, die alte Hülle, die offensichtlich dieser weiteren Dehnung nicht mehr nachzugeben vermag. Es scheint nicht ausgeschlossen, daß die Häutungsdrüsensekrete eine vielleicht mazerierende Wirkung auf die alte Haut ausüben. Bei der Blattwespengattung *Phymatocera* platzt die alte Kopfhaut zunächst längs der Scheitelnaht auseinander. Während der neue Kopf sich an dieser Stelle hervorwölbt, reißen weitere Nähte und das Stirnschild drückt nach innen. Die teilweise aufgerissene Kapsel gleitet nun auf die Ventralseite, und die Larve in ihrer neuen Haut sucht sich aus der entstehenden Öffnung herauszuzwängen. Hierbei reißt die alte Hülle in der Thorakalregion weiter. Bei *Phymatocera* verläuft der Vorgang des Abstreifens der alten Haut bei den ersten Häutungen und bei der letzten verschieden (Abb. 204). In beiden Fällen hängt sich die Larve an der Unterseite eines Blattes mit der Hinterleibsspitze auf. Es scheint, daß hierbei der leere Enddarm ausgestülpt wird. Möglicherweise werden auch Sekrete ausgeschieden. Bei den Häutungen der jüngeren Stadien bleibt nun die Larve mit dem Hinterleibsende der Aufhängefläche genähert und schiebt die alte Haut durch Bewegungen der neuen nach hinten. Sie verläßt ihren Platz nicht eher,

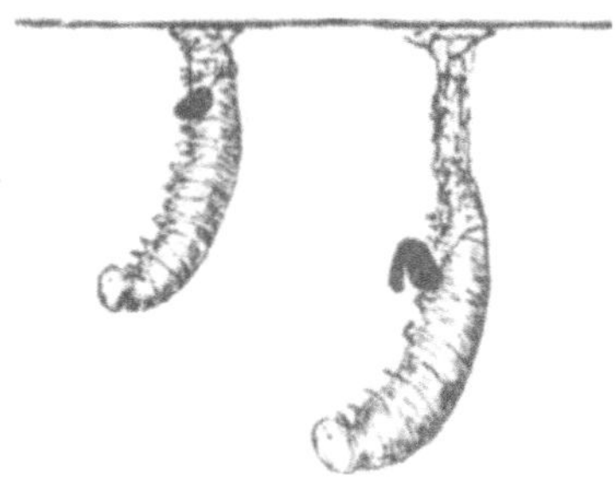

Abb. 204. Vorletzte und letzte Larvenhäutung von *Phymatocera aterrima* Kl. (nach Bischoff).

als bis die Haut ganz zurückgedrängt ist. Bei dieser Arbeit sind offensichtlich auch kleine dunkle Dornhöckerchen, mit denen die Haut besetzt ist, von Bedeutung. Unter Einkrümmungen erreicht die hängende Larve die Blattfläche und kann nun ihren Platz verlassen. Bei der letzten Häutung dagegen, die eine Larve mit glatter Haut ergibt, kriecht die Larve förmlich aus der alten Haut heraus, erreicht die Blattfläche durch Krümmungen nicht mehr und muß an der gestreckt hängenden alten Haut emporklettern, um wieder an das Blatt zu gelangen. Nach der letzten Häutung ist bei dieser Blattwespe eine Abnahme der Körperlänge zu verzeichnen, die wohl auf die reichliche Abgabe von flüssigem Kot zurückzuführen ist und die Larve selbst auf das Ruhelarvenstadium vorbereitet. Während der ganze Vorgang bei jüngeren Larven sich in 20—30 Minuten abspielt, kann die letzte Häutung dadurch von wesentlich längerer Dauer sein (bis 2 Stunden), daß die Larve vor dem Herausziehen der letzten Segmente eine längere Ruhepause einfügen kann. Die alte Kopfkapsel der Larve erschien vor der Häutung dunkel, die neue ist unmittelbar danach noch blaß. Während der mehrere Stunden erfordernden Ausfärbung des Kopfes ist die Larve jedoch bereits wieder in der Lage, Nahrung zu sich zu nehmen. Während die mit der Häutung verbundenen Vorgänge bei den frei lebenden Blattwespenlarven mit Leichtigkeit zu verfolgen sind, da hier die Haut verhältnismäßig dick ist, so daß man sie ständig von der neuen Haut unterscheiden kann, bereitet die Beobachtung des Vorganges bei den dünnhäutigen Larven anderer Hymenopteren erhebliche Schwierigkeiten. Hier verhindert die Durchsichtigkeit der Haut im allgemeinen ein Erkennen der Grenze zwischen der alten, nach hinten zurückweichenden und der neuen Hülle. So konnten selbst bis in die neueste Zeit die Häutungsvorgänge bei der Honigbiene der Forschung verborgen bleiben. Aber auch hier scheint sich der Vorgang in ähnlicher Weise wie bei den Blattwespen abzuspielen. Stets gleitet die alte Haut nach hinten. Durch Aufplatzen der Kopfkapselnähte und weiteres Aufreißen der Thorakaltergite entsteht das Loch in der alten Körperwand, aus dem sich die Larve hervorarbeiten kann. Bei manchen Formen erscheint ein Aufreißen in der Nackenregion zu erfolgen. Während der Häutung selbst sieht man, wie die alten Tracheen im Zusammenhang mit den Stigmen der alten Haut bleiben und als lange Fäden aus den Stigmen der neuen Haut hervorgezogen werden, vorausgesetzt, daß das Tracheensystem offen war. Ebenso zieht sich der Vorderdarm heraus. Kocht man eine abgestreifte Haut kurz auf und breitet sie dann vorsichtig aus, so findet man an dieser auch den Enddarm anhängend. Auch der Speichel- bzw. Spinndrüsengang zieht sich als dünner Faden vor und hängt der Unterlippe an der Kopfhaut an. Die Zahl der Häutungen nach dem Verlassen des Eies bis zum Eintritt in das Puppenstadium scheint durchschnittlich fünf zu betragen. Direkte Beobachtungen sind nur spärlich. Doch kann die Zahl auch aus den unterscheidbaren Larvenstadien ermittelt werden. Besonders die Größe der Kopfkapsel und die Form der Mandibeln ist hier zu berücksichtigen, da diese Teile etwas fester chitinisiert sind und daher durch Dehnung in ihrer Gestalt nicht verändert werden. Das Vorkommen von fünf Larvenstadien bei der Honigbiene konnte PRELL in anschaulicher Weise dadurch demonstrieren, daß er die Larven in Wasser zum Aufquellen brachte, wobei sich fünf scharf nach der Größe trennbare Gruppen ergaben. Daß die alten, abgeworfenen Larvenhäute mitunter an der Larve während deren ganzer Entwicklung haften bleiben, wurde bereits erwähnt. So sahen wir in der Gruppe der Scoliiden, bei den Dryininen, Rhopalosomiden, Polysphincta u. a., wie die alten Häute als Haltevorrichtung oder als Schutzklappen für die ektoparasitär lebenden Larven dienten. Ein Hängenbleiben der alten Haut an der Larve kommt auch bei Entoparasiten vor, und ist durch CROSSMAN an *Apanteles melanoscelus* RTZBG. beobachtet. Hier wird die verhältnismäßig große Kopfkapsel der jungen Larve nach vorn abgestreift, fällt ab und liegt im Wirtskörper dicht neben dem Parasiten, während die übrige Haut sich schließlich ringförmig zusammenschiebt und durch einen Fortsatz an einem Abgleiten nach hinten verhindert wird. Die Bedeutung dieses Vorgangs kann darin zu suchen sein, daß die abgestreiften Häute im Wirtsorganismus störend wirken können. So sehen wir denn auch, wie bei dem folgenden Larvenstadium, das den Wirt verläßt, um sich außerhalb desselben zu verpuppen, die Haut direkt in den Wirtskörper abgestoßen werden kann. Bei *Apanteles* kommt außerdem hinzu, daß die große als Respirationsorgan dienende Schwanzblase durch die sich darüber streifenden Häute leicht in Mitleidenschaft gezogen werden könnten. In anderen Fällen werden die Häute von den Larven selbst verzehrt. So lassen sich im Darm der phytophagen Cynipiden die Mandibeln als härtere Chitingebilde an Mazerationspräparaten nachweisen. Ein derartiges Verfahren dürfte vielleicht auch bei anderen Formen vorkommen, deren abgestreifte Häute nicht auffindbar sind, wie bei aculeaten Hymenopteren, die in einem geschlossenen Raum ihre Entwicklung durchmachen. Bezüglich der letzten Larvenhaut ist jedoch eine Abweichung zu erwarten, da nach deren Abstreifen keine Nahrungsaufnahme mehr möglich ist. Bei den Ameisen dürften die Arbeiterinnen die Häute entfernen. Bei der Honigbiene findet man in der noch zugedeckelten Zelle, wenn auch bereits die junge Imago entwickelt ist, innerhalb des Kokons am Grunde eine blaß weißlichgelbe Scheibe. Nach vorherigem Aufkochen fällt diese in drei Teile auseinander: ein Kotplättchen, die zusammengequetschte, letzte Larvenhaut und die Puppenhülle. Bei Ausbreiten derselben sind die Häute leicht zu unterscheiden. Selbstverständlich müssen diese Teile auch bei anderen Hymenopteren, deren Puppe in einem Kokon ruht, in diesem nachweisbar sein, da der Kokon von der Larve gesponnen wird.

Kokons, also von der Larve hergestellte Schutzgehäuse für sie selbst während eines eventuellen Ruhestadiums, für die Puppe und die junge Imago, sind bei Hymenopteren weit verbreitet. Bei Sireciden, Chalcididen, Cynipiden und Serphoiden scheinen Kokons allerdings nicht vorzukommen. Die Tenthredinidenlarven spinnen sich dagegen, so-weit bekannt, sämtlich Kokons (Abb. 205). Dies gilt auch für die Mehrzahl der Braconiden (Abb. 206) und zahlreiche Ichneumoniden. Bei den Ichneumoninen scheinen Kokons in der Wirtspuppe nicht vorzukommen. Ähnlich wie sich die meisten Aphidiiden im Innern einer Blattlaus einen Kokon spinnen, wobei Gespinstfäden durch einen Riß in der Ventralhaut des Wirtes den Kokon mit dem ihn umgebenden Wirtshäuten an der Unterlage festheften, so fertigen sich auch die Angehörigen der Braconidengattung *Rhogas* Kokons an, die die Haut der Wirtsraupe teilweise auftreiben und ihr eine erhebliche Härte verleihen. Auch hier wird die Wirtshaut durch ein vom Parasiten nach Verletzung der Ventralhaut ausgeschiedenes Sekret an irgendeinen Pflanzenteil festgeklebt. Bei einer an sich geschützt liegenden Puppe mag ein Kokon überflüssig erscheinen. Liegt eine Puppe eines Parasiten in einem Kokon, so ist vielfach der Wirt selbst noch der Erzeuger gewesen, so daß unter Umständen dadurch Irrtümer in der Angabe über das Vorhandensein eines Kokons entstehen können. Recht eigenartig ist der durch einen Respirationsfortsatz ausgezeichnete Kokon von *Agriotypus* (Abb. 60) im Trichopterengehäuse. Trigonaloiden scheinen keinen eigenen Kokon zu besitzen und sich frei im Wirt, z. B. Ophionidenkokon (*Lycogaster pullata* SHUCK. in *Ophion macrurus* L.) zu verpuppen. In einem langen, zylindrischen Kokon ruht die Puppe von *Gasteruption*. In der Familiengruppe der Bethyliden sind freiliegende Puppen bisher nicht bekannt geworden. Die Mehrzahl der Goldwespen scheint selbst Kokons zu besitzen, doch hat man die Puppen von *Chr. trimaculata* FÖRST. und *hirsuta* GERST. frei in Osmienkokons gefunden. Aus den Familien der Tiphiiden, Scoliiden und Mutilliden kennt man nur Formen, die Kokons spinnen. Bei den Ameisen findet sich eine ziemliche Mannigfaltigkeit. Die Ponerinen fertigen stets Kokons an; unter den Dorylinen gibt es sowohl Arten, die spinnen, wie solche, die nackte Puppen haben. Dolichoderinen und Myrmicinen haben hüllenlose Puppen. Bei den Formicinen ist die Anfertigung von Kokons recht verbreitet; doch kommt es nicht selten vor, daß ein und dieselbe Art sowohl frei liegende Puppen wie solche in Kokons besitzt (verschiedene *Formica*- und *Lasius*-Arten, sowie *Polyergus*). Nach FOREL finden sich im Spätherbst die nackten, im Frühjahr die mit Kokons versehenen Puppen. Bei Falten- und Wegwespen kommen Kokons regelmäßig vor. Das gleiche gilt auch für Grabwespen, doch bilden die Pemphredoninen und Pseninen meist nur rudimentäre Kokons. In diesen Fällen wird der Kokon nur haubenartig über dem Vorderkörper gesponnen, bleibt aber hinten offen. Bemerkenswert ist, daß *Psen*, wenn frischeres Holz zur Nestanlage diente, auch vollständige Kokons besitzen kann. Unter den Bienen haben die Bauchsammler sämtlich einen Kokon, von den Beinsammlern die Gattungen *Eucera*, *Rhophites* und *Systropha*, ebenfalls die Hummeln und Honigbienen. Über die Schmarotzerbienen ist in dieser Beziehung verhältnismäßig wenig bekannt. *Coelioxys* und *Dioxys* besitzen einen solchen, *Nomada* liegt frei. Über *Melecta* schreibt FRIESE: „Nach der Verpuppung findet man in den *Melecta*-Zellen einen rudimentären Kokon vor, der die Zelle bis zur halben Höhe als braune, ganz lockere Masse auskleidet." Vorn in der Zelle ist kein Gespinst. Die Spinnfähigkeit der *Melecta*-Larve ist dadurch um so bemerkenswerter, als die Verwandtschaft zwischen *Melecta* und *Anthophora* eine außerordentlich enge ist und die ersteren sich zweifellos von *Anthophora*-ähnlichen Vorfahren ableiten, was darauf hinzuweisen scheint, daß auch die *Anthophora*-Vorfahren Kokons gesponnen haben. Da die Kokons als Schutzvorrichtung gegen Parasiten kaum in Frage kommen dürften, sind sie jedenfalls in erster Linie Schutzmittel gegen Druck und klimatische Einflüsse, vor allem wohl gegen Feuchtigkeit. Unter diesem Gesichtspunkt ist auch das verschiedene Verhalten von *Psen* je nach dem Baugrunde verständlich. Die Herstellung des Kokons ist bei den Hymenopteren ganz entschieden eine ursprüngliche Erscheinung.

Wenn wir daher Abweichungen von dieser Regel sehen, so gilt es, nach den Gründen dafür zu suchen. Bei den Bienen, die keine Kokons anfertigen, mag die Bautechnik die Herstellung von Kokons überflüssig gemacht haben. Gleichwohl haben sich die Kokons in der Bauchsammlerreihe trotz hoher Bauinstinkte als alte Eigentümlichkeit erhalten. Bei den phytophagen Cynipiden konnte der Fortfall des Kokons unter den gleichmäßigen Lebensbedingungen im Innern von pflanzlichen Geweben erfolgen, bei Parasiten, die im Innern des Wirtstieres ins Puppenstadium übergingen, war bereits durch die Wirtshaut eine Schutzvorrichtung vorhanden. Gleichwohl ist auch hier vielfach noch der Kokon erhalten.

Nachdem die Larve eines einen Kokon anfertigenden Hymenopterons ihre Nahrungsaufnahme abgeschlossen und, soweit es sich um aculeate Hymenopteren handelt, die Kotmenge von sich gegeben hat —, der Darm kann allerdings auch während des Spinnens entleert werden — beginnt sie zu spinnen. Man sieht dann an der Unterlippe an der Öffnung des Speicheldrüsenganges ein Sekrettröpfchen hervortreten, das zu einem Faden ausgezogen werden kann und dann erstarrt. Das Spinnsekret stammt aus den sogenannten Spinndrüsen, die umgewandelte Speicheldrüsen darstellen und als solche auch nichtspinnenden Larven, z. B. den Chalcididen, zukommen. Vergleichende Untersuchungen über den histologischen Aufbau dieser Drüsen wären daher sehr erwünscht. Bei den Blattwespenlarven liegen die schlauchförmigen Drüsengänge, die sich zu einem unpaaren Ausführgang vereinigen, jederseits im Körper, sind mehrfach gewunden und erreichen eine ansehnliche Länge (bei *Cimbex* 136 mm). Diesen Schläuchen liegen die kleinen, sezernierenden Acini auf, die nach E. WILKE aus modifizierten Fettzellen entstanden sein sollen und die gleiche netzartige Anordnung wie diese erkennen lassen. Bei *Neurotoma pyri* SCHR. fand HENNEGUY am hinteren Teil der Schläuche drei bis vier Reihen, im mittleren dagegen nur zwei Reihen derartiger Zellen; im vorderen Abschnitt liegen dem Schlauch keine sezernierenden Zellen an. Bei *Cimbex connata*-Larven fand Verf. Ausführungsgänge an den einzelnen Drüsenzellen, die etwa den anderthalbfachen Durchmesser der Zelle erreichten. Auch traubenweise Anordnung der sezernierenden Zellen kommt vor. Nach MATHESON gabelt sich bei *Apanteles* jederseits der Drüsenschlauch im Abdomen in einen dorsalen und einen ventralen Ast. Dabei gleichen diese Drüsenschläuche in ihrem Aufbau denen der Lepidopteren. Die Sekretion scheint aber bei der erwachsenen Larve von *Apanteles* bereits zum Stillstand gekommen zu sein, da dann die Schläuche mit Spinnsekret gefüllt sind. Recht stark sind die Spinndrüsen auch bei manchen Ameisen entwickelt, z. B. *Oecophylla*, wo die Larven bekanntlich zur Herstellung des Nestgespinstes von den Ameisen verwendet werden. Bei kokonlosen Myrmicinen, z. B. *Tetramorium*, sind die Spinndrüsen dagegen nur schwach entwickelt. Andere Ameisenlarven haben in Verbindung mit der Trophallaxis entsprechend veränderte Speicheldrüsen. Unter Bewegungen des Körpers zieht die spinnende Larve den hervortretenden Sekrettropfen zum schnell erstarrenden Faden aus. Überkreuzen sich dabei zwei Fäden, so haftet der eine am anderen; ist das Sekret verhältnismäßig dünnflüssig (z. B. bei der Honigbiene), so kann es bei dem engen Raum der Bienenzelle durch den Körper der Larve gewissermaßen ausgewalzt werden. Unter dem Zelldeckel ist dagegen der Gespinstscharakter größtenteils gewahrt, während an den Wänden ein dünnes Sekrethäutchen durch das Zusammenfließen entsteht. Im weiteren Lumen der Königinnenzelle sind dagegen die Spinnfäden auch in den Wänden des Kokons erkennbar. Prell fand, daß der Kokon der Bienenkönigin auch am Grunde geschlossen ist, doch vermögen die Fäden auf dem in der Zelle vorhandenen Futtersaft nicht zu einem festen Gespinst zu erstarren, sondern zerfließen dort. Die von Arnhart angenommene abweichende Entstehungsweise des Honigbienenkokons durch Chitinsekretion an der ganzen Körperoberfläche der Larve, die in sich schon eine große Unwahrscheinlichkeit darstellt, konnte völlig widerlegt werden, so daß der Honigbienenkokon als echter Gespinstkokon angesprochen werden muß. Die Fäden werden gerade gespannt und bestehen, wie Prell gleichfalls nachgewiesen hat, aus einer einzigen Substanz, nicht, wie beim Seidenspinner, aus Fibroin und Sericin. Es ergab sich weiterhin, „daß das Gespinst der Biene sich nicht nur von der Seide selbst, sondern auch von der Hüllsubstanz des Spinnerfadens unterscheidet". Der Spinnfaden von *Apanteles* ist nach Matheson und Ruggles doppelt. Die genannten Autoren fanden außerdem ein verschiedenartiges Verhalten der äußeren und inneren Sekretschichten. Auch der *Cimbex*-Faden erscheint nicht einheitlich. Man hat wenigstens bei frei ausgezogenen Fäden den Eindruck, daß diese aus zwei Fäden zusammengesetzt sind. Vielleicht spielt dabei auch eine Formgebung, die durch die Gestalt der Austrittsöffnung bedingt sein könnte, eine Rolle. Bei *Apanteles* wurde auch ein besonderer Muskelapparat am Ausführungsgang nachgewiesen. Durch ein dorsales und ein ventrales Muskelpaar kann bei dessen Kontraktion der Gang erweitert werden, und die Drüsenschläuche, die bei der spinnreifen Larve mit dem Sekret angefüllt sind, werden dieses nach außen entleeren. Zur Fadenführung dient eine kleine Spitze, in die der obere Rand der Austrittsöffnung ausgezogen ist. Bei *Habrobracon* kann man nach Hase kaum noch von einem Faden sprechen; das Sekret fließt etwas aus und erstarrt bandförmig. Um den Faden zu befestigen, wird die Spinnöffnung oder wenigstens der hervortretende Sekrettropfen mit dem Anheftungspunkte in Berührung gebracht. Oben wurden bereits die Hilfeleistungen erwähnt, die Ameisen ihren spinnenden Larven zuteil werden lassen. In anderen Fällen ist die Bewegungsfähigkeit der Larve beim Spinnen eine recht große. Die Larve kann sich dabei so weit einkrümmen, daß die Spinnöffnung in die Nähe des Afters kommt. Dies ist um so erstaunlicher, wenn es sich um einen verhältnismäßig engen Raum handelt, wie ihn vielfach die Aculeatenzelle darstellt. Allerdings ist hierbei die Larve, da sie die Kotmassen schon früher abgegeben haben kann, schlanker als vorher. Doch erfolgt die Kotabgabe häufig auch erst, nachdem der Kokon gesponnen wurde. In solchen Fällen findet man den Kot dann innerhalb des Kokons. Genauer konnte Verf. den Vorgang des Kokonspinnens bei *Odynerus oviventris* WESM. beobachten. Junge, frisch aus dem Ei geschlüpfte Larven, die teilweise noch die Eischale trugen, wurden aus ihren Lehmzellen in Glasröhrchen übertragen und mit den den Zellen entnommenen, paralysierten Wicklerraupen als Futter versehen. Die Röhrchen hatten annähernd den Durchmesser der Zellen. Die Zellänge wurde durch einen vorderen und einen hinteren Wattebausch abgegrenzt. Die Larven entwickelten sich gut und begannen, nachdem sie ihr Futter bis auf nicht unerhebliche Reste, besonders die Raupenköpfe, aufgezehrt hatten, mit dem Spinnen. Dabei wurde die künstliche Zelle zunächst sorgfältig von den Vorratsresten gesäubert. Zunächst wurde ein Teil gegen den vorderen Wattebausch gedrängt. Dann drehte sich die Larve um und schob andere Raupenköpfe gegen die hintere Watte. Nachdem dies geschehen war, begann die Larve diese Fremdkörper dadurch vom Zellinnern abzuschließen, daß sie einen Querdeckel sowohl vorn wie hinten spann, dem nach außen zu die Überbleibsel der Nahrung auflagen. Außerdem wurde der Deckel aber auch in seinen zentralen Partien unmittelbar an den Zwischenwänden, die hier aus Watte bestanden, fest angesponnen. Durch diese Querwände, die sich der durch den Abstand der beiden Wattepfropfen bedingten Zellänge anpaßten, wurde eine Zelle abgegrenzt, in der keine Fremdkörper mehr vorhanden waren. Nach der Anfertigung der Querwände wurden die Seitenwände mit einem dichten Gespinst überzogen. Hierbei fließen zahlreiche Fäden breit aus und lassen eine gelatineartige Haut entstehen, in der aber Fäden doch deutlich zu erkennen sind. In drei Fällen war der Larvenkot bereits durch den hinteren Deckel aus der Larvenkammer ausgeschlossen worden, in vier Fällen wurde er erst später ausgeschieden und befand sich zwischen der Seitenwand und dem dieser dicht anliegenden Gespinst. Waren auf diese Weise sämtliche Innenwände der Zelle mit einem Gespinstüberzug versehen, so wurde erst mit der Herstellung des eigentlichen Kokons begonnen, der teilweise nur drei Viertel der inneren Zellänge einnahm. Die genauere Beobachtung wurde jetzt aber dadurch erschwert, daß das Glas durch die Seidentapete undurchsichtig geworden war, so daß nur noch im durchfallenden Licht die gröberen Bewegungen der Larve verfolgt werden konnten. Der Kokon hat allenthalben eigene Wände, legt sich aber dem Zellboden und den Seitenwänden mehr oder weniger dicht an. Auch mit dem vorderen Zelldeckel besteht eine Gespinstverbindung, die aus lockereren Fäden gebildet wird. Während der Anfertigung des eigentlichen Kokons drehten sich die Larven nicht mehr um, sondern erreichten lediglich unter Biegungen des Vorderkörpers auch die entfernteren Punkte. Die Herstellung des im ganzen komplizierten Gespinstes erfordert mehrere Tage. So begann eine Larve am 15. Juni mit dem vorderen Deckel, spann am 19. noch am hinteren Deckel und am 20. an den Seitenwänden. Erst am 21. wurde der Kokon selbst hergestellt, dessen Abschluß aber nicht erkannt werden konnte, da die Durchsichtigkeit durch die entstehenden Kokonwände noch weiter herabgesetzt wurde. Während einige *Odynerus*-Arten, wie *trifasciatus* F., *sinuatus* F., *helveticus* Sous. und jedenfalls auch *exilis* H. Sch., Freikokons anfertigen, kommen bei anderen (*spinipes* L. und *laevipes* Shuck.) Wandkokons vor. *Od. oviventris* vereinigt beide Kokontypen. Bezüglich *Habrobracon* hat Hase Versuche angestellt, „ob in sehr feuchter Luft die Spinntätigkeit eingestellt wird", kam aber zu dem Ergebnis, daß der Feuchtigkeitsgrad ohne Einfluß ist. Wenn einzelne Larven sich gelegentlich frei verpuppten, so kam dies als individuelle Eigentümlichkeit vor.

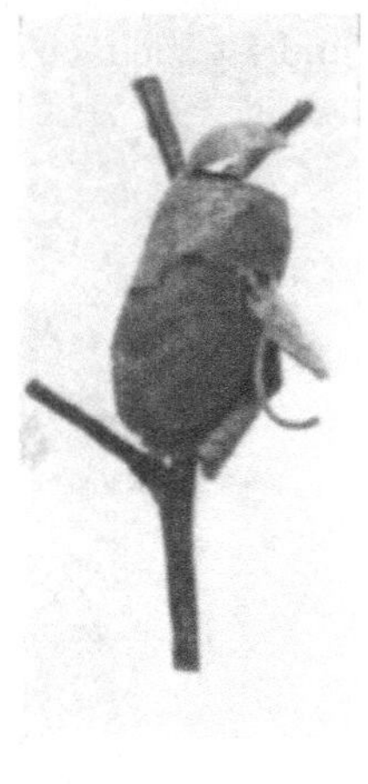

Abb. 205. Kokon von *Trichiosoma lucorum* L. mit noch anhängendem Deckel.

Was die Kokonformen anbetrifft, so findet sich hierin ebenso wie in der Beschaffenheit der Wände eine große Mannigfaltigkeit. Der Kokon steht in enger Beziehung zur Größe der Larve und muß auch der Imago genügend Platz lassen, sich völlig zu entwickeln, da die Hymenopteren mit bereits gestreckten Flügeln aus dem Kokon schlüpfen. Im allgemeinen herrscht die zylindrische, an beiden Enden abgerundete Form vor. Selten sind gedrungenere Kokons, doch können auch fast kuglige (bei manchen Ophioninen) vorkommen. Becherförmige, häutige Kokons finden sich bei Goldwespen. Die Kokons der Honigbienen und sozialen Wespen passen sich als Wandgespinste der Zellform eng an. Dabei ist bei den Wespen längs der Zellkanten das Gewebe etwas verdickt, so daß der Innenraum des Kokons im Gegensatz zu der Zelle selbst einen fast kreisrunden Querschnitt ergibt. Breitet man einen aus der Zelle herausgezogenen Wespenkokon aus, so erscheinen daran sechs deutliche reiner weiße Streifen, die den Kantengespinsten entsprechen. War der Kokon aus einer randständigen Zelle entnommen, die nur fünf Kanten besaß, bei der also zwei Außenwände noch gerundet ineinander übergingen, so fehlt an der entsprechenden Stelle die Gespinstverdickung. Es kommen aber auch Kokons mit recht charakteristischen Skulptureigentümlichkeiten vor. Sehr fest sind z. B. die an Pflanzenteilen frei angebrachten Kokons der Cimbicinen (Abb. 205) und Lophyrinen, während andere Blattwespen viel dünnwandigere Gespinste herstellen. Eigenartige Gitterkokons gehören *Pseudoclavellaria amerinae* L. (Abb. 61) an. Diese Cimbicine verpuppt sich gern hinter der lokkeren Rinde von Baumstubben. Vielleicht mag der Gitterkokon einer besseren Durchlüftung beim Feuchtwerden dienen. In der Gattung *Arge* finden sich zwar ebenfalls gitterartige Kokons aus einem gröberen Gespinst, in denen aber erst der eigentliche Kokon liegt. Gerippte Kokons (Abb. 206) kommen bei manchen Braconiden, z. B. *Apanteles*-

Arten, vor. Recht auffällig sind die an Fäden pendelnd aufgehängten Kokons. Bei *Meteorus* (Abb. 207) kann der Aufhängefaden mehrere Zentimeter lang sein. Der Respirationsfortsatz am Unterwasserkokon von *Agriotypus* (Abb. 60) wurde bereits oben erwähnt, ebenso wie die eigenartigen, nachträglich verschlossenen Durchlüftungsporen am Bembicinenkokon (Abb. 62). Als eine besondere Bildung am Kokon, die bei einer ganzen Reihe von Crabronen vorkommt, ist die umgekehrt trichterförmige Spitze anzusehen, die später gegen das Innere des Kokons durch Gespinst verschlossen wird. Auch am Kokon von *Anthidium*, *Stelis* und manchen Osmien kommen ähnliche Bildungen vor. Soweit es sich nicht um gleichmäßig dünnhäutige Kokons handelt, pflegt die Wandbeschaffenheit der einzelnen Kokons in sich einige Unterschiede aufzuweisen. Während die äußeren Lagen aus lockeren Fäden bestehen, wird das Gespinst durch Verfilzung nach innen zu dichter und fester und ist vielfach innen geglättet, so daß hier die Sekretmassen flüssiger

Abb. 206. Kokon (Deckel abgeschnitten) von *Microplitis decipiens* Prell.

aufgetragen zu sein scheinen. Bei *Habrobracon* fand Hase, bei *Polysphincta* Nielsen die Kokons durch besonders starke Gespinststränge verankert (Abb. 208). Das oben für *Odynerus* geschilderte Vorkommen eines wandständigen Gespinstes, in dem der eigentliche Kokon ruht, kann bei der Raumknappheit mancher Bienenzellen dazu führen, daß der die Zelle fast ganz ausfüllende Innenkokon von einem Gespinsthäutchen überzogen wird (*Anthidium*). Die Einteilung der Kokons in Wandkokons und Freikokons, je nachdem ob der Kokon eines aculeaten Hautflüglers der Zellwand anliegt oder frei in der Zelle steht, ist kaum durchgreifend, da Übergänge vorkommen und vielfach auch die Freikokons durch lockeres Gewebe mit der Zellwand verbunden sind. Eine Einbeziehung von Fremdkörpern in die äußeren Schichten des Gespinstes bedingt die Entstehung der sogenannten Einschlußkokons. Bei Blattwespenlarven und anderen, die ihre Verpuppung in der Erde durchmachen, können den Kokons kleine Steinchen aufgelagert sein, die nach dem Erstarren der Sekrete fest an der Kokonoberfläche haften (z. B. *Phymatocera*).

Abia lonicerae verfertigt ihren festen Kokon gern zwischen Blättern von *Symphoricarpus*, die sie bei dieser Gelegenheit zusammenzieht und die an den Kokon geklebt sind. Mit abgeschnittenen Blattstückchen bekleiden manche Dryininen ihre Kokons. Bei australischen *Neodryinus* fand PERKINS den Kokon mit senkrechten Fortsätzen besetzt und außerdem saßen die aus den Larvenhäuten gebildeten Klappen als Haube darauf. Vielfach sind bei aculeaten Hymenopteren Reste der Nährtiere an die Kokonwand, besonders am hinteren Pole des Kokons, angeklebt. Doch kommt es auch z. B. bei Markbewohnern vor, daß die Larve von den Trennungswänden etwas Material abschabt und dieses mitverwertet. Dadurch, daß *Ceratocolus subterraneus* F. die Flügel der von ihm verzehrten

Abb. 207. An Fäden hängende Kokons von *Meteorus*.

Abb. 208. Kokon mit Verankerungsfäden von *Polysphincta clypeata* (nach NIELSEN).

Microlepidopteren gegen die Zellwand drückt, wo dieselben durch Gespinstfäden festgehalten werden, erscheinen die Zellen dieser Grabwespe wie tapeziert. Doch kann wohl angenommen werden, daß hier kein besonderer Tapezierinstinkt vorliegt. Die Flügel werden vielmehr als Fremdkörper in der engen Zelle beiseite gedrängt und kommen dadurch an die Wand zu liegen. Auch an Psammocharidenkokons sind vielfach die Hartteile von Spinnen, die der Larve als Nahrung gedient haben, nachweisbar. Entoparasiten, die sich zur Verpuppung aus dem Wirte herausbohren, wie z. B. *Apanteles*-Arten, spinnen sich ihre Kokons häufig auf den Überresten des Wirtstieres selbst. Am bekanntesten sind die gelblichen Kokonhaufen von *Apanteles glomeratus* L. auf Weißlingsraupen

(Abb. 209) Später können diese Häute aber abfallen. In anderen Fällen ist die Beweglichkeit der Larve nach dem Verlassen des Nährtieres eine größere und sie sucht sich irgendwo in der Nähe einen geeigneten Platz zur Anheftung des Kokons. Auch ektoparasitär lebende Larven pflegen sich abseits vom Wirt zu verspinnen. Waren die Parasiten in größerer Anzahl im Wirt vorhanden, so erfolgt auch die Verpuppung, wenn sie ihr Nährtier nicht vorher verlassen, gesellig. Dabei sind Deformationen der einzelnen Kokons, durch die gedrängte Lage bedingt, oft zu beobachten. Häufig, z. B. bei Microgasterinen, bleiben auch die Larven, wenn sie sich aus ihrem Wirte herausgebohrt haben, auf diesem vereinigt. Jede Larve hat zwar ihren eigenen Kokon; doch gibt die Verfilzung des Gewebes der ganzen Kokonmasse einen Zusammenhalt. Ein recht eigenartiges Bild gewähren solche Kokonvereinigungen dann, wenn eine gewisse Anordnungsweise zu erkennen ist. So gruppieren sich die Larven von *Apanteles fraternus* in einer Ebene (Abb. 81), und zwar sind ihre Längsachsen dabei parallel gelagert, doch können die Köpfe nach den

Abb. 209. Raupe eines Kiefernspinners bedeckt mit Kokons von *Apanteles ordinarius* Rtzb.

entgegengesetzten Seiten schauen. Auf diese Weise wird eine kleine Platte gebildet, die an irgendeinem Pflanzenteil abstehend befestigt ist. Das ganze Gebilde sieht, wenn die Wespen geschlüpft sind und man in die leeren Kokons hineinschauen kann, wie eine Miniaturwabe aus. Andere Larven, die gesellig fraßen, wie die vieler Blattwespen, zerstreuen sich zur Verpuppung. Ein Zusammenhalt bleibt jedoch bei den südamerikanischen *Dielocerus*-Arten (Abb. 80) bestehen und führt zur Anlage von Kokonnestern, die das Spinnprodukt einer Anzahl von Larven (30—40) sind. Diese Nester haben eine Länge bis zu 15 cm und sind außen von einer dicken Schicht eines groben Gespinstes bedeckt. Etwa 10—15 Kokons liegen mit ihren Längsseiten aneinander geheftet in einer Reihe hintereinander. Weitere Kokons bilden eine zweite Lage, die in die einspringenden Winkel der untersten Kokonreihe im gleichen Sinne eingebaut sind. Auch eine dritte und weitere Kokonreihen können aufgelagert werden. Die unterste Kokonschicht ist direkt an der Unterlage, einem Aste, befestigt. Die das Ganze überwölbende Hülle steht nur in ganz lockerer Verbindung mit dem Kokonnest und kann leicht für sich abgehoben werden. Sie muß von den Larven in gemeinsamer Arbeit hergestellt sein, ehe mit dem Kokonspinnen begonnen wurde, und zwar unabhängig von dieser Tätigkeit. Sekundär kann aber auch eine zur Verpuppung geeignete Stelle die Larven von Blattwespen, die vorher keine geselligen Triebe zeigten, zusammenführen. Während ein derartiges Zusammendrängen im Zuchtbehälter leicht erzielt werden kann, ist es im Freien seltener zu beobachten. So findet man hinter morscher Rinde die Gitterkokons von *Pseudoclavellaria* (Abb. 61) öfter zu mehreren aneinanderhängend. Zwischen Doppelfenstern gehaltene Larven von *Cimbex connata* Schr. bildeten Haufen von über 30 Kokons. Es fehlte hier die Gelegenheit, sich in humöse Erde zur Verpuppung einzugraben. Nachdem sich aber eine Larve in einem Winkel eingesponnen hatte, fanden sich bald andere dazu. Es mag sein, daß das dort vorhandene Kokongewebe die anderen Larven zum Niederlassen an der gleichen Stelle anregte. Ebenso spannen sich mehrere Larven von *Abia lonicerae* L. an einem bereits vorhandenen Kokon ein. In allen Fällen hat aber jeder einzelne Kokon seine eigenen Wände. Abgesehen vom Kokonspinnen unterbleibt im allgemeinen bei Hymenopterenlarven eine Spinntätigkeit. Auf einige Ausnahmen sei jedoch hingewiesen. Die Ausnutzung der Spinnfähigkeit ihrer Larven durch gewisse Ameisen wurde bereits oben erwähnt. Wohl alle Lydidenlarven machen aber von ihrem Spinnvermögen Gebrauch und sind nur vor der Verpuppung zu eigener Ortsbewegung ohne Zuhilfenahme von Gespinstfäden fähig. Diesen Larven fehlen bekanntlich die Abdominalbeine. Sie halten sich daher an ihren Nährpflanzen mittels ihrer Gespinste. So hält sich die Larve von *Pamphilius silvaticus* L. in den nach unten tütenförmig eingerollten Blättern von *Salix caprea, Populus tremula* und *Carpinus betulus,* wobei der umgerollte Blattrand durch Gespinstfäden befestigt wird. *Pamphilius depressus* Schr. rollt in ähnlicher Weise den Rand von Grauerlenblättern nach oben ein. *P. inanitus* Vill. (Abb. 210) spinnt sich dagegen eine mit kleinen Abschnitten von Rosenblättern besetzte, beiderseits offene Röhre, die die Larve ständig mit sich herumträgt. Die Larven von *Acantholyda* (Abb. 48) und *Cephaleia* leben entweder einzeln oder gemeinsam in Gespinströhren oder Gespinsten, denen meist der Larvenkot anhaftet, so daß diese Nadelholzbewohner und teilweise forstschädlich auftretenden Formen daher als Kotsackwespen bezeichnet werden. *Ceph. arvensis* Pz. hält nach Baer im Gegensatz zu *C. abietis* L. den Kot größtenteils von den Gespinsten fern. Bei *C. erythrogastra* Htg. an Fichten ist der Gespinstcharakter weniger ausgeprägt. Die Wände der Röhre dieser einzeln fressenden Art sind glatter und papierähnlich. *Neurotoma*-Arten leben gemeinsam in Gespinsten an verschiedenen Obstbäumen. Über die Spinnfähigkeit der Larven von *N. flaviventris* Retz. (Abb. 211) sind neuerdings eingehendere Untersuchungen von H. Schulze angestellt worden. Die normale Dicke des Spinnfadens beträgt etwas über 16 μ, die Tragfähigkeit bei einer Spannweite von 6 mm maximal 1,1224 g. Hinzu kommt eine große Elastizität des Fadens, die ebenso wie die Reißfestigkeit für die Haltbarkeit des im Winde geschüttelten Nestes von größter Bedeutung ist. Der einzelne Faden scheint ähnlich wie der Spinnfaden der Schmetterlinge aus dem Seidenfaden selbst, dem Fibroin, und dem Seidenleim, Sericin, zu bestehen. Letzteres fließt an den Befestigungsstellen des Fadens aus und bedingt dadurch eine größere Haltbarkeit. Bei der Verkürzung des anfangs weiter gedehnten Fadens bildet das leichter flüssige Sericin Tröpfchen, die bei ihrer Klebrigkeit an äußeren, frischen Fäden Schlupfwespen vom Eindringen abhalten können. Niemals lassen sich jedoch die Pamphiliidenlarven, wenn sie zur Verpuppung in die Erde gehen wollen, an Spinnfäden herab. Während in all diesen Fällen das Spinnen eine normale Tätigkeit der Larven dastellt, kann es als Abnormität auch bei Larven beobachtet werden, die vergeblich nach

Abb. 210. Blattrollen von *Pamphilius inanitus* VILL. an Rose.

einem geeigneten Platz zur Herstellung eines Kokons suchen. So überzogen vom Verf. unter ungünstigen Bedingungen gehaltene Larven von *Cimbex connata* SCHR. die welken Erlenblätter beim Herumkriechen mit langen, dünnen Fäden. Die Larven mußten offenbar die Sekrete von sich geben. HASE beobachtete *Habrobracon*-Larven, „die lebhaft wanderten und beim Wandern ununterbrochen spannen; diese Tiere hinterließen dann gewissermaßen eine ganze Straße von Gespinst“. Andere Larven verankerten derartige Gespinste sogar noch durch Zugfäden, wie sie ähnlich am Kokon selbst angebracht werden. Unter Umständen führt ein derartiges Spinnen vor Anfertigung des Kokons zu einer Verausgabung, die dann nur noch die Herstellung unvollständiger Kokons ermöglicht. Bei den spinnenden *Habrobracon*-Larven scheint es sich aber nicht um Tiere zu handeln, die vergeblich nach einem Platz zur Anheftung des Kokons suchten — *Habrobracon* spinnt sich schließlich überall an —, sondern irgendwelche nicht näher bestimmten Gründe mögen eine verfrühte Spinnfähigkeit ausgelöst haben.

Die Kokonfarbe ist recht verschieden. Es kommen weiße, heller oder dunkler gelbe oder braune Kokons vor; die mancher Ophioninen sind fast schwarz. Selten ist eine grüne Farbe (*Microplitis*-Arten). Auch zweifarbige Kokons finden sich. So haben manche Schlupfwespenkokons einen hellen Gürtel auf dunklem Grunde. Bei *Cimbex connata* ist der frisch gesponnene Kokon orangerot, dunkelt aber im Boden stark nach. Diese Farbe stimmt so weitgehend mit der des Erlenholzes, also der Nährpflanze, überein, daß vielleicht engere chemische Beziehungen zwischen beiden Farben bestehen. Im übrigen ist über die Entstehung der Farben nichts bekannt, auch nicht darüber, wieweit vielleicht aus den MALPIGHIschen Gefäßen stammende Exkrete für die Kokonfärbung in Betracht kommen. Bei dem Kokon von *Cimbex connata* scheint aber die Färbung ohne Exkrete zustande zu kommen, da auch frei gesponnene Fäden, wenigstens teilweise, orangerot gefärbt sind.

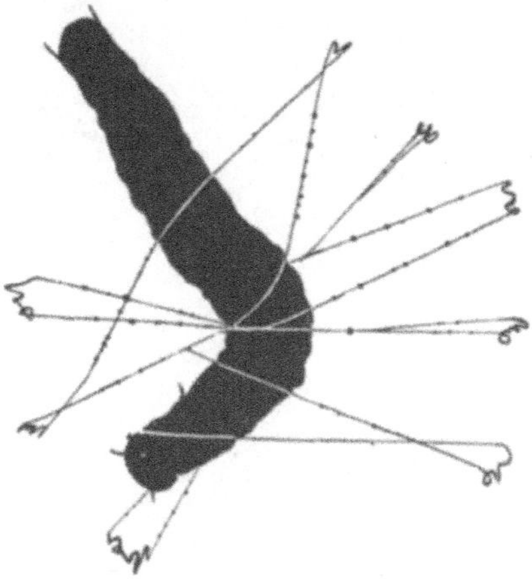

Abb. 211. Spinnende Larve von *Neurotoma flaviventris* RETZ. (nach H. SCHULZE).

Hat sich die Larve im Kokon eingesponnen oder ihre Freßtätigkeit eingestellt, so ist das das Zeichen, daß sie verpuppungsreif ist. Damit ist jedoch keineswegs gesagt, daß der Übergang in das Puppenstadium nun auch unmittelbar bevorsteht. In vielen Fällen verändert sich aber das Aussehen der Larve. Lag sie vorher eingekrümmt, wie bei vielen Bienen, so streckt sie sich; bei anderen Aculeaten kann eine Einkrümmung des Kopfes auf die Ventralseite erfolgen. Außerdem treten häufig Schrumpfungserscheinungen auf, wobei die vorher prall gespannte Haut erschlafft und ein mattes Aussehen erhält. Oder Wülste und Höcker, wenn vorhanden, treten stärker hervor und die Segmente setzen sich schärfer gegeneinander ab. Diesen Formveränderungen ist die Kotentleerung vorangegangen, so daß schon durch das Nachlassen des Druckes, den der Darminhalt ausübte, eine Erschlaffung denkbar ist. Außerdem wird auch der Fettkörper umgebaut. Die Dauer dieses nicht fressenden Larvenstadiums, das HASE zum Puppenstadium rechnet, mit dem es als physiologische Eigentümlichkeit die fehlende Stoffaufnahme gemeinsam hat, ist sehr verschieden lang. Allgemeinere Angaben lassen sich daher kaum machen. Bei vielen einheimischen Hymenopteren ist es das Überwinterungsstadium und daher bei Arten, die nur eine Generation hervorbringen, von recht langer Dauer. Ja, besonders bei Tenthrediniden kann es vielfach „überliegen", also selbst von mehrjähriger Dauer sein. Auch bei Cynipiden (*Cynips kollari* bis ins 5. Jahr) und Ichneumoniden sind ähnliche Verhältnisse beobachtet. Bei aculeaten Hymenopteren scheint ein Überliegen nur recht selten vorzukommen. So beschreibt BRAUNS einen Fall in dem ein und dasselbe Nest von *Aspidosmia arnoldi* BR. „4 Jahre hintereinander einige Bienen ergab, obgleich es isoliert und eingezwingert war.“ Gegenüber diesem langen Ruhestadium erscheint dann die eigentliche Puppenzeit weitgehend abgekürzt; unter Umständen beträgt sie bei manchen Tenthrediniden nur wenige Tage. Bei anderen Formen wird dagegen, namentlich bei Ektoparasiten, die Entwicklung sehr schnell durchlaufen und dabei auch das Larvenstadium abgekürzt. Die kürzeste Entwicklungsdauer erzielte HASE durch Temperaturerhöhung bei *Habrobracon.* Innerhalb einer Woche wurde die ganze Entwicklung vom Ei bis zur Imago zurückgelegt (33—36°), während bei 18—20° 16—20 Tage dazu erforderlich waren. Aus dieser großen Abhängigkeit von der Temperatur ergibt sich auch, daß Angaben über die Entwicklungsdauer, die auf die Temperatur nicht Bezug nehmen, kaum von Bedeutung sind. Mit der schnelleren Entwicklung bei höherer Temperatur hängt auch die Ausbildung mehrerer Generationen bei solchen Arten zusammen, die in kühleren Gegenden nur eine Generation hervorbringen. An *Anthophora fulvitarsis* BR. beobachtete FRIESE bei Straßburg i.E. einen zweijährigen Entwicklungszyklus, wobei der erste Winter im Stadium der Ruhelarve, der zweite als Puppe verbracht wird. Vermutlich wird diese zweijährige Entwicklungsdauer von dem in diesem Falle weit nach Norden vorgeschobenen Vorkommen dieser mediterranen Art klimatisch bedingt sein. Früh fliegende Arten pflegen dagegen vielfach als Imagines zu überwintern.

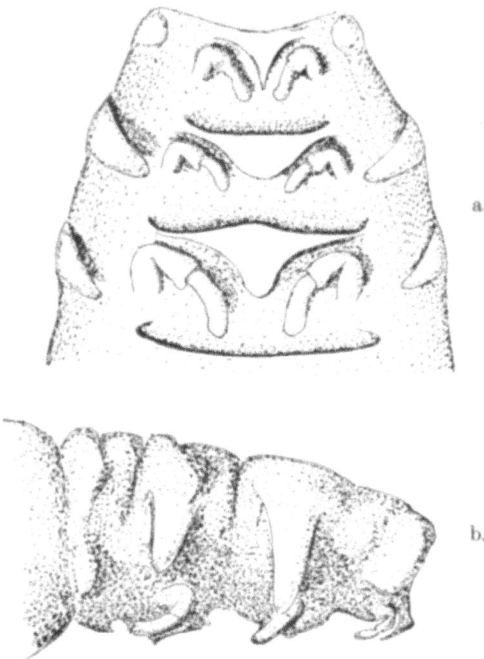

Abb. 212. Anlage der pupalen Extremitäten bei einer ausgewachsenen Schlupfwespenlarve (*Trogus*); a. von unten; b. von der Seite. Die Larvenhaut ist entfernt.

Während des Ruhelarvenstadiums setzen nun jene Umgestaltungen ein, die aus der Larve die Puppe und damit ein Stadium entstehen lassen, das bereits die Gliederung des fertigen Insekts aufweist. Einige Zeit bevor die letzte Larvenhaut abgestreift wird, kann man bereits äußerlich an der Larve gewisse Formveränderungen erkennen. So sieht man, wie der Puppenkopf, der gewissermaßen keinen Platz mehr in der verhältnismäßig starren Kopfkapsel der Larve findet, weiter nach hinten gedrängt ist. Die frühzeitig einsetzende Pigmentierung läßt dann im ersten Thoraxsegment zunächst die Augenränder violett durchschimmern. Betrachtet man eine ziemlich durchsichtige Larve (z. B. von einer Wespe) in diesem Entwicklungszustand, so erkennt man außer der Anlage der Extremitäten (Abb. 212) wie von dem Puppenkopf her die Mundteile und Fühler zunächst gegen die entsprechenden Stellen des Larvenkopfes hinziehen bzw. von diesen ausgehen. Bei späterer Streckung derselben kommen dann auch Verlagerungen vor, doch weisen die Spitzen der Fühler und der einzelnen Mundteile auf die gleichen larvalen Teile hin (Abb. 213b). Auch die für alle apokriten Hymenopteren charakteristische Tailleneinschnürung wird zwischen dem

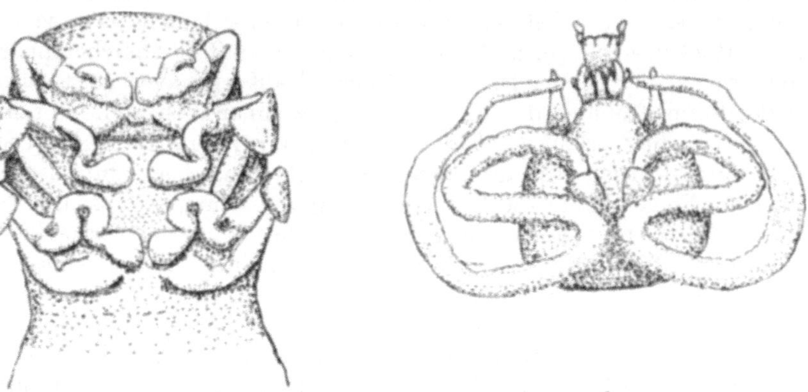

a. b.

Abb. 213. Wie Abb. 212, aber etwas weiter vorgeschrittenes Stadium (a.); b. Anlage des Puppenkopfes, aus der Larvenkopfkapsel und dem folgenden Segment herauspräpariert. Die Spitzen der Antennen und einzelnen Mundteile liegen an den entsprechenden Stellen des Larvenkopfes.

ersten und zweiten Abdominalsegment bemerkbar. Es wird dabei der Larvenkörper in dieser Gegend bereits leicht eingeschnürt, wobei die Larvenhaut wohl den im Innern stattfindenden Gewebeumlagerungen etwas folgt. An Larven, die in Alkohol gelegen haben und deren Inhalt durch die Wasserentziehung stärker geschrumpft ist als die äußere Haut, sind dann auch die Bein- und Flügelanlagen recht deutlich zu erkennen. Wesentlich früher macht sich die Anlage der Primitivzapfen für die Genitalapparate bemerkbar. Während auf der einen Seite zahlreiche Neubildungen entstehen, die von dem an den verschiedensten Teilen im Larvenkörper enthaltenen Bildungsgeweben ausgehen, erfolgt andererseits ein Abbau der larvalen Gewebe und Organe.

Ist die Puppe im Innern der letzten Larvenhaut fertig gebildet, so reißt diese in der Thorakalregion auf und die Puppe kann sich daraus hervorarbeiten. Die Haut selbst bleibt an der Hinterleibsspitze der Puppe als ein zusammengesunkenes Häutchen liegen. Der ganze Vorgang der Abstreifung der letzten Larvenhaut dauerte bei *Cemonus* nach Beobachtungen des Verfassers an frei liegenden Puppen etwa 30 Minuten. Die Hymenopterenpuppen sind verhältnismäßig weichhäutig und lassen bereits die volle Gliederung der Imago erkennen. Die Gliedmaßen selbst sind allerdings verhältnismäßig plump und noch nicht so scharf gegliedert wie bei der Imago. Außerdem fehlt auch noch ihre Bewegungsfähigkeit. Der Kopf ist etwas mehr nach abwärts gebogen, die Nackenhaut also mehr gespannt. Die Mundteile sind noch vorgestreckt und legen sich, wenn sie verlängert sind, der Unterseite des Körpers an, ebenso die nach unten gebogenen Fühler. Die Beine sind angezogen. Die Flügel liegen jederseits als zwei Taschen, die sich mit ihren Rändern etwas überdecken, am Meso- und Metathorax über die Pleuren herabgebogen und sind ganz erheblich kürzer als bei der Imago. Die Abdominalsegmente sind kaum eingestülpt, Stachel und männlicher Genitalapparat ragen ebenfalls weit vor. Bei jüngeren Goldwespenpuppen liegen auch die hinteren Segmente, die bei der Imago tief eingezogen werden, frei. Ist der Stachel sehr lang, so krümmt er sich an der Puppe über deren Rücken nach vorn. Bemerkenswert ist, daß der Stachelapparat von *Orussus*, der bei der Imago ins Innere des Körpers verlagert wurde, an der Puppe frei über deren Rücken liegt, wenn er auch während seines Wachstums im Verlauf des Ruhelarvenstadiums ins Innere des Körpers eingestülpt wurde. Mit Ausnahme der verkürzten, aber dafür taschenförmigen Flügel macht die Hymenopterenpuppe einen gedunsenen Eindruck. Der Übergang zur Imago ist offensichtlich mit einer erheblichen Flüssigkeitsabgabe verbunden. Die provisorischen Larvenorgane, die das Larvenstadium in Anpassung an die vom Imaginalstadium gänzlich abweichende Lebensweise der Larve so weitgehend umgestaltete, wobei auch von vornherein eine Weiterentwicklung in der Richtung auf die Imago unterdrückt wurde, sind verlorengegangen. An den Puppen sehen wir verschiedene provisorische pupale Organe auftreten, deren Bedeutung noch wenig geklärt ist. Es handelt sich hier um besondere Anhangsgebilde an einzelnen Körperteilen. Besonders am Abdomen finden sich verschieden gestaltete Fortsätze, die vielleicht Bewegungen der Puppe ermöglichen, aber auch darauf hinzielen können, den überaus empfindlichen Puppenkörper möglichst wenig mit seiner Umgebung in Berührung kommen zu lassen. Letzterem Zweck dürften besonders längere zapfenförmige Gebilde dienen, während kleine Dornhöckerchen Bewegungen ermöglichen und auch bei der Häutung von Wichtigkeit sein können. An der Puppe mancher Xylocopen stehen vorn auf dem Mesonotum unweit der Mittellinie zwei große stumpfe Höcker; ähnliche Bildungen fand GRÄNICHER bei Kuckucksbienen. Auch an den Puppen von *Melecta* treten auf dem Mesonotum gezähnelte Kämme auf.

Von einer ganzen Reihe von Puppen von *Thyreopus*-Arten ist bekannt, daß sie seitlich an den mittleren drei (♀) oder vier (♂) Abdominalsegmenten lange, schräg nach hinten gerichtete oder auch gekrümmte Fortsätze besitzen. Ähnliche Anhänge besitzt auch *Trypoxylon*, während bei Pemphredonen kleine Stacheln oder Börstchen auf der Rückenfläche der Abdominaltergite auftreten. Beilartig oder ankerförmig erweiterte Seitenzapfen finden sich bei der Puppe von *Pseudagenia* (Abb. 214) am zweiten bis fünften Abdominalsegment, während an den beiden folgenden einfache Zapfen vorhanden sind. Weitere Fortsätze trägt die gleiche Puppe am ersten und dritten Fühlerglied, außerdem auch in Gestalt von neun kräftigen, nach hinten gekrümmten Dornen an der Außenseite der Hintertibien. Gelegentlich können auch die Schienenspitzen nach außen stärker vorgezogen sein, z. B. bei einigen Xylocopen. Als auffällige Zäpfchen sind an der Puppe von *Spilomena* die beiden hinteren Ocellen nach ENSLIN stark vorgezogen. Auch an der jungen Imago ragen sie anfangs vor. Außer diesen provisorischen Bildungen, die als besondere pupale Organe anzusprechen sind, finden sich aber auch gelegentlich an der Puppe andere morphologische Eigentümlichkeiten, die entschiedene Atavismen darstellen. So fand v. BUTTEL-REEPEN an der Hinterschiene der Puppe der Honigbiene deutlich erkennbar die bei der Imago in Fortfall geratenen Sporen, die bei der Puppe an sich überflüssig sind, erhalten. „Die Sporen finden sich bei den Puppen aller drei Bienenwesen in der typischen Form, d. h. der eine Sporn ist länger als der andere. Die Größenunterschiede sind hier allerdings auffällig stark. So markiert sich bei der Drohnenpuppe der kleinere Sporn nur noch als ganz schwache Erhebung, dafür ist der andere im Verhältnis zu dem der Königin und Arbeiterin der längste. Sehr interessant ist, daß alle drei Formen hinsichtlich der Spornausgestaltungen konstant voneinander abweichen. Es wird hierdurch der Schluß nahegelegt, daß schon in jenen fernen Zeiten, als die *Apis mellifica* noch Sporen als Imago trug, bereits eine Differenzierung in Arbeiterin und Königin oder doch in biologisch bzw. in den Instinkten voneinander abweichende Formen durchgeführt war.“ Vielleicht ist auch die Bewehrung der Hinterschienen von *Pseudagenia* als ein Atavismus zu deuten.

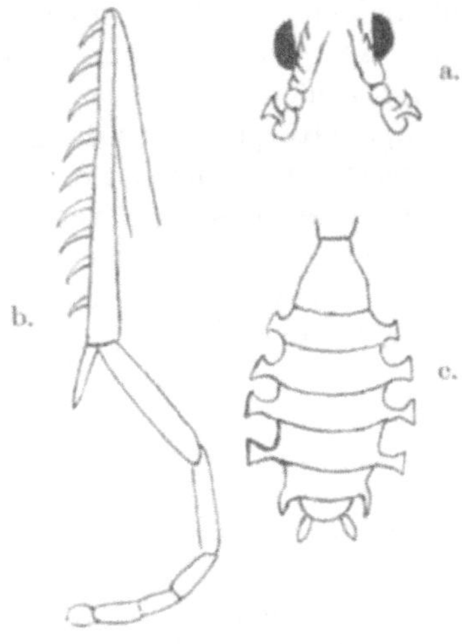

Abb. 214. Puppenanhänge von *Pseudagenia punctum* F.; a. an den basalen Fühlergliedern; b. an der Schiene; c. am Abdomen (nach VERHOEFF).

Betrachtet man die Flügelanlagen der Puppen, so sieht man dort ein System von flachen Eindellungen und Wülsten, das dem Aderverlauf an der Imago entspricht. Gewisse Abweichungen finden sich besonders im distalen Flügelabschnitt, wo der Flügel gestaucht erscheint. Es ist recht wahrscheinlich, daß auch hier Atavismen zu beobachten sein werden, wenn wir bei den Imagines Reduktionserscheinungen in der Aderung nachweisen können. Immerhin kann auch die Reduktion irgendeines Charakters in der Stammesentwicklung der betreffenden Form bereits seit langem fixiert sein, so daß wir dann nicht mehr darauf rechnen dürfen, die an der Imago reduzierten Adern am Puppenflügel wiederzufinden. Das ist z. B. der Fall bei den zwei Cubitalzellen der Megachilinen; die dritte ist hier auch an der Puppe nicht nachweisbar.

Ähnlich ist auch die Zellverschmelzung durch Fortfall von Adern, z. B. bei Ichneumoniden oder *Crabro*, bereits am Puppenflügel deutlich. Im jungen Puppenflügel ist auch der Tracheenverlauf in seinen einzelnen Verzweigungen noch deutlich zu erkennen. Da die den Adern entsprechenden Wülste verhältnismäßig breit sind, brauchen die ihnen folgenden Tracheen keine scharfen Winkel zu beschreiben. Meines Erachtens stellt dieser Tracheenverlauf in seinen engen Beziehungen zum Flügeladersystem die einzige Möglichkeit dar, die Adern mit denen anderer Insektenordnungen überhaupt zu homologisieren. Der Imaginalflügel ist hierfür ungeeignet, da in ihm diese den Aderverlauf bedingenden Tracheen nur noch zum Teil vorhanden sind. Außerdem können sekundäre Verlagerungen der Tracheen am Imaginalflügel, z. B. bei Ophioniden, von denen manche Formen auch in den imaginalen Flügeladern ein fast durchlaufendes Tracheennetz besitzen, vorkommen.

Im großen und ganzen ist, wenn wir zunächst von den Flügeln absehen, die Körpergestalt der Imago bereits mit der Puppe festgelegt. Die Körperanhänge müssen noch schlanker, die Mundteile, Fühler und Tarsen schärfer gegliedert werden. Noch fehlen auch Behaarung und Beborstung, sowie die Färbung. Aber auch einige andere Veränderungen können nachträglich an der Imago auftreten. So sind z. B. die Fühlerendglieder der Männchen gewisser *Odynerus*-Arten bei der Imago eingerollt. An der Puppe sind sie dagegen noch gestreckt und stellen damit den ursprünglichen Zustand dar. Die Oberflächenstrukturen, wie Behaarung und Beborstung, außerdem auch die Skulptur, bilden sich erst mit der Weiterentwicklung der Imago innerhalb der Puppenhaut heraus. Das Auftreten von Grübchen und Punkten als Oberflächenskulptur erfolgt sogar erst verhältnismäßig spät, mit der Erhärtung des Imaginalpanzers. Leichter sind die Ausfärbungsvorgänge zu verfolgen. Ursprünglich sind die meisten Puppen blaß, etwa elfenbeinweiß; doch gibt es auch sattgelbe Hymenopterenpuppen; seltener sind grünliche Töne, z. B. bei Blattwespen. Der Entstehung der Grundfärbung geht die Pigmentierung der Augen voraus. Über fleischfarbige, rosaviolette Töne geht diese vom hinteren Augenrande aus. Im übrigen sieht man gewöhnlich zuerst auf dem Mesonotum Verdunkelungen auftreten, denen bald weitere auf den einzelnen Abdominalsegmenten folgen, wo die Verdunkelung häufig vom Hinterrand nach vorn vorzurücken scheint. Bei *Trypoxylon* sah Verf. zunächt jederseits von der Mittellinie des Mesoskutums vorn einen dunklen Wisch auftreten; ebenso lagen die Parapsidenfurchen frühzeitig als schwarze Linien in einem verdunkelten Längsstreifen. Auf diesem Stadium sind die Ränder von Skutellum und Mittelsegment fein schwarz eingefaßt. Auf dem letzteren werden zunächst die oberen, hinteren Seitenkanten dunkel, und eine feine, tiefschwarze, mittlere Längslinie läuft über den hinteren Abstutz. Außerdem beginnt an der Schenkelbasis eine Verdunkelung. Am Hinterleibsstiel macht sich zunächst in der Mitte seines distalen Randes, ferner auf zwei Drittel seiner Länge eine dort als Querband auftretende Schwärzung bemerkbar. 24 Stunden später war der Thorax fast vollständig geschwärzt, wenn auch die ursprünglich helleren Partien des

Mesoskutums freilich in geringer Ausdehnung noch blasser sind. Der Kopf ist blaßgrau gefärbt; nur hinter den Ocellen stehen auf dem Scheitel zwei schwarze Flecken. An den Beinen findet sich jetzt eine mittlere Verdunkelung der Schienen und bald erfolgt auch eine recht dunkle Färbung der letzten Tarsenglieder, während die vorhergehenden noch blaß sind. Die Ausfärbung des Abdomens schreitet wesentlich langsamer vorwärts. Erst nach weiteren 24 Stunden verdunkeln sich die einzelnen Segmente distal. An einer Puppe von *Osmia caementaria* Gerst. war der Thorax schon stark verdunkelt, das Skutellum jedoch und ein unmittelbar davor gelegenes Stück des Mesonotums noch blaß gelbbraun, ebenso das Metanotum. Auf dem Mittelsegment breitete sich dagegen die Verdunkelung bereits aus. Am Abdomen begann gleichzeitig die Verdunkelung der hinteren Segmente und der Vorderränder der vorhergehenden. Der Kopf war im ganzen bereits gräulich getrübt, der Clypeus jedoch noch gelblich. Auch Fühler und Mundteile waren noch blaß. Die verhältnismäßig spät erfolgende Ausfärbung des Clypeus ist vielleicht mit dessen heller Färbung bei vielen Bienenarten, besonders bei Männchen, in Verbindung zu bringen und kann als Begleiterscheinung der Stylopisierung auch unter diesem Gesichtspunkt berücksichtigt werden. Die Ausfärbung des Haarkleides, z. B. bei den Hummeln, findet unabhängig von der des Chitinpanzers und erst nach dieser statt. Die gelben, roten und schwarzen Farbstoffe gehören nach Babij in die Gruppe der Melanine. Durch Tyrosinase konnte besonders eine Umfärbung des Gelb erzielt werden, und zwar je nach den Arten entweder über Grau oder über Rotbraun zu Schwarz. An rein weißen Haaren wurden Farbänderungen unter dem Einfluß von Tyrosinase kaum erreicht. Es kann daher angenommen werden, daß in den weißen Haaren kein, in den schwarzen dagegen alles Chromogen abgespalten und melanisiert wurde. In den gelben Haaren ist das Chromogen mehr oder weniger vollständig abgespalten, aber nur teilweise melanisiert. Wir dürfen daher annehmen, daß bei der Ausfärbung des Hummelhaarkleides in bestimmten Haaren — den weiß bleibenden — keine Chromogenabspaltung erfolgt, in anderen dagegen in verschiedenem Grade, und daß die Melanisierung verschieden weit vorschreitet. Mit der Ausfärbung ist auch die Entwicklung der imaginalen Organe abgeschlossen, abgesehen (wenigstens teilweise) von den Keimdrüsen, die auch noch im Imaginalstadium weitere Veränderungen erfahren können. Die Imago liegt nun fertig zum Schlüpfen in der dünnen Puppenhaut. Nur der Flügelausbildung muß noch besonders gedacht werden. Bereits während des Ausfärbungsprozesses beginnen die Imaginalflügel in der Flügeltasche der Puppe zu wachsen. Eine Streckung ist aber nicht möglich und so erfolgt eine Einfaltung. Die ersten Anzeichen einer solchen machen sich durch Krümmungen der Flügeltracheen bemerkbar, die aus den bisherigen Bahnen stumpfwinklig abgelenkt werden können. Dann sieht man, wie vom Vorder- und Hinterrand her der zukünftige Imaginalflügel sich tief einfaltet. Außerdem können Einfaltungen auch am Distalrand auftreten. Dies ist nur dadurch möglich, daß der Imaginalflügel bereits wesentlich abgeflacht und nicht mehr taschen- oder sackförmig ist. Außerdem legt sich der Flügel auch in der Längsrichtung in Falten, doch werden diese aus ihrer Richtung durch die vom Vorder- und Hinterrand her einschneidenden Einfaltungen abgelenkt. Man sieht daher an den Flügeln einer teilweise ausgefärbten Puppe starke Schlängelungen und Windungen, die namentlich an behaarten Flügeln, wie etwa bei Hummeln, dadurch besonders auffallen, daß die Haare viel näher aneinander gerückt sind. Auf den einzelnen Schleifen sind nun die Haare je nach der Richtung, in der die Falten verlaufen, scheinbar verschieden orientiert. Präpariert man einen so in der Flügelscheide der Puppe förmlich zusammengeknitterten Flügel frei, so kann man ihn zu voller Größe ausbreiten, wenn die Imago kurz vor dem Schlüpfen stand. Der Faltenverlauf ist im übrigen unabhängig von den Flügeladern. Doch scheinen gewisse Beziehungen zwischen ihm und den verschiedenen Flügellinien, auf die ADOLF aufmerksam gemacht hat, zu bestehen. Haben die Flügel ihre volle Länge erreicht und ist die Ausfärbung zum Abschluß gekommen, dann ist die Imago schlüpfreif. Sie scheint dann allgemein auch nur noch kurze Zeit in der Puppenhaut zu verbleiben, die bei ihrer Dünnheit ja kaum einen Schutz gewähren kann. Chalcididen liegen allerdings auch längere Zeit bereits stark verdunkelt, ehe sie schlüpfen. Doch sind dann die Farben noch nicht metallisch. Die Entstehung der Erzfarben dürfte danach eine wesentlich längere Zeit erfordern. Puppen von *Crabro rubicola* DUF. PERR. lagen allerdings teilweise 10 Tage ausgefärbt, ehe sie schlüpften. In dieser Zeit führten die Imagines in der Puppenhaut bereits lebhafte Bewegungen mit den Beinen aus und versuchten — die Puppen waren aus den Kokons herausgenommen und lagen frei — zu kriechen, sowie Putzbewegungen auszuführen. Ähnliche Bewegungen kann man auch an anderen Puppen, in denen die Imago bereits ausgefärbt ist, beobachten. Beim Häutungsvorgang reißt die Puppenhaut in der Mesothorakalregion auf und wird ähnlich nach hinten abgestreift, wie es für die Larvenstadien schon beschrieben wurde. Diese Häutung ist jedoch dadurch komplizierter, daß auch von den Körperanhängen jetzt die Haut abgestreift werden muß. Beim Herausziehen der Beine und Fühler werden die diese bedeckenden Hautschläuche handschuhfingerartig umgestülpt, die übrige Haut gleitet aber unter Fältelung einfach nach hinten. Eine Umstülpung der Flügelscheiden scheint jedoch nicht stattzufinden. Bei der Häutung der Flügel ist es denkbar, daß diese selbst durch die jetzt erfolgende Auffaltung die sie noch einhüllende Haut gemeinsam mit der damit in Verbindung bleibenden, übrigen Körperhaut nach hinten drängen. Eine weitere Schwierigkeit bereitet das Abstreifen der Haut über die Taille bei den Apokriten. Die Einschnürung ist zwar auch an der Puppe deutlich ausgeprägt, aber bei der Häutung hebt sich hier die Puppenhaut weitgehend ab und gibt dabei gewissermaßen einer Spannung, in der sie sich bisher befunden hat, nach. Hierbei kann es auch zu Zerreißungen der Haut an dieser Stelle führen; jedenfalls beobachtete Verf. eine solche beim Abstreifen der Puppenhaut eines *Odynerus spinipes* L. Ob dieser Vorgang normal war, mag dahingestellt bleiben; er führte dazu, daß die Haut nicht im Zusammenhange abgestreift wurde, sondern daß Fetzen zurückblieben, die nachträglich mit Hilfe der Beine entfernt werden mußten. Bei der Häutung von Puppen, die man aus ihrer natürlichen Umgebung entfernt hat, sind häufig Störungen zu beobachten. Besonders scheint dann das Abstreifen der Bein- und Flügelhäute Schwierigkeiten zu machen, wodurch leicht Verkrüppelungen entstehen. Vielfach können sich die Wespen allerdings noch mittels ihrer Beine von den Hautfetzen befreien. — Bei zahlreichen Formicinen scheint allerdings die Mithilfe der Arbeiterinnen nötig zu sein, doch sah Forel eine *Formica pratensis*-☿ und ein *Polyergus*-♀ selbständig schlüpfen. Ebenso konnten sich auch Arbeiterinnen von *Tetramorium* ohne Beihilfe ihrer Puppenhaut entledigen, während die Männchen dazu nicht fähig waren. Bei den tiefstehenden Ponerinen vollzieht sich das Schlüpfen dagegen normal. Erwähnt werden mag auch, daß noch nicht ausgefärbte Ameisenarbeiterinnen, die offensichtlich zu früh von ihren Puppenhäuten befreit worden sind, bald an den Arbeiten im Nest teilnahmen. *Crabro rubicola* stemmte beim Abstreifen seiner Haut die Hinterbeine gegen die Seitenfortsätze des Abdomens, so daß diese also auch als Hilfsapparate bei der Häutung in Betracht kommen. Ausschlüpfende Imagines von Pteromalinen, die frei auf Fließpapier gelegen hatten, krochen, sobald sie die Beine gebrauchen konnten, an Stellen, wo sie einen Halt fanden, um die Haut weiter abstreifen zu können. Die Flügelscheiden waren hier wohl unter dem Druck der in der Entfaltung begriffenen Flügel seitlich etwas abgespreizt. Bei einer schlüpfenden *Cimbex connata* konnte der Vorgang der Tracheenhäutung besonders deutlich verfolgt werden. Mit dem Abstreifen der Puppenhaut zogen sich auch die alten Tracheenhäute heraus. Die Haut wurde allmählich zur Hinterleibsspitze gedrängt, und immer noch bestand die Verbindung zwischen den Stigmen der Puppe und denen der Imago durch die sich zwischen ihnen ausspannenden Tracheenhäute. Diese reichten dabei also vom Thorax bis zum Ende des Abdomens. Dabei wurde auch die Trachee aus den bei der Imago späterhin undeutlichen Stigmen zwischen Meso- und Metathorax bzw. zwischen dem letzteren und dem ersten Abdominalsegment vollständig gehäutet und lang ausgezogen. Außerdem wurde auch aus dem Vorderdarm und dem Ausführungsgang der Speicheldrüsen deren chitinige Auskleidung hervorgezogen. Während der Häutung der Tracheen führten die thorakalen Stigmen der Imago aktive, schnappende Bewegungen aus. Das Abreißen erfolgte erst, als die Haut, die im ganzen an der Hinterleibsspitze zusammengedrängt war, abgestoßen wurde. Die Flügel hatten sich während des Vorganges vollständig gestreckt. An ihren Spitzen hafteten bis kurz vor dem Abstoßen der alten Haut die pupalen Flügelscheiden, die selbst in Verbindung mit der Puppenhaut blieben, was dadurch möglich ist, daß die Flügel dem Körper noch eng anliegen und bis zur Spitze des Abdomens reichen.

Da die Puppen der Hymenopteren nur selten freiliegen, hat die Imago auf ihrem Weg ins Freie verschiedene Hindernisse zu überwinden. Handelt es sich z. B. um einen kokonlosen Schmarotzer, der in der Wirtshaut steckt, so wird die Imago zunächst an einer Stelle, die von den Mandibeln erreicht werden kann, ein Loch in diese nagen, das allmählich vergrößert wird, bis Kopf, Fühler und schließlich die Vorderbeine herausgestreckt werden können. Ein Nachziehen des übrigen Körpers macht dann keine Schwierigkeiten mehr. Lag die Puppe frei, d. h. ohne Kokon, in irgendeiner vom Muttertier oder einer Wirtsart erbauten Zelle, so müssen sich die Imagines durch das Medium hindurcharbeiten, was nur von dem vollständig erhärtenden Tier ausgeführt werden kann. Hierbei müssen auch die Männchen erd- oder markbewohnender Formen, die ja im übrigen Leben höchstens Grabarbeiten geringeren Umfangs ausführen, eine nicht unerhebliche Arbeit leisten. Waren die Bauten als Freibauten besonders zementiert, so kann wohl die Härte der Wände etwas unter dem Einfluß der Witterung im Laufe der Entwicklung gelitten haben. Gleichwohl pflegen die Wände immer noch eine derartige Festigkeit zu besitzen, daß an die Härte und Muskelkraft der Mandibeln sehr hohe Anforderungen gestellt werden. Beim Schlüpfen aus dem Kokon wird in diesen häufig ein Loch genagt, in ähnlicher Weise wie es oben für den Parasiten geschildert wurde, der sich aus der Wirtshaut hervorarbeitet. In anderen Fällen jedoch wird am Kopfpol des Kokons ein Deckel durch einen Ringschnitt abgeschnitten, der die Kappe entweder im ganzen abfallen oder aber auf eine kurze Strecke mit dem übrigen Kokon in Verbindung bleiben läßt. Ein derartiges Verfahren kann man z. B. leicht an Cimbicinen (Abb. 205) oder Microgasterinenkokons (Abb.206) beobachten. Hatte ein Parasit innerhalb des Wirtskokons seine Entwicklung durchgemacht, so öffnet er diesen in einer viel unregelmäßigeren Weise, wobei die Schlüpföffnung meist mehr an der Seite liegt. Für die außerordentlich nahe Verwandtschaft der Bienengattung *Anthidium* und ihres Schmarotzers *Stelis* spricht es, daß *St. signata* LATR. beim Schlüpfen aus den Harzzellen von *Anth. strigatum* LATR. in der gleichen Weise wie ihr Wirt einen Zelldeckel (Abb. 106) abschneidet und nicht, wie man es bei einem Schmarotzer erwarten dürfte, einfach in die Zellwand ein Loch nagt. Unter Umständen können nahe verwandte Arten verschiedene Schlüpfgewohnheiten haben, wie sich z. B. manche *Vespa*-Arten (Hornisse) durch Aufnagen des Kokondeckels von der Mitte her, andere durch Abtrennen des Deckels am Rande aus ihren Zellen befreien.

Die Imagines der Hymenopteren können bald nach dem Schlüpfen von ihren Flügeln Gebrauch machen. Dieselben sind bereits ausgebreitet und bedürfen kaum noch einer geringen Erhärtung. Bei den Faltenwespen erfolgt die Einklappung der Vorderflügel, der diese Tiere ihren Namen verdanken, erst nach dem ersten Versuch, die Flügel zu gebrauchen. Vorder- und Hinterflügel sind dabei noch nicht aneinander verankert. Erst wenn die Vorderflügel nach dem Schwirren in die Ruhelage zurückkehren, streifen sie über die Häkchen am Vorderrand der Hinterflügel und bleiben mit ihrem eigenen Hinterrand daran hängen, wobei die Faltung eintritt. — Bald nach dem Schlüpfen werden Exkremente, die reichlich Urate enthalten, zum Teil in Form von Tröpfchen, dann aber auch geformt, abgegeben. JANET beobachtete bei frisch geschlüpften Hornissen die Abgabe von einem Dutzend etwa 0,6 mm im Durchmesser und 1—2 mm in der Länge messender, leicht gekrümmter Uratballen, nachdem vorher einige Tropfen einer milchig getrübten Flüssigkeit abgegeben waren.

Vierzehntes Kapitel.

Besondere Anpassungsformen; Krankheiten; wirtschaftliche Bedeutung.

Um sich im Daseinskampfe behaupten zu können, darf das Insekt diesem nicht wehrlos gegenüberstehen. Der ganze Organismus muß sich also auf die Existenzbedingungen eingestellt haben. Sowohl der leblosen Natur gegenüber, wie auch im Verhältnis zur lebenden Umwelt sehen wir daher die verschiedensten Schutzmaßnahmen oder Schutzvorrichtungen in Kraft treten, deren Bedeutung jedoch stets eine relative bleiben wird. Von einem absoluten Schutz kann keine Rede sein. Hohe Vermehrungsziffern können ihrerseits erhebliche Verluste wieder ausgleichen.

Was zunächst die leblose Natur anbetrifft, so sind es hier die klimatischen Bedingungen, denen die Art sich gewachsen zeigen muß. Von ihnen hängt die gegenwärtige Verbreitung in weitem Umfange ab. Die Fauna wird sich im allgemeinen dementsprechend zusammensetzen; infolgedessen werden auch verschleppte Arten sich nur dann einbürgern können, wenn die klimatischen Verhältnisse die Entwicklung ermöglichen. Kosmopoliten kommen daher kaum vor. Bei manchen leicht verschleppbaren Formen, wie z. B. einigen Ameisen, kann sich wohl die Verbreitung über die wärmeren Teile der ganzen Erde erstrecken. Ein gemäßigteres Klima mit Winterfrösten hemmt jedoch die Einbürgerung. So hält sich auch bei uns die winzige Pharaonenameise, deren wahre Heimat unsicher ist, nur in Gebäuden, in denen durch ständige Heizung im Winter die Existenzbedingungen durch die Temperatur gesichert sind. Als recht widerstandsfähig gegen niedere Temperaturen zeigt sich bei uns besonders *Biorhiza*, die selbst noch bei einigen Frostgraden ihrem Legetrieb nachgeht. Umgekehrt kann auch eine erhöhte Temperatur gefährlich werden. So wurde oben bereits auf die Temperaturregulierung im Bienenvolke hingewiesen. Die Funktion des „Hummeltrompeters“, der unter lebhaftem Flügelschwirren die Luft im Hummelnest zirkulieren läßt, ist offensichtlich eine hygienische und dürfte in den frühen Morgenstunden, wo sie allein beobachtet ist, dazu dienen, die über Nacht mit Kohlensäure und wohl auch Feuchtigkeit angereicherte Luft durch die Ventilationslöcher in der Wachshülle auszutreiben. Die Erscheinung, daß eine einzelne Hummel in dieser Weise für die Lufterneuerung sorgt, ist dementsprechend besonders bei stärkeren, unterirdisch lebenden Völkern beobachtet. Die freilebenden Imagines werden sich vor Witterungsunbilden im allgemeinen leichter schützen können als die weniger beweglichen Larven. Die parasitären

Larven stehen dabei in voller Abhängigkeit von ihren Wirten. Von den Blattwespenlarven verfügt eine ganze Reihe über Wachsüberzüge, die sie etwa treffende Regentropfen nicht auf der Haut ausfließen, sondern abfließen lassen. Andere in Gespinsten oder Schutzröhren lebende Arten sind dadurch einigermaßen vor Regen geschützt. Sind auch die Larven zahlreicher Aculeaten durch die im Erdboden oder in Pflanzenteilen angelegten Zellen, die oft noch mit einer wasserundurchlässigen Schicht ausgekleidet sind, vor der Feuchtigkeit gesichert, so kann doch auch hier ein Verschimmeln der Brut bei größerer Nässe beobachtet werden. Die Entwicklung des Schimmels wird dabei durch die aufgestapelten Futtervorräte, mögen diese nun pflanzlicher oder tierischer Herkunft sein, gefördert. So mag die Paralysierung und dadurch verhinderte Zersetzung der Beutetiere vieler Aculeaten das Auftreten von Schimmel verzögern. Bei *Dasypoda* ist die auf besonderen Höckern ruhende Futtermasse vor dem Verschimmeln durch die etwas luftigere Lage verhältnismäßig gut geschützt. Freibauten, bei denen an sich die Gefahr der Durchfeuchtung eine größere wäre, sind besonders stark zementiert und werden außerdem gewöhnlich an Stellen, wo sie vor Regen geschützt sind, untergebracht. In höherem Maße noch als die Larve ist die Puppe gefährdet, da mit ihr auch die leicht faulenden Kotmassen in der Zelle ruhen. Eine besondere Schutzvorrichtung kann hier der Kokon darstellen. Die Puppen mancher Ophioninen (Abb. 215) ruhen im Innern ihres Kokons in einen durch einen gallertigen Überzug zusammengehaltenen, im übrigen aber leicht zerfließenden Becher, der aus dem vor dem Abstreifen der Larvenhaut abgeschiedenen Kot besteht. Vielfach berühren die Puppen die Zellwände kaum. Besondere Fortsätze, die auch als Häutungsapparate von Bedeutung sein können, kommen vor und verhindern, daß die Puppe gegen eine Wand sinkt. Über die sorgfältige Pflege, die die Ameisen ihrer Brut in Verbindung mit den jeweils im Neste vorhandenen Temperatur- und Feuchtigkeitsgraden zuteil werden lassen, wurde an anderer Stelle berichtet; ebenso über das Verschließen der Nesteingänge bei schlechter Witterung und nachts, sowie über besondere Winternester. Ungünstigen klimatischen Verhältnissen weichen manche äthiopischen Wespen nach ROUBAUD dadurch aus, daß sie periodisch wandern. Die Ausbreitung von Seuchen, die bei den sozialen Hymenopteren durch die Massenanhäufungen von empfindlichen Entwicklungsstadien leicht gefährlich werden könnten, wird offenbar durch hygienische Vorkehrungen

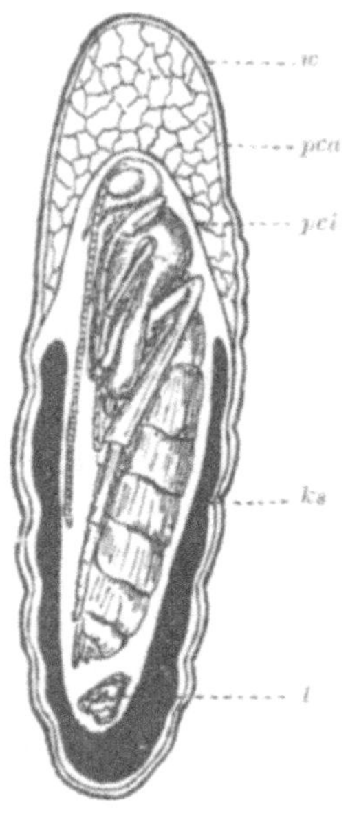

Abb. 215. Puppe von *Exochilum circumflexum* L. im Kotsack und Kokon. *w* Innenwand der Wirtspuppe; *pca* und *pci* äußere resp. innere Wand des Parasitenkokons; *ks* Kotsack; *l* letzte Larvenhaut. Zwischen *pca* und *pci* ein lockeres, weitmaschiges Gespinst (nach BOAS).

hintangehalten. So geben wenigstens die Bienenimagines ihren Kot außerhalb des Nestes von sich; auch abfliegende Wespen lassen außerhalb des Nestes ein Tröpfchen fallen oder begeben sich wenigstens an die meist unten gelegene Nestöffnung, aus der auch Abfälle herausgeworfen werden, so daß sich namentlich bei Hornissennestern gegen den Abschluß der Entwicklung ein recht ansehnlicher Hügel darunter auftürmt. Größere Fremdkörper werden von den Bienen mit Propolis und Wachs überzogen und dadurch aus dem eigentlichen Nestbereich ausgeschaltet und gefahrlos gemacht; kleinere Fremdkörper, wie auch die toten Bienen, werden hinausgeschleift. In ähnlicher Weise werden auch von den Ameisen Abfälle und tote Individuen beseitigt. Die Hummeln sind in der Reinhaltung des Nestes weniger eigen. So fand die Kotentleerung in einem kleinen *pratorum*-Völkchen, das Verf. in einem Beobachtungskästchen hielt, zum größeren Teil innerhalb desselben statt, und zwar wurde eine Ecke bevorzugt, in die die Hummel, nachdem sie sich umgedreht hatte, einen kleinen Flüssigkeitsstrahl spritzte. Dabei ist allerdings zu berücksichtigen, daß im Freien der Sandboden jedenfalls die Feuchtigkeit schnell aufsaugen wird. Als eine besondere Vorkehrung gegen Überschwemmungen müssen die sogenannten „Ameisengärten" (Abb. 126) angesehen werden.

Auch die Sorgfalt, die auf die Säuberung der Zellen vor Wiederbenutzung bei Honigbienen verwandt wird, ist als hygienische Maßnahme anzusehen. Bei den Wespen wird diese Arbeit weniger gründlich ausgeführt, doch haben ja auch unsere Wespenvölker nur einen einjährigen Bestand. Bei Meliponen erfolgt ein Abbau der benutzten Zellen; bei den Hummeln bleiben die Kokons zurück, kommen aber für Aufzucht von Brut nicht mehr in Betracht. Die Ameisen haben bekanntlich keine eigenen Brutzellen für isolierte Brutaufzucht. Zur persönlichen Reinigung, die bei allen Hymenopteren zu beobachten ist, werden die Beine benutzt. Mit Mittel- und Hinterbeinen streichen sich die Tiere über den Rücken und die Körperseiten entlang, wobei das Abdomen oft nach oben durchgedrückt wird. Gleichzeitig wird auch von den Flügeln, die hierbei seitlich dem Körper angelegt werden können, der Staub abgestreift. Die Vorderbeine putzen den Kopf, besonders die Fühler, und können selbst zur Reinigung der vorderen Rückenfläche des Thorax Verwendung finden, soweit sie über einen genügend großen Aktionsradius verfügen. Die ursprünglich wohl für die Laufbewegungen als Stemmvorrichtungen wichtigen Endsporen der Tibien sind außerdem als spezielle Organe in den Dienst der Körperreinigung getreten. Verhältnismäßig geringfügig sind die Änderungen an den Sporen der Mittel- und Hintertibien (Abb. 216c), die ursprünglich in der Zweizahl vorhanden gewesen sind, von denen aber vielfach einer, der vordere, oder gelegentlich auch beide rückgebildet werden können. An den einander zugekehrten, mehr oder weniger konkaven Seiten von Sporn und Metatarsus sind häufig die Borsten in Kammreihen angeordnet, die selbst artlich verschieden sein können. Während der Metatarsus aktiv beweglich ist, gilt dies für den Putzsporn nicht. Zu ihm führen keine Muskeln; wohl aber kann er dank seiner Einlenkung auf der häutigen Endfläche der

Schiene bei Gegendruck ziemlich weit abgespreizt werden. Mit diesem Winkel wird der betreffende Körperabschnitt, der gerade gereinigt werden soll, umfaßt und durch Streichen nach hinten gestriegelt. Während der Sporn bei den Aculeaten meist deutliche Charaktere als Putzsporn trägt, kann dies in der Familiengruppe der Heterogynen nicht gesagt werden. Namentlich ist dort auch die dem Sporn zugekehrte Seite des Metatarsus weniger deutlich als Putzvorrichtung ausgebildet, so daß BÖRNER daraufhin die Aculeaten in die Gruppen der Diplocnematen und Haplocnematen einteilte, wobei die Apiden zu den letzteren gestellt wurden. In der Reihe der Bienen scheint aber der Verlust der Putzvorrichtung eine sekundäre Erscheinung zu sein, um so mehr, als man bei tiefstehenden Gattungen wenigstens gekämmte Hinterschienensporen häufiger findet. Bei den Bienen, wenigstens den Beinsammlern, hat aber die Entfernung des Pollens aus der reicheren Körperbehaarung eine viel höhere Bedeutung, da es sich bei ihnen darum handelt, den

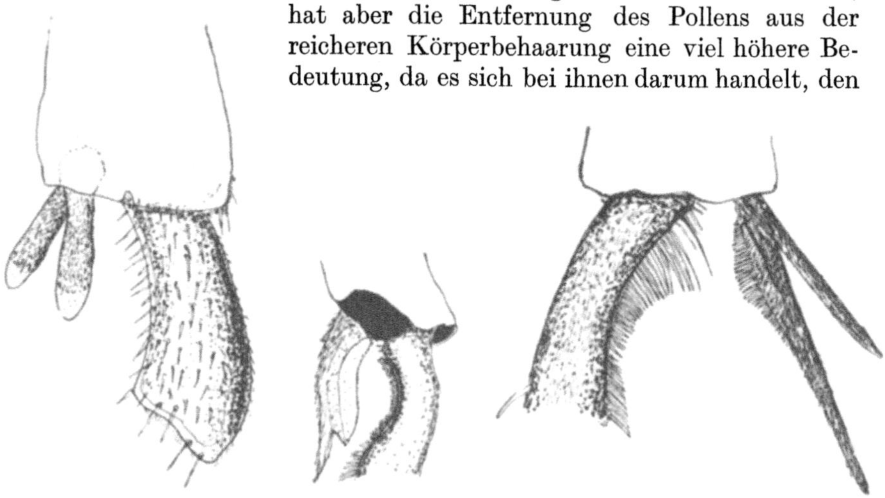

Abb. 216. Putzapparate. Schienenende und Metatarsus vom Vorderbein von *Cimbex femorata* L. (a.), von *Philanthus triangulum* F. (b.) und vom Hinterbein von *Bembix rostrata* L. (c.) (nach GENNERICH).

Blütenstaub in die Sammelvorrichtungen zu befördern. Die Reinigung findet dort also weniger aus hygienischen Gründen als zum Beschaffen der Brutnahrung statt. Die Beinbehaarung ist hier im ganzen viel dichter und macht eine besondere Putzvorrichtung überflüssig. Recht einfach sind die hinteren Putzvorrichtungen bei den Symphyten. Die Sporne sind dort nicht mit Haaren, sondern mit schuppigen Kutikularbildungen bedeckt. Selten sind besondere Umformungen des hinteren Spornes der Hintertibien, abgesehen von einer rinnenförmigen Aushöhlung desselben. So ist dieser Sporn bei den Weibchen einiger *Lophyrus*-Arten, z. B. *pallidus* KL., *polytomus* HTG. und *virens* KL. blattartig stark verbreitert, ohne daß die Bedeutung dieser Erscheinung bisher bekannt wäre. Von besonderer Bedeutung ist die Putzvorrichtung an den Vorderbeinen, die in erster Linie die Fühler als Organe von größter Wichtigkeit zu säubern haben (Abb. 216a u. b). Abgesehen von vielen Symphyten, die auch meist noch über zwei Sporen an den Vorderschienen verfügen, ist der vordere Sporn durch blattartige Membranen, die aus verschmolzenen Borstenreihen entstanden sind, ausgezeichnet und meist deutlich gekrümmt. Daneben können noch Dornreihen stehen. Dazu kommt bei sämtlichen Apokriten eine bis halbkreisförmige Ausrandung des vorderen Metatarsus (Abb. 217), die mit einer Reihe von Haaren oder chitinösen Papillen (Scolien) besetzt ist. Im übrigen herrscht eine große Mannigfaltigkeit in Einzelheiten, auf die hier nicht eingegangen werden kann. Beim Putzen der Fühler werden die Beine so angesetzt, daß die Fühler in die einander zugekehrten Ausrandungen von Metatarsus und Putzsporn zu liegen kommen. Dann wird mit dem Bein nach der Fühlerspitze hin gestrichen, wobei die dem Fühler anhaftenden Verunreinigungen abgestreift werden. Bei längeren Fühlern ist es häufig nicht möglich, daß das putzende Bein ausgestreckt die Fühlerspitze erreicht. In solchen Fällen werden dann unter Drehungen des Kopfes die Fühler selbst hindurchgezogen. Ja, mitunter dürften auch die Mittelbeine bei besonders langen Fühlern zu Hilfe genommen werden, da sich bei einigen Langhornbienen auch an den Mittelbeinen ganz ähnlich gebildete Putzvorrichtungen finden. Während des Abstreichens der Fühler werden diese oft stark herabgebogen. Ein völliges Umgreifen der Fühler durch Sporn und Metatarsus dürfte kaum vorkommen; durch Drehungen des Fühlers und Beines kann aber jedenfalls die gesamte Fühleroberfläche mit dem Putzapparat in Berührung kommen. Bei dem Weibchen von *Orussus* ist statt des vorderen Metatarsus das dritte Tarsenglied — die beiden ersten sind stark verkürzt und in das Schienenende eingesenkt — mit der entsprechenden Ausrandung versehen. In Verbindung mit den einzelnen Zähnen des Metatarsalkammes von *Apis* fand Gennerich große Zellen, die nach seiner Ansicht ursprünglich Haarbildungszellen sind, später aber eine Drüsenfunktion übernehmen. Ähnliche Zellen fand Janet bei Ameisen. Nach dem Putzen werden die Vorderbeine durch die Mundteile gezogen und wohl auf diese Weise von den ihnen jetzt anhaftenden Schmutzteilchen befreit. Verf. sah, wie *Polistes* dabei das Vorderbein zwischen Maxille und Labium der gleichen Körperseite hindurchzog. H. Schulze beobachtete an *Habrobracon*, daß das mittlere Beinpaar selten selbständig arbeitet, dagegen meist in Verbindung mit

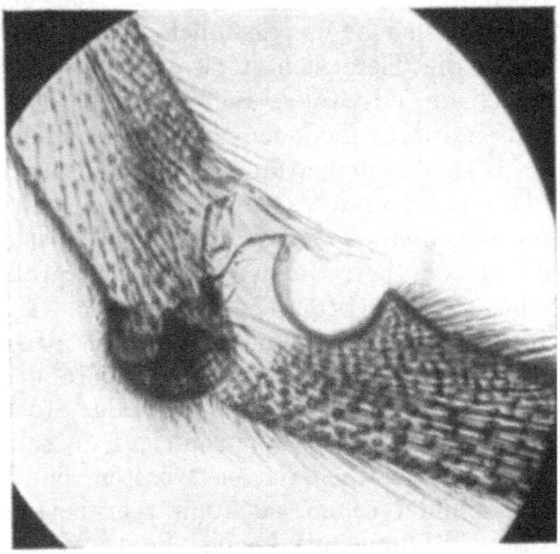

Abb. 217. Tibiotarsaler Putzapparat der Honigbiene.

dem gleichseitigen Bein des hinteren Paares. Schräg gegenüberliegende Beine werden nur selten gleichzeitig gebraucht. Es kann aber ein Vorderbein einen Fühler, das andere gleichzeitig Kopf oder Brust putzen. Beide Fühler wurden nie gleichzeitig gereinigt. Besonders das Putzen der Fühler ist bei den verschiedensten Hymenopteren, wohl in Verbindung mit deren reichen Ausstattung mit Sinnesorganen, besonders häufig zu beobachten. Nach der Kopula, nicht aber nach dem Stech- oder Freßakt, erfolgte bei *Habrobracon* regelmäßig ein Putzen. Auf Temperaturerhöhung und chemische Reize hin reagierten die Tiere mit einer erhöhten Putztätigkeit. Amputationsversuche ergaben, daß bei Fortfall eines Beines oder eines Beinpaares schräg gegenüberliegende Beine niemals gleichzeitig benutzt werden. Das Gleichgewicht würde dadurch auch wesentlich gestört werden. Zur vollkommenen Reinigung brauchte ein mit Mehl völlig eingestäubtes Tier bei 18° C 3 Stunden mit eingeschalteten Ruhepausen, bei 28° dagegen nur 1 Stunde. Die Ameisen reinigen sich auch persönlich, soweit dies möglich ist, durch Belecken, wobei die Tiere sich stark einkrümmen. Außerdem belecken sich die einzelnen Individuen auch gegenseitig, wobei wohl die aus den Hautdrüsen ausgeschiedenen Sekrete einen Anreiz bilden.

Über die Bedeutung der Waffen als Schutzmittel im Daseinskampf tierischen Feinden gegenüber kann man recht geteilter Meinung sein. Als diejenige Waffe, die auf uns Menschen, also nicht die natürlichen Feinde der betreffenden Tiere, den größten Eindruck macht, ist entschieden der Giftstachel anzusehen. War er ursprünglich der Legeapparat, so hat er diese Funktion bei den Weibchen der Aculeaten eingebüßt und dient zur Paralysierung oder Tötung von Beutetieren. Bei den höheren Ameisen wurde der Stachel überflüssig, und die Fähigkeit, das Gift auszuspritzen, trat an seine Stelle. Wenn wir ihn auch noch bei den Bienenarten erhalten, bei den Meliponen allerdings stark rückgebildet sehen, so kommt er bei der pflanzlichen Ernährung als Überwältigungsmittel einer Beute nicht mehr in Betracht, kann aber als Waffe Anwendung finden, z. B. bei den *Sphecodes*-Kämpfen. Dort, wo es sich um die Abwehr eines Eindringlings in die Nester der Hummeln und echten Honigbienen handelt, kann er allerdings als Waffe auch von großer Bedeutung sein. Daß es sich beim Stich der Honigbiene, die den Honig- oder Bruträuber ja nur beim Angriff auf das Nest überfällt, im übrigen ihren Stich als Einzelindividuum nur in der äußersten Notwehr abgibt, um eine Maßnahme handelt, die sicher nicht der Verteidigung der einzelnen Biene dienen kann, geht wohl am besten daraus hervor, daß der Stich den Tod der stechenden Biene bedeutet. Im übrigen dürfte am hornigen Vogelschnabel der Stechversuch mißlingen und bei der Schnelligkeit der Überwältigung der Tod oder wenigstens eine weitgehende Verstümmelung eingetreten sein, ehe die Biene oder Wespe dazu kommt, ihren Stich anzubringen. Durch ein geschicktes, rasches Zupacken überwältigen ja auch Raubfliegen Laphriinen und Asilinen, ebenso wie die Crabronide *Philanthus* Wespen bzw. Honigbienen. Gegen diese natürlichen Feinde, die ihre Opfer einzeln überfallen, hilft also der Stachel nichts. Über die weiteren Funktionen des Bienenstachels sind wir noch recht unzureichend unterrichtet. Die starke Entwicklung der „Giftdrüsen“ bei der Bienenkönigin läßt vermuten, daß hier diese Drüsen in irgendeiner Beziehung zur Legetätigkeit des Weibchens stehen. Recht charakteristisch sind die Stechstellungen, die Hummeln, besonders bei Störungen im Nest, einnehmen. Die Mittelbeine werden fast senkrecht vom Körper abgespreizt, die Abdominalspitze stark eingekrümmt, so daß der Stachel nach vorn zeigt, und die Mandibeln werden weit geöffnet. Das Tier läßt sich dabei gern auf den Rücken fallen und sucht dann nach oben zu stechen. Auch die wehrlosen Männchen nehmen ähnliche Stellungen ein, wie man auch an anderen solitären Aculeatenmännchen beobachten kann, daß sie Abdominalbewegungen ausführen, die stark an die Stechbewegungen der Weibchen erinnern. Die für den Menschen schmerzhaftesten Stiche bringen unter den einheimischen Hautflüglern die Arten der Gattung *Vespa*, ferner Honigbienen, Hummeln und Wegwespen hervor, während Grabwespen wohl höchstens eine empfindlichere Haut verletzen können. Unter den solitären Bienen durchdringen die größeren Bauchsammler und auch *Halictus*-Arten die menschliche Haut, während sich z. B. eine große Grabwespe wie *Bembix* vergeblich bemüht, ihren langen gebogenen Stachel einzustoßen. Gefürchtet wegen ihres Stiches sind in Südamerika die *Pepsis*-Arten, in anderen Gebieten wohl dafür die anderen großen Wegwespen und aculeaten Hymenopteren, im indomalaiischen Gebiet die großen Scolien. Bei der Nestverteidigung solitärer Aculeaten können auch die Mandibeln gegen eindringende Schmarotzer angewandt werden, soweit diese nicht geduldet sind, wie es zwischen *Andrena* und *Nomada* die Regel zu sein scheint. Über die Ameisenkämpfe, bei denen es sich um ein direktes Gegenübertreten der Gegner zum Zwecke des Kampfes handelt, wurde an anderer Stelle schon berichtet. Als Kampfwaffe kommen hier Mandibeln und Stachel, statt des letzteren bei den Formicinen das im Strahl ausgespritzte Giftblasensekret, bei den Dolichoderinen die stark riechenden Sekrete, die aus einer großen, oberhalb des Enddarms gelegenen Drüse stammen, zur Anwendung. Ausspritzen von Blut kommt bei Cimbicinenlarven vor. Die Austrittsöffnungen (Abb. 218) liegen dicht oberhalb der Abdominalstigmen und sind, auch wenn sie geschlossen sind, leicht auffindbar. Man sieht an der betreffenden Stelle eine halbkreis- oder hufeisenförmig gekrümmte Chitinleiste, deren Konkavseite dem Stigma zugekehrt ist. Diese Leiste bildet den Rand der unteren Lippe der Ausspritzöffnung und dient Muskeln als Ansatz. Reizt man die eingerollt liegende Larve, so spritzt das Blut bei *Cimbex* aus diesen Öffnungen im Strahl heraus, so daß man es an einer 20 cm entfernt gehaltenen Platte auffangen kann. Nach HOLLANDE wird unter Umständen 1 m weit gespritzt. An *Abia*-Larven trat das bitter schmeckende Blut nur aus dem jeweils gereizten Segment und

Abb. 218. Stigmenfeld einer *Cimbex*-Larve mit der über dem Stigma gelegenen halbmondförmigen Spritzöffnung.

auch nur auf der Seite, von der her der Reiz erfolgte, in Tropfenform aus. Wieweit durch das Austreten des Blutes eine Abwehr von Feinden erzielt werden kann, ist ohne direkte Beobachtung fraglich. Ein schnell zupickender Vogel dürfte sich deswegen kaum den Bissen entgehen lassen. Andererseits zeigt aber der reiche Parasitenbefall der Cimbicinenpuppen, daß die großen Tryphoninen dadurch nicht abgeschreckt werden. An *Athalia lineolata* LEP. beobachtete HOLLANDE, daß die Larve das Blut ebenfalls oberhalb jedes Stigmas hervortreten lassen kann, doch finden sich hier keine präformierten Öffnungen; die Haut soll an der betreffenden Stelle aufreißen. Dagegen platzt bei *Ath. colibri* CHR. nach dem gleichen Autor oberhalb des letzten Abdominalstigmas eine kleine blutgefüllte Blase und läßt das Blut austreten. An der Larve von *Emphytus cinctus* L. sind die Blutungsstellen nicht bestimmt, vielmehr soll hier die Haut an den Berührungspunkten aufplatzen. Die Larve von *Arge rosae* L. stülpt über dem After eine Blase aus, aus der das Blut

Abb. 219. Larven von *Croesus septentrionalis* L. in Schreckstellung (nach BISCHOFF).

Abb. 220. Ausgestülpte Nackendrüse von *Megaxyela major* (nach YUASA).

aus zwei Öffnungen, die durch Zerreißen der Blasenhaut jederseits von dem Rückziehmuskel entstehen, im Strahl hervorspritzt. Lophyridenlarven lassen, gereizt, einen Tropfen aus dem Munde austreten, der jedenfalls aus den in den Ösophagus mündenden, sackförmigen Drüsen stammt. Andere Blattwespenlarven verbreiten einen auch für uns wahrnehmbaren Geruch, wie z. B. *Hoplocampa*-Arten, *Lygaeonematus pini* RETZ. u. a. In der Abwehrstellung (Abb. 219), die von verschiedenen Blattwespenlarven eingenommen wird, werden die in der Mitte der Körperunterseite auf dem 1. bis 7. Segment gelegenen Ventraldrüsen vorgestülpt (Nematinen und Cladiinen). Es ist nicht ausgeschlossen, daß diese Drüsen als Stinkdrüsen funktionieren. Von Xyelinen sind ausstülpbare Nackendrüsen bekannt (Abb. 220). Auch viele Imagines strömen einen intensiven Geruch aus, besonders die Bienen. Ob darin ein Schutzmittel zu sehen ist, ist mehr als fraglich. In vielen Fällen werden diese Düfte zum Zusammenfinden der Geschlechter dienen. Gewisse Goldwespen, Scolien und vor allem *Pimpla*-Arten riechen ganz eigenartig, ebenso verschiedene Ameisen. Die Imagines suchen ihr Heil vor Verfolgern wohl meist in der Flucht;

doch kann das plötzliche Davonfliegen auch auf irgendeinen beliebigen anderen Eindruck erfolgen. Verhältnismäßig selten ist bei den ja meist zu einem leichten Abflug fähigen Hautflüglern an dessen Stelle ein Sichfallenlassen. Besonders verbreitet scheint diese Erscheinung bei den Cynipiden und zahlreichen kleineren Tenthrediniden zu sein, die mit angezogenen Beinen und unter den Körper geschlagenen Fühlern sich fallen lassen und regungslos, mitunter 1 Minute lang, liegen bleiben. Doch fehlt ein ähnliches „Sichtotstellen" auch in den anderen Familien nicht ganz. Einen Starrezustand beobachtete HASE beim Männchen von *Habrobracon*, wobei von einer Fluchtmaßnahme keine Rede sein konnte. Bei Goldwespen und den Celonitinen unter den Masariden ist das Sichtotstellen mit einem Einrollen des ganzen Tieres verbunden. Die Fühlerschäfte werden bei den Goldwespen in die große Gesichtsgrube eingezogen und die Beine eng an die Thoraxseiten angezogen, wobei die Vorderbeine in dem zwischen Kopf und Mesopleuren tief einspringenden Winkel, Mittel- und Hinterbeine dagegen in der hinteren, seitlichen Einbuchtung des Thorax Aufnahme finden. Das Abdomen wird mit seiner konkaven Ventralseite (Abb. 57b) gegen die thorakalen Sternite eingeklappt, wobei die Basen der Abdominaltergite etwas unter den vorhergehenden Tergiten hervorgezogen werden. Auf diese Weise kehrt der Körper lediglich seinen harten Panzer nach außen, während die weicheren Sternite des Abdomens gut geschützt liegen. Nur die übereinander gelegten Flügel ragen gerade nach hinten. Wird eine Goldwespe in einem fremden Nest von deren Erbauerin überrascht, so nimmt sie diese Trutzstellung ein und gibt sie erst auf, wenn sie hinausgezerrt ist und dann unbeachtet liegen bleibt. Gelegentlich werden hierbei die Flügel zerfetzt. In der eingerollten Stellung können aber die ins Innere eingezogenen Abdominalsegmente vorgestreckt werden und charakteristische schlängelnde Bewegungen ausführen.

In ähnlicher Weise rollt sich auch *Celonites* ein, doch können auch hier die Flügel noch besonders geschützt werden. Sie schieben sich, der Länge nach gefaltet, von den Seiten her in den Tailleneinschnitt ein, so daß ihr größerer Apikalteil flach der Unterseite des Abdomens anliegt. Außerdem wird dann das Abdomen eingeschlagen, wobei die Flügel gegen die Thorakalsternite gedrückt werden. Auf diese Weise liegt nur ein verhältnismäßig kleiner Teil der Flügelwurzel frei. In derselben Stellung ruhen diese Tiere auch (Abb. 29). Da wir es aber bei *Celonites* im Gegensatz zu den Goldwespen mit freilebenden Formen zu tun haben, ist es nicht so klar, gegen wen diese Trutzstellung eingenommen wird. Im Fangnetz nimmt die Wespe wie die Goldwespen sie sofort ein und verharrt eine Zeitlang ruhig in derselben. Mehr noch als bei den Imagines ist bei den freilebenden Tenthredinidenlarven das Prinzip verbreitet, sich auf die verschiedensten Reize hin fallen zu lassen, wobei die Larve sich spiralig einrollt, wodurch sie vielleicht dem einen oder anderen Feind entgehen kann.

Als ein Alarmsignal, das bei manchen Ameisen das Zeichen sein soll, daß ein Feind naht, ist das von FOREL beschriebene schnell hintereinander erfolgende Aufklopfen unserer *Camponotus*-Arten auf die Unterlage mit Hilfe des Abdomens anzusehen. In anderen Fällen dienen lebhafte Fühlerschläge, die an Nestinsassen weitergegeben werden, als Zeichen einer nahenden Gefahr.

Schließlich mag auch noch darauf hingewiesen werden, daß bei vielen Sozialen die Nesteingänge besonders bewacht werden und auf diese Weise das Volk bei Gefahr rasch gewarnt werden kann. Auf den offenen Waben von *Polistes* sieht man oft, wie auch Männchen mit schräg nach hinten gespreizten Flügeln und geöffneten Mandibeln auf einen dem Nest genäherten Gegenstand losgehen. Bei manchen Ameisen kommen besondere Individuen vor, die Pförtnerdienste zu leisten haben und mit der Vorderseite des Kopfes den Nesteingang verschließen.

Über die schützende Wirksamkeit einer mit dem Aufenthaltsort übereinstimmenden Färbung, wie wir sie von vielen Blattwespenlarven kennen, kann kaum etwas ausgesagt werden. Uns Menschen entgeht sicher so manche der ruhig sitzenden grün gefärbten Larven, aber zahlreiche Schlupfwespen, die durch den Geruchssinn geleitet werden, sind durch die Färbung nicht zu täuschen. Daß man irgendwelche Hymenopterenimagines als durch ihre Färbung geschützt bezeichnen könnte, scheint ausgeschlossen.

Auf dem an Spekulationen so reichen und heiß umstrittenen Gebiet der mimetischen Erscheinungen nehmen die Hymenopteren eine Sonderstellung ein. Soweit es sich um akuleate Formen handelt, haben wir es mit Tieren zu tun, die über einen Stachelapparat verfügen oder auch in anderer Beziehung wehrhaft sind, wie die Ameisen, und die daher als Modelle für andere Insekten und Spinnen in Frage kommen könnten. Dabei wird jedoch meist die Frage ganz unberücksichtigt gelassen, wieweit diese Tiere überhaupt durch ihre Waffen geschützt sind. Zunächst sind wir selbst nur in der Lage, mit Menschenaugen die Ähnlichkeit zweier Tiere, die in keinerlei verwandtschaftlicher Beziehung zueinander stehen, zu erkennen. Oft genug wird die Phantasie zu Hilfe genommen, um an der Hand von Sammlungsexemplaren Modell und Nachahmer zusammenzufinden. Das ist natürlich an sich gänzlich unzulässig. Man sollte zunächst nur solche Fälle berücksichtigen, in denen beide, Modell und Nachahmer, zusammen im Freien beobachtet wurden. Es ist auch wohl denkbar, daß zwei Tiere im Leben durch ihre Bewegungen oder bestimmte charakteristische Stellungen einander sich weit ähnlicher sehen können, als dies bei toten Exemplaren der Fall ist. Umgekehrt kann aber auch die verblüffendste Sammlungsähnlichkeit durch verschiedene Bewegungen ganz und gar aufgehoben werden. Vor allem darf man aber nie vergessen, daß wir lediglich vom menschlichen Standpunkt aus die Ähnlichkeit erkennen. Davon, wie etwa der Vogel oder andere Augentiere diese Ähnlichkeit erkennen, können wir uns keine Vorstellung machen. Im übrigen kann, um eine sichere Grundlage zu gewinnen, nur das Experiment oder die Untersuchung des Mageninhaltes der betreffenden natürlichen Feinde Aufschluß geben. Ist für das Modell der Nachweis des Geschütztseins nicht zu erbringen, dann sind auch die „Nachahmer“ durch ihre Tracht nicht geschützt, und es erübrigt sich, die betreffenden Fälle als mimetisch zu diskutieren. Als

Bienennachahmer wird gern unsere Schlammfliege zitiert, der man in der Tat eine oberflächliche Ähnlichkeit mit einer wehrlosen Honigbienendrohne zugestehen kann. Die Honigbienen, selbst die stachelbewehrten Arbeiterinnen, werden aber von einer ganzen Reihe von Vögeln ohne Gefährdung verspeist, so daß der Schutz an sich problematisch wird. Das Benehmen beider Tierarten ist aber im Freien so grundverschieden, daß eine Verwechslung für das Menschenauge, auch das des Laien, der einmal darauf aufmerksam gemacht wurde, ganz ausgeschlossen ist. Die Fliege sitzt träge an Mauern oder auf Blüten, während die Biene geschäftig umherfliegt. Die Ähnlichkeit dürfte also eine rein zufällige sein, bedingt durch eine annähernd gleiche Körpergröße und ähnliche indifferente Färbung, die im Rahmen der verwandten Schlammfliegen nichts Außergewöhnliches bietet. HEIKERTINGER hat dieses *Eristalis-Apis*-Beispiel im übrigen ausführlich erörtert. Gern werden auch die langpelzigen Volucellen, die sogenannten Hummelfliegen, als Hummelnachahmer genannt. Die Ähnlichkeit kann eine recht große sein, aber das Benehmen ist ebenfalls so abweichend, das Flugbild so wenig übereinstimmend, daß man den natürlichen Feinden dieser Tiere schon ein recht geringes Unterscheidungsvermögen zuschreiben müßte, wenn die Ähnlichkeit eine Täuschung herbeiführen soll. Es fragt sich aber, ob die Ähnlichkeit hier nicht vielleicht auf eine Täuschung der Hummeln selbst, bei denen diese Fliegen ihre Entwicklung durchmachen, „berechnet" ist. Die Farben spielen im dunklen Innern des Hummelnestes keine Rolle, so daß nur der Pelz der Irreführung dienen könnte. Wir sehen denn auch, wie die Verteilung der Farben und diese selbst durchaus nicht mit denen der Wirtshummel übereinzustimmen brauchen, außerdem selbst bei den Geschlechtern einer Art so verschieden sein können, daß man Männchen und Weibchen als Nachahmer verschiedener Hummelarten bezeichnen könnte. Durch das Experiment müßten also erst die näheren Beziehungen zwischen den Hummeln und diesen Fliegen ermittelt werden, ehe abschließend etwas gesagt werden kann. Um bei der Nachahmung von Bienen durch Fliegen zu bleiben, mag hier auf weitgehende Übereinstimmungen hingewiesen werden, die zwischen gewissen afrikanischen Raubfliegen (*Hyperechia*-Arten) und recht charakteristisch gezeichneten Xylocopen, oder zwischen der südamerikanischen *Dasyllis haemorrhoa* und *Euglossa dimidiata* F. bestehen. Von *Hyperechia*-Arten ist bekannt, daß sie als Xylocopenparasiten leben, aber nicht alle Arten bei ihren Modellen. Stellen nun die Larven der Xylocopenbrut nach, so überwältigen die Imagines gelegentlich die Imagines, die den kräftigen, gewandten Fliegen trotz des Stachels nicht gewachsen sind. Auch hier fällt die betreffende Fliege durchaus nicht immer über ihr Modell her, sondern kann auch andere Arten fangen. Die Färbung der als Modell dienenden Xylocopen und die der „nachahmenden" Laphriine ist meist so charakteristisch und dabei bei verwandten Arten oft so abweichend, daß diese Fälle in der Tat recht auffällig sind. Daß aber die Färbung der Raubfliege beim Überfall auf die Biene der ersteren die Annäherungsmöglichkeit kaum erleichtert, ergibt sich auch daraus, daß ja nicht bloß das Modell, sondern auch abweichend gefärbte Arten der Fliege zur Beute fallen. Auch der Ähnlichkeit gewisser südamerikanischer Bockkäfer mit den stachellosen Trigonen sei hier gedacht. Diese Böcke ahmen auch in der Form der Hinterbeine die Bienen weitgehend nach. Ob die gleichen Blüten besucht werden, scheint nicht bekannt zn sein.

Der Ähnlichkeit der Schmarotzerhummeln (*Psithyrus*) mit ihren Wirten liegen enge, stammesgeschichtliche Verwandtschaftsbeziehungen zugrunde, so daß hier von einer Nachahmung keine Rede sein kann. Das herrische *Psithyrus*-Weibchen muß hier im übrigen Gewalt anwenden, um sich im Hummelnest zu behaupten, und ist den einzelnen Hummeln des Volkes selbst gut bekannt. Die sogenannte Wespenmimikry stellt eine Mimikry im engsten Sinne dar, da hier das angebliche Modell ein auffällig gefärbtes, recht wehrhaftes Tier ist. Man ist daher leicht geneigt, sobald eine schwarzgelb geringelte Körperzeichnung auftritt, dahinter einen Wespennachahmer zu vermuten. Es gibt aber hierfür kaum ein plumperes Beispiel, wie manche *Clytus*-Arten, die als solche gelten. Unser Hornissenschwärmer, mag er nun ruhig sitzen oder schwirren, wirkt viel heller als eine Hornisse und ist für andere Faltenwespen zu groß. Gewisse Syntomididen ähneln manchen sozialen Wespen und Wegwespen ganz außerordentlich, wobei auch die Tailleneinschnürung bei dem Schmetterling angedeutet ist. Wieweit die Modelle aber durch ihren Stachel vor den natürlichen Feinden geschützt sind, wissen wir nicht und dürfen daher vorläufig nicht von Mimikry sprechen. Dehnen wir die Wespenähnlichkeit, die Sphekoidie, auf die gesamten akuleaten Hymenopteren aus, so ist die Zahl der Arten, die als Modelle bezeichnet werden könnten, wenn man einmal eine große Sammlung daraufhin durchsieht, gewaltig groß, so daß es fast verwunderlich ist, daß immer noch Paare zusammengebracht werden, als Beispiele aus der einheimischen Fauna, die nicht einmal den Anspruch auf Ähnlichkeit erheben können. So sollte neben dem schon erwähnten *Clytus*-Fall auch mit dem „Wespenbock“ *Necydalis major* L. oder dem *Clerus mutillarius* F. als Mutillidennachahmer, den Sesiiden und Hummelschwärmern als Hymenopterennachahmern endgültig aufgeräumt werden. Diese Tiere nehmen auch unter ihren Verwandten keine solche Sonderstellung ein, daß sie als ein durch den Vorteil der Ähnlichkeit bedingtes Ausleseprodukt gelten könnten. Einige Ähnlichkeitsfälle, wie *Scoliomorpha insignis*, die dem wehrlosen Männchen der *Scolia procer* Ill. oder der Bockkäfer *Notopoeus fasciatipennis*, der der Psammocharide *Mygnimia aviculus* Sm. sehr ähnelt, wirken recht überraschend. Auch die Fälle der Übereinstimmung zwischen den großen Mydasiden und *Pepsis*-Arten sind recht auffällig; aber die von Jakobi gegebene Abbildung der *Pepsis ruficornis* in Gegenüberstellung mit der *Mydas praegrandis* ist viel zu schlank geraten, läßt keine *Pepsis* erkennen und gibt eine falsche Vorstellung. Die „Ameisennachahmung“ ist dort, wo andere flügellose Hymenopteren als Nachahmer gelten, von vornherein von der Hand zu weisen. Hier ist es lediglich die allgemeine Körperorganisation eines flügellosen Hymenopterons, die die Ähnlichkeit vortäuscht. Über die

Ähnlichkeit von Ameisengästen mit ihren Wirten ist viel geschrieben. Geht man aber diesen Fällen nach, wie es neuerdings durch HEIKERTINGER geschehen ist, so ergibt sich auch hier, daß höchstens ein kleiner Bruchteil der Fälle überhaupt einer Nachprüfung standhält. Die bloße Ähnlichkeit besagt noch keineswegs, daß eine Nachahmung vorliegt. Es muß auch der Nachweis der Nützlichkeit erbracht und die Entstehung durch Auslese erwiesen werden.

Betrachtet man die weniger wehrhaften oder wehrlosen parasitären Hymenopterenfamilien und die Symphyten, so kann man unter ihnen von vornherein keine Modelle vermuten. Schwarzgelb geringelte Formen kommen in der Ichneumonidenreihe häufig vor, wobei jedoch die schlanke Gestalt den Gedanken an eine Wespenmimikry kaum aufkommen läßt. Doch treffen wir hier Formen, die manchen Psammochariden recht ähneln. Es ist mir eine ganze Reihe derartiger Fälle von tropischen Arten bekannt; doch ist naturgemäß bei der Beurteilung des Sammlungsmaterials größte Vorsicht geboten. Der Habitus der Familien unterstützt hier von vornherein die Ähnlichkeit. Auch Blattwespen erinnern gelegentlich an Wegwespen oder auch an Schlupfwespen. Teilen sie mit den letzteren den Aufenthalt auf Blättern, so findet man sie mit den ersteren gemeinsam auf Umbelliferen. Besonders die langbeinigen schwarzroten *Macrophya*-Arten können dort gelegentlich verwechselt werden. Ob die betreffenden Blattwespen aber davon irgendwelchen Vorteil haben, erscheint zweifelhaft. Die weitgehende Ähnlichkeit besonders zwischen Angehörigen verschiedener Ordnungen, wie sie in der Tat vorkommt, ist aber doch so auffällig, daß ihre rein zufällige Entstehung immerhin zweifelhaft erscheint, zumal dann, wenn beide Tierarten oder eine größere Anzahl von solchen, die einander ähnlich sind, aber nicht auf Grund von Verwandtschaft, zusammen vorkommen. Zufällige Ähnlichkeit liegt aber unter allen Umständen dann vor, wenn die Tiere verschiedenen Biotopen angehören und auch ihre Entstehung nicht im gleichen Biotop zu suchen ist. Auf dem Wege der Selektion des einem sicher geschützten Wesen ähnlicheren die Entstehung der Nachahmer zu suchen, ist kaum denkbar, wenn das geringe individuelle Variieren die Grundlage bilden soll. Das um ein geringes dem Modell ähnlichere Tier braucht dadurch noch nicht den geringsten Vorteil zu genießen. Erst wenn der Nachahmer dem Modell zum oberflächlichen Verwechseln gleicht, ist ein Schutz vorstellbar. Besteht eine Ähnlichkeit, die eine Verwechslung ermöglicht schon von Anfang an, so ist aber auch damit der weiteren Entwicklung auf eine noch größere Ähnlichkeit hin ein Ziel gesetzt, da dann kein Grund für ein weiteres Ähnlicherwerden vorliegt.

Ein eigenes Gebiet ist die Lycidennachahmung. Hier dienen als Modelle für die verschiedensten Insektenordnungen Lyciden, also Käfer, die im Rufe der Giftigkeit stehen und sich einer auffälligen Färbung und Form erfreuen. Auch eine große Anzahl von Hymenopteren, und zwar besonders tropische Braconiden und Ichneumoniden, könnte man als Lycidennachahmer bezeichnen. Die Färbung der Flügel ist hier recht charakteristisch ockergelb mit dunkleren Binden, die, wenn die

Flügel nicht ausgebreitet sind, das Tier sich also in der Ruhestellung befindet, die Bindenzeichnung der Lyciden vortäuschen mag.

Wurde oben angenommen, daß ein Ähnlicherwerden auf dem Wege der Selektion nicht vorkommt, so ist jedoch die Möglichkeit nicht von der Hand zu weisen, daß solche Arten, die irgendeiner geschützten Form ähnlich waren, diese Ähnlichkeit bewahrten, während weniger ähnliche sich weiter differenzierten und unähnlicher wurden.

Das Erkennen all dieser Ähnlichkeiten kommt stets durch unseren eigenen optischen Sinn zustande. Es würde daher ausschließlich an einen Schutz vor Feinden zu denken sein, die über ähnliche optische Qualitäten wie der Mensch verfügen. Von einer etwaigen Mimikry, die auf eine Täuschung des Geruchssinnes hinausläuft, können wir uns keine unmittelbare Vorstellung machen, obwohl sie denkbar ist. Zwei Tiere brauchen sich dann nicht im geringsten zu ähneln, vorausgesetzt, daß die Sehfähigkeiten des Feindes geringe sind. Das mit einem bestimmten Geruch ausgestattete und daran kenntliche Modell hat bei dem Feind die Assoziation: Wehrhaftigkeit, ekelhafter Geschmack u. a.—Geruch aufkommen lassen. Gleicher Geruch wird dann auch den Nachahmer zu schützen vermögen. Es würde aber zu weit führen, diese rein theoretischen Betrachtungen hier weiter auszuspinnen, zumal der Fall, dadurch daß gewöhnlich mehrere Sinne gleichzeitig am Erkennen beteiligt sein werden, nur eine Ausnahme darstellen könnte. Bei den Gästen blinder Ameisen, die sich als Symphilen in deren Gesellschaften aufhalten, kommen mimetische Erscheinungen vor. Der Gesichtssinn des Wirtes ist hier ausgeschaltet. Wenn trotzdem eine Formenähnlichkeit zustande kommt, so soll diese ihre Entstehung den in den Fühlern der Ameisen lokalisierten Sinnen verdanken. Die echten Symphilen verfügen aber andererseits über ausreichende Mittel, um sich den Ameisen angenehm zu machen und nicht von ihnen verfolgt zu werden, so daß die Gestaltsnachahmung zur Täuschung der Ameisen überflüssig erscheint. Andererseits kommen bei Synechthren und Synöken, bei denen man eine Nachahmung des Wirtes für viel mehr angebracht halten müßte, andere Mittel zur Ausbildung, um sich der Verfolgung oder Angriffen durch die Ameisen zu entziehen, soweit nicht das Verhältnis wie bei den meisten Synöken, die keine Differenzierungen gegenüber ihren näheren, frei lebenden Verwandten erfahren haben, überhaupt ein ganz indifferentes ist.

Kryptophylaktische Trachten, die also das Tier in seiner Umgebung unauffällig machen, kennt man bei Hymenopterenimagines nicht. Wohl aber kann man die grüne Färbung zahlreicher Tenthredinidenlarven unter diesem Gesichtspunkt betrachten. Umgekehrt sind andere Blattwespenlarven im Besitz einer känophylaktischen, d. h. auffälligen Tracht, die durch das Außergewöhnliche, besonders wenn dabei auffällige Stellungen eingenommen oder Bewegungen ausgeführt werden, Befremden hervorruft.

Es wurde oben schon darauf hingewiesen, daß man in einer Ähnlichkeit verwandter Formen auf keinen Fall mimetische Erscheinungen sehen darf. Hier geht diese Ähnlichkeit auf die stammesgeschichtliche

Verwandtschaft zurück. Recht auffällig ist es nun, daß verwandte Arten in der gleichen Gegend im gleichen Sinne abändern können. Diese Erscheinung, für die die regionale Differenzierung oder Rassenbildung eine Vorstufe darstellt, hat O. VOGT als regionale Konvergenz bezeichnet und durch seine Studien an Hummeln mit zahlreichen Beispielen belegen können. Die gelbe Bänderung einer ganzen Reihe von Alpenhummeln erfährt in den Pyrenäen eine stärkere Betonung, während für die kaukasischen Hummeln weiße Binden charakteristisch sind. „. . . So ergibt sich aus unserer Zusammenstellung, daß der Kaukasus von 14 weißgebänderten Hummelarten bewohnt wird, während ihre Verwandten in anderen Gegenden gelb gebändert sind. 8 solcher Verwandten finden sich gleichzeitig in den Alpen und in den Pyrenäen. Von diesen sind 6 in den Pyrenäen stärker gelb gebändert als in den Alpen. Außerdem zeigt eine Art, die auf die Alpen und die Pyrenäen beschränkt ist, hier die homologe Differenzierung" (VOGT). Außerdem finden sich noch eine ganze Reihe von Konvergenzfällen in verschiedenen Gebieten, doch mag es hier genügen, auf eine melanisierende Region hinzuweisen, in der das Haarkleid der meisten Hummeln zur Verdunklung neigt und die sich über die dänischen Inseln, Südskandinavien, Schleswig-Holstein und Jütland erstreckt. Sowohl für die regionale Differenzierung, wie für die Konvergenz konnte VOGT an den Hummeln auch eine regionale Gradation, eine allmähliche Veränderung der Variationstendenz nach den Gegenden erkennen. In ähnlicher Weise wie die Haarfärbung sind auch die Haardimensionen einer Variation unterworfen. Während aber für die Farbenveränderungen, deren Entstehung durch Selektion nicht erklärt werden kann, auch keine direkten Beziehungen zum Milieu nachzuweisen waren, besteht hier „eine Proportionalität zwischen Zunahme der Haarlänge und -dicke und derjenigen des arktischen Charakters des Milieus. Eine solche Proportionalität ist nun aber nicht etwa nur ein gelegentliches Vorkommen. Sie ist vielmehr so verbreitet, daß sie zu ganz ausgesprochenen Konvergenzerscheinungen führt. Bringen wir aber vollends verschiedene Gegenden in eine klimatische Skala, welche mit der südlichen Steppengegend beginnt und mit der arktischen Region aufhört, so können wir endlich auch im weitesten Maße das Phänomen der regionalen Gradation beobachten". Hier scheint offenbar ein kausaler Zusammenhang zwischen den Haardimensionen und klimatischen Verhältnissen zu bestehen, wobei der ungleiche Charakter durch Selektion gefördert werden konnte. Für die Haarfärbung ist der Beweis des Nutzens jedoch nicht zu erbringen. Wichtig ist jedoch, daß dieselbe bestimmt gerichtete, begrenzte Variationstendenzen erkennen läßt, die im Hummelcharakter begründet liegen und eine Stütze für die EIMERsche Orthogenesislehre abgeben. Haben wir hier am Beispiel der Gattung *Bombus* die eigenartige Erscheinung der regionalen Konvergenz, also ein Ähnlichsein in bestimmter Gegend kennengelernt, so kann der Begriff aber auch weiter ausgedehnt werden. Ganze Familien, Vertreter verschiedenster Gattungen, haben in den großen Faunengebieten vielfach ganz bestimmte Charaktere. Für die Goldwespen ist der rote Goldglanz eine vorherrschende Eigentümlichkeit des paläarktischen Gebiets; die amerikanischen Arten sind fast ohne Ausnahme grün, bei den äthiopischen Arten sind blaugrüne bis blaue Töne sehr häufig; kapländische und madagassische Arten zeigen Abweichungen und gelegentliches Auftreten von Goldglanz; violette Töne herrschen auf den Südseeinseln und Australien vor. Einige indische Arten sind grün gefärbt, tragen aber Goldflecken an den Seiten des Abdomens; melanotische Formen, teilweise mit goldglänzenden Köpfen, sind für die Philippinen charakteristisch. Bezeichnend ist, daß *Stilbum cyanurum* FORST., eine Goldwespe, die mit Ausnahme von Amerika und dem nördlichen paläarktischen Gebiet über die ganze Erde verbreitet ist, in den entsprechenden Gegenden in den für diese charakteristischen Färbungen auftritt, wenn man von der indischen Goldfleckenzeichnung und den kapländischen Abweichungen absieht. Ganz ähnlich liegen auch die Verhältnisse bei den Mutilliden. Wenn man von den typisch amerikanischen Gattungen absieht, herrscht eine aus weißen Haaren gebildete Abdominalzeichnung vor. Doch machen hier die chinesisch-indomalaiischen Arten der verschiedensten Gattungen sowie die von Madagaskar durch goldig-seidige Behaarung eine Ausnahme. Während aber bei den altweltlichen Arten das zweite Abdominalsegment häufig zwei rundliche helle Flecken trägt, sind diese bei den entsprechenden amerikanischen Vertretern zu Längslinien ausgezogen. Da diese Erscheinung sich aber parallel in verschiedenen Gattungen findet, kann man zu ihrer Erklärung kaum ein Aussterben von Zwischenformen, die dann ja in den verschiedensten Gattungen existiert haben müßten, heranziehen. Die Arten von Damaraland sind durch einen Schwund der Behaarung und ein Kräftigerwerden der Abdominalskulptur ausgezeichnet. Eine Reihe kleinerer melanisierender Regionen, in denen der im allgemeinen rotgefärbte Thorax schwarz wird, findet sich über Afrika zerstreut. Das Auftreten metallischer Farben ist typisch für die papuanisch-australische Region. Hellflüglige, schwarzbraune Scolien, sowohl aus der *Scolia*- wie der *Elis*-Gruppe bilden eine Eigentümlichkeit von Madagaskar. Neben diesen auf Angehörige bestimmter Familien beschränkten Konvergenzen in größeren Faunengebieten kommen auch solche vor, die sich auf ganze Familiengruppen erstrecken können. Die Verdunkelung der Flügel in Verbindung mit einem metallischen Glanz ist unter den größeren Aculeaten der Tropen eine weitverbreitete Erscheinung. Recht auffällig ist für Australien ein bestimmter Ockerton, der sich dort bei gewissen Urbienen, zahlreichen Grab- und Faltenwespen und auch Wegwespen findet. Bemerkenswert ist dabei, daß diese Farbe in den genannten Fällen eine Grundfärbung des Panzers darstellt, während sie bei verschiedenen Scolien in der anliegenden Behaarung auftritt. Ein an bestimmte Gegenden gebundener Färbungscharakter kann bei seiner weiten Verbreitung nicht als durch Selektion entstanden gedacht werden. Die Abhängigkeit vom Milieu wird allerdings auch schwer vorstellbar.

Über Erkrankungen von Hymenopteren, die durch Mikroorganismen verursacht werden, sind wir nur bei der Honigbiene näher unterrichtet. Hier ist eine ganze Reihe von Seuchen bekannt, von denen aber nur einige in Anlehnung an BORCHERT (1924) erwähnt werden sollen. Bei der „gutartigen Faulbrut", die sich durch einen säuerlichen Geruch zu erkennen gibt, behält der Larvenkörper noch einige Zeit nach dem Tode seine Form, färbt sich dunkelgelb und trocknet zu einer braunen, krümeligen, aber nicht schmierigen Masse ein. Doch können sich die Maden auch von vornherein zu schmierigen, aber nicht fadenziehenden Massen zersetzen. Welches der eigentliche Erreger unter den bei „gutartiger Faulbrut" im Darm der Bienen vorkommenden Bakterien ist, steht noch nicht fest. Während bei dieser Erkrankung die Bienen die Zellen von den Larvenresten reinigen können, ist dies bei der „bösartigen Faulbrut" nicht möglich. Bei dieser durch den widerstandsfähigen *Bacillus larvae* erzeugten, gefährlichen Seuche gehen die Larven gewöhnlich erst in den zugedeckelten Zellen zugrunde und zersetzen sich zu Massen von zähschleimiger, sputumähnlicher Konsistonz Die Zelldeckel zeigen dunkle Fleckchen, später auch kleine Lösartigen sind etwas eingesunken. Irgendwelche Immunstoffe ließen sich on zu an *Bacillus larvae* zugrunde gegangenen Larven nicht nachweisen. In sogenannte „Ruhr"krankheit der Bienen stellt keine eigentliche Seuche dar. Sie tritt dann auf, wenn sich aus irgendwelchen, vielfach wohl klimatischen Gründen, zu große Kotmassen im Darm der Bienenimagines angehäuft haben. Der Hinterleib der Biene wird dann durch den unter Einwirkung von Bakterien, darunter solchen aus der Paratyphusgruppe, zersetzten Darminhalt aufgetrieben. Die Kotentleerungen finden dann häufig im Stock selbst oder auf dem Flugbrett statt. Durch die Mikrosporidie *Nosema apis*, die in den Zellen der Mitteldarmwand der Bienenimago lebt, wird die *Nosema*-Seuche hervorgerufen. Ähnliche Erkrankungen kommen auch bei Hummeln und Wespen vor. Ist der Befall ein geringer, so kann die Biene gesunden; im anderen Falle besteht jedoch eine große Gefahr, daß die Krankheit einen bösartigen Verlauf nimmt und ein großer Teil der Bienen, der seinem Körper nicht mehr die genügenden Nährstoffe zuführen kann, an Entkräftung zugrunde geht. Auch in ein chronisches Stadium kann diese Krankheit übergehen. wobei derartig erkrankte Völker eine ständige Infektionsquelle bilden. Von den verschiedenen Schimmelpilzen, die sich in den Bienenwohnungen ansiedeln können, sind *Pericystis apis* und *Aspergillus flavus* dadurch ausgezeichnet, daß sie in die Brut eindringen und diese in weiße bzw. gelbgraue, harte Mumien verwandeln („Kalkbrut"). Der *Aspergillus* befällt auch Imagines, deren Hinterleib dann unter Wahrung seiner Form erhärtet. Für die sogenannte „Schwindsucht" der Bienen, die sich in einem Schwachwerden der Völker im April und Mai äußert, werden Amöben verantwortlich gemacht, die in Zysten in den MALPIGHIschen Gefäßen gefunden werden und oft mit *Nosema* vergesellschaftet sind. Die „Insel-Wight"- oder „Milbenseuche" ist dadurch bemerkenswert, daß hier eine Milbe, *Acarapis woodi*, die nach MORGENTHALER wenigstens in der Schweiz „einen der gewöhnlichsten Mitbewohner gesunder Bienenstöcke" darstellt, gelegentlich durch die vorderen Thoraxstigmen in den anschließenden Tracheenstamm eindringt. In diesem macht sie ihre Entwicklung durch, wobei mehrere

Generationen darin aufeinanderfolgen können. Durch die Verstopfung der Tracheen, deren Wände durch die Milben verletzt werden und in denen sich auch der Milbenkot ansammelt, kann die Flugmuskulatur nicht mehr mit dem ausreichenden Sauerstoff versorgt werden, die Muskeln degenerieren und die Bienen werden allmählich flugunfähig, was gleichzeitig zu einer Anhäufung von Kotmassen im Enddarm führt, da die Kotentleerung mit Aufhören der Flugfähigkeit eingestellt wird. Es scheint, daß nicht alle Bienenrassen gleichmäßig für den Milbenbefall empfänglich sind, und daß unsere dunkle deutsche Biene zu den widerstands-

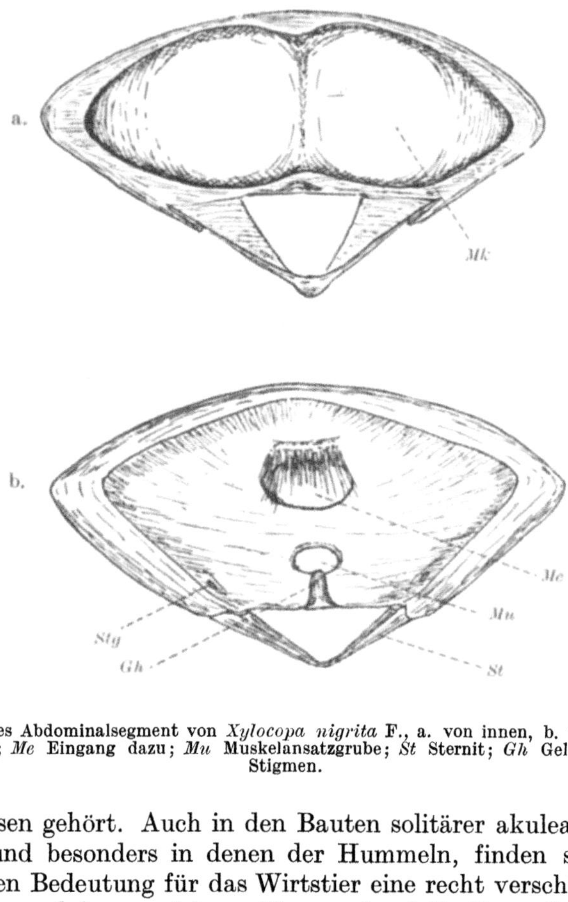

Abb. 221. Erstes Abdominalsegment von *Xylocopa nigrita* F., a. von innen, b. von vorn. *Mk* Milbenkammer; *Me* Eingang dazu; *Mu* Muskelansatzgrube; *St* Sternit; *Gh* Gelenkhaken; *Stg* Stigmen.

fähigen Rassen gehört. Auch in den Bauten solitärer akuleater Hymenopteren, und besonders in denen der Hummeln, finden sich häufig Milben, deren Bedeutung für das Wirtstier eine recht verschiedenartige sein kann, je nachdem es sich um Formen handelt, die an ihren Wirten selbst saugen oder die sich von Abfällen bzw. Pilzbildungen in den Bauten nähren. Unter Umständen kann bei Befall von *Pediculoides* die Entwicklung der Brut stark gestört werden. Recht reich ist auch die Milbenfauna der Ameisenbauten. Ein neuerdings von VITZTHUM beobachteter Fall ist dadurch bemerkenswert, daß die Milbe *Ensliniella parasitica* ihre ganze Entwicklung an *Lionotus*-Arten zurücklegt und dabei mit der Entwicklungsdauer des Wirtes Schritt hält. An der

Wespenimago sitzen die Deutonymphen der Milbe an der Basis des zweiten Abdominaltergits in großer Anzahl in der dort vorhandenen tiefen Rinne, die von dem Hinterrand des ersten Tergits bei normaler Haltung dachartig überwölbt wird. An der gleichen Stelle fand Verf. auch bei tropischen Odynerinen mehrfach große Mengen von Milben verborgen. Hier scheint die Schädigung des Wirtes eine minimale zu sein, da die Entwicklung normal durchlaufen wird. Sehen wir hier bereits eine Art von Kammer, in der die Milben Unterschlupf finden, wobei sich diese Kammer entwicklungsgeschichtlich leicht aus der weniger tiefen Querfurche an der Basis des zweiten Tergits anderer *Odynerus*-Arten herleiten läßt, so bereitet eine eigenartige Bildung, die wir bei zahlreichen Weibchen tropischer Xylocopen, die sämtlich der Untergattung *Coptorthosoma* angehören, wesentlich größere Schwierigkeiten. An der Vorderseite des ersten Abdominaltergits (Abb. 221) befindet sich dort eine Öffnung, die in eine große, das erste Segment fast ganz ausfüllende Tasche führt, deren Wände dunkel chitinisiert sind. Dieses etwa bohnenförmige Gebilde kann außerdem noch eine Einkerbung tragen, die es in eine rechte und eine linke Hälfte zerlegt. Diese Tasche wird nun von einer Anzahl riesiger Milben der Gattung *Dolaea*, aber nur Weibchen, bewohnt. Die Männchen und die jüngeren Entwicklungsstadien werden vermutlich frei in den *Xylocopa*-Nestern leben. Die Kammer selbst ist vollgepfropft mit den darin lebenden Weibchen. Nach dem Tode der Xylocope dürften dieWeibchen aus der Öffnung in der Vorderwand, in deren Umgebung die Kammer allein angeheftet ist, auswandern. Dieses ganz eigenartige Gebilde, das als Einstülpung der Vorderwand des ersten Abdominalsegments erscheint, legt die Vermutung nahe, daß hier eine mutualistische Symbiose vorliegt; doch läßt sich vorläufig noch nicht erkennen, was für einen Vorteil die Milben der Xylocope bieten könnten.

Schließlich sei auch noch der Strepsipteren gedacht, die als Parasiten in einer ganzen Reihe von Hymenopteren leben. Bei uns sind bevorzugte Wirte unter den Bienen die Gattungen *Halictus* und *Andrena*. Doch werden auch Prosopinen und Panurginen befallen; außerdem wird *Melitturga* als Wirt angegeben. Von bauchsammelnden Bienen sind Strepsipteren bisher nicht bekannt. Ferner stellen auch die Grab- und Faltenwespen aus ihren Reihen Strepsipterenwirte. Doch scheinen wenigstens bei den Grabwespen nicht alle Gruppen gleichmäßig befallen zu werden. Den Hauptanteil liefern hier die Sphecinen und die Bembicinen, während bei den Vespiden das Vorkommen von Strepsipteren einen viel weiteren Umfang annimmt. Die Zahl der Strepsipteren, die in einem Wirtsindividuum ihre Entwicklung durchmachen, ist verschieden. Die Höchstzahl dürfte wohl 15 sein, die in einem *Polistes annularis* L. gefunden wurden. Derartig hohe Ziffern stellen aber nur eine Ausnahme dar. Am häufigsten findet sich nur ein einziger Fächerflügler, seltener zwei, im Abdomen des Wirts. Auch bezüglich des Platzes, an dem das Weibchen seinen flachen Cephalothorax hervorbohrt oder an dem das Männchen schlüpft, herrscht eine große Mannigfaltigkeit. Die Durchbruchstellen liegen in den Intersegmentalmembranen zwischen den abdominalen Tergiten und Sterniten. Die Wirkung der Stylopisierung wird vielfach mit der parasitären Kastration, wie sie etwa *Sacculina* bei *Inachus* ausübt, verglichen. Es handelt sich aber hier offenbar lediglich darum, daß dem Wirtskörper durch den Parasiten Stoffe entzogen werden, die im anderen Falle zum Aufbau dienen. Es kommt aber nicht zu einer einfachen Verringerung der Körpergröße, sondern nur an bestimmten Teilen, die normal mit einem Materialüberschuß aufgebaut werden, wird gespart. Dazu gehören unter anderen auch die weiblichen Keimdrüsen des Wirtes, die bei Stylopisierung derselben in der Größe reduziert sind. Die Hoden können dagegen Sperma produzieren. Es sind auch in der Tat Paarungen, bei denen ja das Männchen den aktiven Teil darstellt, zwischen stylopisierten Individuen und auch zwischen nicht stylopisierten und befallenen beobachtet worden. Ist das Weibchen stylopisiert, so dürfte kaum Aussicht auf Erzielung einer Befruchtung vorhanden sein. Umgekehrt scheint es aber wohl möglich zu sein, daß ein stylopisiertes Männchen ein normales Weibchen befruchten kann. Eine schwache Beeinflussung, die sich in einer Verkleinerung der äußeren Geschlechtsanhänge, auch des bei Paarung und Eiablage funktionslosen Stachels äußert, soll vorkommen. Da das Geschlecht bei den Insekten im ganzen Soma fixiert ist und eine direkte Beeinflussung der Geschlechtscharaktere durch die Keimdrüsen damit ausgeschlossen scheint, ist es unverständlich, wie eine Reduktion der Ovarien einen Einfluß z. B. auf den Pollensammelapparat der Bienen als sekundären Geschlechtscharakter ausüben sollte. Wenn wir diese Erscheinung trotzdem auftreten sehen, dann ist es naheliegend, anzunehmen, daß beim Aufbau dieser Organe, der beim Weibchen einen Materialüberschuß voraussetzt, gespart wird. Die Tibien und Metatarsen können nicht ihre normale Breite erreichen und die Behaarung bleibt dürftiger. Weiterhin ist der Abdominalpanzer weicher, was darauf hinzuweisen scheint, daß die Sekretlagen auf dem Chitin dünner sind. Damit steht auch die schwächere Skulptur in Einklang. Reduktionserscheinungen in der Flügeladerung werden bei stylopisierten Andrenen öfter beobachtet als bei normalen Individuen. Es wird also hier an Stellen gespart, die für das Individuum verhältnismäßig belanglos sind. Auch die helle Färbung des Clypeus gewisser stylopisierter Andrenenweibchen, die bei den Männchen der betreffenden Arten die Regel darstellt, könnte auf eine Sekretersparnis an einer Stelle, an der sie beim Männchen normal erfolgt und erblich fixiert ist, hindeuten. Die Härte des Clypeus läßt aber vermuten, daß hier hellbleibende Sekrete aufgelagert sind. Danach wäre eine geringere Sekretmenge an dieser Stelle kaum zu erwarten. Es scheint danach eher ein Mangel an den die Sekretverdunkelung bedingenden Stoffen beim Weibchen vorzuliegen. An dieser Stelle zeigt sich aber auch bei normalen Weibchen, z. B. von *Andrena ventralis* IMH., ein Variieren in der Färbung in der Richtung auf das Männchen hin. Eine Verkleinerung des weiblichen Kopfes beobachtete PÉREZ bei *Andrena trimmerana* K. Nun ist das Weibchen in der Gehirnentwicklung mit der Entwicklung der Brutpflegeinstinkte vorgeschritten. Es kann also auch hier gespart werden. Dies wird sich in solchen Fällen vermutlich in einem Mangel der betreffenden Instinkte äußern. Man fängt die stylopisierten Bienen zwar auch an Blüten; jedoch trifft man sie auch häufig auf dem Boden oder Blättern ruhend an, was meines Erachtens dafür spricht, daß diese Individuen nicht den Brutpflegegeschäften nachgehen, die von vornherein schon keine Zeit zur Ruhe lassen. Wenn trotzdem angegeben wird, daß stylopisierte Weibchen in ihrem dürftigen Pollensammelapparat Blütenstaub tragen, so ist es eine bekannte Erscheinung, daß auch die Männchen sich vielfach, besonders beim Besuch von Weidenkätzchen oder Kompositen zur Nektargewinnung, die Beine mit Pollen bepudern. Der Blütenstaub kann also leicht zufällig hängen bleiben und braucht nicht gesammelt zu sein. Während sich am stylopisierten Bienenweibchen die Reduktion an den diesen zur Verfügung stehenden Spezialapparaten auffällig bemerkbar macht, sind am Männchen kaum irgendwelche nennenswerten Veränderungen zu erkennen. Bei sexuellen Fühlerdifferenzen nähern sich nach PÉREZ die Geschlechter bei stylopisierten Individuen hierin. Nun sind vermutlich die Fühler des Männchens speziell zum Auffinden des Weibchens, und die des Weibchens in Richtung auf die Brutpflegetätigkeit spezialisiert. Es handelt sich in diesem Sinne auch hier um regulatorische, nicht organisatorische Merkmale, die eine Reduktion erfahren und sich dabei wohl dem Ausgangstyp nähern. Nach alledem darf man meines Erachtens die Erscheinungen der Stylopisierung nicht ohne weiteres als die Folgen einer parasitären Kastration auffassen. Unabhängig von der Beeinflussung der Keimdrüsen durch den Parasiten sind die Veränderungen regulatorischer Merkmale durch Mangel an Aufbaustoffen, die ihrerseits durch den Parasiten dem Wirte entzogen wurden, entstanden zu denken. Außer den bisher besprochenen Veränderungen treten auch noch durch die Anwesenheit des Parasiten mechanisch bedingte Umgestaltungen auf. Diese äußern sich besonders über den Stellen, an denen eine männliche Puppe steckt, in einer starken Aufbeulung des den Parasiten überwölbenden Segmentrandes und einer Eindrückung des Basalteils desjenigen Tergits oder Sternits, auf dem der Parasit ruht. Da der Durchbruch durch die Wirtshaut an der noch weichen Imago erfolgen dürfte, nimmt der Panzer mit seiner Erhärtung die Formveränderungen an. Ein Regenerationsvermögen, das auf diesem Stadium noch besteht, ermöglicht es auch, daß eventuelle Risse in der dünnen Haut nachträglich ausgefüllt werden können.

Auch der Befall mit gewissen Würmern, *Mermis*, kann zu einer Umgestaltung der parasitierten Ameisen, in deren Kropf der Wurm lebt, führen. Abgesehen von der starken Dehnung, die das Abdomen der Ameise rein mechanisch erfährt, kommen Veränderungen der Kopfform vor und Ocellen treten auf. Dagegen ruft *Pelodera janeti* DE MAN, die in den Speicheldrüsen von *Lasius* und *Formica* in der Jugend lebt, keine Veränderungen hervor.

Es ist nicht ausgeschlossen, daß auch manche Individuen einer kleinen Mutillide, *Smicromyrme rufipes* L., die man nicht allzu selten zwischen normalen Exemplaren fängt, durch Parasiten irgendwie beeinflußt sind. Bei diesen Tieren ist die Kopfform etwas verändert, meist treten auf der abgeflachten Stirn Ocellen auf, die normalerweise fehlen, und der Thorax ist verkürzt, wodurch er im ganzen gedrungener erscheint. Keine Veränderung bedingt der Befall von Hummelweibchen durch die merkwürdige Nematode: *Sphaerularia bombi*. Der Wurm selbst erscheint in der Hummel als kleines Anhangsgebilde an seinem mächtigen, mit Eiern vollgepfropften und ausgestülpten Uterus. Im Winterquartier bohren sich die befruchteten, noch fadenförmigen Würmer in die überwinternden Hummeln ein. Dort vollzieht sich dann mit der Reifung der Eier und Embryonalentwicklung die Umstülpung des Wurmes. In einem Falle fand Verf. bei *Bombus terrestris* acht solcher Eierschläuche, die das Abdomen der Hummel größtenteils ausfüllten. Ist auch äußerlich an der Hummel keine Veränderung wahrzunehmen, da das Einbohren bereits in der Imago erfolgt, so scheinen doch gewisse Instinktsänderungen vorzukommen. Findet man verhältnismäßig spät im Jahr, zu einer Zeit, in der andere Hummelweibchen der gleichen Art bereits eifrig ihren Brutpflegegeschäften nachgehen, vereinzelte Individuen, bei denen dies nicht der Fall ist und die dementsprechend an ihren Körbchen keine Pollenreste oder Ansammlungen erkennen lassen, so kann man die Diagnose auf *Sphaerularia*-Befall stellen. Es scheint, daß die Eireifung der Hummel durch den Wurm aufgehalten und ganz unterbunden wird und daß damit für die Entfaltung der Brutpflegeinstinkte der Anstoß fortfällt. Auch Mermithiden werden als Hummelparasiten angegeben. In diesem Zusammenhange mag auch noch einiger weiterer Hymenopterenparasiten gedacht werden. Die Rhipiphoriden unter den Käfern enthalten eine ganze Reihe von Arten, die in den Bauten von Hymenopteren ihre Entwicklung durchmachen, ebenso die Meloiden, deren Triungulinenlarven man häufig auf den verschiedensten Hymenopteren, besonders aber Bienen, findet, von denen sie sich in deren Bauten transportieren lassen. Nach Vernichtung des Bieneneies wird der vorgefundene Futtervorrat aufgespeist. Die Entwicklung liefert eines der bekanntesten Beispiele für die Hypermetamorphose. Über die an Ameisen ektoparasitär lebenden *Thorictus*-Imagines wurde an anderer Stelle bereits berichtet. Arten der zu den Cryptophagiden gehörigen Käfergattung *Antherophagus* findet man gelegentlich, wie sie im Haarpelz von Hummeln sitzen und sich von diesen in deren Nester transportieren lassen, wo die Larve vermutlich als Abfallfresser lebt. Die Fliegen liefern eine ganze Anzahl von Arten, die als Hymenopterenparasiten bezeichnet werden können. In dem Konkurrenzkampf zwischen Raupen, Fliegen und Schlupfwespen bei gleichzeitigem Befall einer Raupe scheint die Fliege meist die widerstandsfähigere zu sein. Es hängt hier aber so viel von den verschiedenen Begleitumständen ab, daß irgendwelche allgemeinere Angaben nicht gemacht werden können. In die Bauten akuleater Hymenopteren verstehen es die verschiedensten Fliegen, ihre Eier einzuschmuggeln. Gelegentlich ist der hierfür geeignete Zeitraum nur eine Spanne von wenigen Sekunden, und es ist recht interessant, das Benehmen dieser Fliegen in der Nähe der betreffenden Wirte und ihr Verhalten diesen gegenüber zu beobachten. In den Bauten sozialer Hymenopteren, besonders der Vespiden und Hummeln, sind Fliegenlarven oft recht zahlreich, doch scheinen dabei vielfach Abfallstoffe, die sich unter dem Neste ansammeln, die Nahrung zu bilden. In den Imagines von Hymenopteren, z. B. Hummeln, leben gewisse Conopiden, bei *Bembix*-Arten die ebenfalls hierher gehörige Gattung *Physocephala*. Gewisse Phoriden, die vielfach an toten Insekten leben, kommen als Endoparasiten in Ameisen vor, wobei sich die amerikanischen *Commoptera* und *Ecitomyia* als Symphilen ihren Wirten *Solenopsis* bzw. *Eciton* nähern, während der ebenfalls amerikanische *Apocephalus pergandei* seine Eier an *Camponotus pennsylvanicus* direkt unterbringt, dem die Larve den Kopf ausfrißt. Eine andere Phoride *Metopina pachycondylae* legt sich im Larvenstadium wie ein Halsband um die vorderen Segmente einer *Pachycondyla* und nimmt an deren Mahlzeiten teil, ohne die Ameisenlarve in ihrer Entwicklung zu stören. Sie verpuppt sich im Kokon der Ameise gleichzeitig mit dieser und verläßt ihn als Imago, wenn die Ameise bereits geschlüpft ist. In Mitteleuropa ist die Phoride *Pseudaceton formicarum* durch Wasmann als Feind der Imagines von *Lasius niger* bekannt geworden. Wie fein das Witterungsvermögen dieser Fliegen ist, mag durch eine kleine eigene Beobachtung kurz erörtert werden. Auf einer Honigbiene, die kurz vorher von einer Tomiside gepackt worden war und nun ausgesogen wurde, stellten sich in kürzester Zeit mehr als 30 kleine Phoriden ein, die teilweise sich gegenseitig vom Bienenkörper verdrängten und über die Spinne selbst krochen. Ein ähnlicher Vorgang wurde noch zweimal hinterher beobachtet, doch waren in diesen Fällen die Honigbienen von *Mantis* gepackt worden. Die Fliegen dürften ihre Entwicklung an den Überresten der toten Bienen durchmachen, stellen sich aber sofort an der frisch getöteten Biene in Anzahl ein.

Die wirtschaftliche Bedeutung der Hymenopteren liegt auf recht verschiedenen Gebieten. Wir können sowohl Nützlinge, wie Schädlinge unterscheiden. Unter den ersteren steht die Honigbiene bei weitem obenan. Etwa 2 Millionen Bienenvölker können als zur Zeit in Deutschland vorhanden angenommen werden. Der Honig- und Wachsertrag stellt einen direkten Gewinn dar, der nach Berner in Vorkriegszeiten auf jährlich 30 Millionen Mark veranschlagt werden konnte. Diese Summe bildet aber nur einen geringen Bruchteil des Wertes, den die Bienen indirekt der Land- und Gartenwirtschaft leisten. Hier spielen sie durch die Blütenbefruchtung und den dadurch bedingten Fruchtansatz eine ganz hervorragende Rolle. Namentlich am Blütenbesuch der Obstbäume sind die Bienen in einem so hohen Maße beteiligt, daß wohl mehr als die Hälfte des Fruchtansatzes den Honigbienen zugeschrieben werden kann. Das gleiche gilt für die Befruchtung von Raps, Buchweizen, Luzerne u. a. Auch hier tritt anderer Insektenbesuch gegenüber dem der Bienen weit zurück. Bezüglich des Rotklees stellen zwar die langrüsseligen Hummeln, denen der Honig direkt zugänglich ist, einen großen Anteil der Besucher, doch finden sich die Honigbienen auch zum Pollensammeln ein. In ähnlicher Weise wie der Honig der *Apis mellifica* wird auch der der anderen Arten genossen, doch kommt *Apis florea* als Zwergbiene bei der verhältnismäßig geringen Honigmenge kaum in Betracht, während die Ausbeutung der Riesenwaben der *Apis dorsata* auf Honig und Wachs im indomalaiischen Gebiet eine große Rolle spielt. Auch der von den stachellosen Honigbienen produzierte Honig wird in den Tropen genossen. Als Genußmittel sind auch verschiedene Ameisenarten zu erwähnen, und zwar kommen hier in erster Linie die „Honigtöpfe" mancher Steppenameisen, besonders von *Myrmecocystus*, in Betracht. ESCHERICH schreibt darüber: „Da der Honig auch für den Menschen genießbar ist, so werden die ‚Honigträger' von den Eingeborenen gesammelt. Der durch Auspressen des Hinterleibs gewonnene Honig wird entweder roh gegessen, oder auch zur Bereitung eines alkoholischen Getränkes verwandt. Auch als Heilmittel spielt er bei den Eingeborenen eine Rolle, indem sie ihn als Balsam auf gequetschte und geschwollene Glieder legen. Man machte daher den Vorschlag, die Honigameisen nach Art der Bienen zu züchten, doch erwies sich derselbe als praktisch unausführbar." Abgesehen von den „Honigtöpfen" werden auch die großen Weibchen der Attinen, wenn sie zum Hochzeitsfluge in Massen ausschwärmen, eingesammelt und die gerösteten oder gekochten Hinterleiber als Leckerbissen verzehrt.

Abb. 222. „Bassorahgalle" oder „Sodomsapfel" hervorgerufen durch *Cynips insana* WESTW.

Technische Verwendung finden oder fanden die gerbsäurereichen Gallen gewisser Cynipiden. So bilden die Gallen von *Diplolepis gallae-tinctoriae* einen wichtigen Ausfuhrartikel in Aleppo; die von *Cynips insana* WESTW. hervorgerufenen sog. „Bassorahgallen" oder „Sodomsäpfel", auch „Rovegallen" genannt, haben etwa 30 vH gerbende Stoffe und kamen vorübergehend von Smyrna aus in den Handel (Abb. 222). Im südlichen Europa, besonders in den Balkanstaaten, werden die Gallen verschiedener Eichengallwespen zum Gerben verwendet. Früher spielten sie außerdem in der Tintenfabrikation eine große Rolle.

Mehr indirekt ist der Nutzen, den die zahlreichen Schmarotzer von Schädlingen der Land- und Forstwirtschaft leisten. Das Ineinandergreifen der verschiedensten Umstände erschwert aber die Erkenntnis, ob eine Kalamität allein durch die Schmarotzer verhindert oder eingedämmt wurde, ganz außerordentlich. Es kann daher auch nur von Fall zu Fall entschieden werden, welche Bedeutung jeweils dem Parasiten beizumessen ist. Immerhin wird das Bild dann klarer, wenn ein Schädling in eine Gegend verschleppt wurde, in der seine natürlichen Feinde fehlen, und sich dort ungestört vermehren konnte, oder aber wenn eine Art durch das Fehlen der Parasiten erst zum Großschädling wurde. Dadurch, daß aber Kalamitäten plötzlich entstehen können, auch wenn die Schmarotzer vorhanden sind, ergibt sich, daß von einem durch diese bestehenden Gleichgewicht nur bedingt gesprochen werden darf. Gleichwohl sind Erfolge der verschiedensten Art durch die biologische Bekämpfungsmethode, d. h. mit Hilfe der natürlichen Feinde, durch Verpflanzen derselben in Gegenden, in denen sie bisher nicht vorhanden waren, namentlich von amerikanischer Seite erzielt worden.

Besonders für die Bekämpfung von Goldafter und Schwammspinner, die, beide nach den Vereinigten Staaten eingeschleppt, dort sich zu Schädlingen erster Ordnung entwickelten, wird die sog. biologische Bekämpfung angewandt. Gewisser Schildläuse sucht man u. a. durch die in ihnen lebenden Chalcididen Herr zu werden; gegen die die Ölfrüchte zerstörenden Fliegenarten sind gute Erfolge in Italien erzielt worden. Der Scoliiden und Tiphiiden bedient man sich, um in wärmeren Gegenden gegen schädlich auftretende Lamellicornier vorzugehen. Auch die Dryininen scheinen berufen, bei der Bekämpfung von Zuckerrohrschädlingen Verwendung zu finden. Dort, wo es sich um die Vernichtung von Schädlingen an landwirtschaftlichen Produkten, z. B. Mehl, handelt, versucht man zwar auch, die Schmarotzer des Schädlings zur Mithilfe heranzuziehen, wie etwa *Habrobracon juglandis* gegen die Mehlmotte oder *Lariophagus distinguendus* gegen den Kornkäfer; aber chemische und physikalische Bekämpfung scheint vorläufig erfolgversprechender. Neben den Parasiten sind aber auch raubende Hymenopteren an der Vertilgung von Schädlingen beteiligt. Es muß hier in erster Linie der Ameisen gedacht werden. Interessante Beobachtungen aus neuerer Zeit haben ergeben, daß ein Volk der roten Waldameise (*Formica rufa*), die praktisch als Waldpolizei bei uns allein in Frage kommt, einen Hektar gegen stärkeren Raupenfraß zu schützen vermag. Auch eine künstliche Vermehrung der Völker ließ sich erreichen. Allerdings sind die Experimente über die künstliche Vermehrung der Ameisenvölker bisher viel zu gering, um über den mutmaßlichen Erfolg schon jetzt ein Urteil abgeben zu können. Der Schaden, den unsere rote Waldameise durch Rindenlauspflege — als gelegentliche Nährtiere kommen *Lachnus*-Arten in Betracht — anrichten könnte, ist nur gering zu bewerten, da die betreffenden Pflanzenläuse für die Forstwirtschaft ohne Bedeutung sind. Gegenüber der großen Masse schädlicher Insekten, die durch die Waldameisen vertilgt werden, fällt die Vernichtung von nützlichen Insekten nach EIDMANN als Schaden kaum ins Gewicht, sodaß unsere Waldameisen unter allen Umständen zu schützen sind.

Als Vertilger von Ungeziefer spielen die nomadisierenden Dorylinen in den Tropen eine große Rolle, wenn sie zufällig in menschliche Behausungen eindringen. Allerdings können diesen Raubameisen auch in den Stallungen befindliche Haustiere nachts zum Opfer fallen, und es sind Fälle bekannt, in denen sie sich auch am Menschen vergriffen haben. Die Parasiten des Menschen aus der Reihe der Insekten und der Krankheitsüberträger kommen als Wirte für schmarotzende Hautflügler kaum in Betracht. Die wenigen bisher bekannten, bei der Stubenfliege lebenden Hautflügler sind wohl kaum je berufen, für eine biologische Bekämpfung herangezogen zu werden. Erwähnt werden mag in diesem Zusammenhange, daß einige Mutilliden, die jedenfalls der Gattung *Dasylabroides* angehören, in Afrika aus Glossinen gezogen wurden.

Wenden wir uns im folgenden den schädlichen Hautflüglern zu, so sind zunächst die Blattwespen zu nennen. Ist auch die große Masse derselben für die Wirtschaft nur von geringer Bedeutung, so können einige Arten doch als Schädlinge auftreten. *Emphytus cinctus* L., *Mono-*

phadnus elongatus Kl., *Blennocampa pusilla* Kl., *Ardis bipunctata* Kl., *Cladius pectinicornis* Fourcr., *Arge rosae* L., *Pamphilius inanitus* Vill. mögen als Rosenschädlinge genannt sein. In Pflaumen und Äpfeln fressen die Larven von *Hoplocampa*-Arten, *Caliroa limacina* Retz. (Abb. 223) skelettiert besonders die Blätter von Steinobst. *Neurotoma flaviventris* Retz. frißt besonders an Birnen, andere Arten der gleichen Gattung fressen an anderen Obstbäumen. An Stachelbeeren kann *Pteronidea ribesii* Scop. sehr schädlich werden. Durch Massenauftreten an Cruciferen wird die sogenannte „Rüben"blattwespe *Athalia colibri* Chr. schädlich. Dadurch, daß die Ähren des von ihm befallenen Getreides taub bleiben, kann *Cephus pygmaeus* L. nicht unerheblichen Schaden anrichten. Im Nadelwald werden verschiedene Buschhornwespen (Lophyrinen), besonders an Kiefern, teilweise recht schädlich. Auch *Lyda pinivora* Ensl., *erythrocephala* L. und *campestris* L. leben an Kiefern. *Cephaleia hypotrophica* Htg. kann an Fichten, *Lygaeonematus erichsoni* Htg. an Lärchen Kahlfraß herbeiführen. Von einem praktischen Schaden durch Cynipiden kann kaum gesprochen werden; wohl aber sind einige phytophage Chalcididen als Schädlinge bekannt geworden. So bleiben die Äpfel, in deren Samen sich *Syntomaspis druparum* Boh. entwickelt, klein und fallen vorzeitig ab; doch sind bei uns erhebliche Schädigungen bisher nicht beobachtet, während der durch die gleiche Art bedingte Ausfall der Ernte in Pennsylvanien gelegentlich ein recht erheblicher ist. Auch die in Nadelholzsamen fressenden *Megastigmus*-Arten sind zum Teil als Schädlinge zu bezeichnen. Sind auch die meisten Isthmosomen als Gallerzeuger an Gramineen ohne wirtschaftliche Bedeutung, so können doch einige Arten, wie *tritici* Fitch, *grande* Ril. und *hordei* Harr. an den Getreidearten, mit Ausnahme des nicht befallenen Hafers, schädlich werden, wie aus Nordamerika und Rußland berichtet wird. Die Samenernte des Klees hat in Nordamerika stark unter *Bruchophagus funebris* How. zu leiden. Der direkte Schaden, den Ameisen den Kulturpflanzen zuzufügen pflegen, ist bei uns gering. Wohl können junge Saatpflanzen durch Zerbeißen der Würzelchen leiden. Auch ein Benagen von jungen Trieben oder Blüten zur Gewinnung der zuckerhaltigen Säfte kommt vor. So fand neuerdings Prell den *Camponotus ligniperda* als Schädling an Eichentrieben. Unter den tropischen Ameisen sind besonders die blattschneidenden Attinen berüchtigt, die gern auf die verschiedensten Kulturgewächse übergehen und dann großen Schaden anrichten, während ihr Schaden an Wildpflanzen durch die üppige Vegetation bald wieder gutgemacht wird. Das Einsammeln von Getreidekörnern durch *Messor* stellt zwar auch eine Schädigung der Wirtschaft dar, die jedoch nur selten erheblicheren Umfang annehmen dürfte. Recht unangenehm können aber viele Ameisen dadurch werden, daß

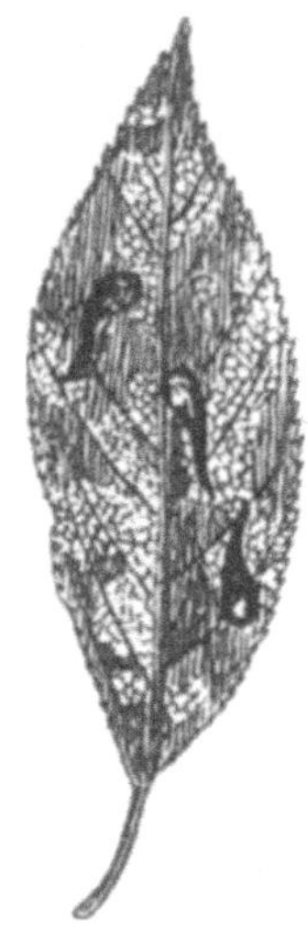

Abb. 223. Nacktschneckenähnliche Larven von *Caliroa limacina* Retz. ein Kirschblatt skelettierend (nach Taschenberg).

sie Pflanzenläuse, mögen diese nun oberirdisch oder an den Wurzeln saugen, pflegen und verbreiten. In dieser Beziehung ist die Mehrzahl unserer Ameisen im Garten schädlich. Besonders gilt dies für *Lasius*-Arten. Einen wenig guten Ruf genießt in Amerika die sogenannte „Argentinische Ameise" *Iridomyrmex humilis* MAYR, die besonders an Kulturpflanzen ihre Pflanzenläuse züchtet und selbst sehr weit verbreitet und verschleppt ist. Auch in Deutschland ist sie schon eingeschleppt worden. Sie hat teilweise auch nützliche Ameisen verdrängt, so besonders die *Solenopsis geminata* F., die zwar meistens selbst schädlich ist, aber in Baumwollplantagen eifrig dem Kapselrüsselkäfer *Anthonomus grandis* nachstellt. Andere Ameisen werden dadurch zu Schädlingen, daß sie ihre Bauten auch in lebendem Holze ausführen können, wie bei uns *Camponotus ligniperda*, wodurch die betreffenden Stämme teilweise technisch entwertet werden und leichter dem Windbruch zum Opfer fallen können. Die sich in der Rinde der Korkeichen ansiedelnden Arten, z. B. *Cremastogaster scutellaris* OL., können den Kork wertlos machen. ..Ein günstiger Umstand dabei ist, daß die Schädlinge oft die erste Korkschicht, welche keine technische Verwendung findet, bevorzugen, da sie durch ihre Risse und Sprünge den Kiefern der Ameisen bessere Angriffsstellen bietet" (STITZ).

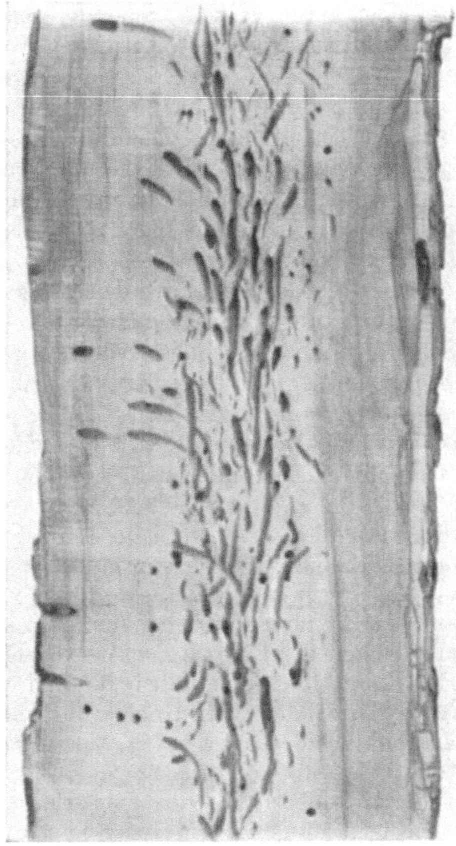

Abb. 224. Fraß von *Tremex fuscicornis* F. in Eschenahorn (Negundo). Um die Fraßgänge deutlich hervortreten zu lassen, ist das „Wurmmehl" daraus entfernt.

Unsere Faltenwespen, die, wie jedermann bekannt ist, Süßigkeiten gern verzehren, können im Obstgarten durch Anfressen von reifem Obst recht unangenehm werden, die Hornisse außerdem dadurch, daß sie junge Äste der verschiedensten Laubhölzer schält oder ringelt. In geringem Umfange werden selbst manche Grabwespen schädlich, die ihre Nestgänge im Mark gesunder Zweige von einer Schnittfläche her anlegen. Die Blätter von Syringen, Rosen und Birken (Abb. 104) werden mitunter durch Blattschneidebienen, *Megachile*-Arten, für die Herstellung der Zellen stark zerschnitten, daß fast von Kahlfraß gesprochen werden kann. Auch manche Hummel wird an Blüten, deren Nektar ihr nicht direkt zugänglich ist, durch Einbeißen von Löchern schädlich, da dabei die Pollenübertragung unterbleibt und auch andere Bienen sich die künstliche Eingangspforte zunutze machen. Als technischer Schädlinge sei auch noch der Sireciden (Abb. 224) gedacht, unter denen besonders die Nadelholz bewohnenden Arten von Bedeutung sind. Die mehrjährige Entwicklung bringt es mit sich, daß ein Balken als gesundes Holz verarbeitet werden kann, in dem bereits junge Sirecidenlarven fressen, wobei der Schaden sich erst nach längerer Zeit bemerkbar macht. Die sich ihren Weg ins Freie bahnenden Wespen fressen sich dabei durch das umgebende Material hindurch und richten dadurch unter Umständen noch weiteren Schaden an. So sind Fälle bekannt geworden, in denen sie Tuchballen, die um Rundhölzer gewickelt waren, Lage für Lage durchbohrten und so den ganzen Ballen entwerteten. Wiederholt haben sich diese Wespen mit Hilfe ihrer Mandibeln auch durch den Bleiplattenbelag der Bleikammern in Schwefelsäurefabriken ihren Weg gebohrt.

Oben wurde bereits auf den Nutzen der primären Schmarotzer hingewiesen. Im Gegensatz dazu sind die Ko- und Hyperparasiten als Schädlinge zu bezeichnen, Schmarotzer dritter Ordnung wären wieder Nützlinge usw. Da ein und dieselbe Art verschiedenen Kategorien angehören kann, ergibt sich, daß sie je nach den Umständen ganz verschieden zu bewerten ist. Die Häufigkeit des sekundären Schmarotzertums in den verschiedenen Familien der Parasitica läßt also größte Vorsicht geboten erscheinen, wenn es sich darum handelt, eine bei einer Kalamität auftretende Schmarotzerwespe unter die Schädlinge oder Nützlinge einzureihen.

Abgesehen davon, daß eine Reihe von Ameisen sich als lästige Hausameisen in menschlichen Wohnräumen ansiedeln kann, ist auch die Möglichkeit der Übertragung pathogener Organismen durchaus gegeben. Eine Infektion kann dabei auf den verschiedensten Wegen erfolgen. Auch der Genuß von Honig führt unter bestimmten Umständen zu Erkrankungen. Dies kann darauf zurückgeführt werden, daß der Nektar bereits Giftstoffe enthielt, wie es für den bereits von Xenophon berichteten Fall zutrifft, als die Griechen nach Honiggenuß erkrankten. Noch heutzutage ist der Honig bei Trapezunt und Kerasonda giftig und zwar steht die Giftigkeit, wie Verf. selbst an Ort und Stelle festzustellen Gelegenheit hatte, mit dem Eintragen von Nektar der in dem dortigen Gebieten vorkommenden Rhododendron-Arten in enger Verbindung. Von verschiedenen Meliponen ist andererseits bekannt, daß sie sich mit Vorliebe auf Exkremente setzen, so daß hier auch pathogene Mikroorganismen in das Nest miteingeschleppt werden. Auf diese Weise sind gelegentlich ruhrartige Epidemien durch diese Bienen verbreitet worden. Während die Bißwirkung der Hymenopteren im allgemeinen harmlos ist, können hinzutretende Sekrete, die nach einigen Autoren aus den Speicheldrüsen, nach anderen dagegen aus der Giftblase stammen, wie bei manchen Meliponen zu Hautentzündungen führen. Die Formicinen, die bekanntlich des Stachels entbehren, spritzen das Gift aus der Giftblase gegen die Bißstelle. Im übrigen ist der Stich der großen Ponerinen ganz außerordentlich schmerzhaft und kann von schweren allgemeinen Erkrankungserscheinungen begleitet sein. Über die Wirkung des Bienenstiches und seine Anwendung bei rheumatischen Erkrankungen wurde bereits oben berichtet. Ameisenstiche finden gleichfalls zur Behandlung des gleichen Leidens bei Indianern Anwendung. Es sei hier nur kurz noch auf einige Anwendungen von Hymenopteren oder deren Produkten für die medizinische Behandlung hingewiesen. Bienenhonig wird bereits von alters her als Hausmittel gegen die verschiedensten Erkrankungen benutzt, in ähnlicher Weise auch der aus den Honigtöpfen von *Myrmecocystus* gewonnene Honig bei den Indianern. Ameisenspiritus als ein Aufguß von verdünntem Alkohol auf Ameisen wurde ebenfalls zu den verschiedensten Heilzwecken verwendet. Besonders die rote Waldameise wurde hierbei bevorzugt. Über die Verwendung von Ameisen zum Wundverschluß schreibt STITZ: „Die kräftigen, spitzen Kiefer gewisser Ameisen werden, wie die mancher Käfer, zum Verschließen von Wunden benutzt. In der asiatischen Türkei drücken die Barbiere mit den Fingern der linken Hand die Wundränder aneinander und setzen mit einer in der rechten gehaltenen Pinzette eine Ameise (die Art ist nicht angegeben) an. Wenn die Kiefer derselben in der Angriffsstellung weit geöffnet sind, werden sie an die Ränder gebracht; die Kiefer klappen zu und halten sie mit großer Kraft zusammen. Dann schneidet der Barbier den Kopf der Ameise mit einer Schere ab, so daß Bruststück und Hinterleib zu Boden fallen, und in dieser Weise werden bis zehn Köpfe angesetzt, die ungefähr 3 Tage an der betreffenden Stelle verbleiben und dann wieder entfernt werden (nach BAUDOUIN, 1898). In derselben Weise verfährt man mit den Köpfen der großen Individuen afrikanischer Treiberameisen (VOSSELER, 1905) und denen der südamerikanischen *Atta cephalotes* L. (WHEELER, 1910).“

Literaturverzeichnis.

Die folgende Zusammenstellung kann keinen Anspruch auf Vollständigkeit erheben. In erster Linie wurde neuere Literarur berücksichtigt. Die den einzelnen Arbeiten beigegebenen Literaturverzeichnisse mögen den Interessenten weiter führen.

ADAM, A.: Bau und Mechanismus des Receptaculum seminis bei Bienen, Wespen u. Ameisen. Zool. Jahrb., Abt. f. Anat. *35*, 1—74. 1912.

ADLERZ, G.: (Zahlreiche Arbeiten; s. Literaturverzeichnis bei Reuter: Lebensgewohnheiten.)

ALFKEN, J. D.: Die *Nomada*-Arten Nordwest-Deutschlands als Schmarotzer. Zeitschr. f. Hym., Dipt. *2*, 5—10. 1902. — Ders.: Die Bienenfauna von Bremen. Abh. d. Nat.-Ver. Bremen *22*, 1—220. 1913.

ALTEN, H. v.: Zur Phylogenie des Hymenopterengehirns. Zeitschr. f. d. ges. Naturwiss. *46*, 511—590. 1910.

ANDRÉ, ED.: Species des Hyménoptères d'Europe et d'Algérie. *1—11*. Beaune 1879.

ARMBRUSTER, L.: Die Hymenopteren als Studienobjekt azygoter Vererbungserscheinungen. Die Hummeln. Zeitschr. f. indukt. Abstammungs- u. Vererbungslehre *17*, 317—355. 1917. — Ders.: Bienen- und Wespengehirne. Arch. f. Bienenk. *1*, 145—184. 1919. — Ders.: Zum Problem der Bienenzelle. Bücherei f. Bienenk. *4*. Freiburg: Th. Fischer 1920. — Ders.: Vergleichende Eichungsversuche an Bienen und Wespen. Ein Beitrag zur Messung des mittelbaren Bienennutzens, der Bestäubung von Nutzpflanzen. Arch. f. Bienenk. *3*, 219—230. 1921. — Ders.: Über Werkzeuggebrauch bei Tieren. Naturwissenschaften *9*, 303—304. 1921. — Ders.: Über Bienentöne, Bienensprache u. Bienengehör. Arch. f. Bienenk. *4*, 221—259. 1922. — Ders.: Über das Farbensehen der Wespen. Naturw. Wochenschr. *21*, 419—422. 1922. — Ders.: Vom Hören der Insekten (Bienen). Naturwissenschaften *10*, 602—603. 1922. — Ders.: Der Wärmehaushalt im Bienenvolk. Berlin (Pfenningstorff) 1923.

BABIJ, P.: Neues zum Hummelproblem. Zeitschr. f. wiss. Zool. *125*, 502 bis 512. 1925.

BAER, W.: Über das Bohrgeschäft von *Ephialtes*. Zeitschr. f. angew. Entomol. *10*, 458—460. 1924.

BALLES, L.: Nestanlage und Brutversorgung der Wegwespe *Pompilus fumipennis* Dhlb. Zeitschr. f. wiss. Insektenbiol. *17*, 102—105. 1922.

BAUMANN, C.: Über den Bau des Abdomens und die Funktion des Legeapparates von *Thalessa leucographa*. Zool. Anz. *58*, 149—162. 1924.

BEQUAERT, J.: A revision of the Vespidae of the Belgian Congo. Bull. Americ. Mus. Nat. Hist. *39*, 1—384. 1918.

BERLAND, L.: Notes sur les Hyménoptères fouisseurs de France. Ann. soc. ent. France *94*, 39—51. 1925. — Ders.: Note sur un nid de *Polistes gallicus*. Ann. de la science nat. Paris (10) *5*, 405—409. 1922.

BERLESE, A.: Gli Insetti *1* u. *2*. Mailand 1909—1925.

BETTS, A.: The spiracular Muscles of *Hymenoptera aculeata*. Nature *109*, 813 bis 814. 1922.

BISCHOFF, H.: Neue Beiträge zur Kenntnis der Trigonaloiden. Berlin. entom. Zeitschr. *54*, 76—80. 1909. — Ders.: Hymenoptera. In: P. SCHULZE: Biologie der Tiere Deutschlands. Liefg. 7 u. 8, 1—156. 1923. — Ders.: Hymenoptera (*Aculeata*, *Ichneumonidae*, *Chalastogastra*). Beitr. z. Natur- u. Kulturgesch. Lithauens (Abh. d. bayer. Akad. d. Wiss., Suppl.) 278—337. 1925.

BISHOP, G.: Cell metabolism in the Insect Fat-Body. II. Honey-Bee. Journ. of morphol. *37*, 533—553. 1923.

BLEDOWSKY und KRAINSKA: Die Entwicklung von *Banchus femoralis* Thoms. Bibliotheca universitatis liberae Polonae. Fasc. 16, 1—50. 1926.

BLÜTHGEN, P.: Zur Biologie der Bienengattung *Sphecodes*. Zeitschr. f. wiss. Insektenbiol. *18*, 19—23. 1923.

BOAS, J. E.: Über einen eigentümlichen Sack, in dem gewisse Ichneumonidenpuppen stecken. Zool. Jahrb., Abt. f. System. *25*, 321—328. 1907.

BORCHERT, A.: Die seuchenhaften Krankheiten der Honigbienen. Berlin: R. Schoetz 1924.

BÖRNER, C.: Stammesgeschichte der Hautflügler. Biol. Zentralbl. *39*, 145 bis 186. 1919.

BOULANGÉ, H.: Sur le retournement de l'appareil copulateur des Tenthredinidae. Bull. soc. entom. France 216—218 u. 227—230. 1920—21.

BRAUE, A.: Die Pollensammelapparate der beinsammelnden Bienen. Jenaische Zeitschr. f. Naturwiss. *50*, 1—96. 1913.

BRAUNS, H.: Biologisches über südafrikanische Hymenopteren. Zeitschr. f. wiss. Insektenbiol. *6*, 384—387, 445—447, 1910 u. *7*, 16—19, 90—92, 117—120, 1911. — Ders.: Biologie afrikanischer Apiden. Ebenda *9*, 116—120 u. 190 bis 193. 1913. — Ders.: Nachtrag zu FRIESE: Bienen Afrikas. Zool. Jahrb., Abt. f. System. *52*, 187—250. 1926.

BRESSLAU, E.: Der Samenblasengang der Bienenkönigin. Zool. Anz. *29*, 299 bis 323. 1906.

BRIDWELL, J. C.: Some notes on Hawaian and other Bethylidae. Proc. Hawai. ent. soc. *4*, 291—314. 1920.

BRUES, CH. T.: Correlation of taxonomic affinities with food habits in Hymenoptera with special reference to parasitisme. Americ. naturalist *55*, 134 bis 164. 1921. — Ders.: Some hymenopterous parasites of lignicolous Itonididae. P. Americ. acad. Boston *57*, 261—288. 1922.

BRUN, R.: Die Raumorientierung der Ameisen und das Orientierungsproblem im allgemeinen. Jena: G. Fischer 1914.

BUGNION, E.: La structure anatomique du *Trigonalys hahni* Spin. Mitt. d. schweiz. entom. Ges. *12*, 14—20. 1910. — Ders.: Les organes buccaux de la Scolie. Ebenda *13*, 368—396. 1924. — Ders.: La voie buccopharyngée chez la Scolie et chez l'abeille maçonne. Verhandl. d. 3. internat. Entomol.-Kongr. 1925. *2*, 176—183. 1926.

BUTTEL-REEPEN, H. v.: Leben und Wesen der Bienen. Braunschweig: Vieweg 1915.

BUYSSON, R. DU: La *Chrysis shanghaiensis* Sm. Ann. soc. entom. France *67*, 80—83. 1898. — Ders.: Déscription d'une Polybie nouvelle d'Afrique. Bull. soc. entom. France *71*, 253. 1902.

CARPENTER, G. H. und PACK BERESFORD, D. R.: The relationship of *Vespa austriaca* to *Vespa rufa*. Ent. M. Mag. *39*, 230—242. 1903.

CARRIÈRE-BÜRGER: Die Entwicklungsgeschichte der Mauerbiene (*Chalicodoma muraria*) im Ei. Abh. K. Leop. Carol. Akad. Naturf. *69*, 259—420. 1898.

CASTEEL, D. B.: The manipulation of the wax scales of the honeybee. U. S. Dep. Agr. Bur. Ent. Circular *161*. 1912.

CHAPMAN, T. A.: The dentate margin of the abdomen in *Chrysis*. Ent. Monthl. Mag. *49*, 182—185. 1912. — Ders.: The Egg-laying of *Trichiosoma* (Tenthredinidae). Tr. ent. soc. London 1914, 173—184. 1914.

CHOPARD, L.: Les parasites de la Mante religieuse. Ann. soc. entom. France *91* (1922), 249—274. 1923.

COBELLI, R.: *Pachylomma cremieri* et il *Lasius fuliginosus*. Verhandl. d. zool.-botan. Ges. Wien *56*, 475—477. 1906.

CORNELI, W.: Von dem Aufbau des Sehorgans der Blattwespenlarven und der Entwicklung des Netzauges. Zool. Jahrb., Abt. f. Anat. *46*, 573—608. 1924.

CORNETZ, V.: Das Problem der Rückkehr zum Nest der forschenden Ameise. Zeitschr. f. wiss. Insektenbiol. *7*, 181—184, 218—223, 347—350. 1911.

COTTE, J.: Observations sur le comportement de *Blastophaga psenes*. Bull. soc. entom. France 290—292. 1921. — Ders.: L'orifice d'éclosion de *Cynips kollari* Htg. est-il orienté. Feuille natural. *47*, 24—26. 1926.

Crossman, S.: *Apanteles melanoscelus*, an imported parasite of the Gipsy moth. Bull. U. S. Dep. Agric. Nr. 1028. 1922.

Cushman, R. A.: Biological notes on a few rare or little known parasitic hymenoptera. Proc. ent. soc. Washington *15*, 153—160. 1913.

Demoll, R.: Die Mundteile der Wespen, Tenthrediniden und Uroceriden. Zeitschr. f. wiss. Zool. *92*, 187—209. 1909.

Descy, A.: Recherches sur la sexualité et l'instinct chez les Hyménoptères. Bull. biol. France Belg. *58*, 1—37. 1924.

Dingler, M.: Die Schlupfwespe *Ephialtes manifestator* bei der Vorbereitung zur Eiablage. Zeitschr. f. angew. Entomol. *9*, 153—154. 1923.

Doflein, Fr.: Beobachtungen an den Weberameisen. Biol. Zentralbl. *25*, 498 bis 507. 1905.

Dover, C.: Some observations on the bionomics of *Xylocopa aestuans*. Tr. ent. soc. London 144—149. 1924.

Dreyling, L.: Die wachsbereitenden Organe bei den gesellig lebenden Bienen. Zool. Jahrb., Abt. f. Anat. *22*, 289—330. 1905.

Ducke, A.: Über Phylogenie und Klassifikation der sozialen Vespiden. Zool. Jahrb., Abt. f. System. *36*, 304—330. 1914. — Ders.: Die stachellosen Bienen (*Melipona*) Brasiliens. Ebenda *49*, 335—448. 1925.

Eckert, A.: Über Bienenwachs. Prag: Lotos *70*, 293—299. 1922.

Eggers, F.: Zur Kenntnis der antennalen stiftführenden Sinnesorgane der Insekten. Zeitschr. f. Morphol. u. Ökol. d. Tiere *2*, 259—349. 1924.

Eidmann, H.: Die Eiablage von *Trioxys* Hal. nebst Bemerkungen über die wirtschaftliche Bedeutung dieses Blattlausparasiten. Zeitschr. f. angew. Entomol. *10*, 353—363. 1924. — Ders.: Koloniegründung bei Ameisen. Verhandl. d. internat. Entomol.-Kongr. 1925, *2*, 71—77. 1926. — Ders.: Die forstliche Bedeutung der roten Waldameise. Zeitschr. f. angew. Entomol. *12*, 298—331. 1926.

Enslin, E.: Die Blatt- und Holzwespen. Schröder, Insekten Mitteleuropas *3*, 97—213. 1914. — Ders.: Beitrag zur Biologie von *Osmia xanthomelaena* K. (*fuciformis* Latr.). Zeitschr. f. wiss. Insektenbiol. *16*, 127—131. 1920. — Ders.: Beiträge zur Kenntnis der Hymenopteren II. 3. Biologie von *Symmorphus sinuatus* F.; 4. Biologie von *Ancistrocerus trifasciatus* F. Dtsch. entomol. Zeitschr. 1921, 279—285. — Ders.: Zur Biologie des *Solenius rubicola* Duf. Perr. (*larvatus* Wesm.) und seiner Parasiten. Konowia *1*, 1—15. 1922. — Ders.: Beiträge zur Biologie der Hymenopteren 1. Nestbau von *Microdynerus helveticus* Sauss.; 2. *Spilomena*, ein Feind der Thripiden. Arch. f. Naturgesch. *88* A 5, 127—138. 1922. — *Lionotus delphinalis* Gir., eine für Deutschland neue Faltenwespe und ihre Biologie. Konowia *1*, 241—253. 1922. — Ders.: Aus dem Leben der Goldwespen. Entomol. Zeitschr. Frankfurt a. M. *32*, Nr. 25. — Ders.: Beiträge zur Kenntnis der Hymenopteren 3. 5. Nestbau von *Anthidium lituratum* Pz.; 6. Über Parasiten des *Hoplopus laevipes* Shuck. Dtsch. entomol. Zeitschr. 1923, 169—187. 1923. — Ders.: Beiträge zur Kenntnis der Hymenopteren. 4. Die *Rubus* bewohnenden Osmien Deutschlands. Ebenda 177—210. 1923.

Escherich, K.: Die Ameise. Braunschweig 1905/06 (1. Aufl.) und 1917 (2. Aufl.).

Evenius, J.: Die Entwicklung des Zwischendarms der Honigbiene. Zool. Anz. *63*, 49—64. 1925.

Fabre, J.-H.: Souvenirs entomologiques I—X. Paris 1879.

Fahringer, J.: Über den Nestbau zweier Bienen. Zeitschr. f. wiss. Insektenbiol. *10*, 16—20. 1914. — Ders.: Beiträge zur Kenntnis der Lebensweise einiger Chalcididen. Ebenda *17*, 7—13 u. 41—47. 1922. — Ders.: Hymenopterologische Ergebnisse einer wissenschaftlichen Studienreise nach der Türkei u. Kleinasien. Arch. f. Naturgesch. A 9, 149—222. 1922. — Ders.: Zur Kenntnis der Lebensweise von *Sphex pachysoma*. Zeitschr. f. wiss. Insektenbiol. *18*, 101—105. 1923.

Faure, J.: Sur la déterminisme de la ponte chez *Pimpla instigator*. Feuille natural. Paris *45*, 153—157. 1924. — Ders.: Sur le multiplicité des parasites de l'*Apanteles glomeratus* L. Cpt. rend. des séances de la soc. de biol. *93*, 524—526. 1927.

FERRIÈRE, CH.: Le parasitisme externe des *Oncophanes*. Schweiz. entomol. Anz. *11*, 3—4. 1922.

FERTON, CH. siehe RABAUD, E. et PICARD, FR.

FIELDE, A.: The progressive odor of ants. Biol. bull. *10*, 1—16. 1905. — Dies.: Suggested explanations of certain phenomena in the lives of ants; with a method of tracing ants to their respective communities. Bull. Woods Holl., Mass. *13*, 134—137. 1907.

FLURY, F.: Über den Bienenstich. Naturwissenschaften *11*, 341—348. 1923.

FOREL, A.: Das Sinnesleben der Insekten. München: E. Reinhardt 1910. — Ders.: Le monde social des fourmis. 5 Bde. Genf: Kündig 1921—1923.

FRIESE, H.: Die Schmarotzerbienen und ihre Wirte. Zool. Jahrb., Abt. f. System. *3*, 847—870. 1888. — Ders.: Beiträge zur Biologie der solitären Blumenwespen (Apidae). Ebenda *5*, 751—860. 1891. — Ders.: Ein Bienennest mit Vorratskammern (*Lithurgus dentipes* Sm.). Zeitschr. f. wiss. Insektenbiol. *1*, 118—119. 1905. — Ders.: Bienenlarven mit Pseudopodien und neue Arten der Gattung *Allodape*. Dtsch. Entomol. Zeitschr. 1914, 144 bis 150. — Ders.: Über das Nest der Grabwespe *Crabro vagus* L. Sitzungsber. d. naturforsch. Ges. Rostock *7*, 79—81. 1916. — Ders.: *Meliturga clavicornis*, die Solbiene von Artern; die Langhornbiene *Eucera difficilis* Duf. Perr. und ihr Nestbau bei Artern. Dtsch. Entomol.-Zeitsch. 56—62. 1919. — Ders.: *Canephorula apiformis* Fr., eine Bienenart mit dem Beginne der Körbchenbildung aus Argentinien. Zool. Jahrb., Abt. f. System. *43*, 461 bis 470. 1920. — Ders.: Die europäischen Bienen (Apidae). Das Leben und Wirken unserer Blumenwespen. Berlin u. Leipzig: Ver. wiss. Verleger 1922 bis 1923. — Ders.: Ein instruktives Bienennest aus den Hochanden Chiles. Zeitschr. f. wiss. Insektenbiol. *18*, 56—57. 1923. — Ders.: Die Nachtbienengattung *Megalopta* Sm. Stettin. Entomol.-Ztg. *87*, 111—135. 1926. — Ders.: Über die Arten der Bienengattung *Allodape* in Afrika. Dtsch. Entomol. Zeitschr. 1924, 65—81.

FRISCH, K. v.: Der Farbensinn und Formensinn der Biene. Zool. Jahrb., Abt. f. Zool. u. Physiol. *35*. 1914.

FRISON, TH.: Notes on the Life History, Parasites and Inquiline Associates of *Anthophora abrupta* Say. Transact. of the Americ. entomol. soc. *48*, 137—156. 1922.

FRÜHAUF, E.: Legeapparat und Eiablage bei Gallwespen (Cynipidae). Zeitschr. f. wiss. Zool. *121*, 656—723. 1924.

GAHAN, A. B.: A list of Phytophagous Chalcidoidea with descriptions of two new species. Proc. entomol. soc. Washington *24*, 33—58. 1922.

GANIN, M.: Beiträge zur Erkenntnis d. Entwicklungsgeschichte bei den Insekten. Zeitschr. f. wiss. Zool. *19*, 381—451. 1869.

GENIEYS, P.: Contributions à l'étude des Evaniidae. Bull. biol. France Belg. *58*, 482—494. 1924. — Ders.: Observations biologiques sur les Habrobracons. Feuille natural. *46*, 83—87. 1925.

GENNERICH, J.: Morphologische und biologische Untersuchungen der Putzapparate der Hymenopteren. Arch. f. Naturgesch. *88A 12*, 1—63. 1922.

GERSTAECKER, A.: Die Arten der Gattung *Nysson*. Abh. d. nat. Ges. Halle *10*, 1 bis 54. 1867. — Ders.: Über die Gattung *Oxybelus*. Arch. f. Naturgesch. *30*, 1—95. 1867.

GEYER, K.: Untersuchungen über die chemische Zusammensetzung der Insektenhämolymphe und ihre Bedeutung für die geschlechtliche Differenzierung. Zeitschr. f. wiss. Zool. *105*, 349—419. 1913.

GRAENICHER, S.: Some observations of the lifehistory and habits of parasitic bees. Bull. Wisconsin soc. *3*, 153—167. 1905.

GRANDI, G.: *Neosycophila omeomorpha* Gr. e sua importanza biologia. Boll. Laborat. Zool. Portici *17*, 108—130. 1924.

GUTBIER, A.: Über einige Hymenopterennester aus Turkestan. Zeitschr. f. wiss. Insektenbiol. *10*, 339—345. 1914.

HACHFELD, G.: Zur Biologie der *Trachusa byssina* Pz. Zeitschr. f. wiss. Insektenbiol. *21*, 63—84. 1926.

HANDLIRSCH, A.: Über die Lebensweise von *Dolichurus corniculus* Spin. Verhandl. d. zool.-botan. Ges. Wien *39*, Sitzungsber. 81, 1889. — Ders.: Monographie der mit *Nysson* und *Bembex* verwandten Grabwespen. Sitzungsber. d. Akad. Wien 1887—1895.

HANNES, F.: Bienenflugton und Flügelschlagzahl. Biol. Zentralbl. *46*, 129 bis 142. 1926.

HARTLEY, E. A.: Some Bionomics of *Aphelinus semiflavus*. Ohio journ. science 22, 209—236. 1922.

HASE, A.: Über die eigentümliche Nahrungsgewinnung einer Schlupfwespe (*Habrocytus cionicita*). Naturw. Wochenschr. *21*, 110—111. 1922. — Ders.: Über die Monophagie und Polyphagie der Schmarotzerwespen; ein Beitrag zur Kenntnis des Geruchssinnes der Insekten. Naturwissenschaften *11*, 801 bis 806. 1923. — Ders.: Die Schlupfwespen als Gifttiere. Biol. Zentralbl. *44*, 209—243. 1924. — Ders.: Zur Kenntnis wirtschaftlich wichtiger Tierformen. 1. Über den Stech- und Legeakt, sowie über den Wirtswechsel von *Lariophagus distinguendus*. Naturwissenschaften *12*, 377—384. 1924. — Ders.: Beiträge zur Lebensgeschichte der Schlupfwespe *Trichogramma evanescens* Westw. Arb. a. d. biol. Reichsanst. f. Land- u. Forstwirtschaft *14*, 171—224. 1925.

HAUPT, H.: Beiträge zur Kenntnis der Cicadinenfeinde. Zeitschr. f. wiss. Insektenbiol. *12*, 200—204, 207—223, 274—279. 1916.

HAVILAND, M.: On the bionomics and postembryonic development of certain Cynipid hyperparasites of Aphides. Quart. journ. of microscop. soc. *65*, 451—478. 1921. — Dies.: The Bionomics of certain parasitic Hymenoptera. Proc. of the Cambridge philos. soc. *21*, 27—28. 1922. — Dies.: On the larval development of *Dacnusa areolaris*, a parasite of Phytomyzinae (Diptera). Parasitology *14*, 167—173. 1922. — Dies.: On the postembryonic development of certain Chalcids, Hyperparasites of Aphides. Quart. journ. of microscop. soc. *66*, 321—338. 1922.

HEDICKE, H.: Beiträge zu einer Monographie der paläarktischen Isosominen. Arch. f. Naturgesch. *86A* 11, 1—165. 1921.

HEIKERTINGER, F.: Die Bienenmimikry von *Eristalis*. Eine kritische Untersuchung. Zeitschr. f. wiss. Insektenbiol. *14*, 1—5 u. 73—79. 1918. — Ders.: Die Wespenmimikry oder Sphekoidie. Verhandl. d. zool.-botan. Ges. Wien *70*, 316—384. 1920. — Ders.: Ameisenmimese. Biol. Zentralbl. *46*, 351 bis 382, 385—405. 1926.

HEMMINGSEN und NIELSEN: Über die Lebensinstinkte der dänischen *Bembex rostrata* L. Entomol. Meddel. *16*, 14—27. 1925.

HENNEGUY, L. F.: Les Insectes. Paris 1904.

HENRIKSEN, K. L.: Notes upon some aquatic Hymenoptera. Ann. biol. lacustre 11, 19—37. 1922.

HERING, M.: Durch Insektenlarven erzeugte Blattminen. P. SCHULZE, Biologie d. Tiere Deutschlands Liefg. 2, T. 43. 1923. — Ders.: Biologie der Schmetterlinge. Biol. Studienbücher *3*, 1926.

HERTER, K.: Temperaturoptimum und relative Luftfeuchtigkeit bei *Formica rufa* L. Zeitschr. f. vergl. Physiol. *2*, 226—232. 1925.

HESELHAUS, F.: Die Hautdrüsen der Apiden und verwandter Formen. Zool. Jahrb., Abt. f. Anat. *43*, 369—464. 1922.

HEYMONS, R.: Hymenoptera. BRAUER, Süßwasserfauna Deutschlands *7*, 27 bis 36. 1909.

HILL, CH.: *Platygaster vernalis*, an important Parasite of the Hessian Fly. Journ. of agricult. res. *25*, 31—42. 1923.

HOFFER, E.: Die Hummeln Steiermarks. Graz 1882.

HOLLANDE, A. CH.: L'autohémorhée ou le rejet du sang chez les insectes. Arch. d'anat. microscop. *13*, 171—310. 1911.

HOLMBERG, E.: Apidae Argentinae generis *Psaenythia*. An. Mus. Nacion. Buenos Aires *31*, 249—354. 1923.

HOOD, J. D.: Notes on the life history of *Rhopalosoma poeyi* Cr. Proc. entomol. soc. Washington *15*, 145—148. 1913.

HÖPPNER, H.: Zur Biologie nordwestdeutscher Hymenopteren. Illustr. Zeitschr. f. Entomol. *4*, 374—378. 1899. — Ders.: Weitere Beiträge zur Biologie nordwestdeutscher Hymenopteren. Allg. Zeitschr. f. Entomol. *6*, 33—35, 132—134, 291—293. 1901 u. *8*, 194—202, 1903. — Ders.: Zur Biologie der *Rubus*-Bewohner. Ebenda *9*, 129—134. 1904. — Ders.: Beiträge zur Biologie niederrheinischer *Rubus*-Bewohner. Verhandl. d. nat. Ver. preuß. Rheinl.-Westf. *66*, 265—275. (1909) 1910.

HUBAULT, E.: Biologie de deux Chalcidiens parasites de certaines espèces du genre Ips (Deg.). Arch. de zool. exp. et gén. Notes *61*, 130—138. 1923.

HYSLOP, J. A.: *Pristocera armifera* (Say) parasitic on *Limonius agonus* (Say). Proc. entomol. soc. Washington *18*, 169—170. 1916.

JHERING, H. v.: Zur Biologie der socialen Wespen Brasiliens. Zool. Anz. *19*, 449—453. 1896. — Ders.: Biologie der stachellosen Honigbienen Brasiliens. Zool. Jahrb., Abt. f. System. *19*, 179—287. 1903.

ISETY, Dw.: Notes on nesting of Polistes. Kansas Univ. science Bull. *14*, 339 bis 343. 1922.

ISHIC, T.: On the Biology of a *Syrphus*-infesting Bee, Diplazon (*Bassus laetatorius* F.). Konchû Sekai *25*, 221—225. 1921.

JACK, R. W.: Parthenogenesis amongst the Workers of the Cape Honey-Bee: Mr. G. W. Onions' Experiments. Transact. entomol. soc. London 1916, 396 bis 403. 1916.

JACOBI, A.: Mimikry und verwandte Erscheinungen. Braunschweig 1913.

JACOBS, W.: Das Duftorgan von *Apis mellifica*. Zeitschr. f. Morphol. u. Ökol. *3*, 1—80. 1924.

JAMES, H. C.: The anatomy of a british phytophagous Chalcidoid of the genus *Harmolita* (*Isosoma*). Proc. zool. soc. London, Part 1, 75—182. 1926.

JANET, CH.: Sur la production des Sons chez les fourmis et sur les Organes, qui les produisent. Ann. soc. entomol. France *62*, 159—168. 1893. — Ders.: Sur *Vespa crabro* L. Histoire d'un nid depuis son origine. Mém. de la soc. zool. France *8*, 1—140. 1895. — Ders.: Observations sur les Guêpes. Paris 1903.

JÖRGENSEN, P.: Beitrag zur Biologie einiger südamerikanischer Bienen. Zeitschr. f. wiss. Insektenbiol. *8*, 268—272. 1912.

KEMNER, N. A.: Hyphänosymphilie, eine neue merkwürdige Art von Myrmekophilie bei einem neuen myrmekophilen Schmetterling (*Wurthia aurivillii* n. sp.) aus Java beobachtet. Arkiv f. zool. *15*, Nr. 15, 1—28. 1923.

KIEFFER, J. J.: Cynipidae. Tierreich *24*. 1910. — Ders.: Bethylidae. Ebenda *41*, 1914. — Ders.: Serphidae et Calliceratidae. Ebenda *42*. 1914. — Ders.: Die Gallwespen. SCHRÖDER: Insekten Mitteleuropas *3*, 1—94. 1914. —

KINSEY, A. C.: Phylogeny of Cynipid Genera and Biological Characteristics. Bull. of Americ. mus. nat. hist. *42*, 357—402. 1920.

KIRCHNER, O.: Blumen und Insekten. Leipzig 1911.

KLEINE, R.: Zwei merkwürdige Nestanlagen von *Trypoxylon figulus*. Zeitschr. f. wiss. Insektenbiol. *6*, 24—25. 1910.

KOEHLER, A.: Zur Funktion des Bienenstachels. Arch. f. Bienenk. *3*, 231 bis 241. 1921. — Dies.: Neue Untersuchungen über den Futtersaft der Bienen. Verhandl. d. dtsch. zool. Ges. *27*, 105—107. 1922.

KOHL, F. F.: Die Hymenopterengruppe der Sphecinen. I. Monographie der natürlichen Gattung *Sphex* L. (s. l.). Ann. d. k. k. naturhist. Hofmus. *5*, 77 bis 462. 1890. — Ders.: Die Crabronen der paläarktischen Region. Ebenda *29*, 1—453. 1915. — Ders.: Die natürliche Gattung *Sceliphron*. Ebenda *32*, 1—171. 1918.

KOSCHEWNIKOW, G. A.: Über den Fettkörper und die Oenocyten der Honigbiene. Zool. Anz. *23*, 337—353. 1900.

KRÖNING, F.: Über die Dressur der Biene auf Töne. Biol. Zentralbl. *45*, 496 bis 507. 1925.

KRÜGER, E.: Beiträge zur Systematik und Morphologie der mitteleuropäischen Hummeln. Zool. Jahrb., Abt. f. System. *42*, 289—464. 1920.

KÜHN, A. und POHL, R.: Dressurfähigkeit der Bienen auf Spektrallinien. Naturwissenschaften *9*, 738—740.

KUTTER, H.: Der Sklavenräuber *Strongylognathus huberi* For. ssp. *alpinus* Wheel. Rev. suisse d. zool. *30*, 387—422. 1923.

LABITTE, A.: Observations sur un nid de *Vespa media*. Ann. de la science nat. (10) *6*, 113—116. 1923.

LEGEWIE, H.: Beiträge zur Biologie der Bienengattung *Halictus*. Mitt. d. Bad. Landesver. f. Naturk., Freiburg *1*, 235—237. 1922. — Ders.: Zur Theorie der Staatenbildung. 1. Die Biologie der Furchenbiene *Halictus malachurus*. Zeitschr. f. Morphol. u. Ökol. *3*, 619—684. 1925.— Ders.: Zur Theorie der Staatenbildung. 2. Ebenda *4*, 246—300. 1925. — Ders.: Zum Problem des tierischen Parasitismus. 1. Die Lebensweise der Schmarotzerbiene *Sphecodes monilicornis* K. Ebenda *4*, 430—464. 1925.

LEIBY, R. W.: The polyembryonic development of *Copidosoma gelechiae*. Journ. of morphol. Philadelphia *37*, 195—285. 1922.

LEPELETIER DE SAINT-FARGEAU: Cleptes. Encycl. méthod. *10*, 9. 1825.

LEWIS, R. H.: Case of maternal Attendance on the larva by one Insect of the Tribe of *Terebrantia*, belonging to the genus *Perga*, observed at Hobarton Tasmania. Transact. of the entomol. soc. London I, 232—234. 1836.

LICHTENSTEIN, J. L.: Sur la biologie d'un Chalcidien. Cpt. rend. hebdom. des séances de l'acad. des sciences Paris *173*, 733—735. 1921. — Ders.: La déterminisme de la ponte chez un Chalcidien *Habrocytus cionicida*. Ibid. *173*, 1416—1417. 1921.

LOZINSKI, P.: Über die Spinndrüsen der Wespenlarven. Bull. internat. acad. Polon. Nr. 9, 10 B., 715—734. 1924.

LOVELL, J. H.: The origin of oligotropic habit among Bees. Entomol. News *24*, 104—112. 1913.

MACINDOO, N. E.: The auditory sense of the honeybee. Journ. of comp. neurol. Philadelphia *34*, 173—199. 1922.

MAC COOK, H. CHR.: The natural history of the Agricultural Ant of Texas. Philadelphia: Lippincott 1880.

MAGNUS, W.: Die Entstehung der Pflanzengallen, verursacht durch Hymenopteren. Jena: G. Fischer 1904.

MALYSHEV, S.: The nesting habits of *Anthophora* Latr. Trav. Soc. Natural. Leningrad *55*, 137—183. 1925.

MARCHAND, W.: The egg-laying habits of *Megarhyssa* (*Thalessa*). Sci. *54*, 607 bis 608.

MARTIN, FR.: Zur Entwicklungsgeschichte des polyembryonalen Chalcidiers *Ageniaspis fuscicollis* Dalm. Zeitschr. f. wiss. Zool. *110*, 419—479. 1914.

MARTINI, E.: Lehrbuch der medizinischen Entomologie. Jena: G. Fischer 1923.

MAYER, J. und SCHULTHESS, A. v.: Beobachtungen an Nestern von geselligen u. solitären Wespen. Mitt. d. Entomologia Zürich 1922, 357—366.

MAYR, G.: Feigeninsekten. Verhandl. d. zool. -bot. Ges. Wien *35*, 147—250. 1885.

METALNIKOV, S.: Du rôle joué par les hyménoptères dans l'infection de *Galleria mellonella*. Cpt. rend. hebdom. des séances de la ac. des sciences *182*, 729 bis 730. 1926.

MEYER, H.: Biologische Verhältnisse einheimischer Hymenopteren zur Winterzeit. Verhandl. d. nat. Ver. Rheinl.-Westf. *69*, 341—390. (1912) 1913.

MEYER, R.: Die Pollensammelapparate der bauchsammelnden Bienen (*Gastrilegidae*). Jenaische Zeitschr. f. Naturwiss. *57*, 229—268. 1921. — Ders.: Beitrag zur Biologie macedonischer Hymenopteren. Zeitschr. f. wiss. Insektenbiol. *18*, 34—36. 1923.

MIDDLETON, W.: The imported Pine Sawfly. Bull. U. S. Dep. Agric. 1182. 1923.

MJÖBERG, E.: Biologiska iakttagelser öfver *Odynerus oviventris*. Arkiv f. zool. *5*, Nr. 7, 1—8, 1909.

MOELLER, A.: Die Pilzgärten einiger südamerikanischer Ameisen. Jena G. Fischer, 1893.

MORICE, F. D.: Observations on Sphecodes. Ent. Month. Mag. *37*, 53—58, 1901.

MÜLLER, G. W.: Über *Agriotypus armatus*. Zool. Jahrb., Abt. f. System. *4*, 1132—1134, 1889 u. *5*, 689—691. 1891.

MÜLLER, HERM.: Die Befruchtung der Blumen durch Insekten und ihre Anpassung an dieselben. Leipzig 1881. — Ders.: Ein Beitrag zur Lebensgeschichte der *Dasypoda hirtipes*. Verhandl. d. nat. Ver. preuß. Rheinl. u. Westf. *41*, 1—52. 1884.

MÜLLER, M.: Zur Biologie unserer Apiden, insbes. der märkischen Osmien. Zeitschr. f. wiss. Insektenbiol. *3*, 247—251 u. 280—285. 1907. — Ders.: Hymenopteren in *Lipara*-Gallen, mit besonderer Berücksichtigung der Raubwespe *Cemonus*. Entomol. Rundsch. *28*, 106—114. 1911.

NELSON: Morphology of the honeybee larva. Journ. of agricult. research *28*, 1167—1213. 1924.

NELSON, J. A. und STURTEVANT, A. P.: The rate of growth of the honeybee larva. U. S. Dep. Agric. Bull. *1222*, 1—24. 1924.

NIELSEN, E.: Contributions to the Lifehistory of the *Pimpline* Spider Parasites (*Polysphincta*, *Zaglyptus*, *Tromatobia*). Entomol. Meddel. *14*, 137—205. 1923.

NOLAN, W. J.: The brood-rearing cycle of the honeybee. U. S. Dep. Agric. Bull. 1379. 1925.

OUDEMANNS, A. C.: Symbiose von *Coptorthosoma* und *Greenia*. Eine Prioritätsfrage. Zool. Anz. *27*, 137—139. 1903.

PAGDEN, H.: Parthenogenesis in *Methoca*. Nature, London, *117*, 199. 1926. — Ders.: Observations on the habits and parthenogenesis of *Methoca*. Transact. entomol. soc. London 1925, P. 3., 591—597. 1926.

PAMPEL, W.: Die weiblichen Geschlechtsorgane der Ichneumoniden. Zeitschr. f. wiss. Zool. *108*, 290—357. (1913) 1914.

PARKER, H. L.: Recherches sur les formes postembryonaires des Chalcidiens. Ann. soc. entomol. France *93*, 261—379. 1924.

PATTERSON, J. T.: The development of Paracopidosomopsis. Journ. of morphol. Philadelphia 36, 1—69. 1921.

PAVLOVSKY und ZARIN: On the Structure of the Alimentary Canal and its Ferments in the Bee. Quart. journ. of microscop. science *66*, 509—556. 1922.

PAX, F.: Beobachtungen über Beschädigung von Bleikammern durch Holzwespen. Jahresber. d. Ver. schles. Insektenkunde 1921.

PECKHAM, G. W. und E.: On the instincts an habits of the solitary Wasps. Wisc. Geol. and Nat.-Hist. Survey, Madison (Wisc.) 1898. — Dies.: Instinkt und Gewohnheiten der solitären Wespen. (Deutsche Übersetzung von SCHOENICHEN). Berlin 1904. — Dies.: Wasps social and solitary. Westminster 1905.

PERKINS, R. C. L.: On a special acarid chamber formed within the basal abdominal segment of bees of the genus *Koptorthosoma* (Xylocopinae). Entomol. M. Mag. *35*, 37—39. 1899. — Ders.: Leaf-Hoppers and their natural enemies. Rapp. of works of the Experim. Station of the Hawaian Sugar Planters Association 1906. — Ders.: The British species of *Andrena* and *Nomada*. Transact. entomol. soc. London 1919, 218—319. 1919.

PFANKUCH, K.: Über die Entwicklung von *Phytodietus segmentator*. Jahresber. d. Entomol.-Ver. Bremen *10/11*, 4—5. 1924.

PHILLIPS, E. F.: Structure and development of the compound eye of the honeybee. Proc. of the acad. of natural sciences of Philadelphia *57*, 123—157. 1905.

PICARD, F.: La déterminisme de la ponte chez un Hyménoptère térébrant, le *Pimpla instigator* L. Cpt. rend. hebdom. des séances de l'acad. des sciences Paris *172*, 1617—1619. 1921. — Ders.: Sur la biologie du *Tetrastichus rapo*. Bull. soc. entomol. France 206—208. 1921. — Ders.: Etude critique de l'instinct des Ammophiles. Feuille natural. *46*, 161—165. 1925. — Ders.: Réparation des sexes dans les pontes de *Macrocentrus*. Ibid. *46*, 9. 1925.

PICARD und LICHTENSTEIN: Étude morphologique et biologique du *Sycosoter lavagnei*. Trav. Inst. Zool. Montpellier 1918.

PIERCE, W. D.: The comparative morphology of the order Strepsiptera. Proc. U. S. Nat. Mus. Washington *54*, 391—501. 1918.

PLATH, O. E.: Notes on *Psithyrus*, with records of two new Hosts. Biol. bull. of the marine biol. laborat. Woods Hole *43*, 23—44. 1922.

POULTON, E. B.: The relation between the larvae of the Asilid genus *Hyperechia* (Laphriinae) and those of Xylocopid bees. Transact. entomol. soc. London 121—123. 1924.

PRELL, H.: Über den Flugton der Hornis. Verhandl. d. dtsch. zool. Ges. *27*, 98—100. 1922. — Ders.: Roßameisen (*Camponotus*) als Eichentriebschneider. Forstl. Wochenschr. Silva 1924, Nr. 26. — Ders.: Ameisen als Schutz gegen Raupenfraß. Ebenda 1925, Nr. 7. — Ders.: Die Jugendgeschichte der Honigbiene. Märk. Bienenzeitung *14*, 74—78 u. 112—114. 1924. — Ders.: Der Kokon der Honigbiene. ZANDER, Erlanger Jahrbuch *2*, 176—189. 1924. — Ders.: Zur Biologie eines bisher verkannten Kieferneulenschmarotzers (*Microplitis decipiens* n. sp.). Zeitschr. f. wiss. Insektenbiol. *20*, 137—147. 1925.

QUELLE, F.: Das Rätsel des Wabenbaues der *Apis mellifica*. Dtsch. entomol. Zeitschr. 1923, 319—331. 1923.

RABAUD, E.: Note sur le comportement de *Rielia manticida* Kieff., Proctotrupide parasite des oothèques de Mantes. Bull. soc. zool. France *47*, 10—15. 1922. — Ders.: Sur la nidification de *Ceratina callosa*. Ann. soc. entomol. Feuille France *91*, 277—280. 1923. — Ders.: Note sur *Ammophila heydeni*. Feuille natural. *46*, 173—174. 1925.

RABAUD, E. et PICARD, F.: FERTON, La vie des abeilles et des guêpes. Paris: Chiron 1923. (Zusammenfassung der FERTONschen Arbeiten mit Literaturangaben.)

RAMME, W.: Zur Lebensweise von *Pseudagenia*. Sitzungsber. d. Ges. naturforsch. Freunde, Berlin 1920, 130—132.

RATZEBURG, J. TH. CHR.: Die Ichneumonen der Forstinsekten. Berlin: Nikolai 1844—1852.

REDIKORZEW, W.: Untersuchungen über den Bau der Ocellen der Ineskten. Zeitschr. f. wiss. Zool. *68*, 581—624. 1900.

REH, L.: Die tierischen Feinde. SORAUER, Handbuch d. Pflanzenkrankheiten III. Bd. Berlin: Parey. 1913.

REICHERT, A.: Beitrag zur Lebensweise der *Pseudogonalos hahni* Spin. Berlin. Entomol. Zeitschr. *56*, 109—112. 1911.

RENGEL, C.: Über den Zusammenhang von Mitteldarm und Enddarm bei den Larven der Hymenopteren. Zeitschr. f. wiss. Zool. *75*, 221—231. 1903.

RENNIE: Isle of Wight Disease in Hive Bees. Transact. R. soc. Edinburgh *52*, 737—780.

REUTER, O. M.: Lebensgewohnheiten und Instinkte der Insekten bis zum Erwachen der sozialen Instinkte. (Deutsche Übersetzung von A. u. M. BUCH.) Berlin: R. Friedländer 1913.

RIMSKY-KORSAKOW, M.: Phytophage Schlupfwespen als Getreidefeinde. Suppl. Entomol. *9*, 16—22. 1923.

ROHWER, S. A.: Studies in the woodwasp superfamily Oryssoidea, with descriptions of new species. Proc. U. S. Nat. Mus. Washington *43*, 141—158. 1912. — Ders. und CUSHMAN, R. A.: *Idiogastra*, a new suborder of Hymenoptera with notes on the immature stages of *Oryssus*. Proc. entomol. soc. Washington *19*, 89—98. 1917.

ROSS, H. und HEDICKE, H.: Die Pflanzengallen Mittel- u. Nordeuropas. Jena: G. Fischer 1927.

RÖSCH, A. G.: Untersuchungen über die Arbeitsteilung im Bienenstaat. 1. Zeitschr. f. vergl. Physiol. *2*, 571—631. 1925.

ROUBAUD, E.: Recherches sur la biologie des Synagris. Ann. soc. entomol. France *79*, 1—21. 1910. — Ders.: Recherches biologiques sur les guêpes solitaires et sociales d'Afrique. Ann. des sciences nat. zool. 10. Sér., *1*, 1—157. 1916.

RÜBSAAMEN, E. H. und HEDICKE, H.: Die Zoocecidien. 4. Liefg. Stuttgart: Schweizerbart 1923.

SAUSSURE, H. DE: Etudes sur la famille des Vespides. 3 Bde. Genf 1852—1858.

SAVIN, W. M.: An expert Insect artisan. Some recent interesting observations on the leaf-cutting bee. Journ. of the Americ. Mus. Nat. Hist. New York *22*, 250—252. 1922. — Ders.: A Wasp that hunt Cicads. Natur. History New York *23*, 569—575. 1923.

SCHEIDTER, F.: Zur Lebensweise unserer Holzwespen. Zeitschr. f. Schädlingsbek *1*, 89—98. 1923.

SCHLOTTKE, E.: Über die Variabilität der schwarzen Pigmentierung und ihre Beeinflußbarkeit durch Temperaturen bei *Habrobracon juglandis*. Zeitschr. f. vergl. Physiol. *3*, 692—736. 1926.

SCHMIEDEKNECHT, O.: Die Hymenopteren Mitteleuropas. Jena: G. Fischer 1907.

SCHNELLE, H.: Über den feineren Bau des Fettkörpers der Honigbiene. Zool. Anz. *57*, 172—179. 1923.

SCHOEN, A.: Bau und Entwicklung der tibialen Chordotonalorgane bei der Honigbiene und bei Ameisen. Zool. Jahrb., Abt. f. Anat. *31*, 439—472. 1911.

SCHOENICHEN, W. s. PECKHAM.

SCHOLZ, ED. J. R.: Bienen und Wespen. Leipzig: Quelle u. Meyer 1913.

SCHRÖDER, CHR.: Handburch der Entomologie. Jena: G. Fischer. — Ders.: Die Insekten Mitteleuropas (Hymenopteren). Stuttgart: Franckh.

SCHULTHESS-RECHBERG, A. v.: Atypische Wespennester. Verhandl. d. 3. internat. Entomol.-Kongr. 1925, *2*, 20—21. 1926.

SCHULZ, W. A.: Ein javanisches Nest von *Trigona canifrons* F. Sm. in einem Bambusstabe. Zeitschr. f. wiss. Insektenbiol. *5*, 338—341. 1909.

SCHULZE, H.: Über die Putztätigkeit von *Habrobracon*. Zool. Anz. *59*, 313 bis 323. 1924. — Dies.: Über die Fühlerhaltung von *Habrobracon*; zugleich ein Beitrag zur Sinnesphysiologie u. Psychologie dieser Schlupfwespe. Zool. Anz. *61*, 122—134. 1924. — Dies.: Zur Biologie der Blattwespe *Lyda clypeata*. Zool. Anz. *63*, 13—32, 81—89. 1925.

SCHULZE, P.: Schlüpfen von Schmarotzern aus Imagines. Internat. Entomol.-Zeitschr. Guben *4*, 10. 1910.

SEITNER und NÖTZL: *Pithyophthorus henscheli* und sein Parasit *Cosmophorus henscheli*. Zeitschr. f. angew. Entomol. *11*, 187—196. 1925.

SEMICHON, L.: Sur la nymphe de *Melecta armata* Pz. Bull. soc. entomol. France 1922, 192—194. — Ders.: Sur les différences spécifiques dans les stigmates des larves de *Vespa*. Ibid. 1923, 170.

SILTALA und NIELSEN: Zur Kenntnis der Parasiten der Trichopteren. Zeitschr. f. wiss. Insektenbiol. *2*, 382—386. 1906.

SLADEN, F. W. L.: The humble-bee, its life-history and how to domesticate it. London 1912.

SMITH, G. und HAMM, A. H.: Studies in the experimental analysis of sex. Pt. 11. On Stylops and Stylopisation. Quart. journ. of microscop. science *60*, 435 bis 461. 1919.

SMITH, H. S.: The Chalcidoid genus *Perilampus* and its relations to the problem of parasite introduction. U. S. Dep. Agric., Technic. Ser. *19*, 33—69. 1912.

SNODGRASS, R. E.: The Thorax of the hymenoptera. Proc. U. S. Mus. Washington *39*, 37—91. 1910. — Ders.: The anatomy of the Honey Bee. Ibid. *18*, 1—162. 1910. — Ders.: Anatomy and Physiology of the Honeybee. New York 1925.

SPEYER, W.: *Perilitus melanopus* Ruthe als Imaginalparasit von *Ceutorrhynchus quadridens* Pz. Zugleich eine kurze Zusammenfassung unserer bisherigen Kenntnisse von Schlupfwespen als Parasiten der Käfer-Imagines. Zeitschr. f. angew. Entomol. *11*, 132—146. 1925.

STADELMANN, H.: Neue Hymenopteren des Kgl. Museums für Naturkunde zu Berlin. Berlin. entomol. Zeitschr. *37*, 235—240. 1892. — Ders.: Die Hymenopteren von Ostafrika. Berlin 1896.

STADLER, H.: Einiges über Wespenbauten. Verhandl. d. dtsch. zool. Ges. *29*, 78—81. 1924.

STAEGER, ROB.: Das Leben der Gastameise (*Formicoxenus nitidulus* Nyl.) in neuer Beleuchtung. Zeitschr. f. Morphol. u. Ökol. *3*, 452—476. 1925.

STELLWAAG, F.: Bau und Mechanik des Flugapparates der Biene. Zeitschr. f. wiss. Zool. *95*, 507—550. 1910. — Ders.: Die Schmarotzerwespen (Schlupfwespen) als Parasiten. Monogr. angew. Entomol. (Beih. z. Zeitschr. f. angew. Entomol.) *6*, 1—100. 1921.

STEMPELL, W.: Über Sphaeritenzellen im Fettkörper von Blattwespenlarven. Mitt. d. Inst. Münster *3*, 20—25.

STITZ, H.: Die Ameisen (Formicidae) Mitteleuropas, insbesondere Deutschlands. In: SCHRÖDER: Insekten Mitteleuropas II. Stuttgart 1913. — Ders.: Ameisen und Pflanzen. Naturwissenschaften *1*, Nr. 52. 1913. — Ders.: Die Beziehungen der Ameisen zum Menschen und ihre wirtschaftliche Bedeutung. Zeitschrift angew. Entomol. *4*, 71—128. 1917.

STÖCKHERT, E.: Über die Lebensweise von *Rhophites 5-spinosus* Spin. Dtsch. entomol. Zeitschr. 1922. 381—392. — Ders.: Über Entwicklung und Lebensweise der Bienengattung *Halictus* Latr. und ihrer Schmarotzer. Konowia *2*, 48—64, 146—165, 216—247. 1923.

STÖCKHERT, F. K.: Zur Biologie von *Prosopis variegata* F. Ebenda *1*, 39—58. 1922.

STRAND, E.: Beiträge zur Kenntnis der Hymenopterenfauna von Paraguay. X. Biologica. Zool. Jahrb., Abt. f. System. *30*, 257—346. 1912.— Ders.: Ein nordamerikanisches Eumenidennest nebst deskriptiven Bemerkungen über die zugehörigen Wespen. Entomol. Mitt. *3*, 116—118. 1914.

STRAUS, J.: Die chemische Zusammensetzung der Arbeitsbienen und Drohnen während ihrer verschiedenen Entwicklungsstadien. Zeitschr. f. Biol. *56*, 347 bis 397. 1911.

STRINDBERG, H.: Neue Studien über Ameisenembryologie. Zool. Anz. *49*, 177 bis 197. 1917.

THIENEMANN, A.: Über Wasserhymenopteren. Zeitschr. f. wiss. Insektenbiol. *12*, 49—54. 1916.

TIEGS, O. W.: Researches on the Insect Metamorphosis. 1. On the structure and postembryonic development of a Chalcid Wasp: *Nasonia*. 2. On the physiology and interpretation of the Insect metamorphosis. Tr. R. Soc. S.-Austral. *46*, 319—527. 1922.

TILLYARD, R. J.: Kansas Permian Insects. The new Order Protohymenoptera. Americ. journ. of science *8*, 111—122. 1924.

TIMBERLAKE, P. H.: A study of the Biology of *Limnerium validum* (Cress.). U. S. Dept. Agr. Techn. Ser. *19*, Pt. 5, 71—92.

TRAUTMANN, W., Zur Biologie der *Chrysis trimaculata*. Internat. entomol Zeitschr. Guben 1916. 106. — Ders.: Beiträge zur Erklärung der Ursache, warum manche Schmarotzerarten so variabel auftreten. Zeitschr. f. wiss. Insektenbiol., Neue Beitr. z. syst. Insektenkunde *2*, 15—16. 1920. — Ders.: Beitrag zur Biologie der *Chrysis hirsuta*. Ebenda *14*, 165—166. 1918.

TROJAN, E.: Sinnesorgane und Funktion des Bienenstachels. Arch. f. mikroskop. Anat. *96*, 340—354. 1922.

ULBRICH, E.: Deutsche Myrmekochoren. Leipzig u. Berlin: Th. Fisher 1919.

ULRICH, W.: Die Mundwerkzeuge der Spheciden. Zeitschr. f. wiss. Biol. *A 1*, 539—636. 1924.

VERHOEFF, C.: Biologische Aphorismen. Verhandl. d. nat. Ver. d. preuß. Rheinl. u. Westf. *48*, 1—80. 1891. — Ders.: Beiträge zur Biologie der Hymenopteren. Zool. Jahrb., Abt. f. System. *6*, 680—754. 1892. — Ders.: Zur Kenntnis des biolog. Verhältnisses zwischen Wirt- und Parasiten-Bienenlarven. Zool. Anz. *15*, 41—43. 1892. — Ders.: Neue und wenig bekannte Gesetze aus der Hymenopterenbiologie. Ebenda *15*, 362—370. 1892. — Ders.: Über kämpfende und gesellige Bienenmännchen. Entomol. Nachrichten *18*, 244—248. 1892. — Ders.: Zur Lebensgeschichte der Gattung *Halictus*, insbes. einer Übergangsform zu sozialen Bienen. Zool. Anz. *20*, 369—393. 1897.

VINCENS, F.: Sur l'Aspergillomycose des Abeilles. Cpt. rend. hebdom. des séances de l'acad. des sciences. Paris *177*. 540—542. 1923.

VITZTHUM, Graf H.: Eine neue Milbengattung und -art als Parasit von *Lionotus delphinalis* Gir. Dtsch. entomol. Zeitschr. 1925, 289—305.

VOGEL, R.: Zur Kenntnis des feineren Baues der Geruchsorgane der Wespen und Bienen. Zeitschr. f. wiss. Zool. *120*, 281—324. 1923.

VOGT, O.: Studien über das Artproblem. Über das Variieren der Hummeln. 1. u. 2. Sitzungsber. d. Ges. naturforsch. Freunde, Berlin 1909, 28—82 u. 1911, 31—74.

VOSSELER, J.: Die ostafrikanische Treiberameise. Der Pflanzer 1905, 289.

VOUKASSOVITCH, P.: Sur la biologie d'un Ichneumonide (*Dicaelotus erythrostoma* Wesm.) parasite de l'Endemis (*Polychrosis botrana* Schiff.). Bull. biol. France Belg. *58*, 495—499. 1924. — Ders.: Observations biologiques sur *Trissolcus simoni* parasite de la Punaise du Chou *Eurydema ornatum*. Feuille Natural. *46*, 97—100. 1925.

WACHS, H.: Beobachtungen am Hornissennest und über dessen Bauweise. Verhandl. d. dtsch. zool. Ges. *28*, 46—47. 1923.

WACKER, F.: Beiträge zur Kenntnis der antennalen Sinnesorgane der Hymenopteren. Zeitschr. f. Morphol. u. Ökol. *4*, 739—812. 1925.

WASMANN, E.: Kritisches Verzeichnis der myrmekophilen und termitophilen Arthropoden. Mit Angabe der Lebensweise u. mit Beschreibung neuer Arten. Berlin: Dames 1894. — Ders.: Das Gesellschaftsleben der Ameisen. *1*, Münster 1915. — Ders.: Die Ameisenmimikry. Abh. z. theor. Biologie *19*. 1925.

WEISSENBERG, R.: Zur Biologie und Morphologie endoparasitisch lebender Hymenopteren (Braconiden und Ichneumoniden). Sitzungsber. d. Ges. naturforsch. Freunde. Berlin 1909, 1—28.

WHEELER, W. M.: Ants, their structure, development and behavior. New York 1910. — Ders.: Social life among the Insects. The Scientific Monthly 14—16, 1922—1923.

WILKE, E.: Fettkörper, Speicheldrüse und Vasa Malpighi der Blattwespenlarven. Zool. Anz. *52*, 249—254. 1921.

WILLIAMS, F. X.: *Epyris extraneus* Bridw., a Fossorial Wasp that preys on the larva of the Tenebrionid Beetle, *Gonocephalum seriatum* (Boisd.). Proc. Hawai. entomol. soc. *4*, 55—63. 1919. — Ders.: Monograph of the Larridae of Kansas. Kansas Univ. Sc. Bull. *84*, 121—213. 1914.

WOLF, E.: Über das Heimkehrvermögen der Bienen. Zeitschr. f. vergl. Physiol. *3*, 615—691. 1926.

YUASA, H.: A classification of the larvae of the Tenthredinoidea. Illinois biol. Monogr. *7*, 319—490. 1922.

ZANDER, E.: Beiträge zur Morphologie des Stachelapparates der Hymenopteren. Zeitschr. f. wiss. Zool. *66*, 289—333. 1899. — Ders.: Beiträge zur Morphologie der männlichen Geschlechtsanhänge der Hymenopteren. Ebenda *67*, 461—489. 1900. — Ders.: Handbuch der Bienenkunde. Der Bau der Biene. Stuttgart: Ulmer 1911.

Verzeichnis der Gattungen.

Sachverzeichnis.

GPSR Compliance

The European Union's (EU) General Product Safety Regulation (GPSR) is a set of rules that requires consumer products to be safe and our obligations to ensure this.

If you have any concerns about our products, you can contact us on ProductSafety@springernature.com

In case Publisher is established outside the EU, the EU authorized representative is:

Springer Nature Customer Service Center GmbH
Europaplatz 3
69115 Heidelberg, Germany

Batch number: 10682323

Printed by Printforce, the Netherlands